《国家环境保护标准实用工作手册》丛书

# 中国环境保护标准全书

（2009—2010 年）

环境保护部科技标准司　编

中国环境科学出版社・北京

**图书在版编目（CIP）数据**

中国环境保护标准全书. 2009—2010 年 / 环境保护部科技标准司编. —北京：中国环境科学出版社，2010.11
（国家环境保护标准实用工作手册丛书）
ISBN 978-7-5111-0395-6

Ⅰ. ①中… Ⅱ. ①环… Ⅲ. ①环境保护—环境标准—汇编—中国—2009—2010 Ⅳ. ①X-65

中国版本图书馆 CIP 数据核字（2010）第 206732 号

**责任编辑** 张维平
**封面设计** 玄石至上

---

**出版发行** 中国环境科学出版社
（100062 北京崇文区广渠门内大街 16 号）
网 址：http://www.cesp.com.cn
联系电话：010-67112765（总编室）
发行热线：010-67125803，010-67113405（传真）
**印 刷** 北京市联华印刷厂
**经 销** 各地新华书店
**版 次** 2010 年 12 月第 1 版
**印 次** 2010 年 12 月第 1 次印刷
**开 本** 880×1230 1/16 插页 16
**印 张** 69.25
**字 数** 2100 千字
**定 价** 248.00 元

---

# 《中国环境保护标准全书》编委会

**主　编**　赵英民

**副主编**　高吉喜　王京浩

**编　委**　冯　波　张维平　武雪芳　周凤保　段光明

李晓弢　司　蔚　张国宁　谷雪景　滕　云

钱小平　武　婷　赵国华　黄翠芳

# 序 言

建设生态文明是我国全面建设小康社会奋斗目标的新要求，要形成节约能源资源和保护生态环境的产业结构、增长方式、消费模式，促进循环经济规模的扩大，有效控制主要污染物的排放，在全社会牢固树立生态文明观念，环境保护工作任重而道远。

1973 年我国发布了第一个国家环境保护标准——《工业“三废”排放试行标准》，成为我国环境保护事业起步的重要标志之一。环境保护标准是重要的公益性、规范性的技术文件，制定环境保护标准是国家重要的技术立法活动。我国现行法律中对环境保护标准的制定主体、标准体系和实施要求等均有明确规定。环境保护标准是国家环境保护法律体系的重要组成部分，是执行法律的技术依据，环境保护标准的内容与经济发展、社会进步和公众利益的保护有密切的关系，在社会管理以及各项环境保护执法和监督管理工作中，环境保护标准都发挥着不可替代的作用。

我国的环境保护标准体系由国家环境保护标准和地方环境保护标准组成。国家环境保护标准由国务院环境保护行政主管部门制定，地方环境保护标准由省级人民政府制定，并报国务院环境保护行政主管部门备案。国家环境保护标准包括国家环境质量标准、国家污染物排放（控制）标准、国家环境标准样品、污染防治技术政策和各类用于环境保护执法和监督管理相关技术工作的国家环境保护标准。目前，执法监管类国家环境保护标准共有二十多个种类，包括适用于环境影响评价、“三同时”验收、清洁生产、循环经济、环境保护产品、环境标志产品、环境工程、生态保护等方面工作的标准。近年来，为适应环境保护工作的需要，国家环境保护标准实现了跨越式发展。到 2010 年 11 月，现行国家环境保护标准数量已经达到 1 300 多项。

中国环境科学出版社是环境保护部指定的国家环境保护标准出版单位。为使各级环保部门和有关组织、机构全面了解国家环境保护标准体系和标准的内容，在相关工作中正确、有效地实施环境保护标准，原国家环境保护总局科技标准司和中国环境科学出版社于 2001 年汇编出版了《最新中国环境保护标准汇编》（1979—2000 年），收录了 1979 年至 2000 年底我国现行有效的全部国家环境保护标准（实物标准除外）；2003 年汇编出版了《中国环境保护标准汇编》（2001—2002 年），收录了 2001—2002 年两个年度发布的全部国家环境保护标准；2004 年汇编出版了《中国环境保护标准汇编》（2003—2004 年），收录了 2003 年 1 月至 2004 年 6 月发布的全部国家环境保护标准；2006 年汇编出版了《中国环境保护标准汇编（上、下册）》（2004—2006 年），收录了 2004 年 7 月至 2006 年 6 月发布的全部国家环境保护标准。从 2007 年开始，书名改为《国家环境保护标准实用工作手册：中国环境保护标准全书》，收入上年度 7 月至本年度 6 月发布的全部国家环境保护标准，相继出版了《中国环境保护标准全书》（上、下册）（2006—2007 年）；《中国环境保护标准全书》（上、下册）（2007—2008 年）；《中国环境保护标准全书》（2008—2009 年）。以上标准汇编是目前国内时效性最强、内容最全面、最具权威性的国家环境保护标准汇编。

本书收录了 2009 年 7 月至 2010 年 6 月底发布的（包括新修订的）所有的国家环境保护标准（95 项）和有关技术规范，书后附录了历年发布的国家环境保护标准目录。本书是环境保护执法和监督管理工作的重要工具书，也是从事环境保护标准制修订、科学研究、技术和产品开发工作人员的参考文献。本书在编辑过程中，对个别标准技术内容的纰漏作了更正。

环境保护部科技标准司

2010 年 11 月

# 目　录

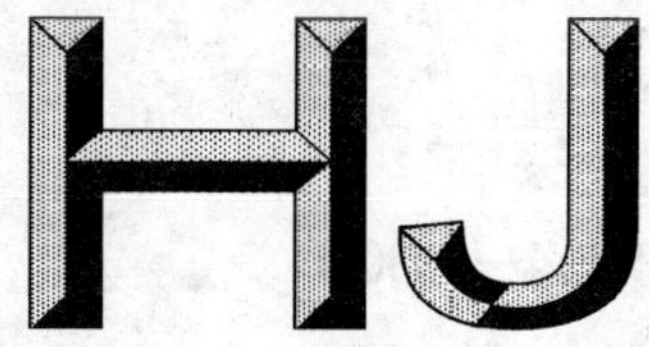

# 中华人民共和国国家环境保护标准

HJ 2.4—2009

代替 HJ/T 2.4—1995

# 环境影响评价技术导则　声环境

**Technical guidelines for noise impact assessment**

2009-12-23 发布　　2010-04-01 实施

环　境　保　护　部　发布

# 中华人民共和国环境保护部
# 公　告

2009 年　第 72 号

为贯彻《中华人民共和国环境保护法》和《中华人民共和国环境影响评价法》，保护环境，防治污染，规范和指导环境影响评价工作，现批准《环境影响评价技术导则　声环境》为国家环境保护标准，并予发布。

标准名称、编号如下：

环境影响评价技术导则　声环境（HJ 2.4—2009）

该标准自 2010 年 4 月 1 日起实施，由中国环境科学出版社出版，标准内容可在环境保护部网站（bz.mep.gov.cn）查询。同时，《环境影响评价技术导则　声环境》（HJ/T 2.4—1995）废止。

特此公告。

2009 年 12 月 23 日

# 前　言

为贯彻《中华人民共和国环境保护法》、《中华人民共和国环境影响评价法》和《中华人民共和国环境噪声污染防治法》，保护环境，防治噪声污染，规范和指导声环境影响评价工作，制定本标准。

本标准规定了声环境影响评价工作的一般性原则、内容、工作程序、方法和要求。

本标准是对《环境影响评价技术导则　声环境》（HJ/T 2.4—1995）的修订，与原标准相比主要修改内容如下：

——增加了声环境影响评价类别一节，明确规定对建设项目的固定声源和流动声源的环境影响应分别进行评价。

——根据国内外新的研究成果和《声学　户外声传播衰减　第2部分　一般计算方法》（GB/T 17247.2），对工业企业、公路（道路）、铁路（城市轨道交通）、机场飞机噪声预测公式进行了补充和修正。

——修改了评价等级、评价范围，评价工作基本要求的表述方法。

——增加了典型建设项目分类预测及噪声控制措施、区域环评中声环境影响评价要求等章节。

——删除了有关声源的监测方法。

本标准于1995年首次发布，本次为第一次修订。

自本标准实施之日起，HJ/T 2.4—1995 废止。

本标准附录A和附录B为规范性附录。

本标准由环境保护部科技标准司组织制订。

本标准主要起草单位：环境保护部环境工程评估中心、河北科技大学。

本标准环境保护部2009年12月23日批准。

本标准自2010年4月1日起实施。

本标准由环境保护部解释。

# 环境影响评价技术导则　声环境

## 1　适用范围

本标准规定了声环境影响评价的一般性原则、内容、工作程序、方法和要求。

本标准适用于建设项目声环境影响评价及规划环境影响评价中的声环境影响评价。

## 2　规范性引用文件

本标准内容引用了下列文件中的条款。凡是不注日期的引用文件，其有效版本适用于本标准。

GB 1495　汽车加速行驶车外噪声限值及测量方法

GB 3096　声环境质量标准

GB 9660　机场周围飞机噪声环境标准

GB/T 9661　机场周围飞机噪声测量方法

GB 12348　工业企业厂界环境噪声排放标准

GB 14227　城市轨道交通车站站台声学要求和测量方法

GB 12523　建筑施工场界噪声限值

GB/T 12524　建筑施工场界噪声测量方法

GB 12525　铁路边界噪声限值及其测量方法

GB/T 15190　城市区域环境噪声适用区划分技术规范

GB/T 17247.2　声学　户外声传播衰减　第 2 部分　一般计算方法

GB 22337　社会生活环境噪声排放标准

HJ/T 90　声屏障声学设计和测量规范

## 3　术语和定义

下列术语和定义适用于本标准。

### 3.1　环境噪声　ambient noise

指在工业生产、建筑施工、交通运输和社会生活中所产生的干扰周围生活环境的声音(频率在 20～20 000 Hz 的可听声范围内)。

### 3.2　固定声源　fixed source

在声源发声时间内，声源位置不发生移动的声源。

### 3.3　流动声源　hydrodynamic source

在声源发声时间内，声源位置按一定轨迹移动的声源。

### 3.4　点声源　point sound source

以球面波形式辐射声波的声源，辐射声波的声压幅值与声波传播距离（$r$）成反比。任何形状的声源，只要声波波长远远大于声源几何尺寸，该声源可视为点声源。在声环境影响评价中，声源中心到预测点之间的距离超过声源最大几何尺寸 2 倍时，可将该声源近似为点声源。

### 3.5　线声源　line sound source

以柱面波形式辐射声波的声源，辐射声波的声压幅值与声波传播距离的平方根（$\sqrt{r}$）成反比。

### 3.6　面声源　area sound source

以平面波形式辐射声波的声源，辐射声波的声压幅值不随传播距离改变（不考虑空气吸收）。

3.7 敏感目标 noise sensitive target

指医院、学校、机关、科研单位、住宅、自然保护区等对噪声敏感的建筑物或区域。

3.8 贡献值 contribution value

由建设项目自身声源在预测点产生的声级。

3.9 背景值 background value

不含建设项目自身声源影响的环境声级。

3.10 预测值 prediction value

预测点的贡献值和背景值按能量叠加方法计算得到的声级。

3.11 符号

本标准使用的主要符号的意义与单位见表 1。

表 1 主要符号

| 序号 | 符号 | 意义 | 单位 |
|---|---|---|---|
| 1 | $L_{eq}$ | 等效声级 | dB(A) |
| 2 | $L_d$ | 昼间等效声级 | dB(A) |
| 3 | $L_n$ | 夜间等效声级 | dB(A) |
| 4 | $L_{max}$ | 最大 A 声级 | dB(A) |
| 5 | $L_{Aw}$ | A 声功率级 | dB(A) |
| 6 | $L_w$ | 倍频带声功率级 | dB |
| 7 | $L_{WECPN}$ | 计权等效连续感觉噪声级 | dB |
| 8 | $L_{EPN}$ | 有效感觉噪声级 | dB |
| 9 | $L_A(r)$ | 距离声源 $r$ 处的 A 声级 | dB(A) |
| 10 | $L_A(r_0)$ | 参考位置 $r_0$ 处的 A 声级 | dB(A) |
| 11 | $L_p(r)$ | 距离声源 $r$ 处的倍频带声压级 | dB |
| 12 | $L_p(r_0)$ | 参考位置 $r_0$ 处的倍频带声压级 | dB |
| 13 | $A_{div}$ | 声波几何发散引起的倍频带衰减 | dB |
| 14 | $A_{bar}$ | 屏障引起的倍频带衰减 | dB |
| 15 | $A_{atm}$ | 空气吸收引起的倍频带衰减 | dB |
| 16 | $A_{gr}$ | 地面效应引起的倍频带衰减 | dB |
| 17 | $A_{misc}$ | 其他多方面效应引起的倍频带衰减 | dB |
| 18 | $r_0$ | 参考位置距离声源的距离 | m |
| 19 | $r$ | 预测点距离声源的距离 | m |
| 20 | $R$ | 房间常数 | $m^2$ |
| 21 | $S$ | 面积 | $m^2$ |
| 22 | $T$ | 测量或计算的时间 | s |
| 23 | $\delta$ | 声程差 | m |
| 24 | $\lambda$ | 波长 | m |
| 25 | $\alpha$ | 大气吸声衰减系数 | dB/1 000 m |

## 4 总则

### 4.1 基本任务

评价建设项目实施引起的声环境质量的变化和外界噪声对需要安静建设项目的影响程度；提出合理可行的防治措施，把噪声污染降低到允许水平；从声环境影响角度评价建设项目实施的可行性；为建设项目优化选址、选线、合理布局以及城市规划提供科学依据。

### 4.2 评价类别

4.2.1 按评价对象划分，可分为建设项目声源对外环境的环境影响评价和外环境声源对需要安静建设项目的环境影响评价。

4.2.2 按声源种类划分，可分为固定声源和流动声源的环境影响评价。

固定声源的环境影响评价：主要指工业（工矿企业和事业单位）和交通运输（包括航空、铁路、城市轨道交通、公路、水运等）固定声源的环境影响评价。

流动声源的环境影响评价：主要指在城市道路、公路、铁路、城市轨道交通上行驶的车辆以及从事航空和水运等运输工具，在行驶过程中产生的噪声环境影响评价。

4.2.3 停车场、调车场、施工期施工设备、运行期物料运输、装卸设备等，按照 3.2、3.3 的定义，可分别划分为固定声源或流动声源。

4.2.4 建设项目既拥有固定声源，又拥有流动声源时，应分别进行噪声环境影响评价；同一敏感点既受到固定声源影响，又受到流动声源影响时，应进行叠加环境影响评价。

### 4.3 评价量

4.3.1 声环境质量评价量

根据 GB 3096，声环境功能区的环境质量评价量为昼间等效声级（$L_d$）、夜间等效声级（$L_n$），突发噪声的评价量为最大 A 声级（$L_{max}$）。

根据 GB 9660，机场周围区域受飞机通过（起飞、降落、低空飞越）噪声环境影响的评价量为计权等效连续感觉噪声级（$L_{WECPN}$）。

4.3.2 声源源强表达量

A 声功率级（$L_{Aw}$），或中心频率为 63～8 000 Hz 8 个倍频带的声功率级（$L_w$）；距离声源 $r$ 处的 A 声级[$L_A(r)$]或中心频率为 63～8 000 Hz 8 个倍频带的声压级[$L_p(r)$]；有效感觉噪声级（$L_{EPN}$）。

4.3.3 厂界、场界、边界噪声评价量

根据 GB 12348、GB 12523 工业企业厂界、建筑施工场界噪声评价量为昼间等效声级（$L_d$）、夜间等效声级（$L_n$）、室内噪声倍频带声压级，频发、偶发噪声的评价量为最大 A 声级（$L_{max}$）。

根据 GB 12525、GB 14227 铁路边界、城市轨道交通车站站台噪声评价量为昼间等效声级（$L_d$）、夜间等效声级（$L_n$）。

根据 GB 22337 社会生活噪声源边界噪声评价量为昼间等效声级（$L_d$）、夜间等效声级（$L_n$），室内噪声倍频带声压级、非稳态噪声的评价量为最大 A 声级（$L_{max}$）。

### 4.4 工作程序

声环境影响评价的工作程序见图 1。

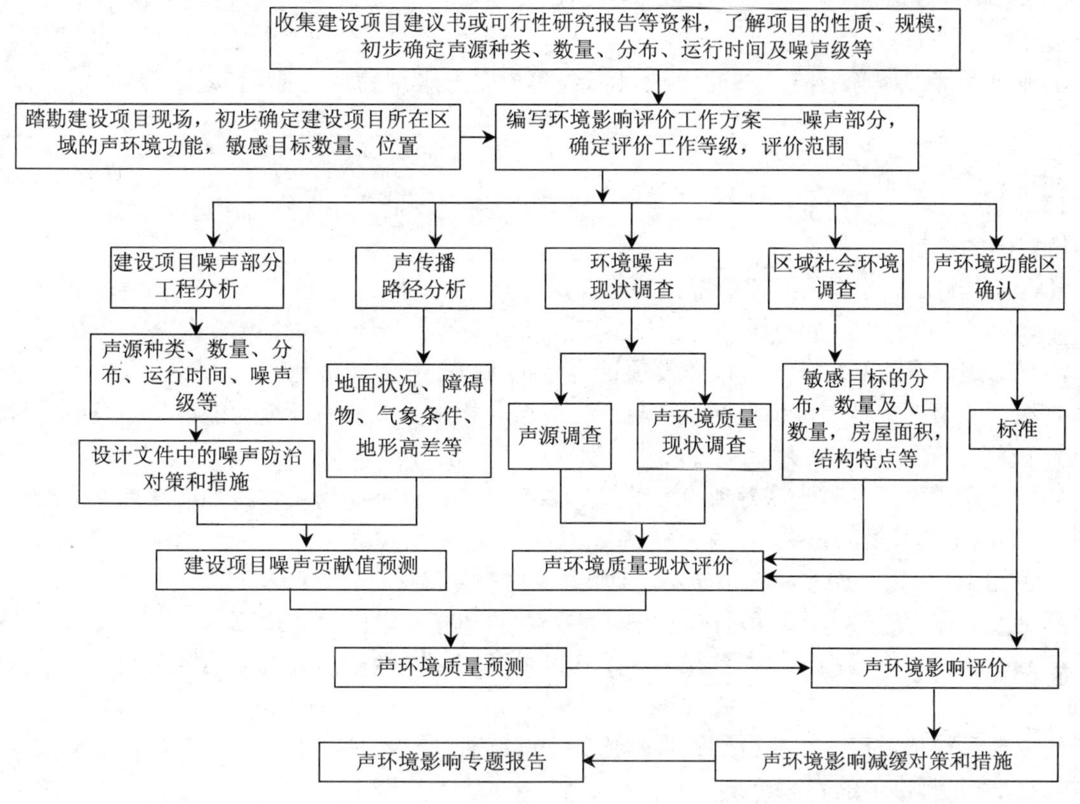


图 1　声环境影响评价工作程序

### 4.5　评价时段

根据建设项目实施过程中噪声的影响特点，可按施工期和运行期分别开展声环境影响评价。运行期声源为固定声源时，固定声源投产运行后作为环境影响评价时段；运行期声源为流动声源时，将工程预测的代表性时段（一般分为运行近期、中期、远期）分别作为环境影响评价时段。

## 5　评价工作等级

### 5.1　划分的依据

声环境影响评价工作等级划分依据包括：

a）建设项目所在区域的声环境功能区类别。

b）建设项目建设前后所在区域的声环境质量变化程度。

c）受建设项目影响人口的数量。

### 5.2　评价等级划分

5.2.1　声环境影响评价工作等级一般分为三级，一级为详细评价，二级为一般性评价，三级为简要评价。

5.2.2　评价范围内有适用于 GB 3096 规定的 0 类声环境功能区域，以及对噪声有特别限制要求的保护区等敏感目标，或建设项目建设前后评价范围内敏感目标噪声级增高量达 5 dB(A)以上[不含 5 dB(A)]，或受影响人口数量显著增多时，按一级评价。

5.2.3　建设项目所处的声环境功能区为 GB 3096 规定的 1 类、2 类地区，或建设项目建设前后评价范围内敏感目标噪声级增高量达 3～5 dB(A) [含 5 dB(A)]，或受噪声影响人口数量增加较多时，按二级评价。

5.2.4　建设项目所处的声环境功能区为 GB 3096 规定的 3 类、4 类地区，或建设项目建设前后评价范围内敏感目标噪声级增高量在 3 dB(A)以下[不含 3 dB(A)]，且受影响人口数量变化不大时，按三级评价。

5.2.5 在确定评价工作等级时，如建设项目符合两个以上级别的划分原则，按较高级别的评价等级评价。

## 6 评价范围和基本要求

### 6.1 评价范围的确定

6.1.1 声环境影响评价范围依据评价工作等级确定。

6.1.2 对于以固定声源为主的建设项目（如工厂、港口、施工工地、铁路站场等）：

a）满足一级评价的要求，一般以建设项目边界向外 200 m 为评价范围；

b）二级、三级评价范围可根据建设项目所在区域和相邻区域的声环境功能区类别及敏感目标等实际情况适当缩小。

c）如依据建设项目声源计算得到的贡献值到 200 m 处，仍不能满足相应功能区标准值时，应将评价范围扩大到满足标准值的距离。

6.1.3 城市道路、公路、铁路、城市轨道交通地上线路和水运线路等建设项目：

a）满足一级评价的要求，一般以道路中心线外两侧 200 m 以内为评价范围；

b）二级、三级评价范围可根据建设项目所在区域和相邻区域的声环境功能区类别及敏感目标等实际情况适当缩小。

c）如依据建设项目声源计算得到的贡献值到 200 m 处，仍不能满足相应功能区标准值时，应将评价范围扩大到满足标准值的距离。

6.1.4 机场周围飞机噪声评价范围应根据飞行量计算到 $L_{\mathrm{WECPN}}$ 为 70 dB 的区域。

a）满足一级评价的要求，一般以主要航迹离跑道两端各 5～12 km、侧向各 1～2 km 的范围为评价范围；

b）二级、三级评价范围可根据建设项目所处区域的声环境功能区类别及敏感目标等实际情况适当缩小。

### 6.2 一级评价的基本要求

6.2.1 在工程分析中，给出建设项目对环境有影响的主要声源的数量、位置和声源源强，并在标有比例尺的图中标识固定声源的具体位置或流动声源的路线、跑道等位置。在缺少声源源强的相关资料时，应通过类比测量取得，并给出类比测量的条件。

6.2.2 评价范围内具有代表性的敏感目标的声环境质量现状需要实测。对实测结果进行评价，并分析现状声源的构成及其对敏感目标的影响。

6.2.3 噪声预测应覆盖全部敏感目标，给出各敏感目标的预测值及厂界（或场界、边界）噪声值。固定声源评价、机场周围飞机噪声评价、流动声源经过城镇建成区和规划区路段的评价应绘制等声级线图，当敏感目标高于（含）三层建筑时，还应绘制垂直方向的等声级线图。给出建设项目建成后不同类别的声环境功能区内受影响的人口分布、噪声超标的范围和程度。

6.2.4 当工程预测的不同代表性时段噪声级可能发生变化的建设项目，应分别预测其不同时段的噪声级。

6.2.5 对工程可行性研究和评价中提出的不同选址（选线）和建设布局方案，应根据不同方案噪声影响人口的数量和噪声影响的程度进行比选，并从声环境保护角度提出最终的推荐方案。

6.2.6 针对建设项目的工程特点和所在区域的环境特征提出噪声防治措施，并进行经济、技术可行性论证，明确防治措施的最终降噪效果和达标分析。

### 6.3 二级评价的基本要求

6.3.1 在工程分析中，给出建设项目对环境有影响的主要声源的数量、位置和声源源强，并在标有比例尺的图中标识固定声源的具体位置或流动声源的路线、跑道等位置。在缺少声源源强的相关资料时，应通过类比测量取得，并给出类比测量的条件。

6.3.2 评价范围内具有代表性的敏感目标的声环境质量现状以实测为主，可适当利用评价范围内已有的声环境质量监测资料，并对声环境质量现状进行评价。

6.3.3 噪声预测应覆盖全部敏感目标，给出各敏感目标的预测值及厂界（或场界、边界）噪声值，根据评价需要绘制等声级线图。给出建设项目建成后不同类别的声环境功能区内受影响的人口分布、噪声超标的范围和程度。

6.3.4 当工程预测的不同代表性时段噪声级可能发生变化的建设项目，应分别预测其不同时段的噪声级。

6.3.5 从声环境保护角度对工程可行性研究和评价中提出的不同选址（选线）和建设布局方案的环境合理性进行分析。

6.3.6 针对建设项目的工程特点和所在区域的环境特征提出噪声防治措施，并进行经济、技术可行性论证，给出防治措施的最终降噪效果和达标分析。

### 6.4 三级评价的基本要求

6.4.1 在工程分析中，给出建设项目对环境有影响的主要声源的数量、位置和声源源强，并在标有比例尺的图中标识固定声源的具体位置或流动声源的路线、跑道等位置。在缺少声源源强的相关资料时，应通过类比测量取得，并给出类比测量的条件。

6.4.2 重点调查评价范围内主要敏感目标的声环境质量现状，可利用评价范围内已有的声环境质量监测资料，若无现状监测资料时应进行实测，并对声环境质量现状进行评价。

6.4.3 噪声预测应给出建设项目建成后各敏感目标的预测值及厂界（或场界、边界）噪声值，分析敏感目标受影响的范围和程度。

6.4.4 针对建设项目的工程特点和所在区域的环境特征提出噪声防治措施，并进行达标分析。

## 7 声环境现状调查和评价

### 7.1 主要调查内容

7.1.1 影响声波传播的环境要素

调查建设项目所在区域的主要气象特征：年平均风速和主导风向，年平均气温，年平均相对湿度等。

收集评价范围内 1∶2 000～50 000 地理地形图，说明评价范围内声源和敏感目标之间的地貌特征、地形高差及影响声波传播的环境要素。

7.1.2 声环境功能区划

调查评价范围内不同区域的声环境功能区划情况，调查各声环境功能区的声环境质量现状。

7.1.3 敏感目标

调查评价范围内的敏感目标的名称、规模、人口的分布等情况，并以图、表相结合的方式说明敏感目标与建设项目的关系（如方位、距离、高差等）。

7.1.4 现状声源

建设项目所在区域的声环境功能区的声环境质量现状超过相应标准要求或噪声值相对较高时，需对区域内的主要声源的名称、数量、位置、影响的噪声级等相关情况进行调查。

有厂界（或场界、边界）噪声的改、扩建项目，应说明现有建设项目厂界（或场界、边界）噪声的超标、达标情况及超标原因。

### 7.2 调查方法

环境现状调查的基本方法是：（1）收集资料法；（2）现场调查法；（3）现场测量法。评价时，应根据评价工作等级的要求确定需采用的具体方法。

### 7.3 现状监测

7.3.1 监测布点原则

7.3.1.1 布点应覆盖整个评价范围，包括厂界（或场界、边界）和敏感目标。当敏感目标高于（含）三层建筑时，还应选取有代表性的不同楼层设置测点。

7.3.1.2 评价范围内没有明显的声源（如工业噪声、交通运输噪声、建设施工噪声、社会生活噪声等），且声级较低时，可选择有代表性的区域布设测点。

7.3.1.3 评价范围内有明显的声源，并对敏感目标的声环境质量有影响，或建设项目为改、扩建工程，应根据声源种类采取不同的监测布点原则。

a）当声源为固定声源时，现状测点应重点布设在可能既受到现有声源影响，又受到建设项目声源影响的敏感目标处，以及有代表性的敏感目标处；为满足预测需要，也可在距离现有声源不同距离处设衰减测点。

b）当声源为流动声源，且呈现线声源特点时，现状测点位置选取应兼顾敏感目标的分布状况、工程特点及线声源噪声影响随距离衰减的特点，布设在具有代表性的敏感目标处。为满足预测需要，也可选取若干线声源的垂线，在垂线上距声源不同距离处布设监测点。其余敏感目标的现状声级可通过具有代表性的敏感目标实测噪声的验证并结合计算求得。

c）对于改、扩建机场工程，测点一般布设在主要敏感目标处，测点数量可根据机场飞行量及周围敏感目标情况确定，现有单条跑道、二条跑道或三条跑道的机场可分别布设 3～9 个、9～14 个或 12～18 个飞机噪声测点，跑道增多可进一步增加测点。其余敏感目标的现状飞机噪声声级可通过测点飞机噪声声级的验证和计算求得。

7.3.2 监测执行的标准

声环境质量监测执行 GB 3096；

机场周围飞机噪声测量执行 GB/T 9661；

工业企业厂界环境噪声测量执行 GB 12348；

社会生活环境噪声测量执行 GB 22337；

建筑施工场界噪声测量执行 GB/T 12524；

铁路边界噪声测量执行 GB 12525；

城市轨道交通车站站台噪声测量执行 GB 14227。

### 7.4 现状评价

7.4.1 以图、表结合的方式给出评价范围内的声环境功能区及其划分情况，以及现有敏感目标的分布情况。

7.4.2 分析评价范围内现有主要声源种类、数量及相应的噪声级、噪声特性等，明确主要声源分布，评价厂界（或场界、边界）超、达标情况。

7.4.3 分别评价不同类别的声环境功能区内各敏感目标的超、达标情况，说明其受到现有主要声源的影响状况。

7.4.4 给出不同类别的声环境功能区噪声超标范围内的人口数及分布情况。

## 8 声环境影响预测

### 8.1 基本要求

#### 8.1.1 预测范围

应与评价范围相同。

#### 8.1.2 预测点的确定原则

建设项目厂界（或场界、边界）和评价范围内的敏感目标应作为预测点。

8.1.3 预测需要的基础资料

8.1.3.1 声源资料

建设项目的声源资料主要包括：声源种类、数量、空间位置、噪声级、频率特性、发声持续时间和对敏感目标的作用时间段等。

8.1.3.2 影响声波传播的各类参量

影响声波传播的各类参量应通过资料收集和现场调查取得，各类参量如下：

a）建设项目所处区域的年平均风速和主导风向，年平均气温，年平均相对湿度。

b）声源和预测点间的地形、高差。

c）声源和预测点间障碍物（如建筑物、围墙等；若声源位于室内，还包括门、窗等）的位置及长、宽、高等数据。

d）声源和预测点间树林、灌木等的分布情况，地面覆盖情况（如草地、水面、水泥地面、土质地面等）。

## 8.2 预测步骤

8.2.1 声环境影响预测步骤

a）建立坐标系，确定各声源坐标和预测点坐标，并根据声源性质以及预测点与声源之间的距离等情况，把声源简化成点声源，或线声源，或面声源。

b）根据已获得的声源源强的数据和各声源到预测点的声波传播条件资料，计算出噪声从各声源传播到预测点的声衰减量，由此计算出各声源单独作用在预测点时产生的 A 声级（$L_{Ai}$）或有效感觉噪声级（$L_{EPN}$）。

8.2.2 声级的计算

a）建设项目声源在预测点产生的等效声级贡献值（$L_{eqg}$）计算公式：

$$L_{eqg}=10\lg\left(\frac{1}{T}\sum_i t_i 10^{0.1L_{Ai}}\right) \tag{1}$$

式中：$L_{eqg}$——建设项目声源在预测点的等效声级贡献值，dB(A)；

$L_{Ai}$——$i$ 声源在预测点产生的 A 声级，dB(A)；

$T$——预测计算的时间段，s；

$t_i$——$i$ 声源在 $T$ 时段内的运行时间，s。

b）预测点的预测等效声级（$L_{eq}$）计算公式：

$$L_{eq}=10\lg(10^{0.1L_{eqg}}+10^{0.1L_{eqb}}) \tag{2}$$

式中：$L_{eqg}$——建设项目声源在预测点的等效声级贡献值，dB(A)；

$L_{eqb}$——预测点的背景值，dB(A)。

c）机场飞机噪声计权等效连续感觉噪声级（$L_{WECPN}$）计算公式：

$$L_{WECPN}=\overline{L_{EPN}}+10\lg(N_1+3N_2+10N_3)-39.4 \tag{3}$$

式中：$N_1$——7：00～19：00 对某个预测点声环境产生噪声影响的飞行架次；

$N_2$——19：00～22：00 对某个预测点声环境产生噪声影响的飞行架次；

$N_3$——22：00～7：00 对某个预测点声环境产生噪声影响的飞行架次；

$\overline{L_{EPN}}$——$N$ 次飞行有效感觉噪声级能量平均值（$N=N_1+N_2+N_3$），dB。

$\overline{L_{EPN}}$ 的计算公式：

$$\overline{L_{\mathrm{EPN}}}=10\lg\left(\frac{1}{N_1+N_2+N_3}\sum_i\sum_j 10^{0.1L_{\mathrm{EPN}ij}}\right) \tag{4}$$

式中：$L_{\mathrm{EPN}ij}$——$j$ 航路，第 $i$ 架次飞机在预测点产生的有效感觉噪声级，dB。

d）按工作等级要求绘制等声级线图。等声级线的间隔应不大于 5 dB（一般选 5 dB）。对于 $L_{\mathrm{eq}}$ 等声级线最低值应与相应功能区夜间标准值一致，最高值可为 75 dB；对于 $L_{\mathrm{WECPN}}$ 一般应有 70 dB、75 dB、80 dB、85 dB、90 dB 的等声级线。

### 8.3 户外声传播衰减计算

#### 8.3.1 基本公式

户外声传播衰减包括几何发散（$A_{\mathrm{div}}$）、大气吸收（$A_{\mathrm{atm}}$）、地面效应（$A_{\mathrm{gr}}$）、屏障屏蔽（$A_{\mathrm{bar}}$）、其他多方面效应（$A_{\mathrm{misc}}$）引起的衰减。

a）在环境影响评价中，应根据声源声功率级或靠近声源某一参考位置处的已知声级（如实测得到的）、户外声传播衰减，计算距离声源较远处的预测点的声级。在已知距离无指向性点声源参考点 $r_0$ 处的倍频带（用 63 Hz 到 8 000 Hz 的 8 个标称倍频带中心频率）声压级 $L_p(r_0)$ 和计算出参考点（$r_0$）和预测点（$r$）处之间的户外声传播衰减后，预测点 8 个倍频带声压级可分别用式（5）计算。

$$L_p(r)=L_p(r_0)-(A_{\mathrm{div}}+A_{\mathrm{atm}}+A_{\mathrm{bar}}+A_{\mathrm{gr}}+A_{\mathrm{misc}}) \tag{5}$$

b）预测点的 A 声级 $L_{\mathrm{A}}(r)$ 可按式（6）计算，即将 8 个倍频带声压级合成，计算出预测点的 A 声级[$L_{\mathrm{A}}(r)$]。

$$L_{\mathrm{A}}(r)=10\lg\left(\sum_{i=1}^{8}10^{0.1(L_{pi}(r)-\Delta L_i)}\right) \tag{6}$$

式中：$L_{pi}(r)$——预测点（$r$）处，第 $i$ 倍频带声压级，dB；

$\Delta L_i$——第 $i$ 倍频带的 A 计权网络修正值（见附录 B），dB。

c）在只考虑几何发散衰减时，可用式（7）计算：

$$L_{\mathrm{A}}(r)=L_{\mathrm{A}}(r_0)-A_{\mathrm{div}} \tag{7}$$

#### 8.3.2 几何发散衰减（$A_{\mathrm{div}}$）

##### 8.3.2.1 点声源的几何发散衰减

a）无指向性点声源几何发散衰减的基本公式是：

$$L_p(r)=L_p(r_0)-20\lg(r/r_0) \tag{8}$$

式（8）中第二项表示了点声源的几何发散衰减：

$$A_{\mathrm{div}}=20\lg(r/r_0) \tag{9}$$

如果已知点声源的倍频带声功率级 $L_w$ 或 A 声功率级（$L_{\mathrm{A}w}$），且声源处于自由声场，则式（8）等效为式（10）或式（11）：

$$L_p(r)=L_w-20\lg(r)-11 \tag{10}$$

$$L_{\mathrm{A}}(r)=L_{\mathrm{A}w}-20\lg(r)-11 \tag{11}$$

如果声源处于半自由声场，则式（8）等效为式（12）或式（13）：

$$L_p(r)=L_w-20\lg(r)-8 \tag{12}$$

$$L_A(r) = L_{Aw} - 20\lg(r) - 8 \tag{13}$$

b）具有指向性点声源几何发散衰减的计算公式：

声源在自由空间中辐射声波时，其强度分布的一个主要特性是指向性。例如，喇叭发声，其喇叭正前方声音大，而侧面或背面就小。

对于自由空间的点声源，其在某一$\theta$方向上距离 $r$ 处的倍频带声压级[$L_p(r)_\theta$]：

$$L_p(r)_\theta = L_w - 20\lg r + D_{I\theta} - 11 \tag{14}$$

式中：$D_{I\theta}$——$\theta$方向上的指向性指数，$D_{I\theta} = 10\lg R_\theta$。

$R_\theta$：指向性因数，$R_\theta = \dfrac{I_\theta}{I}$

$I$：所有方向上的平均声强，W/m²；

$I_\theta$：某一$\theta$方向上的声强，W/m²。

按式（8）计算具有指向性点声源几何发散衰减时，式（8）中的$L_p(r)$与$L_p(r_0)$必须是在同一方向上的倍频带声压级。

c）反射体引起的修正（$\Delta L_r$）

如图 2 所示，当点声源与预测点处在反射体同侧附近时，到达预测点的声级是直达声与反射声叠加的结果，从而使预测点声级增高。

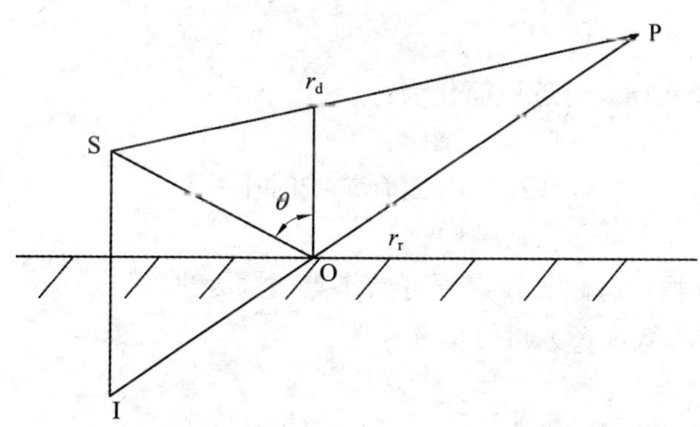


图 2 反射体的影响

当满足下列条件时，需考虑反射体引起的声级增高：

1）反射体表面平整光滑，坚硬的。

2）反射体尺寸远远大于所有声波波长λ。

3）入射角$\theta$＜85º。

$r_r - r_d \gg \lambda$ 反射引起的修正量$\Delta L_r$与$r_r/r_d$有关（$r_r$=IP、$r_d$=SP），可按表 2 计算：

表 2 反射体引起的修正量

| $r_r/r_d$ | dB |
|---|---|
| ≈1 | 3 |
| ≈1.4 | 2 |
| ≈2 | 1 |
| ＞2.5 | 0 |

8.3.2.2　线声源的几何发散衰减

a）无限长线声源

无限长线声源几何发散衰减的基本公式是：

$$L_p(r)=L_p(r_0)-10\lg(r/r_0) \tag{15}$$

式（15）中第二项表示了无限长线声源的几何发散衰减：

$$A_{\mathrm{div}}=10\lg(r/r_0) \tag{16}$$

b）有限长线声源

如图 3 所示，设线声源长度为 $l_0$，单位长度线声源辐射的倍频带声功率级为 $L_w$。在线声源垂直平分线上距声源 $r$ 处的声压级为：

$$L_p(r)=L_w+10\lg\left[\frac{1}{r}\mathrm{arctg}\left(\frac{l_0}{2r}\right)\right]-8 \tag{17}$$

或

$$L_p(r)=L_p(r_0)+10\lg\left[\frac{\frac{1}{r}\mathrm{arctg}\left(\frac{l_0}{2r}\right)}{\frac{1}{r_0}\mathrm{arctg}\left(\frac{l_0}{2r_0}\right)}\right] \tag{18}$$

当 $r>l_0$ 且 $r_0>l_0$ 时，式（18）可近似简化为：

$$L_p(r)=L_p(r_0)-20\lg\left(\frac{r}{r_0}\right) \tag{19}$$

即在有限长线声源的远场，有限长线声源可当作点声源处理。

当 $r<l_0/3$ 且 $r_0<l_0/3$ 时，式（18）可近似简化为：

$$L_p(r)=L_p(r_0)-10\lg\left(\frac{r}{r_0}\right) \tag{20}$$

即在近场区，有限长线声源可当作无限长线声源处理。

当 $l_0/3<r<l_0$，且 $l_0/3<r_0<l_0$ 时，式（18）可作近似计算：

$$L_p(r)=L_p(r_0)-15\lg\left(\frac{r}{r_0}\right) \tag{21}$$

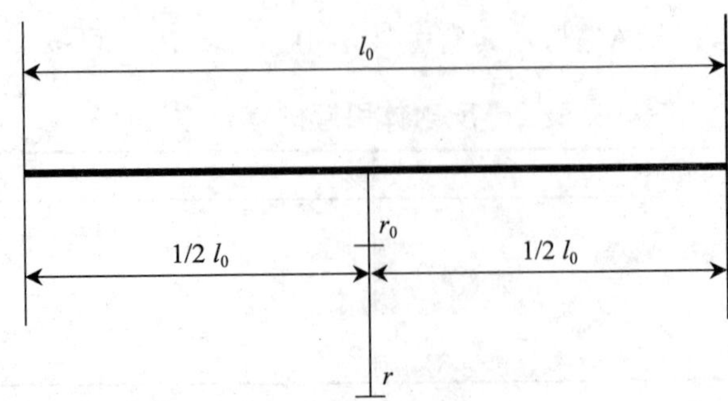


图 3　有限长线声源

8.3.2.3 面声源的几何发散衰减

一个大型机器设备的振动表面，车间透声的墙壁，均可以认为是面声源。如果已知面声源单位面积的声功率为 $W$，各面积元噪声的位相是随机的，面声源可看做由无数点声源连续分布组合而成，其合成声级可按能量叠加法求出。

图 4 给出了长方形面声源中心轴线上的声衰减曲线。当预测点和面声源中心距离 $r$ 处于以下条件时，可按下述方法近似计算：$r<a/\pi$时，几乎不衰减（$A_{div}\approx 0$）；当 $a/\pi<r<b/\pi$，距离加倍衰减 3 dB 左右，类似线声源衰减特性[$A_{div}\approx 10\lg(r/r_0)$]；当 $r>b/\pi$时，距离加倍衰减趋近于 6 dB，类似点声源衰减特性[$A_{div}\approx 20\lg(r/r_0)$]。其中面声源的 $b>a$。图中虚线为实际衰减量。

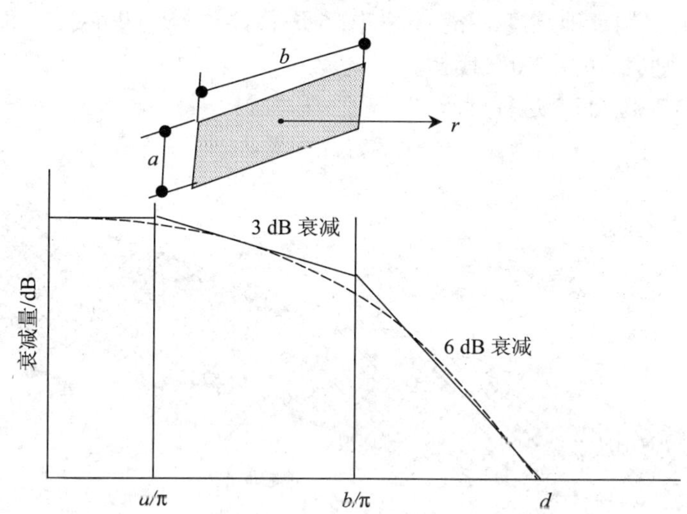


图 4 长方形面声源中心轴线上的衰减特性

8.3.3 大气吸收引起的衰减（$A_{atm}$）

大气吸收引起的衰减按式（22）计算：

$$A_{atm}=\frac{a(r-r_0)}{1\,000} \tag{22}$$

式中：$a$ 为温度、湿度和声波频率的函数，预测计算中一般根据建设项目所处区域常年平均气温和湿度选择相应的大气吸收衰减系数（见表 3）。

表 3 倍频带噪声的大气吸收衰减系数$\alpha$

| 温度/℃ | 相对湿度/% | 大气吸收衰减系数$\alpha$/（dB/km） | | | | | | | |
|---|---|---|---|---|---|---|---|---|---|
| | | 倍频带中心频率/Hz | | | | | | | |
| | | 63 | 125 | 250 | 500 | 1 000 | 2 000 | 4 000 | 8 000 |
| 10 | 70 | 0.1 | 0.4 | 1.0 | 1.9 | 3.7 | 9.7 | 32.8 | 117.0 |
| 20 | 70 | 0.1 | 0.3 | 1.1 | 2.8 | 5.0 | 9.0 | 22.9 | 76.6 |
| 30 | 70 | 0.1 | 0.3 | 1.0 | 3.1 | 7.4 | 12.7 | 23.1 | 59.3 |
| 15 | 20 | 0.3 | 0.6 | 1.2 | 2.7 | 8.2 | 28.2 | 28.8 | 202.0 |
| 15 | 50 | 0.1 | 0.5 | 1.2 | 2.2 | 4.2 | 10.8 | 36.2 | 129.0 |
| 15 | 80 | 0.1 | 0.3 | 1.1 | 2.4 | 4.1 | 8.3 | 23.7 | 82.8 |

8.3.4 地面效应衰减（$A_{gr}$）

地面类型可分为：

a）坚实地面，包括铺筑过的路面、水面、冰面以及夯实地面。

b）疏松地面，包括被草或其他植物覆盖的地面，以及农田等适合于植物生长的地面。

c）混合地面，由坚实地面和疏松地面组成。

声波越过疏松地面传播时，或大部分为疏松地面的混合地面，在预测点仅计算 A 声级前提下，地面效应引起的倍频带衰减可用式（23）计算。

$$A_{gr}=4.8-\left(\frac{2h_m}{r}\right)\left[17+\left(\frac{300}{r}\right)\right] \tag{23}$$

式中：$r$——声源到预测点的距离，m；

$h_m$——传播路径的平均离地高度，m；可按图 5 进行计算，$h_m=F/r$；$F$：面积，$m^2$；$r$，m；

若 $A_{gr}$ 计算出负值，则 $A_{gr}$ 可用“0”代替。

其他情况可参照 GB/T 17247.2 进行计算。

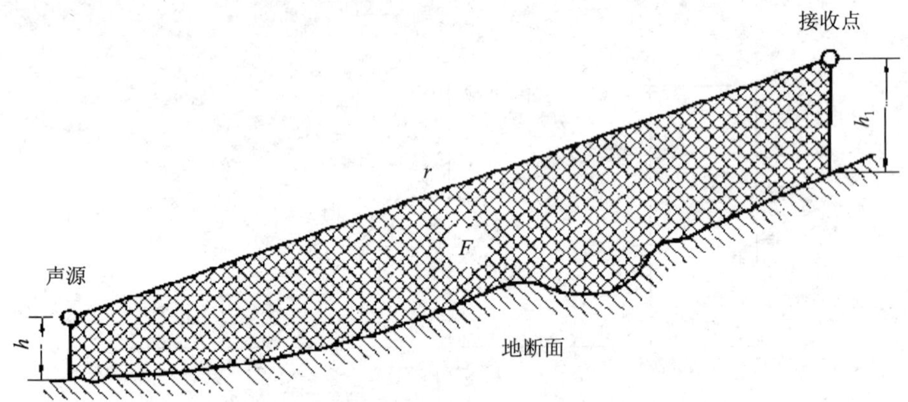


**图 5　估计平均高度 $h_m$ 的方法**

### 8.3.5　屏障引起的衰减（$A_{bar}$）

位于声源和预测点之间的实体障碍物，如围墙、建筑物、土坡或地堑等起声屏障作用，从而引起声能量的较大衰减。在环境影响评价中，可将各种形式的屏障简化为具有一定高度的薄屏障。

如图 6 所示，S、O、P 三点在同一平面内且垂直于地面。

定义 $\delta$=SO+OP−SP 为声程差，$N=2\delta/\lambda$ 为菲涅尔数，其中 $\lambda$ 为声波波长。

在噪声预测中，声屏障插入损失的计算方法应需要根据实际情况作简化处理。

#### 8.3.5.1　有限长薄屏障在点声源声场中引起的衰减计算

a）首先计算图 7 所示三个传播途径的声程差 $\delta_1$，$\delta_2$，$\delta_3$ 和相应的菲涅尔数 $N_1$、$N_2$、$N_3$。

b）声屏障引起的衰减按式（24）计算：

$$A_{bar}=-10\lg\left[\frac{1}{3+20N_1}+\frac{1}{3+20N_2}+\frac{1}{3+20N_3}\right] \tag{24}$$

当屏障很长（作无限长处理）时，则

$$A_{bar}=-10\lg\left[\frac{1}{3+20N_1}\right] \tag{25}$$

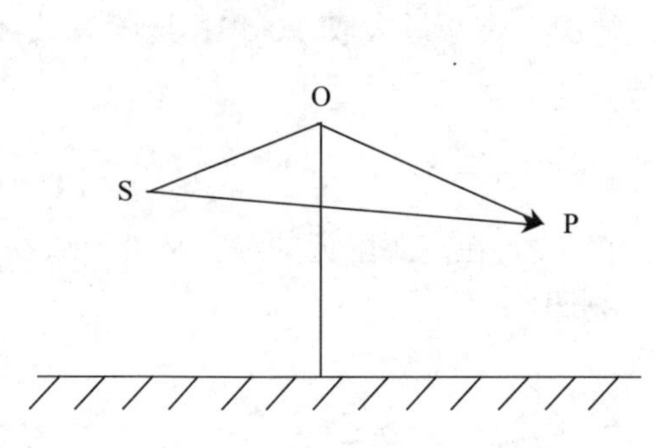


图 6　无限长声屏障示意图

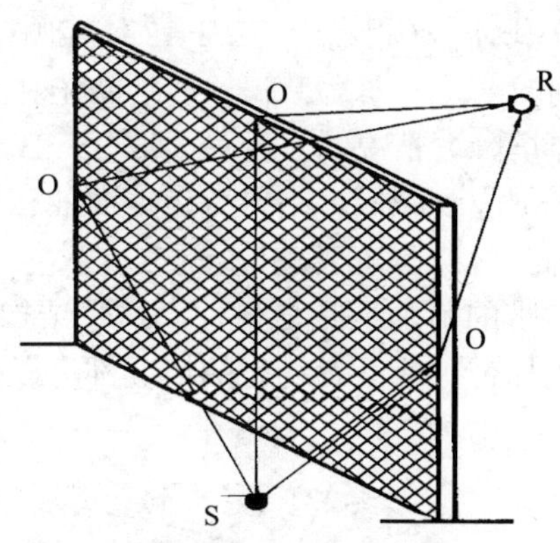


图 7　在有限长声屏障上不同的传播路径

8.3.5.2　双绕射计算

对于图 8 所示的双绕射情景，可由式（26）计算绕射声与直达声之间的声程差$\delta$:

$$\delta = [(d_{ss} + d_{sr} + e)^2 + a^2]^{\frac{1}{2}} - d \tag{26}$$

式中：$a$——声源和接收点之间的距离在平行于屏障上边界的投影长度，m；

$d_{ss}$——声源到第一绕射边的距离，m；

$d_{sr}$——（第二）绕射边到接收点的距离，m；

$e$——在双绕射情况下两个绕射边界之间的距离，m。

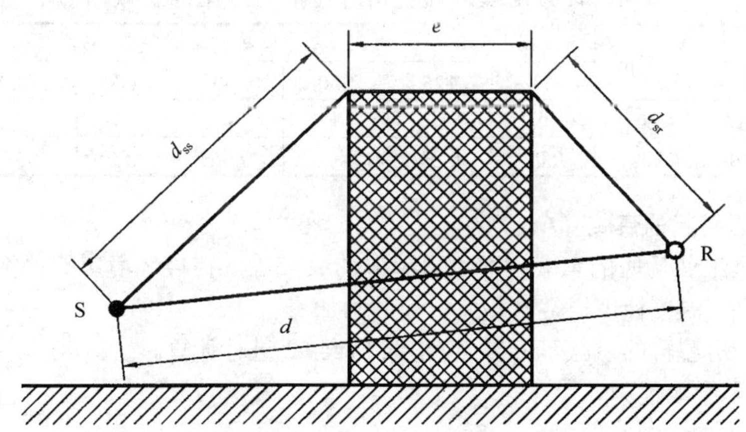


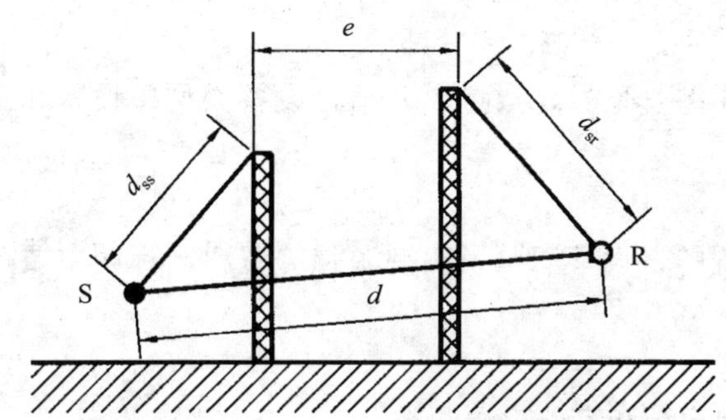


图 8　利用建筑物、土堤作为厚屏障

屏障衰减 $A_{bar}$（相当于 GB/T 17247.2 中的 $D_Z$）参照 GB/T 17247.2 进行计算。

在任何频带上，屏障衰减 $A_{bar}$ 在单绕射（即薄屏障）情况，衰减最大取 20 dB；屏障衰减 $A_{bar}$ 在双绕射（即厚屏障）情况，衰减最大取 25 dB。

计算了屏障衰减后，不再考虑地面效应衰减。

8.3.5.3　绿化林带噪声衰减计算

绿化林带的附加衰减与树种、林带结构和密度等因素有关。在声源附近的绿化林带，或在预测点附近的绿化林带，或两者均有的情况都可以使声波衰减，见图 9。

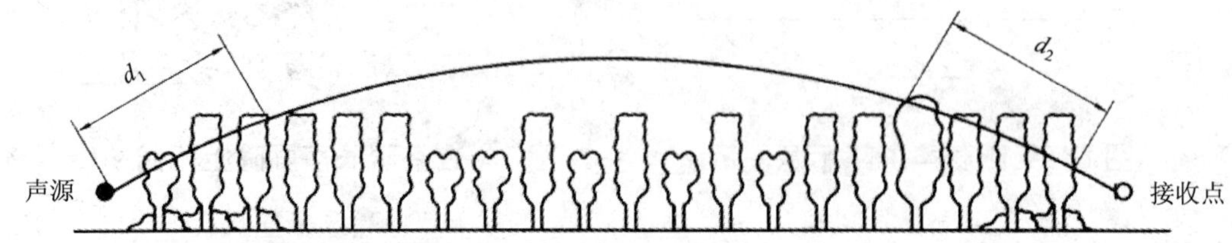


**图 9　通过树和灌木时噪声衰减示意图**

通过树叶传播造成的噪声衰减随通过树叶传播距离 $d_f$ 的增长而增加，其中 $d_f=d_1+d_2$，为了计算 $d_1$ 和 $d_2$，可假设弯曲路径的半径为 5 km。

表 4 中的第一行给出了通过总长度为 10 m 到 20 m 之间的密叶时，由密叶引起的衰减；第二行为通过总长度 20 m 到 200 m 之间密叶时的衰减系数；当通过密叶的路径长度大于 200 m 时，可使用 200 m 的衰减值。

**表 4　倍频带噪声通过密叶传播时产生的衰减**

| 项目 | 传播距离 $d_f$/m | 倍频带中心频率/Hz | | | | | | | |
|---|---|---|---|---|---|---|---|---|---|
| | | 63 | 125 | 250 | 500 | 1 000 | 2 000 | 4 000 | 8 000 |
| 衰减/dB | $10\leqslant d_f<20$ | 0 | 0 | 1 | 1 | 1 | 1 | 2 | 3 |
| 衰减系数/（dB/m） | $20\leqslant d_f<200$ | 0.02 | 0.03 | 0.04 | 0.05 | 0.06 | 0.08 | 0.09 | 0.12 |

### 8.3.6　其他多方面原因引起的衰减（$A_{misc}$）

其他衰减包括通过工业场所的衰减；通过房屋群的衰减等。在声环境影响评价中，一般情况下，不考虑自然条件（如风、温度梯度、雾）变化引起的附加修正。

工业场所的衰减、房屋群的衰减等可参照 GB/T 17247.2 进行计算。

## 8.4　典型建设项目噪声影响预测

### 8.4.1　工业噪声预测

8.4.1.1　固定声源分析

a）主要声源的确定

分析建设项目的设备类型、型号、数量，并结合设备类型、设备和工程边界、敏感目标的相对位置确定工程的主要声源。

b）声源的空间分布

依据建设项目平面布置图、设备清单及声源源强等资料，标明主要声源的位置。建立坐标系，确定主要声源的三维坐标。

c）声源的分类

将主要声源划分为室内声源和室外声源两类。

确定室外声源的源强和运行的时间及时间段。当有多个室外声源时，为简化计算，可视情况将数个声源组合为声源组团，然后按等效声源进行计算。

对于室内声源，需分析围护结构的尺寸及使用的建筑材料，确定室内声源源强和运行的时间及时间段。

d）编制主要声源汇总表

以表格形式给出主要声源的分类、名称、型号、数量、坐标位置等；声功率级或某一距离处的倍频带声压级、A 声级。

8.4.1.2 声波传播途径分析

列表给出主要声源和敏感目标的坐标或相互间的距离、高差，分析主要声源和敏感目标之间声波的传播路径，给出影响声波传播的地面状况、障碍物、树林等。

8.4.1.3 预测内容

按 6.2～6.3 不同评价工作等级的基本要求，选择以下工作内容分别进行预测，给出相应的预测结果。

a）厂界（或场界、边界）噪声预测

预测厂界噪声，给出厂界噪声的最大值及位置。

b）敏感目标噪声预测

——预测敏感目标的贡献值、预测值、预测值与现状噪声值的差值，敏感目标所处声环境功能区的声环境质量变化，敏感目标所受噪声影响的程度，确定噪声影响的范围，并说明受影响人口分布情况。

——当敏感目标高于（含）三层建筑时，还应预测有代表性的不同楼层所受的噪声影响。

c）绘制等声级线图

绘制等声级线图，说明噪声超标的范围和程度。

d）根据厂界（场界、边界）和敏感目标受影响的状况，明确影响厂界（场界、边界）和周围声环境功能区声环境质量的主要声源，分析厂界和敏感目标的超标原因。

8.4.1.4 预测模式

预测模式详见附录 A。

8.4.1.5 工业企业的专用铁路、公路等辅助设施的噪声影响预测，按 8.4.2、8.4.3 进行。

**8.4.2 公路、城市道路交通运输噪声预测**

8.4.2.1 预测参数

a）工程参数

明确公路（或城市道路）建设项目各路段的工程内容，路面的结构、材料、坡度、标高等参数；明确公路（或城市道路）建设项目各路段昼间和夜间各类型车辆的比例、昼夜比例、平均车流量、高峰车流量、车速。

b）声源参数

按照附录 A 中大、中、小车型的分类，利用相关模式计算各类型车的声源源强，也可通过类比测量进行修正。

c）敏感目标参数

根据现场实际调查，给出公路（或城市道路）建设项目沿线敏感目标的分布情况，各敏感目标的类型、名称、规模、所在路段、桩号（里程）、与路基的相对高差及建筑物的结构、朝向和层数等。

8.4.2.2 声传播途径分析

列表给出声源和预测点之间的距离、高差，分析声源和预测点之间的传播路径，给出影响声波传播的地面状况、障碍物、树林等。

8.4.2.3 预测内容

预测各预测点的贡献值、预测值、预测值与现状噪声值的差值，预测高层建筑有代表性的不同楼层所受的噪声影响。按贡献值绘制代表性路段的等声级线图，分析敏感目标所受噪声影响的程度，确定噪声影响的范围，并说明受影响人口分布情况。给出满足相应声环境功能区标准要求的距离。

依据评价工作等级要求，给出相应的预测结果。

8.4.2.4 预测模式

预测模式详见附录 A。

**8.4.3 铁路、城市轨道交通噪声预测**

8.4.3.1 预测参数

a）工程参数

明确铁路（或城市轨道交通）建设项目各路段的工程内容，分段给出线路的技术参数，包括线路型式、轨道和道床结构等。

b）车辆参数

铁路列车可分为旅客列车、货物列车、动车组三大类，牵引类型主要有内燃牵引、电力牵引两大类；城市轨道交通可按车型进行分类。分段给出各类型列车昼间和夜间的开行对数、编组情况及运行速度等参数。

c）声源源强参数

不同类型（或不同运行状况下）列车的声源源强，可参照国家相关部门的规定确定，无相关规定的应根据工程特点通过类比监测确定。

d）敏感目标参数

根据现场实际调查，给出铁路（或城市轨道交通）建设项目沿线敏感目标的分布情况，各敏感目标的类型、名称、规模、所在路段、桩号（里程）、与路基的相对高差及建筑物的结构、朝向和层数等。视情况给出铁路边界范围内的敏感目标情况。

8.4.3.2 声传播途径分析

列表给出声源和预测点间的距离、高差，分析声源和预测点之间的传播路径，给出影响声波传播的地面状况、障碍物、树林等。

8.4.3.3 预测内容

预测内容要求与 8.4.2.3 相同。

8.4.3.4 预测模式

预测模式详见附录 A。

**8.4.4 机场飞机噪声预测**

8.4.4.1 预测参数

a）工程参数

1）机场跑道参数：跑道的长度、宽度、坐标、坡度、数量、间距、方位及海拔高度。

2）飞行参数：机场年日平均飞行架次；机场不同跑道和不同航向的飞机起降架次，机型比例，昼间、傍晚、夜间的飞行架次比例；飞行程序—起飞、降落、转弯的地面航迹；爬升、下滑的垂直剖面。

b）声源参数

利用国际民航组织和飞机生产厂家提供的资料，获取不同型号发动机飞机的功率–距离–噪声特性曲线，或按国际民航组织规定的监测方法进行实际测量。

c）气象参数

机场的年平均风速、年平均温度、年平均湿度、年平均气压。

d）地面参数

分析飞机噪声影响范围内的地面状况（坚实地面，疏松地面，混合地面）。

8.4.4.2 预测的评价量

根据 GB 9660 的规定，预测的评价量为 $L_{\mathrm{WECPN}}$。

8.4.4.3 预测范围

计权等效连续感觉噪声级（$L_{\mathrm{WECPN}}$）等值线应预测到 70 dB。

8.4.4.4 预测内容

在 1∶50 000 或 1∶10 000 地形图上给出计权等效连续感觉噪声级（$L_{WECPN}$）为 70 dB、75 dB、80 dB、85 dB、90 dB 的等声级线图。同时给出评价范围内敏感目标的计权等效连续感觉噪声级（$L_{WECPN}$）。给出不同声级范围内的面积、户数、人口。

依据评价工作等级要求，给出相应的预测结果。

8.4.4.5 预测模式

改扩建项目应进行飞机噪声现状监测值和预测模式计算值符合性的验证，给出误差范围。预测模式详见附录 A。

**8.4.5 施工场地、调车场、停车场等噪声预测**

8.4.5.1 预测参数

a）工程参数

给出施工场地、调车场、停车场等的范围。

b）声源参数

根据工程特点，确定声源的种类。

1）固定声源

给出主要设备名称、型号、数量、声源源强、运行方式和运行时间。

2）流动声源

给出主要设备型号、数量、声源源强、运行方式、运行时间、移动范围和路径。

8.4.5.2 声传播途径分析

根据声源种类的不同，分析内容及要求分别执行 8.4.1.2、8.4.2.2、8.4.3.2。

8.4.5.3 预测内容

a）根据建设项目工程的特点，分别预测固定声源和流动声源对场界（或边界）、敏感目标的噪声贡献值，进行叠加后作为最终的噪声贡献值。

b）根据评价工作等级要求，给出相应的预测结果。

8.4.5.4 预测模式

依据声源的特征，选择相应的预测计算模式，详见附录 A。

**8.4.6 敏感建筑建设项目声环境影响预测**

8.4.6.1 预测参数

a）工程参数

给出敏感建筑建设项目（如居民区、学校、科研单位等）的地点、规模、平面布置图等，明确属于建设项目的敏感建筑物的位置、名称、范围等参数。

b）声源参数

1）建设项目声源

对建设项目的空调、冷冻机房、冷却塔，供水、供热，通风机，停车场，车库等设施进行分析，确定主要声源的种类、源强及其位置。

2）外环境声源

对建设项目周边的机场、铁路、公路、航道、工厂等进行分析，给出外环境对建设项目有影响的主要声源的种类、源强及其位置。

8.4.6.2 声传播途径分析

以表格形式给出建设项目声源和预测点（包括属于建设项目的敏感建筑物和建设项目周边的敏感目标）间的坐标、距离、高差，以及外环境声源和预测点（属于建设项目的敏感建筑物）之间的坐标、距离、高差，分别分析两部分声源和预测点之间的传播路径。

8.4.6.3 预测内容

a）敏感建筑建设项目声环境影响预测应包括建设项目声源对项目及外环境的影响预测和外环境（如周边公路、铁路、机场、工厂等）对敏感建筑建设项目的环境影响预测两部分内容。

b）分别计算建设项目主要声源对属于建设项目的敏感建筑和建设项目周边的敏感目标的噪声影响，同时计算外环境声源对属于建设项目的敏感建筑的噪声影响，属于建设项目的敏感建筑所受的噪声影响是建设项目主要声源和外环境声源影响的叠加。

c）根据评价工作等级要求，给出相应的预测结果。

8.4.6.4 预测模式

根据不同声源的特点，选择相应的模式进行计算，详见附录A。

## 9 声环境影响评价

### 9.1 评价标准的确定

应根据声源的类别和建设项目所处的声环境功能区等确定声环境影响评价标准，没有划分声环境功能区的区域由地方环境保护部门参照GB 3096和GB/T 15190的规定划定声环境功能区。

### 9.2 评价的主要内容

#### 9.2.1 评价方法和评价量

根据噪声预测结果和环境噪声评价标准，评价建设项目在施工、运行期噪声的影响程度、影响范围，给出边界（厂界、场界）及敏感目标的达标分析。

进行边界噪声评价时，新建建设项目以工程噪声贡献值作为评价量；改扩建建设项目以工程噪声贡献值与受到现有工程影响的边界噪声值叠加后的预测值作为评价量。

进行敏感目标噪声环境影响评价时，以敏感目标所受的噪声贡献值与背景噪声值叠加后的预测值作为评价量。

#### 9.2.2 影响范围、影响程度分析

给出评价范围内不同声级范围覆盖下的面积，主要建筑物类型、名称、数量及位置，影响的户数、人口数。

#### 9.2.3 噪声超标原因分析

分析建设项目边界（厂界、场界）及敏感目标噪声超标的原因，明确引起超标的主要声源。对于通过城镇建成区和规划区的路段，还应分析建设项目与敏感目标间的距离是否符合城市规划部门提出的防噪声距离的要求。

#### 9.2.4 对策建议

分析建设项目的选址（选线）、规划布局和设备选型等的合理性，评价噪声防治对策的适用性和防治效果，提出需要增加的噪声防治对策、噪声污染管理、噪声监测及跟踪评价等方面的建议，并进行技术、经济可行性论证。

## 10 噪声防治对策

### 10.1 噪声防治措施的一般要求

10.1.1 工业（工矿企业和事业单位）建设项目噪声防治措施应针对建设项目投产后噪声影响的最大预测值制订，以满足厂界（场界、边界）和厂界外敏感目标（或声环境功能区）的达标要求。

10.1.2 交通运输类建设项目（如公路、铁路、城市轨道交通、机场项目等）的噪声防治措施应针对建设项目不同代表性时段的噪声影响预测值分期制定，以满足声环境功能区及敏感目标功能要求。其中，铁路建设项目的噪声防治措施还应同时满足铁路边界噪声排放标准要求。

10.2 防治途径

10.2.1 规划防治对策

主要指从建设项目的选址（选线）、规划布局、总图布置和设备布局等方面进行调整，提出减少噪声影响的建议。如采用“闹静分开”和“合理布局”的设计原则，使高噪声设备尽可能远离噪声敏感区；建议建设项目重新选址（选线）或提出城乡规划中有关防止噪声的建议等。

10.2.2 技术防治措施

10.2.2.1 声源上降低噪声的措施

主要包括：

a）改进机械设计，如在设计和制造过程中选用发声小的材料来制造机件，改进设备结构和形状、改进传动装置以及选用已有的低噪声设备等。

b）采取声学控制措施，如对声源采用消声、隔声、隔振和减振等措施。

c）维持设备处于良好的运转状态。

d）改革工艺、设施结构和操作方法等。

10.2.2.2 噪声传播途径上降低噪声措施

主要包括：

a）在噪声传播途径上增设吸声、声屏障等措施。

b）利用自然地形物（如利用位于声源和噪声敏感区之间的山丘、土坡、地堑、围墙等）降低噪声。

c）将声源设置于地下或半地下的室内等。

d）合理布局声源，使声源远离敏感目标等。

10.2.2.3 敏感目标自身防护措施

主要包括：

a）受声者自身增设吸声、隔声等措施。

b）合理布局噪声敏感区中的建筑物功能和合理调整建筑物平面布局。

10.2.3 管理措施

主要包括提出环境噪声管理方案（如制订合理的施工方案、优化飞行程序等），制订噪声监测方案，提出降噪减噪设施的运行使用、维护保养等方面的管理要求，提出跟踪评价要求等。

10.3 典型建设项目噪声防治措施

10.3.1 工业（工矿企业和事业单位）噪声防治措施

a）应从选址，总图布置，声源，声传播途径及敏感目标自身防护等方面分别给出噪声防治的具体方案。主要包括：选址的优化方案及其原因分析，总图布置调整的具体内容及其降噪效果（包括边界和敏感目标）；给出各主要声源的降噪措施、效果和投资；

b）设置声屏障和对敏感建筑物进行噪声防护等的措施方案、降噪效果及投资，并进行经济、技术可行性论证；

c）在符合《城乡规划法》中规定的可对城乡规划进行修改的前提下，提出厂界（或场界、边界）与敏感建筑物之间的规划调整建议；

d）提出噪声监测计划等对策建议。

10.3.2 公路、城市道路交通噪声防治措施

a）通过不同选线方案的声环境影响预测结果，分析敏感目标受影响的程度，提出优化的选线方案建议；

b）根据工程与环境特征，给出局部线路调整、敏感目标搬迁、邻路建筑物使用功能变更、改善道路结构和路面材料、设置声屏障和对敏感建筑物进行噪声防护等具体的措施方案及其降噪效果，并进行经济、技术可行性论证；

c）在符合《城乡规划法》中规定的可对城乡规划进行修改的前提下，提出城镇规划区段线路与敏

感建筑物之间的规划调整建议；

d）给出车辆行驶规定及噪声监测计划等对策建议。

#### 10.3.3 铁路、城市轨道噪声防治措施

a）通过不同选线方案声环境影响预测结果，分析敏感目标受影响的程度，提出优化的选线方案建议；

b）根据工程与环境特征，给出局部线路和站场调整，敏感目标搬迁或功能置换，轨道、列车、路基（桥梁）、道床的优选，列车运行方式、运行速度、鸣笛方式的调整，设置声屏障和对敏感建筑物进行噪声防护等具体的措施方案及其降噪效果，并进行经济、技术可行性论证；

c）在符合《城乡规划法》中明确的可对城乡规划进行修改的前提下，提出城镇规划区段铁路（或城市轨道交通）与敏感建筑物之间的规划调整建议；

d）给出列车行驶规定及噪声监测计划等对策建议。

#### 10.3.4 机场噪声防治措施

a）通过不同机场位置、跑道方位、飞行程序方案的声环境影响预测结果，分析敏感目标受影响的程度，提出优化的机场位置、跑道方位、飞行程序方案建议；

b）根据工程与环境特征，给出机型优选，昼间、傍晚、夜间飞行架次比例的调整，对敏感建筑物进行噪声防护或使用功能变更、拆迁等具体的措施方案及其降噪效果，并进行经济、技术可行性论证；

c）在符合《城乡规划法》中明确的可对城乡规划进行修改的前提下，提出机场噪声影响范围内的规划调整建议；

d）给出飞机噪声监测计划等对策建议。

## 11 规划环境影响评价中声环境影响评价要求

### 11.1 资料分析

收集规划文本、规划图件和声环境影响评价的相关资料，分析规划方案的主要声源及可能受影响的敏感目标的分布等情况。

### 11.2 现状调查、监测与评价

**11.2.1** 现状调查以收集资料为主，当资料不全时，可视情况进行必要的补充监测。

**11.2.2** 现状调查的主要内容如下：

a）调查规划范围内现有主要声源的数量、种类、分布及噪声特性。

b）调查规划及其影响范围内主要敏感目标的类型、分布及规模等。

c）以图、表结合的方式说明规划及其影响范围内不同区域的土地使用功能和声环境功能区划，以及各功能区的声环境质量状况。

d）对规划及其影响范围内环境噪声、工业噪声、交通运输噪声、建筑施工噪声和不同声环境功能区代表点分别进行昼间和夜间监测。

e）根据现状调查与噪声监测结果进行规划及其影响范围内的声环境现状评价。

### 11.3 声环境影响分析

通过规划资料及规划区内环境规划资料的分析，预测规划实施后区域声环境质量的时空变化。包括规划的交通运输噪声影响预测、区域环境噪声影响预测、主要敏感目标噪声影响预测等。预测方法参见 8。

### 11.4 声环境功能区划分和调整

根据规划区内主要敏感目标的分布、声环境影响评价结果和区域总体规划，按 GB/T 15190 的要求提出声环境功能区划分和调整的建议。

### 11.5 噪声污染防治对策和建议

规划环评的噪声污染防治对策和建议可在“闹静分开”和“以人为本”的原则指导下，从区域土

地使用功能调整、交通运输线路布局调整、设置合理的噪声防护距离、建设声屏障、声环境敏感建筑物的隔声要求等方面提出相应的对策和建议。

## 12 声环境影响评价专题文件的编写要求

### 12.1 环境影响评价工作方案 声环境部分

12.1.1 方案应重点明确开展噪声评价工作的具体内容及实施方案。

12.1.2 方案应在初步进行工程分析和环境现状调查的基础上编制。

12.1.3 方案应包括的主要内容：

a）建设项目概况和工程分析：重点给出声源种类、数量、分布、运行时间及噪声级等基本情况。

b）区域环境概况调查：确定调查的范围和内容，重点说明建设项目周边的声环境功能区划分情况和声环境质量要求、主要环境声源、敏感目标的数量、位置等内容。

c）确定声环境影响评价的工作等级和评价范围，给出评价量和评价标准。

d）环境质量现状监测：明确监测的范围、测量量、测点数量、位置、监测时段及监测频次等。

e）环境影响预测和评价：确定预测和评价的范围和内容、选用的预测模型、预测时段及有关声源源强等参数的来源。

f）给出结论和建议的基本内容。

g）评价工作的组织、计划安排和经费概算。

h）附建设项目和敏感点关系图，现状测点位置图等。

### 12.2 环境影响报告书 声环境影响专题报告

12.2.1 专题报告应做到提供的资料齐全、可靠，论据清楚，结论明确；文字简洁、准确，图文并茂；既能全面、概括地表述声环境影响评价的全部工作，又利于阅读和审查。

12.2.2 专题报告书应说明建设项目声环境影响的范围和程度；明确建设项目在不同实施阶段能否满足声环境保护要求的结论；同时提出噪声防治措施。

12.2.3 专题报告主要内容

a）总论。给出编制依据；评价工作等级、评价范围；执行的声环境质量标准及厂界（场界、边界）噪声排放标准；声环境敏感目标。

b）工程分析。重点明确建设项目主要声源数量、位置、源强、拟采取的噪声控制措施。

c）声环境现状调查与评价。说明评价范围内主要声源，声环境功能区划分情况；以图表的形式给出监测点位的名称和数量；说明监测仪器、监测时间、监测方法及监测结果；分析敏感目标现状噪声超标情况、受噪声影响的人口数量和超标原因。改扩建项目应对已有工程噪声现状进行重点分析评价。

d）声环境影响预测和评价。明确预测时段、预测基础资料、预测方法、声源数量、源强；给出建设项目在不同时段下边厂界（场界、边界）噪声达标、超标情况及超标原因；敏感目标超标情况及影响的人数。

e）提出需要增加的、适用于建设项目的噪声防治对策，给出各项措施的降噪效果及投资估算，并分析其经济、技术的可行性。提出建设项目的有关噪声污染管理、监测及跟踪评价要求等方面的建议。

f）声环境影响评价结论。

g）附件。给出引用资料的来源、时间、类比条件等。给出声源和敏感点位置关系图及敏感点照片等。

# 附　录　A
（规范性附录）
噪声预测计算模式

## A.1　工业噪声预测计算模式

### A.1.1　声源描述

声环境影响预测，一般采用声源的倍频带声功率级，A 声功率级或靠近声源某一位置的倍频带声压级，A 声级来预测计算距声源不同距离的声级。

工业声源有室外和室内两种声源，应分别计算。

在环境影响评价中，可根据预测点和声源之间的距离 $r$，根据声源发出声波的波阵面，将声源划分为点声源、线声源、面声源后进行预测。在环境影响评价中遇到的实际声源一般可用以下方法将其划分为点声源进行预测。

实际的室外声源组，可以用处于该组中部的等效点声源来描述，等效点声源的声功率等于声源组内各声源声功率的和。一般要求组内的声源具有大致相同的强度和离地面的高度；到接收点有相同的传播条件；从单一等效点声源到接收点间的距离 $r$ 超过声源的最大几何尺寸 $H_{max}$ 二倍（$r>2H_{max}$）。假若距离 $r$ 较小（$r\leq 2H_{max}$），或组内的各点声源传播条件不同时（如加屏蔽），其总声源必须分为若干分量点声源。

一个线源或一个面源也可分为若干线的分区或若干面积分区，而每一个线或面的分区可用处于中心位置的点声源表示。

### A.1.2　单个室外的点声源在预测点产生的声级计算基本公式

如已知声源的倍频带声功率级（从 63 Hz 到 8 000 Hz 标称频带中心频率的 8 个倍频带），预测点位置的倍频带声压级 $L_p(r)$ 可按式（A.1）计算：

$$L_p(r)=L_w+D_c-A \tag{A.1}$$

$$A=A_{div}+A_{atm}+A_{gr}+A_{bar}+A_{misc}$$

式中：$L_w$——倍频带声功率级，dB；

$D_c$——指向性校正，dB；它描述点声源的等效连续声压级与产生声功率级 $L_w$ 的全向点声源在规定方向的级的偏差程度；指向性校正等于点声源的指向性指数 $D_I$ 加上计到小于 4π球面度（sr）立体角内的声传播指数 $D_\Omega$；对辐射到自由空间的全向点声源，$D_c$=0 dB；

$A$——倍频带衰减，dB；

$A_{div}$——几何发散引起的倍频带衰减，dB；

$A_{atm}$——大气吸收引起的倍频带衰减，dB；

$A_{gr}$——地面效应引起的倍频带衰减，dB；

$A_{bar}$——声屏障引起的倍频带衰减，dB；

$A_{misc}$——其他多方面效应引起的倍频带衰减，dB。

衰减项计算按正文 8.3.3～8.3.7 相关模式计算。

如已知靠近声源处某点的倍频带声压级 $L_p(r_0)$ 时，相同方向预测点位置的倍频带声压级 $L_p(r)$ 可按式（A.2）计算：

$$L_p(r)=L_p(r_0)-A \qquad \text{(A.2)}$$

预测点的 A 声级 $L_A(r)$，可利用 8 个倍频带的声压级按式（A.3）计算：

$$L_A(r)=10\lg\left\{\sum_{i=1}^{8}10^{\left[0.1L_{pi}(r)-\Delta L_i\right]}\right\} \qquad \text{(A.3)}$$

式中：$L_{pi}(r)$——预测点（$r$）处，第 $i$ 倍频带声压级，dB；

$\Delta L_i$——$i$ 倍频带 A 计权网络修正值，dB（见附录 B）。

在不能取得声源倍频带声功率级或倍频带声压级，只能获得 A 声功率级或某点的 A 声级时，可按式（A.4）和式（A.5）作近似计算：

$$L_A(r)=L_{Aw}+D_c-A \qquad \text{(A.4)}$$

或

$$L_A(r)=L_A(r_0)-A \qquad \text{(A.5)}$$

$A$ 可选择对 A 声级影响最大的倍频带计算，一般可选中心频率为 500 Hz 的倍频带作估算。

### A.1.3 室内声源等效室外声源声功率级计算方法

如图 A.1 所示，声源位于室内，室内声源可采用等效室外声源声功率级法进行计算。设靠近开口处（或窗户）室内、室外某倍频带的声压级分别为 $L_{p1}$ 和 $L_{p2}$。若声源所在室内声场为近似扩散声场，则室外的倍频带声压级可按式（A.6）近似求出：

$$L_{p2}=L_{p1}-(TL+6) \qquad \text{(A.6)}$$

式中：$TL$——隔墙（或窗户）倍频带的隔声量，dB。

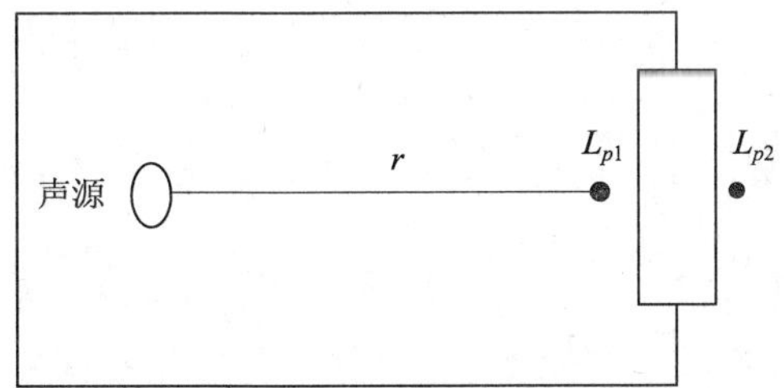


**图 A.1 室内声源等效为室外声源图例**

也可按式（A.7）计算某一室内声源靠近围护结构处产生的倍频带声压级：

$$L_{p1}=L_w+10\lg\left(\frac{Q}{4\pi r^2}+\frac{4}{R}\right) \qquad \text{(A.7)}$$

式中：$Q$——指向性因数，通常对无指向性声源，当声源放在房间中心时，$Q$=1，当放在一面墙的中心时，$Q$=2；当放在两面墙夹角处时，$Q$=4，当放在三面墙夹角处时，$Q$=8；

$R$——房间常数，$R=S\alpha/(1-\alpha)$，$S$ 为房间内表面面积，m$^2$，α为平均吸声系数；

$r$——声源到靠近围护结构某点处的距离，m。

然后按式（A.8）计算出所有室内声源在围护结构处产生的 $i$ 倍频带叠加声压级：

$$L_{p1i}(T)=10\lg\left(\sum_{j=1}^{N}10^{0.1L_{p1ij}}\right) \qquad \text{(A.8)}$$

式中：$L_{p1i}(T)$——靠近围护结构处室内 $N$ 个声源 $i$ 倍频带的叠加声压级，dB；

$L_{p1ij}$——室内 $j$ 声源 $i$ 倍频带的声压级，dB；

$N$——室内声源总数。

在室内近似为扩散声场时，按式（A.9）计算出靠近室外围护结构处的声压级：

$$L_{p2i}(T)=L_{p1i}(T)-(TL_i+6) \tag{A.9}$$

式中：$L_{p2i}(T)$——靠近围护结构处室外 $N$ 个声源 $i$ 倍频带的叠加声压级，dB；

$TL_i$——围护结构 $i$ 倍频带的隔声量，dB。

然后按式（A.10）将室外声源的声压级和透过面积换算成等效的室外声源，计算出中心位置位于透声面积（$S$）处的等效声源的倍频带声功率级。

$$L_w=L_{p2}(T)+10\lg s \tag{A.10}$$

然后按室外声源预测方法计算预测点处的 A 声级。

### A.1.4 靠近声源处的预测点噪声预测模式

如预测点在靠近声源处，但不能满足点声源条件时，需按线声源或面声源模式计算。

### A.1.5 噪声贡献值计算

设第 $i$ 个室外声源在预测点产生的 A 声级为 $L_{Ai}$，在 $T$ 时间内该声源工作时间为 $t_i$；第 $j$ 个等效室外声源在预测点产生的 A 声级为 $L_{Aj}$，在 $T$ 时间内该声源工作时间为 $t_j$，则拟建工程声源对预测点产生的贡献值（$L_{eqg}$）为：

$$L_{eqg}=10\lg\left[\frac{1}{T}\left(\sum_{i=1}^{N}t_i10^{0.1L_{Ai}}+\sum_{j=1}^{M}t_j10^{0.1L_{Aj}}\right)\right] \tag{A.11}$$

式中：$t_j$——在 $T$ 时间内 $j$ 声源工作时间，s；

$t_i$——在 $T$ 时间内 $i$ 声源工作时间，s；

$T$——用于计算等效声级的时间，s；

$N$——室外声源个数；

$M$——等效室外声源个数。

### A.1.6 预测值计算

按正文式（2）计算。

## A.2 公路（道路）交通运输噪声预测模式

### A.2.1 公路交通运输噪声预测基本模式

#### A.2.1.1 车型分类

车型分类（大、中、小型车）方法见表 A.1。

**表 A.1 车型分类**

| 车型 | 总质量（GVM） |
|---|---|
| 小 | ≤3.5 t，M1，M2，N1 |
| 中 | 3.5～12 t，M2，M3，N2 |
| 大 | ＞12 t，N3 |

注：M1，M2，M3，N1，N2，N3 和 GB 1495 划定方法一致。摩托车、拖拉机等应另外归类。

#### A.2.1.2 基本预测模式

a）第 $i$ 类车等效声级的预测模式

$$L_{\mathrm{eq}}(h)_i=\left(\overline{L_{0E}}\right)_i+10\lg\left(\frac{N_i}{V_iT}\right)+10\lg\left(\frac{7.5}{r}\right)+10\lg\left(\frac{\psi_1+\psi_2}{\pi}\right)+\Delta L-16 \tag{A.12}$$

式中：$L_{\mathrm{eq}}(h)_i$——第 $i$ 类车的小时等效声级，dB(A)；

$\left(\overline{L_{0E}}\right)_i$——第 $i$ 类车速度为 $V_i$，km/h，水平距离为 7.5 m 处的能量平均 A 声级，dB(A)；

$N_i$——昼间，夜间通过某个预测点的第 $i$ 类车平均小时车流量，辆/h；

$r$——从车道中心线到预测点的距离，m，（A12）适用于 $r$>7.5 m 预测点的噪声预测；

$V_i$——第 $i$ 类车的平均车速，km/h；

$T$——计算等效声级的时间，1 h；

$\psi_1$、$\psi_2$——预测点到有限长路段两端的张角，弧度，如图 A.2 所示；

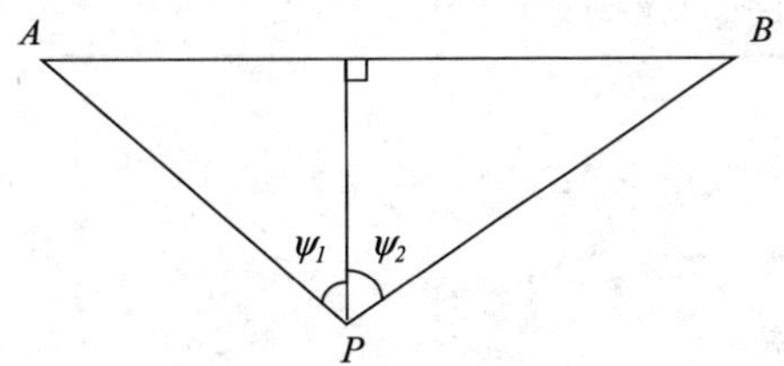


**图 A.2　有限路段的修正函数，*A*～*B* 为路段，*P* 为预测点**

$\Delta L$——由其他因素引起的修正量，dB(A)，可按下式计算：

$$\Delta L=\Delta L_1-\Delta L_2+\Delta L_3 \tag{A.13}$$

$$\Delta L_1=\Delta L_{坡度}+\Delta L_{路面} \tag{A.14}$$

$$\Delta L_2=A_{\mathrm{atm}}+A_{\mathrm{gr}}+A_{\mathrm{bar}}+A_{\mathrm{misc}} \tag{A.15}$$

式中：$\Delta L_1$——线路因素引起的修正量，dB(A)；

$\Delta L_{坡度}$——公路纵坡修正量，dB(A)；

$\Delta L_{路面}$——公路路面材料引起的修正量，dB(A)；

$\Delta L_2$——声波传播途径中引起的衰减量，dB(A)；

$\Delta L_3$——由反射等引起的修正量，dB(A)。

b）总车流等效声级为：

$$L_{\mathrm{eq}}(T)=10\lg\left(10^{0.1L_{\mathrm{eq}}(h)大}+10^{0.1L_{\mathrm{eq}}(h)中}+10^{0.1L_{\mathrm{eq}}(h)小}\right) \tag{A.16}$$

如某个预测点受多条线路交通噪声影响（如高架桥周边预测点受桥上和桥下多条车道的影响，路边高层建筑预测点受地面多条车道的影响），应分别计算每条车道对该预测点的声级后，经叠加后得到贡献值。

### A.2.2　修正量和衰减量的计算

#### A.2.2.1　线路因素引起的修正量（$\Delta L_1$）

a）纵坡修正量（$\Delta L_{坡度}$）

公路纵坡修正量 $\Delta L_{坡度}$可按下式计算：

$$\begin{aligned}&\text{大型车：}\Delta L_{\text{坡度}}=98\times\beta \quad \text{dB(A)}\\&\text{中型车：}\Delta L_{\text{坡度}}=73\times\beta \quad \text{dB(A)}\\&\text{小型车：}\Delta L_{\text{坡度}}=50\times\beta \quad \text{dB(A)}\end{aligned} \qquad \text{（A.17）}$$

式中：$\beta$——公路纵坡坡度，%。

b）路面修正量（$\Delta L_{\text{路面}}$）

不同路面的噪声修正量见表 A.2。

**表 A.2 常见路面噪声修正量** 单位：dB(A)

| 路面类型 | 不同行驶速度修正量/（km/h） | | |
|---|---|---|---|
| | 30 | 40 | ≥50 |
| 沥青混凝土 | 0 | 0 | 0 |
| 水泥混凝土 | 1.0 | 1.5 | 2.0 |
| 注：表中修正量为 $\left(\overline{L_{0E}}\right)_i$ 在沥青混凝土路面测得结果的修正。 | | | |

A.2.2.2 声波传播途径中引起的衰减量（$\Delta L_2$）

a）障碍物衰减量（$A_{\text{bar}}$）

1）声屏障衰减量（$A_{\text{bar}}$）计算

无限长声屏障可按下式计算：

$$A_{\text{bar}}=\begin{cases}10\lg\left[\dfrac{3\pi\sqrt{(1-t^2)}}{4\operatorname{arctg}\sqrt{\dfrac{(1-t)}{(1+t)}}}\right], & t=\dfrac{40f\delta}{3c}\leqslant 1 \quad \text{dB}\\[2ex] 10\lg\left[\dfrac{3\pi\sqrt{(t^2-1)}}{2\ln(t+\sqrt{t^2-1})}\right], & t=\dfrac{40f\delta}{3c}>1 \quad \text{dB}\end{cases} \qquad \text{（A.18）}$$

式中：$f$——声波频率，Hz；

$\delta$——声程差，m；

$c$——声速，m/s。

在公路建设项目评价中可采用 500 Hz 频率的声波计算得到的屏障衰减量近似作为 A 声级的衰减量。

有限长声屏障计算：

$A_{\text{bar}}$ 仍由式（A.18）计算。然后根据图 A.3 进行修正。修正后的 $A_{\text{bar}}$ 取决于遮蔽角$\beta/\theta$。图 A.3（a）中虚线表示：无限长屏障声衰减为 8.5 dB，若有限长声屏障对应的遮蔽角百分率为 92%，则有限长声屏障的声衰减为 6.6 dB。

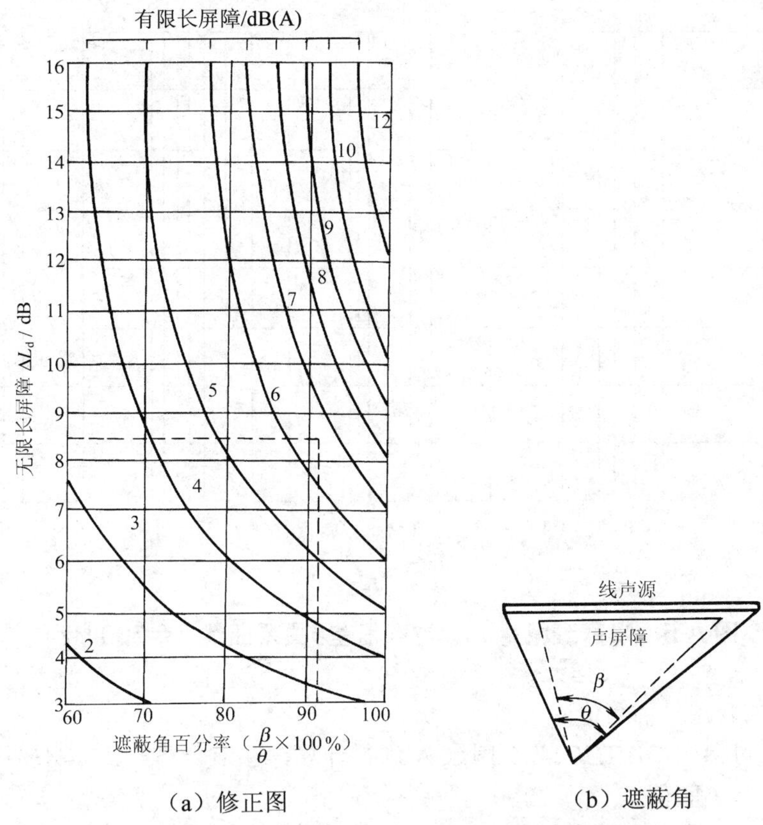


（a）修正图　　（b）遮蔽角

**图 A.3　有限长度的声屏障及线声源的修正图**

声屏障的透射、反射修正可参照 HJ/T 90 计算。

2）高路堤或低路堑两侧声影区衰减量计算

高路堤或低路堑两侧声影区衰减量 $A_{bar}$ 为预测点在高路堤或低路堑两侧声影区内引起的附加衰减量。

当预测点处于声照区时，$A_{bar}=0$；

当预测点处于声影区，$A_{bar}$ 决定于声程差$\delta$。

由图 A.4 计算$\delta$，$\delta=a+b-c$。再由图 A.5 查出 $A_{bar}$ 。

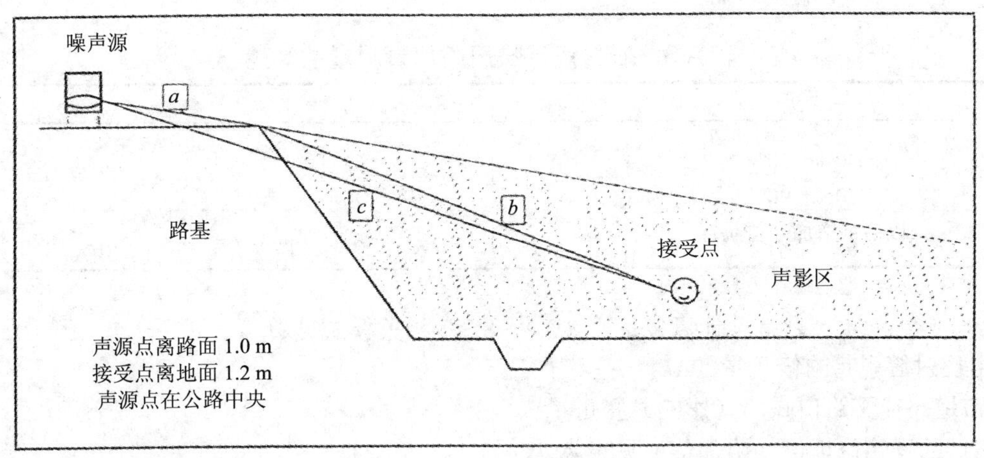


**图 A.4　声程差$\delta$计算示意图**

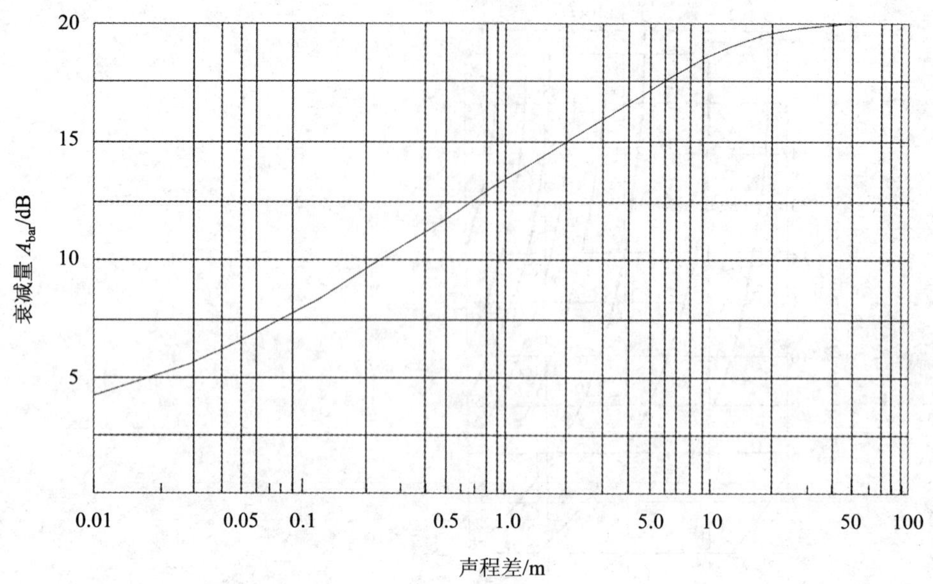


图 A.5 噪声衰减量 $A_{bar}$ 与声程差 $\delta$ 关系曲线（$f$=500 Hz）

3）农村房屋附加衰减量估算值

农村房屋衰减量可参照 GB/T 17247.2 附录 A 进行计算，在沿公路第一排房屋影声区范围内，近似计算可按图 A.6 和表 A.3 取值。

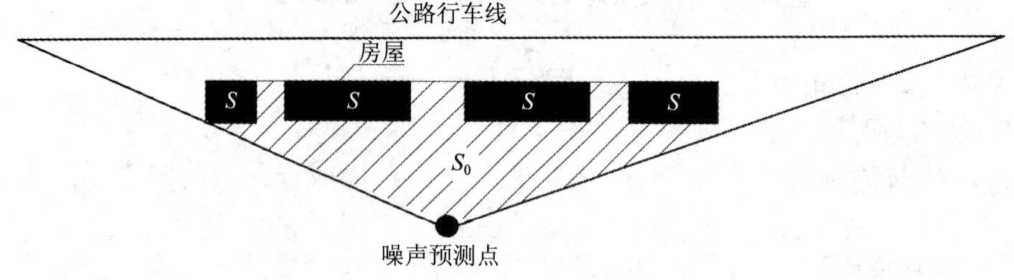


$S$ 为第一排房屋面积和，$S_0$ 为阴影部分（包括房屋）面积。

图 A.6 农村房屋降噪量估算示意图

表 A.3 农村房屋噪声附加衰减量估算量

| $S/S_0$ | $A_{bar}$ |
|---|---|
| 40%～60% | 3 dB(A) |
| 70%～90% | 5 dB(A) |
| 以后每增加一排房屋 | 1.5 dB(A)<br>最大衰减量≤10 dB(A) |

b）$A_{atm}$、$A_{gr}$、$A_{misc}$ 衰减项计算按正文 8.3.4～8.3.7 相关模式计算。

A.2.2.3 由反射等引起的修正量（$\Delta L_3$）

a）城市道路交叉路口噪声（影响）修正量

交叉路口的噪声修正值（附加值）见表 A.4。

表 A.4　交叉路口的噪声附加量

| 受噪声影响点至最近快车道中轴线交叉点的距离/m | 交叉路口/dB |
|---|---|
| ≤40 | 3 |
| 40＜$D$≤70 | 2 |
| 70＜$D$≤100 | 1 |
| ＞100 | 0 |

b）两侧建筑物的反射声修正量

地貌以及声源两侧建筑物反射影响因素的修正。当线路两侧建筑物间距小于总计算高度 30%时，其反射声修正量为：

两侧建筑物是反射面时

$$\Delta L_{反射} = 4H_b / w \qquad \leqslant 3.2\ \mathrm{dB} \tag{A.19}$$

两侧建筑物是一般吸收性表面时

$$\Delta L_{反射} = 2H_b / w \qquad \leqslant 1.6\ \mathrm{dB} \tag{A.20}$$

两侧建筑物为全吸收性表面时

$$\Delta L_{反射} \approx 0 \tag{A.21}$$

式中：$w$——线路两侧建筑物反射面的间距，m；

$H_b$——构筑物的平均高度，取线路两侧较低一侧高度平均值代入计算，m。

### A.3　城市轨道、铁路交通运输噪声预测模式

#### A.3.1　城市轨道交通运输噪声预测模式

A.3.1.1　预测点列车运行噪声等效声级计算模式：

$$L_{\mathrm{eq},l} = 10\lg\left[\frac{1}{T}\sum_{j=1}^{m} t_j 10^{0.1L_{p,j}}\right] \tag{A.22}$$

$$t_j = \frac{l_j}{V_j}\left(1 + 0.8\frac{d}{l_j}\right) \tag{A.23}$$

$$L_{p,j} = L_{p_0,j} + C_j \tag{A.24}$$

$$C_j = C_{1j} - A \tag{A.25}$$

$$C_{1j} = C_{Vj} + C_t + C_\theta \tag{A.26}$$

$$A = A_{\mathrm{div}} + A_{\mathrm{atm}} + A_{\mathrm{bar}} + A_{\mathrm{gr}} + A_{\mathrm{misc}} \tag{A.27}$$

式中：$L_{\mathrm{eq},l}$——预测点列车运行噪声等效声级，dB(A)；

$T$——预测时段内的时间，s；

$m$——$T$ 时段内通过的列车数，列；

$t_j$——$j$ 列车通过时段的等效时间，s；

$l_j$——$j$ 列车长度，m；

$V_j$——$j$ 列车运行速度，m/s；

$d$——预测点到轨道中心线的水平距离，m；

$L_{p,j}$——预测点 $j$ 列车通过时段内的等效声级，按式（A.24）计算，dB(A)；

$L_{p_0,j}$——参考点 $j$ 列车通过时段内最大垂向指向性方向上的噪声辐射源强，dB(A)；

$C_j$——$j$ 列车噪声修正量，dB(A)；

$C_{1j}$——$j$ 列车车辆、线路条件及轨道结构等修正量，dB(A)；

$C_{vj}$——$j$ 列车速度修正量，dB(A)；

$C_t$——线路和轨道结构的修正量，dB(A)；

$C_\theta$——垂向指向性修正量，dB(A)；

$A$——声波传播途径引起的衰减量，dB。

以上公式同样适用于倍频带声压级计算，若按倍频带声压级计算，应按式（A.22）分别计算倍频带等效声级后再按正文 8.3 式（6）计算等效声级。

A.3.1.2　修正量计算

A.3.1.2.1　速度修正量计算（$C_v$）

$$C_v = 30\lg(v / v_0) \qquad \text{(A.28)}$$

式中：$v_0$——列车运行参考速度，km/h；

$v$——列车运行速度，km/h。

注：$v_0$ 取值和 $L_{p_0,j}$ 获取时的车速有关。

A.3.1.2.2　线路和轨道结构的修正量（$C_t$）

线路和轨道结构的修正量（$C_t$）可参照表 A.5 选取。

**表 A.5　$C_t$ 值表**

| 序号 | 线路条件 | 修正量 |
|---|---|---|
| 1 | 弯导（半径≤500 m） | 相对直线轨道噪声级高 3～8 dB(A) |
| 2 | 岔道 | 相对直线轨道噪声级高 4 dB(A) |
| 3 | 坡道 | 相对直线轨道噪声级高 2 dB(A) |
| 4 | 混凝土高架桥结构（8 m） | 相对地面轨道噪声级高 7～10 dB(A) |
| 5 | 混凝土隧道结构 | 相对地面线路噪声级高 7～10 dB(A) |
| 6 | 扣件 | 弹性扣件可降低噪声级 3～5 dB(A) |
| 7 | 混凝土枕 | 相对木枕噪声级高 2～4 dB(A) |
| 8 | 混凝土整体道床 | 相对碎石道床噪声级高 2～4 dB(A) |
| 9 | 长钢轨和短钢轨 | 长钢轨较短钢轨噪声级低 4～6 dB(A) |
| 10 | 连续焊接钢轨 | 可降低 3 dB(A) |
| 11 | 车轮未磨平、表面粗糙、不圆 | 噪声级提高 3～5 dB(A) |
| 12 | 车轮加阻尼及车身带裙板 | 噪声级降低 10～12 dB(A) |
| 13 | 弹性车轮 | 噪声级降低 10～20 dB(A) |
| 注：根据声波叠加原理，若同时存在几种修正项时，一般只取最大值。以上修正与 $L_{p_0,j}$ 获取时的条件有关。 | | |

A.3.1.2.3　垂向指向性修正量（$C_\theta$）

列车噪声辐射的垂向指向性修正量 $C_\theta$，可按下式计算：

当 $-10° \leqslant \theta < 24°$ 时

$$C_\theta = -0.012(24-\theta)^{1.5} \qquad \text{(A.29)}$$

当 24°≤$\theta$<50°时

$$C_\theta=-0.075(\theta-24)^{1.5} \tag{A.30}$$

式中：$\theta$——声源到预测点方向与水平面的夹角，(°)。

A.3.1.2.4 几何发散衰减（$A_{div}$）的计算

$$A_{div}=10\lg\frac{d\arctan\dfrac{l}{2d_0}+\dfrac{2l^2}{4d_0^2+l^2}}{d_0\arctan\dfrac{l}{2d}+\dfrac{2l^2}{4d^2+l^2}} \tag{A.31}$$

式中：$d_0$——源强的参考距离，m；

$d$——预测点到轨道中心线的距离，m；

$l$——列车长度，m。

A.3.1.2.5 其他衰减

$A_{atm}$、$A_{bar}$、$A_{misc}$ 计算参考 A.2。

**A.3.2 铁路交通噪声预测模式**

A.3.2.1 预测点列车运行噪声等效声级预测模式

$$L_{eq,l}=10\lg\left[\frac{1}{T}\sum_i n_i t_i 10^{0.1(L_{p_0,i}+C_i)}\right] \tag{A.32}$$

式中：$T$——规定的评价时间，s；

$n_i$——$T$ 时间内通过的第 $i$ 类列车列数，列；

$t_i$——第 $i$ 类列车通过的等效时间，s；计算方法见式（A.23）；

$L_{p_0,i}$——第 $i$ 类列车最大垂向指向性方向上的噪声辐射源强，为 A 声级或倍频带声压级，dB(A)或 dB；

$C_i$——第 $i$ 类列车的噪声修正项，可为 A 声级或倍频带声压级修正项，dB(A)或 dB。

若采用按倍频带计算的方法，则应按式（A.32）分别计算频带等效声级后，再按正文 8.3 式（6）计算等效声级。

A.3.2.2 列车噪声修正量的计算

第 $i$ 类列车的噪声修正量 $C_i$，按下式计算：

$$C_i=C_{1i}-A \tag{A.33}$$

$$C_{1i}=C_{Vi}+C_\theta+C_t+C_w \tag{A.34}$$

$$A=A_{div}+A_{atm}+A_{bar}+A_{gr}+A_{misc} \tag{A.35}$$

式中：$C_{1i}$——$i$ 种车辆、线路条件及轨道结构等修正量，dB(A)或 dB；

$C_{vi}$——列车运行速度修正量，可按类比试验数据、相关资料或标准方法计算，dB(A)或 dB；

$C_\theta$——列车运行噪声垂向指向性修正量，dB(A)或 dB；计算方法见式（A.29）、式（A.30）；

$C_t$——线路和轨道结构对噪声影响的修正量，可按类比试验数据、相关资料或标准方法计算，dB；

$C_w$——频率计权修正量，dB，见附录 B；

$A$——声波传播途径引起的衰减，dB；

$A_{div}$——列车运行噪声几何发散衰减，dB，计算见式（A.31）。其他衰减（$A_{atm}$、$A_{bar}$、$A_{misc}$）

计算参考 A.2。

## A.4 飞机噪声预测模式

### A.4.1 预测的量

依据 GB 9660 机场周围噪声的预测评价量应为计权等效（有效）连续感觉噪声级（$L_{\mathrm{WECPN}}$），其计算公式如下：

$$L_{\mathrm{WECPN}}=\overline{L_{\mathrm{EPN}}}+10\lg(N_1+3N_2+10N_3)-39.4 \tag{A.36}$$

式中：$N_1$——07：00～19：00 对某预测点产生的噪声影响的飞行架次；

$N_2$——19：00～22：00 对某预测点产生的噪声影响的飞行架次；

$N_3$——22：00～07：00 对某预测点产生的噪声影响的飞行架次。

$$\overline{L_{\mathrm{EPN}}}=10\lg\left(\frac{1}{N_1+N_2+N_3}\sum_i\sum_j 10^{0.1L_{\mathrm{EPN}ij}}\right)dB \tag{A.37}$$

式中：$L_{\mathrm{EPN}ij}$——$j$ 航路第 $i$ 架次飞机对某预测点引起的有效感觉噪声级，dB。

### A.4.2 单架飞机噪声

飞机噪声可用噪声距离特性曲线或噪声－功率－距离数据表达，预测时一般利用国际民航组织、其他有关组织或飞机生产厂提供的数据，在必要情况下应按有关规定进行实测。鉴于飞机噪声资料是在一定的飞行速度和设定功率下获取的，当实际预测情况和资料获取时的条件不一致，使用时应作必要修正。

#### A.4.2.1 推力修正

飞机的声级和推力呈线性关系，可依据下式内插计算出不同推力情况下的飞机噪声级：

$$L_F=L_{F_1}+(L_{F_{i+1}}-L_{F_1})(F-F_1)/(F_{i+1}-F_i) \tag{A.38}$$

式中：$F_i$、$F_{i+1}$——测定飞机噪声时设定的推力，kN；

$L_{F_i}$、$L_{F_{i+1}}$——飞机设定推力为 $F_i$、$F_{i+1}$ 时同一地点测得的声级，dB；

$F$——介于 $F_i$、$F_{i+1}$ 之间的推力，kN；

$L_F$——内插得到的推力为 $F$ 时同一地点声级，dB。

#### A.4.2.2 速度修正

一般提供的飞机噪声是以速度 160 kn（节）为基础的，在计算声级时，应对飞机的飞行速度进行校正。

$$\Delta V=10\lg\frac{V_r}{V} \tag{A.39}$$

式中：$V_r$——参考空速，kn；

$V$——关心阶段飞机的地面速度，kn。

#### A.4.2.3 温度、湿度修正

在计算大气吸收衰减时，往往以 15℃和 70%相对湿度为基础条件。因此在温度和湿度条件相差较大时，需考虑大气条件变化而引起声衰减变化修正，其修正见正文 8.3.4。

### A.4.3 单个飞行事件引起的地面噪声的计算

在飞机噪声特性确定后，计算各个预测点的噪声需按如下步骤进行。

#### A.4.3.1 飞行剖面的确定

在进行噪声预测时，首先应确定单架飞机的飞行剖面。典型的飞行剖面示意见图 A.7。

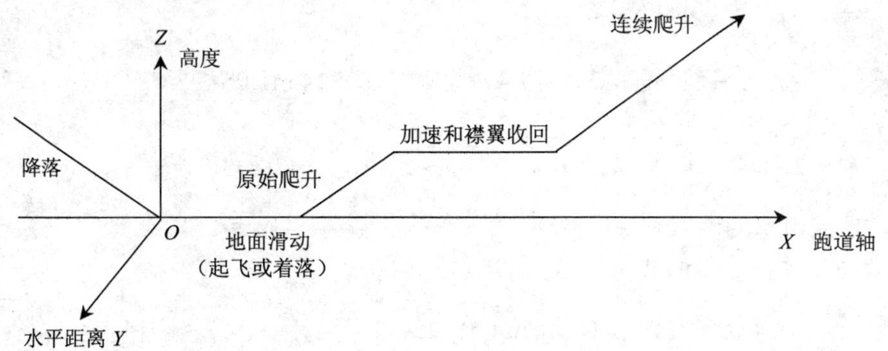


**图 A.7 典型飞行剖面示意图**

A.4.3.2 斜距确定

从网格预测点到飞行航线的垂直距离可由下式计算：

$$R = \sqrt{L^2 + (h\cos r)^2} \tag{A.40}$$

式中：$R$——预测点到飞行航线的垂直距离，m；

$L$——预测点到地面航迹的垂直距离，m；

$h$——飞行高度，m；

$r$——飞机的爬升角，（°）。

各种符号的具体意义见图 A.8。

$O$——预测点。

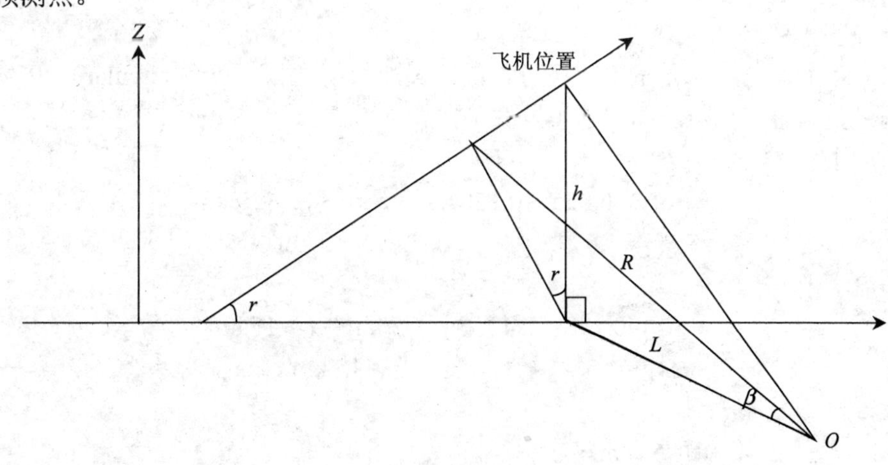


**图 A.8 各种符号的意义**

A.4.3.3 侧向衰减

声波在传递过程中，由地面影响所引起的侧向衰减可按下式计算：

a）喷气式飞机位于地面时

$$\Delta L(L) = 15.09[1 - e^{-0.002\,74}] \qquad 0 < L < 914\ \text{m} \tag{A.41}$$

$$\Delta L(L) = 13.86 \qquad L \geqslant 914\ \text{m} \tag{A.42}$$

式中：$\Delta L(L)$——地面引起的侧向衰减，dB；

$L$——水平距离，m。

b）飞机位于空中时

$$\Delta L(\beta)=3.96-0.66\beta+9.9e^{-0.13\beta} \qquad L>914\ \mathrm{m},\ 0°\leqslant\beta\leqslant 60° \qquad (A.43)$$

$$\Delta L(\beta)=0 \qquad \beta>60° \qquad (A.44)$$

式中：$\Delta L(\beta)$——地面引起的侧向衰减，dB；

$\beta$——预测点到飞行航线的仰角，（°）。$\beta=\cos^{-1}$（$L/R$）。

$$\Delta L(\beta,L)=[\Delta L(L)][\Delta L(\beta)]/13.86 \qquad 0\leqslant L\leqslant 914\ \mathrm{m} \qquad (A.45)$$

式中：$\Delta L(\beta,L)$——地面引起的侧向衰减，dB。

A.4.3.4 飞机起跑点后面的预测点声级的修正

由于飞机噪声具有一定的指向性，因此，飞机起跑点后面的预测点声级应作指向性修正，其修正公式如下：

a）对于 $90°\leqslant\theta\leqslant 148.4°$

$$\Delta L=51.44-1.553\theta+0.015\,147\theta^2-0.000\,047\,173\theta^3 \qquad (A.46)$$

b）对于 $148.4°<\theta\leqslant 180°$

$$\Delta L=339.18-2.580\,2\theta-0.004\,554\,5\theta^2+0.000\,044\,193\theta^3 \qquad (A.47)$$

式中：$\theta$——预测点与跑道端中点连线和跑道中心线的夹角，（°）。

### A.4.4 飞机噪声等值线图的绘制

A.4.4.1 飞机水平发散的计算

飞机飞行时并不能完全按规定的航迹飞行，国际民航组织通报（Icao circular）205-AN/86（1988）提出在无实际测量数据时，离场航路的水平发散可按如下考虑：

航线转弯角度小于45°时

$$S(y)=0.055x-0.150, \qquad 5\ \mathrm{km}<x<30\ \mathrm{km} \qquad (A.48)$$

$$S(y)=1.5 \qquad x>30\ \mathrm{km} \qquad (A.49)$$

航线转弯角度大于45°时

$$S(y)=0.128x-0.42 \qquad 5\ \mathrm{km}<x<15\ \mathrm{km} \qquad (A.50)$$

$$S(y)=1.5 \qquad x>15\ \mathrm{km} \qquad (A.51)$$

式中：$S(y)$——标准偏差，km；

$x$——从滑行开始点算的距离，m。

在起飞点[$S(y)=0$]和5 km之间可用线性内插决定 $S(y)$。降落时，在6 km内的发散可以忽略。

作为近似可按高斯分布来统计飞机的空间分布，沿着航迹两侧不同发散航迹飞机飞行的比例见表A.6。

**表A.6 航线两侧不同发散航迹飞机飞行的比例**

| 航迹点坐标 | 比例 |
|---|---|
| $y_m-2.0S(y)$ | 0.065 |
| $y_m-1.0S(y)$ | 0.24 |
| $y_m$ | 0.39 |
| $y_m+1.0S(y)$ | 0.24 |
| $y_m+2.0S(y)$ | 0.065 |

A.4.4.2 网格设定

进行计算机计算时，网格间距的设置一般可以为 300 m，对于接近跑道的区域，网格间距还可更小，以保证偏差不大于 0.5 dB。

A.4.4.3 等值线图绘制

网格点上计算出的 $L_{WECPN}$ 值，按 5 dB 的间隔，将噪声级相同的点连接成线。在 1∶50 000 包括机场区域在内的土地规划图上，画出 70 dB、75 dB、80 dB、85 dB、90 dB 的等值线图。

# 附 录 B
（规范性附录）
## 倍频带声压级合成 A 声级计算公式

设各个倍频带声压级为 $L_{pi}$，那么 A 声级为：

$$L_{\mathrm{A}}=10\lg\left[\sum_{i=1}^{n}10^{0.1(L_{pi}-\Delta L_i)}\right] \quad \text{(B.1)}$$

式中：$\Delta L_i$ ——第 $i$ 个倍频带的 A 计权网络修正值，dB；

$n$——总倍频带数。

中心频率为 63～16 000 Hz 倍频带的 A 计权网络修正值见表 B.1。

表 B.1 A 计权网络修正值

| 倍频带中心频率/Hz | 63 | 125 | 250 | 500 | 1 000 | 2 000 | 4 000 | 8 000 | 16 000 |
|---|---|---|---|---|---|---|---|---|---|
| $\Delta L_i$ /dB | –26.2 | –16.1 | –8.6 | –3.2 | 0 | 1.2 | 1.0 | –1.1 | –6.6 |

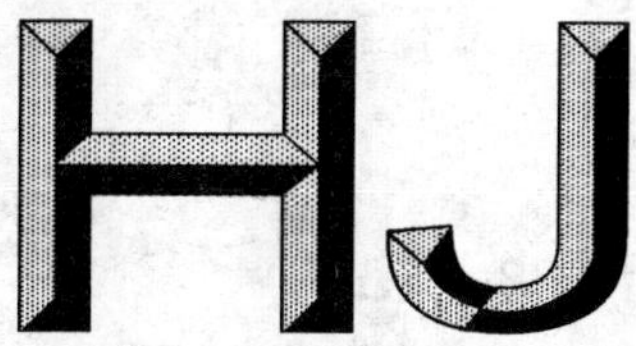

# 中华人民共和国国家环境保护标准

HJ 168—2010

代替 HJ/T 168—2004

# 环境监测　分析方法标准制修订技术导则

**Environmental monitoring—Technical guideline on drawing and revising analytical method standards**

2010-02-25 发布　　　　2010-05-01 实施

环　境　保　护　部　发布

# 中华人民共和国环境保护部
# 公　告

2010 年　第 25 号

为贯彻《中华人民共和国环境保护法》，保证环境监测规范制修订工作的质量，现批准《环境监测　分析方法标准制修订技术导则》为国家环境保护标准，并予发布。

标准名称、编号如下：

环境监测　分析方法标准制修订技术导则（HJ 168—2010）。

该标准自 2010 年 5 月 1 日起实施，由中国环境科学出版社出版，标准内容可在环境保护部网站（bz.mep.gov.cn）查询。

自上述标准实施之日起，下列标准废止：

环境监测分析方法标准制订技术导则（HJ/T 168—2004）。

特此公告。

2010 年 2 月 25 日

# 前 言

为贯彻《中华人民共和国环境保护法》、《中华人民共和国水污染防治法》、《中华人民共和国大气污染防治法》、《中华人民共和国固体废物污染环境防治法》，落实《国家环境保护标准制修订工作管理办法》，规范环境监测分析方法标准制修订工作，保证工作质量，提高工作效率，制定本标准。

本标准是对《环境监测分析方法标准制订技术导则》（HJ/T 168—2004）的修订。

本标准首次发布于2004年，原标准起草单位为中国环境监测总站、南京市环境监测中心站。本次为第一次修订。

本次修订主要对环境监测分析方法标准的制修订工作程序、基本要求，环境监测分析方法标准的主要技术内容，以及方法验证、标准开题报告和标准编制说明的内容等重新作出了技术规定。

自本标准实施之日起，《环境监测分析方法标准制订技术导则》（HJ/T 168—2004）废止。

本标准的附录A为规范性附录，附录B～附录D为资料性附录。

本标准由环境保护部科技标准司组织制订。

本标准主要起草单位：中国环境科学研究院、国家环境分析测试中心和江苏省环境监测中心。

本标准环境保护部2010年2月25日批准。

本标准自2010年5月1日起实施。

本标准由环境保护部解释。

# 环境监测　分析方法标准制修订技术导则

## 1　适用范围

本标准规定了环境监测分析方法标准制修订的工作程序和基本要求，并对标准文本和相关技术文件作出了要求。

本标准适用于环境监测分析方法标准的制修订工作。

## 2　规范性引用文件

本标准内容引用了下列文件或其中的条款。凡是不注日期的引用文件，其有效版本适用于本标准。

GB/T 6379　测量方法与结果的准确度（正确度与精密度）

GB/T 6682　分析实验室用水规格和试验方法（ISO 3696：1987，MOD）

GB/T 7714　文后参考文献著录规则

GB/T 8170　数值修约规则与极限数值的表示与判定

HJ 565　环境保护标准编制出版技术指南

JJF 1059　测量不确定度评定与表示

《国家环境保护标准制修订工作管理办法》（国家环境保护总局公告，2006 年第 41 号）

## 3　术语和定义

下列术语和定义适用于本标准。

3.1

**方法检出限**　method detection limit

用特定分析方法在给定的置信度内可从样品中定性检出待测物质的最低浓度或最小量。

3.2

**测定下限**　minimum quantitative detection limit

在限定误差能满足预定要求的前提下，用特定方法能够准确定量测定待测物质的最低定量检测限。

3.3

**测定上限**　maximum quantitative detection limit

在限定误差能满足预定要求的前提下，用特定方法能够准确定量测定待测物质的最高定量检测限。

3.4

**测定范围**　determination range

测定下限和测定上限之间的范围。

3.5

**精密度**　precision

在规定条件下，独立测试结果间的一致程度。

3.6

重复性　repeatability

指在同一实验室，使用同一方法由同一操作者对同一被测对象使用相同的仪器和设备，在相同的测试条件下，相互独立的测试结果之间的一致程度。

3.7

重复性限　repeatability limit

一个数值，在重复性条件下，两次测试结果的绝对差值不超过此数的概率为95%。

注：重复性限符号为r。

3.8

再现性　reproducibility

又称“复现性”，指在不同的实验室，使用同一方法由不同的操作者对同一被测对象使用相同的仪器和设备，在相同的测试条件下，所得测试结果之间的一致程度。

3.9

再现性限　reproducibility limit

一个数值，在再现性条件下，两次测试结果的绝对差值不超过此数的概率为95%。

注：再现性限符号为R。

3.10

准确度　accuracy

测试结果与接受参照值间的一致程度。

3.11

不确定度　uncertainty

表征合理地赋予被测量值的分散性，与测量结果相联系的参数。

注1：此参数可以是标准差或其倍数，或是说明了置信区间的半宽度。

注2：不确定度由多个分量组成，对每一分量均要评定其标准不确定度。评定方法分为A、B两类。A类评定是用对观测列进行统计分析的方法，以实验标准差表征；B类评定则用不同于A类的其他方法，以估计的标准差表征。

注3：测量结果应理解为被测量的最佳估计值，而所有的不确定度分量均贡献给了分散性，包括那些由系统效应引起的分量。

3.12

实验室样品　laboratory sample

送往实验室供检测而制备的样品。

3.13

试样　test sample

由实验室样品制备并从中抽取试料的样品。

3.14

试料　test portion

从试样中取得（如试样与实验室样品两者相同，则从实验室样品中取得），并用来进行检测或观察的一定量的物料。

3.15

空白试验　blank test

指对不含待测物质的样品用与实际样品同样的操作步骤进行的试验。对应的样品称为空白样品，简称空白。

3.16

校准　calibration

在规定条件下，为确定计量仪器或测量系统的示值或实物量具或标准物质所代表的值与相对应的被测量的已知值之间关系的一组操作。

## 4　工作程序

环境监测分析方法标准制修订按《国家环境保护标准制修订工作管理办法》中规定的程序开展工作（见图 1）。

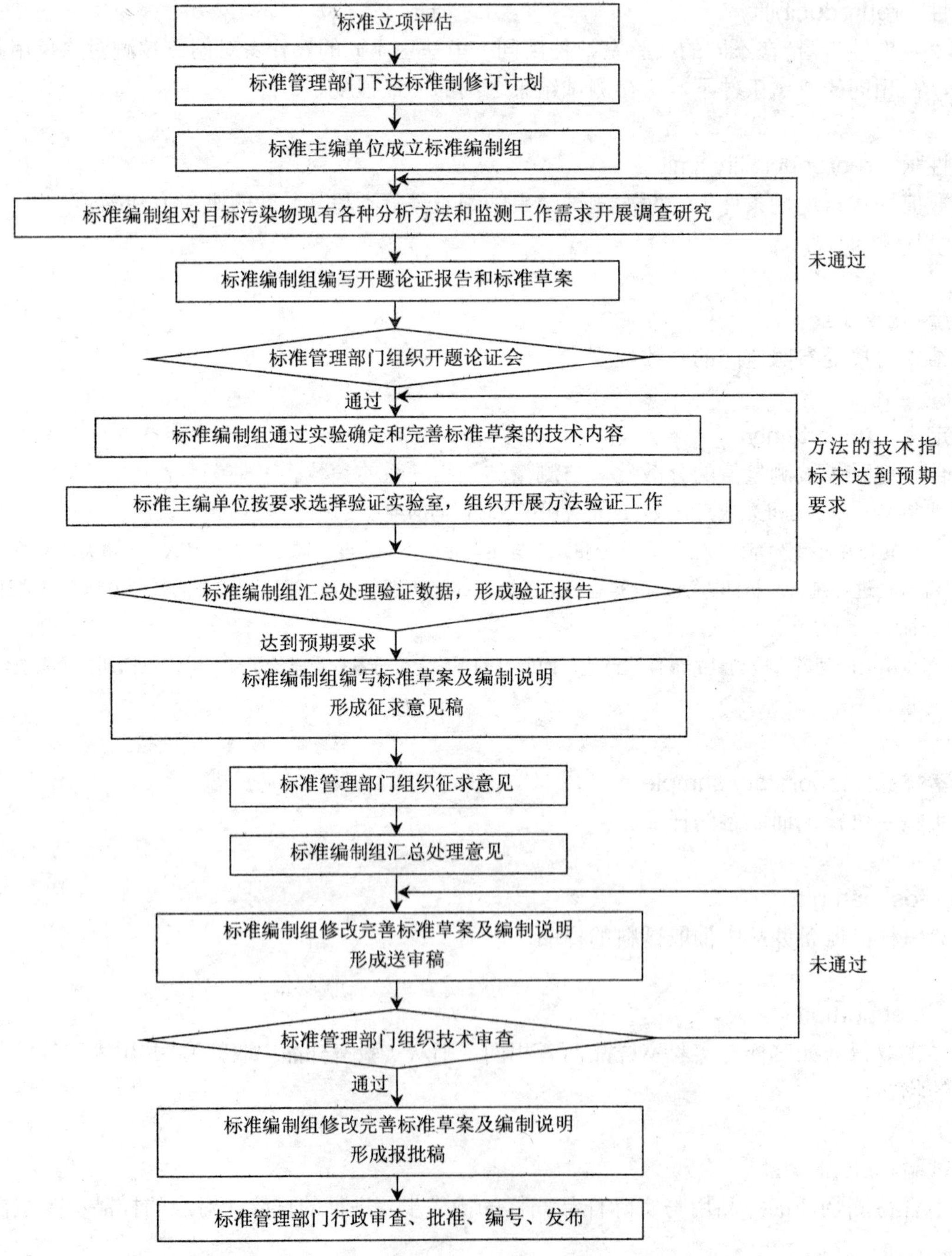


**图 1　环境监测分析方法标准制修订工作程序**

### 4.1 成立标准编制组和开题论证

标准主编单位在接到标准制修订项目计划后，应在 2 个月内成立（或召集各参加单位成立）标准编制组。标准编制组按照标准制修订项目计划的要求，对现有各种方法和监测工作需求开展调查研究，对比、筛选后提出工作方案并编写开题论证报告，初步编写标准草案。由标准管理部门主持召开标准开题论证会，组织有关方面的专家和代表审查开题论证报告，标准编制组根据开题论证会确定的方法原理和技术路线，进一步开展实验研究工作。开题报告的内容要求见附录 B。

### 4.2 方法实验研究工作

标准编制组通过实验研究初步确定标准草案的技术内容，对方法的各项技术参数和条件进行优化实验，确定具体的技术内容及检出限、测定下限、实验室内的精密度和准确度等方法特性指标，在此基础上编写标准草案和编制说明，编制说明的内容要求见附录 C。

### 4.3 方法验证工作

方法标准草案应通过 6 家以上通过计量认证或实验室认可、具备验证实验条件、监测能力和水平、具有代表性的实验室验证。标准编制组应编制方法验证方案，验证的主要内容包括方法检出限、测定下限、实验室间精密度和准确度等。

标准编制组对各实验室提供的验证数据进行汇总、整理分析，对分析方法进行评估，在此基础上对方法进行完善，编制完成《方法验证报告》，其内容要求见附录 D。如方法的技术指标未达到预期要求，标准编制组应通过研究实验等对标准草案进一步完善，再次组织方法验证。

对现行标准进行修订时，若修改的内容对测定结果可能产生影响，则需对相关内容进行验证。若为等效转化国际或国外标准，原则上应对方法的适用性和主要技术指标进行实验室内验证。

### 4.4 标准征求意见、技术审查、报批、发布

标准编制组编制完成并提交标准征求意见稿、编制说明及验证报告后，由管理部门办理标准征求意见事宜。标准编制组汇总意见并对标准草案修改后，提交标准送审稿、编制说明及验证报告，由管理部门组织进行技术审查。标准编制组根据技术审查意见对标准草案修改后，提交标准报批稿、编制说明及验证报告，由管理部门办理报批、发布事宜。

在标准征求意见、技术审查过程中，若需要补充验证数据，标准编制组需安排验证实验。

### 4.5 其他

标准管理部门根据社会经济发展和环境监管工作的需求，对现行方法标准进行复审，确定是否需要进行修订。

## 5 基本要求

5.1 方法标准应能满足相关环境质量标准、污染物排放（控制）标准的要求。

5.2 方法标准应与相关的污染物采样方法标准等环境保护标准相衔接。

5.3 方法标准采用的方法应稳定可靠，具有科学性、合理性、实用性。

5.4 方法标准内容完整、表述准确、易于理解、便于实施。

5.5 方法标准相关技术文件和数据资料完整。

5.6 方法标准中不得规定采用特定企业的技术、产品和服务，不得出现特定企业的商标名称，不得采用尚在保护期内的专利技术和配方不公开的试剂。

5.7 方法标准中不得使用国家明令禁止或淘汰使用的试剂。

## 6 标准的结构要素

环境监测分析方法标准的结构要素，见表 1。

表 1 环境监测分析方法标准的结构要素

| 序号 | 要素 | 类型 | 本标准中对应的条文 |
|---|---|---|---|
| 1 | 封面 | 必备要素 | 7.1 |
| 2 | 目次 | 必备要素 | 7.2 |
| 3 | 前言 | 必备要素 | 7.3 |
| 4 | 标准名称 | 必备要素 | 7.4 |
| 5 | 警告 | 可选要素 | 7.5 |
| 6 | 适用范围 | 必备要素 | 7.6 |
| 7 | 规范性引用文件 | 可选要素 | 7.7 |
| 8 | 术语和定义 | 可选要素 | 7.8 |
| 9 | 方法原理 | 必备要素 | 7.9 |
| 10 | 干扰和消除 | 可选要素 | 7.10 |
| 11 | 试剂和材料 | 必备要素 | 7.11 |
| 12 | 仪器和设备 | 必备要素 | 7.12 |
| 13 | 样品 | 必备要素 | 7.13 |
| 14 | 分析步骤 | 必备要素 | 7.14 |
| 15 | 结果计算与表示 | 必备要素 | 7.15 |
| 16 | 精密度和准确度 | 必备要素 | 7.16 |
| 17 | 不确定度 | 可选要素 | 7.17 |
| 18 | 质量保证和质量控制 | 必备要素 | 7.18 |
| 19 | 检测报告 | 可选要素 | 7.19 |
| 20 | 废物处理 | 可选要素 | 7.20 |
| 21 | 注意事项 | 可选要素 | 7.21 |
| 22 | 规范性附录 | 可选要素 | 7.22 |
| 23 | 资料性附录 | 可选要素 | 7.22 |
| 24 | 参考文献 | 可选要素 | 7.23 |

## 7 主要技术内容

### 7.1 封面

按 HJ 565 中的规定。

### 7.2 目次

按 HJ 565 中的规定。

### 7.3 前言

按 HJ 565 中的规定。

### 7.4 标准名称

7.4.1 标准名称采用三段式表达方式，即分析方法标准所适用的环境监测要素、所分析的指定成分或特性、分析方法的名称。

示例 1：水质 溶解氧的测定 电化学探头法

Water quality—Determination of dissolved oxygen—Electrochemical probe method

示例 2：环境空气 臭氧的测定 靛蓝二磺酸钠分光光度法

Ambient air—Determination of ozone—Indigo disulphonate spectrophotometry

7.4.2 应写出标准的英文名称。

### 7.5 警告

应给出使用该方法标准时，涉及剧毒、易燃易爆、腐蚀性、放射性、强挥发性等的试剂，以及需特别注意的安全和防护事项。

### 7.6 适用范围

7.6.1 应说明该标准适用的环境监测要素，被分析对象名称以及分析方法。

7.6.2 应说明被分析对象的检出限、测定下限和测定上限（必要时）或测定范围。如需要，应给出不同采样情况、不同样品量、不同测试条件时对应的检出限和测定下限。

7.6.3 如果标准中包括几种分析方法，应清楚地指明各分析方法的适用范围。

7.6.4 标准名称中没有包括，但需要说明的内容。

7.6.5 必要时，应明确标准的不适用情况。

### 7.7 规范性引用文件

7.7.1 规范性引用文件指标准文本中所引用的国家环境保护标准、其他的国家标准、行业标准和国际标准等。国家已废止的标准均不得引用。

7.7.2 导语应符合《国家环境保护标准制修订工作管理办法》附件十二的要求。

7.7.3 引用文件的排列顺序按 HJ 565 中的规定执行。

### 7.8 术语和定义

7.8.1 应给出为理解标准中术语所必需的定义。

7.8.2 术语和定义应尽量采用国家环境保护标准、其他的国家标准、行业标准和国际标准中的定义。

### 7.9 方法原理

7.9.1 简要叙述方法的基本原理、特征及主要步骤。

7.9.2 涉及化学反应时，原则上应写出化学方程式。如果反应不能一步完成，应详尽地给出每一步的反应方程式。

### 7.10 干扰和消除

7.10.1 在进行干扰实验的基础上，提出对方法产生干扰的环节和因素。

7.10.2 存在干扰时，应说明干扰的组分及其限量，以及产生干扰的程度。

7.10.3 应说明干扰的消除方法及操作步骤。若消除方法或操作步骤在“试剂和材料”、“样品”或“分析步骤”中详细描述，则可以直接引用其条款编号。

## 7.11 试剂和材料

7.11.1 一般采用如下表达作为导语，“除非另有说明，分析时均使用符合国家标准的分析纯试剂和蒸馏水。”当需要使用按 GB/T 6682 所规定的级别的水时，采用如下表述：“除非另有说明，分析时均使用符合国家标准的分析纯试剂，水，GB/T 6682，×级。”当需要使用无酚水、无二氧化碳水、无氨水和不含锌的水等特殊用途水时，应注明控制要求，如“无酚水”中酚的限值及特殊用途水制备方法。

7.11.2 应列出测试中使用的所有试剂和材料。

7.11.3 试剂和材料应连续编号，顺序为：

——市售产品（不包括溶液）；

——基准试剂；

——溶液和悬浮液；

——标准溶液；

——指示剂；

——辅助材料。

7.11.4 应说明试剂的化学名称、分子式、纯度或纯度级别、浓度（含量）、密度、是否含有结晶水等主要特性，以及实验材料的规格和性能。

7.11.5 需自行制备的试剂和材料，应说明其制备方法及环境条件等。必要时，应给出相应的计算公式和制备流程图。

7.11.6 应说明标准溶液的制备方法及其标定方法。

7.11.7 对需要贮存的试剂和材料，应说明贮存方法和条件、贮存时间、注意事项等。

7.11.8 量和单位的表达执行 HJ 565 的规定。

示例：

除非另有说明，分析时均使用符合国家标准的分析纯试剂和蒸馏水。

6.1 硫酸：$\rho(H_2SO_4)$=1.84 g/ml。

6.2 硫酸溶液：1+9。

6.3 硫酸溶液：1+5。

6.4 硫酸溶液：$c(H_2SO_4)$=1 mol/L。

取 55 ml 硫酸（6.1）缓慢倒入少量水中，稀释至 1 L。

6.5 氢氧化钠溶液：$\rho$(NaOH)=0.02 g/ml。

取 20 g 氢氧化钠溶于少量水中，稀释至 1 L。

6.6 硫酸汞（$HgSO_4$）– 硫酸溶液

称取 30.0 g 硫酸汞溶解于 100 ml 硫酸溶液（6.2）中。

6.7 硫酸银（$Ag_2SO_4$）– 硫酸溶液

向 1 L 硫酸（6.1）中加入 10 g 硫酸银，放置 1～2 d 使之溶解，并混匀，使用前小心摇动。

6.8 重铬酸钾标准溶液：$c(K_2Cr_2O_7)$=0.041 7 mol/L。

将 12.258 g 重铬酸钾在 105℃干燥 2 h 后溶于水中，稀释至 1 000 ml。

6.9 硫代硫酸钠标准溶液：$c(Na_2S_2O_3)$≈0.05 mol/L。

称取 12.4 g 硫代硫酸钠（$Na_2S_2O_3 \cdot 5H_2O$）溶于新煮沸并加盖冷却的水中，加 1.0 g 无水碳酸钠（$Na_2CO_3$），移入 1 000 ml 棕色容量瓶，用水稀释至标线，摇匀。放置一周后标定其准确浓度。溶液如出现混浊，必须过滤。

在 250 ml 碘量瓶中，加入 1.0 g 碘化钾（KI）和 50 ml 水，加 5.00 ml 重铬酸钾标准溶液（6.8），振摇至完全溶解后，加 5 ml 硫酸溶液（6.3），立即密塞摇匀，于暗处放置 5 min 后，用待标定的硫代硫酸钠标准溶液滴定至溶液呈淡黄色时，加 1 ml 淀粉溶液（6.10），继续滴定至蓝色刚好消失为终点。记录硫代硫酸钠标准溶液的用量，同时作空白试验。

硫代硫酸钠标准溶液浓度由公式（1）进行计算。

$$c_1 = \frac{c_2 \times V_2}{V_1 - V_0} \tag{1}$$

式中：$c_1$——硫代硫酸钠标准溶液浓度，mol/L；

$c_2$——重铬酸钾标准溶液浓度，mol/L；

$V_0$——滴定空白溶液消耗硫代硫酸钠标准溶液的体积，ml；

$V_1$——滴定重铬酸钾标准溶液消耗硫代硫酸钠标准溶液的体积，ml；

$V_2$——取用重铬酸钾标准溶液体积，ml。

6.10　淀粉溶液：$\rho$=0.01 g/ml。

称取 1.0 g 可溶性淀粉，用少量水调成糊状，慢慢倒入 100 ml 沸水，继续煮沸至溶液澄清，冷却后贮存于试剂瓶中。临用现配。

6.11　1,10-邻菲啰啉指示剂溶液

溶解 0.7 g 硫酸亚铁（$FeSO_4 \cdot 7H_2O$）于 50 ml 水中，加入 1.5 g 1,10-邻菲啰啉，搅拌至溶解，加水稀释至 100 ml。

6.12　防爆沸玻璃珠

## 7.12　仪器和设备

7.12.1　应列出在方法中所使用的仪器和设备的名称，并进行连续编号，顺序为：

——采样设备；

——分析仪器；

——辅助设备等。

7.12.2　应说明仪器和设备的功能、主要性能指标和特殊要求。

7.12.3　对于特殊类型的仪器或设备及其安装方法应用图进行表示。

7.12.4　不应在标准中出现仪器和设备的生产制造单位、商标及带有厂家特征编号等内容。

示例：

7.1　采样瓶：1 L 或 2 L 具磨口塞的棕色玻璃细口瓶。

7.2　液相色谱仪：具有可调波长紫外检测器或荧光检测器和梯度洗脱功能。

7.3　色谱柱：填料为 5 μm ODS，柱长 25 cm，内径 4.6 mm 的反相色谱柱或其他性能相近的色谱柱。

7.4　浓缩装置：旋转蒸发装置或 K-D 浓缩器、浓缩仪等性能相当的设备。

7.5　液液萃取净化装置

7.6　分液漏斗：2 000 ml，玻璃活塞不涂润滑油。

7.7　干燥柱：长 250 mm，内径 10 mm，玻璃活塞不涂润滑油的玻璃柱。在柱的下端，放入少量玻璃毛或玻璃纤维滤纸，加入 10 g 无水硫酸钠。

7.8　一般实验室常用仪器和设备。

## 7.13　样品

7.13.1　采样应注意与现行的环境监测技术规范相衔接。

7.13.2　应明确该方法对采样器具、采样量、样品的保存方法、保存时间等，如有特殊要求，应具体说明。

7.13.3　应分别说明实验室样品、试样的制备方法，包括预处理方法及操作步骤。

### 7.14 分析步骤

7.14.1 一般要求

7.14.1.1 应按分析操作顺序列出分析过程中的所有步骤，一般包括试料制备、仪器调试与校准、测定、空白试验等内容。

7.14.1.2 应对分析步骤进行必要的细分，表达应简明扼要。如其他标准中已有对某分析步骤的规定，可直接引用该标准的相关条款。

7.14.1.3 可在使用的试剂和材料、仪器和设备名称后的括号内注明其相应的编号，以避免重复说明其特性。

7.14.1.4 应说明分析步骤中可能存在的安全隐患（如，爆炸、着火、中毒等），以及必须采取专门的防护措施。

7.14.2 试料制备

应说明从试样中制备试料的操作步骤，包括称量或量取试料的方法、试料的质量或体积、称量的准确程度、试料的份数等内容。

7.14.3 仪器调试

说明仪器调试的方法、步骤和要求。

7.14.4 校准

应说明仪器校准的方法、步骤以及校准频率等要求。若需要绘制校准曲线，应说明校准所用标准样品系列的制备方法和步骤，以及校准曲线的表达方式。

7.14.5 测定

应按测定过程的先后顺序分段叙述。每一步操作应准确地叙述，并说明测定的所有操作参数和环境条件。

7.14.6 空白试验

应说明方法对空白试验的要求。

### 7.15 结果计算与表示

7.15.1 应说明结果计算的方法，包括计算公式、量的单位、公式中使用量符号的含义及结果表示的有效数字等内容。

7.15.2 公式编辑、量和单位以及数值修约的表达执行 GB/T 8170、HJ 565 的规定。

### 7.16 精密度和准确度

7.16.1 应分别说明实验室内和实验室间的方法精密度。

7.16.2 实验室内的精密度主要用实验室内相对标准偏差表示。实验室间的精密度需要对验证实验数据汇总统计分析，用实验室间相对标准偏差、重复性限 r 和再现性限 R 表示。计算方法见附录 A。

7.16.3 应分别说明实验室内和实验室间的方法准确度。

7.16.4 根据实际情况的需要，实验室内的准确度可以通过对有证标准物质/标准样品进行测定的相对误差或加标回收率来表示。实验室间的准确度需要对验证实验数据进行汇总统计分析，由相对误差或加标回收率的均值及变动范围进行表示。计算方法见附录 A。

7.16.5 在不具备获得方法精密度或准确度条件时，可采用比对等方式说明方法的可靠性。

7.16.6 “精密度和准确度”一章的一般表达方式为：

11 精密度和准确度

11.1 精密度

$l$ 个实验室对含××浓度为 $a$、$b$、$c$ 的统一样品进行了测定：

实验室内相对标准偏差分别为：$A_1$～$A_2$，$B_1$～$B_2$，$C_1$～$C_2$；

实验室间相对标准偏差分别为：A，B，C；

重复性限为：$r_a$，$r_b$，$r_c$；

再现性限为：$R_a$，$R_b$，$R_c$。

11.2 准确度

*l*个实验室对含××浓度为*a*、*b*的有证标准物质/标准样品进行测定：

相对误差分别为：$A_1$～$A_2$，$B_1$～$B_2$；

相对误差最终值：$\left(\overline{RE} \pm 2S_{\overline{RE}}\right)_a$，$\left(\overline{RE} \pm 2S_{\overline{RE}}\right)_b$。

或：*l*个实验室对含××浓度为*a*、*b*、*c*的统一样品进行了加标分析测定：

加标回收率分别为：$A_1$～$A_2$，$B_1$～$B_2$，$C_1$～$C_2$；

加标回收率最终值：$\left(\overline{P} \pm 2S_{\overline{P}}\right)_a$，$\left(\overline{P} \pm 2S_{\overline{P}}\right)_b$，$\left(\overline{P} \pm 2S_{\overline{P}}\right)_c$。

## 7.17 不确定度

应列出不确定度的主要分量，给出扩展不确定度的值。评定方法可参考 JJF 1059。

## 7.18 质量保证和质量控制

7.18.1 应针对环境监测分析方法的特点，说明质量保证和质量控制的措施和要求，以及当过程失控时，应采取的措施。

7.18.2 质量控制可以包括但不限于下列内容：

a）仪器性能的检查方法和控制指标；

b）校准的控制指标要求；

c）空白试验的具体要求和具体指标；

d）准确性测量的控制方法和结果的控制范围；

e）重复性测量的控制方法和结果的控制范围；

f）质量控制图的绘制。

## 7.19 检测报告

根据方法特点，说明对检测报告的特殊要求。

## 7.20 废物处理

7.20.1 应说明分析过程中产生的废物的处理处置方式。

7.20.2 对于危险废物，应说明按照相关危险废物处理处置规定执行。

## 7.21 注意事项

7.21.1 对于实验操作过程中可能出现的异常现象及其处理方法、使用该方法的特殊要求、操作过程中需要注意的事项等，可以采用“注”的形式置于有关条款或子条款的末尾。

7.21.2 如有必要，可在“注意事项”中说明其他应重点注意的事项。

## 7.22 附录

可采用附录的方式对标准的补充性内容进行说明。应明确说明附录是“规范性附录”，还是“资料性附录”。

### 7.23 参考文献

7.23.1 在标准编制过程中参考过的文献应列入标准的“参考文献”中。
7.23.2 参考文献按照 GB/T 7714 的要求进行编写。

## 8 方法验证

### 8.1 一般要求

8.1.1 标准编制组应编制方法验证方案，根据影响方法的精密度和准确度的主要因素和数理统计的要求，选择合适的实验室、样品类型、含量水平、分析人员、分析设备、分析时间等内容。
8.1.2 标准编制组除可以使用有证标准物质/标准样品外，还应提供实际样品进行方法验证，实际样品应尽量覆盖方法标准的适用范围。
8.1.3 在方法验证前，参加验证的操作人员应熟悉和掌握方法原理、操作步骤及流程，必要时应接受培训。
8.1.4 方法验证过程中所用的试剂和材料、仪器和设备及分析步骤应符合方法的相关要求。
8.1.5 参加验证的操作人员及标准编制组应按照要求如实填写《方法验证报告》中的“原始测试数据表”，若有必要，应附上与该原始测试数据表内容相符的图谱或其他由仪器产生的记录打印条等。
8.1.6 标准编制组根据方法验证数据及统计、分析、评估结果，最终形成《方法验证报告》。

### 8.2 具体要求

8.2.1 检出限的验证

若使用附录 A.1.1 方法确定检出限，各验证实验室需使用标准编制组提供的统一样品，按方法操作步骤及流程进行分析操作，计算结果的平均值、标准偏差、相对标准偏差、检出限等各项参数。

最终的方法检出限为各验证实验室所得数据的最高值。

8.2.2 精密度的验证

有证标准物质/标准样品的测定：各验证实验室采用高、中、低 3 种不同含量水平（应包括一个在测定下限附近的浓度或含量）的统一样品，按全程序每个样品平行测定 6 次，分别计算不同浓度或含量样品的平均值、标准偏差、相对标准偏差等各项参数。

实际样品的测定：各验证实验室应对 1～3 个含量水平的同类型样品进行分析测试，按全程序每个样品平行测定 6 次，分别计算不同样品的平均值、标准偏差、相对标准偏差等各项参数。

标准编制组对各验证实验室的数据进行汇总统计分析，计算实验室间相对标准偏差、重复性限 r 和再现性限 R。

8.2.3 准确度的验证

若各验证实验室使用有证标准物质/标准样品进行分析测定确定准确度，则需对 1～3 个不同含量水平的有证标准物质/标准样品进行测定，按全程序每个有证标准物质/标准样品平行测定 6 次，分别计算不同浓度或含量水平有证标准物质/标准样品的平均值、标准偏差、相对误差等各项参数。

若各验证实验室对实际样品进行加标分析测定确定准确度，则需对每个样品类型的 1～3 个不同含量水平的统一样品中分别加入一定量的有证标准物质/标准样品进行测定，按全程序每个加标样品平行测定 6 次，分别计算每个统一样品的加标回收率。

标准编制组对各验证实验室的数据进行汇总统计分析，计算相对误差或加标回收率的均值及变动范围。

8.2.4 验证实验中异常值的剔除方法参考 GB/T 6379 中的相关内容。

# 附 录 A
（规范性附录）
方法特性指标确定方法

方法特性指标包括：方法检出限、测定下限、精密度和准确度。

## A.1 方法检出限

### A.1.1 方法检出限的一般确定方法

①空白试验中检测出目标物质

按照样品分析的全部步骤，重复 $n$（$n \geqslant 7$）次空白试验，将各测定结果换算为样品中的浓度或含量，计算 $n$ 次平行测定的标准偏差，按公式（A.1）计算方法检出限。

$$\mathrm{MDL} = t_{(n-1,0.99)} \times S \tag{A.1}$$

式中：MDL——方法检出限；

$n$——样品的平行测定次数；

$t$——自由度为 $n$–1，置信度为 99%时的 $t$ 分布（单侧）；

$S$——$n$ 次平行测定的标准偏差。

其中，当自由度为 $n$–1，置信度为 99%时的 $t$ 值可参考表 A.1 取值。

表 A.1 $t$ 值表

| 平行测定次数（$n$） | 自由度（$n$–1） | $t_{(n-1,0.99)}$ |
|---|---|---|
| 7 | 6 | 3.143 |
| 8 | 7 | 2.998 |
| 9 | 8 | 2.896 |
| 10 | 9 | 2.821 |
| 11 | 10 | 2.764 |
| 16 | 15 | 2.602 |
| 21 | 20 | 2.528 |

如果空白试验的测定值过高，或变动较大时，无法计算检出限。因此，本方法计算的检出限以下述条件为前提：任意测定值之间可允许的差异范围为“空白试验测定值的均值±估计检出限的 1/2”以内。

②空白试验中未检测出目标物质

按照样品分析的全部步骤，对浓度或含量为估计方法检出限 2～5 倍的样品进行 $n$（$n \geqslant 7$）次平行测定。计算 $n$ 次平行测定的标准偏差，按公式（A.1）计算方法检出限。

MDL 值计算出来后，需判断其合理性。

对于针对单一组分的分析方法，如果样品浓度超过计算出的方法检出限 10 倍，或者样品浓度低于计算出的方法检出限，则都需要调整样品浓度重新进行测定。在进行重新测定后，将前一批测定的方差（$S^2$）与本批测定的方差相比较，较大者记为 $S^2_A$，较小者记为 $S^2_B$。若 $S^2_A / S^2_B > 3.05$，则将本批测定的方差标记为前一批测定的方差，再次调整样品浓度重新测定。若 $S^2_A / S^2_B < 3.05$，则按下列公

式计算方法检出限：

$$S_p = \sqrt{\frac{v_A S^2{}_A + v_B S^2{}_B}{v_A + v_B}} \qquad (A.2)$$

$$\mathrm{MDL} = t_{(v_A + v_B, 0.99)} \times S_p \qquad (A.3)$$

式中：$v_A$——方差较大批次的自由度，$n_A - 1$；

$v_B$——方差较小批次的自由度，$n_B - 1$；

$S_p$——组合标准偏差；

$t$——自由度为 $v_A + v_B$，置信度为 99%时的 $t$ 分布。

对于针对多组分的分析方法，一般要求至少有 50%的被分析物样品浓度在 3～5 倍计算出的方法检出限的范围内，同时，至少 90%的被分析物样品浓度在 1～10 倍计算出的方法检出限的范围内，其余不多于 10%的被分析物样品浓度不应超过 20 倍计算出的方法检出限。若满足上述条件，说明用于测定 MDL 的初次样品浓度比较合适。对于初次加标样品测定平均值与 MDL 比值不在 3～5 之间的化合物，要增加或减少浓度，重新进行平行分析，直至比值在 3～5 之间。选择比值在 3～5 之间的 MDL 作为该化合物的 MDL。

### A.1.2 分光光度法

可以用 A.1.1 中的一般确定方法计算方法检出限。在没有前处理的情况下，也可以以扣除空白值后的与 0.01 吸光度相对应的浓度值作为检出限，按公式（A.4）进行计算。

$$\mathrm{MDL} = 0.01 / b \qquad (A.4)$$

式中：$b$——回归直线斜率。

### A.1.3 滴定法

一般根据所用的滴定管产生的最小液滴的体积来计算，计算公式为：

$$\mathrm{MDL} = k\lambda \frac{\rho V_0 M_1}{M_0 V_1} \qquad (A.5)$$

式中：$\lambda$——被测组分与滴定液的摩尔比；

$\rho$——滴定液的质量浓度，g/ml；

$V_0$——滴定管所产生的最小液滴体积，ml；

$M_0$——滴定液的摩尔质量，g/mol；

$V_1$——被测组分的取样体积，ml；

$M_1$——被测项目的摩尔质量，g/mol；

$k$——当为一次滴定时，$k$=1；当为反滴定或间接滴定时，$k$=2。

### A.1.4 离子选择电极法

当校准曲线的直线部分外延的延长线与通过空白电位且平行于浓度轴的直线相交时，其交点所对应的浓度值即该离子选择电极法的检出限。

## A.2 测定下限

以 4 倍检出限作为测定下限。

## A.3 精密度

### A.3.1 实验室内相对标准偏差

对某一水平浓度的样品在第 $i$ 个实验室内进行 $n$ 次平行测定，实验室内相对标准偏差按如下公式进行计算：

$$\bar{x}_i = \frac{\sum_{k=1}^{n} x_k}{n} \tag{A.6}$$

$$S_i = \sqrt{\frac{\sum_{k=1}^{n}(x_k - \bar{x})^2}{n-1}} \tag{A.7}$$

$$\mathrm{RSD}_i = \frac{S_i}{\bar{x}_i} \times 100\% \tag{A.8}$$

式中：$x_k$——第 $i$ 个实验室内对某一浓度水平样品进行的第 $k$ 次测试结果；

$\bar{x}_i$——第 $i$ 个实验室对某一浓度水平样品测试的平均值；

$S_i$——第 $i$ 个实验室对某一浓度水平样品测试的标准偏差；

$\mathrm{RSD}_i$——第 $i$ 个实验室对某一浓度水平样品测试的相对标准偏差。

### A.3.2 实验室间相对标准偏差

对某一水平浓度的样品在 $l$ 个实验室内进行测定，实验室间相对标准偏差按如下公式进行计算：

$$\bar{\bar{x}} = \frac{\sum_{i=1}^{l} \bar{x}_i}{l} \tag{A.9}$$

$$S' = \sqrt{\frac{\sum_{i=1}^{l}\left(\bar{x}_i - \bar{\bar{x}}\right)^2}{l-1}} \tag{A.10}$$

$$\mathrm{RSD}' = \frac{S'}{\bar{\bar{x}}} \times 100\% \tag{A.11}$$

式中：$\bar{x}_i$——第 $i$ 个实验室对某一浓度水平样品测试的平均值；

$\bar{\bar{x}}$——$l$ 个实验室对某一浓度水平样品测试的平均值；

$S'$——实验室间标准偏差；

$\mathrm{RSD}'$——实验室间相对标准偏差。

### A.3.3 重复性限 r 和再现性限 R

对某一水平浓度的样品进行 $l$ 个实验室的验证实验，每个实验室平行测定 $n$ 次，重复性限 r 和再现性限 R 按如下公式进行计算：

$$S_r=\sqrt{\frac{\sum_{i=1}^{l}S_i^2}{l}} \tag{A.12}$$

$$S_L=\sqrt{\frac{l\sum_{i=1}^{l}\bar{x}_i^2-\left(\sum_{i=1}^{l}\bar{x}_i\right)^2}{l(l-1)}-\frac{S_r^2}{n}} \tag{A.13}$$

$$S_R=\sqrt{S_L^2+S_r^2} \tag{A.14}$$

$$r=2.8\sqrt{S_r^2} \tag{A.15}$$

$$R=2.8\sqrt{S_R^2} \tag{A.16}$$

式中：$\bar{x}_i$——第 $i$ 个实验室对某一浓度水平样品测试的平均值；

$S_i$——第 $i$ 个实验室对某一浓度水平样品测试的标准偏差；

$S_r$——重复性限标准差；

$S_R$——再现性限标准差；

$S_L$——实验室间标准差；

$l$——参加验证实验的实验室总数；

$n$——每个实验室对某一浓度水平样品进行平行测定的次数，$n$=6；

r——重复性限；

R——再现性限。

## A.4 准确度

### A.4.1 相对误差

对某一浓度或含量水平有证标准物质/标样在 $l$ 个实验室内进行测定，相对误差按如下公式进行计算：

$$RE_i=\frac{\bar{x}_i-\mu}{\mu}\times 100\% \tag{A.17}$$

$$\overline{RE}=\frac{\sum_{i=1}^{l}RE_i}{l} \tag{A.18}$$

$$S_{\overline{RE}}=\sqrt{\frac{\sum_{i=1}^{l}\left(RE_i-\overline{RE}\right)^2}{l-1}} \tag{A.19}$$

相对误差最终值：$\overline{RE}\pm 2S_{\overline{RE}}$

式中：$\bar{x}_i$——第 $i$ 个实验室对某一浓度或含量水平有证标准物质标样测试的平均值；

$\mu$——有证标准物质标样的浓度或含量；

$RE_i$——第 $i$ 个实验室对某一浓度或含量水平有证标准物质标样测试的相对误差；

$\overline{RE}$——$l$ 个验证实验室的相对误差均值；

$S_{\overline{RE}}$——$l$ 个验证实验室的相对误差的标准偏差。

### A.4.2 加标回收率

对某一浓度或含量水平的实际样品在 $l$ 个实验室内进行加标回收试验，加标回收率按如下公式进行计算：

$$P_i = \frac{\overline{y}_i - \overline{x}_i}{\mu} \times 100\% \quad \text{(A.20)}$$

$$\overline{P} = \frac{\sum_{i=1}^{l} P_i}{l} \quad \text{(A.21)}$$

$$S_{\overline{P}} = \sqrt{\frac{\sum_{i=1}^{l}\left(P_i - \overline{P}\right)^2}{l-1}} \quad \text{(A.22)}$$

加标回收率最终值：$\overline{P} \pm 2S_{\overline{P}}$

式中：$\overline{x}_i$——第 $i$ 个实验室对某一浓度或含量水平样品测试的平均值；

$\overline{y}_i$——第 $i$ 个实验室对加标样品测试的平均值；

$\mu$——加标量；

$P_i$——第 $i$ 个实验室的加标回收率；

$\overline{P}$——$l$ 个验证实验室加标回收率的均值；

$S_{\overline{P}}$——$l$ 个验证实验室加标回收率的标准偏差。

## 附　录　B
（资料性附录）
开题论证报告的内容要求

### B.1　项目背景

#### B.1.1　任务来源

（1）标准制修订项目列入环境保护部计划的年度及下达计划的文件号。

（2）标准制修订项目的承担单位、参加单位的全称。

#### B.1.2　工作过程

任务下达后标准编制组所开展的相关调查、研究工作（简要说明）。

### B.2　标准制修订的必要性分析

#### B.2.1　被测对象（污染物项目）的环境危害

（1）污染物项目的基本理化性质。

（2）污染物项目的环境危害等。

#### B.2.2　相关环保标准和环保工作的需要

（1）环境质量标准与污染物排放（控制）标准对污染物项目监测要求（污染物浓度限值、抗干扰能力等）。

（2）环境保护重点工作涉及的污染物项目监测要求。

#### B.2.3　现行环境监测分析方法标准的实施情况和存在的问题

（适用于修订标准的情况。）

### B.3　国内外相关分析方法研究

#### B.3.1　主要国家、地区及国际组织相关分析方法研究

（1）说明国外相关环境监测分析方法的特点、应用情况。

（2）说明国外相关环境监测分析方法的发展趋势。

（3）说明与本方法标准的关系。

主要国家、地区及国际组织包括：

（1）国际标准化组织，ISO；

（2）美国环境保护局，EPA；

（3）美国材料与试验协会，ASTM；

（4）日本标准化组织，JIS；

（5）欧盟；

（6）其他国家或地区。

### B.3.2 国内相关分析方法研究

（1）说明国内相关分析方法的特点、应用情况。

（2）说明与本方法标准的关系等。

## B.4 标准制修订的基本原则和技术路线

### B.4.1 标准制修订的基本原则

（1）方法的检出限和测定范围满足相关环保标准和环保工作的要求。

（2）方法准确可靠，满足各项方法特性指标的要求。

（3）方法具有普遍适用性，易于推广使用。

### B.4.2 标准的适用范围和主要技术内容

（1）介绍标准的适用范围，包括适用的环境介质、环境污染物种类。

（2）介绍标准的主要技术内容。

### B.4.3 标准制修订的技术路线

（1）介绍标准拟采用的分析测试技术方案的理由，含各种技术方案的优劣和适用性比较（适用于有多种方案可供选择的情况）。

（2）今后国内环境监测工作应用拟采用的分析测试技术方案前景分析，包括目前国内环境监测系统相关仪器设备的装备情况等。

（3）绘制详细的技术路线图等。

## B.5 拟开展的主要工作

（1）介绍制定本标准的工作方法和主要工作内容，包括分阶段进行查阅相关文献、准备试验、开展试验、结果分析等。

（2）介绍方法验证的初步方案和工作方法。

（3）工作计划及时间进度安排。

## B.6 拟提交的工作成果

（1）标准开题论证报告及标准草案。

（2）标准征求意见稿及编制说明（含验证报告）。

（3）标准送审稿及编制说明（含验证报告及意见汇总处理表）。

（4）标准报批稿及编制说明（含验证报告及意见汇总处理表）。

### B.7 需要讨论确定的主要问题

说明在项目开展过程中遇到的及预计在将来可能遇到的需讨论确定的主要问题及解决措施建议。

### B.8 项目组织与管理

#### B.8.1 本单位与标准制修订有关的工作基础条件

（1）包括实验室环境、仪器设备配置等。
（2）包括科研技术水平、与项目有关的工作基础及技术成果等。

#### B.8.2 合作单位与任务分工

（1）合作单位的法定名称。
（2）承担单位与合作单位的明确分工。

#### B.8.3 经费使用方案及人员投入情况

（1）经费预算，按序号、支出科目、预算金额、备注列表给出。
（2）编制组成员，列表给出姓名、职称、单位和在项目中担负的工作等。

### B.9 参考文献

列出查阅的有关标准、文献、研究报告。

# 附　录　C
（资料性附录）
标准编制说明的内容要求

## C.1　项目背景

### C.1.1　任务来源

（1）项目列入环境保护部标准制修订计划的年度及下达计划的文件号。
（2）标准制修订项目的承担单位、参加单位的全称。

### C.1.2　工作过程

任务下达后标准编制组所开展的相关调查、研究工作（简要说明）。

## C.2　标准制修订的必要性分析

### C.2.1　被测对象（污染物项目）的环境危害

（1）污染物项目的基本理化性质。
（2）污染物项目的环境危害等。

### C.2.2　相关环保标准和环保工作的需要

（1）环境质量标准与污染物排放（控制）标准对污染物项目监测要求（污染物浓度限值、抗干扰能力等）。
（2）环境保护重点工作涉及的污染物项目监测要求。

### C.2.3　现行环境监测分析方法标准的实施情况和存在的问题

（适用于修订标准的情况。）

## C.3　国内外相关分析方法研究

### C.3.1　主要国家、地区及国际组织相关分析方法研究

（1）说明国外相关污染物分析方法的特点、应用情况。
（2）说明国外相关污染物分析方法的发展趋势。
（3）说明与本方法标准的关系。
主要国家、地区及国际组织包括：
（1）国际标准化组织，ISO；
（2）美国环境保护局，EPA；
（3）美国材料与试验协会，ASTM；

（4）日本标准化组织，JIS；
（5）欧盟；
（6）其他国家或地区。

### C.3.2 国内相关分析方法研究

（1）说明国内相关分析方法的特点、应用情况。
（2）说明与本方法标准的关系等。

## C.4 标准制修订的基本原则和技术路线

### C.4.1 标准制修订的基本原则

（1）方法的检出限和测定范围满足相关环保标准和环保工作的要求。
（2）方法准确可靠，满足各项方法特性指标的要求。
（3）方法具有普遍适用性，易于推广使用。

### C.4.2 标准制修订的技术路线

（1）介绍标准拟采用的分析测试技术方案的理由，含各种技术方案的优劣和适用性比较（适用于有多种方案可供选择的情况）。
（2）今后国内环境监测工作应用拟采用的分析测试技术方案前景分析，包括目前国内环境监测系统相关仪器设备的装备情况等。
（3）绘制详细的技术路线图等。

## C.5 方法研究报告

若为修订标准时，应说明增删条款及增删内容原因。

### C.5.1 方法研究的目标

（1）说明方法标准适用的环境要素、被测对象。
（2）说明方法标准拟达到的特性指标要求，包括方法检出限、测定下限、精密度（如相对标准偏差）、准确度（如加标回收率）等。测定多个污染物项目应列表分别说明。

### C.5.2 方法原理

（1）说明方法的基本原理。
（2）必要时，写出化学方程式，尽可能用离子反应式表示。如果反应不能一步完成，应详尽地给出每一步的反应方程式。

### C.5.3 试剂和材料

（1）分别说明采用某种试剂和材料的理由。
（2）分别说明试剂和材料的特殊要求，如制备方法、制备操作步骤等。

### C.5.4 仪器和设备

（1）分别说明选用某种仪器和设备的理由。

（2）分别说明仪器和设备的特殊要求，如灵敏度、规格等。

（3）如需安装某种仪器，说明安装的步骤及需要的环境条件等。

### C.5.5 样品

（1）说明实验室样品和试样的准备方法，包括采样的特殊要求、样品量、制备方法、贮存条件等。

（2）说明确定实验室样品和试样准备方法的理由，如为什么要有采样的特殊要求，为什么要采用特定的制备方法，为什么要采取一定的贮存措施等（实验数据、权威的引用文献）。

（3）必要时，开展样品采集和保存的条件选择试验。

### C.5.6 分析步骤

（1）说明确定分析步骤的主要过程，包括所进行的预测性试验，记录的每次试验的试验数据及根据试验数据进行的分析和对试验方案进行的调整等过程。（操作条件的选择理由，实验数据，权威的引用文献）

（2）说明进行方法选择性试验的过程，包括各步骤试验数据、分析结论等。

（3）说明进行方法稳健性试验的过程，包括各步骤的试验数据、分析结论等。

（4）说明最后确定的方法分析步骤及环境条件。

（5）说明方法检出限、测定范围的确定过程，包括记录的试验数据、统计分析方法、计算公式等内容。

### C.5.7 结果计算

说明结果计算的方法公式。

## C.6 方法验证

（如果无法找到 6 家实验室进行验证，需说明详细理由。）

### C.6.1 方法验证方案

（1）参与方法验证的实验室、验证人员的基本情况。

（2）说明方法验证的方案。

### C.6.2 方法验证过程

（1）说明方法验证的主要工作过程，过程中遇到的主要问题及解决方案。

（2）方法精密度、准确度统计分析结论及评估结论（是否满足方法特性指标要求）。

（3）《方法验证报告》作为编制说明附件。

## C.7 与开题报告的差异说明

说明标准的主要技术内容与开题报告中的计划之间的差异，并说明差异原因。

## C.8 标准实施建议

对标准实施提出建议和意见。

### C.9 标准征求意见情况（送审稿增加内容）

（1）本标准征求意见情况及对主要意见的处理情况，并且说明征求国务院有关部门、环境保护部内各有关业务司局、环境保护部科技标准司内各处的回函情况、主要意见及处理情况。

（2）附《国家环境保护标准征求意见情况汇总处理表》。

### C.10 标准技术审查情况（报批稿增加内容）

（1）本标准技术审查（审议会）工作的情况，主要意见和协调处理情况，审议会纪要或函审结论表。

（2）标准技术审查时提出的修改意见和建议的协调处理情况。

### C.11 参考文献

列出查阅的有关标准、文献、研究报告。

## 附　录　D
（资料性附录）
方法验证报告的内容要求

# 方法验证报告

方法名称：______________________________

项目主编单位：______________________________

验证单位：______________________________

项目负责人及职称：______________________________

通讯地址：______________________　电话：__________

报告编写人及职称：______________________________

报告日期：__________年____月____日

## D.1 原始测试数据

（以下表格以一个实验室、单组分物质分析测定为例，多组分物质的分析测定可参考使用。）

### D.1.1 实验室基本情况

表 D.1-1 参加验证的人员情况登记表

| 姓名 | 性别 | 年龄 | 职务或职称 | 所学专业 | 从事相关分析工作年限 |
|---|---|---|---|---|---|
| | | | | | |
| | | | | | |
| | | | | | |
| | | | | | |

表 D.1-2 使用仪器情况登记表

| 仪器名称 | 规格型号 | 仪器出厂编号 | 性能状况<br>（计量/校准状态、量程、灵敏度等） | 备注 |
|---|---|---|---|---|
| | | | | |
| | | | | |
| | | | | |
| | | | | |

表 D.1-3 使用试剂及溶剂登记表

| 名称 | 生产厂家、规格 | 纯化处理方法 | 备注 |
|---|---|---|---|
| | | | |
| | | | |
| | | | |
| | | | |

### D.1.2 方法检出限、测定下限测试数据

表 D.1-4 方法检出限、测定下限测试数据表

验证单位：________________

测试日期：________________

| 平行样品编号 | | 试　　样 | 备注 |
|---|---|---|---|
| 测定结果（单位） | 1 | | |
| | 2 | | |
| | 3 | | |
| | 4 | | |
| | 5 | | |
| | 6 | | |
| | 7 | | |
| | ⋮ | | |
| 平均值 $\overline{x}_i$（单位） | | | |
| 标准偏差 $S_i$（单位） | | | |
| $t$ 值 | | | |
| 检出限（单位） | | | |
| 测定下限（单位） | | | |
| 注：$i$ 为实验室编号。 | | | |

D.1.3　方法精密度测试数据

表 D.1-5　精密度测试数据

验证单位：____________________

测试日期：____________________

| 平行号 | | 试　　样 | | | 备注 |
|---|---|---|---|---|---|
| | | 浓度（含量）1 | 浓度（含量）2 | 浓度（含量）3 | |
| 测定结果（单位） | 1 | | | | |
| | 2 | | | | |
| | 3 | | | | |
| | 4 | | | | |
| | 5 | | | | |
| | 6 | | | | |
| 平均值 $\overline{x}_i$（单位） | | | | | |
| 标准偏差 $S_i$（单位） | | | | | |
| 相对标准偏差 $RSD_i$ | | | | | |
| 注 1：浓度（含量）1＜浓度（含量）2＜浓度（含量）3。<br>注 2：$i$ 为实验室编号。 | | | | | |

D.1.4　方法准确度测试数据

表 D.1-6　有证标准物质/标准样品测试数据

验证单位：____________________

测试日期：____________________

| 平行号 | | 有证标准物质/标准样品 | | | 备注 |
|---|---|---|---|---|---|
| | | 浓度（含量）1 | 浓度（含量）2 | 浓度（含量）3 | |
| 测定结果（单位） | 1 | | | | |
| | 2 | | | | |
| | 3 | | | | |
| | 4 | | | | |
| | 5 | | | | |
| | 6 | | | | |
| 平均值 $\overline{x}_i$（单位） | | | | | |
| 有证标准物质/标准样品浓度（含量）$\mu$[a]（单位） | | | | | |
| 相对误差 $RE_i$ | | | | | |
| 注：$i$ 为实验室编号。 | | | | | |
| [a] 国家有证标准物质/标准样品的标准值±不确定度。 | | | | | |

表 D.1-7　实际样品加标测试数据

验证单位：＿＿＿＿＿＿＿＿＿＿＿

测试日期：＿＿＿＿＿＿＿＿＿＿＿

| 平行号 | | 实际样品 | | | | | | 备注 |
|---|---|---|---|---|---|---|---|---|
| | | 样品 1 | | 样品 2 | | 样品 3 | | |
| | | 样品 | 加标样品 | 样品 | 加标样品 | 样品 | 加标样品 | |
| 测定结果（单位） | 1 | | | | | | | |
| | 2 | | | | | | | |
| | 3 | | | | | | | |
| | 4 | | | | | | | |
| | 5 | | | | | | | |
| | 6 | | | | | | | |
| 平均值 $\overline{x}_i$、$\overline{y}_i$（单位） | | | | | | | | |
| 加标量 $\mu$（单位） | | | | | | | | |
| 加标回收率 $P_i$ | | | | | | | | |
| 注 1：$\overline{x}_i$ 为实际样品测试均值，$\overline{y}_i$ 为加标样品测试均值。<br>注 2：$i$ 为实验室编号。 | | | | | | | | |

### D.1.5　其他需要说明的问题

（1）测试中的异常或意外情况。

（2）对方法适用性、分析步骤、干扰消除等方面的意见和建议。

## D.2　方法验证数据汇总

### D.2.1　方法检出限、测定下限汇总

表 D.2-1　方法检出限、测定下限汇总表

| 实验室号 | 试样 | |
|---|---|---|
| | 检出限 | 测定下限 |
| 1 | | |
| 2 | | |
| 3 | | |
| 4 | | |
| 5 | | |
| $i$ | | |
| ⋮ | | |
| $l$ | | |

结论：＿＿＿＿＿＿＿＿＿＿＿＿＿＿＿＿＿＿＿＿＿＿＿＿＿＿＿＿＿＿

＿＿＿＿＿＿＿＿＿＿＿＿＿＿＿＿＿＿＿＿＿＿＿＿＿＿＿＿＿＿＿＿

D.2.2 方法精密度数据汇总

表 D.2-2 精密度测试数据汇总表

| 实验室号 | 浓度（含量）1 | | | 浓度（含量）2 | | | 浓度（含量）3 | | |
|---|---|---|---|---|---|---|---|---|---|
| | $\bar{x}_i$ | $S_i$ | $RSD_i$ | $\bar{x}_i$ | $S_i$ | $RSD_i$ | $\bar{x}_i$ | $S_i$ | $RSD_i$ |
| 1 | | | | | | | | | |
| 2 | | | | | | | | | |
| 3 | | | | | | | | | |
| 4 | | | | | | | | | |
| 5 | | | | | | | | | |
| $i$ | | | | | | | | | |
| ⋮ | | | | | | | | | |
| $l$ | | | | | | | | | |
| $\bar{\bar{x}}$ | | | | | | | | | |
| $S'$ | | | | | | | | | |
| $RSD'$ | | | | | | | | | |
| 重复性限 r | | | | | | | | | |
| 再现性限 R | | | | | | | | | |

结论：

D.2.3 方法准确度数据汇总

表 D.2-3 有证标准物质/标准样品测试数据汇总表

| 实验室号 | 浓度（含量）1 | | 浓度（含量）2 | | 浓度（含量）3 | |
|---|---|---|---|---|---|---|
| | $\bar{x}_i$ | $RE_i$ | $\bar{x}_i$ | $RE_i$ | $\bar{x}_i$ | $RE_i$ |
| 1 | | | | | | |
| 2 | | | | | | |
| 3 | | | | | | |
| 4 | | | | | | |
| 5 | | | | | | |
| $i$ | | | | | | |
| ⋮ | | | | | | |
| $l$ | | | | | | |
| $\overline{RE}$ | | | | | | |
| $S_{\overline{RE}}$ | | | | | | |

结论：

表 D.2-4 实际样品加标测试数据汇总表

| 实验室号 | 样品 1 | 样品 2 | 样品 3 |
|---|---|---|---|
| | $P_i$ | $P_i$ | $P_i$ |
| 1 | | | |
| 2 | | | |
| 3 | | | |
| 4 | | | |
| 5 | | | |
| $i$ | | | |
| ⋮ | | | |
| $l$ | | | |
| $\overline{P}$ | | | |
| $S_{\overline{P}}$ | | | |

结论：______________________________

______________________________

## D.3 方法验证结论

（1）验证过程中异常值的解释、更正或剔除的情况及理由。

（2）各测试水平的检出限、测定下限、重复性限、再现性限、相对误差最终值、加标回收率最终值的最终结果。

（3）方法各项特性指标是否达到预期要求。

根据各验证实验室提出的对方法的各种意见，考虑是否对方法进行改进及理由。

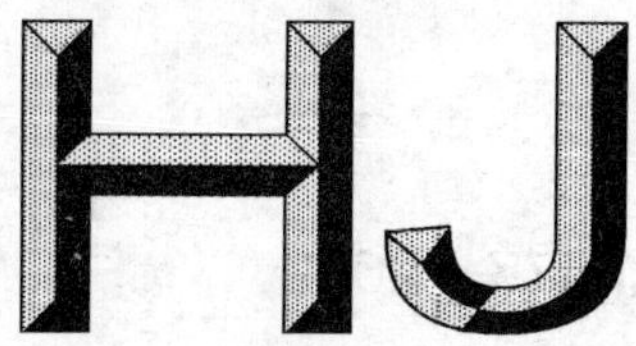

# 中华人民共和国国家环境保护标准

HJ 477—2009

# 污染源在线自动监控（监测）数据采集传输仪技术要求

The technical requirement for data acquisition and transmission equipment of pollution emission auto monitoring system

2009-07-02 发布　　2009-10-01 实施

环境保护部 发布

# 中华人民共和国环境保护部
# 公　告

2009 年　第 35 号

为贯彻《中华人民共和国环境保护法》，保护环境，防治污染，规范污染源在线自动监控（监测）系统建设和运行工作，现批准《污染源在线自动监控（监测）数据采集传输仪技术要求》为国家环境保护标准，并予发布。

标准名称、编号如下：

污染源在线自动监控（监测）数据采集传输仪技术要求（HJ 477—2009）

该标准自 2009 年 10 月 1 日起实施，由中国环境科学出版社出版，标准内容可在环境保护部网站（bz.mep.gov.cn）查询。

特此公告。

2009 年 7 月 2 日

# 前　言

为贯彻《中华人民共和国环境保护法》，规范污染源在线自动监控（监测）系统建设工作，实施国家环境保护标准《污染源在线自动监控（监测）系统数据传输标准》（HJ/T 212），统一性能指标，确保现场监测数据准确传输，制定本标准。

本标准规定了污染源在线自动监控（监测）数据采集传输仪的技术性能要求和性能检测方法。

本标准由环境保护部科技标准司组织制订。

本标准主要起草单位：中国环境监测总站，北京市环境保护科学研究院。

本标准环境保护部2009年7月2日批准。

本标准自2009年10月1日起实施。

本标准由环境保护部解释。

# 污染源在线自动监控（监测）数据采集传输仪技术要求

## 1 适用范围

本标准规定了污染源在线自动监控（监测）系统中数据采集传输仪（以下简称数据采集传输仪）的技术性能要求和性能检测方法。

本标准适用于数据采集传输仪的选型使用和性能检测；对于污染源在线自动监控（监测）系统中具有数据采集传输功能的现场监测仪表，只规定其用于数据采集传输功能部分的性能指标和校验方法。

## 2 规范性引用文件

本标准内容引用了下列文件中的条款。凡是不注日期的引用文件，其有效版本适用于本标准。

GB/T 6587.2　电子测量仪器温度试验

GB/T 6587.3　电子测量仪器湿度试验

GB/T 6587.4　电子测量仪器振动试验

GB/T 17626.2　电磁兼容　试验和测量技术　静电放电抗扰度试验

GB/T 17626.4　电磁兼容　试验和测量技术　电快速瞬变脉冲群抗扰度试验

GB/T 17626.5　电磁兼容　试验和测量技术　浪涌（冲击）抗扰度试验

HJ/T 212　污染源在线自动监控（监测）系统数据传输标准

## 3 术语和定义

下列术语和定义适用于本标准。

### 3.1 污染源自动监控（监测）系统

由对污染源主要污染物排放实施监控的数据收集子系统和信息综合子系统组成的系统。

### 3.2 数据采集传输仪

指用于采集、存储各种类型监测仪表的数据，并具有向上位机传输数据功能的单片机系统、工控机、嵌入式计算机或可编程控制器等。

### 3.3 上位机

指安装在各级环保部门，有权对数据采集传输仪发送规定的指令、接收数据采集传输仪的数据和对数据进行处理的系统，包括计算机信息终端设备、监控中心系统等。

### 3.4 监测仪表

指安装于监测站点的在线自动监测仪表，如流量计、COD 监测仪、烟气监测仪等。

### 3.5 数字通道

指数据采集传输仪的数字输入、输出通道，用于接收监测仪表的数据、状态和向监测仪表发送控制指令，实现数据采集传输仪与监测仪表的双向数据传输。

### 3.6 模拟通道

指数据采集传输仪的模拟输入通道，用于采集监测仪表等的模拟输出信号。

### 3.7 开关量通道

指数据采集传输仪的开关量输入通道，用于采集污染治理设施等的运行状态。

### 3.8 小时数据

指数据采集传输仪以 1 小时为单位采集并存储的数据，包括 1 小时内的平均值、最大值、最小值等。

# 4 技术要求

## 4.1 数据采集传输仪工作原理

数据采集传输仪通过数字通道、模拟通道、开关量通道采集监测仪表的监测数据、状态等信息，然后通过传输网络将数据、状态传输至上位机；上位机通过传输网络发送控制命令，数据采集传输仪根据命令控制监测仪表工作。

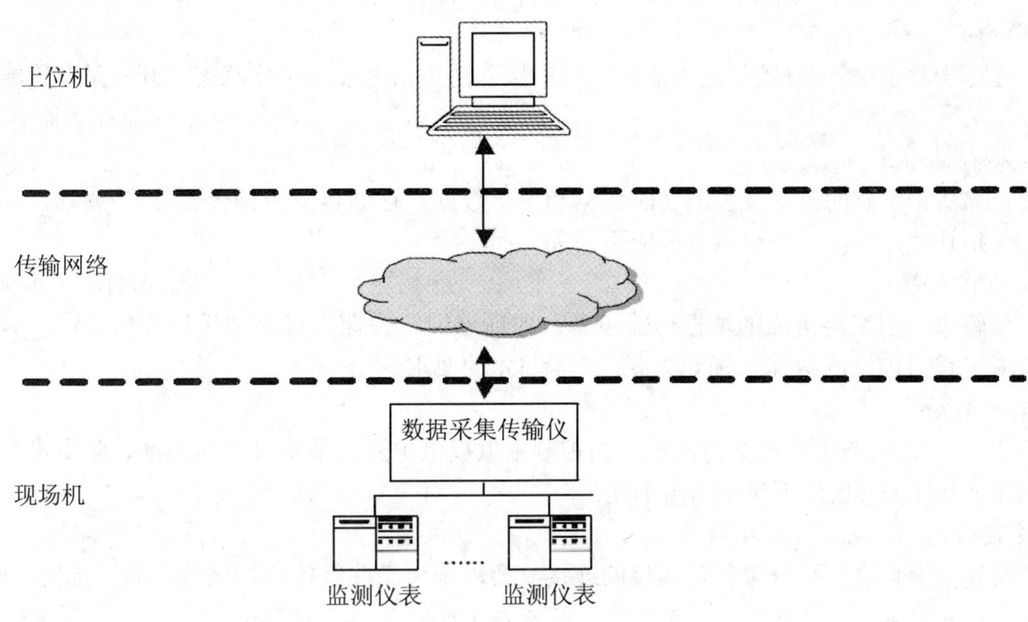


## 4.2 性能指标要求

数据采集传输仪性能指标应符合表 1 的要求。

**表 1 数据采集传输仪性能指标**

| 项　目 | 性能要求 | 检测方法 |
|---|---|---|
| 通讯协议 | 符合 HJ/T 212 要求 | 5.3.1 |
| 数据采集误差 | ≤1‰ | 5.3.2 |
| 系统时钟计时误差 | ±0.5‰ | 5.3.3 |
| 存储容量 | 至少存储 14 400 条记录 | 5.3.4 |
| 控制功能 | 能通过上位机控制监测仪表进行即时采样和设置采样时间 | 5.3.5 |
| 平均无故障连续运行时间（MTBF） | 1 440 h 以上 | 5.3.6 |
| 绝缘阻抗 | 20 MΩ 以上 | 5.3.7 |

## 4.3 仪器外观要求

数据采集传输仪表面不应有明显划痕、裂缝、变形和污染，仪器表面涂镀层应均匀，不应起泡、龟裂、脱落和磨损。

## 4.4 通讯方式要求

数据采集传输仪应至少具备下列通讯方式之一：

4.4.1 无线传输方式，通过 GPRS、CDMA 等无线方式与上位机通讯，数据采集传输仪应能通过串行口与任何标准透明传输的无线模块连接。

4.4.2 以太网方式，直接通过局域网或 internet 与上位机通讯。

4.4.3 有线方式，通过电话线、ISDN 或 ASDL 方式与上位机通讯。

### 4.5 构造要求

数据采集传输仪从功能上可分为数据采集单元、数据存储单元、数据传输单元、电源单元、接线单元、显示单元和壳体组成。

#### 4.5.1 数据采集单元应满足如下要求：

（1）应至少具备 5 个 RS 232(或 RS 485)数字输入通道，用于连接监测仪表，实现数据、命令双向传输。

（2）应至少具备 8 个模拟量输入通道，应支持 4～20 mA 电流输入或 1～5 V 电压输入，应至少达到 12 位分辨率。

（3）应至少具备 4 个开关量输入通道，用于接入污染治理设施工作状态。开关量电压输入范围为 0～5 V。

#### 4.5.2 数据存储单元

用于存储所采集到的监测仪表的实时数据和历史数据，存储容量应符合表 1 的要求，存储单元应具备断电保护功能，断电后所存储数据应不丢失。

#### 4.5.3 数据传输单元

数据传输单元应采用可靠的数据传输设备，保证连续、快速、可靠地进行数据传输；与上位机的通讯协议应符合 HJ/T 212 要求，通讯方式应符合 4.4 的要求。

#### 4.5.4 电源单元

负责将 220 V 交流电转换为直流电，为控制主板提供电源，要求具备防浪涌、防雷击功能，要求在输入电压变化±15%条件下保持输出不变。

#### 4.5.5 接线单元

用于实现监测仪表与数据采集传输仪的连接，要求采用工业级接口，接线牢靠、方便，便于拆卸，接线头应被相对密封，防止接线头腐蚀、生锈和接触不良。

#### 4.5.6 显示单元

数据采集传输仪应自带显示屏，应能显示所连接监测仪表的实时数据、小时均值、日均值和月均值，还应能够显示污染物的小时总量、日总量和月总量。

#### 4.5.7 壳体

数据采集传输仪壳体应坚固，应采用塑料、不锈钢或经处理的烤漆钢板等防腐材料制造。壳体应密封，以防水、灰尘、腐蚀性气体进入壳体腐蚀控制电路。

### 4.6 环境适应能力

数据采集传输仪适应温度环境的能力应符合 GB/T 6587.2 的要求，适应湿度环境的能力应符合 GB/T 6587.3 的要求，抗振动性能应符合 GB/T 6587.4 的要求，抗电磁干扰能力应符合 GB/T 1762.2、GB/T 1762.4、GB/T 1762.5 的有关要求。

### 4.7 断电保护功能

仪器应自带备用电池或配装不间断电源（UPS），在外部供电切断情况下能保证数据采集传输仪连续工作 6 h，并且在外部电源断电时自动通知上位机或维护人员。数据采集传输仪必须能够在供电（特别是断电后重新供电）后可靠地自动启动运行，并且所存数据不丢失。

### 4.8 数据导出功能

数据采集传输仪应具有数据导出功能，可通过磁盘、U 盘、存储卡或专用软件导出数据。

### 4.9 看门狗复位功能

数据采集传输仪应具有看门狗复位功能，防止系统死机。

### 4.10 系统防病毒功能

数据采集传输仪如果采用工控机，应具有硬件/软件防病毒、防攻击机制。

4.11 数据保密功能

数据采集传输仪应具备保密功能，能设置密码，通过密码才能调取相关的数据资料。

# 5 检测

## 5.1 检测条件

5.1.1 检测环境

检测期间，环境温度为 5～40 ℃，相对湿度在 90%以下，大气压力为 86～106 kPa。

5.1.2 电源电压 220 V±10%，频率 50 Hz±1%。

## 5.2 检测准备

5.2.1 将数据采集传输仪安装好，与监测仪表、传输模块连接好，数字输入通道、模拟输入通道、开关量输入通道全少各接一路。

5.2.2 按照数据采集传输仪说明书要求完成相关设置，并加电预热。

## 5.3 性能检测方法

5.3.1 通讯协议

在5.1的检测条件下，分别测试HJ/T 212中规定的初始化命令、参数命令、数据命令和控制命令，数据采集传输仪的响应应符合HJ/T 212的规定。

5.3.2 数据采集误差

在5.1的检测条件下，将监测仪表（可用标准电流源模拟）的模拟输出信号通过模拟通道接入到数据采集传输仪，然后通过上位机查看实时数据，在监测仪表的量程范围内改变数据，分别记录三次数据的监测仪表显示值$VS_1$、$VS_2$、$VS_3$和上位机显示值$VT_1$、$VT_2$、$VT_3$，按下式计算采集误差$\Delta V$：

$$\Delta V=\max（|（VT_1-VS_1）|，|（VT_2-VS_2）|，|（VT_3-VS_3）|）/M\times 1\,000‰$$

式中：$M$——监测仪表的测量范围（量程）；

$VT_1$、$VT_2$、$VT_3$——上位机显示值；

$VS_1$、$VS_2$、$VS_3$——监测仪表显示值。

5.3.3 系统时钟计时误差

按照说明书根据标准时钟对数据采集传输仪进行对时，在5.1的检测条件下连续运行48 h，计算数据采集传输仪走过的时间$T_h$（s）和标准时钟走过的时间$T_s$（s），按下式计算计时误差$\Delta t$：

$$\Delta t=（T_h-T_s）/T_s\times 1\,000‰$$

5.3.4 存储容量

将数据采集传输仪连接好，按1 min间隔存储数据，记录污染物浓度、流量和总量3个参数，在5.1的检测条件下，不断电连续运行80 h，在上位机提取分钟历史数据，应能完整显示80 h 3个参数的分钟数据（共14 400条记录）。

5.3.5 控制功能

将间歇采样的监测仪表通过数字通道与数据采集传输仪连接，在上位机发送即时采样控制指令，监测仪表应能正确响应；通过上位机设置监测仪表的采样时间，监测仪表应该能按照设定时间进行采样。

5.3.6 平均无故障连续运行时间（MTBF）

将数据采集传输仪连接好，以1小时为单位存储数据，在5.1的检测条件下，不断电连续运行60 d，运行期间应无任何故障；从上位机提取历史数据，应能完整显示60 d的小时数据。

5.3.7 绝缘阻抗

在正常环境下，在关闭数据采集传输仪电路状态时，采用计量检定合格的阻抗计（直流 500 V 绝缘阻抗计）测量电源相与机壳（接地端）之间的绝缘阻抗。

## 6 标志

应在数据采集传输仪外壳的显著位置按国家有关规定标示以下事项：

6.1 数据采集传输仪的名称和型号。

6.2 使用环境温度范围。

6.3 电源类别和容量。

6.4 生产企业名称和地址。

6.5 生产日期和生产批号。

## 7 操作说明书

数据采集传输仪的操作说明书应至少说明以下事项：

7.1 安装场所的选择。

7.2 适用环境。

7.3 信号输入类型。

7.4 使用方法。

7.5 维护检查方法。

7.6 常见故障的解决方法。

7.7 其他使用上应注意的事项。

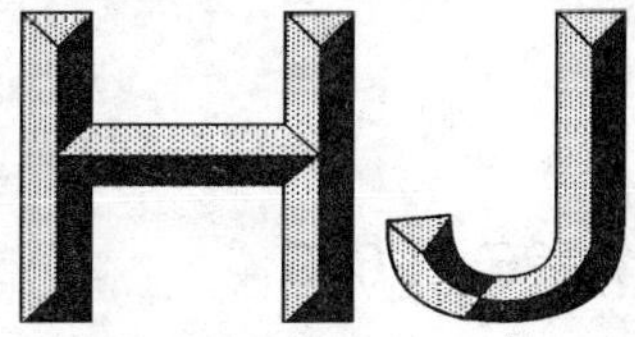

# 中华人民共和国国家环境保护标准

HJ 496—2009

# 环境工程技术分类与命名

**Classification and nomenclature for environmental engineering technology**

2009-09-09 发布　　2009-12-01 实施

环 境 保 护 部 发布

# 中华人民共和国环境保护部
# 公　告

2009 年　第 45 号

为贯彻《中华人民共和国环境保护法》，规范环境工程技术分类与命名，促进环境工程技术发展，现批准《环境工程技术分类与命名》为国家环境保护标准，并予发布。

标准名称、编号如下：

环境工程技术分类与命名（HJ 496—2009）

以上标准自 2009 年 12 月 1 日起实施，由中国环境科学出版社出版，标准内容可在环境保护部网站（bz.mep.gov.cn）查询。

特此公告。

2009 年 9 月 9 日

# 前　言

为贯彻《中华人民共和国环境保护法》，规范环境工程技术分类与命名，制定本标准。

本标准规定了环境工程技术（不含核环境工程技术）的分类与命名方法。

本标准为首次发布。

本标准由环境保护部科技标准司组织制订。

本标准主要起草单位：中国环境保护产业协会（固体废物处理利用委员会）、北京国环清华环境工程设计研究院有限公司。

本标准环境保护部 2009 年 9 月 9 日批准。

本标准自 2009 年 12 月 1 日起实施。

本标准由环境保护部解释。

# 环境工程技术分类与命名

## 1 适用范围

本标准规定了环境工程技术（不含核环境工程技术）的分类与命名。

本标准适用于对环境工程技术及工艺单元的分类与命名。

## 2 规范性引用文件

本标准内容引用了下列文件中的条款。凡是不注明日期的引用文件，其有效版本适用于本标准。

GB/T 7027—2002 信息分类和编码的基本原则与方法

## 3 术语和定义

下列术语和定义适用于本标准。

### 3.1 环境工程技术 environmental engineering technology

保护自然环境和自然资源、防治环境污染、修复生态环境、改善生活环境和城镇环境质量的工程技术和工艺单元。通常可分为水污染控制工程技术、大气污染控制工程技术、固体废物污染控制工程技术、物理污染控制工程技术和生态修复工程技术等。

### 3.2 线分类法 method of linear classification

是将分类对象（即被划分的事物或概念）按所选定的若干个属性或特征逐次地分成相应的若干个层级的类目，并排成一个有层次的，逐渐展开的分类体系。

[GB/T 7027—2002 第 6.2.1 条]

## 4 分类

4.1 本标准采用线分类法。

4.2 本标准按照环境工程技术的治理对象、原理、功能、工艺过程、工艺特征与工作方式等属性进行分类。

4.3 本标准原则上取一个主要属性对环境工程技术进行分类，对某些工程技术也可用两个或两个以上属性进行分类。

4.4 本标准将环境工程技术分为大类、中类、小类和子类四个层次，各层次的分类方法如下，其他说明详见本标准中 6 的规定：

a）第一层为大类，按环境工程技术的治理对象划分，分为水污染控制工程技术、大气污染控制工程技术、固体废物污染控制工程技术、物理污染控制工程技术和生态修复工程技术；

b）第二层为中类，水污染控制工程技术和生态修复工程技术主要按环境工程技术的原理划分，大气污染控制工程技术和物理污染控制工程技术按环境工程技术的治理对象划分，固体废物污染控制工程技术按环境工程技术的工艺过程划分；

c）第三层为小类，按环境工程技术的原理、功能、方式划分；

d）第四层为子类，按环境工程技术的工艺特征、工作方式、技术原理等属性划分。

4.5 对于部分工艺简单、较新或实际应用较少的技术仅划分到小类，根据该技术的发展可适时补充和增加子类。

## 5 命名

5.1 环境工程技术的命名力求科学、准确、合理，并顾及国内外已被公认的惯用名称。

5.2 环境工程技术的命名应能表示工程技术的功能或主要特点，由基本名称和主要特征两部分或某一部分组成，基本名称表明工程技术的功能，主要特征表明工程技术的原理和特点。

示例 1：澄清

基本名称——澄清，表明工程技术的功能。

仅包含基本名称部分内容。

示例 2：好氧堆肥

主要特征——好氧堆肥，表明工程技术的原理。

仅包含主要特征部分内容。

示例 3：回转反吹袋式除尘

基本名称——除尘，表明工程技术的功能；

主要特征——回转反吹袋式，表明工程技术的特点。

包括基本名称和主要特征两部分内容。

示例 4：阻性消声

基本名称——消声，表明工程技术的功能；

主要特征——阻性，表明工程技术的特点。

包括基本名称和主要特征两部分内容。

## 6 分类表

6.1 本标准中的分类表是开放体系，可在各层增补相应的内容，为新环境工程技术留有充分的位置。

6.2 新增补的环境工程技术应排列在该工程技术所属类目之后，确保对原排列不产生影响。

6.3 在本标准分类表中设“其他”为收容类目。

6.4 水污染控制工程技术分类与命名应符合表 1 的规定。其中，中类主要按环境工程技术的原理划分，并考虑到剩余污泥处理环节通常在污水处理厂（站）完成，中类收容了剩余污泥处理技术。

**表 1 水污染控制工程技术分类表**

<table>
<tr><th>大类</th><th>中类</th><th>小类</th><th>子类</th></tr>
<tr><td rowspan="16">水污染控制工程技术</td><td rowspan="16">物理法污水处理技术</td><td rowspan="3">均质调节</td><td>水力搅拌</td></tr>
<tr><td>机械搅拌</td></tr>
<tr><td>其他</td></tr>
<tr><td>格栅（网）</td><td></td></tr>
<tr><td rowspan="5">沉砂</td><td>平流式沉砂</td></tr>
<tr><td>竖流式沉砂</td></tr>
<tr><td>曝气沉砂</td></tr>
<tr><td>旋流沉砂</td></tr>
<tr><td>其他</td></tr>
<tr><td rowspan="6">沉淀</td><td>平流式沉淀</td></tr>
<tr><td>竖流式沉淀</td></tr>
<tr><td>辐流式沉淀</td></tr>
<tr><td>斜管（板）沉淀</td></tr>
<tr><td>涡流式沉淀</td></tr>
<tr><td>其他</td></tr>
</table>

续表

| 大类 | 中类 | 小类 | 子类 |
| --- | --- | --- | --- |
| 水污染控制工程技术 | 物理法污水处理技术 | 澄清 | 机械循环澄清 |
| | | | 水力循环澄清 |
| | | | 脉冲澄清 |
| | | | 悬浮澄清 |
| | | | 其他 |
| | | 离心分离 | |
| | | 过滤 | 介质过滤 |
| | | | 其他 |
| | | 隔油与除油 | |
| | | 蒸发（干燥） | |
| | | 磁分离 | |
| | | 其他物理处理技术 | |
| | 化学法污水处理技术 | 中和处理 | |
| | | 氧化与还原 | 化学氧化还原 |
| | | | 光氧化还原 |
| | | | 电化学氧化还原 |
| | | | 其他 |
| | | 化学沉淀 | |
| | | 混凝 | |
| | | 消毒 | 臭氧消毒 |
| | | | 化学药剂消毒 |
| | | | 紫外线消毒 |
| | | | 其他 |
| | | 其他化学处理技术 | |
| | 物理化学法污水处理技术 | 离子交换 | 固定床离子交换 |
| | | | 混合床离子交换 |
| | | | 其他 |
| | | 气浮 | 散气气浮 |
| | | | 压力溶气气浮 |
| | | | 电解气浮 |
| | | | 真空气浮 |
| | | | 其他 |
| | | 膜分离 | 微滤 |
| | | | 超滤 |
| | | | 纳滤 |
| | | | 反渗透 |
| | | | 电渗析 |
| | | | 其他 |
| | | 吸附 | |
| | | 萃取 | |
| | | 汽提 | |
| | | 吹脱 | |
| | | 其他物理化学处理技术 | |

续表

| 大类 | 中类 | 小类 | 子类 |
|---|---|---|---|
| 水污染控制工程技术 | 生物法污水处理技术 | 好氧活性污泥法 | 传统活性污泥法 |
| | | | 氧化沟法 |
| | | | 序批式活性污泥法 |
| | | | 吸附生物降解活性污泥法 |
| | | | 深井活性污泥法 |
| | | | 厌氧/缺氧/好氧活性污泥法 |
| | | | 其他 |
| | | 好氧生物膜法 | 传统生物滤池 |
| | | | 曝气生物滤池 |
| | | | 生物接触氧化 |
| | | | 生物转盘 |
| | | | 生物流化床 |
| | | | 其他 |
| | | 厌氧污泥法 | 传统厌氧消化 |
| | | | 升流式厌氧污泥床 |
| | | | 厌氧膨胀污泥床 |
| | | | 厌氧流化床 |
| | | | 水解酸化 |
| | | | 折流式厌氧处理 |
| | | | 其他 |
| | | 厌氧生物膜法 | 厌氧生物滤池 |
| | | | 厌氧生物转盘 |
| | | | 其他 |
| | | 其他生物处理技术 | 膜生物反应器 |
| | 污水自然净化技术 | 塘处理 | 好氧稳定塘 |
| | | | 兼性稳定塘 |
| | | | 厌氧稳定塘 |
| | | | 曝气塘 |
| | | | 其他 |
| | | 土地处理 | 慢速渗滤 |
| | | | 快速渗滤 |
| | | | 地表漫流 |
| | | | 地下渗滤 |
| | | | 人工湿地 |
| | | | 其他 |
| | | 其他自然净化技术 | |
| | 剩余污泥处理技术 | 污泥调理 | |
| | | 污泥浓缩 | |
| | | 污泥稳定 | 生物稳定 |
| | | | 药剂稳定 |
| | | | 其他 |
| | | 污泥脱水 | |
| | | 污泥干化 | 自然干化 |
| | | | 热干化 |
| | | | 其他 |
| | | 污泥消毒 | |
| | | 其他污泥处理技术 | |

6.5 大气污染控制工程技术分类与命名应符合表 2 的规定。其中，中类按照环境工程技术的治理对象划分。

表 2 大气污染控制工程技术分类表

<table>
<tr><th>大类</th><th>中类</th><th>小类</th><th>子类</th></tr>
<tr><td rowspan="46">大气污染控制工程技术</td><td rowspan="19">除尘技术</td><td rowspan="5">袋式除尘</td><td>机械振动袋式除尘</td></tr>
<tr><td>回转反吹袋式除尘</td></tr>
<tr><td>脉冲喷吹袋式除尘</td></tr>
<tr><td>气箱脉冲袋式除尘</td></tr>
<tr><td>其他</td></tr>
<tr><td rowspan="3">旋风除尘</td><td>多筒旋风除尘</td></tr>
<tr><td>多管旋风除尘</td></tr>
<tr><td>其他</td></tr>
<tr><td rowspan="4">静电除尘</td><td>板式静电除尘</td></tr>
<tr><td>管式静电除尘</td></tr>
<tr><td>湿式静电除尘</td></tr>
<tr><td>其他</td></tr>
<tr><td rowspan="4">湿式除尘</td><td>文丘里湿式除尘</td></tr>
<tr><td>水膜湿式除尘</td></tr>
<tr><td>泡沫湿式除尘</td></tr>
<tr><td>其他</td></tr>
<tr><td rowspan="2">复合式除尘</td><td>电袋式除尘</td></tr>
<tr><td>其他</td></tr>
<tr><td>其他除尘技术</td><td></td></tr>
<tr><td rowspan="10">除雾技术</td><td rowspan="3">惯性除雾</td><td>折板式除雾</td></tr>
<tr><td>旋流除雾</td></tr>
<tr><td>其他</td></tr>
<tr><td rowspan="3">过滤式除雾</td><td>网式除雾</td></tr>
<tr><td>填料除雾</td></tr>
<tr><td>其他</td></tr>
<tr><td rowspan="3">静电除雾</td><td>管式静电除雾</td></tr>
<tr><td>板式静电除雾</td></tr>
<tr><td>其他</td></tr>
<tr><td>其他除雾技术</td><td></td></tr>
<tr><td rowspan="12">气态污染物净化技术</td><td rowspan="4">吸收</td><td>表面吸收</td></tr>
<tr><td>鼓泡式吸收</td></tr>
<tr><td>喷淋式吸收</td></tr>
<tr><td>其他</td></tr>
<tr><td rowspan="4">吸附</td><td>固定床吸附</td></tr>
<tr><td>移动床吸附</td></tr>
<tr><td>流化床吸附</td></tr>
<tr><td>其他</td></tr>
<tr><td rowspan="4">催化转化</td><td>催化氧化</td></tr>
<tr><td>催化还原</td></tr>
<tr><td>催化分解</td></tr>
<tr><td>其他</td></tr>
</table>

续表

| 大类 | 中类 | 小类 | 子类 |
| --- | --- | --- | --- |
| 大气污染控制工程技术 | 气态污染物净化技术 | 冷凝 | 直接冷凝 |
| | | | 间接冷凝 |
| | | | 其他 |
| | | 燃烧净化 | 直接燃烧 |
| | | | 热力燃烧 |
| | | | 催化燃烧 |
| | | | 其他 |
| | | 生物法净化 | 生物过滤净化 |
| | | | 生物吸收净化 |
| | | | 其他 |
| | | 膜分离 | 中空纤维膜气体分离 |
| | | | 平板型膜气体分离 |
| | | | 其他 |
| | | 其他气态污染物净化技术 | |

6.6 固体废物污染控制工程技术分类与命名应符合表 3 的规定。其中，中类主要按环境工程技术的工艺过程划分。固体废物资源化技术的小类按照资源化的方式进行划分。

**表 3 固体废物污染控制工程技术分类表**

| 大类 | 中类 | 小类 | 子类 |
| --- | --- | --- | --- |
| 固体废物污染控制工程技术 | 固体废物收运技术 | 收集、运输 | |
| | | 转运 | |
| | | 其他收运 | |
| | 固体废物的预处理技术 | 压实 | |
| | | 破碎 | |
| | | 分选 | 筛分 |
| | | | 重力分选 |
| | | | 浮选 |
| | | | 磁力分选 |
| | | | 静电分选 |
| | | | 光电分选 |
| | | | 涡电流分选 |
| | | | 其他 |
| | | 其他预处理技术 | |
| | 固体废物固化和稳定化技术 | 固化 | 水泥固化 |
| | | | 石灰固化 |
| | | | 其他 |
| | | 化学稳定化 | |
| | | 其他固化和稳定化技术 | |
| | 固体废物热处理技术 | 焚烧 | 固定床焚烧 |
| | | | 流化床焚烧 |
| | | | 回转式焚烧 |
| | | | 移动床焚烧 |
| | | | 其他 |
| | | 热解 | |
| | | 气化 | |
| | | 熔融 | |
| | | 其他热处理技术 | |

续表

| 大类 | 中类 | 小类 | 子类 |
| --- | --- | --- | --- |
| 固体废物污染控制工程技术 | 固体废物生物处理技术 | 好氧堆肥 | 动态堆肥 |
| | | | 静态堆肥 |
| | | | 其他 |
| | | 厌氧发酵 | 湿式消化 |
| | | | 干式消化 |
| | | | 半干式消化 |
| | | | 其他 |
| | | 其他生物处理技术 | |
| | 固体废物填埋技术 | 卫生填埋 | 厌氧卫生填埋 |
| | | | 准好氧卫生填埋 |
| | | | 好氧卫生填埋 |
| | | | 其他 |
| | | 安全填埋 | |
| | | 防渗 | 天然防渗 |
| | | | 人工防渗 |
| | | | 其他 |
| | | 渗滤液处理 | 渗滤液收集 |
| | | | 渗滤液回灌 |
| | | | 渗滤液生物处理 |
| | | | 渗滤液物理处理 |
| | | | 渗滤液物理化学处理 |
| | | | 其他 |
| | | 填埋气体处理 | 填埋气体收集 |
| | | | 填埋气体火炬焚烧 |
| | | | 其他 |
| | | 其他填埋技术 | |
| | 固体废物资源化技术 | 直接回收利用 | |
| | | 电子废物回收利用 | 机械拆解法 |
| | | | 机械物理法 |
| | | | 化学法 |
| | | | 热处理分离法 |
| | | | 其他 |
| | | 废电池回收利用 | 冶金法 |
| | | | 真空蒸馏分离法 |
| | | | 固相电解还原法 |
| | | | 溶剂萃取法 |
| | | | 其他 |
| | | 废塑料回收利用 | 熔融法 |
| | | | 热裂解法 |
| | | | 分选法 |
| | | | 其他 |

续表

| 大类 | 中类 | 小类 | 子类 |
|---|---|---|---|
| 固体废物污染控制工程技术 | 固体废物资源化技术 | 废橡胶回收利用 | 机械粉碎法 |
| | | | 微波法 |
| | | | 超声波法 |
| | | | 化学药剂法 |
| | | | 生物法 |
| | | | 热分解法 |
| | | | 其他 |
| | | 污泥资源化 | 污泥土地利用 |
| | | | 污泥堆肥 |
| | | | 其他 |
| | | 能源回收利用技术 | 焚烧热能利用 |
| | | | 填埋气体能源回收 |
| | | | 污泥厌氧发酵产气能源回收 |
| | | | 其他 |
| | | 其他资源化技术 | |

6.7 物理污染控制工程技术分类与命名应符合表 4 的规定。其中，中类按照环境工程技术的治理对象划分。

**表 4 物理污染控制工程技术分类表**

| 大类 | 中类 | 小类 | 子类 |
|---|---|---|---|
| 物理污染控制工程技术 | 噪声污染控制技术 | 吸声 | 多孔材料吸声结构 |
| | | | 穿孔板共振吸声 |
| | | | 微穿孔板吸声 |
| | | | 薄板吸声 |
| | | | 薄膜吸声 |
| | | | 其他 |
| | | 隔声 | 隔声罩隔声 |
| | | | 隔声室隔声 |
| | | | 隔声帘幕隔声 |
| | | | 隔声屏隔声 |
| | | | 其他 |
| | | 消声 | 阻性消声 |
| | | | 抗性消声 |
| | | | 阻抗复合消声 |
| | | | 微穿孔板消声 |
| | | | 小孔喷注消声 |
| | | | 节流减压消声 |
| | | | 其他 |
| | | 其他噪声控制技术 | |
| | 振动污染控制技术 | 隔振 | 金属弹簧隔振 |
| | | | 橡胶隔振 |
| | | | 软木隔振 |
| | | | 空气弹簧隔振 |
| | | | 弹性吊架支架 |
| | | | 管道软连接隔振 |
| | | | 其他 |

续表

| 大类 | 中类 | 小类 | 子类 |
| --- | --- | --- | --- |
| 物理污染控制工程技术 | 振动污染控制技术 | 减振 | 阻尼减振 |
| | | | 其他 |
| | | 其他振动控制技术 | |
| | 电磁辐射污染控制技术 | 屏蔽 | 电磁屏蔽 |
| | | | 静电屏蔽 |
| | | | 磁屏蔽 |
| | | | 其他屏蔽 |
| | | 接地 | 静电接地 |
| | | | 工频接地 |
| | | | 射频接地 |
| | | | 其他接地 |
| | | 滤波 | |
| | | 其他电磁辐射控制技术 | |

6.8　生态修复工程技术分类与命名应符合表 5 的规定。其中，中类按照环境工程技术的原理划分。

**表 5　生态修复工程技术分类表**

| 大类 | 中类 | 小类 | 子类 |
| --- | --- | --- | --- |
| 生态修复工程技术 | 微生物生态修复技术 | 原位微生物修复 | 生物通风 |
| | | | 生物淋洗 |
| | | | 生物耕作 |
| | | | 空气/生物注射修复 |
| | | | 微生物菌剂强化 |
| | | | 酶制剂强化 |
| | | | 其他 |
| | | 异位微生物修复 | 生物预制床 |
| | | | 生物堆腐 |
| | | | 生物泥浆反应 |
| | | | 其他 |
| | | 其他生物修复 | |
| | 物理生态修复技术 | 物理分离 | 水动力分离 |
| | | | 脱水分离 |
| | | | 重力分离 |
| | | | 浮选分离 |
| | | | 磁分离 |
| | | | 其他 |
| | | 物理稳定修复 | 原位稳定修复 |
| | | | 异位稳定修复 |
| | | | 其他 |
| | | 热力学修复 | 高温热修复 |
| | | | 低温热修复 |
| | | | 电磁波热修复 |
| | | | 其他 |
| | | 热解吸浸提 | 原位热解吸浸提 |
| | | | 异位热解吸浸提 |
| | | | 其他 |
| | | 其他物理修复技术 | |

续表

| 大类 | 中类 | 小类 | 子类 |
|---|---|---|---|
| 生态修复工程技术 | 化学生态修复技术 | 化学淋洗修复 | 原位化学淋洗修复 |
| | | | 异位化学淋洗修复 |
| | | | 其他 |
| | | 化学浸提修复 | |
| | | 活性栅修复 | |
| | | 化学固定修复 | |
| | | 化学氧化还原修复 | |
| | | 电动力学修复 | |
| | | 其他化学修复技术 | |
| | 植物生态修复技术 | 植物富集修复 | |
| | | 植物挥发修复 | |
| | | 植物稳定修复 | |
| | | 植物与微生物联合修复 | |
| | | 其他植物修复技术 | |

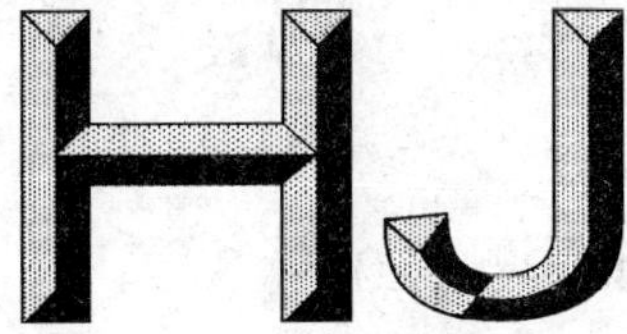

# 中华人民共和国国家环境保护标准

HJ 497—2009

# 畜禽养殖业污染治理工程技术规范

**Technical specifications for pollution treatment projects of livestock and poultry farms**

2009-09-30 发布　　2009-12-01 实施

环境保护部 发布

# 中华人民共和国环境保护部
# 公　告

2009 年　第 50 号

为贯彻《中华人民共和国环境保护法》、《中华人民共和国水污染防治法》和《中华人民共和国大气污染防治法》，规范畜禽养殖业污染治理工程建设与运行，现批准《畜禽养殖业污染治理工程技术规范》为国家环境保护标准，并予发布。

标准名称、编号如下：

畜禽养殖业污染治理工程技术规范（HJ 497—2009）

以上标准自 2009 年 12 月 1 日起实施，由中国环境科学出版社出版，标准内容可在环境保护部网站（bz.mep.gov.cn）查询。

特此公告。

2009 年 9 月 28 日

# 前　言

为贯彻《中华人民共和国环境保护法》、《中华人民共和国水污染防治法》和《中华人民共和国大气污染防治法》，规范畜禽养殖业污染治理工程建设与运行，治理畜禽养殖业废弃物及恶臭污染，改善环境质量，制定本标准。

本标准以我国当前的污染物排放标准和污染控制技术为基础，规定了畜禽养殖业污染治理工程设计、施工、验收和运行维护的技术要求。

本标准为首次发布。

本标准由环境保护部科技标准司组织制订。

本标准主要起草单位：中国环境保护产业协会（水污染治理委员会）、天津市环境保护科学研究院、北京市环境保护科学研究院、浙江省沼气太阳能科学研究所。

本标准环境保护部 2009 年 9 月 30 日批准。

本标准自 2009 年 12 月 1 日起实施。

本标准由环境保护部解释。

# 畜禽养殖业污染治理工程技术规范

## 1 适用范围

本标准规定了集约化畜禽养殖场（区）污染治理工程设计、施工、验收和运行维护的技术要求。

本标准适用于集约化畜禽养殖场（区）的新建、改建和扩建污染治理工程从设计、施工到验收、运行的全过程管理和已建污染治理工程的运行管理，可作为环境影响评价、设计、施工、环境保护验收及建成后运行与管理的技术依据。

## 2 规范性引用文件

本标准内容引用了下列文件中的条款。凡是不注日期的引用文件，其有效版本适用本标准。

GB 5084 农田灌溉水质标准
GB 7959 粪便无害化卫生标准
GB 8958 缺氧危险作业安全规程
GB 18596—2001 畜禽养殖业污染物排放标准
GB 18877 有机-无机复混肥料
GB 50014—2006 室外排水设计规范
GB 50046 工业建筑防腐蚀设计规范
GB 50052 供配电系统设计规范
GB 50054 低压配电设计规范
GB 50069 给水排水工程构筑物结构设计规范
GB 50334 城市污水处理厂工程质量验收规范
GB/T 18883 室内空气质量标准
GBJ 16 建筑设计防火规范
GBZ 1 工业企业设计卫生标准
CJ/T 3059 城市生活垃圾堆肥处理厂技术评价指标
CJJ 60—1994 城市污水处理厂运行、维护及其安全技术规程
CJJ 64—1995 城市粪便处理厂（场）设计规范
CJJ/T 30 城市粪便处理厂运行、维护及其安全技术规程
CJJ/T 54 污水稳定塘设计规范
CJJ/T 86 城市生活垃圾堆肥处理厂运行、维护及其安全技术规程
DB11/T 272—2005 生活垃圾堆肥厂运行管理规范
HJ/T 81—2001 畜禽养殖业污染防治技术规范
HJ/T 353 水污染源在线监测系统安装技术规范（试行）
HJ/T 354 水污染源在线监测系统验收技术规范（试行）
HJ/T 355 水污染源在线监测系统运行与考核技术规范（试行）
NY 525 有机肥料
NY/T 1167 畜禽场环境质量及卫生控制规范
NY/T 1168—2006 畜禽粪便无害化处理技术规范
NY/T 1222—2006 规模化畜禽养殖场沼气工程设计规范

NY/T 1220.3　沼气工程技术规范　第 3 部分：施工与验收

NY/T 1221—2006　规模化畜禽养殖场沼气工程运行、维护及其安全技术规程

《高致病性禽流感疫情处置技术规范》（试行）　（农政发[2004]1 号）

《建设项目（工程）竣工验收办法》　（计建设[1990]1215 号）

《建设项目竣工环境保护验收管理办法》　（国家环境保护总局令　第 13 号）

## 3　术语与定义

下列术语和定义适用于本标准。

### 3.1　集约化畜禽养殖场　Intensive livestock and poultry farms

指在较小的场地内，投入较多的生产资料和劳动，采用新的工艺与技术措施，进行精心管理的畜禽养殖场。（GB 18596—2001）

本标准指存栏数为 300 头以上的养猪场、50 头以上的奶牛场、100 头以上的肉牛场、4 000 羽以上的养鸡场、2 000 羽以上的养鸭场或养鹅场。

### 3.2　集约化畜禽养殖区　Intensive livestock and poultry park（含集约化养殖小区）

指距居民区一定距离，经过行政区划确定的多个畜禽养殖个体生产集中的区域。（GB 18596—2001）

### 3.3　畜禽粪污　Fecal residue and waste water

指畜禽养殖场产生的废水和固体粪便的总称。

### 3.4　畜禽养殖废水　Waste water

指由畜禽养殖场产生的尿液、全部粪便或残余粪便及饲料残渣、冲洗水及工人生活、生产过程中产生的废水的总称，其中冲洗水占大部分。

### 3.5　干清粪工艺　Dry collection

指畜禽排放的粪便一经产生便通过机械或人工收集、清除，尿液、残余粪便及冲洗水则从排污道排出的清粪方式。

### 3.6　水冲粪工艺　Manure cleaning by rinsing

指畜禽排放的粪、尿和污水混合进入粪沟，每天数次放水冲洗，粪水顺粪沟流入粪便主干沟后排出的清粪工艺。

### 3.7　水泡粪工艺　Manure cleaning by water submerging

指在畜禽舍内的排粪沟中注入一定量的水，将粪、尿、冲洗和饲养管理用水一并排放至漏缝地板下的粪沟中，贮存一定时间（一般为 1～2 个月）、待粪沟填满后，打开出口闸门，沟中的粪水顺粪沟流入粪便主干沟后排出的清粪工艺。

### 3.8　堆肥　Composting

指将畜禽粪便等有机固体废物集中堆放并在微生物作用下使有机物发生生物降解，形成一种类似腐殖质土壤的物质过程。（NY/T 1168—2006）

### 3.9　好氧堆肥　Aerobic composting

指在充分供氧的条件下，主要利用好氧微生物对废物进行堆肥的方法。（DB11/T 272—2005）

### 3.10　腐熟度　Maturity

指堆肥过程中的有机质经过矿化、腐殖化过程最后达到稳定的程度，是反映堆肥化过程中稳定化程度的指标。

### 3.11　恶臭污染物　Odor pollutants

指一切刺激嗅觉器官，引起人们不愉快及损害生活环境的气体物质。（GB 18596—2001）

### 3.12　无害化处理　Non-hazardous treatment

指利用高温、好氧或厌氧等工艺杀灭畜禽粪污中病原菌、寄生虫和杂草种子的过程。（NY/T 1168—2006）

## 4 污染物与污染负荷

4.1 畜禽养殖废水处理工程的设计水量应根据养殖场实际产生的废水水量确定，没有实测数据的宜参考 GB 18596—2001 第 3.1.2 条的畜禽养殖业最高允许排水量设计，也可参考相似工程或参考当地类似养殖场废水产生量确定。

4.2 畜禽养殖废水处理工程的设计进水水质应根据养殖场实际的排放废水水质确定，没有实测数据的宜根据相似工程经验或参考当地类似养殖场废水水质确定，无参考数据的可参照附录 A 确定。

4.3 畜禽养殖固体粪便的设计处理量应根据养殖场实际产生量确定，没有实测数据的宜根据相似工程经验或参考当地类似养殖场粪便产生量确定，也可参考附录 A 确定。

## 5 总体设计

### 5.1 一般规定

5.1.1 畜禽养殖场环境质量及卫生控制应符合 NY/T 1167 的有关要求。

5.1.2 畜禽养殖业污染治理工程的设计单位应具有国家相应的设计资质。

5.1.3 畜禽养殖业污染治理工程的设计除应遵守本标准外，还应符合国家现行的有关强制性标准的规定。

5.1.4 畜禽养殖业污染治理应从源头控制，严格执行雨污分离，通过优化饲料配方、提高饲养技术、管理水平、改善畜舍结构和通风供暖工艺、改进清粪工艺等措施减少养殖场环境污染。

5.1.5 畜禽养殖业污染治理应按照资源化、减量化、无害化的原则，以综合利用为出发点，提高资源化利用率。

5.1.6 畜禽粪污资源化时应经无害化处理后方可还田利用，无害化处理应满足下列要求：

a）液态畜禽粪污宜采用厌氧工艺进行无害化处理；沼液、沼渣不得作为同等动物的饲料，不得在动物之间进行循环。

b）固体畜禽粪便宜采用好氧堆肥技术进行无害化处理。

c）无害化处理后的卫生学指标应符合 GB 7959 的有关规定。

5.1.7 经无害化处理后进行还田综合利用的，粪肥用量不能超过作物当年生长所需的养分量。在确定粪肥的最佳施用量时，应对土壤肥力和粪肥肥效进行测试评价，并符合当地环境容量的要求。同时应有一倍以上的土地用于轮作施肥，不得长期施肥于同一土地。

5.1.8 没有充足土地消纳利用固体粪便的养殖场，应建立集中处理处置畜禽粪便的有机肥厂或处理（处置）设施。生产商品化有机肥和复混肥的应分别满足 NY 525 和 GB 18877 的有关规定。

5.1.9 畜禽养殖废水不得排入敏感水域和有特殊功能的水域，排放去向应符合国家和地方的有关规定。排放水质应满足 GB 18596—2001 或有关地方污染物排放标准的规定；处理后用于农田灌溉的，出水水质应满足 GB 5084 的规定。

5.1.10 畜禽养殖业污染治理工程的建设应符合当地总体规划，与当地客观实际相结合，正确处理集中与分散、处理与利用、近期与远期的关系。

5.1.11 畜禽养殖业污染治理工程的电气设计应符合 GB 50052、GB 50054 的规定。

5.1.12 畜禽养殖业污染治理工程宜采用自动化控制系统，自动化控制系统应适用、可靠，并满足设施安全、经济运行要求。

5.1.13 畜禽养殖业污染治理工程应采取防治二次污染的措施，废水、废气、废渣、噪声及其他污染物的排放应符合相应的国家或地方排放标准。

5.1.14 集约化畜禽养殖场（区）污染治理工程应按照有关规定安装水质在线监测系统。

### 5.2 项目构成

5.2.1 畜禽养殖业污染治理工程的设计对象主要包括主体处理构筑物与设备、配套工程以及运行管理服务设施。

5.2.2 主体处理构筑物与设备包括废水处理系统、固体粪便处理系统及恶臭处理系统等；处理后废水直接向环境排放的，应按国家有关规定设置规范化排污口。

5.2.3 配套工程包括总图运输、供配电、给排水、消防、通讯、暖通、监测化验等。

5.2.4 运行管理服务设施包括办公用房、库房等。

5.3 选址要求

5.3.1 畜禽养殖业污染治理工程应与养殖场生产区、居民区等建筑保持一定的卫生防护距离，设置在畜禽养殖场的生产区、生活区主导风向的下风向或侧风向处。

5.3.2 畜禽养殖业污染治理工程的位置应有利于排放、资源化利用和运输，并留有扩建的余地，方便施工、运行和维护。

5.3.3 畜禽养殖业污染治理工程选址的其他要求参照 CJJ 64—1995 第 2 章、GB 50014—2006 第 5 章的有关规定执行。

5.4 总平面布置

平面布置应以污水处理系统、固体粪便处理系统、恶臭集中处理系统为主体，其他各项设施应按粪污处理流程合理安排，确保相关设备充分发挥功能，保证设施运行稳定、维修方便、经济合理、安全卫生。

5.5 绿化

宜种植高大常绿的乔木，并设置能吸收臭气、有净化空气作用的绿化隔离带，以减少臭气对环境的影响。

## 6 工艺选择

6.1 粪污收集与贮存

6.1.1 粪污收集

6.1.1.1 新建、改建、扩建的畜禽养殖场宜采用干清粪工艺。现有采用水冲粪、水泡粪清粪工艺的养殖场，应逐步改为干清粪工艺。

6.1.1.2 畜禽粪污应日产日清。

6.1.1.3 畜禽养殖场应建立排水系统，并实行雨污分流。

6.1.2 粪污贮存

6.1.2.1 粪污无害化处理后用于还田利用的，畜禽粪污处理厂（站）应设置专门的贮存池。

6.1.2.2 贮存池的位置选择应满足 HJ/T 81—2001 第 5.2 条的规定。

6.1.2.3 贮存池的总有效容积应根据贮存期确定。种养结合的养殖场，贮存池的贮存期不得低于当地农作物生产用肥的最大间隔时间和冬季封冻期或雨季最长降雨期，一般不得小于 30 d 的排放总量。

6.1.2.4 贮存池的结构应符合 GB 50069 的有关规定，具有防渗漏功能，不得污染地下水。

6.1.2.5 对易侵蚀的部位，应按照 GB 50046 的规定采取相应的防腐蚀措施。

6.1.2.6 贮存池应配备防止降雨（水）进入的措施。

6.1.2.7 贮存池宜配置排污泵。

6.2 粪污处理基本工艺模式

6.2.1 工艺选择原则

6.2.1.1 选用粪污处理工艺时，应根据养殖场的养殖种类、养殖规模、粪污收集方式、当地的自然地理环境条件以及排水去向等因素确定工艺路线及处理目标，并应充分考虑畜禽养殖废水的特殊性，在实现综合利用或达标排放的情况下，优先选择低运行成本的处理工艺；应慎重选用物化处理工艺。

6.2.1.2 养殖规模在存栏（以猪计）2 000 头及以下的应尽可能采用 6.2.2 模式Ⅰ或 6.2.3 模式Ⅱ处理工艺；存栏（以猪计）10 000 头及以上的，宜采用 6.2.4 模式Ⅲ处理工艺。

6.2.1.3 采用模式Ⅰ或模式Ⅱ处理工艺的，养殖场应位于非环境敏感区，周围的环境容量大，远离城市，有能源需求，周边有足够土地能够消纳全部的沼液、沼渣。

6.2.1.4 干清粪工艺的养殖场，不宜采用模式Ⅰ处理工艺，固体粪便宜采用好氧堆肥等技术单独进行无害化处理。

6.2.1.5 当采用干清粪工艺时，清粪比例宜控制在 70%。

**6.2.2 模式Ⅰ**

6.2.2.1 模式Ⅰ的基本工艺流程见图 1。

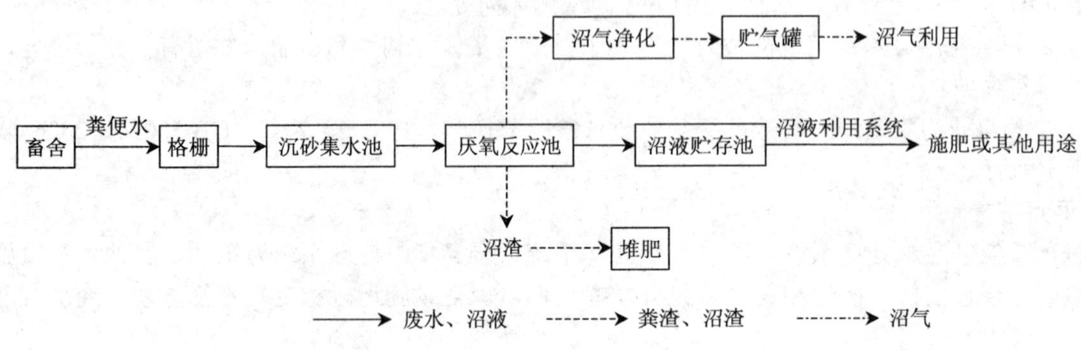


**图 1 模式Ⅰ工艺基本流程**

6.2.2.2 模式Ⅰ工艺以能源利用与综合利用为主要目的，适用于当地有较大的能源需求，沼气能完全利用，同时周边有足够土地消纳沼液、沼渣，并有一倍以上的土地轮作面积，使整个养殖场（区）的畜禽排泄物在小区域范围内全部达到循环利用的情况。

6.2.2.3 粪尿连同废水一同进入厌氧反应器；未采用干清粪工艺的，应严格控制冲洗用水，提高废水浓度，减少废水总量。

**6.2.3 模式Ⅱ**

6.2.3.1 模式Ⅱ工艺基本流程见图 2。

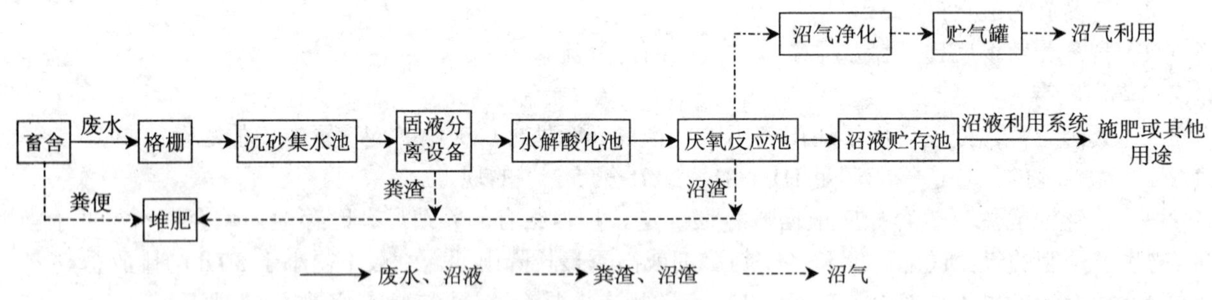


**图 2 模式Ⅱ工艺基本流程**

6.2.3.2 模式Ⅱ工艺适用于能源需求不大，主要以进行污染物无害化处理、降低有机物浓度、减少沼液和沼渣消纳所需配套的土地面积为目的，且养殖场周围具有足够土地面积全部消纳低浓度沼液，并且有一定的土地轮作面积的情况。

6.2.3.3 废水进入厌氧反应器之前应先进行固液（干湿）分离，然后再对固体粪渣和废水分别进行处理。

**6.2.4 模式Ⅲ**

6.2.4.1 模式Ⅲ工艺基本流程见图 3。

6.2.4.2 能源需求不高且沼液和沼渣无法进行土地消纳，废水必须经处理后达标排放或回用的，应采用模式Ⅲ处理工艺。

6.2.4.3 废水进入厌氧反应器之前应先进行固液（干湿）分离，然后再对固体粪渣和废水分别进行处理。

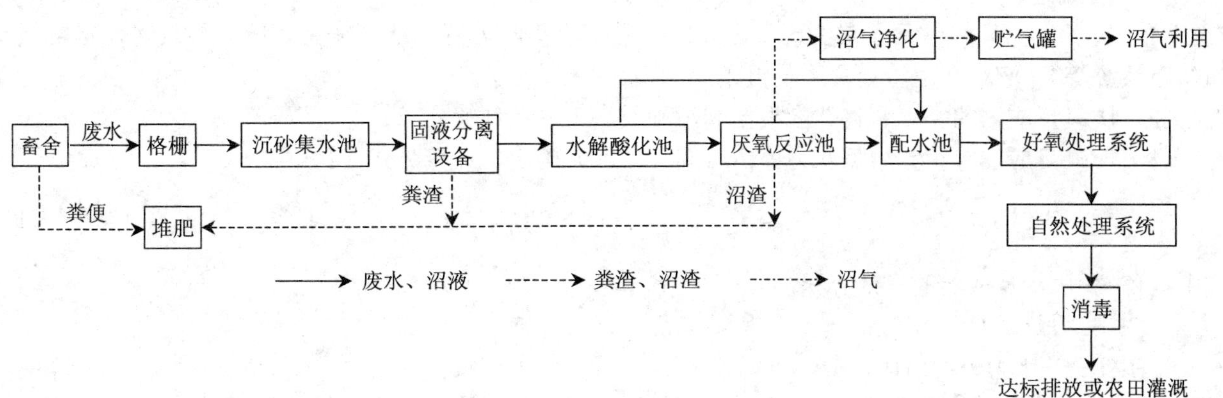


图 3 模式Ⅲ工艺基本流程

## 7 废水处理

### 7.1 预处理

#### 7.1.1 一般规定

7.1.1.1 畜禽养殖场废水处理前应强化预处理，预处理包括格栅、沉砂池、固液分离系统、水解酸化池等。

7.1.1.2 采用模式Ⅰ工艺处理养牛场粪污时，预处理应设有粪草分离、切割和混合装置。

7.1.1.3 处理养鸡场粪污前，应先清除鸡粪中的羽毛。

#### 7.1.2 格栅

7.1.2.1 废水进入集水池前应设置格栅。

7.1.2.2 当污水量较大时，宜采用机械格栅，栅渣应及时运至粪便堆肥场或其他无害化场所进行处理。

7.1.2.3 格栅的技术要求按 GB 50014—2006 的有关规定执行。

#### 7.1.3 沉砂池

7.1.3.1 处理养鸡场或散放式奶牛场废水时应强化沉砂池设置；其他养殖废水处理可使设置的集水池具有一定的沉砂功能，不单独设置沉砂池。

7.1.3.2 沉砂池的设计参照 CJJ 64—1995 第 3.3 条的有关规定。

#### 7.1.4 集水池

7.1.4.1 厌氧处理系统前应设置集水池。

7.1.4.2 集水池的容量不宜小于最大日排放量的 50%。

7.1.4.3 集水池的设置应方便去除浮渣和沉渣。

7.1.4.4 处理食草类动物粪污时，应增加集水池容积，使其具有化粪的功能。

#### 7.1.5 固液分离

7.1.5.1 固液分离设备可选用水力筛网、螺旋挤压分离机等，应根据处理水量、水质、场地、经济情况等条件综合考虑选用，并考虑废渣的贮存、运输等情况。

7.1.5.2 当采用螺旋挤压分离机时，宜在排污收集后 3 h 内进行污水的固液分离。

#### 7.1.6 水解酸化池

7.1.6.1 进水经固液分离后、进厌氧处理系统前，根据工艺要求宜设置水解酸化池。

7.1.6.2 水解酸化池容积应根据工艺要求确定。进水经固液分离的，水力停留时间（HRT）宜为 12～24 h。

## 7.2 厌氧生物处理

### 7.2.1 一般规定

7.2.1.1 厌氧生物处理单元通常由厌氧反应器、沼气收集与处置系统（净化系统、贮气罐、输配气管和使用系统等）、沼液和沼渣处置系统组成。

7.2.1.2 厌氧反应器的类型和设计应根据粪污种类和工艺路线确定。

7.2.1.3 厌氧反应器容积宜根据水力停留时间（HRT）确定，计算见式（1）：

$$V = Q \times \mathrm{HRT} \tag{1}$$

式中：$V$——厌氧反应器的有效容积，$m^3$；

$Q$——设计流量，$m^3/d$；

HRT——水力停留时间，d。

7.2.1.4 当温度条件不能满足工艺要求时，厌氧反应器宜按下列要求设置加热保温措施：

a）宜采用池（罐）外保温措施；

b）宜采用蒸汽直接加热，蒸汽通入点宜设在集水池（或计量池）内，也可采用厌氧反应器外热交换或池内热交换。

7.2.1.5 厌氧反应器设计还应符合下列规定：

a）厌氧反应器、沼气净化利用系统的防火设计应符合 GBJ 16 中的有关规定；

b）厌氧反应器应设有防止超正、负压的安全装置及措施，安全装置的安全范围应满足工艺设计的压力及池体安全的要求；

c）厌氧反应器应达到水密性与气密性的要求，应采用不透气、不透水的材料建造，内壁及管路应进行防腐；

d）厌氧反应器应设有取样口、测温点；

e）应根据工艺需要配置适用的测定气量、气压、温度、pH 值、粪水量等的计量设备和仪表；

f）厌氧反应器应设有检修孔、排泥管等。

### 7.2.2 进水不经固液分离（粪尿全进）的厌氧生物处理

7.2.2.1 厌氧反应器宜选用全混合厌氧反应器（CSTR）、升流式固体反应器（USR）和推流式反应器（PFR）。

7.2.2.2 宜采用中温（35℃左右）或近中温消化，有其他热源利用的可采用高温（55℃左右）消化。

7.2.2.3 中温条件下，当总固体含量 $w(\mathrm{TS})<3\%$时，厌氧反应器的水力停留时间（HRT）不宜小于 5 d；总固体含量 $w(\mathrm{TS})\geq 3\%$时，不宜小于 8 d。

7.2.2.4 宜采用一级厌氧消化，根据不同工艺，也可选用二级厌氧消化。

7.2.2.5 不同厌氧反应器的设计宜满足下列要求：

a）全混合厌氧反应器（CSTR）：

1）平面形状宜采用圆形；

2）应设置搅拌系统；

3）搅拌可采用连续方式，也可采用间歇方式。

b）升流式固体反应器（USR）：

1）宜采用立式圆柱形，有效高度 6～12 m；

2）应选用合理的布水方式，以保证液体均匀上升，避免短路、勾流。

c）推流式厌氧反应器（PFR）宜采用半地下或地上建筑。

7.2.3 进水经固液分离的厌氧生物处理

7.2.3.1 厌氧反应器宜采用升流式厌氧污泥床（UASB），也可采用复合厌氧反应器（UBF）、厌氧过滤器（AF）、折流式厌氧反应器（ABR）等。

7.2.3.2 宜采用常温发酵，但温度不宜低于 20℃。

7.2.3.3 厌氧反应器的水力停留时间（HRT）不宜小于 5 d。

7.2.3.4 采用升流式厌氧污泥床（UASB）时，设计应符合下列规定：

a）应根据经济性和场地情况考虑确定反应器的平面形状，宜采用圆形或矩形池。

b）应综合考虑运行、经济等情况确定反应器的高度，不宜超过 10 m，反应器有效高度（深度）宜为 7～9 m。

c）宜设 2 个以上厌氧罐体，单体体积不宜超过 2 000 $m^3$；当处理量较大时，宜采用多个单体反应器并联运行。

d）进水系统的设计应确保布水均匀，避免出现短路等现象。

e）三相分离器的设计应确保水、气、泥三相有效分离，出水含泥量少。

7.2.4 沼气净化、贮存及利用

7.2.4.1 厌氧处理产生的沼气须完全利用，不得直接向环境排放。经净化处理后通过输配气系统可用于居民生活用气、锅炉燃烧、沼气发电等。

7.2.4.2 沼气的净化、贮存按照 NY/T 1222—2006 第 8.5 条、第 8.6 条的有关规定执行。

7.2.5 沼液、沼渣处置与利用

7.2.5.1 沼渣应及时运至粪便堆肥场或其他无害化场所，进行妥善处理。

7.2.5.2 沼液可作为农田、大棚蔬菜田、苗木基地、茶园等的有机肥，宜放置 2～3 d 后再利用。

7.2.5.3 采用模式Ⅰ和模式Ⅱ处理工艺的，沼渣、沼液应全部进行资源化利用，不得直接向环境排放。

7.3 好氧生物处理

7.3.1 好氧反应单元前宜设置配水池，使厌氧出水与水解酸化池的一部分污水进行混合调配，确保好氧工艺进水的生化需氧量与化学需氧量的比值$\omega(BOD_5/COD)\geqslant 0.3$。

7.3.2 宜采用具有脱氮功能的好氧处理工艺，如具有脱氮功能的序批式活性污泥法（SBR）、氧化沟法、缺氧/好氧（A/O）等生物处理工艺。

7.3.3 除氨氮时，完全硝化要求进水的总碱度（以 $CaCO_3$ 计）/氨氮的比值宜≥7.14；脱总氮时，进水的碳氮比（$BOD_5$/TN）宜＞4，总碱度（以 $CaCO_3$ 计）/氨氮的比值宜≥3.6。

7.3.4 好氧池的污泥负荷（$BOD_5$/MLVSS）宜为 0.05～0.1 kg/(kg·d)，混合液挥发性悬浮固体浓度（MLVSS）宜为 2.0～4.0 g/L，其他有关设计、配套设施和设备参考 GB 50014—2006 及相应的工艺类工程技术规范的规定。

7.4 自然处理

7.4.1 一般规定

7.4.1.1 根据可供利用的土地资源面积和适宜的场地条件，在通过环境影响评价和技术经济比较后，可选用适宜的自然处理工艺。

7.4.1.2 自然处理工艺宜作为厌氧、好氧两级生物处理后出水的后续处理单元。

7.4.1.3 宜采用的自然处理工艺有人工湿地、土地处理和稳定塘技术。

7.4.2 人工湿地

7.4.2.1 适用于有地表径流和废弃土地，常年气温适宜的地区。

7.4.2.2 应优化湿地结构设计，慎重选用潜流式或垂直流人工湿地，选用时进水 SS 宜控制为小于 500 mg/L。

7.4.2.3 人工湿地系统应根据污水性质及当地气候、地理实际状况，选择适宜的水生植物。

7.4.2.4 表面流湿地水力负荷宜为 2.4～5.8 cm/d；潜流湿地水力负荷宜为 3.3～8.2 cm/d；垂直流人工

湿地水力负荷宜为 3.4～6.7 cm/d。设置填料时，可适当提高水力负荷。

7.4.2.5 冬季保温措施可采用覆盖秸秆、芦苇等植物。

### 7.4.3 土地处理

7.4.3.1 采用土地处理应采取有效措施，防止污染地下水。

7.4.3.2 土地处理的水力负荷应根据试验资料确定。无试验资料时，可按下列范围取值：慢速渗滤系统水力负荷 0.5～5.0 m/a，地下水最浅深度不宜小于 1.5 m；快速渗滤系统水力负荷 5～120 m/a，淹水期与干化期比值应小于 1；地表漫流系统年水力负荷 3～20 m/a。

7.4.3.3 土地处理设计时，应根据应用场地的土质条件进行土壤颗粒组成、土壤有机质含量调整等。

### 7.4.4 稳定塘

7.4.4.1 适用于有湖、塘、洼地可供利用且气候适宜、日照良好的地区。蒸发量大于降雨量地区使用时，应有活水来源，确保运行效果。

7.4.4.2 稳定塘宜采用常规处理塘，如兼性塘、好氧塘、水生植物塘等。

7.4.4.3 塘址的土地渗透系数（$K$）大于 0.2 m/d 时，应采取防渗处理。

7.4.4.4 稳定塘系统设计可参考 CJJ/T 54 的有关规定执行。

### 7.5 消毒

7.5.1 畜禽养殖废水经处理后向水体排放或回用的，应进行消毒处理。

7.5.2 宜采用紫外线、臭氧、双氧水等非氯化的消毒处理措施，并不得产生二次污染。

## 8 固体粪便处理

### 8.1 一般规定

8.1.1 畜禽固体粪便宜采用好氧堆肥技术进行无害化处理。

8.1.2 不具备堆肥条件的养殖场，可根据畜禽养殖场地理位置、养殖种类、养殖规模及经济情况，选用其他方法对固体粪便进行资源回收利用，但不得对环境造成二次污染。

8.1.3 未采用干清粪的养殖场，堆肥前应先将粪水进行固液分离，分离出的粪渣进入堆肥场，液体进入废水处理系统。

8.1.4 堆肥场地的设计应满足下列规定：

a）堆肥场地一般应由粪便贮存池、堆肥场地以及成品堆肥存放场地等组成；

b）采用间歇式堆肥处理时，粪便贮存池的有效体积应按至少能容纳 6 个月粪便产生量计算；

c）场内应建立收集堆肥渗滤液的贮存池；

d）应考虑防渗漏措施，不得对地下水造成污染；

e）应配置防雨淋设施和雨水排水系统。

### 8.2 好氧堆肥

8.2.1 畜禽粪便的好氧堆肥通常由预处理、发酵、后处理、贮存等工序组成。

8.2.2 预处理和后处理过程中分选出的玻璃、金属、石头等杂物应进行妥善处理。

8.2.3 畜禽粪便经预处理调整水分和碳氮比（C/N），并应符合下列要求：

a）堆肥粪便的起始含水率应为 40%～60%；

b）碳氮比（C/N）应为 20∶1～30∶1，可通过添加植物秸秆、稻壳等物料进行调节，必要时需添加菌剂和酶制剂；

c）堆肥粪便的 pH 值应控制在 6.5～8.5。

8.2.4 好氧发酵过程应符合下列要求：

a）发酵过程温度宜控制在 55～65℃，且持续时间不得少于 5 d，最高温度不宜高于 75℃；

b）堆肥时间应根据碳氮比（C/N）、湿度、天气条件、堆肥工艺类型及废物和添加剂种类确定；

c）堆肥物料各测试点的氧气浓度不宜低于 10%；

d）可适时采用翻堆方式自然通风或设有其他机械通风装置换气，调节堆肥物料的氧气浓度和温度。

8.2.5 发酵结束时，应符合下列要求：

a）碳氮比（C/N）不大于 20∶1；

b）含水率为 20%～35%；

c）堆肥应符合 GB 7959 中关于无害化卫生要求的规定；

d）耗氧速率趋于稳定；

e）腐熟度应大于等于Ⅳ级。

8.2.6 发酵完毕后应进行后处理，确保堆肥制品质量合格。后处理通常由再干燥、破碎、造粒、过筛、包装至成品等工序组成，可根据实际需要确定。

8.2.7 堆肥制品应符合下列要求：

a）堆肥产品存放时，含水率应不高于 30%，袋装堆肥含水率应不高于 20%；

b）堆肥产品的含盐量应在 1%～2%；

c）成品堆肥外观应为茶褐色或黑褐色、无恶臭、质地松散，具有泥土气味。

8.2.8 堆肥场宜设有至少能容纳 6 个月堆肥产量的贮存设施。

## 9 病死畜禽尸体处理与处置

9.1 病死畜禽尸体应及时处理，不得随意丢弃，不得出售或作为饲料再利用。畜禽尸体的处理与处置应符合 HJ/T 81—2001 第 9 章的规定。

9.2 因高致病性禽流感疫情导致禽类死亡，死禽尸体的处理与处置应符合《高致病性禽流感疫情处置技术规范》（试行）的规定。

## 10 恶臭控制

### 10.1 一般规定

10.1.1 畜禽养殖场的恶臭治理范围应包括养殖场区和粪污处理厂（站）。

10.1.2 养殖场区应通过控制饲养密度、加强舍内通风、采用节水型饮水器、及时清粪、绿化等措施抑制或减少臭气的产生。

10.1.3 粪污处理各工艺单元宜设计为密闭形式，减少恶臭对周围环境的污染。

10.1.4 密闭化的粪污处理厂（站）宜建恶臭集中处理设施，各工艺过程中产生的臭气集中收集处理后排放，排气筒高度不得低于 15m。

10.1.5 在集中式粪污处理厂的卸粪接口及固液分离设备等位置宜喷淋生化除臭剂。

10.1.6 畜禽养殖场恶臭污染物的排放浓度应符合 GB 18596—2001 的规定。

### 10.2 物理除臭

可采用向粪便或舍内投（铺）放吸附剂减少臭气的散发，宜采用的吸附剂有沸石、锯末、膨润土以及秸秆、泥炭等含纤维素和木质素较多的材料。

### 10.3 化学除臭

可向养殖场区和粪污处理厂（站）投加或喷洒化学除臭剂消除或减少臭气的产生。宜采用的化学氧化剂有高锰酸钾、重铬酸钾、双氧水、次氯酸钠、臭氧等。

### 10.4 生物除臭

宜采用的生物除臭措施有生物过滤法和生物洗涤法等。

## 11 劳动安全与职业卫生

11.1 养殖业污染治理工程设计、施工和运行过程中应高度重视安全卫生问题，严格执行国家及地方有关的规定，采取有效的应对措施和预防手段。

11.2 应制定火警、易燃、爆炸、自然灾害等意外事件的应急预警预案；生产作业区应配备消防器材；厂区各明显位置应配有禁烟、防火和限速等标志。

11.3 具有有害气体、易燃气体、异味、粉尘和环境潮湿的场所应通风。

11.4 应设置劳动安全设施，按照有关规定设置水处理构筑物的防护栏杆、防滑梯和救生圈等，并为职工配备必要的劳动防护用品。

## 12 施工与验收

### 12.1 工程施工

12.1.1 畜禽养殖业污染治理工程的施工单位应具有国家相应的工程施工资质。

12.1.2 建筑、安装工程应符合施工设计文件、设备技术文件的要求，对工程的变更应取得设计单位变更文件后再进行施工。

12.1.3 畜禽养殖废水处理工程的施工应参照 NY/T 1220.3 的有关规定执行。

12.1.4 按照环境管理要求需要安装在线监测系统的，应符合 HJ/T 353 的规定。

### 12.2 工程验收

12.2.1 畜禽养殖业污染治理工程的竣工验收应执行《建设项目（工程）竣工验收办法》。

12.2.2 畜禽养殖业污染治理工程的环境保护验收应执行《建设项目竣工环境保护验收管理办法》。

12.2.3 除《建设项目竣工环境保护验收管理办法》规定的验收材料以外，申请单位还应提供污染治理工程的系统性能试验报告，性能试验报告的主要内容应包括：

1）各组构筑物按设计满负荷运行时，各构筑物高程布置是否有问题；

2）计算并测试各构筑物的工艺参数；

3）沉砂池的沉砂量，沉砂含水率；

4）固液分离设备的出渣量及粪渣含水率；

5）水解酸化池的进出水水质、排泥量及排泥次数；

6）厌氧反应单元的进出水水质、反应器内碱度和污泥性状、污泥浓度；

7）采用模式Ⅲ工艺的，好氧处理系统的进出水水质、污泥性状、污泥浓度；

8）采用模式Ⅰ、模式Ⅱ工艺的，沼液、沼渣的无害化卫生学指标；采用模式Ⅲ工艺的，整个废水处理系统的进、出水水量和水质；

9）固体粪便的堆肥检测；

10）粪污处理厂（站）的技术经济指标，包括人工费、电费、药剂费等。

12.2.4 除本标准第 7 章的规定外，畜禽养殖废水治理工程的验收还应参照 GB 50334 的有关规定。

12.2.5 除本标准第 8 章的规定外，畜禽固体粪便堆肥处理厂的验收还应执行 CJ/T 3059 的有关规定。

12.2.6 畜禽养殖场污染治理工程在线监测系统的验收应按 HJ/T 354 的规定执行。

## 13 运行与维护

### 13.1 一般规定

13.1.1 畜禽养殖业污染治理设施的运行管理除应符合本标准外，还应符合国家现行法律法规及标准的规定。

13.1.2 集中式处理厂（站），进厂车辆应符合国家有关规定，进厂粪污应按设计工艺要求处理，不得有直排、直卸、撒漏情况发生。

13.1.3 粪污处理厂（站）内应保持环境整洁，无粪便遗撒、污水横流等脏乱现象；夏季厂（站）内应采取灭蝇措施，并设置蝇类密度监测点。

13.1.4 粪污处理厂（站）应具备事故应急处理能力。发现异常情况时，应采取相应解决措施并及时上报有关主管部门。

13.1.5 粪污处理厂（站）应制定全面的运行管理、维护保养制度和安全操作规程，并建立明确的岗位责任制，各类设施、设备应按照设计的工艺要求使用。

13.1.6 运行管理人员上岗前均应进行相关法律法规和专业技术、安全防护、紧急处理等理论知识和操作技能培训，熟悉粪污处理工艺和设施、设备的运行要求与技术指标，做到持证上岗。

13.1.7 畜禽养殖业污染处理设施的稳定运行达标率应为100%，设备的综合完好率应大于90%。

13.1.8 处理设施启动前应做好全面检查和准备工作，确认无误后方可开机运行。

13.1.9 各种设施、设备应保持整洁，避免水、泥、气泄漏；处理设施的管道应定期清理，保持通畅。

13.1.10 雨天或冰雪天气，操作人员在构筑物上巡视或操作时，应注意防滑及高空坠落，防止造成人身伤害。

13.1.11 维修人员应按设备使用要求定期检查和更换安全和消防等防护设施、设备。

13.1.12 压力容器、设备重点部件的检修，应由安全劳动部门认可的维修单位负责。

13.1.13 建、构筑物的避雷、防爆装置的维修应符合气象和消防部门的规定，并申报有关部门定期测试。

13.1.14 粪污处理厂（站）运行检测项目的采样点和采样频率应符合国家环境监测技术规范的要求。

13.1.15 安装有水污染源在线监测系统的废水处理厂，在线监测参数应至少包括水量、pH 值、氨氮、化学需氧量。在线监测系统的运行与维护应符合 HJ/T 355 的有关规定。

## 13.2 废水处理系统

### 13.2.1 集水池

13.2.1.1 应定期对调节池及其管道进行冲刷清洗，避免外排管道堵塞、粪便积存及漂浮物结痂现象发生。

13.2.1.2 操作人员应定期对集水池巡回检查、及时捞清浮渣。

13.2.1.3 清捞出的浮渣不得露天长期存放，应运至其他场所进行无害化处理。

13.2.1.4 根据正常运转情况应定期进行排泥。

### 13.2.2 固液分离系统

13.2.2.1 固液分离设备带负荷运行前，应进行试车。

13.2.2.2 开机后应经常观察固液分离设备运转情况是否正常，并根据污水水质、分离后污水水量及时调节进入固液分离机的污水流量。

13.2.2.3 应根据固液分离机分离出的固形物的含水率，按工艺要求调节设备运行参数。

13.2.2.4 分离出的固体粪渣宜及时送往堆肥场处理，或送往其他场所进行无害化处理，不得在场内积存。

### 13.2.3 厌氧生物处理单元

13.2.3.1 厌氧反应器进水应按具体工艺设计要求进行，避免进水有机负荷过高或过低、温度骤升或骤降等情况发生。

13.2.3.2 宜每日监测厌氧反应器内液体的 pH 值、温度及内部沼气压力、产气量和沼气成分等指标，并根据监测数据及时调整厌氧反应器运行工况或采取相应措施。各项目的检测方法应符合国家有关规定。

13.2.3.3 应保证厌氧反应器内料液的pH值维持在6.8～7.6。

13.2.3.4 厌氧反应器沼气中的甲烷（$CH_4$）含量应为50%～80%。

13.2.3.5 厌氧反应器宜维持稳定的消化温度。采用热交换器加热的，应每日测量反应器温度变化情况。

13.2.3.6 厌氧反应器溢流管应保持畅通，并保持厌氧反应器的水封高度，冬季应每日检查。环境温度低于0℃时，应防止水封结冰。

13.2.3.7 需进行搅拌的厌氧反应器在出水排放前30 min应停止搅拌。

13.2.3.8 污泥（沼渣）的排出应符合下述规定：

a）厌氧反应器的污泥（沼渣）应按设计要求定期排出。排出量可用污泥界面仪控制或经验判断，以不影响厌氧正常发酵为准；

b）处理养鸡场或散养奶牛场粪污时，应增加排放频次。

13.2.3.9 停运与再启动应符合下列规定：

a）厌氧反应器停运期较长时，应定期进行搅拌；

b）停运期间应使出水口及导气管等保持开放；

c）厌氧反应器再启动时，应先恢复运行温度，并根据运行状态逐步提高进水负荷。

13.2.3.10 厌氧反应器需停运放空清理和维修时，应符合下列规定：

a）应打开人孔与顶盖，采取强制通风措施 24 h 后，采用活体小动物（鸡、狗等）进行有害气体检测无误后维修人员在有安全保护下方可进入，池外必须有人进行安全保护防止意外发生，一次进入维修时间一般不超过 2 h。

b）对大型、特大型构筑物进行排空和检修时，进入前 30 min 应经安全分析检验，符合 GBZ 1 和 GB 8958 的要求后，方可允许人员进入设备内作业；若在设备内作业时间较长，应每隔 2 h 分析一次，如发现超标，立即停止作业，撤出人员。

13.2.3.11 对产生、输送、贮存沼气的设施应做好安全防护，并应符合下列规定：

a）不得沼气泄露或空气进入厌氧反应器及沼气贮气、配气系统；

b）不得违章明火作业；

c）贮气柜蓄水池的水不得随意排放，以防罐内产生负压损坏罐体。

13.2.3.12 沼气贮气柜和沼气净化装置的运行管理参照 NY/T 1221—2006 第 13 章、第 14 章的有关规定执行。对沼气柜巡视、操作时，不得穿带铁钉的鞋或高跟鞋。

**13.2.4 好氧生物处理单元**

除应满足 CJJ 60—1994 第 7 章的有关规定外，还应满足相应的好氧工艺工程技术规范的要求。

**13.2.5 其他**

格栅、泵房、沉砂池等其他设施的运行管理可参照 CJJ 60 及 CJJ/T 30 的有关规定执行。

**13.3 固体粪便堆肥**

**13.3.1 一般规定**

13.3.1.1 堆肥场的运行管理除应满足本标准的要求外，还应参照 CJJ/T 86 的有关规定执行。

13.3.1.2 应根据工艺技术要求及畜禽粪便的实际条件，适时调整、控制发酵各阶段主要技术参数。

13.3.1.3 堆肥布料时应保证物料均匀，防止出现物料层厚度不等、含水率不均等情况。

13.3.1.4 应特别注意观测发酵过程中气味的变化，当有腐烂气味时应通过调整供氧量或含水量等方式及时进行调解。

**13.3.2 发酵过程**

13.3.2.1 应适时通过污水回喷，或添加物料，或通风散热等措施调节堆肥物料水分含量。

13.3.2.2 发酵过程中应对氧气浓度进行跟踪测定，及时调整通风量。

13.3.2.3 发酵过程中应定期测试堆层温度的变化情况，测温点应根据升温变化规律分层、分区设置。

13.3.2.4 发酵腐熟阶段应适时控制堆高、通风及翻堆作业，以满足物料进一步发酵的适宜条件。

13.3.2.5 发酵腐熟阶段不得再次向物料中添加污泥、粪便等新鲜可堆肥原料。

**13.3.3 堆肥检测**

13.3.3.1 堆肥过程中各工艺参数的变化应以日为单位进行跟踪检测，内容包括含水率的变化、碳氮比（C/N）的变化、堆层温度的变化、堆层氧浓度和耗氧速率变化。

13.3.3.2 堆肥检测方法可参照附录 B 和附录 C 执行。

13.3.3.3 堆肥制品的质量应每季度抽样检测 1～2 次。

13.4 臭气控制系统

13.4.1 臭气收集系统、除臭系统应保持良好的工作状态。

13.4.2 室内臭气浓度应符合 GB/T 18883 的规定，适合操作人员长期在岗工作。

13.4.3 采用物理化学除臭系统时应符合下列规定：

a）吸收塔内的吸附剂应定期再生；

b）在使用化学除臭剂过程中不得对设备造成腐蚀。

13.4.4 采用生物除臭系统时应定期投加微生物和营养物质。

# 附 录 A
（资料性附录）
## 畜禽养殖废水水质和粪污产生量

A.1 集约化养殖场采用的清粪工艺主要有水冲粪、水泡粪和干清粪三种方式，养鸡场、养牛场一般以干清粪为主。

A.2 畜禽养殖场废水中的污染物浓度因畜种、饲养管理水平、气候、季节等情况会有很大差异，不同统计资料提供的数值不尽相同，缺少资料时可参考表 A.1。

表 A.1 畜禽养殖场废水中的污染物质量浓度和 pH 值 单位：mg/L（pH 值除外）

| 养殖种类 | 清粪方式 | $COD_{Cr}$ | $NH_3$—N | TN | TP | pH 值 |
|---|---|---|---|---|---|---|
| 猪 | 水冲粪 | $1.56\times10^4$～$4.68\times10^4$ 平均 21 600 | $1.27\times10^2$～$1.78\times10^3$ 平均 590 | $1.41\times10^2$～$1.97\times10^3$ 平均 805 | $3.21\times10$～$2.93\times10^2$ 平均 127 | 6.3～7.5 |
| | 干清粪 | $2.51\times10^3$～$2.77\times10^3$ 平均 2 640 | $2.34\times10^2$～$2.88\times10^3$ 平均 261 | $3.17\times10^2$～$4.23\times10^2$ 平均 370 | $3.47\times10$～$5.24\times10$ 平均 43.5 | |
| 肉牛 | 干清粪 | $8.87\times10^2$ | $2.21\times10$ | $4.11\times10$ | 5.33 | 7.1～7.5 |
| 奶牛 | 干清粪 | $9.18\times10^2$～$1.05\times10^3$ 平均 983 | $4.16\times10$～$6.04\times10$ 平均 51 | $5.74\times10$～$7.82\times10$ 平均 67.8 | $1.63\times10$～$2.04\times10$ 平均 18.6 | |
| 蛋鸡 | 水冲粪 | $2.74\times10^3$～$1.05\times10^4$ 平均 6 060 | $7.0\times10$～$6.01\times10^2$ 平均 261 | $9.75\times10$～$7.48\times10^2$ 平均 342 | $1.32\times10$～$5.94\times10$ 平均 31.4 | 6.5～8.5 |
| 鸭 | 干清粪 | $2.7\times10$ | 1.85 | 4.70 | $1.39\times10^{-1}$ | 7.39 |

A.3 畜禽粪污的排泄量因畜种、饲养管理水平、气候、季节等情况会有很大差异，不同统计资料提供的数值不尽相同，缺少实际数据情况下可参考表 A.2。

表 A.2 不同畜禽粪污日排泄量

| 项目 | 单位 | 牛 | 猪 | 鸡 | 鸭 |
|---|---|---|---|---|---|
| 粪 | kg/（只·d） | 20.0 | 2.0 | 0.12 | 0.13 |
| | kg/（只·a） | 7 300.0 | 398.0 | 25.2 | 27.3 |
| 尿 | kg/（只·d） | 10.0 | 3.3 | — | — |
| | kg/（只·a） | 3 650.0 | 656.7 | — | — |
| 饲养周期 | d | 365 | 199 | 210 | 210 |

# 附　录　B
（规范性附录）
堆肥检测方法

## B.1　堆肥原料和堆肥制品的采样

采样应用多点采样，再用四分法，即将样品混合堆成圆锥。按“十”字形将圆锥切成四份，取对角线的两份，为一次缩分，再将两份样品混合堆成圆锥，按“十”字形切成四份，取角线的两份，依此类推重复4～5次，缩分后的最终样品不得少于100 kg。

## B.2　堆肥原料含水率的测定

将最后一次缩分的试样分成三份（约 500 g），分别称重、记录，装入搪瓷方盘铺平，放入烘箱，在 105℃±5℃的温度下，使水分蒸发。样品在烘箱内应干燥至恒重，使两次称重差值不超过试样重量的0.4%。求三个试样的含水率平均数，得出堆肥原料的平均含水率。

$$含水率（\%）=\frac{干燥前质量（g）-干燥后质量（g）}{干燥前质量（g）}\times 100\%$$

## B.3　堆肥制品无害化卫生指标的测定

应符合 GB 7959 的规定。

## B.4　堆肥发酵过程中堆层温度的测定

B.4.1　测定仪器可用金属套筒温度计或其他类型测温传感装置。

B.4.2　测定点分布应均匀，有代表性。高度应分上、中、下三层，上层和下层测试点均应设在离堆层表面或底部 0.6～1.0 m 处：每个层次水平面测试点布置按发酵设施的几何形状，可分中心部位和边缘部位设置，边缘部位距边缘宜为 0.5 m。

B.4.3　在发酵周期内，应每天 2～3 次测试堆层各测试点温度变化，记录并绘制温度曲线，直至发酵终止。

## B.5　堆肥发酵过程中堆层氧体积分数和耗氧速率的测定

B.5.1　测定仪器可用气体氧测定仪。

B.5.2　测定点的位置和数目应与堆层温度测定点相一致。

B.5.3　可用金属空管插入需测定的位置，抽取堆层中的气体，直接输入气体氧测定仪，仪表上显示氧体积分数值（%）即代表堆层该位点的氧体积分数。

B.5.4　耗氧速率可通过不同时间堆层氧体积分数的下降来求得。具体步骤为：测定前应先向堆层通风，在堆层氧体积分数达到最高值时（$O_2$ 体积分数 20%左右），记录该测定值。然后停止通风，间隔一定时间测氧体积分数下降值，记录每次测试时间；以时间为横标，氧体积分数为纵标，绘制曲线（同一测试点氧体积分数的下降开始很快，呈直线下降，然后曲线趋平，渐近于稳定值）。取氧体积分数下降呈直线状的两次测试值，按下式计算，得到工程上适用的耗氧速率。

$$d_{\mathrm{O}}=\frac{\varphi_{\mathrm{O}}^{\mathrm{i}}-\varphi_{\mathrm{O}}^{\mathrm{e}}}{t}$$

式中：$d_{\mathrm{O}}$——耗氧速率，L/min；

$\varphi_{\mathrm{O}}^{\mathrm{i}}$——起始氧体积分数，%；

$\varphi_{\mathrm{O}}^{\mathrm{e}}$——最终氧体积分数，%；

$t$——两测试值相隔的时间，min。

# 附　录　C
（规范性附录）
## 腐熟度检测方法

取 1～2 kg 堆肥成品，首先用 10 mm 筛进行筛分，将堆肥粒径控制在 10 mm 以下，调节堆肥含水率（质量比）为发酵时最适宜含水率（质量比），通常为 50%～55%，然后置于设有温度计的保温瓶中，将保温瓶在常温下（20℃）放置 7～10 d，每天在固定时间通过温度计读取堆肥温度一次并记录，连续测 7～10 d，取测得的最高温度进行腐熟度判定，判定方法如下：20～30℃为Ⅴ级，30～40℃为Ⅳ级，40～50℃为Ⅲ级，50～60℃为Ⅱ级，60～70℃为Ⅰ级。堆肥产品质量（由优至劣）Ⅴ级＞Ⅳ级＞Ⅲ级＞Ⅱ级＞Ⅰ级。

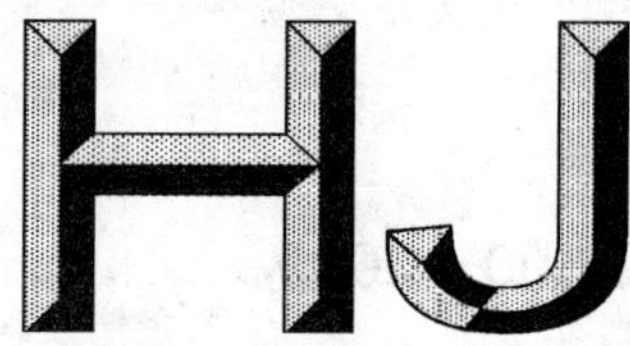

# 中华人民共和国国家环境保护标准

HJ 500—2009

# 轻型汽车车载诊断（OBD）系统管理技术规范

**Technical specifications for on-board diagnostic system of light duty vehicles**

2009-12-01 发布　　　　2010-02-01 实施

环　境　保　护　部 发布

# 中华人民共和国环境保护部
# 公　告

2009 年　第 64 号

为贯彻《中华人民共和国环境保护法》，保护环境，保障人体健康，现批准《轻型汽车车载诊断（OBD）系统管理技术规范》为国家环境保护标准，并予发布。

标准名称、编号如下：

轻型汽车车载诊断（OBD）系统管理技术规范（HJ 500—2009）

该标准自 2010 年 2 月 1 日起实施，由中国环境科学出版社出版，标准内容可在环境保护部网站（bz.mep.gov.cn）查询。

特此公告。

2009 年 12 月 1 日

# 前　言

为贯彻《中华人民共和国环境保护法》和《中华人民共和国大气污染防治法》，防治机动车污染物排放对环境的污染，改善环境空气质量，适应环保管理工作的需要，制定本标准。

本标准对《轻型汽车污染物排放限值及测量方法（中国Ⅲ、Ⅳ阶段）》（GB 18352.3—2005）中有关车载诊断（OBD）系统的技术要求内容作了补充，对 OBD 系统在型式核准、生产一致性检查、在用汽车检验、通用型故障诊断仪等方面提出了管理技术要求。

本标准的技术内容采用了《轻型汽车污染物排放限值及测量方法（中国Ⅲ、Ⅳ阶段）》（GB 18352.3—2005）中的相关内容。

本标准附录 A 为规范性附录。

本标准为首次发布。

本标准由环境保护部科技标准司组织制订。

本标准起草单位：中国汽车技术研究中心、联合汽车电子有限公司。

本标准环境保护部 2009 年 12 月 1 日批准。

本标准自 2010 年 2 月 1 日起实施。

本标准由环境保护部解释。

# 轻型汽车车载诊断（OBD）系统管理技术规范

## 1 适用范围

本标准对 GB 18352.3—2005 中有关车载诊断（OBD）系统的技术要求内容作了补充，对 OBD 系统在型式核准、生产一致性检查、在用汽车检验、通用型故障诊断仪等方面提出了管理技术要求。

本标准适用于以点燃式或压燃式发动机为动力、最大设计车速大于或等于 50 km/h 的轻型汽车。以点燃式发动机为动力、最大设计车速大于或等于 25 km/h 的重型汽车可参照执行。

## 2 规范性引用文件

本标准内容引用了下列文件中的条款，凡是不注日期的引用文件，其有效版本适用于本标准。凡是注日期的引用文件，其随后所有的修改单或修订版均不适用于本标准，然而鼓励使用下述 ISO 标准的最新版本。

GB 18285—2005 点燃式发动机汽车排气污染物排放限值及测量方法（双怠速法及简易工况法）

GB 18352.3—2005 轻型汽车污染物排放限值及测量方法（中国Ⅲ、Ⅳ阶段）

GB/T 15089—2001 机动车辆及挂车分类

GB/T 19755 轻型混合动力电动汽车 污染物排放测量方法

ISO 2575 道路车辆 控制指示器和信号用符号

ISO 9141-2：1996 道路车辆 诊断系统 第 2 部分：加州空气资源局对数字信息交换的要求

ISO 14230-4 道路车辆 诊断系统关键词协议 2000 第 4 部分：排放有关系统的要求

ISO DIS 15031-3：2001 道路车辆 车辆与排放有关诊断用的外部试验装置之间的通讯 第 3 部分：诊断连接器和相关的电路：技术要求及使用

ISO DIS 15031-4：2001 道路车辆 车辆与排放有关诊断用的外部试验装置之间的通讯 第 4 部分：外部试验装置

ISO DIS 15031-5：2001 道路车辆 车辆与排放有关诊断用的外部试验装置之间的通讯 第 5 部分：排放有关的诊断服务

ISO DIS 15031-6：2001 道路车辆 车辆与排放有关诊断用的外部试验装置之间的通讯 第 6 部分：诊断故障代码的定义

ISO DIS 15765-4：2001 道路车辆 对控制器区域网（CAN）的诊断 第 4 部分：与排放有关系统的要求

SAE J1850：1998 B 级数据通讯网接口

## 3 术语和定义

GB 18352.3—2005 确立的相关术语和定义及下列术语和定义适用于本标准。

### 3.1 轻型汽车

指最大总质量不超过 3 500 kg 的在 GB/T 15089—2001 中规定的 $M_1$ 类、$M_2$ 类和 $N_1$ 类汽车。

### 3.2 车载诊断（OBD）系统

指排放控制用车载诊断（OBD）系统。它必须具有识别可能存在故障的区域的功能，并以故障代码的方式将该信息储存在电控单元存储器内。

### 3.3 故障指示器（MI）

可视的指示器。当连接于 OBD 系统的与排放相关的任何零部件或 OBD 系统本身发生故障时，它能清楚地提示汽车驾驶人员。

### 3.4 访问

指通过用于标准诊断连接的串行接口，获取所有与排放相关的 OBD 数据。该数据包括与汽车排放有关的零部件检查、诊断、维护或修理时的所有故障代码。

### 3.5 修理信息

汽车制造企业向授权的经销商（或修理厂）提供的对汽车进行诊断、维护、检查、定期监测或修理所需要的所有信息。如需要，这种资料应包括维修手册、技术指南、诊断信息（例如：用于测量的理论最小值和最大值）、线路图、适用于某车型的标定软件识别编号、对个别和特殊情况的说明、有关工具和设备的资料、数据记录信息等。汽车制造企业可以不提供知识产权保护的那些资料，或作为汽车制造企业和（或）原始零部件供应商的专门技术秘诀，但不应隐瞒必要的技术信息。

### 3.6 就绪状态

OBD 系统按照 ISO DIS 15031-5 定义的 PID$01（B、C、D 字节）的格式，对其支持诊断的部件和系统应使用不同的状态值来区分已经完成的诊断评价和需要进一步运转才能完成的诊断评价。

### 3.7 冻结帧数据

指当 OBD 系统确认了任何部件或系统的故障时，将首次发生故障时发动机的状态数据冻结储存在电控单元存储器中。如果随后发生了供油系统或失火故障，任何原储存的冻结帧将被供油系统或失火状态（取先发生者）所替代。储存的发动机状态应包括，但不限于：计算的负荷值、发动机转速、燃油修正值（如有）、燃油压力（如有）、车速（如有）、冷却液温度、进气支管压力（如有）、闭环或开环运转状态（如有）和引发上述数据被储存的故障代码。

### 3.8 通用型故障诊断仪

按照 ISO DIS 15031-4 中规定的功能性技术要求设计的故障诊断仪，该故障诊断仪应能正确适用于各种车型，不易被损坏，并确保使用者得到正确的有效的 OBD 系统信息。

### 3.9 劣化

排放相关部件或系统的功能或性能的降低，这种降低可能导致排放超过 GB 18352.3—2005 中的 OBD 限值。

### 3.10 故障里程

OBD 系统对故障指示器激活到故障指示器解活（熄灭）期间车辆的行驶里程进行计算并以$01 服务模式（Service $01）中 PID$21 定义的标准格式显示该里程信息，通过通用诊断仪应能读取到该里程信息。

## 4 OBD 系统的技术要求

轻型汽车的 OBD 系统首先应满足 GB 18352.3—2005 中对 OBD 系统的要求，同时应满足下述要求。

### 4.1 故障指示器（MI）

在所有合理照明条件下，故障指示器被激活时应可见，故障指示器的符号应是一个符合 ISO 2575 中的符号，即 ，禁止使用红色。对于与排放无关的发动机故障，在符合相关标准的要求下，可使用其他符号的故障指示器表示。

### 4.2 OBD 系统信息的记录和读取

OBD 系统信息的记录和读取应按照 GB 18352.3—2005 中第 IA.6.5 条的要求执行，同时制造企业还应满足下列要求：

4.2.1 故障代码

对已经确认的故障和需进一步运转汽车才能确认的故障在信息描述上要加以区分，即在信息的读取中应分为已确认故障代码（Confirmed DTCS）和未决故障代码（Pending DTCS），以此区分排放控制系统监测到的故障状态。

4.2.1.1 未决故障代码的格式应按照 ISO DIS 15031-5 中$07 服务模式（Service $07）中的规定定义。

4.2.1.2 已确认故障代码的格式应按照 ISO DIS 15031-5 中$03 服务模式（Service $03）中的规定定义。

4.2.2 部件或系统诊断完成情况信息记录

4.2.2.1 OBD 系统应按照 ISO DIS 15031-5 中$01 服务模式（Service $01）中 PID $01 下 B 和 C 字节的定义，输出对部件或系统的诊断是否支持的信息。支持信息应反映 OBD 系统对车辆部件或系统的诊断支持的实际情况。

4.2.2.2 OBD 系统应按照 ISO DIS 15031-5 中$01 服务模式（Service $01）中 PID $01 下 B 和 D 字节的定义，使用不同的就绪状态值，来正确区分各部件或系统的诊断状态。

4.2.2.3 在被最近一次的就绪状态值覆盖之前，就绪状态值应一直保留，即使经过多次点火和关闭。清除或复位全部诊断信息将导致就绪状态值复位为初始状态（即未完成状态）。

4.2.2.4 除 GB 18352.3—2005 附件 IA 中第 IA.2.3 条的情况外，在无故障情况下，车辆在运行一次 I 型试验循环后，就绪状态值应全部为完成。

4.2.3 通过车辆上的标准的访问接口，应能随时获得故障指示器（MI）激活后汽车的行驶距离，即故障里程。

4.2.4 制造企业应确保其车辆 OBD 系统输出信息的正确性。

### 4.3 与外部诊断设备的通讯协议要求

OBD 系统在通讯协议方面的设计必须遵守 GB 18352.3—2005 附录 I 中关于通讯协议的要求，以保证适用于满足 ISO DIS 15031-4 要求的通用型故障诊断仪。

### 4.4 与外部诊断设备的通讯接口要求

汽车与外部设备（诊断仪）间的通讯接口应标准化，应满足 ISO DIS 15031-3 全部要求。

4.4.1 车辆上的标准通讯接口应位于从驾驶员侧向右不超过车辆中心线 300 毫米为边界的仪表板区域内，首选位置是在转向柱与车辆中心线之间的仪表板区域，以在驾驶员位置进行轻松操作为宜。

4.4.2 应不需使用工具即可移开标准通讯接口上的仪表板盖、连接器盖或任何的屏障物，通讯接口应固定牢固，操作人员使用单手、非目视操作就可以完成与外部诊断设备连接器的连接。

4.4.3 应有防止接口在正常使用条件下意外损坏的措施，并且满足 ISO DIS 15031-3 中防止对车辆造成损坏的要求。

4.4.4 汽车制造企业应在车辆使用说明书中说明车辆 OBD 系统与外部设备进行通讯的接口的位置。

4.4.5 安装在盖板内的 OBD 系统通讯接口，汽车制造企业应在盖板外做出此处有 OBD 系统通讯接口的标识，例如在盖板外，标记为“OBD”字样。该标识应明显可见、不可擦除。

### 4.5 OBD 系统资料的获取

4.5.1 替换零部件、诊断工具和测试设备的制造企业可按照 GB 18352.3—2005 附录 I 中第 I.5 条的要求向型式核准机构提出获得 OBD 系统相关资料的要求。

4.5.2 修理信息

4.5.2.1 汽车制造企业应在合理的收费条件下，在修理信息（包括后续改进和补充）提供给授权经销商或修理厂之后的三个月之内，将修理信息提供给满足第 4.5.2.2 条要求的企业。

4.5.2.2 任何从事维修、道路救援、汽车检测以及备件和改造配件、诊断工具和测试设备的制造或销售的人员，都具备获取这些资料的资格。

4.5.2.3 在型式核准和在用车检查的过程中，如果发现这些规定没有被遵守，型式核准机构应采取适当措施来确保维修信息的获得。

4.6 系族命名要求

为便于对带有 OBD 系统的车型的管理，汽车制造企业应将车型的 OBD 系统按照 5.5 条对汽车 OBD 系族的定义来命名。即属于同一汽车 OBD 系族的车型，其 OBD 系统应有相同的 OBD 系族名。名字构成可自定义，由字母、数字和符号组成。

## 5 型式核准

5.1 单燃料车试验项目按照 GB 18352.3—2005 附件 IA 中 IA.6.3 的要求执行；两用燃料车应在燃用汽油和气体燃料状态分别按照 IA.6.3 中的要求执行。

5.2 混合动力车辆的试验项目按照 GB 18352.3—2005 附件 IA 中 IA.6.3 的要求执行。

5.2.1 对于可外部充电（OVC）车辆，排放污染物的测量应使用与 GB/T 19755 中规定的 I 型试验（5.3.1.1.3 条和 5.3.1.2.3 条）状态 B 中规定的相同条件下进行。

5.2.2 对于非外部充电（NOVC）车辆，排放污染物的测量应在与 GB/T 19755 中的 I 型试验中规定的相同条件下进行。

5.3 每项验证试验项目结束，在按照 GB 18352.3—2005 附件 IA 中第 IA.6.5 条读取车辆相关信息时，应同时读取车辆就绪状态值，并判断所验证项目对应的就绪状态值是否正确。

5.4 提交 OBD 系统相关资料的要求

5.4.1 OBD 系统所有监测部件及故障代码清单，格式见表 1。

表 1 OBD 系统监测部件及故障代码清单

| 部件/系统 | 故障码 | 故障代码信息 | 监测策略 | 故障判定规则 | 故障指示器 MI 激活规则 | 监测用辅助参数 | 预处理模式 | 验证试验模式 |
|---|---|---|---|---|---|---|---|---|
| | | | | | | | | |

5.4.2 下列监督项目的工作原理的详细书面说明（包括辅助监测参数为何值时，OBD 系统对所监测的部件开始诊断，即 OBD 诊断条件）。

5.4.2.1 点燃式发动机

——催化器的监测（包括具体指明监督哪几个催化器及其位置，必要时可以画图说明）；

——失火检测（包括画出失火监督区域）；

——氧传感器的监测（包括具体指明监督哪几个氧传感器及其位置）；

——OBD 系统监测的其他零部件（排气再循环系统（EGR）、二次空气喷射、蒸发脱附控制装置等所有被监测的零部件）。

5.4.2.2 压燃式发动机

——催化器的监测（如适用）；

——颗粒捕集器的监测（如适用）；

——电子供油系统的监测；

——排气再循环系统（EGR）的监测；

——OBD 系统监测的其他零部件。

5.4.3 汽车制造企业声明

——对于装点燃式发动机的车辆，失火率达到多少，将造成 I 型试验的排放物数值超过 OBD 限值。

——对于装点燃式发动机的车辆，将使催化器在造成不可挽回的损坏前出现过热的失火率（画图或列表）。

5.4.4 故障指示器（MI）的书面说明和（或）示意图；故障指示器的激活判定规则（固定的运转循环数或统计方法）。

5.4.5 通讯接口支持的通讯协议。

5.4.6 通讯接口在车辆上的位置。

5.4.7 说明防止损坏和更改排放控制电控单元的各项措施。

5.4.8 OBD 功能验证试验用电子模拟装置的型号、名称、制造企业以及结构示意图；特殊劣化催化器样件的老化方法简述。

5.5 OBD 型式核准扩展

下列参数组合相同的车型，被认为属于同一发动机—排放控制—车载诊断（OBD）系统组合，把属于同一发动机—排放控制—车载诊断（OBD）系统组合的车型定义为一个汽车 OBD 系族。对装有 OBD 系统的某一已获得型式核准的车型，可以扩展到同一个汽车 OBD 系族中的其他车型，当某车型获得扩展后，此扩展车型不可再扩展到其他车型。

5.5.1 发动机

——点火方式（点燃式、压燃式、二冲程、四冲程、转子）；

——供油方式（点燃式发动机指化油器、电控进气道燃油喷射、缸内燃油直接喷射等，压燃式发动机指单体泵、泵喷嘴、高压共轨等）；

——燃料类型［汽油、柴油、NG、LPG、双燃料（汽油/NG）、双燃料（汽油/LPG）等］。

5.5.2 污染控制装置

——催化转化器型式（氧化型、三效型、加热催化、其他）；

——颗粒捕集器型式；

——二次空气喷射（有或无）；

——排气再循环（有或无）。

5.5.3 车载诊断（OBD）系统的监测项目及其故障监测方法

5.5.3.1 对点燃式发动机，以下项目的故障监测方法要与某一已获得型式核准的车型相同：

a）催化转化器劣化；

b）失火；

c）氧传感器劣化；

d）燃油喷射系统（电路连通及对燃油修正的监测）；

e）与排放有关的、与电控单元相连接的传感器、控制器和部件的电路连通状态监测（如二次空气、EGR、燃油蒸发控制系统等）。

5.5.3.2 对压燃式发动机，至少以下项目的故障监测方法要与某一已获得型式核准的车型相同：

a）催化转化器劣化（如适用）；

b）颗粒物捕集器（如适用）；

c）燃油喷射系统（电路连通及总体功能失效）；

d）排气再循环系统；

e）与排放有关的、与电控单元相连接的传感器、控制器和部件的电路连通状态监测（如空气流量、进气支管压力等）。

5.5.4 故障指示器（MI）激活原则相同。

5.5.5 电控单元（ECU）制造企业相同。

5.5.6 整车制造企业应相同（以整车改装的专用车除外）。

## 6 生产一致性检查

### 6.1 汽车制造企业对产品的生产一致性保证

汽车制造企业应按照 GB 18352.3—2005 附录 M 生产一致性保证要求执行生产一致性管理，确保批量生产汽车的排放特性与汽车型式核准时的排放特性一致。

6.1.1 生产线终端的确认检查

汽车制造企业应在生产线终端对每辆车的 OBD 系统进行检查，确认每辆车的 OBD 系统能正常进行诊断后出厂。

6.1.1.1 在车辆出厂前，应至少完成 OBD 系统中的各部件和系统的电路检测，确保每辆车无电路故障。

6.1.1.2 对失火、燃油系统监测及非连续性监测项目（氧传感器的监测、氧传感器加热器监测、催化器的监测等），进行诊断完成一次的生产线终端检验，制造企业应根据各自的生产一致性过程控制情况制定检验频次，并上报型式核准机构。

6.1.1.3 对于连续性监测项目（电路监测、失火、燃油系统）不经过诊断完成就将就绪状态值设定为完成的 OBD 系统，不能使用就绪状态值来判定诊断是否完成。对于非连续性监测项目的检验，可以使用就绪状态值来判定 OBD 系统对该项目的诊断是否完成。

6.1.2 产品定期检验

为确保 OBD 系统能够正常报警，汽车制造企业应按照 GB 18352.3—2005 中第 7.4 条方法对生产的车辆进行 OBD 系统生产一致性定期检查，检验频次按照汽车 OBD 系族的划分，每个系族每年应不少于一次。

### 6.2 型式核准机构对制造企业的产品生产一致性核查

型式核准机构按照 GB 18352.3—2005 附录 M 生产一致性保证要求，对汽车制造企业提出的生产一致性保证要求进行检查，包括对质量管理体系的评估，以及对型式核准证书持有者和生产过程控制的确认核查。

6.2.1 生产线终端检验的核查

型式核准机构可以按照 GB 18352.3—2005 附录 M 生产一致性保证要求，到汽车制造企业的生产场地进行现场检查和资料核查。

6.2.2 新车生产一致性抽查检验

型式核准机构认为某车型的 OBD 系统的生产质量可能不满足要求时，应按照 GB 18352.3—2005 中第 7.4 条的要求进行 OBD 系统的一致性抽查试验。

6.2.3 若在检查或监督复查过程中，发现某一车型不能满足上述生产一致性检查要求，型式核准机构应督促汽车制造企业采取一切必要措施，尽快重新建立生产一致性，否则应撤销该车型的型式核准。

## 7 在用汽车的管理

### 7.1 在用汽车年检中对装有 OBD 系统车辆的管理

7.1.1 在用汽车年检中应对装有 OBD 系统的车辆进行 OBD 系统的检验。检验项目包括：故障指示器的检查及使用车检场专用的通用型故障诊断仪查看故障代码、故障指示器状态、故障里程和就绪状态值来判断车辆的 OBD 系统是否合格。具体检验流程应按照附录 A 进行。

7.1.2 对于故障指示器故障、故障指示器激活、车辆与外部通用诊断仪的通讯故障、仪表板故障指示器状态与 ECU 中记载的故障指示器的状态不一致的故障，应要求车主维修并复检，复检时应提供维修证据。对于就绪状态值检查，如果就绪状态值未完成项超过 2 项，要求车主复检。

7.1.3 车主不得私自删除故障信息。

7.1.4 车检场应使用计算机数据管理系统将所有被检车辆的检验数据自动记录，检验数据不得人为篡改，并将数据（包括复检数据）上传上级管理机构。

7.1.5 车检场应参考附录 A 制定详细的 OBD 系统检验规范。

7.1.6 应对检验人员进行严格的技术培训，检验人员要持证上岗。

### 7.2 在用汽车 OBD 系统的停放地检验

7.2.1 可采用停放地检验的方法，来加强对在用汽车排放的管理。检验项目可以包括：故障指示器的检查、使用故障诊断仪查看故障指示器的状态及故障代码。

7.2.2 对于在停放地检验中发现故障指示器激活及故障指示器故障的车辆，应要求车主维修并到车检场复检。

## 7.3 数据统计

7.3.1 应对车检场的排放检测数据进行网络化管理，及时掌握在用汽车的排放及 OBD 系统工作情况。对于装有 OBD 系统车辆的年检，除了应按照 GB 18285—2005 附录 C 或附录 D 的要求对试验数据进行记录外，还应记录与 OBD 检验有关的数据，参考表 2 的内容。

**表 2 与 OBD 系统有关的数据记录**

<table>
<tr><td>OBD 系统故障指示器</td><td>□ 合格 □ 不合格</td></tr>
<tr><td rowspan="2">通讯</td><td>□ 成功</td></tr>
<tr><td>□ 不成功：<br>□ 接口损坏 □ 找不到接口 □ 连接后不能通讯</td></tr>
<tr><td>OBD 系统故障指示器报警</td><td>□ 是 □ 否</td></tr>
<tr><td>故障代码及故障信息（若故障指示器报警）</td><td></td></tr>
<tr><td>就绪状态未完成项目</td><td>□ 无 □ 失火 □ 燃油系统 □ 催化器 □ 氧传感器<br>□ 氧传感器加热器 □ 蒸发排放控制系统 □ 排气再循环（EGR）系统<br>□ 二次空气喷射系统 □ 其他</td></tr>
<tr><td>故障里程/km</td><td></td></tr>
<tr><td rowspan="2">是否需要复检</td><td>□ 否</td></tr>
<tr><td>□ 是 复检内容：</td></tr>
<tr><td>复检情况</td><td></td></tr>
</table>

7.3.2 对于在用汽车检验统计数据，应每季度或每半年向上级环境保护行政主管部门上报一次，对于装有 OBD 系统的在用车的上报数据，应至少包括表 3 中的内容。可对统计数据进行分析，对统计数据中所显示出的 OBD 系统可能存在问题的车型，可提出进一步检查建议。

**表 3 数据上报参数表**

<table>
<tr><td colspan="2">检测的时间段</td><td colspan="3">从 年 月 日 至 年 月 日</td></tr>
<tr><td colspan="2">装有 OBD 系统的车辆</td><td colspan="3">辆</td></tr>
<tr><td colspan="2">OBD 系统检查合格的车辆</td><td colspan="3">辆</td></tr>
<tr><td colspan="2">OBD 系统检查不合格的车辆</td><td colspan="3">辆</td></tr>
<tr><td colspan="5">不合格车辆的故障类型及其比例</td></tr>
<tr><td colspan="2">OBD 系统故障指示器不合格</td><td colspan="3">数量： 辆<br>占 OBD 不合格车辆比例： %</td></tr>
<tr><td rowspan="3">通讯未成功</td><td rowspan="3">数量： 辆<br>占 OBD 不合格车辆比例：%</td><td rowspan="3">其中</td><td>接口损坏</td><td>辆</td></tr>
<tr><td>找不到接口</td><td>辆</td></tr>
<tr><td>连接后，不能通讯</td><td>辆</td></tr>
<tr><td colspan="2">OBD 系统故障指示器报警</td><td colspan="3">数量： 辆<br>占 OBD 不合格车辆比例： %</td></tr>
<tr><td rowspan="5">有故障代码</td><td rowspan="5">数量： 辆<br>占 OBD 不合格车辆比例：%</td><td colspan="2">催化器故障</td><td>辆</td></tr>
<tr><td colspan="2">氧传感器故障</td><td>辆</td></tr>
<tr><td colspan="2">失火</td><td>辆</td></tr>
<tr><td colspan="2">ECU 故障</td><td>辆</td></tr>
<tr><td colspan="2">其他故障</td><td>辆</td></tr>
<tr><td rowspan="6">就绪状态值未完成项超过 2 项</td><td rowspan="6">数量： 辆<br>占 OBD 不合格车辆比例：%</td><td rowspan="6">就绪状态未完成项</td><td>催化器</td><td>辆</td></tr>
<tr><td>氧传感器</td><td>辆</td></tr>
<tr><td>氧传感器加热器</td><td>辆</td></tr>
<tr><td>蒸发排放控制系统</td><td>辆</td></tr>
<tr><td>排气再循环（EGR）系统</td><td>辆</td></tr>
<tr><td>二次空气喷射系统</td><td>辆</td></tr>
<tr><td colspan="2">故障里程超过 1 000 km</td><td colspan="3">数量： 辆</td></tr>
</table>

7.4　汽车制造企业对在用车的管理

7.4.1　汽车制造企业应按照标准 GB 18352.3—2005 中的规定进行在用车符合性自查，在自查中应详细记载车辆 OBD 系统的指示记录（包括：故障代码、冻结帧数据、排放试验后就绪状态值），以及对于有问题的车辆是如何处理的记录。

7.4.2　汽车制造企业在在用车符合性自查中，应检查汽车 OBD 系统在实际使用中，故障指示等功能是否正确起作用，检查车辆是否存在排放水平超过相应的 OBD 系统排放限值而无故障指示，以及是否对故障指示或故障识别存在错误诊断的情况；若 OBD 系统具有诊断频率统计功能，应对诊断频率进行统计。

7.4.3　汽车制造企业应对装有 OBD 系统车辆的排放系统的有关维修情况进行统计和分析。

7.4.4　当汽车制造企业在执行上述 7.4.1～7.4.3 条内容时，如果发现车辆的 OBD 系统存在问题，汽车制造企业应按照标准 GB 18352.3—2005 中附录 N 的要求及时提出和采取补救措施。

7.4.5　汽车制造企业应向型式核准机构上报在用车符合性自查以及采取补救措施的情况。

## 8　通用型故障诊断仪的技术要求

8.1　通用型故障诊断仪作为与 OBD 系统进行通讯、获取并显示数据和信息所必要的工具，必须满足 ISO DIS 15031-4 中规定的功能性技术要求。

8.2　作为通用型诊断仪应具有下述基本功能。

8.2.1　应至少支持 ISO 9141-2、SAE J1850、ISO 14230 - 4、ISO 15765- 4 四种通讯协议。

8.2.2　能够与车辆自动建立通讯，提供 OBD 系统诊断服务用的通讯连接接口，与车辆通讯的接口应满足 ISO DIS 15031-3 的规定。

8.2.3　故障诊断仪的信息结构应按照 ISO DIS 15031-5 中列出的信息结构和 ISO DIS 15031-6 列出的诊断故障码的使用方法来建立。

8.2.4　能连续获得、转换和显示车辆的排放相关的 OBD 故障码，故障码及故障信息应按照 ISO DIS 15031-6 中的描述显示。

8.2.5　能够获取并显示车辆 OBD 系统对各个部件或系统的诊断支持情况和诊断完成情况（就绪状态值）；对于诊断项目完成情况按如下方式描述：支持的诊断项目完成情况应描述为完成或未完成，不支持的诊断项目完成情况应描述为不适用。

8.2.6　能获取并显示当前数据流。

8.2.7　能获取车辆 ECU 中记载的故障指示器状态。

8.2.8　能获取并显示产生故障代码时存储的冻结帧数据。

8.2.9　清除已存储的 OBD 系统与排放相关的故障代码、冻结帧数据及诊断完成情况（就绪状态值）。

8.2.10　能够阅读车辆基本信息，包括车辆 VIN、软件标定版本号等，至少应包括软件标定版本号。

8.2.11　根据 ISO DIS 15031-5 的要求，获取并显示 OBD 系统与排放有关的测试参数和结果。

8.2.12　提供用户手册和（或）帮助工具。

8.3　通用型诊断仪应能正确适用于各种车型，不易被损坏，并确保使用者得到正确有效的 OBD 系统信息。

8.4　通用型诊断仪可具备更多的功能。但诊断仪的设计者应确保这些增加的功能不影响该仪器的其他功能及与此仪器连接的车辆功能。

8.5　通用型诊断仪制造企业应及时跟踪产品的使用情况，对用户提出的问题应及时解决，及时对通用型诊断仪的软件或硬件升级。

8.6　用于车检场的通用型诊断仪

通用型故障诊断仪应具备上述 8.1～8.5 条的要求。同时为了使在用车检查过程能够快速简捷，用于在用车检验的通用型故障诊断仪应具有如下功能：

8.6.1 快速检查功能

检验人员将诊断仪接口与车辆访问接口连接，打开诊断仪后，诊断仪将自动建立通讯连接，自动读取存储的故障代码、故障指示器的状态、未完成诊断的部件或系统、故障指示器激活后的行驶里程，输出上述读取结果，并根据附录 A 的检验判定原则，输出判定结果。完成该过程的时间不应超过 60 s。

8.6.2 数据传输功能

应具有向计算机传输数据的功能，所传输的数据包括但不限于：OBD 系统与排放相关的故障代码及内容，就绪状态值，故障指示器激活后的行驶里程，故障指示器的状态，冻结帧数据，相关数据流等。数据传输时间应在 40 s 以内。

## 9 维修服务机构的要求

9.1 维修服务机构应及时向汽车制造企业申请被授权车型的 OBD 系统的相关维修资料。

9.2 应组织维修人员进行关于 OBD 系统的基本工作原理和维修技术的培训，要注意及时更新技术培训内容。

9.3 维修服务机构应配备检查 OBD 系统故障的诊断设备。

9.4 遇车辆需要更换催化器和氧传感器等排放相关部件，如果使用替代用零部件（非汽车制造企业指定原装件），维修机构应要求替换零部件供应商出具按照标准 GB 18352.3—2005 中附录 L 的要求获得的相关试验核准的文件，经确认无误后方可使用。

9.5 维修带有 OBD 系统的车辆，若在维修过程中删除了故障代码，或对蓄电池断过电，应对车辆运行厂家制定的工况循环，使 OBD 系统的所有就绪状态值显示为完成后，才允许车辆离开。维修服务机构不得在车辆未经维修的情况下，删除故障信息。

# 附 录 A
（规范性附录）
# 在用轻型汽车车载诊断（OBD）系统检验程序

## A.1 检查工位

在车检场中，OBD 系统的检验工位应安排在排放检测工位之前。车辆 OBD 系统检验合格之后再进行排放检测。

## A.2 检验流程

A.2.1 车型确认

在进行车辆的 OBD 系统检查之前，应确认该车型是否为装有 OBD 系统的车型。车型确认之后，将诊断仪连接到车辆上进行检验，检验流程如图 A.1 所示。

A.2.2 故障指示器的检查（目测法）

通过目测检查仪表板上的故障指示器的状态变化，来初检车辆 OBD 系统的故障指示系统是否正常。

A.2.2.1 将车辆的点火开关旋转到“ON”状态后（各种仪表指示灯点亮），仪表板上的各指示灯进行自检，此时车载诊断系统故障指示器应激活。若故障指示器不激活，车辆不合格。

A.2.2.2 将发动机启动，若故障指示器熄灭，表明车辆故障指示器能够工作正常，车辆无确认的排放相关故障；若故障指示器仍点亮，表明车辆存在排放相关故障。

A.2.3 OBD 系统的数据读取

检验人员在完成 A.2.2 条故障指示器的检查后，打开故障诊断仪，选择第 8.6 条所述的通用诊断仪的快速检查功能，无须人工操作，诊断仪将自动输出检测结果，并将检测结果输出到计算机数据管理系统上。根据输出结果及 A.2.2 条故障指示器的检查结果，对车辆进行判断。判定参考图 A.1。

A.2.3.1 与车辆诊断接口连接后，若连续 2 次自动建立通讯失败，应将发动机关闭，车钥匙拔出，将诊断仪接口与车辆通讯接口断开，等待 12 s 以上后，重新连接诊断仪，重新启动发动机，打开诊断仪与车辆进行第二次通讯。对于第二次仍无法建立通讯的车辆，如果该车型是新车型，没有通讯成功案例，应将该车辆的该项检验项目延期检验或给予合格判定，尽快联系诊断仪制造企业查找原因，解决问题。如果该车型有通讯成功案例，可判定车辆通讯方面故障，车辆不合格，维修后复检。

A.2.3.2 查看仪表板故障指示器状态与车辆 ECU 中记录的故障指示器状态是否一致：若状态一致且故障指示器熄灭，则该项检查通过；若状态一致且故障指示器点亮，判定车辆存在排放相关故障，车辆不合格，维修后复检；若状态不一致，判定车辆不合格，维修后复检。

A.2.3.3 对于已通过 A.2.3.2 条检查的车辆，应对其就绪状态进行检查，就绪状态值未完成项应不超过 2 项。对于就绪状态值未完成项超过 2 项的车辆，应要求车主复检。

## A.3 检查方法的采用

A.3.1 在用车年检时应按照图 A.1 的检验流程进行检验。

A.3.2 停放地检验应采用 A.2.2 条的目测法检查 OBD 系统的故障指示器是否正常工作及车辆是否有故障。

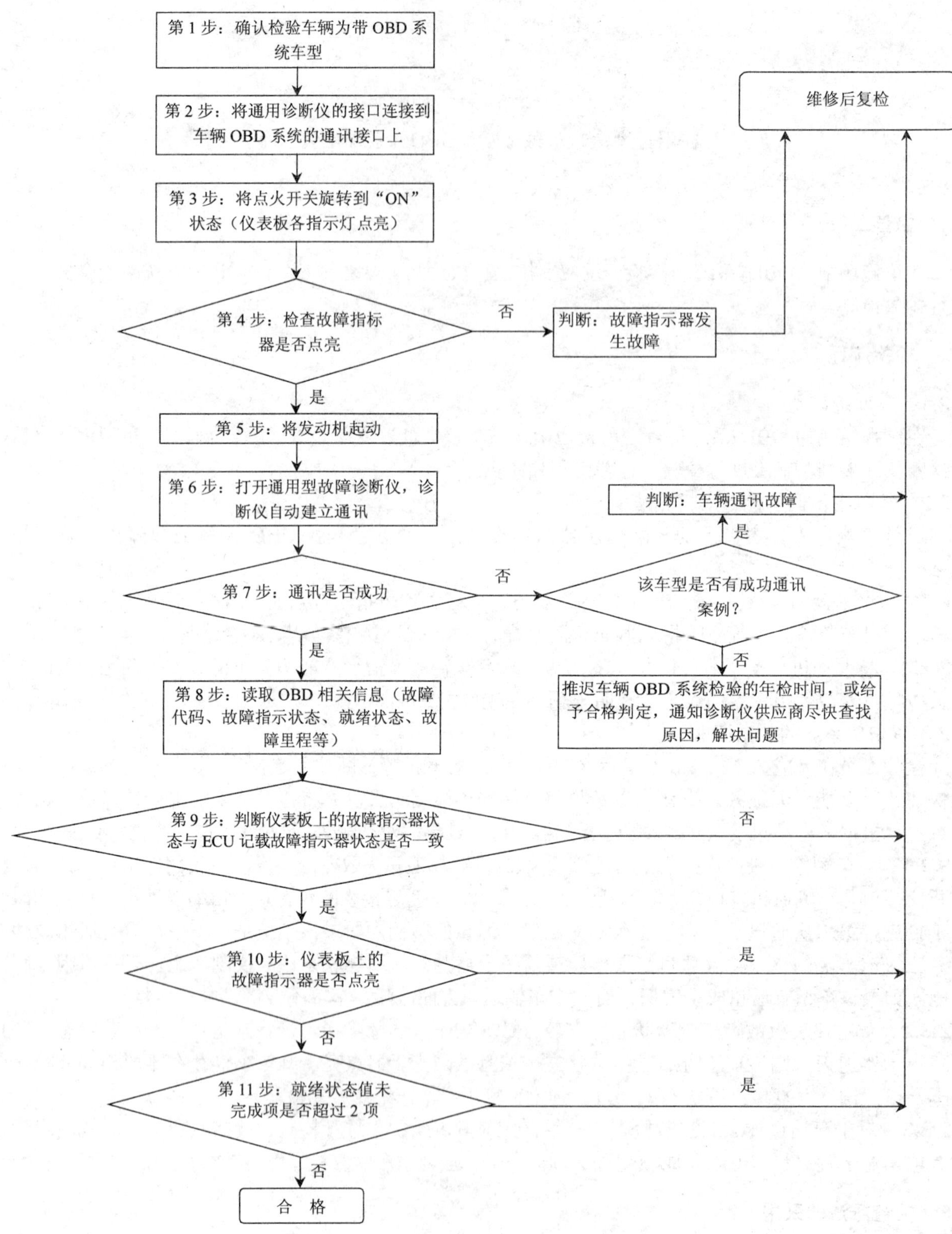


图A.1　在用车辆车载诊断（OBD）系统检验流程图

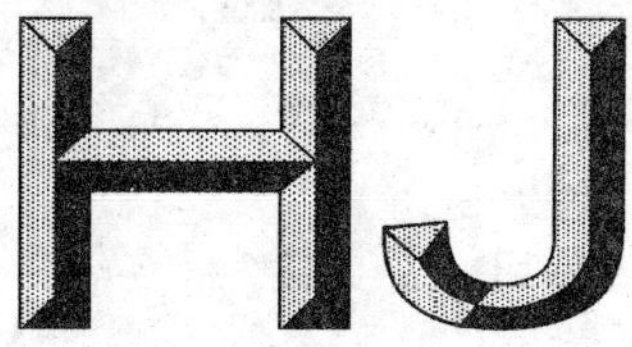

# 中华人民共和国国家环境保护标准

HJ 511—2009

# 环境信息化标准指南

**Standard guide for environmental informatization**

2009-11-16 发布　　2010-01-01 实施

环境保护部 发布

# 中华人民共和国环境保护部
# 公　告

2009 年　第 58 号

为贯彻《中华人民共和国环境保护法》，促进环境信息化工作，现批准《环境信息化标准指南》为国家环境保护标准，并予发布。

标准名称、编号如下：

环境信息化标准指南（HJ 511—2009）

该标准自 2010 年 1 月 1 日起实施，由中国环境科学出版社出版，标准内容可在环境保护部网站（bz.mep.gov.cn）查询。

特此公告。

2009 年 11 月 13 日

# 前 言

为贯彻《中华人民共和国环境保护法》，落实国务院《关于落实科学发展观加强环境保护工作的决定》，建立环境信息化的标准体系，促进环境信息化工作，制定本标准。

本标准规定了环境信息化标准体系的层次结构和环境信息化标准制修订原则。

本标准的附录 A 为规范性附录。

本标准由环境保护部科技标准司组织制订。

本标准主要起草单位：环境保护部信息中心、中国标准化研究院。

本标准环境保护部 2009 年 11 月 16 日批准。

本标准自 2010 年 1 月 1 日起实施。

本标准由环境保护部解释。

# 环境信息化标准指南

## 1 适用范围

本标准规定了环境信息化标准体系的层次结构和环境信息化标准制修订原则。

本标准适用于指导环境信息化规划、建设、实施以及环境信息化标准的制修订工作。

## 2 规范性引用文件

本标准引用了下列文件中的条款。凡是不注日期的引用文件，其有效版本适用于本标准。

GB/T 1.1 标准化工作导则 第 1 部分：标准的结构和编写规则

GB/T 13016 标准体系表编制原则和要求

GB/T 20000.1 标准化工作指南 第 1 部分：标准化和相关活动的通用词汇

《国家环境保护标准制修订工作管理办法》（国家环境保护总局公告 2006 年第 41 号）

《采用国际标准管理办法》（国家质量监督检验检疫总局令 第 10 号）

## 3 术语和定义

GB/T 20000.1、GB/T 13016 确立的以及下列术语和定义适用于本标准。

### 3.1 标准 standard

为了在一定的范围内获得最佳秩序，经协商一致制定并由公认机构批准，共同使用的和重复使用的一种规范性文件。

### 3.2 标准体系 standard system

由一定范围内的标准按其内在联系形成的科学的有机整体。

### 3.3 相关标准 relative standard

从属其他体系（行业、专业）而受本体系直接采用并关系密切的标准，为本体系的相关标准。

### 3.4 环境信息化标准体系 standard system for environmental informatization

由环境信息化建设范围内的具有内在联系的标准组成的科学的有机整体。

## 4 环境信息化标准体系

### 4.1 标准体系组成

环境信息化标准体系由总体标准、应用标准、信息资源标准、应用支撑标准、网络基础设施标准、信息安全标准和管理标准七个分体系组成（见图 1）。这七个分体系相互作用、相互依赖和相互补充，每个分体系又可再划分为若干个二级类目。

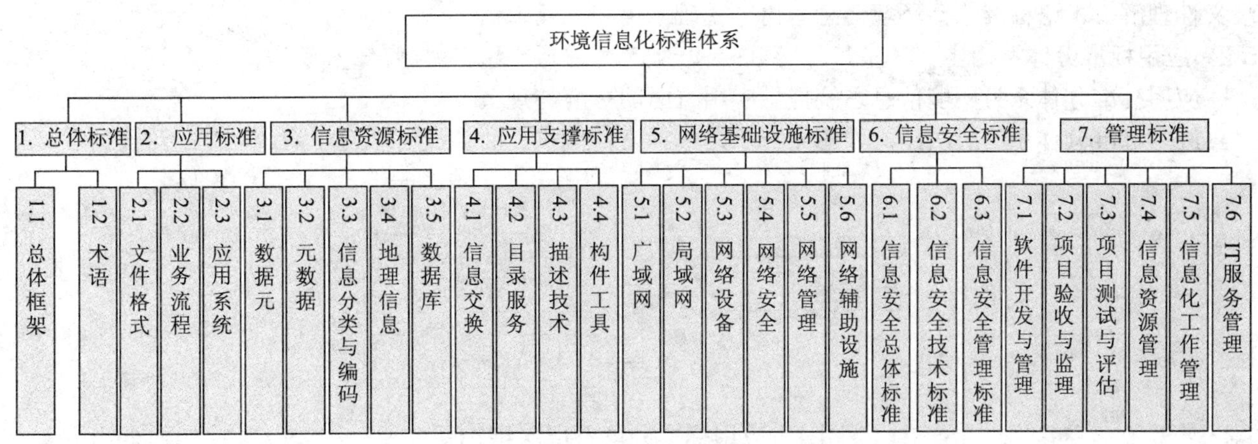


图 1　环境信息化标准体系结构图

## 4.2　标准体系逻辑框图

环境信息化标准体系逻辑如图 2 所示，总体标准处于整个体系的最上位，它为下位的其他六个分体系提供总体指导和机制保障，信息安全标准和管理标准贯穿于网络基础设施标准、应用支撑标准、信息资源标准和应用标准之中。

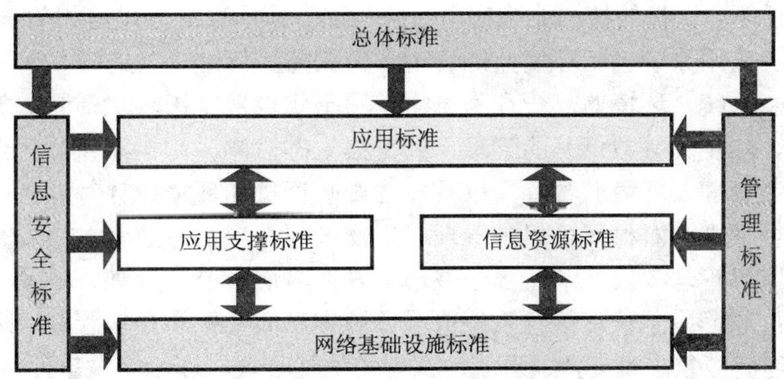


图 2　环境信息化标准体系逻辑框图

# 5　环境信息化标准体系分体系

## 5.1　总体标准分体系

总体标准分体系为环境信息化标准提供基本原则、指南和框架，以及基础性的信息化术语。

总体标准分体系层次结构如图 3 所示，包括总体框架和术语两个二级类目。

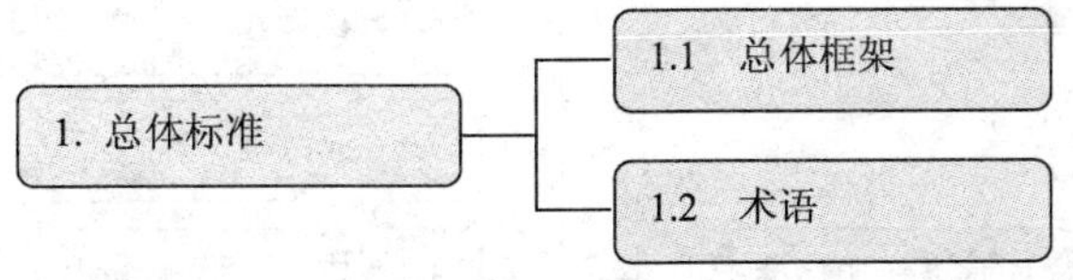


图 3　总体标准分体系层次结构图

总体框架标准为环境信息化标准提供基本原则、指南和框架。总体框架标准主要包括环境信息化标准指南等总体性标准和相关标准。

术语标准的目的是统一环境信息化建设中遇到的主要名词、术语和技术词汇，避免引起对它们的歧义性理解。术语标准包括环境信息术语、基础术语和专业术语。

### 5.2　应用标准分体系

应用标准分体系为环境信息系统提供应用方面的标准与规范。

应用标准分体系的层次结构如图 4 所示，包括文件格式、业务流程和应用系统三个二级类目。

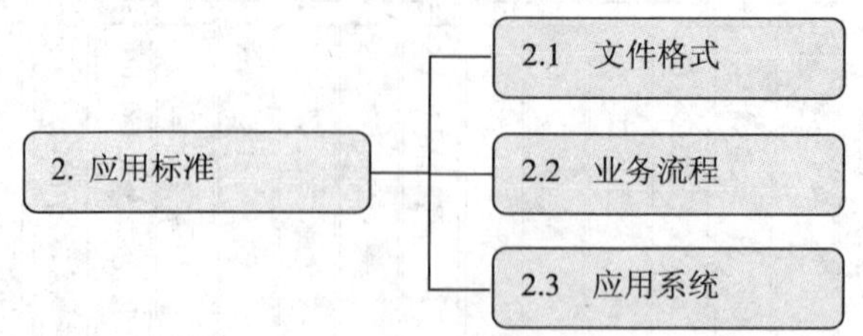


图 4　应用标准分体系层次结构图

文件格式标准提供环境保护业务信息各个系统间交换和共享的、规范化的文件格式。文件格式标准主要包括环境保护业务所涉及的文件格式和相关标准。

业务流程是在环境保护业务信息领域中，为达到业务目标的一类过程和策略，该过程由一组按策略执行的、相互协调的活动步骤组成。业务流程标准包括环境保护信息业务所涉及的业务流程和相关标准。

应用系统标准包括环境保护的核心业务应用系统和综合应用系统，以及相关电子政务标准。

环境保护核心业务应用系统包括环境监测管理、污染监控管理、生态保护管理、核安全与辐射管理、环境应急管理信息系统。环境监测管理信息系统用于实现对全国环境质量数据（包括地表水、大气、近岸海域、酸雨、沙尘暴等数据）的管理，并覆盖生态监测、污染源监测等业务；污染监控管理信息系统覆盖污染控制管理、环境监察管理以及环境影响评价和环境统计等业务；生态保护管理信息系统覆盖区域生态环境管理、农村环境保护管理、生物多样性保护等业务；核安全与辐射管理信息系统覆盖核设施与材料监督管理、放射源监督管理、辐射环境质量监测管理、核安全许可证管理、核与电磁辐射管理等业务；环境应急管理信息系统覆盖环境应急的接警和预警管理、环境应急指挥调度、环境应急监测管理、环境应急决策支持、环境应急现场处置管理、环境突发事件后评估等业务。

环境保护综合应用系统包括各类行政办公管理信息系统、环境保护政府网站、环境科技管理信息系统、环境政策法规管理信息系统、环境财务与资产管理信息系统和环境外事管理信息系统等综合性的、为核心业务应用系统提供支持与服务的应用系统。

### 5.3　信息资源标准分体系

信息资源标准用于规范各类环保业务信息的数据类型，以实现跨部门、跨地区的信息资源共享。

信息资源标准分体系的层次结构如图 5 所示，包括数据元、元数据、信息分类与编码、地理信息和数据库五个二级类目。

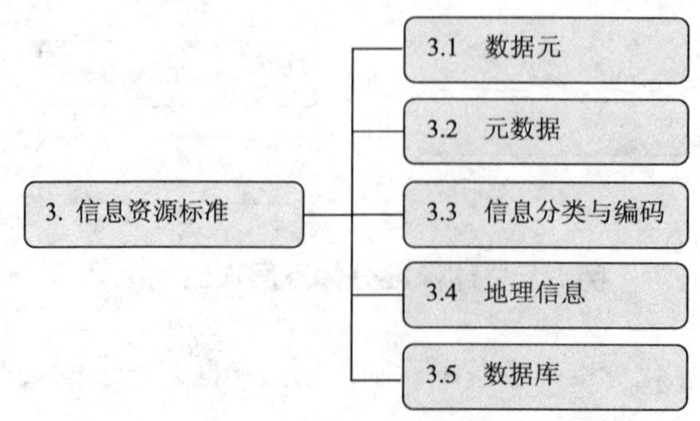


图 5　信息资源标准分体系层次结构图

数据元是指用一组属性描述定义、标识、表示和允许值的数据单元。数据元字典列出并定义相关数据元。数据元标准包括环境保护专用的数据元以及数据元的通用规则和电子政务数据元等方面的相关标准。

元数据定义和描述其他数据的数据，是按照一定的规则，从信息资源中抽取相应的特征，组成一个特征元素的集合。元数据标准主要包括环境保护元数据和相关标准。

信息分类与编码标准包括环境保护专用信息分类与编码标准以及方法性、区域、场所和地点、计量单位、人力资源、产品与运输、组织机构代码和科学技术等标准。信息分类是指将具有共同属性或特征的信息，按科学的规律集合在一起并进行概念上的划分，以区别和判断不同的信息。信息编码是指科学性地对分类的信息赋予代码或某种符号体系，作为有关信息系统进行处理和交换的共同语言。

地理信息标准包括环境保护业务所涉及的地理信息和相关标准。

数据库标准包括环境保护标准相关的数据库标准和环境信息资源共享平台，以及相关标准。环境信息资源共享平台建立在环境保护的基础数据库、中心数据库和共享数据库之上，它为信息资源提供共享交换机制。

## 5.4 应用支撑标准分体系

应用支撑标准分体系为各项环境保护业务提供独立于网络与应用的支撑和服务，确保各类业务资源的可互联、可访问、可交换、可共享、可整合。

应用支撑标准分体系的层次结构如图 6 所示，包括信息交换、目录服务、描述技术和构件工具四个二级类目。

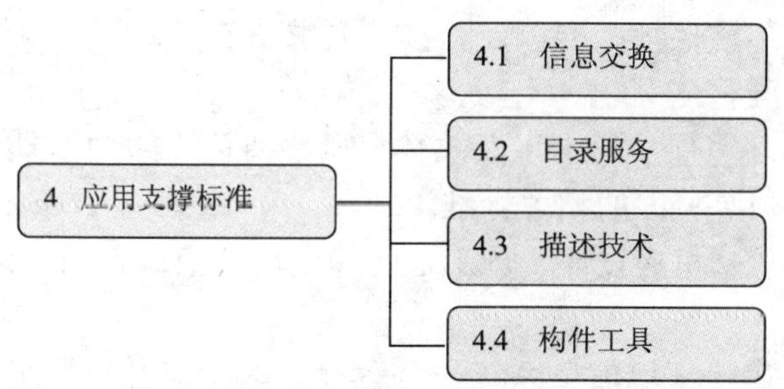


图 6 应用支撑标准分体系层次结构图

信息交换标准包括环境信息交换所涉及的标准和相关标准，可以为跨部门、跨地区的信息交换提供交换机制。

目录服务是指在网络环境中定位和标识各种数据和数据处理资源，并提供搜索和权限管理功能的服务机制。目录服务标准包括环境保护行业信息资源目录的分级分类标准以及 X.500 系列目录服务、政务信息资源目录、Web 服务和消息服务方面的相关标准。

描述技术标准包括标准通用置标语言（SGML）、可扩展置标语言（XML）、超文本置标语言（HTML）等相关标准。

构件工具是一种软件开发技术，它将软件开发过程中会重复用到的部分封装起来，实现其特定的功能，通过调用实现同样的功能需求。构件工具通过接口提供服务。构件工具标准尚在发展中，目前主要包括软件构件管理和产品质量。

## 5.5 网络基础设施标准分体系

根据环境保护行业对通信和计算机网络基础建设的实际需求，环境网络基础设施标准分体系的层次结构如图 7 所示，包括广域网、局域网、网络设备、网络安全、网络管理和网络辅助设施六个二级类目。

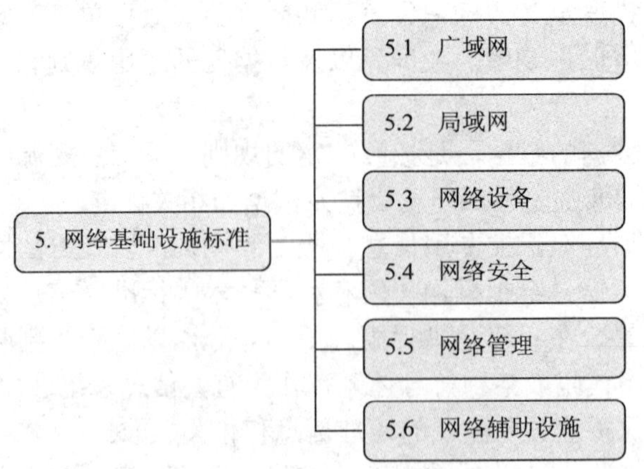


图 7 网络基础设施标准分体系层次结构图

广域网标准包括环境保护行业专用的标准和 IP 网总体要求、IP 传输方式、协议、IP-VPN 等方面的相关标准。

局域网标准包括局域网、无线局域网和 VLAN 等相关标准。

网络设备标准主要包括路由器、交换机、网络接入服务器、ADSL 接入和综合布线等方面的相关标准。

网络安全标准主要包括环境保护标准以及总技术要求、安全协议、电子邮件安全、Web 安全和域名系统安全等方面的相关标准。

网络管理标准主要包括环境保护标准以及总体、网络协议、路由管理信息管理库、网络服务器管理信息管理库和网络管理接口等方面的相关标准。

网络辅助设施标准主要包括机房设计、施工、防静电以及空调等相关标准。

### 5.6 信息安全标准分体系

信息安全标准分体系是确保环境信息系统安全运行、确保信息和系统的保密性、完整性和可用性的保障体系，为环境信息化建设提供各种安全保障的技术和管理方面的标准规范。

信息安全标准分体系的层次结构如图 8 所示，包括信息安全总体标准、信息安全技术标准和信息安全管理标准三个二级类目。

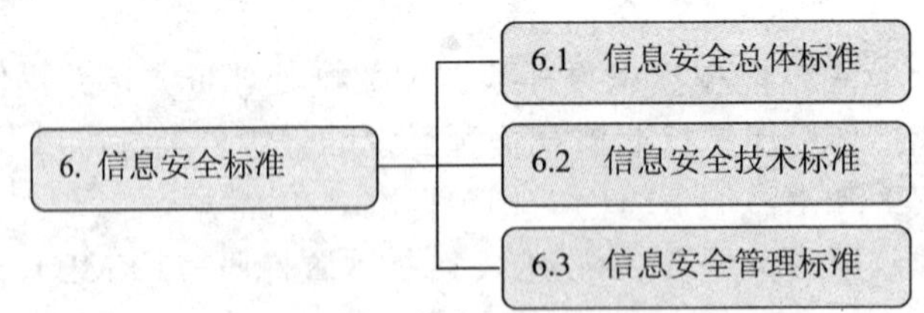


图 8 信息安全标准分体系层次结构图

信息安全总体标准包括相关国家环境保护标准以及安全体系结构、模型和总技术要求方面的相关标准。

信息安全技术标准包括相关国家环境保护标准以及密码技术、标识与鉴别、授权与访问、物理安全、防信息泄露和安全产品的相关标准。

信息安全管理标准包括系统安全管理以及等级保护与风险管理的相关标准。

### 5.7 管理标准分体系

管理标准分体系为环境信息化建设提供管理的手段和措施，是环境信息化建设实现科学管理、保证信息系统有效运转的重要保障，是环境信息化建设正常运行的保障体系。

管理标准分体系层次结构如图 9 所示，包括软件开发与管理标准、项目验收与监理标准、项目测试与评估标准、信息资源管理标准、信息化工作管理标准和 IT 服务管理标准六个二级类目。在该分体系中，除参照相应的国际标准、国家标准和行业标准外，还包括了环境信息化工作管理所需的标准、规范及其相应的管理文件和规章制度等。

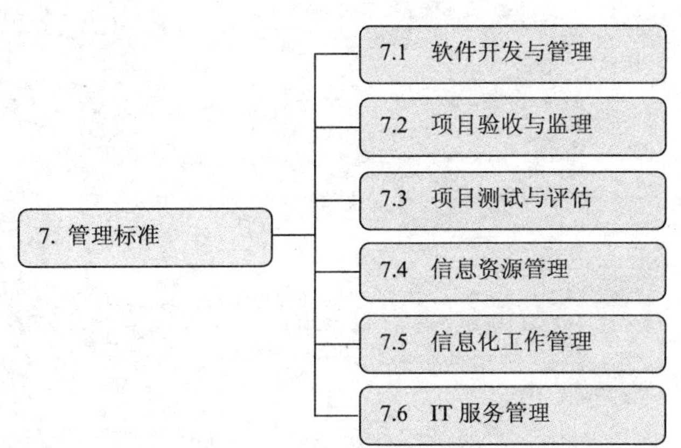


图 9　管理标准分体系层次结构图

软件开发与管理标准包括环境保护行业在软件开发与管理过程中所涉及的标准。

项目验收与监理标准包括与环境信息化建设项目的验收与监理相关的标准。

项目测试与评估标准包括与环境信息化建设项目相关的测评和评估标准。

信息资源管理标准包括对环境保护行业信息系统中信息资源进行质量管理和共享程度评价的标准。

信息化工作管理标准包括环境信息化主管部门为环境信息化建设工作制定的标准。

IT 服务管理（ITSM）标准是基于 IT 基础架构库（ITIL）的信息管理模式的相关标准，它以流程为中心以用户满意和服务质量为核心，整合信息服务与业务流程，为信息服务组织提供规划、研发、实施、运维的规范。IT 服务管理标准目前主要包括服务管理的规范和实践规则。

## 6　环境信息化标准体系的维护管理

本标准给出的环境信息化标准体系的层次结构会随着技术的进步和管理理念的更新不断发展、变化。为了能够适应技术的进步和管理理念的更新变化，本标准采用如图 10 所示的 PDCA 循环发展模式：

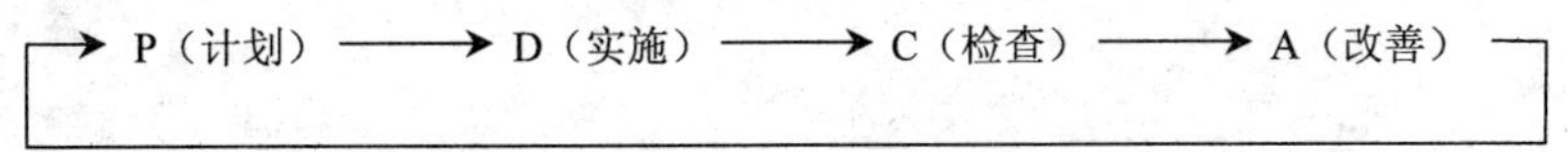


图 10　环境信息化标准体系的 PDCA 循环发展模式

其中：

P（Plan）：为达到良好的目标，需要研究如何做好工作。对于第一次循环而言就是建立标准体系，之后的循环就是对其进行不断的改进。

D（Do）：贯彻执行体系。

C（Check）：定期或不定期检查、评审标准化工作的进展和实施情况。

A（Action）：如果检查的结果与预期的结果不一致，则进行分析研究，找出原因，并提出解决问题的计划 P（Plan）。

因此，建立标准体系只是 PDCA 循环的第一个周期的第一个环节，做好其他环节并且不断进行 PDCA 循环将是长期的工作。PDCA 循环是螺旋上升的，每进行一次循环，标准体系就得到一次改进。

环境信息化标准制修订原则见附录 A。

# 附 录 A
（规范性附录）
# 环境信息化标准制修订原则

## A.1 总体要求

本附录结合环境保护行业的特点，遵循 GB/T 1.1、《采用国际标准管理办法》以及《国家环境保护标准制修订工作管理办法》中相关规定的基础上制定的。

本附录规定了环境信息化标准（以下简称标准）制修订工作应遵循的基本原则、采用国际标准和国家标准应遵循的原则、标准制修订程序以及标准制修订的要求。

## A.2 标准制修订原则

### A.2.1 标准制修订工作遵循的基本原则

标准制修订工作应遵循下列基本原则：

——为贯彻落实国家环境保护有关法律、法规、规章、政策和规划，进行标准制修订项目；

——标准制修订项目有助于形成完整、协调的环境保护标准体系，有利于保护生活环境、生态环境和人体健康，适应社会、经济、科学技术发展的需要；

——根据我国环境保护工作的实际情况，在与经济、科技发展水平和相关单位的承受能力相适应的情况下，积极采用相应的国际标准；

——标准之间应协调配套，当已经有相关标准或相关标准即将出台时，应将这些标准的有关部分作为制定环境保护标准的依据。

### A.2.2 采用国际标准

#### A.2.2.1 原则

采用国际标准是指将国际标准的内容经过分析研究和试验验证，等同或修改转化为环境信息化标准，并按我国环境保护标准程序审批发布。按《采用国际标准管理办法》的规定，采用国际标准应遵循下列原则：

——采用国际标准，应符合我国环境保护有关法律、法规和规章，遵循国际惯例，做到技术先进、经济合理、安全可靠。

——制修订环境保护标准应以相应国际标准（包括即将制定完成的国际标准）为基础。对于国际标准中通用的基础性标准、试验方法标准应优先采用。

——采用国际标准时，应尽可能等同采用国际标准。由于地理因素或者基本的技术问题等原因对国际标准进行修改时，应与国际标准的差异控制在合理的、必要的并且是最小的范围之内。

——一个环境保护标准应尽可能采用一个国际标准。当一个环境保护标准必须采用几个国际标准时，应说明该标准与所采用的国际标准的对应关系。

——采用国际标准制定环境保护标准，应尽可能与相应国际标准的制定同步，并可以采用标准制定的快速程序。

——采用国际标准，应与环境保护的技术引进和技术改造等工作相结合。

——采用国际标准的环境保护标准的制定、审批、编号、发布、出版、组织实施和监督，按环境保护有关法律、法规和规章规定执行。

——如果没有相应的国际标准或者国际标准不适用时，可以采用国外先进标准。

A.2.2.2 采用国际标准的程度

采用国际标准的程度分为：

a）等同采用：指环境保护标准与国际标准在技术内容和文本结构上相同，或者与国际标准在技术内容上相同，只存在少量编辑性修改。等同采用的代号为 IDT（identical）。等同采用时，符合环境保护标准即意味着符合国际标准；

b）修改采用：指环境保护标准与国际标准之间存在技术性差异，并清楚地标明这些差异以及解释其产生的原因，允许包含编辑性修改。修改采用的代号为 MOD（modified）。修改采用时，环境保护标准与国际标准在文本结构上应对应，只有在不影响与国际标准的内容和文本结构进行比较的情况下才允许修改文本结构。

注：我国标准与国际标准的对应关系除等同、修改外，还包括非等效。非等效不属于采用国际标准，只表明我国标准与相应的国际标准有对应。非等效的代号为 NEQ（not equivalent）。

A.2.3 采用国家标准

采用国家标准应遵循下列原则：

——在采用国家标准前，应充分了解该标准制定的背景、依据以及国内环境保护工作的现状和发展趋势，确保采用国家标准后在环境保护行业内运行的可行性；

——采用国家标准应符合我国环境保护实际情况及有关法律、法规和规章，做到技术先进、经济合理、安全可靠、配套协调；

——在起草环境保护标准前应掌握本领域的国家标准最新进展，当已经有国家标准或相应的国家标准即将制定出来时，环境保护标准应将这些标准的有关部分作为制定环境保护标准的依据。

## A.3 标准制修订工作程序

A.3.1 概述

按《国家环境保护标准制修订工作管理办法》的规定，标准制修订工作包括标准制修订项目立项、下达计划、开题论证、征求意见、技术审查、行政审查、批准、发布、出版等工作程序。环境信息化标准还应通过下述内容体现信息技术的特点，从而能够更好地为环境管理业务起到技术支撑作用。

A.3.2 项目立项

申请新项目，包括下列工作内容：

——进行必要性论证；

——进行可行性论证；

——说明与法律、法规符合性，与相关标准的协调性情况；

——说明与国际相关标准的关系；

——拟订标准内容提要；

——确定制修订标准的原则和依据；

——拟订制修订标准的工作大纲。

A.3.3 开题论证

应符合《国家环境保护标准制修订工作管理办法》对开题论证工作的要求，还需要提出对现存数据、计算机软硬件系统的合理利用和兼容方案。

A.3.4 征求意见

征求意见工作包括：编制征求意见稿和公开征求意见。在充分调查研究和分析国内外有关技术资料的基础上，项目负责人组织标准起草工作，直至完成标准征求意见稿和编制说明。标准征求意见工作应符合《国家环境保护标准制修订工作管理办法》的要求，并应对标准中提出的数据要求、各类接口等内容在模拟环境或原型系统中进行实验、验证，并将实验、验证的有关情况体现在编制说明中。

A.3.5 技术审查

若采用国际标准或国外先进标准制订的国家标准，则应有该国际标准或国外先进标准原文（复制件）和译文各 1 份，连同送审稿等材料报国家环境保护标准制修订主管部门。

A.3.6 出版

配合标准出版单位处理标准出版过程中的技术问题。标准中的源代码、数据格式等文件宜采用专用工具软件校核，并在编制说明中注明。

---

# 中华人民共和国环境保护部
# 公　告

2009 年　第 73 号

为贯彻《中华人民共和国环境保护法》、《中华人民共和国固体废物污染环境防治法》和《危险废物经营许可证管理办法》，加强对危险废物及医疗废物集中焚烧处置设施运行过程的监督管理，现批准《危险废物集中焚烧处置设施运行监督管理技术规范（试行）》等两项标准为国家环境保护标准，并予发布。

标准名称、编号如下：

一、危险废物集中焚烧处置设施运行监督管理技术规范（试行）（HJ 515—2009）

二、医疗废物集中焚烧处置设施运行监督管理技术规范（试行）（HJ 516—2009）

以上标准自 2010 年 3 月 1 日起实施，由中国环境科学出版社出版，标准内容可在环境保护部网站（bz.mep.gov.cn）查询。

特此公告。

2009 年 12 月 29 日

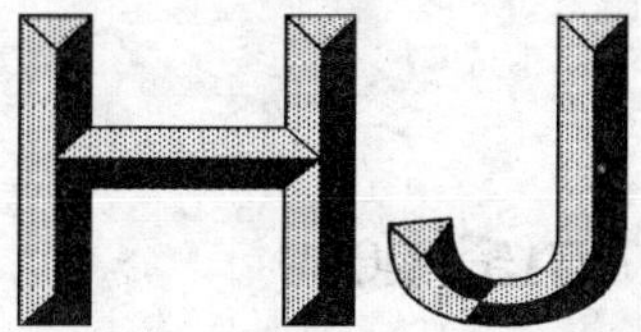

# 中华人民共和国国家环境保护标准

HJ 515—2009

# 危险废物集中焚烧处置设施运行监督管理技术规范（试行）

**Technical specifications for the supervision and management to the operation of centralized incineration disposal facilities for hazardous waste（On trial）**

2009-12-29 发布　　　　2010-03-01 实施

环 境 保 护 部 发布

# 前　言

为贯彻《中华人民共和国环境保护法》、《中华人民共和国固体废物污染环境防治法》和《危险废物经营许可证管理办法》，加强对危险废物集中焚烧处置设施运行过程的监督管理，制定本标准。

本标准规定了危险废物集中焚烧处置设施运行的监督管理程序、要求、内容以及监督管理方法等。

本标准附录 A 为规范性附录。

本标准由环境保护部科技标准司组织制订。

本标准主要起草单位：沈阳环境科学研究院、中国科学院高能物理研究所、环境保护部环境保护对外合作中心、国家环境保护危险废物处置工程技术中心。

本标准环境保护部 2009 年 12 月 29 日批准。

本标准自 2010 年 3 月 1 日起实施。

本标准由环境保护部解释。

# 危险废物集中焚烧处置设施运行监督管理技术规范（试行）

## 1 适用范围

本标准规定了危险废物集中焚烧处置设施运行的监督管理程序、要求、内容及监督管理方法等。

本标准适用于对经营性危险废物集中焚烧处置设施运行的监督管理，其他危险废物焚烧处置设施运行期间的监督管理可参照本标准执行。

## 2 规范性引用文件

本标准内容引用了下列文件中的条款。凡是不注日期的引用文件，其有效版本适用于本标准。

GB 3095　环境空气质量标准

GB 3096　声环境质量标准

GB 3838　地表水环境质量标准

GB 4387　工业企业厂内铁路、道路运输安全规程

GB 5085.1～3　危险废物鉴别标准

GB 8978　污水综合排放标准

GB 12348　工业企业厂界环境噪声排放标准

GB 15562.1　环境保护图形标志　排放口（源）

GB 15562.2　环境保护图形标志　固体废物贮存（处置）场

GB 15618　土壤环境质量标准

GB 18484　危险废物焚烧污染控制标准

GB 18597　危险废物贮存污染控制标准

GB 18598　危险废物填埋污染控制标准

GB 50041　锅炉房设计规范

GB/T 16157　固定污染源排放气中颗粒物测定与气态污染物采样方法

HJ/T 20　工业固体废物采样制样技术规范

HJ/T 176　危险废物集中焚烧处置工程建设技术规范

《危险废物经营许可证管理办法》　（中华人民共和国国务院令　第408号）

《国家危险废物名录》　（环境保护部、国家发展和改革委员会令　第1号）

《危险废物转移联单管理办法》　（国家环境保护总局令　第5号）

《危险废物经营单位编制应急预案指南》　（国家环境保护总局　2007年第48号公告）

## 3 术语和定义

下列术语和定义适用于本标准。

### 3.1 危险废物

指列入《国家危险废物名录》或者根据国家规定的危险废物鉴别标准和鉴别方法认定的具有腐蚀性、毒性、易燃性、反应性和感染性等一种或一种以上危险特性，以及不排除具有以上危险特性的固体废物。

### 3.2 集中焚烧处置设施

指统筹规划建设并服务于一定区域，采用焚烧方法处置危险废物的设施。

3.3 监督管理

指对危险废物焚烧处置设施运行过程中的监督管理，是地方环境保护行政主管部门为了保护和改善环境，对危险废物设施运行进行监督检查和指导等活动的总称。

3.4 经营性危险废物集中焚烧处置单位

指符合《危险废物经营许可证管理办法》管理范围，从事危险废物集中焚烧处置经营活动的单位。

## 4 监督管理的程序和要求

4.1 县级以上人民政府环境保护行政主管部门和其他危险废物污染环境防治工作的监督管理部门，有权依据各自的职责对管辖范围内的危险废物集中焚烧处置设施进行监督检查。

4.2 危险废物集中焚烧处置单位应积极配合环境保护行政主管部门和其他危险废物污染环境防治工作监督管理部门的监督管理活动，根据相应的监督管理要求，如实反映情况，提供必要的资料，不得隐瞒、谎报、拒绝、阻挠或延误。

4.3 地方环境保护行政主管部门可通过书面检查、现场核查以及远程监控等方式实施对危险废物集中焚烧处置设施运行的监督管理。

4.4 监督管理包括准备、检查、监测、综合分析、意见反馈、整改和复查七个阶段。地方环境保护行政主管部门可根据工作开展实际和需要，修改调整监督管理的程序并确定相应的实施计划。

1）准备阶段应包括材料收集和监督管理实施计划编制两部分内容。材料收集内容包括经营许可证、机构设置、人员配置、制度化建设、设施建设和运行情况、污染物总体排放情况、与委托单位签订的经营合同情况等；实施计划应在材料收集的基础上编制，明确监管对象、监管内容、程序、方法以及人员安全防护措施等。

2）检查阶段应根据实施计划对焚烧的主体设施、各项辅助设施运行和管理情况进行现场核查，审阅相关记录、台账，对发现的问题应进行核实确认。

3）监测阶段应根据实施计划要求，对设施运行过程中污染物排放情况（废气、废水、废渣、噪声等）进行监测，保证监测质量，保存监测记录。

4）综合分析阶段应在检查、监测工作的基础上，全面分析、评价危险废物焚烧处置单位的总体情况，形成监督检查结论，对存在的各项问题要逐一列明；需要进行整改的，应提出书面整改内容和整改限期；有违反《中华人民共和国固体废物污染环境防治法》、《危险废物经营许可证管理办法》等法律、法规行为的，提出相应的处罚意见。

5）意见反馈阶段应将监督检查结论、整改通知、处罚通知等按照规定的程序送达危险废物集中焚烧处置单位。

6）整改阶段应督促危险废物集中焚烧处置单位根据监督检查结果和整改措施进行整改并提交整改报告。

7）监督管理复查阶段应对危险废物集中焚烧处置单位的整改情况进行复查，仍不符合要求的，应根据《中华人民共和国固体废物污染环境防治法》和《危险废物经营许可证管理办法》对危险废物集中焚烧处置单位进行处罚，如警告、限期整改、罚款、暂扣或吊销经营许可证等。

4.5 监督管理人员在进行现场检查时应遵守以下要求：

1）监督管理人员在检查过程中应宣传并认真执行国家环境保护的方针、政策和有关的法律、法规和标准。

2）监督管理人员在进行现场检查时，应有两名以上具有相应行政执法权的人员同时参加，携带并出示相关证件。

3）监督管理人员在进行现场检查时，可采取询问笔录、现场监测、采集样品、拍照摄像、查阅或者复制有关资料等检查手段，并妥善保管有关资料。

4）监督管理人员在进行现场检查时应严格执行安全制度，并为被检查单位保守技术业务秘密。

5）监督管理人员应对检查情况进行客观、规范的记录，并请被检查单位的代表予以确认。检查人员与被检查单位对检查记录的内容有分歧的部分如不能即时解决，应做好记录。

## 5 监督管理的内容和方法

### 5.1 监督管理的总体内容

地方环境保护行政主管部门监督管理的内容应包括基本运行条件、焚烧处置设施运行过程、污染防治设施配置及运行效果以及安全生产和劳动保护措施等。地方环境保护行政主管部门可根据实际情况确定监督管理的具体内容，原则上危险废物集中焚烧处置单位基本运行条件检查、焚烧处置设施以及配套设施等硬件配置的监督检查仅在初次监督检查时进行。

### 5.2 基本运行条件的监督管理

5.2.1 危险废物集中焚烧处置单位的机构设置、人员配置符合相关政策、法律法规及标准情况。

5.2.2 危险废物经营许可证的申领和换证情况。

5.2.3 危险废物焚烧处置技术、工艺及工程验收情况。

5.2.4 危险废物集中焚烧处置单位各项规章制度情况，制度至少应包括：设施运行和管理记录制度、交接班记录制度、危险废物接收管理制度、危险废物分析制度、内部监督管理制度、设施运行操作规程、化验室（实验室）特征污染物检测方案和实施细则、处置设施运行中意外事故应急预案、安全生产及劳动保护管理制度、人员培训制度以及环境监测制度等。

5.2.5 危险废物集中焚烧处置单位事故应急预案情况。应急预案应根据《危险废物经营单位编制应急预案指南》以及地方其他有关规定编写和报批。

### 5.3 危险废物焚烧处置设施运行的监督管理

5.3.1 危险废物焚烧处置设施运行的监督管理，其内容应至少包括：危险废物的接收、危险废物的分析鉴别、危险废物的厂内贮存和预处理、危险废物焚烧处置设施运行等。

5.3.2 危险废物接收应包括危险废物进场专用通道及标志、危险废物预检验、危险废物转移联单制度执行以及危险废物卸载情况等。

5.3.3 危险废物分析鉴别应包括分析鉴别的基础条件、危险废物的鉴别内容、危险废物特性鉴别后的登记管理、特性鉴别数据的保存、采样和分析以及危险废物的分类管理情况等。

5.3.4 危险废物贮存设施应包括危险废物贮存容器以及危险废物贮存设施情况。

5.3.5 危险废物焚烧处置系统应包括焚烧处置设施配置以及焚烧处置过程操作情况。

5.3.6 危险废物处置附属设施应包括预处理及进料系统、热能利用系统、烟气净化系统、炉渣及飞灰处理系统、自动化控制及在线监测系统，监督管理内容应包括系统配置和操作情况等。

### 5.4 污染防治设施配置及处理效果的监督管理

5.4.1 焚烧处置设施的性能指标和大气污染物排放控制指标应符合 GB 18484 要求，厂区周边环境空气质量，各项指标应符合 GB 3095 要求。

5.4.2 危险废物焚烧处置过程产生的底渣、飞灰、焚烧过程废气处理产生废活性炭、滤饼等属于危险废物，应送符合 GB 18598 要求的危险废物填埋场进行安全填埋处置。

5.4.3 危险废物集中焚烧处置单位废水排放应符合 GB 8978 要求。

5.4.4 危险废物集中焚烧处置单位噪声排放应符合 GB 12348 要求。

### 5.5 安全生产和劳动保护的监督管理

5.5.1 危险废物集中焚烧处置单位在安全生产方面应执行 HJ/T 176 以及国家其他关于安全生产的有关规定。

5.5.2 危险废物集中焚烧处置单位在劳动保护方面应执行 HJ/T 176 以及国家其他关于劳动保护的有关规定。

5.6 监测管理要求

5.6.1 环境监测应包括焚烧设施污染物排放监测和危险废物集中焚烧处置单位周边环境监测两部分。污染物排放监测应根据有关标准对烟气、飞灰、炉渣、工艺污水及噪声进行监测。环境监测应根据危险废物集中焚烧处置单位污染物排放情况对周边环境空气、地下水、地表水、土壤以及环境噪声进行监测。

5.6.2 对于由地方环境保护行政主管部门实施的监督性监测活动，由地方环境保护行政主管部门委托有环境监测资质的监测机构进行。危险废物集中焚烧处置单位实施的内部监测，应按国家标准规定的方法和频次，对处置设施运行情况进行监测，危险废物集中焚烧处置单位也可委托有监测资质的单位代为监测。危险废物集中焚烧处置单位应严格执行国家有关监督性监测管理规定配合监测工作，监测取样、检验方法，均应遵循国家有关标准要求。

5.6.3 地方环境保护行政主管部门应要求危险废物集中焚烧处置单位制订集中焚烧处置设施运行内部监测计划，定期对危险废物焚烧处置排放进行监测。当出现监测的某项目指标不合格时，应对设施进行全面检查，找出原因及时解决，确保集中焚烧处置设施在排放达标的条件下运行。

5.6.4 地方环境保护行政主管部门应按照国家有关规定，督促危险废物集中焚烧处置单位建立运行参数和污染物排放的监测记录制度，监测记录应包括：

1）记录每一批次危险废物焚烧的种类和重量。

2）连续监测二燃室烟气二次燃烧段前后的温度。

3）应对集中焚烧处置设施排放的烟尘、CO、$SO_2$、$NO_x$ 实施连续自动监测，并定期辅以采样监测；对于目前尚无法采用自动连续装置监测的烟气黑度、HF、HCl、重金属及其化合物，应按 GB 18484 的监测管理要求进行监测，以上各项指标每季度至少采样监测 1 次。

4）按照 GB 18484 规定，至少每 6 个月监测一次焚烧残渣的热灼减率。

5）对废气排放中的二噁英，应按 GB 18484 监测管理要求，每年至少采样监测 1 次。

6）每年至少对周边环境空气及土壤中二噁英、重金属进行 1 次监测，以了解建设项目对周边环境空气及土壤的污染情况。

7）记录危险废物最终残余物处置情况，包括焚烧残渣与飞灰的数量、处置方式和接收单位。

5.6.5 为确保监测工作的开展，对排污口规范化问题提出如下要求：

1）污染物排放口应按照 GB 15562.1～2 的规定，设置对应的环境保护图形标志牌。

2）新建集中式危险废物焚烧厂焚烧炉排气筒周围半径 200 m 内有建筑物时，排气筒高度应高出最高建筑物 5 m 以上。

3）对有几个排气源的焚烧厂应集中到一个排气筒排放或采用多筒集合式排放。

4）焚烧炉排气筒应按 GB/T 16157 的要求，留有规范的、便于测量流量、流速的测流段和采样位置，设置永久性采样孔，并安装用于采样和测量的辅助设施。

5.6.6 监督性监测应在工况稳定、生产负荷达到设计的 75%以上（含 75%）、处置设施运行正常的情况下进行。监测期间应监控各生产环节的主要原材料的消耗量、成品量，并按设计的主要原料、辅料用量和成品产生量核算生产负荷。若生产负荷小于 75%，应停止监测。

5.6.7 危险废物处置单位应定期报告上述监测数据。监测数据保存期为 3 年以上。

5.7 监督检查方法

结合以上监督检查内容，相应的监督管理的内容及方法见附录 A。

## 6 监督实施

6.1 地方环境保护行政主管部门根据本标准所提出的内容和要求，结合地方危险废物集中焚烧处置设施的实际，制订具体的监督管理实施方案，推进危险废物集中焚烧处置设施监督管理规范化、制度化。

6.2 地方环境保护行政部门根据本标准所提出的关于设施运行的各方面监督管理要求和危险废物经营

许可证档案管理制度的基本要求，建立起规范的危险废物集中焚烧处置设施运行监督档案管理制度，将监督检查情况和处理结果及时归档，并指导企业建立相应的监督管理程序和方法，确保危险废物集中焚烧处置设施安全运转。

6.3 地方环境保护行政主管部门可根据《中华人民共和国固体废物污染环境防治法》和《危险废物经营许可证管理办法》等有关法律法规，对危险废物集中焚烧处置单位在危险废物处置过程中的违法行为进行处罚。

# 附 录 A
## （规范性附录）
## 危险废物焚烧处置设施运行监督管理的内容及方法

### A.1 基本运行条件监督管理*

| 审查项目 | 审查要点 | 检查指标及依据 | 监督检查方法 |
|---|---|---|---|
| A.1.1 危险废物处置技术、工艺及工程验收情况 | （1）危险废物预处理及焚烧处置技术和工艺适应性说明 | 危险废物预处理以及焚烧处置技术和工艺的适应性说明，主要设备的名称、规格型号、设计能力、数量、其他技术参数；所能焚烧处置废物的名称、类别、形态和危险特性（HJ/T 176） | 检查环境影响报告、工程设计文件或其他证明材料；必要时，现场核查 |
| | （2）系统配置情况 | 检查系统配置的完整性，应包括预处理及进料系统、焚烧炉、热能利用系统、烟气净化系统、残渣处理系统、自动控制和在线监测系统及其他辅助装置（HJ/T 176） | |
| | | 检查系统配置的安全性，整个焚烧系统运行过程中应处于负压状态，避免有害气体逸出（HJ/T 176） | |
| | | 检查危险废物处理要求，对于处理氟、氯等元素含量较高的危险废物，是否考虑了耐火材料及设备的防腐问题；对于用来处理含氟较高或含氯大于 5%的危险废物焚烧系统，不得采用余热锅炉降温，其尾气净化必须选择湿法净化方式（HJ/T 176） | |
| | （3）主要附属设施情况 | 工具、中转和临时存放设施、设备以及贮存设施、设备情况（国务院令 第 408 号） | |
| | （4）工程设计及验收情况 | 项目工程设计及验收有关资料（国务院令 第 408 号） | 检查工程设计及验收材料 |
| A.1.2 危险废物经营许可证申领和使用情况 | （1）处置单位的处置合同业务范围情况 | 检查危险废物集中焚烧处置单位的处置合同业务范围是否与经营许可证所规定的经营范围一致（国务院令 第 408 号） | 检查危险废物经营许可证、处置合同等材料；必要时，现场核查 |
| | （2）危险废物经营许可证变更情况 | 检查危险废物集中焚烧处置单位是否按照规定的申请程序，在发生危险废物经营方式改变，增加处置危险废物类别，新建或者改建、扩建原有危险废物经营设施或者经营危险废物超过原批准年经营规模 20%以上的设施重新申领了危险废物经营许可证（国务院令 第 408 号） | |
| | （3）焚烧处置计划情况 | 检查焚烧处置计划是否翔实、明确，焚烧处置计划应分为年度和月份计划 | 检查危险废物焚烧处置记录等材料 |
| | （4）经营许可证检查情况 | 检查危险废物经营许可证例行检查情况（国务院令 第 408 号） | 检查危险废物经营许可证的有关材料 |
| A.1.3 危险废物集中焚烧处置单位的机构设置、人员配置情况 | （1）人员总体配备情况 | 是否配备了相应的生产人员、辅助生产人员和管理人员（国务院令 第 408 号） | 检查单位机构组成及人员职责分工以及个人档案材料等 |
| | （2）专业技术人员配备情况 | 是否配备了 3 名以上环境工程专业或者相关专业中级以上职称，并有 3 年以上固体废物污染治理经历的技术人员（国务院令 第 408 号） | |
| | （3）人员培训情况 | 生产和管理人员是否经过国家及内部组织的专业岗位培训并获得国家劳动保障部门或国家环境保护行政主管部门颁发的职业技能培训等级证书，并符合工作需要（HJ/T 176） | |

续表

<table>
<tr><th>审查项目</th><th>审查要点</th><th>检查指标及依据</th><th>监督检查方法</th></tr>
<tr><td rowspan="3">A.1.4 集中焚烧处置单位规章制度情况</td><td>（1）设施运行和管理记录制度情况</td><td>（1）危险废物转移联单记录；（2）危险废物接收登记记录；（3）危险废物进厂运输车车牌号、来源、重量、进场时间、离场时间等记录；（4）生产设施运行工艺控制参数记录；（5）危险废物焚烧灰渣处理处置情况记录；（6）设备更新情况记录；（7）生产设施维修情况记录；（8）环境监测数据的记录；（9）生产事故及处置情况记录（HJ/T 176）</td><td rowspan="3">检查各项制度以及运行记录档案材料</td></tr>
<tr><td>（2）交接班制度情况</td><td>（1）交接班制度的实施记录完整、规范；（2）上述提到的设施运行和管理记录制度在交接班制度中予以落实（HJ/T 176）</td></tr>
<tr><td>（3）其他制度情况</td><td>（1）危险废物接收管理制度；（2）危险废物分析制度；（3）内部监督管理制度；（4）设施运行操作规程；（5）设施运行过程中污染控制对策和措施；（6）化验室（实验室）特征污染物检测方案和实施细则；（7）设施日常运行记录台账、监测台账和设备更新、检修台账；（8）安全生产及劳动保护管理制度；（9）人员培训制度；（10）环境监测制度（HJ/T 176）</td></tr>
<tr><td rowspan="4">A.1.5 事故应急预案制定情况</td><td>（1）危险废物贮存过程中发生事故时的应急预案</td><td>（1）应急预案编制的全面性、规范性和可操作性；（2）应急预案获得环保部门审批情况；（3）实施应急预案的基础条件情况；（4）应急预案执行情况（HJ/T 176）</td><td rowspan="4">检查应急预案文本、应急预案审批及应急预案执行情况</td></tr>
<tr><td>（2）危险废物运送过程中发生事故时的应急预案</td><td>（1）应急预案编制的全面性、规范性和可操作性；（2）应急预案获得环保部门审批情况；（3）实施应急预案的基础条件情况；（4）应急预案执行情况（HJ/T 176）</td></tr>
<tr><td>（3）焚烧设施发生故障或事故时的应急预案</td><td>（1）应急预案编制的全面性、规范性和可操作性；（2）应急预案获得环保部门审批情况；（3）实施应急预案的基础条件情况；（4）应急预案执行情况（HJ/T 176）</td></tr>
<tr><td>（4）设施设备能力不能保证危险废物正常处置时的应急预案</td><td>（1）应急预案编制的全面性、规范性和可操作性；（2）应急预案获得环保部门审批情况；（3）实施应急预案的基础条件情况；（4）应急预案执行情况（HJ/T 176）</td></tr>
</table>

* 基本条件检查作为地方环境保护行政主管部门进行监督管理的基本依据，原则上应在初次监督检查时进行，是为考虑到工作的连贯性而进行的检查。

## A.2 处置设施运行过程监督管理——接收、分析鉴别、贮存设施

<table>
<tr><th>审查项目</th><th>审查要点</th><th>检查指标及依据</th><th>监督检查方法</th></tr>
<tr><td rowspan="4">A.2.1 危险废物接收系统</td><td>（1）危险废物转移联单制度执行情况</td><td>集中焚烧处置单位是否按照《危险废物转移联单》有关规定办理接收废物有关手续（《危险废物转移联单管理办法》）</td><td rowspan="4">检查转移联单档案、废物进场记录等，必要时进行现场检查</td></tr>
<tr><td>（2）危险废物预检验情况</td><td>危险废物进厂前是否接受必要的预检验（HJ/T 176）</td></tr>
<tr><td>（3）废物进场专用通道及标志情况</td><td>（1）集中焚烧处置单位内是否设置废物进厂专用通道；（2）是否设有醒目的警示标志和路线指示（HJ/T 176）</td></tr>
<tr><td>（4）废物卸载情况</td><td>办理完接收手续的危险废物是否在卸车区卸载废物（HJ/T 176）</td></tr>
<tr><td rowspan="4">A.2.2 危险废物分析鉴别系统</td><td rowspan="3">（1）分析鉴别基础条件</td><td>危险废物特性鉴别与灰渣监测和分析的仪器设备（HJ/T 176）</td><td rowspan="3">检查分析鉴别仪器设备材料，并现场核查</td></tr>
<tr><td>污水常规指标监测和分析的仪器设备（HJ/T 176）</td></tr>
<tr><td>化验室所用仪器的规格、数量及化验室的面积（HJ/T 176）</td></tr>
<tr><td>（2）危险废物鉴别内容的全面性和代表性</td><td>（1）内容包括：物理性质：物理组成、容重、尺寸；（2）工业分析：固定碳、灰分、挥发分、水分、灰熔点、低位热值；（3）元素分析和有害物质含量；（4）特性鉴别（腐蚀性、浸出毒性、急性毒性、易燃易爆性）；（5）反应性；（6）相容性（HJ/T 176）</td><td>检查危险废物鉴别记录资料，并现场核查</td></tr>
</table>

续表

| 审查项目 | 审查要点 | 检查指标及依据 | 监督检查方法 |
|---|---|---|---|
| A.2.2 危险废物分析鉴别系统 | (3) 废物特性鉴别后的登记管理情况 | (1) 每一批次废物经特性分析鉴别后得到的数据信息是否进行详细的登记；(2) 是否将登记的数据信息与分类分区贮存的废物建立起一一对应的废物特性数据信息库（HJ/T 176） | 检查危险废物鉴别登记有关材料，并现场核查 |
| | (4) 特性鉴别数据保存情况 | 废物分析鉴别数据库是否有必要的备份，并及时以光盘、文本等形式保存副本（HJ/T 176） | 检查危险废物鉴别数据档案材料，并现场核查 |
| | (5) 采样和分析的规范性 | (1) 危险废物采样是否符合 HJ/T 20；(2) 危险废物特性分析是否符合 GB 5085.1～3（HJ/T 176） | 检查危险废物采样和特性分析有关材料，并现场核查 |
| | (6) 废物分类管理情况 | 对鉴别后的危险废物是否进行了分类（HJ/T 176） | 检查危险废物分类有关材料，并现场核查 |
| A.2.3 危险废物贮存系统 | (1) 危险废物贮存容器情况 | 应使用符合国家标准的容器盛装危险废物（GB 18597） | 现场检查 |
| | | 贮存容器必须具有耐腐蚀、耐压、密封、不与所贮存的废物发生反应等特性（GB 18597） | |
| | | 贮存容器应保证完好无损并具有明显标志（GB 18597） | |
| | (2) 危险废物贮存设施情况 | 危险废物贮存场所是否有符合 GB 15562.2 的专用标志（GB 18597） | |
| | | 不相容的危险废物是否分开存放，并设有隔离间隔断（GB 18597） | |
| | | 是否建有堵截泄漏的裙角，地面与裙角采用了兼顾防渗的材料建造，建筑材料与危险废物相容（GB 18597） | |
| | | 是否配置了泄漏液体收集装置及气体导出口和气体净化装置（GB 18597） | |
| | | 是否配置了安全照明和观察窗口，并设有应急防护设施（GB 18597） | |
| | | 是否配置了隔离设施、报警装置和防风、防晒、防雨设施以及消防设施（GB 18597） | |
| | | 墙面、棚面是否具有防吸附功能，用于存放装载液体、半固体危险废物容器的地方是否配有耐腐蚀的硬化地面且表面无裂隙（GB 18597） | |
| | | 库房是否设置了备用通风系统和电视监视装置（GB 18597） | |
| | | 贮存库容量的设计是否考虑工艺运行要求并应满足设备大修（一般以 15 d 为宜）和废物配伍焚烧的要求（GB 18597） | |
| | | 贮存剧毒危险废物的场所是否实现了专人 24 h 看管（GB 18597） | |

## A.3 处置设施运行过程监督管理——焚烧处置设施

| 审查项目 | 审查要点 | 检查指标及依据 | 监督检查方法 |
|---|---|---|---|
| 危险废物焚烧处置系统 | (1) 焚烧处置设施配置情况 | 是否设置二次燃烧室，并保证烟气在二次燃烧室 1 100℃以上停留时间大于 2 s（HJ/T 176） | 检查设计文件，并现场核查 |
| | | 燃烧室后是否设置紧急排放烟囱，并设置联动装置使其只能在事故或紧急状态时才可启动（HJ/T 176） | |
| | | 焚烧炉是否设置防爆门或其他防爆设施（HJ/T 176） | |
| | | 是否配备自动控制和监测系统，在线显示运行工况和尾气排放参数，并能够自动反馈，对有关主要工艺参数进行自动调节（HJ/T 176） | |
| | | 正常运行条件下，焚烧炉内是否处于负压燃烧状态（HJ/T 176） | |
| | | 焚烧炉是否装置紧急进料切断系统（HJ/T 176） | |
| | | 投入焚烧炉的废物是否有重量计量装置并实现连续记录（HJ/T 176） | |

续表

| 审查项目 | 审查要点 | 检查指标及依据 | 监督检查方法 |
|---|---|---|---|
| 危险废物焚烧处置系统 | （2）焚烧处置过程操作情况 | 危险废物的焚烧系统运行是否按工艺流程、运行操作规程和安全操作规程进行（HJ/T 176） | 检查设计文件、各项操作规程材料，并现场检查 |
| | | 危险废物进入焚烧系统的输送方式是否避免了操作人员与废物直接接触（HJ/T 176） | |
| | | 危险废物焚烧处置操作人员是否按规程操作，操作人员是否掌握处置计划、操作规程、焚烧系统工艺流程、管线及设备的功能和位置，以及紧急应变情况（HJ/T 176） | |
| | | 焚烧系统没有达到工况参数或烟气处理系统没有启动或没有正常运行时，是否严禁向焚烧炉投入废物（HJ/T 176） | |
| | | 焚烧炉运行过程中是否保证系统处于负压状态，避免有害气体逸出（HJ/T 176） | |

## A.4 处置设施运行过程监督管理——配套处置设施

| 审查项目 | 审查要点 | 检查指标及依据 | 监督检查方法 |
|---|---|---|---|
| A.4.1 预处理及进料系统 | （1）检查危险废物预处理系统 | 危险废物入炉前是否根据其成分、热值等参数进行搭配，以保障焚烧炉稳定运行，降低焚烧残渣的热灼减率（HJ/T 176） | 现场检查 |
| | | 废物的搭配是否注意相互间的相容性，避免不相容的危险废物混合后产生不良后果（HJ/T 176） | |
| | | 危险废物入炉前是否酌情进行破碎和搅拌处理，使废物混合均匀以利于焚烧炉稳定、安全、高效运行，对于含水率高的废物（如污泥、废液）是否采取了适当脱水处理措施，以降低能耗（HJ/T 176） | |
| | | 在设计危险废物混合或加工系统时，是否考虑焚烧废物的性质、破碎方式、液体废物的混合及供料的抽吸和管道系统的布置（HJ/T 176） | |
| | （2）检查危险废物输送、进料装置 | 采用自动进料装置，进料口是否配制保持气密性的装置，以保证炉内焚烧工况的稳定（HJ/T 176） | 检查设计文件，并现场核查 |
| | | 进料时是否采取了防止废物堵塞措施，以保持进料畅通（HJ/T 176） | |
| | | 进料系统是否处于负压状态，以防止有害气体逸出（HJ/T 176） | |
| | | 输送液体废物时是否考虑废液的腐蚀性及废液中的固体颗粒物堵塞喷嘴问题（HJ/T 176） | |
| A.4.2 热能利用系统 | 检查热能利用系统配置及操作情况 | 焚烧处置单位在确保环保达标排放的情况下，是否考虑对其产生的热能以适当形式加以利用（HJ/T 176） | 检查设计文件，并现场核查 |
| | | 利用危险废物焚烧热能的锅炉，是否充分考虑烟气对锅炉的高温和低温腐蚀问题（HJ/T 176） | |
| | | 危险废物焚烧的热能利用是否避开 200～500℃区间（HJ/T 176） | |
| | | 利用危险废物热能生产饱和蒸汽或热水时，热力系统中的设备与技术条件，是否符合 GB 50041 的有关规定（HJ/T 176） | |
| A.4.3 烟气净化系统 | （1）检查湿法净化工艺骤冷洗涤器和吸收塔等单元配置情况 | （1）是否配备废水处理设施去除重金属和有机物等有害物质；（2）为防止风机带水，是否采取了降低烟气水含量的措施后再经烟囱排放的措施（HJ/T 176） | 检查设计文件，并现场核查 |

续表

| 审查项目 | 审查要点 | 检查指标及依据 | 监督检查方法 |
| --- | --- | --- | --- |
| A.4.3 烟气净化系统 | （2）检查半干法净化工艺洗气塔、活性炭喷射、布袋除尘器等处理单元配置情况 | （1）反应器内的烟气停留时间是否满足烟气与中和剂充分反应的要求；（2）反应器出口的烟气温度是否在 130℃以上，保证在后续管路和设备中的烟气不结露（HJ/T 176） | 检查设计文件，并现场核查 |
|  | （3）检查干法净化工艺：包括干式洗气塔或干粉投加装置、布袋除尘器等处理单元配置情况 | （1）反应器内的烟气停留时间是否满足烟气与药剂进行充分反应的要求；（2）是否考虑收集下来的飞灰、反应物以及未反应物的循环处理问题；（3）反应器出口的烟气温度是否在 130℃以上，保证在后续管路和设备中的烟气不结露（HJ/T 176） |  |
|  | （4）检查烟气净化系统配置情况 | 烟气净化系统的除尘设备是否优先选用袋式除尘器（HJ/T 176） |  |
|  |  | 若选择湿式除尘装置，是否配备完整的废水处理设施（HJ/T 176） |  |
|  |  | 烟气净化装置是否有可靠的防腐蚀、防磨损和防止飞灰阻塞的措施（HJ/T 176） |  |
|  |  | 酸性污染物包括 HCl、HF 和硫氧化物等，是否采用适宜的碱性物质作为中和剂在反应器内进行中和反应（HJ/T 176） |  |
|  |  | 在中和反应器和袋式除尘器之间是否采取了喷入活性炭或多孔性吸附剂，或者在布袋除尘器后设置活性炭或多孔性吸附剂吸收塔（床）措施（HJ/T 176） |  |
|  |  | 对于含氮量较高的危险废物是否考虑氮氧化物的去除措施；是否优先考虑通过焚烧过程控制，抑制氮氧化物的产生；焚烧烟气中氮氧化物的净化方法，是否采用选择性非催化还原法（HJ/T 176） |  |
|  |  | 引风机是否采用变频调速装置（HJ/T 176） |  |
|  | （5）检查烟气净化系统操作情况 | 是否严格控制燃烧室烟气的温度、停留时间和流动工况（HJ/T 176） |  |
|  |  | 焚烧废物产生的高温烟气是否采取急冷处理，使烟气温度在 1.0 s 内降到 200℃以下，减少烟气在 200～500℃的滞留时间（HJ/T 176） |  |
|  |  | 检查吸附二噁英的活性炭使用数量以及布袋除尘器的更换情况等是否在设计需求的使用数量范围内 |  |
| A.4.4 炉渣及飞灰处理系统 | （1）检查炉渣处理系统配置情况 | 炉渣处理系统是否包括除渣冷却、输送、贮存、碎渣等设施（HJ/T 176） | 检查设计文件，并现场核查 |
|  |  | 炉渣处理系统是否保持密闭状态（HJ/T 176） |  |
|  |  | 与焚烧炉衔接的除渣机是否有可靠的机械性能和保证炉内密封的措施（HJ/T 176） |  |
|  | （2）检查飞灰处理系统配置情况 | 飞灰处理系统是否包括飞灰收集、输送、贮存等设施，保持密闭状态，并配置避免飞灰散落的密封容器（HJ/T 176） |  |
|  |  | 烟气净化系统采用半干法方式时，飞灰处理系统是否采取了机械除灰或气力除灰方式，气力除灰系统是否采取了防止空气进入与防止灰分结块的措施（HJ/T 176） |  |
|  |  | 采用湿法烟气净化方式时，飞灰处理系统是否采取了有效的脱水措施（HJ/T 176） |  |
|  |  | 贮灰罐是否设有料位指示、除尘和防止灰分板结的设施，并在排灰口附近设置增湿设施（HJ/T 176） |  |

续表

| 审查项目 | 审查要点 | 检查指标及依据 | 监督检查方法 |
| --- | --- | --- | --- |
| A.4.5 自动化控制及在线监测系统 | （1）检查自动控制系统 | 危险废物集中焚烧处置是否具备较高的自动化水平，能在中央控制室通过分散控制系统实现对危险废物焚烧线、热能利用及辅助系统的集中监视和分散控制（HJ/T 176） | 检查设计文件，并现场核查 |
| | | 燃烧室后是否设置紧急排放烟囱，并设置联动装置使其只能在事故或紧急状态时才可启动（HJ/T 176） | |
| | | 对不影响整体控制系统的辅助装置，设就地控制室的，其重要信息是否送至中央控制室（HJ/T 176） | |
| | | 对重要参数的报警和显示，是否设光字牌报警器和数字显示仪（HJ/T 176） | |
| | | 是否设置独立于分散控制系统的紧急停车系统（HJ/T 176） | |
| | （2）检查在线监测系统 | 对贮存库房、物料传输过程以及焚烧线的重要环节，是否设置现场工业电视监视系统（HJ/T 176） | 检查设计文件，操作规程材料，并现场核查 |
| | | 在线自动监测系统是否对焚烧烟气中处理后的烟尘、硫氧化物、氮氧化物、HCl 等污染因子实施在线监测，并按要求存入档案并上报地方环境保护行政主管部门（HJ/T 176） | |
| | | 危险废物集中焚烧处置单位的在线自动监测系统是否对氧、CO、$CO_2$、一燃室和二燃室温度等重要工艺指标实行在线监测（HJ/T 176） | |
| | | 对前面提到的污染控制参数以及工艺指标是否按要求与地方环境保护行政主管部门联网显示，并显示正常（HJ/T 176） | |
| | | 系统启动运行时，在线监测装置是否能够同时启动，进行监测、记录并根据需要打印输出（HJ/T 176） | |
| | | 焚烧处置过程中的工艺参数，如温度、停留时间等是否显示正常值（HJ/T 176） | |

## A.5 安全生产和劳动保护的监督管理

| 审查项目 | 审查要点 | 检查指标及依据 | 监督检查方法 |
| --- | --- | --- | --- |
| A.5.1 安全生产要求 | 检查焚烧厂安全生产情况 | 各工种、岗位是否根据工艺特征和具体要求制定了相应的安全操作规程并严格执行（HJ/T 176） | 检查有关安全生产材料，并现场核查 |
| | | 各岗位操作人员和维修人员是否定期进行岗位培训并持证上岗（HJ/T 176） | |
| | | 是否严禁了非本岗位操作管理人员擅自启、闭本岗位设备，严禁了管理人员违章指挥（HJ/T 176） | |
| | | 操作人员是否按电工规程进行电器启、闭（HJ/T 176） | |
| | | 风机工作时，是否严禁了操作人员贴近联轴器等旋转部件（HJ/T 176） | |
| | | 是否建立并严格执行定期和经常的安全检查制度，及时消除事故隐患，严禁违章指挥和违章操作（HJ/T 176） | |
| | | 是否对事故隐患或发生的事故进行了调查并采取改进措施，重大事故是否做到了及时向有关部门报告（HJ/T 176） | |

续表

| 审查项目 | 审查要点 | 检查指标及依据 | 监督检查方法 |
| --- | --- | --- | --- |
| A.5.1 安全生产要求 | 检查焚烧厂安全生产情况 | 凡从事特种设备的安装、维修人员，是否参加了劳动部门专门培训，并取得特种设备安装、维修人员操作证后上岗（HJ/T 176） | 检查有关安全生产材料，并现场核查 |
| | | 厂内及车间内运输管理，是否符合 GB 4387 的有关规定（HJ/T 176） | |
| | | 工作区及其他设施是否符合国家有关劳动保护的规定，各种设施及防护用品（如防毒面具）是否由专人维护保养，保证其完好、有效（HJ/T 176） | |
| | | 对所有从事生产作业的人员是否进行了定期体检并建立健康档案卡（HJ/T 176） | |
| | | 是否定期对车间内的有毒有害气体进行检测，并做到在发生超标的情况下采取相应措施（HJ/T 176） | |
| | | 是否做到定期对职工进行职业卫生的教育，加强防范措施（HJ/T 176） | |
| A.5.2 劳动保护要求 | 检查焚烧厂劳动保护情况 | 废物贮存和焚烧部分处理设备等是否做到了尽量密闭，以减少灰尘和臭气外逸（HJ/T 176） | 检查各项与劳动保护有关材料，并现场检查 |
| | | 是否尽可能采用了噪声小的设备；对于噪声较大的设备，是否采取了减振消音措施，使噪声符合国家规定标准要求（HJ/T 176） | |
| | | 接触有毒有害物质的员工是否配备了防毒面具、耐油或耐酸手套、防酸碱工作服（HJ/T 176） | |
| | | 焚烧炉、余热锅炉、除尘系统等高温操作间是否配置了降温设施（HJ/T 176） | |
| | | 检修人员进入焚烧炉检修前是否先对炉内强制输送新鲜空气并测定炉内含氧量，待含氧量大于 19%后方可进入。检修人员在炉内检修时是否做到了佩戴防毒面具，同时炉外有人监护（HJ/T 176） | |
| | | 进入高噪声区域人员是否佩戴了性能良好的防噪声护耳器（HJ/T 176） | |
| | | 进行有毒、有害物品操作时是否穿戴了相应种类专用防护用品，禁止混用；并严格遵守操作规程，用毕后物归原处，发现破损及时更换（HJ/T 176） | |
| | | 有毒、有害岗位操作完毕，是否将防护用品按要求清洁、收管，并做到不随意丢弃，不转借他人；是否对个人安全卫生（洗手、漱口及必要的沐浴）提出了明确的要求（HJ/T 176） | |
| | | 是否做到了禁止携带或穿戴使用过的防护用品离开工作区。报废的防护用品是否交专人处理（HJ/T 176） | |
| | | 是否配足配齐各作业岗位所需的个人防护用品，并对个人防护用品的购置、发放、回收、报废进行登记。防护用品是否做到由专人管理，并定期检查、更换和处理（HJ/T 176） | |

## A.6　污染防治设施配置及处理要求*

| 审查项目 | 审查要点 | 审查指标要求 | | | 监督检查方法 |
|---|---|---|---|---|---|
| A.6.1　大气污染物控制排放及周边环境空气质量要求（GB 18484） | 不同焚烧容量时的最高允许排放质量浓度限值/（mg/m³） | ≤300（kg/h） | 300～2 500（kg/h） | ≥2 500（kg/h） | 进行试烧，检查监测报告 |
| | 1*烟气黑度 | 林格曼 1 级 | | | |
| | 2*烟尘 | 100 | 80 | 65 | |
| | 3*一氧化碳（CO） | 100 | 80 | 80 | |
| | 4*二氧化硫（$SO_2$） | 400 | 300 | 200 | |
| | 5*氟化氢（HF） | 9.0 | 7.0 | 5.0 | |
| | 6*氯化氢（HCl） | 100 | 70 | 60 | |
| | 7*氮氧化物（以 $NO_2$ 计） | 500 | | | |
| | 8*汞及其化合物（以 Hg 计） | 0.1 | | | |
| | 9*镉及其化合物（以 Cd 计） | 0.1 | | | |
| | 10*砷，镍及其化合物（以 As+Ni 计） | 1.0 | | | |
| | 11*铅及其化合物（以 Pb 计） | 1.0 | | | |
| | 12*铬，锡，锑，铜，锰及其化合物 | 4.0 | | | |
| | 13*二噁英类（TEQ） | 0.5 ng/m³ | | | |
| | 焚烧厂周围环境空气质量 | GB 3095 | | | 检查监测报告 |
| A.6.2　焚烧处理性能要求（GB 18484） | （1）焚毁去除率 | 危险废物≥99.99%；多氯联苯≥99.999 9%；医疗临床废物≥99.99% | | | 检查监测报告 |
| | （2）焚烧残渣热灼减率 | 危险废物、多氯联苯、医疗临床废物＜5% | | | |
| | （3）焚烧炉出口烟气中的氧气含量 | 应为 6%～10%（干气） | | | |
| A.6.3　炉渣及飞灰处理要求（GB 18484、HJ/T 176） | （1）炉渣处理要求 | （1）炉渣应进行特性鉴别，经鉴别后属于危险废物，应按照危险废物进行安全处置，不属于危险废物的按一般废物进行处置。（2）炉渣由处置厂进行特性鉴别分析至少 1 次/d，并保留渣样。由环境管理部门委托监测部门进行抽查鉴别分析 1 次/月 | | | 检查记录材料，并现场检查 |
| | （2）飞灰处理要求 | 焚烧飞灰、吸附二噁英和其他有害成分的活性炭等残余物应按照危险废物进行处置，应送危险废物填埋场进行安全填埋处置 | | | |
| A.6.4　废水排放及周边环境质量要求 | 污水排放要求 | 污水综合排放标准（GB 8978） | | | 检查监测报告，并现场考核查 |
| | 地表水环境质量要求 | GB 3838 | | | 检查监测报告 |
| A.6.5　土壤环境质量 | 周边土壤环境质量要求 | GB 15618 | | | 检查监测报告 |
| A.6.6　噪声排放及周边环境质量要求 | 噪声排放要求 | 危险废物焚烧厂界执行 GB 12348 | | | 检查监测报告，并现场核查 |
| | 周边噪声环境质量要求 | 环境噪声执行 GB 3096 | | | 检查监测报告 |

* 污染防治设施配置及处理要求在相关标准修订时应采用最新版本所确定的标准限值和管理要求。

A.7　环境监测要求

| 审查项目 | 审查要点 | 检查指标及依据 | 监督检查方法 |
|---|---|---|---|
| A.7.1　排污口规范化 | （1）焚烧炉排气筒情况 | （1）新建集中式危险废物焚烧厂焚烧炉排气筒周围半径 200 m 内有建筑物时，排气筒高度必须高出最高建筑物 5 m 以上；（2）对有几个排气源的焚烧厂应集中到一个排气筒排放或采用多筒集合式排放；（3）焚烧炉排气筒应设置永久采样孔，并安装用于采样和测量的设施（GB/T 16157、GB 18484） | 检查设计文件，并现场核查 |
| | （2）废水排污口情况 | 有规范的、便于测量流量、流速的测流段和采样点（相关监测技术规范） | |
| | （3）污染物排放口标志牌情况 | 污染物排放口必须实行规范化整治，按照 GB 15562.1～2 的规定，设置与之相适应的环境保护图形标志牌（HJ/T 176） | |
| A.7.2　环境监测总体要求 | （1）焚烧设施污染物排放监测 | 炉渣、飞灰、处理后排放的工艺污水、焚烧系统排烟及环境噪声进行检验监测。监测工作必须符合国家相应的监测标准和方法要求（HJ/T 176） | 检查监测报告，并现场核查 |
| | （2）处置单位周边环境监测 | 对周边环境空气、地下水、地表水、土壤以及环境噪声进行监测。监测工作必须符合国家相应的监测标准和方法要求（HJ/T 176） | |
| | （3）监测频率管理要求 | 危险废物集中焚烧处置单位应按国家标准规定的方法和频次，对处置设施情况进行监测，不具备监测条件的可委托有监测资质的单位代为监测（相关监测技术规范） | |
| | （4）监测条件要求 | （1）监测数据必须在工况稳定、生产负荷达到设计的 75%以上（含 75%）、危险废物集中焚烧处置设施运行正常的情况下才有效；（2）监测期间监控各生产环节的主要原材料的消耗量、成品量，并按设计的主要原、辅料用量及成品产生量核算生产负荷。若生产负荷小于 75%，应停止监测；（3）具体内容应符合国家相应监测技术标准要求（相关监测技术规范） | |
| | （5）监测取样和检验方法要求 | （1）监测取样、检验的方法，均应遵循国家有关标准要求；（2）监测的数据应纳入档案并上报当地环境管理部门（相关监测技术规范） | |
| | （6）监测内容要求 | 记录每一批次危险废物焚烧的种类的重量（相关监测技术规范） | |
| | | 二燃室烟气温度：连续监测二燃室烟气二次燃烧段前后温度。烟气停留时间：通过监测烟气排放速率和审查焚烧设计文件、检验产品结构尺寸确定（相关监测技术规范） | |
| | | 排气中的二噁英应每年至少采样监测 1 次（HJ/T 176） | |
| | | 周边环境空气及土壤中的二噁英及重金属污染物监测应每年采样监测一次（HJ/T 176） | |
| | | 至少每 6 个月监测一次焚烧残渣的热灼减率（GB 18484） | |
| | | 排气中 CO、烟尘、$SO_2$、$NO_x$ 连续自动监测，对于目前尚无法采用自动连续装置监测的烟气黑度、HF、HCl、重金属及其化合物，应每季度至少采样监测 1 次（GB 18484） | |
| | | 记录危险废物最终残余物处置情况，包括焚烧残渣与飞灰的数量、处置方式和接收单位（HJ/T 176） | |
| | | 废物处置单位应定期报告上述运行参数、处置效果的监测数据。监测数据保存期为 3 年（HJ/T 176） | |
| A.7.3　运行期监测要求 | （1）运行单位自行监测要求 | （1）运行期间应制订处置单位内部监测计划，定期对危险废物焚烧处置排放进行监测；（2）当出现监测的某项目指标不合格时，应将有关设备系统停机，进行排查，找出原因及时解决。解决后根据情况进行检验监测，确保系统在排放达标的条件下运行（HJ/T 176） | 检查监测报告，并现场核查 |
| | （2）运行单位监督性监测要求 | 运行期间应根据地方环保要求，定期开展环境监测工作（HJ/T 176） | |

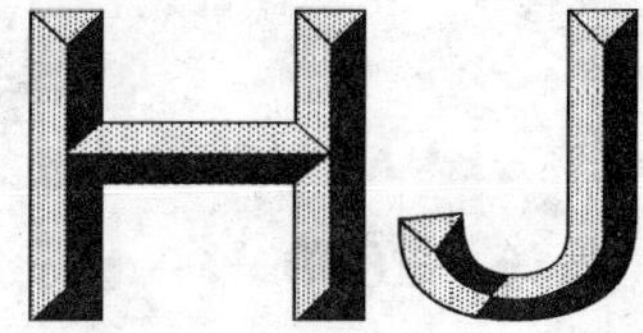

# 中华人民共和国国家环境保护标准

HJ 516—2009

# 医疗废物集中焚烧处置设施运行监督管理技术规范（试行）

**Technical specifications for the supervision and management to the operation of incineration disposal facilities for medical waste（On trial）**

2009-12-29 发布　　2010-03-01 实施

环　境　保　护　部 发布

# 前 言

为贯彻《中华人民共和国环境保护法》、《中华人民共和国固体废物污染环境防治法》、《危险废物经营许可证管理办法》和《医疗废物管理条例》，加强对医疗废物集中焚烧处置设施运行过程的监督管理，确保医疗废物集中焚烧处置设施的规范化运行，制定本标准。

本标准规定了医疗废物集中焚烧处置设施运行的监督管理内容、程序、要求以及监督检查方法等。

本标准附录 A 为规范性附录。

本标准由环境保护部科技标准司组织制订。

本标准主要起草单位：沈阳环境科学研究院、中国科学院高能物理研究所、环境保护部环境保护对外合作中心、国家环境保护危险废物处置工程技术中心。

本标准环境保护部 2009 年 12 月 29 日批准。

本标准自 2010 年 3 月 1 日起实施。

本标准由环境保护部解释。

# 医疗废物集中焚烧处置设施运行监督管理技术规范（试行）

## 1 适用范围

本标准规定了医疗废物集中焚烧处置设施运行的监督管理的程序、要求、内容以及监督管理方法等。

本标准适用于经营性医疗废物集中焚烧处置设施运行的监督管理，其他医疗废物焚烧处置设施运行期间的监督管理可参照本标准执行。

## 2 规范性引用文件

本标准内容引用了下列文件中的条款。凡是不注日期的引用文件，其有效版本适用于本标准。

GB 3095 环境空气质量标准

GB 3096 声环境质量标准

GB 4387 工业企业厂内铁路、道路运输安全规程

GB 8978 污水综合排放标准

GB 12348 工业企业厂界环境噪声排放标准

GB 15562.1 环境保护图形标志 排放口（源）

GB 15562.2 环境保护图形标志 固体废物贮存（处置）场

GB 18484 危险废物焚烧污染控制标准

GB 18597 危险废物贮存污染控制标准

GB 18598 危险废物填埋污染控制标准

GB 19217 医疗废物转运车技术要求（试行）

GB/T 16157 固定污染源排放气中颗粒物测定与气态污染物采样方法

HJ 421 医疗废物专用包装袋、容器和警示标志标准

HJ/T 20 工业固体废物采样制样技术规范

HJ/T 177 医疗废物集中焚烧处置工程技术规范

《医疗废物管理条例》（中华人民共和国国务院令 第380号）

《危险废物经营许可证管理办法》（中华人民共和国国务院令 第408号）

《医疗废物管理行政处罚办法》（国家环境保护总局令 第21号）

《危险废物经营单位编制应急预案指南》（国家环境保护总局 2007年第48号公告）

《医疗废物分类目录》（卫生部、国家环保总局 卫医发[2003]287号）

《医疗废物集中处置技术规范（试行）》（国家环境保护总局 环发[2003]206号）

## 3 术语定义

下列术语和定义适用于本标准。

### 3.1 医疗废物

指各类医疗卫生机构在医疗、预防、保健、教学、科研以及其他相关活动中产生的具有直接或间接感染性、毒性以及其他危害性的废物。具体分类名录依照《医疗废物分类目录》执行。

### 3.2 集中焚烧处置设施

指统筹规划建设并服务于一定区域，采用焚烧方法处置医疗废物的设施。

3.3 监督管理

指对医疗废物焚烧处置设施运行过程中的监督管理，是地方环境保护行政主管部门为了保护和改善环境，对医疗废物设施运行进行监督检查和指导等活动的总称。

3.4 经营性医疗废物集中焚烧处置单位

指符合《危险废物经营许可证管理办法》管理范围，从事医疗废物集中焚烧处置经营活动的单位。

## 4 监督管理的程序和要求

4.1 县级以上人民政府环境保护行政主管部门和其他医疗废物污染环境防治工作的监督管理部门，有权依据各自的职责对管辖范围内的医疗废物集中焚烧处置设施进行监督检查。

4.2 医疗废物集中焚烧处置单位应积极配合环境保护行政主管部门和其他医疗废物污染环境防治工作监督管理部门的监督管理活动，根据相应的监督管理要求，如实反映情况，提供必要的资料，不得隐瞒、谎报、拒绝、阻挠或延误。

4.3 地方环境保护行政主管部门可通过书面检查、现场核查以及远程监控等方式实施对医疗废物集中焚烧处置设施运行的监督管理。

4.4 监督管理包括准备、检查、监测、综合分析、意见反馈、整改和复查七个阶段。地方环境保护行政主管部门可根据工作开展实际和需要，修改调整监督管理的程序并确定相应的实施计划。

1）准备阶段应包括材料收集和监督管理实施计划编制两部分内容。材料收集内容包括经营许可证、机构设置、人员配置、制度化建设、设施建设和运行情况、污染物总体排放情况、与委托单位签订的经营合同情况等；实施计划应在材料收集的基础上编制，明确监管对象、监管内容、程序、方法以及人员安全防护措施等。

2）检查阶段应根据实施计划对焚烧的主体设施、各项辅助设施运行和管理情况进行现场核查，审阅相关记录、台账，对发现的问题应进行核实确认。

3）监测阶段应根据实施计划要求，对设施运行过程中污染物排放情况（废气、废水、废渣、噪声等）进行监测，保证监测质量，保存监测记录。

4）综合分析阶段应在检查、监测工作的基础上，全面分析、评价医疗废物集中焚烧处置单位的总体情况，形成监督检查结论，对存在的各项问题要逐一列明；需要进行整改的，应提出书面整改内容和整改限期；有违反《中华人民共和国固体废物污染环境防治法》、《危险废物经营许可证管理办法》等法律、法规行为的，应提出相应的处罚意见。

5）意见反馈阶段应将监督检查结论、整改通知、处罚通知等按照规定的程序送达医疗废物集中焚烧处置单位。

6）整改阶段应督促医疗废物集中焚烧处置单位根据监督检查结果和整改措施进行整改并提交整改报告。

7）复查阶段应对医疗废物集中焚烧处置单位的整改情况进行复查，仍不符合要求的，应根据《中华人民共和国固体废物污染环境防治法》、《危险废物经营许可证管理办法》、《医疗废物管理条例》、《医疗废物管理行政处罚办法》对医疗废物集中焚烧处置单位进行处罚，如警告、限期整改、罚款、暂扣或吊销经营许可证等。

4.5 监督管理人员在进行现场检查时应遵守以下要求：

1）监督管理人员在检查过程中应宣传并认真执行国家环境保护的方针、政策和有关的法律、法规和标准。

2）监督管理人员在进行现场检查时，必须有两名以上具有相应行政执法权的人员同时参加，携带并出示相关证件。

3）监督管理人员在进行现场检查时，可采取询问笔录、现场监测、采集样品、拍照摄像、查阅或者复制有关资料等检查手段，并妥善保管有关资料。

4）监督管理人员在进行现场检查时应严格执行安全制度，并为被检查单位保守技术业务秘密。

5）监督管理人员应对检查情况进行客观、规范的记录，并应请被检查单位的代表予以确认。检查人员与被检查单位对检查记录的内容有分歧的部分如不能即时解决应做好记录。

## 5 监督管理的内容和方法

### 5.1 监督管理的总体内容

地方环境保护行政主管部门监督管理的内容应包括基本运行条件、焚烧处置设施运行过程、污染防治设施配置及运行效果以及安全生产和劳动保护措施等。地方环境保护行政主管部门可根据实际情况确定监督管理的具体内容，原则上医疗废物集中焚烧处置单位基本运行条件检查、焚烧处置设施以及配套设施等硬件配置的监督检查仅在初次监督检查时进行。

### 5.2 基本运行条件的监督管理

5.2.1 医疗废物集中焚烧处置单位的机构设置、人员配置符合相关政策、法律法规及标准情况。

5.2.2 医疗废物经营许可证的申领和使用情况。

5.2.3 医疗废物焚烧处置技术、工艺及工程验收情况。

5.2.4 医疗废物集中焚烧处置单位各项规章制度情况。制度至少应包括：设施运行和管理记录制度、交接班记录制度、医疗废物接收管理制度、内部监督管理制度、设施运行操作规程、化验室（实验室）特征污染物检测方案和实施细则、处置设施运行中意外事故应急预案、安全生产及劳动保护管理制度、人员培训制度以及环境监测制度等。

5.2.5 医疗废物集中焚烧处置单位事故应急预案情况。应急预案应根据《危险废物经营单位编制应急预案指南》以及地方其他有关规定编写和报批。

### 5.3 医疗废物焚烧集中处置设施运行的监督管理

5.3.1 对医疗废物焚烧集中处置设施运行监督管理，其内容至少包括：医疗废物的接收、医疗废物的运送、医疗废物的暂存和清洗消毒处理、医疗废物焚烧处置设施运行等。

5.3.2 医疗废物接收应包括医疗废物进场专用通道及标志、医疗废物转移联单制度执行以及医疗废物卸载情况等。

5.3.3 医疗废物贮存设施应包括医疗废物贮存容器以及医疗废物贮存设施情况。

5.3.4 医疗废物清洗消毒设施应包括医疗废物清洗消毒设施以及医疗废物清洗操作情况。

5.3.5 医疗废物集中焚烧处置系统应包括焚烧处置设施配置以及焚烧处置过程操作情况。

5.3.6 医疗废物处置配套设施应包括预处理及进料系统、热能利用系统、烟气净化系统、炉渣及飞灰处理系统、自动化控制及在线监测系统，监督管理内容应包括系统配置和操作情况等。

### 5.4 污染防治设施配置及处理要求

5.4.1 检查大气污染物控制排放及焚烧处理性能指标应符合 GB 18484 要求，检查周边环境空气质量，各项指标应符合 GB 3095 要求。

5.4.2 医疗废物焚烧处置过程产生的飞灰，以及焚烧过程废气处理产生的废活性炭、滤饼等属于危险废物，应送符合 GB 18598 要求的危险废物填埋场进行安全填埋处置。

5.4.3 医疗废物集中焚烧处置单位废水排放应符合 GB 8978 要求。

5.4.4 医疗废物集中焚烧处置单位噪声排放应符合 GB 12348 要求。

### 5.5 安全生产和劳动保护的监督管理

5.5.1 医疗废物集中焚烧处置单位在安全生产方面应执行 HJ/T 177 以及国家关于安全生产的其他有关规定。

5.5.2 医疗废物集中焚烧处置单位在劳动保护方面应执行 HJ/T 177 以及国家关于劳动保护的其他有关规定。

### 5.6 监测要求

5.6.1 环境监测应包括焚烧设施污染物排放监测和医疗废物集中焚烧处置单位周边环境监测两部分。污染物排放监测应根据有关标准对炉渣、飞灰、经处理后排放的工艺污水、焚烧系统排烟及环境噪声进行检验监测。环境监测应根据医疗废物集中焚烧处置单位污染物排放情况对周边环境空气、地下水、地表水、土壤以及环境噪声进行监测。

5.6.2 对于由地方环境保护行政主管部门实施的监督性监测活动，由地方环境保护行政主管部门委托有环境监测资质的监测机构进行。对于医疗废物集中焚烧处置单位实施的内部例行性监测，应按国家标准规定的方法和频次，对处置设施运行情况进行监测，医疗废物集中焚烧处置单位也可委托有监测资质的单位代为监测。医疗废物集中焚烧处置单位应严格执行国家有关监督性监测管理规定配合监测工作，监测取样、检验方法，均应遵循国家有关标准要求。

5.6.3 地方环境保护行政主管部门应要求医疗废物集中焚烧处置单位在设施运行期间制订处置设施运行内部监测计划，定期对医疗废物焚烧处置过程污染物排放进行监测。当出现监测的某项目指标不合格时，应对设施进行全面检查，找出原因及时解决，确保系统在排放达标的条件下运行。

5.6.4 地方环境保护行政主管部门应按照国家有关规定，督促医疗废物集中焚烧处置单位建立运行参数和污染物排放的监测记录制度，监测记录应包括：

1）记录每一批次医疗废物焚烧的种类和重量。

2）连续监测二燃室烟气二次燃烧段前后的温度。

3）应对集中焚烧处置设施排放的烟尘、CO、$SO_2$、$NO_x$ 实施连续自动监测，并定期辅以采样监测。对于目前尚无法采用自动连续装置监测的烟气黑度、HF、HCl、重金属及其化合物，应按 GB 18484 的监测管理要求进行监测，以上各项指标每季度至少采样监测 1 次。

4）按照 GB 18484 规定，至少每 6 个月监测一次焚烧残渣的热灼减率。

5）对废气排放中的二噁英，应按 GB 18484 监测管理要求，每年至少采样监测一次。

6）每年至少对周边环境空气及土壤中二噁英、重金属进行 1 次监测，以了解建设项目对周边环境空气及土壤的污染情况。

7）记录医疗废物处置最终残余物情况，包括焚烧残渣与飞灰的数量、处置方式和接收单位。

5.6.5 为确保监测工作的开展，对排污口规范化问题提出如下要求：

1）污染物排放口必须按照 GB 15562.1～2 的规定，设置相应的环境保护图形标志牌。

2）新建集中式医疗废物焚烧厂的焚烧炉排气筒周围半径 200 m 内有建筑物时，排气筒高度必须高出最高建筑物 5 m 以上。

3）对有一个以上排气源的焚烧厂，焚烧废气应集中到一个排气筒排放或采用多筒集合式排放。

4）焚烧炉排气筒应按 GB/T 16157 的要求，留有规范的、便于测量流量、流速的测流段和采样位置，设置永久性采样孔，并安装用于采样和测量的辅助设施。

5.6.6 监督性监测应在工况稳定、生产负荷达到设计的 75%以上（含 75%）、处置设施运行正常的情况下进行。监测期间应监控各生产环节的主要原材料的消耗量、成品量，并按设计的主要原料、辅料用量及成品产生量核算生产负荷。若生产负荷小于 75%，应停止监测。

5.6.7 医疗废物处置单位应定期报告上述监测数据。监测数据保存期为 3 年以上。

### 5.7 监督检查方法

结合以上监督管理内容，相应的监督检查内容及方法见附录 A。

## 6 监督实施

6.1 地方环境保护行政主管部门根据本标准所提出的内容和要求，结合地方医疗废物集中焚烧处置设施的实际，制订具体的监督管理实施方案，推进医疗废物集中焚烧处置设施监督管理规范化、制度化。

6.2 地方环境保护行政部门根据本标准所提出的关于设施运行的各方面监督管理要求和医疗废物经营

许可证档案管理制度的基本要求，建立起规范的医疗废物集中焚烧处置设施运行监督档案管理制度，将监督检查情况和处理结果及时归档，并指导企业建立相应的监督管理程序和方法，确保医疗废物集中焚烧处置设施安全运转。

6.3 地方环境保护行政主管部门可根据《中华人民共和国固体废物污染环境防治法》、《危险废物经营许可证管理办法》、《医疗废物管理条例》等有关法律法规，对医疗废物集中焚烧处置单位在医疗废物处置过程中的违法行为进行处罚。

# 附 录 A
（规范性附录）
# 医疗废物集中焚烧处置设施运行监督检查内容及方法

## A.1 基本运行条件监督检查*

<table>
<tr><th>审查项目</th><th>审查要点</th><th>检查指标及依据</th><th>监督检查方法</th></tr>
<tr><td rowspan="5">A.1.1 检查医疗废物处置技术、工艺及工程验收情况</td><td>（1）医疗废物焚烧处置技术和工艺的适应性说明</td><td>医疗废物焚烧处置技术和工艺的适应性说明，主要设备的名称、规格型号、设计能力、数量、其他技术参数；所能处置废物的名称、类别、形态和危险特性（HJ/T 177）</td><td rowspan="3">核查环境影响报告、工程设计文件或其他证明材料；必要时，现场核查</td></tr>
<tr><td rowspan="2">（2）系统配置情况</td><td>检查系统配置的完整性，应包括进料系统、焚烧炉、热能利用系统、烟气净化系统、自动控制和在线监测系统及其他辅助装置（HJ/T 177）</td></tr>
<tr><td>检查系统配置的安全性，整个焚烧系统运行过程中应处于负压状态，避免有害气体逸出（HJ/T 177）</td></tr>
<tr><td>（3）主要附属设施情况</td><td>工具、中转和临时存放设施、设备以及贮存、清洗消毒设施、设备情况（国务院令 第 408 号）</td><td>核查环境影响报告、工程设计文件或其他证明材料；必要时，现场核对</td></tr>
<tr><td>（4）工程设计及验收情况</td><td>项目工程设计及验收有关资料（国务院令 第 408 号）</td><td>核查工程设计及验收材料</td></tr>
<tr><td rowspan="4">A.1.2 检查医疗废物经营许可证申领和使用情况</td><td>（1）医疗废物集中焚烧处置单位的处置合同业务范围情况</td><td>检查医疗废物集中焚烧处置单位的处置合同业务范围是否与经营许可证所规定的经营范围一致（国务院令 第 408 号）</td><td rowspan="2">核查医疗废物经营许可证、处置合同等材料；必要时，现场核对</td></tr>
<tr><td>（2）医疗废物经营许可证变更情况</td><td>检查医疗废物集中焚烧处置单位是否按照规定的申请程序，在发生医疗废物经营方式改变，增加处置医疗废物类别，新建或者改建、扩建原有医疗废物经营设施或者经营医疗废物超过原批准年经营规模 20%以上的设施时重新申领了经营许可证（国务院令 第 408 号）</td></tr>
<tr><td>（3）焚烧处置计划情况</td><td>检查焚烧处置计划是否翔实、确定，焚烧处置计划分为年度和月份计划（国务院令 第 408 号）</td><td>核查医疗废物焚烧处置记录等材料</td></tr>
<tr><td>（4）经营许可证例行检查情况</td><td>检查医疗废物经营许可证例行检查情况（国务院令 第 408 号）</td><td>检查医疗废物经营许可证有关材料</td></tr>
<tr><td rowspan="3">A.1.3 检查医疗废物集中焚烧处置单位的人员配置情况</td><td>（1）人员总体配备情况</td><td>是否配备了相应的生产人员、辅助生产人员和管理人员（国务院令 第 408 号）</td><td rowspan="3">检查单位机构组成及人员职责分工以及个人档案材料等</td></tr>
<tr><td>（2）专业技术人员配备情况</td><td>是否配备了 3 名以上环境工程专业或者相关专业中级以上职称，并有 3 年以上固体废物污染治理经历的技术人员（国务院令 第 408 号）</td></tr>
<tr><td>（3）人员培训情况</td><td>生产和管理人员是否经过国家及内部组织的专业岗位培训并获得国家劳动保障部门或环境保护部门颁发的职业技能培训等级证书，并符合工作需要（HJ/T 177）</td></tr>
</table>

续表

| 审查项目 | 审查要点 | 检查指标及依据 | 监督检查方法 |
| --- | --- | --- | --- |
| A.1.4 检查医疗废物集中焚烧处置单位规章制度情况 | （1）设施运行和管理记录制度情况 | （1）危险废物转移联单（医疗废物专用）记录；（2）医疗废物接收登记记录；（3）医疗废物进厂运输车车牌号、来源、重量、进场时间、离场时间等记录；（4）生产设施运行工艺控制参数记录；（5）设备更新情况记录；（6）生产设施维修情况记录；（7）环境监测数据的记录；（8）生产事故及处置情况记录（HJ/T 177） | 检查各项制度以及运行记录档案材料 |
| | （2）交接班制度情况 | （1）交接班制度的实施记录完整、规范；（2）上述提到的设施运行和管理记录制度在交接班制度中予以落实 | |
| | （3）其他制度情况 | （1）医疗废物接收管理制度；（2）内部监督管理制度；（3）设施运行操作规程；（4）设施运行过程中污染控制对策和措施；（5）设施日常运行记录台账、监测台账和设备更新、检修台账；（6）安全生产及劳动保护管理制度；（7）人员培训制度；（8）环境监测制度（HJ/T 177） | |
| A.1.5 事故应急预案制定情况 | （1）医疗废物贮存过程中发生事故时的应急预案 | （1）应急预案编制的全面性、规范性和可操作性；（2）应急预案获得环保部门审批情况；（3）实施应急预案的基础条件情况；（4）应急预案执行情况（HJ/T 177） | 核查应急预案文本、应急预案审批及应急预案执行情况 |
| | （2）医疗废物运送过程中发生事故时的应急预案 | （1）应急预案编制的全面性、规范性和可操作性；（2）应急预案获得环保部门审批情况；（3）实施应急预案的基础条件情况；（4）应急预案执行情况（HJ/T 177） | |
| | （3）焚烧设施发生故障或事故时的应急预案 | （1）应急预案编制的全面性、规范性和可操作性；（2）应急预案获得环保部门审批情况；（3）实施应急预案的基础条件情况；（4）应急预案执行情况（HJ/T 177） | |
| | （4）设施设备能力不能保证医疗废物正常处置时的应急预案 | （1）应急预案编制的全面性、规范性和可操作性；（2）应急预案获得环保部门审批情况；（3）实施应急预案的基础条件情况；（4）应急预案执行情况（HJ/T 177） | |

* 基本条件检查作为地方环境保护行政主管部门进行监督管理的基本依据，原则上应在初次监督检查时进行，是为考虑到工作的连贯性而进行的检查。

## A.2 处置设施运行过程监督检查——接收、清洗消毒、贮存设施

| 审查项目 | 审查要点 | 检查指标及依据 | 监督检查方法 |
| --- | --- | --- | --- |
| A.2.1 检查医疗废物接收情况 | （1）危险废物转移联单（医疗废物专用）制度执行情况 | 医疗废物集中焚烧处置单位是否按照《危险废物转移联单》（医疗废物专用）有关规定办理接收废物有关手续（国家环境保护总局令 第5号） | 检查转移联单档案、废物进场记录等，必要时进行现场检查 |
| | （2）废物进场专用通道及标志情况 | （1）医疗废物集中焚烧处置单位内是否设置废物进厂专用通道；（2）是否设有醒目的警示标志和路线指示（HJ/T 177） | |
| | （3）废物卸载情况 | 办理完接收手续的医疗废物是否在卸车区卸载废物（HJ/T 177） | |
| A.2.2 检查医疗废物贮存情况 | （1）医疗废物贮存容器情况 | 是否使用符合国家标准的容器盛装医疗废物（GB 18597） | 检查贮存设施资料，并现场核查 |
| | | 贮存容器是否具有耐腐蚀、耐压、密封和不与所贮存的废物发生反应等特性（GB 18597） | |
| | | 贮存容器是否保证完好无损并具有明显标志（GB 18597） | |
| | （2）医疗废物贮存设施情况 | 医疗废物贮存场所是否有符合 GB 15562.2 的专用标志（GB 18597） | |

续表

| 审查项目 | 审查要点 | 检查指标及依据 | 监督检查方法 |
| --- | --- | --- | --- |
| A.2.2 检查医疗废物贮存情况 | （2）医疗废物贮存设施情况 | 是否建有堵截泄漏的裙角，地面与裙角是否采用了兼顾防渗的材料建造，建筑材料是否与医疗废物相容（GB 18597） | 检查贮存设施资料，并现场核查 |
| | | 是否配置了泄漏液体收集装置及气体导出口和气体净化装置（GB 18597） | |
| | | 是否配置了安全照明和观察窗口，并设有应急防护设施（GB 18597） | |
| | | 是否配置了隔离设施、报警装置和防风、防晒、防雨设施以及消防设施 | |
| | | 墙面、棚面是否具有防吸附功能，用于存放装载液体、半固体医疗废物容器的地方是否配有耐腐蚀的硬化地面且表面无裂隙（GB 18597） | |
| | | 库房是否设置了备用通风系统和电视监视装置（GB 18597） | |
| A.2.3 检查医疗废物清洗消毒情况 | （1）医疗废物清洗消毒设施 | 医疗废物运输车辆、转运工具、周转箱（桶）的清洗消毒场所和污水收集处理设施的配置情况（HJ/T 177） | 检查有关资料，并现场核查 |
| | （2）医疗废物清洗消毒操作 | 医疗废物运输车辆是否至少每两天清洗一次（北方冬季、缺水地区可适当减少清洗次数）；当车厢内壁或（和）外表面被污染后，是否立刻进行清洗；运输车辆每次运输完毕后，是否对车厢内壁进行消毒。是否禁止在社会车辆清洗场所清洗医疗废物运输车辆（HJ/T 177） | |
| | | 转运工具、周转箱（桶）等每使用周转一次，是否进行清洗消毒。是否在焚烧厂清洗消毒设施内进行（HJ/T 177） | |
| | | 医疗废物贮存设施是否每天消毒一次；贮存设施内的医疗废物每次清运之后，是否及时清洗和消毒（HJ/T 177） | |
| | | 清洗污水是否收集并排入污水消毒处理设施，是否禁止任意向环境排放清洗污水（HJ/T 177） | |
| | | 清洗消毒作业是否具有良好的通风条件，采取机械强制通风（HJ/T 177） | |
| | | 已进行清洗消毒处理的工具、设备、周转箱（桶）等是否与未经处理的工具、设备、周转箱（桶）等分开存放（HJ/T 177） | |

## A.3 处置设施运行过程检查——焚烧处置设施

| 审查项目 | 审查要点 | 检查指标及依据 | 监督检查方法 |
| --- | --- | --- | --- |
| 检查医疗废物焚烧处置设施配置及运行管理情况 | （1）焚烧处置设施配置情况 | 燃烧室后是否设置紧急排放烟囱，并设置联动装置使其只能在事故或紧急状态时才可启动（HJ/T 177） | 检查设计文件，并现场核查 |
| | | 焚烧炉是否设置防爆门或其他防爆设施（HJ/T 177） | |
| | | 是否配备自动控制和监测系统，在线显示运行工况和尾气排放参数，并能够自动反馈，对有关主要工艺参数进行自动调节（HJ/T 177） | |
| | | 正常运行条件下，焚烧炉内是否处于负压燃烧状态（HJ/T 177） | |
| | | 焚烧炉是否装置紧急进料切断系统（HJ/T 177） | |
| | | 投入焚烧炉的废物是否有重量计量装置并实现连续记录（HJ/T 177） | |

续表

| 审查项目 | 审查要点 | 检查指标及依据 | 监督检查方法 |
| --- | --- | --- | --- |
| 检查医疗废物焚烧处置设施配置及运行管理情况 | （2）焚烧处置过程操作情况 | 医疗废物的焚烧系统运行是否按工艺流程、运行操作规程和安全操作规程进行（HJ/T 177） | 检查设计文件、各项操作规程材料，并现场检查 |
| | | 医疗废物进入焚烧系统的输送方式是否避免了操作人员与废物直接接触（HJ/T 177） | |
| | | 医疗废物焚烧处置操作人员是否按操作规程操作，操作人员是否掌握处置计划、操作规程、焚烧系统工艺流程、管线及设备的功能和位置，以及紧急应变情况（HJ/T 177） | |
| | | 焚烧系统没有达到工况参数或烟气处理系统没有启动或没有正常运行时，是否严禁向焚烧炉投入废物（HJ/T 177） | |
| | | 焚烧炉运行过程中是否保证系统处于负压状态，避免有害气体逸出（HJ/T 177） | |

## A.4 处置设施运行过程监督检查——配套处置设施

| 审查项目 | 审查要点 | 检查指标及依据 | 审查方法 |
| --- | --- | --- | --- |
| A.4.1 进料系统 | 检查医疗废物输送、进料装置 | 采用自动进料装置，进料口是否配制保持气密性的装置，以保证炉内焚烧工况的稳定（HJ/T 177） | 现场核查 |
| | | 进料时是否采取了防止废物堵塞措施，以保持进料畅通（HJ/T 177） | |
| | | 进料系统是否处于负压状态，以防止有害气体逸出（HJ/T 177） | |
| A.4.2 热能利用系统 | 检查热能利用系统配置及操作情况 | 焚烧处置单位在确保环保达标排放的情况下，是否考虑对其产生的热能以适当形式加以利用（HJ/T 177） | 检查设计文件，并现场核查 |
| | | 利用医疗废物焚烧热能的锅炉，是否充分考虑烟气对锅炉的高温和低温腐蚀问题（HJ/T 177） | |
| | | 医疗废物焚烧的热能利用是否避开 200～500℃温度区间（HJ/T 177） | |
| A.4.3 烟气净化系统 | （1）检查湿法净化工艺骤冷洗涤器和吸收塔（填料塔、筛板塔）等单元配置情况 | （1）是否配备废水处理设施去除重金属和有机物等有害物质；（2）为防止风机带水，是否采取了降低烟气水含量的措施后再经烟囱排放的措施（HJ/T 177） | 检查设计文件，并现场核查 |
| | （2）检查半干法净化工艺洗气塔、活性炭喷射、布袋除尘器等处理单元配置情况 | （1）反应器内的烟气停留时间是否满足烟气与中和剂充分反应的要求；（2）反应器出口的烟气温度是否在 130℃以上，保证在后续管路和设备中的烟气不结露（HJ/T 177） | |
| | （3）检查干法净化工艺：包括干式洗气塔或干粉投加装置、布袋除尘器等单元配置情况 | （1）反应器内的烟气停留时间是否满足烟气与药剂进行充分反应的要求；（2）是否考虑收集下来的飞灰、反应物以及未反应物的循环处理问题；（3）反应器出口的烟气温度是否在 130℃以上，保证在后续管路和设备中的烟气不结露（HJ/T 177） | |
| | （4）检查烟气净化系统配置情况 | 烟气净化系统的除尘设备是否优先选用袋式除尘器（HJ/T 177） | |
| | | 若选择湿式除尘装置，是否配备完整的废水处理设施（HJ/T 177） | |

续表

| 审查项目 | 审查要点 | 检查指标及依据 | 审查方法 |
| --- | --- | --- | --- |
| A.4.3 烟气净化系统 | （4）检查烟气净化系统配置情况 | 烟气净化装置是否有可靠的防腐蚀、防磨损和防止飞灰阻塞的措施（HJ/T 177） | 检查设计文件，并现场核查 |
| | | 酸性污染物包括 HCl、HF 和硫氧化物等，是否采用适宜的碱性物质作为中和剂在反应器内进行中和反应（HJ/T 177） | |
| | | 检查吸附二噁英的活性炭使用数量以及布袋除尘器的更换情况等是否在设计需求的使用数量范围内 | |
| | | 引风机是否采用变频调速装置（HJ/T 177） | |
| | （5）检查烟气净化系统操作情况 | 是否严格控制燃烧室烟气的温度、停留时间和流动工况（HJ/T 177） | |
| | | 焚烧废物产生的高温烟气是否采取急冷处理，使烟气温度在 1.0 s 内降到 200℃以下，减少烟气在 200～500℃温区的滞留时间（HJ/T 177） | |
| | | 在中和反应器和袋式除尘器之间是否采取了喷入活性炭或多孔性吸附剂，或者在布袋除尘器后设置活性炭或多孔性吸附剂吸收塔（床）措施（HJ/T 177） | |
| A.4.4 炉渣及飞灰处理系统 | （1）检查炉渣处理系统配置情况 | 炉渣处理系统是否包括除渣冷却、输送、贮存、碎渣等设施（HJ/T 177） | 检查设计文件，并现场核查 |
| | | 炉渣处理系统是否保持密闭状态（HJ/T 177） | |
| | | 与焚烧炉衔接的除渣机是否有可靠的机械性能和保证炉内密封的措施（HJ/T 177） | |
| | | 炉渣输送设备是否有足够宽度（HJ/T 177） | |
| | （2）检查飞灰处理系统配置情况 | 飞灰处理系统是否包括飞灰收集、输送、贮存等设施，保持密闭状态，并配置避免飞灰散落的密封容器（HJ/T 177） | |
| | | 烟气净化系统采用半干法方式时，飞灰处理系统是否采取了机械除灰或气力除灰方式，气力除灰系统是否采取了防止空气进入与防止灰分结块的措施（HJ/T 177） | |
| | | 采用湿法烟气净化方式时，飞灰处理系统是否采取了有效的脱水措施（HJ/T 177） | |
| | | 贮灰罐是否设有料位指示、除尘和防止灰分板结的设施，并在排灰口附近设置增湿设施（HJ/T 177） | |
| A.4.5 自动化控制及在线监测系统 | （1）检查自动控制系统 | 医疗废物集中焚烧处置是否具备较高的自动化水平，能在中央控制室通过分散控制系统实现对医疗废物焚烧线、热能利用及辅助系统的集中监视和分散控制（HJ/T 177） | 检查设计文件，并现场核查 |
| | | 燃烧室后是否设置紧急排放烟囱，并设置联动装置使其只能在事故或紧急状态时才可启动（HJ/T 177） | |
| | | 对不影响整体控制系统的辅助装置，设就地控制室的，其重要信息是否送至中央控制室（HJ/T 177） | |
| | | 对重要参数的报警和显示，是否设光字牌报警器和数字显示仪（HJ/T 177） | |
| | | 是否设置独立于分散控制系统的紧急停车系统（HJ/T 177） | |
| | （2）检查在线监测系统 | 对贮存库房、物料传输过程以及焚烧线的重要环节，是否设置现场工业电视监视系统（HJ/T 177） | 检查设计文件，操作规程材料，并现场核查 |
| | | 在线自动监测系统是否对焚烧烟气中处理后的烟尘、硫氧化物、$NO_x$、HCl 等污染因子实施在线监测，并按要求存入档案并上报地方环境保护行政主管部门（HJ/T 177） | |

续表

| 审查项目 | 审查要点 | 检查指标及依据 | 审查方法 |
|---|---|---|---|
| A.4.5 自动化控制及在线监测系统 | （2）检查在线监测系统 | 医疗废物集中焚烧处置单位的在线自动监测系统是否对氧、CO、$CO_2$、一燃室和二燃室温度等重要工艺指标实行在线监测（HJ/T 177） | 检查设计文件，操作规程材料，并现场核查 |
| | | 对前面提到的污染控制参数以及工艺指标是否按要求与地方环境保护部门联网显示，并显示正常（HJ/T 177） | |
| | | 系统启动运行时，在线监测装置是否能够同时启动，进行监测、记录并根据需要打印输出（HJ/T 177） | |
| | | 焚烧处置过程中的工艺参数，如温度、停留时间等是否显示正常值（HJ/T 177） | |

## A.5 安全生产和劳动保护监督检查

| 审查项目 | 审查要点 | 检查指标及依据 | 审查方法 |
|---|---|---|---|
| A.5.1 安全生产要求 | 检查焚烧厂安全生产情况 | 各工种、岗位是否根据工艺特征和具体要求制定了相应的安全操作规程并严格执行（HJ/T 177） | 检查有关安全生产材料，并现场核查 |
| | | 各岗位操作人员和维修人员是否定期进行岗位培训并持证上岗（HJ/T 177） | |
| | | 是否严禁了非本岗位操作管理人员擅自启、闭本岗位设备，严禁了管理人员违章指挥（HJ/T 177） | |
| | | 操作人员是否按电工规程进行电器启、闭（HJ/T 177） | |
| | | 风机工作时，是否严禁了操作人员贴近联轴器等旋转部件（HJ/T 177） | |
| | | 是否建立并严格执行定期和经常的安全检查制度，及时消除事故隐患，严禁违章指挥和违章操作（HJ/T 177） | |
| | | 是否对事故隐患或发生的事故进行调查并采取改进措施，重大事故做到了及时向有关部门报告（HJ/T 177） | |
| | | 凡从事特种设备的安装、维修人员，是否参加了劳动部门专门培训，并取得特种设备安装、维修人员操作证后上岗（HJ/T 177） | |
| | | 厂内及车间内运输管理，是否符合 GB 4387 的有关规定（HJ/T 177） | |
| | | 工作区及其他设施是否符合国家有关劳动保护的规定，各种设施及防护用品（如防毒面具）是否由专人维护保养，保证其完好、有效（HJ/T 177） | |
| | | 对所有从事生产作业的人员是否进行了定期体检并建立健康档案卡（HJ/T 177） | |
| | | 是否定期对车间内的有毒有害气体进行检测，并做到在发生超标的情况下采取相应措施（HJ/T 177） | |
| | | 是否做到定期对职工进行职业卫生的教育，加强防范措施（HJ/T 177） | |
| A.5.2 劳动保护要求 | 检查焚烧厂劳动保护情况 | 废物贮存和焚烧部分处理设备等是否做到了尽量密闭，以减少灰尘和臭气外逸（HJ/T 177） | 检查各项与劳动保护有关材料，并现场检查 |
| | | 是否尽可能采用了噪声小的设备，对于噪声较大的设备，是否采取了减振消音措施，使噪声符合国家规定标准要求（HJ/T 177） | |
| | | 接触有毒有害物质的员工是否配备了防毒面具、耐油或耐酸手套、防酸碱工作服（HJ/T 177） | |

续表

<table>
<tr><th>审查项目</th><th>审查要点</th><th>检查指标及依据</th><th>审查方法</th></tr>
<tr><td rowspan="7">A.5.2 劳动保护要求</td><td rowspan="7">检查焚烧厂劳动保护情况</td><td>焚烧炉、余热锅炉、除尘系统等高温操作间是否配置了降温设施（HJ/T 177）</td><td rowspan="7">检查各项与劳动保护有关材料，并现场检查</td></tr>
<tr><td>检修人员进入焚烧炉检修前是否先对炉内强制输送新鲜空气并测定炉内含氧量，待含氧量大于 19%后方才进入。检修人员在炉内检修时是否做到了佩戴防毒面具，同时炉外有人监护（HJ/T 177）</td></tr>
<tr><td>进入高噪声区域人员是否佩戴了性能良好的防噪声护耳器（HJ/T 177）</td></tr>
<tr><td>进行有毒、有害物品操作时是否穿戴了相应种类专用防护用品，禁止混用；并严格遵守操作规程，用毕后物归原处，发现破损及时更换（HJ/T 177）</td></tr>
<tr><td>有毒、有害岗位操作完毕，是否将防护用品按要求清洁、收管，并做到不随意丢弃，不转借他人；并对个人安全卫生（洗手、漱口及必要的沐浴）提出了明确的要求（HJ/T 177）</td></tr>
<tr><td>是否做到了禁止携带或穿戴使用过的防护用品离开工作区。报废的防护用品是否交专人处理（HJ/T 177）</td></tr>
<tr><td>是否配足配齐各作业岗位所需的个人防护用品，并对个人防护用品的购置、发放、回收、报废进行登记。防护用品是否做到由专人管理，并定期检查、更换和处理（HJ/T 177）</td></tr>
</table>

## A.6 污染防治设施配置及处理要求*

<table>
<tr><th>审查项目</th><th>审查要点</th><th colspan="3">审查指标要求</th><th>审查方法</th></tr>
<tr><td rowspan="11">A.6.1 检查大气污染物控制排放及周边环境空气质量要求（GB 18484）</td><td>不同焚烧容量时的最高允许排放质量浓度限值/（mg/m$^3$）</td><td>≤300（kg/h）</td><td>300～2 500（kg/h）</td><td>≥2 500（kg/h）</td><td rowspan="10">进行试烧，检查监测报告</td></tr>
<tr><td>1*烟气黑度</td><td colspan="3">林格曼 1 级</td></tr>
<tr><td>2*烟尘</td><td>100</td><td>80</td><td>65</td></tr>
<tr><td>3*一氧化碳（CO）</td><td>100</td><td>80</td><td>80</td></tr>
<tr><td>4*二氧化硫（$SO_2$）</td><td>400</td><td>300</td><td>200</td></tr>
<tr><td>5*HF</td><td>9.0</td><td>7.0</td><td>5.0</td></tr>
<tr><td>6*HCl</td><td>100</td><td>70</td><td>60</td></tr>
<tr><td>7*氮氧化物（以 $NO_2$ 计）</td><td colspan="3">500</td></tr>
<tr><td>8*汞及其化合物（以 Hg 计）</td><td colspan="3">0.1</td></tr>
<tr><td>9 二噁英类（TEQ）</td><td colspan="3">0.5 ng/m$^3$</td></tr>
<tr><td>焚烧厂周围环境空气质量</td><td colspan="3">GB 3095</td><td>检查监测报告</td></tr>
<tr><td rowspan="3">A.6.2 焚烧处理性能要求（GB 18484）</td><td>（1）焚毁去除率</td><td colspan="3">医疗临床废物≥99.99%</td><td rowspan="3">检查监测报告</td></tr>
<tr><td>（2）焚烧残渣热灼减率</td><td colspan="3">医疗临床废物＜5%</td></tr>
<tr><td>（3）焚烧炉出口烟气中的氧气含量（干气）</td><td colspan="3">应为 6%～10%</td></tr>
<tr><td>A.6.3 飞灰处理要求（GB 18484、HJ/T 177）</td><td></td><td colspan="3">焚烧飞灰、吸附二噁英和其他有害成分的活性炭等残余物应按照危险废物进行处置，应送危险废物填埋场进行安全填埋处置</td><td></td></tr>
<tr><td rowspan="2">A.6.4 废水排放及周边环境质量要求</td><td>污水排放要求</td><td colspan="3">GB 8978</td><td>检查监测报告，并现场考核查</td></tr>
<tr><td>地表水环境质量要求</td><td colspan="3">GB 3838</td><td>检查监测报告</td></tr>
<tr><td>A.6.5 土壤环境质量</td><td>周边土壤环境质量要求</td><td colspan="3">GB 15618</td><td>检查监测报告</td></tr>
<tr><td rowspan="2">A.6.6 噪声排放及周边环境质量要求</td><td>噪声排放要求</td><td colspan="3">医疗废物焚烧厂执行 GB 12348（GB 18484）</td><td>检查监测报告，并现场核查</td></tr>
<tr><td>周边噪声环境质量要求</td><td colspan="3">环境噪声执行 GB 3096</td><td>检查监测报告</td></tr>
</table>

* 污染防治设施配置及处理要求在相关标准修订时应采用最新版本所确定的标准限值和管理要求。

A.7 环境监测要求

| 审查项目 | 审查要点 | 检查指标及依据 | 审查方法 |
| --- | --- | --- | --- |
| A.7.1 排污口规范化 | （1）焚烧炉排气筒情况 | （1）新建集中式医疗废物焚烧厂焚烧炉排气筒周围半径 200 m 内有建筑物时，排气筒高度必须高出最高建筑物 5 m 以上<br>（2）对有几个排气源的焚烧厂应集中到一个排气筒排放或采用多筒集合式排放<br>（3）焚烧炉排气筒应设置永久采样孔，并安装用于采样和测量的设施（GB/T 16157） | 检查设计文件，并现场核查 |
| | （2）废水排污口情况 | 有规范的、便于测量流量、流速的测流段和采样点 | |
| | （3）污染物排放口标志牌情况 | 污染物排放口必须实行规范化整治，按照 GB 15562.1～2 的规定，设置与之相适应的环境保护图形标志牌 | |
| A.7.2 环境监测总体要求 | （1）焚烧设施污染物排放监测 | 对焚烧系统排烟、处理后将排放的工艺污水、飞灰、炉渣及环境噪声进行检验监测。监测工作必须符合国家相应的监测标准和方法要求（HJ/T 177） | 检查监测报告，并现场核查 |
| | （2）处置单位周边环境监测 | 对周边环境空气、地下水、地表水、土壤以及环境噪声进行监测。监测工作必须符合国家相应的监测标准和方法要求（HJ/T 177） | |
| | （3）监测频率管理要求 | 医疗废物集中焚烧处置单位应按国家标准规定的方法和频次，对处置设施情况进行监测，不具备监测条件的可委托有监测资质的单位代为监测（相关监测技术规范） | |
| | （4）监测条件要求 | （1）监测数据必须在工况稳定、生产负荷达到设计的 75%以上（含 75%）、处置设施运行正常<br>（2）监测期间监控各生产环节的主要原材料的消耗量、成品量，并按设计的主要原、辅料用量及成品产生量核算生产负荷。若生产负荷小于 75%，应停止监测<br>（3）具体内容应符合国家相应监测技术标准要求（相关监测技术规范） | |
| | （5）监测取样和检验方法要求 | （1）监测取样、检验的方法，均应遵循国家有关标准要求<br>（2）监测的数据应纳入档案并上报当地环境管理部门（相关监测技术规范） | |
| | （6）监测内容要求 | 记录每一批次医疗废物焚烧种类的重量（HJ/T 177） | |
| | | 二燃室烟气温度：连续监测二燃室烟气二次燃烧段前后温度。烟气停留时间：通过监测烟气排放速率和审查焚烧设计文件、检验产品结构尺寸确定（相关监测技术规范） | |
| | | 至少每 6 个月监测一次焚烧残渣的热灼减率（GB 18484） | |
| | | 排气中的二噁英应每年至少采样监测一次（HJ/T 177） | |
| | | 周边环境空气及土壤中的二噁英及重金属污染物监测应每年采样监测一次（HJ/T 177） | |
| | | 排气中 CO、烟尘、$SO_2$、$NO_x$ 连续自动监测，对于目前尚无法采用自动连续装置监测的烟气黑度、HF、重金属及其化合物，应按《危险废物焚烧污染控制标准》（GB 18484）的监测管理要求，每季度至少采样监测 1 次（GB 18484） | |
| | | 医疗废物处置单位应定期报告上述运行参数、处置效果的监测数据。监测数据保存期为 3 年（HJ/T 177） | |
| A.7.3 运行期监测要求 | 运行期监测要求 | （1）运行期间应制订处置设施运行监测计划，定期对医疗废物焚烧处置过程污染物排放进行监测（HJ/T 177）<br>（2）当出现监测的某项目指标不合格时，应将有关设备系统停机，进行排查，找出原因及时解决。解决后根据情况进行检验监测，确保系统在排放达标的条件下运行（HJ/T 177） | 检查监测报告，并现场核查 |

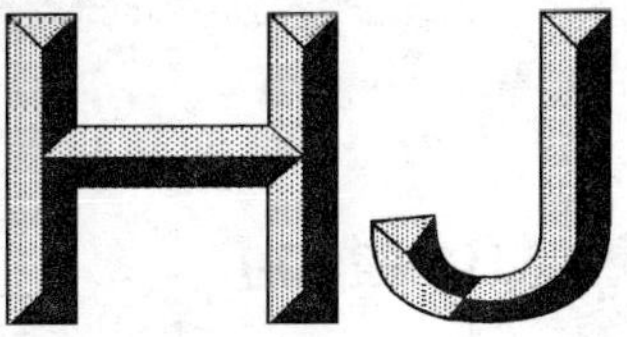

# 中华人民共和国国家环境保护标准

HJ 519—2009

# 废铅酸蓄电池处理污染控制技术规范

**Technical specifications of pollution control for treatment of Lead-acid Battery**

2009-12-21 发布　　2010-03-01 实施

环　境　保　护　部　发布

# 中华人民共和国环境保护部
# 公　告

2009 年　第 71 号

为贯彻《中华人民共和国环境保护法》，保护环境，保障人体健康，现批准《废铅酸蓄电池处理污染控制技术规范》为国家环境保护标准，并予发布。

标准名称、编号如下：

废铅酸蓄电池处理污染控制技术规范（HJ 519—2009）

该标准自 2010 年 3 月 1 日起实施，由中国环境科学出版社出版，标准内容可在环境保护部网站（bz.mep.gov.cn）查询。

特此公告。

2009 年 12 月 21 日

# 前 言

为贯彻《中华人民共和国环境保护法》和《中华人民共和国固体废物污染环境防治法》，规范废铅酸蓄电池收集及处理过程，防止废铅酸蓄电池铅处理过程对环境的污染，保护环境，保障人体健康，制定本标准。

本标准适用于废铅酸蓄电池处理过程中的资源再生利用全过程环境污染防治，并指导相应的生产运营及回收利用工作。

本标准为首次发布。

本标准附录A和附录B为资料性附录。

本标准由环境保护部科技标准司组织制订。

本标准起草单位：中国环境科学学会、沈阳环境科学研究院、中国科学院高能物理研究所、国家环境保护危险废物处置工程技术中心。

本标准环境保护部2009年12月21日批准。

本标准自2010年3月1日起开始实施。

本标准由环境保护部解释。

# 废铅酸蓄电池处理污染控制技术规范

## 1 适用范围

本标准规定了废铅酸蓄电池收集、贮存、运输和资源再生利用过程中的污染防治以及铅回收企业运行管理要求。

本标准适用于废铅酸蓄电池收集、贮存、运输、处理等资源再生利用全过程的污染控制，并可用于指导资源再生企业建厂选址、工程建设以及建成后的污染控制管理工作。

## 2 规范性引用文件

本标准内容引用了下列文件中的条款。凡是不注日期的引用文件，其有效版本适用于本标准。

GB 190 危险货物包装标志

GB 3095 环境空气质量标准

GB 8978 污水综合排放标准

GB 9078 工业炉窑大气污染物排放标准

GB 12348 工业企业厂界环境噪声排放标准

GB 13392 道路运输危险货物车辆标志

GB 15562.2 环境保护图形标志 固体废物贮存（处置）场

GB 15618 土壤环境质量标准

GB 14848 地下水质量标准

GB 16297 大气污染物综合排放标准

GB 18484 危险废物焚烧污染控制标准

GB 18597 危险废物贮存污染控制标准

HJ/T 364 废塑料回收与再生利用污染控制技术规范（试行）

危险废物转移联单管理办法（国家环境保护总局令 第 5 号）

危险废物经营许可证管理办法（国务院令 第 408 号）

危险废物经营单位编制应急预案指南（国家环境保护总局公告 2007 年第 48 号）

## 3 术语和定义

下列术语和定义适用于本标准。

### 3.1 铅酸蓄电池

指由电解液、元件以及盛装它们的容器组成的，能够以化学能的形式储存接收的电能并能在接入用电回路后释放能量的装置。

### 3.2 废铅酸蓄电池

指在生产、生活和其他活动中产生的丧失原有利用价值或者虽未丧失利用价值但被抛弃或者放弃的铅酸蓄电池。

### 3.3 电极板

指电池中的正负两极，由铅制成格栅，正极表面涂有二氧化铅，负极表面涂有多孔具有可渗透性的金属铅。通常还含有锑、砷、铋、镉、铜、钙和锡等化学物质，以及硫酸钡、炭黑和木质素等膨胀材料。

3.4 电解液

指电极板浸入其中的离子导体。

3.5 收集

指废铅酸蓄电池回收经营单位将分散的废铅酸蓄电池进行集中的活动。

3.6 运输

指废铅酸蓄电池运输者使用专用车辆，将铅酸蓄电池送至废铅酸蓄电池资源再生利用单位的过程。

3.7 贮存

指废铅酸蓄电池收集、运输、资源再生过程中和处理前临时贮存和长期贮存。

3.8 铅回收

指通过各种方法、技术和工艺，把铅从废铅酸蓄电池中提取出来，以便于利用。

3.9 火法冶金

指通过高温的方法在熔融状态将金属从中提炼出来的技术工艺。

3.10 湿法冶炼

指通过采用某种溶剂，在溶液中借助化学作用，将金属从中提炼出来的技术工艺。

3.11 清洁生产

指不断采取改进设计，使用清洁的能源和原料，采用先进的工艺技术与设备、改善管理、综合利用等措施，从源头削减污染，提高资源利用率，减少或者避免生产、服务和产品使用过程中污染物的产生和排放，以减轻或者消除对人类健康和环境的危害。

3.12 废铅酸蓄电池铅回收企业

指对废铅酸蓄电池中以铅为主的有用资源进行回收利用的企业（以下简称“铅回收企业”）。

## 4 废铅酸蓄电池的收集、运输和贮存

### 4.1 总体要求

4.1.1 废铅酸蓄电池属于危险废物，从事废铅酸蓄电池收集、贮存、利用的单位应按照《危险废物经营许可证管理办法》的规定获得经营许可证。禁止无经营许可证或者不按照经营许可证规定从事废铅酸蓄电池收集、贮存、利用的经营活动。

4.1.2 收集、运输、贮存废铅酸蓄电池的容器应根据废铅酸蓄电池的特性而设计，不易破损、变形，其所用材料能有效地防止渗漏、扩散，并耐酸腐蚀。装有废铅酸蓄电池的容器必须粘贴符合 GB 18597 中附录 A 所要求的危险废物标签。

4.1.3 转移废铅酸蓄电池的，应执行《危险废物转移联单管理办法》有关规定，禁止在转移过程中擅自拆解、破碎、丢弃废铅酸蓄电池。

### 4.2 收集

4.2.1 从事废铅酸蓄电池收集的单位应向县级以上商务主管部门进行再生资源回收经营者备案登记。

4.2.2 鼓励铅酸蓄电池生产单位利用其销售渠道，推进生产者责任延伸，对废铅酸蓄电池统一集中回收、暂存后送有资质的铅回收企业进行处置。对铅酸蓄电池生产单位，其产品应有回收、再利用标志说明，以确保使用后能够采用有利于环境保护的方式利用或处置。

4.2.3 鼓励由铅酸蓄电池生产企业及再生铅生产企业共同建立国内跨行政区域废铅酸蓄电池的回收体系，推进废铅酸蓄电池的合理收集和处理。

4.2.4 收集者可在收集区域内设置再生资源社会回收亭，建设废铅酸蓄电池暂存库，以利于中转。

4.2.5 废铅酸蓄电池的收集和运输人员应配备必要的个人防护装备，如耐酸工作服、专用眼镜、耐酸手套等，防止收集和运输过程中对人体健康可能产生的潜在影响。

4.2.6 废铅酸蓄电池收集过程应以环境无害化的方式运行，应在收集过程中采取以下防范措施，避免可能引起人身和环境危害的事故发生。

（1）废铅酸蓄电池运输前，产生者应当自行或者委托有关单位进行合理包装，防止运输过程出现泄漏。不得擅自倾倒、丢弃废铅酸蓄电池中的电解液。

（2）废铅酸电池有电解液渗漏的，其渗漏液应贮存在耐酸容器中。

（3）拆装后的铅材料应包装后收集。

4.2.7 收集者不应大量贮存废铅酸蓄电池，暂存库贮存废铅酸蓄电池量不应大于 30 t。

4.3 运输

4.3.1 废铅酸蓄电池公路运输车辆应按 GB 13392 的规定悬挂相应标志。铁路运输和水路运输危险废物时，均应在集装箱外按 GB 190 的规定悬挂相应的危险货物标志。

4.3.2 运输单位应具有危险货物运输资质和对危险废物包装发生破裂、泄漏或其他事故进行处理的能力。

4.3.3 运输车辆在公路上行驶应持有通行证。其上应证明废物的来源、性质、运往地点，必要时须有单位人员负责押运工作。

4.3.4 废铅酸蓄电池运输单位应制定详细的运输方案及路线，并制定事故应急预案，配备事故应急及个人防护设备，以保证在收集、运输过程中发生事故时能有效地减少以至防止对环境的污染。

4.3.5 废铅酸蓄电池运输时应采取有效的包装措施，以防止电池中有害成分的泄漏污染，不得继续将废铅酸蓄电池破碎、粉碎，以防止电池中有害成分的泄漏污染。

4.3.6 废铅酸蓄电池运输车辆驾驶员和押运人员等必须经过危险废物和应急救援方面的培训，包括防火、防泄漏以及应急联络等。

4.4 贮存

4.4.1 废铅酸蓄电池的贮存设施应参照 GB 18597 的有关要求进行建设和管理。基于废铅酸蓄电池收集和回收的特殊性，可以分为长期贮存和暂时贮存两种方式。

4.4.2 废铅酸蓄电池的长期贮存设施还应符合以下要求：

（1）贮存点应防雨，必须远离其他水源和热源；

（2）贮存点应有耐酸地面隔离层，以便于截留和收集废酸电解液；

（3）应有足够的废水收集系统，以便溢出的溶液送到酸性电解液的处理站；

（4）应只有一个入口，并且在一般情况下，应关闭此入口以避免灰尘的扩散；

（5）应具有空气收集、排气系统，用以过滤空气中的含铅灰尘和更新空气；

（6）应设有适当的防火装置；

（7）作为危险品贮存点，必须设立警示标志，只允许专门人员进入贮存设施；

（8）应设立负压排气系统。

4.4.3 废铅酸蓄电池的暂时贮存设施可以以销售单位库房作为暂存库，但暂存库的设计应符合上述安全防护要求，并防止电解液泄漏，严格控制环境污染。禁止将废铅酸蓄电池堆放在露天场地，避免废蓄电池遭受雨淋水浸。

4.4.4 应避免贮存大量的废铅酸蓄电池或贮存时间过长，贮存点应有足够的空间，暂存时间最长不得超过 60 d，长期贮存时间最长不得超过 1 年。

## 5 铅回收企业建设及清洁生产要求

### 5.1 一般要求

5.1.1 废铅酸蓄电池资源再生利用设施建设应经过充分的技术经济论证并通过环境影响评价，包括环境风险评价。

5.1.2 废铅酸蓄电池资源再生利用工程规模的确定和详细技术路线的选择，应根据服务区域废铅酸蓄电池的产生情况、社会经济发展水平、城市总体规划、技术的先进合理性等确定。并应保证现有再生铅的生产规模大于 1 万 t/a，改扩建企业再生铅的生产规模大于 2 万 t/a，新建企业生产规模应大于 5 万 t/a。

5.1.3 废铅酸蓄电池资源再生利用应采用成熟可靠的技术、工艺和设备，做到运行稳定、维修方便、经济合理、保护环境、安全卫生。

### 5.2 铅回收企业选址要求

5.2.1 厂址选择应符合当地城市总体发展规划和环保规划，符合当地大气污染防治、水资源保护、自然保护的要求。

5.2.2 铅回收企业不得建设在饮用水水源保护区陆域范围和 GB 3095 中规定的环境空气质量 I 类功能区以及自然保护区、生态功能保护区、风景名胜区等需要特殊保护的地区。

5.2.3 厂址选择还应符合以下条件：

（1）厂址应满足工程建设的工程地质条件、水文地质条件和气象条件，不应选在地震断层、滑坡、泥石流、沼泽、流沙、采矿隐落区以及居民区上风向地区。

（2）选址应综合考虑交通、运输距离、土地利用现状、基础设施状况等因素，并应进行公众调查。

（3）厂址不应受洪水、潮水或内涝的威胁，或有可靠的防洪、排涝措施。

（4）厂址附近应有满足生产、生活的供水水源。

（5）厂址附近应保障电力供应。

### 5.3 铅回收企业设施建设要求

5.3.1 铅回收企业设施应包括预处理系统、铅冶炼系统，环境保护设施以及相应配套工程和生产管理等设施。

5.3.2 铅回收企业出入口、暂时贮存设施、处置场所等，应按 GB 15562.2 的要求设置警示标志。

5.3.3 应在法定边界设置隔离围护结构，防止无关人员和家禽、宠物进入。

5.3.4 废铅酸蓄电池贮存库房、车间应采用全封闭、微负压设计，室内排出的空气必须进行净化处理。

5.3.5 现有铅回收企业铅回收率应大于 95%，新建铅回收企业铅回收率应大于 97%。

5.3.6 再生铅工艺过程应采用密闭的熔炼设备或湿法冶金工艺设备，并在负压条件下生产，防止废气逸出。

5.3.7 应具有完整废水、废气的净化设施、报警系统和应急处理装置，确保废水、废气达标排放。

5.3.8 再生铅冶炼过程中产生的粉尘和污泥应配备符合环境保护要求的处置设施，以确保其得到妥善、安全处置。

### 5.4 铅回收企业清洁生产要求

5.4.1 新建铅回收企业应严格执行清洁生产工艺，严格按照国家清洁生产相关法规、标准和技术规范等管理性文件所确定的生产工艺与装备要求、资源能源利用指标、产品指标、污染物产生指标（末端处理前）、废物回收利用指标和环境管理要求等进行建设和生产。现有企业应限期达到清洁生产要求，逐步淘汰工艺技术落后、能耗高、资源综合利用率低和环境污染严重的工艺和设备。

5.4.2 铅回收企业应积极推进工艺、技术和设备更新改造，积极推进更先进的清洁生产技术。

## 6 污染控制要求

### 6.1 工艺过程污染控制要求

#### 6.1.1 预处理

6.1.1.1 废铅酸蓄电池的资源再生应先经过预处理后，再采用冶金的方法处理电极板填料等含铅物料。

6.1.1.2 废铅酸蓄电池的预处理一般包括机械打孔、破碎、分离等，其过程应符合以下要求：

（1）废铅酸蓄电池的机械打孔应采取妥善措施避免二次污染产生。

（2）废铅酸蓄电池破碎工艺应保证电池中的铅板、连接器、塑料盒和酸性电解液等成分在后续步骤中易被分离。

（3）破碎后的铅的氧化物和硫酸盐可通过筛分、水力分选、过滤等方式使其从其他的原料中分离出来。

（4）应对废塑料进行清洗，并应清洗至无污染，基本不含铅后方可进一步回收利用。

（5）预处理过程应积极推进采用自动破碎分选设备进行。

6.1.1.3 废铅酸蓄电池预处理过程应在封闭式的构筑物中进行，对于新建 5 万 t/a 的再生铅企业，应采取封闭式预处理措施；对于现有企业，应做到车间局部抽风，保证车间环境清洁。不得对废铅酸蓄电池进行人工破碎和在露天环境下进行破碎作业。

6.1.1.4 在回收拆解过程中应将塑料、铅电极板、含铅物料、废酸液分别回收、处理。对于隔板、废硫酸电解液等废物应分类计量且对各自的去向有明确的记录。

6.1.1.5 废铅酸蓄电池中的废酸液应收集处理，不得将其排入下水道或排入环境中。

### 6.1.2 铅回收

6.1.2.1 经预处理后的含有金属铅、铅的氧化物、铅的硫酸盐以及其他金属如钙、铜、银、锑、砷及锡等物质的电池碎片可采取火法冶金法或湿法冶金法把金属铅从混合物中分离出来。

6.1.2.2 铅回收过程应采用技术装备先进、设备产能高、资源综合利用率高、环境保护好的先进工艺，不得采用设备单产能低，处理能力小、资源综合利用率低、环境污染严重、能耗高的落后工艺。

6.1.2.3 火法冶金法

（1）火法冶金法一般包括两种方式，即一种是先预脱硫后高温冶炼还原铅；另一种方法为直接熔炼还原回收铅，同时进行硫的回收处理工艺。

（2）预脱硫过程可通过与碳酸铵或碳酸钠和氢氧化钠的混合物或三氧化二铁和碳酸钙混合物等反应来脱硫，脱硫产生的硫酸钠溶液可进一步纯化生产高纯度的盐。

（3）利用直接熔炼还原回收铅，其冶炼过程应对含二氧化硫烟气进行收集制酸，其尾气应经净化处理后实现达标排放。

（4）火法冶金可采用回转窑、鼓风炉、电炉、旋转窑、反射炉（不含直接燃煤的反射炉）等。应严格控制熔炼介质和还原介质的加入数量，以保证去除电池碎片中所有的硫和其他杂质以及还原所有的铅氧化物。

（5）利用火法冶金工艺进行废铅酸蓄电池资源再生，其冶炼过程应在密闭负压条件下进行，以免有害气体和粉尘逸出，收集的气体应进行净化处理，达标后排放。

6.1.2.4 湿式冶金法

（1）湿法冶金一般包括两种工艺方法，一种是预脱硫-电解沉积工艺，另一种是固相电还原铅工艺。

（2）预脱硫-电解沉积工艺浸出前应采用$(NH_4)_2CO_3$或碱金属碳酸盐等脱硫剂，把铅膏中的硫酸铅脱硫和二氧化铅还原，转化为易溶于 $H_2SiF_6$ 或 $HBF_4$ 的铅化合物；脱硫料可采用硅氟酸或硼氟酸电解液浸出得到电解液，电解液应进行电解沉积进而得到产品电铅，贫电解液返回浸出，然后将脱硫液蒸发回收副产品。

（3）固相电解还原铅工艺可采用 NaOH 作为电解液，采用不锈钢板作为阴、阳电极板，但阴极板两面附设不锈钢隔板。经过 NaOH 浆化的铅膏填装于阴极板两面的框架中，电解时铅膏中的固相铅化物质从阴极表面获得电子而直接还原为金属铅。

（4）湿式冶金过程中应将铅的结晶状或者海绵状的电解沉积物收集起来后，压成纯度高的铅饼，然后送到炉中浇铸成锭。

（5）利用湿式冶金工艺进行废铅酸蓄电池资源再生，其工艺过程应在封闭式构筑物内进行，排出气体须进行除湿净化，达标后排放。

## 6.2 末端污染控制要求

### 6.2.1 大气污染控制

（1）对于铅回收企业的所有工序排放出来的粉尘，应经过收集和处理后排放。

（2）对于粉尘，可根据污染治理程度的要求，采用布袋除尘器、静电除尘器、旋风除尘器、陶瓷过滤器或湿式除尘器。收集好的粉尘可以直接返回铅回收生产系统。

（3）对于 $SO_2$，其消除可采用干式、半干式、半湿和湿式等方法。采用先进成熟的脱硫技术和设备进行。

（4）铅回收企业的废气排放应按照 GB 16297、GB 9078 的排放限值执行。

6.2.2 酸性电解液和溢出液污染控制

（1）若采用中和处理，应达到中和渣无害化。

（2）铅回收企业应有污水处理站，用以处理流出回收厂的污水、雨水、废铅酸蓄电池仓库储存时的溢出液等。未经处理的电解液不得直接排放。再生厂排放废水应当满足 GB 8978 和其他相应标准的要求。

6.2.3 残渣污染控制

（1）铅回收企业产生的冶炼残渣、废气净化灰渣、废水处理污泥、分选残余物应按照危险废物进行管理，可送危险废物安全填埋场进行处置。

（2）禁止将资源再生过程中产生的残渣等危险废物任意堆放或填埋。

6.2.4 噪声污染控制

（1）主要噪声设备，如破碎机、泵、风机等应采取基础减振和消声及隔声措施。

（2）厂界噪声应符合 GB 12348 的要求。

6.2.5 废铅酸蓄电池的资源再生装置应设置废水、废气、废渣等污染控制系统外，还应配置报警系统和应急处理装置。

6.2.6 无组织排放污染控制

（1）废铅酸蓄电池的收集和运输过程中废铅酸电池有电解液渗漏的，其渗漏液应及时进行回收，采用烧碱、生石灰等碱性物质进行中和，中和后的物质进行集中回收，避免造成周围环境的污染。

（2）在工艺设计、工程设计时，尽量避免造成无组织排放现象的出现。如物流运输尽量采用负压密封管道输送；生产车间实行密闭微负压设计，其产生的废气经过分支管道集中到总管道，最终进行净化、吸收、达标排放。

（3）废铅酸蓄电池暂存库、贮存库应处于微负压状态，其产生硫酸雾、粉尘应进行集中净化回收处理，达标后排放。

（4）废铅酸蓄电池破碎分选车间处于微负压状态，其中的硫酸雾和粉尘在出气口经过集中净化、回收后达标排放。

（5）废铅酸蓄电池外壳应经过彻底清洗后，满足环保标准 HJ/T 364 的要求后方准再生使用。

（6）定期或不定期进行安全、环保检查，发现无组织排放及时采取措施，减少无组织排放。

（7）在无组织排放现场，采取应急措施，把有害排放物纳入有组织排放系统。

## 7 运行管理要求

### 7.1 运行基本条件

7.1.1 铅回收企业应按照《危险废物经营许可证管理办法》获得许可证后方可运营；未取得危险废物经营许可证的单位不得从事有关废铅酸蓄电池铅回收处置活动。

7.1.2 应具有经过培训的技术人员、管理人员和相应数量的操作人员。

7.1.3 具有完备的保障废铅酸蓄电池安全回收处置的规章制度和劳动保护措施。

7.1.4 具有保证铅回收企业正常运行的周转资金和辅助原料。

7.1.5 具备主要污染物监测能力和监测设备。

7.1.6 具备再生铅产品质量监测能力和设备。

7.2 机构设置与劳动定员

7.2.1 铅回收企业运营机构设置应以精干高效、提高劳动生产率和有利于生产经营为原则，做到分工合理、职责分明。

7.2.2 铅回收企业劳动定员可分为生产人员、辅助生产人员和管理人员。劳动定员应以按岗定人为原则，根据项目的工艺特点、技术水平、自动控制水平、投资体制、当地社会化服务水平和经济管理的要求合理确定。

7.3 人员培训

7.3.1 铅回收企业应对操作人员、技术人员及管理人员进行相关法律法规和专业技术、安全防护、应急处理等理论知识和操作技能培训。

7.3.2 培训内容应包括以下几个方面：

（1）一般要求：

①熟悉有关废铅酸蓄电池铅回收管理的法律和规章制度；

②了解废铅酸蓄电池铅回收过程危险性方面的知识；

③明确铅回收安全生产和环境保护的重要意义；

④熟悉铅回收企业运作的工艺流程；

⑤掌握劳动安全防护设施、设备使用的知识和个人卫生措施；

⑥熟悉处理泄漏和其他事故的应急操作程序。

（2）资源再生操作人员和技术人员的培训还应包括：

①在不同岗位的人员应懂得如何使用以及学会如何分辨在回收厂不同岗位的员工的劳动保护装备的差别；

②处置设备的正常运行，包括设备的启动和关闭；

③控制、报警和指示系统的运行和检查，以及必要时的纠正操作；

④铅回收过程产生的排放物应达到的排放标准；

⑤设备运行故障的检查和排除；

⑥事故或紧急情况下人工操作和事故处理；

⑦设备日常和定期维护；

⑧设备运行及维护记录，以及泄漏事故和其他事件的记录及报告；

⑨技术人员应掌握铅回收利用相关理论知识和设备的基本工作原理。

7.4 废铅酸蓄电池接收

7.4.1 废铅酸蓄电池接收应严格执行危险废物转移联单制度。

7.4.2 铅回收企业有责任协助运输单位对废铅酸蓄电池包装发生破裂、泄漏或其他事故进行处理。

7.4.3 现场交接时应认真核对废铅酸蓄电池的数量、种类等，并确认与危险废物转移联单是否相符。

7.4.4 铅回收企业应对接收的废物及时登记。

7.5 交接班及运行登记制度

7.5.1 为保证铅回收企业生产活动安全有序进行，应建立严格的交接班制度，内容包括：

（1）生产设施、设备、工具及生产辅助材料的交接；

（2）运行记录的交接；

（3）上下班交接人员应在现场进行实物交接；

（4）运行记录交接前，交接班人员应共同巡视现场；

（5）交接班程序未能顺利完成时，应及时向生产管理负责人报告；

（6）交接班人员应对实物及运行记录核实确定后签字确认。

7.5.2 铅回收企业应建立危险废物经营情况记录簿，详细记载每日收集、贮存、利用或处置废铅酸蓄电池的类别、数量、有无事故或其他异常情况等，并按照危险废物转移联单的有关规定，保管需存档的转移联单。危险废物经营情况记录簿与危险废物转移联单同期保存。

7.5.3　当地环境保护行政主管部门和其他有关管理部门应依据这些准确信息建立数据库，为管理和处置废铅酸蓄电池提供可靠的依据。

7.5.4　再生铅回收企业生产设施运行状况、设施维护和回收处置生产活动等记录的主要内容包括：

（1）危险废物转移联单记录；

（2）废铅酸蓄电池接收登记记录；

（3）废铅酸蓄电池进厂运输车车牌号、来源、重量、进场时间、离场时间等记录；

（4）生产设施运行工艺控制参数记录；

（5）生产设施维修情况记录；

（6）环境监测数据记录；

（7）生产事故及处置情况记录。

## 7.6　监测及评估制度

7.6.1　主要监测对象：

（1）废水：应对经废水处理站处理的出水进行监测，监测指标至少包括 pH、含硫量（以 $SO_4^{2-}$计）和有代表性的重金属物质（如 Pb、Cd、Hg 等）。

（2）大气：应对污染物净化设施排放口进行监测。新建厂应安装连续监测设备，对粉尘（Pb）、硫酸雾等进行在线监测，应对铅回收企业周围进行环境监测。

（3）土壤和植物：应定期对厂内及厂区周边的土壤和植物进行监测。

（4）地下水：应按照 GB 14848 定期对厂内及厂区周边的地下水质量进行监测。

（5）无组织排放：应定期或不定期对无组织排放的污染物进行监测。

（6）健康检查：对所有工作人员应定期进行健康检查。

废铅酸蓄电池资源再生过程主要污染物排放监测以及再生厂环境监测要求见附录 A 和附录 B。

7.6.2　应定期对废铅酸蓄电池资源再生效果进行监测和评估，必要时应采取改进措施。

7.6.3　应定期对铅回收企业的设施、设备运行及安全状况进行检测和评估，消除安全隐患。

7.6.4　应定期对废铅酸蓄电池资源再生生产程序及人员操作进行安全评估，必要时采取有效的改进措施。

## 7.7　应急预案

7.7.1　铅回收企业应建立应急预案，应急预案可按照《危险废物经营单位编制应急预案指南》（国家环境保护总局公告　2007 年第 48 号）的要求制定，并定期进行演练。

7.7.2　应急预案至少应包括以下内容：

（1）废铅酸蓄电池收集过程中的贮存过程中发生事故时的应急预案；

（2）废铅酸蓄电池贮存过程中发生事故时的应急预案；

（3）废铅酸蓄电池运输过程中发生事故时的应急预案；

（4）废铅酸蓄电池资源再生设施、设备发生故障、事故时的应急预案。

# 附 录 A

（资料性附录）

## 废铅酸蓄电池资源再生过程主要污染物排放监测要求

<table>
<tr><th>铅回收方法</th><th>排放类型</th><th>指标</th><th>监测频率</th><th>监测点位</th><th>执行标准</th></tr>
<tr><td rowspan="7">火法冶金</td><td rowspan="3">大气排放</td><td>粉尘（Pb）</td><td>在线监测</td><td rowspan="3">污染物净化设施排放口</td><td rowspan="3">GB 9078</td></tr>
<tr><td>$SO_2$</td><td>在线监测</td></tr>
<tr><td>烟气黑度</td><td>1 次/季</td></tr>
<tr><td rowspan="4">废水排放</td><td>pH</td><td rowspan="4">1 次/季</td><td rowspan="3">常规污水处理设施排放口</td><td rowspan="4">GB 8978</td></tr>
<tr><td>$COD_{Cr}$</td></tr>
<tr><td>SS</td></tr>
<tr><td>重金属（总铅、总砷、总镉、总汞、总镍）</td><td>车间和常规污水处理设施排放口</td></tr>
<tr><td rowspan="5">湿法冶金</td><td rowspan="2">大气排放</td><td>硫酸雾</td><td rowspan="2">1 次/季</td><td rowspan="2">污染物净化设施排放口</td><td rowspan="2">GB 16297</td></tr>
<tr><td>铅及铅的化合物</td></tr>
<tr><td rowspan="3">废水排放</td><td>pH</td><td rowspan="2">在线监测</td><td rowspan="2">常规污水处理设施排放口</td><td rowspan="3">GB 8978</td></tr>
<tr><td>$SO_4^{2-}$</td></tr>
<tr><td>重金属（总铅、总砷、总镉、总汞、总镍）</td><td>1 次/季</td><td>车间和常规污水处理设施排放口</td></tr>
</table>

# 附 录 B
（资料性附录）
## 废铅酸蓄电池再生铅回收企业环境监测要求

| 指标 | | | 监测频次 | 监测点位 | 执行标准 |
|---|---|---|---|---|---|
| 空气质量 | 日均值 | TSP | 1～2 期/a | 厂界 | GB 3095 |
| | | $SO_2$ | 1～2 期/a | | |
| | 小时均值 | $SO_2$ | 1～2 期/a | | |
| | 季平均 | Pb | 1～2 期/a | | |
| | 月平均 | Pb | 1～2 期/a | | |
| 土壤 | 浓度 | pH | 2 期/a | 厂界周围土壤 | GB 15618 |
| | | 铅 | 2 期/a | | |
| | | 砷 | 2 期/a | | |
| | | 镉 | 2 期/a | | |
| | | 镍 | 2 期/a | | |

# 中华人民共和国环境保护部
# 公　告

2009 年　第 75 号

为贯彻《中华人民共和国环境保护法》，促进环境信息化建设，现批准《废水类别代码（试行）》等六项标准为国家环境保护标准，并予发布。

标准名称、编号如下：

一、《废水类别代码（试行）》（HJ 520—2009）；

二、《废水排放规律代码（试行）》（HJ 521—2009）；

三、《地表水环境功能区类别代码（试行）》（HJ 522—2009）；

四、《废水排放去向代码》（HJ 523—2009）；

五、《大气污染物名称代码》（HJ 524—2009）；

六、《水污染物名称代码》（HJ 525—2009）。

以上标准自 2010 年 4 月 1 日起实施，由中国环境科学出版社出版，标准内容可在环境保护部网站（bz.mep.gov.cn）查询。

特此公告。

2009 年 12 月 30 日

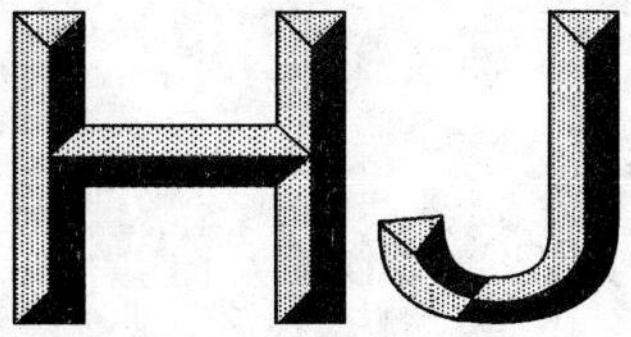

# 中华人民共和国国家环境保护标准

HJ 520—2009

# 废水类别代码（试行）

**Codes for wastewater categories**

2009-12-30 发布　　　　2010-04-01 实施

环 境 保 护 部 发布

# 前 言

为贯彻《中华人民共和国环境保护法》，保障废水治理和管理工作有序开展，统一废水分类与编码要求，制定本标准。

本标准根据环境管理、环境统计、环境监测、环境影响评价、排放污染物申报登记等工作及各类水体环境质量标准、水污染物排放标准等涉及的废水分类需要，规定了废水类别及与之相对应的代码。

本标准为首次发布。

本标准由环境保护部科技标准司组织制订。

本标准起草单位：环境保护部信息中心、北京思路创新科技有限公司。

本标准环境保护部 2009 年 12 月 30 日批准。

本标准自 2010 年 4 月 1 日起实施。

本标准由环境保护部解释。

# 废水类别代码

## 1 适用范围

本标准根据环境管理、环境统计、环境监测、环境影响评价、排放污染物申报登记等工作及各类水体环境质量标准、水污染物排放标准的需要，规定了废水类别及与之相对应的代码。

本标准适用于废水信息采集、交换、加工、使用和环境信息系统建设的管理工作。

## 2 规范性引用文件

本标准内容引用了下列文件中的条款。凡是不注日期的引用文件，其有效版本适用于本标准。

GB/T 4754—2002 国民经济行业分类

GB/T 7027 信息分类和编码的基本原则与方法

GB/T 10113 分类与编码通用术语

GB 21904—2008 化学合成类制药工业水污染物排放标准

GBJ 125—89 给水排水设计基本术语标准

HJ/T 416—2007 环境信息术语

HJ/T 417—2007 环境信息分类与代码

## 3 术语和定义

GBJ 125—89、GB/T 10113—2003、GB/T 4754—2002、HJ/T 416—2007 及 HJ/T 417—2007 中确立的术语和定义适用于本标准。

**生活污水 domestic sewage，domestic wastewater**

居民在日常生活中排出的废水。

## 4 分类原则

### 4.1 科学性原则

按照决定废水基本水质特性（主要污染物种类及其浓度）的关键因素——废水来源（污染源）进行分类。主要按照直接决定废水基本水质特性的行业和工艺阶段进行废水分类。同时考虑环境管理和污染预防控制等应用过程的需要和习惯。

### 4.2 系统性原则

将废水类别按一定排列顺序予以系统化，并形成一个合理的科学分类体系。

### 4.3 可扩展性原则

考虑到不同行业废水排放和水污染防治与管理业务的发展，废水类别应设置收容类目，预留空间，以保证分类体系有一定弹性，同时为废水分类体系的延拓细化创造条件。

### 4.4 兼容性原则

充分研究与废水相关的国家标准、行业标准和国际标准，与水污染物排放标准、国民经济行业分类等已有相关标准一致。

### 4.5 综合实用性原则

废水类别划分应从系统工程角度出发，将局部问题放在系统整体中处理，达到系统最优。立足于废水治理的总体目标，尽量满足污染源监管和污水排放控制的业务管理需求，符合环境统计、排污申报登记、总量减排控制等实际需要。

## 5 分类方法

### 5.1 基本方法

基本分类方法遵循 GB/T 7027—2002 的规定和要求。

### 5.2 废水分类方法

根据废水来源、所属行业和工艺阶段，采用线分类法进行分类。

废水分类的一级类目按照 GB/T 4754—2002 和 HJ/T 417—2007 中污染源信息类别进行划分，并按 HJ/T 417—2007 中污染源信息类别的顺序排列。包括地表径流等较特殊的废水。其下位类根据行业、废水性质、水污染防治需要等进行分类。

## 6 分类编码

### 6.1 编码原则

#### 6.1.1 规范性

在废水类别代码体系中，代码的类型、结构以及编写格式必须统一。

#### 6.1.2 唯一性

每一个废水类别仅有一个代码，一个代码只表示唯一的一个废水类别。

#### 6.1.3 合理性

废水类别代码的结构要与其分类体系相适应。

#### 6.1.4 可扩充性

对废水类别的编码要留有适当的后备容量，以便适应不断扩充的需要。

#### 6.1.5 简单性

代码结构应尽量简洁，以方便使用者填写，减少微机存贮空间和代码的出错率，提高处理效率。

#### 6.1.6 稳定性

废水类别代码一经确定，应保持不变。

### 6.2 编码方法

废水类别编码为层次码，每层中采用顺序码。其中，层次码依据编码对象的分类层级将代码分成若干层级，并与分类对象的分类层次相对应；代码自左至右表示的层级由高至低，代码的左端为最高位层级代码，右端为最低位层级代码；采用固定递增格式。顺序码采用递增的数字码。

### 6.3 代码组成

废水类别类目层次分为为四级，即一级类目、二级类目、三级类目和四级类目。类目层次可根据发展需要增加。

类目代码用阿拉伯数字表示。第二层代码采用 2 位阿拉伯数字表示，即 01～99；第一层、第三层及第四层采用 1 位阿拉伯数字表示，即 1～9。一级类目代码由第一层代码组成，二级及以上类目代码由上层类代码加本层代码组成。代码结构如图 1 所示。废水类别代码使用时应完整填写 5 位数字。对于类别划分较粗而导致的码长不足，以 0 补足。

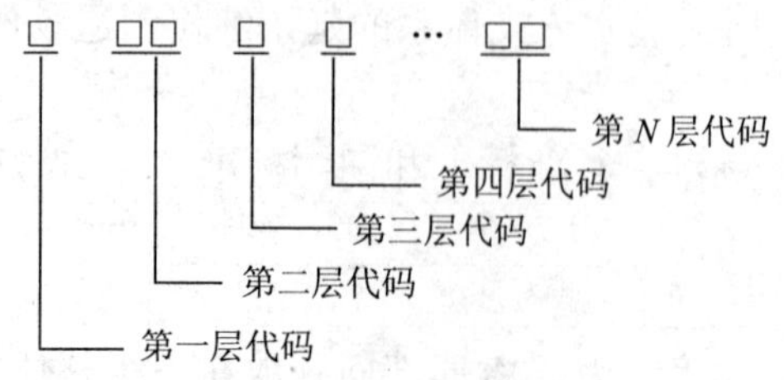


**图 1 代码结构**

示例：某废水 A 为煤炭洗选废水，查询代码表时，其代码为 1062，仅有 4 位数字，但在填写报表（要求在报表中提供 5 个空格）时应填写 10620。

## 7 废水类别与代码表

表 1 列出了废水类别的代码、类目名称及备注，废水分类一级类目包括工业废水、农业废水、生活污水、交通运输废水、服务业废水、集中式污染治理设施废水、地表径流和其他废水。

**表 1 废水类别代码表**

| 代码 | 类目名称 | 备注 |
|---|---|---|
| 1 | 工业废水 | 详细类别及代码见表 2 |
| 106 | 煤炭开采和洗选业废水 | |
| 107 | 石油和天然气开采业废水 | |
| 108 | 黑色金属矿采选业废水 | |
| 109 | 有色金属矿采选业废水 | |
| 110 | 非金属矿采选业废水 | |
| 111 | 其他矿采选废水 | |
| 113 | 农副食品加工业废水 | |
| 114 | 食品制造业废水 | |
| 115 | 饮料制造业废水 | |
| 116 | 烟草制品业废水 | |
| 117 | 纺织业废水 | |
| 119 | 皮革、毛皮、羽毛（绒）及其制造业废水 | |
| 120 | 木材加工及木、竹、藤、棕、草制品废水 | |
| 121 | 家具制造废水 | |
| 122 | 造纸及纸制品业废水 | |
| 125 | 石油加工和炼焦废水 | |
| 126 | 化学原料及化学制品制造业废水 | |
| 127 | 医药制造业废水 | |
| 128 | 化学纤维制造业废水 | |
| 129 | 橡胶制品制造业废水 | |
| 130 | 塑料制品业废水 | |
| 131 | 非金属矿物制品业废水 | |
| 132 | 黑色金属冶炼及压延加工业废水 | |
| 133 | 有色金属冶炼及压延加工业废水 | |
| 138 | 机械制造业废水 | |
| 140 | 电子工业废水 | |
| 143 | 废弃资源和废旧材料回收加工业废水 | |
| 144 | 电力、热力的生产和供应业废水 | |
| 146 | 水的生产和供应业废水 | |
| 147 | 施工废水 | 施工工地污染源排放的施工作业废水。而施工工地的生活污水属于“3 生活污水” |
| 150 | 核与放射性废水 | 将石油加工、炼焦及核燃料加工业中的核燃料加工业归类为核与放射性废水 |
| 151 | 消防废水 | 包括消防演练和实战产生的废水 |
| 175 | 实验室废水 | 不包括实验室废液 |
| 199 | 其他工业废水 | |

续表

| 代码 | 类目名称 | 备注 |
| --- | --- | --- |
| 2 | **农业废水** | |
| 201 | 畜禽养殖业废水 | |
| 2011 | 集约式畜禽养殖业废水 | |
| 2012 | 散养式畜禽养殖业废水 | |
| 2019 | 其他畜禽养殖业废水 | |
| 202 | 水产养殖业废水 | |
| 203 | 种植业废水 | |
| 299 | 其他农业废水 | |
| 3 | **生活污水** | |
| 301 | 城镇居民生活污水 | |
| 302 | 农村居民生活污水 | |
| 399 | 其他生活污水 | |
| 4 | **交通运输废水** | 机动车的洗车废水纳入服务业废水的汽车、摩托车维护与保养服务业废水中 |
| 401 | 轨道运输废水 | |
| 4011 | 车身清洗废水 | |
| 4012 | 车上生活废水 | |
| 4019 | 其他轨道运输废水 | |
| 402 | 船舶废水 | |
| 4021 | 洗舱水 | |
| 4022 | 压舱水 | |
| 4023 | 机舱舱底水 | |
| 4024 | 货舱舱底水 | |
| 4025 | 船舶生活污水 | |
| 4029 | 其他船舶废水 | |
| 403 | 飞机废水 | |
| 4031 | 飞机发动机清洗废水 | |
| 4032 | 机身清洗废水 | |
| 4033 | 机上生活污水 | |
| 4039 | 其他飞机废水 | |
| 499 | 其他交通废水 | |
| 5 | **服务业废水** | |
| 501 | 医院废水 | |
| 502 | 餐饮业废水 | |
| 503 | 娱乐服务业废水 | |
| 504 | 住宿业废水 | |
| 505 | 居民服务业废水 | |
| 506 | 汽车、摩托车维护与保养服务业废水 | |
| 599 | 其他服务业废水 | |
| 6 | **集中式污染治理设施废水** | |
| 601 | 污水处理厂废水 | |
| 602 | 一般垃圾渗滤液 | |
| 603 | 危险废物处置厂废水 | |
| 6031 | 危险废物渗滤液 | |
| 6032 | 危险废物处置设备冷却水 | |

续表

| 代码 | 类目名称 | 备注 |
|---|---|---|
| 6033 | 危险废物处置车间和设备冲洗废水 | |
| 6039 | 其他危险废物处置厂废水 | |
| 604 | 医疗废物处置厂废水 | |
| 6041 | 医疗废物渗滤液 | |
| 6042 | 医疗废物处置设备冷却水 | |
| 6043 | 医疗废物处置车间和设备冲洗废水 | |
| 6044 | 医疗废物处置厂设备内腔和废气冷凝液 | |
| 6045 | 消毒废水 | |
| 6049 | 其他医疗废物处置厂废水 | |
| 699 | 其他集中式污染治理设施废水 | |
| 7 | **地表径流** | |
| 701 | 路面径流 | |
| 7011 | 城市道路径流 | 指城市内部道路的路面径流 |
| 7012 | 公路径流 | 指城市间道路的路面径流 |
| 7019 | 其他路面径流 | |
| 702 | 居民文教区地表径流 | |
| 703 | 工业区地表径流 | |
| 704 | 商业区地表径流 | |
| 705 | 商业与居民混合区地表径流 | |
| 706 | 工业、商业与居民混合区地表径流 | |
| 799 | 其他地表径流 | |
| 9 | **其他废水** | |

表 2 列出了工业废水的详细类别及代码。

**表 2　工业废水详细类别与代码表**

| 代码 | | | 类目名称 | 备注 |
|---|---|---|---|---|
| 106 | | | **煤炭开采和洗选业废水** | |
| | 1061 | | 煤炭开采废水 | |
| | 1062 | | 煤炭洗选废水 | |
| 107 | | | **石油和天然气开采业废水** | |
| | 1071 | | 原油开采废水 | |
| | 1072 | | 天然气开采废水 | |
| | 1073 | | 油页岩开采废水 | |
| | 1079 | | 与石油和天然气开采有关的服务活动产生的废水 | |
| 108 | | | **黑色金属矿采选业废水** | |
| | 1081 | | 铁矿采选废水 | |
| | 1082 | | 锰矿采选废水 | |
| | 1083 | | 铬矿采选废水 | |
| | 1089 | | 其他黑色金属矿采选废水 | |
| 109 | | | **有色金属矿采选业废水** | |
| | 1091 | | 常用有色金属矿采选废水 | |
| | | 10911 | 铜矿采选废水 | |
| | | 10912 | 铅锌矿采选废水 | |
| | | 10913 | 镍钴矿采选废水 | |

续表

| 代码 | | | 类目名称 | 备注 |
|---|---|---|---|---|
| | | 10914 | 锡锑汞矿采选废水 | |
| | | 10915 | 锑矿采选废水 | |
| | | 10916 | 铝矿采选废水 | |
| | | 10917 | 镁矿采选废水 | 包括作耐火材料的菱镁矿采选废水 |
| | | 10918 | 汞矿采选废水 | |
| | | 10919 | 其他常用有色金属矿采选废水 | |
| | 1092 | | 贵金属矿采选废水 | |
| | | 10921 | 金矿采选废水 | |
| | | 10922 | 银矿采选废水 | |
| | | 10929 | 其他贵金属矿采选废水 | |
| | 1093 | | 稀有稀土金属矿采选废水 | |
| | | 10931 | 钨钼矿采选废水 | |
| | | 10932 | 稀土金属矿采选废水 | |
| | | 10933 | 放射性金属矿采选废水 | |
| | | 10939 | 其他稀有金属矿采选废水 | |
| | 1099 | | 其他有色金属矿采选废水 | |
| 110 | | | **非金属矿采选业废水** | |
| | 1101 | | 建筑材料采选废水 | 包括土砂石、耐火土石等开采废水 |
| | 1102 | | 化学矿采选废水 | |
| | | 11021 | 硫矿采选废水 | 包括硫铁矿、硫黄矿等采选废水 |
| | | 11022 | 磷矿采选废水 | 包括磷灰石、鸟粪层等采选废水 |
| | | 11023 | 钾盐采选废水 | |
| | | 11024 | 硼矿采选废水 | |
| | | 11029 | 其他化学矿采选废水 | 包括天然碱、天然芒硝、天然硝石、明矾石、砷矿等采选废水 |
| | 1103 | | 采盐废水 | |
| | 1109 | | 石棉及其他非金属矿采选 | |
| | | 11091 | 石棉采选废水 | |
| | | 11092 | 云母采选废水 | |
| | | 11093 | 宝石、玉石采选废水 | |
| | | 11094 | 石膏采选废水 | |
| | | 11095 | 石墨采选废水 | |
| | | 11096 | 水晶采选废水 | |
| | | 11099 | 其他非金属矿采选废水 | 包括金刚石、滑石、蛭石、瓷土、珍珠岩等非金属矿采选废水 |
| 111 | | | **其他矿采选废水** | |
| 113 | | | **农副食品加工业废水** | |
| | 1133 | | 植物油加工废水 | |
| | 1134 | | 制糖废水 | |
| | 1135 | | 屠宰及肉类加工废水 | |
| | 1139 | | 其他农副食品加工废水 | 包括饲料加工、水产品加工、蔬菜、水果和坚果加工、淀粉及淀粉制品的制造、豆制品制造、蛋品加工等 |
| 114 | | | **食品制造业废水** | |
| | 1145 | | 罐头食品制造业废水 | |

续表

| 代码 | | | 类目名称 | 备注 |
|---|---|---|---|---|
| | 1146 | | 发酵制品业废水 | |
| | | 11461 | 味精工业废水 | |
| | | 11462 | 柠檬酸工业废水 | |
| | | 11469 | 其他发酵制品业废水 | 包括氨基酸、酵母、酶制剂及其他发酵制品业 |
| | 1149 | | 其他食品制造业废水 | |
| 115 | | | **饮料制造业废水** | |
| | 1151 | | 酒精制造废水 | 指发酵酒精的生产，不包括合成酒精、木材水解酒精的生产 |
| | 1152 | | 酒的制造废水 | |
| | | 11521 | 白酒制造废水 | |
| | | 11522 | 啤酒制造废水 | |
| | | 11523 | 黄酒制造废水 | |
| | | 11524 | 葡萄酒制造废水 | |
| | | 11529 | 其他酒的制造废水 | |
| | 1153 | | 软饮料制造废水 | |
| | | 11531 | 碳酸饮料制造废水 | |
| | | 11532 | 瓶（罐）装饮用水制造废水 | |
| | | 11533 | 果菜汁及果菜汁饮料制造废水 | |
| | | 11534 | 含乳饮料和植物蛋白饮料制造废水 | |
| | | 11535 | 固体饮料制造废水 | |
| | | 11539 | 茶饮料及其他软饮料制造废水 | |
| | 1154 | | 精制茶加工废水 | |
| | 1159 | | 其他饮料制造废水 | |
| 116 | | | **烟草制品业废水** | |
| 117 | | | **纺织业废水** | |
| | 1171 | | 棉纺及棉制品加工废水 | |
| | 1172 | | 毛纺织加工废水 | 包括毛涤加工、毛纺、毛织毛制品等，见 GB/T 4754—2002 |
| | 1173 | | 麻纺织废水 | |
| | 1174 | | 丝绢纺织废水 | 包括丝绢纺及丝制品业，见 GB/T 4754—2002 |
| | 1175 | | 化纤纺织废水 | |
| | 1176 | | 印染、漂染废水 | 包括棉、麻、丝、毛印染、漂染 |
| | 1179 | | 其他纺织业废水 | |
| 119 | | | **皮革、毛皮、羽毛（绒）及其制品业废水** | |
| | 1192 | | 制革业废水 | |
| | 1193 | | 毛皮鞣制废水 | |
| | 1199 | | 其他皮革、毛皮、羽绒及其制品废水 | |
| 120 | | | **木材加工及木、竹、藤、棕、草制品业废水** | |
| 121 | | | **家具制造业废水** | |
| 122 | | | **造纸及纸制品业废水** | |
| | 1221 | | 植物纤维造纸制浆黑液（红液）废水 | |
| | 1222 | | 植物纤维造纸制浆中段废水 | |
| | 1223 | | 造纸白水 | |

续表

| 代码 | | | 类目名称 | 备注 |
|---|---|---|---|---|
| | 1224 | | 废纸造纸制浆废水 | |
| | 1229 | | 其他造纸及纸制造废水 | |
| 125 | | | **石油加工和炼焦废水** | |
| | 1251 | | 石油加工废水 | 包括页岩原油、煤炼油、合成液体燃料生产、天然原油、人造原油加工、液化气、干气、烷基苯、石油沥青等生产废水 |
| | 1252 | | 炼焦含酚废水 | |
| | 1253 | | 煤气生产含酚废水 | |
| | 1254 | | 煤制品生产废水 | |
| | 1259 | | 其他石油加工及炼焦废水 | |
| 126 | | | **化学原料及化学制品制造业废水** | |
| | 1261 | | 基础化学原料制造废水 | |
| | | 12611 | 无机酸制造废水 | |
| | | 12612 | 电石渣废水 | |
| | | 12613 | 制碱含汞废水 | |
| | | 12614 | 制碱其他废水 | |
| | | 12615 | 无机盐制造废水 | |
| | | 12619 | 其他基础化学原料制造废水 | |
| | 1262 | | 肥料制造废水 | |
| | | 12621 | 氮肥制造废水 | |
| | | 12622 | 磷肥制造废水 | |
| | | 12623 | 钾肥制造废水 | |
| | | 12624 | 复混肥料制造废水 | |
| | | 12625 | 有机肥料及微生物肥料制造废水 | |
| | | 12629 | 其他肥料制造废水 | |
| | 1263 | | 农药制造废水 | |
| | | 12631 | 化学农药制造废水 | 包括酰胺类、杂环类、苯氧羧酸类、磺酰脲类、有机硫类、菊酯类、有机磷类、有机氯类、氨基甲酸酯类农药制造废水。见 GB 21523—2008 分类 |
| | | 12632 | 生物化学农药及微生物农药制造废水 | |
| | | 12639 | 其他农药制造废水 | |
| | 1264 | | 涂料、油墨、颜料及类似产品制造废水 | |
| | | 12641 | 涂料制造废水 | |
| | | 12642 | 油墨及类似产品制造废水 | |
| | | 12643 | 颜料制造废水 | |
| | | 12644 | 染料制造废水 | |
| | | 12645 | 密封用填料及类似品制造废水 | |
| | 1265 | | 合成材料制造废水 | |
| | | 12651 | 塑料制造废水 | |
| | | 12652 | 合成橡胶制造废水 | |
| | | 12653 | 合成纤维单体制造废水 | |
| | | 12654 | 有机硅氟材料制造废水 | |
| | | 12655 | 合成氨制造废水 | |
| | | 12659 | 其他合成材料制造废水 | |

续表

| 代码 | | | 类目名称 | 备注 |
|---|---|---|---|---|
| | 1266 | | 专用化学产品制造废水 | |
| | | 12661 | 化学试剂、助剂制造废水 | 包括航天推进剂制造废水 |
| | | 12663 | 林产化学产品制造废水 | |
| | | 12664 | 炸药及火工产品制造废水 | |
| | | 12666 | 环境污染处理专用药剂材料制造废水 | |
| | | 12667 | 动物胶制造废水 | |
| | | 12669 | 其他专用化学产品制造废水 | |
| | 1267 | | 日用化学产品制造废水 | |
| | | 12671 | 肥皂及合成洗涤剂制造废水 | |
| | | 12672 | 合成脂肪酸制造废水 | |
| | | 12679 | 其他日用化学产品制造废水 | |
| 127 | | | **医药制造业废水** | 见 GB 21904—2008 分类 |
| | 1271 | | 化学合成类制药废水 | |
| | 1272 | | 发酵类制药废水 | |
| | 1273 | | 提取类制药废水 | |
| | 1274 | | 中药类制药废水 | |
| | 1275 | | 生物工程类制药废水 | |
| | 1276 | | 混装制剂类制药废水 | |
| | 1279 | | 其他医药制造业废水 | |
| 128 | | | **化学纤维制造业废水** | |
| | 1281 | | 化纤浆粕废水 | |
| | 1282 | | 合成纤维制造废水 | 包括锦纶、涤纶、腈纶、维纶等纤维制造的废水 |
| | 1283 | | 粘胶纤维制造废水 | |
| | 1289 | | 其他纤维制造废水 | |
| 129 | | | **橡胶制品业废水** | |
| 130 | | | **塑料制品业废水** | |
| | 1301 | | 人造革制造废水 | |
| | 1304 | | 泡沫塑料制造废水 | |
| | 1309 | | 其他塑料制品制造废水 | |
| 131 | | | **非金属矿物制品业废水** | |
| | 1311 | | 水泥制造废水 | |
| | 1312 | | 石棉废水 | |
| | 1313 | | 建筑材料制造废水 | |
| | | 13131 | 建筑材料制品制造废水 | |
| | | 13134 | 防水建筑材料制品制造废水 | |
| | | 13139 | 其他建筑材料制造废水 | |
| | 1314 | | 玻璃制品制造废水 | |
| | 1315 | | 陶瓷制品制造废水 | |
| | 1316 | | 耐火材料制品制造废水 | |
| | 1319 | | 其他非金属矿物制品制造废水 | |
| 132 | | | **黑色金属冶炼及压延加工业废水** | |
| | 1321 | | 黑色金属冶炼冲渣水 | |

续表

| 代码 | | | 类目名称 | 备注 |
|---|---|---|---|---|
| | 1322 | | 黑色金属冶炼冷却水 | 不包括专管外排的间接冷却水 |
| | 1323 | | 黑色金属冶炼酸洗水 | |
| | 1324 | | 黑色金属压延加工废水 | |
| | 1329 | | 其他黑色金属冶炼及压延加工业废水 | |
| 133 | | | **有色金属冶炼及压延加工业废水** | |
| | 1331 | | 常用有色金属冶炼废水 | |
| | | 13311 | 铜冶炼废水 | |
| | | 13312 | 铅锌冶炼废水 | |
| | | 13313 | 镍钴冶炼废水 | |
| | | 13314 | 锡冶炼废水 | |
| | | 13315 | 锑冶炼废水 | |
| | | 13316 | 铝冶炼废水 | |
| | | 13317 | 镁冶炼废水 | |
| | | 13318 | 汞冶炼废水 | |
| | | 13319 | 其他常用有色金属冶炼废水 | |
| | 1332 | | 贵金属冶炼废水 | 金、银贵金属冶炼废水 |
| | 1333 | | 稀有稀土金属冶炼废水 | |
| | 1334 | | 有色金属合金制造废水 | |
| | 1335 | | 有色金属压延加工废水 | |
| | 1339 | | 其他有色金属冶炼及压延加工业废水 | |
| 138 | | | **机械制造业废水** | 根据工艺过程分类 |
| | 1381 | | 机械加工废水 | 包括兵器加工废水 |
| | 1382 | | 表面处理废水 | |
| | | 13821 | 表面电化学处理废水 | |
| | | 13822 | 表面化学处理废水 | |
| | | 13823 | 表面热加工处理废水 | |
| | | 13829 | 其他表面处理废水 | |
| | 1389 | | 其他机械制造业废水 | |
| 140 | | | **电子工业废水** | |
| 143 | | | **废弃资源和废旧材料回收加工业废水** | |
| | 1431 | | 金属废料和碎屑的加工处理废水 | |
| | 1432 | | 非金属废料和碎屑的加工处理废水 | |
| | 1439 | | 其他废弃资源和废旧材料回收加工废水 | |
| 144 | | | **电力、热力的生产和供应业废水** | 不包括核电站废水 |
| 146 | | | **水的生产和供应业废水** | |
| | 1461 | | 自来水的生产和供应业废水 | |
| | 1469 | | 其他水的处理、利用与分配产生废水 | |
| 147 | | | **施工废水** | 施工工地污染源排放的施工作业废水。而施工工地的生活污水属于“3 生活污水” |
| 150 | | | **核与放射性废水** | |
| | 1501 | | 放射性金属采选废水 | |
| | 1502 | | 核燃料与原料加工废水 | |
| | 1503 | | 核辐射加工废水 | |
| | 1504 | | 放射性化学产品制造废水 | |

续表

| 代码 | | | 类目名称 | 备注 |
|---|---|---|---|---|
| | 1505 | | 核电站废水 | |
| | 1509 | | 其他核与放射性废水 | |
| 151 | | | **消防废水** | 包括消防演练和实战产生的废水 |
| 175 | | | **实验室废水** | 不包括实验室废液 |
| | 1752 | | 工程和技术实验室废水 | |
| | 1753 | | 农业实验室废水 | |
| | 1754 | | 医学实验室废水 | |
| | 1759 | | 其他实验室废水 | |
| 199 | | | **其他工业废水** | |

## 8 XML 数据定义

### 8.1 废水类别代码数据结构图

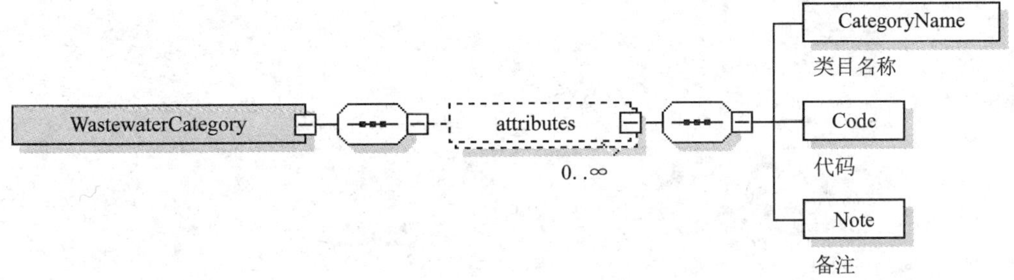


### 8.2 废水类别代码 Schema

```
<?xml version="1.0" encoding= "gb2312"?>
<xs:schema xmlns:xs="http://www.w3.org/2001/XMLSchema" elementFormDefault="qualified"
attributeFormDefault="unqualified">
    <xs:element name="WastewaterCategory">
        <xs:complexType>
            <xs:sequence>
                <xs:element name="attributes" minOccurs="0" maxOccurs="unbounded">
                    <xs:complexType>
                        <xs:sequence>
                            <xs:element name="categoryName">
                                <xs:annotation>
                                    <xs:documentation>类目名称</xs:documentation>
                                </xs:annotation>
                            </xs:element>
                            <xs:element name="Code">
                                <xs:annotation>
                                    <xs:documentation>代码</xs:documentation>
                                </xs:annotation>
                            </xs:element>
                            <xs:element name="Note">
```

```
                                        <xs:annotation>
                                            <xs:documentation>备注</xs:documentation>
                                        </xs:annotation>
                                    </xs:element>
                                </xs:sequence>
                            </xs:complexType>
                        </xs:element>
                    </xs:sequence>
                </xs:complexType>
            </xs:element>
</xs:schema>
```

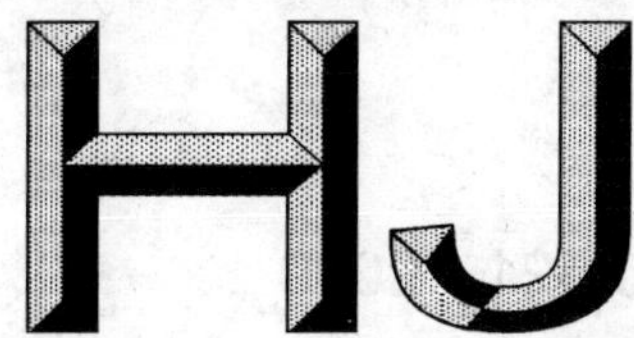

# 中华人民共和国国家环境保护标准

HJ 521—2009

# 废水排放规律代码（试行）

**Codes for wastewater discharging**

2009-12-30 发布　　　　2010-04-01 实施

环　境　保　护　部　发布

# 前　言

为贯彻《中华人民共和国环境保护法》，保障废水治理和管理工作有序开展，统一废水排放规律分类与代码，制定本标准。

本标准规定了废水排放规律类别和对应的代码。

本标准为首次发布。

本标准由环境保护部科技标准司组织制订。

本标准起草单位：环境保护部信息中心、北京思路创新科技有限公司。

本标准由环境保护部 2009 年 12 月 30 日批准。

本标准自 2010 年 4 月 1 日起实施。

本标准由环境保护部解释。

# 废水排放规律代码

## 1 适用范围

本标准规定了废水的排放规律类别和代码。

本标准适用于各级环境保护部门废水排放规律信息采集、交换、加工、使用和环境信息系统建设的管理工作。

## 2 规范性引用文件

本标准内容引用了下列文件中的条款。凡是不注日期的引用文件，其有效版本适用于本标准。

GBJ 125—89 给水排水设计基本术语标准

GB/T 7027 信息分类和编码的基本原则与方法

GB/T 10113 分类与编码通用术语

HJ/T 416—2007 环境信息术语

HJ/T 417—2007 环境信息分类与代码

## 3 术语和定义

GBJ 125—89、GB/T 10113—2003、HJ/T 416—2007 及 HJ/T 417—2007 中确立的术语和定义，以及下列术语和定义适用于本标准。

### 3.1 废水排放规律 wastewater discharging rules

在考察周期（一年）内，废水的各个排放状态之间的联系。废水排放状态指标的监测按国家相关监测技术规范执行。检修期不列入考察周期范围。

### 3.2 （有）规律 regular

指废水的各个排放状态（流量）之间的联系不断重复出现，其变化态势具有一定的必然性。

### 3.3 无规律 irregular

指废水的各个排放状态（流量）的变化态势无必然性，无法预见下一状态。

### 3.4 连续 continuous

指废水流量始终大于 0。

### 3.5 间断 Intermittent

指废水流量在 0 与非 0 之间转换。

### 3.6 稳定 stable

指流量相对标准偏差不超过 20%的排放状态。

相对标准偏差计算公式为：

$$\mathrm{RSD}=\frac{\sqrt{\frac{\sum_{i=1}^{n}(x_i-X)^2}{n-1}}}{X}\times 100\%$$

式中：$X=\frac{\sum_{i=1}^{n}x_i}{n}$；

$x_i$——考察周期内第 $i$ 个流量监测值；

$n$——考察周期内监测次数，要求不少于《排放污染物申报登记报表》中填报的次数。

### 3.7 不稳定 unstable

指流量相对标准偏差超过 20%的排放状态。

### 3.8 周期性 periodical

从任一排放状态开始发生变化，经过一段时间（周期）或这段时间的整数倍后，总是恢复到开始的状态，并重复原来的变化。

### 3.9 冲击型 impactive

突发事件导致的废水排放，具有不可预见性，如暴雨冲刷或突发事故。

## 4 分类原则

### 4.1 科学性原则

根据废水排放状态的关键指标——流量，划分废水排放规律类别，兼顾废水排放规律的时间维度。

### 4.2 系统性原则

将废水排放规律按一定排列顺序予以系统化，形成合理的科学分类体系。

### 4.3 可扩展性原则

考虑到废水排放、水污染防治和管理的业务发展，废水排放规律类别设置收容类目，预留空间，以保证分类体系有一定弹性，同时为本分类体系的延拓细化创造条件。

### 4.4 兼容性原则

与已有的相关国家标准和行业标准保持一致。

### 4.5 综合实用性原则

废水排放规律的类别划分在满足废水排放规律分类总体要求的基础上，尽量满足污染源监管和污水排放控制的业务管理需求，符合环境统计、排污申报登记、总量减排控制等实际需要。

## 5 分类方法

### 5.1 基本方法

本标准的基本分类方法遵循 GB/T 7027—2002 的规定和要求。

### 5.2 废水排放规律分类方法

废水排放规律分类采用混合分类法。结合水污染防治和管理的实际业务工作，从废水排放流量角度描述废水排放规律，再根据需要分次要的面，采用面分类方法；在各个面下采用线分类法进行下一层分类。

示例：

| 按废水排放流量分类 | |
|---|---|
| 按连续性分类 | 按稳定性分类 |
| 连续 | 稳定 |
| 间断 | 不稳定<br>有规律<br>无规律 |
| …… | …… |

## 6 分类编码

### 6.1 编码原则

#### 6.1.1 规范性

在废水排放规律代码体系中，代码的类型、结构以及编写格式必须统一。

#### 6.1.2 唯一性

每一个废水排放规律类别仅有一个代码，一个代码表示唯一的一种废水排放规律。

#### 6.1.3 合理性

废水排放规律代码结构要与其分类体系相适应。

#### 6.1.4 可扩充性

对废水排放规律的编码要留有适当的后备容量，以适应扩充需要。

#### 6.1.5 简单性

代码结构应尽量简洁，方便使用者填写，同时节省微机存储空间、降低代码的出错率，提高处理效率。

#### 6.1.6 稳定性

废水排放规律代码一经确定，应保持不变。

### 6.2 编码方法

废水排放规律类别的编码方法采用并置码。各属性面无编码。各属性面下的线分类方法划分的类别代码以分层顺序编码为主，但是，以下类别采用特殊代码：

a）含否定意义的类别代码为 0。这些类别包括“间断”（不连续）、“不稳定”、“无规律”；

b）收容类目“其他”的代码为 9；

c）废水排放规律的码长一致。对于类别划分较粗而导致的码长不足，以英文小写字母“x”补足。

### 6.3 代码结构

类目代码中，各属性面下按线分类方法划分的类别代码逐层顺序排列。代码按不同主属性面分段并置。废水排放规律的代码结构如图 1 所示。

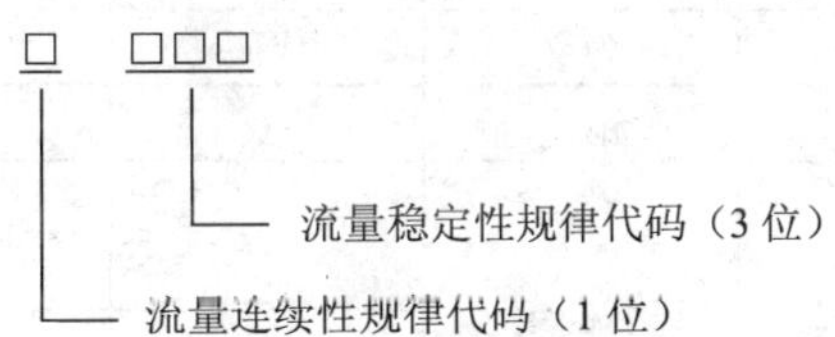


图 1 代码结构图

各位代码含义见表 1。

表 1 废水排放规律代码含义表

| 代码位置 | 含义 | |
| --- | --- | --- |
| 第 1 位 | 流量 | 是否连续 |
| 第 2 位 | | 是否稳定 |
| 第 3 位 | | 是否有规律 |
| 第 4 位 | | 特殊规律 |

示例：某废水 A 为流量间断而拥有周期性规律，其代码为 0011；某废水 B 为流量连续稳定，其代码为 11xx。

## 7 废水排放规律类别与代码表

### 7.1 废水排放流量规律类别代码表

#### 7.1.1 废水排放流量连续性规律代码表

**表 2 废水排放规律代码表 第 1 位代码（流量连续性）**

| 第 1 位 | 含义 |
|---|---|
| 1 | 连续 |
| 0 | 间断 |

7.1.2 废水排放流量稳定性规律代码表

**表 3 废水排放规律代码表 第 2～4 位代码（流量稳定性）**

| 第 2 位 | | 第 3 位 | | 第 4 位 | |
|---|---|---|---|---|---|
| 代码 | 含义 | 代码 | 含义 | 代码 | 含义 |
| 1 | 稳定 | x | — | x | — |
| 0 | 不稳定 | 1 | 有规律 | 1 | 周期性 |
| | | | | 9 | 其他 |
| | | 0 | 无规律 | 1 | 冲击型 |
| | | | | 9 | 其他 |

## 7.2 废水排放规律代码表

表 4 为废水排放规律代码表。

**表 4 废水排放规律代码表**

| 按废水排放流量分类 | | | | | | | |
|---|---|---|---|---|---|---|---|
| 按连续性分类 | | 按稳定性分类 | | | | | |
| 第 1 位 | | 第 2 位 | | 第 3 位 | | 第 4 位 | |
| 代码 | 含义 | 代码 | 含义 | 代码 | 含义 | 代码 | 含义 |
| 1 | 连续 | 1 | 稳定 | x | — | x | — |
| 0 | 间断 | 0 | 不稳定 | 1 | 有规律 | 1 | 周期性 |
| | | | | | | 9 | 其他 |
| | | | | 0 | 无规律 | 1 | 冲击型 |
| | | | | | | 9 | 其他 |

## 7.3 废水排放规律代码速查表

根据表 2、表 3、表 4 形成了表 5 废水排放规律代码速查表，可以直接使用表 5 中的废水排放规律代码。

**表 5 废水排放规律代码速查表**

| 废水排放规律代码 | 废水排放规律情况 |
|---|---|
| 11xx | 废水连续排放，流量稳定 |
| 1011 | 废水连续排放，流量不稳定，但有周期性规律 |
| 1019 | 废水连续排放，流量不稳定，但有规律，且不属于周期性规律 |
| 1001 | 废水连续排放，流量不稳定，属于冲击型排放 |
| 1009 | 废水连续排放，流量不稳定且无规律，但不属于冲击型排放 |
| 01xx | 废水间断排放，排放期间流量稳定 |
| 0011 | 废水间断排放，排放期间流量不稳定，但有周期性规律 |
| 0019 | 废水间断排放，排放期间流量不稳定，但有规律，且不属于非周期性规律 |
| 0001 | 废水间断排放，排放期间流量不稳定，属于冲击型排放 |
| 0009 | 废水间断排放，排放期间流量不稳定且无规律，但不属于冲击型排放 |

# 8 XML 数据定义

## 8.1 废水排放规律代码数据结构图

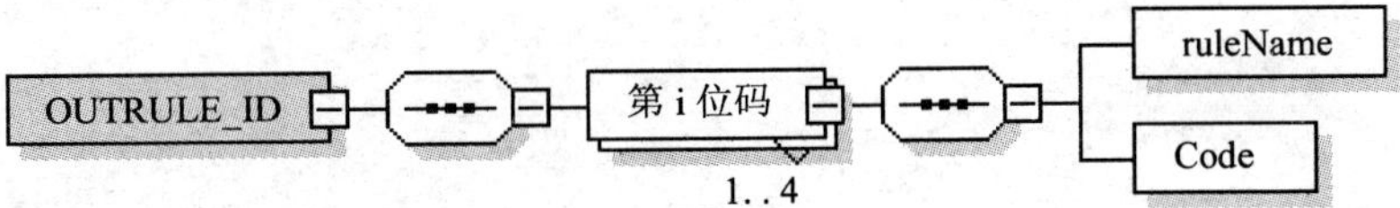


## 8.2 废水排放规律代码 Schema

```
<?xml version="1.0" encoding= "gb2312"?>
<xs:schema xmlns:xs="http://www.w3.org/2001/XMLSchema" elementFormDefault="qualified" attributeFormDefault="unqualified">
    <xs:element name="OUTRULE_ID">
        <xs:complexType>
            <xs:sequence>
                <xs:element name="第 i 位码" maxOccurs="4">
                    <xs:complexType>
                        <xs:sequence>
                            <xs:element name="ruleName"/>
                            <xs:element name="Code"/>
                        </xs:sequence>
                    </xs:complexType>
                </xs:element>
            </xs:sequence>
        </xs:complexType>
    </xs:element>
</xs:schema>
```

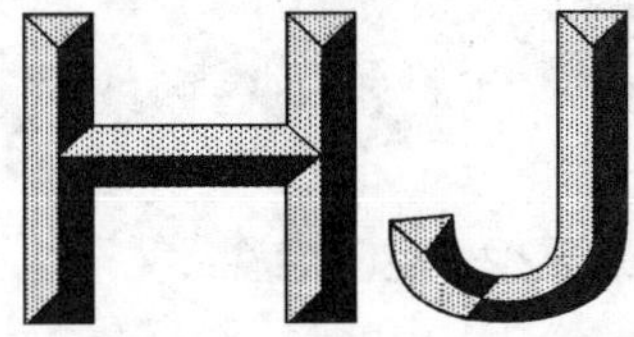

# 中华人民共和国国家环境保护标准

HJ 522—2009

## 地表水环境功能区类别代码（试行）

## Codes for surface-water environmental function zone categories

2009-12-30 发布　　2010-04-01 实施

环 境 保 护 部 发布

# 前 言

为贯彻实施《中华人民共和国环境保护法》，防治环境污染，改善环境质量，促进环境信息化建设，建立和完善环境信息化标准体系，为环境信息处理和交换提供技术支撑，规范地表水环境功能区类别标识，制定本标准。

本标准为首次发布。

本标准由环境保护部科技标准司组织制订。

本标准起草单位：环境保护部信息中心、安徽省环境信息中心。

本标准环境保护部 2009 年 12 月 31 日批准。

本标准自 2010 年 4 月 1 日起实施。

本标准由环境保护部解释。

# 地表水环境功能区类别代码

## 1 适用范围

本标准规定了地表水环境功能区的类别与代码。

本标准中水环境功能区类别代码对象为中华人民共和国领域内江河、湖泊、运河、渠道、水库等具有使用功能的地表水水域。

本标准适用于地表水环境信息采集、交换、加工、使用和环境信息系统建设的管理工作。

## 2 规范性引用文件

本标准内容引用了下列文件中的条款。凡是不注日期的引用文件，其有效版本适用于本标准。

GB 3838 地表水环境质量标准

GB/T 7027 信息分类和编码的基本原则与方法

HJ/T 416—2007 环境信息术语

HJ/T 417—2007 环境信息分类与代码

## 3 术语和定义

HJ/T 416—2007 及 HJ/T 417—2007 中确立的术语和定义，以及下列术语和定义适用于本标准。

**水环境功能区 water environmental function zone**

根据水域使用功能、水环境污染状况、水环境承受能力（环境容量）、社会经济发展需要以及污染物排放总量控制的要求，划定的具有特定功能的水环境。

## 4 分类方法

### 4.1 基本方法

本标准的基本分类方法遵循 GB/T 7027 中的规定和要求。

### 4.2 地表水环境功能区分类方法

采用以面分类法为主、线分类法为补充的混合分类法进行分类。

设一级类目，根据《中华人民共和国水污染防治法》和 GB 3838 的规定要求分为 9 类。

## 5 分类编码

### 5.1 编码原则

#### 5.1.1 唯一性

每一种地表水环境功能区类别仅有一个代码，一个代码仅表示唯一的一种地表水环境功能区类别。

#### 5.1.2 合理性

代码结构与分类体系相适应。

#### 5.1.3 可扩充性

留有适当的后备容量，以便适应不断扩充的需要。

#### 5.1.4 简单性

代码结构尽量简明，长度适当，以节省微机存储空间和降低代码的出错率。

5.1.5 稳定性

地表水环境功能区类别代码一经确定，只要名称没有发生变化，应保持不变。

5.1.6 规范性

代码的类型、结构以及编写格式应统一。

## 5.2 编码方法

采用层次编码方法，每层均采用数字编码。

地表水环境功能区类别代码自左至右表示的层级由高至低，代码的左端为最高位层级代码，右端为最低位层级代码。采用固定递增格式，顺序码采用递增的数字码。

## 5.3 代码组成

地表水环境功能区类别代码用两位阿拉伯数字表示，即 01～99。

# 6 地表水环境功能区类别与代码

地表水环境功能区类别代码如表 1 所示。

表 1 地表水环境功能区类别代码表

| 代码 | 地表水环境功能区类别名称 | 说明 |
|---|---|---|
| 10 | **自然保护区** | 对有代表性的自然生态系统、珍稀濒危野生动植物物种的天然集中分布区、有特殊意义的自然遗迹等保护对象所在的陆地水体，依法划出一定面积予以特殊保护和管理的区域 |
| 11 | 国家级自然保护区 | 在国内外有典型意义、在科学上有重大国际影响或者有特殊科学研究价值的自然保护区，列为国家级自然保护区<br>执行地表水环境质量Ⅰ类标准 |
| 12 | 地方级自然保护区 | 除国家级自然保护区外，其他具有典型意义或者重要科学研究价值的自然保护区列为地方级自然保护区<br>执行地表水环境质量Ⅰ类或Ⅱ类标准 |
| 20 | **饮用水水源保护区** | 国家为防治饮用水水源地污染、保证水源地环境质量而划定，并要求加以特殊保护的一定面积的水域和陆域 |
| 21 | 一级保护区 | 保护区内水质主要是保证饮用水卫生的要求<br>水质不得低于地表水环境质量Ⅱ类标准 |
| 22 | 二级保护区 | 在正常情况下满足水质要求，在出现污染饮用水源的突发情况下，保证有足够的采取紧急措施的时间和缓冲地带<br>水质不得低于地表水环境质量Ⅲ类标准，并保证流入一级保护区的水质满足一级保护区水质标准的要求 |
| 23 | 准保护区 | 为了在保障水源水质的情况下兼顾地方经济的发展，通过对其提出一定的防护要求来保证饮用水水源地水质<br>水质标准应保证流入二级保护区的水质满足二级保护区水质标准的要求 |
| 30 | **渔业用水区** | 鱼、虾、蟹、贝类的产卵场、索饵场、越冬场、洄游通道和养殖鱼、虾、蟹、贝类、藻类等水生动植物的水域 |
| 31 | 珍贵鱼类保护区 | 执行地表水环境质量Ⅱ类标准 |
| 32 | 一般鱼类用水区 | 执行地表水环境质量Ⅲ类标准 |
| 40 | **工业用水区** | 各工矿企业生产用水的集中取水点所在水域的指定范围，执行地表水环境质量Ⅳ类标准 |
| 50 | **农业用水区** | 灌溉农田、森林、草地的农用集中提水站所在水域的指定范围，执行地表水环境质量Ⅴ类标准 |

续表

| 代码 | 地表水环境功能区类别名称 | 说明 |
|---|---|---|
| 60 | 景观娱乐用水区 | 具有保护水生生态的基本条件、供人们观赏娱乐、人体非直接接触的水域<br>天然浴场、游泳区等直接与人体接触的景观娱乐用水区执行地表水环境质量Ⅱ类标准<br>国家重点风景游览区及与人体非直接接触的景观娱乐水体执行地表水环境质量Ⅳ类标准<br>一般景观用水区执行地表水环境质量Ⅴ类标准 |
| 70 | 混合区 | 污水与清水逐渐混合、逐步稀释、逐步达到地表水环境功能区水质要求的水域<br>混合区不执行地表水质量标准，是位于排放口与水环境功能区之间的劣Ⅴ类水域 |
| 80 | 过渡区 | 水质功能相差较大（两个或两个以上水质类别）的地表水环境功能区之间划定的、使相邻水域管理目标顺畅衔接的过渡水质类别区域<br>执行相邻地表水环境功能区对应高低水质类别之间的中间类别水质标准 |
| 90 | 保留区 | 目前尚未开发或开发利用程度不高，为今后开发利用预留的水域<br>保留区内的水质应维持现状不受破坏 |

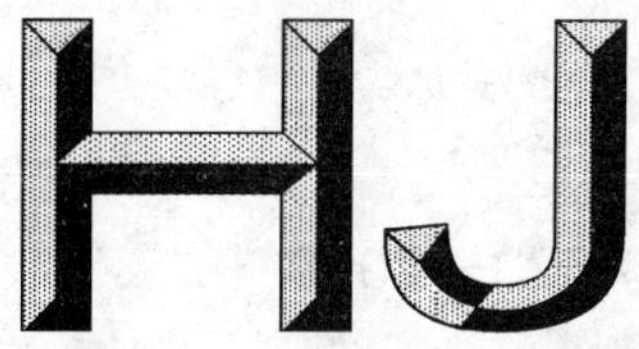

# 中华人民共和国国家环境保护标准

HJ 523—2009

# 废水排放去向代码

**Codes for wastewater discharge direction**

2009-12-30 发布 　　　　2010-04-01 实施

环 境 保 护 部 发布

# 前　言

为贯彻《中华人民共和国环境保护法》，防治环境污染，改善环境质量，促进环境信息化建设，建立和完善环境信息化标准体系，为环境信息处理和交换提供技术支撑，规范废水排放去向分类和表示，制定本标准。

本标准为首次发布。

本标准由环境保护部科技标准司组织制订。

本标准主要起草单位：环境保护部信息中心、安徽省环境信息中心。

本标准由环境保护部 2009 年 12 月 30 日批准。

本标准自 2010 年 4 月 1 日起实施。

本标准由环境保护部解释。

# 废水排放去向代码

## 1 适用范围

本标准确定了废水排放去向的分类与代码。废水排放包括工业废水、生活废水、污水处理设施以及垃圾填埋厂、堆肥厂、焚烧厂、危险废物处置厂等设施的排水。

本标准适用于废水排放信息采集、交换、加工、使用和环境信息系统建设的管理工作。

## 2 规范性引用文件

本标准内容引用了下列文件中的条款。凡是不注日期的引用文件，其有效版本适用于本标准。

HJ/T 416—2007 环境信息术语

HJ/T 417—2007 环境信息分类与代码

## 3 术语和定义

HJ/T 416—2007 及 HJ/T 417—2007 中确立的术语和定义，以及下列术语和定义适用于本标准。

**废水排放去向 wastewater discharge direction**

根据废水排放的各种去向，按排放地划定的分类。

## 4 废水排放去向分类及编码方法

废水排放去向按面分类法分为 10 类。代码采用一位英文大写字母表示，按英文字母顺序编码。

## 5 代码表

**表 1 废水排放去向代码表**

| 代码 | 废水排放去向分类 | 说明 |
|---|---|---|
| A | 直接进入海域 | |
| B | 直接进入江河、湖、库等水环境 | |
| C | 进入城市下水道（再入江河、湖、库） | |
| D | 进入城市下水道（再入沿海海域） | |
| E | 进入城市污水处理厂 | 对进入城镇污水收集系统的污水进行净化处理的污水处理厂 |
| F | 直接进入污灌农田 | |
| G | 进入地渗或蒸发地 | |
| H | 进入其他单位 | |
| L | 工业废水集中处理厂 | 通过开发区的建设、城市规划、产业整合，在工业废水排放集中区建设的工业废水处理厂，它通过污水收集系统实现工业废水的集中处理 |
| K | 其他 | 包括回喷、回填、回灌、回用等 |

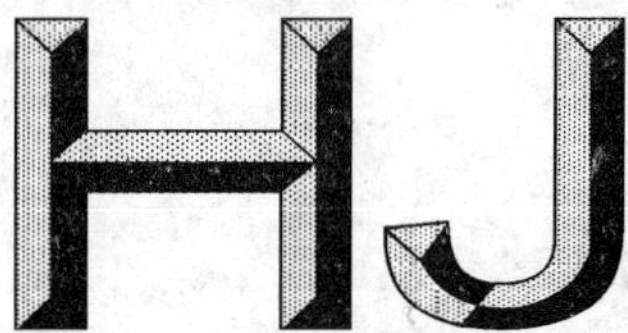

# 中华人民共和国国家环境保护标准

HJ 524—2009

# 大气污染物名称代码

**Codes for air pollutants**

2009-12-30 发布 2010-04-01 实施

环 境 保 护 部 发布

# 前　言

为贯彻《中华人民共和国环境保护法》、《中华人民共和国大气污染防治法》，加强污染防治的监督管理，保障环境信息处理和交换工作有序开展，统一大气污染物的名称与代码，制定本标准。

本标准对环境管理、环境统计、环境监测、环境影响评价、排污权交易、污染事故应急处置、各类大气环境质量标准、各类大气污染物排放标准、环境保护国际履约、环境科学研究、环境工程、环境与健康等涉及的大气污染物及相关指标进行分类、列表并编写代码。

本标准规定了大气污染物的名称和代码。

本标准附录 A 为规范性附录。

本标准为首次发布。

本标准由环境保护部科技标准司组织制订。

本标准起草单位：环境保护部信息中心、江苏省环境信息中心。

本标准环境保护部 2009 年 12 月 30 日批准。

本标准自 2010 年 4 月 1 日起实施。

本标准由环境保护部解释。

# 大气污染物名称代码

## 1 适用范围

本标准对环境管理、环境统计、环境监测、环境影响评价、排污权交易、污染事故应急处置、各类大气环境质量标准、各类大气污染物排放标准、环境保护国际履约、环境科学研究、环境工程、环境与健康和实验室信息系统等业务涉及的大气污染物及相关指标进行分类、列表，规定了大气污染物名称代码。

适用于全国各级环境保护部门有关大气污染物的信息采集、交换、存储、加工、使用以及环境信息系统建设的管理工作。

## 2 规范性引用文件

本标准内容引用了下列文件中的条款。凡是不注日期的引用文件，其有效版本适用于本标准。

GB/T 7027 信息分类和编码的基本原则与方法

GB/T 10113 分类与编码通用术语

## 3 术语和定义

GB/T 10113 中确立的术语和定义，以及下列术语和定义适用于本标准。

### 3.1 大气 atmosphere

指包围地球表层的空气，由一定比例的氮、氧、二氧化碳、水蒸气以及其他微量气体、液体和固体杂质、微粒等组成的混合物。

### 3.2 废气 waste gas

指人类生活、工业生产或动力机械运转中所产生的对本过程无用的气体。

### 3.3 大气污染 air pollution

由于人类活动或自然过程，使得排放到大气中的物质的浓度及持续时间超过了一定尺度下大气环境所能允许的极限，达到有害程度，以致破坏生态系统和人类正常生存和发展的条件，对人、动植物以及设备、物质等方面直接或间接地造成危害的现象。

### 3.4 大气污染物 air pollutants

由于人类活动或自然过程排入大气的、浓度超过一定标准时对人或环境产生有害影响的物质。

### 3.5 大气污染指标 air pollution indicators

反映空气质量或污染程度，包括但不仅限于具体化学物质，涵盖物理指标、化学指标、热污染指标、生物指标、放射性指标、其他指标等。

### 3.6 大气污染指标分类 classification of air pollution indicators

根据大气污染物的物化特征、性质、结构及相关指标的特征，按一定的规则对其进行区分和归类的过程。通过分类可以将大气污染物及相关指标按类排列顺序，便于管理和使用。

### 3.7 大气污染物代码 codes for air pollutants

表示大气污染物及相关指标的一个或一组字符，具有层次性、唯一性。

### 3.8 大气污染物编码 encoding of air pollutants

在对大气污染物及相关指标调研、收集和分类的基础上，根据信息分类及编码原则规定，给大气污染物及相关指标赋予代码的过程。

3.9 大气污染物代码表 air pollutants code table

对大气污染物进行分类和编码后的表现形式。是将大气污染物及相关指标按照类别排列并列出每种大气污染物或相关指标的代码值。大气污染物名称代码表主要包括大气污染物及相关指标的代码、类别、中、英文名称、化学符号、CAS 号、别名等。

3.10 大气污染物代码表 XML 数据架构 XML schema for air pollutants code table

以 XML 方式描述、定义大气污染物代码表的数据架构，便于统一、规定各类环境信息系统中大气污染物代码表的存储和使用。

## 4 分类原则

### 4.1 科学性原则

根据大气污染物最稳定的属性及相关指标的性质和结构进行分类，适当结合应用习惯。

### 4.2 实用性原则

大气污染物分类类目设置要全面、实用，满足较长时期内我国环境管理业务中的大气污染物管理需求，受关注的、重要的污染物单独列出类别，突出重点、方便检索。针对我国环境在线监控系统建设的实际，与空气质量自动监测、气污染源在线监控相关的辅助参数、检测因子也纳入大气污染物名称代码表。

### 4.3 可扩延性原则

随着科学技术的发展和社会进步，会有更多新合成或新检出的大气污染物受到关注，因此在类目的扩展上预留空间，保证分类体系有一定适应性，可在本编码体系上进行延拓。

## 5 分类方法

### 5.1 基本方法

本标准中的基本分类方法遵循 GB/T 7027 的规定和要求。

### 5.2 大气污染物分类方法

根据大气污染物的物化性质和结构特征，适宜采用线分类方法进行分类，而对于一些特殊或使用频率高的类别宜采用面分类方法。大气污染物分类采用以线分类法为主、面分类法为补充的混合分类法。

大气污染物分类设一级类目，根据大气污染物的结构和物化特性将大气污染物分为 23 类。

## 6 编码原则与方法

### 6.1 编码原则

#### 6.1.1 唯一性

对每一种大气污染物或相关指标分配一个代码，一个代码唯一标识一种大气污染物或相关指标。

#### 6.1.2 合理性

代码结构与分类体系相适应。

#### 6.1.3 可扩充性

留有适当的后备容量，以适应不断扩充的需要。

#### 6.1.4 简明性

代码结构尽量简明，长度适当，以节省计算机等信息设备存贮空间和降低代码的出错率。

#### 6.1.5 稳定性

大气污染物的代码一经确定，应保持不变。

#### 6.1.6 规范性

代码的类型、结构以及编写格式统一。

### 6.2 编码方法

大气污染物编码采用层次码为主体，每层中采用顺序码。其中，层次码依据编码对象的分类层级将代码分成若干层级，并与编码对象的分类层次相对应；代码自左至右表示的层级由高至低，代码的左端为最高层级代码，右端为最低层级代码；采用固定递增格式。顺序码采用递增的数字码。

### 6.3 代码结构

大气污染物代码格式采用码位固定的字母数字混合格式。字母代码采用缩写码表示，即用“a”表示气；数字代码采用阿拉伯数字表示，即采用递增的数字码。

代码共分三层。第一层代码，用“a”表示气；第二层代码，表示大气污染物的类别，采用 2 位阿拉伯数字表示，即 01～99；第三层代码为污染物代码，采用 3 位阿拉伯数字表示，即 001～999，每一组阿拉伯数字表示一种污染物或相关指标。

二层及二层以上代码由上层代码加本层代码组成。代码结构如图 1 所示：

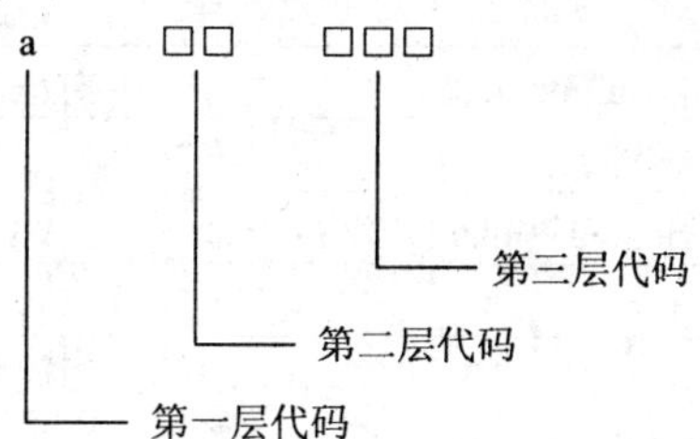


图 1 代码结构图

### 6.4 编码扩展方法

对于代码表中未列出的污染物或相关指标，可依据分类原则对其进行归类，在其相应类别中已有编码的基础上顺延赋码。

## 7 大气污染物分类与代码

### 7.1 大气污染物及相关指标分类

表 1 列出了大气污染物类别的代码、中英文名称及备注。

表 1 大气污染物及相关指标分类表

| 类别代码 | 中文名称 | 英文名称 | 备注 |
|---|---|---|---|
| a01000 | 物理指标 | Physical indicators | 表示大气物理学特性的指标，包括环境自动监测、在线监控信息系统相关的辅助参数、检测因子 |
| a02000 | 生物指标 | Biological indicators | 表示大气生物学特性的参数指标 |
| a03000 | 放射性指标 | Radioactive indicators | 表示大气中放射性物质辐射强度或浓度的指标 |
| a04000 | 热污染指标 | Thermal pollution indicators | 指导致环境温度变化并对环境和人类产生影响的指标 |
| a05000 | 温室气体 | Greenhouse gases | 指大气中吸收和重新放出红外辐射的气体，这类气体能够产生“温室效应”，使地球表面升温 |
| a06000 | 降水指标 | Precipitation indicators | 指降水量及降水中的离子组分等指标 |

续表

| 类别代码 | 中文名称 | 英文名称 | 备注 |
|---|---|---|---|
| a19000 | 其他指标 | Other indicators | 难以归入上述指标类别且按有关规定需要控制的污染指标 |
| a20000 | 金属元素及其化合物 | Metals and metallic compounds | 大气中赋存的金属及其化合物 |
| a21000 | 气态无机污染物 | Gaseous inorganic pollutants | 由无机物构成的气态污染物 |
| a22000 | 油类 | Oils | 常温下为液态的憎水性物质的总称 |
| a23000 | 酚类 | Phenols | 芳香烃环上的氢被羟基（—OH）取代的一类芳香族化合物，常温下具有挥发性、半挥发性 |
| a24000 | 脂肪烃和卤代脂肪烃 | Aliphatic hydrocarbons and Halogenated aliphatic hydrocarbons | 具有脂肪族化合物基本属性的碳氢化合物叫做脂肪烃。卤代脂肪烃指脂肪烃上的氢被卤素取代生成的化合物 |
| a25000 | 芳香族化合物 | Aromatic compounds | 包括芳烃、多环芳烃及其取代化合物 |
| a26000 | 胺类 | Amines | 氨分子中的氢被烃基取代而生成的化合物 |
| a27000 | 多氯联苯 | Polychlorinated Biphenyls（PCBs） | 许多联苯的含氯化合物的统称 |
| a28000 | 醚类 | Ethers | 两个烃基通过氧原子相连形成的化合物 |
| a29000 | 酯类 | Esters | 羧酸的一类衍生物，由羧酸与醇（酚）反应失水而生成的化合物 |
| a30000 | 醇类 | Alcohols | 烃分子中一个或几个氢被羟基取代而生成的一类有机化合物 |
| a31000 | 醛酮类 | Aldehydes and Ketones | 一种含有羰基的化合物 |
| a32000 | 酸及酸酐 | Acids and Anhydrides | 由二分子一元羧酸或一分子多元羧酸脱水而成的一类羧酸衍生物 |
| a33000 | 农药 | Pesticides | 为保障作物的成长所施用的杀虫、除草等药物的统称 |
| a34000 | 颗粒物 | Particulates | 大气中的固体或液体颗粒状物质 |
| a99000 | 其他有机物 | Other organic compounds | 难以归入上述类别且按有关规定需要控制的有机污染物 |

### 7.2 大气污染物及相关指标名称与代码

表 2 列出了 877 种大气污染物及相关指标的代码、中英文名称、化学符号、CAS 号及别名。

**表 2 大气污染物及相关指标名称代码表**

| 代码 | 类别 | 中文名称 | 英文名称 | 化学符号 | CAS 号 | 别名 |
|---|---|---|---|---|---|---|
| a01000 | 物理指标 | | Physical indicators | | | |
| a01001 | | 温度 | Temperature | | | |
| a01002 | | 湿度 | Humidity | | | |
| a01003 | | 绝对湿度 | Absolute humidity | | | |
| a01004 | | 相对湿度 | Relative humidity | | | |
| a01005 | | 空气流速 | Air flow velocity | | | |
| a01006 | | 气压 | Pressure | | | |
| a01007 | | 风速 | Wind speed | | | |
| a01008 | | 风向 | Wind direction | | | |
| a01009 | | 新风量 | Air change flow | | | |
| a01010 | | 林格曼黑度 | Lingeman blackness | | | |

续表

| 代码 | 类别 | 中文名称 | 英文名称 | 化学符号 | CAS 号 | 别名 |
|---|---|---|---|---|---|---|
| a01011 | | 烟气流速 | Flue gas velocity | | | |
| a01012 | | 烟气温度 | Flue gas temperature | | | |
| a01013 | | 烟气压力 | Flue gas pressure | | | |
| a01014 | | 烟气含湿量 | Flue gas humidity | | | |
| a01015 | | 制冷温度 | Refrigerating temperature | | | |
| a01016 | | 烟道截面积 | Flue sectional area | | | |
| a01017 | | 烟气动压 | Flue gas dynamic pressure | | | |
| a01018 | | 增压风机电流 | Booster fan current | | | |
| a01019 | | 挡板门开度 | Baffle gate opening degree | | | |
| a01020 | | 能见度 | Visibility | | | |
| a01021 | | 浑浊度 | Turbidity | | | |
| a02000 | 生物指标 | | Biological indicators | | | |
| a02001 | | 菌落总数 | Aerobic bacterial count | | | |
| a02002 | | 霉菌数 | Mould count | | | |
| a02003 | | 真菌数 | Fungi count | | | |
| a02004 | | 植物叶片含硫量 | Sulphuric concentration in plant leaves | | | |
| a02005 | | 植物叶片含氟量 | Fluorous concentration in plant leaves | | | |
| a02006 | | 细菌总数 | Total bacterial count | | | |
| a02007 | | 链球菌数 | Streptococci count | | | |
| a02008 | | 溶血性链球菌 | Streptococcus hemolyticus | | | |
| a02009 | | 芽孢杆菌数 | Bacillus count | | | |
| a02010 | | 枯草杆菌蛋白酶 | Subtilisin | | | |
| a03000 | 放射性指标 | | Radioactive indicators | | | |
| a03001 | | 总$\alpha$ | Total $\alpha$-ray intensity | | | |
| a03002 | | 总$\beta$ | Total $\beta$-ray intensity | | | |
| a03003 | | 镭-226 | Radium-226 | $^{226}Ra$ | | |
| a03004 | | 氚 | Tritium | $^{3}H$ 或 T | | |
| a03005 | | 放射性气溶胶 | Radioactive aerosol | | | |
| a03006 | | 放射性沉降灰 | Radioactive fallout | | | |
| a03007 | | 放射性核素 | Radionuclides | | | |
| a03008 | | 铀-238 | Uranium-238 | $^{238}U$ | | |
| a03009 | | 钍-232 | Thorium-232 | $^{232}Th$ | | |
| a03010 | | 铯-137 | Cesium-137 | $^{137}Cs$ | | |
| a03011 | | 钾-40 | Kalium-40 | $^{40}K$ | | |
| a03012 | | 铍-7 | Beryllium-7 | $^{7}Be$ | | |
| a03013 | | 碘 | Iodine | I | | |
| a03014 | | 氡 | Radon | Rn | | |
| a03015 | | $\alpha$射线强度 | $\alpha$-Ray intensity | | | |
| a03016 | | $\beta$射线强度 | $\beta$-Ray intensity | | | |
| a03017 | | $\gamma$射线强度 | $\gamma$-Ray intensity | | | |
| a03018 | | 锶-90 | Strontium-90 | $^{90}Sr$ | | |
| a03019 | | 碳-14 | Carbon-14 | $^{14}C$ | | |
| a03020 | | $\gamma$辐射空气吸收剂量率 | $\gamma$-Ray absorbed dose rate in air | | | |

续表

| 代码 | 类别 | 中文名称 | 英文名称 | 化学符号 | CAS 号 | 别名 |
|---|---|---|---|---|---|---|
| a04000 | 热污染指标 | | Thermal pollution indicators | | | |
| a04001 | | 城乡气温差 | Air temperature difference between urban and rural area | | | |
| a04002 | | 平均辐射温度 | Average radiation temperature | | | |
| a04003 | | 太阳辐射强度 | Solar radiation intensity | | | |
| a04004 | | 紫外线指数 | Ultraviolet index | | | |
| a05000 | 温室气体 | | Greenhouse gases | | | |
| a05001 | | 二氧化碳 | Carbon dioxide | $CO_2$ | 124-38-9 | |
| a05002 | | 甲烷 | Methane | $CH_4$ | 74-82-8 | |
| a05003 | | 氧化亚氮 | Nitrous oxide | $N_2O$ | 10028-97-2 | 笑气 |
| a05004 | | 六氟化硫 | Sulfur hexafluoride | $SF_6$ | 2551-62-4 | |
| a05005 | | 氢氟碳化物 | Fluorocarbon（HFCs） | | | |
| a05006 | | 全氟碳化物 | Perfluorocarbons（PFCs） | | | |
| a05007 | | 氟氯碳化物 | Chlorofluorocarbons | CFCs | | |
| a05008 | | 三氯一氟甲烷 | Trichlorofluoromethane | $CCl_3F$ | 75-69-4 | CFC-11 |
| a05009 | | 二氯二氟甲烷 | Dichlorodifuoromethane | $CCl_2F_2$ | 75-71-8 | CFC-12 |
| a05010 | | 一氯三氟甲烷 | Chlorotrifluoromethane | $CClF_3$ | 75-72-9 | CFC-13 |
| a05011 | | 五氯一氟乙烷 | Fluoropentachloroethane | $C_2Cl_5F$ | 354-56-3 | CFC-111 |
| a05012 | | 四氯二氟乙烷 | 1,1,2,2-Tetrachloro-1,2-difluoroethane | $C_2Cl_4F_2$ | 76-12-0 | CFC-112 |
| a05013 | | 三氯三氟乙烷 | 1,1,2-Trichloro-1,2,2-trifluoroethane | $CCl_2FCClF_2$ | 76-13-1 | CFC-113 |
| a05014 | | 1,2-二氯四氟乙烷 | 1,2-Dichlorotetrafluoroethane | $CClF_2CClF_2$ | 76-14-2 | CFC-114 |
| a05015 | | 一氯五氟乙烷 | Chloropentafluoroethane | $CClF_2CF_3$ | 76-15-3 | CFC-115 |
| a05016 | | 七氯一氟丙烷 | 1,1,1,2,2,3,3-Heptachloro-3-fluoro-propane | $C_3FCl_7$ | 422-78-6 | CFC-211 |
| a05017 | | 六氯二氟丙烷 | 1,1,1,3,3,3-Hexachloro-2,2-difluoro-propane | $C_3F_2Cl_6$ | 3182-26-1 | CFC-212 |
| a05018 | | 五氯三氟丙烷 | Chlorofluorocarbon-213 | $C_3F_3Cl_5$ | 2354-06-5 | CFC-213 |
| a05019 | | 四氯四氟丙烷 | Chlorofluorocarbon-214 | $C_3F_4Cl_4$ | 29255-31-0 | CFC-214 |
| a05020 | | 三氯五氟丙烷 | Trichloropentafluoropropane | $C_3Cl_3F_5$ | 1599-41-3 | CFC-215 |
| a05021 | | 二氯六氟丙烷 | Dichlorohexafluoropropane | $C_3Cl_2F_6$ | 661-97-2 | CFC-216 |
| a05022 | | 一氯七氟丙烷 | Monochloroheptafluoropropane | $C_3ClF_7$ | 422-86-6 | CFC-217 |
| a05023 | | 氢氯氟碳化物 | Hydrochlorofluorocarbons（HCFCs） | | | |
| a05024 | | 臭氧 | Ozone | $O_3$ | 10028-15-6 | |
| a06000 | 降水指标 | | Precipitation indicators | | | |
| a06001 | | 降水量 | Amount of precipitation | | | |
| a06002 | | 降水类型 | Precipitation type | | | |
| a06003 | | 降水 pH 值 | Precipitation pH value | pH | | |
| a06004 | | 电导率 | Electrical conductivity | | | |
| a06005 | | 硫酸根离子 | Sulfate ion | $SO_4^{2-}$ | | |
| a06006 | | 硝酸根离子 | Nitrate ion | $NO_3^-$ | | |
| a06007 | | 氟离子 | Fluoride ion | $F^-$ | | |
| a06008 | | 氯离子 | Chloride ion | $Cl^-$ | | |
| a06009 | | 铵离子 | Ammonium ion | $NH_4^+$ | | |
| a06010 | | 钙离子 | Calcium ion | $Ca^{2+}$ | | |
| a06011 | | 镁离子 | Magnesium ion | $Mg^{2+}$ | | |

续表

| 代码 | 类别 | 中文名称 | 英文名称 | 化学符号 | CAS 号 | 别名 |
|---|---|---|---|---|---|---|
| a06012 | | 钠离子 | Sodium ion | $Na^+$ | | |
| a06013 | | 钾离子 | Potassium ion | $K^+$ | | |
| a06014 | | 碳酸氢根离子 | Bicarbonate ion | $HCO_3^-$ | | |
| a06015 | | 溴离子 | Bromine ion | $Br^-$ | | |
| a06016 | | 甲酸根离子 | Formic ion | $HCOO^-$ | | |
| a06017 | | 醋酸根离子 | Acetate ion | $CH_3COO^-$ | | |
| a06018 | | 磷酸根离子 | Phosphate ion | $PO_4^{3-}$ | | |
| a06019 | | 亚硝酸根离子 | Nitrite ion | $NO_2^-$ | | |
| a06020 | | 亚硫酸根离子 | Sulfite ion | $SO_3^{2-}$ | | |
| **a19000** | **其他指标** | | **Other indicators** | | | |
| a19001 | | 氧含量 | Oxygen concentration | | | |
| a19002 | | 臭气浓度 | Odor concentration | | | |
| a19003 | | 烟气量 | Flue gas amount | | | |
| a19004 | | 硫酸盐化速率 | Sulfation rate | | | |
| a19005 | | 空气污染指数 | Air pollution index | | | API |
| a19006 | | 气溶胶光学厚度 | Aerosol optical depth | | | AOD |
| **a20000** | **金属元素及其化合物** | | **Metals and metallic compounds** | | | |
| a20001 | | 铝及其化合物 | Aluminum compounds | | | |
| a20002 | | 铝 | Aluminum | Al | 7429-90-5 | |
| a20003 | | 锑及其化合物 | Antimony compounds | | | |
| a20004 | | 锑 | Antimony | Sb | 7440-36-0 | |
| a20005 | | 氧化锑 | Antimony oxide | $Sb_2O_5$ | 1309-64-4 | |
| a20006 | | 砷及其化合物 | Arsenic compounds | | | |
| a20007 | | 砷 | Arsenic | As | 7440-38-2 | |
| a20008 | | 五氧化二砷 | Arsenic pentoxide | $As_2O_5$ | 1303-28-2 | |
| a20009 | | 三氧化二砷 | Arsenic trioxide | $As_2O_3$ | 1327-53-3 | |
| a20010 | | 砷化氢 | Arsine | $AsH_3$ | 7784-42-1 | |
| a20011 | | 钡及其化合物 | Barium compounds | | | |
| a20012 | | 钡 | Barium | Ba | 7440-39-3 | |
| a20013 | | 氯化钡 | Barium chloride | $BaCl_2$ | 10361-37-2 | |
| a20014 | | 氢氧化钡 | Barium hydroxide | $Ba(OH)_2$ | 40226-30-0 | |
| a20015 | | 氧化钡 | Barium oxide | BaO | 1304-28-5 | |
| a20016 | | 铍及其化合物 | Beryllium compounds | | | |
| a20017 | | 铍 | Beryllium | Be | 7440-41-7 | |
| a20018 | | 氧化铍 | Beryllium oxide | BeO | 1304-56-9 | |
| a20019 | | 铋及其化合物 | Bismuth compounds | | | |
| a20020 | | 铋 | Bismuth | Bi | 7440-69-9 | |
| a20021 | | 碲化铋 | Bismuth telluride | $Bi_2Te_3$ | 1304-82-1 | |
| a20022 | | 硼及其化合物 | Boron compounds | | | |
| a20023 | | 硼 | Boron | B | 7440-42-8 | |
| a20024 | | 氧化硼 | Boron oxide | $B_2O_3$ | 1303-86-2 | 三氧化二硼 |
| a20025 | | 镉及其化合物 | Cadmium compounds | | | |
| a20026 | | 镉 | Cadmium | Cd | 7440-43-9 | |
| a20027 | | 氧化镉 | Cadmium oxide | CdO | 1306-19-0 | |

续表

| 代码 | 类别 | 中文名称 | 英文名称 | 化学符号 | CAS 号 | 别名 |
|---|---|---|---|---|---|---|
| a20028 | | 钙及其化合物 | Calcium compounds | | | |
| a20029 | | 钙 | Calcium | Ca | 7440-70-2 | |
| a20030 | | 氰氨化钙 | Calcium cyanamide | $CCaN_2$ | 156-62-7 | 碳氮化钙 |
| a20031 | | 氧化钙 | Calcium oxide | CaO | 1305-78-8 | |
| a20032 | | 铬及其化合物 | Chromium compounds | | | |
| a20033 | | 铬 | Chromium | Cr | 7440-47-3 | |
| a20034 | | 铬酸盐 | Chromates | | | |
| a20035 | | 重铬酸盐 | Dichromates | | | |
| a20036 | | 三氧化铬 | Chromium trioxide | $CrO_3$ | 1333-82-0 | |
| a20037 | | 钴及其化合物 | Cobalt compounds | | | |
| a20038 | | 钴 | Cobalt | Co | 7440-48-4 | |
| a20039 | | 氧化钴 | Cobalt oxide | CoO | 11104-61-3 | |
| a20040 | | 铜及其化合物 | Copper compounds | | | |
| a20041 | | 铜 | Copper | Cu | 7440-50-8 | |
| a20042 | | 氧化铜 | Copper oxide | CuO | 1317-38-0 | |
| a20043 | | 铅及其化合物 | Lead compounds | | | |
| a20044 | | 铅 | Lead | Pb | 7439-92-1 | |
| a20045 | | 氧化铅 | Lead oxide | PbO | 1317-36-8 | |
| a20046 | | 硫化铅 | Lead sulfide | PbS | 1314-87-0 | |
| a20047 | | 四乙基铅 | Tetraethyl lead | $C_8H_{20}Pb$ | 78-00-2 | |
| a20048 | | 锂及其化合物 | Lithium compounds | | | |
| a20049 | | 锂 | Lithium | Li | 7439-93-2 | |
| a20050 | | 氢化锂 | Lithium hydride | HLi | 7580-67-8 | |
| a20051 | | 镁及其化合物 | Magnesium compounds | | | |
| a20052 | | 镁 | Magnesium | Mg | 7439-95-4 | |
| a20053 | | 氧化镁 | Magnesium oxide | MgO | 1309-48-4 | |
| a20054 | | 锰及其化合物 | Manganese compounds | | | |
| a20055 | | 锰 | Manganese | Mn | 7439-96-5 | |
| a20056 | | 二氧化锰 | Manganese dioxide | $MnO_2$ | 1313-13-9 | |
| a20057 | | 汞及其化合物 | Mercury compounds | | | |
| a20058 | | 汞 | Mercury | Hg | 7439-97-6 | 水银 |
| a20059 | | 氯化汞 | Mercury chloride | $HgCl_2$ | 7487-94-7 | |
| a20060 | | 钼及其化合物 | Molybdenum compounds | | | |
| a20061 | | 钼 | Molybdenum | Mo | 7439-98-7 | |
| a20062 | | 氧化钼 | Molybdenum oxide | $MoO_3$ | 1344-70-3 | |
| a20063 | | 镍及其化合物 | Nickel compounds | | | |
| a20064 | | 镍 | Nickel | Ni | 14332-32-2 | |
| a20065 | | 硝酸镍 | Nickel nitride | $Ni(NO_3)_2$ | 14216-75-2 | |
| a20066 | | 氧化镍 | Nickel oxide | NiO | 1313-99-1 | |
| a20067 | | 钾及其化合物 | Potassium compounds | | | |
| a20068 | | 钾 | Potassium | K | 2023-69-5 | |
| a20069 | | 氯化钾 | Potassium chloride | KCl | 7447-40-7 | |
| a20070 | | 氢氧化钾 | Potassium hydroxide | KOH | 1310-58-3 | |
| a20071 | | 硒及其化合物 | Selenium compounds | | | |
| a20072 | | 硒 | Selenium | Se | 7782-49-2 | |

续表

| 代码 | 类别 | 中文名称 | 英文名称 | 化学符号 | CAS 号 | 别名 |
|---|---|---|---|---|---|---|
| a20073 | | 二氧化硒 | Selenium dioxide | $SeO_2$ | 7446-08-4 | |
| a20074 | | 钠及其化合物 | Sodium compounds | | | |
| a20075 | | 钠 | Sodium | Na | 7440-23-5 | |
| a20076 | | 碳酸钠 | Sodium carbonate | $Na_2CO_3$ | 497-19-8 | |
| a20077 | | 氢氧化钠 | Sodium hydroxide | NaOH | 1310-73-2 | |
| a20078 | | 锶及其化合物 | Strontium compounds | | | |
| a20079 | | 锶 | Strontium | Sr | 7440-24-6 | |
| a20080 | | 氯化锶 | Strontium chloride | $SrCl_2$ | 10476-85-4 | |
| a20081 | | 氧化锶 | Strontium oxide | SrO | 1314-11-0 | |
| a20082 | | 钽及其化合物 | Tantalum compounds | | | |
| a20083 | | 钽 | Tantalum | Ta | 7440-25-7 | |
| a20084 | | 五氧化二钽 | Tantalum pentaoxide | $Ta_2O_5$ | 1314-61-0 | |
| a20085 | | 碲及其化合物 | Tellurium compounds | | | |
| a20086 | | 碲 | Tellurium | Te | 13494-80-9 | |
| a20087 | | 氧化碲 | Tellurium oxide | TeO | 13451-18-8 | |
| a20088 | | 铊及其化合物 | Thallium compounds | | | |
| a20089 | | 铊 | Thallium | Tl | 7440-28-0 | |
| a20090 | | 氧化铊 | Thallium oxide | $Tl_2O$ | 1314-32-5 | |
| a20091 | | 锡及其化合物 | Tin compounds | | | |
| a20092 | | 锡 | Tin | Sn | 7440-31-5 | |
| a20093 | | 二氧化锡 | Tin dioxide | $SnO_2$ | 18282-10-5 | |
| a20094 | | 钛及其化合物 | Titanium compounds | | | |
| a20095 | | 钛 | Titanium | Ti | 7440-32-6 | |
| a20096 | | 四氯化钛 | Titanium tetrachloride | $TiCl_4$ | 7550-45-0 | |
| a20097 | | 钨及其化合物 | Tungsten compounds | | | |
| a20098 | | 钨 | Tungsten | W | 12138-09-9 | |
| a20099 | | 碳化钨 | Tungsten carbide | $W_2C$ | 12070-12-1 | |
| a20100 | | 钒及其化合物 | Vanadium compounds | | | |
| a20101 | | 钒 | Vanadium | V | 7440-62-2 | |
| a20102 | | 钒铁合金 | Ferrovanadium alloy | FeV | | |
| a20103 | | 锌及其化合物 | Zinc compound | | | |
| a20104 | | 锌 | Zinc | Zn | 7740-66-6 | |
| a20105 | | 氧化锌 | Zinc oxide | ZnO | 1314-13-2 | |
| a20106 | | 锆及其化合物 | Zirconium compounds | | | |
| a20107 | | 锆 | Zirconium | Zr | 7440-67-7 | |
| a20108 | | 氧化锆 | Zirconium oxide | $ZrO_2$ | 1314-23-4 | |
| a21000 | 气态无机污染物 | | Gaseous inorganic pollutants | | | |
| a21001 | | 氨 | Ammonia | $NH_3$ | 7664-41-7 | 氨气 |
| a21002 | | 氮氧化物 | Nitrogen oxides | $NO_x$ | | |
| a21003 | | 一氧化氮 | Nitric oxide | NO | 10102-43-9 | |
| a21004 | | 二氧化氮 | Nitrogen dioxide | $NO_2$ | 10102-44-0 | |
| a21005 | | 一氧化碳 | Carbon monoxide | CO | 630-08-0 | |
| a21006 | | 氟化氢 | Hydrogen fluoride | HF | 7664-39-3 | |
| a21007 | | 磷化氢 | Phosphine | $PH_3$ | 7803-51-2 | |

续表

| 代码 | 类别 | 中文名称 | 英文名称 | 化学符号 | CAS 号 | 别名 |
|---|---|---|---|---|---|---|
| a21008 | | 肼 | Hydrazine | $H_4N_2$ | 302-01-2 | 联氨 |
| a21009 | | 过氧化氢 | Hydrogen peroxide | $H_2O_2$ | 7722-84-1 | |
| a21010 | | 叠氮酸 | Hydrazoic acid | $HN_3$ | | |
| a21011 | | 叠氮化钠 | Sodium azide | $NaN_3$ | 26628-22-8 | |
| a21012 | | 元素磷 | Phosphorus | P | 7723-14-0 | |
| a21013 | | 黄磷 | Yellow phosphorus | $P_4$ | 12185-10-3 | |
| a21014 | | 五硫化二磷 | Phosphorus pentasulfide | $P_2S_5$ | 1314-80-3 | |
| a21015 | | 五氧化二磷 | Phosphorus pentoxide | $P_2O_5$ | 1314-56-3 | |
| a21016 | | 三氯化磷 | Phosphorus trichloride | $PCl_3$ | 7719-12-2 | |
| a21017 | | 氰化物 | Cyanide | | 460-19-5 | |
| a21018 | | 氟化物 | Fluoride | | 16984-48-8 | |
| a21019 | | 碘化物 | Iodide | I | | |
| a21020 | | 硫酰氟 | Sulfuryl fluoride | $SO_2F_2$ | 2699-79-8 | 氟化磺酰 |
| a21021 | | 氰化氢 | Hydrogen cyanide | HCN | 74-90-8 | 氢氰酸 |
| a21022 | | 氯 | Chlorine | $Cl_2$ | 7782-50-5 | 氯气 |
| a21023 | | 二氧化氯 | Chlorine dioxide | $ClO_2$ | 10049-04-4 | |
| a21024 | | 氯化氢 | Hydrochloric acid | HCl | 7647-01-0 | 盐酸 |
| a21025 | | 氯化亚砜 | Thionyl chloride | $SOCl_2$ | 7719-09-7 | |
| a21026 | | 二氧化硫 | Sulfur dioxide | $SO_2$ | 7446-09-5 | 亚硫酸酐 |
| a21027 | | 三氧化硫 | Sulfur trioxide | $S_2O_3$ | 7446-11-9 | |
| a21028 | | 硫化氢 | Hydrogen sulfide | $H_2S$ | 7783-06-4 | 氢硫酸 |
| a22000 | 油类 | | Oils | | | |
| a22001 | | 压凝汽油 | Liquefied petroleum gas | | 68476-85-7 | 液化石油气 |
| a22002 | | 溶剂汽油 | Solvent gasolines | $C_3$- $C_4$ | | |
| a22003 | | 抽余油 | Raffinate oil | | | |
| a22007 | | 松节油 | Turpentine oil | $C_8H_7ClN_2O$ | 8006-64-2 | |
| a23000 | 酚 | | Phenols | | | |
| a23001 | | 酚类 | Phenols | | | |
| a23003 | | 苯酚 | Hydroxybenzene | $C_6H_6O$ | 108-95-2 | 羟基苯 |
| a23004 | | 甲基苯酚 | Cresol | $C_7H_8O$ | 1319-77-3 | 甲基酚 |
| a23005 | | 2-甲基苯酚 | 2-Methylphenol | $C_7H_8O$ | 95-48-7 | 邻甲酚 |
| a23006 | | 3-甲基苯酚 | 3-Methylphenol | $C_7H_8O$ | 108-39-4 | 间甲酚 |
| a23007 | | 4-甲基苯酚 | 4-Methylphenol | $C_7H_8O$ | 106-44-5 | 对甲酚 |
| a23008 | | 2,4-二甲基苯酚 | 2,4-Xylenol | $C_8H_{10}O$ | 105-67-9 | 2,4-二甲酚 |
| a23009 | | 2,5-二甲基苯酚 | 2,5-Xylenol | $C_8H_{10}O$ | 95-87-4 | |
| a23010 | | 2,6-二甲基苯酚 | 2,6-Xylenol | $C_8H_{10}O$ | 576-26-1 | |
| a23011 | | 3,4-二甲基苯酚 | 3,4-Xylenol | $C_8H_{10}O$ | 95-65-8 | |
| a23012 | | 3,5-二甲基苯酚 | 3,5-Xylenol | $C_8H_{10}O$ | 108-68-9 | |
| a23013 | | 1,2-苯二酚 | 1,2-Benzenediol | $C_6H_6O_2$ | 120-80-9 | 邻苯二酚 |
| a23014 | | 1,3-苯二酚 | 1,3-Benzenediol | $C_6H_6O_2$ | 108-46-3 | 间苯二酚 |
| a23015 | | 1,4-苯二酚 | 1,4-Benzenediol | $C_6H_6O_2$ | 123-31-9 | 对苯二酚 |
| a23020 | | 2,4-二氯苯酚 | 2,4-Dichlorophenol | $C_6H_4Cl_2O$ | 120-83-2 | 2,4-二氯酚 |
| a23021 | | 4-氯-3-甲酚 | 4-Chloro-3-methylphenol | $C_7H_7ClO$ | 59-50-7 | 对氯间甲酚 |
| a23022 | | 2,4,5-三氯苯酚 | 2,4,5-Trichlorophenol | $C_6H_3OCl_3$ | 95-95-4 | 2,4,5-三氯酚 |
| a23023 | | 2,4,6-三氯苯酚 | 2,4,6-Trichlorophenol | $C_6H_3OCl_3$ | 88-06-2 | 2,4,6-三氯酚 |

续表

| 代码 | 类别 | 中文名称 | 英文名称 | 化学符号 | CAS 号 | 别名 |
|---|---|---|---|---|---|---|
| a23024 | | 2-氯酚 | 2-Chlorophenol | $C_6H_5ClO$ | 95-57-8 | 邻氯酚 |
| a23025 | | 五氯苯酚 | Pentachlorophenol | $C_6Cl_5OH$ | 87-86-5 | 五氯酚 |
| a23030 | | 2-硝基苯酚 | 2-Nitrophenol | $C_6H_5\ NO_3$ | 88-75-7 | 邻硝基苯酚 |
| a23031 | | 4-硝基苯酚 | 4-Nitrophenol | $C_6H_5NO_3$ | 100-02-7 | 对硝基苯酚 |
| a23033 | | 2,4-二硝基苯酚 | 2,4-Dinitrophenol | $C_6H_4N_2O_5$ | 51-28-5 | 2,4-二硝基酚 |
| a23034 | | 2-甲基-4,6-二硝基苯酚 | 2-Methyl-4,6-dinitrophenol | $C_7H_6N_2O_5$ | 534-52-1 | |
| a23035 | | 邻仲丁基苯酚 | 2-sec-Butylphenol | $C_{10}H_{14}O$ | 89-72-5 | |
| a23036 | | 2,4,6-三硝基苯酚 | 2,4,6-Trinitrophenol | $C_6H_3N_3O_7$ | 88-89-1 | 苦味酸 |
| a23037 | | 2-萘酚 | 2-Naphthol | $C_{10}H_8O$ | 135-19-3 | 2-羟基萘 |
| a24000 | 脂肪烃和卤代脂肪烃 | | Aliphatic hydrocarbons and halogenated aliphatic hydrocarbons | | | |
| a24001 | | 乙烷 | Ethane | $C_2H_6$ | 74-84-0 | |
| a24002 | | 丙烷 | Propane | $C_3H_8$ | 74-98-6 | |
| a24003 | | 二氯甲烷 | Dichloromethane | $CH_2C1_2$ | 75-09-2 | 二叉二氯 |
| a24004 | | 三氯甲烷 | Trichloromethane | $CHCl_3$ | 67-66-3 | 氯仿 |
| a24005 | | 四氯甲烷 | Tetrachloromethane | $CCl_4$ | 56-23-5 | 四氯化碳 |
| a24006 | | 二溴一氯甲烷 | Dibromochloromethane | $CHBr_2Cl$ | 124-48-1 | 氯二溴甲烷 |
| a24007 | | 一溴二氯甲烷 | Bromodichloromethane | $CHBrCl_2$ | 75-27-4 | 二氯溴甲烷 |
| a24008 | | 溴甲烷 | Bromomethane | $CH_3Br$ | 74-83-9 | 甲基溴 |
| a24009 | | 三溴甲烷 | Tribromomethane | $CHBr_3$ | 75-25-2 | 溴仿 |
| a24010 | | 硝基甲烷 | Nitromethane | $CH_3NO_2$ | 75-52-5 | |
| a24011 | | 2-甲基戊烷 | 2-Methylpentane | $C_6H_{14}$ | 107-83-5 | 二甲基丙基甲烷 |
| a24012 | | 2,2,4-三甲基戊烷 | 2,2,4-Trimethylpentane | $C_8H_{18}$ | 540-84-1 | 异辛烷 |
| a24013 | | 三氯硝基甲烷 | Nitrotrichloromethane | $CCl_3NO_2$ | 76-06-2 | 氯化苦 |
| a24014 | | 三氟甲烷 | Trifluoromethane | $CHF_3$ | 75-46-7 | 氟仿 |
| a24015 | | 氯乙烷 | Chloroethane | $C_2H_5Cl$ | 75-00-3 | 乙基氯 |
| a24016 | | 1,1-二氯乙烷 | 1,1-Dichloroethane | $C_2H_4Cl_2$ | 75-34-3 | 乙叉二氯 |
| a24017 | | 1,2-二氯乙烷 | 1,2-Dichloroethane | $C_2H_4Cl_2$ | 107-06-2 | 二氯乙烷 |
| a24018 | | 1,1,1-三氯乙烷 | 1,1,1-Trichloroethane | $C_2H_3Cl_3$ | 71-55-6 | 甲基氯仿 |
| a24019 | | 1,1,2-三氯乙烷 | 1,1,2-Trichloroethane | $C_2H_3Cl_3$ | 79-00-5 | |
| a24020 | | 1,1,2,2-四氯乙烷 | 1,1,2,2-Tetrachloroethane | $C_2H_2Cl_4$ | 79-34-5 | 四氯化乙炔 |
| a24021 | | 六氯乙烷 | Hexachloroethane | $C_2Cl_6$ | 67-72-1 | 六氯化碳 |
| a24022 | | 硝基乙烷 | Nitroethane | $C_2H_5NO_2$ | 79-24-3 | |
| a24023 | | 环氧乙烷 | Ethylene oxide | $C_2H_4O$ | 75-21-8 | 氧化乙烯 |
| a24024 | | 环氧氯丙烷 | Epichlorohydrin | $C_3H_5ClO$ | 106-89-8 | 3-氯-1,2-环氧丙烷 |
| a24025 | | 环丙烷 | Cyclopropane | $C_3H_6$ | 75-19-4 | 三亚甲基 |
| a24026 | | 环氧丙烷 | Propylene oxide | $C_3H_6O$ | 75-56-9 | 氧化丙烯 |
| a24027 | | 1,2-二氯丙烷 | 1,2-Dichloropropane | $C_3H_6Cl_2$ | 78-87-5 | 氯化丙烯 |
| a24028 | | 1,3-二氯丙烷 | 1,3-Dichloropropane | $C_3H_6Cl_2$ | 142-28-9 | 氯化三亚甲基 |
| a24029 | | 1,2-二溴-3-氯丙烷 | 1,2-Dibromo-3-chloropropane(DBCP) | $C_3H_5Br_2Cl$ | 96-12-8 | |

续表

| 代码 | 类别 | 中文名称 | 英文名称 | 化学符号 | CAS 号 | 别名 |
|---|---|---|---|---|---|---|
| a24030 | | 1-硝基丙烷 | 1-Nitropropane | $C_3H_7NO_2$ | 108-03-2 | |
| a24031 | | 2-硝基丙烷 | 2-Nitropropane | $C_3H_7NO_2$ | 79-46-9 | 2-NP |
| a24032 | | 三氯丙烷 | Trichloropropane | $C_3H_5Cl_3$ | 96-18-4 | |
| a24033 | | 八氟丙烷 | Octafluoropropane | $C_3F_8$ | 76-19-7 | |
| a24034 | | 1,2-二溴乙烷 | 1,2-Dibromoethane | $C_2H_4Br_2$ | 106-93-4 | 乙撑二溴 |
| a24035 | | 四溴甲烷 | Tetrabromomethane | $CBr_4$ | 558-13-4 | 四溴化碳 |
| a24036 | | 环己烷 | Cyclohexane | $C_6H_{12}$ | 110-82-7 | 六氢化苯 |
| a24037 | | 正丁烷 | *n*-Butane | $C_4H_{10}$ | 106-97-8 | 丁烷 |
| a24038 | | 异丁烷 | Isobutane | $C_4H_{10}$ | 75-28-5 | 2-甲基丙烷 |
| a24039 | | 正戊烷 | *n*-Pentane | $C_5H_{12}$ | 109-66-0 | 戊烷 |
| a24040 | | 新戊烷 | *neo*-Pentane | $C_5H_{12}$ | 463-82-1 | 2,2-二甲基丙烷 |
| a24041 | | 异戊烷 | Isopentane | $C_5H_{12}$ | 78-78-4 | 2-甲基丁烷 |
| a24042 | | 正己烷 | Hexane | $C_6H_{14}$ | 110-54-3 | 己烷 |
| a24043 | | 正庚烷 | *n*-Heptane | $C_7H_{16}$ | 142-82-5 | 庚烷 |
| a24044 | | 正壬烷 | Nonane | $C_9H_{20}$ | 111-84-2 | 壬烷 |
| a24045 | | 乙烯 | Ethylene | $C_2H_4$ | 74-85-1 | |
| a24046 | | 氯乙烯 | Vinyl chloride | $C_2H_3Cl$ | 75-01-4 | 乙烯基氯 |
| a24047 | | 1,1-二氯乙烯 | 1,1-Dichloroethylene | $C_2H_2Cl_2$ | 75-35-4 | 乙烯叉二氯 |
| a24048 | | 1,2-二氯乙烯 | 1,2-Dichloroethylene | $C_2H_2Cl_2$ | 540-59-0 | |
| a24049 | | 三氯乙烯 | Trichloroethylene | $C_2HCl_3$ | 79-01-6 | 乙炔化三氯 |
| a24050 | | 四氯乙烯 | Tetrachloroethylene | $C_2Cl_4$ | 127-18-4 | 全氯乙烯 |
| a24051 | | 氟乙烯 | Fluoroethylene | $C_2H_3F$ | 75-02-5 | 乙烯基氟 |
| a24052 | | 1,1-二氟乙烯 | 1,1-Difluoroethylene | $C_2H_2F_2$ | 75-38-7 | 偏二氟乙烯 |
| a24053 | | 丙烯 | Propylene | $C_3H_6$ | 115-07-1 | |
| a24054 | | 1,3-二氯丙烯 | 1,3-Dichloropropene | $C_3H_4Cl_2$ | 10061-01-5 | |
| a24055 | | 六氟丙烯 | Hexafluoropropylene | $C_3H_2F_6$ | 116-15-4 | 全氟丙烯 |
| a24056 | | 丙二烯 | Propadiene | $C_3H_4$ | 463-49-0 | |
| a24057 | | 3-氯-1-丙烯 | 3-Choro-1-propene | $C_3H_5Cl$ | 107-05-1 | 三氯丙烯 |
| a24058 | | 异丁烯 | Isobutene | $C_4H_8$ | 115-11-7 | 2-甲基丙烯 |
| a24059 | | 丁烯 | Butylene | $C_4H_8$ | 106-98-9 | |
| a24060 | | 2-丁烯 | 2-Butylene | $C_4H_8$ | 107-01-7 | |
| a24061 | | 异戊二烯 | Isoprene | $C_5H_8$ | 78-79-5 | 异戊间二烯 |
| a24062 | | 氯丁二烯 | Chloroprene | $C_4H_5Cl$ | 126-99-8 | *β*-氯丁二烯 |
| a24063 | | 顺式-2-丁烯 | *cis*-2-Butylene | $C_4H_8$ | 590-18-1 | 顺-2-丁烯 |
| a24064 | | 反式-2-丁烯 | *trans*-2-Butylene | $C_4H_8$ | 624-64-6 | 反-2-丁烯 |
| a24065 | | 六氯环戊二烯 | Hexachlorocyclopentadiene | $C_5Cl_6$ | 77-47-4 | 全氯环戊二烯 |
| a24066 | | 二聚环戊二烯 | Dicyclopentadiene | $C_{10}H_{12}$ | 77-73-6 | 双环戊二烯 |
| a24067 | | 1,4-戊二烯 | 1,4-Pentadiene | $C_5H_8$ | 591-93-5 | |
| a24068 | | 正癸烷 | Decane | $C_{10}H_{22}$ | 124-18-5 | |
| a24069 | | 七氯 | Heptachlor | $C_{10}H_5Cl_7$ | 76-44-8 | 七氯-四氢-甲撑茚 |
| a24070 | | 正辛烷 | Octane | $C_8H_{18}$ | 111-65-9 | 辛烷 |
| a24071 | | 丁基环乙烷 | Butylcyclohexane | $C_{10}H_{20}$ | 1678-93-9 | |

续表

| 代码 | 类别 | 中文名称 | 英文名称 | 化学符号 | CAS 号 | 别名 |
|---|---|---|---|---|---|---|
| a24072 | | 1,4-二噁烷 | 1,4-Dioxane | $C_4H_8O_2$ | 123-91-1 | 二氧六环 |
| a24073 | | 癸硼烷 | Decaborane | $B_{10}H_{14}$ | 17702-41-9 | 十硼烷 |
| a24074 | | 1-戊烯 | 1-Pentene | $C_5H_{10}$ | 109-67-1 | 正戊烯 |
| a24075 | | 2-戊烯 | 2-Pentene | $C_5H_{10}$ | 109-68-2 | $\beta$-戊烯 |
| a24076 | | 顺式-2-戊烯 | *cis*-2-Pentene | $C_5H_{10}$ | 627-20-3 | 顺-2-戊烯 |
| a24077 | | 反式-2-戊烯 | *trans*-2-Pentene | $C_5H_{10}$ | 646-04-8 | 反-2-戊烯 |
| a24078 | | 1,3-丁二烯 | 1,3-Butadiene | $C_4H_6$ | 106-99-0 | 联乙烯 |
| a24079 | | 乙炔 | Acetylene | $C_2H_2$ | 74-86-2 | 电石气 |
| a24080 | | 丙炔 | Propyne | $C_3H_4$ | 74-99-7 | 甲基乙炔 |
| a24081 | | 1-丁炔 | 1-Butyne | $C_4H_6$ | 107-00-6 | 乙基乙炔 |
| a24082 | | 环氧丁烷 | 1,2-Epoxybutane | $C_4H_8O$ | 106-88-7 | 1,2-氧化丁烯 |
| a24083 | | 乙硼烷 | Diborane | $B_2H_6$ | 19287-45-7 | 二硼烷 |
| a24084 | | 甲基环己烷 | Methyl cyclohexane | $C_7H_{14}$ | 108-87-2 | |
| a24085 | | 四氢化萘 | Tetraline | $C_{10}H_{12}$ | 119-64-2 | |
| a24086 | | 石蜡烟 | Paraffin wax fume | | 8002-74-2 | |
| a24087 | | 碳氢化合物 | Hydrocarbon | | | 烃 |
| a24088 | | 非甲烷碳氢化合物 | Non-methane hydrocarbons | | | 非甲烷总烃 |
| a24089 | | 甲基氟 | Fluoromethane | $CH_3F$ | 593-53-3 | 氟甲烷 |
| a24090 | | 氟乙烷 | Fluoroethane | $C_2H_5F$ | 353-36-6 | 乙基氟 |
| a24091 | | 1,1-二氟乙烷 | 1,1-Difluoroethane | $C_2H_4F_2$ | 75-37-6 | 氟利昂-152 |
| a24092 | | 1,1,1-三氟乙烷 | 1,1,1-Trifluoroethane | $C_2H_3F_3$ | 420-46-2 | 氟利昂-143 |
| a24093 | | 四氟甲烷 | Tetrafluoromethane | $CF_4$ | 75-73-0 | 四氟化碳 |
| a24094 | | 六氟乙烷 | Hexafluoroethane | $C_2F_6$ | 76-16-4 | 全氟乙烷 |
| a24095 | | 八氟环丁烷 | Octafluorocyclobutane | $C_4F_8$ | 115-25-3 | 全氟环丁烷 |
| a24096 | | 四氟乙烯 | Tetrafluoroethylene | $C_2F_4$ | 116-14-3 | 全氟乙烯 |
| a24097 | | 八氟异丁烯 | Octafluoroisobutylene | $C_4F_8$ | 382-21-8 | 全氟异丁烯 |
| a24098 | | 八氟-2-丁烯 | Octafluorobut-2-ene | $C_4F_8$ | 360-89-4 | 全氟-2-丁烯 |
| a24099 | | 氯甲烷 | Methyl chloride | $CH_3Cl$ | 74-87-3 | 甲基氯 |
| a24100 | | 碘甲烷 | Iodomethane | $CH_3I$ | 74-88-4 | 甲基碘 |
| a24101 | | 三碘甲烷 | Triiodomethane | $CHI_3$ | 75-47-8 | 碘仿 |
| a24102 | | 一氯二氟甲烷 | Monochlorodifluoromethane | $CHClF_2$ | 75-45-6 | 氟利昂-22 |
| a24103 | | 溴氯二氟甲烷 | Bromochlorodifluoromethane | $CBrClF_2$ | 353-59-3 | 一溴一氯二氟甲烷 |
| a24104 | | 二氯一氟甲烷 | Dichlorofluoromethane | $CHCl_2F$ | 75-43-4 | 一氟二氯甲烷 |
| a24105 | | 溴三氟甲烷 | Bromotrifluoromethane | $CBrF_3$ | 75-63-8 | 三氟溴甲烷 |
| a24106 | | 一氯二氟乙烷 | Chlorodifluoroethane | $C_2H_3ClF_2$ | 75-68-3 | 1,1-二氟-1-氯乙烷 |
| a24107 | | 一氯三氟乙烷 | Chlorotrifluoroethane | $C_2H_2ClF_3$ | 75-88-7 | 氯三氟乙烷 |
| a24108 | | 一氯四氟乙烷 | Chlorotetrafluoroethane | $C_2HF_4Cl$ | 63938-10-3 | R124 |
| a24109 | | 1,1-二氯-1-硝基乙烷 | 1,1-Dichloro-1-nitroethane | $C_2H_3Cl_2NO_2$ | 594-72-9 | |
| a24110 | | 反式-1,2-二氯乙烯 | *trans*-1,2-Dichloroethylene | *trans*-$C_2H_2Cl_2$ | 156-60-5 | 1,2 二氯乙烯 |
| a24111 | | 顺式-1,2-二氯乙烯 | *cis*-1,2-Dichloroethylene | *cis*-$C_2H_2Cl_2$ | 156-59-2 | |
| a24112 | | 反式-1,3-二氯丙烯 | *trans*-1,3-Dichloropropene | *trans*-$C_3H_4Cl_2$ | 10061-02-6 | |

续表

| 代码 | 类别 | 中文名称 | 英文名称 | 化学符号 | CAS 号 | 别名 |
|---|---|---|---|---|---|---|
| a24113 | | 六氯-1,3-丁二烯 | Hexachloro-1,3-butadiene | $C_4Cl_6$ | 87-68-3 | 全氯丁二烯 |
| a24114 | | 溴乙烯 | Vinyl bromide | $C_2H_3Br$ | 593-60-2 | 乙烯基溴 |
| a24115 | | 氯三氟乙烯 | Chlorotrifluoroethylene | $C_2ClF_3$ | 79-38-9 | 三氟氯乙烯 |
| a24116 | | 二氯代乙炔 | Dichloroacetylene | $C_2Cl_2$ | 7572-29-4 | 二氯乙炔 |
| **a25000** | **芳香族化合物** | | **Aromatic compounds** | | | |
| a25001 | | 联苯 | Biphenyl | $C_{12}H_{10}$ | 92-52-4 | 苯基苯 |
| a25002 | | 苯 | Benzene | $C_6H_6$ | 71-43-2 | 精苯 |
| a25003 | | 甲苯 | Toluene | $C_7H_8$ | 108-88-3 | 甲基苯 |
| a25004 | | 乙苯 | Ethylbenzene | $C_8H_{10}$ | 100-41-4 | 乙基苯 |
| a25005 | | 二甲苯 | Xylene | $C_8H_{10}$ | 1330-20-7 | |
| a25006 | | 1,2-二甲基苯 | 1,2-Dimethylbenzene | $C_8H_{10}$ | 95-47-6 | 邻二甲苯 |
| a25007 | | 1,3-二甲基苯 | 1,3-Dimethylbenzene | $C_8H_{10}$ | 108-38-3 | 间二甲苯 |
| a25008 | | 1,4-二甲基苯 | 1,4-Dimethylbenzene | $C_8H_{10}$ | 106-42-3 | 对二甲苯 |
| a25009 | | 对氯甲苯 | *p*-Chlorotoluene | $C_7H_7Cl$ | 106-43-4 | |
| a25010 | | 氯苯 | Chlorobenzene | $C_6H_5Cl$ | 108-90-7 | 一氯代苯 |
| a25011 | | 1,2-二氯苯 | 1,2-Dichlorobenzene | $C_6H_4Cl_2$ | 95-50-1 | 邻二氯苯 |
| a25012 | | 1,3-二氯苯 | 1,3-Dichlorobenzene | $C_6H_4Cl_2$ | 541-73-1 | 间二氯苯 |
| a25013 | | 1,4-二氯苯 | 1,4-Dichlorobenzene | $C_6H_4Cl_2$ | 106-46-7 | 对二氯苯 |
| a25014 | | 1-乙基-4-甲基苯 | 1-Ethyl-4-methyl-benzene | $C_9H_{12}$ | 622-96-8 | |
| a25015 | | 1,2,4-三氯苯 | 1,2,4-Trichlorobenzene | $C_6H_3Cl_3$ | 120-82-1 | 三氯苯 |
| a25016 | | 二乙烯基苯 | Divinylbenzene | $C_{10}H_{10}$ | 1321-74-0 | 苯二乙烯 |
| a25017 | | 2,5-二溴甲苯 | 2,5-Dibromotoluene | $C_7H_6Br_2$ | 615-59-8 | |
| a25018 | | 4-叔丁基甲苯 | 4-*tert*-Butyltoluene | $C_{11}H_{16}$ | 98-51-1 | 对叔丁基甲苯 |
| a25019 | | 1,2,4-三甲基苯 | 1,2,4-Trimethylbenzene | $C_9H_{12}$ | 95-63-6 | 偏三甲苯 |
| a25020 | | 1,2,3-三甲基苯 | 1,2,3-Trimethylbenzene | $C_9H_{12}$ | 526-73-8 | 连三甲苯 |
| a25021 | | 1,3,5-三甲基苯 | 1,3,5-Trimethylbenzene | $C_9H_{12}$ | 108-67-8 | 均三甲苯 |
| a25022 | | 2,4-二硝基氯苯 | 2,4-Dinitrochlorobenzene | $C_6H_3ClN_2O_4$ | 97-00-7 | |
| a25023 | | 硝基苯 | Nitrobenzene | $C_6H_5NO_2$ | 98-95-3 | 密斑油 |
| a25024 | | 二硝基甲苯 | Dinitrotoluene | $C_7H_6N_2O_4$ | 25321-14-6 | 地恩梯 |
| a25025 | | 三氯甲苯 | Trichlorotoluene | $C_7H_5Cl_3$ | 98-07-7 | 苄川三氯 |
| a25026 | | 环三亚甲基三硝胺 | Cyclotrimethylene trinitramine | $C_3H_6N_6O_6$ | 121-82-4 | 黑索今 |
| a25027 | | 四氯硝基苯 | 1,2,4,5-Tetrachloro-3-nitro-benzene | $C_6HCl_4NO_2$ | 117-18-0 | |
| a25028 | | 五氯硝基苯 | Pentachloronitrobenzene | $C_6Cl_5NO_2$ | 82-68-8 | 土粒散 |
| a25029 | | 4-硝基甲苯 | 4-Nitrotoluene | $CH_3C_6H_4NO_2$ | 99-99-0 | 对硝基甲苯 |
| a25030 | | 2,4-二硝基甲苯 | 2,4-Dinitrotoluene | $C_7H_6N_2O_4$ | 121-14-2 | |
| a25031 | | 2,6-二硝基甲苯 | 2,6-Dinitrotoluene | $C_7H_6N_2O_4$ | 606-20-2 | |
| a25032 | | 2,4,6-三硝基甲苯 | 2,4,6-Trinitrotoluene | $C_7H_5N_3O_6$ | 118-96-7 | 梯恩梯 |
| a25033 | | 正丙苯 | *n*-Propylbenzene | $C_9H_{12}$ | 103-65-1 | 丙基苯 |
| a25034 | | 异丙苯 | Isopropylbenzene | $C_9H_{12}$ | 98-82-8 | 异丙基苯 |
| a25035 | | 1,2-二硝基苯 | *o*-Dinitrobenzene | $C_6H_4N_2O_4$ | 528-29-0 | 邻二硝基苯 |
| a25036 | | 1,3-二硝基苯 | *m*-Dinitrobenzene | $C_6H_4N_2O_4$ | 99-65-0 | 间二硝基苯 |
| a25037 | | 1,4-二硝基苯 | *p*-Dinitrobenzene | $C_6H_4N_2O_4$ | 100-25-4 | 对二硝基苯 |
| a25038 | | 乙烯基苯 | Styrene | $C_8H_8$ | 100-42-5 | 苯乙烯 |
| a25039 | | 氧化苯乙烯 | Styrene oxide | $C_8H_8O$ | 96-09-3 | 1,2-环氧乙基苯 |

续表

| 代码 | 类别 | 中文名称 | 英文名称 | 化学符号 | CAS 号 | 别名 |
|---|---|---|---|---|---|---|
| a25040 | | 苯可溶物 | Benzene-soluble Organics | | | BSO |
| a25041 | | 苯并[*e*]芘 | Benzo[*e*]pyrene | $C_{20}H_{12}$ | 192-97-2 | |
| a25042 | | 多环芳烃 | Polycyclic aromatic hydrocarbons | | | |
| a25043 | | 芘 | Pyrene | $C_{16}H_{10}$ | 129-00-0 | |
| a25044 | | 苯并[*a*]芘 | Benzo[*a*]pyrene | $C_{20}H_{12}$ | 50-32-8 | 3,4-苯并芘 |
| a25045 | | 1,12-苯并芘 | 1,12-Benzoperylene | $C_{22}H_{12}$ | 191-24-2 | 苯并[ghi]芘 |
| a25046 | | 茚并[1,2,3-*cd*]芘 | Indeno[1,2,3-*cd*]pyrene | $C_{22}H_{12}$ | 193-39-5 | 2,3-(邻亚苯基)芘 |
| a25047 | | 蒽 | Anthracene | $C_{14}H_{10}$ | 120-12-7 | |
| a25048 | | 苯并[*a*]蒽 | Benzo[*a*]anthracene | $C_{18}H_{12}$ | 56-55-3 | 苄蒽 |
| a25049 | | 二苯并[*a,h*]蒽 | Dibenzo[*a,h*]anthracene | $C_{22}H_{14}$ | 53-70-3 | |
| a25050 | | 荧蒽 | Fluoranthene | $C_{16}H_{10}$ | 206-44-0 | |
| a25051 | | 苯并[*b*]荧蒽 | Benzo[*b*]fluoranthene | $C_{20}H_{12}$ | 205-99-2 | |
| a25052 | | 苯并[*k*]荧蒽 | Benzo[*k*]fluoranthene | $C_{20}H_{12}$ | 207-08-9 | |
| a25053 | | 吡啶 | Pyridine | $C_5H_5N$ | 110-86-1 | 氮杂苯 |
| a25054 | | 4-硝基氯苯 | 4-Nitrochlorobenzene | $NO_2C_6H_4Cl$ | 100-00-5 | 对硝基氯苯 |
| a25055 | | 4-硝基联苯 | 4-Nitrobiphenyl | $C_{12}H_9NO_2$ | 92-93-3 | 对硝基联苯 |
| a25056 | | 4-氨基联苯 | 4-Aminobiphenyl | $C_{12}H_{11}N$ | 92-67-1 | 对氨基联苯 |
| a25057 | | 溴苯 | Bromobenzene | $C_6H_5Br$ | 108-86-1 | |
| a25058 | | *β*-丙醇酸内酯 | *β*-Propiolactone | $C_3H_4O_2$ | 57-57-8 | 丙醇酸内酯 |
| a25059 | | 萘 | Naphthalene | $C_{10}H_8$ | 91-20-3 | 并苯 |
| a25060 | | 2-氯萘 | 2-Chloronaphthalene | $C_{10}H_7Cl$ | 91-58-7 | *β*-氯萘 |
| a25061 | | 1-甲基萘 | 1-Methylnaphthalene | $C_{11}H_{10}$ | 90-12-0 | *α*-甲基萘 |
| a25062 | | 苊烯 | Acenaphthylene | $C_{12}H_8$ | 208-96-8 | |
| a25063 | | 二氢苊 | Acenaphthene | $C_{12}H_{10}$ | 83-32-9 | |
| a25064 | | 芴 | Fluorene | $C_{13}H_{10}$ | 86-73-7 | |
| a25065 | | 菲 | Phenanthrene | $C_{14}H_{10}$ | 85-01-8 | |
| a25066 | | 1,2-苯并[*a*]菲 | Chrysene | $C_{18}H_{12}$ | 218-01-9 | 䓛 |
| a25067 | | 苯醌 | Benzoquinone | $C_6H_4O_2$ | 106-51-4 | 对苯醌 |
| a25068 | | 1-氯-甲基苄 | Chloromethylbenzene | $C_7H_7Cl$ | 100-44-7 | 氯化苄 |
| a25069 | | 2-氯苯乙烯 | 2-Chlorostyrene | $C_8H_7Cl$ | 2039-87-4 | 邻氯苯乙烯 |
| a25070 | | 氧芴 | Dibenzofuran | $C_{12}H_8O$ | 132-64-9 | 环氧联苯 |
| a25071 | | 萘烷 | Decahydronaphthalene | $C_{10}H_{18}$ | 91-17-8 | 十氢化萘 |
| a25072 | | 四氢呋喃 | Tetrahydrofuran | $C_4H_8O$ | 109-99-9 | 氧杂环戊烷 |
| a25073 | | 二噁英 | Dioxins | | | |
| a25074 | | 1,2,3,4,6,7,8-七氯二苯并-对-二噁英 | 1,2,3,4,6,7,8-Heptachlorodibenzo-*p*-dioxin | $C_{12}HCl_7O_2$ | 35822-46-9 | |
| a25075 | | 1,2,3,4,7,8-六氯二苯并-对-二噁英 | 1,2,3,4,7,8-Hexachlorodibenzo-*p*-dioxin | $C_{12}H_2Cl_6O_2$ | 39227-28-6 | |
| a25076 | | 1,2,3,7,8-五氯二苯并-对-二噁英 | 1,2,3,7,8-Pentachlorodibenzo-*p*-dioxin | $C_{12}H_3Cl_5O_2$ | 40321-76-4 | |
| a25077 | | 1,2,3,4,6,7,8,9-八氯二苯并-对-二噁英 | Octachlorodibenzo-*p*-dioxin | $C_{12}Cl_8O_2$ | 3268-87-9 | |
| a25078 | | 六氯萘 | Hexachloronaphthalene | $C_{10}H_2Cl_6$ | 1335-87-1 | |
| a25079 | | 氯萘 | Chloronaphthalene | $C_{10}H_7Cl$ | 90-13-1 | |

续表

| 代码 | 类别 | 中文名称 | 英文名称 | 化学符号 | CAS 号 | 别名 |
|---|---|---|---|---|---|---|
| a25080 | | 2-甲基萘 | 2-Methylnaphthalene | $C_{11}H_{10}$ | 91-57-6 | $\beta$-甲基萘 |
| a25081 | | 茚 | Indene | $C_9H_8$ | 95-13-6 | 苯并环丙烯 |
| a25082 | | 苝 | Perylene | $C_{20}H_{12}$ | 198-55-0 | |
| a25083 | | 六苯并苯 | Coronene | $C_{24}H_{12}$ | 191-07-1 | 六苯并苯 |
| a26000 | 胺类 | | Amines | | | |
| a26001 | | 苯胺类 | Anilines | | | |
| a26002 | | 4,4′-二氨基联苯 | 4,4′-Diaminodiphenyl | $C_{12}H_{12}N_2$ | 92-87-5 | 联苯胺 |
| a26003 | | 1,2-苯二胺 | 1,2-Benzenediamine | $C_6H_8N_2$ | 95-54-5 | 邻苯二胺 |
| a26004 | | 1,4-苯二胺 | 1,4-Benzenediamine | $C_6H_8N_2$ | 106-50-3 | 对苯二胺 |
| a26005 | | 苯胺 | Aniline | $C_6H_7N$ | 62-53-3 | 氨基苯 |
| a26006 | | 2-甲基苯胺 | 2-Methylaniline | $C_7H_9N$ | 95-53-4 | 邻甲苯胺 |
| a26007 | | *N*,*N*-二甲基苯胺 | *N*,*N*-Dimethylaniline | $C_8H_{11}N$ | 121-69-7 | 二甲苯胺 |
| a26008 | | *N*-苯基苯胺 | *N*-Phenylaniline | $C_{12}H_{11}N$ | 122-39-4 | 二苯胺 |
| a26009 | | *N*-甲基苯胺 | *N*-Methylaniline | $C_7H_9N$ | 100-61-8 | 甲苯胺 |
| a26010 | | *N*,*N*-二乙基苯胺 | *N*,*N*-Diethylaniline | $C_{10}H_{15}N$ | 91-66-7 | |
| a26011 | | 4,4-亚甲基双苯胺 | 4,4′-Methylene dianiline | $C_6H_6ClN$ | 95-51-2 | |
| a26012 | | *N*-异丙基苯胺 | *N*-Isopropylaniline | $C_9H_{13}N$ | 768-52-5 | 异丙苯胺 |
| a26013 | | 3,3′-二氯联苯胺 | 3,3′-Dichlorobenzidine | $C_{12}H_{10}Cl_2N_2$ | 91-94-1 | 3,3′-二氯联苯-4,4′-二胺 |
| a26014 | | 2,6-二氯硝基苯胺 | 2,6-Dichloro-p-nitro aniline | $C_6H_4Cl_2N_2O_2$ | 99-30-9 | 氯硝胺 |
| a26015 | | 二硝基苯胺 | Dinitroaniline | $C_6H_5N_3O_4$ | | |
| a26016 | | 对硝基苯胺 | *p*-Nitroaniline | $C_6H_6N_2O_2$ | 100-01-6 | 4-硝基苯胺 |
| a26017 | | *N*-亚硝基二苯胺 | *N*-Nitrosodiphenylamine | $C_{12}H_{10}N_2O$ | 86-30-6 | |
| a26018 | | 2,4-二硝基苯胺 | 2,4-Dinitroaniline | $C_6H_5N_3O_4$ | 97-02-9 | |
| a26019 | | 2,6-二硝基苯胺 | 2,6-Dinitroaniline | $C_6H_5N_3O_4$ | 606-22-4 | |
| a26020 | | 一甲胺 | Methylamine | $CH_5N$ | 74-89-5 | 氨基甲烷 |
| a26021 | | 二甲胺 | Dimethylamine | $C_2H_7N$ | 124-40-3 | *N*-甲基甲胺 |
| a26022 | | 三甲胺 | Trimethylamine | $C_3H_9N$ | 75-50-3 | 无水三甲胺 |
| a26023 | | 3,5-二硝基苯胺 | 3,5-Dilnitroaniline | $C_6H_5N_3O_4$ | 618-87-1 | |
| a26024 | | 乙胺 | Ethylamine | $C_2H_7N$ | 75-04-7 | 氨基乙烷 |
| a26025 | | 二乙胺 | Diethylamine | $C_4H_{11}N$ | 109-89-7 | 二乙基胺 |
| a26026 | | *N*,*N*-二乙基乙胺 | Triethylamine | $C_6H_{15}N$ | 121-44-8 | 三乙胺 |
| a26027 | | 1,2-二氨基乙烷 | 1,2-Diaminoethane | $C_2H_8N_2$ | 107-15-3 | 乙二胺 |
| a26028 | | 3,3′-二甲基联苯胺 | 3,3′-Dimethylbenzidine | $C_{14}H_{16}N_2$ | 119-93-7 | 邻联甲苯胺 |
| a26029 | | 3,3′-二甲氧基联苯胺 | 3,3′-Dimethoxybenzidine | $C_{14}H_{16}N_2O_2$ | 119-90-4 | 邻联大茴香胺 |
| a26030 | | 2,4-甲苯二胺 | 2,4-Toluene diamine | $C_7H_{10}N_2$ | 95-80-7 | 2,4-二胺 |
| a26031 | | 异丙胺 | Isopropylamine | $C_3H_9N$ | 75-31-0 | 2-丙胺 |
| a26032 | | *N*-硝二甲胺 | *N*-Nitrodimethylamine | $C_2H_6N_2O_2$ | 4164-28-7 | *N*-硝基二甲胺 |
| a26033 | | 正丁胺 | *n*-Butylamine | $C_4H_{11}N$ | 109-73-9 | 1-氨基丁烷 |
| a26034 | | 环己胺 | Cyclohexylamine | $C_6H_{13}N$ | 108-91-8 | 六氢苯胺 |
| a26035 | | 对茴香胺 | *p*-Anisidine | $C_7H_9NO$ | 104-94-9 | 4-氨基苯甲醚 |
| a26036 | | 邻茴香胺 | *o*-Anisidine | $C_7H_9NO$ | 90-04-0 | 3,3′-二甲氧基联苯胺 |

续表

| 代码 | 类别 | 中文名称 | 英文名称 | 化学符号 | CAS 号 | 别名 |
|---|---|---|---|---|---|---|
| a26037 | | 二乙撑三胺 | Diethylenetriamine | $C_4H_{13}N_3$ | 111-40-0 | 二亚乙基三胺 |
| a26038 | | *N*-亚硝基二甲胺 | *N*-Nitrosodimethylamine | $C_2H_6N_2O$ | 62-75-9 | *N*-二甲基亚硝胺 |
| a26039 | | *N*-亚硝基二乙胺 | *N*-Nitrosodiethylamine | $C_4H_{10}N_2O$ | 55-18-5 | *N*-二乙基亚硝胺 |
| a26040 | | 氯胺 | Chloramine | $ClH_2N$ | 10599-90-3 | 化合氯余 |
| a26041 | | 乙醇胺 | Monoethanolamine | $C_2H_7NO$ | 141-43-5 | 2-羟基乙胺 |
| a26042 | | 乙酰胺 | Acetamide | $C_2H_5NO$ | 60-35-5 | 醋酰胺 |
| a26043 | | *N,N*-二甲基乙酰胺 | N,N-Dimethylacetamide | $C_4H_9NO$ | 127-19-5 | 二甲基乙酰胺 |
| a26044 | | *N*-甲基-*N*-亚硝基脲 | N-Methyl-*N*-nitrosourea | $C_2H_5N_3O_2$ | 684-93-5 | 亚硝基甲脲 |
| a26045 | | *N*-二正丙基亚硝胺 | N-Dipropylnitrosamine | $C_6H_{14}N_2O$ | 621-64-7 | |
| a26046 | | 己内酰胺 | Caprolactam | $C_6H_{11}NO$ | 105-60-2 | ε-己内酰胺 |
| a26047 | | 四氟（代）肼 | Tetrafluorohydrazine | $N_2F_4$ | 10036-47-2 | |
| a26048 | | 丙烯酰胺 | Acrylamide | $C_3H_5NO$ | 79-06-1 | |
| a26049 | | 氮丙啶 | Ethyleneimine | $C_2H_5N$ | 151-56-4 | 环氮乙烷 |
| a26050 | | 2-甲基氮丙啶 | 2-Methyl aziridine | $C_3H_7N$ | 75-55-8 | 丙烯亚胺 |
| a26051 | | *N,N*-二甲基甲酰胺 | *N,N*-Dimethylformamide | $C_3H_7NO$ | 68-12-2 | 甲酰二甲胺 |
| a26052 | | 二乙醇胺 | Diethanolamine | $C_4H_{11}NO_2$ | 111-42-2 | 2,2′-二羟基二乙胺 |
| a26053 | | 4,4′-二氨基-3,3′-二氯二苯甲烷 | 4,4′-Methylenebis（2-chloroaniline） | $C_{13}H_{12}Cl_2N_2$ | 101-14-4 | |
| a26055 | | 1,2-二苯肼 | 1,2-Diphenylhydrazine | $C_{12}H_{12}N_2$ | 122-66-7 | 肼撑苯 |
| a26056 | | 甲基肼 | Methyl hydrazine | $CH_6N_2$ | 60-34-4 | 甲基联胺 |
| a26057 | | 1,1-二甲基肼 | 1,1-Dimethyl hydrazine | $C_2H_8N_2$ | 57-14-7 | 偏二甲基肼 |
| a26058 | | 尿素 | Urea | $CH_4N_2O$ | 57-13-6 | |
| a27000 | 多氯联苯 | | Polychlorinated Biphenyls（PCBs） | | | |
| a27001 | | 多氯联苯 | Polychorinated biphenyls | $C_{12}H_{10}$-$XCl_X$ | 1336-36-3 | 氯化联苯 |
| a27002 | | 亚老哥尔 1016 | Aroclor 1016 | $C_{12}H_8Cl_2$\ $C_{12}H_7Cl_3$ | 12674-11-2 | PCB 1016 |
| a27003 | | 亚老哥尔 1221 | Aroclor 1221 | $C_{12}H_8Cl_2$\ $C_{12}H_9Cl$ | 11104-28-2 | PCB 1221 |
| a27004 | | 亚老哥尔 1232 | Aroclor 1232 | $C_{12}H_8Cl_2$\ $C_{12}H_9Cl$\ $C_{12}H_7Cl_3$ | 11100-14-4 | PCB 1232 |
| a27005 | | 亚老哥尔 1242 | Aroclor 1242 | $C_{12}H_8Cl_2$\ $C_{12}H_7Cl_3$\ $C_{12}H_6Cl_4$ | 53469-21-9 | PCB 1242 |
| a27006 | | 亚老哥尔 1248 | Aroclor 1248 | $C_{12}H_7Cl_3$\ $C_{12}H_6Cl_4$\ $C_{12}H_5Cl_5$ | 37324-23-5 | PCB 1248 |
| a27007 | | 亚老哥尔 1254 | Aroclor 1254 | $C_{12}H_6Cl_4$\ $C_{12}H_5Cl_5$\ $C_{12}H_4Cl_6$ | 11097-69-1 | PCB 1254 |
| a27008 | | 亚老哥尔 1260 | Aroclor 1260 | $C_{12}H_5Cl_5$\ $C_{12}H_4Cl_6$\ $C_{12}H_2Cl_8$ | 11096-82-5 | PCB 1260 |

续表

| 代码 | 类别 | 中文名称 | 英文名称 | 化学符号 | CAS 号 | 别名 |
|---|---|---|---|---|---|---|
| a27009 | | 2,4′-二氯联苯 | 2,4′-Dichlorobiphenyl | $C_{12}H_8Cl_2$ | 34883-43-7 | PCB 8 |
| a27010 | | 2,2′,5-三氯联苯 | 2,2′,5-Trichlorobiphenyl | $C_{12}H_7Cl_3$ | 37680-65-2 | PCB 18 |
| a27011 | | 2,4,4′-三氯联苯 | 2,4,4′-Trichlorobiphenyl | $C_{12}H_7Cl_3$ | 7012-37-5 | PCB 28 |
| a27012 | | 2,2′3,5′-四氯联苯 | 2,2′,3,5′-Tetrachlorobiphenyl | $C_{12}H_6Cl_4$ | 41464-39-5 | PCB 44 |
| a27013 | | 2,2′,5,5′-四氯联苯 | 2,2′,5,5′-Tetrachlorobiphenyl | $C_{12}H_6Cl_4$ | 35693-99-3 | PCB 52 |
| a27014 | | 2,3′,4,4′-四氯联苯 | 2,3′,4,4′-Tetrachlorobiphenyl | $C_{12}H_6Cl_4$ | 32598-10-0 | PCB 66 |
| a27015 | | 3,3′,4,4′-四氯联苯 | 3,3′,4,4′-Tetrachlorobiphenyl | $C_{12}H_6Cl_4$ | 32598-13-3 | PCB 77 |
| a27016 | | 2,2′,4,5,5′-五氯联苯 | 2,2′,4,5,5′-Pentachlorobiphenyl | $C_{12}H_5Cl_5$ | 37680-73-2 | PCB 101 |
| a27017 | | 2,3,3′,4,4′-五氯联苯 | 2,3,3′,4,4′-Pentachlorobiphenyl | $C_{12}H_5Cl_5$ | 32598-14-4 | PCB 105 |
| a27018 | | 2,3,4,4′,5-五氯联苯 | 2,3′,4,4′,5-Pentachlorobiphenyl | $C_{12}H_5Cl_5$ | 31508-00-6 | PCB 118 |
| a27019 | | 3,3′,4,4′,5-五氯联苯 | 3,3′,4,4′,5-Pentachlorobiphenyl | $C_{12}H_5Cl_5$ | 57465-28-8 | PCB 126 |
| a27020 | | 2,2′,3,3′,4,4′-六氯联苯 | 2,2′,3,3′,4,4′-Hexachlorobiphenyl | $C_{12}H_4Cl_6$ | 38380-07-3 | PCB 128 |
| a27021 | | 2,2′,3,4,4′,5′-六氯联苯 | 2,2′,3,4,4′,5′-Hexachlorobiphenyl | $C_{12}H_4Cl_6$ | 35065-28-2 | PCB 138 |
| a27022 | | 2,2′,4,4′,5,5′-六氯联苯 | 2,2′,4,4′,5,5′-Hexachlorobiphenyl | $C_{12}H_4Cl_6$ | 35065-27-1 | PCB 153 |
| a27023 | | 2,2′,3,3′,4,4′,5-七氯联苯 | 2,2′,3,3′,4,4′,5-Heptachlorobiphenyl | $C_{12}H_3Cl_7$ | 35065-30-6 | PCB 170 |
| a27024 | | 2,2′,3,4,4′,5,5′-七氯联苯 | 2,2′,3,4,4′,5,5′-Heptachlorobiphenyl | $C_{12}H_3Cl_7$ | 35065-29-3 | PCB 180 |
| a27025 | | 2,2′,3,4,5,5′,6-七氯联苯 | 2,2′,3,4′,5,5′,6-Heptachlorobiphenyl | $C_{12}H_3Cl_7$ | 52663-68-0 | PCB 187 |
| a27026 | | 2,2′,3,3′,4,4′,5,6-八氯联苯 | 2,2′,3,3′,4,4′,5,6-Octachlorobiphenyl | $C_{12}H_2Cl_8$ | 52663-78-2 | PCB 195 |
| a27027 | | 2,2′,3,3′,4,4′,5,5′,6-九氯联苯 | 2,2′,3,3′,4,4′,5,5′,6-Nonachlorobiphenyl | $C_{12}HCl_9$ | 40186-72-9 | PCB 206 |
| a27028 | | 2,2′,3,3′,4,4′,5,5′,6,6′-十氯联苯 | 2,2′,3,3′,4,4′,5,5′,6,6′-Decachlorobiphenyl | $C_{12}Cl_{10}$ | 2051-24-3 | PCB 209 |
| **a28000** | **醚类** | | **Ethers** | | | |
| a28001 | | 甲硫醚 | Dimethyl sulfide | $C_2H_6S$ | 75-18-3 | 二甲硫 |
| a28002 | | 甲醚 | Dimethyl ether | $C_2H_6O$ | 115-10-6 | 二甲醚 |
| a28003 | | 乙醚 | Ethyl ether | $C_4H_{10}O$ | 60-29-7 | 二乙基醚 |
| a28004 | | 甲乙醚 | Methyl ethyl ether | $C_3H_8O$ | 540-67-0 | 乙甲醚 |
| a28005 | | 异丙醚 | Isopropyl ether | $C_6H_{14}O$ | 108-20-3 | |
| a28006 | | 甲基叔丁基醚 | Methyl *tert*-butyl ether | $C_5H_{12}O$ | 1634-04-4 | 甲基特丁基醚 |
| a28007 | | 双(氯异丙基)醚 | Dichloroisopropyl ether | $C_6H_{12}Cl_2O$ | 108-60-1 | 二氯异丙醚 |
| a28008 | | 苯基醚 | Phenyl ether | $C_{12}H_{10}O$ | 101-84-8 | 二苯醚 |
| a28009 | | 2-氯乙基乙烯醚 | 2-Chloroethyl vinyl ether | $C_4H_7ClO$ | 110-75-8 | 乙烯(2-氯乙基)醚 |
| a28010 | | 二甲二硫醚 | Dimethyl disulfide | $C_2H_6S_2$ | 624-92-0 | 二甲二硫 |
| a28011 | | 4-溴联苯醚 | 4-Bromophenyl phenyl ether | $C_{12}H_9BrO$ | 101-55-3 | BDE 3 |
| a28012 | | 乙二醇单甲醚 | Ethylene glycol monomethyl ether（EM） | $C_3H_8O_2$ | 109-86-4 | |
| a28013 | | 二缩水甘油醚 | Diglycidyl ether | $C_6H_{10}O_3$ | 2238-07-5 | |
| a28014 | | 正丁缩水甘油醚 | *n*-Butyl glycidyl ether | $C_7H_{14}O_2$ | 2426-08-6 | |
| a28015 | | 二丙二醇甲醚 | Dipropylene glycol monomethyl ether | $C_7H_{16}O_3$ | 34590-94-8 | 二丙二醇单甲醚 |

续表

| 代码 | 类别 | 中文名称 | 英文名称 | 化学符号 | CAS 号 | 别名 |
|---|---|---|---|---|---|---|
| a28016 | | 双(2-氯乙氧基)甲烷 | Bis(2-chloroethoxy)methane | $C_5H_{10}Cl_2O_2$ | 111-91-1 | |
| a28017 | | 二氯甲醚 | Dichloromethyl ether | $C_2H_4Cl_2O$ | 542-88-1 | 双氯甲醚 |
| a28018 | | 氯甲基甲醚 | Chloromethylmethyl ether | $C_2H_5ClO$ | 107-30-2 | |
| a28019 | | 苄基氯甲基醚 | Benzylchloromethyl ether | $C_8H_9ClO$ | 3587-60-8 | |
| a28020 | | 2,2′-二氯乙醚 | Dichloroethyl ether | $C_4H_8Cl_2O$ | 111-44-4 | 二氯乙醚 |
| a28021 | | 4-氯二苯醚 | 4-Chlorodiphenylether | $C_{12}H_9ClO$ | 7005-72-3 | 对氯二苯醚 |
| a28022 | | 多溴联苯醚 | Polybrominated diphenyl ethers (PBDEs) | | | |
| a28023 | | 4,4′-二溴联苯醚 | 4,4′-Dibromodiphenyl ether | $C_{12}H_8Br_2O$ | 2050-47-7 | BDE 15 |
| a28024 | | 2,4,4′-三溴联苯醚 | 2,4,4′-Tribromodiphenyl ether | $C_{12}H_7Br_3O$ | 41318-75-6 | BDE 28 |
| a28025 | | 2′,3,4-三溴联苯醚 | 2′,3,4-Tribromodiphenyl ether | $C_{12}H_7Br_3O$ | 147217-78-5 | BDE 33 |
| a28026 | | 2,2′,4,4′-四溴联苯醚 | 2,2′,4,4′-Tetrabromodiphenyl ether | $C_{12}H_6Br_4O$ | 5436-43-1 | BDE 47 |
| a28027 | | 2,3′,4,4′-四溴联苯醚 | 2,3′,4,4′-Tetrabromodiphenyl ether | $C_{12}H_6Br_4O$ | 189084-61-5 | BDE 66 |
| a28028 | | 2,2′,3,4,4′-五溴联苯醚 | 2,2′,3,4,4′-Pentabromodiphenyl ether | $C_{12}H_5Br_5O$ | 182346-21-0 | BDE 85 |
| a28029 | | 2,2′,4,4′,5-五溴联苯醚 | 2,2′,4,4′,5-Pentabromodiphenyl ether | $C_{12}H_5Br_5O$ | 60348-60-9 | BDE 99 |
| a28030 | | 2,2′,4,4′,6-五溴联苯醚 | 2,2′,4,4′,6-Pentabromodiphenyl ether | $C_{12}H_5Br_5O$ | 189084-64-8 | BDE 100 |
| a28031 | | 2,2′,3,4,4′,5′-六溴联苯醚 | 2,2′,3,4,4′,5′-Hexabromodiphenyl ether | $C_{12}H_4Br_6O$ | 182677-30-1 | BDE 138 |
| a28032 | | 2,2′,4,4′,5,5′-六溴联苯醚 | 2,2′,4,4′,5,5′-Hexabromodiphenyl ether | $C_{12}H_4Br_6O$ | 68631-49-2 | BDE 153 |
| a28033 | | 2,2′,4,4′,5,6′-六溴联苯醚 | 2,2′,4,4′,5,6′-Hexabromodiphenyl ether | $C_{12}H_4Br_6O$ | 207122-15-4 | BDE 154 |
| a28034 | | 2,2′,3,4,4′,5′,6-七溴联苯醚 | 2,2′,3,4,4′,5′,6-Heptabromodiphenyl ether | $C_{12}H_3Br_7O$ | 207122-16-5 | BDE 183 |
| a28035 | | 2,2′,3,4,4′,5,5′,6-八溴联苯醚 | 2,2′,3,4,4′,5,5′,6-Octabromodiphenyl ether | $C_{12}H_2Br_8O$ | 337513-72-1 | BDE 203 |
| a28036 | | 2,2′,3,3′,4,4′,5,5′,6-九溴联苯醚 | 2,2′,3,3′,4,4′,5,5′,6-Nonabromodiphenyl ether | $C_{12}HBr_9O$ | 63387-28-0 | BDE 206 |
| a28037 | | 过氧化苯甲酰 | Decabromodiphenyl ether | $C_{12}Br_{10}O$ | 1163-19-5 | BDE 209 |
| a29000 | 酯类 | | Esters | | | |
| a29001 | | 甲酸甲酯 | Methyl formate | $C_2H_4O_2$ | 107-31-3 | |
| a29002 | | 邻苯二甲酸二丁酯 | Dibutyl phthalate | $C_{16}H_{22}O_4$ | 84-74-2 | 二丁基酞酸酯 |
| a29003 | | 邻苯二甲酸二正辛酯 | Di-sec-octyl phthalate | $C_{24}H_{38}O_4$ | 117-84-0 | 酯酞酸二辛酯 |
| a29004 | | 甲酸乙酯 | Ethyl formate | $C_3H_6O_2$ | 109-94-4 | 蚁酸乙酯 |
| a29005 | | 邻苯二甲酸二甲酯 | Dimethyl phthalate | $C_{10}H_{10}O_4$ | 131-11-3 | 酞酸二甲酯 |
| a29006 | | 邻苯二甲酸二乙酯 | Diethyl phthalate | $C_{12}H_{14}O_4$ | 84-66-2 | 酞酸二乙酯 |
| a29007 | | 丁基邻苯二甲酸苄酯 | Butyl benzyl phthalate | $C_{19}H_{20}O_4$ | 85-68-7 | 丁苄基酞酸酯 |
| a29008 | | 氨基甲酸乙酯 | Urethane | $C_3H_7NO_2$ | 51-79-6 | 脲烷 |
| a29009 | | 叔丁基甲酸酯 | *tert*-Butylformate | $C_5H_{10}O_2$ | 762-75-4 | |

续表

| 代码 | 类别 | 中文名称 | 英文名称 | 化学符号 | CAS 号 | 别名 |
|---|---|---|---|---|---|---|
| a29010 | | 乙酸丙酯 | Propyl acetate | $C_5H_{10}O_2$ | 109-60-4 | 醋酸正丙酸 |
| a29011 | | 乙酸甲酯 | Methyl acetate | $C_3H_6O_2$ | 79-20-9 | 醋酸甲酯 |
| a29012 | | 乙酸戊酯 | Amyl acetate | $C_7H_{14}O_2$ | 628-63-7 | 醋酸戊酯 |
| a29013 | | 2-乙氧基乙基乙酸酯 | 2-Ethoxyethyl acetate | $C_6H_{12}O_3$ | 111-15-9 | 乙二醇乙醚醋酸酯 |
| a29014 | | 丙烯酸甲酯 | Methyl acrylate | $C_4H_6O_2$ | 96-33-3 | 败脂酸甲酯 |
| a29015 | | 甲基丙烯酸甲酯 | Methyl methacrylate | $C_5H_8O_2$ | 80-62-6 | 异丁烯酸甲酯 |
| a29016 | | 2-甲氧基乙酸乙酯 | 2-Methoxyethyl acetate | $C_5H_{10}O_3$ | 110-49-6 | 乙二醇独甲醚乙酸酯 |
| a29017 | | 乙酸乙酯 | Ethyl acetate | $C_4H_8O_2$ | 141-78-6 | 醋酸乙酯 |
| a29018 | | 丙烯酸乙酯 | Ethyl acrylate | $C_5H_8O_2$ | 140-88-5 | |
| a29019 | | 氯乙酸甲酯 | Methyl chloroacetate | $C_3H_5ClO_2$ | 96-34-4 | 氯醋酸甲酯 |
| a29020 | | 氯乙酸乙酯 | Ethyl chloroacetate | $C_4H_7ClO_2$ | 105-39-5 | |
| a29021 | | 1,3-二甲基丁基醋酸酯 | 1,3-Dimethylbutyl acetate | $C_8H_{16}O_2$ | 108-84-9 | 乙酸仲己酯 |
| a29022 | | 乙酸丁酯 | Butyl acetate | $C_6H_{12}O_2$ | 123-86-4 | 醋酸丁酯 |
| a29023 | | 丙烯酸正丁酯 | Butyl acrylate | $C_7H_{12}O_2$ | 141-32-2 | 丙烯酸丁酯 |
| a29024 | | 丙烯酸丙酯 | Propyl acrylate | $C_6H_{10}O_2$ | | |
| a29025 | | 丙烯酸戊酯 | Amyl acrylate | $C_8H_{14}O_2$ | | |
| a29026 | | 乙酸乙烯酯 | Vinyl acetate | $C_4H_6O_2$ | 108-05-4 | |
| a29027 | | 甲基丙烯酸环氧丙酯 | Glycidyl methacrylate | $C_7H_{10}O_3$ | 106-91-2 | 缩水甘油甲基丙烯酸酯 |
| a29028 | | 甲基丙烯酸正丁酯 | Methacrylic acid-butyl ester | $C_8H_{14}O_2$ | 97-88-1 | 异丁酸正丁酯 |
| a29029 | | 1,3-丙磺酸内酯 | 1,3-Propane sultone | $C_3H_6O_3S$ | 1120-71-4 | 丙磺酸内酯 |
| a29030 | | 二乙基硫酸酯 | Diethyl sulfate | $C_4H_{10}O_4S$ | 64-67-5 | 硫酸二乙酯 |
| a29031 | | 硫酸二甲酯 | Dimethyl sulfate | $C_2H_6O_4S$ | 77-78-1 | 硫酸甲酯 |
| a29032 | | 三氟甲基次氟酸酯 | Trifluoromethyl hypofluorite | $CF_4O$ | 373-91-1 | |
| a29033 | | 三甲苯磷酸酯 | Tricresyl phosphate | $C_{21}H_{21}O_4P$ | 1330-78-5 | |
| a29034 | | 磷酸二丁基苯酯 | Dibutyl phenyl phosphate | $C_{14}H_{23}O_4P$ | 2528-36-1 | |
| a29035 | | 乙二醇二硝酸酯 | Glycol dinitrate | $C_2H_4N_2O_6$ | 628-96-6 | |
| a29036 | | 异氰酸甲酯 | Methyl isocyanate | $C_2H_3NO$ | 624-83-9 | 甲基异氰酸酯 |
| a29037 | | 异佛尔酮二异氰酸酯 | Isophorone diisocyanate | $C_{12}H_{18}N_2O_2$ | 4098-71-9 | |
| a29038 | | 多苯基多次甲基多异氰酸酯 | Polyphenyl polymethylene isocyanate | $[C_6H_3(NCO)CH_2]_n$ | 9016-87-9 | 粗 MDI、聚甲烯化合物 |
| a29039 | | 二苯基甲烷二异氰酸酯 | Methylene diphenyl diisocyanate | $C_{15}H_{10}N_2O_2$ | 101-68-8 | 二苯基甲烷-4,4′-二异氰酸酯 |
| a29040 | | 1,6-已二异氰酸甲酯 | 1,6-Hexane diisothiocyanate | $C_8H_{12}N_2S_2$ | 5586-70-9 | |
| a29041 | | 已二异氰酸酯 | 1,6-Diisocyanato-hexane | $C_8H_{12}N_2O_2$ | 822-06-0 | 异氰酸六亚甲酯 |
| a29042 | | 异氟尔酮二异氰酸酯 | Isophorone diisocyanate | $C_2H_6ClO_3P$ | 16672-87-0 | |
| a29043 | | 2,4-二异酸甲苯酯 | 2,4-Toluene diisocyanate | $C_9H_6N_2O_2$ | 584-84-9 | 2,4-甲苯二异氰酸酯 |

续表

| 代码 | 类别 | 中文名称 | 英文名称 | 化学符号 | CAS 号 | 别名 |
|---|---|---|---|---|---|---|
| a29044 | | *n*-乳酸正丁酯 | *n*-Butyl lactate | $C_7H_{14}O_3$ | 138-22-7 | |
| a29045 | | 1,4-丁内酯 | 1,4-Butyrolactone | $C_4H_6O_2$ | 96-48-0 | |
| a29046 | | 4,4′-二氯二苯乙醇酸乙酯 | Chlorobenzilate | $C_{16}H_{14}Cl_2O_3$ | 510-15-6 | 乙酯杀螨醇 |
| a29047 | | 酞酸酯类 | Phthalate esters(PAEs) | | | |
| a29048 | | 邻苯二甲酸二(2-乙基己)酯 | Bis(2-ethylhexyl) phthalate | $C_{24}H_{38}O_4$ | 117-81-7 | 邻苯二酸二辛酯 |
| a30000 | 醇类 | | Alcohols | | | |
| a30001 | | 甲醇 | Methanol | $CH_4O$ | 67-56-1 | 木酒精 |
| a30002 | | 甲硫醇 | Methyl mercaptan | $CH_4S$ | 74-93-1 | 巯基甲烷 |
| a30003 | | 乙醇 | Ethanol | $C_2H_6O$ | 64-17-5 | 酒精 |
| a30004 | | 甲基环己醇 | Methyl cyclohexanol | $C_7H_{14}O$ | 25639-42-3 | |
| a30005 | | 2-甲氧基乙醇 | 2-Methoxyethanol | $C_3H_8O_2$ | 109-86-4 | |
| a30006 | | 乙二醇 | Ethylene glycol | $C_2H_6O_2$ | 107-21-1 | 甘醇 |
| a30007 | | 丙醇 | Propanol | $C_3H_8O$ | 71-23-8 | |
| a30008 | | 异丙醇 | Isopropanol | $C_3H_8O$ | 67-63-0 | |
| a30009 | | 2-乙氧基乙醇 | 2-Ethoxyethanol | $C_4H_{10}O_2$ | 110-80-5 | |
| a30010 | | 三硝酸甘油酯 | Nitroglycerine | $C_3H_5N_3O_9$ | 55-63-0 | 硝化甘油 |
| a30011 | | 2-丁氧基乙醇 | 2-Butoxyethanol | $C_6H_{14}O_2$ | 111-76-2 | |
| a30012 | | 1,3-二氯丙醇 | 1,3-Dichloropropanol | $C_3H_6Cl_2O$ | 96-23-1 | |
| a30013 | | 氯乙醇 | Ethylene chlorohydrin | $C_2H_5ClO$ | 107-07-3 | |
| a30014 | | 丁醇 | Butanol | $C_4H_{10}O$ | 71-36-3 | 正丁醇 |
| a30015 | | 甲氧基丙醇 | Methoxypropanol | $C_4H_{10}O_2$ | 1589-47-5 | 2-甲氧基丙醇 |
| a30016 | | 戊醇 | Pentanol | $C_5H_{12}O$ | 30899-19-5 | |
| a30017 | | 正戊醇 | 1-Pentanol | $C_5H_{12}O$ | 71-41-0 | 1-戊醇 |
| a30018 | | 仲戊醇 | 2-Pentanol | $C_5H_{12}O$ | 6032-29-7 | 2-戊醇 |
| a30019 | | 3-戊醇 | 3-Pentanol | $C_5H_{12}O$ | 584-02-1 | |
| a30020 | | 己二醇 | 1,6-Hexanediol | $C_6H_{14}O_2$ | 107-41-5 | |
| a30021 | | 环己醇 | Cyclohexanol | $C_6H_{12}O$ | 108-93-0 | 六氢苯酚 |
| a30022 | | 硫醇 | Mercaptans | | | |
| a30023 | | 乙硫醇 | Ethyl mercaphtan | $C_2H_6S$ | 75-08-1 | 硫氢乙烷 |
| a30024 | | 正辛醇 | *n*-Octanol | $C_8H_{18}O$ | 589-98-0 | |
| a30025 | | 正丁基硫醇 | *n*-Butyl mercaptan | $C_4H_{10}S$ | 109-79-5 | |
| a30026 | | 二丙酮醇 | Diacetone alcohol | $C_6H_{12}O_2$ | 123-42-2 | |
| a30028 | | 丙烯醇 | Allyl alcohol | $C_3H_6O$ | 107-18-6 | |
| a31000 | 醛酮类 | | Aldehydes and ketones | | | |
| a31001 | | 甲醛 | Formaldehyde | $CH_2O$ | 50-00-0 | 福尔马林 |
| a31002 | | 乙醛 | Acetaldehyde | $C_2H_4O$ | 75-07-0 | 醋醛 |
| a31003 | | 丙醛 | Propionaldehyde | $C_3H_6O$ | 123-38-6 | 正丙醛 |
| a31004 | | 丙烯醛 | Acrolein | $C_3H_4O$ | 107-02-8 | 烯丙醛 |
| a31005 | | 丁醛 | *n*-Butylaldehyde | $C_4H_8O$ | 123-72-8 | 正丁醛 |
| a31006 | | 2-呋喃甲醛 | Furfural | $C_5H_4O_2$ | 98-01-1 | 糠醛 |
| a31007 | | 异丁醛 | Isobutyl aldehyde | $C_4H_8O$ | 78-84-2 | |
| a31008 | | 异狄氏剂醛 | Endrin aldehyde | $C_{12}H_8Cl_6O$ | 7421-93-4 | |

续表

| 代码 | 类别 | 中文名称 | 英文名称 | 化学符号 | CAS 号 | 别名 |
|---|---|---|---|---|---|---|
| a31009 | | 己醛 | Hexanal | $C_6H_{12}O$ | 66-25-1 | |
| a31010 | | 戊醛 | Pentanal | $C_5H_{10}O$ | 110-62-3 | |
| a31011 | | 异戊醛 | 3-Methyl-butanal isovaleraldehyde | $C_5H_{10}O$ | 590-86-3 | |
| a31012 | | 庚醛 | Heptaldehyde | $C_7H_{14}O$ | 111-71-7 | |
| a31013 | | 辛醛 | Octanal | $C_8H_{16}O$ | 124-13-0 | |
| a31014 | | 壬醛 | Nonanal | $C_9H_{18}O$ | 124-19-6 | |
| a31015 | | 2-甲基丙烯醛 | 2-Methyl propenal | $C_4H_6O$ | 78-85-3 | 异丁烯醛 |
| a31016 | | β-甲基丙烯醛 | Crotonaldehyde | $C_4H_6O$ | 123-73-9 | 巴豆醛 |
| a31017 | | 2-丁烯醛 | 2-Butenal | $C_4H_6O$ | 4170-30-3 | |
| a31018 | | 苯甲醛 | Benzaldehyde | $C_7H_6O$ | 100-52-7 | |
| a31019 | | 2-甲基苯甲醛 | 2-Methyl-benzaldehyde | $C_8H_8O$ | 529-20-24 | 邻甲基苯甲醛 |
| a31020 | | 3-甲基苯甲醛 | 3-Methyl-benzaldehyde | $C_8H_8O$ | 620-23-5 | 间甲基苯甲醛 |
| a31021 | | 4-甲基苯甲醛 | 4-Methyl-benzaldehyde | $C_8H_8O$ | 104-87-0 | 对甲基苯甲醛 |
| a31022 | | 氯乙醛 | Chloroacetaldehyde | $C_2H_3ClO$ | 107-20-0 | 一氯乙醛 |
| a31023 | | 三氯乙醛 | Paraldehyde | $C_2HCl_3O$ | 75-87-6 | 聚醋醛 |
| a31024 | | 丙酮 | Acetone | $C_3H_6O$ | 67-64-1 | 二甲酮 |
| a31025 | | 2-丁酮 | 2-Butanone | $C_4H_8O$ | 78-93-3 | 甲乙酮 |
| a31026 | | 3-戊酮 | 3-Pentanone | $C_5H_{10}O$ | 96-22-0 | |
| a31027 | | 2-己酮 | 2-Hexanone | $C_6H_{12}O$ | 591-78-6 | 甲基丁基甲酮 |
| a31028 | | 环己酮 | Cyclohexanone | $C_6H_{10}O$ | 108-94-1 | |
| a31029 | | 2-甲基环己酮 | 2-Methyl cyclohexanone | $C_7H_{12}O$ | 583-60-8 | |
| a31030 | | 甲基异丁基甲酮 | Methyl isobutyl ketone | $C_6H_{12}O$ | 108-10-1 | 4-甲基-2-戊酮 |
| a31031 | | 乙基异戊基甲酮 | Ethyl isoamyl ketone | $C_8H_{16}O$ | 541-85-5 | |
| a31032 | | 3-辛酮 | 3-Octanone | $C_8H_{16}O$ | 106-68-3 | 乙基正戊基甲酮 |
| a31033 | | 苯乙酮 | Acetophenone | $C_8H_8O$ | 98-86-2 | 伊皮恩 |
| a31034 | | 二苯乙酮 | 2-Phenyl-acetophenon | $C_{14}H_{12}O$ | 451-40-1 | |
| a31035 | | 二异丁基甲酮 | Diisobutyl ketone | $C_9H_{18}O$ | 108-83-8 | 二异丁基甲酮 |
| a31036 | | 乙烯酮 | Ethenone | $C_2H_2O$ | 463-51-4 | |
| a31037 | | 双乙烯酮 | Diketene | $C_4H_4O_2$ | 674-82-8 | |
| a31038 | | 4-甲基-3-戊烯-2-酮 | 4-Methyl-3-penten-2-one | $C_6H_{10}O$ | 141-79-7 | 异亚丙基丙酮 |
| a31039 | | 2-氯代苯乙酮 | 2-Chloroacetophenone | $C_8H_7ClO$ | 532-27-4 | 2-氯苯乙酮；氯乙酰苯 |
| a31040 | | 六氟丙酮 | Hexafluoroacetone | $C_3F_6O$ | 684-16-2 | |
| a32000 | 酸及酸酐 | | Acids and Anhydrides | | | |
| a32001 | | 甲酸 | Methanoic acid | $CH_2O_2$ | 64-18-6 | |
| a32002 | | 丙酸 | Propionic acid | $C_3H_6O_2$ | 79-09-4 | 初油酸 |
| a32003 | | 草酸 | Oxalic acid | $C_2H_2O_4$ | 144-62-7 | 乙二酸 |

续表

| 代码 | 类别 | 中文名称 | 英文名称 | 化学符号 | CAS 号 | 别名 |
|---|---|---|---|---|---|---|
| a32004 | | 对苯二甲酸 | *p*-Phthalic acid | $C_8H_6O_4$ | 100-21-0 | 松油苯二甲酸 |
| a32005 | | 氨二氯苯酸 | Chloramben | $C_7H_5Cl_2NO_2$ | 133-90-4 | |
| a32006 | | 乙酐 | Acetic anhydride | $C_4H_6O_3$ | 108-24-7 | 醋酸酐 |
| a32007 | | 邻苯二甲酸酐 | Phthalic anhydride | $C_8H_4O_3$ | 85-44-9 | 苯酐 |
| a32010 | | 乙酸 | Acetic acid | $C_2H_4O_2$ | 64-19-7 | 醋酸 |
| a32011 | | 氯乙酸 | Chloroacetic acid | $C_2H_3ClO_2$ | 79-11-8 | 氯醋酸 |
| a32021 | | 丙烯酸 | Acrylic acid | $C_3H_4O_2$ | 79-10-7 | 2-丙烯酸 |
| a33000 | 农药 | | Pesticides | | | |
| a33001 | | 六六六 | 1,2,3,4,5,6-Hexachlorocyclohexane（Mixture of isomers） | | | |
| a33002 | | α-六六六 | α-Hexachlorocyolohexane | $C_6H_6Cl_6$ | 319-84-6 | |
| a33003 | | β-六六六 | β-Hexachlorocyolohexane | $C_6H_6Cl_6$ | 319-85-7 | |
| a33004 | | δ-六六六 | δ-Hexachlorocyolohexane | $C_6H_6Cl_6$ | 319-86-8 | |
| a33005 | | γ-六六六 | γ-Hexachlorocyolohexane | $C_6H_6Cl_6$ | 58-89-9 | 林丹；1,2,3,4,5,6-六氯环己烷 |
| a33006 | | 4,4′-DDD | 4,4′-DDD | $C_{14}H_{10}Cl_4$ | 72-54-8 | 滴滴滴 |
| a33007 | | 4,4′-DDT | 4,4′-DDT | $C_{14}H_9Cl_5$ | 50-29-3 | 双对氯苯基三氯乙烷，DDT |
| a33008 | | 2,4-二氯苯氧基乙酸 | 2,4-Dichlorophenoxyacetic acid | $C_8H_6Cl_2O_3$ | 94-75-7 | 2,4-D |
| a33009 | | 氯丹 | Chlordane | $C_{10}H_6Cl_8$ | 57-74-9 | 八氯-六氯-甲撑茚 |
| a33010 | | 敌敌畏 | Dichlorovos(DDV) | $C_4H_7Cl_2O_4P$ | 62-73-7 | 2,2-二氯乙烯基二甲基磷酸酯 |
| a33011 | | 敌百虫 | Trichlorfon | $C_4H_8Cl_3O_4P$ | 52-68-6 | |
| a33012 | | 百菌清 | Chlorothalonil | $C_8Cl_4N_2$ | 1897-45-6 | 四氯间苯二腈 |
| a33013 | | 甲氧氯 | Methoxychlor | $C_{16}H_{15}Cl_3O_2$ | 72-43-5 | 甲氧滴滴涕 |
| a33014 | | 2,3,7,8-四氯二苯并对二噁英 | 2,3,7,8-Tetrachlorodibenzo-*p*-dioxin（TCDD） | $C_{12}H_4Cl_4O_2$ | 1746-01-6 | |
| a33015 | | 有机氯农药 | Organochlorine pesticides | | | |
| a33016 | | 艾氏剂 | Aldrin | $C_{12}H_8Cl_6$ | 309-00-2 | 六氯-六氢-二甲撑萘 |
| a33017 | | 异狄氏剂 | Endrin | $C_{12}H_8Cl_6O$ | 72-20-8 | |
| a33018 | | 有机磷农药 | Organophosphorus pesticide | | | |
| a33019 | | 乐果 | Dimethoate | $C_5H_{12}NO_3PS_2$ | 60-51-5 | O,O-二甲基-S-二硫代磷酸酯 |
| a33020 | | 对硫磷 | Parathion | $C_{10}H_{14}O_5NSP$ | 56-38-2 | 一六〇五 |
| a33021 | | 甲基内吸磷 | Methyl demeton | $C_6H_{15}O_3PS_2$ | 8022-00-2 | 甲基一〇五九 |
| a33022 | | 马拉硫磷 | Malathion | $C_{10}H_{19}O_6PS_2$ | 121-75-5 | 马拉松 |
| a33023 | | 狄氏剂 | Dieldrin | $C_{12}H_8Cl_6O$ | 60-57-1 | 六氯-环氧八氢-二甲撑萘 |

续表

| 代码 | 类别 | 中文名称 | 英文名称 | 化学符号 | CAS 号 | 别名 |
|---|---|---|---|---|---|---|
| a33024 | | 敌草隆 | Diuron | $C_9H_{10}Cl_2N_2O$ | 330-54-1 | 3-(3,4-二氯苯基)-1 |
| a33025 | | 内吸磷 | Systox | $C_8H_{19}O_3PS_2$ | 8065-48-3 | 一〇五九 |
| a33026 | | 氯氰菊酯 | Cypermethrin | $C_{22}H_{19}Cl_2NO_3$ | 52315-07-8 | (1*R*,*S*)-顺,反式α-2,2-二甲基-3-(2,2-二氯乙烯基)环丙烷羧酸-(±)-氰基-3-苯氧基苄酯 |
| a33027 | | 苯硫磷 | Phenyl-phosphonothioic acid *o*-(4-nitrophenyl) ester | $C_{14}H_{14}NO_4P_5$ | 2104-64-5 | *O*-乙基-*O*-(4-硝基苯基)苯基硫代磷酸酯 |
| a33028 | | 2,2-双(4-氯苯基)-1,1-二氯乙烯 | 1,1-Dichloro-2,2-bis (*p*-chlorophenol) ethylene | $C_{14}H_8Cl_4$ | 72-55-9 | DDE；4,4′-DDE |
| a33029 | | 六氯苯 | Hexachlorobenzene | $C_6Cl_6$ | 118-74-1 | 灭黑穗药 |
| a33030 | | 倍硫磷 | Fenthion | $C_{10}H_{15}O_3PS_2$ | 55-38-9 | 百治屠 |
| a33031 | | 毒杀芬 | Toxaphene | $C_{10}H_{10}Cl_{18}$ | 8001-35-2 | 氯化莰 |
| a33032 | | 久效磷 | Monocrotophos | $C_7H_{14}NO_5P$ | 2157-98-4 | |
| a33033 | | 磷胺 | Phosphamidon | $C_{10}H_{19}ClNO_5P$ | 13171-21-6 | 大灭虫 |
| a33034 | | 氧化乐果 | Omethoate | $C_5H_{12}NO_4PS$ | 1113-02-6 | 氧乐果 |
| a33035 | | 乙酰甲胺磷 | Acephate | $C_4H_{10}NO_3PS$ | 30560-19-1 | *O*,*S*-二甲基乙酰基硫代磷酰胺酯 |
| a33036 | | 甲基对硫磷 | Parathion methyl | $C_8H_{10}NO_5PS$ | 298-00-0 | *O*,*O*-二甲基-*O*-(对硝基苯基)硫代磷酸酯 |
| a33037 | | 除草醚 | Nitrofen | $C_{12}H_7O_3Cl_2N$ | 1836-75-5 | 硝基酚酸 |
| a33038 | | 甲拌磷 | Phorate | $C_7H_{17}O_2PS_3$ | 298-02-2 | 西梅脱 |
| a33039 | | 三氯硫磷 | Sulfochloride | $SPCl_3$ | 3982-91-0 | 硫代磷酰氯 |
| a33040 | | 二氯二苯乙醇酸乙酯 | Chlorfenson | $C_{12}H_8C_{12}O_3S$ | 80-33-1 | 杀螨酯 |
| a33041 | | 残杀威 | Propoxur | $C_{11}H_{15}NO_3$ | 114-26-1 | 安丹 |
| a33042 | | 氰戊菊酯 | Fenvalerate | $C_{25}H_{22}ClNO_3$ | 51630-58-1 | |
| a33043 | | 克菌丹 | Captan | $C_9H_8C_{13}NO_2S$ | 133-06-2 | 开谱丹 |
| a33044 | | 杀螟松 | Sumithion | $C_9H_{12}NO_5PS$ | 122-14-5 | 速灭虫 |
| a33045 | | 异稻瘟净 | Kitazin-*p* | $C_{13}H_{21}O_3PS$ | 26087-47-8 | 异丙稻瘟净 |
| a33046 | | 敌蚜胺 | Fluoroacetamide | $C_2H_4FNO$ | 640-19-7 | 2-氟乙酰胺 |
| a33047 | | 西维因 | Carbaryl | $C_{12}H_{11}NO_2$ | 63-25-2 | 1-萘基-*N*-甲基氨基甲酸酯 |
| a33053 | | 溴氰菊酯 | Deltamethrin | $C_{22}H_{19}Br_2NO_3$ | 52918-63-5 | 敌杀死 |
| a33055 | | 1,1,3-三甲基环己烯酮 | 3,5,5-Tirmethyl-2-cyclohexen-1-one | $C_9H_{14}O$ | 78-59-1 | 异佛尔酮 |
| a33056 | | 硫丹硫酸酯 | Endosulfan sulfate | $C_9H_6Cl_6O_4S$ | 1031-07-8 | |

续表

| 代码 | 类别 | 中文名称 | 英文名称 | 化学符号 | CAS 号 | 别名 |
|---|---|---|---|---|---|---|
| a33063 | | 氟乐灵 | Trifluralin | $C_{13}H_{16}F_3N_3O_4$ | 1582-09-8 | 茄科宁 |
| a33064 | | $\alpha$-硫丹 | $\alpha$-Endosulfan | $C_9H_6Cl_6O_3S$ | 959-98-8 | |
| a33065 | | $\beta$-硫丹 | $\beta$-Endosulfan | $C_9H_6Cl_6O_3S$ | 33213-65-9 | |
| a33066 | | 顺丁烯二酸酐 | Maleic anhydride | $C_4H_2O_3$ | 108-31-6 | 马来酸酐 |
| a34000 | 颗粒物 | | Particulates | | | 尘 |
| a34001 | | 总悬浮颗粒物（空气动力学当量直径 100 μm 以下） | Total suspended particulates | TSP | | |
| a34002 | | 可吸入颗粒物（空气动力学当量直径 10 μm 以下） | Particles less than 10 μm in diameter | $PM_{10}$ | | 飘尘 |
| a34003 | | 细微颗粒物(空气动力学当量直径 5 μm 以下) | Particles less than 5 μm in diameter | $PM_5$ | | |
| a34004 | | 细微颗粒物（空气动力学当量直径 2.5 μm 以下） | Particles less than 2.5 μm in diameter | $PM_{2.5}$ | | |
| a34005 | | 亚微米颗粒物（空气动力学当量直径 1.0 μm 以下） | Particles less than 1.0 μm in diameter | $PM_{1.0}$ | | |
| a34006 | | 40 μm 沙尘气溶胶粒子 | Sand and dust particles less than 40 μm in diameter | $DM_{40}$ | | |
| a34007 | | 30 μm 气溶胶粒子 | Particles less than 30 μm in diameter | $PM_{30}$ | | |
| a34008 | | 黑碳气溶胶 | Black carbon aerosol | BC | | |
| a34009 | | 元素碳 | Elemental carbon | EC | | |
| a34010 | | 有机碳 | Organic carbon | OC | | |
| a34011 | | 降尘 | Dust fall | | | |
| a34012 | | 粉尘 | Dust | | | |
| a34013 | | 烟尘 | Smoke | | | |
| a34014 | | 水泥尘 | Cement dust | | | |
| a34015 | | 矿渣棉尘 | Slag dust | | | |
| a34016 | | 石英粉尘 | Silica dust | | | |
| a34017 | | 炭黑尘 | Carbon black dust | | | |
| a34018 | | 石棉尘 | Asbestos dust | | 1332-21-4 | 纤维 |
| a34019 | | 玻璃棉尘 | Fibrous glass dust | | | |
| a34020 | | 染料尘 | Dye dust | | | |
| a34021 | | 氮肥尘 | Nitrogen fertilizer dust | | | |
| a34022 | | 磷肥尘 | Phosphate fertilizer dust | | | |
| a34023 | | 耐火材料尘 | Refractory dust | | | |
| a34024 | | 石灰粉尘 | Lime dust | | | |
| a34025 | | 砖瓦粉尘 | Brick dust | | | |
| a34026 | | 采石尘 | Quarry dust | | | |
| a34027 | | 硅尘 | Silicious dust | | | |
| a34028 | | 煤尘 | Coal dust | | | |
| a34029 | | 石墨尘 | Graphite dust | | | |
| a34030 | | 电镀抛光尘 | Electroplated-polishing dust | | | |

续表

| 代码 | 类别 | 中文名称 | 英文名称 | 化学符号 | CAS 号 | 别名 |
|---|---|---|---|---|---|---|
| a34031 | | 粮食加工尘 | Grain-processing dust | | | |
| a34032 | | 有机化工尘 | Organic chemical dust | | | |
| a34033 | | 黑色冶金尘 | Ferrous metallurgy dust | | | |
| a34034 | | 多种纤维尘 | Fiber dust | | | |
| a34035 | | 细矿物纤维 | Mineral fiber dust | | | |
| a34036 | | 五氧化二钒烟尘 | Vanadium pentoside fume and dust | $V_2O_5$ | 7440-62-6 | |
| a34037 | | 氯化锌烟 | Zinc chloride fume | $ZnCl_2$ | 7646-85-7 | 氯化锌 |
| a34038 | | 沥青烟 | Asphalt fume | | 8052-42-4 | 煤焦油沥青挥发物 |
| a34039 | | 硫酸雾 | Sulfuric acid mist | | | |
| a34040 | | 铬酸雾 | Chromic mist | | | |
| a34041 | | 油烟 | Oil smoke | | | |
| a34042 | | 苛性碱 | Caustic alcali | | | |
| a34043 | | 焦炉逸散物 | Coke oven emissions | | | |
| a34044 | | 花粉 | Pollen | | | |
| a34045 | | 致敏花粉 | Allergic pollen | | | |
| a34046 | | 尘螨 | Dust mite | | | |
| a99000 | 其他有机物 | | Other organic compounds | | | |
| a99001 | | 氨基氰 | Cyanamide | $CH_2N_2$ | 420-04-2 | |
| a99002 | | 甲基丙烯腈 | 2-Methyl-2-propenenitrile | $C_4H_5N$ | 126-98-7 | 2-甲基-2-丙烯腈 |
| a99003 | | 邻氯苄叉丙二腈 | [(2-Chlorophenyl)methylene]malononitrile | $C_{10}H_5ClN_2$ | 2698-41-1 | 邻氯苄叉缩丙二腈 |
| a99004 | | 丙酮氰醇 | Acetone cyanohydrin | $C_4H_7NO$ | 75-86-5 | 2-羟基异丁腈 |
| a99005 | | 2-*N*-二丁氨基乙醇 | 2-*N*-Dibutylaminoethanol | $C_{10}H_{23}NO$ | 102-81-8 | |
| a99006 | | 2-二乙氨基乙醇 | 2-Diethylaminoethanol | $C_6H_{15}NO$ | 100-37-8 | *N*,*N*-二乙基乙醇胺 |
| a99007 | | 2-氨基吡啶 | 2-Diaminopyridine | $C_5H_6N_2$ | 504-29-0 | *α*-吡啶胺 |
| a99008 | | 氯丙酮 | Chloroacetone | $C_3H_5ClO$ | 78-95-5 | |
| a99009 | | 乙腈 | Acetonitrile | $C_2H_3N$ | 75-05-8 | 甲基氰 |
| a99010 | | 丙烯腈 | Acrylonitrile | $C_3H_3N$ | 107-13-1 | 乙烯基氰 |
| a99011 | | 奥克托今 | Octogen | $C_4H_8N_8O_8$ | 2691-41-0 | 环四亚甲基四硝胺 |
| a99012 | | 4-氨基-*N*,*N*-二甲基苯胺 | *N*,*N*-Dimethyl-1,4-phenylenediamine | $C_8H_{12}N_2$ | 99-98-9 | *N*,*N*-二甲基对苯二胺 |
| a99013 | | 对二甲胺基偶氮苯 | *p*-Dimethyl aminoazobenzene | $C_{14}H_{15}N_3$ | 60-11-7 | |
| a99014 | | 二氯硅烷 | Dichlorosilane | $Cl_2H_2Si$ | 4109-96-0 | |
| a99015 | | 二甲基二氯硅烷 | Dimethyldichlorosilane | $C_2H_6Cl_2Si$ | 75-78-5 | 二氯二甲基硅烷 |
| a99016 | | 甲基氯硅烷 | Methylchlorosilane | $CH_5ClSi$ | 993-00-0 | 氯甲基硅烷 |
| a99017 | | 糠醇 | Furfuryl alcohol | $C_5H_6O_2$ | 98-00-0 | 氧茂甲醇 |
| a99018 | | 考的松 | Cortisone | $C_{21}H_{28}O_5$ | 53-06-5 | |
| a99019 | | 硫化羰 | Carbonyl sulfide | COS | 463-58-1 | 氧硫化碳 |
| a99020 | | 三氟乙酰氯 | Trifluoroacetyl chloride | $C_2ClF_3O$ | 354-32-5 | 氯化三氟乙酰 |

续表

| 代码 | 类别 | 中文名称 | 英文名称 | 化学符号 | CAS 号 | 别名 |
|---|---|---|---|---|---|---|
| a99021 | | 氯乙酰氯 | Chloroacetyl chloride | $C_2H_2Cl_2O$ | 79-40-9 | |
| a99022 | | 二甲基氨基甲酰氯 | Dimethyl carbamyl chloride | $C_3H_6ClNO$ | 79-44-7 | *N*,*N*-二甲氨基甲酰氯 |
| a99023 | | 亚硝酰氯 | Nitrosyl chloride | ClNO | 2696-92-6 | 氯化亚硝酰 |
| a99024 | | 羰酰氟 | Carbonyl fluoride | $CF_2O$ | 353-50-4 | 氟氧化碳 |
| a99025 | | 呋喃 | Furan | $C_4H_4O$ | 110-00-9 | |
| a99026 | | 吗啉 | Morpholine | $C_4H_9NO$ | 110-91-8 | 1,4-氧氮杂环己烷 |
| a99027 | | *N*-乙基吗啉 | *N*-Ethylmorpholine | $C_6H_{13}NO$ | 100-74-3 | |
| a99028 | | *N*-亚硝基吗啉 | *N*-Nitrosomorpholine | $C_4H_8N_2O_2$ | 59-89-2 | |
| a99029 | | 喹啉 | Quinoline | $C_9H_7N$ | 91-22-5 | 氮杂萘 |
| a99030 | | 三氯氧磷 | Phosphorus oxychloride | $POCl_3$ | 10025-87-3 | 氧氯化磷 |
| a99031 | | 乙基汞 | Diethyl mercury | $C_4H_{10}Hg$ | 627-44-1 | 二乙基汞 |
| a99032 | | 二甲基汞 | Dimethyl mercury | $C_2H_6Hg$ | 593-74-8 | |
| a99033 | | 双硫醒 | Disulfiram | $C_{10}H_{20}N_2S_4$ | 97-77-8 | 双硫仑 |
| a99034 | | 亚乙基硫脲 | Ethlene thiourea | $C_3H_6N_2S$ | 96-45-7 | |
| a99035 | | *α*-萘基硫脲 | *α*-Naphthylthiourea | $C_{11}H_{10}N_2S$ | 86-88-4 | 安妥 |
| a99036 | | 乙酰水杨酸 | Aspirin | $C_9H_8O_4$ | 50-78-2 | 阿司匹林 |
| a99037 | | 重氮甲烷 | Diazomethane | $CH_2N_2$ | 334-88-3 | 叠氮甲烷 |
| a99038 | | 二月桂酸二丁基锡 | Ditin butyl dilaurate | $C_{32}H_{64}O_4Sn$ | 77-58-7 | 二月桂酸二正丁基锡 |
| a99039 | | 三氟化氮 | Nitrogen trifluoride | $NF_3$ | 7783-54-2 | |
| a99040 | | 三氟化氯 | Chlorine trifluoride | $ClF_3$ | 7990-91-2 | |
| a99041 | | 三氟化硼 | Boron trifluoride | $BF_3$ | 7637-07-2 | 氟化硼 |
| a99042 | | 三氯化硼 | Boron trichloride | $BCl_3$ | 10294-34-5 | 氯化硼 |
| a99043 | | 三氯氢硅 | Trichlorosilane | $SiHCl_3$ | 10025-78-2 | 三氯硅烷 |
| a99044 | | 五羰基铁 | Iron pentacarbonyl | $C_5FeO_5$ | 13463-40-6 | |
| a99045 | | 三乙基氯化锡 | Triethyltin chloride | $C_6H_{15}ClSn$ | 994-31-0 | |
| a99046 | | 双(巯基乙酸)二辛基锡 | Bis(marcaptoacetate)dioctyltin | $C_{36}H_{72}O_4S_2Sn$ | 26401-97-8 | |
| a99047 | | 四氟化硅 | Silicon tetrafluoride | $SiF_4$ | 7783-61-1 | 氟化硅 |
| a99048 | | 四氟化硫 | Sulphur tetrafluoride | $SF_4$ | 7783-60-0 | |
| a99049 | | 光气 | Phosgene | $COCl_2$ | 75-44-5 | 碳酰氯 |
| a99050 | | 纤维素 | Cellulose | $(C_6H_{10}O_5)_n$ | 9004-34-6 | |
| a99051 | | 二硫化碳 | Carbon disulfide | $CS_2$ | 75-15-0 | |
| a99052 | | 炔诺孕酮 | Norgestrel | $C_{22}H_{28}O_2$ | 6533-00-2 | 18-甲基炔诺酮 |
| a99053 | | 硝基胍 | Nitroguanidine | $CH_4N_4O_2$ | 556-88-7 | |
| a99054 | | 总挥发性有机物 | Total volatile organic compounds | TVOCs | | |
| a99055 | | 碳氢化合物＋氮氧化物 | $HC+NO_x$ | | | |
| a99056 | | 4,4′-二氨基二苯甲烷 | 4,4′-Methylenedianiline | $C_{13}H_{14}N_2$ | 101-77-9 | |
| a99057 | | 氨基磺酸铵 | Ammonium sulfamate | $H_6N_2O_3S$ | 7773-06-0 | |
| a99058 | | 六甲基磷酸三胺 | Hexamethylphosphoramide | $C_6H_{18}N_3OP$ | 680-31-9 | 六磷胺 |
| a99059 | | 过氧化苯甲酰 | Benzoyl peroxide | $C_{14}H_{10}O_4$ | 94-36-0 | 过氧化二苯甲酰 |

## 8 XML 数据定义

为规范大气污染物名称代码表在环境信息系统中的使用，定义基于 XML 的大气污染物名称代码表的数据架构图如下：

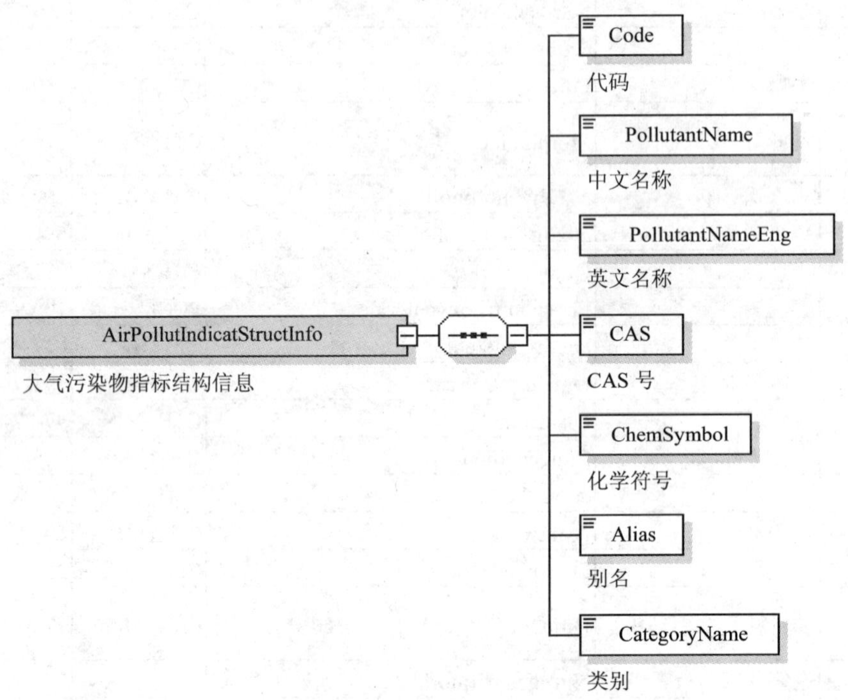


图 2 大气污染物数据架构图

大气污染物名称代码表的 XML 数据架构描述如下：

```
<?xml version="1.0" encoding= "gb2312"?>
<xs:schema xmlns="http://www.mep.gov.cn/epiDATA"
xmlns:xs="http://www.w3.org/2001/XMLSchema"
targetNamespace="http://www.mep.gov.cn/epiDATA" elementFormDefault="qualified">
    <xs:element name="AirPollutIndicatStructInfo">
        <xs:annotation>
            <xs:documentation>大气污染物指标结构信息</xs:documentation>
        </xs:annotation>
        <xs:complexType>
            <xs:sequence>
                <xs:element name="Code">
                    <xs:annotation>
                        <xs:documentation>代码</xs:documentation>
                    </xs:annotation>
                    <xs:simpleType>
                        <xs:restriction base="xs:string">
                            <xs:length value="6"/>
                            <xs:pattern value="a\d{5}"/>
```

```
            </xs:restriction>
        </xs:simpleType>
    </xs:element>
    <xs:element name="PollutantName">
        <xs:annotation>
            <xs:documentation>中文名称</xs:documentation>
        </xs:annotation>
        <xs:simpleType>
            <xs:restriction base="xs:string">
                <xs:maxLength value="100"/>
            </xs:restriction>
        </xs:simpleType>
    </xs:element>
    <xs:element name="PollutantNameEng" type="xs:string">
        <xs:annotation>
            <xs:documentation>英文名称</xs:documentation>
        </xs:annotation>
    </xs:element>
    <xs:element name="CAS">
        <xs:annotation>
            <xs:documentation>CAS号</xs:documentation>
        </xs:annotation>
        <xs:simpleType>
            <xs:restriction base="xs:string">
                <xs:pattern value="\d{2,6}-\d{2}-\d{1}"/>
            </xs:restriction>
        </xs:simpleType>
    </xs:element>
    <xs:element name="ChemSymbol">
        <xs:annotation>
            <xs:documentation>化学符号</xs:documentation>
        </xs:annotation>
        <xs:simpleType>
            <xs:restriction base="xs:string">
                <xs:maxLength value="30"/>
            </xs:restriction>
        </xs:simpleType>
    </xs:element>
    <xs:element name="Alias">
        <xs:annotation>
            <xs:documentation>别名</xs:documentation>
        </xs:annotation>
        <xs:simpleType>
```

```
                        <xs:restriction base="xs:string">
                            <xs:maxLength value="100"/>
                        </xs:restriction>
                    </xs:simpleType>
                </xs:element>
                <xs:element name="CategoryName">
                    <xs:annotation>
                        <xs:documentation>类别</xs:documentation>
                    </xs:annotation>
                    <xs:simpleType>
                        <xs:restriction base="xs:string">
                            <xs:maxLength value="20"/>
                        </xs:restriction>
                    </xs:simpleType>
                </xs:element>
            </xs:sequence>
        </xs:complexType>
    </xs:element>
</xs:schema>
```

# 附 录 A
## （规范性附录）
## 大气污染物及相关指标名称代码简表

表 A.1 列出“排放污染物申报登记统计表”涉及的大气污染物及相关指标代码、中英文名称，便于查询使用。表 A.1 所列大气污染物及相关指标来自表 2。

表 A.1 大气污染物及相关指标名称代码简表

| 代码 | 中文名称 | 英文名称 |
|---|---|---|
| a01010 | 林格曼黑度 | Lingeman blackness |
| a05001 | 二氧化碳 | Carbon dioxide |
| a05002 | 甲烷 | Methane |
| a19002 | 臭气浓度 | Odor concentration |
| a20016 | 铍及其化合物 | Beryllium compounds |
| a20025 | 镉及其化合物 | Cadmium compounds |
| a20043 | 铅及其化合物 | Lead compounds |
| a20057 | 汞及其化合物 | Mercury compounds |
| a20063 | 镍及其化合物 | Nickel compounds |
| a20091 | 锡及其化合物 | Tin compounds |
| a21001 | 氨 | Ammonia |
| a21002 | 氮氧化物 | Nitrogen oxides |
| a21005 | 一氧化碳 | Carbon monoxide |
| a21018 | 氟化物 | Fluoride |
| a21021 | 氰化氢 | Hydrogen cyanide |
| a21022 | 氯 | Chlorine |
| a21024 | 氯化氢 | Hydrochloric acid |
| a21026 | 二氧化硫 | Sulfur dioxide |
| a21028 | 硫化氢 | Hydrogen sulfide |
| a23001 | 酚类 | Phenols |
| a24046 | 氯乙烯 | Vinyl chloride |
| a24087 | 碳氢化合物 | Hydrocarbon |
| a25002 | 苯 | Benzene |
| a25003 | 甲苯 | Toluene |
| a25005 | 二甲苯 | Xylene |
| a25010 | 氯苯 | Chlorobenzene |
| a25023 | 硝基苯 | Nitrobenzene |
| a25040 | 苯可溶物 | Benzene-soluble organics |
| a25044 | 苯并[*a*]芘 | Benzo[*a*]pyrene |
| a26001 | 苯胺类 | Anilines |
| a26022 | 三甲胺 | Trimethylamine |
| a28001 | 甲硫醚 | Dimethyl sulfide |
| a28010 | 二甲二硫醚 | Dimethyl disulfide |
| a30001 | 甲醇 | Methanol |
| a30002 | 甲硫醇 | Methyl mercaptan |
| a30022 | 硫醇 | Mercaptans |

续表

| 代码 | 中文名称 | 英文名称 |
|---|---|---|
| a31001 | 甲醛 | Formaldehyde |
| a31002 | 乙醛 | Acetaldehyde |
| a31004 | 丙烯醛 | Acrolein |
| a34013 | 烟尘 | Smoke |
| a34014 | 水泥尘 | Cement dust |
| a34015 | 矿渣棉尘 | Slag dust |
| a34016 | 石英粉尘 | Silica dust |
| a34017 | 炭黑尘 | Carbon black dust |
| a34018 | 石棉尘 | Asbestos dust |
| a34019 | 玻璃棉尘 | Fibrous glass dust |
| a34020 | 染料尘 | Dye dust |
| a34038 | 沥青烟 | Asphalt fume |
| a34039 | 硫酸雾 | Sulfuric acid mist |
| a34040 | 铬酸雾 | Chromic mist |
| a34041 | 油烟 | Oil smoke |
| a99010 | 丙烯腈 | Acrylonitrile |
| a99049 | 光气 | Phosgene |
| a99051 | 二硫化碳 | Carbon disulfide |

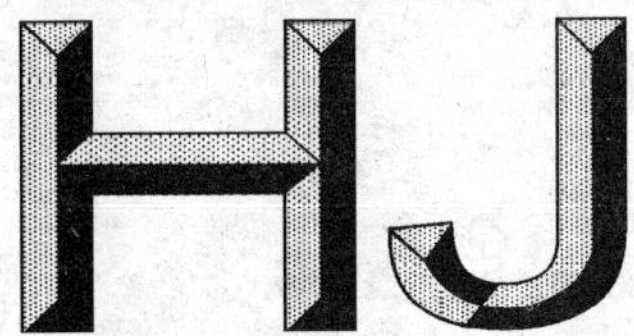

# 中华人民共和国国家环境保护标准

HJ 525—2009

# 水污染物名称代码

**Codes for water pollutants**

2009-12-30 发布　　　　2010-04-01 实施

环　境　保　护　部　发布

# 前　言

为贯彻《中华人民共和国环境保护法》、《中华人民共和国水污染防治法》、《中华人民共和国海洋环境保护法》、《国务院关于落实科学发展观加强环境保护的决定》、《国务院关于印发节能减排综合性工作方案的通知》、《国务院批转节能减排统计监测及考核实施方案和办法的通知》等法律法规和通知精神，加强污染防治的监督管理，保障环境信息处理和交换工作有序开展，统一水污染物的名称与代码，制定本标准。

本标准对环境管理、环境统计、环境监测、环境影响评价、排放污染物申报登记、各类水环境质量标准、各类水污染物排放标准等涉及的水污染物进行分类、列表并编写代码，规定了水污染物名称代码。

本标准附录 A 为资料性附录。

本标准为首次发布。

本标准由环境保护部科技标准司组织制订。

本标准起草单位：环境保护部信息中心、河北科技大学、河北省环境信息中心。

本标准环境保护部 2009 年 12 月 30 日批准。

本标准自 2010 年 4 月 1 日起实施。

本标准由环境保护部解释。

# 水污染物名称代码

## 1 适用范围

本标准对环境管理、环境统计、环境监测、环境影响评价、排放污染物申报登记、各类水体环境质量标准、各类水污染物排放标准等涉及的水污染物进行列表、分类，规定了水污染物名称代码。

本标准适用于全国各级环境保护部门有关水污染物的信息采集、交换、加工、使用以及环境信息系统建设的管理工作。

## 2 规范性引用文件

本标准内容引用了下列文件中的条款。凡是不注日期的引用文件，其有效版本适用于本标准。

HJ/T 416 环境信息术语

GB/T 7027 信息分类和编码的基本原则与方法

GB/T 10113 分类与编码通用术语

## 3 术语和定义

GB/T 10113 和 HJ/T 416 中确立的术语和定义，以及下列术语和定义适用于本标准。

### 3.1 水污染 water pollution

是指水体因某种物质的介入，而导致其化学、物理、生物或者放射性等方面特性的改变，从而影响水的有效利用，危害人体健康或者破坏生态环境，造成水质恶化的现象。

### 3.2 水污染物 water pollutants

是指直接或者间接向水体排放的，能导致水体污染的物质。

### 3.3 水污染指标 water pollution Index

反映水体质量或污染程度，但不属具体化学物质，包括物理指标（如色度）、生物指标、放射性指标、综合指标（如生化需氧量 BOD，Biochemical Oxygen Demand）。

### 3.4 水污染物分类 classification of water pollutants

根据水污染物的结构或水污染指标的特征，按一定的规则对其进行区分和归类的过程。通过分类可以将水污染物按类排列顺序，有利于水污染物的管理和使用。

### 3.5 水污染物名称代码 water pollutants codes

表示水污染物或污染指标的一个或一组字符。

### 3.6 水污染物编码 coding for water pollutants

在水污染物或污染指标分类的基础上，给水污染物或污染指标赋予代码的过程。

### 3.7 水污染物代码表 water pollutants code table

对水污染物进行分类和编码后的表现形式。是将水污染物或污染指标按照类别排列并列出每种水污染物或污染指标的代码值。水污染物名称代码表包括水污染物或污染指标的类别、类别码、代码和水污染物的中、英文名称等。

## 4 分类原则

### 4.1 科学性原则

按照水污染物最稳定的属性污染物或污染指标的性质和结构作为分类依据，并结合应用习惯。

4.2 实用性原则

水污染物分类类目设置要全面、实用，受关注的、重要的、出现频率高的污染物单独列出类别，突出重点、方便检索。

4.3 可扩延性原则

随着科学技术的发展和社会进步，会有更多新合成或新检出的污染物受到关注，因此在类目的扩展上预留空间，保持分类体系有一定弹性，可在本分类体系上进行延拓。

## 5 分类方法

5.1 基本方法

本标准中的基本分类方法遵循 GB/T 7027 中的规定和要求。

5.2 水污染物分类方法

根据水污染物的理化性质和结构特征，适宜采用线分类方法进行分类，而对于一些特殊或使用频率高的类别宜采用面分类方法。水污染物分类采用以线分类法为主、面分类法为补充的混合分类法。

水污染物分类设一级类目，根据水污染物的结构和理化特性将水污染物分为 20 类。

## 6 编码原则与方法

6.1 编码原则

6.1.1 唯一性

每一种水污染物或污染指标仅有一个代码，一个代码仅表示一种水污染物或污染指标。

6.1.2 合理性

代码结构与分类体系相适应。

6.1.3 可扩充性

留有适当的后备容量，以适应不断扩充的需要。

6.1.4 简明性

代码结构尽量简明，长度适当，以节省机器存贮空间和降低代码的出错率。

6.1.5 稳定性

水污染物名称代码一经确定，应保持不变。

6.1.6 规范性

代码的类型、结构以及编写格式统一。

6.2 编码方法

水污染物编码方法采用层次码为主体，每层中采用顺序码。其中，层次码依据编码对象的分类层级将代码分成若干层级，并与分类对象的分类层次相对应；代码自左至右表示的层级由高至低，代码的左端为最高位层级代码，右端为最低位层级代码；采用固定递增格式。顺序码采用递增的数字码。

6.3 代码结构

水污染物名称代码值的格式采用码位固定的字母数字混合格式。字母代码采用缩写码，用“w”表示水体；数字代码采用阿拉伯数字表示，采用递增的数字码。

代码分三层，第一层代码，用“w”表示水体；第二层代码，表示水污染物的类别，类别代码采用 2 位阿拉伯数字表示，即 01～99；第三层代码，表示水污染物在类别中的代码，采用 3 位阿拉伯数字表示，即 001～999，每一组阿拉伯数字表示一种污染物或一个污染指标。

二层及二层以上代码由上层代码加本层代码组成。代码结构如图 1 所示。

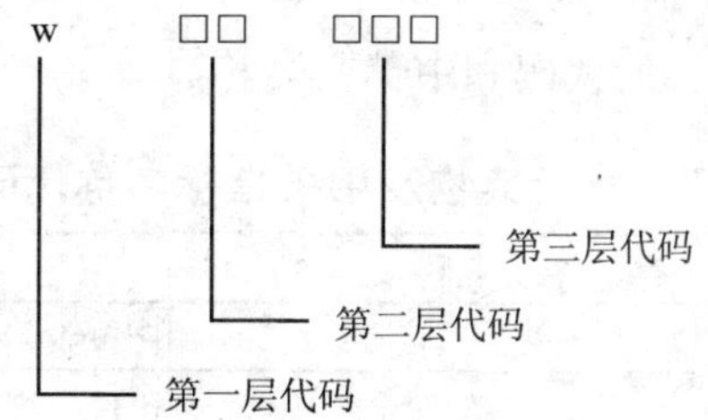


图 1 代码结构图

### 6.4 编码扩展方法

对于代码表中未列出的污染物或污染指标，可依据分类原则对其进行归类，在其相应类别中已有编码的基础上顺延赋码。

## 7 水污染物分类与代码

### 7.1 水污染物及相关指标分类

表 1 列出了水污染物类别代码、中英文名称及备注。

表 1 水污染物及相关指标分类表

| 类别代码 | 中文名称 | 英文名称 | 备注 |
|---|---|---|---|
| w01000 | 物理和综合指标 | Physical and Integrated Indicators | 物理指标：表示水体物理性质<br>综合指标：表示水体的某项综合性质 |
| w02000 | 生物指标 | Biological Indicators | 水体生物学特性和参数 |
| w03000 | 放射性指标 | Radioactive Indicators | 表示辐射强度的指标 |
| w19000 | 其他指标 | Other Indicators | 凡不能归为以上三类的指标 |
| w20000 | 金属及金属化合物 | Metal and Mctallic Compounds | 包括各种形态的金属及其化合物 |
| w21000 | 非金属无机物 | Nonmetal Inorganic Compounds | 包括各种非金属元素及其化合物 |
| w22000 | 油类 | Oils | 在常温下为液体的憎水性物质的总称 |
| w23000 | 酚 | Hydroxybenzenes | 是芳香烃环上的氢被羟基（—OH）取代的一类芳香族化合物 |
| w24000 | 脂肪烃和卤代脂肪烃 | Aliphatic Hydrocarbons and Halogenated Aliphatic Hydrocarbons | 卤代脂肪烃指脂肪烃上的氢被卤素取代生成的化合物 |
| w25000 | 芳香族化合物 | Aromatic Compounds | 包括芳烃、多环芳烃及其取代化合物 |
| w26000 | 胺 | Amic Amines | 氨分子中的氢被烃基取代而生成的化合物 |
| w27000 | 多氯联苯 | Polychlorinated Biphrnyls（PCBs） | 指三氯联苯、四氯联苯、五氯联苯、六氯联苯的混合物 |
| w28000 | 醚 | Ethers | 两个烃基通过氧原子相连形成的化合物 |
| w29000 | 酯 | Esters | 羧酸的一类衍生物，由羧酸与醇（酚）反应失水而生成的化合物 |
| w30000 | 醇 | Alcohols | 烃分子中一个或几个氢被羟基取代而生成的一类有机化合物 |
| w31000 | 醛 | Aldehydes | 醛基和烃基连接而成的化合物 |
| w32000 | 有机酸 | Organic Acids | 有机酸类是分子结构中含有羧基的化合物 |
| w33000 | 农药 | Pesticides | 为保障促进作物的成长所施用的杀虫、除草等药物的统称 |
| w34000 | 消毒剂及其副产物 | Disinfector and its Outgrowth | 指可用于水体消毒的物质及消毒过程中产生的各种化合物 |
| w99000 | 其他污染物 | Other Pollutants | 难以归入上述类别且标准中需要控制的污染物 |

7.2 水污染物及相关指标名称与代码

表 2 列出了水污染物及相关指标的代码和中英文名称。

表 2 水污染物及相关指标名称代码表

| 代码 | 类别名称 | 中文名称 | 英文名称 |
|---|---|---|---|
| w01000 | 物理和综合指标 | | Physical and Integrated Indicators |
| w01001 | | pH 值 | pH |
| w01002 | | 色度 | Color |
| w01003 | | 浑浊度 | Turbidity |
| w01004 | | 透明度 | Transparency Clarity |
| w01005 | | 嗅和味 | Odor and Sapor |
| w01006 | | 溶解性总固体 | Total Dissolved Solids |
| w01007 | | 总硬度 | Hardness（total） |
| w01008 | | 全盐量 | Total Salt |
| w01009 | | 溶解氧 | Dissolved Oxygen |
| w01010 | | 水温 | Temperature |
| w01011 | | 肉眼可见物 | Megascopic Matters |
| w01012 | | 悬浮物 | Suspended Solids |
| w01013 | | 漂浮物 | Floating Matters |
| w01014 | | 电导率 | Conductivity |
| w01015 | | 急性毒性 | Acute Toxicity |
| w01016 | | 叶绿素 | Chlorophyll |
| w01017 | | 五日生化需氧量 | Biochemical Oxygen Demand after 5 Days（$BOD_5$） |
| w01018 | | 化学需氧量 | Chemical Oxygen Demand（COD） |
| w01019 | | 高锰酸盐指数 | Permanganate Index |
| w01020 | | 总有机碳 | Total Organic Carbon（TOC） |
| w01021 | | 可同化有机碳 | Assimilable Organic Carbon（AOC） |
| w02000 | 生物指标 | | Biological Indicators |
| w02001 | | 蛔虫卵 | Ascaris Eggs |
| w02002 | | 蠕虫卵 | Helminth Eggs |
| w02003 | | 粪大肠菌群 | Fecal Coliform |
| w02004 | | 总大肠菌群 | Total Coliform |
| w02005 | | 耐热大肠菌群 | Heat-resistant Coliform |
| w02006 | | 细菌总数 | Heterotrophic Plate Count |
| w02007 | | 大肠埃希氏菌 | E. Coliform |
| w02008 | | 肠球菌 | Enterococcus |
| w02009 | | 产气荚膜梭状芽胞杆菌 | Clostridium Perfringens |
| w02010 | | 沙门氏菌 | Salmonella |
| w02011 | | 志贺氏菌 | Shigella |
| w02012 | | 结核杆菌 | Mycobecterium Tuberculosis |
| w02013 | | 军团菌 | Legionella |
| w02014 | | 铜绿假单胞菌 | Pseudomonas Aeruginosa |
| w02015 | | 贾第鞭毛虫 | Giardia |
| w02016 | | 隐孢子虫 | Cryptosporidium Tyzzer |
| w02017 | | 兰伯氏贾第虫 | Giardia Lamblia |
| w02018 | | 病毒 | Virus |
| w02019 | | 藻类 | Algae |

续表

| 代码 | 类别名称 | 中文名称 | 英文名称 |
|---|---|---|---|
| w03000 | **放射性指标** | | **Radioactive Indicators** |
| w03001 | | 总$\alpha$放射性 | Total $\alpha$-ray Intensity |
| w03002 | | 总$\beta$放射性 | Total $\beta$-ray Intensity |
| w03003 | | 镭-226和镭-228 | Radium-226 and Radium-228（combined） |
| w03004 | | 氚 | Tritium |
| w19000 | **其他指标** | | **Other Indicators** |
| w19001 | | 表面活性剂 | Surface Active Agent |
| w19002 | | 阴离子表面活性剂 | Anion Surface Active Agent |
| w19003 | | 阴离子合成洗涤剂 | Anion Detergent |
| w19004 | | 彩色显影剂 | Color Developing Agent |
| w19005 | | 显影剂及氧化物总量 | Developing Agent and Total Oxide |
| w19006 | | 腐蚀性 | Corrosivity |
| w19007 | | 发泡剂 | Foaming Agents |
| w20000 | **金属及金属化合物** | | **Metal and Metallic Compounds** |
| w20002 | | 铝 | Aluminum |
| w20004 | | 锑 | Antimony |
| w20012 | | 钡 | Barium |
| w20023 | | 硼 | Boron |
| w20038 | | 钴 | Cobalt |
| w20047 | | 四乙基铅 | Tetraethyl-lead |
| w20061 | | 钼 | Molybdenum |
| w20075 | | 钠 | Sodium |
| w20089 | | 铊 | Thallium |
| w20092 | | 锡 | Tin |
| w20095 | | 钛 | Titanium |
| w20098 | | 钨 | Tungsten |
| w20101 | | 钒 | Vanadium |
| w20110 | | 铀 | Uranium |
| w20111 | | 总汞 | Mercury（total） |
| w20112 | | 无机汞 | Mercury（inorganic） |
| w20113 | | 烷基汞 | Alkyl Mercury |
| w20114 | | 氯化乙基汞 | Ethylmercury Chloride |
| w20115 | | 总镉 | Cadmium（total） |
| w20116 | | 总铬 | Chromium（total） |
| w20117 | | 六价铬 | Chromium（Ⅵ）Compounds |
| w20118 | | 三价铬 | Chromium（Ⅲ）Compounds |
| w20119 | | 总砷 | Arsenic（total） |
| w20120 | | 总铅 | Lead（total） |
| w20121 | | 总镍 | Nickel（total） |
| w20122 | | 总铜 | Copper（total） |
| w20123 | | 总锌 | Zinc（total） |
| w20124 | | 总锰 | Manganese（total） |
| w20125 | | 总铁 | Iron（total） |
| w20126 | | 总银 | Silver（total） |
| w20127 | | 总铍 | Beryllium（total） |

续表

| 代码 | 类别名称 | 中文名称 | 英文名称 |
|---|---|---|---|
| w20128 | | 总硒 | Selenium（total） |
| w20129 | | 二烃基锡 | Dialkyltins |
| w20130 | | 三丁基氧化锡 | Tributin Oxide |
| w20131 | | 四乙基锡 | Tetraethyltin |
| w20132 | | 三丁基锡 | Tributyltin |
| w20133 | | 二氯二丁基锡 | Dichloride Dibutyltin |
| w20134 | | 二丁基硫化锡 | Dibutyltin Sulfide |
| w20135 | | 三苯基锡 | Triphenyltin |
| w20136 | | 甲基汞 | Methyl Mercury |
| w20137 | | 二乙基汞 | Diethyl Mercury |
| **w21000** | **无机污染物** | | **Inorganic Pollutants** |
| w21001 | | 总氮（以 N 计） | Nitrogen（total） |
| w21002 | | 无机氮 | Inorganic Nitrogen |
| w21003 | | 氨氮（$NH_3$-N） | Ammonnia-Nitrogen |
| w21004 | | 凯氏氮 | Kjeldahl Nitrogen |
| w21005 | | 非离子氨 | Nnionized Ammonia（UIA） |
| w21006 | | 亚硝酸盐 | Nitrite |
| w21007 | | 硝酸盐（以 N 计） | Nitrate（measured as Nitrogen） |
| w21008 | | 肼 | Hydrazine |
| w21009 | | 水合肼 | Hydrazine Hydrate |
| w21010 | | 叠氮化物（以 $N_3^-$计） | Sodium Azide |
| w21011 | | 总磷（以 P 计） | Phosphorus（total） |
| w21012 | | 元素磷 | Phosphorus |
| w21013 | | 黄磷 | Yellow Phosphorus |
| w21014 | | 磷酸 | Phosphoric Acid |
| w21015 | | 磷酸盐 | Phosphate |
| w21016 | | 氰化物 | Cyanide |
| w21017 | | 氟化物（以 $F^-$计） | Fluoride |
| w21018 | | 碘化物 | Iodide |
| w21019 | | 硫化物 | Sulphide |
| w21020 | | 溴化物 | Bromide |
| w21021 | | 硫氰化物 | Rhodanide |
| w21022 | | 氯化物（以 $Cl^-$计） | Chloride |
| w21023 | | 活性氯 | Active Chlorine |
| w21024 | | 余氯 | Residual Chlorine |
| w21025 | | 游离氯 | Free Chlorine |
| w21026 | | 二氧化硫 | Sulfur Dioxide |
| w21027 | | 石棉（纤维＞10 μm） | Asbestos（fiber＞10micrometers） |
| w21028 | | 硫化氢 | Hydrogen Sulfide |
| w21029 | | 碘 | Iodine |
| w21030 | | 铁（Ⅱ、Ⅲ）氰络合物 | Ferrocyanide |
| w21031 | | 氯化氰 | Cyanogen Chloride |
| w21032 | | 酸度 | Acidity |
| w21033 | | 碱度 | Alkalinity |
| w21034 | | 游离碳酸 | Free Carbonic Acid |

续表

| 代码 | 类别名称 | 中文名称 | 英文名称 |
|---|---|---|---|
| w21035 | | 盐酸 | Hydrochloric Acid |
| w21036 | | 硫酸 | Sulfuric Acid |
| w21037 | | 亚硫酸 | Sulfurous Acid |
| w21038 | | 硫酸盐（以 $SO_4^{2-}$计） | Sulfate |
| w21039 | | 亚硫酸盐 | Sulfite |
| w21040 | | 氯化钠 | Sodium Chloride |
| w21041 | | 碳酸钠 | Sodium Carbonate |
| w22000 | 油类 | | Oils |
| w22001 | | 石油类 | Petroleum Oils |
| w22002 | | 动植物油 | Animal and Vegetable Oil |
| w22003 | | 油 | Oil |
| w22004 | | 煤油 | Kerosine |
| w22005 | | 松油 | Pine Oil |
| w22006 | | 塔罗油 | Tall Oil |
| w22007 | | 松节油 | Turpentine Oil |
| w23000 | 酚 | | Phenols |
| w23001 | | 酚类 | Phenols |
| w23002 | | 挥发酚 | Volatile Phenols |
| w23003 | | 苯酚 | Hydroxybenzene |
| w23004 | | 4-甲基苯酚（对甲苯酚） | 4-Methylphenol |
| w23005 | | 2-甲基苯酚（邻甲苯酚） | 2-Methylphenol |
| w23006 | | 2,5-二甲苯酚 | 2,5-Xylenol |
| w23007 | | 2,4-二甲苯酚 | 2,4-Xylenol |
| w23008 | | 3,4-二甲苯酚 | 3,4-Xylenol |
| w23009 | | 3,5-二甲苯酚 | 3,5-Xylenol |
| w23010 | | 3-甲基-4-氯苯酚 | 3-Methyl-4-chlorophenol |
| w23011 | | 对氯-间甲苯酚 | *p*-Choro-m-cresol |
| w23012 | | 苯二酚 | Dihydroxybenzne |
| w23013 | | 1,3-苯二酚（间苯二酚） | 1,3-Benzenediol |
| w23014 | | 1,2-苯二酚（邻苯二酚） | 1,2-Benzenediol |
| w23015 | | 1,4-苯二酚（对苯二酚） | 1,4-Benzenediol |
| w23016 | | 5-甲基间苯二酚 | 1,3-Dihydroxy-5-methylbenzene |
| w23017 | | 苯甲酚 | Cresol |
| w23018 | | 间-甲酚 | *m*-Methylphenol |
| w23019 | | 氯酚类 | Chlorophenols |
| w23020 | | 2,4-二氯苯酚 | 2,4-Dichlorophenol |
| w23021 | | 4-氯苯酚（对氯苯酚） | 4-Chlorophenol |
| w23022 | | 2,4,6-三氯苯酚 | 2,4,6-Trichlorophenol |
| w23023 | | 2-氯酚 | 2-Chlorophenol |
| w23024 | | 2,4,5-三氯酚 | 2,4,5-Trichlorophenol |
| w23025 | | 五氯酚 | Pentachlorophenol |
| w23026 | | 五氯酚钠 | Sodium Pentachlorophenate |
| w23027 | | 双酚 A | 2,2-Di（4-hydroxyphenyl）propane |
| w23028 | | 硝基酚类 | Nitrophenols |
| w23029 | | 间硝基苯酚 | *m*-Nitrophenol |

续表

| 代码 | 类别名称 | 中文名称 | 英文名称 |
|---|---|---|---|
| w23030 | | 邻硝基苯酚 | *o*-Nitrophenol |
| w23031 | | 对硝基苯酚 | *p*-Nitrophenol |
| w23032 | | 二硝基苯酚 | Dinitrophenols |
| w23033 | | 2,4-二硝基苯酚 | 2,4-Dinitrophenol |
| w23034 | | 2-甲-4,6-二硝苯酚 | 2-Methyl-4,6-dinitrophenol |
| w23035 | | 4,6-二硝基-对甲苯酚 | 4,6-Dinitro-p-cresol |
| w23036 | | 2,4,6-三硝基酚（苦味酸） | 2,4,6-Trinitrophenol |
| w23037 | | $\alpha$-萘酚 | $\alpha$-Naphthol |
| w23038 | | $\beta$-萘酚 | $\beta$-Naphthol |
| w24000 | 脂肪烃和卤代脂肪烃 | | Aliphatic Hydrocarbons and Halogenated Aliphatic Hydrocarbons |
| w24001 | | 挥发性卤代烃 | Volatile Halohydrocarbon |
| w24002 | | 一氯甲烷 | Chloromethane |
| w24003 | | 二氯甲烷 | Dichloromethane |
| w24004 | | 三氯甲烷 | Trichloromethane |
| w24005 | | 四氯甲烷（四氯化碳） | Tetrachloromethane |
| w24006 | | 一氯二溴甲烷 | Dibromochloromethane |
| w24007 | | 二氯一溴甲烷 | Bromodichloromethane |
| w24008 | | 溴甲烷 | Bromomethane |
| w24009 | | 三溴甲烷 | Tribromomethane |
| w24010 | | 硝基甲烷 | Nitromethane |
| w24011 | | 三硝基甲烷 | Trinitromethane |
| w24012 | | 四硝基甲烷 | Tetranitromethane |
| w24013 | | 三氯硝基甲烷 | Nitrotrichloromethane |
| w24014 | | 二氰甲烷（丙二腈） | Propanedinitrile |
| w24015 | | 氯乙烷 | Chloroethane |
| w24016 | | 1,1-二氯乙烷 | 1,1-Dichloroethene |
| w24017 | | 1,2-二氯乙烷 | 1,2-Dichloroethane |
| w24018 | | 1,1,1-三氯乙烷 | 1,1,1-Trichloroethane |
| w24019 | | 1,1,2-三氯乙烷 | 1,1,2-Trichloroethane |
| w24020 | | 1,1,2,2-四氯乙烷 | 1,1,2,2-Tetrachloroethane |
| w24021 | | 六氯乙烷 | Hexachloroethane |
| w24022 | | 硝基乙烷 | Nitroethane |
| w24023 | | 1,2-二氰基乙烷（丁二腈） | 1,2-Dicyanoethane |
| w24024 | | 环氧氯丙烷 | Epichlorohydrin |
| w24025 | | 五氯丙烷 | Pentachloropropane |
| w24026 | | 1,2-二氯-2-甲基丙烷 | 1,2-Dichloro-2-methylpropane |
| w24027 | | 1,2-二氯丙烷 | 1,2-Dichloropropane |
| w24028 | | 1,3-二氯丙烷 | 1,3-Dichloropropane |
| w24029 | | 1,2-二溴-3-氯丙烷 | 1,2-Dibromo-3-chloropropane（DBCP） |
| w24030 | | 1,3-二苯基丙烷 | 1,3-Diphenylpropane |
| w24031 | | 2,2-二苯基丙烷 | 2,2-Diphenylpropane |
| w24032 | | 硝基丙烷 | Nitropropane |
| w24033 | | 四氯丙烷 | Tetrachloropropane |
| w24034 | | 1,1,1,3,3-五氯丁烷 | 1,1,1,3,3-Pentachlorobutane |

续表

| 代码 | 类别名称 | 中文名称 | 英文名称 |
| --- | --- | --- | --- |
| w24035 | | 1,1,1,5-四氯戊烷 | 1,1,1,5-Tetrachloropentane |
| w24036 | | 环己烷 | Cyclohexane |
| w24037 | | 硝基环己烷 | Nitrocyclohexane |
| w24038 | | 1,4-二氯环己烷 | 1,4-Dichlorocyclohexane |
| w24039 | | 氯代环己烷 | Chlorocyclohexane |
| w24040 | | 1,4-氧氮杂环己烷（吗啉） | Morpholine |
| w24041 | | 氟三氯甲烷 | Trichorofluoromethane |
| w24042 | | 二氟二氯甲烷（氟利昂-12） | Difluorodichloromethane |
| w24043 | | 二氟氯甲烷（氟利昂-22） | Chlorodifluoromethane |
| w24044 | | 3,3,3-三氟-1 氯丙烷（氟利昂-253） | Freon-253 |
| w24045 | | 乙烯 | Ethylene |
| w24046 | | 氯乙烯 | Vinyl Chloride |
| w24047 | | 1,1-二氯乙烯 | 1,1-Dichloroethylene |
| w24048 | | 1,2-二氯乙烯 | 1,2-Dichloroethylene |
| w24049 | | 三氯乙烯 | Trichloroethylene |
| w24050 | | 四氯乙烯 | Tetrachloroethylene |
| w24051 | | 二溴乙烯 | Dibromoethylene |
| w24052 | | $\alpha$-甲基苯乙烯 | $\alpha$-Methylstyrene |
| w24053 | | 丙烯 | Propylene |
| w24054 | | 1,3-二氯丙烯 | 1,3-Dichloropropene |
| w24055 | | 3,3-二氯-2-甲基丙烯-[1] | 2,3-Dichloro-2-methyl-1-propene |
| w24056 | | 2,3-二氯丙烯-[1] | 2,3-Dichloro-1-propene |
| w24057 | | 三氯丙烯 | Trichloropropylene |
| w24058 | | 异丁烯 | Isobutene |
| w24059 | | 1,3-二氯丁烯-[2] | 1,3-Dichloro-2-butene |
| w24060 | | 丁二烯 | Butadiene |
| w24061 | | 异戊二烯 | Isoprene |
| w24062 | | 氯丁二烯 | Chloroprene |
| w24063 | | 氯丁二烯-[1,3] | Chloro-1,3-butadiene |
| w24064 | | 六氯丁二烯 | Hexachlorobutadiene |
| w24065 | | 六氯环戊二烯 | Hexachlorocyclopentadiene |
| w24066 | | 二聚环戊二烯 | Dicyclopentadiene |
| w24067 | | 环己烯 | Cyclohexene |
| w24068 | | 乙烯基乙炔 | Vinyl Acetylene |
| w24069 | | 七氯 | Heptachlor |
| **w25000** | **芳香族化合物** | | Aromatic Compounds |
| w25001 | | 苯系物 | Benzene Series |
| w25002 | | 苯 | Benzene |
| w25003 | | 甲苯 | Toluene |
| w25004 | | 乙苯 | Ethylbenzene |
| w25005 | | 二甲苯 | Xylene |
| w25006 | | 邻二甲苯 | *o*-Xylenes |
| w25007 | | 对二甲苯 | *p*-Xylenes |
| w25008 | | 间二甲苯 | *m*-Xylenes |
| w25009 | | 氯代苯类 | Chlorobenzenes |

续表

| 代码 | 类别名称 | 中文名称 | 英文名称 |
|---|---|---|---|
| w25010 | | 氯苯 | Chlorobenzene |
| w25011 | | 1,2-二氯苯 | 1,2-Dichlorobenzene |
| w25012 | | 1,3-二氯苯 | 1,3-Dichlorobenzene |
| w25013 | | 1,4-二氯苯 | 1,4-Dichlorobenzene |
| w25014 | | 三氯苯（总） | Trichlorobenzenes |
| w25015 | | 1,2,4-三氯苯 | 1,2,4-Trichlorobenzene |
| w25016 | | 四氯苯 | Tetrachlorobenzene |
| w25017 | | 1,2,4,5-四氯苯 | 1,2,4,5-Tetrachlorobenzene |
| w25018 | | 五氯苯 | Pentachlorobenzene |
| w25019 | | 六氯苯 | Hexachlorobenzene |
| w25020 | | 硝基氯苯 | Nitrochlorobenzene |
| w25021 | | 对硝基氯苯 | *p*-Chloronitrobenzene |
| w25022 | | 2,4-二硝基氯苯 | 2,4-Dinitrochlorobenzene |
| w25023 | | 硝基苯类 | Nitrobenzenes |
| w25024 | | 二硝基甲苯 | Dinitrotoluene |
| w25025 | | 三硝基甲苯 | Trinitrotoluene |
| w25026 | | 环三亚甲基三硝胺（黑索今） | Cyclotrimethylene Trinitramine（RDX） |
| w25027 | | 二硝基苯 | Dinitrobenzene |
| w25028 | | 邻硝基甲苯 | *o*-Nitrotoluene |
| w25029 | | 对硝基甲苯 | *p*-Nitrotoluene |
| w25030 | | 2,4-二硝基甲苯 | 2,4-Dinitrotoluene |
| w25031 | | 2,6-二硝基甲苯 | 2,6-Dinitrotoluene |
| w25032 | | 2,4,6-三硝基甲苯 | 2,4,6-Drinitrotoluene |
| w25033 | | 丙苯 | *n*-Propylbenzene |
| w25034 | | 异丙苯 | Isopropylbenzene |
| w25035 | | 间二异丙基苯 | 1,3-Diisopropylbenzene |
| w25036 | | 对二异丙基苯 | 1,4-Diisopropylbenzene |
| w25037 | | 丁苯 | *n*-Butylbenzene |
| w25038 | | 苯乙烯 | Styrene |
| w25039 | | 二氨基甲苯 | Diaminotoluene |
| w25040 | | 二溴乙苯 | Ethylene Dibromide |
| w25041 | | 多环芳烃 | Polycyclic Aromatic Hydrocarbons |
| w25042 | | 芘 | Pyrene |
| w25043 | | 苯并[*a*]芘 | Benzo（*a*）Pyrene（PAHs） |
| w25044 | | 苯并[*ghi*]芘 | Benzo（*g,h,i*）Pyrene |
| w25045 | | 茚[1,2,3-*cd*]芘 | Indeno（1,2,3-*cd*）Pyrene |
| w25046 | | 蒽 | Anthracene |
| w25047 | | 苯并[*a*]蒽 | Benzo（*a*）Anthracene |
| w25048 | | 二苯并（*a,h*）蒽 | Dibenzo（*a,h*）Anthracene |
| w25049 | | 荧蒽 | Fluoranthene |
| w25050 | | 苯并[*b*]荧蒽 | Benzo（*b*）Fluoranthene |
| w25051 | | 苯并[*k*]荧蒽 | Benzo（*k*）Fluoranthene |
| w25052 | | 吡啶 | Pyridine |
| w25053 | | $\alpha$-甲基吡啶 | $\alpha$-Methylpyridine |
| w25054 | | 2,5-二甲吡啶 | 2,5-Dimethylpyridine |

续表

| 代码 | 类别名称 | 中文名称 | 英文名称 |
|---|---|---|---|
| w25055 | | 2-甲基-5-乙基吡啶 | 2-Methyl-5-ethylpyridine |
| w25056 | | 2-氯-5-氯甲基吡啶 | 2-Chloro-5-chloromethyl Pyridine |
| w25057 | | 2,2′：6′,2″-三联吡啶 | 2,2′：6′,2″-Terpyridine |
| w25058 | | 萘 | Naphthalene |
| w25059 | | 2-氯萘 | 2-Chloronaphthalene |
| w25060 | | 二硝基萘 | Dinitronaphthalene |
| w25061 | | 苊 | Acenaphthylene |
| w25062 | | 二氢苊 | Acenaphthene |
| w25063 | | 芴 | Fluorene |
| w25064 | | 菲 | Phenanthrene |
| w25065 | | 1,2-苯并菲（䓛） | Chrysene |
| w25066 | | 苯醌 | Benzoquinone |
| w25067 | | 氯冉（四氯代对苯醌） | Tetrachloro-p-benzoquinone |
| w25068 | | 2,3-二氯-1,4-萘醌 | 2,3-Dichloro-1,4-naphthoquinone |
| w25069 | | *α*-萘醌 | *α*-Naphthoquinone |
| w25070 | | 磺胺二甲基嘧啶 | Sulfadimidine |
| w25071 | | 四氢呋喃 | Tetrahydrofuran |
| w25072 | | 二噁英 | Dioxins |
| w26000 | 胺 | | Amines |
| w26001 | | 苯胺类 | Anilines |
| w26002 | | 4,4′-二氨基联苯（联苯胺） | 4,4′-Diaminodiphenyl |
| w26003 | | 1,2-苯二胺（邻苯二胺） | 1,2-Benzenediamine |
| w26004 | | 1,4-苯二胺（对苯二胺） | 1,4-Benzenediamine |
| w26005 | | 均三甲苯胺 | 2,4,6-Trimethylaniline |
| w26006 | | 2-甲基苯胺（邻甲苯胺） | 2-Methylbenzenamine |
| w26007 | | *N*,*N*-二甲基苯胺 | *N*,*N*-Dimethylaniline |
| w26008 | | 间氯苯胺 | *m*-Chloroaniline |
| w26009 | | 邻氯苯胺 | *o*-Chloroaniline |
| w26010 | | 对氯苯胺 | *p*-Chloroaniline |
| w26011 | | 3,4-二氯苯胺 | 3,4-Dichloroaniline |
| w26012 | | 2,5-二氯苯胺 | 2,5-Dichloroaniline |
| w26013 | | 3,3-二氯联苯胺 | 3,3-Dichlorobenzidine |
| w26014 | | 2,6-二氯硝基苯胺 | 2,6-Dichloronitroaniline |
| w26015 | | 二硝基苯胺 | Dinitroaniline |
| w26016 | | 对硝基苯胺 | *p*-Nitroaniline |
| w26017 | | *N*-亚硝基二苯胺 | *N*-Nitrosodiphenylamine |
| w26018 | | 丙酸缩苯胺 | Propanil |
| w26019 | | 水杨酰苯胺 | Salicylanilide |
| w26020 | | 甲胺 | Methylamine |
| w26021 | | 二甲胺 | Dimethylamine |
| w26022 | | 三甲胺 | Trimethylamine |
| w26023 | | 六次甲基四胺 | Hexamethylene Tetramine |
| w26024 | | 乙胺 | Ethylamine |
| w26025 | | 二乙胺 | Diethylamine |
| w26026 | | 三乙胺 | Triethylamine |

续表

| 代码 | 类别名称 | 中文名称 | 英文名称 |
|---|---|---|---|
| w26027 | | 1,2-二氨基乙烷（乙二胺） | Ethylenediamine |
| w26028 | | 二乙烯三胺 | Diethylene Triamine |
| w26029 | | 丙胺 | Propylamine |
| w26030 | | 二丙胺 | Dipropylamine |
| w26031 | | 异丙胺 | Isopropylamine |
| w26032 | | 二异丙胺 | Diisopropylamine |
| w26033 | | 异丁胺 | Isobutylamine |
| w26034 | | 二异丁胺 | Diisobutylamine |
| w26035 | | 1,6-己二胺 | 1,6-Hexylenediamime |
| w26036 | | 二氯胺 | Dichloramines |
| w26037 | | 三氯胺 | Trichloramines |
| w26038 | | *N*-亚硝基二甲胺 | *N*-Nitrosodimethylamine |
| w26039 | | *N*-亚硝基二乙胺 | *N*-Nitrosodiethylamine |
| w26040 | | *N*-亚硝基二丙胺 | *N*-Nitrosodi-*n*-propylamine |
| w26041 | | *N*-亚硝基二丁胺 | *N*-Nitrosodi-*n*-butylamine |
| w26042 | | 亚硝胺 | Nitros(o)amine(s) |
| w26043 | | 二甲基亚硝胺 | Dimethyl Nitrosamine |
| w26044 | | 二苯基亚硝胺 | Diphenyl Nitrosamine |
| w26045 | | 二正丙基亚硝胺 | Di-*n*-propyl Nitrosamine |
| w26046 | | 己内酰胺 | Caprolactam |
| w26047 | | 丁烯酰胺-[2] | 2-Butenediamide |
| w26048 | | 丙烯酰胺 | Acrylamide |
| w26049 | | 丙二酰胺 | Malonamide |
| w26050 | | 甲基丙酰胺 | Methylpropionamide |
| w26051 | | 二甲基甲酰胺 | *N*,*N*-Dimethylformamide |
| w26052 | | 二乙醇胺 | Diethanolamine |
| w26053 | | 丙草胺 | Metolachlor |
| w26054 | | 苯肼 | Phenylhydrazine |
| w26055 | | 1,2-二苯基肼 | 1,2-Diphenylhydrazine |
| w26056 | | 一甲基肼 | Methyl Hydrazine |
| w26057 | | 1,1-二甲基肼（偏二甲基肼） | 1,1-Dimethyl Hydrazine |
| w26058 | | 尿素 | Carbamide |
| **w27000** | **多氯联苯** | | **Polychlorinated Biphenyls（PCBs）** |
| w27001 | | 多氯联苯 | Polychlorinated Biphenyls（PCBs） |
| **w28000** | **醚** | | **Ethers** |
| w28001 | | 二甲基硫（甲硫醚） | Dimethyl Sulfide |
| w28002 | | 苯甲醚 | Phenyl Methyl Ether |
| w28003 | | 乙醚 | Ethyl Ether |
| w28004 | | 二（氯甲基）醚 | Bis（Chloromethyl）Ether |
| w28005 | | 二（2-氯甲基）醚 | Bis（2-Chloromethyl）Ether |
| w28006 | | 二（2-氯）乙醚 | Bis（2-Chloroethyl）Ether |
| w28007 | | 二氯二异丙醚（二氯异丙醚） | Dichloroisopropyl Ether |
| w28008 | | 二（2-氯异丙基）醚 | Bis（2-Chloroisopropyl）Ether |
| w28009 | | 2-氯乙基乙烯醚 | 2-Chloroethyl Vinyl Ether |
| w28010 | | 二甲基二硫醚 | Dimethyl Disulfide |

续表

| 代码 | 类别名称 | 中文名称 | 英文名称 |
|---|---|---|---|
| w28011 | | 4-溴苯基苯基醚 | 4-Bromophenyl Phenyl Ether |
| w28012 | | 4-氯苯基苯基醚 | 4-Chlorophenyl Phenyl Ether |
| w29000 | 酯 | | Esters |
| w29001 | | 邻苯二甲酸酯类 | Phthalate Esters |
| w29002 | | 邻苯二甲酸二丁酯（酞酸二丁酯） | Di-*n*-butyl Phthalate |
| w29003 | | 邻苯二甲酸二辛酯 | Di-Sec-octyl Phthalate |
| w29004 | | 邻苯二甲酸二（2-乙基己基）酯 | Bis（2-Ethylhexyl）Phthalate |
| w29005 | | 邻苯二甲酸二甲酯（酞酸二甲酯） | Dimethyl Phthalate |
| w29006 | | 邻苯二甲酸二乙酯（酯酞酸二乙酯） | Diethyl Phthalate |
| w29007 | | 邻苯二甲酸丁卞酯 | Butyl Benzyl Phthalate |
| w29008 | | 二（2-乙基己基）己二酸酯 | Bis（2-Ethylhexyl）Adipate |
| w29009 | | 酞酸二正丁酯 | Di-*n*-butyl Phthalate |
| w29010 | | 酞酸二正辛酯 | Di-*n*-octyl Phthalate |
| w29011 | | 醋酸甲酯 | Methyl Acetate |
| w29012 | | 苯甲酸甲酯 | Methyl Benzoate |
| w29013 | | 对苯二甲酸二甲酯 | Dimethyl Terephthalate |
| w29014 | | 丙烯酸甲酯 | Methyl Acrylate |
| w29015 | | 甲基丙烯酸甲酯 | Methyl Methacrylate |
| w29016 | | 异丁酸甲酯 | Methyl Isobutyrate |
| w29017 | | 乙酸乙酯 | Ethyl Acetate |
| w29018 | | 丙烯酸乙酯 | Ethyl Acrylate |
| w29019 | | 顺丁烯二酸二乙酯 | Diethyl Maleate |
| w29020 | | 苯胺基甲酸异丙酯 | Isopropyl *N*-Phenylcarbamate |
| w29021 | | 间氯苯氨基甲酸异丙酯 | Isopropyl *N*-(3-Chlorophenyl)-Carbamate |
| w29022 | | 乙酸丁酯 | Butyl Acetate |
| w29023 | | 丙烯酸丁酯 | Butyl Acrylate |
| w29024 | | 甲基丙烯酸丁酯 | *n*-Butyl Methacrylate |
| w29025 | | 磷酸三丁酯 | Tributyl Phosphate |
| w29026 | | 乙酸乙烯酯 | Vinyl Acetate |
| w29027 | | 己二酸二乙烯酯 | Divinyl Adipate |
| w29028 | | 二甘醇二硝酸酯 | Diethyleneglycol Dinitrate |
| w29029 | | 三甘醇二硝酸酯 | TEGDN |
| w29030 | | 二氯化磷酸苯酯 | Phenyl Dichlorophosphate |
| w29031 | | 2,4-滴丁酯 | 2,4-DB |
| w30000 | 醇 | | Alcohols |
| w30001 | | 甲醇 | Methanol |
| w30002 | | 甲硫醇 | Methanthiol |
| w30003 | | 二甲基苯基甲醇 | Dimethyl Phenyl Carbinol |
| w30004 | | 巯基乙醇 | Mercaptoethyl Alcohol |
| w30005 | | 对硝基苯胺基乙醇（羟基胺） | Hydramine |
| w30006 | | 乙二醇 | Ethylene Glycol |
| w30007 | | 丙醇 | Propanol |
| w30008 | | 异丙醇 | Isopropanol |
| w30009 | | 丙二醇 | Propylene Glycol |

续表

| 代码 | 类别名称 | 中文名称 | 英文名称 |
|---|---|---|---|
| w30010 | | 硝化甘油 | Nitroglycerin |
| w30011 | | 2,3-二氯丙醇 | 2,3-Dichloropropanol |
| w30012 | | 1,3-二氯丙醇 | 1,3-Dichloropropanol |
| w30013 | | 氯代丙二醇-[1,2] | 3-Chloro-1,2-propanediol |
| w30014 | | 丁醇 | Butanol |
| w30015 | | 异丁醇 | Isobutyl Alcohol |
| w30016 | | 戊醇 | Pentanol |
| w30017 | | 戊二醇（1,2） | 1,2-Pentanediol |
| w30018 | | 戊二醇（1,5） | 1,5-Pentanediol |
| w30019 | | 戊三醇（1,4,5） | 1,4,5-Pentanetriol |
| w30020 | | 季戊四醇 | Pentaerythritol |
| w30021 | | 环己醇 | Hexalin |
| w30022 | | 庚醇 | 1-Heptanol |
| w30023 | | 异辛醇 | Isooctyl Alcohol |
| w30024 | | 正辛醇 | *n*-Octanol |
| w30025 | | 壬醇 | *n*-Nonanol |
| w30026 | | 双甘醇 | Diethylene Glycol |
| w30027 | | 三甘醇 | Triethylene Glycol |
| w30028 | | 丙烯醇 | Allyl Alcohol |
| w30029 | | 聚乙烯醇 | Polyvinyl Alcohol |
| w30030 | | 四氢化糠醇 | Tetrahydrofurfuryl Alcohol |
| w30031 | | $\alpha$-萜松醇 | $\alpha$-Terpined |
| w30032 | | 2-甲基异莰醇 | 2-Methyl Isoborneol |
| w30033 | | 丁硫醇 | *n*-Butyl Thioalcohol |
| w30034 | | 土臭素 | Geosmin |
| **w31000** | **醛** | | **Aldehydes** |
| w31001 | | 甲醛 | Formaldehyde |
| w31002 | | 乙醛 | Acetaldehyde |
| w31003 | | 三氯乙醛 | Trichloroacetaldehyde |
| w31004 | | 丙烯醛 | Acrolein |
| w31005 | | 1,2,5,6-四氢化苯甲醛 | 1,2,5,6-Tetrahydrobenzaldehyde |
| w31006 | | 糠醛（呋喃甲醛） | Furfural |
| w31007 | | 戊二醛 | Glutaraldehyde |
| w31008 | | 异狄氏剂醛 | Endrin Aldehyde |
| **w32000** | **有机酸** | | **Organic Acids** |
| w32001 | | 蚁酸 | Formic Acid |
| w32002 | | 环烷酸 | Naphthenate |
| w32003 | | 丁基黄原酸 | *n*-Butyl Xanthate |
| w32004 | | 邻苯二酸 | Phthalic Acid |
| w32005 | | 苯甲酸 | Benzoic Acid |
| w32006 | | 4-氯苯甲酸（对氯苯甲酸） | 4-Chlorobenzoic Acid |
| w32007 | | 2,3,6-三氯苯甲酸 | 2,3,6-Trichlorobenzoic Acid |
| w32008 | | 多氯苯甲酸 | Parachlorobenzoic Acid |
| w32009 | | 对苯二甲酸 | Terephthalic Acid |
| w32010 | | 醋酸 | Acetic Acid |

续表

| 代码 | 类别名称 | 中文名称 | 英文名称 |
|---|---|---|---|
| w32011 | | 氯乙酸 | Monochloroacetic Acid |
| w32012 | | 乙二胺四乙酸 | Ethylenediaminetetraacetic Acid |
| w32013 | | 次氮基三乙酸 | Nitrilotriacetic Acid（NTA） |
| w32014 | | 2-甲-4-氯苯氧基乙酸 | 2-Methyl-4-chlorophenoxy Acetic Acid |
| w32015 | | 二氯丙酸 | Dichlorpropanoic Acid |
| w32016 | | 2-甲-4-氯丙酸 | 2-Methyl-4-chloro-propanoic Acid |
| w32017 | | $\alpha$-氯丙酸 | $\alpha$-Chloropropionic Acid |
| w32018 | | 2,4,5-涕丙酸 | 2,4,5-TP（silvex） |
| w32019 | | 丁酸 | Butyric Acid |
| w32020 | | 2-甲-4-氯丁酸 | 2-Methyl-4-chloro-butanoic Acid |
| w32021 | | 丙烯酸 | Acrylic Acid |
| w32022 | | 甲基丙烯酸 | Methacrylic Acid |
| w32023 | | 顺丁烯二酸 | cis-Butene Dioic Acid |
| w32024 | | 2-氨基萘磺酸 | 2-Aminonaphthalene-1-sulfonic Acid |
| w32025 | | 对氨基苯磺酸 | *p*-Aminobenzene Sulfonic Acid |
| w32026 | | 2-萘酚-1-磺酸 | 2-Naphthol-1-sulfonic Acid |
| w32027 | | 对氯苯磺酸 | *p*-Chlorobenzenesulfonic Acid |
| w32028 | | 2-氨基-5-萘酚-7-磺酸 | 2-Amino-5-naphthol-7-sulfonic Acid |
| w32029 | | 三聚氰酸（氰尿酸） | Cyanuric Acid |
| w32030 | | 二乙基二硫代磷酸 | Diethyldithiophosphoric |
| w32031 | | 乳酸 | Lactic Acid |
| w32032 | | 脂肪酸 | Fatty Acid |
| w33000 | 农药 | | Pesticides |
| w33001 | | 六六六 | 1,2,3,4,5,6-Hexachlorocyclohexane（mixture of isomers） |
| w33002 | | $\alpha$-六六六 | Alpha-BHC |
| w33003 | | $\beta$-六六六 | Beta-BHC |
| w33004 | | $\delta$-六六六 | Delta-BHC |
| w33005 | | $\gamma$-六六六（林丹） | Gamma-BHC |
| w33006 | | 滴滴滴（DDD） | DDD |
| w33007 | | 滴滴涕（DDT） | 1,1,1-Trichloro-2,2-bis（*p*-chlorophenyl）Ethane（DDTs） |
| w33008 | | 2,4-滴 | 2,4-D（2,4-Dichlorophenoxyacetic Acid） |
| w33009 | | 氯丹 | Chlordane |
| w33010 | | 敌敌畏 | Dichlorvos |
| w33011 | | 敌百虫 | Trichlorfon |
| w33012 | | 百菌清 | Chlorothalonil |
| w33013 | | 甲氧氯 | Methoxychlor |
| w33014 | | 四氯二苯并二噁英（2,3,7,8-TCDD） | 2,3,7,8-Tetrachlorodibenzo-*p*-dioxin（TCDD） |
| w33015 | | 毒死蜱 | Chlorpyrifos Methyl |
| w33016 | | 艾氏剂/狄氏剂 | Aldrin/Dieldrin |
| w33017 | | 异狄氏剂 | Endrin |
| w33018 | | 有机磷农药 | Organophosphorus Pesticide |
| w33019 | | 乐果 | Dimethoate |
| w33020 | | 对硫磷 | Parathion |
| w33021 | | 甲基对硫磷 | Parathion-methyl |

续表

| 代码 | 类别名称 | 中文名称 | 英文名称 |
|---|---|---|---|
| w33022 | | 马拉硫磷 | Malathion |
| w33023 | | 甲胺磷 | Methamidophos |
| w33024 | | 草甘膦 | Glyphosate |
| w33025 | | 内吸磷 | Systox |
| w33026 | | 杀螟硫磷 | Sumithion |
| w33027 | | 苯硫磷 | Phosphonothioic Acid（EPN） |
| w33028 | | 谷硫磷 | Gusathion |
| w33029 | | 阿特拉津 | Atrazine |
| w33030 | | 西玛津 | Simazine |
| w33031 | | 毒杀芬 | Toxaphene |
| w33032 | | 草不绿 | Alachlor |
| w33033 | | 百草枯离子 | Paraquat |
| w33034 | | 氟虫腈 | Fipronil |
| w33035 | | 吡虫啉 | Imidacloprid |
| w33036 | | 三唑酮 | Triadimefon |
| w33037 | | 除草醚 | Nitrofen |
| w33038 | | 灭蚁灵 | Mirex |
| w33039 | | 茅草枯 | Dalapon |
| w33040 | | 毒莠定 | Picloram |
| w33041 | | 杀草丹 | Thiobencarb |
| w33042 | | 绿麦隆 | Chlorotoluron |
| w33043 | | 二氯苯醚菊酯 | Permethrin |
| w33044 | | 稻瘟灵 | Isoprothiolane |
| w33045 | | 二嗪农 | Diazinon |
| w33046 | | 异稻瘟净 | Iprobenfos（IBP） |
| w33047 | | *N*-甲基-1-萘基氨基甲酸酯（西维因、甲萘威） | Carbaryl |
| w33048 | | 涕灭威 | Aldicarb |
| w33049 | | 草达灭 | Molinate |
| w33050 | | 噻草平/苯达松 | Bentazone |
| w33051 | | 呋喃丹 | Carbofuran |
| w33052 | | 溴氰菊酯 | Deltamethrin |
| w33053 | | 秋兰姆 | Thiuram |
| w33054 | | 异佛尔酮 | Isophorone |
| w33055 | | 硫丹硫酸盐 | Endosulfan Sulfate |
| w33056 | | 地乐酚 | Dinoseb |
| w33057 | | 杀草快 | Diquat |
| w33058 | | 仲丁威 | Fenobucarb（BPMC） |
| w33059 | | 异丙隆 | Isoproturon |
| w33060 | | 二甲戊乐灵 | Pendimethalin |
| w33061 | | 氟乐灵 | Trifluralin |
| w33062 | | $\alpha$-硫丹 | $\alpha$-Endosulfan |
| w33063 | | $\beta$-硫丹 | $\beta$-Endosulfan |
| w33064 | | 马来酐 | Maleic Anhydride |
| w33065 | | 噻酚 | Thiophene |
| w33066 | | 二硫化四乙基秋兰姆 | Tetraethylthiuram Disulfide |
| w33067 | | 异噁噻酰胺 | Isoxicam |

续表

| 代码 | 类别名称 | 中文名称 | 英文名称 |
|---|---|---|---|
| w33068 | | 草藻灭 | Endothall |
| w33069 | | 达草止 | Pyridate |
| w34000 | 消毒剂及其副产物 | | Disinfector and its Outgrowth |
| w34001 | | 二氧化氯 | Chlorine Dioxide |
| w34002 | | 消毒剂及消毒副产物氯 | Disinfectants and Disinfection By-products Chlorine |
| w34003 | | 总三卤甲烷 | Total Trihalomethanes（TTHMs） |
| w34004 | | 卤乙酸 | Haloacetic Acids（HAAs） |
| w34005 | | 二氯乙酸 | Dichloroacetic Acid |
| w34006 | | 三氯乙酸 | Trichloroacetic Acid |
| w34007 | | 亚氯酸盐 | Chlorite |
| w34008 | | 氯胺 | Chloramine |
| w34009 | | 氯酸盐 | Chlorate |
| w34010 | | 溴酸盐 | Bromate |
| w34011 | | 臭氧 | Ozone |
| w99000 | 其他有机物 | | Other Organic Compounds |
| w99001 | | 有机氮 | Organic Nitrogen |
| w99002 | | 可吸附有机卤化物 | Adsorbable Organic Halogens |
| w99003 | | 环氧七氯 | Heptachlor Epoxide |
| w99004 | | 微囊藻毒素-LR | Microcyst Lin-LR |
| w99005 | | 硫氰酸盐 | Thiocyanate Thiocyanide |
| w99006 | | 氨基乙二酰 | Oxamyl（Vydate） |
| w99007 | | 3-氯-4-二氯甲基-5-羟基-2（5H）-呋喃酮（MX） | 3-Chloro-4-dichloromethyl-5-hydroxy-2（5H）-furanone |
| w99008 | | 氯丙酮 | Chloroacetone |
| w99009 | | 乙腈 | Acetonitrile |
| w99010 | | 丙烯腈 | Acrylonitrile |
| w99011 | | 卤乙腈类 | Halogenated Acetonitriles |
| w99012 | | 氯乙腈 | Cyanogen Chloride |
| w99013 | | 二氯乙腈 | Dichloroacetonitrile |
| w99014 | | 三氯乙腈 | Trichloroacetonitrile |
| w99015 | | 二溴乙腈 | Dibromoacetonitrile |
| w99016 | | 氯溴乙腈 | Bromochloroacetonitrile |
| w99017 | | 丁烯腈-[2] | 2-Butenenitrile |
| w99018 | | 烷基磺酸钠 | Sodium Alkane Sulfonate |
| w99019 | | 烷基苯磺酸钠 | Sodium Alkylbenezenesulfonate |
| w99020 | | 十二烷基苯磺酸盐 | Dodecylbenzene Sulfonate |
| w99021 | | 对氯苯磺酸钠 | Sodium 4-Chlorobenzenesulfonate |
| w99022 | | 烷基硫酸盐 | Alkyl Sulphate |
| w99023 | | 三氯乙酸钠 | Sodium Trichloroacetate |
| w99024 | | 磺胺噻唑 | Sulfathiazole |
| w99025 | | 呋喃 | Furan |
| w99026 | | 1,3-二乙基-1,3-二苯基脲 | *N*,*N*′-Diethyl-*N*,*N*′-diphenylurea |
| w99027 | | 链霉素 | Streptomycin |
| w99028 | | 总硝基化合物 | Total Nitrocompounds |

## 8 XML 数据定义

### 8.1 水污染物名称代码数据结构图

为规范水污染物名称代码表在环境信息系统中的使用，定义基于 XML 的水污染物名称代码表的数据架构图如下：

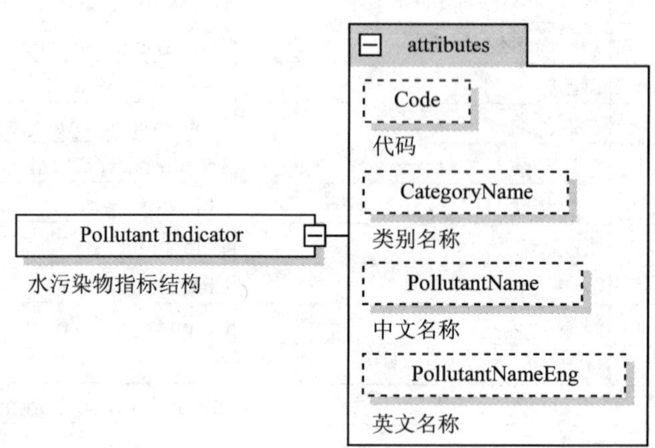


### 8.2 水污染物名称代码 Schema

```
<?xml version="1.0" encoding= "gb2312"?>
<xs:schema xmlns:xs="http://www.w3.org/2001/XMLSchema" elementFormDefault="qualified"
attributeFormDefault="unqualified">
    <xs:element name="PollutantIndicator">
        <xs:annotation>
            <xs:documentation>水污染物指标结构</xs:documentation>
        </xs:annotation>
        <xs:complexType>
            <xs:attribute name="Code">
                <xs:annotation>
                    <xs:documentation>代码</xs:documentation>
                </xs:annotation>
                <xs:simpleType>
                    <xs:restriction base="xs:string">
                        <xs:length value="6"/>
                    </xs:restriction>
                </xs:simpleType>
            </xs:attribute>
            <xs:attribute name="CategoryName" type="xs:string">
                <xs:annotation>
                    <xs:documentation>类别名称</xs:documentation>
                </xs:annotation>
            </xs:attribute>
            <xs:attribute name="PollutantName" type="xs:string">
```

```
            <xs:annotation>
                <xs:documentation>中文名称</xs:documentation>
            </xs:annotation>
        </xs:attribute>
        <xs:attribute name="PollutantNameEng" type="xs:string">
            <xs:annotation>
                <xs:documentation>英文名称</xs:documentation>
            </xs:annotation>
        </xs:attribute>
    </xs:complexType>
  </xs:element>
</xs:schema>
```

# 附 录 A

（资料性附录）

## 水污染物及相关指标名称代码简表

表 A.1 列出“排放污染物申报登记统计表” 涉及的水污染物及相关指标代码、中英文名称，便于查询使用。表 A.1 所列水污染物及相关指标来自表 2。

原代码指《环境信息标准化手册》（第 3 卷）中“水环境信息管理编码”。

表 A.1 水污染物及相关指标名称代码简表

| 代码 | 中文名称 | 英文名称 | 原代码 |
|---|---|---|---|
| w01001 | pH 值 | pH | 1 |
| w01002 | 色度 | Color | 2 |
| w01012 | 悬浮物 | Suspended Solids | 3 |
| w01017 | 五日生化需氧量 | Biochemical Oxygen Demand after 5 Days（$BOD_5$） | 10 |
| w01018 | 化学需氧量 | Chemical Oxygen Demand（COD） | 11 |
| w01020 | 总有机碳 | Total Organic Carbon（TOC） | 15 |
| w20111 | 总汞 | Mercury（total） | 20 |
| w20113 | 烷基汞 | Alkyl Mercury | 21 |
| w20115 | 总镉 | Cadmium（total） | 22 |
| w20116 | 总铬 | Chromium（total） | 23 |
| w20117 | 六价铬 | Chromium（Ⅵ）Compounds | 24 |
| w20118 | 三价铬 | Chromium（Ⅲ）Compounds | 25 |
| w20119 | 总砷 | Arsenic（total） | 26 |
| w20120 | 总铅 | Lead（total） | 27 |
| w20121 | 总镍 | Nickel（total） | 28 |
| w20122 | 总铜 | Copper（total） | 29 |
| w20123 | 总锌 | Zinc（total） | 30 |
| w20124 | 总锰 | Manganese（total） | 31 |
| w20125 | 总铁 | Iron（total） | 32 |
| w20126 | 总银 | Silver（total） | 33 |
| w20127 | 总铍 | Beryllium（total） | 34 |
| w20128 | 总硒 | Selenium（total） | 35 |
| w20092 | 锡 | Tin | 36 |
| w20023 | 硼 | Boron | 37 |
| w20061 | 钼 | Molybdenum | 38 |
| w20012 | 钡 | Barium | 39 |
| w20038 | 钴 | Cobalt | 40 |
| w20089 | 铊 | Thallium | 41 |
| w21003 | 氨氮（$NH_3$-N） | Ammonnia-Nitrogen | 60 |
| w99001 | 有机氮 | Organic Nitrogen | 61 |
| w21004 | 凯氏氮 | Kjeldahl Nitrogen | 62 |
| w21006 | 亚硝酸盐 | Nitrite | 63 |
| w21007 | 硝酸盐（以 N 计） | Nitrate（measured as Nitrogen） | 64 |
| w21016 | 氰化物 | Cyanide | 70 |
| w21019 | 硫化物 | Sulphide | 71 |
| w21017 | 氟化物（以 $F^-$计） | Fluoride | 72 |

续表

| 代码 | 中文名称 | 英文名称 | 原代码 |
|---|---|---|---|
| w21018 | 碘化物 | Iodide | 73 |
| w21021 | 硫氰化物 | Rhodanide | 74 |
| w21030 | 铁（Ⅱ、Ⅲ）氰络合物 | Ferrocyanide | 75 |
| w22001 | 石油类 | Petroleum Oils | 80 |
| w22002 | 动植物油 | Animal and Vegetable Oil | 81 |
| w22003 | 油 | Oil | 82 |
| w21022 | 氯化物（以 $Cl^-$ 计） | Chloride | 90 |
| w21023 | 活性氯 | Active Chlorine | 91 |
| w21024 | 余氯 | Residual Chlorine | 92 |
| w21026 | 二氧化硫 | Sulfur Dioxide | 93 |
| w21012 | 元素磷 | Phosphorus | 100 |
| w21011 | 总磷（以 P 计） | Phosphorus（total） | 101 |
| w21015 | 磷酸盐 | Phosphate | 102 |
| w21013 | 黄磷 | Yellow Phosphorus | 103 |
| w33023 | 甲胺磷 | Methamidophos | 104 |
| w23002 | 挥发酚 | Volatile Phenols | 110 |
| w23003 | 苯酚 | Hydroxybenzene | 111 |
| w23012 | 苯二酚 | Dihydroxybenzne | 112 |
| w23017 | 苯甲酚 | Cresol | 113 |
| w23018 | 间-甲酚 | *m*-Methylphenol | 114 |
| w23019 | 氯酚类 | Chlorophenols | 115 |
| w23020 | 2,4-二氯苯酚 | 2,4-Dichlorophenol | 116 |
| w23022 | 2,4,6-三氯苯酚 | 2,4,6-Trichlorophenol | 117 |
| w24004 | 三氯甲烷 | Trichloromethane | 130 |
| w24009 | 三溴甲烷 | Tribromomethane | 131 |
| w24006 | 一氯二溴甲烷 | Dibromochloromethane | 132 |
| w24001 | 挥发性卤代烃 | Volatile Halohydrocarbon | 140 |
| w24005 | 四氯甲烷（四氯化碳） | Tetrachloromethane | 142 |
| w24046 | 氯乙烯 | Vinyl Chloride | 160 |
| w24049 | 三氯乙烯 | Trichloroethylene | 161 |
| w24050 | 四氯乙烯 | Tetrachloroethylene | 162 |
| w25001 | 苯系物 | Benzene Series | 180 |
| w25002 | 苯 | Benzene | 181 |
| w25003 | 甲苯 | Toluene | 182 |
| w25004 | 乙苯 | Ethylbenzene | 183 |
| w25006 | 邻二甲苯 | *o*-Xylenes | 184 |
| w25007 | 对二甲苯 | *p*-Xylenes | 185 |
| w25008 | 间二甲苯 | *m*-Xylenes | 186 |
| w26001 | 苯胺类 | Anilines | 200 |
| w25009 | 氯代苯类 | Chlorobenzenes | 220 |
| w25010 | 氯苯 | Chlorobenzene | 221 |
| w25011 | 1,2-二氯苯 | 1,2-Dichlorobenzene | 222 |
| w25013 | 1,4-二氯苯 | 1,4-Dichlorobenzene | 223 |
| w25020 | 硝基氯苯 | Nitrochlorobenzenes | 240 |
| w25021 | 对硝基氯苯 | *p*-Chloronitrobenzene | 241 |
| w25022 | 2,4-二硝基氯苯 | 2,4-Dinitrochlorobenzene | 242 |
| w31001 | 甲醛 | Formaldehyde | 260 |

续表

| 代码 | 中文名称 | 英文名称 | 原代码 |
|---|---|---|---|
| w31003 | 三氯乙醛 | Trichloroacetaldehyde | 270 |
| w31004 | 丙烯醛 | Acrolein | 280 |
| w99010 | 丙烯腈 | Acrylonitrile | 290 |
| w25041 | 多环芳烃 | Polycyclic Aromatic Hydrocarbons | 300 |
| w19004 | 彩色显影剂 | Color Developing Agent | 320 |
| w19005 | 显影剂及氧化物总量 | Developing Agent and Total Oxide | 330 |
| w33001 | 六六六 | 1,2,3,4,5,6-Hexachlorocyclohexane（mixture of isomers） | 350 |
| w33006 | 滴滴滴（DDD） | DDD | 351 |
| w33010 | 敌敌畏 | Dichlorvos | 352 |
| w33011 | 敌百虫 | Trichlorfon | 353 |
| w33051 | 呋喃丹 | Carbofuran | 354 |
| w33018 | 有机磷农药 | Organophosphorus Pesticide | 370 |
| w33019 | 乐果 | Dimethoate | 371 |
| w33020 | 对硫磷 | Parathion | 372 |
| w33021 | 甲基对硫磷 | Parathion-methyl | 373 |
| w33022 | 马拉硫磷 | Malathion | 374 |
| w29001 | 邻苯二甲酸酯类 | Phthalate Esters | 390 |
| w29003 | 邻苯二甲酸二辛酯 | Di-Sec-octyl Phthalate | 391 |
| w29002 | 邻苯二甲酸二丁酯（酞酸二丁酯） | Di-*n*-butyl Phthalate | 392 |
| w23025 | 五氯酚 | Pentachlorophenol | 410 |
| w23026 | 五氯酚钠 | Sodium Pentachlorophenate | 410 |
| w99002 | 可吸附有机卤化物 | Adsorbable Organic Halogens | 420 |
| w30010 | 硝化甘油 | Nitroglycerin | 430 |
| w25023 | 硝基苯类 | Nitrobenzene | 440 |
| w25024 | 二硝基甲苯 | Dinitrotoluene | 441 |
| w25025 | 三硝基甲苯 | Trinitrotoluene | 442 |
| w25026 | 环三亚甲基三硝胺（黑索今） | Cyclotrimethylene Trinitramine（RDX） | 443 |
| w21008 | 肼 | Hydrazine | 460 |
| w26056 | 一甲基肼 | Methyl Hydrazine | 461 |
| w26057 | 1,1-二甲基肼（偏二甲基肼） | 1,1-Dimethyl Hydrazine | 462 |
| w26026 | 三乙胺 | Triethylamine | 480 |
| w26028 | 二乙烯三胺 | Diethylene Triamine | 481 |
| w21010 | 叠氮化物（以$N_3^-$计） | Sodium Azide | 500 |
| w19002 | 阴离子表面活性剂 | Anion Surface Active Agent | 520 |
| w21027 | 石棉（纤维＞10 μm） | Asbestos（fiber＞10micrometers） | 530 |
| w25043 | 苯并[*a*]芘 | Benzo（*a*）Pyrene（PAHs） | 540 |
| w02003 | 粪大肠菌群 | Fecal Coliform | 550 |
| w02004 | 总大肠菌群 | Total Coliform | 551 |
| w02001 | 蛔虫卵 | Ascaris Eggs | 560 |
| w03001 | 总$\alpha$放射性 | Total $\alpha$-Ray Intensity | 570 |
| w03002 | 总$\beta$放射性 | Total $\beta$-Ray Intensity | 571 |

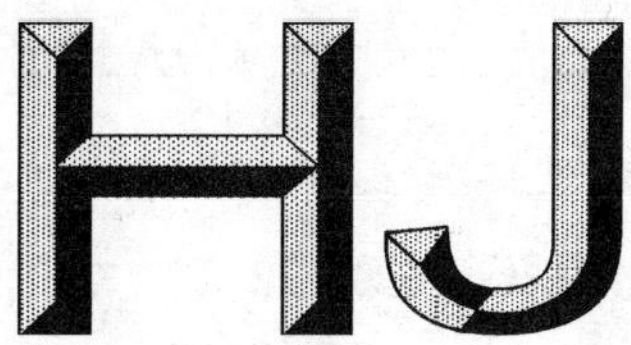

# 中华人民共和国国家环境保护标准

HJ 526—2010

# 环境工程技术规范制订技术导则

**Technical guidelines for drafting environmental engineering technical specifications**

2010-02-22 发布　　2010-05-01 实施

环境保护部 发布

# 中华人民共和国环境保护部
# 公　告

2010年　第22号

为贯彻《中华人民共和国环境保护法》，规范环境工程技术规范制订工作，现批准《环境工程技术规范制订技术导则》为国家环境保护标准，并予发布。

标准名称、编号如下：

环境工程技术规范制订技术导则（HJ 526—2010）

该标准自2010年5月1日起实施，由中国环境科学出版社出版，标准内容可在环境保护部网站（bz.mep.gov.cn）查询。

特此公告。

2010年2月22日

# 前　言

为贯彻执行《中华人民共和国环境保护法》，规范环境工程技术规范的制订工作，确保环境工程技术规范的科学性、严谨性和可操作性，推动我国环境保护工程技术的不断发展，制定本标准。

本标准规定了环境工程技术规范的分类、制订工作程序、编制原则、一般构成和编写要求等内容。

本标准为首次发布。

本标准由环境保护部科技标准司组织制订。

本标准主要起草单位：中国环境保护产业协会。

本标准环境保护部 2010 年 2 月 22 日批准。

本标准自 2010 年 5 月 1 日起实施。

本标准由环境保护部解释。

# 环境工程技术规范制订技术导则

## 1 适用范围

本标准规定了环境工程技术规范的分类、制订工作程序、编制原则、一般构成和编写要求等内容。

本标准适用于环境工程技术规范的制订。

## 2 规范性引用文件

本标准内容引用了下列文件中的条款。凡是不注日期的引用文件，其有效版本适用于本标准。

GB/T 1.1 标准化工作导则 第 1 部分：标准的结构和编写规则

GB/T 1.2 标准化工作导则 第 2 部分：标准中规范性技术要素内容的确定方法

HJ 565 环境保护标准编制出版技术指南

HJ/T 416—2007 环境信息术语

《建设项目竣工环境保护验收管理办法》（国家环境保护总局令第 13 号）

《国家环境保护标准制修订工作管理办法》（国家环境保护总局公告 2006 年第 41 号）

《国家环境技术管理体系建设规划》（国家环境保护总局文件 环发[2007]150 号）

## 3 术语和定义

下列术语和定义适用于本标准。

### 3.1 环境工程

指为保护自然环境和自然资源、防治环境污染、修复生态环境、改善生活环境和城市环境质量的建设项目以及工程设施。

[HJ/T 416—2007]

### 3.2 环境工程技术规范

指国家环境保护行政主管部门为规范各类环境工程的设计、施工、设备安装调试、验收、运行维护等过程而制订的国家环境保护标准。本标准中指《国家环境技术管理体系建设规划》中确立的四类环境工程技术规范。

## 4 分类

4.1 《国家环境技术管理体系建设规划》将环境工程技术规范分为通用技术规范、污染治理工艺技术规范、重点污染源治理工程技术规范和污染治理设施运行技术规范。

4.2 通用技术规范指规定各类环境工程建设和运行中基本或共性技术要求的规范，包括通用工程技术规范和通用基础规范。其中，通用工程技术规范指按水、气、固体、噪声等污染要素制订的、规定同一类环境工程建设和运行中共性技术要求的规范，简称通用类规范。如《大气污染治理工程技术导则》、《水污染治理工程技术导则》。

4.3 污染治理工艺技术规范指以相同工艺技术原理或方法为基础，适合于不同行业的同一污染要素治理的技术规范，简称工艺类规范。如《污水活性污泥法处理工程技术规范——氧化沟法》、《污水厌氧生物处理工程技术规范——升流式厌氧污泥床法》。

4.4 重点污染源治理工程技术规范指以某一重点污染源治理为对象，适合于该类污染源所有污染物或特定污染物治理工程的技术规范，简称污染源类规范。如《畜禽养殖业污染治理工程技术规范》、《钢铁工业除尘工程技术规范》。

4.5 污染治理设施运行技术规范指以提高污染治理设施运行、维护和管理水平，保证其连续、稳定达到污染物排放标准为目的而制订的技术规范，简称运行类规范。如《污水生物处理设施运行管理技术规范》、《危险废物集中焚烧处置设施运行监督管理技术规范（试行）》。

## 5 环境工程技术规范制订工作程序

5.1 工作程序应符合《国家环境保护标准制修订工作管理办法》的规定，具体程序参见附录 A。

5.2 环境工程技术规范名称应与下达的计划任务书中确定的名称相一致，确需改变或调整的，应事先征得任务下达部门的同意，并在编制说明中详细说明变更理由。

5.3 环境工程技术规范的制订分为准备阶段、起草阶段、征求意见阶段和审查发布阶段。

5.4 准备阶段的制订工作应符合下列要求：

a）应通过对国家和地方相关法律法规、政策（产业政策、技术政策）、现行标准（排放标准、行业规范），相关的污染源和污染治理工艺，污染治理工程建设运行情况的调研，确定标准的适用范围，形成开题报告（参见附录 B）和编制大纲；

b）工艺类规范应重点明确该工艺与其他工艺的界限以及变形工艺的取舍；

c）污染源类规范应明确适用的行业范围、污染源种类和推荐的主导工艺。

5.5 起草阶段的制订工作应符合下列要求：

a）应按工程对象、规模、工艺对污染治理工程进行调研，确定工程建设各阶段中保证质量的关键点，并通过分析汇总调研数据，必要时还应进行试验，提出各关键点的技术要求，形成征求意见稿和编制说明；

b）应全面检索相关的标准和规范，以及适用的结构、电气、自控、消防等行业规范，以便在适当的位置引用。

5.6 征求意见阶段应汇总所有回复意见，按照《国家环境保护标准制修订工作管理办法》的要求编制国家环境保护标准征求意见情况汇总处理表，并对回复意见进行研究、讨论，形成送审稿和编制说明。

5.7 审查发布阶段应召开审议会，并按照审议意见修改送审稿，形成报批稿、编制说明和报批说明。

5.8 针对制订工作中各阶段发现的关键点、难点以及有争议的问题，应向相关专家进行咨询或组织专题研讨会，妥善解决编制过程中遇到的问题。

## 6 环境工程技术规范编制原则

6.1 应符合国家相关法律、规章及技术法规、国家强制性标准的规定。

6.2 应与相关的污染防治技术政策、最佳可行技术导则、其他环境保护标准及其他行业标准相协调。

6.3 应满足 GB/T 1.1、GB/T 1.2、HJ 565 以及国家环境保护行政主管部门对环境保护标准格式、内容的规定。

6.4 技术内容的编制应符合下列原则：

a）以工程实践为基础。应通过分析总结同类工程的实践经验和存在问题，确定规范中推荐的工艺路线、技术参数等内容；

b）以达标排放为基本要求。规范中推荐的工艺路线和技术参数应至少能够保证处理后达到排放标准中一般排放限值的要求；

c）以成熟技术为主体。规范中应推荐经工程实践证明能够连续运行、稳定达标、技术经济合理的工艺路线，不推荐落后、淘汰的工艺技术；

d）突出环境工程特色、兼顾与其他行业标准相协调。规范应重点规定工艺路线选择、工艺设计要求等具有环境工程特色的部分，电气、采暖通风等辅助工程的设计以及施工、验收等内容的编写宜优先引用相关专业标准，并补充环境工程的特殊规定。

## 7 环境工程技术规范的一般构成和编写要求

### 7.1 一般构成

7.1.1 各类环境工程技术规范中各要素名称、编排顺序和编写要求见表 1。

7.1.2 表 1 中所列要素的编排，可根据具体规范编制工作的需要进行调整，如果需要其他要素，也可以在适当的位置上添加。

7.1.3 要素分为必备要素和可选要素，必备要素宜在规范中的适当位置设一章，可选要素则可根据需要进行取舍。

表 1 各类工程技术规范中要素的编排

| 序号 | 要素名称 | 规范类型 | 要素类型 | 编写要求 |
|---|---|---|---|---|
| 1 | 封面 | 全部 | 必备要素 | 7.2.2 |
| 2 | 目次 | 全部 | 必备要素 | 7.2.2 |
| 3 | 前言 | 全部 | 必备要素 | 7.2.2 |
| 4 | 适用范围 | 全部 | 必备要素 | 7.2.3 |
| 5 | 规范性引用文件 | 全部 | 可选要素 | 7.2.4 |
| 6 | 术语和定义 | 全部 | 可选要素 | 7.2.5 |
| 7 | 污染物与污染负荷 | 通用类规范 | 可选要素 | 7.2.6 |
| | | 工艺类规范 | 必备要素 | |
| | | 污染源类规范 | 必备要素 | |
| | | 运行类规范 | 可选要素 | |
| 8 | 总体要求 | 通用类规范 | 必备要素 | 7.2.7 |
| | | 工艺类规范 | 必备要素 | |
| | | 污染源类规范 | 必备要素 | |
| | | 运行类规范 | 可选要素 | |
| 9 | 工艺设计 | 通用类规范 | 必备要素 | 7.2.8 |
| | | 工艺类规范 | 必备要素 | |
| | | 污染源类规范 | 必备要素 | |
| | | 运行类规范 | 可选要素 | |
| 10 | 主要工艺设备和材料 | 通用类规范 | 必备要素 | 7.2.9 |
| | | 工艺类规范 | 必备要素 | |
| | | 污染源类规范 | 必备要素 | |
| | | 运行类规范 | 可选要素 | |
| 11 | 检测与过程控制 | 通用类规范 | 必备要素 | 7.2.10 |
| | | 工艺类规范 | 必备要素 | |
| | | 污染源类规范 | 必备要素 | |
| | | 运行类规范 | 可选要素 | |
| 12 | 主要辅助工程 | 通用类规范 | 必备要素 | 7.2.11 |
| | | 工艺类规范 | 必备要素 | |
| | | 污染源类规范 | 必备要素 | |
| | | 运行类规范 | 可选要素 | |
| 13 | 劳动安全与职业卫生 | 通用类规范 | 必备要素 | 7.2.12 |
| | | 工艺类规范 | 可选要素 | |
| | | 污染源类规范 | 必备要素 | |
| | | 运行类规范 | 可选要素 | |
| 14 | 施工与验收 | 通用类规范 | 必备要素 | 7.2.13 |
| | | 工艺类规范 | 必备要素 | |
| | | 污染源类规范 | 必备要素 | |
| | | 运行类规范 | 可选要素 | |

续表

| 序号 | 要素名称 | 规范类型 | 要素类型 | 编写要求 |
|---|---|---|---|---|
| 15 | 运行与维护 | 通用类规范 | 必备要素 | 7.2.14 |
| | | 工艺类规范 | 必备要素 | |
| | | 污染源类规范 | 必备要素 | |
| | | 运行类规范 | 必备要素 | |
| 16 | 附录 | 全部 | 可选要素 | 7.2.15 |

## 7.2 编写要求

### 7.2.1 一般要求

7.2.1.1 环境工程技术规范的内容应根据环境工程所采取工艺的特点或所处理污染物的特征以及规范的类别来选择，内容力求完整、准确适用、易于理解、便于实施。

7.2.1.2 通用类规范的编写应体现通用性，以该类工程从设计到运行的基础、通用技术要求为主；主要包括工程设计原则，主要工艺的适用范围、基本设置、关键技术要求和特有设备，常见污染物的组合工艺、辅助工程，以及施工验收和运行维护中的通用技术要求。

7.2.1.3 工艺类规范的编写应以工艺设计为重点，包括设计方法、设计公式、参数范围，工艺对设备、材料、辅助工程的要求，以及该工艺在施工、验收、运行与维护过程中的特殊规定。对于变形工艺，仅需规定与主导工艺不一致的技术要求，并根据工程应用情况，既可以在规范正文中规定也可以在附录中给出。

7.2.1.4 污染源类规范的编写应首先分析由于原料种类、生产工艺、排污方式不同而产生的不同污染物和污染负荷，并针对这些不同的污染物和污染负荷，以达标排放为原则，推荐成熟稳定、技术经济合理的治理工艺，规定每个工艺单元的关键参数取值和主要设备（材料）选型、性能要求，以及辅助工程设计、施工验收和运行维护的技术要求。

### 7.2.2 封面、目次和前言

应符合《国家环境保护标准制修订工作管理办法》附件十二和 GB/T 1.1、HJ 565 的规定。

### 7.2.3 适用范围

7.2.3.1 应分段简要说明规范规定的主要内容和适用范围，适用范围包括规范适用的具体行业、对象、规模、污染要素等，必要时可明确规范不适用的范围。

7.2.3.2 文字应简洁，以便作为内容摘要供检索或信息传递。

示例：

本标准规定了采用石灰法、钠钙双碱法、氧化镁法、石灰石法工艺，配用在工业锅炉/炉窑上的湿法烟气脱硫工程的设计、施工、安装、调试、验收和运行维护等技术要求。

本标准适用于蒸发量≥××t/h 的燃煤工业锅炉，或蒸发量<××t/h 的燃煤热电锅炉以及相当烟气量炉窑的湿法烟气脱硫工程，可作为环境影响评价、环境保护设施设计与施工、建设项目竣工环境保护验收及建成后运行与管理的技术依据。燃油、燃气工业锅炉的湿法烟气脱硫工程参照本标准执行。

### 7.2.4 规范性引用文件

7.2.4.1 应列出规范条文中引用的标准、文件，未在规范条文中明确引用的，不应列入本要素中。

7.2.4.2 引导词应符合《国家环境保护标准制修订工作管理办法》附件十二的要求。

7.2.4.3 引用标准的排序和是否加注发布时间应执行 GB/T 1.1 和 HJ 565 的相关规定。

### 7.2.5 术语和定义

7.2.5.1 应给出为理解规范内容所必需的术语和定义，术语的选择和定义方法执行 GB/T 1.1 的相关规定。

7.2.5.2 术语的选择应遵循必要性原则。只有当不对其进行定义就可能会引起误解，无法正确理解规范内容时，才对其定义。对众所周知的术语不定义。

7.2.5.3 定义应避免重复和矛盾。在现行国家或行业标准中已经明确定义的术语，宜直接引用，不必重复定义。

7.2.6 污染物与污染负荷

7.2.6.1 对于工艺类规范，应规定工艺适用的污染物浓度范围、处理效率等，并推荐污染物浓度超过工艺适用条件时采取的技术措施和处理工艺。

示例：

×.1 序批式活性污泥法污水处理工艺适用于中小型城镇污水处理工程。同时也适用于工业废水中有机污染物的好氧生物处理工序，可作为工业废水处理工艺流程的组成部分。

×.2 序批式活性污泥法污水处理工艺中好氧生物处理构筑物进水水质为……当有工业废水进入时，应考虑有害物质对微生物活性的影响。

×.3 污水处理有除氨氮要求时，进水总碱度/氨氮的比值宜……不满足上述条件时应补充碱度。

×.4 污水处理有脱总氮要求时，反硝化要求进水的易降解碳源 $BOD_5$/总氮值宜……总碱度/氨氮值宜……不满足上述条件时应补充碳源或碱度。

×.5 序批式活性污泥法污水处理工艺的污染物去除率应满足表×的要求。

表× 序批式活性污泥法污水处理工艺的污染物去除率设计值

| 污水类别 | 主体工艺 | 污染物去除率/% | | |
|---|---|---|---|---|
| | | 悬浮物（SS） | 五日生化需氧量（$BOD_5$） | 化学耗氧量（$COD_{Cr}$） |
| 城镇污水 | 预处理+SBR 活性污泥反应器 | … | … | … |
| … | | | | |

×.6 序批式活性污泥法污水处理工艺出水直接排放时，应符合国家或地方排放标准的要求；排入下一级处理系统时，应满足下一级处理系统的进水要求。

7.2.6.2 对于污染源类规范，应给出污染源在典型生产活动中产生的污染物和污染负荷（包括各种主要污染物名称、浓度范围、单位产品产生量或产量估算公式），供设计参考；此外，还应规定设计负荷和设计余量的确定方法。

示例：

×.1 废水水量

×.1.1 以纤维产量估算时，应根据纤维特点、织物阔幅、厚度进行。不同织物、不同生产工艺单位产量产生的废水水量参见表×。

表× 不同织物的废水量

| 产品名称 | 机织棉及棉混纺织物/（$m^3$/100 m） | 针织棉及棉混纺织物/（$m^3$/t） | 毛纺织物/（$m^3$/t） | 丝绸织物/（$m^3$/t） |
|---|---|---|---|---|
| 废水量 | … | … | … | … |

×.1.2 以全厂用水量估算时，废水量宜取全厂用水量的……

×.2 废水水质

×.2.1 单纯缫丝企业水质可参考表×，当缫丝废水和丝绸染整废水混合处理时，其水质按混合比例确定。

表× 缫丝废水水质

| 废水类型 | 化学需氧量/（mg/L） | 五日生化需氧量/（mg/L） | 悬浮物/（mg/L） | pH 值 | 氨氮/（mg/L） | 水温/℃ |
|---|---|---|---|---|---|---|
| 煮茧 | … | … | … | … | … | … |
| … | | | | | | |

×.2.2 机织棉及棉混纺织物染整废水水质设计可参考……

……

×.3 设计水量和设计水质

×.3.1 设计水量和设计水质应根据批准的环境影响评价文件，并考虑一定的设计余量确定。

×.3.2 设计余量应取污染负荷原数值的××%～××%。

7.2.6.3 污染源在典型生产活动中产生的各种主要污染物、浓度范围等内容的确定应建立在对该行业广泛调研、综合分析的基础上。污染物指标的选择应与国家污染物排放标准相符。

7.2.6.4 设计负荷的确定应以批准的环境影响评价文件为依据，设计余量的确定应根据工程实例调研数据、结合设计经验分析得出。

7.2.7 总体要求

7.2.7.1 通常包括一般规定、建设规模、工程构成、场址选择、总平面布置等内容。

7.2.7.2 一般规定应规定下列内容：

a）环境工程建设应遵循的一般原则，如“三同时”制度、清洁生产、循环经济、节能节水等；

b）环境工程工艺配置与企业生产系统的适应性；

c）环境工程分期建设和与企业总体规划的关系；

d）环境工程建设和运行过程中的环境保护要求；

e）污染源在线监测系统的设置要求。

7.2.7.3 建设规模应规定规模确定方法，并给出应执行的建设标准等相关标准和规范。国家或行业标准对规模已有明确规定的，宜直接引用。

7.2.7.4 工程构成应明确环境工程的设计对象，明确规定主体处理构筑物与设备、辅助工程和配套设施的范围。国家或行业标准对项目构成已有明确规定的，宜直接引用。

示例：

×.1 酿造废水处理厂（站）的工程项目主要包括：废水处理构（建）筑物与设备、辅助工程和配套设施等。

×.2 废水处理构（建）筑物与设备包括：前处理、预处理、厌氧处理、好氧处理、废水回用、沼气利用、污泥处理、恶臭处理、排放等系统。

×.3 辅助工程包括：厂（站）区道路、围墙、绿地工程，独立的供电工程和供排水工程等；专用的化验室、控制室、仓库、修理车间等工程。

×.4 配套设施包括：办公室、休息室、浴室、食堂、卫生间等生活设施。

×.5 废水处理厂（站）应按照国家和地方的有关规定设置规范化排污口。

7.2.7.5 场址选择应明确选址时应满足的管理要求和技术条件，以及需要考虑的因素（包括满足城市总体规划要求、对周围区域和下游的影响、对排放和运输的影响、对分期建设的影响、对地质条件的要求等）。国家或行业标准对场址选择已有明确规定的，宜直接引用。

7.2.7.6 总平面布置应规定布置时应遵循的原则和应考虑的因素，提出关键构筑物、设施和设备的相对位置以及主要管线的布置要求。

7.2.8 工艺设计

7.2.8.1 通常包括一般规定、工艺路线选择、工艺设计要求、二次污染控制措施、突发事故应急措施等内容。

7.2.8.2 一般规定应规定工艺设计的通用性和原则性要求。

示例：

×.1 SBR 工艺设计应兼有时间上的理想推流式反应器和空间上的完全混合式反应器的特点。

×.2 SBR 工艺设计应具有静置沉淀功能，保障良好的泥水分离效果。

×.3 SBR 工艺设计宜优先选用普通 SBR 或循环式活性污泥（CASS）工艺。

×.4 SBR 工艺的反应池应设置固定式事故排水装置，可设在滗水结束时的水位处。

×.5 SBR 工艺的反应池应采用有防止浮渣流出设施的滗水器。

×.6 SBR 工艺宜按两组或多组系列布置，并宜采取措施确保进水均匀。

7.2.8.3 在工艺路线选择中，对于变形工艺较多的工艺类规范，应规定变形工艺的选择原则；对于工艺单一的工艺类规范，应给出完整的工艺流程图。

7.2.8.4 在工艺路线选择中，污染源类规范应规定下列内容：

a）选择工艺路线时考虑的因素和采用的方法：考虑的因素至少包括污染物特性和处理量、自然地理条件件、污染物去向、工艺成熟度、可靠性和可得性等，采用的方法主要是技术经济评价，必要时可在附录中给出有关技术路线（工艺）选择的范例；

b）以达标排放为原则，针对不同污染物和污染负荷，推荐经工程实践证明能够连续运行、稳定达标、技术经济合理的工艺路线，并给出工艺流程图。工艺流程图应包括二次污染处理处置工艺单元。

示例：

×.1 选用粪污处理工艺时，应根据养殖场的养殖种类、养殖规模、粪污收集方式、当地的自然地理环境条件以及排水去向等因素确定工艺路线及处理目标，并应充分考虑畜禽养殖废水的特殊性，在实现达标排放或综合利用的情况下，优先选择低运行成本的处理工艺；应慎重选用物化处理工艺。

×.2 养殖规模在存栏（以猪计）×××头及以下的应尽可能采用综合利用模式，存栏（以猪计）××××头及以上的应有适应的环保达标处理设施，以防突发环保事故的发生。

×.3 采用达标排放模式时，废水进入厌氧反应器之前应先进行固液（干湿）分离，然后再对固体粪渣和废水分别进行处理，基本工艺流程见图×。

……

图× 达标排放工艺基本流程

×.4 采用综合利用模式时……

7.2.8.5 工艺路线选择中推荐的工艺应符合下列要求：

a）优先考虑最佳可行技术导则中确立的最佳可行技术，不得推荐工程中尚未成功应用的技术；

b）推荐的工艺路线一般应在两种及以上，并规定每种工艺路线的特点和适用范围，存在政策限制或技术不成熟等原因时，也可推荐一种工艺路线。

7.2.8.6 工艺设计要求宜根据流程图，按照工艺单元的先后顺序，对每一个工艺单元提出技术要求。工艺单元技术要求的编写应符合下列要求：

a）对于工艺类规范，每个工艺单元的技术要求应包括设计方法、设计公式、参数范围等；

b）对于污染源类规范，每个工艺单元的技术要求应包括设计方法、设计公式、关键参数取值、主要设备和材料配置等，如果该单元采用的工艺在工艺类规范或其他标准中已有规定，设计方法和设计公式部分宜直接引用，但应规定关键参数取值以及该工艺应用于此污染源的特殊要求；

c）工艺参数的确定应把保证处理工艺连续稳定达标运行作为基本原则，一般应通过调查同类典型工程案例并进行综合评价分析后确定，也可采用已得到公认的经验参数；

d）对工艺参数设计计算有成熟并得到公认的计算方法的，宜在给出经验参数的同时给出计算（估算）方法。必要时，应同时规定修正系数；

e）关键工艺参数应规定设计余量，或对设计余量的确定方法作出规定。

示例：

×.1 厌氧生物处理单元通常由厌氧反应器、沼气收集与处置系统（净化系统、贮气罐、输配气管等）、沼液、沼渣处置系统组成。

×.2 厌氧反应器容积宜根据水力停留时间（HRT）确定，计算方法如下：

……

×.3 厌氧反应器宜采用升流式厌氧污泥床（UASB），也可经技术经济比较后采用复合厌氧反应器（UBF）、厌氧过滤器（AF）、折流式厌氧反应器（ABR）等。

×.4 厌氧反应器设计应符合下列规定：

a）厌氧反应器、沼气净化利用系统的防火设计应符合 GB××××中的有关规定；

b）厌氧反应器应达到水密性与气密性的要求，应采用不透气、不透水的材料建造，内壁及管路应进行内防腐；

c）厌氧反应器应设有取样口、测温点和排空设施；

……

×.5 升流式厌氧污泥床（UASB）的设计还应符合下列规定：

a）反应器高度应综合考虑运行、经济等情况确定，不宜超过××m，反应器有效高度（深度）宜为××m；

b）宜设两个以上厌氧罐体，单体体积不宜超过××$m^3$；当处理量较大时，宜采用多个单体反应器并联运行；

……

×.6 宜采用常温发酵，但温度不低于××℃。当总固体含量（TS%）<××时，厌氧反应器的水力停留时间（HRT）宜为……当总固体含量（TS%）≥××时……

×.7 厌氧处理产生的沼气应进行综合利用，经净化处理后通过输配气系统可用于居民生活用气、锅炉燃烧、沼气发电等。沼气的净化、贮存按照 NY/T××××第××条的有关规定执行。

×.8 沼液应……沼渣应……

7.2.8.7 二次污染物控制措施应说明环境工程产生的废水、废气、废渣、噪声等二次污染物的性质、数量和控制措施，并规定应执行的污染物排放标准。

7.2.8.8 突发事故应急措施应规定为处理生产事故、污染物负荷突变等突发情况设计的构筑物、设施等。

### 7.2.9 主要工艺设备和材料

7.2.9.1 应针对不同的工艺特点，规定主要设备的选型原则，必要时给出选型计算方法。

7.2.9.2 应规定主要设备和关键材料的性能要求，如设备功率、防腐蚀性、防磨损性、使用寿命等。对于已颁布产品标准的设备和材料，对其性能要求可直接引用适用的产品标准；对于非标设备，还应规定主要的加工要求。

7.2.9.3 应以可靠性为前提、兼顾经济性，对影响设施建成后稳定运行的设备和材料提出备用要求。

示例：

×.1 氧化沟应根据污水特性、去除效率及运行条件等计算标准状态下污水需氧量，再根据曝气设备的充氧能力、动力效率选择满足充氧要求的曝气设备。

×.2 曝气设备应兼有供氧、推流、混合等功能，可选用竖轴式机械表面曝气、转刷曝气器……等。

×.3 竖轴式机械表面曝气装置、转盘曝气器……应分别符合 HJ/T ×××、HJ/T ×××……的相关规定。

×.4 竖轴式机械表面曝气机可按需氧量的××%备用，并有不少于×台采用变频调速控制。转刷和转盘曝气机宜备用×台。鼓风机房应设置备用鼓风机，工作鼓风机台数在×台以下时，应设×台备用鼓风机；工作鼓风机台数在×台或×台以上时，应设×台备用鼓风机。备用鼓风机应按设计配置的最大机组考虑。

### 7.2.10 检测与过程控制

7.2.10.1 应根据工艺要求规定检测参数、检测点位和所需仪器。

示例：

×.1 大型和特大型酿造废水治理设施应设标准化验室，中、小型的酿造废水治理设施可在废水处理车间内附属设置化验室或化验台。

×.2 化验室或化验台应按照检测项目配备相应的检测仪器。

×.3 厌氧处理单元宜检测废水进口和出口的 pH 值、五日生化需氧量（$BOD_5$）……，以及反应器内的碱度和污泥性状、污泥浓度等指标。

×.4 好氧处理单元宜检测……

7.2.10.2 应规定环境工程的自动控制水平和方式，以及控制系统的功能和最低配置，针对控制关键点和主要设备，还应提出具体的自动控制要求。

示例：

×.1 脱硫装置应配备自动控制系统，具有完善的模拟量控制、顺序控制、连锁、保护、报警等功能，设集中和现场两种操作方式。

×.2 自控系统应对脱硫装置的脱硫剂浓度、脱硫液 pH 值、液位、系统阻力、烟气温度、循环泵电流、物料消耗等主要参数进行监控。

×.3 关键工艺控制参数，如脱硫剂的浓度、脱硫液的 pH 值、液位等应进行自动调节与控制。多套脱硫装置宜合用一套控制系统进行集中控制。

**7.2.11 主要辅助工程**

通常包括电气系统、建筑与结构、采暖通风与空调、厂区道路与绿化等内容，宜以引用国家和行业现行规范为主。但对于有特殊要求的，应做出明确规定。

**7.2.12 劳动安全与职业卫生**

7.2.12.1 应规定环境工程在设计过程中贯彻的劳动安全与职业卫生原则，并列出应遵守的相关国家强制性标准。

7.2.12.2 应针对存在危险（例如，爆炸、火灾或中毒）的工艺单元，提出具体的防护措施。

**7.2.13 施工与验收**

7.2.13.1 通常包括施工、工程验收和环境保护验收三部分内容。

7.2.13.2 施工应规定环境工程特有建（构）筑物的施工要求，以及主要设备、材料和在线监测仪器的安装部位、安装要求，对需要调试的大型设备，还应规定调试要求。混凝土结构工程、电气工程等专业工程的施工要求应尽量引用现行国家和行业标准。

7.2.13.3 工程验收应规定环境工程特有建（构）筑物、装置、设备的验收技术要求。混凝土结构工程、电气工程等专业工程的验收要求应尽量引用现行国家和行业标准。

7.2.13.4 环境保护验收应规定下列内容：

a）应规定进行环境保护验收前，结合试运行进行环境保护设施性能试验，并规定性能试验的参数和方法；

b）应根据工程特点，提出除《建设项目竣工环境保护验收管理办法》规定的验收资料之外的与环境保护设施质量、性能密切相关的工程技术资料，作为验收的补充资料。

**7.2.14 运行与维护**

7.2.14.1 应规定建立环境保护设施运行与维护的相关制度。如运行记录制度、定期检测和检修制度、上岗培训制度、应急预案等，并对各项制度提出基本的技术要求。

7.2.14.2 应规定将环境保护设施作为生产系统的组成部分进行管理，并提出可靠性、可用率等性能要求。

7.2.14.3 宜规定运行记录的主要项目。必要时，可在附录中给出记录表格的范例。

7.2.14.4 应规定运行检测项目、各检测项目的采样点和采样频率，以及检测记录的保存要求。

7.2.14.5 应规定检修周期和检修内容，并对最有可能出现故障的设备和装置提出具体的维护措施。

7.2.14.6 应规定正常工况下，环境工程设施运行调整的措施和方案。

7.2.14.7 应根据处理处置工艺路线特点和污染物特性，规定生产事故、污染物负荷突变等突发情况的调节措施。

**7.2.15 附录**

7.2.15.1 分为规范性附录和资料性附录，规范性附录的内容是构成标准整体的不可分割的组成部分，资料性附录仅限于提供一些附加信息。

7.2.15.2 附录的编写应符合《国家环境保护标准制修订工作管理办法》和 GB/T 1.1、HJ 565 的相关规定。

## 8 编制说明的一般构成和编写要求

### 8.1 一般构成

8.1.1 征求意见稿编制说明应包括任务来源、标准制订必要性、主要工作过程、国内外相关标准研究、同类工程现状调研、主要技术内容及说明、标准实施的环境效益及经济技术分析、标准实施建议，各部分的编写应符合本标准 8.2 的规定。

8.1.2 送审稿编制说明应在征求意见稿编制说明的基础上修改形成，其内容除包括征求意见稿编制说明的内容外，还应增加征求意见处理情况说明。征求意见处理情况说明的编写应符合本标准 8.2.9 的规定。

8.1.3 报批稿编制说明应在送审稿编制说明的基础上修改形成，其内容除包括送审稿编制说明的内容外，还应增加技术审查工作情况说明。技术审查工作情况说明的编写应符合本标准 8.2.10 的规定。

8.1.4 各稿编制说明也可根据规范的特点，补充相应的内容。

### 8.2 编写要求

8.2.1 任务来源

应列出环境保护部下达计划的年度、名称、项目编号和下达文件号，以及所有标准编制单位的全称。

8.2.2 标准制订必要性

应通过对我国同类污染情况、治理现状、环境管理要求等内容的分析，说明规范编制的目的和意义。

8.2.3 主要工作过程

应介绍标准各阶段稿件的编制过程，以及编制组开展的相关调查、研究工作以及标准开题、研讨、审议等会议情况等。

8.2.4 国内外相关标准研究

应研究国内外相关标准的制修订情况，并介绍其主要技术内容。

8.2.5 同类工程现状调研

8.2.5.1 应说明对同类工程的资料调研和现场调研情况，并根据规范的编制需要分析调研数据。

8.2.5.2 调研内容应根据规范内容确定。对于工艺类规范，应调研该工艺在国内外的使用现状及效果，包括该工艺应用的污染源、规模、处理效果、设计参数取值范围、运行情况等；对于污染源类规范，应调研同类污染源所采用的不同处理工艺（组合）的使用现状及效果，包括该污染源治理采用的各种工艺及其比例、治理效果、工艺流程、关键参数取值等，并给出相应的分析评估。

8.2.6 主要技术内容及说明

8.2.6.1 应说明规范中主要技术内容的确定依据。对于工艺类规范，应给出推荐设计方法的设计实例。对于污染源类规范，应列出推荐工艺的工程实例建设、运行情况及技术经济评价。

8.2.6.2 对于包含定性或定量工艺参数的条文，应详细说明其工艺参数的选择原因和参数值的确定依据，包括调研和试验的数据以及数据分析、计算、汇总、取值的全部资料。

8.2.7 标准实施的环境效益及经济技术分析

8.2.7.1 应说明规范实施可达到的污染治理效果或可达到的排放限值。

8.2.7.2 应测算按照规范进行工程建设、运行时，典型规模的投资、运行费用。

8.2.8 标准实施建议

8.2.8.1 应提出标准实施需配套的管理措施、实施方案建议。

8.2.8.2 应提出标准下一步修订建议。

8.2.8.3 应提出与本标准实施相关的科研项目建议。

8.2.9 征求意见处理情况说明

8.2.9.1 应说明征求意见情况和意见处理情况，并附国家环境保护标准征求意见情况汇总处理表。

8.2.9.2 编制国家环境保护标准征求意见情况汇总处理表时，所有征求意见单位，不论是否提出修改意见，均应按照环保部征求意见文件上的顺序在表中适当位置进行汇总。

8.2.9.3 国家环境保护标准征求意见情况汇总处理表中对于采纳的意见应列出修改后条款在送审稿中的位置，对于部分采纳和未采纳的意见应详细说明理由。

8.2.10 技术审查工作情况说明

8.2.10.1 应说明标准技术审查（审议会）工作的情况，并附技术审查（审议会）纪要。

8.2.10.2 应说明技术审查（审议会）提出建议的协调处理情况。

# 附　录　A
## （资料性附录）
## 环境工程技术规范制订工作程序框图

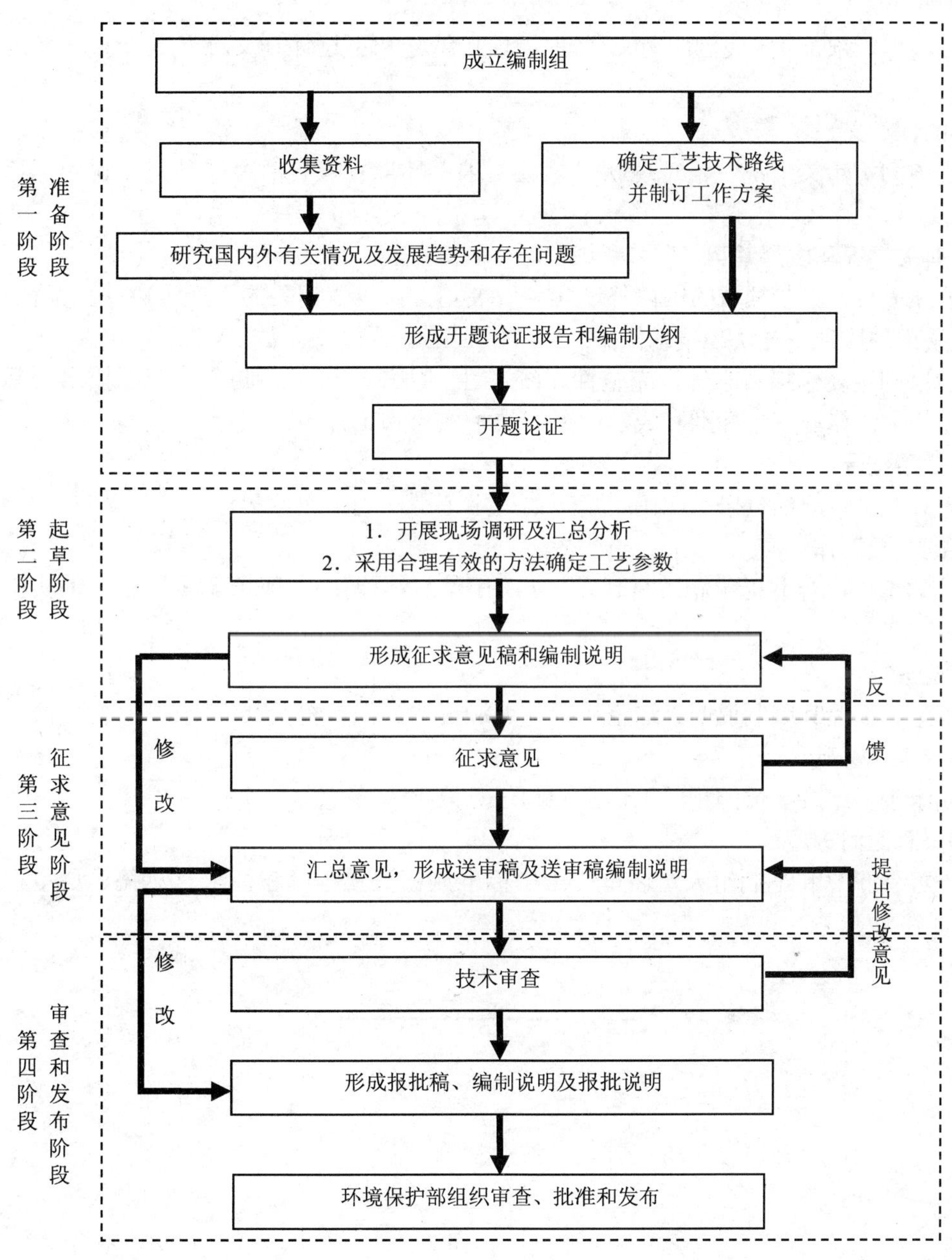

# 附　录　B

（资料性附录）

## 环境工程技术规范开题报告提纲

**B.1　任务来源**

应列出环境保护部下达计划的年度、名称、项目编号和下达计划文件及其文号，以及所有标准编制单位的全称。

**B.2　编制目的、意义**

通过对我国同类污染情况、治理现状、排放要求、环境管理等内容的分析，说明规范编制的目的和意义。

**B.3　国内外有关情况和发展趋势**

阐述相关环境技术工艺领域的国内外现状和发展趋势，以及相关的生产污染治理工程水平。

**B.4　编制拟采用的原则、方法和技术依据**

拟采用的原则主要包括科学性、完整性、统一性、协调性等，编制方法应以调研为基础，技术依据主要是国家相关法律法规、标准和成熟的科研技术成果和工程实践经验。

**B.5　规范的适用范围**

根据国内外有关情况的调研，明确本规范的适用范围，划定边界条件。

**B.6　拟开展的主要工作**

阐述具体的工作内容并提供相关材料，资料调研、书面调研、现场调研、必要的实验测试等的详细安排。

**B.7　拟提交的成果**

包括征求意见稿及其编制说明、送审稿及其编制说明、报批稿及其编制说明等文件。

**B.8　编制组的工作基础与分工**

阐述编制组主要组成单位的相关工作基础和任务分工。

**B.9　经费安排和时间进度**

列出工作经费预算和编制组人员名单。给出标准制订大致程序和征求意见稿、送审稿、报批稿的完成时间。

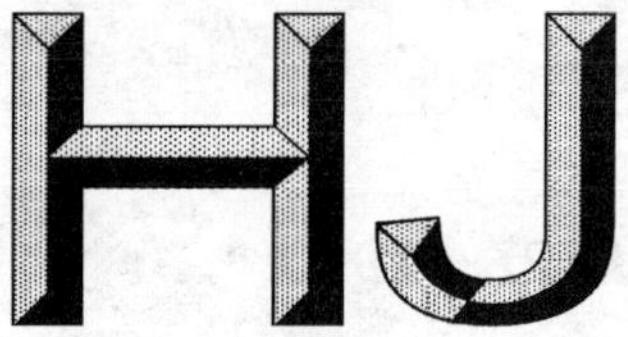

# 中华人民共和国国家环境保护标准

HJ 527—2010

# 废弃电器电子产品处理污染控制技术规范

**Technical specifications of pollution control for processing waste electrical and electronic equipment**

2010-01-04 发布　　　　2010-04-01 实施

环 境 保 护 部 发布

# 中华人民共和国环境保护部
# 公　告

2010 年　第 1 号

为贯彻《中华人民共和国固体废物污染环境防治法》、《中华人民共和国清洁生产促进法》和《中华人民共和国废弃电器电子产品回收处理管理条例》，保护环境，保障人体健康，现批准《废弃电器电子产品处理污染控制技术规范》为国家环境保护标准，并予发布。

标准名称、编号如下：

废弃电器电子产品处理污染控制技术规范（HJ 527—2010）

该标准自 2010 年 4 月 1 日起实施，由中国环境科学出版社出版，标准内容可在环境保护部网站（bz.mep.gov.cn）查询。

特此公告。

2010 年 1 月 4 日

# 前　言

为贯彻《中华人民共和国环境保护法》、《中华人民共和国固体废物污染环境防治法》和《中华人民共和国循环经济促进法》、《废弃电器电子产品回收处理管理条例》及《电子废物污染环境防治管理办法》，保护环境，防治污染，指导和规范废弃电器电子产品的处理工作，制定本标准。

本标准规定了废弃电器电子产品收集、运输、贮存、拆解和处理等过程中污染防治和环境保护的控制内容及技术要求。

本标准附录A和附录B为规范性附录。

本标准为首次发布。

本标准由环境保护部科技标准司组织制订。

本标准主要起草单位：中国电子工程设计院、中国环境科学研究院、中国环境科学学会、清华大学。

本标准环境保护部2010年1月4日批准。

本标准自2010年4月1日起实施。

本标准由环境保护部解释。

# 废弃电器电子产品处理污染控制技术规范

## 1 适用范围

本标准规定了废弃电器电子产品在收集、运输、贮存、拆解和处理过程中的污染控制技术要求。

本标准适用于废弃电器电子产品在收集、运输、贮存、拆解和处理过程中的污染控制管理。

本标准适用于废弃电器电子产品拆解和处理等建设项目环境影响评价、环境保护设施设计、竣工环境保护验收及投产后的运营管理。

本标准不适用于废弃电池及照明器具等产品的拆解和处理污染控制管理。

## 2 规范性引用文件

本标准内容引用了下列文件中的条款。凡是不注日期的引用文件，其有效版本适用于本标准。

GB 150 钢制压力容器

GB 5085.1～7 危险废物鉴别标准

GB 8978 污水综合排放标准

GB 13015 含多氯联苯废物污染控制标准

GB 16297 大气污染物综合排放标准

GB 18484 危险废物焚烧污染控制标准

GB 18597 危险废物贮存污染控制标准

GB 18599 一般工业固体废物贮存、处置场污染控制标准

GBZ 2.2 工作场所有害因素职业接触限值 第2部分：物理因素

HJ/T 364 废塑料回收与再生利用污染控制技术规范（试行）

## 3 术语和定义

下列术语和定义适用于本标准。

### 3.1 废弃电器电子产品 waste electrical and electronic equipment

产品的拥有者不再使用且已经丢弃或放弃的电器电子产品[包括构成其产品的所有零（部）件、元（器）件和材料等]，以及在生产、运输、销售过程中产生的不合格产品、报废产品和过期产品。废弃电器电子产品类别及清单见附录A。

### 3.2 有毒有害物质 hazardous substance

废弃电器电子产品中含有的对人、动植物和环境等产生危害的物质或元素，包括铅（Pb）、汞（Hg）、镉（Cd）、六价铬（$Cr^{6+}$）、多溴联苯（PBB）、多溴联苯醚（PBDE）、多氯联苯（PCBs）、含有消耗臭氧层的物质以及国家规定的危险废物。

### 3.3 收集 collection

废弃电器电子产品聚集、分类和整理活动。

### 3.4 贮存 storage

为收集、运输、拆解、再生利用和处置之目的，在符合要求的特定场所暂时性存放废弃电器电子产品的活动。

### 3.5 预先取出 advanced fetch

废弃电器电子产品拆解过程中，应首先将特定的含有毒、有害物的零部件、元（器）件及材料进

行拆卸、分离的活动。

3.6 拆解 disassembly

通过人工或机械的方式将废弃电器电子产品进行拆卸、解体，以便再生利用和处置的活动。

3.7 再使用 reuse

废弃电器电子产品或其中的零（部）件、元（器）件继续使用或经清理、维修后并符合相关标准继续用于原来用途的行为。

3.8 再生利用 recycling

对废弃电器电子产品进行处理，使之能够作为原材料重新利用的过程，但不包括能量的回收和利用。

3.9 回收利用 recovery

对废弃电器电子产品进行处理，使之能够满足其原来的使用要求或用于其他用途的过程，包括对能量的回收和利用。

3.10 处理 treatment

对废弃电器电子产品进行除污、拆解及再生利用的活动。

3.11 处置 disposal

采用焚烧、填埋或其他改变固体废物的物理、化学、生物特性的方法，达到减量化或者消除其危害性的活动，或者将固体废物最终置于符合环境保护标准规定的场所或者设施的活动。

## 4 总体要求

4.1 废弃电器电子产品处理建设项目的选址和建设应符合当地城市规划的要求。

4.2 应采取当前最佳可行的处理技术及必要措施，并符合国家有关环境保护、劳动安全和保障人体健康的要求。

4.3 应优先实现废弃电器电子产品及其零（部）件的再使用。

4.4 应对所有进出企业的废弃电器电子产品及其产生物分类，建立台账，并对其重量和（或）数量进行登记。

4.5 应建立废弃电器电子产品处理的数据信息管理系统，并将有关信息提供给主管部门、相关企业和机构。

4.6 禁止将废弃电器电子产品直接填埋。

4.7 禁止露天焚烧废弃电器电子产品，禁止使用冲天炉、简易反射炉等设备和简易酸浸工艺处理废弃电器电子产品。

## 5 收集、运输及贮存污染控制技术要求

### 5.1 收集污染控制技术要求

5.1.1 废弃电器电子产品应分类收集。

5.1.2 不应将废弃电器电子产品混入生活垃圾或其他工业固体废物中。

5.1.3 收集的废弃电器电子产品不得随意堆放、丢弃或拆解。

5.1.4 应将收集的废弃电器电子产品交给有相关资质的企业进行拆解、处理及处置。

5.1.5 应分开收集废弃阴极射线管（CRT）及废弃液晶显示屏，并且不能混入其他玻璃制品。

5.1.6 废弃空调器、冰箱和其他制冷设备在收集过程中，应避免制冷剂泄漏。

5.1.7 当收集含有毒有害物质的零（部）件、元（器）件（见附录 B）时，应将其单独存放，并应采取避免溢散、泄漏、污染环境或危害人体健康的措施。

### 5.2 运输污染控制技术要求

5.2.1 对于运输，收集商、运输商、拆解或（和）处理企业应对以下信息进行登记，且记录保存至少

3 年：

a）相关者信息：收集商、运输商、拆解或（和）处理企业名称；

b）运输工具名称、牌号；

c）出发地点及日期；

d）运达地点及日期；

e）所运输废弃电器电子产品的名称、种类和（或）规格；

f）所运输废弃电器电子产品的重量和（或）数量。

5.2.2 运输商在运输过程中不得随意丢弃废弃电器电子产品，并应防止其散落。

5.2.3 禁止运输商对废弃电器电子产品采取任何形式的拆解、处理及处置。

5.2.4 禁止废弃电器电子产品与易燃、易爆或腐蚀性物质混合运输。

5.2.5 运输车辆应符合下列规定：

a）运输车辆宜采用厢式货车。

b）运输车辆的车厢、底板必须平坦完好，周围栏板必须牢固。

5.2.6 运输废弃阴极射线管（CRT）及废弃印制电路板的车辆应使用有防雨设施的货车。

5.2.7 运输废弃冰箱、空调时应防止制冷剂释放到空气中；在运输、装载和卸载废弃冰箱时应防止发生碰撞或跌落，废弃冰箱应保持直立，不得倒置或平躺放置。

### 5.3 贮存污染控制技术要求

5.3.1 各种废弃电器电子产品应分类存放，并在显著位置设有标识。

5.3.2 对于属于危险废物的废弃电器电子产品的零（部）件和处理废弃电器电子产品后得到的物品经鉴别属于危险废物时，其贮存场地应符合 GB 18597 的相关规定。

5.3.3 露天贮存场地的地面应水泥硬化、防渗漏，贮存场周边应设置导流设施。

5.3.4 回收废制冷剂的钢瓶应符合 GB 150 的相关规定，且单独存放。

5.3.5 废弃电视机、显示器、阴极射线管（CRT）、印制电路板等应贮存在有防雨遮盖的场所。

5.3.6 废弃电器电子产品贮存场地不得有明火或热源，并应采取适当的措施避免引起火灾。

5.3.7 处理后的粉状物质应封装贮存。

## 6 拆解污染控制技术要求

### 6.1 一般规定

6.1.1 拆解设施应放置在混凝土地面上，该地面应能防止地面水、雨水及油类混入或渗透。

6.1.2 各种废弃电器电子产品应分类拆解。

6.1.3 应预先取出所有液体（包括润滑油），并单独盛放。

6.1.4 附录 B 所规定的零（部）件、元（器）件及材料应预先取出。废弃电器电子产品中的电源线也应预先分离。

6.1.5 禁止丢弃预先取出的所有零（部）件、元（器）件及材料，应按本标准第 7 章、第 8 章的规定进行处理或处置。

### 6.2 再使用

6.2.1 对废弃电器电子产品进行清洗及组装时，应设置专用场地，并应设有防电器短路保护的装置。

6.2.2 当采用干式方法清洗可再使用的废弃电器电子产品的整机及零（部）件时，所产生的废气应进行收集和处理，处理后的废气排放应符合 GB 16297 的控制要求。

6.2.3 当采用湿式方法清洗可再使用的废弃电器电子产品的整机及零（部）件时，清洗后的废水应循环使用，处理后的废水排放符合 GB 8978 的控制要求。

6.2.4 废气、废水处理后产生的粉尘、残渣及污泥，应按 GB 5085.1～7 进行鉴别，经鉴别属于危险废物的应按危险废物处置。

### 6.3 预先取出的零（部）件、元（器）件及材料

6.3.1 预先取出的含有多氯联苯（PCBs）的电容器应单独存放，防止损坏，并标识。

6.3.2 对高度＞25 mm，直径＞25 mm 或类似容积的电解电容器应预先取出，并防止电解液的渗漏。当采用焚烧方法处理印制电路板时，可不预先拆除电解电容器。

6.3.3 对面积＞10 $mm^2$ 的印制电路板应预先取出，并应单独处理。

6.3.4 预先取出的电池应完整，并交给有相关资质的企业进行处理。

6.3.5 预先取出的含汞元（器）件应完整，并贮存于专用容器，交给有相关资质的企业进行处理。

6.3.6 取出阴极射线管（CRT）时，操作人员应有防护措施。

6.3.7 预先取出含有耐火陶瓷纤维（RCFs）的部件时应防止耐火陶瓷纤维（RCFs）的散落，并存放在容器内，交给有相关资质的企业进行处理。

6.3.8 预先取出含有石棉的部件和石棉废物时应防止散落，并存放在容器内，交给有相关资质的企业进行处理。

### 6.4 废弃冰箱、废弃空调器的拆解

6.4.1 拆解废弃电冰箱、废弃空调器的设备应设排风系统。在拆解压缩机及制冷回路前应先抽取制冷设备压缩机中的制冷剂及润滑油。抽取装置应密闭，确保不泄漏，抽取制冷剂的场所应设有收集液体的设施，碳氢化合物（HCs）制冷剂宜单独回收，应采取必要的防爆措施。

6.4.2 抽取出的制冷剂、润滑油混合物经分离后，制冷剂应存放于密闭压力钢瓶中，润滑油应存放于密闭容器中，并交给有相关资质的企业或危险废物处理厂进行处理或处置。

### 6.5 废弃液晶显示器的拆解

6.5.1 拆解废弃液晶显示器时应预先完整取出背光模组，不得破坏背光灯管。

6.5.2 拆解背光模组的装置应设排风及废气处理系统，处理后废气排放应符合 GB 16297 的控制要求。

6.5.3 拆除的背光灯管应单独密闭储存，交给有相关资质的企业进行处置。

6.5.4 拆解背光模组的操作人员应配备防护口罩、手套和工作服。

## 7 处理污染控制技术要求

### 7.1 一般规定

7.1.1 废弃电器电子产品的处理技术应有利于污染物的控制、资源再生利用和节能降耗。处理设施应安全可靠、节能环保。

7.1.2 处理废弃电器电子产品应在厂房内进行，处理设施应放置在能防止地面水、油类等液体渗透的混凝土地面上，且周围应有对油类、液体的截流、收集设施。

7.1.3 废弃电器电子产品处理企业应具备相应的环保设施，包括废水处理、废气处理、粉尘处理、防止或降低噪声等装置，各项污染物排放应符合国家或地方污染物排放标准的有关规定。

7.1.4 采用物理粉碎分选方法处理废弃电器电子产品应设置除尘装置，并采取降低噪声措施，当采用湿式分选时，应设置废水处理及循环再利用系统。

7.1.5 采用化学方法处理废弃电器电子产品应设置废气处理系统、化学药液回收装置和废水处理系统。

7.1.6 采用焚烧方法处理废弃电器电子产品应设置烟气处理系统，处理后废气排放应符合 GB 18484 的有关规定。

7.1.7 对废弃电器电子产品处理中产生的本企业不能处理的固体废物，应交给有相关资质的企业进行回收利用或处置。

### 7.2 废弃印制电路板的处理

7.2.1 加热拆除废弃印制电路板元器件时，应设置废气处理系统，处理后废气排放应符合 GB 16297 的控制要求。

7.2.2 采用粉碎、分选方法处理废弃印制电路板的设施应设有防止粉尘逸出的措施，应有除尘系统、降噪声措施，并应符合下列规定：

a）采用粉碎、分选方法产生的粉尘、废气应经过处理系统，处理后废气排放应符合 GB 16297 的控制要求。

b）采用粉碎、分选方法处理设施应采用降低噪声措施，操作人员所在作业场所的噪声应符合 GBZ 2.2 的有关规定。

c）当采用水力摇床分选时，必须设置废水处理及循环再利用系统，处理后废水排放应符合 GB 8978 的控制要求，产生的污泥应按危险废物处置。

7.2.3 采用焚烧方法处理废弃印制电路板时，必须设有废气处理设施。处理后废气排放应符合 GB 18484 的有关规定。

7.2.4 当采用化学方法处理废弃印制电路板时，应采用自动化程度高、密闭性良好、具有防化学药液外溢措施的设备进行处理；储存化学品或其他具有较强腐蚀性液体的设备、储罐，应设置必要的防溢出、防渗漏、事故报警装置等安全措施；应设置废水处理系统，处理后废水排放应符合 GB 8978 的控制要求。同时应设有废气处理设施，处理后废气排放应符合 GB 16297 的控制要求。

### 7.3 废弃阴极射线管（CRT）处理

7.3.1 处理阴极射线管（CRT）时，应先泄真空，防止发生意外事故。

7.3.2 宜对彩色阴极射线管（CRT）的锥玻璃和屏玻璃分别进行处理；当锥玻璃和屏玻璃混合时，应按含铅玻璃进行处理或处置。

7.3.3 当采用干法工艺分离彩色阴极射线管（CRT）的锥玻璃和屏玻璃时，应符合下列规定：

a）应设有防止玻璃飞溅装置；

b）当采用物理切割方法时，应设有密闭装置、除尘系统和降低噪声设施，处理后废气排放应符合 GB 16297 的有关规定，噪声控制应符合 GBZ 2.2 的有关规定。

7.3.4 当采用湿法工艺分离彩色阴极射线管（CRT）的锥玻璃和屏玻璃时，应设有废液回收系统和废水处理系统，处理后废水排放应符合 GB 8978 的控制要求；同时应设有废气处理系统，处理后废气排放应符合 GB 16297 的控制要求。

7.3.5 当处理屏玻璃上的含荧光粉涂层时，应符合下列规定：

a）采用干法工艺时，应安装粉尘抽取和过滤装置，并妥善收集荧光粉，交给有相关资质的企业处置。

b）采用湿法工艺时，应设置废水处理系统处理洗涤废水，处理后废水排放应符合 GB 8978 的控制要求，含荧光粉的污泥应交给有相关资质的企业处置。

7.3.6 当清洗阴极射线管（CRT）玻璃时，应符合下列规定：

a）干法清洗时，应设置废气处理系统，处理后废气排放应符合 GB 16297 的有关规定。收集的粉尘应交给有相关资质的企业处置。

b）湿法清洗时，应设置废水处理及循环利用系统，产生的洗涤废水应进行处理和回用，处理后废水排放应符合 GB 8978 的控制要求，含玻璃粉的污泥应交给有相关资质的企业处置。

c）清洗时应采取降低噪声的措施，噪声控制应符合 GBZ 2.2 的有关规定。

7.3.7 黑白阴极射线管（CRT）的玻璃应按含铅玻璃进行处理。

### 7.4 废弃硒鼓和墨盒的处理

7.4.1 含有砷化硒或硫化镉涂层的废弃硒鼓应将涂层去除后再进行处理。去除的物质应收集，贮存于密闭容器内，并应交给有相关资质的企业处置。

7.4.2 处理废弃硒鼓时应设置废气处理系统，处理后废气排放应符合 GB 16297 的有关规定。

7.4.3 处理废弃调色墨盒、液体、膏体和彩色墨粉时，应设置废气处理系统，处理后废气排放应符合 GB 16297 的有关规定。

7.5 废塑料处理

7.5.1 禁止直接填埋废弃电器电子产品拆出的废塑料。

7.5.2 废塑料处理应符合 HJ/T 364 的规定。

7.5.3 废弃电器电子产品拆出的含多溴联苯（PBB）和多溴联苯醚（PBDE）等阻燃剂的废塑料应与其他塑料分类处理。

7.6 废电线电缆类处理

7.6.1 处理废电线电缆时，应将金属、塑料或橡胶分离，含多溴联苯（PBB）和多溴联苯醚（PBDE）等阻燃剂的电线电缆应与其他电线电缆分类进行处理。

7.6.2 禁止采用露天焚烧、简易窑炉焚烧方法处理废电线电缆。当采用焚烧方法处理废电线电缆时，必须设有废气处理设施，处理后废气排放应符合 GB 18484 的有关规定。

7.6.3 采用粉碎、分选方法处理废电线电缆时，应设有废气处理设施，处理后废气排放应符合 GB 16297 的有关规定。

7.6.4 采用水力摇床分选粉碎后的废电线电缆时，应设置废水处理及循环利用系统，处理后废水排放应符合 GB 8978 的控制要求，产生的污泥应按危险废物处置。

7.6.5 废电线电缆塑料外皮的再生利用应符合 HJ/T 364 的规定。

7.7 废弃冰箱绝热层及废弃压缩机的处理

7.7.1 禁止随意处理含有发泡剂的绝热层。

7.7.2 采取粉碎、分选方法处理废弃冰箱绝热层时，应在专用的负压密闭设备中进行，该设备应具有收集发泡剂的装置和废气处理系统，处理后废气排放应符合 GB 16297 的控制要求。

7.7.3 处理聚氨酯硬质发泡材料应采取防爆、阻燃措施。

7.7.4 处理压缩机应设排风和废气处理系统，处理后废气排放应符合 GB 16297 的控制要求。

7.7.5 压缩机切割前应清除机内的油脂类物质，清除的油脂应罐装单独贮存，并交危险废物处理厂处置。

7.7.6 使用火焰切割压缩机时，应采取消防措施。

7.7.7 使用机械切割压缩机时，切割场地及操作工位应设防护挡板。

7.8 废弃液晶显示屏的处理

7.8.1 在未解决废弃液晶显示屏的再生利用前，可先对废弃液晶显示屏进行封存或焚烧。

7.8.2 采用焚烧方法时，必须设有废气处理设施，处理后废气排放应符合 GB 18484 的有关规定。

7.9 废电机、废变压器的处理

7.9.1 当采用物理方法处理时，在拆解过程产生的废油等液态废物应通过有效的设施进行单独收集，并按照危险废物进行处置，对所产生的粉尘、废渣应按危险废物处置。

7.9.2 当采用焚烧方法处理时，对所产生的废气应设置废气处理系统，处理后废气排放应符合 GB 18484 的有关规定。

## 8 待处置废物污染控制技术要求

8.1 对附录 B 要求取出的、不能再生利用的物质及处理过程中产生的不能再生利用的粉尘、废液、污泥及废渣等应分别处置。

8.2 对废弃印制电路板处理后，不能再生利用的粉尘、污泥、废渣应按危险废物处置。

8.3 对含发泡剂的聚氨酯硬质发泡材料进行处理后，当发泡剂的残余量大于 2%（质量比）时，应交给危险废物处理厂处置。

8.4 含发泡剂的聚氨酯硬质发泡材料处理过程中收集的粉尘，应按 GB 5085.1～7 进行鉴别，经鉴别属于危险废物的应按危险废物处置。

8.5 用吸附法处理废弃冰箱溢出的制冷剂、发泡剂气体时，当吸附剂不能再使用时应密闭保存，应交给危险废物处理厂处置。

8.6　处理废弃阴极射线管（CRT）后的粉尘、废液、污泥及废渣应按危险废物处置。

8.7　清除废弃硒鼓上含有砷化硒或硫化镉涂层时产生的粉尘应按危险废物处置。

8.8　荧光粉应按危险废物处置。

8.9　含多溴联苯（PBB）和多溴联苯醚（PBDE）等阻燃剂的废塑料不能再生利用时，宜按危险废物处置。

8.10　凡采用化学方法处理废弃电器电子产品产生的废液和污泥，应根据 GB 5085.1～7 进行危险废物鉴别，经鉴别属于危险废物的应按危险废物处置。

8.11　拆解取出有害物的处置

8.11.1　含多氯联苯（PCBs）系列的电容器应按危险废物处置，并应符合 GB 13015 的有关规定。

8.11.2　含汞及其化合物的废物应按危险废物处置。

8.11.3　含有石棉的部件及其废物应按危险废物处置。

8.11.4　润湿处理耐火陶瓷纤维的部件时，应采取防止飞散的措施并进行固化处理。

## 9　管理要求

9.1　收集商、运输商、拆解或（和）处理企业应建立记录制度，记录内容应包括：

a）接收的废弃电器电子产品的名称、种类、重量和（或）数量、来源；

b）处理后各类部件和材料的种类、重量和（或）数量、处理方式与去向；

c）处理残余物的种类、重量和（或）数量、处置方式与去向。

9.2　收集商、运输商、拆解或（和）处理企业有关废弃电器电子产品收集处理的记录、污染物排放监测记录以及其他相关记录应至少保存 3 年以上，并接受环保部门的检查。

9.3　宜对收集商、运输商、拆解或（和）处理过程可能造成的职业安全卫生风险进行评估。应遵守国家相关的职业安全卫生标准，并制定操作时突发事件的处理程序。对可能受到有害物质威胁的员工应提供完整的防护装备和措施。

9.4　操作人员在拆解、处理新的废物类型时，应有技术部门人员的指导或岗前培训。

9.5　处理企业应对排放的废气、废水及周边环境定期进行监测。

9.6　处理后含有危险物质的材料应有相应的安全检测和风险评估报告，确保无环境和人身健康风险才可再生利用。

9.7　处理企业应按 GB 5085.1～7 危险废物鉴别标准，对处理过程中产生的固体废物进行鉴别，经鉴别属于危险废物的，应交有危险废物经营许可证的单位处置。

## 10　实施与监督

本标准由县级以上人民政府环境保护行政主管部门负责监督实施。

# 附 录 A
（规范性附录）
## 废弃电器电子产品的类别及清单

### A.1 废弃电器电子产品类别

废弃电器电子产品包括计算机产品、通信设备、视听产品及广播电视设备、家用及类似用途电器产品、仪器仪表及测量监控产品、电动工具和电线电缆共七类，并包括构成其产品的所有零（部）件、元（器）件和材料。

### A.2 各类废弃电器电子产品清单

A.2.1 计算机产品

a）电子计算机整机产品

b）计算机网络产品

c）电子计算机外部设备产品

d）电子计算机配套产品及材料

e）电子计算机应用产品

f）办公设备及信息产品

A.2.2 通信设备

a）通信传输设备

b）通信交换设备

c）通信终端设备

d）移动通信设备及移动通信终端设备

e）其他通信设备

A.2.3 视听产品及广播电视设备

a）电视机

b）摄录像、激光视盘机等影视产品

c）音响产品

d）其他电子视听产品

e）广播电视制作、发射、传输设备

f）广播电视接收设备及器材

g）应用电视设备及其他广播电视设备

A.2.4 家用及类似用途电器产品

a）制冷电器产品

b）空气调节产品

c）家用厨房电器产品

d）家用清洁卫生电器产品

e）家用美容、保健电器产品

f）家用纺织加工、衣物护理电器产品

g）家用通风电器产品

h）运动和娱乐器械及电动玩具

i）自动售卖机

j）其他家用电动产品

A.2.5 仪器仪表及测量监控产品

a）电工仪器仪表产品

b）电子测量仪器产品

c）监测控制产品

d）绘图、计算及测量仪器产品

A.2.6 电动工具

a）对木材、金属和其他材料进行加工的设备

b）用于铆接、打钉或拧紧或除去铆钉、钉子、螺丝或类似用途的工具

c）用于焊接或者类似用途的工具

d）通过其他方式对液体或气体物质进行喷雾、涂敷、驱散或其他处理的设备

e）用于割草或者其他园林活动的工具

A.2.7 电线电缆

a）电线电缆

b）光纤、光缆

# 附 录 B
## （规范性附录）
## 预先取出的零（部）件、元（器）件及材料

废弃电器电子产品预先取出的零（部）件、元（器）件及材料中含有害物质种类及说明见下表。

| 序号 | 零（部）件、元（器）件及材料 | 有毒有害物质 | 说 明 |
|---|---|---|---|
| 1 | 含多氯联苯（PCBs）系列的电容器 | PCBs、PCT | 多氯二联苯（PCBs）和多氯三联苯（PCT）常作电容器绝缘散热介质。大的电容器用于功率因素校正和类似的功能的电器上，小的电容器用在荧光和其他放电照明器以及用于家用电器上的分马力电机。大型家用电器用电容器的较多 |
| 2 | 电池 | Hg，Pb，Cd 及易燃物 | 含有重金属，如铅、汞和镉等的电池、氧化汞电池、镍镉电池以及锂电池等 |
| 3 | 含镉的继电器、传感器、开关等电接触件 | Cd | 触点材料为银氧化镉（AgCdO）的电器等电接触件 |
| 4 | 含汞的开关 | Hg | 利用汞（水银）位置变化，使电器倾倒时起断电保护的开关、电接触器、温度计、自动调温装置、位置传感器和继电器 |
| 5 | 印制电路板 | Pb，$Cr^{6+}$，Cd，Br，Cl | 印制电路板上有各种元器件，其中 SMD 芯片电阻器、红外监测器和半导体中含有镉；封装电子组件用锡铅焊料中含有铅；印制电路板上含有溴化阻燃剂 |
| 6 | 阴极射线管（CRT） | Pb | 阴极射线管上含铅的玻璃 |
| 7 | 气体放电灯等背投光源 | 背投光源里的 Hg | 液晶显示器的背投光源及投影系统的高压汞灯 |
| 8 | 含有卤化阻燃剂的塑料 | Br，Pb，Cd | 既含有作阻燃剂的多溴联苯或多溴二苯醚，又有作稳定剂、脱模剂、颜料的铅与镉 |
| 9 | 氯氟烃（CFCs），氢氯氟烃（HCFCs）等或含有碳氢化合物（HCs）的制冷剂 | CFC，HCFC，HFC，HCs | 制冷机、冰箱等的制冷回路中含有消耗臭氧层或温室效应潜能（GWP）大于 15 的制冷剂，如氯氟烃（CFC）、氢氯氟烃（HCFC）、氢氟烃（HFC）或碳氢化合物（HCs） |
| 10 | 石棉废物及含有石棉废物的元件 | 粉尘 | 电器电子中用作保温、绝缘的石棉布、石棉绳、软板等石棉系列 |
| 11 | 调色墨盒、液体、膏体和彩色墨粉 | Pb、Cd、特殊碳粉 | 在打印机、复印机和传真机中使用的调色墨盒、液体、膏体和彩色墨粉，含有铅、镉以及特殊碳粉 |
| 12 | 耐火陶瓷纤维（RCFs）的元件 | 玻璃状的硅酸盐纤维 | 用于家用电器中的加热器和干燥炉的内层。它们含有随意方向的碱性氧化物（$Na_2O$+$K_2O$+CaO+MgO+BaO），其含量小于或等于 18%（质量分数），与石棉有相同的性质 |
| 13 | 含有放射性物质的部件 | 离子化辐射 | 一些类型的烟尘探测器含有放射性元素 |
| 14 | 硒鼓 | Cd，Se | 涂覆了砷化硒或硫化镉涂层的复印机硒鼓 |
| 注：随着科学技术的进步，电器电子产品的绿色设计、处理工艺和方法的改进，表中所列零（部）件、元（器）件及材料，应进行修订。 | | | |

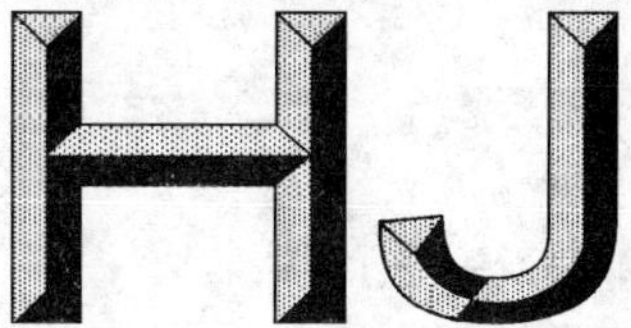

# 中华人民共和国国家环境保护标准

HJ 552—2010

# 建设项目竣工环境保护验收技术规范
# 公路

**Technical guidelines for environmental protection in highway projects for check and accept of completed construction project**

2010-01-06 发布　　2010-04-01 实施

环　境　保　护　部 发布

# 中华人民共和国环境保护部
# 公 告

2010 年 第 3 号

为贯彻《中华人民共和国环境保护法》和《中华人民共和国环境影响评价法》，保护环境，规范和指导建设项目竣工环境保护验收工作，现批准《建设项目竣工环境保护验收技术规范 公路》为国家环境保护标准，并予发布。

标准名称、编号如下：

建设项目竣工环境保护验收技术规范 公路（HJ 552—2010）。

该标准自 2010 年 4 月 1 日起实施，由中国环境科学出版社出版，标准内容可在环境保护部网站（bz.mep.gov.cn）查询。

特此公告。

2010 年 1 月 6 日

# 前 言

为贯彻执行《中华人民共和国环境保护法》、《中华人民共和国环境影响评价法》、《建设项目环境保护管理条例》，落实《建设项目竣工环境保护验收管理办法》，规范公路建设项目竣工环境保护验收工作，制定本标准。

本标准附录A、附录B为规范性附录，附录C为资料性附录。

本标准为首次发布。

本标准由环境保护部科技标准司组织制订。

本标准起草单位：交通部公路科学研究所。

本标准环境保护部2010年1月6日批准。

本标准自2010年4月1日起实施。

本标准由环境保护部解释。

# 建设项目竣工环境保护验收技术规范　公路

## 1　适用范围

本标准规定了公路建设项目竣工环境保护验收调查总体要求、实施方案和调查报告的编制要求。

本标准适用于按规定编写《建设项目竣工环境保护验收调查报告》的公路建设项目的竣工环境保护验收调查工作。需填写《建设项目竣工环境保护验收调查表》的公路建设项目可参照执行。

## 2　规范性引用文件

本标准引用了下列文件或其中的条款。凡是不注日期的引用文件，其有效版本适用于本标准。

GB 3095　环境空气质量标准

GB 3096　声环境质量标准

GB 5468　锅炉烟尘测试方法

GB 16297　大气污染物综合排放标准

GB 13271　锅炉大气污染物排放标准

HJ/T 2.1　环境影响评价技术导则　总纲

HJ 2.2　环境影响评价技术导则　大气环境

HJ/T 2.3　环境影响评价技术导则　地面水环境

HJ/T 2.4　环境影响评价技术导则　声环境

HJ/T 19　环境影响评价技术导则　非污染生态影响

HJ/T 90　声屏障声学设计和测量规范

HJ/T 91　地表水和污水监测技术规范

HJ/T 394　建设项目竣工环境保护验收技术规范　生态影响类

## 3　术语和定义

以下术语和定义适用于本标准。

### 3.1　声环境敏感点 environmental sensitive sites

指公路沿线两侧一定范围内的医院、学校、机关、科研单位、住宅、疗养院等需要保持安静的场所。

### 3.2　环境敏感路段 environmental sensitive sections

指公路穿越声环境敏感点集中区域、生态环境敏感区的路段，包括水源保护区、风景名胜区、自然保护区、森林公园等在内的需特殊保护地区，包括天然湿地、珍稀动植物栖息地或特殊生境、天然林、热带雨林等在内的生态敏感与脆弱区，包括人口密集区、文教区等在内的社会关注区。

### 3.3　车型分类 vehicle classify

通常将汽车按照总质量分为小型、中型、大型三种，小型车指汽车总质量 2 t 以下（含 2 t）或座位小于 7 座（含 7 座）的汽车，中型车指汽车总质量 2～5 t（含 5 t）或座位 8～19 座（含 8 座）的汽车，大型车指汽车总质量大于 5 t 或座位大于 19 座（含 19 座）的汽车，包括集装箱车、拖挂车、工程车等。

# 4 总则

## 4.1 验收调查的基本要求

4.1.1 对编制环境影响报告书的公路建设项目，应编制建设项目竣工环境保护验收调查报告。

4.1.2 对编制环境影响报告表的公路建设项目，应编制建设项目竣工环境保护验收调查表。

4.1.3 公路建设项目竣工环境保护验收调查除应符合本标准外，还应符合国家现行的有关强制性标准的规定。

4.1.4 验收调查的公路建设项目按实际交通量进行调查，注明实际交通量。未达到预测交通量的 75%时，应对中期预测交通量进行校核，并按校核的中期预测交通量对主要环境保护措施进行复核。在试运营期根据监测结果采取环境保护措施，并预留治理经费预算。

4.1.5 对分期建设、分期投入运营的公路建设项目应分阶段开展验收调查。

## 4.2 验收调查的工作程序

公路建设项目验收调查的工作程序参照 HJ/T 394 中的工作程序执行。

## 4.3 验收调查时段和范围

4.3.1 根据公路建设项目特点，验收调查时段分为设计期、施工期、试运营期三个时段。

4.3.2 验收调查范围原则上与环境影响评价文件的评价范围一致；当工程实际建设内容发生变更或环境影响评价文件未能全面反映出项目建设的实际生态影响和其他环境影响时，应根据工程实际变更和实际环境影响情况，结合现场踏勘对调查范围进行适当的调整。

## 4.4 验收调查重点

### 4.4.1 设计期

a）核查实际工程内容、设计方案变更情况和环境保护设施方案设计变更情况。

b）对比建设项目的环境影响评价文件，调查声环境敏感点变更和其他环境敏感目标的变更情况。

c）对比建设项目工程内容和工程设计方案的变更，调查声环境敏感点变更和其他环境敏感目标的变更情况。

d）明确工程是否发生重大工程变更，是否符合竣工环境保护验收条件。

### 4.4.2 施工期

a）环境影响评价制度和其他有关环境保护法律、法规执行情况。

b）参考建设项目环境影响评价文件对相关环境影响的预测，调查施工期实际产生的环境影响，确定影响的程度与范围。

c）调查环境影响评价文件及环境影响审批文件中提出的有关环境保护设施与要求的落实情况和保护效果。

d）涉及自然保护区、风景名胜区、饮用水水源保护区、文物保护单位等环境敏感目标的，应调查相关管理部门有关保护要求的落实情况。

e）调查建设单位环境管理状况、环境监测制度和环境监理要求执行情况。

f）工程环境保护投资情况。

### 4.4.3 试运营期

a）调查建设单位依据实际环境影响而采取的环境保护措施和实施效果，调查试运营期环境风险源、环境风险防范与应急措施落实情况。

b）调查试运营期实际存在的环境问题、公众反映强烈的环境问题和需要进一步改进、完善的环境保护工作。

## 4.5 验收调查标准

4.5.1 原则上采用公路建设项目环境影响评价文件提出的经环境保护行政主管部门确认的环境保护标准进行验收，对已修订新颁布的环境保护标准应提出验收后按新标准进行达标考核的建议。

4.5.2 确定验收调查标准原则

a）环境影响评价文件和环境影响审批文件中有明确规定的按其规定作为验收标准。

b）环境影响评价文件和环境影响审批文件中没有明确规定的，可根据污染物实际排放去向以现行环境保护标准作为验收标准；现行环境保护标准中没有列入的指标，可参考行业标准或其他相关标准作为验收标准。

c）现行环境保护标准和其他标准中都没有列入的指标，可按实际调查情况给出结果。

### 4.6 验收调查的原则和方法

4.6.1 验收调查一般原则

a）调查、监测方法应符合国家有关规范要求。

b）充分利用已有资料，并与实地踏勘、现场调研、现状监测相结合。

c）进行设计期、施工期、试运营期全过程调查，根据项目特征，突出重点、兼顾一般。

4.6.2 验收调查方法

宜采用资料调研、现场调查与现状监测相结合的办法，并充分利用先进的科技手段和方法，可参照 HJ/T 2.1、HJ 2.2、HJ/T 2.3、HJ/T 2.4、HJ/T 19、HJ/T 90、HJ/T 394 等相关标准执行。

## 5 验收准备阶段技术要求

### 5.1 资料收集

5.1.1 环境影响评价及其审批文件

a）建设项目环境影响评价文件。

b）环境保护行政主管部门对建设项目环境影响评价文件的审批意见；行业主管部门对建设项目环境影响评价文件的预审意见；建设项目所在地环境保护行政主管部门对环境影响评价文件的审查意见。

5.1.2 工程资料及其审批文件

a）项目可行性研究报告、初步设计等相关设计文件。

b）项目环境监理实施方案、水土保持方案、文物踏勘报告等。

c）项目的开工报告。

d）项目的施工监理报告或相关文字记录。

e）项目的交（竣）工验收总结资料。

f）项目有关合同协议，如农田补偿协议、生态恢复工程合同、委托处理废水、废气、噪声的相关文件、合同等。

g）项目已有的施工期和试运营期现场监测资料（包括环境质量监测与水土保持监测资料等）。

h）项目环境管理机构、人员、制度建立和执行情况的资料。

i）公路试运营以来至今的现状交通量。

j）危险品运输事故应急制度。

k）有关部门的管理要求，如有关规划等。

l）其他基础资料及各类审批文件。立项批复、初步设计批复、准许开工文件、水保方案批复文件等；环境功能区划、风景名胜区、自然保护区、文物古迹等环境敏感目标的保护内容、保护级别及相应管理部门允许穿越的许可文件；建设项目及环境保护设施设计和施工中的变更情况及其相应的报批手续和批复文件；各类相关图件资料等。

### 5.2 现场踏勘

5.2.1 现场踏勘目的

通过对建设项目主体工程和与其配套建设的环境保护设施以及各项环境保护措施进行实地核查，结合调查工作重点有针对性地制定验收调查和监测方案。

5.2.2 现场踏勘内容

a）核实工程技术文件、资料的准确性，包括主体工程的完成及变更情况。

b）在收集、研阅资料的基础上，针对建设项目的建设内容、环境保护设施及措施情况进行现场调查。核实环境影响评价文件及其审批文件要求的环境保护设施和措施的落实、变更情况，如声屏障、隔声窗、锅炉污染物治理措施、污水处理设施等的位置、分布及数量和危险品事故应急处理措施等。

c）调查工程影响区域内环境敏感目标的情况，包括数量、类型、分布、影响、变更情况、保护措施及其效果。明确其地理位置、规模、与工程的相对位置关系、所处环境功能区及保护内容、与环境影响评价文件对比的变化情况及变化原因。

d）危险品运输事故防范、应急措施调查等。

e）社会影响调查（针对过往司乘人员及公路沿线受影响公众发放公众参与调查表）。

f）走访地方环保主管部门、林业主管部门及其他相关管理部门，了解核实公路沿线是否存在影响重大的环境问题，以及上述部门对该公路环保工作的意见等。

## 6 验收调查技术要求

### 6.1 工程调查

6.1.1 工程建设过程调查

检查项目的立项文件、可行性研究报告及其批复和程序的完整性、批复单位审批权限与项目投资规模符合性；检查建设项目是否按照国家的有关规定进行了项目审批；检查项目在工程可行性研究阶段是否按环境影响评价制度的要求进行了环境影响评价工作。

应简要阐述项目各建设阶段至试运营期的全过程。说明项目立项时间和审批部门；项目可行性研究、初步设计的编制单位、完成时间及审批部门、批复内容和批复时间；项目环境影响评价文件编制单位、完成时间及审批部门、批复内容及批复时间；给出所在区域环境主管部门的审查意见和行业主管部门的预审意见、审批部门和时间；项目开工建设时间、完工时间、投入试运营时间等。

6.1.2 工程概况调查

明确公路建设项目的地理位置、项目组成、工程规模、工程量、交通量、主要经济或技术指标（应对环境影响评价、设计与交（竣）工验收指标值进行对比说明）、环境保护设施情况、工程总投资、实际环境保护投资等。对改扩建项目，应给出改扩建的内容。

6.1.3 工程核查

工程建设过程中发生变更（包括环境保护工程变更）时，给出工程设计与实际工程对照、变化情况一览表，说明其具体变更内容、原因及有关情况。

6.1.4 交通量调查

说明环境影响评价文件中预测的交通量；调查公路试运营期间的实际交通量。

6.1.5 提供适当比例的项目地理位置图和工程路线走向图、环境保护设施工艺流程图、环境保护设施的布置图。

### 6.2 环境影响评价文件和审批文件回顾

6.2.1 环境影响评价文件的回顾应明确说明主要环境影响要素、环境敏感目标、环境影响预测结果、采取的环保措施和建议、评价结论。

6.2.2 说明环境影响评价文件完成及其批复时间，简述环境影响审批文件中所提出的要求。

### 6.3 环境保护措施落实情况调查

对环境影响评价及其审批文件所要求的各项环境保护措施的落实情况予以说明，调查项目在设计、施工、试运营阶段所采取的控制生态影响、污染影响和社会影响所采取的环境保护措施的有效性，必要时提出切实可行的整改措施。

6.4 生态影响调查

6.4.1 调查范围

生态环境影响调查范围原则上与评价范围一致。

6.4.2 调查方法

生态环境影响调查可针对不同时期、不同的调查因子或内容采取不同的调查方法，主要包括文件资料核实（或调研）、现场勘察、公众意见调查、生态遥感调查、理论分析评估等技术手段和方法。

6.4.3 调查重点

a）工程占地情况。

b）工程扰动土地（主要指工程临时占地、施工道路等）的生态或功能恢复情况。

c）水土保持工作情况。

d）工程对国家或地方重点保护野生动植物及其栖息地、野生动物通道的影响，采取的保护措施和保护效果。

e）工程对所涉及的自然保护区、风景名胜区等生态敏感目标的影响，采取的保护措施和保护效果；工程对湿地水文环境的影响。

6.4.4 主要生态调查指标

a）永久占地：包括占地类型、占地面积，重点是占用耕地、林地和草地的数量等。

b）临时占地：包括便道、站场、施工营地等的数量，恢复措施和恢复效果等。

c）取、弃土（渣）场：包括取、弃土（渣）场的位置，占地面积，占地类型，土石方数量，与公路的距离，采取的恢复措施及恢复效果；说明实际设置的取、弃土（渣）场与环境影响评价文件中确定的取、弃土（渣）场的变化情况及合理性。

d）工程防护和水土流失：包括主体工程和取、弃土（渣）场所采取的防护工程、水土保持措施的数量及实施效果等。

e）绿化工程：包括绿化方案，绿化面积，绿化投资，绿化植物的种类、数量，重点区域[包括互通立交、边坡、取、弃土（渣）场、服务区、收费站、管理处等]景观绿化，公路用地范围内的绿化率等。

f）河流水系、水利设施：公路用地范围内扰动的河流水系、水利设施分布状况及相应的防护措施等。

g）其他生态指标：每公里平均土石方量、公路工程特有的生态保护措施等。

h）调查公路建设过程中产生的固体废弃物类型、数量、去向以及处置方式。

6.4.5 生态影响调查与分析

6.4.5.1 自然环境概况

a）调查公路沿线区域内自然环境基本特征，包括区域气象气候因素、地形地貌特征、河流水系、土地利用、土壤类型和性质、水土流失、动植物资源、国家和地方重点保护野生动植物和地方特有野生动植物的分布和生理生态习性、历史演化情况及发展趋势等。

b）调查公路所在区域内的生态敏感目标的历史和现状情况等，并应对不良地质状况做出必要说明。

6.4.5.2 一般生态影响调查与分析

a）根据工程建设前后影响区域内国家和地方重点保护野生动植物和地方特有野生动植物生存环境的变化情况，调查工程建设对上述野生动植物及其栖息地是否产生影响，分析保护措施的效果及有效性。

b）结合公路绿化工程及重点区域景观绿化情况，分析公路用地范围内植被类型、数量、覆盖率的变化情况。

c）分析工程建设对自然保护区、湿地、风景名胜区、森林公园、历史遗产地、地质剖面等生态敏感区的影响，并提供工程与敏感目标的相对位置关系图，必要时提供图片辅助说明调查分析结果。

d）分析公路主体工程和取、弃土（渣）场、施工营地、站场、便道在施工期及试运营期对自然生态环境的影响、采取的保护措施及其实施效果。

e）公路工程建设及运营造成水生生物生存环境变化时，应调查环境影响评价文件中的减免、补偿措施的落实情况，分析减免、补偿措施的有效性。

f）分析公路建设对所涉及的生态敏感区生态完整性的影响。

6.4.5.3 农业生态影响调查与分析

a）列表说明工程占地的情况，包括占地类型、占地面积、位置、采取的恢复措施和恢复效果，分析公路占地对沿线农作物产量的影响以及建设过程中所采取的减少占地措施，分析建设项目采取工程措施、植物措施和管理措施后，对区域内农业生态环境的影响。

b）调查工程对项目影响区域内河流、水利设施的影响。

6.4.5.4 水土流失影响调查与分析

a）列表说明工程土石方量和利用平衡，取弃土场等临时工程占地位置、原土地类型、采取的生态恢复措施和恢复效果，采取的护坡、排水、防洪、绿化工程等。

b）分析采取工程、植物和管理措施后，公路建设对沿线水土保持的影响。根据公路建设前水土流失原始状况，对工程施工扰动原地貌、损坏土地和植被、弃渣、损坏水土保持设施和造成水土流失的类型、分布、流失总量及危害的情况进行分析。

c）调查公路主体工程及临时工程采取的水土流失防治措施及防护效果；调查公路用地范围内滑坡、崩塌、沉陷、软土路基等不良地质路段的分布状况及工程采取的防护措施，并分析其实施效果。

**6.4.6 生态保护措施有效性分析与补救措施建议**

a）主要从自然生态影响、生态敏感目标影响、农业生态影响、水土流失影响等方面分析采取的生态保护措施的有效性。分析指标可包括生物量、特殊生境条件、珍稀濒危物种的状况、景观效果、公路用地范围内扰动面积的治理率等；评述生态保护措施对生态结构与功能的保护、生态功能补偿的可达性、预期的可恢复程度等。

b）根据上述分析结果，对存在的问题分析原因，并从保护、恢复、补偿、建设等方面提出具有操作性的补救措施和建议，有针对性地避免或减缓项目建设所造成的实际生态环境影响。

c）对于环境影响评价文件中预测的影响，调查相应环保措施落实情况及效果，验收其影响程度和范围；对于环境影响评价文件中未预测的影响，应按环境影响后评估方法评估影响，进而提出相应的补救措施和要求。

**6.5 声环境影响调查**

**6.5.1 设计期和施工期声环境影响调查**

6.5.1.1 通过核查文件资料方法，了解公路设计期采取的声环境保护措施。

6.5.1.2 通过核查文件资料和公众意见调查的方法，了解公路施工期主体工程、施工营地、站场、施工便道对附近居民点声环境的影响及采取的保护措施。

**6.5.2 试运营期声环境影响调查**

6.5.2.1 调查范围：原则上与评价范围一致。

6.5.2.2 调查对象：公路中心线两侧各 200 m 范围内的声环境敏感点。声环境影响保护目标为环境影响报告书批复时间之前已经存在或已经规划并获得立项批复的尚未建设的声环境敏感点。一般以学校、居民区、医院、疗养院等作为重点调查对象；其他声环境敏感点为一般调查对象。

6.5.2.3 调查内容：调查目前公路中心线两侧各 200 m 范围内声环境敏感点分布情况。给出各敏感点与公路相对位置关系、名称、桩号、距公路中心线距离、建筑物地面与路面的高差、房屋的数量、楼层、朝向、居民户数、常驻人口数以及敏感点建筑时序等。列表说明环境影响评价文件中的声环境敏感点和实际声环境敏感点的变化情况、变化原因。

6.5.3 现状监测

6.5.3.1 监测布点原则

a）对公路沿线的声环境敏感点，按以下原则选择其中具有代表性的点进行现状监测。

1）环境影响评价文件要求采取降噪措施且试运营期已采取措施的敏感点应监测，监测比率不少于50%；

2）环境影响评价文件要求采取降噪措施但试运营期未采取措施的敏感点应监测，监测比率不少于50%；

3）环境影响评价文件要求进行跟踪监测的敏感点可选择性布点；

4）交通量差别较大的不同路段、位于不同声环境功能区内的代表性居民区敏感点和距离公路中心线 100 m 以内的有代表性的居民集中住宅区和 120 m 以内的学校、医院、疗养院及敬老院等应选择性布点；

5）同一敏感点不同距离执行不同功能区标准时应相应布设不同的监测点位；

6）敏感点为楼房的，宜在 1、3、5、9 等楼层布设不同的监测点；

7）国家和地方重点保护野生动物和地方特有野生动物集中的栖息地宜选择性布点；

8）位于交叉道路、高架桥、互通立交和铁路交叉路口附近的敏感点应选择性布点。

b）为了解公路交通噪声沿距离的分布情况，应设置噪声衰减断面进行监测。断面数量可根据路段交通量及地形地貌的差异程度酌定，一般不少于 2 个监测断面，监测断面不受当地生产和生活噪声影响。

c）为了解公路交通噪声的时间分布以及 24 h 车辆类型结构和车流量的变化情况，应根据工程特点选择有代表性的点进行 24 h 交通噪声连续监测，监测点不受当地生产和生活噪声影响。

d）为了解声屏障的隔声降噪效果，分析声屏障措施的有效性，应对采取声屏障措施的敏感点进行声屏障降噪效果监测。

6.5.3.2 声环境敏感点监测

a）监测方法：按照 GB 3096 的有关规定进行监测。监测同时记录双向车流量，按大、中、小型车分类统计，必要时增加摩托车、拖拉机的统计类别。

b）监测频次：监测 2 d，每天昼间监测 2 次，夜间监测 2 次（22：00～24：00 和 24：00～06：00），每次监测 20 min。

6.5.3.3 交通噪声 24 h 连续监测

a）监测方法：按照 GB 3096 的有关规定进行监测。监测同时记录车流量，按大、中、小型车分类统计，必要时增加摩托车、拖拉机的统计类别。

b）监测频次：24 h 连续监测，监测 1 d。

6.5.3.4 交通噪声衰减断面监测

a）断面选取原则：在公路线路平直，与弯段、桥梁距离大于 200 m，纵坡坡度小于 1%，运营车辆能够正常行驶，公路两侧开阔无屏障，监测点与公路的高差最具代表性的地段，不同车流量路段。

b）断面布点：当公路车道数≤4 时，距离公路中心线 20、40、60、80 和 120 m 分别设置监测点位；当公路车道数＞4 时，距离公路中心线 40、60、80、120 和 200 m 分别设置监测点位。

c）监测方法：按照 GB 3096 中的有关规定进行监测。监测同时记录车流量，按大、中、小型车分类统计，必要时增加摩托车、拖拉机的统计类别。

d）监测频次：监测 2 d，每天昼间监测 2 次，夜间监测 2 次，每次监测 20 min。

6.5.3.5 声屏障降噪效果监测

a）监测点位选择：敏感点声环境质量监测可选择在距离道路声屏障后方中间被保护敏感点前 1 m 进行，同时选择无屏障开阔地带且与声屏障后方监测点等距离处为对照点同步测试。声屏障降噪效果监测可在声屏障后 10、20、30～60 m 各设 1 个点，另外在无屏障开阔地带距离道路路肩 10、20、30～

60 m 处各设一个对照点。对照点与声屏障后测点之间距离应大于 100 m。

b）监测方法：按照 HJ/T 90 中插入损失的间接法测量的有关规定进行监测。

c）监测频次：每天监测 4 次（时间同敏感点噪声监测），每次监测 20 min，连续监测 2 d。

d）监测量及数据分析：记录监测点名称、桩号、方位、距离、高差，画出平面、剖面位置图，并记录车流量情况。

**6.5.4 措施有效性分析及补救措施建议**

6.5.4.1 根据 24 h 连续监测结果和衰减断面的监测结果，给出公路噪声与车流量随时间的变化规律，以及在当前车流量状况下交通噪声的达标距离和衰减规律。逐一给出未监测敏感点的噪声值，说明声环境现状监测点的代表性。

6.5.4.2 根据现状噪声的监测结果和交通量，验证项目环境影响报告书中噪声的预测结果，评价各敏感点昼、夜噪声达标情况，分析声环境质量变化情况及其变化原因。

6.5.4.3 在车流量未达到预测交通量的 75%时，应对中期预测交通量进行校核，并按校核的中期预测交通量对主要环境保护措施进行复核。

6.5.4.4 分析论述环境影响评价文件中提出的噪声防治措施的有效性，在此基础上，提出声环境保护补救措施。

**6.6 环境空气影响调查**

**6.6.1 现状调查**

6.6.1.1 调查范围：公路中心线两侧各 200 m 范围内。

6.6.1.2 调查对象：环境影响评价文件批复时间之前已经存在的环境空气敏感目标。一般以学校、居民区、医院、疗养院等作为重点调查对象，其他环境空气敏感目标为一般调查对象。

6.6.1.3 调查内容

a）调查目前公路沿线 200 m 范围内环境空气敏感目标分布情况，调查长大隧道进出口以及竖井排放口附近的敏感目标；

b）调查施工过程中采取的减少粉尘污染的措施；

c）调查施工过程中采取的减少沥青烟气等有害气体污染的措施及效果；

d）调查试运营期环境空气质量现状；

e）调查服务区、管理处等沿线设施的锅炉废气排放情况，烟囱高度，除尘器的型号、除尘效率，锅炉燃料来源以及是否具备监测条件等；

f）调查长大隧道通风装置情况。

**6.6.2 现状监测**

6.6.2.1 环境空气污染影响监测

a）布点原则：

1）隧道出口 100 m 以内的村庄应布设监测点；

2）长大隧道的竖井出口处 100 m 以内的村庄应布设监测点；

3）绝对车流量超过 5 万辆/d 的路段应布设监测点。在公路线路平直、两侧开阔路段，避开村庄，在村庄的上风向处设置监测点位。必要时可设置 2 个监测点位，其一为距离公路中心线 40 m 处的污染点位，其二为距离公路中心线 200 m 处。

b）监测项目：二氧化氮（$NO_2$）。

c）监测方法：按照 GB 3095 和 GB 16297 等相关要求进行。

6.6.2.2 锅炉废气污染物浓度监测

a）布点原则：根据锅炉的型号、吨位、烟囱高度、使用的燃料、除尘设备设置情况选择代表性锅炉布设监测点位。在有监测条件的情况下，可在除尘器前后各布设 1 个监测点位。对于验收期间无法监测的锅炉，可采用同型号锅炉的类比监测数据，需注明可类比条件。

b）监测项目：二氧化硫（$SO_2$）排放浓度、烟尘排放浓度、氮氧化物（$NO_x$）排放浓度、林格曼黑度。

c）监测方法：按照 GB 3095、GB 16297 和 GB 5468 中的有关规定进行监测。

6.6.3 措施有效性分析及补救措施建议

6.6.3.1 充分利用施工期的环境监测资料，对施工过程中采取的减少环境空气污染措施的有效性进行分析。

6.6.3.2 通过对公路沿线主要敏感目标大气污染物浓度的测定，评估公路沿线环境空气质量状况。

6.6.3.3 通过对服务区、管理处等沿线设施的锅炉废气污染物浓度的监测，分析锅炉废气排放的达标情况，对不能达标的锅炉分析其超标原因，并提出补救措施和建议。

6.7 水环境影响调查

6.7.1 现状调查

6.7.1.1 调查与本工程废水排放相关的政策、规定和要求。

6.7.1.2 调查公路施工期废水排放情况，施工期采取的防治水环境污染措施。

6.7.1.3 调查公路沿线集中式饮用水水源的分布情况、饮用水水源保护区和准保护区的划定情况、取水口位置。

6.7.1.4 调查公路临近或跨越的水环境敏感目标的分布情况及与公路的距离，公路排水、沿线设施污水外排、弃渣堆放等对水环境敏感目标的影响。

6.7.1.5 调查公路沿线设施的污水排放情况，包括污水主要来源、污水种类、排放量、污水排放特征、污水排放去向等。

6.7.1.6 调查公路沿线设施的污水处理设施情况，包括污水处理方式、处理规模、处理工艺流程、处理效果及设备处理能力及型号。

6.7.1.7 调查跨越或临近敏感水域桥梁桥面径流和危险品运输事故收集系统设置情况。

6.7.2 现状监测

6.7.2.1 水环境现状监测的对象主要是公路沿线设施配套的污水处理设施与外部水环境相沟通的界面。对于公路沿线重要敏感水域可进行水环境质量现状监测。

6.7.2.2 沿线设施污水监测

a）布点原则：应对有外排污水的沿线设施进行水质监测。可根据污水的性质、排放量、处理设施的布设情况设置监测点位，监测的比率不应少于同类设施的 50%。

b）监测项目：pH 值、化学需氧量、生化需氧量、悬浮物、石油类、动植物油、氨氮。

c）监测方法：按照 HJ/T 91 的有关规定进行。

6.7.3 措施有效性分析及补救措施建议

6.7.3.1 分析施工期水环境保护措施的有效性。

6.7.3.2 根据水质监测结果，分析评价达标情况。

6.7.3.3 论述设计和环评要求的沿线设施需采取的污水处理设施的落实情况，现有水污染治理措施的实施效果及存在问题。

6.7.3.4 分析公路排水对沿线居民的生活、生产造成的影响。

6.7.3.5 分析公路排水和公路突发性环境污染事件对饮用水水源造成的影响，分析采取措施的可行性和合理性。

6.7.3.6 如果公路跨越的水体功能在环评至试运营期间发生变化，如水体功能由Ⅲ类变成Ⅱ类，应增加路面、桥面径流水收集及危险品事故处理措施。

6.8 社会环境影响调查

6.8.1 现状调查

6.8.1.1 调查公路沿线区域社会经济发展、规划和产业结构、人文和社会遗迹等。

6.8.1.2 调查公路建设征用土地等情况。

6.8.1.3 调查公路沿线立交、通道、桥涵的设置是否合理，公路建设对沿线民众的生计方式、生活质量、通行交往等的影响。

6.8.1.4 调查公路危险化学品运输的管理制度、风险预防及事故应急制度。

6.8.1.5 调查公路试运营期间危险化学品运输事故的发生与处置情况。

6.8.1.6 调查公路施工区、永久占地及调查范围内的具有保护价值的文物，明确保护级别、保护对象和工程的位置关系等。调查环境影响评价文件及环境影响评价审批文件中要求的环境保护措施的落实情况，有关文物部门的相关意见可作为验收依据。

#### 6.8.2 调查结果分析

6.8.2.1 公路建设对居民交往、生产生活便利性的影响分析。

6.8.2.2 公路征地对当地居民生活、农业生产及居民居住条件的影响分析。

6.8.2.3 公路危险化学品运输的管理制度、风险预防及事故应急制度的有效性分析，必要时应提出改进措施和建议。

### 6.9 公众意见调查

#### 6.9.1 调查目的

了解建设项目在不同时期存在的环境影响，发现工程设计期、施工期曾经存在的及目前可能遗留的环境问题，试运营期公众关心的环境问题，以及公众对建设项目环境保护工作的评价。

#### 6.9.2 调查对象

以公路沿线直接受影响的居民和公路上往来的司乘人员为主，包括公众个人、政府部门、院校、企事业单位等。

#### 6.9.3 调查方法

在公众知情的原则下开展，一般可采用问询、问卷调查、座谈会、媒体公示等方法。

#### 6.9.4 调查内容

一般包括如下内容，可根据项目的工程特点和周围环境特征进行调整。

公众对公路建设的一般性意见和基本态度；工程施工期间是否发生过环境污染事件或扰民事件，明确事件内容、时间、影响和解决情况；施工期的主要环境问题以及采取的有关环保措施；试运营期的主要环境问题以及采取的有关环保措施；调查公众最关注的环境问题及希望采取的环境保护措施；调查公众对建设项目环境保护工作的总体评价。

#### 6.9.5 调查结果分析

6.9.5.1 给出公众意见调查逐项分类统计结果及各类意向或意见数量和比例；定量说明公众对公路建设环境保护工作的认同度，分析公众反对公路建设的主要意见和原因。重点分析公路建设各时期对社会和环境的影响、公众对项目建设的主要意见和合理性及有关环境保护措施有效性。

6.9.5.2 调查单位应将公众意见反馈给项目建设（运营管理）单位。对于提出意见的个人和单位，要求建设（运营管理）单位以适当方式反馈其最终决策情况和决策理由。

### 6.10 环境管理状况及监控计划落实情况调查

6.10.1 施工期环境管理状况调查

调查项目施工期环境管理机构设置、各项环境保护规章制度、监控计划建立情况；施工期环境管理措施、环境监理的落实情况；施工合同中有关环境保护要求条款的签订等方面。

6.10.2 试运营期环境管理状况调查

调查项目环境保护管理机构、专（兼）职环境保护人员设置情况；各项相关制度的建立与执行情况；危险品运输事故及环境风险事故防范措施与应急计划的制订落实情况。

6.10.3 环境监测计划落实情况调查

a）施工期环境监测计划的落实情况。

b）试运营期已开展的环境监测工作情况。

c）环境影响评价文件中提出的环境监测设备与人员的配置情况。

d）试运营期环境监测计划的修订建议。

6.10.4 调查结果分析

应明确项目执行“三同时”等环境保护要求的情况，分析项目已有的环境管理机构和制度等是否可以满足其环境保护工作要求，针对现场调查中发现的问题提出切实可行的环境管理建议。

### 6.11 调查结论与建议

6.11.1 调查结论是全部调查工作的结论，编写时应概括和总结全部工作。

6.11.2 总结建设项目对环境影响评价文件及其审批文件要求的落实情况。

6.11.3 重点概括说明工程建设前后产生的主要环境问题及现有环境保护措施的有效性，提出改进措施和建议。

6.11.4 根据调查和分析的结果，客观、明确地从技术角度论证工程是否符合建设项目竣工环境保护验收条件。

### 6.12 附件

与建设项目相关的一些资料与文件，包括竣工验收环境影响调查委托书、环境影响评价审批文件、环境影响评价文件执行的标准批复、竣工验收环境影响监测报告、“三同时”竣工验收登记表等。

## 7 竣工环境保护验收现场检查

### 7.1 环境保护设施检查

7.1.1 检查生态保护设施的建设和运行情况。

7.1.2 检查隔声降噪设施的建设和运行情况。

7.1.3 检查其他环保设施建设和运行情况，包括污水处理设施、烟气除尘设施、隧道通风设施、环境风险应急设施等。

### 7.2 环境保护措施检查

7.2.1 检查生态保护措施落实情况，包括临时占地的恢复措施、基本农田保护措施、生态补偿措施、绿化措施等。

7.2.2 检查其他环境保护措施落实情况。

# 附 录 A
（规范性附录）
## 实施方案的格式和内容

## A.1 实施方案编制目的

A.1.1 按照建设项目有关施工设计文件、环境影响报告书及其批复的环保要求，在工程初步分析和现场初步调查基础上，筛选出主要环境影响因子，确定环境影响调查范围和主要保护目标，为环境保护验收调查工作指明方向。

A.1.2 根据国家和地方有关法律法规和区域环境功能区划的要求，结合环境影响报告书及其批复意见，选择适宜的环境质量标准和污染物排放标准，为验收调查工作提供法律基础。根据环境影响调查因子、范围、拟采用的环境标准和重点保护目标的具体情况，确定各专题目标、具体调查内容、分析评价内容和采用的技术方法，对环境影响调查进行规范和指导。根据调查目的，确定最终提交的具体成果和方式，为建设项目竣工环保验收提供科学依据；作为环境影响调查报告评审的主要依据。

## A.2 实施方案编制内容

A.2.1 调查与评估依据

遵照国家和地方有关环境保护法律法规，结合区域环境功能区划的要求，参照环境影响报告书采用的环境标准，在初步调查的基础上确定整个环境保护验收调查工作的总体要求。主要内容应包括法律法规依据、调查目的、调查方法、调查范围、调查因子、调查重点、拟采用的环境标准和主要调查对象等。

A.2.2 工程核查

对建设项目各阶段的设计文件进行核查，概括建设项目实际情况。要求有项目建设过程回顾、项目所在的地理位置、项目区域情况、经济技术指标、主要工程量、资源占用情况、主要污染源及源强等主要内容。

A.2.3 环境影响报告书回顾

主要对环境影响报告书及批复文件的评价结论和预测结果进行总结分析，以便确定环境影响调查重点。内容包括环境影响报告书的主要结论、环境保护措施和建议、环境影响报告书的批复。

A.2.4 初步调查概述

根据初步调查结果，对项目的环境影响特点和方式进行简要分析，并概述项目建设过程中已采取的环境保护措施和目前可能遗留的主要环境问题，为进一步更详细、更具体的调查指明方向。

A.2.5 专题设置

在资料核查和初步调查的基础上，根据建设项目环境影响特点和方式以及调查工作的重点，将环境影响调查工作分解成重点不同的多个专题，以便有针对性地编写不同专题的执行方案，达到全面、深入的调查目的。公路建设项目一般设置有生态环境、声环境、环境空气、水环境、社会环境等专题。

A.2.6 执行方案

按专题设置分别编写，重点专题和常规专题均应有相应的执行方案。各个专题执行方案应包括调查目的、调查方法、调查内容、监测方案、分析方法和评估对象等详细内容。在编写各个专题执行方案时，应根据项目的环境影响特点和方式，针对本专题的调查因子和调查重点进行，同时还需注意其他事项。

A.2.7 保障措施

保障措施是从组织分工、时间进度、调查经费和提交成果等各方面对环境影响调查工作进行的具体安排，以进一步增加实施方案的可行性，确保环境影响调查工作顺利地按时完成并达到预定目标。因此，保障措施至少应包括组织分工、管理监督、实施进度、终期成果和经费概算等主要内容。

## A.3 实施方案编制目录

A.3.1 前言

A.3.2 总论

a）调查目的及原则

b）编制依据

c）调查方法

d）调查范围和验收标准

e）环境敏感目标

f）调查重点

A.3.3 公路工程建设概况

a）公路建设过程回顾

b）地理位置、路线走向及主要控制点

c）建设规模与主要技术指标

d）沿线设施概况

e）试运营期交通量统计

f）工程总投资及环保投资

A.3.4 环境影响报告书回顾

A.3.5 初步调查情况概述

A.3.6 竣工验收环境保护调查内容

a）生态环境影响调查

b）声环境影响调查

c）环境空气影响调查

d）水环境影响调查

e）社会环境影响调查

f）公众意见调查

A.3.7 组织分工与实施进度

A.3.8 提交成果

A.3.9 经费概算

A.3.10 附件

## A.4 实施方案编制封面和内格式

A.4.1 实施方案文件幅面采用 A4，封面采用浅黄底黑字。

A.4.2 封面样式见图 A.1

a）封面的建设项目名称应与立项文件使用的建设项目名称相同。

b）封面的调查单位名称应与环境保护行政部门认可的验收调查单位名称完全一致，并应加盖单位公章。

A.4.3 内样式

A.4.3.1 内一样式：列出验收调查单位名称、验收调查单位法人代表、总技术负责人、技术审核人、项目负责人、编制人员、监测单位、监测单位参加人员。

A.4.3.2 内二列出《调查实施方案》目录和页码。

项目编号（字号四宋）

××××公路建设项目名称（字号三仿）

# 竣工环境保护验收调查实施方案

（字号一黑）

委托单位：（字号三仿）

调查单位：（字号三仿）

完成时间：（字号三仿）

图 A.1　实施方案封面格式

# 附　录　B
（规范性附录）
调查报告的格式和内容

## B.1　调查报告编制目的

B.1.1　根据环境影响报告书和批复的环境保护要求，通过现场勘察、现状监测、公众意见调查和文件资料核实等具体调查工作，对建设项目竣工后实际环境影响进行总体评估，对有关环境保护措施（设施）落实情况进行总结并分析其有效性，明确提出需进一步采取的环境保护补救或补充措施，有针对性地避免或减缓项目建设所造成的实际环境影响。

B.1.2　根据实施方案确定的内容和方式，提交调查报告，作为环境影响调查工作完成的标志，送有关环境保护行政主管部门报审，作为建设项目竣工环保验收的科学依据。

## B.2　调查报告编制内容

### B.2.1　总体要求

根据审核后的实施方案要求，结合环境影响调查的核实情况，阐述环境影响调查工作所遵照有关法律法规、区域环境功能区划、环境标准、保护目标等调查与评估工作的有关依据。主要内容有项目由来、法律法规依据、调查目的和方法、调查范围、调查评估因子、调查重点、采用的环境标准和主要调查对象等，是对环境影响调查与分析的基础和依据进行总结。其中，采用的环境标准、调查因子、调查重点和主要调查对象应作为重点，在后续有关环境影响分析与评估章节中应详细阐述或作为主要评价依据。

### B.2.2　工程核查

根据实施方案有关建设项目情况，经进一步现状调查和文件核实，最终确定建设项目竣工的实际情况。要求简述项目建设过程、地理位置、区域布置和主要经济技术指标，重点说明项目建设的主要工程及数量、占用资源的类型和数量、主要污染源种类及源强统计等。其中，主要工程量、资源占用和污染源源强应作为有关环境影响调查与分析章节的调查重点和分析评价基础数据。

### B.2.3　环境保护要求

概括环境影响报告书的主要评价结论和预测结果，作为相关环境影响现况调查或监测结果的比较对象，以分析竣工后实际环境影响原因及变化趋势。同时，详细介绍工程设计、环境影响报告书及其批复等所提环境保护措施（或设施）与建议情况，作为环境保护措施重点核实对象，并在调查报告的有关环境措施调查与完善措施等章节中重点说明调查情况和进行有效性分析。

### B.2.4　公众意见调查

公众意见调查是环境影响调查的重要方法和手段，通过公众意见调查，可以定性了解建设项目在不同时期存在的各方面影响和公众对建设项目的基本态度。特别是可以发现施工设计期和施工期曾经存在的社会、环境影响问题及目前可能遗留的问题；配合现场勘察、现状监测、文件资料核实工作，也可检查环评、设计及其批复所提环保措施的落实情况；同时，有助于明确和分析试运营期公众关心的热点问题，为改进已有环保措施和提出补救措施提供基础。因此，公众意见调查中所发现的遗留问题和关心的热点问题将是后续调查工作的主要目标之一。

### B.2.5　现状调查与监测结果分析

针对工程竣工后可能存在的环境影响而展开的专项调查与监测。主要包括社会影响、生态影响（非污染型环境影响）、污染影响（水、气、声等污染型环境影响）三方面的内容。

B.2.6 环境影响分析

侧重于对实际影响范围、程度和方式等的评估。分析项目建设所造成的正面或负面影响是永久性还是暂时性的，是否可避免，是否可恢复；并对潜在的环境影响进行分析。

B.2.7 环境保护措施调查与对策

对有关环境保护措施（设施）落实情况进行总结并分析其有效性，明确提出需进一步采取的环境保护补救或补充措施，有针对性地避免或减缓项目建设所造成的实际环境影响。

B.2.8 验收调查结论与建议

B.2.8.1 调查结论要分别简述各专题的主要调查结果和存在的主要问题。即按实施方案专题设置的要求，根据环境影响和环境保护措施（设施）落实情况调查及评估分析结果，提出各专题的综合性调查结果和目前遗留的主要问题。

B.2.8.2 验收建议是在环境影响调查工作的基础上，结合各专题调查结论和验收意见，综合判断建设项目在环境保护方面是否符合竣工验收条件。当建设项目同时满足以下五个方面要求时，应明确建议环境保护行政主管部门通过工程竣工环保验收。

a）不存在重大的环境影响问题；

b）环评及批复所提主要环保措施得到了落实；

c）有关环保设施已建成并投入正常使用；

d）环保工程符合设计、施工和使用要求；

e）目前遗留的主要环境影响问题能得到有效解决。

当建设项目不完全满足以上 5 条要求时，应提出整改建议，并明确重点整改内容。

## B.3 调查报告编制目录

B.3.1 前言

B.3.2 总论

B.3.3 公路工程建设概况

B.3.4 环境影响报告书回顾

B.3.5 生态环境影响调查

B.3.6 声环境影响调查

B.3.7 环境空气影响调查

B.3.8 水环境影响调查

B.3.9 社会环境影响调查

B.3.10 环境管理与监控情况调查

B.3.11 公众意见调查

B.3.12 调查结论与建议

B.3.13 附件

## B.4 调查报告编制格式

B.4.1 实施方案文件幅面采用 A4，封面采用草绿底黑字。

B.4.2 封面样式见图 B.1

a）封面的建设项目名称应与立项文件使用的建设项目名称相同。

b）封面的调查单位名称应与环境保护行政主管部门认可的验收调查单位名称完全一致，并应加盖单位公章。

项目编号（字号四宋）

××××公路建设项目名称（字号三仿）

# 竣工环境保护验收调查报告

（字号一黑）

委托单位：（字号三仿）

调查单位：（字号三仿）

完成时间：（字号三仿）

图 B.1 调查报告封面格式

B.4.3　封里样式

a）封里一样式：列出调查单位名称、调查单位法人代表、总技术负责人、技术审核人、项目负责人、编制人员、监测单位、监测单位参加人员。

b）封里二列出《调查报告》目录和页码。

# 附 录 C
（资料性附录）
## 公众意见调查表的格式和内容

沿线居民意见调查见表 C.1，司乘人员意见调查见表 C.2。

表 C.1 沿线居民意见调查表

<table>
<tr><td>工程概况</td><td colspan="10">简要介绍拟建公路工程概况，经济技术指标、投资等。</td></tr>
<tr><td rowspan="3">基本情况</td><td>姓名</td><td></td><td>性别</td><td></td><td>年龄</td><td></td><td>民族</td><td></td><td>文化程度</td><td></td></tr>
<tr><td colspan="5">与本项目的关系</td><td>拆迁户（ ）</td><td colspan="2">征地户（ ）</td><td colspan="2">无直接关系（ ）</td></tr>
<tr><td colspan="2">单位或住址</td><td colspan="3"></td><td>职务</td><td colspan="2"></td><td>职业</td><td></td></tr>
<tr><td>基本态度</td><td colspan="5">修建该公路是否有利于本地区的经济发展</td><td>有利（ ）</td><td colspan="2">不利（ ）</td><td>不知道（ ）</td><td></td></tr>
<tr><td rowspan="6">施工期</td><td colspan="5">施工期对您影响最大的方面是什么</td><td>噪声（ ）</td><td colspan="2">灰尘（ ）</td><td>灌溉泄洪（ ）</td><td>其他（ ）</td></tr>
<tr><td colspan="5">居民区附近 150 m 内，是否曾设有料场或搅拌站</td><td>有（ ）</td><td colspan="2">没有（ ）</td><td>没注意（ ）</td><td></td></tr>
<tr><td colspan="5">夜间 22：00 至早晨 06：00 时段内，是否有使用高噪声机械施工现象</td><td>常有（ ）</td><td colspan="2">偶尔有（ ）</td><td>没有（ ）</td><td></td></tr>
<tr><td colspan="5">公路临时占地是否采取了复垦、恢复等措施</td><td>是（ ）</td><td colspan="2">否（ ）</td><td></td><td></td></tr>
<tr><td colspan="5">占压农业水利设施时，是否采取了临时应急措施</td><td>是（ ）</td><td colspan="2">否（ ）</td><td></td><td></td></tr>
<tr><td colspan="5">取土场、弃土场是否采取了利用、恢复措施</td><td>是（ ）</td><td colspan="2">否（ ）</td><td></td><td></td></tr>
<tr><td rowspan="4">试运营期</td><td colspan="5">公路建成后对您影响较大的是</td><td>噪声（ ）</td><td colspan="2">汽车尾气（ ）</td><td>灰尘（ ）</td><td>其他（ ）</td></tr>
<tr><td colspan="5">公路建设后的通行是否满意</td><td>满意（ ）</td><td colspan="2">基本满意（ ）</td><td>不满意（ ）</td><td></td></tr>
<tr><td colspan="5">附近通道内是否有积水现象</td><td>经常有（ ）</td><td colspan="2">偶尔有（ ）</td><td>没有（ ）</td><td></td></tr>
<tr><td colspan="5">建议采取何种措施减轻影响</td><td>绿化（ ）</td><td colspan="2">声屏障（ ）</td><td>限速（ ）</td><td>其他（ ）</td></tr>
<tr><td colspan="6">您对本公路工程环境保护工作的总体评价</td><td>满意（）</td><td colspan="2">基本满意（ ）</td><td>不满意（ ）</td><td>无所谓（ ）</td></tr>
<tr><td colspan="11">其他意见和建议：</td></tr>
</table>

注：请在您选择的答案后的括号内画“√”。

调查人： 调查日期： 年 月 日

表 C.2　司乘人员意见调查表

| 工程概况 | 简要介绍拟建公路工程概况，经济技术指标、投资等。 | | | | | | | | |
|---|---|---|---|---|---|---|---|---|---|
| 基本情况 | 姓名 | | 性别 | | 年龄 | | 民族 | | 文化程度 |
| | 单位或住址 | | | | | 职务 | | 职业 | |
| 修建该公路是否有利于本地区的经济发展 | | | | 有利于（　） | 不利（　） | | 不知道（　） | | |
| 对该公路试运营期间环保工作的意见 | | | | 满意（　） | 基本满意（　） | | 不满意（　） | | 无所谓（　） |
| 对沿线公路绿化情况的感觉 | | | | 满意（　） | 基本满意（　） | | 不满意（　） | | |
| 公路试营运过程中主要的环境问题 | | | | 噪声（　） | 空气污染（　） | | 水污染（　） | | 出行不便（　） |
| 公路汽车尾气排放 | | | | 严重（　） | 一般（　） | | 不严重（　） | | |
| 公路运行车辆堵塞情况 | | | | 严重（　） | 一般（　） | | 不严重（　） | | |
| 公路上噪声影响的感觉情况 | | | | 严重（　） | 一般（　） | | 不严重（　） | | |
| 局部路段是否有限速标志 | | | | 有（　） | 没有（　） | | 没注意（　） | | |
| 学校或居民区附近是否有禁鸣标志 | | | | 有（　） | 没有（　） | | 没注意（　） | | |
| 建议采取何种措施减轻噪声影响 | | | | 声屏障（　） | 绿化（　） | | 搬迁（　） | | |
| 对公路建成后的通行感觉情况 | | | | 满意（　） | 基本满意（　） | | 不满意（　） | | |
| 运输危险品时，公路管理部门和其他部门是否对您有限制或要求 | | | | 有（　） | 没有（　） | | 不知道（　） | | |
| 对公路工程基本设施满意度如何 | | | | 满意（　） | 基本满意（　） | | 不满意（　） | | |
| 您对本公路工程环境保护工作的总体评价 | | | | 满意（　） | 基本满意（　） | | 不满意（　） | | 无所谓（　） |
| 其他意见和建议： | | | | | | | | | |

注：请在您选择的答案后的括号内画“√”。

调查人：　　　　　调查日期：　　　年　　月　　日

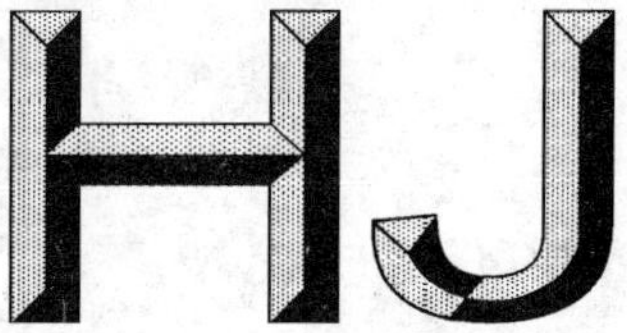

# 中华人民共和国国家环境保护标准

HJ 554—2010

# 饮食业环境保护技术规范

**Specification for environmental protection of catering trade**

2010-01-13 发布 2010-04-01 实施

环 境 保 护 部 发布

# 中华人民共和国环境保护部
# 公 告

2010年 第5号

为贯彻《中华人民共和国环境保护法》，保护环境，保障人体健康，现批准《饮食业环境保护技术规范》为国家环境保护标准，并予发布。

标准名称、编号如下：

饮食业环境保护技术规范（HJ 554—2010）。

该标准自2010年4月1日起实施，由中国环境科学出版社出版，标准内容可在环境保护部网站（bz.mep.gov.cn）查询。

特此公告。

2010年1月13日

# 前　言

为贯彻《中华人民共和国环境保护法》，规范饮食业环境保护设计，防治饮食业污染，保护和改善生活环境，保障人体健康，促进经济和社会可持续发展，制定本标准。

本标准规定了饮食业单位选址与总平面布置、环境保护设计的总体要求、油烟净化与排放、排水与隔油、噪声与振动控制、固体废物控制要求等。

本标准为首次发布。

本标准附录A为资料性附录。

本标准由环境保护部科技标准司组织制订。

本标准主要起草单位：上海市环境科学研究院、上海建筑设计研究院有限公司、上海昊元净之王环保设备有限公司、中船第九设计研究院工程有限公司、上海市机电设计研究院有限公司、中建（北京）国际设计顾问有限公司。

本标准环境保护部2010年1月13日批准。

本标准自2010年4月1日起实施。

本标准由环境保护部解释。

# 饮食业环境保护技术规范

## 1 适用范围

本标准规定了饮食业单位选址与总平面布置、环境保护设计的总体要求、油烟净化与排放、排水与隔油、噪声与振动控制、固体废物控制要求等。

本标准适用于城镇区域内新、改、扩建饮食业单位的污染防治与环境保护。非营业性的食堂可参照本标准执行。

## 2 规范性引用文件

本标准内容引用了下列文件或其中的条款。凡是不注日期的引用文件，其有效版本适用于本标准。

GB 10070　城市区域环境振动标准

GB 18483　饮食业油烟排放标准（试行）

GB 22337　社会生活环境噪声排放标准

GB 50015　建筑给水排水设计规范

GB 50019　采暖通风与空气调节设计规范

GB/T 16157　固定污染源排气中颗粒物测定与气态污染物采样方法

CJ/T 295　餐饮废水隔油器

CJJ 27　城镇环境卫生设施设置标准

JGJ 64　饮食建筑设计规范

《关于加强饮食娱乐服务企业环境管理的通知》（国家环境保护局　国家工商行政管理局　环监[1995]100 号）

## 3 术语和定义

下列术语和定义适用于本标准。

### 3.1 饮食业 catering trade

以从事饮食烹饪加工和消费服务经营活动为主的行业。

### 3.2 饮食业单位 catering unit

从事饮食业经营服务的单位。

### 3.3 油烟 cooking fume

食物烹饪、加工过程中挥发的油脂、有机质及其加热分解或裂解产物。

### 3.4 环境敏感目标 environmental sensitive target

对环境变化易产生反应的对象。本标准指以居住、医疗卫生、文化教育、科研、行政办公等为主要功能的场所。

### 3.5 保护建筑 candidacy listing building

具有较高历史、科学和艺术价值，城市规划认为应按文物保护单位保护方法进行保护的建（构）筑物。

### 3.6 饮食中心 catering centre

指集中设置饮食业单位的区域。

3.7 井道 air shaft

用建筑材料制成的用于设置输送空气、油烟气等管道的土建竖井。

## 4 选址和总平面布置

### 4.1 选址

4.1.1 饮食业单位选址应符合城镇规划、环境功能、饮食卫生和环境保护的要求，同时与周边自然和人文环境相协调。

4.1.2 新建住宅楼内不宜设置饮食业单位；现有住宅楼内不宜新设置产生油烟污染的饮食业单位。

4.1.3 饮食业单位宜集中设置。规划配套的饮食业单位宜设在商业服务区域内。

4.1.4 博物馆、图书馆、档案馆等的主体建筑内不宜设置产生油烟污染的饮食业单位。

### 4.2 总平面布置

4.2.1 饮食业单位平面布置应满足建筑功能、烹饪加工工艺及卫生防疫的要求，合理组织各种流线，减少污染影响。

4.2.2 饮食业单位人流、物流出入口应分开设置，商住楼内新建饮食业单位出入口应独立设置。

4.2.3 新建产生油烟的饮食业单位边界与环境敏感目标边界水平间距不宜小于 9 m。

4.2.4 设有饮食业单位的建筑与保护建筑间的距离应按批准的环境影响评价文件要求确定。

## 5 总体要求

5.1 新建产生油烟污染的饮食业单位，厨房净高应符合 JGJ 64 的有关要求。

5.2 饮食业单位燃料宜为天然气、液化石油气、人工煤气或其他清洁能源。

5.3 饮食业单位应设有或预留下列设备、设施的专用配套空间：

a）送、排风机；

b）油烟净化设备；

c）隔油设施；

d）固体废物临时存放场地；

e）专用井道。

5.4 饮食中心的油烟气排风管道宜分区并相对集中设置，并置于专用井道内。

5.5 饮食业单位排放的污染物，应达到国家或地方的污染物排放（控制）标准。

## 6 油烟净化与排放要求

### 6.1 油烟净化

6.1.1 厨房的炉灶、蒸箱、烤炉（箱）等加工设施上方应设置集气罩，油烟气与热蒸汽的排风管道宜分别设置。

6.1.2 油烟集气罩罩口投影面应大于灶台面，罩口下沿离地高度宜取 1.8～1.9 m，罩口面风速不应小于 0.6 m/s。

6.1.3 油烟气排风水平管道宜设坡度，坡向集油、放油或排凝结水处，且与楼板的间距不应小于 0.1 m，管道应密封无渗漏。

6.1.4 饮食业单位的油烟排风量以及设备配套空间应与其规模相适应，参见附录 A。

6.1.5 放置油烟净化设备的专用空间净高不宜低于 1.5 m，设备需要维护的一侧与其相邻的设备、墙壁、柱、板顶间的距离不应小于 0.45 m。

6.1.6 油烟净化装置应置于油烟排风机之前。

### 6.2 油烟排放

6.2.1 饮食业单位应按 GB/T 16157 的要求设置油烟排放监测口及监测平台，油烟排放应符合 GB 18483

的要求。

6.2.2 经油烟净化后的油烟排放口与周边环境敏感目标距离不应小于 20 m；经油烟净化和除异味处理后的油烟排放口与周边环境敏感目标的距离不应小于 10 m。

6.2.3 饮食业单位所在建筑物高度小于等于 15 m 时，油烟排放口应高出屋顶；建筑物高度大于 15 m 时，油烟排放口高度应大于 15 m。

## 7 排水与隔油要求

### 7.1 排水设计

7.1.1 饮食业单位的排水设计应符合 GB 50015 的规定，含油污水应与其他排水分流设计。

7.1.2 当就餐人数不确定时，排水量可参照餐厅建筑面积进行计算，每平方米餐厅建筑面积每天排水量可按 0.040～0.120 $m^3$ 计算。

7.1.3 饮食业单位含油污水水质，可参照表 1 确定。

表 1 饮食业单位含油污水水质

单位：mg/L

| 污染物 | 生化需氧量（$BOD_5$） | 化学需氧量（$COD_{Cr}$） | 动植物油 | 悬浮物（SS） | 阴离子表面活性剂（LAS） | 氨氮（$NH_3$-N） |
|---|---|---|---|---|---|---|
| 平均质量浓度 | 400～600 | 800～1 200 | 100～200 | 300～500 | 0～10 | 0～20 |

### 7.2 隔油设施

7.2.1 饮食业单位排放的含油污水应经隔油设施处理后排放。

7.2.2 隔油设施所需空间应根据隔油工艺、含油污水排放量等因素综合确定，存油部分应便于清运和管理。

7.2.3 隔油设施不应设在厨房、饮食制作间及其他有卫生要求的空间内。

7.2.4 当选用隔油池时，隔油池应符合下列要求：

a）含油污水的水力停留时间不宜小于 0.5 h；

b）池内水流流速不宜大于 0.005 m/s；

c）池内分格宜取二档三格；

d）人工除油的隔油池内存油部分容积不宜小于该池有效容积的 25%；隔油池出水管管底至池底的深度，不宜小于 0.6 m；

e）与隔油池相连的管道均应防酸碱、耐高温。

7.2.5 当选用隔油器时，隔油器的设计应符合 CJ/T 295 的规定。

## 8 噪声及振动控制要求

8.1 饮食业单位排放的噪声应符合 GB 22337 的要求，振动应符合 GB 10070 的要求。

8.2 饮食业单位应选用低噪声设备，风机、水泵等设备应采取减振措施。

8.3 设在室外的鱼缸专用气泵等产生噪声污染的设备应采取安装隔声罩等隔声降噪措施。

8.4 专用机房与外界连接的墙、楼板、屋面，其空气隔声指数不宜小于 40 dB，门和窗的隔声指数不宜小于 35 dB。噪声较大的专用机房应采取吸声、隔声措施。

8.5 饮食业单位产生噪声的设备应远离环境敏感目标。

## 9 固体废物控制要求

9.1 饮食业单位产生的固体废物应实行分类存放，分类存放容器的容量和数量应符合 CJJ 27 的要求。

9.2 餐厨垃圾应放置在有盖容器内。

9.3 饮食业单位宜根据自身条件配置易腐烂垃圾生化处理机。

9.4 废弃食用油脂、餐厨垃圾应妥善处置，可进行资源化回收及利用。

9.5 固体废物临时存放场地面积不宜小于 1 $m^2$，短边长度不宜小于 0.6 m。

9.6 固体废物临时存放场地不宜设在有卫生要求的空间。

9.7 固体废物临时存放场地出口宜设在次要街道，并便于清理和转运。

# 附 录 A
（资料性附录）
# 各类饮食业单位厨房油烟排风量及管道、净化设备占用面积

## A.1 中餐类（包括火锅、中快餐等）

| 序号 | 饮食业单位建筑面积/$m^2$ | 推荐油烟排风量/（$m^3$/h） | 推荐油烟气排风管道面积（净尺寸）/$m^2$ | 预留油烟净化设备专用面积/$m^2$ |
|---|---|---|---|---|
| 1 | ≤100 | 4 000～8 000 | 0.1～0.2 | 4 |
| 2 | 101～200 | 6 000～14 000 | 0.2～0.4 | 5～8 |
| 3 | 201～500 | 10 000～24 000 | 0.3～0.7 | 6～10 |
| 4 | 501～1 000 | 20 000～40 000 | 0.5～1.1 | 9～12 |
| 5 | 1 001～2 000 | 30 000～70 000 | 0.7～2.0 | 10～20 |
| 6 | 2 001～3 000 | 50 000～100 000 | 1.2～2.8 | 16～30 |
| 7 | ＞3 000 | 每增加 500 $m^2$，增加 4 000～6 000 $m^3$/h | 每增加 500 $m^2$，增加 0.10～0.20 $m^2$ | 每增加 500 $m^2$，增加 3 $m^2$ |

## A.2 西式快餐

| 序号 | 饮食业单位建筑面积/$m^2$ | 推荐油烟排风量/（$m^3$/h） | 推荐油烟气排风管道面积（净尺寸）/$m^2$ | 预留油烟净化设备专用面积/$m^2$ |
|---|---|---|---|---|
| 1 | 400～600 | 10 000～16 000 | 0.25～0.45 | 5～8 |
| 2 | ＞600 | 每增加 200 $m^2$，增加 2 000～4 000 $m^3$/h | 每增加 200 $m^2$，增加 0.1 $m^2$ | 每增加 200 $m^2$，增加 1 $m^2$ |

## A.3 茶点、咖啡馆

每店 4 000～8 000 $m^3$/h 排风量，推荐排风管道面积 0.1～0.25 $m^2$，预留净化设备专用面积 3.0～5.0 $m^2$。

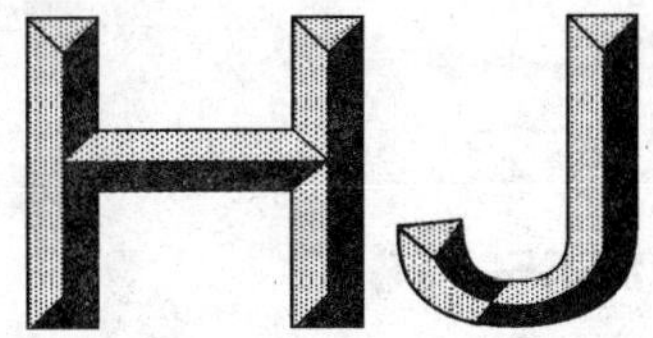

# 中华人民共和国国家环境保护标准

HJ 555—2010

# 化肥使用环境安全技术导则

**Technical guideline on environmental safety application of chemical fertilizer**

2010-03-08 发布　　2010-05-01 实施

环 境 保 护 部 发布

# 中华人民共和国环境保护部
# 公 告

2010 年　第 28 号

为贯彻《中华人民共和国环境保护法》，保护环境，加强农业面源污染防治，保障人体健康，现批准《化肥使用环境安全技术导则》为国家环境保护标准，并予发布。

标准名称、编号如下：

化肥使用环境安全技术导则（HJ 555—2010）。

该标准自 2010 年 5 月 1 日起实施，由中国环境科学出版社出版，标准内容可在环境保护部网站（bz.mep.gov.cn）查询。

特此公告。

2010 年 3 月 5 日

# 前 言

为贯彻《中华人民共和国环境保护法》、《中华人民共和国大气污染防治法》和《中华人民共和国水污染防治法》，防止或减轻化肥使用产生的不利环境影响，保护生态环境，制定本标准。

本标准规定了化肥环境安全使用的原则、污染控制技术措施和管理措施等相关内容。

本标准为首次发布。

本标准由环境保护部科技标准司组织制订。

本标准主要起草单位：环境保护部南京环境科学研究所、中国环境科学研究院。

本标准由环境保护部 2010 年 3 月 8 日批准。

本标准自 2010 年 5 月 1 日起实施。

本标准由环境保护部解释。

# 化肥使用环境安全技术导则

## 1 适用范围

本标准规定了化肥环境安全使用的原则、控制技术措施和管理措施等相关内容。

本标准适用于指导种植业化肥环境安全使用的监督与管理，也可作为农业技术部门指导作物生产科学施肥的依据。

## 2 术语和定义

下列术语和定义适用于本标准。

2.1

肥料 fertilizer

直接或间接供给作物养分，改善土壤性状，以提高作物产量和品质的物质。一般分为有机肥料、无机肥料和微生物肥料三大类。

2.2

有机肥料 organic manure

指主要来源于植物和（或）动物，施于土壤以提供植物营养和改良土壤理化性质为其主要功能的含碳物料。

2.3

化肥 chemical fertilizer

化学肥料的简称，也称无机肥料。指以矿物、空气、水为原料，经化学和机械加工制成的肥料。有氮肥、磷肥、钾肥及微量元素肥料等，仅含氮、磷、钾三要素之一的称为单质肥料，兼含两种或三种的称为复合（混）肥料。

2.4

氮肥 nitrogenous fertilizer

以提供植物氮养分为其主要功效的单质肥料。主要品种有尿素、硫酸铵、硝酸铵、碳酸氢铵、氯化铵、氨水和液氨等。

2.5

磷肥 phosphorous fertilizer

以提供植物磷养分为其主要功效的单质肥料。主要品种有磷矿粉、过磷酸钙（包括普通过磷酸钙和重过磷酸钙两种）、钙镁磷肥、钢渣磷肥等。

2.6

钾肥 potash fertilizer

以提供植物钾养分为其主要功效的单质肥料。主要品种有硫酸钾、氯化钾等。

2.7

复合（混）肥料 complex（compound） fertilizer

指用化学方法合成或混配制成含有氮、磷、钾中的两种或两种以上营养元素的肥料。

2.8

微量元素肥 microelement fertilizer

指含有一种或多种植物生长所必需的，但需要量又极少的营养元素的肥料，如硼肥、锰肥、锌肥、铜肥、钼肥等。

2.9

缓效肥料 slowly-available fertilizer

在一段时间内能缓慢释放养分供植物吸收利用的肥料。

2.10

基肥 basal fertilizer

播种前或移植前施入土壤的肥料。

2.11

追肥 additional fertilizer

在作物生长过程中施用的肥料。

2.12

脲酶抑制剂 urease inhibitor

指某些能够抑制脲酶活性，延缓尿素水解从而减少氨态氮挥发损失的物质。

2.13

硝化抑制剂 nitrification inhibitor

指某些能抑制硝化菌活性，延缓铵态氮向硝态氮的转化，从而减少氮素以硝酸盐态淋溶损失的物质。

2.14

配方施肥 fomula fertilization

综合运用现代农业科技成果，根据作物需肥规律、土壤供肥性能与肥料效应，在作物播种前提出有机肥、氮磷钾化肥和各种微肥的合理配比、用量和相应的施肥技术。

## 3 化肥环境安全使用原则

3.1 在保障农产品产量的前提下，节约资源、提高化肥利用率。

3.2 考虑不同地区气候特征、种植制度、环境承载力以及环境质量的要求，确定化肥品种、用量及施用方法。

3.3 分析不同化肥品种的特点、流失途径及其影响因素，通过调节可人为控制的影响因素，从源头、田间管理、末端拦截三个环节控制化肥的流失，降低对环境的污染风险。

## 4 源头控制技术措施

### 4.1 化肥品种选择

4.1.1 根据土壤供肥性能、作物营养特性、肥料特性及生态环境特点，合理选择化肥品种。

4.1.2 对较容易产生渗漏的土壤，尽量减少使用容易产生径流、容易挥发的、环境风险较大的肥料，不宜使用硝态氮肥，适宜使用铵态氮肥。

4.1.3 若土壤温暖湿润，则宜使用缓效肥料。

4.1.4 适当增加有机肥料使用比例，提倡配方施肥，施用复合（混）肥料、缓效肥料。

## 4.2 化肥用量控制

4.2.1 综合考虑作物种类、产量目标、土壤养分状况、其他养分输入方式、环境敏感程度，确定施肥量。

4.2.2 要通过土壤测试，了解土壤养分供应的状况，结合其他的养分输入情况，如灌溉方式、有机肥料的施用、种子状况（有的种子包衣含肥料）等，确定化肥使用量。土壤养分含量较高时，应少施化肥；施有机肥料时，要适当减少化肥施用量。

4.2.3 农业生产中存在除养分以外的限制因子（如缺水）时，应少施化肥。

4.2.4 在下列区域要尽量少施或不施化肥：靠近饮用水水源保护区的土地；在石灰坑和溶岩洞上发育有薄层土壤的石灰岩地区；强淋溶土壤；易发生地表径流的地区；土壤侵蚀严重的地区；地下水位较高的地区。

## 4.3 化肥施用方法

4.3.1 化肥尽量施在作物根系吸收区，以提高化肥利用率，减少流失。但在渗漏性较强的土壤上，氮肥深施有增大淋失的可能，不宜采用。

4.3.2 采用分次施肥，忌一次大量施肥，以免造成严重的渗漏流失。磷肥原则上一次作基肥施用；氮肥应根据土壤地力和作物吸肥规律确定运筹比例，做到精确运筹，基肥和追肥相结合；钾肥要因土因作物施用，对需求量大的作物要分次施用。

4.3.3 在一个轮作周期统筹施肥。在一个轮作中，把磷肥重点施在对磷敏感的作物上，其他作物利用其后效。如在水旱轮作中，把磷肥重点施在旱作上；在小麦—玉米轮作中，磷肥重点施在小麦上；在禾本科—豆科轮作中，磷肥重点施在豆科作物上。

4.3.4 尽量在春季施用化肥，夏秋季（雨季）追加少量化肥，以减少化肥随径流的流失和排水引起的化肥渗漏。

4.3.5 氮肥应重点施在作物生长吸收高峰期。夏季施用尿素时，如有条件可加施脲酶抑制剂，以延缓尿素的水解，减少氨挥发；若使用铵态氮肥，应以少量分次施用为原则，如有条件可加施硝化抑制剂，抑制铵态氮硝化为硝态氮。

# 5 减少化肥流失的措施

5.1 采用合理的耕作方式。在坡度较大的地区，易发生化肥径流流失，应采取保护耕作（免耕或少耕）以减少对土壤的扰动，还可利用秸秆还田减少径流流失。在以渗漏为化肥主要流失方式的平原地区，可采取耕作破坏土壤大孔隙，或控制排水保持土壤湿度，避免土粒干燥产生大孔隙引起渗漏。

5.2 采用合理的灌溉方式。对旱作提倡采用滴灌、喷灌等先进灌溉方式，尽量减少大水漫灌；对水田要加强田间水管理，尽量减少农田水的排放。

5.3 采用适宜的轮作制度。适宜的轮作制度可提高化肥的利用率，减少流失。如豆科作物与其他作物轮作，可节省化肥用量；深根作物与浅根作物轮作可充分利用土壤中的养分。

5.4 有条件的地区可利用田间渠道、靠近农田的水塘和沟渠等暂时接纳富营养的农田排水，灌溉时再使用，实现循环利用。

5.5 在农田和受保护的水体之间，应利用自然生态系统建立缓冲带，或在河滨、湖滨人工设置保护带以拦截过滤从农田流出的养分，提高营养物质的净化能力，防止养分流入周围河流、湖泊和水库等水体。

## 6 化肥环境安全使用管理措施

6.1 按照清洁生产的原则和循环经济的理念，鼓励农民从事生态农业生产方式，积极促进有机农业的发展，推广农业废弃物无害化、资源化综合利用。

6.2 基于风险管理的思路，鼓励将高化肥投入的产业（如蔬菜生产）转移到面源污染风险较低的地区。

6.3 探索建立环境经济补偿制度，对因不施或少施化肥造成经济收入损失的种植业主实行经济补偿。

6.4 鼓励化肥减量化使用技术、农田流失养分的生态拦截技术的研发与工程应用。

6.5 加强农业生产区域的环境监测，及时掌握农田化肥流失后的环境影响。

6.6 在饮用水水源地和污染负荷较大的地区，控制化肥的使用。

6.7 结合生态省、生态市或生态县的建设，探索实行区域化肥使用总量控制。

6.8 加强宣传教育和科普推广，充分发挥农业技术推广服务机构的职能，提高公众对不合理使用化肥所产生危害的认识。

---

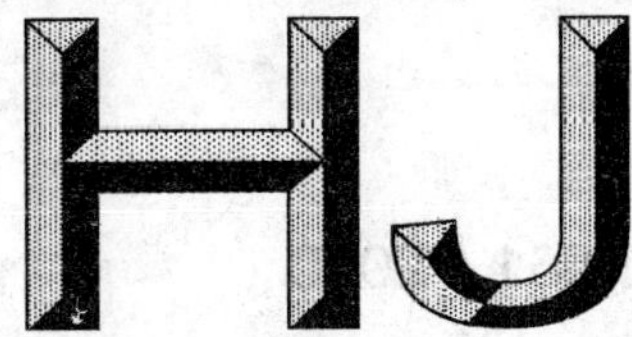

# 中华人民共和国国家环境保护标准

HJ 561—2010

# 危险废物（含医疗废物）焚烧处置设施性能测试技术规范

**Technical specification of performance testing for facilities of hazardous waste（including medical waste）incineration**

2010-02-22 发布　　2010-06-01 实施

环　境　保　护　部　发布

# 中华人民共和国环境保护部
# 公　告

2010 年　第 24 号

为贯彻实施《中华人民共和国环境保护法》、《中华人民共和国固体废物污染环境防治法》，规范危险废物（含医疗废物）焚烧处置设施的性能测试行为，现批准《危险废物（含医疗废物）焚烧处置设施性能测试技术规范》为国家环境保护标准，并予发布。

标准名称、编号如下：

危险废物（含医疗废物）焚烧处置设施性能测试技术规范（HJ 561—2010）。

该标准自 2010 年 6 月 1 日起实施，由中国环境科学出版社出版，标准内容可在环境保护部网站（bz.mep.gov.cn）查询。

特此公告。

2010 年 2 月 22 日

# 前　言

为贯彻实施《中华人民共和国环境保护法》、《中华人民共和国固体废物污染环境防治法》等法律法规，配合 GB 18484 的贯彻实施，规范焚烧处置设施的性能测试行为，制定本标准。

本标准规定了危险废物（含医疗废物）焚烧处置设施性能测试所涉及的测试内容、程序及技术要求。

本标准由环境保护部科技标准司组织制订。

本标准主要起草单位：沈阳环境科学研究院、中国科学院高能物理研究所、环境保护部环境保护对外合作中心、国家环境保护危险废物处置工程技术中心。

本标准环境保护部 2010 年 2 月 22 日批准。

本标准自 2010 年 6 月 1 日起开始实施。

本标准由环境保护部解释。

# 危险废物（含医疗废物）焚烧处置设施性能测试技术规范

## 1 适用范围

本标准规定了危险废物（含医疗废物）焚烧处置设施性能测试所涉及的测试内容、程序及技术要求。

本标准适用于危险废物（含医疗废物）焚烧处置设施的性能测试。

本标准不适用于水泥窑共处置危险废物设施的性能测试。

## 2 规范性引用文件

本标准内容引用了下列文件中的条款。凡是不注日期的引用文件，其有效版本适用于本标准。

GB 5085.3　危险废物鉴别标准　浸出毒性鉴别

GB 18484　危险废物焚烧污染控制标准

GB/T 212　煤的工业分析方法

GB/T 213　煤的发热量测定方法

GB/T 384　石油产品热值测定法

GB/T 11133　液体石油产品水含量测定法（卡尔・费休法）

GB/T 16157　固定污染源排气中颗粒物测定与气态污染物采样方法

GB/T 17040　石油和石油产品硫含量的测定　能量色散 X 射线荧光光谱法

HJ/T 298　危险废物鉴别技术规范

HJ/T 365　危险废物（含医疗废物）焚烧处置设施二噁英排放监测技术规范

## 3 术语和定义

下列术语和定义适用于本标准。

### 3.1 危险废物

指列入国家危险废物名录或者根据国家规定的危险废物鉴别标准和鉴别方法判定的具有危险特性的废物。

### 3.2 医疗废物

指医疗卫生机构在医疗、预防、保健以及其他相关活动中产生的具有直接或者间接感染性、毒性以及其他危害性的废物。

### 3.3 焚烧处置设施

指专用于焚烧处置危险废物（含医疗废物）的成套装置（含尾气净化设施）。

### 3.4 性能测试

指测试和评价危险废物焚烧处置设施性能指标的行为。

### 3.5 热灼减率

指焚烧残渣经灼热减少的质量占原焚烧残渣质量的百分数。其计算方法如下：

$$P=\frac{A-B}{A}\times 100\%$$

式中：$P$——热灼减率，%；

$A$——干燥后原始焚烧残渣在室温下的质量，g；

$B$——焚烧残渣经 600℃（±25℃）3 h 灼热后冷却至室温的质量，g。

3.6 烟气停留时间

指燃烧所产生的烟气从最后的助燃空气喷射口或燃烧器出口到二次燃烧室或高温燃烧区出口之间的停留时间。

3.7 焚烧温度

指焚烧炉燃烧室出口中心的温度。

3.8 燃烧效率

指烟道排出气体中二氧化碳质量浓度与二氧化碳和一氧化碳质量浓度之和的百分比。用以下公式表示：

$$\mathrm{CE}=\frac{\rho(\mathrm{CO_2})}{\rho(\mathrm{CO_2})+\rho(\mathrm{CO})}\times 100\%$$

式中：CE——燃烧效率，%；

$\rho(CO_2)$和$\rho(CO)$——分别为燃烧后排气中 $CO_2$ 和 CO 的质量浓度，$mg/m^3$。

3.9 焚毁去除率

指某有机物质经焚烧后所减少的百分比。用以下公式表示：

$$\mathrm{DRE}=\frac{W_i-W_0}{W_i}\times 100\%$$

式中：DRE——焚毁去除率，%；

$W_i$——被焚烧物中某有机物质的重量，g；

$W_0$——烟道排放气中与 $W_i$ 相应的有机物质的重量，g。

3.10 标准测试废物

指为完成危险废物（含医疗废物）焚烧处置设施性能测试内容，按照性能测试要求而配置的测试焚烧物料。

## 4 性能测试的内容

4.1 危险废物（含医疗废物）焚烧处置设施应采用标准测试废物在焚烧炉设计温度和设计进料量条件下进行性能测试。

4.2 医疗废物焚烧处置设施可不进行焚毁去除率的性能测试。

4.3 焚烧处置设施的性能测试内容主要包括四类指标：废物特征指标、系统性能指标、烟气排放指标、设备运行参数。

4.3.1 废物特征指标包括热值、主要有机有害组分（Principal Organic and Hazardous Components，简称 POHCs）含量、有机氯含量、重金属含量、硫含量、含水量和灰分。

4.3.2 系统性能指标包括 POHCs 焚毁去除率、燃烧效率、烟气停留时间、焚烧残渣热灼减率、重金属去除率、氯化氢去除率和尘去除率。

4.3.3 烟气排放指标测试内容包括 GB 18484 中规定的各项烟气污染物排放指标。

4.3.4 设备运行参数测试内容包括Ⅰ、Ⅱ和Ⅲ三组参数。Ⅰ组参数为废物进料的特性参数；Ⅱ组参数为描述焚烧工况并需连续监测的工艺参数；Ⅲ组参数为描述烟气净化设备运行的工艺参数。

（1）连续运行式焚烧处置设施Ⅰ组参数至少包括废物进料速率、重金属进料速率、有机氯进料速率、POHCs 进料速率。间歇式焚烧处置设施Ⅰ组参数至少包括废物投加量、重金属投加量、有机氯投加量、POHCs 投加量。

（2）Ⅱ组参数至少包括焚烧系统二燃室出口处温度、烟气急冷之前氧气含量、烟气急冷之前烟气流量、烟气净化设施出口烟气流量和焚烧炉进料口处最小负压。

（3）Ⅲ组参数至少包括急冷塔进出口温度、烟气净化设施入口气体温度、碱性物进料速率、活性炭喷入速率、布袋除尘器的压差。

## 5 性能测试的程序

性能测试的程序包括前期准备、计划编制、性能测试、报告编制四个阶段。

### 5.1 前期准备阶段

5.1.1 落实岗位人员及职责分工，开展相应的技术培训。

5.1.2 制订安全生产制度、岗位操作规程、事故应急预案。

5.1.3 进行冷态试车和无负荷热态联动试车，保证各设备能够达到预期的运行要求。

5.1.4 确定性能测试所需的废物及配置标准测试废物所需的物料种类及来源。

5.1.5 明确性能测试所需的辅助燃料、原材料（如活性炭、钙粉）种类及采购渠道。

5.1.6 焚烧处置设施的设计、安装单位及设备供应商在性能测试工作开始前应提供必要的技术参数或者技术说明。

### 5.2 计划编制阶段

5.2.1 编制性能测试计划，应包括性能测试目的、性能测试内容、性能测试条件、性能测试方法及性能测试进度安排。

5.2.2 落实性能测试机构和监测机构。性能测试机构应具备相应的技术条件和技术能力，监测机构应具备国家计量认证或实验室认可资格。

### 5.3 性能测试阶段

5.3.1 在焚烧工况达到要求时分别进行废物特征指标、系统性能指标、烟气排放指标、设备运行参数等测试。

5.3.2 委托性能测试机构进行 4.3.2 中烟气停留时间及 4.3.4 中Ⅰ、Ⅱ、Ⅲ三组性能参数的测试，有条件的焚烧设施运营单位也可在性能测试机构的指导下自行测试。

5.3.3 委托监测机构进行 4.3.2 中焚毁去除率、燃烧效率、焚烧残渣热灼减率、重金属去除率、氯化氢去除率、尘去除率及 4.3.3 中规定的烟气排放指标监测。

### 5.4 报告编制阶段

5.4.1 总结运行数据及测试数据。

5.4.2 编写性能测试报告。

## 6 性能测试的技术要求

### 6.1 标准测试废物的配置

6.1.1 用于危险废物焚烧处置设施测试的标准测试废物

（1）配置后的标准测试废物热值应满足焚烧处置设施的设计要求。

（2）应选择成分稳定、易获得、环境风险小的废物作为标准测试废物的基体，如液体废物可采用废矿物油等，固体废物可采用城镇污水处理厂的污泥、锯末、污染食品、过期塑料等。也可以选择不具有腐蚀性、急性毒性、易燃性、反应性的危险废物作为基体，但应报环境保护行政主管部门审查。

（3）至少加入两种热稳定性好、毒性小且分析测试方法成熟的 POHCs，其中至少一种为萘，另外一种可以选用四氯化碳、聚氯乙烯、全氯乙烯等，用以测定焚毁去除率。如果危险废物焚烧处置设施对 POHCs 的选择有特殊要求，也可以选择特定的成分，但应报环境保护行政主管部门审查。POHCs 的最少加入量可参照以下计算公式计算：

$$G=\rho\times\frac{Q}{1-D}\times t-G_0$$

式中：$G$——POHCs 的最少加入量，g；

$\rho$——满足监测所需的最小烟气中 POHCs 的质量浓度（标态），$g/m^3$；

$Q$——在烟气净化设施出口测量的最大烟气量（标态），$m^3/h$；

$D$——焚毁去除率（危险废物和医疗废物为 99.99%，多氯联苯废物为 99.999 9%）；

$t$——废物焚烧时间，h；

$G_0$——废物中原有相应的 POHCs 含量，g。

（4）通过加入四氯化碳、聚氯乙烯或全氯乙烯等来调配废物中有机氯的含量，用以测定氯化氢去除率。有机氯的加入量可参照以下公式计算：

$$G = Q \times \rho \times \frac{35.5}{1-\eta} \times 36.5 \times t - G'$$

式中：$G$——有机氯的加入量，g；

$\eta$——设计烟气净化设施的氯化氢去除率，%；

$Q$——在烟气净化设施出口测量的最大烟气量（标态），$m^3/h$；

$\rho$——设计排放烟气中氯化氢的质量浓度（标态），$g/m^3$；

$t$——废物焚烧时间，h；

$G'$——废物中原有的有机氯含量，g。

最后通过有机氯的加入量计算四氯化碳、聚氯乙烯或全氯乙烯等有机物的加入量。

（5）至少应加入挥发、半挥发、不挥发三种不同类型重金属的化合物来调配废物中重金属的含量（挥发性重金属可选择汞或镉的氧化物，半挥发性重金属可选择铅或锌的氧化物，不挥发性重金属可选择铜的氧化物），用以测定重金属去除率。重金属的加入量可参照下式计算：

$$G = \rho \times \frac{Q}{1-\eta} \times t - G'$$

式中：$G$——重金属的加入量，g；

$\rho$——设计排放烟气中重金属的质量浓度（标态），$g/m^3$；

$\eta$——设计烟气净化设施的重金属去除率，%；

$Q$——在烟气净化设施出口测量的最大烟气量（标态），$m^3/h$；

$t$——废物焚烧时间，h；

$G'$——废物中原有的重金属含量，g。

最后通过重金属的加入量计算汞、铅、铜等氧化物的加入量。

6.1.2　用于医疗废物焚烧处置设施测试的标准测试废物

（1）可以通过均匀地收集各个医疗废物暂存设施的医疗废物来混合配置。也可以按照当地医疗废物的塑料、玻璃、金属、棉布、废纸、竹木等物质成分含量，热值、含水量、灰分、含氯量、重金属含量、硫含量等物化性质指标，通过类似的物质进行配置。

（2）废物中有机氯的含量应满足测定氯化氢去除率的需要，如果含量不够，可以通过加入聚氯乙烯来调配。废物中有机氯的含量可参照以下公式计算：

$$M = Q \times \rho \times \frac{1}{(1-\eta)A} \times \frac{35.5}{36.5}$$

式中：$M$——废物中有机氯的含量，g/kg；

$\eta$——设计烟气净化设施的氯化氢去除率，%；

$Q$——在烟气净化设施出口测量的最大烟气量（标态），$m^3/h$；

$\rho$——设计排放烟气中氯化氢的质量浓度（标态），$g/m^3$；

$A$——废物焚烧处理量，kg/h。

（3）废物中重金属汞的含量应满足测定重金属去除率的需要，如果含量不够，可以通过加入汞的化合物来调配。废物中汞的含量可参照以下公式计算：

$$M = Q \times \frac{\rho}{(1-\eta)A}$$

式中：$M$——废物中汞的含量，g/kg；

$\eta$——设计烟气净化设施的重金属去除率，%；

$Q$——在烟气净化设施出口测量的最大烟气量（标态），$m^3/h$；

$\rho$——设计排放烟气中汞的质量浓度（标态），$g/m^3$；

$A$——废物焚烧处理量，kg/h。

6.1.3　处理对象比较单一的危险废物焚烧处置设施（如特定工厂附属的危险废物焚烧处置设施），其标准测试废物也可以通过均匀地收集拟处置废物来混合配置，但还应按照 6.1.1 中（3）、（4）、（5）的要求加入 POHCs、有机氯和重金属等。

### 6.2　测试运行条件技术要求

6.2.1　危险废物焚烧处置设施的技术要求

（1）一段炉、二段炉炉温保持在设计温度（±50℃）区间内，设计温度应根据焚烧处置设施设计值及无负荷热试车情况确定。

（2）连续运行式焚烧处置设施按照设计的进料速率，投入配置好的标准测试废物进行焚烧运行。稳定运行时间不少于 13 h，其中测试前稳定运行时间不少于 4 h，完成 3 次常规采样测试的运行时间应不少于 3 h，完成 3 次二噁英采样测试的运行时间应不少于 6 h。

（3）间歇式焚烧处置设施按照设计的投料量，投入配置好的标准测试废物进行焚烧运行。试烧周期不小于 2 个周期，每个周期稳定运行时间不少于 7 h，其中测试前稳定运行时间不少于 1 h，完成 2 次常规采样测试的运行时间应不少于 2 h，完成 2 次二噁英采样测试的运行时间应不少于 4 h。

6.2.2　医疗废物焚烧处置设施的技术要求

（1）一段炉、二段炉炉温保持在设计温度（±50℃）区间内，设计温度应根据焚烧处置设施设计值及无负荷热试车情况确定。

（2）连续运行式焚烧处置设施按照设计的进料速率，投入医疗废物进行焚烧运行。按照 6.2.1 中（2）的要求进行运行测试。

（3）间歇式焚烧处置设施按照设计的投料量，投入医疗废物进行焚烧运行。按照 6.2.1 中（2）的要求进行运行测试。

### 6.3　测试和监测的技术要求

6.3.1　性能测试内容及点位见表 1。

表 1　性能测试内容及点位一览表

| 序号 | 类别 | 代码 | 测试监测项目 | 单位 | 测试/采样点位 |
|---|---|---|---|---|---|
| 1 | 废物特征（A） | A-a | 热值 | J/kg | 废物贮存容器 |
| | | A-b | POHCs 含量 | g/kg | 废物贮存容器、进料口 |
| | | A-c | 有机氯含量 | g/kg | 废物贮存容器、进料口 |
| | | A-d | 重金属含量 | g/kg | 废物贮存容器、进料口 |
| | | A-e | 硫含量 | g/kg | 废物贮存容器 |
| | | A-f | 含水量 | % | 废物贮存容器 |
| | | A-g | 灰分 | g/kg | 废物贮存容器 |
| 2 | 性能指标（B） | B-a | 烟气停留时间 | s | 烟气急冷之前 |
| | | B-b | 重金属去除率 | % | 烟气急冷之前、烟气净化设施出口 |
| | | B-c | 氯化氢去除率 | % | 烟气急冷之前、烟气净化设施出口 |
| | | B-d | POHCs 焚毁去除率 | % | 烟气净化设施出口 |
| | | B-e | 燃烧效率 | % | 烟气急冷之前 |
| | | B-f | 尘去除率 | % | 烟气急冷之前、烟气净化设施出口 |
| | | B-g | 焚烧残渣热灼减率 | % | 焚烧系统排灰处 |

续表

| 序号 | 类别 | 代码 | 测试监测项目 | 单位 | 测试/采样点位 |
| --- | --- | --- | --- | --- | --- |
| 3 | 烟气排放指标（C） | C-a | 烟气黑度 | 林格曼黑度，级 | 烟气净化设施出口 |
| | | C-b | 烟尘 | $mg/m^3$ | 烟气净化设施出口 |
| | | C-c | 一氧化碳（CO） | $mg/m^3$ | 烟气净化设施出口 |
| | | C-d | 二氧化硫（$SO_2$） | $mg/m^3$ | 烟气净化设施出口 |
| | | C-e | 氟化氢（HF） | $mg/m^3$ | 烟气净化设施出口 |
| | | C-f | 氯化氢（HCl） | $mg/m^3$ | 烟气净化设施出口 |
| | | C-g | 氮氧化物（以 $NO_2$ 计） | $mg/m^3$ | 烟气净化设施出口 |
| | | C-h | 汞及其化合物（以 Hg 计） | $mg/m^3$ | 烟气净化设施出口 |
| | | C-i | 镉及其化合物（以 Cd 计） | $mg/m^3$ | 烟气净化设施出口 |
| | | C-j | 砷、镍及其化合物（以 As+Ni 计） | $mg/m^3$ | 烟气净化设施出口 |
| | | C-k | 铅及其化合物（以 Pb 计） | $mg/m^3$ | 烟气净化设施出口 |
| | | C-l | 铬、锡、锑、铜、锰及其化合物（以 Cr+Sn+Sb+Cu+Mn 计） | $mg/m^3$ | 烟气净化设施出口 |
| | | C-m | 二噁英类（以 TEQ 计） | $ng/m^3$ | 烟气净化设施出口 |
| 4 | 设备运行参数（D） | D-a | 焚烧系统二燃室出口处温度 | ℃ | 二燃室出口 |
| | | D-b | 废物进料速率（投加量） | kg/h（kg/次） | 进料口 |
| | | D-c | 重金属进料速率（投加量） | kg/h（kg/次） | 进料口 |
| | | D-d | 有机氯进料速率（投加量） | kg/h（kg/次） | 进料口 |
| | | D-e | POHCs 进料速率（投加量） | kg/h（kg/次） | 进料口 |
| | | D-f | 烟气急冷之前氧气含量 | % | 烟气急冷之前 |
| | | D-g | 烟气急冷之前烟气流量 | $m^3/h$ | 烟气急冷之前 |
| | | D-h | 烟气净化设施出口烟气流量 | $m^3/h$ | 烟气净化设施出口 |
| | | D-i | 活性炭喷入速率 | g/h | 活性炭进口 |
| | | D-j | 烟气净化设施入口气体温度 | ℃ | 烟气净化设施入口 |
| | | D-k | 布袋除尘器的压差 | Pa | 布袋除尘器出入口 |
| | | D-l | 碱性物进料速率 | g/h | 脱酸塔进料口 |
| | | D-m | 急冷塔的进出口温度 | ℃ | 急冷塔的进出口 |
| | | D-n | 焚烧系统负压 | Pa | 焚烧炉进料口 |

6.3.2　危险废物焚烧处置设施性能测试的测试项目应包括表 1 中所列的所有内容。

6.3.3　医疗废物焚烧处置设施性能测试的测试项目应包括表 1 中除 A-b、B-d、D-e 之外的所有内容。

### 6.4　性能测试方法

#### 6.4.1　废物特征指标测试

（1）为确定焚烧测试的运行参数，在测试前应测试表 1 中所列的 A-a、A-b、A-c、A-d、A-e、A-f、A-g 等废物特征指标，测试的废物样品来自测试前的废物贮存容器。废物的采样按 HJ/T 298 执行。

（2）为测定焚烧系统的性能指标，在危险废物焚烧处置设施性能测试过程中应测试表 1 中所列的 A-b、A-c、A-d 等废物特征指标，采样点位在设施进料口。连续运行式焚烧处置设施的废物采样应在测试运行时间内等时间间隔完成，间歇式焚烧处置设施的废物采样应以每次的废物投加量为依据均匀采集，采样按 HJ/T 298 执行。

（3）废物特征指标的测试分析方法参照表 2，也可参照其他已颁布的环境保护、化工、医药等行业的标准测试分析方法。

表 2 废物特征指标的测试分析方法

| 序号 | 测试分析项目 | 测定方法 | 方法来源 |
|---|---|---|---|
| 1 | 热值 | 量热计法 | GB/T 213，GB/T 384 |
| 2 | POHCs 含量 | 气相色谱/质谱法 | GB 5085.3 |
| 3 | 有机氯含量 | 气相色谱法 | GB 5085.3 |
| 4 | 重金属含量 | 电感耦合等离子体质谱法 | GB 5085.3 |
| 5 | 硫含量 | 高温燃烧中和法（固态废物） | GB/T 212 |
| | | 能量色散 X 射线荧光光谱法（液态废物） | GB/T 17040 |
| 6 | 含水量 | 通氮干燥法（固态废物） | GB/T 212 |
| | | 卡尔·费休法（液态废物） | GB/T 11133 |
| 7 | 灰分 | 缓慢灰化法 | GB/T 212 |

6.4.2 系统性能指标测试

（1）POHCs 焚毁去除率的测定。在烟气净化设施出口测定烟气的流量和烟气中的 POHCs 浓度，烟气流量采用皮托管依据 GB/T 16157 进行测定。

（2）燃烧效率的测定。在烟气急冷之前，同时测定二氧化碳和一氧化碳的浓度，采样及一氧化碳浓度的分析方法按 GB 18484 执行；二氧化碳浓度的分析方法参照 GB/T 16157 执行，并进行燃烧效率的计算。

（3）氯化氢去除率的测定。在烟气急冷之前、烟气排放口同时测定烟气的流量和烟气中的氯化氢浓度，烟气流量采用皮托管按 GB/T 16157 进行测定；烟气中氯化氢的采样和分析方法按 GB 18484 执行。烟气中的氯化氢去除率可采用如下公式计算：

$$\eta(\mathrm{HCl})=\frac{Q_1\times\rho_1-Q_2\times\rho_2}{Q_1\times\rho_1}$$

式中：$\eta(\mathrm{HCl})$——HCl 去除效率，%；

$Q_1$——烟气急冷之前烟气流量（标态），$m^3/h$；

$Q_2$——烟气净化设施出口烟气流量（标态），$m^3/h$；

$\rho_1$——烟气急冷之前氯化氢的质量浓度（标态），$g/m^3$；

$\rho_2$——烟气净化设施出口烟气中氯化氢的质量浓度（标态），$g/m^3$。

（4）烟气中重金属去除率的测定。在烟气急冷之前、烟气净化设施出口同时测定烟气的流量和烟气中的重金属质量浓度，烟气流量采用皮托管按 GB/T 16157 进行测定，烟气中重金属的采样和分析方法按 GB 18484 执行。烟气中的重金属去除率可采用如下公式计算：

$$\eta_{\mathrm{IM}}=\frac{Q_1\times\rho_1-Q_2\times\rho_2}{Q_1\times\rho_1}$$

式中：$\eta_{\mathrm{IM}}$——烟气中重金属去除率，%；

$Q_1$——烟气急冷之前烟气流量（标态），$m^3/h$；

$Q_2$——烟气净化设施出口烟气流量（标态），$m^3/h$；

$\rho_1$——烟气急冷之前烟气中重金属质量浓度（标态），$g/m^3$；

$\rho_2$——烟气净化设施出口烟气中重金属质量浓度（标态），$g/m^3$。

（5）尘去除率的测定。在烟气急冷之前、烟气净化设施出口，按 GB 18484 测定烟气中尘的质量浓度，尘去除率可采用如下公式计算：

$$\eta=\frac{Q_1\times\rho_1-Q_2\times\rho_2}{Q_1\times\rho_1}$$

式中：$\eta$——尘去除率，%；

$Q_1$——烟气急冷之前烟气流量（标态），$m^3/h$；

$Q_2$——烟气净化设施出口烟气流量（标态），$m^3/h$；

$\rho_1$——烟气急冷之前烟气中尘的质量浓度（标态），$g/m^3$；

$\rho_2$——烟气净化设施出口烟气中尘的质量浓度（标态），$g/m^3$。

（6）烟气停留时间测定。在烟气急冷之前测定烟气流量及烟气温度，烟气流量采用皮托管，烟气温度采用带护套的铂铑热电偶或镍铬镍硅热电偶，按 GB/T 16157 进行测定。烟气停留时间可采用下式计算：

$$T = \frac{V \times 273 \times 3\,600}{Q(t + 273)}$$

式中：$T$——停留时间，s；

$V$——二段炉有效容积，$m^3$；

$Q$——烟气急冷之前烟气流量（标态），$m^3/h$；

$t$——二段炉焚烧温度，℃。

烟气急冷之前烟气流量、二段炉焚烧温度取每个运行周期内有效值的最大值计算。

（7）焚烧残渣热灼减率的测定。在焚烧系统排渣口按 HJ/T 298 进行样品的采集、保存和制备，并按 GB 18484 进行测定。

6.4.3 烟气排放指标的测试

在烟气净化设施出口按 GB 18484 所规定的烟气污染物排放指标。其中烟气中一氧化碳、氮氧化物、二氧化硫等污染指标的测试也可通过焚烧设施现有的在线监测仪器进行测试；二噁英按照 HJ/T 365 进行测定。

6.4.4 主要运行参数的测试

（1）运行温度的测试。在焚烧炉燃烧室出口中心，采用带护套的铂铑热电偶或镍铬镍硅热电偶连续测试一段炉、二段炉焚烧温度，在急冷塔的进出口和烟气净化设施入口烟道的中心，采用带护套的铂热电阻测试连续测试急冷塔的进出口温度和烟气净化设施入口温度。

（2）进料速率（投加量）的测试。指对拟处置废物、活性炭以及碱性物料进料速率的测试。固态物质在进料口设置计量装置称量每次废物的投加量；液态物质在进料口设置电子流量计计量废物的投加量。然后通过投加量和进料时间计算进料速率。

（3）烟气中氧气浓度的测试。在烟气急冷前利用氧化锆探头在线监测仪表进行连续监测。

（4）布袋除尘器压差的测试。在布袋除尘器进出口处利用在线监测仪表进行负压连续监测。布袋除尘器的压差为布袋除尘器进出口处的负压平均值之差。

## 7 性能测试报告的编制

7.1 性能测试报告至少应包括性能测试背景、设施运行条件评估、性能指标评价和设施完善建议等内容。

7.2 性能测试背景主要内容可包括：运营单位名称、法人姓名、联系人及电话等信息；焚烧处置设施运行规模及主要工艺流程简述；性能测试目的及主要测试内容；性能测试的标准测试废物组成及对应的废物焚烧量；测试方法、采样方法、分析方法的总结；委托的测试机构及委托的测试内容。

7.3 性能测试评估：

（1）对废物特征参数分别进行整理，包括热值、POHCs 含量、有机氯含量、重金属含量、硫含量、含水量和灰分等。

（2）通过计算对系统性能指标分别进行整理，包括烟气停留时间、重金属去除率、氯化氢去除率、POHCs 焚毁去除率、燃烧效率、焚烧残渣热灼减率和尘去除率等。

（3）对烟气排放指标的测试数据分别进行整理，包括烟气黑度，烟尘，一氧化碳，二氧化硫，氟化氢，氯化氢，氮氧化物，汞及其化合物，镉及其化合物，铅及其化合物，铬、锡、锑、铜、锰及其化合物，二噁英类。

（4）对设备运行参数分别进行整理，包括焚烧炉温度、废物进料速率（投加量）、重金属进料速率（投加量）、POHCs 进料速率（投加量）、有机氯进料速率（投加量）、烟气中含氧量和焚烧炉负压等。

（5）说明实际运行条件与计划运行条件的偏差及造成偏差的原因。

7.4 性能指标评价：

（1）对测试中的废物特征、运行参数、性能指标和烟气排放指标进行系统分析，并对照 GB 18484，判定焚毁去除率、燃烧效率、烟气停留时间、热灼减率、重金属及氯化氢去除率及包括二噁英类在内的烟气排放指标的达标情况，并给出分析结果。

（2）提出焚烧炉运行温度、废物进料速率（投加量）、重金属进料速率（投加量）、POHCs 进料速率（投加量）、有机氯进料速率（投加量）、烟气急冷之前氧气含量、烟气急冷之前烟气流量、烟气急冷之后烟气流量、焚烧炉进料口处最小负压、急冷塔进出口温度、烟气净化设施入口气体温度、碱性物进料速率、活性炭喷入速率、布袋除尘器的压差等主要运行参数。

（3）在性能指标评价的基础上，综合评价该焚烧设施的性能指标，得出性能测试的结论性意见。

7.5 完善措施和建议。在性能测试报告中应对存在的问题提出改进建议。

## 8 性能测试的质量保证

8.1 校准焚烧设施现有的温度测量、负压测量、流量测量、重量计量、在线监测等测试仪表和计量设备，核对设施运行条件的测试记录。

8.2 核查标准测试废物的配置方法及配置过程，核对标准测试废物采样方法、分析方法及工作记录。

8.3 核查焚毁去除率、燃烧效率、烟气停留时间、氯化氢去除率、重金属去除率、热灼减率等的计算方法，核对相关的原始数据记录和计算过程。

8.4 系统核对原始的标准测试废物的配置记录、焚烧处置设施运行条件记录、焚烧处置设施性能指标记录、主要运行参数记录、烟气排放指标监测记录，核查各相关指标的计算方法及计算过程。

8.5 核查各项烟气排放指标的采样位置、采样方法及采样流程；校准烟气流量、烟气温度和烟气采样流量等测量设备；核查样品的保存和制备方法，核对相关的工作记录；校准各项烟气排放指标的分析仪器设备，核查各项烟气指标的分析方法；核对各项烟气排放指标的采样监测记录及相关的计算过程。

8.6 现场计量仪器设备的法定校准和实施性能测试机构的内部质量控制措施，也应作为本性能测试质量保证措施的重要组成部分。

# 中华人民共和国环境保护部
# 公　告

2010 年　第 14 号

为贯彻《中华人民共和国环境保护法》、《中华人民共和国大气污染防治法》和《中华人民共和国水污染防治法》，规范污染治理工程建设与运行，现批准《火电厂烟气脱硝工程技术规范　选择性催化还原法》等三项标准为国家环境保护标准，并予发布。

标准名称、编号如下：

一、火电厂烟气脱硝工程技术规范　选择性催化还原法（HJ 562—2010）；

二、火电厂烟气脱硝工程技术规范　选择性非催化还原法（HJ 563—2010）；

三、生活垃圾填埋场渗滤液处理工程技术规范（试行）（HJ 564—2010）。

以上标准自 2010 年 4 月 1 日起实施，由中国环境科学出版社出版，标准内容可在环境保护部网站（bz.mep.gov.cn）查询。

特此公告。

2010 年 2 月 3 日

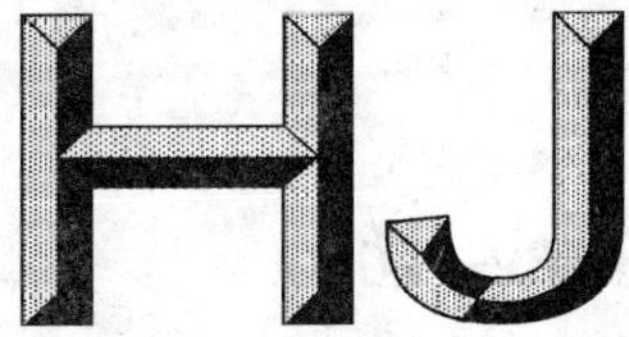

# 中华人民共和国国家环境保护标准

HJ 562—2010

# 火电厂烟气脱硝工程技术规范 选择性催化还原法

**Engineering technical specification of flue gas selective catalytic reduction denitration for thermal power plant**

2010-02-03 发布　　2010-04-01 实施

环　境　保　护　部 发布

# 前 言

为贯彻执行《中华人民共和国环境保护法》、《中华人民共和国大气污染防治法》和《火电厂大气污染物排放标准》，规范火电厂烟气脱硝工程建设，改善大气环境质量，制定本标准。

本标准规定了火电厂选择性催化还原法烟气脱硝工程的设计、施工、验收、运行和维护等技术要求。

本标准由环境保护部科技标准司组织制订。

本标准为首次发布。

本标准主要起草单位：中国环境保护产业协会、东南大学、北京市环境保护科学研究院、西安热工研究院有限公司、国网电力技术公司、北京博奇电力科技有限公司、北京国电龙源环保工程有限公司、清华同方环境有限责任公司、浙江天地环保工程有限公司。

本标准环境保护部 2010 年 2 月 3 日批准。

本标准自 2010 年 4 月 1 日起实施。

本标准由环境保护部解释。

# 火电厂烟气脱硝工程技术规范
# 选择性催化还原法

## 1 适用范围

本标准规定了火电厂选择性催化还原法烟气脱硝工程的设计、施工、验收、运行和维护等应遵循的技术要求，可作为环境影响评价、工程设计与施工、项目竣工环境保护验收及建成后运行与管理的技术依据。

本标准适用于机组容量为 200 MW 及以上火电厂燃煤、燃气、燃油锅炉同期建设或已建锅炉的烟气脱硝工程。机组容量 200 MW 以下的燃煤、燃气、燃油锅炉及其他工业锅炉、炉窑，同期建设或已建锅炉的烟气脱硝工程时，可参照执行。

## 2 规范性引用文件

本标准内容引用了下列文件中的条款。凡是不注日期的引用文件，其有效版本适用于本标准。

GB 150 钢制压力容器

GB 536 液体无水氨

GB 2440 尿素

GB 12348 工业企业厂界噪声排放标准

GB 12801 生产过程安全卫生要求总则

GB 14554 恶臭污染物排放标准

GB 18218 危险化学品重大危险源辨识

GB 50016 建筑设计防火规范

GB 50040 动力机器基础设计规范

GB 50160 石油化工企业设计防火规范

GB 50222 建筑内部装修设计防火规范

GB 50229 火力发电厂与变电站设计防火规范

GB 50351 储罐区防火堤设计规范

GBJ 87 工业企业噪声控制设计规范

GB/T 16157 固定污染源排气中颗粒物测定与气态污染物采样方法

GB/T 20801 压力管道规范 工业管道

GB/T 21509 燃煤烟气脱硝技术装备

GBZ 1 工业企业设计卫生标准

DL 5009.1 电力建设安全工作规程（火力发电厂部分）

DL 5053 火力发电厂劳动安全和工业卫生设计规程

DL/T 5032 火力发电厂总图运输设计技术规程

DL/T 5121 火力发电厂烟风煤粉管道设计技术规程

DL/T 5136 火力发电厂、变电所二次接线设计技术规程

DL/T 5153 火力发电厂厂用电设计技术规定

HJ/T 75 固定污染源烟气排放连续监测技术规范（试行）

HJ/T 76 固定污染源烟气排放连续监测系统技术要求及检测方法

HG/T 20649 化工企业总图运输设计规范

SH 3007 石油化工储运系统罐区设计规范

《危险化学品安全管理条例》（中华人民共和国国务院令 第 344 号）

《危险化学品生产储存建设项目安全审查办法》（国家安全生产监督管理局、国家煤矿安全监察局令 第 17 号）

《建设项目（工程）竣工验收办法》（计建设[1990] 1215 号）

《建设项目竣工环境保护验收管理办法》（国家环境保护总局令 第 13 号）

## 3 术语和定义

GB/T 21509 确立的以及下列术语和定义适用于本标准。

**3.1 脱硝岛 denitrification island**

包含为脱硝服务的建（构）筑物及控制系统在内的整套系统。

**3.2 脱硝系统 denitrification system**

采用物理或化学的方法脱除烟气中氮氧化物（$NO_x$）的系统，本标准中指选择性催化还原法脱硝系统。

**3.3 选择性催化还原法 selective catalytic reduction（SCR）**

利用还原剂在催化剂作用下有选择性地与烟气中的 $NO_x$ 发生化学反应，生成氮气和水的方法。

**3.4 还原剂 reductant**

脱硝系统中用于与 $NO_x$ 发生还原反应的物质及原料。

**3.5 喷氨格栅 ammonia injection grid**

将还原剂均匀喷入烟气中的装置。

**3.6 静态混合器 static mixer**

实现还原剂与烟气均匀混合的装置。

**3.7 氨逃逸质量浓度 ammonia slip**

SCR 反应器出口烟气中氨的质量与烟气体积（101.325 kPa、0℃，干基，过量空气系数 1.4）之比，一般用 $mg/m^3$ 表示。

**3.8 系统可用率 system availability**

脱硝系统每年正常运行时间与锅炉每年总运行时间的百分比。按式（1）计算：

$$可用率 = \frac{A-B}{A} \times 100\% \tag{1}$$

式中：$A$——锅炉每年总运行时间，h；

$B$——脱硝系统每年总停运时间，h。

**3.9 锅炉最大连续工况 boiler maximum continuous rating**

锅炉最大连续蒸发量下的工况，简称 BMCR 工况。

**3.10 锅炉经济运行工况 boiler economic continuous rating**

锅炉经济蒸发量下的工况，对应于汽轮机机组热耗保证工况，简称 BECR 工况。

## 4 污染物与污染负荷

4.1 新建锅炉加装脱硝系统时，设计工况宜采用 BMCR 工况下的烟气量、$NO_x$ 和烟尘浓度为设计值时的烟气参数；校核工况宜采用 BECR 工况下烟气量、$NO_x$ 和烟尘浓度为最大值时的烟气参数。

4.2 已建锅炉加装脱硝系统时，其设计工况和校核工况宜根据脱硝系统入口处实测烟气参数确定，并考虑燃料的变化趋势。

4.3 烟气参数应按 GB/T 16157 进行测试。

# 5 总体要求

## 5.1 一般规定

5.1.1 脱硝岛的总体设计包括总平面布置、竖向布置、管线综合布置、绿化规划等，应与火电厂的总体设计相协调，并满足下列要求：

a）工艺流程合理，烟道短捷，满足防火、防爆、防毒的要求；

b）交通运输方便；

c）处理好脱硝系统与电厂设施、生产与生活、生产与施工之间的关系；

d）方便施工，有利于维护检修；

e）充分利用厂内公用设施；

f）节约用地，工程量小，运行费用低。

5.1.2 应装设符合 HJ/T 76 要求的烟气排放连续监测系统，并按照 HJ/T 75 的要求进行连续监测。

## 5.2 工程构成

5.2.1 工程主要包括还原剂系统、催化反应系统、公用系统和辅助系统。

5.2.2 还原剂系统包括还原剂储存、制备、供应等设备。

5.2.3 催化反应系统包括烟道、氨的喷射及混合装置、稀释空气装置、反应器、催化剂等。

5.2.4 公用系统包括蒸汽系统、废水排放系统、压缩空气系统等。

5.2.5 辅助系统包括电气系统、热工自动化系统、采暖及空气调节系统、烟气排放连续监测系统等。

## 5.3 总平面布置

### 5.3.1 一般规定

5.3.1.1 总平面布置应遵循的原则包括：设备运行稳定、管理维修方便、经济合理、安全卫生等。

5.3.1.2 总平面布置应考虑的因素包括：脱硝岛的平面竖向布置、污染物处理处置工艺单元的构筑物安排、综合管线的布置等。

5.3.1.3 架空管线、直埋管线与岛外沟道相接时，应在设计分界线处标明位置、标高、管径或沟道断面尺寸、坡度、坡向管沟名称、引向何处等。有汽车通过的架空管道净空高度为 5.0 m，室内管道支架梁底部通道处净空高度不低于 2.2 m。

### 5.3.2 还原剂区

5.3.2.1 还原剂区可布置于厂区内，也可布置于厂区外。新建电厂还原剂储存应纳入厂区总平面布置统筹规划，并宜考虑机组再扩建时的条件。还原剂区与其他建（构）筑物的距离应符合 GB 50160 的规定。

5.3.2.2 改、扩建电厂场地布置困难时，还原剂储存设施可布置在厂外，但选址要求应符合 DL/T 5032 及 HG/T 20649 中的有关规定。

5.3.2.3 采用液氨作为还原剂时，还原剂区应单独设置围栏，设明显警示标记，并应考虑疏散距离。

5.3.2.4 还原剂区地坪宜低于周围道路标高。

5.3.2.5 液氨储罐区宜设环形消防道路，场地困难时，可设尽头式道路，但应设回转场地，并符合 GB 50229 的规定。

5.3.2.6 还原剂区的设备宜室外布置，液氨储罐应设置防止阳光直射的遮阳棚，遮阳棚的结构应避免形成可集聚气体的死角。

5.3.2.7 还原剂区内场地应设水冲洗装置，在低处设截水沟集中排至废水坑。

5.3.2.8 还原剂区内电气柜小室电缆进线沟应进行隔离处理，防止泄漏的氨气进入电气柜小室。

5.3.2.9 当采用尿素作为还原剂时，绝热分解室或水解反应器可布置在还原剂区或就近布置在反应器区。

5.3.3 反应器区

5.3.3.1 反应器宜布置在省煤器与空气预热器之间，并靠近锅炉本体。

5.3.3.2 对新建或扩建机组，反应器宜垂直布置在空气预热器上方。

# 6 工艺设计

## 6.1 一般规定

6.1.1 脱硝系统应与锅炉负荷变化相匹配。

6.1.2 脱硝系统不得设置反应器旁路。

6.1.3 在催化剂最大装入量情况下的设计脱硝效率不得低于 80%。

6.1.4 氨逃逸质量浓度宜小于 2.5 mg/m$^3$。

6.1.5 $SO_2/SO_3$ 转化率应不大于 1%。

6.1.6 系统可用率应不小于 98%，使用寿命和大修期应与发电机组相匹配。

6.1.7 脱硝系统应能在锅炉最低稳燃负荷和 BMCR 之间的任何工况之间持续安全运行，当锅炉最低稳燃负荷工况下烟气温度不能达到催化剂最低运行温度时，应从省煤器上游引部分高温烟气直接进入反应器以提高烟气温度。

6.1.8 脱硝系统的烟气压降宜小于 1 400 Pa，系统漏风率宜小于 0.4%。

## 6.2 脱硝系统流程

脱硝系统一般由还原剂系统、催化反应系统、公用系统、辅助系统等组成，流程见图 1。

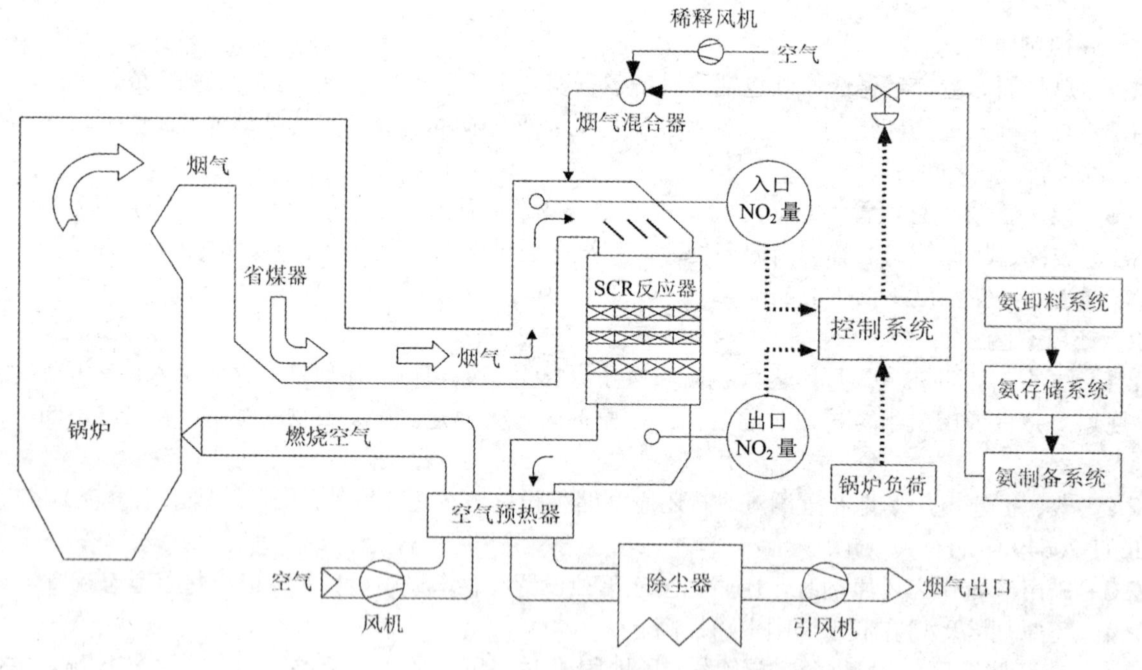


图 1 典型火电厂烟气 SCR 脱硝系统流程图

## 6.3 还原剂系统

6.3.1 一般规定

还原剂主要有液氨、尿素和氨水，其选择应按照项目环境影响评价文件、安全影响评价文件的批复确定。还原剂区内的压力容器的设计应符合 GB 150 的规定。

6.3.2 液氨还原剂

6.3.2.1 液氨应符合 GB 536 的要求。

6.3.2.2 液氨运输工具宜采用专用密封槽车。

6.3.2.3 液氨卸料可通过氨压缩机进行，在与槽车接口处宜设置与排放系统相连的管道，用于卸氨前后排出管道中的空气。

6.3.2.4 液氨槽车卸料应采用万向充装管道系统。

6.3.2.5 液氨储存和制备装置应符合 GB 536、GB 18218、《危险化学品安全管理条例》和《危险化学品生产储存建设项目安全审查办法》的有关规定。

6.3.2.6 在地上、半地下储罐或储罐组，应按 GB 50351 设置非燃烧、耐腐蚀材料的防火堤。

6.3.2.7 还原剂区应安装相应的气体泄漏检测报警装置、防雷防静电装置、相应的消防设施、储罐安全附件、急救设施设备和泄漏应急处理设备等。

6.3.2.8 液氨储罐容量宜按照全厂脱硝系统设计工况下连续运行 3～5 d（每天按 24 h 计）所需要的氨气用量来设计。

6.3.2.9 液氨储罐应布置在还原剂区边缘的一侧，并应在明火或者散发火花地点的全年最小频率风向的上风侧，其装卸站应靠近道路（或铁路）。

6.3.2.10 氨气制备和储存装置（液氨蒸发器）的出力应按设计工况下氨气消耗量的 120%设计。

6.3.2.11 还原剂区应有控制氨气二次污染的措施。

6.3.2.12 氨储存设备及运输管道上应有氮气输入管道。

6.3.2.13 还原剂区的设备宜采用气动执行机构。

### 6.3.3 尿素还原剂

6.3.3.1 尿素应符合 GB 2440 的要求。

6.3.3.2 尿素制氨系统有水解和热解两种方式，两种工艺的典型系统流程参见附录 A。

6.3.3.3 尿素制氨系统应能连续、稳定地供应脱硝运行所需要的氨气流量，并满足负荷波动对氨供应量调整的响应要求。

6.3.3.4 尿素颗粒储仓的容量宜按全厂脱硝系统设计工况下连续运行 3～5 d（每天按 24 h 计）所需要的氨气用量来设计。

6.3.3.5 由尿素颗粒储仓到尿素溶解罐的输送管路应设有关断装置和避免堵料的措施。

6.3.3.6 尿素溶解罐宜布置在室内，各设备间的连接管道应保温。

6.3.3.7 所有与尿素溶液接触的设备等材料宜采用不锈钢材质。

6.3.3.8 当采用尿素水解工艺制备氨气时，尿素水解反应器的出力宜按脱硝系统设计工况下氨气消耗量的 120%设计。

6.3.3.9 当采用热解工艺制备氨气时，每套反应器应设置 1 台绝热分解室，分解室进出口气体分配管道宜设置调节风门，分解室和计量分配装置应靠近反应器布置。

6.3.3.10 所有设备应采取冬天防冻、夏天防晒措施。

### 6.3.4 氨水还原剂

6.3.4.1 采用氨水作为还原剂时，宜采用质量分数为 20%～25%的氨水溶液。

6.3.4.2 氨水运输工具宜采用专用密封槽车。

6.3.4.3 氨水的卸料宜采用卸载泵。

6.3.4.4 所有与氨水溶液接触的设备、管道和其他部件宜采用不锈钢制造。

6.3.4.5 氨和空气的混合气体的温度应高于水冷凝温度。

### 6.3.5 管道

6.3.5.1 氨输送用管道应符合 GB/T 20801 的有关规定，所有可能与氨接触的管道、管件、阀门等部件均应严格禁铜。液氨管道上应设置安全阀，其设计应符合 SH 3007 的有关规定。

6.3.5.2 所有与尿素溶液的接触泵和输送管道等材料宜采用不锈钢材质。

6.3.5.3 所有管道应充分考虑冬季防寒、防冻的措施，防止各输液管道冰冻。

6.4 反应器系统

6.4.1 反应器和烟道

6.4.1.1 反应器本体为全钢焊接结构，宜采用与锅炉本体相同的封闭方式，其外壁应保温。露天布置时，保温层应采取防雨设施。

6.4.1.2 反应器和烟道的设计压力应符合 DL/T 5121 的规定，反应器和烟道设计温度按锅炉 BMCR 工况下燃用设计或校核煤质的最高工作温度取值。

6.4.1.3 反应器内催化剂迎面平均烟气流速的设计应满足催化剂的性能要求，一般取 4～6 m/s。

6.4.1.4 反应器平面尺寸应根据烟气流速确定，并根据催化剂模块大小及布置方式进行调整。反应器有效高度应根据模块高度、模块层数、层间净高、吹灰装置、烟气整流格栅、催化剂备用层高度等情况综合考虑决定。

6.4.1.5 反应器入口段应设导流板，出口应设收缩段，其倾斜角度应能避免该处积灰。

6.4.1.6 在反应器侧壁对应催化剂部位应设置催化剂装载门和人孔。

6.4.1.7 反应器内催化剂的支架应可兼作催化剂安装时的滑行导轨，并与安装或更换催化剂模块的专用工具相匹配。

6.4.1.8 反应器本体可采用整体悬挂方式或支撑方式。如采用支撑方式，则应充分考虑反应器本体内部结构的温差应力、支架热胀引起的对承重钢架的水平推力等影响。

6.4.1.9 反应器区应设检修起吊装置，起吊高度应满足炉后地坪至反应器最上层催化剂进口的起吊要求，起吊重量按催化剂模块重量确定。

6.4.1.10 反应器本体外周应设平台作为人行通道，平台可采用格栅或花纹钢板两种形式；采用格栅平台时活载荷取 2 kN/m²，采用花纹钢板时，应视情况考虑雪载荷和飞灰沉积载荷；如催化剂在平台上移动，应考虑催化剂重量。

6.4.2 催化剂

6.4.2.1 催化剂选型前应收集附录 B 中规定的参数。

6.4.2.2 反应器内承装的催化剂可选择蜂窝式、板式、波纹式或其他形式。催化剂形式、催化剂中各活性成分含量以及催化剂用量一般应根据具体烟气工况、灰质特性和脱硝效率确定。

6.4.2.3 催化剂应制成模块，各层模块应规格统一、具有互换性，且应采用钢结构框架，并便于运输、安装和起吊。

6.4.2.4 催化剂模块应设计有效防止烟气短路的密封，密封的寿命不低于催化剂的寿命。

6.4.2.5 每一层催化剂均应设置可拆卸的催化剂测试元件。

6.4.2.6 失效催化剂可采用再生或无害化处理，处理方式参见附录 C。

6.4.3 稀释系统

6.4.3.1 稀释空气量应按设计和校核工况中的较大耗氨量、稀释后混合气体中氨气的体积浓度不高于 5%进行设计。

6.4.3.2 稀释空气可由一次送风机的出口或空气预热器出口一次风引出，也可通过设计专用稀释风机提供。

6.4.3.3 当采用稀释风机时，稀释风机按两台 100%容量（一用一备）或三台 50%（两用一备）设置。稀释风机流量应在设计计算基础上考虑 10%裕量，压头应在管路阻力计算基础上考虑 20%裕量。

6.4.3.4 稀释风道内介质流速按 8～15 m/s 设计，在喷氨点下游宜装设静态混合器或采用其他增强混合的方式。

6.4.3.5 氨气入口管道上宜设置阻火器。

6.4.4 混合气体喷射系统

6.4.4.1 混合气体喷射系统可采用喷氨格栅或静态混合器。

6.4.4.2 混合气体一般以分区方式喷入烟气，每个区域系统应具有均匀稳定的流量特性，并具有独立的流量控制和测量手段。

6.4.4.3 混合气体喷射系统及反应器的设计应通过数值模拟和物模试验进行验证。

6.4.4.4 混合气体喷射系统主管道上的流量调节阀材料应满足设计条件。

6.4.4.5 喷氨格栅应设计防止被固体灰分堵塞的措施和防磨措施。

6.4.4.6 最低喷氨温度应根据烟气条件确定，并不低于催化剂要求的最低运行温度。

#### 6.4.5 吹灰及除灰

6.4.5.1 在反应器入口宜设置灰斗，灰斗可与省煤器灰斗合并考虑。

6.4.5.2 反应器内部吹灰方式可采用蒸汽吹灰或声波吹灰等方式。

6.4.5.3 应根据反应器出口烟道布置情况、烟气中飞灰浓度、煤粉细度等因素，判断反应器出口烟道是否可能积灰，如可能积灰，则应设置除灰系统，并与锅炉的主除灰方式一致。

#### 6.4.6 空气预热器

6.4.6.1 空气预热器应考虑防腐，对回转式空气预热器中低温段换热元件应采用防腐蚀的涂搪瓷处理，对新建机组预留脱硝装置，应考虑低温段换热元件的改造空间和载荷。

6.4.6.2 当稀释空气由一次风系统提供时，对新建锅炉，应将所需的稀释空气量计入一次风量内；对已建锅炉，则应核算空气预热器一次风量，如不足则应增设稀释风机。

6.4.6.3 当采用回转式空气预热器时，吹灰应采用蒸汽及高压水双介质吹灰器。蒸汽吹灰系统作在线吹灰用时，汽源压力 1.0 MPa，温度 350℃左右；高压水吹灰系统作低负荷或离线冲洗用时，可采用小流量高扬程的吹灰水泵。

#### 6.4.7 引风机

对新建锅炉，引风机选型时应考虑反应器及新增烟道的烟气阻力；对已建锅炉，应根据运行参数核算引风机压头裕量，必要时应对引风机进行更换或改造。

#### 6.4.8 锅炉

对新建锅炉，设计应充分考虑加设脱硝后增加的阻力，并应预留接口和基础载荷；对改造锅炉，应对脱硝传递的载荷进行锅炉钢构架的核算。

### 6.5 公用系统

#### 6.5.1 蒸汽系统

6.5.1.1 蒸汽主要用于液氨蒸发器的加热和蒸汽吹灰等。

6.5.1.2 蒸汽宜取自电厂的厂用蒸汽系统。

6.5.1.3 蒸汽耗量宜综合考虑蒸发器还原剂加热、反应器蒸汽吹灰以及必要的热损失等确定额定耗量。

#### 6.5.2 废水系统

在卸氨后的设备及管道清理、事故或长期停机状态下，氨储罐及管道中的氨气应排放至氨气吸收槽，用水稀释后排入厂区内废水处理系统集中处理。

#### 6.5.3 压缩空气系统

6.5.3.1 检修用压缩空气应满足下列要求：

a）含尘粒径＜1 μm；

b）含尘量＜1 mg/m$^3$；

c）含油量＜1 mg/m$^3$；

d）水压力露点≤–20℃（0.7 MPa）。

6.5.3.2 仪用压缩空气应满足下列要求：

a）含尘粒径＜1 μm；

b）含尘量＜1 mg/m$^3$；

c）含油量＜1 mg/m$^3$；

d）水压力露点≤-20℃（0.7 MPa）。

### 6.6 二次污染控制措施

6.6.1 脱硝工程设计应考虑二次污染的控制措施，废水及其他污染物的防治，应执行国家及地方现行环境保护法规和标准的有关规定。

6.6.2 脱硝系统应采取控制氨气泄漏的措施，厂界氨气的浓度应符合 GB 14554 的要求。

6.6.3 脱硝岛应采取有效的隔声、消声、绿化等降低噪声的措施，噪声和振动控制的设计应符合 GBJ 87 和 GB 50040 的规定，厂界噪声应符合 GB 12348 的要求。

### 6.7 突发事故应急措施

6.7.1 液氨储存与供应区域应设置完善的消防系统、洗眼器及防毒面罩等。

6.7.2 氨站应设防晒及喷淋措施，喷淋设施应考虑工程所在地冬季气温因素。

## 7 主要工艺设备和材料

7.1 主要工艺设备的选择和性能要求见本标准第 6 章；主要材料应与燃煤锅炉常用材料一致，材料的选择应满足脱硝系统的工艺要求。

7.2 对于接触腐蚀性介质的部位，应采用防腐材料或做防腐处理。

7.3 当承压部件为金属材料并内衬非金属防腐材料时，应保证非金属材料与金属材料之间的黏结强度，且承压部件的自身设计应确保非金属材料能够长期稳定地黏结在基材上。

7.4 金属材料宜以碳钢材料为主。对金属材料表面可能接触腐蚀性介质的区域，应根据脱硝工艺不同部位的实际情况，衬抗腐蚀性和磨损性强的非金属材料。

7.5 脱硝系统主要设备用材的选定可参考表 1。

**表 1 脱硝系统主要设备用材的选定**

| 编号 | 名称 | 内部介质 | 压力条件 | 温度条件 | 注意事项 | 使用部位 | 用材 |
|---|---|---|---|---|---|---|---|
| 1 | 反应器 | 烟气 | 反应器设计压力——大气压 | 环境温度——反应器设计温度 | — | 脱硝反应器及其附属部材、烟道 | 一般构造用轧钢钢材 |
| 2 | 氨气管道 | 氨气、氨和空气混合气体 | 0.6～2.5 MPa | 环境温度大约 600℃ | 防漏；耐压强度； | 氨气注入管及氨和空气混合气体管道 | 压力管道用碳素钢钢管、热轧不锈钢钢板及钢带 |
| 3 | 一般管道 | 空气 | 0.2 MPa | 环境温度 | | 稀释风机进出口烟道、氨气稀释空气管道 | 碳素钢钢管 |
| 4 | 压力管道 | 蒸汽 | 2 MPa | 大约 350℃ | 耐压强度 | 蒸汽管道 | 碳素钢钢管 |
| 5 | 支撑构造物 | 空气 | — | 环境温度 | — | 支撑钢架、平台等 | 一般构造用轧钢钢材、一般构造用碳素钢钢管 |
| 6 | 催化剂模块外壳 | 烟气 | — | 环境温度——反应器设计温度 | — | 反应器内 | 一般构造用轧钢钢材、一般构造用碳素钢钢管 |

## 8 检测与过程控制

### 8.1 热工自动化

8.1.1 脱硝系统应集中监控，实现脱硝系统启动、正常运行工况的监视和调整、停机和事故处理。

8.1.2 脱硝系统在启、停、运行及事故处理情况下均不得影响机组正常运行。

8.1.3 脱硝系统宜采用分散控制系统（DCS）或可编程逻辑控制器（PLC），其功能包括数据采集和处理（DAS）、模拟量控制（MCS）、顺序控制（SCS）及联锁保护、厂用电源系统监控等。

### 8.2 热工检测及自动调节系统

8.2.1 反应器入口烟气连续检测装置至少应包含以下测量项目：烟气流量、$NO_x$ 浓度（以 $NO_2$ 计）、烟气含氧量。

8.2.2 反应器出口烟气连续检测装置至少应包含以下测量项目：$NO_x$ 浓度（以 $NO_2$ 计）、烟气含氧量、氨逃逸质量浓度。

8.2.3 应设置满足正常运行、监视、调节、保护及经济运算的各类远传和就地仪表。

8.2.4 还原剂区宜设置工业电视监视探头，并纳入全厂工业电视监视系统。

### 8.3 热工保护、报警及联锁

8.3.1 保护系统指令应具有最高优先级，事件记录功能应能进行保护动作原因分析。

8.3.2 重要热工测量项目仪表应双重或三重化冗余设置。

8.3.3 当采用液氨作为还原剂时，还原剂区控制和监测设备应采用防腐防爆选型，并严格禁铜。

### 8.4 控制系统

8.4.1 脱硝系统与机组同步建设时，宜将脱硝反应区的控制纳入机组单元控制系统，不再单独设置脱硝控制室。

8.4.2 已建锅炉增设脱硝系统时，可两台炉合用一个脱硝控制室。如条件具备，宜将脱硝反应区的控制纳入已经建成的机组单元控制系统，以达到与机组统一监视或控制。

8.4.3 脱硝还原剂区宜单独设置控制室，采用与机组单元控制系统或辅控 PLC 相同的硬件设备或纳入机组单元控制系统或辅控 PLC。重要的联锁或监视信号应通过硬接线或光缆通信方式与脱硝反应区控制系统或机组单元控制系统进行交换。脱硝还原剂区的卸氨系统可设置就地控制盘，便于现场操作。

## 9 辅助系统

### 9.1 电气系统

#### 9.1.1 供电系统

9.1.1.1 脱硝系统低压厂用电电压等级应与厂内主体工程一致。

9.1.1.2 脱硝系统厂用电系统中性点接地方式应与厂内主体工程一致。

9.1.1.3 反应器区工作电源宜并入单元机组锅炉马达控制中心（MCC）段，不单独设低压脱硝变压器及脱硝 MCC。还原剂区宜单独设 MCC，其电源宜引自厂区公用电源系统，采用双电源进线。

9.1.1.4 除满足上述要求外，其余均应符合 DL/T 5153 中的有关规定。

#### 9.1.2 直流系统

9.1.2.1 脱硝系统控制电源宜采用交流电源控制，当直流电源引接方便时，也可以考虑采用直流电源。

9.1.2.2 新建锅炉同期建设脱硝系统时，脱硝系统直流负荷宜由机组直流系统供电。当脱硝系统布置离主厂房较远时，也可设置脱硝直流系统。

9.1.2.3 已建锅炉加装脱硝系统时，可由机组直流系统向脱硝系统直流负荷供电，当机组直流系统容量不能满足脱硝系统要求时，可装设独立直流系统向脱硝系统直流负荷供电。

#### 9.1.3 交流保安电源和不间断电源（UPS）

9.1.3.1 新建锅炉同期建设脱硝系统时，脱硝系统交流不停电负荷宜由机组不间断电源（UPS）供电。当脱硝系统布置离主厂房较远时，也可单独设置 UPS。

9.1.3.2 已建锅炉加装脱硝系统时，宜单独设置 UPS 向脱硝系统不停电负荷供电。

9.1.3.3 UPS 宜采用静态逆变装置，其他要求应符合 DL/T 5136 中的有关规定。

#### 9.1.4 二次线

9.1.4.1 脱硝电气系统二次控制宜设置在机组单元控制室，如设置有独立的脱硝控制室，也可以在脱硝控制室控制。

9.1.4.2 脱硝电气系统控制水平应与全厂电气系统的控制水平协调一致。

9.1.4.3 其他二次线要求应符合 DL/T 5136 和 DL/T 5153 的规定。

### 9.2 建筑及结构

9.2.1 反应器支撑框架结构根据现场条件可采用混凝土或钢结构形式。

9.2.2 还原剂区的设备及容器直接安装于地面，大型储罐的操作平台采用钢结构，平台面及扶梯踏步宜使用格栅结构。

### 9.3 采暖及空气调节

#### 9.3.1 采暖

9.3.1.1 还原剂区小型控制室采暖区可纳入全厂集中供暖系统，过渡区及非采暖区可安装普通空调。

9.3.1.2 脱硝岛区域建筑物的采暖应与其他建筑物一致。当厂区设有集中采暖系统时，采暖热源宜由厂区采暖系统提供。

9.3.1.3 脱硝岛区域建筑物的采暖应选用不易积尘的散热器供暖，当散热器布置上有困难时，可设置暖风机。

#### 9.3.2 空气调节

9.3.2.1 脱硝岛内控制室和电子设备间应设置空气调节装置，室内设计参数应根据设备要求确定。

9.3.2.2 在寒冷地区，通风系统的进、排风口宜考虑防寒措施。

9.3.2.3 通风系统的进风口宜设在清洁干燥处，电缆夹层不得作为通风系统的吸风地点。在风沙较大地区，通风系统应考虑防风沙措施；在粉尘较大地区，通风系统应考虑防尘措施。

### 9.4 消防系统

9.4.1 还原剂区消防应符合 GB 50160 及 GB 50229 的要求。

9.4.2 对新建电厂，还原剂区消防系统应纳入电厂消防系统，其消防用水均由电厂的消防水系统提供。对设置于厂区外的还原剂区，可设置独立的消防系统，其报警信号除送就地控制室外，还应送电厂集控室火灾报警监视盘。

9.4.3 控制室内应设置报警信号显示屏。

## 10 劳动安全与职业卫生

10.1 脱硝岛设计应遵守劳动安全和职业卫生的有关规定，采取各种防治措施，保护人身的安全和健康，并应遵守 DL 5009.1 和 DL 5053 及其他有关强制性标准的规定。

10.2 应根据《危险化学品安全管理条例》配备应急救援人员和必要应急救援器材、设备。

10.3 脱硝岛的防火、防爆设计应符合 GB 50016、GB 50222 和 GB 50229 等有关标准的规定。

10.4 脱硝岛室内防泄漏、防噪声与振动、防电磁辐射、防暑与防寒等要求应符合 GBZ1 的规定。

10.5 在易发生液氨或者氨气泄漏的区域应设置必要的检测设备和水喷雾系统。

10.6 应尽可能采用噪声低的设备，对于噪声较高的设备，应采取减振消声措施，尽量将噪声源和操作人员隔开。工艺允许远距离控制的，可设置隔声操作（控制）室。

## 11 施工与验收

### 11.1 施工

11.1.1 脱硝工程的施工应符合国家和行业施工程序及管理文件的要求。

11.1.2 脱硝工程应按设计文件进行施工，对工程的变更应取得设计单位的设计变更文件后再进行施工。

11.1.3 脱硝工程施工中使用的设备、材料、器件等应符合相关的国家标准，并应取得供货商的产品合格证后方可使用。

11.1.4 施工单位应遵守国家有关部门颁布的劳动安全及卫生、消防等国家强制性标准及相关的施工技术规范。

### 11.2 验收

#### 11.2.1 工程验收

11.2.1.1 脱硝工程验收应按《建设项目（工程）竣工验收办法》、相应专业现行验收规范和本标准的有关规定进行。工程竣工验收前，严禁投入生产性使用。

11.2.1.2 脱硝工程中选用国外引进的设备、材料、器件应具有供货商提供的技术规范、合同规定及商检文件，并应符合我国现行国家或行业标准的有关要求。

11.2.1.3 工程安装、施工完成后应进行调试前的启动验收，启动验收合格和对在线仪表进行校验后方可进行分项调试和整体调试。

11.2.1.4 通过脱硝系统整体调试，各系统运转正常，技术指标达到设计和合同要求后，方可进行启动试运行。

#### 11.2.2 竣工环境保护验收

11.2.2.1 脱硝工程竣工环境保护验收应按《建设项目竣工环境保护验收管理办法》的规定进行。

11.2.2.2 脱硝工程在生产试运行期间还应对脱硝系统进行性能试验，性能试验报告可作为竣工环境保护验收的技术支持文件。

11.2.2.3 脱硝系统性能试验包括：功能试验、技术性能试验、设备试验和材料试验。其中，技术性能试验至少应包括以下项目：

a）脱硝效率；

b）氨逃逸质量浓度；

c）烟气系统压力降；

d）烟气系统温降；

e）耗电量；

f）$SO_2/SO_3$ 转化率；

g）系统漏风率。

11.2.2.4 脱硝系统技术性能试验应在系统（包括催化剂）设计条件下进行测试，如果在设计条件允许的偏差范围内，相关试验应根据系统（包括催化剂）供方提供的性能修正曲线加以修正，修正曲线至少包括 $SO_2/SO_3$ 转化率与烟气温度的关系、$SO_2/SO_3$ 转化率与烟气流量的关系、脱硝效率（氨耗量）与入口 $NO_x$ 浓度的关系等，修正曲线示例参见附录 D。

## 12 运行与维护

### 12.1 一般规定

12.1.1 脱硝系统的运行、维护及安全管理除应执行本规范外，还应符合国家现行有关强制性标准的规定。

12.1.2 未经当地环境保护行政主管部门批准，不得停止运行脱硝系统。由于紧急事故或故障造成脱硝系统停止运行时，应立即报告当地环境保护行政主管部门。

12.1.3 脱硝系统应根据工艺要求定期对各类设备、电气、自控仪表及建（构）筑物进行检查维护，确保装置稳定可靠地运行。

12.1.4 应建立健全与脱硝系统运行维护相关的各项管理制度，以及运行、操作和维护规程；建立脱硝系统、主要设备运行状况的记录制度。

12.1.5 劳动安全和职业卫生设施应与脱硝系统同时建成运行，脱硝系统的安全管理应符合 GB 12801 中的有关规定。

12.1.6 采用液氨作为还原剂时，应根据《危险化学品安全管理条例》的规定建立本单位事故应急救援预案，配备应急救援人员和必要应急救援器材、设备，并定期组织演练。

12.2 人员与运行管理

12.2.1 脱硝系统的运行管理既可成为独立的脱硝车间也可纳入锅炉或除灰车间的管理范畴。

12.2.2 脱硝系统的运行人员宜单独配置。当需要整体管理时，也可以与机组合并配置运行人员，但至少应设置 1 名专职的脱硝技术管理人员。

12.2.3 应对脱硝系统的管理和运行人员进行定期培训，使管理和运行人员系统掌握脱硝设备及其他附属设施正常运行的具体操作和应急情况的处理措施。运行操作人员，上岗前还应进行以下内容的专业培训：

a）启动前的检查和启动要求的条件；

b）设备的正常运行，包括设备的启动和关闭；

c）控制、报警和指示系统的运行和检查，必要时的纠正操作；

d）最佳的运行温度、压力、脱硝效率的控制和调节，保持设备良好运行的条件；

e）设备运行故障的发现、检查和排除；

f）事故或紧急状态下时的操作和事故处理；

g）设备日常和定期维护；

h）设备运行及维护记录，以及其他事件的报告的编写。

12.2.4 脱硝系统运行状况、设施维护和生产活动的内容包括：

a）系统启动、停止时间；

b）还原剂进厂质量分析数据，进厂数量，进厂时间；

c）系统运行工艺控制参数记录，至少应包括：还原剂区各设备的压力、温度、氨的泄漏值，烟气参数、催化剂层间压降、$NO_x$浓度、催化剂参数等，可参见附录 E；

d）主要设备的运行和维修情况的记录；

e）烟气排放连续监测数据、失效催化剂处置情况的记录；

f）生产事故及处置情况的记录；

g）定期检测、评价及评估情况的记录等。

12.2.5 运行人员应按照规定坚持做好交接班制度和巡视制度，特别是对于液氨卸车、储存、蒸发过程的监督与配合，防止和纠正装卸过程中产生泄漏对环境造成的污染。

12.3 维护保养

12.3.1 脱硝系统的维护保养应纳入全厂的维护保养计划中，检修时间间隔宜与锅炉同步进行。

12.3.2 应根据脱硝系统技术负责方提供的系统、设备等资料制定详细的维护保养规定。

12.3.3 维修人员应根据维护保养规定定期检查、更换或维修必要的部件。

12.3.4 维修人员应做好维护保养记录。

# 附 录 A

## （资料性附录）

## 尿素制氨系统典型系统流程

A.1 采用尿素作为还原剂的制氨系统有水解和热解两种方式：

a）尿素水解制氨系统包括：尿素颗粒储仓、尿素计量罐、尿素溶解罐、尿素溶液泵、尿素溶液储罐、供液泵、水解反应器、缓冲罐、蒸汽加热器及疏水回收装置等；

b）尿素热解制氨系统包括：尿素颗粒储仓、尿素计量罐、尿素溶解罐、尿素溶液泵、尿素溶液储罐、供液泵、热解器、缓冲罐、加热器等。

A.2 尿素水解制氨气的典型系统流程包括：

a）运送至现场的颗粒尿素送入尿素颗粒储仓，经尿素计量罐加入尿素溶解罐中的工艺冷凝水（或按比例补充的新鲜除盐水）中充分溶解，以配制一定浓度的尿素溶液。溶解罐中工艺冷凝水（或除盐水）通过蒸汽加热维持在 40℃左右，溶解罐设置有搅拌器。溶解罐中的尿素溶液通过尿素溶液泵送入尿素溶液储罐中；

b）供给泵将尿素溶液储罐中的尿素溶液送入水解反应器；

c）尿素溶液在水解反应器中通过蒸汽加热后产生水解，转化为氨气和二氧化碳，水解后的残留液体尽可能回收至系统设备中重复利用，以减少系统热损失。水解反应器的设计应保证溶液有足够的停留时间，加热蒸汽一般由汽机抽汽作为汽源；

d）尿素水解后生成的氨气/二氧化碳进入缓冲罐，再由缓冲罐送至氨和空气混合器中与稀释空气混合后供应至锅炉 SCR 氨喷射系统，氨气供应管道加装电动流量调节阀门，以控制氨气供应量。

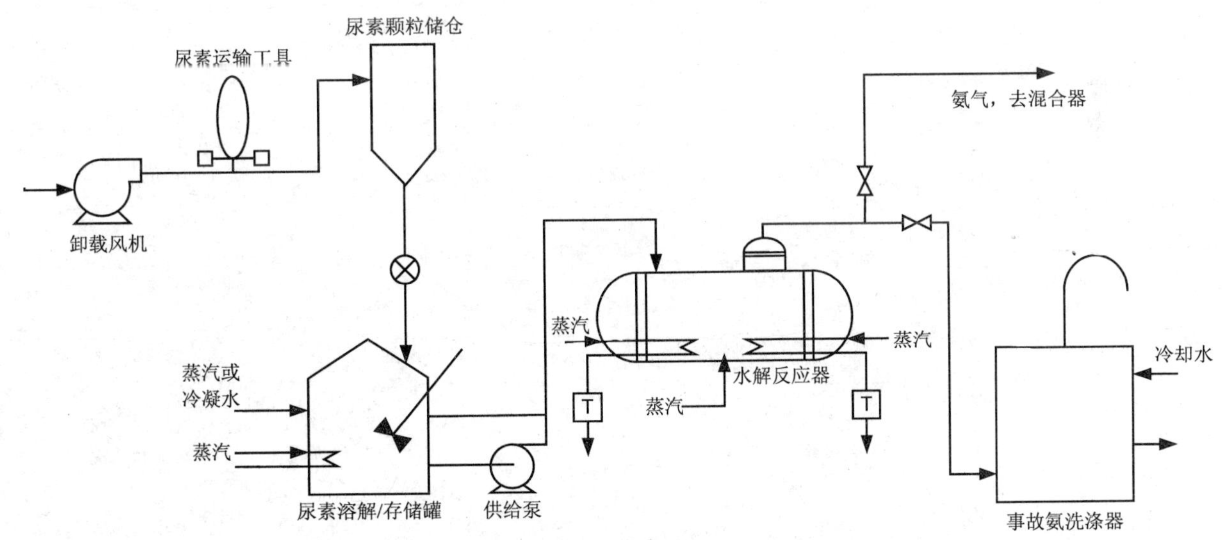


图 A.1 典型尿素水解制氨气系统流程图

A.3 尿素热解制氨气的典型系统流程包括：

a）尿素粉末储存于储仓，由螺旋给料机输送到溶解罐里，用除盐水将固体尿素溶解成 40%～50%（质量分数）的尿素溶液，通过尿素溶液给料泵输送到尿素溶液储罐；

b）尿素溶液经由供液泵、计量与分配装置、雾化喷嘴等进入绝热分解室，稀释空气经燃料加热后也进入分解室，雾化后的尿素液滴在绝热分解室内分解；

c）经稀释风降温后的分解产物温度为 260～350℃，经由氨喷射系统进入 SCR 反应器。

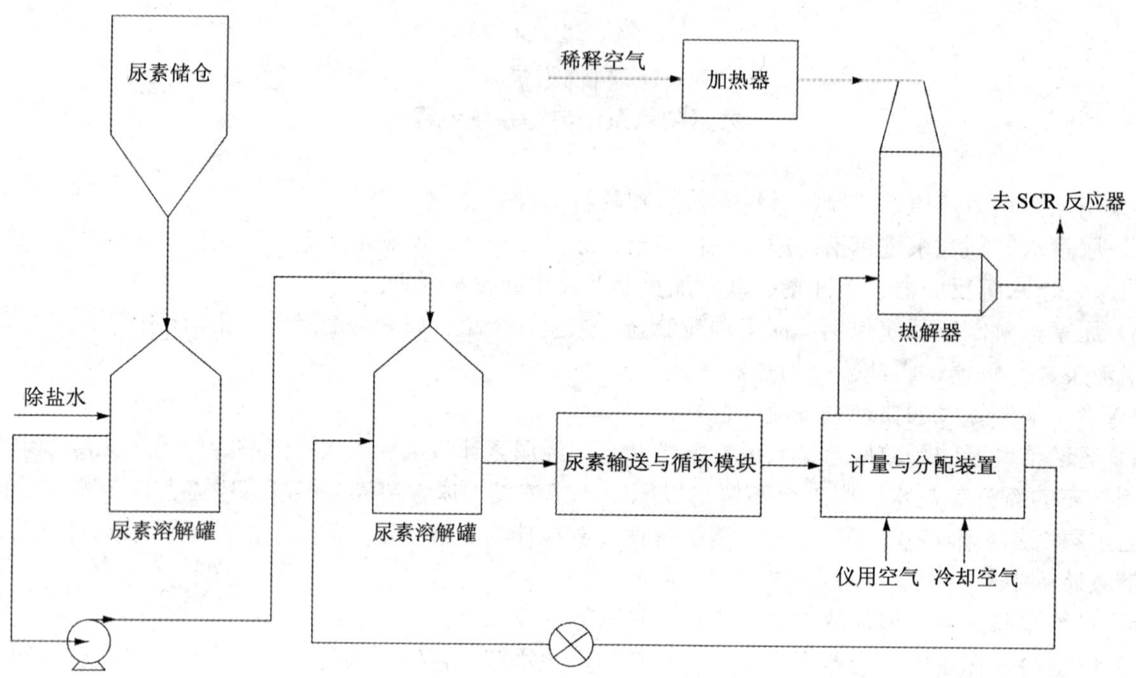


**图 A.2　典型尿素热解制氨气系统流程图**

# 附 录 B
（资料性附录）
# 催化剂设计选型的基础数据

## B.1 煤种的工业分析和元素分析

B.1.1 煤种的其他常量和微量元素分析，包括：

a）Na 含量，%；

b）K 含量，%；

c）As 含量，%；

d）Cl 含量，%；

e）F 含量，%。

B.1.2 飞灰粒径分布。

B.1.3 飞灰的矿物质成分分析，包括：

a）$SiO_2$ 含量，%；

b）$Al_2O_3$ 含量，%；

c）$Fe_2O_3$ 含量，%；

d）CaO 含量，%；

e）游离 CaO 含量，%；

f）MgO 含量，%；

g）$TiO_2$ 含量，%；

h）MnO 含量，%；

i）$V_2O_5$ 含量，%；

j）$Na_2O$ 含量，%；

k）$K_2O$ 含量，%；

l）$P_2O_5$ 含量，%；

m）$SO_3$ 含量，%；

n）烧失量，%；

o）未燃尽碳含量，%。

B.1.4 烟气体积流量（101.325 kPa、0℃，湿基或干基），单位为 $m^3/h$。

B.1.5 烟气温度范围，单位为℃。

B.1.6 烟气中飞灰含量（101.325 kPa、0℃，干基，过剩空气系数 1.4），单位为 $g/m^3$ 或 $mg/m^3$。

B.1.7 烟气组分分析，包括：

a）$H_2O$ 含量（101.325 kPa、0℃），%；

b）$O_2$ 含量（101.325 kPa、0℃，干基），%；

c）$CO_2$ 含量（101.325 kPa、0℃，干基），%；

d）$N_2$ 含量（101.325 kPa、0℃，干基），%；

e）$NO_x$ 含量（101.325 kPa、0℃，干基，过剩空气系数 1.4），$mg/m^3$；

f）$SO_2$ 含量（101.325 kPa、0℃，干基，过剩空气系数 1.4），$mg/m^3$；

g）$SO_3$ 含量（101.325 kPa、0℃，干基，过剩空气系数 1.4），$mg/m^3$；

h）HCl 含量（101.325 kPa、0℃，干基，过剩空气系数 1.4），$mg/m^3$；

i）HF 含量（101.325 kPa、0℃，干基，过剩空气系数 1.4），mg/m$^3$；

j）CO 含量（101.325 kPa、0℃，干基，过剩空气系数 1.4），mg/m$^3$。

## B.2 催化剂设计的其他数据

在 SCR 烟气脱硝工程项目前期，还应尽量提供有助于催化剂设计的相关数据，如主体工程每年在各种负荷工况下的预计运行时间等。如果项目中应用到多种燃料，催化剂设计选型的技术数据还应包括各种燃料所适用的比例。

# 附 录 C
（资料性附录）
## 失效催化剂的处理方式

### C.1 催化剂再生

C.1.1 催化剂的再生是将失活催化剂通过浸泡洗涤、添加活性组分以及烘干的程序使催化剂恢复大部分活性。催化剂再生的方法可分为在线清理法和振动法。

a）在线清理法是指在 SCR 反应塔内进行清灰，清除硫酸氢氨等比较容易清除的物质。这种方法简便易行，费用较低，但仅适合于失活不严重的情况，只能恢复很少的催化剂活性。

b）振动法是把催化剂模块从 SCR 反应塔中拆除，放进专用的振动设备中，可以清除大部分堵塞物，如硫酸氢氨、其他可溶性物质以及爆米花灰等。在振动设备中采用专用的化学清洗剂，从而产生废水，废水成分和空预器清洗水相似，可以排入电厂废水处理系统。

C.1.2 再生方案的确定宜根据工期、现场场地、再生费用、再生和新买催化剂的技术经济比较进行综合评估后确定。

### C.2 催化剂无害化处理

C.2.1 催化剂的主要成分是 $TiO_2$、$V_2O_5$、$WO_3$、$MoO_3$ 等，其中 $TiO_2$ 属于无毒物质，$V_2O_5$ 为微毒物质，属于吸入有害；$MoO_3$ 也为微毒物质，长期吸入或者吞服有严重危害，对眼睛和呼吸系统有刺激。因此，在催化剂使用和废弃处理过程中，如果措施得当，不会造成危害。

C.2.2 在正常情况下，SCR 催化剂性状稳定，不会发生分解。在催化剂处理过程中，要防止粉末的产生和浸水；在接触催化剂时，要戴手套；在催化剂粉碎过程中，要戴口罩。在正常情况下，催化剂性状稳定，不会发生分解。迄今为止尚未发现由于催化剂产生伤害的报告。

C.2.3 虽然催化剂自身属于微毒物质，但是在其使用过程中烟气中的重金属可能在催化剂内聚集，这种情况下，使用后失效的 SCR 催化剂应作为危险物品来处理。

C.2.4 对于蜂窝式 SCR 催化剂，一般的处理方式是把催化剂压碎后进行填埋。填埋按照微毒化学物质的处理要求，在填埋坑底部铺设塑料薄膜。板式催化剂除了采用压碎填埋的方式外，由于催化剂内含有不锈钢基材，并且催化剂活性物质中有 Ti、Mo、V 等金属物质，因此可以送至金属冶炼厂进行回用，见图 C.1。

C.2.5 催化剂废弃处理的第三种方式是将催化剂压碎后装入混凝土容器内然后填埋。该处理方式由于其成本相对较高，因此一般情况下不采用。只有在燃煤中重金属含量较多，在脱硝装置的运行过程中聚集在催化剂内，并且达到了一定的浓度，或者在某些特殊地区有明确的要求的情况下，才采用该方式处理。

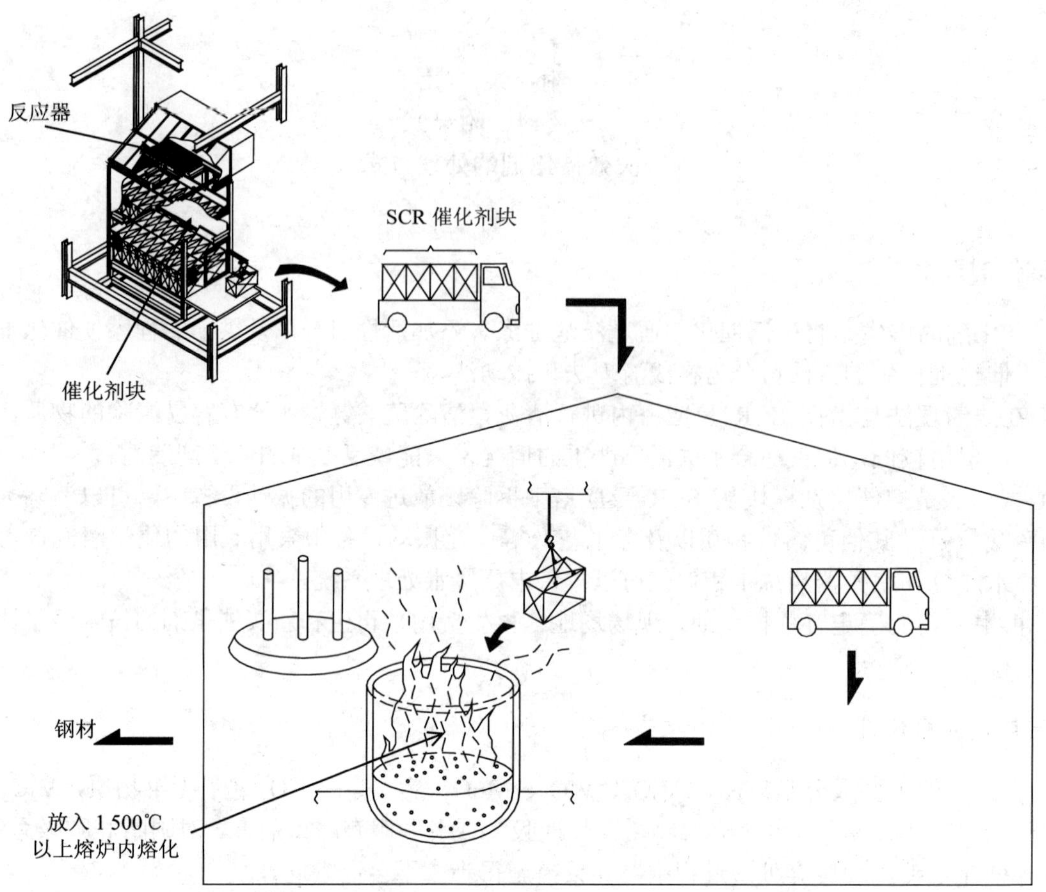


图 C.1　催化剂无害化处理过程

# 附 录 D
（资料性附录）
## 性能修正曲线示例

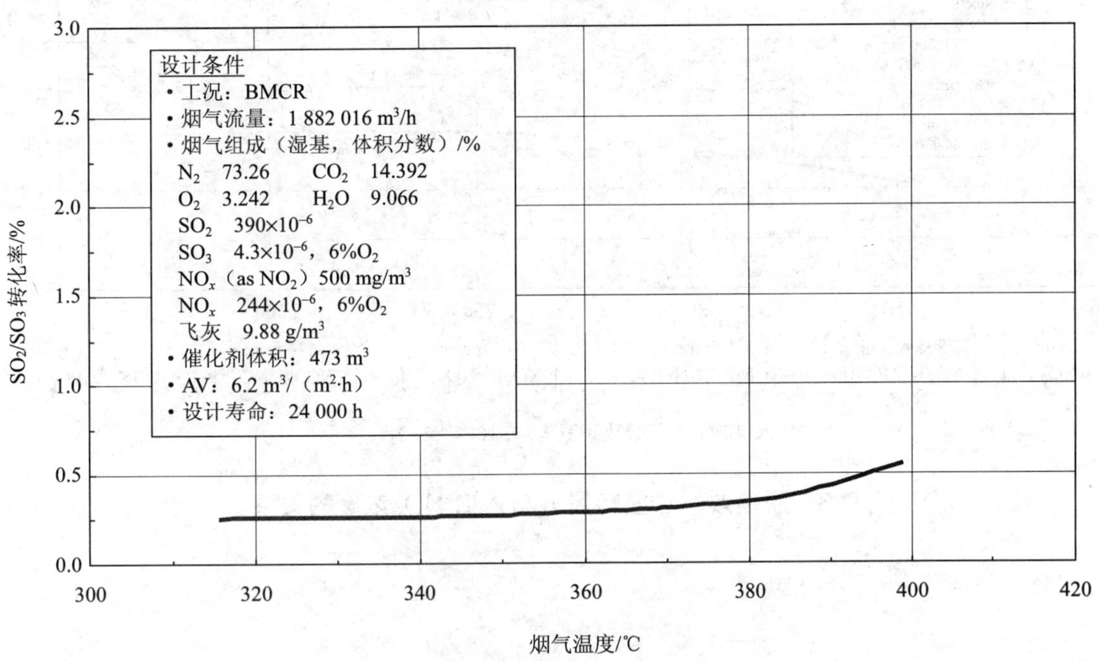


图 D.1 $SO_2/SO_3$转化率与烟气温度的关系

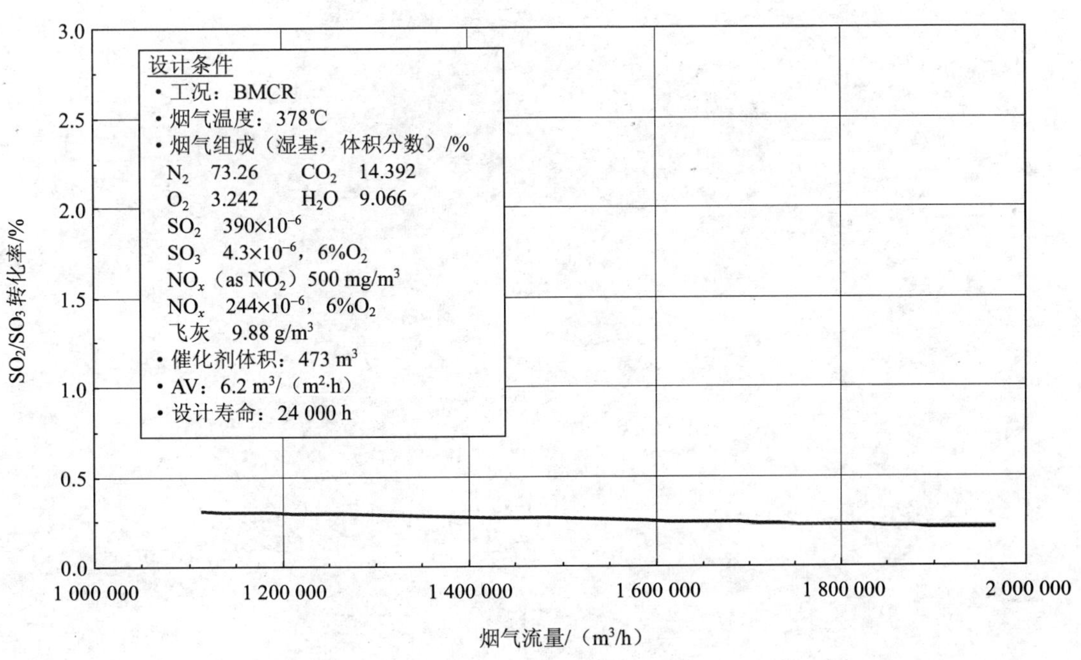


图 D.2 $SO_2/SO_3$转化率与烟气流量的关系

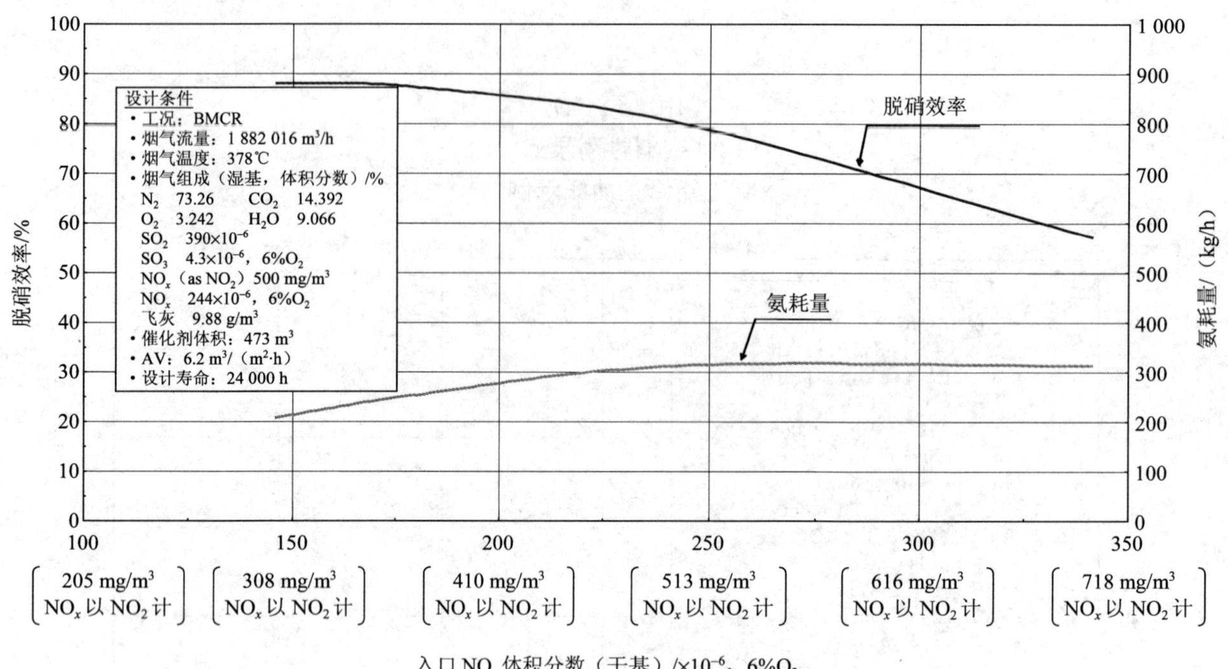


图 D.3 脱硝效率（氨耗量）与入口 $NO_x$ 浓度的关系

# 附　录　E
（资料性附录）
# 脱硝系统参数检测表

SCR 脱硝系统编号：

| 项目 | | | 备注 |
|---|---|---|---|
| 时间 | | | |
| $NO_x$ 脱除效率/% | | | |
| 烟气参数 | 流量/（$m^3/h$） | | |
| | 温度/℃ | | |
| | 湿度/% | | |
| | 烟尘质量浓度/（$mg/m^3$） | | |
| | $O_2$ 体积分数/% | | |
| | CO 质量浓度/（$mg/m^3$） | | |
| | …… | | |
| 催化剂层间压降/Pa | 第一层 | | |
| | 第二层 | | |
| | 第三层 | | |
| | …… | | |
| $NO_x$ 质量浓度/（$mg/m^3$） | 反应器入口处 | | |
| | 第一、二催化剂层之间 | | |
| | 第二、三催化剂层之间 | | |
| | …… | | |
| | 反应器出口处 | | |
| 催化剂参数 | 活性变化 | | |
| | 积灰情况 | | 积灰区域分布、程度以及积灰特点如爆米花灰等 |
| | 磨蚀情况 | | |
| | 微观结构变化 | | 孔径分布、孔容和比表面积等变化情况 |
| | …… | | |

注 1：催化剂参数应定期检测（每 2 个月监测一次），其中积灰情况较为特殊，可根据机组运行情况，结合锅炉大修停炉等时期进行分析。

注 2：以上数据均为实测工况数据。

负责人：　　　　　　　　　　　　日期：

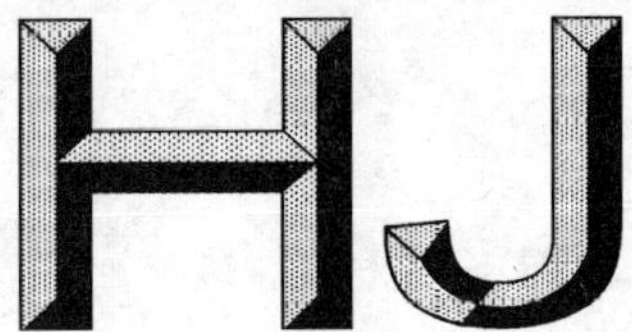

# 中华人民共和国国家环境保护标准

HJ 563—2010

# 火电厂烟气脱硝工程技术规范
# 选择性非催化还原法

**Engineering technical specification of flue gas selective non-catalytic reduction denitration for thermal power plant**

2010-02-03 发布　　2010-04-01 实施

环　境　保　护　部　发布

# 前　言

为贯彻执行《中华人民共和国环境保护法》、《中华人民共和国大气污染防治法》和《火电厂大气污染物排放标准》，规范火电厂烟气脱硝工程建设，改善大气环境质量，制定本标准。

本标准规定了火电厂选择性非催化还原法烟气脱硝工程的设计、施工、验收、运行和维护等技术要求。

本标准由环境保护部科技标准司组织制订。

本标准为首次发布。

本标准主要起草单位：中国环境保护产业协会、西安热工研究院有限公司、北京市环境保护科学研究院、东南大学、国网电力技术公司、北京博奇电力科技有限公司、北京国电龙源环保工程有限公司、清华同方环境有限责任公司、浙江天地环保工程有限公司。

本标准环境保护部2010年2月3日批准。

本标准自2010年4月1日起实施。

本标准由环境保护部解释。

# 火电厂烟气脱硝工程技术规范
# 选择性非催化还原法

## 1 适用范围

本标准规定了火电厂选择性非催化还原法烟气脱硝工程的设计、施工、验收、运行和维护等应遵循的技术要求，可作为环境影响评价、工程设计与施工、建设项目竣工环境保护验收及建成后运行与管理的技术依据。

本标准适用于火电厂（热电联产）燃煤、燃气、燃油锅炉同期建设或已建锅炉的烟气脱硝工程。供热锅炉和其他工业锅炉、炉窑，同期建设或已建锅炉的烟气脱硝工程可参照执行。

## 2 规范性引用文件

本标准内容引用了下列文件中的条款。凡是不注日期的引用文件，其有效版本适用于本标准。

GB 536 液体无水氨

GB 12348 工业企业厂界环境噪声排放标准

GB 12801 生产过程安全卫生要求总则

GB 14554 恶臭污染物排放标准

GB 18218 危险化学品重大危险源辨识

GB 50016 建筑设计防火规范

GB 50040 动力机器基础设计规范

GB 50160 石油化工企业设计防火规范

GB 50222 建筑内部装修设计防火规范

GB 50229 火力发电厂与变电站设计防火规范

GB 50243 通风与空调工程施工质量验收规范

GB 50351 储罐区防火堤设计规范

GB/T 16157 固定污染源排气中颗粒物测定与气态污染物采样方法

GB/T 21509 燃煤烟气脱硝技术装备

GB/T 50033 建筑采光设计标准

GBJ 87 工业企业噪声控制设计规范

GBJ 140 建筑灭火器配置设计规范

GBZ 1 工业企业设计卫生标准

DL 5009.1 电力建设安全工作规程（火力发电厂部分）

DL 5053 火力发电厂劳动安全和工业卫生设计规程

DL/T 5029 火力发电厂建筑装修设计标准

DL/T 5035 火力发电厂采暖通风与空气调节设计技术规程

DL/T 5120 小型电力工程直流系统设计规程

DL/T 5136 火力发电厂、变电所二次接线设计技术规程

DL/T 5153 火力发电厂厂用电设计技术规定

HJ/T 75 固定污染源烟气排放连续监测技术规范（试行）

HJ/T 76 固定污染源排放烟气连续监测系统技术要求及检测方法

《危险化学品安全管理条例》（中华人民共和国国务院令　第 344 号）

《危险化学品生产储存建设项目安全审查办法》（国家安全生产监督管理局、国家煤矿安全监察局令　第 17 号）

《建设项目（工程）竣工验收办法》（计建设[1990]　1215 号）

《建设项目竣工环境保护验收管理办法》（国家环境保护总局令　第 13 号）

## 3　术语和定义

GB/T 21509 确立的以及下列术语和定义适用于本标准。

### 3.1　选择性非催化还原法 selective non-catalytic reduction（SNCR）

利用还原剂在不需要催化剂的情况下有选择性地与烟气中的氮氧化物（$NO_x$）发生化学反应，生成氮气和水的方法。

### 3.2　脱硝系统 denitrification system

采用物理或化学的方法脱除烟气中氮氧化物（$NO_x$）的系统，本标准中指选择性非催化还原法脱硝系统。

### 3.3　还原剂 reductant

脱硝系统中用于与 $NO_x$ 发生还原反应的物质及原料。

### 3.4　氨逃逸质量浓度 ammonia slip

脱硝系统运行时空气预热器入口烟气中氨的质量与烟气体积（101.325 kPa、0℃，干基，过量空气系数 1.4）之比，一般用 $mg/m^3$ 表示。

### 3.5　系统可用率 system availability

脱硝系统每年正常运行时间与锅炉每年总运行时间的百分比。按式（1）计算：

$$可用率=\frac{A-B}{A}\times 100\% \qquad (1)$$

式中：$A$——锅炉每年总运行时间，h；

$B$——脱硝系统每年总停运时间，h。

### 3.6　锅炉最大连续工况 boiler maximum continuous rating

锅炉与汽轮机组设计流量相匹配的最大连续输出热功率时的工况，简称 BMCR 工况。

### 3.7　锅炉经济运行工况 boiler economic continuous rating

锅炉经济蒸发量下的工况，对应于汽轮机机组热耗保证工况，简称 BECR 工况。

## 4　污染物与污染负荷

4.1　脱硝系统设计前应收集附录 A 中规定的原始参数。

4.2　新建锅炉加装脱硝系统的烟气设计参数宜采用 BMCR 工况、$NO_x$ 和烟尘浓度为设计值时的烟气参数；校核值宜采用 BECR 工况下烟气量、$NO_x$ 和烟尘浓度为最大值时的烟气参数。

4.3　已建锅炉加装脱硝系统时，其设计工况和校核工况宜根据实测烟气参数确定，并考虑燃料的变化趋势。

4.4　烟气参数应按 GB/T 16157 进行测试。

## 5　总体要求

### 5.1　一般规定

5.1.1　SNCR 法适用于脱硝效率要求不高于 40%的机组。

5.1.2　脱硝工程的设计应由具备相应资质的单位承担，设计文件应按规定的内容和深度完成报批和批准手续，并符合国家有关强制性法规、标准的规定。

5.1.3 脱硝工程总体设计应符合下列要求：

a）工艺流程合理；

b）还原剂使用便捷；

c）方便施工，有利于维护检修；

d）充分利用厂内公用设施；

e）节约用地，工程量小，运行费用低。

5.1.4 应装设符合 HJ/T 76 要求的烟气排放连续监测系统，并按照 HJ/T 75 的要求进行连续监测。

## 5.2 工程构成

5.2.1 SNCR 脱硝工程主要包括还原剂的储存与制备、输送、计量分配及喷射。

5.2.2 还原剂的储存与制备包括尿素储仓或液氨（氨水）储罐，以及尿素溶解、稀释或液氨蒸发、氨气缓冲等设备。

5.2.3 还原剂的输送包括蒸汽管道、水管道、还原剂管道及输送泵等。

5.2.4 还原剂的计量分配包括还原剂、雾化介质和稀释水的压力、温度计量设备，以及流量的分配设备等。

5.2.5 还原剂的喷射包括喷射枪及电动推进装置等。

## 5.3 总平面布置

5.3.1 总平面布置应符合 GB 50016、GB 50222 和 GB 50229 等防火、防爆有关规范的规定。

5.3.2 总平面布置应遵循设备运行稳定、管理维修方便、经济合理、安全卫生的原则，并应与电厂总体布置相协调。

5.3.3 架空管线、直埋管线与沟道相接时，应在设计分界线处标明位置、标高、管径或沟道断面尺寸、坡度、坡向管沟名称、引向何处等。

5.3.4 平台扶梯及检修起吊设施的布置应尽量利用锅炉已有的设施。

5.3.5 管道及附件的布置应满足脱硝施工及运行维护的要求，避免与其他设施发生碰撞。

5.3.6 尿素溶解和储存设备应就近布置在锅炉附近的空地上。

5.3.7 尿素溶液稀释设备尽可能紧靠锅炉布置，一般以地脚螺栓的形式固定在紧邻锅炉的 0 m 标高的空地上。

5.3.8 计量分配设备应就近布置在喷射系统附近锅炉平台上，以焊接或螺栓的形式固定。

5.3.9 若采用液氨还原剂，氨区宜布置在地势较低的地带；还原剂区应单独设置围栏，设立明显警示标记，并应考虑疏散距离。

5.3.10 液氨储罐区宜设环形消防道路，场地困难时，可设尽头式道路，但应设回转场地，并符合 GB 50229 的规定。

5.3.11 液氨储罐应设置防止阳光直射的遮阳棚，遮阳棚的结构应避免形成可集聚气体的死角。

5.3.12 在地上、半地下储氨罐或储氨罐组，应按 GB 50351 设置非燃烧、耐腐蚀材料的防火堤。

# 6 工艺设计

## 6.1 一般规定

6.1.1 脱硝系统氨逃逸质量浓度应控制在 8 mg/m$^3$ 以下。

6.1.2 脱硝系统对锅炉效率的影响应小于 0.5%。

6.1.3 脱硝系统应能在锅炉最低稳燃负荷工况和 BMCR 工况之间的任何负荷持续安全运行。

6.1.4 脱硝系统负荷响应能力应满足锅炉负荷变化率要求。

6.1.5 脱硝系统应不对锅炉运行产生干扰，也不增加烟气阻力。

6.1.6 还原剂储存系统可几台机组共用，其他系统按单元机组设计。

6.1.7 脱硝系统设计和制造应符合安全可靠、连续有效运行的要求，服务年限应在 30 年以上，整个寿命期内系统可用率应不小于 98%。

6.2 还原剂选择

6.2.1 脱硝工艺中常用的还原剂主要有尿素、液氨和氨水。

6.2.2 火电厂烟气脱硝系统一般采用尿素为还原剂，系统主要由尿素溶液储存与制备、尿素溶液输送、尿素溶液计量分配以及尿素溶液喷射等设备组成。

6.2.3 以液氨和氨水为还原剂的脱硝系统一般适用于中小型锅炉，其工艺要求参见附录 B。

6.3 尿素溶液储存和制备系统

6.3.1 宜将尿素制备成质量浓度为 50%的尿素溶液储存。

6.3.2 尿素溶液的总储存容量宜按照不小于所对应的脱硝系统在 BMCR 工况下 5 d（每天按 24 h 计）的总消耗量来设计。

6.3.3 尿素溶解设备宜布置在室内，尿素溶液储存设备宜布置在室外。设备间距应满足施工、操作和维护的要求，结合电厂所在地域条件考虑尿素溶液管道的保温。

6.3.4 尿素筒仓应至少设置一个，应设计成锥形底立式碳钢罐，并设置热风流化装置和振动下料装置，以防止固体尿素吸潮、架桥及结块堵塞。

6.3.5 尿素溶解罐应至少设置一座，采用不锈钢制造。

6.3.6 尿素溶解罐应设有人孔、尿素或尿素溶液入口、尿素溶液出口、通风孔、搅拌器口、液位表、温度表口和排放口等。

6.3.7 尿素溶解罐和尿素溶液储罐之间应设置输送泵，输送泵可采用离心泵。

6.3.8 尿素溶液储罐应设两座，并设伴热装置。

6.3.9 尿素溶液储罐宜采用玻璃钢（FRP）或不低于 304 不锈钢制造。

6.3.10 尿素溶液储罐的开口应有人孔、尿素溶液进出口、通风孔、液位表、温度表口和排放口。

6.3.11 尿素溶液储罐外壁应设有梯子、平台、栏杆和液面计支架。

6.3.12 在喷入锅炉前，尿素溶液应与稀释水混合稀释，稀释后的质量浓度不得大于 10%。

6.3.13 稀释混合器宜采用静态混合器。

6.3.14 稀释用水宜采用除盐水。

6.3.15 每台锅炉宜配置一套稀释系统。

6.3.16 尿素溶液稀释系统应设置过滤器。

6.3.17 每台锅炉应设计两台稀释水泵，一台运行，一台备用。流量设计裕量应不小于 10%，压头设计裕量应不小于 20%。

6.4 尿素溶液输送系统

6.4.1 多台锅炉可共用一套尿素溶液输送系统。

6.4.2 尿素溶液输送泵宜采用多级离心泵。

6.4.3 每套输送系统应设计两台输送泵，一台运行，一台备用。

6.4.4 输送系统应设置加热器。加热器的功率应能满足补偿尿素溶液输送途中热量损失的需要。

6.4.5 尿素溶液输送系统应设置过滤器。

6.5 尿素溶液计量分配系统

6.5.1 每台锅炉宜配置一套计量分配系统。

6.5.2 计量分配系统应设置空气过滤器。

6.6 尿素溶液喷射系统

6.6.1 尿素 SNCR 是在锅炉炉膛高温区域（850～1 250℃）喷入尿素溶液。

6.6.2 喷射系统应尽量考虑利用现有锅炉平台进行安装和维修。

6.6.3 多喷嘴喷射器应有足够的冷却保护措施以使其能承受反应温度窗口区域的最高温度，而不产生任何损坏。

6.6.4 多喷嘴喷射器应有伸缩机构，当喷射器不使用、冷却水流量不足、冷却水温度高或雾化空气流量不足时，可自动将其从锅炉中抽出以保护喷射器不受损坏。

6.6.5 每台锅炉应设置一套炉膛温度监测仪。

6.6.6 宜结合常用煤种及运行工况进行 SNCR 计算流体力学和化学动力学模型试验，以确定最优温度区域和最佳还原剂喷射模式。

### 6.7 二次污染控制措施

6.7.1 脱硝系统设计过程中应考虑二次污染的控制措施，废气、废水、噪声及其他污染物的防治与排放，应执行国家及地方现行环境保护法规和标准的有关规定。

6.7.2 脱硝系统应采取控制氨气泄漏的措施，厂界氨气的浓度应符合 GB 14554 的要求。

6.7.3 单独采用 SNCR 法时，应严格控制脱硝系统产生的氨逃逸，当 SNCR 法和 SCR 法联合使用时，应采取控制氨逃逸和 $SO_2/SO_3$ 转化率的措施。

6.7.4 脱硝系统应采取有效的隔声、消声、绿化等降低噪声的措施，噪声和振动控制的设计应符合 GBJ 87 和 GB 50040 的规定，厂界噪声应符合 GB 12348 的要求。

### 6.8 突发事故应急措施

若采用液氨作为还原剂，液氨储存与供应区域设置完善的消防系统、洗眼器及防毒面罩等。氨站还应设防雨、防晒及喷淋措施，喷淋设施要考虑工程所在地冬季气温因素。

## 7 主要工艺设备和材料

7.1 尿素 SNCR 工艺的主要设备有：尿素溶解罐、尿素溶液循环泵、尿素溶液储罐、供料泵、稀释水泵、背压控制阀、计量分配装置、尿素溶液喷射器等，设备性能和要求见本标准第 6 章。

7.2 材料应根据经济、适用的原则选择，满足脱硝系统的工艺要求。

7.3 通用材料应与燃煤锅炉常用材料的选择一致。

7.4 对于接触腐蚀性介质的部位，应择优选取耐腐蚀金属或非金属材料。

7.5 金属材料宜以碳钢材料为主。对金属材料表面可能接触腐蚀性介质的区域，应根据脱硝系统不同部位的实际情况，衬抗腐蚀性和磨损性强的非金属材料。

7.6 当承压部件为金属材料并内衬非金属防腐材料时，应考虑非金属材料与金属材料之间的黏结强度，且承压部件的自身设计应确保非金属材料能够长期稳定地黏结在基材上。

7.7 防腐蚀和磨损的非金属材料主要选用玻璃鳞片树脂、玻璃钢、塑料、橡胶、陶瓷等。

## 8 检测和过程控制

### 8.1 烟气连续检测系统

出口烟气连续检测装置至少应包含以下测量项目：烟气流量、$NO_x$ 浓度（以 $NO_2$ 计）、烟气含氧量。

### 8.2 热工自动化及控制系统

8.2.1 脱硝系统与机组同步建设时，宜将脱硝系统的控制纳入机组单元控制系统，不再单独设置脱硝控制室。

8.2.2 已建锅炉增设脱硝系统时，两台炉可设置一个独立的脱硝控制室，宜采用分散控制系统（DCS）或可编程逻辑控制器（PLC）。当条件具备时，宜将脱硝系统控制室与机炉集控室合并，或将脱硝系统的控制纳入已经建成的机组单元控制系统，以达到与机炉统一监视或控制。

8.2.3 控制子系统包括：还原剂流量控制系统、喷射控制系统、冷却水控制系统、空气和空气净化控制系统、温度监测系统等。

8.2.4 热控系统应能在无就地人员配合的情况下，通过远程控制实现还原剂的输送、计量、喷枪系统等启停及调节和事故处理。

8.2.5 热控系统与管理信息系统（MIS）进行通信时，应采用经国家有关部门认证的专用、可靠的安全隔离措施。

# 9 辅助系统

## 9.1 电气系统

### 9.1.1 供电系统

9.1.1.1 脱硝系统低压厂用电电压等级应与厂内主体工程一致。

9.1.1.2 脱硝系统厂用电系统中性点接地方式应与厂内主体工程一致。

9.1.1.3 脱硝系统反应器区工作电源宜并入单元机组锅炉马达控制中心（MCC）段，不单独设低压脱硝变压器及脱硝 MCC。还原剂区工作宜单独设 MCC，其电源宜引自厂区公用电源系统，采用双电源进线。

9.1.1.4 除满足上述要求外，还应符合 DL/T 5153 中的有关规定。

### 9.1.2 直流系统

9.1.2.1 脱硝系统控制电源宜采用交流电源控制，当直流电源引接方便时，也可以考虑采用直流电源。

9.1.2.2 直流系统的设置应符合 DL/T 5120 的规定。

### 9.1.3 交流保安电源和交流不停电电源（UPS）

9.1.3.1 脱硝系统宜根据系统的自身情况确定是否使用交流保安电源及设置交流保安段。

9.1.3.2 其他要求应符合 DL/T 5136 中的有关规定。

### 9.1.4 二次线

9.1.4.1 脱硝电气系统宜在程控室控制，控制水平与工艺专业协调一致。

9.1.4.2 其他二次线要求应符合 DL/T 5136 和 DL/T 5153 的规定。

## 9.2 建筑及结构

### 9.2.1 建筑

9.2.1.1 脱硝系统的建筑设计除执行本标准外，还应符合国家和行业现行有关标准的规定。

9.2.1.2 脱硝系统建筑设计应根据生产流程、功能要求、自然条件等因素，结合工艺设计，合理组织平面布置和空间组合，注意建筑群体的效果及与周围环境的协调。

9.2.1.3 脱硝系统的建筑物室内噪声控制设计标准应符合 GBJ 87 的规定。

9.2.1.4 脱硝系统的建筑物采光和自然通风宜优先考虑天然采光，建筑物室内天然采光照度应符合 GB/T 50033 的要求。

9.2.1.5 脱硝系统建筑物各车间室内装修标准应按 DL/T 5029 中同类性质的车间装修标准执行。

### 9.2.2 结构

9.2.2.1 脱硝系统工程土建结构的设计除执行本标准外，还应符合国家和行业现行有关标准的规定。

9.2.2.2 屋面、楼（地）面在生产使用、检修、施工安装时，由设备、管道、材料堆放、运输工具等重物引起的荷载，以及所有设备、管道支架作用于土建结构上的荷载，均应由工艺设计专业提供。

9.2.2.3 脱硝系统建、构筑物抗震设防类别按丙类考虑，地震作用和抗震措施均应符合本地区抗震设防烈度的要求。

## 9.3 暖通及消防系统

### 9.3.1 一般规定

9.3.1.1 脱硝系统内应有采暖通风与空气调节系统，并符合 DL/T 5035、GB 50243 及国家有关现行标准的规定。

9.3.1.2 脱硝系统应有完整的消防给水系统，还应按消防对象的具体情况设置火灾自动报警装置和专用灭火装置。系统消防设计应符合 GB 50229 及 GB 50160 等标准的要求。

### 9.3.2 采暖通风

9.3.2.1 脱硝系统建筑物的采暖应与其他建筑物一致。当厂区设有集中采暖系统时，采暖热源宜由厂区采暖系统提供。

9.3.2.2 脱硝内控制室和电子设备间应设置空气调节装置。室内设计参数应根据设备要求确定。

9.3.2.3 在寒冷地区，通风系统的进、排风口宜考虑防寒措施。

9.3.2.4 通风系统的进风口宜设在清洁干燥处，电缆夹层不得作为通风系统的吸风地点。在风沙较大地区，通风系统应考虑防风沙措施。在粉尘较大地区，通风系统应考虑防尘措施。

9.3.3 消防系统

9.3.3.1 脱硝系统消防水源宜由厂内主消防管网供给。消防水系统的设置应覆盖所有室外、室内建构筑物和相关设备。

9.3.3.2 室内消防栓的布置，应保证有两支水枪的充实水柱同时到达室内任何部位。

9.3.3.3 室外消火栓应根据需要沿道路设置，并宜靠近路口；若厂内主消防系统在脱硝附近设有室外消火栓，可考虑利用其保护范围，相应减少脱外消火栓的数量。

9.3.3.4 电子设备间、控制室、水喷雾系统、电缆夹层、电力设备等处应按照 GBJ 140 规定配置一定数量的移动式灭火器。

9.3.3.5 消防系统应满足 GB 50222 及 GB 50229 的规定。

## 10 劳动安全与职业卫生

10.1 脱硝系统设计应遵守劳动安全和职业卫生的有关规定，采取各种防治措施，保护人身的安全和健康，并应遵守 DL 5009.1 和 DL 5053 及其他有关强制性标准的规定。

10.2 若采用液氨作为还原剂，氨的储存和氨气制备应符合 GB 536、《危险化学品安全管理条例》、《危险化学品生产储存建设项目安全审查办法》和 GB 18218 的有关规定，在易发生液氨或者氨气泄漏的区域设置必要的检测设备和水喷雾系统。

10.3 脱硝工程的防火、防爆设计应符合 GB 50016、GB 50222 和 GB 50229 等有关标准的规定。

10.4 防泄漏、防噪声与振动、防电磁辐射、防暑与防寒等职业卫生要求应符合 GBZ 1 的规定。

10.5 应尽可能采用噪声低的设备，对于噪声较高的设备，应采取减震消声措施，并尽量将噪声源和操作人员隔开。

## 11 施工与验收

### 11.1 施工

11.1.1 脱硝工程的施工应符合国家和行业施工程序及管理文件的要求。

11.1.2 脱硝工程应按设计文件进行施工，对工程的变更应取得设计单位的设计变更文件后再进行施工。

11.1.3 脱硝工程施工中使用的设备、材料、器件等应符合相关的国家标准，并应取得供货商的产品合格证后方可使用。

11.1.4 施工单位应遵守国家有关部门颁布的劳动安全及卫生、消防等国家强制性标准及相关的施工技术规范。

11.1.5 稀释系统、计量系统、分配系统等，设计、施工时应充分考虑冬季防寒、防冻的措施，防止各输液管道冰冻。

### 11.2 验收

11.2.1 竣工验收

11.2.1.1 脱硝工程验收应按《建设项目（工程）竣工验收办法》、相应专业现行验收规范和本标准的有关规定进行组织。工程竣工验收前，严禁投入生产性使用。

11.2.1.2 脱硝工程中选用国外引进的设备、材料、器件应具有供货商提供的技术规范、合同规定及商检文件执行，并应符合我国现行国家或行业标准的有关要求。

11.2.1.3 工程安装、施工完成后应进行调试前的启动验收，启动验收合格和对在线仪表进行校验后方可进行调试。

11.2.1.4 通过脱硝系统整体调试，各系统运转正常，技术指标达到设计和合同要求后，方可进行启动试运行。

### 11.2.2 竣工环境保护验收

11.2.2.1 脱硝工程竣工环境保护验收按《建设项目竣工环境保护验收管理办法》的规定进行。

11.2.2.2 脱硝工程在生产试运行期间还应对脱硝系统进行性能试验，性能试验报告可作为竣工环境保护验收的技术支持文件。

11.2.2.3 脱硝系统性能试验包括：功能试验、技术性能试验、设备和材料试验，各试验要求如下：

a）功能试验：在脱硝系统设备运转之前，应先进行启动运行试验，应确认装置的可靠性；

b）技术性能试验参数应包括：脱硝效率，氨逃逸质量浓度，还原剂消耗量，$NH_3/NO_x$ 比，脱硝系统电、水、压缩空气、蒸汽等消耗量，控制系统的负荷跟踪能力及噪音；

c）设备试验和材料试验：确认在锅炉额定负荷下以及在实际运行负荷下的性能（根据需要）。

## 12 运行与维护

### 12.1 一般规定

12.1.1 脱硝系统的运行、维护及安全管理除应执行本标准外，还应符合国家现行有关强制性标准的规定。

12.1.2 未经当地环境保护行政主管部门批准，不得停止运行脱硝系统。由于紧急事故及故障造成脱硝系统停止运行时，应立即报告当地环境保护行政主管部门。

12.1.3 脱硝系统应根据工艺要求定期对各类设备、电气、自控仪表及建（构）筑物进行检查维护，确保装置稳定可靠地运行。

12.1.4 脱硝系统在正常运行条件下，各项污染物排放应满足国家或地方排放标准的规定。

12.1.5 应建立健全与脱硝系统运行维护相关的各项管理制度，以及运行、操作和维护规程；建立脱硝系统、主要设备运行状况的记录制度。

12.1.6 劳动安全和职业卫生设施应与脱硝系统同时建成运行，脱硝系统的安全管理应符合 GB 12801 中的有关规定。

12.1.7 若采用液氨作为还原剂，应根据《危险化学品安全管理条例》的规定建立本单位事故应急救援预案，配备应急救援人员和必要应急救援器材、设备，并定期组织演练。

### 12.2 人员与运行管理

12.2.1 脱硝系统的运行管理既可成为独立的脱硝车间也可纳入锅炉或除灰车间的管理范畴。

12.2.2 脱硝系统的运行人员宜单独配置。当需要整体管理时，也可以与机组合并配置运行人员。但至少应设置 1 名专职的脱硝技术管理人员。

12.2.3 应对脱硝系统的管理和运行人员进行定期培训，使管理和运行人员系统掌握脱硝设备及其他附属设施正常运行的具体操作和应急情况的处理措施。运行操作人员，上岗前还应进行以下内容的专业培训：

a）启动前的检查和启动要求的条件；

b）脱硝设备的正常运行，包括设备的启动和关闭；

c）控制、报警和指示系统的运行和检查，以及必要时的纠正操作；

d）最佳的运行温度、压力、脱硝效率的控制和调节，以及保持设备良好运行的条件；

e）设备运行故障的发现、检查和排除；

f）事故或紧急状态下操作和事故处理；

g）设备日常和定期维护；

h）设备运行及维护记录，以及其他事件的报告的编写。

12.2.4 脱硝系统运行状况、设施维护和生产活动等的内容包括：

a）系统启动、停止时间；

b）还原剂进厂质量分析数据，进厂数量，进厂时间；

c）系统运行工艺控制参数记录，至少应包括：氨区各设备的压力、温度、氨的泄漏值，脱硝反应区烟气温度、烟气流量、烟气压力、湿度、$NO_x$和氧气浓度，出口$NH_3$浓度等；

d）主要设备的运行和维修情况的记录；

e）烟气连续监测数据的记录；

f）生产事故及处置情况的记录；

g）定期检测、评价及评估情况的记录等。

12.2.5 运行人员应按照规定坚持做好交接班制度和巡视制度，特别是采用液氨作为还原剂时，应对液氨卸车储存和液氨蒸发过程进行监督与配合，防止和纠正装卸过程中产生泄漏对环境造成的污染。

12.2.6 在设备冲洗和清扫过程中如果产生废水，应收集在脱硝系统排水坑内，不得将废水直接排放。

## 12.3 维护保养

12.3.1 脱硝系统的维护保养应纳入全厂的维护保养计划中，检修时间间隔宜与锅炉同步进行。

12.3.2 应根据脱硝系统技术提供方提供的系统、设备等资料制定详细的维护保养规定。

12.3.3 维修人员应根据维护保养规定定期检查、更换或维修必要的部件。

12.3.4 维修人员应做好维护保养记录。

# 附 录 A
（资料性附录）
## SNCR 工艺设计所需的原始参数

| 参数名称 | 备注 |
|---|---|
| 烟气体积流量 | （101.325 kPa、0℃，湿基/干基） |
| 烟气温度范围 | |
| 锅炉相关图纸 | |
| 热量输入及其变化情况 | |
| 水、电、蒸汽等消耗品的介质参数 | |
| 炉膛出口过剩空气系数 | |
| 负荷变化范围 | |
| 炉内温度和温度断面 | |
| 飞灰粒径分布 | |
| 可允许的用于反应剂喷射空间 | |
| 煤种的工业分析 | |
| 煤的元素分析 | |
| 烟气组分全分析（包括 $NO_x$、$SO_2$、$SO_3$ 等） | |

# 附　录　B
（资料性附录）
## SNCR 烟气脱硝工艺布置及典型流程

以尿素为还原剂的 SNCR 装置在工程中有较多的应用，因此，以尿素做还原剂为例介绍 SNCR 工艺系统，如图 B.1 所示：

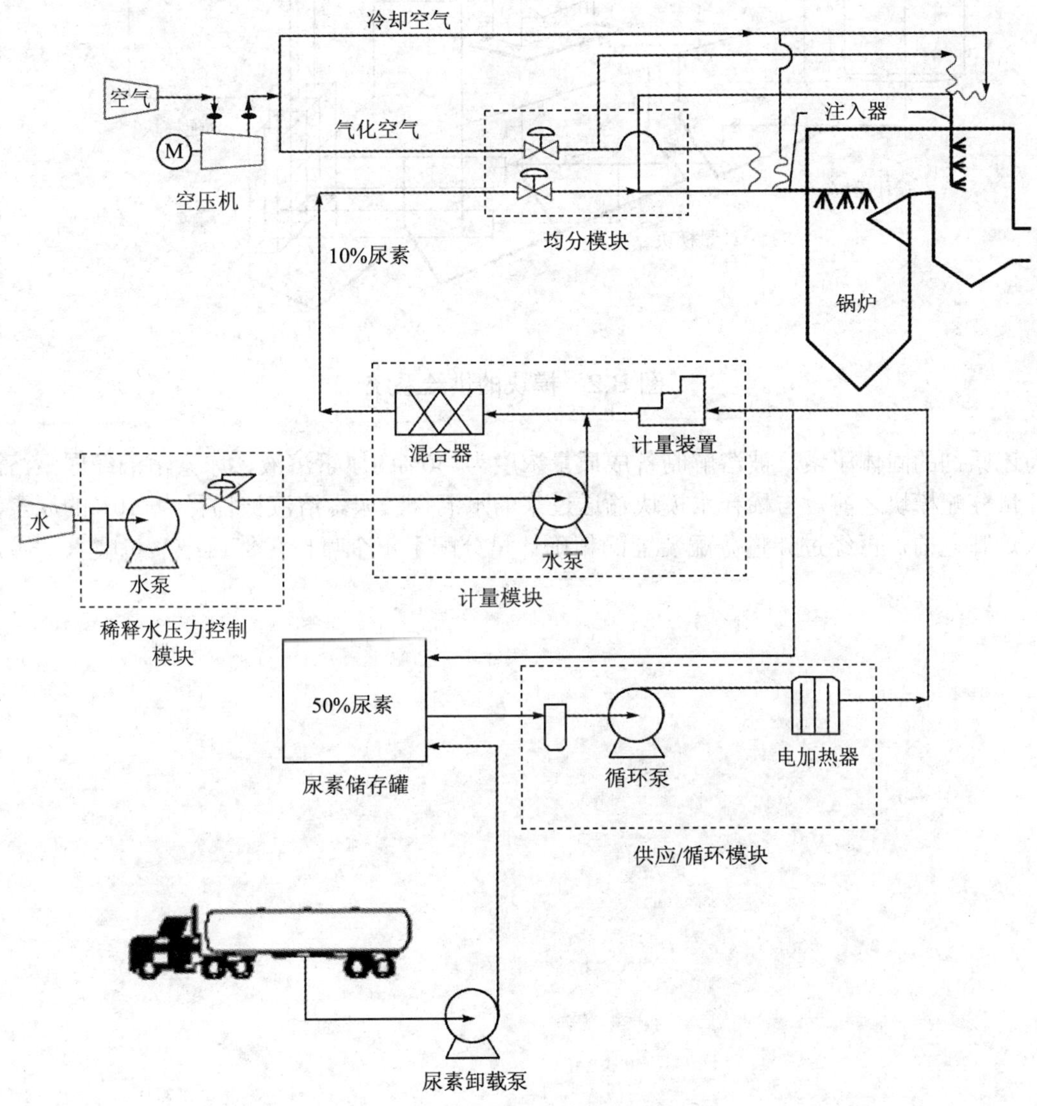


图 B.1　尿素 SNCR 系统工艺

SNCR 系统主要设备都模块化进行设计，主要有尿素溶液储存与制备系统，尿素溶液稀释模块，尿素溶液传输模块，尿素溶液计量模块以及尿素溶液喷射系统组成，如图 B.2 所示。

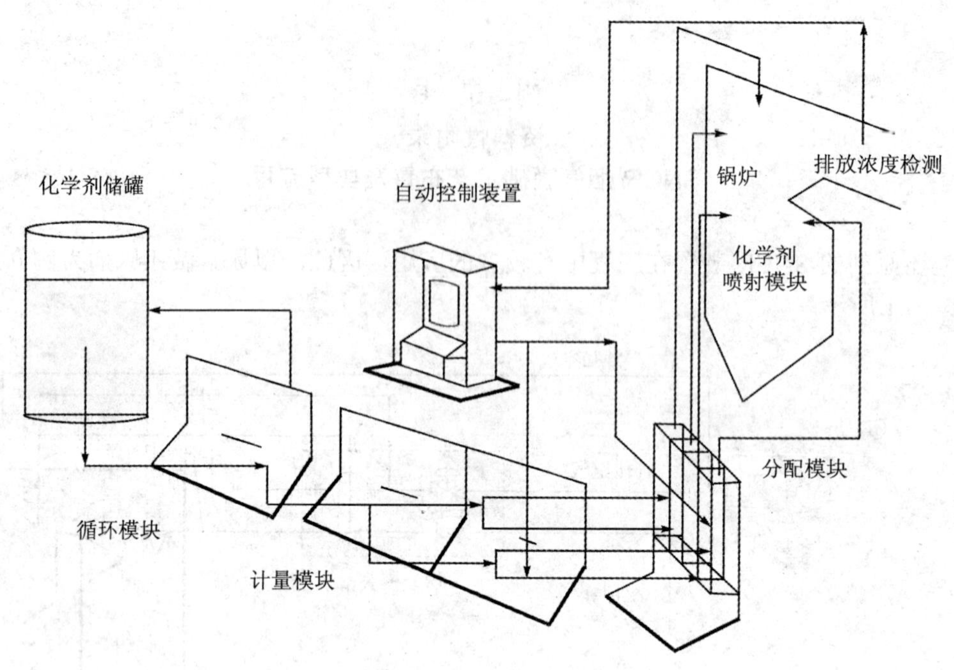


图 B.2 模块的供给系统

作为还原剂的固体尿素，被溶解制备成质量浓度为 50%的尿素溶液，尿素溶液经尿素溶液输送泵输送至计量分配模块之前，与稀释水模块输送过来的水混合，尿素溶液被稀释为 10%的尿素溶液，然后在喷入炉膛之前，再经过计量分配装置的精确计量分配至每个喷枪，然后经喷枪喷入炉膛，进行脱氮反应。

# 附　录　C

（资料性附录）

## 液氨 SNCR 工艺及氨水 SNCR 工艺

C.1　液氨 SNCR

C.1.1　一般规定

液氨 SNCR 工艺和尿素 SNCR 工艺相似，不同点主要表现在还原剂储存和制备、还原剂喷射和主要设备，除此之外均执行本标准正文的规定。

C.1.2　液氨储存和氨气制备

C.1.2.1　液氨的储罐和氨站的设计应满足国家对此类危险品罐区的有关规定。

C.1.2.2　液氨容器除按一般压力容器规范和标准设计制造外，要特别注意选用合适的材料。

C.1.2.3　氨的供应量能满足锅炉不同负荷的要求，调节方便灵活，可靠。

C.1.2.4　存氨罐与其他设备、厂房等要有一定的安全防火防爆距离，并在适当位置设置室外消火栓，设有防雷、防静电接地装置。

C.1.2.5　氨存储、供应系统相关管道、阀门、法兰、仪表、泵等设备选择时，应满足抗腐蚀要求，采用防爆、防腐型户外电气装置。

C.1.2.6　氨液泄漏处及氨罐区域应装有氨气泄漏检测报警系统。

C.1.2.7　系统的卸料压缩机、储氨罐、氨气蒸发槽、氨气缓冲槽及氨输送管道等都应备有氮气吹扫系统，防止泄漏氨气和空气混合发生爆炸。

C.1.2.8　氨存储和供应系统应配有良好的控制系统。

C.1.2.9　氨气系统紧急排放的氨气排入氨气稀释槽中，经水吸收排入废水池，再经由废水泵送至废水处理厂处理。

C.1.2.10　在地上、半地下储罐或储罐组，应设置非燃烧、耐腐蚀的材料防火堤。

C.1.2.11　氨区应安装相应的气体浓度检测报警装置，防雷防静电装置，相应的消防设施等，储罐安全附件、急救设施设备和泄漏应急处理设备。

C.1.3　氨喷射系统

C.1.3.1　应根据炉膛截面、高度等几何尺寸进行氨（氨水）喷射系统的设计，使进入炉膛的氨能与烟气达到充分均匀混合。

C.1.3.2　喷射系统的设计应充分考虑其处于炉膛高温、高灰的区域，所选材料应为耐磨、抗高温及防腐特性。

C.1.3.3　喷射系统应避免堵塞，具有清扫功能。

C.1.4　主要设备

C.1.4.1　卸料压缩机

设计两套卸料压缩机，一运一备。卸料压缩机抽取液氨储罐中的氨气，经压缩后将槽车的液氨推挤入液氨储罐中。在选择压缩机排气量时，要考虑液氨储罐内液氨的饱和气压，液氨卸车流量，液氨管道阻力及卸氨时气候温度等参数。

C.1.4.2　液氨储罐

C.1.4.2.1　液氨储罐采用卧式，并符合危险品压力容器的规定。一运一备，满足 5 d（每天按 24 h 计）还原剂用量的容量，设计温度、压力满足工作温度及压力，材质采用 16MnR。

C.1.4.2.2　储罐上应安装有流量阀、逆止阀、紧急关断阀和安全阀等，并装有温度计、压力表、液位计、高液位报警仪和相应的变送器等。储罐应有防太阳辐射措施，四周安装有工业水喷淋管线及喷嘴，当储罐本体温度过高时，自动启动淋水装置降温。储罐排风孔经密闭系统通到稀释槽，对氨气进行吸收以降低氨气味的发散。

C.1.4.3 液氨供应泵

液氨进入蒸发槽，可以使用压差和液氨自身的重力势能实现，也可以采用液氨泵来供应。如选择液氨泵应选择专门输送液氨的泵，氨泵应采用一运一备。

C.1.4.4 液氨蒸发槽

液氨蒸发槽采用卧式，设计温度及压力能满足工作要求，壳体采用 16MnR 材质，盘管采用 1Cr18Ni9Ti 材质。蒸发能力应按照锅炉在 BMCR 工况下 2×100%容量设计。

C.1.4.5 氨气泄漏检测器

液氨储存及供应系统周边应设有氨气检测器，以检测氨气的泄漏，并显示大气中氨的浓度。当检测器测得大气中氨浓度过高时，在机组控制室发出警报，提醒操作人员采取必要的措施，以防止氨气泄漏的异常情况发生。氨气泄漏检测器的数量及其布置位置合适，并将氨泄漏及火灾报警和消防控制系统纳入全厂消防报警系统。

## C.2 氨水 SNCR

C.2.1 氨水 SNCR 还原剂使用质量分数为 20%左右的氨水。

C.2.2 氨水 SNCR 工艺其他部分与尿素 SNCR 基本相同，可执行本标准正文的规定。

---

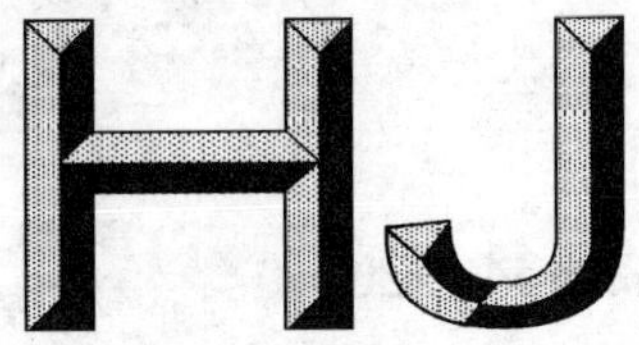

# 中华人民共和国国家环境保护标准

HJ 564—2010

# 生活垃圾填埋场渗滤液处理工程技术规范（试行）

**Leachate treatment project technical specification of municipal solid waste landfill**

2010-02-03 发布　　2010-04-01 实施

环　境　保　护　部　发布

# 前　言

为贯彻《中华人民共和国固体废物污染环境防治法》和《中华人民共和国水污染防治法》，防治垃圾渗滤液对环境的污染，改善环境质量，保障人体健康，制定本标准。

本标准规定了生活垃圾填埋场渗滤液污染治理工程设计、施工、验收以及运行管理等的技术要求。

本标准为首次发布。

本标准由环境保护部科技标准司组织制订。

本标准主要起草单位：中国环境保护产业协会（城市生活垃圾处理委员会）、城市建设研究院、中国环境科学研究院（固体废物污染控制技术研究所）、北京东方同华科技有限公司、维尔利环境工程（常州）有限公司、北京天地人环保科技有限公司、西门子（天津）水技术工程有限公司、北京国环莱茵环境工程技术有限公司。

本标准环境保护部2010年2月3日批准。

本标准自2010年4月1日起实施。

本标准由环境保护部解释。

# 生活垃圾填埋场渗滤液处理工程技术规范（试行）

## 1　适用范围

本标准规定了生活垃圾填埋场渗滤液处理工程的总体要求、工艺设计、检测控制、施工验收、运行维护等的技术要求。

本标准适用于生活垃圾填埋场垃圾渗滤液处理工程，可作为环境影响评价、工程咨询、设计施工、环境保护验收及建成后运行与管理的技术依据。

## 2　规范性引用文件

本标准内容引用了下列文件中的条款。凡是不注日期的引用文件，其有效版本适用于本标准。

GB 12348　工业企业厂界环境噪声排放标准
GB 14554　恶臭污染物排放标准
GB 16297　大气污染物综合排放标准
GB 16889　生活垃圾填埋场污染控制标准
GB 50007　建筑地基基础设计规范
GB 50009　建筑结构荷载规范
GB 50010　混凝土结构设计规范
GB 50011　建筑抗震设计规范
GB 50013　室外给水设计规范
GB 50014　室外排水设计规范
GB 50015　建筑给水排水设计规范
GB 50016　建筑设计防火规范
GB 50019　采暖通风与空气调节设计规范
GB/T 50033　建筑采光设计标准
GB 50034　建筑照明设计规范
GB 50037　建筑地面设计规范
GB 50052　供配电系统设计规范
GB 50053　10 kV 及以下变电所设计规范
GB 50054　低压配电设计规范
GB 50057　建筑物防雷设计规范
GB 50067　汽车库、修车库、停车场设计防火规范
GB 50069　给水排水工程构筑物结构设计规范
GB 50128　立式圆筒形焊接储罐施工及验收规范
GB 50140　建筑灭火器配置设计规范
GB 50187　工业企业总平面设计规范
GB 50189　公共建筑节能设计标准
GB 50191　构筑物抗震设计规范
GB 50334　城市污水处理厂工程质量验收规范
HGJ 229　工业设备、管道防腐蚀工程施工及验收规范

GB 50352　民用建筑设计通则
GBJ 22　厂矿道路设计规范
GBJ 93　工业自动化仪表工程施工及验收规范
GBZ 1　工业企业设计卫生标准
CECS 138　给水排水工程钢筋混凝土水池结构设计规程
CJJ 17　生活垃圾卫生填埋技术规范
JGJ 67　办公建筑设计规范
HG 20508　控制室设计规定
HG 20509　仪表供电设计规定
HG 20511　信号报警、安全连锁系统设计规定
HG/T 20573　分散型控制系统工程设计规定
JTG D40　公路水泥混凝土路面设计规范
JTG D50　公路沥青路面设计规范
TJ 36　工业企业设计卫生标准
《建设项目竣工环境保护验收管理办法》　（国家环境保护总局令　第 13 号）
《污染源自动监控管理办法》　（国家环境保护总局令　第 28 号）

## 3　术语和定义

GB/T 20103—2006 中确立的和下列术语和定义适用于本标准。

### 3.1　渗滤液 leachate

垃圾在堆放和填埋过程中由于压实、发酵等物理、生物、化学作用，同时在降水和其他外部来水的渗流作用下产生的含有机或无机成分的液体。

### 3.2　调节池 holding tank of leachate

在渗滤液处理设施前设置的具有均化水质、调蓄水量或兼有渗滤液预处理功能的构筑物。

### 3.3　微滤 microfiltration filter（MF）

以压力为驱动力，分离 0.01 μm 至数微米的微粒的过程。

【GB/T 20103—2006，定义 5.2.2】

### 3.4　超滤 ultrafiltration filter（UF）

以压力为驱动力，分离分子量范围为几百至几百万的溶质和微粒的过程。

【GB/T 20103—2006，定义 5.2.1】

### 3.5　纳滤 nanofiltration（NF）

以压力为驱动力，用于脱除多价离子、部分一价离子和分子量 200～1 000 的有机物的膜分离过程。

【GB/T 20103—2006，定义 4.2.3】

### 3.6　反渗透 reverse osmosis（RO）

在高于渗透压差的压力作用下，溶剂（如水）通过半透膜进入膜的低压侧，而溶液中的其他组分（如盐）被阻挡在膜的高压侧并随浓溶液排出，从而达到有效分离的过程。

【GB/T 20103—2006，定义 4.2.2】

### 3.7　膜组件 membrane module

由膜元件、壳体、内联接件、端板和密封圈等组成的实用器件。

【GB/T 20103—2006，定义 2.2.3】

### 3.8　膜生物反应器 biomass membrane bioreactor（MBR）

以膜为载体，把生物反应（作用）和分离相结合，能改变反应进程和提高反应效率的设备或系统。

【GB/T 20103—2006，定义 6.3.3】

## 4 总体要求

### 4.1 一般规定

4.1.1 生活垃圾填埋场渗滤液处理厂（站）[以下简称“渗滤液处理厂（站）”] 的设计和建设，除应遵守本技术规范外，还应符合国家现行的相关强制性标准的规定。

4.1.2 应根据生活垃圾填埋场的建设规模、填埋容量、填埋年限、填埋作业方式、占地面积、自然地理情况和气象等条件确定渗滤液处理厂（站）的处理规模和处理工艺。

4.1.3 在填埋区与渗滤液处理设施间必须设置渗滤液调节池。

4.1.4 处理技术方案的选择应保证出水符合环境影响评价报告书批复文件的要求，并应达到 GB 16889 和有关地方排放标准的规定。

4.1.5 生活垃圾填埋场渗滤液处理系统的主要设备应有备用，并具有防腐性能。

4.1.6 渗滤液处理厂（站）应按照《污染源自动监控管理办法》的规定，安装污染物排放连续监测设备。

### 4.2 项目构成

4.2.1 渗滤液处理厂（站）主要包括主体处理构筑物与设备、配套工程。

4.2.2 生活垃圾填埋场渗滤液主体处理构筑物与设备包括预处理系统、生物处理系统、深度处理系统、污泥及浓缩液处理系统等；处理后废水应按国家和地方有关规定设置规范化排污口统一排放。

4.2.3 配套工程主要包括厂内建（构）筑物、供配电、采暖通风、给排水、消防、道路、绿化、通讯、运行管理设施、检测与控制等。

### 4.3 总体布置

4.3.1 渗滤液处理厂（站）总体布置应在满足国家现行防火、卫生、安全等方面的技术规范基础上，综合考虑地形、地貌、周围环境、工艺流程、构筑物及各项设施相互间的平面和空间关系，使各项设施整体协调统一。

4.3.2 工程附属的生产与生活服务等辅助设施，应与填埋场主体工程统筹考虑，避免重复建设。

4.3.3 总平面布置应充分考虑渗滤液收集与外排，符合排水通畅、降低能耗、平衡土方的要求，并符合 GB 50187 的要求。

4.3.4 渗滤液处理厂（站）宜单独设置在垃圾填埋场管理区的下风向，并满足施工、设备安装、各类管线连接简捷、维修管理方便等要求。

4.3.5 渗滤液处理厂（站）应以生产区为核心，其他各功能区应按渗滤液处理流程合理安排，主要恶臭产生源（调节池、曝气设施、厌氧反应设施、污泥脱水设施等）宜集中布置。

4.3.6 渗滤液处理厂（站）内应有必要的通道，有明显的车辆行驶方向标志，并符合消防通道要求。

4.3.7 渗滤液处理厂（站）区围墙及挡土墙的设置应按照场地的实际情况确定，并应符合 GB 50187 的规定。

### 4.4 配套工程

4.4.1 渗滤液处理厂（站）建筑工程设计应符合 GB 50037、GB 50352、TJ 36、JGJ 67 的规定。

4.4.2 渗滤液处理厂（站）结构工程设计应符合 GB 50007、GB 50009、GB 50010、GB 50011、GB 50069、GB 50191、CECS 138 的规定。

4.4.3 渗滤液处理厂（站）供电方式应与垃圾填埋场主体工程相协调。

4.4.4 渗滤液处理厂（站）电气工程设计的内容包括用电设备配电及控制、电缆配置及敷设、设备及构筑物的防雷与接地系统、厂（站）辅助工程道路照明等。用电设备一般为低压 AC380/220V，负荷等级宜为二级。

4.4.5 渗滤液处理厂（站）电气工程设计应符合 GB 50034、GB 50037、GB 50052、GB 50053、GB 50054、GB 50057 的规定。

4.4.6 渗滤液处理厂（站）采暖通风工程设计应符合 GB 50019、GB 50189、GB 14554、GBZ 1、GB/T 50033 的规定。

4.4.7 渗滤液处理厂（站）给排水及消防工程设计应符合 GB 50013、GB 50014、GB 50015、GB 50016、GB 50067、GB 50140 的规定。

4.4.8 渗滤液处理厂（站）道路工程设计应符合 GBJ 22、JTG D40、JTG D50 的规定。

### 4.5 劳动安全与职业卫生

渗滤液处理厂（站）的劳动卫生应符合 GBZ 1 的规定。

## 5 水量和水质

### 5.1 水量

5.1.1 计算生活垃圾填埋场渗滤液产生量时应充分考虑当地降雨量、蒸发量、地面水损失、其他外部来水渗入、垃圾的特性、雨污分流措施、表面覆盖和渗滤液导排设施状况等因素。

5.1.2 生活垃圾填埋场渗滤液处理规模宜按垃圾填埋场平均日渗滤液产生量计算，并应与调节池容积计算相匹配。

5.1.3 渗滤液产生量的计算宜采用经验公式法（浸出系数法），计算公式如下：

$$Q=\frac{I\times(C_1A_1+C_2A_2+C_3A_3)}{1\,000}$$

式中：$Q$——渗滤液产生量，m³/d；

$I$——多年平均日降雨量，mm/d。

$A_1$——作业单元汇水面积，m²；

$C_1$——作业单元渗出系数，一般宜取 0.5～0.8；

$A_2$——中间覆盖单元汇水面积，m²；

$C_2$——中间覆盖单元渗出系数，宜取（0.4～0.6）$C_1$；

$A_3$——终场覆盖单元汇水面积，m²；

$C_3$——终场覆盖单元渗出系数，一般取 0.1～0.2。

注：$I$ 的计算，数据充足时，宜按 20 年的数据计取；数据不足 20 年时，按现有全部年数据计取。

### 5.2 水质

5.2.1 根据生活垃圾填埋场的垃圾填埋年限及渗滤液的化学需氧量和氨氮浓度，生活垃圾填埋场渗滤液可分为初期渗滤液、中后期渗滤液和封场后渗滤液。

5.2.2 生活垃圾填埋场渗滤液水质的确定，宜以实测数据为基准，并考虑未来水质变化趋势。在无法取得实测数据时，宜参考表 1 及同类地区同类型填埋场实测数据合理选取。

**表 1 国内生活垃圾填埋场（调节池）渗滤液典型水质**

| 项目 \ 类别 | 初期渗滤液 | 中后期渗滤液 | 封场后渗滤液 |
|---|---|---|---|
| 五日生化需氧量/（mg/L） | 4 000～20 000 | 2 000～4 000 | 300～2000 |
| 化学需氧量/（mg/L） | 10 000～30 000 | 5 000～10 000 | 1 000～5 000 |
| 氨氮/（mg/L） | 200～2 000 | 500～3 000 | 1 000～3 000 |
| 悬浮固体/（mg/L） | 500～2 000 | 200～1 500 | 200～1 000 |
| pH 值 | 5～8 | 6～8 | 6～9 |

## 6 工艺设计

### 6.1 工艺选择原则

6.1.1 选择处理工艺之前，应了解填埋场的使用年限、填埋作业方式、当地经济条件等影响水质的因素。

6.1.2 选择渗滤液处理工艺时，应以稳定连续达标排放为前提，综合考虑垃圾填埋场的填埋年限和渗滤液的水质、水量以及处理工艺的经济性、合理性、可操作性，经技术、经济比选后确定。

### 6.2 调节池

6.2.1 调节池容积应与填埋工艺、停留时间、渗滤液产生量及配套污水处理设施规模等相匹配，并符合 CJJ 17 的有关规定。

6.2.2 调节池应有相应的防渗措施。

6.2.3 调节池属于厂区恶臭污染源之一，应加盖密封，并采取臭气处理措施。

### 6.3 工艺流程

6.3.1 生活垃圾填埋场渗滤液处理工艺可分为预处理、生物处理和深度处理三种。应根据渗滤液的进水水质、水量及排放要求综合选取适宜的工艺组合方式，推荐选用“预处理＋生物处理＋深度处理”组合工艺（工艺流程图见图 1），也可采用如下工艺组合：

a）预处理+深度处理

b）生物处理+深度处理

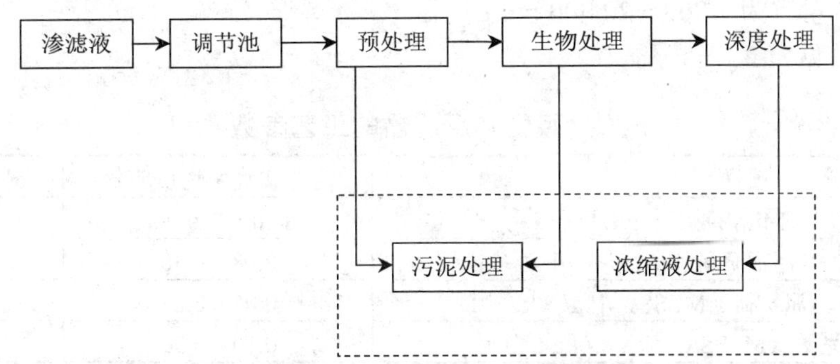


图 1 常规工艺流程图

6.3.2 预处理工艺可采用生物法、物理法和化学法，目的主要是去除氨氮或无机杂质，或改善渗滤液的可生化性。

6.3.3 生物处理工艺可采用厌氧生物处理法和好氧生物处理法，处理对象主要是渗滤液中的有机污染物和氮、磷等。

6.3.4 深度处理工艺可采用纳滤、反渗透、吸附过滤等方法，处理对象主要是渗滤液中的悬浮物、溶解物和胶体等。深度处理宜以纳滤和反渗透为主，并根据处理要求合理选择。

6.3.5 当渗滤液处理工艺过程中产生污泥时，应对污泥进行适当处理。纳滤和反渗透产生的浓缩液应进行处理，可采用蒸发、焚烧等方法。

6.3.6 各处理工艺中处理方法的选择应综合考虑进水水质、水量、处理效率、排放标准、技术可靠性及经济合理性等因素后确定。

### 6.4 工艺参数

#### 6.4.1 预处理工艺参数

6.4.1.1 选择水解酸化技术作为预处理工艺时：

a）水力停留时间宜为 2.5～5.0 h；

b）pH 值宜为 6.5～7.5。

6.4.1.2　采用混凝技术作为预处理工艺时，应根据渗滤液混凝沉淀的工艺情况、实验结果和药剂的质量等因素综合确定药剂的种类、投加量和投加方式。常用的药剂有硫酸铝、聚合氯化铝、硫酸亚铁、三氯化铁和聚丙烯酰胺（PAM）等。

#### 6.4.2　厌氧生物处理工艺参数

6.4.2.1　厌氧生物处理工艺可采用升流式厌氧污泥床法（UASB）及其变形、改良工艺。

6.4.2.2　采用升流式厌氧污泥床法时：

a）常温范围宜为 20～30℃，中温范围宜为 30～38℃；

b）容积负荷（COD）宜为 5～15 kg/（$m^3$・d）；

c）pH 值宜为 6.5～7.8；

d）应设置生物气体利用或安全燃烧装置。

#### 6.4.3　好氧生物处理工艺参数

6.4.3.1　好氧生物处理工艺可采用活性污泥法或生物膜法。活性污泥法宜选择膜生物反应器法、氧化沟活性污泥法和纯氧曝气法等。生物膜法宜选择接触氧化法、生物转盘法。

6.4.3.2　采用膜生物反应器时：

a）膜生物反应器分为内置式和外置式两种，内置式宜选用板式微滤膜组件、板式超滤膜组件、中空纤维微滤膜组件或中空纤维超滤膜组件，外置膜宜选用管式超滤膜组件；

b）温度宜为 20～35℃；

c）进水化学需氧量宜为 1 000～20 000 mg/L；

d）设计运行参数见表 2。

**表 2　膜生物反应器的工艺参数**

| 项目 | 内置式膜生物反应器 | 外置式膜生物反应器 |
|---|---|---|
| 污泥浓度（MLSS）/（mg/L） | 8 000～10 000 | 10 000～15 000 |
| 五日生化需氧量（$BOD_5$）污泥负荷（MLSS）/[kg/（kg・d）] | 0.08～0.30 | 0.20～0.60 |
| 硝态氮（$NO_3$—N）污泥负荷（MLSS）/[kg/（kg・d）] | 0.05～0.25 | 0.05～0.30 |
| 剩余污泥产泥系数（MLSS/COD）/（kg/kg） | 0.10～0.30 | 0.10～0.30 |

6.4.3.3　采用氧化沟时：

a）氧化沟进水化学需氧量宜为 2 000～5 000 mg/L；

b）污泥负荷（$BOD_5$/MLSS）宜为 0.05～0.20 kg/kg；

c）混合液污泥浓度宜为 3 000～5 500 mg/L；

d）污泥龄宜为 15～30 d；

e）氧化沟池深宜为 3.50～5.00 m。

6.4.3.4　采用纯氧曝气法时：

a）氧气浓度不宜低于 90%；

b）溶解氧宜为 10～20 mg/L；

c）混合液污泥浓度宜为 10 000～20 000 mg/L；

d）进水化学需氧量宜为 1 000～6 000 mg/L；

e）水力停留时间宜为 12～24 h。

6.4.3.5　好氧生物处理工艺后接沉淀池时：

a）沉淀时间宜为 1.50～2.50 h；

b）表面水力负荷不宜大于 0.8 $m^3$/（$m^2$・h）；

c）出水堰最大负荷不宜大于 1.7 L/（s・m）。

6.4.4 深度处理工艺参数

6.4.4.1 纳滤

6.4.4.1.1 进水指标

a）悬浮物不宜大于 100 mg/L；

b）进水电导率（20℃）不宜大于 40 000 μS/cm。

6.4.4.1.2 工艺参数

a）温度宜为 8～30℃；

b）pH 值宜为 5.0～7.0；

c）纳滤膜通量宜为 15～20 L/（$m^2$·h）；

d）水回收率不得低于 80%。

6.4.4.2 反渗透

6.4.4.2.1 进水指标

a）悬浮物不宜大于 50 mg/L；

b）进水电导率（20℃）不宜大于 25 000 μS/cm。

6.4.4.2.2 工艺参数

a）温度宜为 8～30℃；

b）pH 值宜为 5.0～7.0；

c）反渗透膜通量宜为 10～15 L/（$m^2$·h）；

d）水回收率不得低于 70%。

6.4.4.3 吸附过滤

应根据前段处理出水水质、排放要求、吸附剂来源等多种因素综合选择吸附剂种类，宜优先选择活性炭作为吸附剂。当选用粒状活性炭吸附处理工艺时，宜进行静态选炭及炭柱动态试验，确定用炭量、接触时间、水力负荷与再生周期等。

6.4.5 污泥及浓缩液处理

6.4.5.1 渗滤液处理中产生的污泥宜与城市污水处理厂污泥一并处理，当进入垃圾填埋场填埋处理或单独处理时，含水率不宜大于 80%。

6.4.5.2 纳滤和反渗透工艺产生的浓缩液宜单独处理，可采用焚烧、蒸发或其他适宜的处理方式。

6.4.6 二次污染控制

6.4.6.1 主要恶臭污染源（调节池、厌氧反应设施、曝气设施、污泥脱水设施等）宜采取密闭、局部隔离及负压抽吸等措施，经集中处理后排放，处理后气体的排放应执行 GB 14554 和 GB 16297。

6.4.6.2 应按各生产环节噪声的产生原因，分别采取有效的控制措施。厂界噪声应符合 GB 12348 的要求，作业车间噪声应符合 GBZ 1 的要求。

6.4.6.3 渗滤液处理工程曝气过程中产生的泡沫，宜采用喷淋水或消泡剂等方式抑制。

## 7 检测与控制

7.1 渗滤液处理厂（站）试运行期间应进行水质检测，检测的参数应至少包括：

a）各处理单元中 pH 值、温度、溶解氧（好氧工艺）；

b）各单元进、出水主要污染物（悬浮物、化学需氧量、五日生化需氧量、氨氮、总氮、总磷）的浓度；

c）进、出水中总汞、总砷、总镉、总铅、总铬、六价铬等重金属的浓度和粪大肠菌群数；

d）纳滤和反渗透工艺进水、产水、浓缩液的电导率或含盐量，以及浊度；

e）纳滤和反渗透工艺各单元膜组件前后压力及压降。

7.2 渗滤液处理厂（站）应建立水质、水量监测制度，水量包括渗滤液产生量和处理量。水质监测指标至少包括各处理单元的进出水指标：色度、悬浮物、化学需氧量、五日生化需氧量、氨氮、总氮、总磷等主要污染物浓度以及进出水的总汞、总砷、总镉、总铅、总铬、六价铬等重金属浓度和粪大肠菌群数。

7.3 渗滤液处理厂（站）宜采用集中管理监视、分散控制的自动控制系统；采用成套设备时，设备本身控制宜与系统控制相结合。自动控制系统设计应符合 HG 20508、HG 20511、HG/T 20573、GBJ 93、HG 20509 的规定。

7.4 渗滤液处理厂（站）下列各处应配备针对相关气体浓度的检测仪表和报警装置。

a）调节池、厌氧反应设施：甲烷、硫化氢

b）曝气设施：氨

## 8 施工与验收

### 8.1 工程施工

8.1.1 生活垃圾填埋场渗滤液处理工程的设计、施工单位应具有国家相应的工程设计、施工资质。

8.1.2 建筑、安装工程应符合施工设计文件、设备技术文件的要求，对工程的变更应取得设计单位变更文件后再进行施工。

8.1.3 施工中使用的设备、材料、部件等应符合相关的国家标准和行业标准，并取得供货商的产品合格证明。

8.1.4 处理构筑物采用钢制设备的，其加工、制造应执行 GB 50128 的相关规定，钢制设备防腐宜执行 HGJ 229 的相关规定，并应适合渗滤液的特点。

### 8.2 工程验收

8.2.1 生活垃圾填埋场渗滤液处理工程竣工验收应执行《建设项目（工程）竣工验收办法》。

8.2.2 生活垃圾填埋场渗滤液处理工程竣工验收具体要求宜参照 GB 50334 执行。

### 8.3 竣工环境保护验收

8.3.1 渗滤液处理厂（站）的竣工环境保护验收按《建设项目竣工环境保护验收管理办法》的规定进行。

8.3.2 渗滤液处理厂（站）的竣工环境保护验收除应满足《建设项目竣工环境保护验收管理办法》规定的条件外，在试运行期间还应进行性能试验，性能试验报告可作为环境保护验收的内容。

8.3.3 渗滤液处理厂（站）性能试验包括：

a）按照设计流量全流程通过所有构筑物，确认各构筑物高程布置是否合理；

b）测试并计算各构筑物及主体设备的工艺参数；

c）进、出水水质化验，包括 pH 值、温度、悬浮物、化学需氧量、五日生化需氧量、氨氮、总氮、总磷、总汞、总砷、总镉、总铅、总铬、六价铬、粪大肠菌群数；

d）纳滤和反渗透产水率、浓缩液的电导率或含盐量；

e）渗滤液处理厂（站）内有毒、有害气体的测定；

f）统计全厂（站）进出水量、用电量和主体设备用电量；

g）计算全厂（站）技术经济指标：COD 去除总量、COD 去除电耗（kW·h/kg）、污水处理运行成本（元/t）。

## 9 运行与维护

### 9.1 运行

9.1.1 渗滤液处理系统应纳入垃圾填埋场的生产管理中，配备专业管理人员和技术人员。

9.1.2 应具有工艺操作说明书以及设备使用、维护说明书，各岗位人员应严格执行操作规程，如实填写运行记录，并妥善保存。

9.1.3 运行人员应定期进行岗位培训，熟悉生活垃圾渗滤液处理工艺流程、各处理单元的处理要求，并根据水质条件变化适时调整运行参数，达到相应的操作要求和处理目标。

9.1.4 生物处理应根据水质条件及实测数据反馈生物处理效果，并根据需要调整运行参数。

9.1.5 深度处理工序应采用可靠的预处理措施，确保进水条件符合纳滤和反渗透要求。

9.1.6 纳滤和反渗透运行参数主要包括：距上次清洗后运转的时间，设备投入运行总时间；多介质过滤器、保安过滤器与每一段膜组件前后的压降；各段膜组件进水、产水与浓水压力；各段膜组件进水与产水流量；各段膜组件进水、产水与浓缩液的电导率或含盐量；进水、产水和浓缩液的 pH 值；进水淤泥密度指数值。在运行过程中，应根据需要及时调整相关操作参数。

9.1.7 根据水质变化，纳滤和反渗透应采取 pH 值调节、投加阻垢剂等化学品、合理控制运行参数等必要措施，以有效避免膜组件的结垢及污染。

## 9.2 维护

9.2.1 渗滤液处理系统应制定大、中检修计划和主要设备维护和保养规程，及时更换损坏设备及部件，提高设备的完好率。

9.2.2 操作人员及维修人员应严格执行设备的维修和保养规程，进行定期的维护和检修。

## 9.3 应急处理措施

9.3.1 应建立渗滤液处理厂（站）易发事故点和面的档案及事故发生的分布图，制定相应的应急处理措施，配套相应的设备和设施。

9.3.2 应加强渗滤液处理厂（站）管理机制和应急能力的建设，并定期组织应急培训和学习。

9.3.3 应配备危险气体（甲烷、硫化氢）和危险化学品的控制与防护措施。

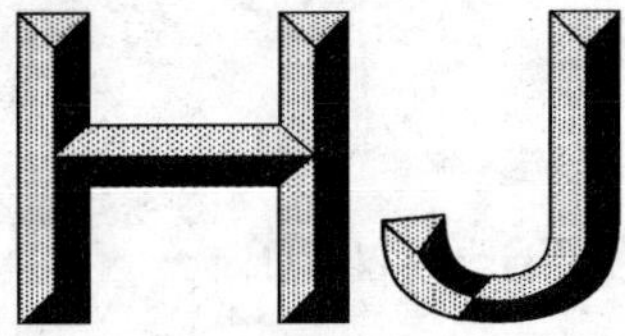

# 中华人民共和国国家环境保护标准

HJ 565—2010

# 环境保护标准编制出版技术指南

**Technical guideline for drafting and publishing on environmental protection standards**

2010-02-22 发布 2010-05-01 实施

环 境 保 护 部 发布

# 中华人民共和国环境保护部
# 公　告

2010年　第23号

为贯彻《中华人民共和国环境保护法》，规范环境保护标准制订工作，现批准《环境保护标准编制出版技术指南》为国家环境保护标准，并予发布。

标准名称、编号如下：

环境保护标准编制出版技术指南（HJ 565—2010）。

该标准自 2010 年 5 月 1 日起实施，由中国环境科学出版社出版，标准内容可在环境保护部网站（bz.mep.gov.cn）查询。

特此公告。

2010年2月22日

# 前　言

为贯彻《中华人民共和国环境保护法》，规范国家环境保护标准的编写、出版和印制工作，保证标准制修订工作质量，制定本标准。

本标准规定了环境保护标准的结构、编写排版规则，量、单位和符号使用的一般原则，以及标准出版的编排格式和字体、字号等。

本标准的附录 A 为资料性附录，附录 B～附录 D 为规范性附录。

本标准为首次发布。

本标准由环境保护部科技标准司组织制订。

本标准起草单位：中国环境科学出版社、环境保护部环境标准研究所。

本标准环境保护部 2010 年 2 月 22 日批准。

本标准自 2010 年 5 月 1 日起实施。

本标准由环境保护部解释。

# 环境保护标准编制出版技术指南

## 1 适用范围

本标准规定了国家环境保护标准的结构、编写排版规则，量、单位和符号使用的一般原则，以及标准出版的编排格式、字体和字号等。

本标准适用于国家环境保护标准的编制和出版工作。地方环境保护标准的编制和出版工作可参照本标准执行。

## 2 规范性引用文件

本标准引用了下列文件中的条款。凡是不注日期的引用文件，其有效版本适用于本标准。

GB 3100　国际单位制及其应用

GB 3101　有关量、单位和符号的一般原则

GB 3102（所有部分）　量和单位

GB/T 1.1　标准化工作导则　第 1 部分：标准的结构和编写规则

GB/T 1.2　标准化工作导则　第 2 部分：标准中规范性技术要素内容的确定方法

GB/T 788　图书和杂志开本及其幅面尺寸

GB/T 7714　文后参考文献著录规则

GB/T 20000.1　标准化工作指南　第 1 部分：标准化和相关活动的通用词汇

GB/T 20000.2　标准化工作指南　第 2 部分：采用国际标准的规则

《国家环境保护标准制修订工作管理办法》（国家环境保护总局公告　2006 年第 41 号）

## 3 术语和定义

GB/T 20000.1 界定的以及下列术语和定义适用于本标准。

3.1

**环境保护标准　environmental protection standards**

指为了防治环境污染，维护生态平衡，保护人体健康，由国务院环境保护行政主管部门和省级人民政府依据国家有关法律规定，对环境保护工作中需要统一的各项技术要求所制定的各种规范性文件。

3.2

**环境保护标准编制　drafting on environmental protection standards**

指按照相关法律法规要求以及《国家环境保护标准制修订工作管理办法》开展环境保护标准制修订的工作。

## 4 结构

### 4.1 构成要素

环境保护标准构成要素见表 1。

**表 1 环境保护标准构成要素**

| 要素类型 | 要素 | 是否必备 |
|---|---|---|
| 资料性概述要素 | 封面 | 是 |
| | 目次 | 是 |
| | 前言 | 是 |
| 规范性一般要素 | 标准名称 | 是 |
| | 适用范围 | 是 |
| | 规范性引用文件 | 否 |
| 规范性技术要素 | 术语和定义 | 否 |
| | 技术内容 | 是 |
| | 规范性附录 | 否 |
| 资料性补充要素 | 资料性附录 | 否 |
| | 参考文献 | 否 |

### 4.2 一般要求

在每项标准或系列标准内，标准的结构、文体和术语应保持一致。系列标准的结构及其章、条的编号应尽可能相同。类似的条款应使用类似的措辞来表述。

### 4.3 层次结构

层次结构应符合 GB/T 1.1 的要求。表 2 给出了标准可能具有的层次名称，层次编号示例见图 1。

**表 2 层次及其名称**

| 名称 | 编号示例 |
|---|---|
| 章 | 4 |
| 条 | 4.1 |
| 条 | 4.1.1 |
| 条 | 4.1.1.1 |
| 段 | [无编号] |
| 列项 | 列项符号；字母编号 a）、b）和下一层次的数字编号 1）、2） |
| 附录 | 附录 A |
| | 附录 B |

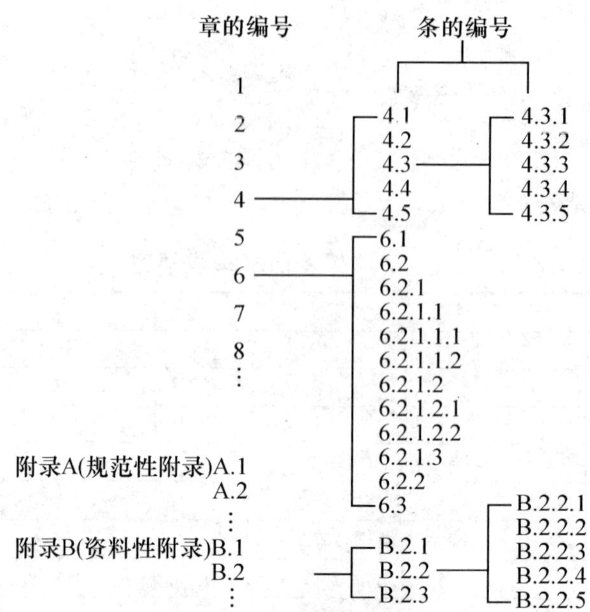


图 1　层次编号示例

## 4.4　层次的描述和编号

### 4.4.1　章

章是标准内容划分的基本单元。

应使用阿拉伯数字从 1 开始对章编号。编号应从“适用范围”一章开始，一直连续到附录之前。

每一章均应有标题。标题应置于编号之后，并与其后的条文分行。

### 4.4.2　条

条是章的细分。

应使用阿拉伯数字对条编号，见图 1 的示例。第一层次的条（例如 4.2、4.3 等）可分为第二层次的条（例如 4.3.1、4.3.2 等）。需要时，一直可分到第五层次（例如 4.3.1.1.1.1、4.3.1.1.1.2 等）。

同一层次中有两个以上（含两个）的条时才可设条。例如，第 6 章的条文中，如果没有 6.2 条，就不应设 6.1 条。应避免对无标题条再分条。

第一层次的条宜给出标题。标题应置于编号之后，并与其后的条文分行。第二层次的条可同样处理。某一章或条中，其下一层次上的各条，有无标题应统一，例如，第 6 章的下一层次，6.1 有标题，则 6.2、6.3 等也应有标题。

### 4.4.3　段

段是章或条的细分。段不编号。

为了在引用时不产生混淆，应避免在章标题或条标题与下层次条之间设段（称为“悬置段”）。

示例：

下面右侧所示，按照隶属关系，第 6 章不仅包括所标出的“悬置段”，还包括 6.1 和 6.2。鉴于这种情况，在引用这些悬置段时有可能发生混淆。下面左侧给出避免混淆的方法之一：将未编号的悬置段编为“6.1　×××××”，并且将原来的 6.1 和 6.2 重新编号，依次改为 6.2 和 6.3。避免混淆的方法还有，将悬置段移到别处或删除。

| 正 确 | 不 正 确 |
|---|---|
| 6 标志<br><br>6.1 ×××××<br>×××××××××××××××<br>××××××××××××××××<br>××××××××××<br>6.2 ×××××<br>××××××××××××××××××<br>6.3 ×××××<br>××××××××××××××××××<br>×××××××××××××××××××××<br>×××××××××××××××××××××××<br>×××××××××××××××××××××××<br>×××××××××××××××××××××××<br>××××××××<br><br>7 试验报告 | 6 标志<br><br>××××××××××××××× }<br>×××××××××××××××× } 悬置段<br>×××××××××× }<br>6.1 ×××××<br>××××××××××××××××××<br>6.2 ×××××<br>××××××××××××××××××<br>×××××××××××××××××××××××<br>×××××××××××××××××××××××××<br>×××××××××××××××××××××××××<br>××××××××××××××××××××××××<br>××××××××<br><br>7 试验报告 |

#### 4.4.4 列项

列项应由一段后跟冒号的文字引出。在列项的各项之前应使用列项符号（“破折号”或“圆点”）（见示例 1、示例 2），在一项标准的同一层次的列项中，使用破折号或圆点应统一。

列项中的项如果需要识别，应使用字母编号（后带半圆括号的小写英文字母）在每项之前进行标示。在字母编号的列项中，如果需要对某一项进一步细分成需要识别的若干分项，则应使用数字编号（后带半圆括号的阿拉伯数字）在各分项之前进行标示（见示例 3）。

示例 1：

下列各类仪器不需要开关：

——在正常操作条件下，功耗不超过 10 W 的仪器；

——在任何故障条件下使用 2 min，测得功耗不超过 50 W 的仪器；

——用于连续运转的仪器。

示例 2：

仪器中的振动可能产生于：

• 转动部件的不平衡；

• 机座的轻微变形；

• 滚动轴承；

• 气动负载。

示例 3：

图形标志与箭头的位置关系遵守以下规则：

a）图形标志与箭头采用横向排列：

1）箭头指左向时，图形标志应位于右侧；

2）箭头指右向时，图形标志应位于左侧；

3）箭头指上向或下向时，图形标志宜位于右侧。

b）图形标志与箭头采用纵向排列：

1）箭头指下向时，图形标志应位于上方；

2）其他情况，图形标志宜位于下方。

#### 4.4.5 附录

附录分为规范性附录和资料性附录。规范性附录给出标准正文的附加条款；资料性附录给出对理解或使用标准起辅助作用的附加信息。

## 5 编制排版

### 5.1 通则

标准条文编排格式参见附录 A。

标准编制和排版的格式见以下各条的规定。

### 5.2 封面

5.2.1 每项标准均应有封面。封面的内容有："中华人民共和国国家标准"或"中华人民共和国国家环境保护标准"字样和标准的标志（分别为"GB"和"HJ"），中文名称、英文名称、标准编号、代替标准编号（适用于修订的标准）、发布日期、实施日期、标准的发布部门等。用 GB 编号的标准还应注明 ICS 号（国际标准分类号）、中国标准文献分类号。

如果标准与国际文件的一致性程度为等同、修改或非等效，应按照 GB/T 20000.2 的规定在封面上给出一致性程度标志。与国际标准一致性程度的标志应置于标准名称的英文译名之下，并加圆括号。

封面的编排格式见附录图 B.1、附录图 B.2。

5.2.2 名称由多个要素组成时，各要素之间应空一个字的间隙，在封面和正文首页上，可排成上下多行，行间距 3 mm。

英文名称各要素的第一个字母大写，其余字母小写，名称各要素之间的连接号为一字线。

5.2.3 封面上标准编号中的标准代号与标准顺序号之间空半个字的间隙，标准顺序号与年号之间的连接号为一字线。如果有代替的标准，则在标准编号之下另起一行，"代替"两字之后接排代替标准的标准编号。标准编号和代替标准编号右端对齐。

5.2.4 封面上的 ICS 号和中国标准文献分类号，分上下两行编排，不留行空，左端对齐。

### 5.3 目次

目次应列出前言、章、附录、参考文献等，必要时可列出条。

目次的编排格式见附录图 B.3。目次中章的编号和前言、附录、参考文献等均应顶格起排。第一层次的条空一个汉字起排，第二层次的条空两个汉字起排，一般不宜超过第二层次。

章、条的目次应给出编号，后跟完整的标题；附录的目次应给出附录编号，后跟附录的性质并加圆括号，其后为附录标题。章、条的编号以及附录的性质与其后面标题之间应空一个汉字的间隙。前言、各类标题、参考文献与页码之间用"……"连接，页码不加括号。

"术语和定义"一章中的术语不应在目次中列出。

### 5.4 前言

每项标准均应有前言。前言不应包含要求、图和表。前言由特定部分和基本部分组成，应符合《国家环境保护标准制修订工作管理办法》的规定。

前言应另起一面，其编排格式见附录图 B.4。

### 5.5 正文首页

正文首页应从单数页起排，其编排格式见附录图 B.5。

### 5.6 章、条、段

章、条的编号应顶格编排，章的编号与其后的标题，条的编号与其后的标题或文字之间空一个汉字的间隙。

章的编号和章标题应占三行。条的编号和条标题应占两行。

段的文字空两个汉字起排，回行时顶格编排。

### 5.7 列项

各项前面的破折号、圆点或字母编号（后带半圆括号的小写英文字母）均空两个字起排，其后的文字以及文字回行均应置于距版心左边五个汉字的位置。字母编号下一层次的数字编号（后带半圆括号的阿拉伯数字）、破折号或圆点均空四个汉字起排，其后的文字以及文字回行均应置于距版心左边七个汉字的位置。

第一层次列项中的段空四个字起排，回行时应置于距版心左边五个字的位置。

### 5.8 规范性引用文件

5.8.1 应列出标准中规范性引用文件的一览表，这些文件经过标准条文的引用后，成为标准应用时必不可缺少的文件。对于标准条文中注日期引用的文件，应给出版本号或年号（引用标准时，给出标准代号、顺序号和年号）以及完整的标准名称；对于标准条文中不注日期引用的文件，则不应给出版本号或年号。标准条文中不注日期引用一项由多个部分组成的标准时，应在标准顺序号后标明“（所有部分）”及其标准名称中的相同部分。

如果引用的文件可在线获得，宜提供详细的获取和访问路径。应给出被引用文件的完整的网址（见 GB/T 7714）。

文件一览表中，如列出国际标准、国外标准，应在标准编号后给出标准名称的中文译名，并在其后的圆括号中给出原文名称；列出非标准类文件的方法应符合 GB/T 7714 的规定。

5.8.2 注日期引用是指引用指定的版本，用年号表示。凡引用了被引用文件的具体章或条、附录、图或表的编号，均应注日期。

对于注日期的引用，如果随后被引用的文件有修改单或修订版，适用时，引用这些文件的标准可发布其本身的修改单，以便引用被引用文件的修改单或修订版的内容。

注日期引用时，使用下列表述方式：

——“……GB×××××.3—1988 给出了相应的试验方法，……”（注日期引用其他标准特定的部分）；

——“……遵照 GB/T××××—1997 中第 3 章……”（注日期引用其他标准中特定的章）；

——“……应符合 GB/T××××.4—1996 表 1 中规定的……”（注日期引用其他标准的特定部分中具体的表）。

引用其他文件中的段或列项中无编号的项，使用下列表述方式：

——“……按 GB/T××××—1997，4.1 中第二段的规定”；

——“……按 GB/T××××—2001，5.3 中列项的第二项规定”；

——“……按 GB/T××××.2—2007，4.1 中第二个列项的第三项规定”。

5.8.3 不注日期引用是指引用文件的最新版本（包括所有的修改单），具体表述时不应提及年号或版本号。

对于规范性的引用，根据引用某文件的目的，在可接受该文件将来的所有改变时，才可不注日期引用文件。为此，引用时应引用完整的文件（包括标准的某个部分），或者不提及被引用文件中的具体章或条、附录、图或表的编号。

对于资料性的引用，只要引用完整的文件（包括标准的某个部分），或者不提及被引用文件中的具体章或条、附录、图或表的编号，即可不注日期。

不注日期引用时，使用下列表述方式：

——“……按 GB/T 4457.4 和 GB 3102 规定的……”；

——“……参见 GB/T 16273……”。

5.8.4 引用文件的排列顺序为：国家环境保护标准（含 GB、HJ 编号）、其他的国家标准、行业标准、地方标准、有关规范性文件、国际标准（ISO、IEC 发布的标准）、其他国际组织标准。国家环境保护标准、其他的国家标准、国际标准按标准顺序号排列；行业标准、地方标准、其他国际组织标准先按标准代号的英文字母和（或）阿拉伯数字的顺序排列，再按标准顺序号排列。

5.8.5 规范性引用文件均空两个字起排，回行时顶格排，每个文件之后不加标点符号。所列标准的编号与名称之间空一个汉字的间隙。

5.8.6 规范性引用文件的引导语应符合《国家环境保护标准制修订工作管理办法》的规定。

### 5.9 术语和定义

给出为理解标准中某些术语所必需的定义。

术语条目应包括：条目编号、术语、英文对应词、定义。

排版方式为：条目编号（黑体）顶格编排；术语另起一行空两个汉字起排，后空一个汉字接排英文对应词（黑体，小写，除非原文本身要求大写）；术语的定义或说明另起一行空两个字起排，回行时顶格排。

标准中的“术语和定义”不应采用表的形式编排。

### 5.10 公式

公式应以正确的数学形式表示，由字母符号表示的变量，应随公式对其含义逐一进行解释。公式不应以量的描述性术语或名称的形式表示。

示例：

重金属镉的质量分数用下式计算：

$$w(\mathrm{Cd})=\frac{(\rho_1-\rho_0)\times 50\times F}{m}$$

式中：$w(\mathrm{Cd})$——重金属镉的质量分数，mg/kg；

$\rho_1$——从标准曲线上测得的试验溶液（镉）的质量浓度，μg/ml；

$\rho_0$——试剂空白质量浓度，μg/ml；

50——萃取溶液的定容体积，ml；

$F$——稀释因子；

$m$——称取的样品质量，g。

公式应另起一行居中排，较长的公式尽可能在等号处回行，或者在“+”、“−”等运算符号处回行。公式中分数线的横线，长短要分清，主要的横线应与等号取平。

如果为了便于引用，需要对标准中的公式进行编号，则应使用从 1 开始的带圆括号的阿拉伯数字编号，且以右端对齐。

公式下面的“式中：”顶格起排。公式中所要解释的符号按先左后右，先上后下的顺序分行空两个字排，再用破折号与释文连接，回行时与上一行释文对齐。上下行的破折号对齐。释文与其单位用逗号分开，每条释文用分号“；”，最后用句号。

标准中的公式宜用公式编辑器制作。

## 5.11 图

5.11.1 如果用图提供信息更有利于标准的理解，则宜使用图。每幅图在条文中均应明确提及。

5.11.2 每幅图均应有编号。图的编号由“图”和从 1 开始的阿拉伯数字组成，例如“图 1”、“图 2”等。图的编号应一直连续到附录之前，并与章、条和表的编号无关。只有一幅图时，仍应标为“图 1”。

附录中图的编号按各个附录重新从 1 开始编起，例如附录 A 中的图用“图 A.1”、“图 A.2”等表示。

5.11.3 每幅图宜有图题，并置于图的编号之后，图题与编号之间空一个汉字的间隙。标准中有无图题应统一。

5.11.4 每幅图与其前面的条文均宜空一行，图的编号和图题应置于图的下方，占两行居中。

5.11.5 图中的说明位于图题之上，见示例 1。

图注和图的脚注应区别于条文的注与脚注。图注应置于图题之上，并位于图的脚注之前，图的说明之后（见示例 2）。图中只有一个注时，应在注的第一行文字前标明“注：”。同一幅图中有多个注时，应标明“注 1：”、“注 2：”、“注 3：”等。每幅图的图注应单独编号。图的脚注应由上标形式的从“a”开始的小写英文字母编号，即 [a]、[b]、[c] 等。在图中需注释的位置应以相同的上标形式的小写英文字母标明脚注。每幅图的脚注应单独编号。

示例 1：

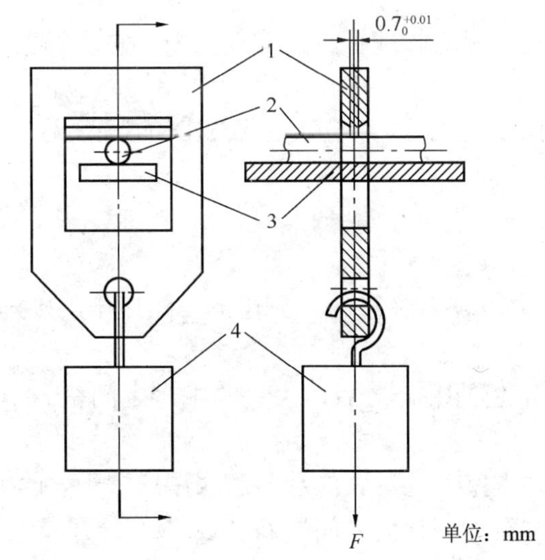


1——试验构架；2——样品；3——支架；4——砝码。

**图× 高温下压力试验用试验仪器**

示例 2：

说明：

1——说明的内容；

2——说明的内容。

注：图注的内容。

[a] 图的脚注内容。

[b] 图的脚注内容。

图× 图题

## 5.12 表

5.12.1 如果用表提供信息更有利于标准的理解，则宜使用表。每个表在条文中均应明确提及。

5.12.2 每个表均应有编号。表的编号由“表”和从 1 开始的阿拉伯数字组成，例如“表 1”、“表 2”等。表的编号应一直连续到附录之前，并与章、条和图的编号无关。只有一个表时，仍应标为“表 1”。

附录中表的编号按各个附录重新从 1 开始编起，例如，附录 A 中的表用“表 A.1”、“表 A.2”等表示。

一个表应尽量放置于同一面中，若无法避免，应在下一面接排，接排的表应加表头，并在表头右上角处加“续表”字样。

5.12.3 每个表宜有表题，并置于表的编号之后，表题与编号之间空一个汉字的间隙。标准中有无表题应统一。

5.12.4 每个表与其后面的条文均宜空一行，表的编号和表题应置于表的上方，占两行居中。

5.12.5 表头中若有量名称和单位符号，它们之间用斜杠线“/”分开。

5.12.6 表注和表的脚注应区别于条文的注与脚注。表注应置于表中，并位于表的脚注之前。表中只有一个注时，应在注的第一行文字前标明“注：”。同一个表中有多个注时，应标明“注 1：”、“注 2：”、“注 3：”等。每个表的表注应单独编号。表的脚注应由上标形式的从“a”开始的小写英文字母编号，即 [a]、[b]、[c] 等。在表中需注释的位置应以相同的上标形式的小写英文字母标明脚注。每个表的脚注应单独编号（见 5.12.7 的示例）。

5.12.7 表的外框线、表头的下框线、表注和（或）表内的段的上框线均应为粗实线，仅有表的脚注时其上框线也为粗实线。

示例：

表×　××××

| 类　型 | 长　度/mm | 内圆直径/mm | 外圆直径/mm |
| --- | --- | --- | --- |
| | $l_1^a$ | $d_1$ | |
| | $l_2$ | $d_2^b$ | |
| 注 1：表注。<br>注 2：表注。 | | | |
| [a] 表的脚注。<br>[b] 表的脚注。 | | | |

5.13　附录

每个附录均应在正文或前言的相关条文中明确提及。附录的顺序应按条文中提及附录的先后次序编排。每个附录均应有一个编号。附录编号由“附录”和随后表明顺序的大写英文字母组成，字母从“A”开始，例如：“附录 A”、“附录 B”等。如果只有一个附录仍应标为“附录 A”。附录编号下方应标明附录的性质，即“(规范性附录)”或“(资料性附录)”，再下方是附录标题。

每个附录中章、图、表和数学公式的编号应重新从 1 开始，编号前应加上附录编号中表明顺序的字母，字母后跟下脚点。例如：附录 A 中的章用“A.1”、“A.2”、“A.3”等表示；图用“图 A.1”、“图 A.2”等表示。

规范性附录在条文中提及时的措辞方式为“符合附录 A 的规定”或“见附录 A”；资料性附录在条文中提及时的措辞方式为“参见附录 B”。

每个附录均应另起一面，附录的编排格式见图 B.6。

5.14　条文的注、示例和脚注

5.14.1　条文的注和示例。条文的注和示例应只给出有助于理解或使用标准的附加信息，不应包含要求或对于标准的应用是必不可少的任何信息。注和示例宜置于所涉及的章、条或段的下方。

章或条中只有一个注，应在注的第一行文字前标明“注：”(黑体)。同一章（不分条）或条中有几个注，应标明“注 1：”“注 2：”“注 3：”等。每条注另起一行空两个汉字起排，其后接排注的内容，回行时与注的内容的文字位置左对齐。

章或条中只有一个示例，应在示例具体内容之前标明“示例：”(黑体)。同一章（不分条）或条中有几个示例，应标明“示例 1：”“示例 2：”“示例 3：”等。每条示例另起一行空两个汉字起排。“示例：”或“示例×：”宜单独占一行。文字类的示例回行时宜顶格编排。

5.14.2　条文的脚注。条文的脚注用于提供附加信息，不应包含要求或对于标准的应用是必不可少的任何信息。条文的脚注应置于相关页面的下边。脚注与条文之间用一条长度为版面宽度的 1/4 细实线分开，细实线置于页面左侧。脚注应尽量少用。

通常，应使用后带半圆括号的阿拉伯数字从 1 开始对条文的脚注进行编号，条文的脚注编号从前言开始全文连续，即 1)、2)、3) 等。在条文中需注释的词或句子之后应使用与脚注编号相同的上标数字 [1)]、[2)]、[3)] 等标明脚注。

每条脚注另起一行空两个字排，编号后的文字以及文字回行均应置于距版心左边五个字的位置。

5.15　参考文献和索引

如果有参考文献，则应置于最后一个附录之后。参考文献的编排应遵照 GB/T 7714 的有关规定。

如果有索引，则应作为标准最后一个要素。非术语标准需要索引时，宜自动生成。

参考文献和索引均应另起一面编排。

### 5.16 书眉和终止线

5.16.1 从标准目次开始在每页书眉位置应排标准编号，单数页排在书眉右侧，双数页排在书眉左侧。
5.16.2 终止线为居中的粗实线（即反线），长度为版面宽度的 1/4（即 10 个字长）。终止线应排在标准的最后一个要素之后，不能另起一面编排。

### 5.17 字号、字体和页码

标准的封面、目次、前言、引言、正文首页、附录、参考文献、索引、封底和其他各面文字的字号和字体的规定，见附录 C。

从目次页到正文首页前用正体小写罗马数字从 i 编页码。正文首页起用阿拉伯数字从 1 开始另编页码。页码单数页排在右下侧，双数页排在左下侧。

### 5.18 封底

封底的格式见图 B.7。

## 6 开本与版心

出版标准采用 GB/T 788 规定的 A 系列规格的 A4 幅面（210 mm×297 mm），允许公差±1 mm。

标准排版版心（含书眉标准编号及页码）为 164 mm×250 mm。

## 7 量、单位、符号

### 7.1 一般要求

编制标准时应按照国家标准 GB 3100、GB 3101、GB 3102.1～3102.13 给出的量、单位及其符号的一般规定执行。

### 7.2 量及其符号

编制标准涉及量名称时，有专门名称者，应使用国标最新版中推荐使用的名称；没有专门名称者，应本着科学、简明、通俗的命名原则，参照 GB 3101 进行命名。

常用量的名称和符号见附录 D。

标准中应使用现行规范的量的名称和符号，而不应使用已弃用或废止的量的名称和符号（表 3）。

**表 3 量名称用法举例**

| 不规范的或应废除的量名称 | 规范的量名称或注释 |
|---|---|
| 百分浓度 | 含义不确切。应根据所表示的量改为“质量分数，$w$”，或“体积分数，$\varphi$”，或“摩尔分数，$x$” |
| 分子量（原子量） | 无单位的改为“相对分子（原子）质量”，其单位为 1；有单位的改为“分子（原子）质量”，其单位为 kg，常用 u，不用 Da（道尔顿） |
| 比热 | 比热容，质量热容，单位为 J/（kg·K） |
| 比重 | 有单位的为体积质量或［质量］密度，无单位的为相对体积质量或相对［质量］密度。“比重”一词不再使用 |

续表

| 不规范的或应废除的量名称 | 规范的量名称或注释 |
|---|---|
| 定容比热容，定容质量热容 | 比定容热容，质量定容热容 |
| 定压比热容，恒压热容，定压质量热容 | 比定压热容，质量定压热容 |
| 电流强度 | 电流，单位为 A |
| 发光率 | 发亮度（简称“亮度”） |
| 光能 | 光量 |
| 光强度 | 发光强度 |
| 光通 | 光通量 |
| 克分子吸收系数 | 摩尔吸收系数 |
| 克分子量，克原子量 | 摩尔质量 |
| 克分子体积 | 摩尔体积 |
| 克分子百分数，摩尔百分浓度 | 摩尔分数 |
| 克分子浓度，体积克分子浓度，摩尔浓度，当量浓度 | 物质的量浓度，浓度，单位为 $mol/m^3$，常用 mol/L |
| 摩尔数，克原子数，克分子数，克离子数，克当量 | 物质的量 |
| 绝对温度 | 热力学温度 |
| 绝对零度 | 0 K，零开［尔文］ |
| 马力（量） | 功率 |
| 热功当量 | 过去用 Cal 或 cal 表示热，J 表示功，现 Cal 和 cal 已废除，故这里的概念已不存在 |
| 体积百分浓度，体积百分比浓度 | 体积分数 |
| 重量浓度，浓度（单位为 mg/L） | 质量浓度 |
| 重量克分子浓度 | 质量摩尔浓度 |
| 重量百分浓度，质量百分比浓度 | 质量分数 |
| 周波 | 频率 |
| 年数，月数，天数，时数，分数 | 时间 |
| 公里数，米数 | 长度 |
| 方数，立方数 | 体积 |
| 放射性强度，放射性 | ［放射性］活度，单位为 Bq |
| 含量 | “含量”泛指混合物中各成分之间的关系的一种定性概念，不是一个物理量。在定性表述文字中可继续使用。定量表述时，应根据这个词所指的量（如质量浓度、浓度、质量分数、摩尔分数、体积分数等）将其改为所指的量名称或其符号 |

注 1：在定量表述“浓度”时，要正确区分“浓度（物质的量浓度）”、“质量浓度”、“质量分数”、“体积分数”、“摩尔分数”所表达的量的含义，并使用相对应的量符号（浓度—$c$、质量浓度—$\rho$，质量分数—$w$、体积分数—$\varphi$、摩尔分数— $x$）和量单位。

注 2：量的符号可以借助辅助符号，以下标、上标、顶标、底标、侧标符号和（或）其他说明性标记来表示不同的量或同一个量的不同状态。一般将物质名称或化学式、状态、条件等置于符号后的括号中。例如：“标准摩尔定压热容”的符号是“$C_{p,m}^{\ominus}$（$H_2O$，g，298.15K）”，“硫酸的质量浓度”的符号是$\rho(H_2SO_4)$或$\rho_{H_2SO_4}$。

量的符号使用时注意：

a）一般不应将元素符号、化学式作为量符号使用。例如：盐酸的质量不应写成 HCl=6 kg，而应写成 $m(HCl)$=6 kg 或 $m_{HCl}$=6 kg；铜的质量分数不应写成 Cu%=87.89%，而应写成 $w(Cu)$=87.89% 或 $w_{Cu}$=87.89%；盐酸的浓度应写成 $c(HCl)$=5 mol/L 或 $c_{HCl}$=5 mol/L，在化学中也写成[HCl]=5 mol/L，氢离子浓度应写成 $c(H^+)$或 $c_{H^+}$，在化学中也写成$[H^+]$。

b）一般不应用量的英文名称的缩写字母组合作为量的符号。但是，如遇到用缩写字母组合作为“量符号”而又无合适的符号可替代时，如 COD、BOD 等，可以使用，但必须用正体，以表明它们是物理量英文名称的缩写。

c）量的符号一般为单个拉丁字母或希腊字母。量的符号一般使用斜体字母，只有 pH 等少数量符号例外。

### 7.3 单位及其符号

标准中应使用 GB 3100、GB 3101、GB 3102 规定的法定计量单位。我国现行的法定计量单位由三部分组成（表 4）：

——国际单位制（SI）的基本单位（简称“SI 基本单位”）；

——包括 SI 辅助单位在内的具有专门名称的 SI 导出单位和由于人类健康安全防护上的需要而确定的具有专门名称的 SI 导出单位（简称“SI 导出单位”）；

——可与 SI 单位并用的我国法定计量单位（简称非 SI 法定单位）。

**表 4 我国现行法定计量单位组成**

| 单位结构 | 量的名称 | 单位名称 | 单位符号 | 换算关系和说明 |
|---|---|---|---|---|
| SI基本单位 | 长度 | 米 | m | |
| | 质量[a] | 千克（公斤）[b] | kg | |
| | 时间 | 秒 | s | |
| | 电流 | 安[培][c] | A | |
| | 热力学温度 | 开[尔文] | K | |
| | 物质的量 | 摩[尔] | mol | |
| | 发光强度 | 坎[德拉] | cd | |
| SI导出单位 | [平面][c]角 | 弧度 | rad | 1 rad=1 m/m=1 |
| | 立体角 | 球面度 | sr | 1 sr=1 $m^2/m^2$=1 |
| | 频率 | 赫[兹] | Hz | 1 Hz=1 $s^{-1}$ |
| | 力 | 牛[顿] | N | 1 N=1 kg・$m/s^2$ |
| | 压力，压强，应力 | 帕[斯卡] | Pa | 1 Pa=1 $N/m^2$ |
| | 能[量]，功，热量 | 焦[耳] | J | 1 J=1N・m |
| | 功率，辐[射能]通量 | 瓦[特] | W | 1 W=1 J/s |
| | 电荷[量] | 库[仑] | C | 1 C=1 A・s |
| | 电压，电动势，电位，（电势） | 伏[特] | V | 1 V=1W/A |
| | 电容 | 法[拉] | F | 1 F=1 C/V |
| | 电阻 | 欧[姆] | Ω | 1 Ω=1 V/A |
| | 电导 | 西[门子] | S | 1 S=1 $\Omega^{-1}$ |
| | 磁通[量] | 韦[伯] | Wb | 1 Wb=1 V・s |
| | 磁通［量］密度，磁感应强度 | 特[斯拉] | T | 1 T=1 $Wb/m^2$ |
| | 电感 | 亨[利] | H | 1 H=1 Wb/A |
| | 摄氏温度 | 摄氏度 | ℃ | 1℃=1 K |
| | 光通量 | 流[明] | lm | 1 lm=1 cd・sr |
| | [光]照度 | 勒[克斯] | lx | 1 lx=1 $lm/m^2$ |
| | [放射性]活度 | 贝可[勒尔] | Bq | 1 Bq=1 $s^{-1}$ |
| | 吸收剂量，比授[予]能，比释动能 | 戈[瑞] | Gy | 1 Gy=1 J/kg |
| | 剂量当量 | 希[沃特] | Sv | 1 Sv=1 J/kg |

续表

| 单位结构 | 量的名称 | 单位名称 | 单位符号 | 换算关系和说明 |
|---|---|---|---|---|
| 可与SI单位并用的我国法定计量单位 | 时间 | 分 | min | 1 min=60 s |
| | | [小]时 | h | 1 h=60 min=3 600 s |
| | | 日，(天) | d | 1 d=24 h=86 400 s |
| | [平面]角[d] | 度 | ° | 1°=60′=（π/180）rad（π为圆周率） |
| | | [角]分 | ′ | 1′=60″=（1/60）°=（π/10 800）rad |
| | | [角]秒 | ″ | 1″=（1/60）′=（π/648 000）rad |
| | 质量 | 吨 | t | 1 t=$10^3$ kg |
| | | 原子质量单位 | u | 1 u≈1.660 540×$10^{-27}$ kg |
| | 体积 | 升 | L，(l) | 1 L=1 $dm^3$=$10^{-3}$ $m^3$ |
| | 旋转速度 | 转每分 | r/min | 1 r/min=（1/60）$s^{-1}$ |
| | 长度 | 海里 | n mile | 1 n mile=1 852 m（只用于航行） |
| | 速度 | 节 | kn | 1 kn=1 n mile/h=1 852/3 600 m/s（只用于航行） |
| | 能 | 电子伏 | eV | 1 eV≈1.602 177×$10^{-19}$J |
| | 级差 | 分贝 | dB | |
| | 线密度 | 特[克斯] | tex | 1 tex=$10^{-6}$ kg/m |
| | 面积 | 公顷[e] | $hm^2$ | 1 $hm^2$=$10^4$ $m^2$ |

注：本表依据 GB 3100—1993 表 1～表 3 及表 5 合成。

a 人民生活和贸易中，质量习惯称为重量。

b 圆括号中的名称，是它前面的名称的同义词。

c 无方括号的量的名称和单位名称均为全称。方括号中的字，在不致引起混淆、误解的情况下，可以省略。去掉方括号中的字，即为其名称的简称。单位名称的简称可作为单位的中文符号。

d 平面角单位度、分、秒的符号，在组合单位中应采用（°）、(′)、(″) 的形式。例如，不用°/s 而用（°）/s。

e 公顷的国际通用符号为 ha。

单位及符号使用时注意：

a）“无量纲量”的正确表述为“量纲一的量”。

b）不应使用非标准化的缩略语表示单位，例如：“sec”（代替秒的“s”），“mins”（代替分的“min”），“hrs”（代替小时的“h”），“y”或“year”（代替年的“a”），“cc”（代替毫升的“ml”），“lit”（代替升的“L”），“amps”（代替安培的“A”），“rpm”（代替转每分的“r/min”），“amu”（代替原子质量的“u”）等。

c）不应通过增加下标或其他信息修改标准化的单位符号。例如：“$U_{max}$=500 V”而不写作“$U$=500 $V_{max}$”；$L_{Aeq}$=60 dB 而不写作 $L_{eq}$=60 dB(A)或 $L_{Aeq}$=60 dB(A)；“质量分数为 5%”而不写作“5%（$m/m$）”；“体积分数为 7%”而不写作“7%（$V/V$）”。

d）不应将信息与单位符号相混。例如：“含水量 20 ml/kg”而不写作“20 ml $H_2O$/kg”或“20 ml 水/kg”；“含碳量 20 mg/kg”而不写作“20 mg C/kg”或“20 mg 碳/kg”；土壤中氮的质量分数单位“g/kg”不得写作“g N/kg 土。

e）不应使用诸如“ppm”、“pphm”和“ppb”之类的缩略语。这些缩略语在不同的语种中含义不同，可能会产生混淆。它们只代替数字，所以用数字表示则更清楚。例如：“质量分数为 4.2 μg/g”或“质量分数为 4.2×$10^{-6}$”，而不应写作“质量分数为 4.2 ppm”，更不得写作“浓度为 4.2 ppm；“体积分数为 3.6 μl/L”或“体积分数为 3.6×$10^{-6}$”，而不应写作“浓度为 3.6 ppm”。

f）两个或更多的物理量不能相加或相减，除非它们属于相互可比较的同一类量。因此，诸如 230V±5%这种表示相对误差的方法不符合代数学的基本规则。可用下述表示方法代替：“230×（1±5%）V”、“230×（1±0.05）V”或“230V，具有±5%的相对误差”。

g）单位符号应为正体，量的符号应为斜体，表示数值的符号应与表示对应量的符号不同。

## 附 录 A
（资料性附录）
标准条文编排示例

## 1 适用范围

××××××××××××××××××××××××××××××××××××××××××××××××××××××××××××××××××××××××××××××××××××××××。

## 2 规范性引用文件

××××××××××××××××××××××××××××××××××××××××××××××××××××××××××××××××××××××××××××××××××××××××××××××××××××××××××××××××××××××××××××××××。

×××××××××××××××××××××××××××××××××××××

××××××××××××××××××××××××××××××××××××××××××××××××××××××××

××××××××××××××××××××××××××××××××××××

## 3 （标题）

### 3.1 （标题）

**3.1.1** ××××××××××××××××××××××××××××××××××××××××××××××××××××××××××××××××××××××××××××××××××××××。

**3.1.2** ××××××××××××××××××××××××××××××××××××××××××××××××××××××××××××××××××××××××××××××××××[1)]。

### 3.2 （标题）

××××××××××××××××××××××××××××××××××××××××××××××××××××××××××××××××××××××××××××××××××××××[2)]：

a）××××××××××××××××××××××××××××××××××××××××××××××××××××××××××××××××××××××××××；

b）××××××××××××××××××××××××××××××××××××××××××××××××××××××××××××××××××××××××××××××××××：

1）×××××××××××××××××××××××××××××××××××××××；

---

1）××××××××××××××××××××××××××××××××××××××××××××××××××××××××××××××××××××××××××。

2）××××××××××××××××××××××××××××××××××××。

2）×××××××××××××××××××××××××××××××××××××××
××××××××××××××××××××××××××××××××。

3.3 （标题）

×××××××××××××××××××××××××××××××××××××××××。

注：××××××××××××××××××××××××××××××××××××××××××××××××
×××××××××××××××××××××××××××××××××××××××××××××××。

4 （标题）

4.1 （标题）

4.1.1 （标题）

×××××××××××××××××××××××××××××××××××××××××。

4.1.2 （标题）

×××××××××××××××××××××××××××××××××××××××××。

注 1：××××××××××××××××××××××××××××××××××××××××××××××××
××××××××××××××××××××××××××××××××××××××××。

注 2：×××××××××××××××××××××××××××××××××××××××。

4.2 （标题）

×××××××××××××××××××××××××××××××××××××××××。

注 1：××××××××××××××××××××××××××××××××××××××××××××。

××××××××××××××××××××××××××××××××××××××××××
×××××××××××。

注 2：××××××××××××××××××××××××××××××××××××××××××××××××
××××××××××××××××××××××××××××××××××××××××。

4.3 （标题）

4.3.1 ×××××××××××××××××××××××××××××××××××××××××
×××××××××××××××××××××××××××××××××××××××××。

4.3.2 ×××××××××××××××××××××××××××××××××××××××××
×××××××××××××××××××××××××××××××××××××××××。

示例：

××××××××××××××××××××××××××××××××××××××××××××××××××
×××××××××××××××××××××××××××××××××××××。

4.4 （标题）

4.4.1 ×××××××××××××××××××××××××××××××××××××××××
×××××××××××××××××××××××××××××××××××××××××。

——××××××××××××××××××××××××××××××××××××××。

——××××××××××××××××××××××××××××××××××××××××
×××××××××××××××××××××××××××××××××××××××。

4.4.2 ×××××××××××××××××××××××××××××××××××××××××××××××××××××××××××××××××××××××××××××××××。

示例 1：

×××××××××××××××××××××××××××××××××××××××××××××××××××××××××××××××××××××××××××××××××××××。

示例 2：

××××××××××××××××××××××××××××××××××××××××××××。

## 4.5 （标题）

××××××××××××××××××××××××××××××××××××××××××××××××××××××××××××××××××××××××××××××××××××。

……

……

# 附 录 B
（规范性附录）
标准参考格式

国家环境保护标准的格式见图 B.1～B.7。

单位为毫米

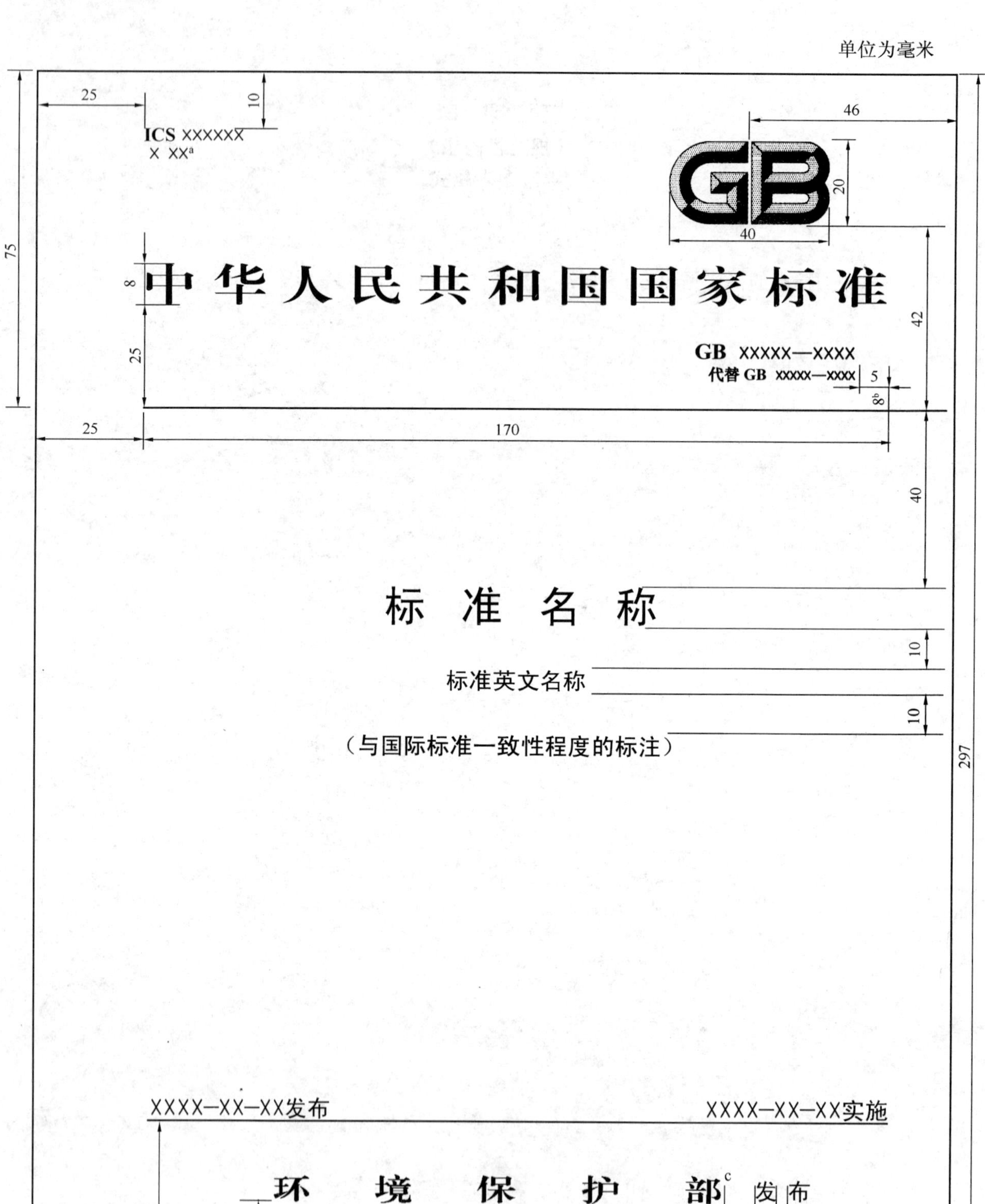


a 填写中国标准文献分类号。

b 如果没有代替标准，则该间隙为 10 mm。

c 若与其他部门联合发布标准，按有关规定填写。

图 B.1 采用 GB 编号的国家环境保护标准封面格式

单位为毫米

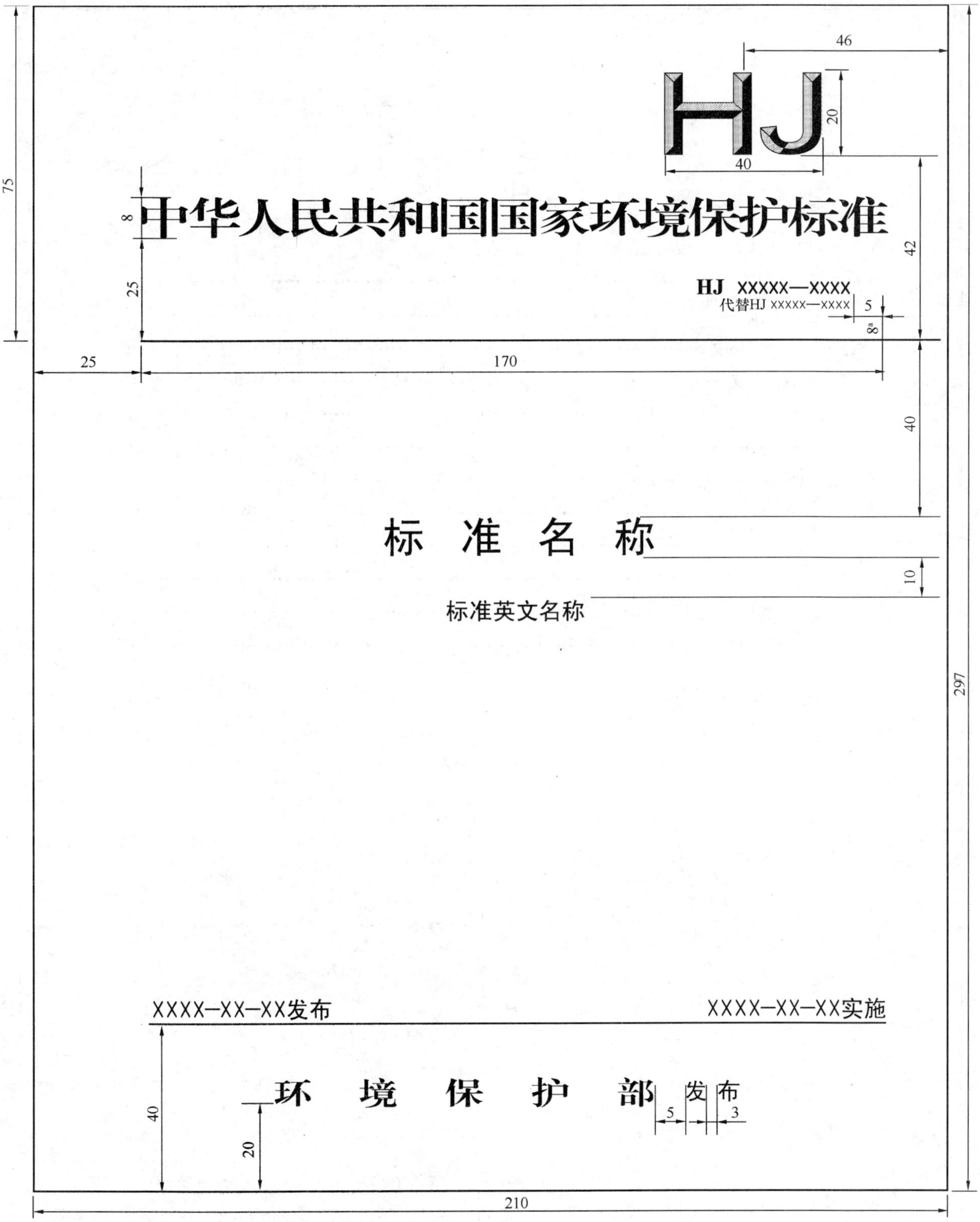

[a] 如果没有代替标准，则该间隙为 10 mm。

图 B.2 采用 HJ 编号的国家环境保护标准封面格式

单位为毫米

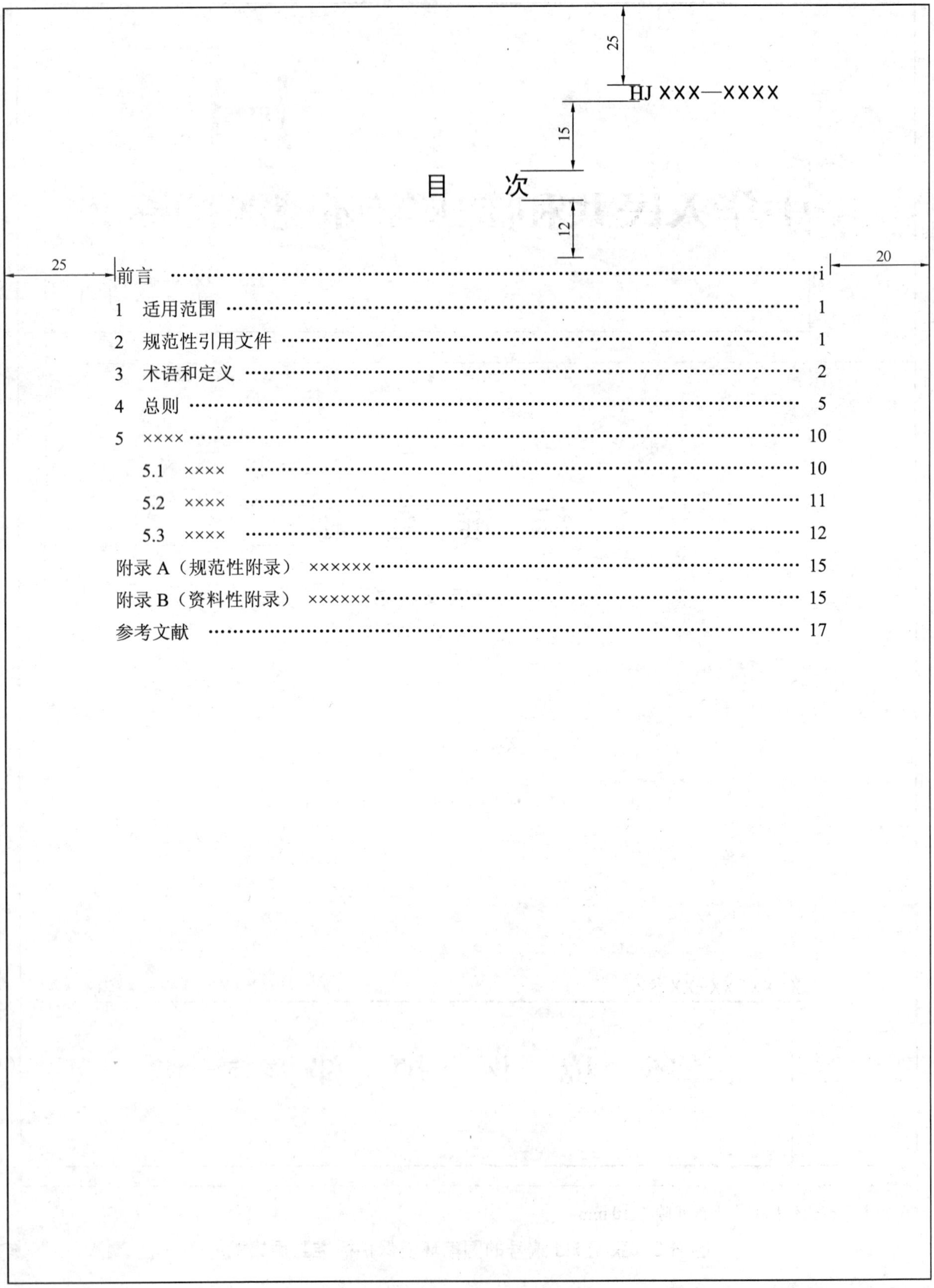

目　　次



注：以单数页为例。

图 B.3　目次格式

单位为毫米

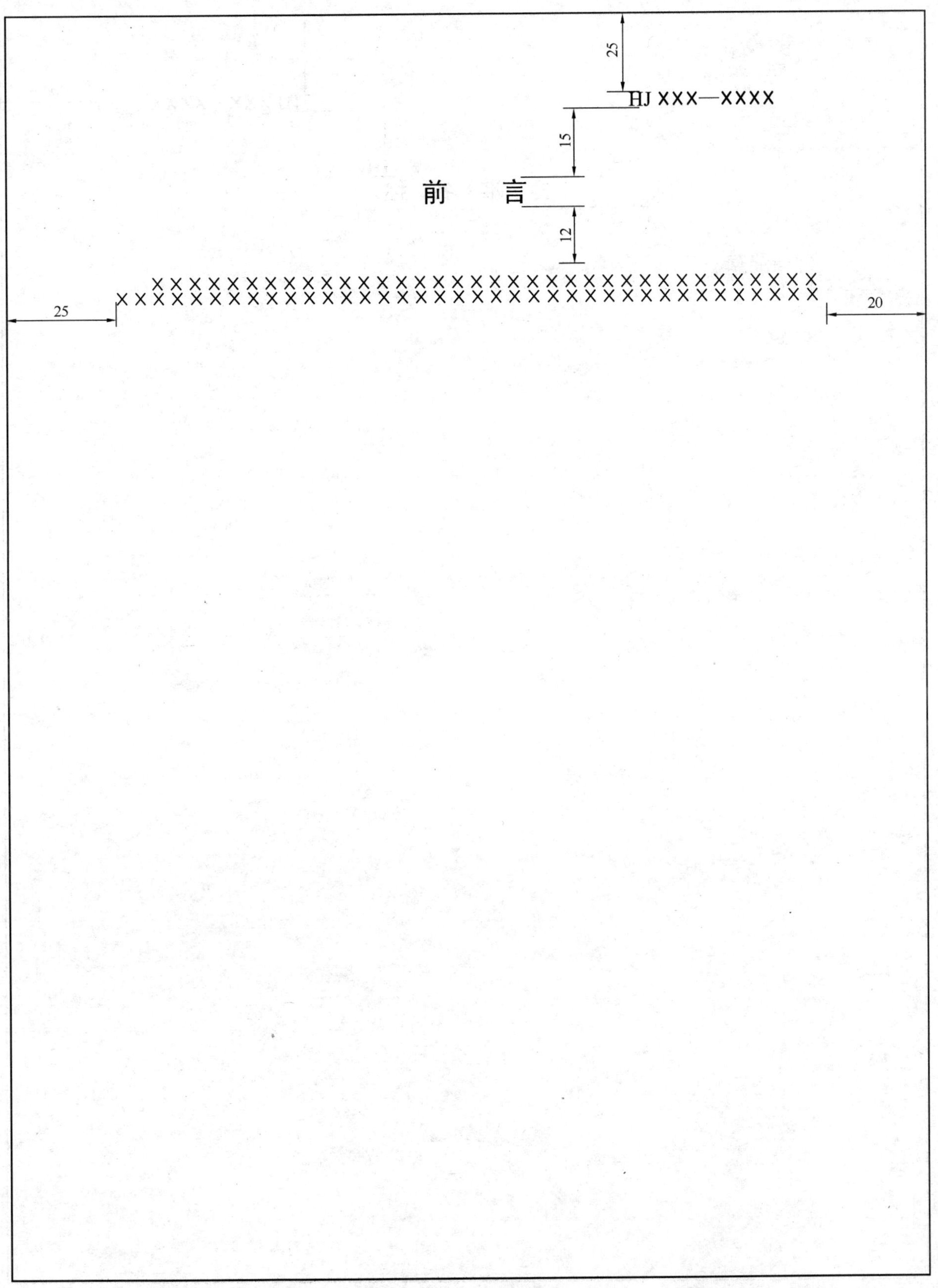


注 1：以单数页为例。

图 B.4　前言格式

单位为毫米

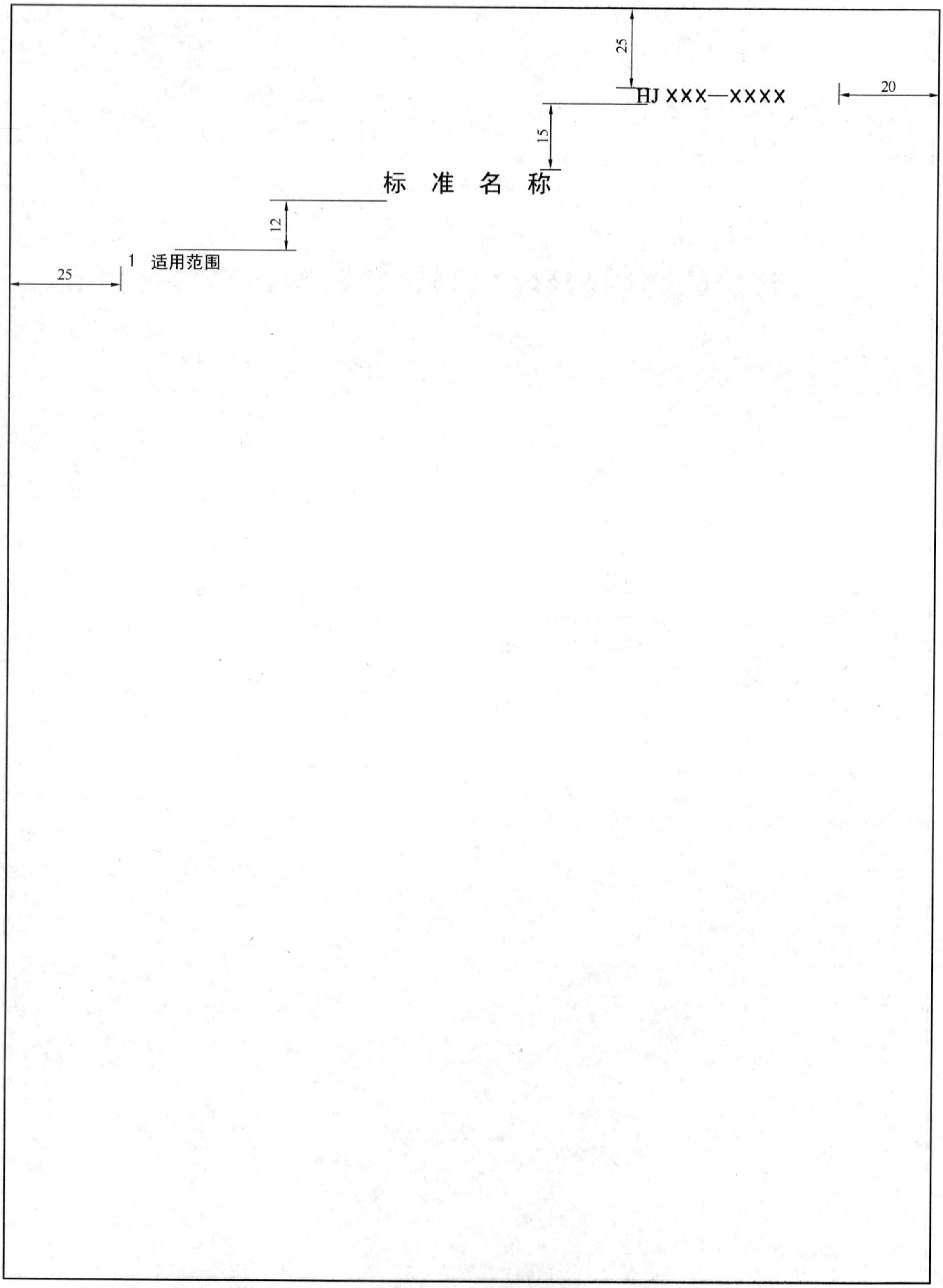

图 B.5 正文首页格式

单位为毫米

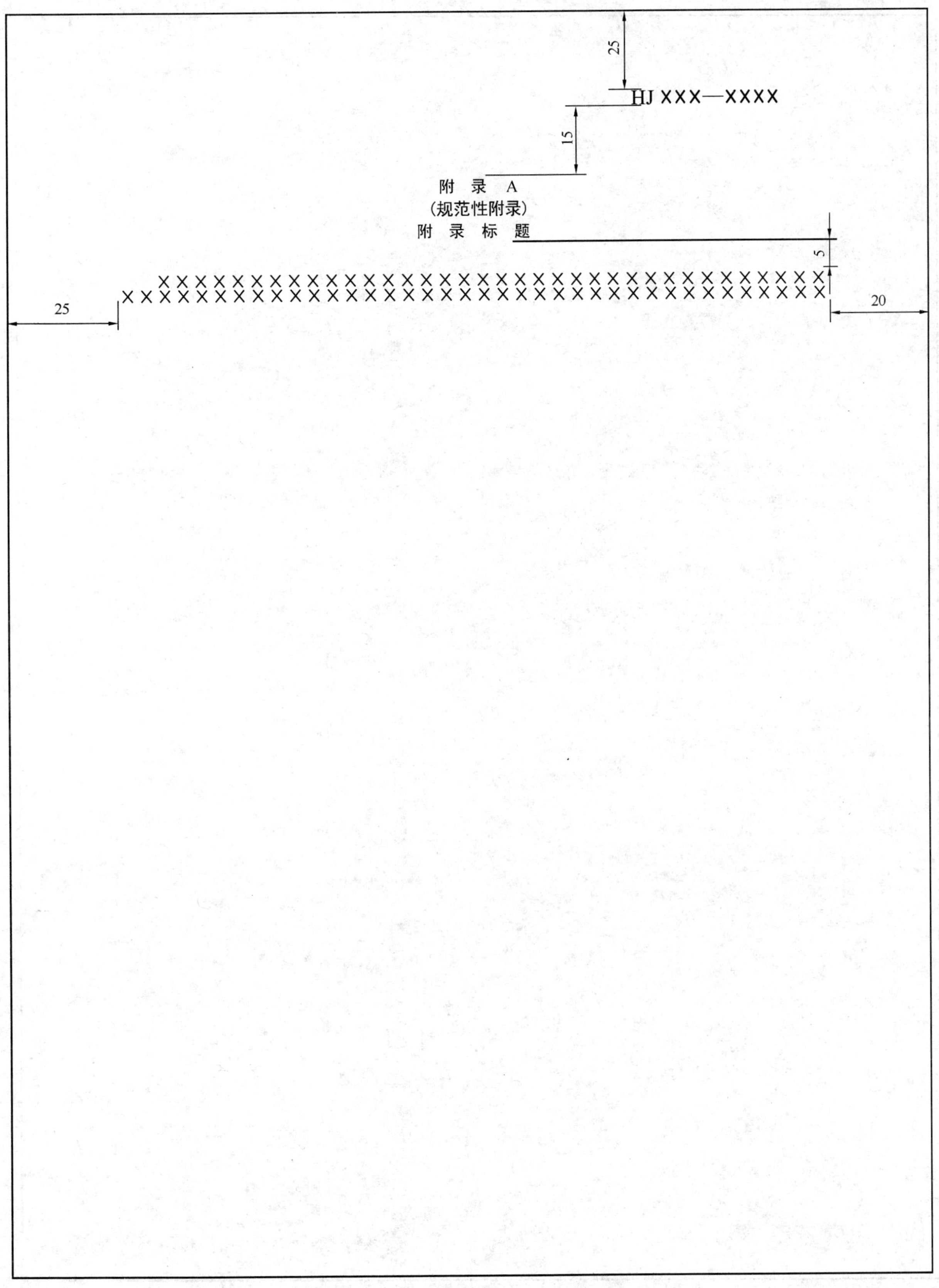


注：以单数页为例。

图 B.6 附录格式

单位为毫米

图 B.7　封底格式

## 附 录 C
## （规范性附录）
## 标准中的字号和字体

标准中各个位置的文字的字号和字体如表C.1所示。

表C.1 标准中的字号和字体

| 页　别 | 位　置 | 文　字　内　容 | 字号和字体 |
|---|---|---|---|
| 封面 | 左上第一行 | ICS号 | 五号黑体 |
| 封面 | 左上第二行 | 中国标准文献分类号 | 五号黑体 |
| 封面 | 右上第一行 | 标准的标志 | 专用美术体字 |
| 封面 | 右上第二行 | 标准编号 | 四号黑体 |
| 封面 | 右上第三行 | 代替标准编号 | 五号宋体 |
| 封面 | 第一行 | 中华人民共和国国家标准 | 专用字 |
| 封面 | 第一行 | 中华人民共和国国家环境保护标准 | 专用字 |
| 封面 | 第二行 | 标准名称 | 一号黑体 |
| 封面 | 第三行 | 标准英文名称 | 四号黑体 |
| 封面 | 倒数第二行 | 发布日期、实施日期 | 四号黑体 |
| 封面 | 倒数第一行 | 标准发布部门 | 专用字 |
| 封面 | 倒数第一行 | 发布 | 四号黑体 |
| 目次 | 第一行 | 目次 | 三号黑体 |
| 目次 | | 目次内容 | 五号宋体 |
| 前言 | 第一行 | 前言 | 三号黑体 |
| 前言 | | 前言内容 | 五号宋体 |
| 正文首页 | 第一行 | 标准名称 | 三号黑体 |
| 各页 | | 标准条文 | 五号宋体 |
| 各页 | | 章、条的编号和标题 | 五号黑体 |
| 各页 | | 列项及其编号 | 五号宋体 |
| 各页 | | 条文的示例、注、脚注 | 小五号宋体 |
| 各页 | | 图注、图的脚注 | 小五号宋体 |
| 各页 | | 图中的数字和文字 | 六号宋体 |
| 各页 | | 图题、表题 | 五号黑体 |
| 各页 | | 表中的文字、表注、表的脚注 | 小五号宋体 |
| 各页 | | 图、表右上方关于单位的陈述 | 小五号宋体 |
| 附录 | 第一行 | 附录编号 | 五号黑体 |
| 附录 | 第二行 | （规范性附录）、（资料性附录） | 五号黑体 |
| 附录 | 第三行 | 附录标题 | 五号黑体 |
| 附录 | | 附录内容 | 五号宋体 |
| 参考文献 | 第一行 | 参考文献 | 五号黑体 |
| 参考文献 | | 参考文献内容 | 五号宋体 |
| 索引 | 第一行 | 索引 | 五号黑体 |
| 索引 | | 索引内容 | 五号宋体 |
| 封底 | 右上角 | 标准编号 | 四号黑体 |
| 单双数页 | 书眉右、左侧 | 标准编号 | 五号黑体 |
| 单双数页 | 版心右、左下角 | 页码 | 小五号宋体 |

# 附 录 D

（规范性附录）

## 常用量的名称和符号表

| 量的名称 | 符 号 |
|---|---|
| **空间和时间** | |
| [平面]角 | $\alpha$，$\beta$，$\gamma$，$\theta$，$\varphi$ |
| 立体角 | $\Omega$ |
| 长度 | $l$，（$L$） |
| 宽度 | $b$ |
| 高度 | $h$ |
| 厚度 | $d$，$\delta$ |
| 半径 | $r$，$R$ |
| 直径 | $d$，$D$ |
| 程长 | $s$ |
| 距离 | $d$，$r$ |
| 笛卡儿坐标 | $x$，$y$，$z$ |
| 曲率半径 | $\rho$ |
| 曲率 | $\kappa$ |
| 面积 | $A$，（$S$） |
| 体积，容积 | $V$ |
| 时间，时间间隔，持续时间 | $t$ |
| 角速度 | $\omega$ |
| 角加速度 | $\alpha$ |
| 速度 | $u$，$v$，$w$，$c$ |
| 加速度 | $a$ |
| 自由落体加速度，重力加速度 | $g$ |
| **周期及有关现象** | |
| 周期 | $T$ |
| 时间常数 | $\tau$ |
| 频率 | $f$，$v$ |
| 旋转频率，转速 | $n$ |
| 角频率，圆频率 | $\omega$ |
| 波长 | $\lambda$ |
| 波数 | $\sigma$ |
| 角波数 | $k$ |
| 相速度 | $c$，$v$，$c_{\varphi}$，$v_{\varphi}$ |
| 群速度 | $c_g$，$v_g$ |
| 场[量]级 | $L_F$ |
| 功率[量]级 | $L_P$ |
| 阻尼系数 | $\delta$ |
| 对数减缩 | $\Lambda$ |
| 衰减系数 | $\alpha$ |
| 相位系数 | $\beta$ |
| 传播系数 | $\gamma$ |
| **力　学** | |
| 质量 | $m$ |
| 体积质量，[质量]密度 | $\rho$ |
| 相对体积质量，相对[质量]密度 | |
| 质量体积，比体积 | $d$ |
| 线质量，线密度 | $v$ |
| 面质量，面密度 | $\rho_l$ |
| 转动惯量，（惯性矩） | $\rho_A$，（$\rho_S$） |
| 动量 | $J$，（$I$） |
| 力 | $p$ |
| 重量 | $F$ |
| 冲量 | $W$，（$P$，$G$） |
| 动量矩，角动量 | $I$ |
| 力矩，力偶矩 | $L$ |
| 转矩 | $M$ |
| 角冲量 | $M$，$T$ |
| 引力常量 | $H$ |
| 压力，压强 | $G$，（$f$） |
| 正应力 | $p$ |
| 切应力 | $\sigma$ |
| 线应变，（相对变形） | $\tau$ |
| 切应变 | $\varepsilon$，$e$ |
| 体应变 | $\gamma$ |
| 泊松比，泊松数 | $\theta$ |
| 弹性模量（杨氏模量） | $\mu$，$v$ |
| 切变模量，刚量模量 | $E$ |
| 体积模量，压缩模量 | $G$ |
| [体积]压缩率 | $K$ |
| | $\kappa$ |
| 截面二次矩，截面二次轴矩，（惯性矩） | $I_a$，（$I$） |
| 截面二次极矩，（极惯性矩） | $I_p$ |
| 截面系数 | $W$，$Z$ |
| 动摩擦因数 | $\mu$，（$f$） |
| 静摩擦因数 | $\mu_s$，（$f_s$） |
| [动力]黏度 | $\eta$，（$\mu$） |
| 运动黏度 | $v$ |
| 表面张力 | $\gamma$，$\sigma$ |
| 能[量] | $E$ |
| 功 | $W$，（$A$） |
| 势能，位能 | $E_p$，（$V$） |
| 动能 | $E_k$，（$T$） |
| 功率 | $P$ |
| 效率 | $\eta$ |
| 质量流量 | $q_m$ |
| 体积流量 | $q_V$ |
| **热　学** | |
| 热力学温度 | $T$，（$\Theta$） |
| 摄氏温度 | $t$，$\theta$ |
| 线[膨]胀系数 | $\alpha_l$ |
| 体[膨]胀系数 | $\alpha_V$，（$\alpha$，$\gamma$） |
| 相对压力系数 | $\alpha_p$ |
| 压力系数 | $\beta$ |
| 等温压缩率 | $\kappa_T$ |
| 等熵压缩率 | $\kappa_S$ |
| 热，热量 | $Q$ |
| 热流量 | $\Phi$ |
| 面积热流量，热流[量]密度 | $q$，$\varphi$ |
| 热导率，（导热系数） | $\lambda$，（$\kappa$） |
| 传热系数 | $K$，（$k$） |
| 表面传热系数 | $h$，（$\alpha$） |
| 热绝缘系数 | $M$ |
| 热阻 | $R$ |
| 热导 | $G$ |
| 热扩散率 | $a$ |

续表

| 量的名称 | 符　号 |
|---|---|
| 热容 | $C$ |
| 质量热容，比热容 | $c$ |
| 质量定压热容，比定压热容 | $c_p$ |
| 质量定容热容，比定容热容 | $c_V$ |
| 质量饱和热容，比饱和热容 | $c_{sat}$ |
| 质量热容比，比热[容]比 | $\gamma$ |
| 等熵指数 | $\kappa$ |
| 熵 | $S$ |
| 质量熵，比熵 | $s$ |
| 能[量] | $E$ |
| 热力学能 | $U$ |
| 焓 | $H$ |
| 亥姆霍兹自由能，亥姆霍兹函数 | $A$，$F$ |
| 吉布斯自由能，吉布斯函数 | $G$ |
| 质量能，比能 | $e$ |
| 质量热力学能，比热力学能 | $u$ |
| 质量焓，比焓 | $h$ |
| 质量亥姆霍兹自由能，比亥姆霍兹自由能 | $a$，$f$ |
| 质量吉布斯自由能，比吉布斯自由能，比吉布斯函数 | $g$ |
| 马休函数 | $J$ |
| 普朗克函数 | $Y$ |
| **电学和磁学** | |
| 电流 | $I$ |
| 电荷[量] | $Q$ |
| 体积电荷；电荷[体]密度 | $\rho$，($\eta$) |
| 面积电荷；电荷面密度 | $\sigma$ |
| 电场强度 | $E$ |
| 电位，(电势) | $V$，$\varphi$ |
| 电位差，(电势差)，电压 | $U$，($V$) |
| 电动势 | $E$ |
| 电通[量]密度 | $D$ |
| 电通[量]，(电位移通量) | $\Psi$ |
| 电容 | $C$ |
| 介电常数，(电容率) | $\varepsilon$ |
| 真空介电常数，(真空电容率) | $\varepsilon_0$ |
| 相对介电常数，(相对电容率) | $\varepsilon_r$ |
| 电极化率 | $\chi$，$\chi_e$ |
| 电极化强度 | $P$ |
| 电偶极矩 | $p$，($p_e$) |
| 面积电流，电流密度 | $J$，($S$) |
| 线电流，电流线密度 | $A$，($\alpha$) |
| 磁场强度 | $H$ |
| 磁位差，(磁势差) | $U_m$ |
| 磁通势，磁动势 | $F$，$F_m$ |
| 电流链 | $\Theta$ |
| 磁通[量]密度，磁感应强度 | $B$ |
| 磁通[量] | $\Phi$ |
| 磁矢位，(磁矢势) | $A$ |
| 自感 | $L$ |
| 互感 | $M$，$L_{12}$ |
| 耦合因数，(耦合系数) | $k$，($\kappa$) |
| 漏磁因数，(漏磁系数) | $\sigma$ |
| 磁导率 | $\mu$ |
| 真空磁导率 | $\mu_0$ |
| 相对磁导率 | $\mu_r$ |
| 磁化率 | $\kappa$，($\chi_m$，$\chi$) |
| [面]磁矩，(电磁矩) | $m$ |
| 磁偶极矩 | $j$ |
| 磁化强度 | $M$，($H_i$) |
| 磁极化强度 | $J$，($B_i$) |
| 体积电磁能，电磁能密度 | $w$ |
| 坡印廷矢量 | $S$ |
| 电磁波的相平面速度 | $c$ |
| 电磁波在真空中的传播速度 | $c$，$c_0$ |
| [直流]电阻 | $R$ |
| [直流]电导 | $G$ |
| [直流]功率 | $P$ |
| 电阻率 | $\rho$ |
| 电导率 | $\gamma$，$\sigma$，$\kappa$ |
| 磁阻 | $R_m$ |
| 磁导 | $\Lambda$，($P$) |
| 绕组的匝数 | $N$ |
| 相数 | $m$ |
| 频率 | $f$，$v$ |
| 旋转频率 | $n$ |
| 角频率 | $\omega$ |
| 相[位]差，相[位]移 | $\varphi$ |
| 阻抗，(复[数]阻抗) | $Z$ |
| 阻抗模，(阻抗) | $\|Z\|$ |
| [交流]电阻 | $R$ |
| 电抗 | $X$ |
| 导纳，(复[数]导纳) | $Y$ |
| 导纳模，(导纳) | $\|Y\|$ |
| [交流]电导 | $G$ |
| 电纳 | $B$ |
| 品质因数 | $Q$ |
| 损耗因数 | $d$ |
| 损耗角 | $\delta$ |
| [有功]功率 | $P$ |
| 视在功率，(表观功率) | $S$，$P_s$ |
| 无功功率 | $Q$，$P_Q$ |
| 功率因数 | $\lambda$ |
| [有功]电能[量] | $W$ |
| **光、电磁辐射** | |
| 频率 | $f$，$v$ |
| 角频率 | $\omega$ |
| 波长 | $\lambda$ |

续表

| 量的名称 | 符　号 |
|---|---|
| 波率，波数 | $\sigma$ |
| 角波率，角波数 | $k$ |
| 电磁波在真空中的速度 | $c$，$c_0$ |
| 辐[射]能 | $Q$，$W$，($U$，$Q_e$) |
| 辐[射]能密度 | $w$，($u$) |
| 辐[射]能密度的光谱密集度，光谱辐[射]能密度 | $w_\lambda$ |
| 辐[射]功率，辐[射能]通量 | $P$，$\Phi$，($\Phi_e$) |
| 辐[射]能流 | $\Psi$ |
| 辐[射]能流率 | $\varphi$，$\psi$ |
| 辐[射]强度 | $I$，($I_e$) |
| 辐[射]亮度，辐射度 | $L$，($L_e$) |
| 辐[射]出[射]度 | $M$，($M_e$) |
| 辐[射]照度 | $E$，($E_e$) |
| 曝辐[射]量 | $H$，($H_e$) |
| 斯忒藩-玻耳兹曼常量 | $\sigma$ |
| 第一辐射常量 | $c_1$ |
| 第二辐射常量 | $c_2$ |
| 发射率 | $\varepsilon$ |
| 光谱发射率 | $\varepsilon(\lambda)$ |
| 光谱定向发射率 | $\varepsilon(\lambda, \theta, \varphi)$ |
| 光子数 | $N_p$，$Q_p$，$Q$ |
| 光子通量 | $\Phi_p$，$\Phi$ |
| [球面]光子强度 | $I_p$, $I$ |
| 光子亮度 | $L_p$, $L$ |
| 光子出射度 | $M_p$, $M$ |
| 光子照度 | $E_p$，$E$ |
| 曝光子量 | $H_p$，$H$ |
| 发光强度 | $I$，($I_v$) |
| 光通量 | $\Phi$，($\Phi_v$) |
| 光量 | $Q$，($Q_v$) |
| [光]亮度 | $L$，($L_v$) |
| 光出射度 | $M$，($M_v$) |

| 量的名称 | 符　号 |
|---|---|
| [光]照度 | $E$，($E_v$) |
| 曝光量 | $H$ |
| 光视效能 | $K$ |
| 光谱光视效能 | $K(\lambda)$ |
| 最大光谱光视效能 | $K_m$ |
| 光视效率 | $V$ |
| 光谱光视效率，(视见函数) | $V(\lambda)$ |
| CIE 色度函数，CIE 光谱三刺激值 | $x(\lambda)$, $y(\lambda)$, $z(\lambda)$ |
| 色品坐标，三色坐标 | $x$，$y$，$z$ |
| 光谱吸收比，光谱吸收因数 | $\alpha(\lambda)$ |
| 光谱反射比，光谱反射因数 | $\rho(\lambda)$ |
| 光谱透射比，光谱透射因数 | $\tau(\lambda)$ |
| 光谱辐[射]亮度因数 | $\beta(\lambda)$ |
| [光谱]光密度 | $D(\lambda)$ |
| 线性衰减系数，线性消光系数 | $\mu$，$\mu_l$ |
| 线性吸收系数 | $a$ |
| 摩尔吸收系数 | $\kappa$ |
| 折射率 | $n$ |
| 物距 | $p$，$l$ |
| 像距 | $p'$，$l'$ |
| 焦距 | $f$ |
| 顶焦距 | $f_v$ |
| 透镜焦距，(光焦度) | $\Phi$，$F$ |
| 顶焦度 | $F_v$ |
| **声　学** | |
| 周期 | $T$ |
| 频率 | $f$，$\nu$ |
| 频程 | (无量符号) |
| 角频率 | $\omega$ |

| 量的名称 | 符　号 |
|---|---|
| 波长 | $\lambda$ |
| 波数 | $\sigma$ |
| 角波数 | $k$ |
| [质量]密度 | $\rho$ |
| 静压 | $p_s$，($P_0$) |
| (瞬时)声压 | $p$ |
| (瞬时)[声]质点位移 | $\xi$，($x$) |
| (瞬时)[声]质点速度 | $u$，$v$ |
| (瞬时)[声]质点加速度 | $a$ |
| (瞬时)体积流量，(体积速度) | $U$，$q$，($q_V$) |
| 声速，(相速) | $c$ |
| 群速 | $c_g$ |
| 声能密度，(体积声能) | $w$，($e$)，($D$) |
| 声功率 | $W$，$P$ |
| 声强[度] | $I$，$J$ |
| 声阻抗 | $Z_a$ |
| 声阻 | $R_a$ |
| 声抗 | $X_a$ |
| 声质量 | $M_a$ |
| 声劲 | $S_a$ |
| 声顺 | $C_a$ |
| 声导纳 | $Y_a$ |
| 声导 | $G_a$ |
| 声纳 | $B_a$ |
| 力 | $F$ |
| (瞬时)[振动]位移 | $d$ |
| (瞬时)[振动]速度 | $v$ |
| (瞬时)[振动]加速度 | $a$ |
| 力阻抗 | $Z_m$ |
| 力阻 | $R_m$ |
| 力抗 | $X_m$ |
| [力]质量 | $M$ |
| 力劲 | $S_m$ |
| 力顺 | $C_m$ |

续表

| 量的名称 | 符　号 |
|---|---|
| 力导纳 | $Y_m$ |
| 力导 | $G_m$ |
| 力纳 | $B_m$ |
| 声阻抗率 | $Z_s$ |
| [媒质的声]特性阻抗 | $Z_c$ |
| 声压级 | $L_p$ |
| 声强级 | $L_I$ |
| 声功率级 | $L_w$ |
| 阻尼系数 | $\delta$ |
| 时间常数，弛豫时间 | $\tau$ |
| 对数减缩率 | $\Lambda$ |
| 衰减系数 | α |
| 相位系数 | β |
| 传播系数 | $\gamma$ |
| 损耗因数，（损耗系数） | $\delta$，$\psi$ |
| 反射因数，（反射系数） | $\gamma$，（$\rho$） |
| 透射因数，（透射系数） | $\tau$ |
| 吸收因数，（吸声系数） | $\alpha$ |
| 声压反射因（系）数 | $\gamma_p$ |
| 声压透射因（系）数 | $\tau_p$ |
| 孔隙率 | $q$ |
| 流阻 | $R_f$ |
| 衰变常数 | $k$ |
| 衰变率 | $K$ |
| 隔声量，传声 损失 | $R$ |
| 吸声量 | $A$ |
| 混响时间 | $T$，（$T_{60}$） |
| 响度级 | $L_N$ |
| 响度 | $N$ |
| 音程 | （无量符号） |
| 自由场灵敏度 | $M$ |
| 感觉噪声级 | $L_{PN}$ |
| 噪度 | $N_n$ |
| 声源强度 | $Q_s$ |
| [声源]指向性因数 | $R_\theta$ |
| [声源]指向性指数 | $D_I$ |
| [声学]房间常数 | $R$，$R_r$ |
| [声学]插入损失 | $D$ |
| [振动]传递比 | $T_r$ |
| **物理化学、分子物理学** | |
| 相对原子质量 | $A_r$ |
| 相对分子质量 | $M_r$ |
| 分子或其他基本单元数 | $N$ |
| 物质的量 | $n$，（$\nu$） |
| 阿伏加德罗常数 | $L$，$N_A$ |
| 摩尔质量 | $M$ |
| 摩尔体积 | $V_m$ |
| 摩尔热力学能 | $U_m$ |
| 摩尔焓 | $H_m$ |
| 摩尔亥姆霍兹函数，摩尔亥姆霍兹自由能 | $A_m$ |
| 摩尔吉布斯函数，摩尔吉布斯自由能 | $G_m$ |
| 摩尔热容 | $C_m$ |
| 摩尔定压热容 | $C_{p,m}$ |
| 摩尔定容热容 | $C_{V,m}$ |
| 摩尔熵 | $S_m$ |
| 体积分子（或粒子）数，分子（或粒子）数密度 | $n$ |
| B 的分子浓度 | $C_B$ |
| 体积质量，质量密度，密度 | $\rho$ |
| B 的质量浓度 | $\rho_B$ |
| B 的质量分数 | $w_B$ |
| B 的浓度，B 的物质的量浓度 | $c_B$，[B] |
| B 的摩尔分数 | $x_B$，（$y_B$） |
| 溶质 B 的摩尔比 | $r_B$ |
| B 的体积分数 | $\varphi_B$ |
| 溶质 B 的质量摩尔浓度 | $b_B$，$m_B$ |
| B 的化学势 | $\mu_B$ |
| B 的绝对活度 | $\lambda_B$ |
| B 的分压力（在气体混合物中） | $p_B$ |
| B 的逸度（在气体混合物中） | $\tilde{p}_B$,($f_B$) |
| B 的标准绝对活度（在气体混合物中） | $\lambda_B^\ominus$ |
| B 的活度因子（在液体或固体混合物中） | $f_B$ |
| B 的标准绝对活度（在液体或固体混合物中） | $\lambda_B^\ominus$ |
| 溶质 B 的活度，溶质 B 的相对活度（特别是在稀薄液体溶液中） | $a_B$，$a_{m,B}$ |
| 溶质 B 的活度因子（特别是在稀薄液体溶液中） | $\gamma_B$ |
| 溶质 B 的标准绝对活度（特别是在稀薄液体溶液中） | $\lambda_B^\ominus$ |
| 溶剂 A 的活度，溶剂 A 的相对活度（特别是在稀薄液体溶液中） | $a_A$ |
| 溶剂 A 的渗透因子（特别是在稀薄液体溶液中） | $\varphi$ |

续表

| 量的名称 | 符　号 |
|---|---|
| 溶剂 A 的标准绝对活度（特别是在稀薄液体溶液中） | $\lambda_A^\ominus$ |
| 渗透压力 | $\Pi$ |
| B 的化学计量数 | $\nu_B$ |
| [化学反应]亲和势 | $A$ |
| 反应进度 | $\xi$ |
| 标准平衡常数 | $K^\ominus$ |
| 分子质量 | $m$ |
| 分子电偶极矩 | $p$，$\mu$ |
| 分子电极化率 | $\alpha$ |
| 微正则配分函数 | $\Omega$ |
| 正则配分函数 | $Q$，$Z$ |
| 巨正则配分函数 | $\Xi$ |
| 分子配分函数 | $q$ |
| 统计权重 | $g$ |
| 摩尔气体常数 | $R$ |
| 玻耳兹曼常数 | $k$ |
| 平均自由程 | $l$，$\lambda$ |
| 扩散系数 | $D$ |
| 热扩散比 | $k_T$ |
| 热扩散因子 | $\alpha_T$ |
| 热扩散系数 | $D_T$ |
| 质子数 | $Z$ |
| 元电荷 | $e$ |
| 离子的电荷数 | $z$ |
| 法拉第常数 | $F$ |
| 离子强度 | $I$ |
| 解离度，（解离分数） | $\alpha$ |
| 标准电动势 | $E^\ominus$ |
| 电解质电导率 | $\kappa$，$\sigma$ |
| 摩尔电导率 | $\Lambda_m$ |
| 离子 B 的迁移数，离子 B 的电流分数 | $t_B$ |
| 转化速率 | $\xi$，$J$ |
| 旋光角 | $\alpha$ |
| 摩尔旋光本领 | $\alpha_n$ |
| 质量旋光本领，比旋光本领 | $\alpha_m$ |
| **原子物理、核物理学** | |
| 质子数，原子序数 | $Z$ |
| 中子数 | $N$ |
| 核子数，质量数 | $A$ |
| [核素 X 的]原子质量，核素质量 | $m_a$，$m$（X），$m$（$Z$，$A$） |
| 原子质量数量 | $m_u$ |
| 电子[静]质量 | $m_e$ |
| 质子[静]质量 | $m_p$ |
| 中子[静]质量 | $m_n$ |
| 元电荷 | $e$ |
| 普朗克常量 | $h$ |
| 玻尔半径 | $a_0$ |
| 里德伯常量 | $R_\infty$ |
| 哈特里能[量] | $E_h$ |
| 粒子或原子核的磁矩 | $\mu$ |
| 玻尔磁子 | $\mu_B$ |
| 核磁子 | $\mu_N$ |
| 磁旋系数，（磁旋比） | $\gamma$ |
| 原子或电子的 $g$ 因数 | $g$ |
| 原子核或核子的 $g$ 因数 | $g$ |
| 原子进动角频率 | $\omega_L$ |
| 核进动角频率 | $\omega_N$ |
| 回旋角频率 | $\omega_c$ |
| 核四极矩 | $Q$ |
| 核半径 | $R$ |
| 轨道角动量量子数 | $l_i$，$L$ |
| 自旋角动量量子数 | $s_i$，$S$ |
| 总角动量量子数 | $j_i$，$J$ |
| 核自旋量子数 | $I$ |
| 核的宇称 | $\pi$ |
| 超精细结构量子数 | $F$ |
| 主量子数 | $n$ |
| 磁量子数 | $m_i$，$M$ |
| 精细结构常数 | $\alpha$ |
| [经典]电子半径 | $r_e$ |
| 康普顿波长 | $\lambda_C$ |
| 质量过剩 | $\Delta$ |
| 质量亏损 | $B$ |
| 核的结合能 | $E_B$ |
| 比结合能 | $\varepsilon$ |
| 中子分离能 | $S_n$ |
| 质子分离能 | $S_p$ |
| 平均寿命 | $\tau$ |
| 能级宽度 | $\Gamma$ |
| [放射性]活度 | $A$ |
| 质量活度，比活度 | $a$ |
| 衰变常量 | $\lambda$ |
| 半衰期 | $T_{1/2}$ |
| α衰变能 | $Q_\alpha$ |
| β最大能量 | $E_\beta$ |
| β衰变能 | $Q_\beta$ |
| 内转换因数 | $\alpha$ |
| **核反应、电离辐射** | |
| 反应能 | $Q$ |
| 辐射能 | $E_R$ |
| 共振能 | $E_r$，$E_{res}$ |
| 截面 | $\sigma$ |
| 总截面 | $\sigma_{tot}$，$\sigma_T$ |
| 角截面 | $\sigma_\Omega$ |
| 能谱截面 | $\sigma_E$ |
| 能谱角截面 | $\sigma_{\Omega,E}$ |
| 宏观截面 | $\Sigma$ |
| 宏观总截面 | $\Sigma_{tot}$，$\Sigma_T$ |
| 粒子注量 | $\Phi$ |
| 粒子注量率，（粒子通量密度） | $\varphi$ |
| 能注量 | $\Psi$ |
| 能注量率，（能通量密度） | $\psi$ |

续表

| 量的名称 | 符 号 | 量的名称 | 符 号 | 量的名称 | 符 号 |
|---|---|---|---|---|---|
| 粒子流密度 | $J$，($S$) | 每次吸收的中子产额 | $\eta$ | 倒易点阵基矢[量]，倒格[子]基矢[量] | $b_1$，$b_2$，$b_3$<br>$a^*$，$b^*$，$c^*$ |
| 线衰减系数 | $\mu$，$\mu_l$ | 快中子增殖因数 | $\varepsilon$ | 倒易点阵矢[量]，倒格[子]矢[量] | $G$ |
| 质量衰减系数 | $\mu_m$ | 热中子利用因数 | $f$ | 点阵平面间距，晶面间距 | $d$ |
| 摩尔衰减系数 | $\mu_c$ | 不泄漏概率 | $\Lambda$ | 布拉格角 | $\theta$ |
| 原子衰减系数 | $\mu_a$，$\mu_{at}$ | 增殖因数 | $k$ | 反射级 | $n$ |
| 半厚度 | $d_{1/2}$ | 无限介质增殖因数 | $k_\infty$ | 短程序参量 | $\sigma$ |
| 总线阻止本领 | $S$，$S_l$ | 有效增殖因数 | $k_{eff}$ | 长程序参量 | $s$ |
| 总原子阻止本领 | $S_a$ | 反应性 | $\rho$ | 伯格斯矢量 | $b$ |
| 总质量阻止本领 | $S_m$ | 反应堆时间常数 | $T$ | 粒子位[量]矢[量] | $r$，$R$ |
| 平均线[直]射程 | $R$，$R_l$ | [放射性]活度 | $A$ | 离子平衡位[置]矢[量] | $R_0$ |
| 平均质量射程 | $R_\rho$，($R_m$) | 授[予]能 | $\varepsilon$ | 离子位移矢[量] | $u$ |
| 粒子线电离 | $N_{il}$ | 比授[予]能 | $z$ | 德拜-瓦勒因数 | $D$ |
| 粒子总电离 | $N_i$ | 吸收剂量 | $D$ | [角]波数 | $k$，$q$ |
| 形成每对离子平均损失的能量 | $W_i$ | 吸收剂量率 | $\dot{D}$ | 费密[角]波数 | $k_F$ |
| 迁移率 | $\mu$ | 剂量当量 | $H$ | 德拜[角]波数 | $q_D$ |
| 离子数密度，离子密度 | $n^+$，$n^-$ | 剂量当量率 | $\dot{H}$ | 德拜[角]频率 | $\omega_D$ |
| 复合系数 | $\alpha$ | 比释动能 | $K$ | 德拜温度 | $\Theta_D$ |
| 粒子数密度 | $n$ | 比释动能率 | $\dot{K}$ | 点阵振动模式密度，晶格振动模式密度 | $g$，$N_\omega$ |
| 扩散系数，粒子线密度的扩散系数 | $D$，$D_n$ | 传能线密度，定限线碰撞阻止本领 | $L_\Delta$ | 格林爱森参量 | $\gamma$，$\Gamma$ |
| 粒子注量率的（粒子通量密度的）扩散系数 | $D_\varphi$，($D$) | 照射量 | $X$ | 马德隆常量 | $\alpha$ |
| 总中子源密度 | $S$ | 照射量率 | $\dot{X}$ | 声子平均自由程 | $l_{ph}$，$\Lambda$ |
| 慢化密度 | $q$ | 周围剂量当量 | $H^*$（$d$） | 电子平均自由程 | $l$，$l_e$ |
| 逃脱共振俘获概率 | $p$ | 定向剂量当量 | $H'$（$d$，$\Omega$） | 态密度 | $N_E$，$\rho$ |
| 对数能降 | $u$ | 个人剂量当量 | $H_p$（$d$） | 剩余电阻率 | $\rho_R$ |
| 平均对数能降 | $\xi$ | 粒子辐射度 | $P$ | 洛伦兹系数 | $L$ |
| 平均自由程 | $l$，$\lambda$ | 能量辐射度 | $\gamma$ | 霍耳系数 | $A_H$，$R_H$ |
| 慢化面积 | $L_s^2$，$L_{s1}^2$ | 辐射化学产额 | $G$（$x$） | 物质 a 与 b 之间的温差电动势 | $E_{ab}$ |
| 扩散面积 | $L^2$ | 衰变常量 | $\lambda$ | 物质 a 和 b 的塞贝克系数 | $S_{ab}$，$\varepsilon_{ab}$ |
| 迁徙面积 | $M^2$ | 线能量 | $y$ | 物质 a 和 b 的珀尔帖系数 | $\Pi_{ab}$ |
| 慢化长度 | $L_s$，$L_{s1}$ | 质能转移系数 | $\mu_{tr}/\rho$ | | |
| 扩散长度 | $L$ | 质能吸收系数 | $\mu_{en}/\rho$ | | |
| 迁徙长度 | $M$ | **固体物理学** | | | |
| 每次裂变的中子产额 | $v$ | 点阵基矢[量]，晶格基矢[量] | $a_1$，$a_2$，$a_3$<br>$a$，$b$，$c$ | | |
| | | 点阵矢[量]，[晶]格矢[量] | $R$，$R_0$，$T$ | | |

续表

| 量的名称 | 符　号 | 量的名称 | 符　号 | 量的名称 | 符　号 |
|---|---|---|---|---|---|
| 汤姆孙系数 | $\mu$，$\tau$ | 本征载流子浓度，本征载流子数密度 | $n_i$ | 奈耳温度 | $T_N$ |
| 功函数 | $\varPhi$，$W$ | 施主浓度，施主数密度 | $N_d$，$n_d$ | 超导体转变温度 | $T_c$ |
| 电子亲和能 | $\chi$ | 受主浓度，受主数密度 | $N_a$，$n_a$ | 热力学超导临界磁通[量]密度 | $B_c$ |
| 里查逊常量 | $A$ | 有效质量 | $m^*$ | 下临界磁通[量]密度 | $B_{c1}$ |
| 费密能[量] | $E_F$，$\varepsilon_F$ | 迁移率比 | $b$ | 上临界磁通[量]密度 | $B_{c2}$ |
| 禁带宽度 | $E_g$ | 弛豫时间 | $\tau$ | 超导体能隙参数 | $\varDelta$ |
| 施主电离能 | $E_d$ | 载流子寿命 | $\tau$，$\tau_n$，$\tau_p$ | 伦敦穿透深度 | $\lambda_L$ |
| 受主电离能 | $E_a$ | 扩散长度 | $L$，$L_n$，$L_p$ | 相干长度 | $\xi$ |
| 费密温度 | $T_F$ | 交换积分 | $J$ | 郎道-京茨堡参数 | $\kappa$ |
| 电子浓度，电子数密度 | $n$，$n_n$，$n_p$ | 居里温度 | $T_C$ | 磁通量子 | $\varPhi_0$ |
| 空穴浓度，空穴数密度 | $p$，$p_n$，$p_p$ | | | | |

注：根据 GB 3102.1～10—1993 和 GB 3102.13—1993 整理，有微调。

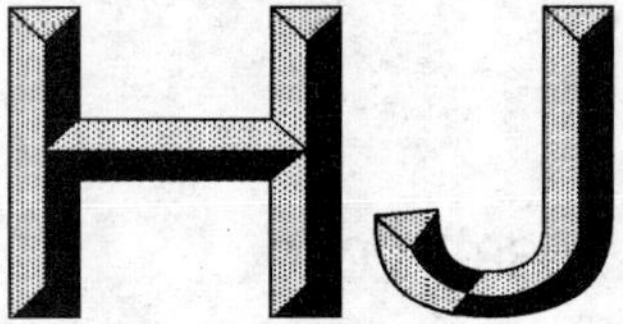

# 中华人民共和国国家环境保护标准

HJ 568—2010

# 畜禽养殖产地环境评价规范

**Farmland environmental quality evaluation standards for livestock and poultry production**

2010-04-16 发布　　2010-07-01 实施

环境保护部 发布

# 中华人民共和国环境保护部
# 公 告

2010 年 第 39 号

为贯彻《中华人民共和国环境保护法》，防治环境污染，保障人体健康，保护生态环境，现批准《畜禽养殖产地环境评价规范》为国家环境保护标准，并予发布。

标准名称、编号如下：

《畜禽养殖产地环境评价规范》（HJ 568—2010）。

该标准自 2010 年 7 月 1 日起实施，由中国环境科学出版社出版，标准内容可在环境保护部网站（bz.mep.gov.cn）查询。

特此公告。

2010 年 4 月 16 日

# 前 言

为贯彻《中华人民共和国环境保护法》，落实国务院关于保护农产品质量安全的精神，防治环境污染，保障人体健康，保护生态环境，制定本标准。

本标准是食用农产品产地环境系列评价标准之一，县级以上环保部门在食用农产品产地环境监督管理工作中，可以参照该系列标准中的指标和监测、评价方法评估食用农产品产地环境状况。

本标准作为评价环境状况的技术规范，主要依据《环境空气质量标准》（GB 3095）、《声环境质量标准》（GB 3096）、《农田灌溉水质标准》（GB 5084）、《土壤环境质量标准》（GB 15618）等环境质量标准，以及畜禽养殖业标准等相关标准中的环境要求，提出了针对畜禽养殖产地的环境质量指标，同时规定了监测和评价方法。

本标准由环境保护部科技标准司组织制订。

本标准主要起草单位：北京航空航天大学、北京师范大学。

本标准环境保护部 2010 年 4 月 16 日批准。

本标准自 2010 年 7 月 1 日起实施。

本标准由环境保护部解释。

# 畜禽养殖产地环境评价规范

## 1 适用范围

本标准规定了各类畜禽养殖产地的水环境质量、土壤环境质量、环境空气质量和声环境质量评价指标、限值、监测和评价方法。

本标准适用于全国畜禽养殖场、养殖小区、放牧区的养殖地环境质量评价与管理。

本标准仅适用于法律允许的畜禽养殖场、畜禽养殖小区和放牧区。

本标准不适用于畜禽产品加工生产地的环境质量评价与管理。

## 2 规范性引用文件

本标准内容引用了下列文件或其中的条款。凡是不注明日期的引用文件，其有效版本适用于本标准。

GB 3095 环境空气质量标准
GB 3096 声环境质量标准
GB 6920 水质 pH 值的测定 玻璃电极法
GB 7467 水质 六价铬的测定 二苯碳酰二肼分光光度法
GB 7468 水质 总汞的测定 冷原子吸收分光光度法
GB 7469 水质 总汞的测定 高锰酸钾-过硫酸钾消解法 双硫腙分光光度法
GB 7470 水质 铅的测定 双硫腙分光光度法
GB 7471 水质 镉的测定 双硫腙分光光度法
GB 7472 水质 锌的测定 双硫腙分光光度法
GB 7475 水质 铜、锌、铅、镉的测定 原子吸收分光光度法
GB 7480 水质 硝酸盐氮的测定 酚二磺酸分光光度法
GB 7484 水质 氟化物的测定 离子选择电极法
GB 7485 水质 总砷的测定 二乙基二硫代氨基甲酸银分光光度法
GB 7489 水质 溶解氧的测定 碘量法
GB 7492 水质 六六六、滴滴涕的测定 气相色谱法
GB 7494 水质 阴离子表面活性剂的测定 亚甲蓝分光光度法
GB 7959 粪便无害化卫生标准
GB 8172 城镇垃圾农用控制标准
GB 11890 水质 苯系物的测定 气相色谱法
GB 11891 水质 凯氏氮的测定
GB 11893 水质 总磷的测定、钼酸铵分光光度法
GB 11896 水质 氯化物的测定 硝酸银滴定法
GB 11898 水质 游离氯和总氯的测定 *N,N*-二乙基-1,4-苯二胺分光光度法
GB 11899 水质 硫酸盐的测定 重量法
GB 11901 水质 悬浮物的测定 重量法

GB 11902　水质　硒的测定　2,3-二氨基萘荧光法
GB 11914　水质　化学需氧量的测定　重铬酸盐法
GB 13195　水质　水温的测定　温度计或颠倒温度计测定法
GB/T 5750　生活饮用水卫生标准检验方法
GB/T 13896　水质　铅的测定　示波极谱法
GB/T 14550　土壤质量　六六六和滴滴涕的测定　气相色谱法
GB/T 14669　空气质量　氨的测定　离子选择电极法
GB/T 14675　空气质量　恶臭的测定　三点比较式臭袋法
GB/T 14678　空气质量　硫化氢、甲硫醇、甲硫醚和二甲二硫的测定　气相色谱法
GB/T 16488　水质　石油类和动植物油的测定　红外光度法
GB/T 16489　水质　硫化物的测定　亚甲基蓝分光光度法
GB/T 17134　土壤质量　总砷的测定　二乙基二硫代氨基甲酸银分光光度法
GB/T 17135　土壤质量　总砷的测定　硼氢化钾-硝酸银分光光度法
GB/T 17136　土壤质量　总汞的测定　冷原子吸收分光光度法
GB/T 17138　土壤质量　铜、锌的测定　火焰原子吸收分光光度法
GB/T 17139　土壤质量　镍的测定 火焰原子吸收分光光度法
GB/T 17140　土壤质量　铅、镉的测定　KI-MIBK 萃取火焰原子吸收分光光度法
GB/T 17141　土壤质量　铅、镉的测定　石墨炉原子吸收分光光度法
GB/T 17824.4　中、小型集约化养猪场环境参数及环境管理
GB/T 18204.24　公共场所空气中二氧化碳测定方法
HJ 484　水质　氰化物的测定　容量法和分光光度法
HJ 485　水质　铜的测定　二乙基二硫代氨基甲酸钠分光光度法
HJ 486　水质　铜的测定　2,9-二甲基-1,10-菲啰啉分光光度法
HJ 487　水质　氟化物的测定　茜素磺酸锆目视比色法
HJ 488　水质　氟化物的测定　氟试剂分光光度法
HJ 491　土壤质量　总铬的测定　火焰原子吸收分光光度法
HJ 502　水质　挥发酚的测定　溴化容量法
HJ 503　水质　挥发酚的测定　4-氨基安替比林分光光度法
HJ 505　水质　五日生化需氧量（$BOD_5$）的测定　稀释与接种法
HJ 506　水质　溶解氧的测定　电化学探头法
HJ 533　环境空气和废气　氨的测定　纳氏试剂分光光度法
HJ 534　环境空气　氨的测定　次氯酸钠-水杨酸分光光度法
HJ/T 49　水质　硼的测定　姜黄素分光光度法
HJ/T 50　水质　三氯乙醛的测定　吡唑啉酮分光光度法
HJ/T 51　水质　全盐量的测定　重量法
HJ/T 60　水质　硫化物的测定　碘量法
HJ/T 91　地表水和污水监测技术规范
HJ/T 164　地下水环境监测技术规范
HJ/T 166　土壤环境监测技术规范
HJ/T 193　环境空气质量自动监测技术规范
HJ/T 194　环境空气质量手工监测技术规范
HJ/T 195　水质　氨氮的测定　气相分子吸收光谱法
HJ/T 200　水质　硫化物的测定　气相分子吸收光谱法

HJ/T 342　水质　硫酸盐的测定　铬酸钡分光光度法（试行）
HJ/T 343　水质　氯化物的测定　硝酸汞滴定法（试行）
HJ/T 346　水质　硝酸盐氮的测定　紫外分光光度法（试行）
HJ/T 347　水质　粪大肠菌群的测定　多管发酵法和滤膜法（试行）
HJ/T 399　水质　化学需氧量的测定　快速消解分光光度法

## 3　术语和定义

下列术语和定义适用于本标准。

3.1

**畜禽养殖场　livestock and poultry farm**

指从事畜禽养殖活动，且存栏量达到省级人民政府规定的规模化养殖存栏量标准的场所。

3.2

**畜禽养殖小区　livestock and poultry area**

指以集中建造畜禽圈舍、农户分户圈养为主要模式，按照畜禽养殖场所与居民生活区分离的原则，由地方人民政府、村民委员会、农村集体经济组织、畜牧业合作经济组织划定，或者由专门从事畜禽产品生产经营的龙头企业按照有关规定设置，集中从事畜禽养殖活动且其存栏量达到省级人民政府规定的规模化养殖存栏量标准的区域。

3.3

**畜禽放牧区　pasturing area**

指采用放牧的饲养方式，并得到省、部级有关部门认可的牧区。

3.4

**舍区　living area for livestock and poultry**

指畜禽所处的半封闭的生活区域，即畜禽直接的生活环境区。

3.5

**场区　fiold**

指规模化畜禽场围栏或院墙以内、舍区以外的区域。

3.6

**生产用水　processing water**

指畜禽养殖过程中用于设备和场地的冲洗、圈舍取暖（降温）用水及畜禽清洁用水，不包括产品加工用水。

3.7

**标准状态　standard state**

指温度为 273 K，压力为 101.325 kPa 时的状态。

## 4　评价指标限值

### 4.1　水环境质量评价指标限值

4.1.1　放牧区灌溉用水水质评价指标限值应执行表 1 中的规定。

表 1　放牧区灌溉用水水质评价指标限值

| 序号 | 评价指标 | 指标限值 | 单位 |
|---|---|---|---|
| 1 | pH 值 | 5.5～8.5 | 量纲为一 |
| 2 | 水温 | 35 | ℃ |
| 3 | 悬浮物 | 200 | mg/L |
| 4 | 生化需氧量（$BOD_5$） | 150 | |
| 5 | 化学需氧量（$COD_{Cr}$） | 300 | |
| 6 | 凯氏氮 | 30 | |
| 7 | 总磷（以 P 计） | 10 | |
| 8 | 阴离子表面活性剂（LAS） | 8.0 | |
| 9 | 氯化物 | 250 | |
| 10 | 硫化物 | 1.0 | |
| 11 | 氟化物 | 3.0 | |
| 12 | 氰化物 | 0.5 | |
| 13 | 全盐量 | 2 000（盐碱土地）、1 000（非盐碱土地区） | |
| 14 | 石油类 | 10 | |
| 15 | 挥发酚 | 1.0 | |
| 16 | 苯 | 2.5 | |
| 17 | 三氯乙醛 | 0.5 | |
| 18 | 丙烯醛 | 0.5 | |
| 19 | 硼 | 3.0 | |
| 20 | 镉 | 0.005 | |
| 21 | 锌 | 2.0 | |
| 22 | 硒 | 0.02 | |
| 23 | 铅 | 0.1 | |
| 24 | 铜 | 1.0 | |
| 25 | 汞 | 0.001 | |
| 26 | 铬（Ⅵ） | 0.1 | |
| 27 | 砷 | 0.1 | |
| 28 | 粪大肠菌群数 | 10 000 | 个/L |
| 29 | 蛔虫卵数 | 2 | |

4.1.2　畜禽饮用水水质评价指标限值应执行表 2 中的规定。

表 2　畜禽饮用水水质评价指标限值

| 序号 | 评价指标 | 指标限值 | | 单位 |
|---|---|---|---|---|
| | | 畜 | 禽 | |
| 1 | 色 | 30 | | 度 |
| 2 | 浑浊度 | 20 | | |
| 3 | 臭和味 | 不得有异臭、异味 | | — |
| 4 | pH 值 | 5.5～9.0 | 6.5～8.5 | 量纲为一 |
| 5 | 总硬度（以 $CaCO_3$ 计） | 1 500 | | mg/L |
| 6 | 溶解性总固体 | 4 000 | 2 000 | |
| 7 | 硫酸盐（以 $SO_4^{2-}$计） | 500 | 250 | |
| 8 | 氟化物（以 $F^-$计） | 2.0 | 2.0 | |
| 9 | 氰化物 | 0.20 | 0.05 | |
| 10 | 砷 | 0.20 | 0.20 | |
| 11 | 汞 | 0.01 | 0.001 | |
| 12 | 铅 | 0.10 | 0.10 | |
| 13 | 铬（Ⅵ） | 0.10 | 0.05 | |
| 14 | 镉 | 0.05 | 0.01 | |
| 15 | 硝酸盐（以 N 计） | 10.0 | 3.0 | |

续表

| 序号 | 评价指标 | 指标限值 | | 单位 |
|---|---|---|---|---|
| | | 畜 | 禽 | |
| 16 | 六六六 | 0.005 | | mg/L |
| 17 | 滴滴涕 | 0.001 | | |
| 18 | 乐果 | 0.08 | | |
| 19 | 敌敌畏 | 0.001 | | |
| 20 | 总大肠菌群 | 100（成年）<br>3（幼年） | 3 | 个/L |

4.1.3 畜禽养殖场、养殖小区采用回用水作为生产用水时，生产用水水质评价指标限值应执行表 3 中的规定。

**表 3 畜禽养殖场、养殖小区生产用水水质评价指标限值**

| 序号 | 评价指标 | 指标限值 | 单位 |
|---|---|---|---|
| 1 | pH 值 | 6.0～9.0 | 量纲为一 |
| 2 | 嗅 | 无不快感 | — |
| 3 | 浑浊度 | 10 | NTU |
| 4 | 色 | 30 | 度 |
| 5 | 溶解性总固体 | 1 500 | mg/L |
| 6 | 生化需氧量（$BOD_5$） | 15 | |
| 7 | 氨氮 | 10 | |
| 8 | 阴离子表面活性剂（LAS） | 1.0 | |
| 9 | 溶解氧≥ | 1.0 | |
| 10 | 总余氯 | 接触 30 min 后≥1.0，管网末端≥0.2 | |
| 11 | 总大肠菌群 | 3 | 个/L |

## 4.2 土壤环境质量评价指标限值

放牧区和畜禽养殖场、养殖小区土壤环境质量评价指标限值应执行表 4 中的规定。

**表 4 放牧区和畜禽养殖场、养殖小区土壤环境质量评价指标限值** 单位：mg/kg

| 序号 | 评价指标 | 放牧区 | | | 养殖场、养殖小区 |
|---|---|---|---|---|---|
| 土壤 pH 值 | | ＜6.5 | 6.5～7.5 | ＞7.5 | |
| 1 | 镉 | 0.30 | 0.30 | 0.60 | 1.0 |
| 2 | 汞 | 0.30 | 0.50 | 1.0 | 1.5 |
| 3 | 砷 | 40 | 30 | 25 | 40 |
| 4 | 铜 | 150 | 200 | 200 | 400 |
| 5 | 铅 | 250 | 300 | 350 | 500 |
| 6 | 铬 | 150 | 200 | 250 | 300 |
| 7 | 锌 | 200 | 250 | 300 | 500 |
| 8 | 镍 | 40 | 50 | 60 | 200 |
| 9 | 六六六 | 0.50 | | | 1.0 |
| 10 | 滴滴涕 | 0.50 | | | 1.0 |
| 11 | 土壤中寄生虫卵数/（个/kg） | 10 | | | 10 |

注 1：重金属铬（主要是三价）和砷均按元素量计，适用于阳离子交换量＞5 cmol（+）/kg 的土壤，若≤5 cmol（+）/kg，其标准值为表内数值的半数。

注 2：六六六为四种异构体总量，滴滴涕为四种衍生物总量。

## 4.3 环境空气质量评价指标限值

4.3.1 畜禽养殖场和养殖小区环境空气质量评价指标限值应执行表 5 中的规定。

**表 5 畜禽养殖场和养殖小区环境空气质量评价指标限值**

| 序号 | 评价指标 | 取值时间 | 场区 | 单位 |
|---|---|---|---|---|
| 1 | 氨气 | 1 日平均 | 5 | $mg/m^3$ |
| 2 | 硫化氢 | | 2 | |
| 3 | 二氧化碳 | | 750 | |
| 4 | 可吸入颗粒物 | | 1 | |
| 5 | 总悬浮颗粒物 | | 2 | |
| 6 | 恶臭（稀释倍数） | | 50 | |

4.3.2 放牧区环境空气质量评价指标限值执行 GB 3095 二级标准浓度限值的规定。

## 4.4 声环境质量评价指标限值

畜禽养殖场、养殖小区及放牧区声环境质量评价指标限值应执行表 6 中的规定。

**表 6 畜禽养殖场、养殖小区及放牧区声环境质量评价指标限值**

| 昼间 | 夜间 | 单位 |
|---|---|---|
| 60 | 50 | dB（A） |

# 5 污染物监测要求

## 5.1 水污染物监测

5.1.1 水污染物监测时，监测项目的采样布点及监测频率应按照 HJ/T 91 和 HJ/T 164 中的规定进行。

5.1.2 对水污染物的测定采用表 7 所列的方法标准。

**表 7 水质评价指标分析方法**

| 序号 | 评价指标 | 分析方法标准名称 | 标准编号 |
|---|---|---|---|
| 1 | pH 值 | 水质 pH 值的测定 玻璃电极法 | GB 6920 |
| 2 | 水温 | 水质 水温的测定 温度计或颠倒温度计测定法 | GB 13195 |
| 3 | 悬浮物 | 水质 悬浮物的测定 重量法 | GB 11901 |
| 4 | 生化需氧量（$BOD_5$） | 水质 五日生化需氧量（$BOD_5$）的测定 稀释与接种法 | HJ 505 |
| 5 | 化学需氧量 | 水质 化学需氧量的测定 重铬酸盐法 | GB 11914 |
| | | 水质 化学需氧量的测定 快速消解分光光度法 | HJ/T 399 |
| 6 | 凯氏氮 | 水质 凯氏氮的测定 | GB 11891 |
| 7 | 总磷（以 P 计） | 水质 总磷的测定 钼酸铵分光光度法 | GB 11893 |
| 8 | 阴离子表面活性剂（LAS） | 水质 阴离子表面活性剂的测定 亚甲蓝分光光度法 | GB 7494 |
| 9 | 氯化物 | 水质 氯化物的测定 硝酸银滴定法 | GB 11896 |
| | | 水质 氯化物的测定 硝酸汞滴定法 | HJ/T 343 |
| 10 | 硫化物 | 水质 硫化物的测定 气相分子吸收光谱法 | HJ/T 200 |
| | | 水质 硫化物的测定 亚甲基蓝分光光度法 | GB/T 16489 |
| | | 水质 硫化物的测定 碘量法 | HJ/T 60 |

续表

| 序号 | 评价指标 | 分析方法标准名称 | 标准编号 |
|---|---|---|---|
| 11 | 氟化物 | 水质　氟化物的测定　氟试剂分光光度法 | HJ 488 |
| | | 水质　氟化物的测定　离子选择电极法 | GB 7484 |
| | | 水质　氟化物的测定　茜素磺酸锆目视比色法 | HJ 487 |
| 12 | 氰化物 | 水质　氰化物的测定　容量法和分光光度法 | HJ 484 |
| 13 | 全盐量 | 水质　全盐量的测定　重量法 | HJ/T 51 |
| 14 | 石油类 | 水质　石油类和动植物油的测定　红外光度法 | GB/T 16488 |
| 15 | 挥发酚 | 水质　挥发酚的测定　4-氨基安替比林分光光度法 | HJ 503 |
| | | 水质　挥发酚的测定　溴化容量法 | HJ 502 |
| 16 | 苯 | 水质　苯系物的测定　气相色谱法 | GB 11890 |
| | | 生活饮用水标准检验方法　有机物指标 | GB/T 5750.8 |
| 17 | 三氯乙醛 | 水质　三氯乙醛的测定　吡唑啉酮分光光度法 | HJ/T 50 |
| 18 | 丙烯醛 | 生活饮用水标准检验方法　有机物指标 | GB/T 5750.8 |
| 19 | 硼 | 水质　硼的测定　姜黄素分光光度法 | HJ/T 49 |
| | | 生活饮用水标准检验方法　无机非金属指标 | GB/T 5750.5 |
| 20 | 镉 | 水质　铜、锌、铅、镉的测定　原子吸收分光光度法 | GB 7475 |
| | | 水质　镉的测定　双硫腙分光光度法 | GB 7471 |
| 21 | 锌 | 水质　锌的测定　双硫腙分光光度法 | GB 7472 |
| | | 水质　铜、锌、铅、镉的测定　原子吸收分光光度法 | GB 7475 |
| 22 | 硒 | 水质　硒的测定　2,3-二氨基萘荧光法 | GB 11902 |
| 23 | 铅 | 水质　铜、锌、铅、镉的测定　原子吸收分光光度法 | GB 7475 |
| | | 水质　铅的测定　双硫腙分光光度法 | GB/T 7470 |
| | | 水质　铅的测定　示波极谱法 | GB/T 13896 |
| 24 | 铜 | 水质　铜、锌、铅、镉的测定　原子吸收分光光度法 | GB 7475 |
| | | 水质　铜的测定　二乙基二硫代氨基甲酸钠分光光度法 | HJ 485 |
| | | 水质　铜的测定　2,9-二甲基-1,10-菲啰啉分光光度法 | HJ 486 |
| 25 | 汞 | 水质　总汞的测定　冷原子吸收分光光度法 | GB 7468 |
| | | 水质　总汞的测定　高锰酸钾-过硫酸钾消解法　双硫腙分光光度法 | GB 7469 |
| 26 | 铬（Ⅵ） | 水质　六价铬的测定　二苯碳酰二肼分光光度法 | GB 7467 |
| 27 | 砷 | 水质　总砷的测定　二乙基二硫代氨基甲酸银分光光度法 | GB 7485 |
| 28 | 粪大肠菌群数 | 水质　粪大肠菌群的测定　多管发酵法和滤膜法 | HJ/T 347 |
| 29 | 蛔虫卵数 | 城镇垃圾农用控制标准 | GB 8172 |
| 30 | 色、臭和味 | 生活饮用水标准检验方法　感官性状和物理指标 | GB/T 5750.4 |
| | 浑浊度 | | |
| | 总硬度（以 $CaCO_3$ 计） | | |
| | 溶解性总固体 | | |
| | 总大肠菌群 | 生活饮用水标准检验方法　微生物指标 | GB/T 5750.12 |
| 31 | 硫酸盐 | 水质　硫酸盐的测定　重量法 | GB 11899 |
| | | 水质　硫酸盐的测定　铬酸钡分光光度法 | HJ/T 342 |
| 32 | 硝酸盐 | 水质　硝酸盐氮的测定　酚二磺酸分光光度法 | GB 7480 |
| | | 水质　硝酸盐氮的测定　紫外分光光度法 | HJ/T 346 |
| 33 | 六六六 | 水质　六六六、滴滴涕的测定　气相色谱法 | GB 7492 |
| 34 | 滴滴涕 | 水质　六六六、滴滴涕的测定　气相色谱法 | GB 7492 |
| 35 | 乐果 | 生活饮用水标准检验方法　农药指标 | GB/T 5750.9 |
| 36 | 敌敌畏 | 生活饮用水标准检验方法　农药指标 | GB/T 5750.9 |
| 37 | 氨氮 | 水质　氨氮的测定　气相分子吸收光谱法 | HJ/T 195 |
| 38 | 溶解氧 | 水质　溶解氧的测定　碘量法 | GB 7489 |
| | | 水质　溶解氧的测定　电化学探头法 | HJ 506 |
| 39 | 总余氯 | 生活饮用水标准检验方法　消毒剂指标 | GB/T 5750.11 |
| | | 水质　游离氯和总氯的测定　*N,N*-二乙基-1,4-苯二胺分光光度法 | GB/T 11898 |

### 5.2 土壤监测

5.2.1 土壤污染物监测时，监测项目的采样布点及监测频率应按照 HJ/T 166 中的规定进行。

5.2.2 对土壤污染物的测定采用表 8 所列的方法标准。

表 8 土壤评价指标分析方法

| 序号 | 评价指标 | 分析方法标准名称 | 标准编号 |
|---|---|---|---|
| 1 | 镉 | 土壤质量 铅、镉的测定 KI-MIBK 萃取火焰原子吸收分光光度法 | GB/T 17140 |
| | | 土壤质量 铅、镉的测定 石墨炉原子吸收分光光度法 | GB/T 17141 |
| 2 | 汞 | 土壤质量 总汞的测定 冷原子吸收分光光度法 | GB/T 17136 |
| 3 | 砷 | 土壤质量 总砷的测定 二乙基二硫代氨基甲酸银分光光度法 | GB/T 17134 |
| | | 土壤质量 总砷的测定 硼氢化钾-硝酸银分光光度法 | GB/T 17135 |
| 4 | 铜 | 土壤质量 铜、锌的测定 火焰原子吸收分光光度法 | GB/T 17138 |
| 5 | 铅 | 土壤质量 铅、镉的测定 KI-MIBK 萃取火焰原子吸收分光光度法 | GB/T 17140 |
| | | 土壤质量 铅、镉的测定 石墨炉原子吸收分光光度法 | GB/T 17141 |
| 6 | 铬 | 土壤质量 总铬的测定 火焰原子吸收分光光度法 | HJ 491 |
| 7 | 锌 | 土壤质量 铜、锌的测定 火焰原子吸收分光光度法 | GB/T 17138 |
| 8 | 镍 | 土壤质量 镍的测定 火焰原子吸收分光光度法 | GB/T 17139 |
| 9 | 六六六和滴滴涕 | 土壤质量 六六六和滴滴涕的测定 气相色谱法 | GB/T 14550 |
| 10 | 寄生虫卵数 | 粪便无害化卫生标准 | GB 7959 |

### 5.3 环境空气监测

5.3.1 环境空气监测中的采样点、采样环境、采样高度及采样频率应按照 HJ/T 193、HJ/T 194 中的规定进行。

5.3.2 对环境空气污染物氨气、硫化氢、二氧化碳、恶臭的测定采用表 9 所列的方法标准，其余污染物的测定采用 GB 3095 中规定的分析方法标准进行。

表 9 环境空气评价指标分析方法

| 序号 | 评价指标 | 分析方法标准名称 | 标准编号 |
|---|---|---|---|
| 1 | 氨气 | 空气质量 氨的测定 离子选择电极法 | GB/T 14669 |
| | | 环境空气和废气 氨的测定 纳氏试剂分光光度法 | HJ 533 |
| | | 环境空气 氨的测定 次氯酸钠-水杨酸分光光度测定法 | HJ 534 |
| 2 | 硫化氢 | 空气质量 硫化氢、甲硫醇、甲硫醚和二甲二硫的测定 气相色谱法 | GB/T 14678 |
| 3 | 二氧化碳 | 公共场所空气中二氧化碳测定方法 | GB/T 18204.24 |
| 4 | 恶臭 | 空气质量 恶臭的测定 三点比较式臭袋法 | GB/T 14675 |

### 5.4 噪声监测

噪声监测参照 GB 3096 执行。

## 6 环境质量评价方法

### 6.1 指标分类

根据污染物的毒理学特征和生物吸收、富集特性，将畜禽养殖产地环境质量评价标准中的指标分为严格控制指标和一般控制指标两类。表 10 所列指标为严格控制指标，其他未列出的指标为一般控制指标。

**表 10　严格控制指标**

| 序号 | 类别 | | 指标 |
|---|---|---|---|
| 1 | 水质 | 牧场灌溉用水 | 铅（Pb）、镉（Cd）、汞（Hg）、砷（As）、氰化物（$CN^-$）、铬（Ⅵ） |
| | | 畜禽饮用水 | 铅（Pb）、镉（Cd）、汞（Hg）、砷（As）、铬（Ⅵ）、氰化物（$CN^-$）、硝酸盐 |
| 2 | 土壤 | | 铅（Pb）、镉（Cd）、汞（Hg）、砷（As）、铬（Cr） |
| 3 | 空气 | | 二氧化硫（$SO_2$）、二氧化氮（$NO_2$） |

### 6.2　评价步骤

6.2.1　严格控制指标应采用单项污染指数法进行评价，任何一项严格控制指标浓度（含量）超标，即判定为不合格，评价结束；如果严格控制指标浓度（含量）不超标，则应进行一般控制指标的评价。

6.2.2　一般控制指标首先应采用单项污染指数法进行评价，如果每一项指标浓度（含量）都不超标，即判定为合格，评价结束；如果至少有一项指标浓度（含量）超标，则应采用综合污染指数法进行评价。

### 6.3　评价方法

6.3.1　单项污染指数法

单项污染指数法应按式（1）进行。

$$P_i = \frac{\rho_i}{S_i} \tag{1}$$

式中：$P_i$——环境中污染物 $i$ 的单项污染指数；

$\rho_i$——环境中污染物 $i$ 的实测值；

$S_i$——污染物 $i$ 的评价标准。

$P_i \leqslant 1$，指标浓度（含量）未超标，判定为合格；

$P_i > 1$，指标浓度（含量）超标。

6.3.2　综合污染指数法

土壤和水环境质量综合污染指数法应按式（2）进行，环境空气质量综合污染指数法应按式（3）进行。

$$P = \sqrt{\frac{(\frac{\rho_i}{S_i})_{\max}^{2} + (\frac{\rho_i}{S_i})_{\text{avr}}^{2}}{2}} \tag{2}$$

式中：$P$——土壤（水）综合污染指数；

$(\rho_i/S_i)_{\max}$——单项污染指数最大值；

$(\rho_i/S_i)_{\text{avr}}$——单项污染指数平均值。

$$I = \sqrt{\left(\max\left|\frac{\rho_1}{S_1}, \frac{\rho_2}{S_2}, \cdots, \frac{\rho_n}{S_n}\right|\right) \times \frac{1}{n} \times \sum_{i=1}^{n} \frac{\rho_i}{S_i}} \tag{3}$$

式中：$I$——空气综合污染指数；

$\rho_i/S_i$——单项污染指数。

$P$ 或 $I \leqslant 1$，判定为合格；

$P$ 或 $I>1$，判定为不合格。

## 7 标准的实施与监督

自本标准实施之日起，县级以上人民政府环境保护主管部门在食用农产品产地环境监督管理工作中，可以根据实际情况分区、分阶段参照本标准开展畜禽养殖产地环境状况评估。

# 中华人民共和国环境保护部
# 公　告

## 2009 年　第 47 号

为贯彻《中华人民共和国环境保护法》，保护环境，保障人体健康，现批准《水质　多环芳烃的测定　液液萃取和固相萃取高效液相色谱法》等十八项标准为国家环境保护标准，并予发布。

标准名称、编号如下：

一、《水质　多环芳烃的测定　液液萃取和固相萃取高效液相色谱法》（HJ 478—2009）；

二、《环境空气　氮氧化物（一氧化氮和二氧化氮）的测定　盐酸萘乙二胺分光光度法》（HJ 479—2009）；

三、《环境空气　氟化物的测定　滤膜采样氟离子选择电极法》（HJ 480—2009）；

四、《环境空气　氟化物的测定　石灰滤纸采样氟离子选择电极法》（HJ 481—2009）；

五、《环境空气　二氧化硫的测定　甲醛吸收-副玫瑰苯胺分光光度法》（HJ 482—2009）；

六、《环境空气　二氧化硫的测定　四氯汞盐吸收-副玫瑰苯胺分光光度法》（HJ 483—2009）；

七、《水质　氰化物的测定　容量法和分光光度法》（HJ 484—2009）；

八、《水质　铜的测定　二乙基二硫代氨基甲酸钠分光光度法》（HJ 485—2009）；

九、《水质　铜的测定　2,9-二甲基-1,10 菲啰啉分光光度法》（HJ 486—2009）；

十、《水质　氟化物的测定　茜素磺酸锆目视比色法》（HJ 487—2009）；

十一、《水质　氟化物的测定　氟试剂分光光度法》（HJ 488—2009）；

十二、《水质　银的测定　3,5-$Br_2$-PADAP 分光光度法》（HJ 489—2009）；

十三、《水质　银的测定　镉试剂 2B 分光光度法》（HJ 490—2009）；

十四、《土壤　总铬的测定　火焰原子吸收分光光度法》（HJ 491—2009）；

十五、《空气质量　词汇》（HJ 492—2009）；

十六、《水质　样品的保存和管理技术规定》（HJ 493—2009）；

十七、《水质　采样技术指导》（HJ 494—2009）；

十八、《水质　采样方案设计技术指导》（HJ 495—2009）。

以上标准自 2009 年 11 月 1 日起实施，由中国环境科学出版社出版，标准内容可在环境保护部网站（bz.mep.gov.cn）查询。

自以上标准实施之日起，由原国家环境保护局批准、发布的下述二十项国家环境保护标准废止，标准名称、编号如下：

一、《水质　六种特定多环芳烃的测定　高效液相色谱法》（GB 13198—91）；

二、《空气质量　氮氧化物的测定　盐酸萘乙二胺比色法》（GB 8969—88）；

三、《环境空气　氮氧化物的测定　Saltzman 法》（GB/T 15436—1995）；

四、《环境空气　氟化物质量浓度的测定　滤膜·氟离子选择电极法》（GB/T 15434—1995）；

五、《环境空气　氟化物的测定　石灰滤纸·氟离子选择电极法》（GB/T 15433—1995）；

六、《环境空气　二氧化硫的测定　甲醛吸收-副玫瑰苯胺分光光度法》（GB/T 15262—94）；

七、《空气质量　二氧化硫的测定　四氯汞盐-盐酸副玫瑰苯胺比色法》（GB 8970—88）；

八、《水质　氰化物的测定　第一部分 总氰化物的测定》（GB 7486—87）；

九、《水质　氰化物的测定　第二部分 氰化物的测定》（GB 7487—87）；
十、《水质　铜的测定　二乙基二硫代氨基甲酸钠分光光度法》（GB 7474—87）；
十一、《水质　铜的测定　2,9-二甲基-1,10-菲啰啉分光光度法》（GB 7473—87）；
十二、《水质　氟化物的测定　茜素磺酸锆目视比色法》（GB 7482—87）；
十三、《水质　氟化物的测定　氟试剂分光光度法》（GB 7483—87）；
十四、《水质　银的测定　3,5-$Br_2$-PADAP 分光光度法》（GB 11909—89）；
十五、《水质　银的测定　镉试剂 2B 分光光度法》（GB 11908—89）；
十六、《土壤质量　总铬的测定　火焰原子吸收分光光度法》（GB/T 17137—1997）；
十七、《空气质量　词汇》（GB 6919—86）；
十八、《水质采样　样品的保存和管理技术规定》（GB 12999—91）；
十九、《水质　采样技术指导》（GB 12998—91）；
二十、《水质　采样方案设计技术规定》（GB 12997—91）。
特此公告。

2009 年 9 月 27 日

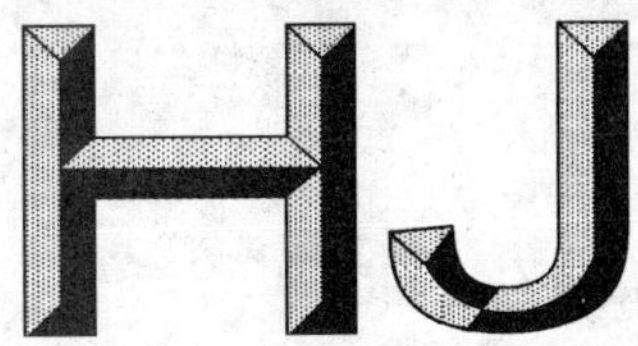

# 中华人民共和国国家环境保护标准

HJ 478—2009
代替 GB 13198—91

# 水质　多环芳烃的测定
# 液液萃取和固相萃取高效液相色谱法

**Water quality—Determination of polycyclic aromatic hydrocarbons —Liquid-liquid extraction and solid-phase extraction followed by high performance liquid chromatographic method**

2009-09-27 发布　　2009-11-01 实施

环　境　保　护　部　发布

# 前　言

为贯彻《中华人民共和国环境保护法》和《中华人民共和国水污染防治法》，保护环境，保障人体健康，规范水中多环芳烃的测定方法，制定本标准。

本标准规定了测定水中十六种多环芳烃的液液萃取和固相萃取高效液相色谱法。

本标准适用于饮用水、地下水、地表水、海水、工业废水及生活污水中十六种多环芳烃的测定。

本标准是对《水质　六种特定多环芳烃的测定　高效液相色谱法》（GB 13198—91）的修订。

本标准首次发布于 1991 年，原标准起草单位为北京环境保护监测中心。本次为第一次修订。

主要修订内容如下：

——增加了方法的测定组分；

——增加了固相萃取方法；

——修改了萃取溶剂体系及净化的方法；

——修改了高效液相色谱法的流动相配比；

——修改了高效液相色谱法的检测条件；

——增加了质量保证和质量控制的规定。

自本标准实施之日起，原国家环境保护局 1991 年 8 月 31 日批准、发布的国家环境保护标准《水质　六种特定多环芳烃的测定　高效液相色谱法》（GB 13198—91）废止。

本标准由环境保护部科技标准司组织制订。

本标准起草单位：沈阳市环境监测中心站。

本标准环境保护部 2009 年 9 月 27 日批准。

本标准自 2009 年 11 月 1 日起实施。

本标准由环境保护部解释。

# 水质　多环芳烃的测定
# 液液萃取和固相萃取高效液相色谱法

**警告：部分多环芳烃属于强致癌物，操作时应按规定要求佩戴防护器具，避免接触皮肤和衣服；标准溶液的配制应在通风柜内进行操作；检测后的残渣残液应做妥善的安全处理。**

## 1　适用范围

本标准规定了测定水中十六种多环芳烃的液液萃取和固相萃取高效液相色谱法。

本标准适用于饮用水、地下水、地表水、海水、工业废水及生活污水中十六种多环芳烃的测定。十六种多环芳烃（PAHs）包括：萘、苊、二氢苊、芴、菲、蒽、荧蒽、芘、苯并[*a*]蒽、䓛、苯并[*b*]荧蒽、苯并[*k*]荧蒽、苯并[*a*]芘、茚并[1,2,3-*c*,*d*]芘、二苯并[*a*,*h*]蒽、苯并[*g*,*h*,*i*]苝。

液液萃取法适用于饮用水、地下水、地表水、工业废水及生活污水中多环芳烃的测定。当萃取样品体积为 1 L 时，方法的检出限为 0.002～0.016 μg/L，测定下限为 0.008～0.064 μg/L，详见表 A.1。萃取样品体积为 2 L，浓缩样品至 0.1 ml，苯并[a]芘的检出限为 0.000 4 μg/L，测定下限为 0.001 6 μg/L。

固相萃取法适用于清洁水样中多环芳烃的测定。当富集样品的体积为 10 L 时，方法的检出限为 0.000 4～0.001 6 μg/L，测定下限为 0.001 6～0.006 4 μg/L，详见表 A.2。

## 2　方法原理

### 2.1　液液萃取法

用正己烷或二氯甲烷萃取水中多环芳烃（PAHs），萃取液经硅胶或弗罗里硅土柱净化，用二氯甲烷和正己烷的混合溶剂洗脱，洗脱液浓缩后，用具有荧光/紫外检测器的高效液相色谱仪分离检测。

### 2.2　固相萃取法

采用固相萃取技术富集水中多环芳烃（PAHs），用二氯甲烷洗脱，洗脱液浓缩后，用具有荧光/紫外检测器的高效液相色谱仪分离检测。

## 3　试剂和材料

本标准所用试剂除另有注明外，均应为符合国家标准的分析纯化学试剂。除非另有说明，本标准中所涉及的水均为不含有机物的蒸馏水。

3.1　乙腈（$CH_3CN$）：液相色谱纯。

3.2　甲醇（$CH_3OH$）：液相色谱纯。

3.3　二氯甲烷（$CH_2Cl_2$）：液相色谱纯。

3.4　正己烷（$C_6H_{14}$）：液相色谱纯。

3.5　硫代硫酸钠（$Na_2S_2O_3 \cdot 5H_2O$）。

3.6　无水硫酸钠（$Na_2SO_4$）：在 400℃下烘烤 2 h，冷却后，贮于磨口玻璃瓶中密封保存。

3.7　氯化钠（NaCl）：在 400℃下烘烤 2 h，冷却后，贮于磨口玻璃瓶中密封保存。

3.8　标准溶液

3.8.1　多环芳烃标准贮备液：质量浓度为 200 mg/L 含十六种多环芳烃的乙腈溶液，包括萘、苊、二氢苊、芴、菲、蒽、荧蒽、芘、䓛、苯并[*a*]蒽、苯并[*b*]荧蒽、苯并[*k*]荧蒽、苯并[*a*]芘、茚并[1,2,3-*c*,*d*]芘、二苯并[*a*,*h*]蒽、苯并[*g*,*h*,*i*]苝。贮备液于 4℃以下冷藏。

3.8.2　多环芳烃标准使用液：取 1.0 ml 多环芳烃标准贮备液（3.8.1）于 10 ml 容量瓶中，用乙腈（3.1）

稀释至刻度，该溶液中含多环芳烃 20.0 mg/L。在 4℃以下冷藏。

3.8.3 十氟联苯（Decafluorobiphenyl）：纯度：99%，样品萃取前加入，用于跟踪样品前处理的回收率。

3.8.4 十氟联苯标准贮备溶液：称取十氟联苯（3.8.3）0.025 g，准确到 1 mg，于 25 ml 容量瓶中，用乙腈溶解并稀释至刻度，该溶液中含十氟联苯 1 000 μg/ml。在 4℃以下冷藏。

3.8.5 十氟联苯标准使用溶液：取 1.0 ml 十氟联苯标准贮备溶液（3.8.4）于 25 ml 容量瓶中，用乙腈稀释至刻度，该溶液中含十氟联苯 40 μg/ml。在 4℃以下冷藏。

3.9 淋洗液：二氯甲烷/正己烷（1+1）混合溶液（体积分数）。

3.10 硅胶柱：1 000 mg/6.0 ml。

3.11 弗罗里硅土柱：1 000 mg/6.0 ml。

3.12 固相萃取柱：$C_{18}$，1 000 mg/6.0 ml，或固相萃取圆盘等具有同等萃取性能的物品。

3.13 玻璃棉或玻璃纤维滤纸：在 400℃加热 1 h，冷却后，贮于磨口玻璃瓶中密封保存。

3.14 氮气，纯度≥99.999%，用于样品的干燥浓缩。

## 4 仪器和设备

4.1 液相色谱仪（HPLC）：具有可调波长紫外检测器或荧光检测器和梯度洗脱功能。

4.2 色谱柱：填料为 5 μm ODS，柱长 25 cm，内径 4.6 mm 的反相色谱柱或其他性能相近的色谱柱。

4.3 采样瓶：1 L 或 2 L 具磨口塞的棕色玻璃细口瓶。

4.4 分液漏斗：2 000 ml，玻璃活塞不涂润滑油。

4.5 浓缩装置：旋转蒸发装置或 K-D 浓缩器、浓缩仪等性能相当的设备。

4.6 液液萃取净化装置

4.7 自动固相萃取仪或固相萃取装置

固相萃取装置由固相萃取柱、分液漏斗、抽滤瓶和泵组成。见图 1。

4.8 干燥柱：长 250 mm，内径 10 mm，玻璃活塞不涂润滑油的玻璃柱。在柱的下端，放入少量玻璃棉或玻璃纤维滤纸（3.13），加入 10 g 无水硫酸钠。

4.9 一般实验室常用仪器。

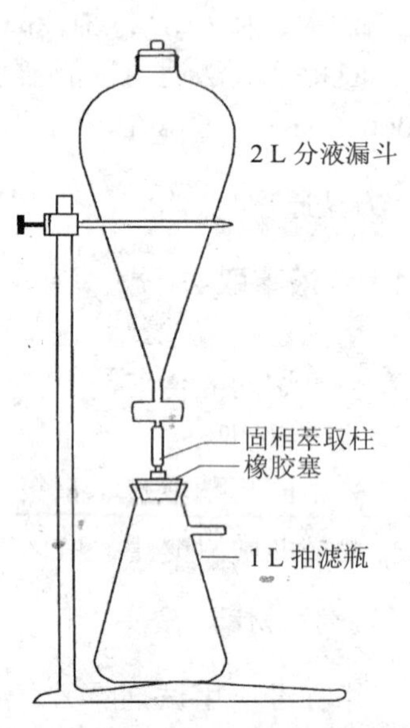

**图 1 固相萃取装置（萃取部分）示意图**

## 5 样品

5.1 样品的采集：样品必须采集在预先洗净烘干的采样瓶（4.3）中，采样前不能用水样预洗采样瓶，以防止样品的沾染或吸附。采样瓶要完全注满，不留气泡。若水中有残余氯存在，要在每升水中加入 80 mg 硫代硫酸钠（3.5）除氯。

5.2 样品的保存：样品采集后应避光于 4℃以下冷藏，在 7 d 内萃取，萃取后的样品应避光于 4℃以下冷藏，在 40 d 内分析完毕。

## 6 分析步骤

### 6.1 样品预处理

#### 6.1.1 液液萃取

6.1.1.1 萃取：摇匀水样，量取 1 000 ml 水样（萃取所用水样体积根据水质情况可适当增减），倒入 2 000 ml 的分液漏斗中，加入 50 μl 十氟联苯（3.8.5），加入 30 g 氯化钠（3.7），再加入 50 ml 二氯甲烷（3.3）或正己烷（3.4），振摇 5 min，静置分层，收集有机相，放入 250 ml 接收瓶中，重复萃取两遍，合并有机相，加入无水硫酸钠至有流动的无水硫酸钠存在。放置 30 min，脱水干燥。

6.1.1.2 浓缩：用浓缩装置（4.5）浓缩至 1 ml，待净化。如萃取液为二氯甲烷，浓缩至 1 ml，加入适量正己烷至 5 ml，重复此浓缩过程 3 次，最后浓缩至 1 ml，待净化。

6.1.1.3 净化

饮用水和地下水的萃取液可不经过柱净化，转换溶剂至 0.5 ml 直接进行 HPLC 分析。

地表水和其他萃取液的净化：用 1 g 硅胶柱（3.10）或弗罗里硅土柱（3.11）作为净化柱，将其固定在液液萃取净化装置（4.6）上。先用 4 ml 淋洗液冲洗净化柱，再用 10 ml 正己烷平衡净化柱（当 2 ml 正己烷流过净化柱后，关闭活塞，使正己烷在柱中停留 5 min）。将浓缩后的样品溶液加到柱上，再用约 3 ml 正己烷分 3 次洗涤装样品的容器，将洗涤液一并加到柱上，弃去流出的溶剂。被测定的样品吸附于柱上，用 10 ml 二氯甲烷/正己烷（1+1）洗涤吸附有样品的净化柱，收集洗脱液于浓缩瓶中（当 2 ml 洗脱液流过净化柱后关闭活塞，让洗脱液在柱中停留 5 min）。浓缩至 0.5～1.0 ml，加入 3 ml 乙腈，再浓缩至 0.5 ml 以下，最后准确定容到 0.5 ml 待测。

注 1：在萃取过程中出现乳化现象时，可采用搅动、离心、用玻璃棉过滤等方法破乳，也可采用冷冻的方法破乳。

注 2：在样品分析时，若预处理过程中溶剂转换不完全（即有残存正己烷或二氯甲烷），会出现保留时间漂移、峰变宽或双峰的现象。

### 6.1.2 固相萃取

6.1.2.1 将固相萃取 $C_{18}$ 柱（3.12）安装在自动固相萃取仪（4.7）上，或按图 1 连接好固相萃取装置。

6.1.2.2 活化柱子：先用 10 ml 二氯甲烷（3.3）预洗 $C_{18}$ 柱，使溶剂流净。接着用 10 ml 甲醇（3.2）分两次活化 $C_{18}$ 柱，再用 10 ml 水分两次活化 $C_{18}$ 柱，在活化过程中，不要让柱子流干。

6.1.2.3 样品的富集：在 1 000 ml 水样（富集所用水样体积根据水质情况可适当增减）中加入 5 g 氯化钠（3.7）和 10 ml 甲醇，加入 50 μl 十氟联苯（3.8.5），混合均匀后以 5 ml/min 的流速流过已活化好的 $C_{18}$ 柱。

6.1.2.4 干燥：用 10 ml 水冲洗 $C_{18}$ 柱后，真空抽滤 10 min 或用高纯氮气吹 $C_{18}$ 柱 10 min，使柱干燥。

6.1.2.5 洗脱：用 5 ml 二氯甲烷洗脱浸泡 $C_{18}$ 柱，停留 5 min 后，再用 5 ml 二氯甲烷以 2 ml/min 的速度洗脱 $C_{18}$ 柱，收集洗脱液。

6.1.2.6 脱水：先用 10 ml 二氯甲烷预洗干燥柱（4.8），加入洗脱液后，再加 2 ml 二氯甲烷洗柱，用浓缩瓶收集流出液。浓缩至 0.5～1.0 ml，加入 3 ml 乙腈，再浓缩至 0.5 ml 以下，最后准确定容到 0.5 ml 待测。

## 6.2 色谱条件

### 6.2.1 色谱条件Ⅰ

梯度洗脱程序：65%乙腈+35%水，保持 27 min；以 2.5%乙腈/min 的增量至 100%乙腈，保持至出峰完毕。

流动相流量：1.2 ml/min。

### 6.2.2 色谱条件Ⅱ

梯度洗脱程序：80%甲醇+20%水，保持 20 min；以 1.2%甲醇/min 的增量至 95%甲醇+5%水，保持至出峰完毕。

流动相流量：1.0 ml/min。

### 6.2.3 检测器

紫外检测器的波长：254 nm、220 nm 和 295 nm。

荧光检测器的波长：激发波长 $\lambda_{ex}$ 为 280 nm，发射波长 $\lambda_{em}$ 为 340 nm。20 min 后 $\lambda_{ex}$ 为 300 nm，$\lambda_{em}$ 为 400 nm、430 nm 和 500 nm。

十六种多环芳烃在紫外检测器上对应的最大吸收波长及在荧光检测器特定的条件下最佳的激发和发射波长见表 1。

表 1 用紫外和荧光检测器检测多环芳烃时对应的波长 单位：nm

| 序号 | 组分名称 | 最大紫外吸收波长 | 激发波长$\lambda_{ex}$ | 发射波长$\lambda_{em}$ |
|---|---|---|---|---|
| 1 | 萘 | 219 | 275 | 350 |
| 2 | 苊 | 228 | — | — |
| 3 | 芴 | 210 | 275 | 350 |
| 4 | 二氢苊 | 225 | 275 | 350 |
| 5 | 菲 | 251 | 275 | 350 |
| 6 | 蒽 | 251 | 260 | 420 |
| 7 | 荧蒽 | 232 | 270 | 440 |
| 8 | 芘 | 238 | 270 | 440 |
| 9 | 䓛 | 267 | 260 | 420 |
| 10 | 苯并[*a*]蒽 | 287 | 260 | 420 |
| 11 | 苯并[*b*]荧蒽 | 258 | 290 | 430 |
| 12 | 苯并[*k*]荧蒽 | 240 | 290 | 430 |
| 13 | 苯并[*a*]芘 | 295 | 290 | 430 |
| 14 | 二苯并[*a,h*]蒽 | 296 | 290 | 430 |
| 15 | 苯并[*g,h,i*]芘 | 210 | 290 | 430 |
| 16 | 茚并[1,2,3-*c,d*]芘 | 251 | 250 | 500 |
| 注：“—”表示荧光检测器不适用于苊的测定。 | | | | |

### 6.3 标准曲线的绘制

#### 6.3.1 标准系列的制备

取一定量多环芳烃标准使用液（3.8.2）和十氟联苯标准使用液（3.8.5）于乙腈中，制备至少 5 个浓度点的标准系列，多环芳烃质量浓度分别为 0.1、0.5、1.0、5.0、10.0 μg/ml，贮存在棕色小瓶中，于冷暗处存放。

#### 6.3.2 初始标准曲线

通过自动进样器或样品定量环分别移取 5 种浓度的标准使用液 10 μl，注入液相色谱，得到各不同浓度的多环芳烃的色谱图。以峰高或峰面积为纵坐标，浓度为横坐标，绘制标准曲线。标准曲线的相关系数≥0.999，否则重新绘制标准曲线。

#### 6.3.3 标准样品的色谱图

不同填料的色谱柱，化合物出峰的顺序有所不同。图 2 为在本标准规定的色谱条件 I 下，两种不同检测器串联的十六种多环芳烃标准色谱图。

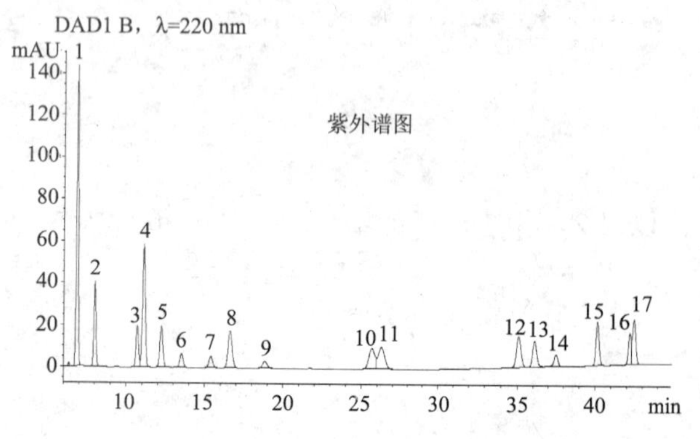


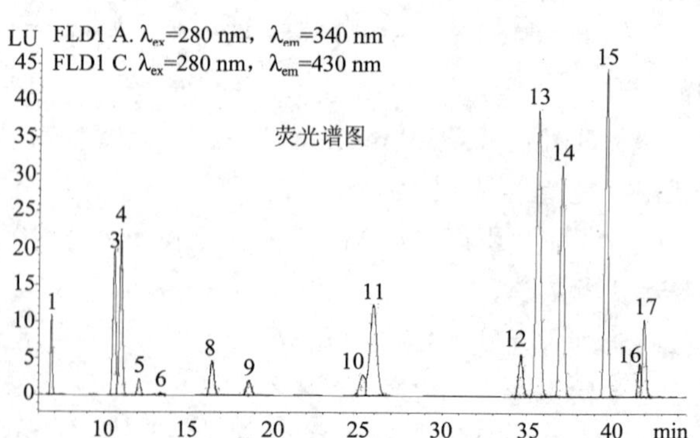


1—萘；2—苊；3—芴；4—二氢苊；5—菲；6—蒽；7—十氟联苯；8—荧蒽；9—芘；10—䓛；
11—苯并[*a*]蒽；12—苯并[*b*]荧蒽；13—苯并[*k*]荧蒽；14—苯并[*a*]芘；15—二苯并[*a,h*]蒽；
16—苯并[*g,h,i*]苝；17—茚并[1,2,3-*c,d*]芘

图 2 16 种多环芳烃标样的紫外谱图

6.3.4 连续校准

每个工作日应测定曲线中间点溶液，来检验标准曲线。

### 6.4 样品的测定

取 10 μl 待测样品注入高效液相色谱仪中。记录色谱峰的保留时间和峰高（或峰面积）。

### 6.5 空白试验

在分析样品的同时，应做空白试验，即用蒸馏水代替水样，按与样品测定相同步骤分析，检查分析过程中是否有污染。

## 7 结果计算

按式（1）计算样品中多环芳烃的质量浓度。

$$\rho_i = \frac{\rho_{xi} \times V_1}{V} \tag{1}$$

式中：$\rho_i$——样品中组分 $i$ 的质量浓度，μg/L；

$\rho_{xi}$——从标准曲线中查得组分 $i$ 的质量浓度，mg/L；

$V_1$——萃取液浓缩后的体积，μl；

$V$——水样体积，ml。

## 8 精密度和准确度

5 个实验室测定质量浓度为分别为 0.05 mg/L 和 5.0 mg/L 多环芳烃标准样品时，相对误差小于±15.0%，其重复性和再现性结果见表 B.1。5 个实验室进行加标回收实验，液液萃取法加标量为 1.0～2.0 μg 时，平均加标回收率范围为 60.9%～110%。固相萃取法加标量为 1.0 μg 时，平均加标回收率范围为 71.1%～94.2%。参见附录 B。

## 9 质量控制和质量保证

9.1 空白测试

所有空白测试结果应低于方法检出限。

9.1.1 试剂空白：每批试剂均应分析试剂空白。

9.1.2 空白试验：每分析一批样品至少做一个空白试验。

9.2 加标回收率控制范围

9.2.1 空白加标：各组分的回收率在 60%～120%。

9.2.2 十氟联苯：回收率在 50%～130%。

9.3 连续校准（曲线中间点检查）

连续校准的质量浓度为曲线中间点。按式（2）计算 $\rho_c$ 与校准点 $\rho_i$ 的相对偏差（$D$）：

$$D = \frac{\rho_c - \rho_i}{\rho_i} \times 100\% \tag{2}$$

式中：$D$——$\rho_c$ 与校准点 $\rho_i$ 的相对偏差，%；

$\rho_i$——校准点的质量浓度（如 1.0 mg/ml）；

$\rho_c$——测定的该校准点的质量浓度。

如果 $D \leqslant 10\%$，则初始标准曲线仍能继续使用；如果任何一个化合物的 $D > 10\%$，要查找原因，采取措施。如果采取措施后不能找到问题根源，应绘制新的标准曲线。

# 附 录 A

（资料性附录）

## 方法的检出限和测定下限

表 A.1 和表 A.2 分别给出了液液萃取法和固相萃取法的检出限和测定下限。

表 A.1 液液萃取法的检出限和测定下限

| 序号 | 组分名称 | 化学登记号 | 检出限/（μg/L） | | 测定下限/（μg/L） | |
|---|---|---|---|---|---|---|
| | | | 荧光检测器 | 紫外检测器 | 荧光检测器 | 紫外检测器 |
| 1 | 萘 | 091-20-3 | 0.011 | 0.012 | 0.044 | 0.048 |
| 2 | 苊 | 208-96-8 | — | 0.005 | — | 0.020 |
| 3 | 芴 | 086-73-7 | 0.004 | 0.013 | 0.016 | 0.052 |
| 4 | 二氢苊 | 083-32-9 | 0.006 | 0.008 | 0.024 | 0.032 |
| 5 | 菲 | 085-01-8 | 0.012 | 0.012 | 0.048 | 0.048 |
| 6 | 蒽 | 120-12-7 | 0.005 | 0.004 | 0.020 | 0.016 |
| 7 | 荧蒽 | 206-44-0 | 0.002 | 0.005 | 0.008 | 0.020 |
| 8 | 芘 | 129-00-0 | 0.003 | 0.016 | 0.012 | 0.064 |
| 9 | 䓛 | 218-01-9 | 0.008 | 0.005 | 0.032 | 0.020 |
| 10 | 苯并[*a*]蒽 | 056-55-3 | 0.007 | 0.012 | 0.028 | 0.048 |
| 11 | 苯并[*b*]荧蒽 | 205-99-2 | 0.003 | 0.004 | 0.012 | 0.016 |
| 12 | 苯并[*k*]荧蒽 | 207-08-9 | 0.004 | 0.004 | 0.016 | 0.016 |
| 13 | 苯并[*a*]芘 | 050-32-8 | 0.004 | 0.004 | 0.016 | 0.016 |
| 14 | 二苯并[*a,h*]蒽 | 053-70-3 | 0.003 | 0.003 | 0.012 | 0.012 |
| 15 | 苯并[*g,h,i*]苝 | 191-24-2 | 0.004 | 0.005 | 0.016 | 0.020 |
| 16 | 茚并[1,2,3-*c,d*]芘 | 193-39-5 | 0.003 | 0.005 | 0.012 | 0.020 |
| 注：“—”表示荧光检测器不适用于苊的测定。 | | | | | | |

表 A.2 固相萃取法的检出限和测定下限

| 组分名称 | 检出限/（μg/L） | | 测定下限/（μg/L） | |
|---|---|---|---|---|
| | 荧光检测器 | 紫外检测器 | 荧光检测器 | 紫外检测器 |
| 萘 | 0.001 5 | 0.001 6 | 0.006 | 0.006 4 |
| 二氢苊 | — | 0.000 8 | — | 0.003 2 |
| 芴 | 0.001 1 | 0.000 5 | 0.004 4 | 0.002 0 |
| 苊 | 0.000 5 | 0.000 9 | 0.002 | 0.003 6 |
| 菲 | 0.000 8 | 0.000 7 | 0.003 2 | 0.002 8 |
| 蒽 | 0.001 3 | 0.001 4 | 0.005 2 | 0.005 6 |
| 荧蒽 | 0.001 1 | 0.001 0 | 0.004 4 | 0.004 0 |
| 芘 | 0.000 7 | 0.001 3 | 0.002 8 | 0.005 2 |
| 䓛 | 0.001 0 | 0.000 6 | 0.004 0 | 0.002 4 |
| 苯并[*a*]蒽 | 0.000 8 | 0.001 6 | 0.003 2 | 0.006 4 |
| 苯并[*b*]荧蒽 | 0.000 8 | 0.000 8 | 0.003 2 | 0.003 2 |
| 苯并[*k*]荧蒽 | 0.001 3 | 0.001 4 | 0.005 2 | 0.006 4 |
| 苯并[*a*]芘 | 0.000 4 | 0.000 4 | 0.001 6 | 0.001 6 |
| 二苯并[*a,h*]蒽 | 0.000 4 | 0.000 5 | 0.001 6 | 0.002 0 |
| 苯并[*g,h,i*]苝 | 0.000 8 | 0.001 1 | 0.003 2 | 0.004 4 |
| 茚并[1,2,3-*c,d*]芘 | 0.000 5 | 0.001 1 | 0.002 0 | 0.004 4 |
| 注：“—”表示荧光检测器不适用于苊的测定。 | | | | |

# 附　录　B

（资料性附录）

## 方法的精密度和准确度

表 B.1～表 B.3 中给出了方法的精密度和准确度。

表 B.1　不同实验室测定的精密度（再现性）

| 组分名称 | 总平均值/（mg/L） | 测定次数 | 重复性标准差 $S_r$ | 重复性 $r$ | 再现性标准差 $S_R$ | 再现性 $R$ | 相对误差/% |
|---|---|---|---|---|---|---|---|
| 萘 | 0.047 | 6 | 0.001 2 | 0.003 | 0.006 | 0.02 | −5.15 |
| | 5.02 | 6 | 0.03 | 0.09 | 0.09 | 0.3 | 0.23 |
| 苊 | 0.052 | 6 | 0.003 | 0.007 | 0.007 | 0.02 | 6.44 |
| | 5.07 | 6 | 0.23 | 0.65 | 0.26 | 0.7 | 1.16 |
| 芴 | 0.053 | 6 | 0.003 | 0.007 | 0.006 | 0.02 | 5.02 |
| | 5.05 | 6 | 0.11 | 0.32 | 0.14 | 0.4 | 0.92 |
| 二氢苊 | 0.051 | 6 | 0.002 | 0.007 | 0.007 | 0.02 | 2.89 |
| | 5.01 | 6 | 0.12 | 0.33 | 0.16 | 0.4 | 0.03 |
| 菲 | 0.052 | 6 | 0.001 | 0.003 | 0.010 | 0.03 | 4.22 |
| | 4.99 | 6 | 0.04 | 0.11 | 0.10 | 0.3 | −0.21 |
| 蒽 | 0.050 | 6 | 0.002 | 0.006 | 0.010 | 0.03 | 0.55 |
| | 5.08 | 6 | 0.06 | 0.17 | 0.16 | 0.5 | 1.96 |
| 荧蒽 | 0.056 | 6 | 0.004 | 0.010 | 0.006 | 0.02 | 9.80 |
| | 5.01 | 6 | 0.05 | 0.13 | 0.09 | 0.2 | 0.60 |
| 芘 | 0.053 | 6 | 0.004 | 0.010 | 0.005 | 0.01 | 5.05 |
| | 5.03 | 6 | 0.04 | 0.11 | 0.07 | 0.2 | 0.51 |
| 䓛 | 0.055 | 6 | 0.003 | 0.008 | 0.008 | 0.02 | 9.33 |
| | 5.02 | 6 | 0.04 | 0.10 | 0.07 | 0.2 | 0.26 |
| 苯并[*a*]蒽 | 0.055 | 6 | 0.003 | 0.008 | 0.005 | 0.02 | 8.44 |
| | 4.99 | 6 | 0.04 | 0.12 | 0.06 | 0.2 | −0.27 |
| 苯并[*b*]荧蒽 | 0.055 | 6 | 0.004 | 0.010 | 0.008 | 0.02 | 7.77 |
| | 5.00 | 6 | 0.03 | 0.10 | 0.07 | 0.2 | −0.37 |
| 苯并[*k*]荧蒽 | 0.054 | 6 | 0.003 | 0.008 | 0.007 | 0.02 | 8.12 |
| | 4.97 | 6 | 0.09 | 0.25 | 0.16 | 0.4 | −1.03 |
| 苯并[*a*]芘 | 0.054 | 6 | 0.003 | 0.008 | 0.007 | 0.02 | 5.98 |
| | 4.97 | 6 | 0.09 | 0.24 | 0.11 | 0.3 | −0.38 |
| 二苯并[*a*,*h*]蒽 | 0.058 | 6 | 0.002 | 0.007 | 0.005 | 0.02 | 14.8 |
| | 5.00 | 6 | 0.04 | 0.12 | 0.08 | 0.2 | −0.35 |
| 苯并[*g*,*h*,*i*]苝 | 0.054 | 6 | 0.003 | 0.008 | 0.005 | 0.01 | 6.14 |
| | 4.95 | 6 | 0.07 | 0.19 | 0.08 | 0.2 | −0.72 |
| 茚并[1,2,3-*c*,*d*]芘 | 0.056 | 6 | 0.003 | 0.009 | 0.007 | 0.02 | 11.9 |
| | 5.00 | 6 | 0.05 | 0.15 | 0.10 | 0.3 | 0.06 |

表 B.2 不同实验室测定饮用水的准确度（固相萃取法）

| 组分名称 | 加标量/μg | 平均回收量/μg | 平均加标回收率/% | 加标回收率范围/%* |
|---|---|---|---|---|
| 萘 | 1.0 | 0.711 | 71.1 | 71.1±4.7 |
| 苊 | 1.0 | 0.711 | 71.1 | 71.1±8.7 |
| 芴 | 1.0 | 0.745 | 74.5 | 74.5±7.8 |
| 二氢苊 | 1.0 | 0.740 | 74.0 | 74.0±7.8 |
| 菲 | 1.0 | 0.776 | 77.6 | 77.6±11.5 |
| 蒽 | 1.0 | 0.866 | 86.6 | 86.6±20.0 |
| 荧蒽 | 1.0 | 0.863 | 86.3 | 86.3±10.8 |
| 芘 | 1.0 | 0.863 | 86.3 | 86.3±14.2 |
| 䓛 | 1.0 | 0.927 | 92.7 | 92.7±9.9 |
| 苯并[*a*]蒽 | 1.0 | 0.903 | 90.3 | 90.3±10.2 |
| 苯并[*b*]荧蒽 | 1.0 | 0.891 | 89.1 | 89.1±8.4 |
| 苯并[*k*]荧蒽 | 1.0 | 0.911 | 91.1 | 91.1±6.1 |
| 苯并[*a*]芘 | 1.0 | 0.858 | 85.8 | 85.8±31.8 |
| 二苯并[*a,h*]蒽 | 1.0 | 0.942 | 94.2 | 94.2±20.0 |
| 苯并[*g,h,i*]苝 | 1.0 | 0.889 | 88.9 | 88.9±9.8 |
| 茚并[1,2,3-*c,d*]芘 | 1.0 | 0.910 | 91.0 | 91.0±16.3 |

表 B.3 不同实验室液液萃取法测定的准确度

| 组分名称 | 样品类型 | 加标量/μg | 平均回收量/μg | 平均加标回收率/% | 加标回收率范围/%* |
|---|---|---|---|---|---|
| 萘 | 地表水 | 1.0 | 0.609 | 60.9 | 60.9±11.1 |
| | 废 水 | 2.0 | 1.22 | 61.2 | 61.2±18.0 |
| 苊 | 地表水 | 1.0 | 0.696 | 69.6 | 69.6±5.3 |
| | 废 水 | 2.0 | 1.41 | 70.3 | 70.3±8.5 |
| 芴 | 地表水 | 1.0 | 0.732 | 73.2 | 73.2±9.5 |
| | 废 水 | 2.0 | 1.42 | 71.2 | 71.2±7.7 |
| 二氢苊 | 地表水 | 1.0 | 0.693 | 69.3 | 69.3±6.8 |
| | 废 水 | 2.0 | 1.38 | 69.0 | 69.0±14.5 |
| 菲 | 地表水 | 1.0 | 0.778 | 77.8 | 77.8±4.6 |
| | 废 水 | 2.0 | 1.47 | 73.7 | 73.7±8.3 |
| 蒽 | 地表水 | 1.0 | 0.898 | 89.8 | 89.8±16.6 |
| | 废 水 | 2.0 | 1.71 | 85.6 | 85.6±16.5 |
| 荧蒽 | 地表水 | 1.0 | 0.872 | 87.2 | 87.2±9.2 |
| | 废 水 | 2.0 | 1.64 | 82.0 | 82.0±16.9 |
| 芘 | 地表水 | 1.0 | 0.936 | 93.6 | 93.6±11.3 |
| | 废 水 | 2.0 | 1.74 | 87.0 | 87.0±7.6 |
| 䓛 | 地表水 | 1.0 | 1.01 | 101 | 101±6.7 |
| | 废 水 | 2.0 | 2.08 | 104 | 104±17.0 |
| 苯并[*a*]蒽 | 地表水 | 1.0 | 1.01 | 101 | 101±6.1 |
| | 废 水 | 2.0 | 2.04 | 102 | 102±12.6 |
| 苯并[*b*]荧蒽 | 地表水 | 1.0 | 1.03 | 103 | 103±6.2 |
| | 废 水 | 2.0 | 2.14 | 107 | 107±14.1 |
| 苯并[*k*]荧蒽 | 地表水 | 1.0 | 1.03 | 103 | 103±8.0 |
| | 废 水 | 2.0 | 2.08 | 104 | 104±12.8 |
| 苯并[*a*]芘 | 地表水 | 1.0 | 1.00 | 100 | 100±19.6 |
| | 废 水 | 2.0 | 2.12 | 106 | 106±11.7 |

续表

| 组分名称 | 样品类型 | 加标量/μg | 平均回收量/μg | 平均加标回收率/% | 加标回收率范围/% |
|---|---|---|---|---|---|
| 二苯并[*a*,*h*]蒽 | 地表水 | 1.0 | 1.02 | 102 | 102±8.3 |
| | 废　水 | 2.0 | 2.18 | 109 | 109±17.0 |
| 苯并[*g*,*h*,*i*]苝 | 地表水 | 1.0 | 1.03 | 103 | 103±5.2 |
| | 废　水 | 2.0 | 2.20 | 110 | 110±9.2 |
| 茚并[1,2,3-*c*,*d*]芘 | 地表水 | 1.0 | 1.02 | 102 | 102±13.1 |
| | 废　水 | 2.0 | 2.15 | 107 | 107±15.4 |

* 注：源自 5 家实验室对统一实际样品 6 次重复测定的结果。

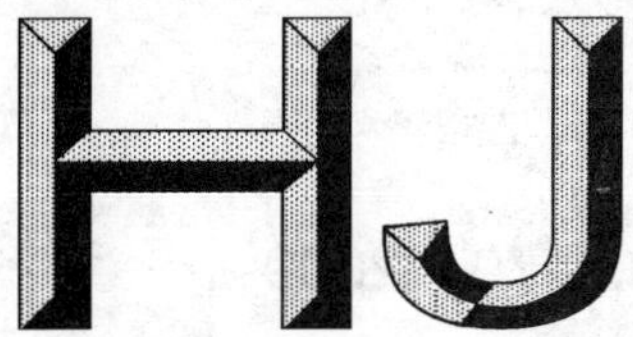

# 中华人民共和国国家环境保护标准

HJ 479—2009

代替 GB/T 15436—1995 和 GB 8969—88

# 环境空气 氮氧化物（一氧化氮和二氧化氮）的测定 盐酸萘乙二胺分光光度法

**Ambient air—Determination of nitrogen oxides—N-（1-Naphthyl）ethylene diamine dihydrochloride spectrophotometric method**

2009-09-27 发布 2009-11-01 实施

环 境 保 护 部 发布

# 前　言

为了贯彻《中华人民共和国环境保护法》和《中华人民共和国大气污染防治法》，保护环境，保障人体健康，规范环境空气中氮氧化物的测定方法，制定本标准。

本标准规定了测定环境空气中氮氧化物（一氧化氮和二氧化氮）的测定方法。

本标准是对《空气质量　氮氧化物的测定　盐酸萘乙二胺比色法》（GB 8969—88）和《环境空气　氮氧化物的测定　Saltzman 法》（GB/T 15436—1995）进行了整合修订。

《空气质量　氮氧化物的测定　盐酸萘乙二胺比色法》（GB 8969—88）首次发布于 1988 年，原标准起草单位为北京市环境监测中心；《环境空气 氮氧化物的测定 Saltzman 法》（GB/T 15436—1995）首次发布于 1995 年，原标准起草单位为沈阳市环境监测中心站。本次为第一次修订。

主要修订内容如下：

——修改了标准的名称、适用范围；

——完善了标准方法原理的文字内容；

——明确了实验用水制备中高锰酸钾和氢氧化钡的用量；

——增加了干扰及消除条款和样品保存条款；

——细化了分析步骤，增加了空白试验要求；

——取消了《环境空气　氮氧化物的测定　Saltzman 法》（GB/T 15436—1995）中第二篇 “三氧化铬-石英砂氧化法”。

自本标准实施之日起，原国家环境保护局 1988 年 3 月 26 日批准、发布的国家环境保护标准《空气质量　氮氧化物的测定　盐酸萘乙二胺比色法》（GB 8969—88）和原国家环境保护局 1995 年 3 月 25 日批准、发布的国家环境保护标准《环境空气　氮氧化物的测定　Saltzman 法》（GB/T 15436—1995）废止。

本标准的附录 A 为规范性附录，附录 B 为资料性附录。

本标准由环境保护部科技标准司组织制订。

本标准主要起草单位：沈阳市环境监测中心站。

本标准环境保护部 2009 年 9 月 27 日批准。

本标准自 2009 年 11 月 1 日起实施。

本标准由环境保护部解释。

# 环境空气　氮氧化物（一氧化氮和二氧化氮）的测定 盐酸萘乙二胺分光光度法

## 1　适用范围

本标准规定了测定环境空气中氮氧化物的分光光度法。

本标准适用于环境空气中氮氧化物、二氧化氮、一氧化氮的测定。

本标准的方法检出限为 0.12 μg/10 ml 吸收液。当吸收液总体积为 10 ml，采样体积为 24 L 时，空气中氮氧化物的检出限为 0.005 $mg/m^3$。当吸收液总体积为 50 ml，采样体积 288 L 时，空气中氮氧化物的检出限为 0.003 $mg/m^3$。当吸收液总体积为 10 ml，采样体积为 12～24 L 时，环境空气中氮氧化物的测定范围为 0.020～2.5 $mg/m^3$。

## 2　术语和定义

### 2.1　氮氧化物　nitrogen oxides

指空气中以一氧化氮和二氧化氮形式存在的氮的氧化物（以 $NO_2$ 计）。

### 2.2　Saltzman 实验系数　Saltzman-factor

用渗透法制备的二氧化氮校准用混合气体，在采气过程中被吸收液吸收生成的偶氮染料相当于亚硝酸根的量与通过采样系统的二氧化氮总量的比值（测定方法见附录 B）。

### 2.3　氧化系数　oxidation coefficient

空气中的一氧化氮通过酸性高锰酸钾溶液氧化管后，被氧化为二氧化氮且被吸收液吸收生成偶氮染料的量与通过采样系统的一氧化氮的总量之比。

## 3　方法原理

空气中的二氧化氮被串联的第一支吸收瓶中的吸收液吸收并反应生成粉红色偶氮染料。空气中的一氧化氮不与吸收液反应，通过氧化管时被酸性高锰酸钾溶液氧化为二氧化氮，被串联的第二支吸收瓶中的吸收液吸收并反应生成粉红色偶氮染料。生成的偶氮染料在波长 540 nm 处的吸光度与二氧化氮的含量成正比。分别测定第一支和第二支吸收瓶中样品的吸光度，计算两支吸收瓶内二氧化氮和一氧化氮的质量浓度，二者之和即为氮氧化物的质量浓度（以 $NO_2$ 计）。

## 4　试剂和材料

除非另有说明，分析时均使用符合国家标准或专业标准的分析纯试剂和无亚硝酸根的蒸馏水、去离子水或相当纯度的水。必要时，实验用水可在全玻璃蒸馏器中以每升水加入 0.5 g 高锰酸钾（$KMnO_4$）和 0.5 g 氢氧化钡[$Ba(OH)_2$]重蒸。

4.1　冰乙酸。

4.2　盐酸羟胺溶液，$\rho$=0.2～0.5 g/L。

4.3　硫酸溶液，$c(1/2H_2SO_4)$=1 mol/L：取 15 ml 浓硫酸（$\rho_{20}$=1.84 g/ml），徐徐加到 500 ml 水中，搅拌均匀，冷却备用。

4.4　酸性高锰酸钾溶液，$\rho(KMnO_4)$=25 g/L：称取 25g 高锰酸钾于 1 000 ml 烧杯中，加入 500 ml 水，稍微加热使其全部溶解，然后加入 1 mol/L 硫酸溶液（4.3）500 ml，搅拌均匀，贮于棕色试剂瓶中。

4.5　N-（1-萘基）乙二胺盐酸盐贮备液，$\rho(C_{10}H_7NH(CH_2)_2NH_2\cdot 2HCl)$=1.00 g/L：称取 0.50 g N-（1-萘

基）乙二胺盐酸盐于 500 ml 容量瓶中，用水溶解稀释至刻度。此溶液贮于密闭的棕色瓶中，在冰箱中冷藏，可稳定保存三个月。

4.6 显色液：称取 5.0 g 对氨基苯磺酸[$NH_2C_6H_4SO_3H$]溶解于约 200 ml 40～50℃热水中，将溶液冷却至室温，全部移入 1 000 ml 容量瓶中，加入 50 ml N-（1-萘基）乙二胺盐酸盐贮备溶液（4.5）和 50 ml 冰乙酸，用水稀释至刻度。此溶液贮于密闭的棕色瓶中，在 25℃以下暗处存放可稳定三个月。若溶液呈现淡红色，应弃之重配。

4.7 吸收液：使用时将显色液（4.6）和水按 4∶1（体积分数）比例混合，即为吸收液。吸收液的吸光度应小于等于 0.005。

4.8 亚硝酸盐标准贮备液，$\rho(NO_2^-)$=250 μg/ml：准确称取 0.375 0 g 亚硝酸钠（$NaNO_2$，优级纯，使用前在 105℃±5℃干燥恒重）溶于水，移入 1 000 ml 容量瓶中，用水稀释至标线。此溶液贮于密闭棕色瓶中于暗处存放，可稳定保存三个月。

4.9 亚硝酸盐标准工作液，$\rho(NO_2^-)$=2.5 μg/ml：准确吸取亚硝酸盐标准储备液（4.8）1.00 ml 于 100 ml 容量瓶中，用水稀释至标线。临用现配。

## 5 仪器和设备

5.1 分光光度计。

5.2 空气采样器：流量范围 0.1～1.0 L/min。采样流量为 0.4 L/min 时，相对误差小于±5%。

5.3 恒温、半自动连续空气采样器：采样流量为 0.2 L/min 时，相对误差小于±5%，能将吸收液温度保持在 20℃±4℃。采样连接管线为硼硅玻璃管、不锈钢管、聚四氟乙烯管或硅胶管，内径约为 6 mm，尽可能短些，任何情况下不得超过 2 m，配有朝下的空气入口。

5.4 吸收瓶：可装 10 ml、25 ml 或 50 ml 吸收液的多孔玻板吸收瓶，液柱高度不低于 80 mm。吸收瓶的玻板阻力、气泡分散的均匀性及采样效率按本标准附录 A 检查。图 1 示出较为适用的两种多孔玻板吸收瓶。使用棕色吸收瓶或采样过程中吸收瓶外罩黑色避光罩。新的多孔玻板吸收瓶或使用后的多孔玻板吸收瓶，应用（1+1）HCl 浸泡 24 h 以上，用清水洗净。

5.5 氧化瓶：可装 5 ml、10 ml 或 50 ml 酸性高锰酸钾溶液（4.4）的洗气瓶，液柱高度不能低于 80 mm。使用后，用盐酸羟胺溶液（4.2）浸泡洗涤。图 2 示出了较为适用的两种氧化瓶。

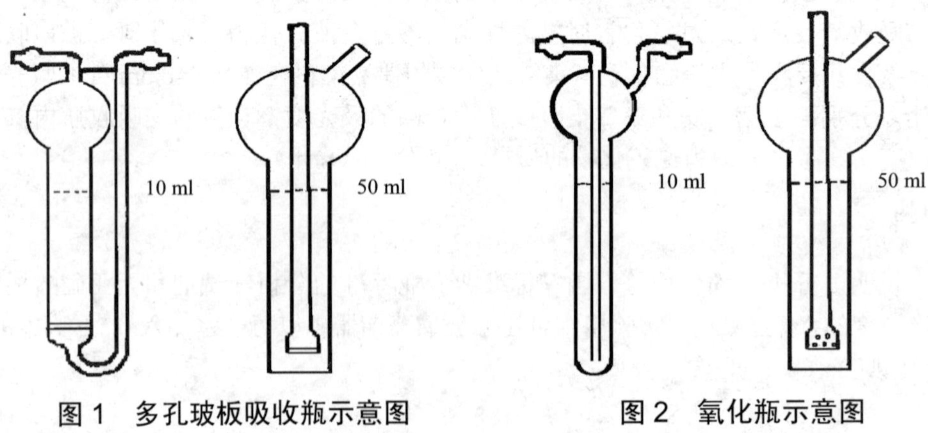


图 1 多孔玻板吸收瓶示意图　　图 2 氧化瓶示意图

## 6 干扰及消除

空气中二氧化硫质量浓度为氮氧化物质量浓度的 30 倍时，对二氧化氮的测定产生负干扰。

空气中过氧乙酰硝酸酯（PAN）对二氧化氮的测定产生正干扰。

空气中臭氧质量浓度超过 0.25 mg/m$^3$ 时，对二氧化氮的测定产生负干扰。采样时在采样瓶入口端串接一段 15～20 cm 长的硅橡胶管，可排除干扰。

## 7　样品

### 7.1　短时间采样（1 h 以内）

取两支内装 10.0 ml 吸收液的多孔玻板吸收瓶和一支内装 5～10 ml 酸性高锰酸钾溶液（4.4）的氧化瓶（液柱高度不低于 80 mm），用尽量短的硅橡胶管将氧化瓶串联在两支吸收瓶之间（见图 3），以 0.4 L/min 流量采气 4～24 L。

### 7.2　长时间采样（24 h）

取两支大型多孔玻板吸收瓶，装入 25.0 ml 或 50.0 ml 吸收液（4.7）（液柱高度不低于 80 mm），标记液面位置。取一支内装 50 ml 酸性高锰酸钾溶液（4.4）的氧化瓶，按图 4 所示接入采样系统，将吸收液恒温在 20℃±4℃，以 0.2 L/min 流量采气 288 L。

注：氧化管中有明显的沉淀物析出时，应及时更换。

一般情况下，内装 50 ml 酸性高锰酸钾溶液的氧化瓶可使用 15～20 d（隔日采样）。

采样过程注意观察吸收液颜色变化，避免因氮氧化物质量浓度过高而穿透。

### 7.3　采样要求

采样前应检查采样系统的气密性，用皂膜流量计进行流量校准。采样流量的相对误差应小于±5%。

采样期间，样品运输和存放过程中应避免阳光照射。气温超过 25℃时，长时间（8 h 以上）运输和存放样品应采取降温措施。

采样结束时，为防止溶液倒吸，应在采样泵停止抽气的同时，闭合连接在采样系统中的止水夹或电磁阀（见图 3 或图 4）。

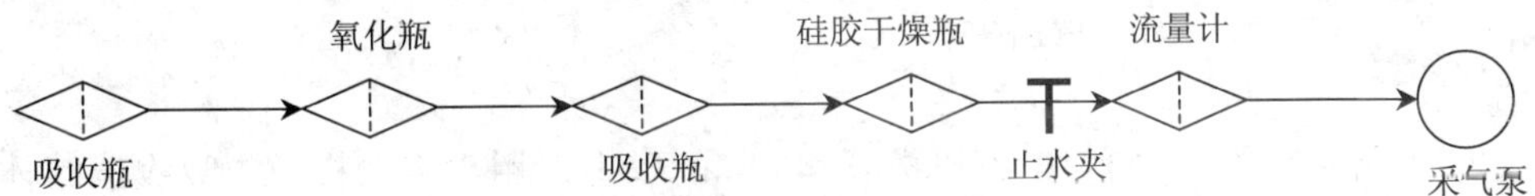


图 3　手工采样系列示意图

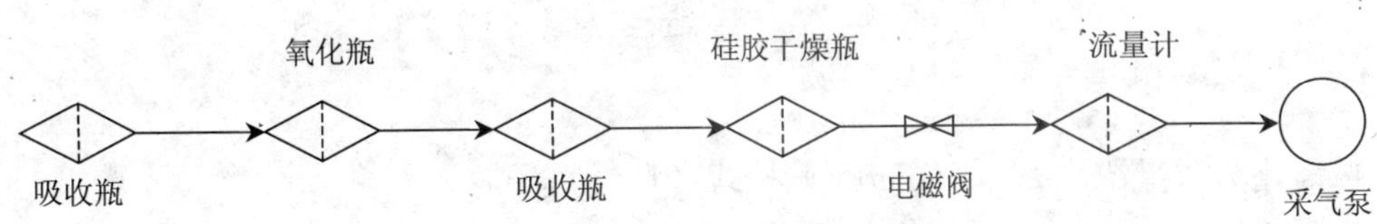


图 4　连续自动采样系列示意图

### 7.4　现场空白

装有吸收液的吸收瓶带到采样现场，与样品在相同的条件下保存，运输，直至送交实验室分析，运输过程中应注意防止玷污。

要求每次采样至少做 2 个现场空白测试。

### 7.5　样品的保存

样品采集、运输及存放过程中避光保存，样品采集后尽快分析。若不能及时测定，将样品于低温暗处存放，样品在 30℃暗处存放，可稳定 8 h；在 20℃暗处存放，可稳定 24 h；于 0～4℃冷藏，至少可稳定 3 d。

## 8 分析步骤

### 8.1 标准曲线的绘制

取 6 支 10 ml 具塞比色管，按表 1 制备亚硝酸盐标准溶液系列。根据表 1 分别移取相应体积的亚硝酸钠标准工作液（4.9），加水至 2.00 ml，加入显色液（4.6）8.00 ml。

表 1 $NO_2^-$标准溶液系列

| 管号 | 0 | 1 | 2 | 3 | 4 | 5 |
|---|---|---|---|---|---|---|
| 标准工作液（4.9）/ml | 0.00 | 0.40 | 0.80 | 1.20 | 1.60 | 2.00 |
| 水/ml | 2.00 | 1.60 | 1.20 | 0.80 | 0.40 | 0.00 |
| 显色液（4.6）/ml | 8.00 | 8.00 | 8.00 | 8.00 | 8.00 | 8.00 |
| $NO_2^-$质量浓度/（μg/ml） | 0.00 | 0.10 | 0.20 | 0.30 | 0.40 | 0.50 |

各管混匀，于暗处放置 20 min（室温低于 20℃时放置 40 min 以上），用 10 mm 比色皿，在波长 540 nm 处，以水为参比测量吸光度，扣除 0 号管的吸光度以后，对应 $NO_2^-$的质量浓度（μg/ml），用最小二乘法计算标准曲线的回归方程。

标准曲线斜率控制在 0.960～0.978 吸光度·ml/μg，截距控制在 0.000～0.005 之间（以 5 ml 体积绘制标准曲线时，标准曲线斜率控制在 0.180～0.195 吸光度·ml/μg，截距控制在±0.003 之间）。

### 8.2 空白试验

8.2.1 实验室空白试验：取实验室内未经采样的空白吸收液，用 10 mm 比色皿，在波长 540 nm 处，以水为参比测定吸光度。实验室空白吸光度 $A_0$ 在显色规定条件下波动范围不超过±15%。

8.2.2 现场空白：同 8.2.1 测定吸光度。将现场空白和实验室空白的测量结果相对照，若现场空白与实验室空白相差过大，查找原因，重新采样。

### 8.3 样品测定

采样后放置 20 min，室温 20℃以下时放置 40 min 以上，用水将采样瓶中吸收液的体积补充至标线，混匀。用 10 mm 比色皿，在波长 540 nm 处，以水为参比测量吸光度，同时测定空白样品的吸光度。

若样品的吸光度超过标准曲线的上限，应用实验室空白试液稀释，再测定其吸光度。但稀释倍数不得大于 6。

## 9 结果表示

9.1 空气中二氧化氮质量浓度 $\rho_{NO_2}$（mg/m³）按式（1）计算：

$$\rho_{NO_2} = \frac{(A_1 - A_0 - a) \times V \times D}{b \times f \times V_0} \tag{1}$$

9.2 空气中一氧化氮质量浓度

$\rho_{NO}$（mg/m³）以二氧化氮（$NO_2$）计，按式（2）计算：

$$\rho_{NO} = \frac{(A_2 - A_0 - a) \times V \times D}{b \times f \times V_0 \times K} \tag{2}$$

$\rho'_{NO}$（mg/m³）以一氧化氮（NO）计，按式（3）计算：

$$\rho'_{NO} = \frac{\rho_{NO} \times 30}{46} \tag{3}$$

9.3 空气中氮氧化物的质量浓度 $\rho_{NO_x}$（mg/m³）以二氧化氮（$NO_2$）计，按式（4）计算：

$$\rho_{NO_x} = \rho_{NO_2} + \rho_{NO} \tag{4}$$

以上各式中：$A_1$、$A_2$——串联的第一支和第二支吸收瓶中样品的吸光度；

$A_0$——实验室空白的吸光度；

$b$——标准曲线的斜率，吸光度 · ml/μg；

$a$——标准曲线的截距；

$V$——采样用吸收液体积，ml；

$V_0$——换算为标准状态（101.325 kPa，273 K）下的采样体积，L；

$K$——$NO \rightarrow NO_2$ 氧化系数，0.68；

$D$——样品的稀释倍数；

$f$——Saltzman 实验系数，0.88（当空气中二氧化氮质量浓度高于 0.72 mg/m³ 时，$f$ 取值 0.77）。

## 10 精密度和准确度

### 10.1 测定 $NO_2$ 标准气体的精密度和准确度

5 个实验室测定质量浓度范围在 0.056～0.480 mg/m³ 的 $NO_2$ 标准气体，重复性相对标准偏差小于 10%，相对误差小于±8%。

### 10.2 测定 NO 标准气体的精密度和准确度

测定质量浓度范围在 0.057～0.396 mg/m³ 的 NO 标准气体，重复性相对标准偏差小于 10%，相对误差小于±10%。

# 附 录 A
（规范性附录）
吸收瓶的检查与采样效率的测定

## A.1 玻板阻力及微孔均匀性检查

新的多孔玻板吸收瓶在检查前，应用（1+1）HCl 浸泡 24 h 以上，用清水洗净。

每支吸收瓶在使用前或使用一段时间以后应测定其玻板阻力，检查通过玻板后气泡分散的均匀性。阻力不符合要求和气泡分散不均匀的吸收瓶不宜使用。

内装 10 ml 吸收液的多孔玻板吸收瓶，以 0.4 L/min 流量采样时，玻板阻力应在 4～5 kPa，通过玻板后的气泡应分散均匀。

内装 50 ml 吸收液的大型多孔玻板吸收瓶，以 0.2 L/min 流量采样时，玻板阻力应在 5～6 kPa，通过玻板后的气泡应分散均匀。

## A.2 采样效率（*E*）的测定

采样效率低于 0.97 的吸收瓶，不宜使用。吸收瓶在使用前和使用一段时间以后，应测定其采样效率。

吸收瓶的采样效率测定方法如下：

将两支吸收瓶串联，按 7.1 操作，采集环境空气，当第一支吸收瓶中 $NO_2$ 质量浓度约为 0.4 μg/ml 时，停止采样。按 8.3 测量前后两支吸收瓶中样品的吸光度，计算第一支吸收瓶的采样效率 *E* 按式（A.1）计算：

$$E = \frac{\rho_1}{\rho_1 + \rho_2} \tag{A.1}$$

式中：$\rho_1$、$\rho_2$——串联的第一支、第二支吸收瓶中 $NO_2$ 的质量浓度，μg/ml；

$E$——吸收瓶的采样效率。

## 附 录 B

（资料性附录）

## Saltzman 实验系数的测定

按 GB 5275 规定的方法，制备零气和欲测浓度范围的二氧化氮校准用混合气体。按 7.1 采集混合标气。当吸收瓶中 $NO_2$ 质量浓度达到 0.4 μg/ml 左右时，停止采样。按 8.3 测量样品的吸光度。Saltzman 实验系数（$f$）按式（B.1）计算：

$$f = \frac{(A - A_0 - a) \times V}{b \times V_0 \times \rho_{NO_2}} \tag{B.1}$$

式中：$A$——样品溶液的吸光度；

$A_0$——实验室空白样品的吸光度；

$b$——按 8.1 测得的标准曲线的斜率，吸光度 · ml/μg；

$a$——按 8.1 测得的标准曲线的截距；

$V$——采样用吸收液体积，ml；

$V_0$——换算为标准状态（101.325 kPa，273 K）的采样体积，L；

$\rho_{NO_2}$——通过采样系统的 $NO_2$ 标准混合气体的质量浓度，mg/m$^3$（标准状态 101.325 kPa、273 K）。

$f$ 值的大小受空气中 $NO_2$ 的质量浓度、采样流量、吸收瓶类型、采样效率等因素的影响，故测定 $f$ 值时，应尽量使测定条件与实际采样时保持一致。

---

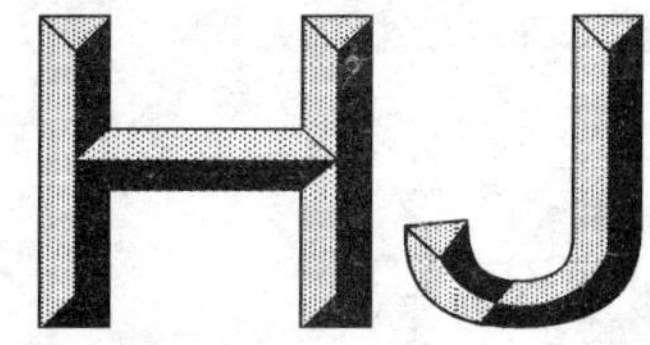

# 中华人民共和国国家环境保护标准

HJ 480—2009
代替 GB/T 15434—1995

# 环境空气　氟化物的测定
# 滤膜采样氟离子选择电极法

**Ambient air—Determination of the fluoride—Filter sampling followed by fluorine ion-selective electrode method**

2009-09-27 发布　　2009-11-01 实施

环　境　保　护　部 发布

# 前　言

为贯彻《中华人民共和国环境保护法》和《中华人民共和国大气污染防治法》，保护环境，保障人体健康，规范空气中氟化物的监测方法，制定本标准。

本标准规定了测定空气中氟化物浓度的滤膜采样氟离子选择电极法。

本标准对《环境空气　氟化物质量浓度的测定　滤膜·氟离子选择电极法》（GB/T 15434—1995）进行修订。

本标准首次发布于1995年，原标准起草单位为包头市环境监测站。本次为第一次修订。

主要修订内容如下：

——修改了标准的名称；

——补充完善了方法的适用范围；

——在试剂和材料中，修改了所用试剂的纯度，并增加了盐酸、氢氧化钠的详细配制过程；增加了总离子强度调节缓冲液的配制方法；简化标准溶液的配制过程；

——规定了氟离子选择电极的工作条件；

——增加了样品的现场空白；

——在注意事项中增加了电极的清洗方法。

自本标准实施之日起，原国家环境保护局1995年3月25日批准、发布的国家环境保护标准《环境空气　氟化物质量浓度的测定　滤膜·氟离子选择电极法》（GB/T 15434—1995）废止。

本标准由环境保护部科技标准司组织制订。

本标准起草单位：沈阳市环境监测中心站。

本标准环境保护部2009年9月27日批准。

本标准自2009年11月1日起实施。

本标准由环境保护部解释。

# 环境空气 氟化物的测定 滤膜采样氟离子选择电极法

## 1 适用范围

本标准规定了测定环境空气中氟化物的滤膜采集、氟离子选择电极法。

本标准适用于环境空气中氟化物的小时浓度和日平均浓度的测定。

当采样体积为 6 $m^3$ 时，测定下限为 0.9 $\mu g/m^3$。

## 2 规范性引用文件

本标准内容引用了下列文件中的条款，凡是不注明日期的引用文件，其最新有效版本适用于本标准。

GB 7484 水质 氟化物的测定 离子选择电极法

HJ/T 194 环境空气质量手工监测技术规范

## 3 术语和定义

下列术语和定义适用于本标准。

氟化物 fluoride

指空气中存在的气态氟化物及溶于盐酸溶液[$c$(HCl)=0.25 mol/L]的颗粒态氟化物。

## 4 方法原理

已知体积的空气通过磷酸氢二钾浸渍的滤膜时，氟化物被固定或阻留在滤膜上，滤膜上的氟化物用盐酸溶液浸溶后，用氟离子选择电极法测定。

## 5 试剂和材料

本标准所用试剂除非另有说明，分析时均使用符合国家标准的分析纯化学试剂，实验用水为新制备的去离子水或蒸馏水。

5.1 盐酸溶液 $c$(HCl)=2.5 mol/L：取 1 000 ml 水，加入 20.8 ml 盐酸（优级纯，$\rho$=1.18 g/ml），搅拌均匀。

5.2 氢氧化钠溶液 $c$(NaOH)=1.0 mol/L：称取 40.0 g 优级纯氢氧化钠，溶于水，冷却后稀释至 1 000 ml。

5.3 氢氧化钠溶液 $c$(NaOH)=5.0 mol/L：称取 100.0 g 优级纯氢氧化钠，溶于水，冷却后稀释至 500 ml。

5.4 磷酸氢二钾浸渍液：称取 76.0 g 磷酸氢二钾（$K_2HPO_4 \cdot 3H_2O$）溶于水，移入 1 000 ml 容量瓶中，用水定容至标线，摇匀。

5.5 总离子强度调节缓冲溶液（TISAB）

5.5.1 总离子强度调节缓冲溶液（TISAB Ⅰ）：称取 58.0 g 氯化钠，10.0 g 柠檬酸钠，量取冰乙酸 50 ml，加水 500 ml。溶解后，加氢氧化钠溶液（5.3）135 ml，调节溶液 pH 值为 5.2，转移到 1 000 ml 容量瓶中，加水定容至标线，摇匀。

5.5.2 总离子强度调节缓冲溶液（TISAB Ⅱ）：称取 142 g 六次甲基四胺（$(CH_2)_6N_4$）和 85 g 硝酸钾（$KNO_3$）、9.97 g 钛铁试剂（$C_6H_4Na_2O_8S_2 \cdot H_2O$），加水溶解，调节 pH 至 5～6，转移到 1 000 ml 容量瓶中，用水稀释至标线，摇匀。

溶液的配制可不局限于此，还可参考 GB 7484 中总离子强度调节缓冲溶液的配制方法。

注：当试样成分复杂、偏酸（pH≈2）或者偏碱（pH≈12），可用 TISAB Ⅱ配方。

5.6 氟化钠标准贮备溶液$\rho$(NaF)=1 000 μg/ml：称取 0.221 0 g 氟化钠（优级纯，于 110℃烘干 2 h 放在干燥器中冷却至室温），溶解于水中，移入 100 ml 容量瓶中。用水定容至标线，摇匀。贮于聚乙烯瓶中，冰箱中保存，临用时取出，放至室温。

5.7 氟化钠标准使用液：将氟化钠标准贮备溶液（5.6）用水稀释成 2.50、5.00、10.0、25.0、50.0、100.0 μg/ml 的标准溶液，临用现配。贮于聚乙烯塑料瓶中。

5.8 乙酸-硝酸纤维微孔滤膜：孔径 5 μm，直径 92 mm。

5.9 磷酸氢二钾浸渍滤膜：将乙酸-硝酸纤维微孔滤膜（5.8）放入磷酸氢二钾浸渍液（5.4）中浸湿后，沥干（每次用少量浸渍液，以能没过滤膜为准，浸渍 4～5 张滤膜后，更换新的浸渍液）。摊放在干净、无氟的定性滤纸上（不能直接用玻璃板或搪瓷盘摊放），于 40℃以下烘干，装入塑料盒（袋）中，密封后放入干燥器中备用（干燥器中不加干燥剂）。

## 6 仪器和设备

6.1 采样器：中流量采样泵，采样头带支撑滤膜的聚乙烯网垫，采样头有效直径为 80 mm，可以安装直径为 92 mm 的滤膜。

6.2 离子活度计或精密酸度计：分辨率为 0.1 mV。

6.3 氟离子选择电极：

a. 测量氟离子浓度范围：$10^{-5}$～$10^{-1}$ mol/L。

b. 测定曲线斜率：在 $t$℃下，为（54+0.2$t$）mV。

6.4 甘汞电极：盐桥溶液为饱和氯化钾。

6.5 磁力搅拌器：具聚乙烯包裹的搅拌子。

6.6 小型超声波清洗器。

6.7 聚乙烯塑料烧杯：100 ml。

6.8 聚乙烯塑料瓶：100、1 000 ml。

## 7 干扰及消除

在测定体系中有 $Si^{4+}$、$Fe^{3+}$、$Al^{3+}$存在、其浓度不超过 20 mg/L 时，产生的干扰可采用加入总离子强度调节缓冲液来消除。

## 8 样品

### 8.1 样品的采集和保存

样品的采集应符合《环境空气质量手工监测技术规范》（HJ/T 194）的要求。各种采样器均应在采样前进行气密性检查和流量校准。

采样时，在滤膜夹中装入两张磷酸氢二钾浸渍滤膜，中间用 2～3 mm 厚的滤膜垫圈隔开（见图 1），以 100～120 L/min 流量（气流线速为 0.3～0.4 m/s）采气 45 min 以上，根据使用的仪器性能设计采样记录（应包括开始和结束时的采样时间、流量或采样体积、风向、风速、气温、气压、采样点、样品编号等）并记录。采样后，用干净镊子将样品膜取出，对折放入塑料袋（盒）中，密封好，带回实验室。

采集后的样品贮存在实验室干燥器（干燥器内不加干燥剂）中，必须在 40 d 内完成分析。

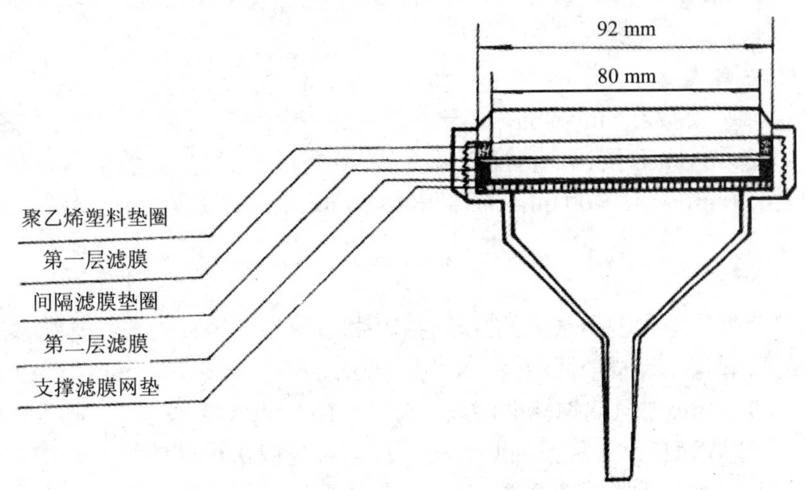


图 1　滤膜采样头装置

### 8.2　现场空白

8.2.1　以浸渍后的空白滤膜代替样品，带到现场，与样品在相同的条件下保存，运输，直至送交实验室分析，运输过程中应注意防止玷污。

8.2.2　将现场空白和实验室空白滤膜的测量结果相对照，若现场空白与实验室空白相差过大，需查找原因，重新采样。

8.2.3　要求每次采样至少做 2 个现场空白。

## 9　分析步骤

### 9.1　标准曲线的绘制

9.1.1　取 6 个 100 ml 聚乙烯塑料杯，按表 1 配制标准系列，也可根据实际样品浓度配制，不得少于 6 个点。分别取 2.00 ml 的六种标准使用液（5.7），依次加入盐酸溶液（5.1）20.00 ml、氢氧化钠溶液（5.2）5.00 ml、TISAB 溶液（5.5）10.00 ml、水 3.00 ml，氟离子含量依次为 5.0、10.0、20.0、50.0、100、200 μg。

表 1　标准溶液配制系列

| 杯　　号 | 1 | 2 | 3 | 4 | 5 | 6 |
|---|---|---|---|---|---|---|
| $F^-$标准使用液浓度（5.7）/（μg/ml） | 2.5 | 5.0 | 10.0 | 25.0 | 50.0 | 100.0 |
| 标准使用液体积/ml | 2.00 | 2.00 | 2.00 | 2.00 | 2.00 | 2.00 |
| 盐酸溶液（5.1）/ml | 20.00 | 20.00 | 20.00 | 20.00 | 20.00 | 20.00 |
| 氢氧化钠溶液（5.2）/ml | 5.00 | 5.00 | 5.00 | 5.00 | 5.00 | 5.00 |
| TISAB 溶液（5.5）/ml | 10.00 | 10.00 | 10.00 | 10.00 | 10.00 | 10.00 |
| 水/ml | 3.00 | 3.00 | 3.00 | 3.00 | 3.00 | 3.00 |
| $F^-$含量/μg | 5.0 | 10 | 20 | 50 | 100 | 200 |

9.1.2　将离子活度计接通，并按要求将清洗好的氟离子选择电极及甘汞电极插入制备好的待测液中。插入电极前不要搅拌溶液，以免在电极表面附着气泡，影响测定的准确度。测定从低浓度到高浓度逐个进行。在磁力搅拌器上搅拌数分钟，磁力搅拌时间应一致，并且搅拌速度要适中、稳定。待读数稳定后（即每分钟电极电位变化小于 0.2 mV）停止搅拌，静置后读取毫伏值，同时记录测定时的温度。

注：溶液温度控制在 15～35℃，保证氟离子选择电极工作正常。

9.1.3　以氟含量的对数及其对应的毫伏值进行回归，要求相关系数 $r$ 的绝对值大于 0.999，斜率符合

（54+0.2$t$）mV；或在半对数坐标纸上，以对数坐标表示氟含量（μg），以等距坐标表示毫伏值，绘制校准曲线。

### 9.2　试样的制备

将样品膜剪成小碎块（约为 5 mm×5 mm），放入 100 ml 聚乙烯塑料杯中，加盐酸溶液（5.1）20.00 ml，在超声波清洗器中提取 30 min，取出，待溶液温度冷却至室温，再加入氢氧化钠溶液（5.2）5.00 ml，TISAB 溶液（5.5）10.00 ml 及水 5.00 ml，总体积 40.00 ml，然后放置 3 h 后测定，放置时间不应超过 5 h。

### 9.3　空白试验

空白值的不稳定会直接影响测定结果的准确性，因此每批乙酸-硝酸纤维滤膜都应做空白试验。

抽取未经采样的磷酸氢二钾浸渍滤膜 4～5 张，剪成小碎块（约为 5 mm×5 mm），放入 100 ml 聚乙烯塑料杯中，加入 0.50 ml 的氟化钠标准溶液（5.7）（10.0 μg/ml），按 9.2 制备试样（注意水加入量为 4.50 ml），按 9.1.2 读取毫伏值，根据回归方程计算氟含量或从标准曲线上查得氟含量，空白滤膜氟含量为测定值（μg）减去加入的标准氟含量 5 μg，取其平均值为空白滤膜的氟含量（每张空白滤膜的氟含量不应超过 1 μg）。

### 9.4　样品测定

处理好的试样测定方法与绘制校准曲线相同。读取毫伏值后，根据回归方程式计算氟含量或从标准曲线上查得氟含量。

样品测定应与校准曲线绘制同时进行，测定样品时的温度与绘制校准曲线时的温度之差不应超过 ±2℃。

## 10　结果表示

空气中氟化物的质量浓度$\rho(\mathrm{F}^-)$按式（1）计算：

$$\rho(\mathrm{F}^-)=\frac{(W_1+W_2)-2W_0}{V_0} \qquad (1)$$

式中：$\rho(\mathrm{F}^-)$——空气中氟化物的质量浓度，μg/m³；

$W_1+W_2$——按 9.4 测得的两层滤膜样品的氟含量，μg；

$W_0$——实验室空白滤膜平均氟含量，μg；

$V_0$——标准状态下的采样体积，m³。

## 11　精密度和准确度

11.1　精密度：四个实验室在不同地点采集大气环境样品，每个实验室每批采集 4～5 个平行样品，共取得 25 批样品，测定均值范围为 0.57～18.2 μg/m³，平均变异系数为 7.8%，最大为 22%。

11.2　准确度：五个实验室测定统一制备的含氟 50.0 μg 的滤膜样品，相对误差为 0.9%。

## 12　注意事项

不得用手指触摸电极的膜表面，为了保护电极，试份中氟的测定浓度最好不要大于 40 mg/L。如果电极的膜表面被有机物等沾污，必须先清洗干净后才能使用。清洗可用甲醇、丙酮等有机试剂，亦可用洗涤剂。例如，可将电极浸入温热的稀洗涤剂（1 份洗涤剂加 9 份水），保持 3～5 min。必要时，可再放入另一份稀洗涤剂中。然后用水冲洗，再在（1+1）的盐酸中浸 30 s，最后用水冲洗干净，用滤纸吸去水分。

---

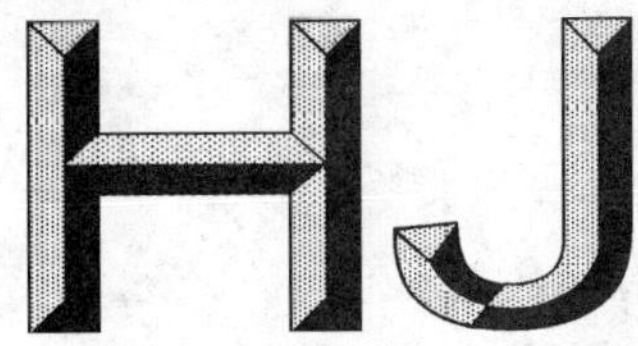

# 中华人民共和国国家环境保护标准

HJ 481—2009
代替 GB/T 15433—1995

# 环境空气　氟化物的测定 石灰滤纸采样氟离子选择电极法

**Ambient air—Determination of the fluoride—Lime-paper sampling followed by fluorine ion-selective electrode method**

2009-09-27 发布　　　　2009-11-01 实施

环　境　保　护　部　发布

# 前　言

为了贯彻《中华人民共和国环境保护法》和《中华人民共和国大气污染防治法》，保护环境，保障人体健康，规范空气中氟化物的监测方法，制定本标准。

本标准规定了测定环境空气中氟化物的石灰滤纸采样氟离子选择电极法。

本标准对《环境空气　氟化物的测定　石灰滤纸·氟离子选择电极法》（GB/T 15433—1995）进行修订。

本标准首次发布于1995年，原标准起草单位为包头市环境监测站。本次为第一次修订。

主要修订内容如下：

——修改了标准的名称；

——在试剂和材料中，规定了所用试剂的纯度，并增加了氢氧化钠的详细配制过程；增加了总离子强度调节缓冲液的配制方法；简化标准溶液的配制过程；

——规定了氟离子选择电极的工作条件；

——在注意事项中增加了电极的清洗方法。

自本标准实施之日起，原国家环境保护局1995年3月25日批准、发布的国家环境保护标准《环境空气　氟化物的测定　石灰滤纸·氟离子选择电极法》（GB/T 15433—1995）废止。

本标准由环境保护部科技标准司组织制订。

本标准起草单位：沈阳市环境监测中心站。

本标准环境保护部2009年9月27日批准。

本标准自2009年11月1日起实施。

本标准由环境保护部解释。

# 环境空气 氟化物的测定 石灰滤纸采样氟离子选择电极法

## 1 适用范围

本标准规定了测定环境空气中氟化物的石灰滤纸采集氟离子选择电极法（简称 LTP 法）。

本标准适用于环境空气中氟化物长期平均污染水平的测定。

当采样时间为一个月时，方法的测定下限为 0.18 μg/（$dm^2 \cdot d$）。

## 2 规范性引用文件

本标准内容引用了下列文件中的条款，凡是不注明日期的引用文件，其最新有效版本适用于本标准。

GB 7484 水质 氟化物的测定 离子选择电极法

## 3 方法原理

空气中的氟化物（氟化氢、四氟化硅等）与浸渍在滤纸上的氢氧化钙反应而被固定。用总离子强度调节缓冲液浸提后，以氟离子选择电极法测定，获得石灰滤纸上氟化物的含量。测定结果反映的是放置期间空气中氟化物的平均污染水平。

## 4 试剂和材料

本标准所用试剂除非另有说明，分析时均使用符合国家标准的分析纯化学试剂，实验用水为新制备的去离子水或蒸馏水。

4.1 高氯酸：72%，优级纯。

4.2 氢氧化钠溶液 $c(NaOH)$=2.5 mol/L：称取 100.0 g 优级纯氢氧化钠，溶于水，冷却后稀释至 1 000 ml。

4.3 氢氧化钠溶液 $c(NaOH)$=5.0 mol/L：称取 100.0 g 优级纯氢氧化钠，溶于水，冷却后稀释至 500 ml。

4.4 石灰悬浊液的制备：称取 56 g 氧化钙，加 250 ml 水，在搅拌下缓慢加入高氯酸（4.1）250 ml，加热至产生白烟。冷却后再加水 200 ml，加热蒸发至产生白烟，重复三次，如有沉淀物，用玻璃砂芯漏斗（G3）过滤。在搅拌下向所得透明滤液加入氢氧化钠溶液（4.2）1 000 ml，得到氢氧化钙悬浊液。静置沉降后，倾出上清液，再用水重复洗涤 5～6 次，最后加水至 5 000 ml，质量分数约为 1%，密闭保存，用时摇匀。

4.5 总离子强度调节缓冲溶液（TISAB）

4.5.1 总离子强度调节缓冲溶液（TISAB Ⅰ）：称取 58.0 g 氯化钠，10.0 g 柠檬酸钠，量取冰乙酸 50 ml，加水 500 ml。溶解后，加氢氧化钠溶液（4.3）135 ml，调节溶液 pH 值为 5.2，加水定容至 1 000 ml，摇匀。

4.5.2 总离子强度调节缓冲溶液（TISAB Ⅱ）：称取 142 g 六次甲基四胺（$(CH_2)_6N_4$）、85 g 硝酸钾（$KNO_3$）和 9.97 g 钛铁试剂（$C_6H_4Na_2O_8S_2 \cdot H_2O$），加适量水溶解，调节 pH 至 5～6，转移到 1 000 ml 容量瓶中，用水稀释至标线，摇匀。

溶液的配制可不局限于此，还可参考 GB 7484 中总离子强度调节缓冲溶液的配制方法。

注：当试样成分复杂，偏酸（pH≈2）或者偏碱（pH≈12），可用 TISAB Ⅱ 配方。

4.6 氟化钠标准贮备溶液 $\rho(NaF)$=1 000 μg/ml：称取 0.221 0 g 氟化钠（优级纯，于 110℃烘干 2 h 放

在干燥器中冷却至室温），溶解于水中，移入 100 ml 容量瓶。用水定容至标线，摇匀。贮于聚乙烯瓶中，在冰箱中保存。临用时取出，放至室温备用。

4.7 氟化钠标准溶液：将氟化钠标准贮备溶液（4.6）用水稀释成 2.5、5.0、10.0、25.0、50.0、100.0 μg/ml 的标准溶液，临用现配。上述试剂溶液均应贮于聚乙烯塑料瓶中。

4.8 定性滤纸：直径 12.5 cm。

4.9 石灰滤纸：用两个大培养皿（直径约 15 cm）各放入少量石灰悬浊液，将直径 12.5 cm 定性滤纸（4.8）放入第一个培养皿中浸透、沥干，再放在第二个培养皿中浸透、沥干（浸渍 5～6 张滤纸后，换新的石灰悬浊液），然后摊放在大张干净、无氟的定性滤纸上，于 60～70℃烘干，装入塑料盒（袋）中，密封好放入干燥器中备用（干燥器中不加干燥剂）。

## 5 仪器和设备

5.1 采样装置：

a．采样盒：外径 130 mm，内径 126 mm，高 25 mm（不包括盖）的平底塑料盒，具盖。盒内具有塑料环状垫圈（外径 125 mm，内径 110 mm）和固定滤纸片用的塑料焊条（或弹簧圈）。

b．防雨罩：采用盆口直径 300 mm、高 90 mm 的防雨罩，盆底用铁皮焊一个直径 130 mm、高 35 mm 的圈，用于安装采样盒。

采样装置见图 1。图中尺寸单位为 mm。

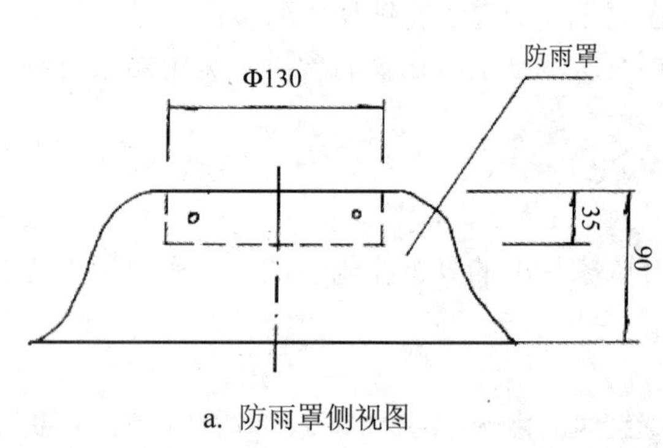


a. 防雨罩侧视图

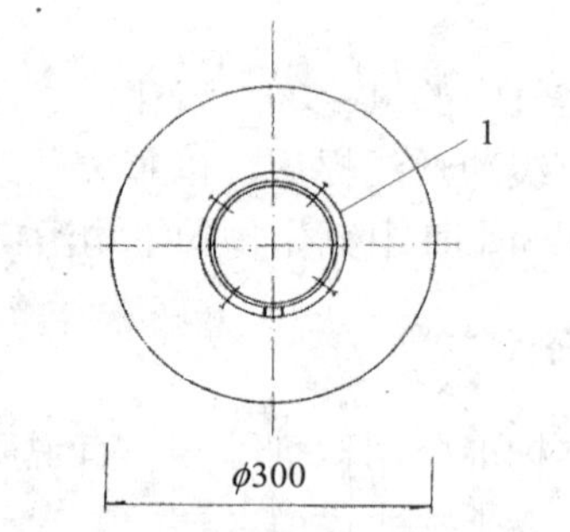


1—固定采样盒的铁皮圈（直径为 130 mm）

b. 防雨罩仰视图

c. 塑料压圈

d. 卡簧（弹簧涨图）

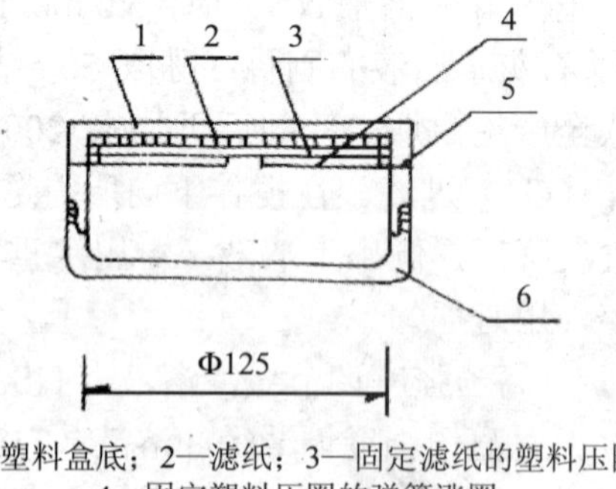


1—塑料盒底；2—滤纸；3—固定滤纸的塑料压圈；4—固定塑料压圈的弹簧涨圈；5—卡簧销钉；6—塑料盒盖

e. 组装好的采样盒剖面图

**图 1 采样装置图**

5.2 离子活度计或精密酸度计：分辨率为 0.1 mV。

5.3 氟离子选择电极：

（1）测量氟离子浓度范围：$10^{-5}$～$10^{-1}$ mol/L。

（2）测定曲线斜率：在 $t$℃下，为（54+0.2$t$）mV。

5.4 甘汞电极：盐桥溶液为饱和氯化钾。

5.5 磁力搅拌器：具聚乙烯包裹的搅拌子。

5.6 小型超声波清洗器。

5.7 聚乙烯塑料杯：100 ml。

5.8 聚乙烯塑料瓶：100、1 000 ml。

## 6 干扰及消除

浸渍液中有 $Si^{4+}$、$Fe^{3+}$、$Al^{3+}$存在，质量浓度不超过 20 mg/L 时，产生的干扰可采用加入总离子强度调节缓冲液来消除。

## 7 样品

取一张石灰滤纸，平铺在平底塑料采样盒底部，用环状塑料卡圈压好滤纸边，再用具有弹性的塑料焊条或卡簧沿盒边压紧（盒上可安装铆钉卡住焊条）。将滤纸牢牢地固定，盖好盖，携至采样点。

采样点之间距离一般为 1 km 左右，距污染源近时，采样点之间距离可缩小，远离污染源的采样点之间距离可加大。采样点应设在较空旷的地方，避开局部小污染源（如烟囱等）。采样装置可固定在离地面 3.5～4 m 的采样架上；在建筑物密集的地方，可安装在楼顶，与基础面相对高度应大于 1.5 m。

采样时，将装好石灰滤纸的采样盒的盒盖取下，装入采样防雨罩的底部铁圈内，固定好，使石灰滤纸面向下，暴露在空气中，采样时间为 7 d 到一个月。做好采样记录[记录放样品地点、样品编号及放样、取样时间（月、日、时）等]。收取样品时，从防雨罩取出采样盒，加盖密封，带回实验室。

采集后的样品贮存在实验室空干燥器内，在 40 d 内分析。

## 8 分析步骤

### 8.1 校准曲线的绘制

8.1.1 取 6 个 100 ml 聚乙烯塑料杯，按表 1 加入配制的标准系列，也可根据实际样品浓度配制。不得少于 6 个点。分别取 2.00 ml 六种标准使用液（4.7），依次加入 TISAB 溶液 25.00 ml、水 23.00 ml，氟离子含量依次为 5.0、10、20、50、100、200 μg。

8.1.2 将离子活度计接通，并按要求将清洗好的氟离子选择电极及甘汞电极插入制备好的待测液中。插入电极前不要搅拌溶液，以免在电极表面附着气泡，影响测定的准确度。测定从低浓度到高浓度逐个进行。在磁力搅拌器上搅拌数分钟，磁力搅拌时间应一致，并且搅拌速度要适中、稳定。待读数稳定后（即每分钟电极电位变化小于 0.2 mV）停止搅拌，静置后读取毫伏值，同时记录测定时的温度。

注：溶液温度控制在 15～35℃，保证氟离子选择电极正常工作。

表 1 标准溶液配制系列

| 杯 号 | 1 | 2 | 3 | 4 | 5 | 6 |
|---|---|---|---|---|---|---|
| $F^-$标准溶液/（μg/ml） | 2.50 | 5.00 | 10.0 | 25.0 | 50.0 | 100.0 |
| 标准溶液量/ml | 2.00 | 2.00 | 2.00 | 2.00 | 2.00 | 2.00 |
| TISAB 溶液/ml | 25.00 | 25.00 | 25.00 | 25.00 | 25.00 | 25.00 |
| 水/ml | 23.00 | 23.00 | 23.00 | 23.00 | 23.00 | 23.00 |
| $F^-$含量/μg | 5.00 | 10.0 | 20.0 | 50.0 | 100 | 200 |

8.1.3 以氟含量的对数及其对应的毫伏值进行直线回归，要求相关系数 $r$ 的绝对值大于 0.999，斜率符合（54+0.2$t$）mV；或在半对数坐标纸上，以对数坐标表示氟含量（μg），以等距坐标表示毫伏值，绘制校准曲线。

8.2 空白试验

空白值的不稳定会直接影响测定结果的准确性，每批石灰滤纸都应做空白试验。

抽取 4～5 张未采样的石灰滤纸，剪成小碎块（约为 5 mm×5 mm），放入 100 ml 聚乙烯塑料杯中，加入 10.0 μg/ml 的氟化钠标准溶液 0.50 ml，依次加入 TISAB 溶液 25.00 ml、水 24.50 ml，按 8.1.2 读取毫伏值，根据回归方程计算氟含量或从标准曲线上查得氟含量，空白石灰滤纸的氟含量为测定值（μg）减去加入的标准氟含量 5 μg。取其平均值为空白石灰滤纸的氟含量（每张空白石灰滤纸的氟含量不应超过 1 μg）。

8.3 试样的制备

取出石灰滤纸样品，剪成小碎块（约为 5 mm×5 mm），放入 100 ml 聚乙烯塑料杯中，加 25.00 ml TISAB 缓冲液（4.5）及 25.00 ml 水，在超声波清洗器中提取 30 min，取出放置过夜（加盖，防止放置时污染），待测。

8.4 样品测定

处理好的试样测定方法与绘制校准曲线相同。读取毫伏值后，根据回归方程式计算氟含量或从校准曲线上查得氟含量。

样品测定应与校准曲线绘制同时进行，测定样品时的温度与绘制校准曲线时的温度之差不应超过 ±2℃。

## 9 结果表示

空气中氟化物的含量$\rho(F^-)$按式（1）计算：

$$\rho(F^-)=\frac{W-W_0}{S\times n} \tag{1}$$

式中：$\rho(F^-)$——空气中氟化物的含量，μg/（$dm^2\cdot d$）；

$W$——按 8.3 测得的石灰滤纸样品的氟含量，μg；

$W_0$——按 8.2 测得的空白石灰滤纸平均氟含量，μg；

$S$——样品滤纸暴露在空气中的面积，$dm^2$；

$n$——样品滤纸在空气中放置天数，d，应准确至 0.1 d。

所得结果用 3 位有效数字表示。

## 10 精密度和准确度

10.1 精密度

五个实验室在不同地点采集大气环境样品，每个实验室每批采集 5 个平行样，共取得 31 批样品，测定均值范围为 2.81～192 μg/（$dm^2\cdot d$），平均变异系数为 5.5%，最大为 16.6%。

10.2 准确度

五个实验室测定统一制备的含氟 50.0 μg 石灰滤纸样品，相对误差为 0.23%。

## 11 注意事项

不得用手指触摸电极的膜表面，为了保护电极，试样中氟的测定浓度不要大于 40 mg/L。如果电极的膜表面被有机物等玷污，必须先清洗干净后才能使用。清洗可用甲醇、丙酮等有机试剂，亦可用洗涤剂。例如，可先将电极浸入温热的稀洗涤剂（1 份洗涤剂加 9 份水），保持 3～5 min。可放入另一份稀洗涤剂中。然后用水冲洗，在（1+1）的盐酸中浸 30 s，最后用水冲洗干净，用滤纸吸去水分。

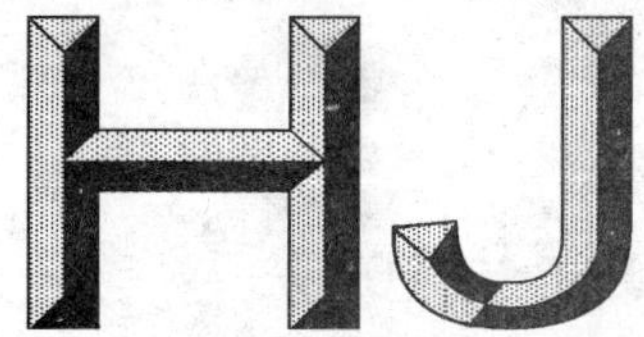

# 中华人民共和国国家环境保护标准

HJ 482—2009
代替 GB/T15262—1994

# 环境空气　二氧化硫的测定 甲醛吸收-副玫瑰苯胺分光光度法

**Ambient air—Determination of sulfur dioxide —Formaldehyde absorbing-pararosaniline spectrophotometry**

2009-09-27 发布　　2009-11-01 实施

环　境　保　护　部 发布

# 前　言

为贯彻《中华人民共和国环境保护法》和《中华人民共和国大气污染防治法》，保护环境，保障人体健康，规范空气中二氧化硫的测定方法，制定本标准。

本标准规定了测定环境空气中二氧化硫的甲醛吸收-副玫瑰苯胺分光光度法。

本标准是对《环境空气　二氧化硫的测定　甲醛吸收-副玫瑰苯胺分光光度法》（GB/T 15262—94）的修订。

本标准于1994年首次发布，原标准起草单位为上海环境监测中心。本次为第一次修订。

主要修订内容如下：

——明确了标准的检出限和测定范围；

——修改了标定二氧化硫标准溶液时所用碘溶液和硫代硫酸钠溶液的浓度；

——增加了现场空白试验；

——完善了结果的计算公式；

——增加了质量保证和质量控制条款。增加了对多孔玻板吸收管质量的要求；强调了温度对采样效率的影响；放宽了对校准曲线斜率的要求等。

本标准自实施之日起，原国家环境保护局1994年10月26日批准、发布的国家环境保护标准《环境空气　二氧化硫的测定　甲醛吸收-副玫瑰苯胺分光光度法》（GB/T 15262—94）废止。

本标准由环境保护部科技标准司组织制订。

本标准主要起草单位：沈阳市环境监测中心站。

本标准环境保护部2009年9月27日批准。

本标准自2009年11月1日起实施。

本标准由环境保护部解释。

# 环境空气　二氧化硫的测定
# 甲醛吸收-副玫瑰苯胺分光光度法

## 1　适用范围

本标准规定了测定环境空气中二氧化硫的甲醛吸收-副玫瑰苯胺分光光度法。

本标准适用于环境空气中二氧化硫的测定。

当使用 10 ml 吸收液，采样体积为 30 L 时，测定空气中二氧化硫的检出限为 0.007 mg/m$^3$，测定下限为 0.028 mg/m$^3$，测定上限为 0.667 mg/m$^3$。

当使用 50 ml 吸收液，采样体积为 288 L，试份为 10 ml 时，测定空气中二氧化硫的检出限为 0.004 mg/m$^3$，测定下限为 0.014 mg/m$^3$，测定上限为 0.347 mg/m$^3$。

## 2　方法原理

二氧化硫被甲醛缓冲溶液吸收后，生成稳定的羟甲基磺酸加成化合物，在样品溶液中加入氢氧化钠使加成化合物分解，释放出的二氧化硫与副玫瑰苯胺、甲醛作用，生成紫红色化合物，用分光光度计在波长 577 nm 处测量吸光度。

## 3　干扰及消除

本标准的主要干扰物为氮氧化物、臭氧及某些重金属元素。采样后放置一段时间可使臭氧自行分解；加入氨磺酸钠溶液可消除氮氧化物的干扰；吸收液中加入磷酸及环己二胺四乙酸二钠盐可以消除或减少某些金属离子的干扰。10 ml 样品溶液中含有 50 μg 钙、镁、铁、镍、镉、铜等金属离子及 5 μg 二价锰离子时，对本方法测定不产生干扰。当 10 ml 样品溶液中含有 10 μg 二价锰离子时，可使样品的吸光度降低 27%。

## 4　试剂和材料

除非另有说明，分析时均使用符合国家标准的分析纯试剂，实验用水为新制备的蒸馏水或同等纯度的水。

4.1　碘酸钾（$KIO_3$），优级纯，经 110℃干燥 2 h。

4.2　氢氧化钠溶液，$c(NaOH)$=1.5 mol/L：称取 6.0 g NaOH，溶于 100 ml 水中。

4.3　环已二胺四乙酸二钠溶液，$c$(CDTA-2Na)=0.05 mol/L：称取 1.82 g 反式 1,2-环己二胺四乙酸[（trans-1,2-cyclohexylenedinitrilo）tetraacetic acid，简称 CDTA]，加入氢氧化钠溶液（4.2）6.5 ml，用水稀释至 100 ml。

4.4　甲醛缓冲吸收贮备液：吸取 36%～38%的甲醛溶液 5.5 ml，CDTA-2Na 溶液（4.3）20.00 ml；称取 2.04 g 邻苯二甲酸氢钾，溶于少量水中；将三种溶液合并，再用水稀释至 100 ml，贮于冰箱可保存 1 年。

4.5　甲醛缓冲吸收液；用水将甲醛缓冲吸收贮备液（4.4）稀释 100 倍。临用时现配。

4.6　氨磺酸钠溶液，$\rho(NaH_2NSO_3)$=6.0 g/L：称取 0.60 g 氨磺酸[$H_2NSO_3H$]置于 100 ml 烧杯中，加入 4.0 ml 氢氧化钠（4.2），用水搅拌至完全溶解后稀释至 100 ml，摇匀。此溶液密封可保存 10 d。

4.7　碘贮备液，$c(1/2I_2)$=0.10 mol/L：称取 12.7 g 碘（$I_2$）于烧杯中，加入 40 g 碘化钾和 25 ml 水，搅拌至完全溶解，用水稀释至 1 000 ml，贮存于棕色细口瓶中。

4.8 碘溶液，$c(1/2I_2)$=0.010 mol/L：量取碘贮备液（4.7）50 ml，用水稀释至 500 ml，贮于棕色细口瓶中。

4.9 淀粉溶液，$\rho$（淀粉）=5.0 g/L：称取 0.5 g 可溶性淀粉于 150 ml 烧杯中，用少量水调成糊状，慢慢倒入 100 ml 沸水，继续煮沸至溶液澄清，冷却后贮于试剂瓶中。

4.10 碘酸钾基准溶液，$c(1/6KIO_3)$=0.100 0 mol/L：准确称取 3.566 7 g 碘酸钾（4.1）溶于水，移入 1 000 ml 容量瓶中，用水稀至标线，摇匀。

4.11 盐酸溶液，$c(HCl)$=1.2 mol/L：量取 100 ml 浓盐酸，加到 900 ml 水中。

4.12 硫代硫酸钠标准贮备液，$c(Na_2S_2O_3)$=0.10 mol/L：称取 25.0 g 硫代硫酸钠（$Na_2S_2O_3 \cdot 5H_2O$），溶于 1 000 ml，新煮沸但已冷却的水中，加入 0.2 g 无水碳酸钠，贮于棕色细口瓶中，放置一周后备用。如溶液呈现混浊，必须过滤。

标定方法：吸取三份 20.00 ml 碘酸钾基准溶液（4.10）分别置于 250 ml 碘量瓶中，加 70 ml 新煮沸但已冷却的水，加 1g 碘化钾，振摇至完全溶解后，加 10 ml 盐酸溶液（4.11），立即盖好瓶塞，摇匀。于暗处放置 5 min 后，用硫代硫酸钠标准溶液（4.12）滴定溶液至浅黄色，加 2 ml 淀粉溶液（4.9），继续滴定至蓝色刚好褪去为终点。硫代硫酸钠标准溶液的浓度按式（1）计算：

$$c_1=\frac{0.100\,0\times 20.00}{V} \tag{1}$$

式中：$c_1$——硫代硫酸钠标准溶液的浓度，mol/L；

$V$——滴定所耗硫代硫酸钠标准溶液的体积，ml。

4.13 硫代硫酸钠标准溶液，$c(Na_2S_2O_3)$≈0.010 00 mol/L：取 50.0 ml 硫代硫酸钠贮备液（4.12）置于 500 ml 容量瓶中，用新煮沸但已冷却的水稀释至标线，摇匀。

4.14 乙二胺四乙酸二钠盐（EDTA-2Na）溶液，$\rho$(EDTA-2Na)=0.50 g/L：称取 0.25 g 乙二胺四乙酸二钠盐[$C_{10}H_{14}N_2O_8Na_2 \cdot 2H_2O$]溶于 500 ml 新煮沸但已冷却的水中。临用时现配。

4.15 亚硫酸钠溶液，$\rho(Na_2SO_3)$ =1 g/L：称取 0.2 g 亚硫酸钠（$Na_2SO_3$），溶于 200 ml EDTA-2Na（4.14）溶液中，缓缓摇匀以防充氧，使其溶解。放置 2～3 h 后标定。此溶液每毫升相当于 320～400 μg 二氧化硫。

标定方法：

a. 取 6 个 250 ml 碘量瓶（$A_1$、$A_2$、$A_3$、$B_1$、$B_2$、$B_3$），在 $A_1$、$A_2$、$A_3$ 内各加入 25 ml 乙二胺四乙酸二钠盐溶液（4.14），在 $B_1$、$B_2$、$B_3$ 内加入 25.00 ml 亚硫酸钠溶液（4.15），分别加入 50.0 ml 碘溶液（4.8）和 1.00 ml 冰乙酸，盖好瓶盖，摇匀。

b. 立即吸取 2.00 ml 亚硫酸钠溶液（4.15）加到一个已装有 40～50 ml 甲醛吸收液（4.4）的 100 ml 容量瓶中，并用甲醛吸收液（4.4）稀释至标线、摇匀。此溶液即为二氧化硫标准贮备溶液，在 4～5℃下冷藏，可稳定 6 个月。

c. $A_1$、$A_2$、$A_3$、$B_1$、$B_2$、$B_3$ 六个瓶子于暗处放置 5 min 后，用硫代硫酸钠溶液（4.13）滴定至浅黄色，加 5 ml 淀粉指示剂（4.9），继续滴定至蓝色刚刚消失。平行滴定所用硫代硫酸钠溶液的体积之差应不大于 0.05 ml。

二氧化硫标准贮备溶液（4.15 b）的质量浓度由式（2）计算：

$$\rho(SO_2)=\frac{(\overline{V}_0-\overline{V})\times c_2\times 32.02\times 10^3}{25.00}\times\frac{2.00}{100} \tag{2}$$

式中：$\rho(SO_2)$——二氧化硫标准贮备溶液的质量浓度，μg/ml；

$\overline{V}_0$——空白滴定所用硫代硫酸钠溶液（4.13）的体积，ml；

$\overline{V}$——样品滴定所用硫代硫酸钠溶液（4.13）的体积，ml；

$c_2$——硫代硫酸钠溶液（4.13）的浓度，mol/L。

4.16 二氧化硫标准溶液，$\rho(SO_2)$= 1.00 μg/ml：用甲醛吸收液（4.5）将二氧化硫标准贮备溶液（4.15 b）稀释成每毫升含 1.0 μg 二氧化硫的标准溶液。此溶液用于绘制标准曲线，在 4～5℃下冷藏，可稳定 1 个月。

4.17 盐酸副玫瑰苯胺（pararosaniline，简称 PRA，即副品红或对品红）贮备液：$\rho$(PRA)=2.0 g/L。其纯度应达到副玫瑰苯胺提纯及检验方法的质量要求（见附录 A）。

4.18 盐酸副玫瑰苯胺溶液，$\rho$(PRA)=0.50 g/L：吸取 25.00 ml 副玫瑰苯胺贮备液（4.17）于 100 ml 容量瓶中，加 30 ml 85%的浓磷酸，12 ml 浓盐酸，用水稀释至标线，摇匀，放置过夜后使用。避光密封保存。

4.19 盐酸-乙醇清洗液：由三份（1+4）盐酸和一份 95%乙醇混合配制而成，用于清洗比色管和比色皿。

## 5 仪器和设备

5.1 分光光度计。

5.2 多孔玻板吸收管：10 ml 多孔玻板吸收管，用于短时间采样；50 ml 多孔玻板吸收管，用于 24 h 连续采样。

5.3 恒温水浴：0～40℃，控制精度为±1℃。

5.4 具塞比色管：10 ml。

用过的比色管和比色皿应及时用盐酸-乙醇清洗液（4.19）浸洗，否则红色难以洗净。

5.5 空气采样器：用于短时间采样的普通空气采样器，流量范围 0.1～1 L/min，应具有保温装置。用于 24 h 连续采样的采样器应具备有恒温、恒流、计时、自动控制开关的功能，流量范围 0.1～0.5 L/min。

5.6 一般实验室常用仪器。

## 6 样品采集与保存

6.1 短时间采样：采用内装 10 ml 吸收液的多孔玻板吸收管，以 0.5 L/min 的流量采气 45～60 min。吸收液温度保持在 23～29℃的范围。

6.2 24 h 连续采样：用内装 50 ml 吸收液的多孔玻板吸收瓶，以 0.2 L/min 的流量连续采样 24 h。吸收液温度保持在 23～29℃的范围。

6.3 现场空白：将装有吸收液的采样管带到采样现场，除了不采气之外，其他环境条件与样品相同。

注 1：样品采集、运输和贮存过程中应避免阳光照射。

注 2：放置在室（亭）内的 24 h 连续采样器，进气口应连接符合要求的空气质量集中采样管路系统，以减少二氧化硫进入吸收瓶前的损失。

## 7 分析步骤

### 7.1 校准曲线的绘制

取 16 支 10 ml 具塞比色管，分 A、B 两组，每组 7 支，分别对应编号。A 组按表 1 配制校准系列。

表 1 二氧化硫校准系列

| 管 号 | 0 | 1 | 2 | 3 | 4 | 5 | 6 |
|---|---|---|---|---|---|---|---|
| 二氧化硫标准溶液（1.00 μg/ml）/ml | 0 | 0.50 | 1.00 | 2.00 | 5.00 | 8.00 | 10.00 |
| 甲醛缓冲吸收液/ml | 10.00 | 9.50 | 9.00 | 8.00 | 5.00 | 2.00 | 0 |
| 二氧化硫含量/μg | 0 | 0.50 | 1.00 | 2.00 | 5.00 | 8.00 | 10.00 |

在 A 组各管中分别加入 0.5 ml 氨磺酸钠溶液（4.6）和 0.5 ml 氢氧化钠溶液（4.2），混匀。

在 B 组各管中分别加入 1.00 ml PRA 溶液（4.18）。

将 A 组各管的溶液迅速地全部倒入对应编号并盛有 PRA 溶液的 B 管中，立即加塞混匀后放入恒温水浴装置中显色。在波长 577 nm 处，用 10 mm 比色皿，以水为参比测量吸光度。以空白校正后各管的吸光度为纵坐标，以二氧化硫的含量（μg）为横坐标，用最小二乘法建立校准曲线的回归方程。

显色温度与室温之差不应超过 3℃。根据季节和环境条件按表 2 选择合适的显色温度与显色时间。

表 2 显色温度与显色时间

| 显色温度/℃ | 10 | 15 | 20 | 25 | 30 |
|---|---|---|---|---|---|
| 显色时间/min | 40 | 25 | 20 | 15 | 5 |
| 稳定时间/min | 35 | 25 | 20 | 15 | 10 |
| 试剂空白吸光度 $A_0$ | 0.030 | 0.035 | 0.040 | 0.050 | 0.060 |

## 7.2 样品测定

7.2.1 样品溶液中如有混浊物，则应离心分离除去。

7.2.2 样品放置 20 min，以使臭氧分解。

7.2.3 短时间采集的样品：将吸收管中的样品溶液移入 10 ml 比色管中，用少量甲醛吸收液（4.5）洗涤吸收管，洗液并入比色管中并稀释至标线。加入 0.5 ml 氨磺酸钠溶液（4.6），混匀，放置 10 min 以除去氮氧化物的干扰。以下步骤同校准曲线的绘制。

7.2.4 连续 24 h 采集的样品：将吸收瓶中样品移入 50 ml 容量瓶（或比色管）中，用少量甲醛吸收液（4.5）洗涤吸收瓶后再倒入容量瓶（或比色管）中，并用吸收液（4.5）稀释至标线。吸取适当体积的试样（视浓度高低而决定取 2～10 ml）于 10 ml 比色管中，再用吸收液（4.5）稀释至标线，加入 0.5 ml 氨磺酸钠溶液（4.6），混匀，放置 10 min 以除去氮氧化物的干扰，以下步骤同校准曲线的绘制。

# 8 结果表示

空气中二氧化硫的质量浓度，按式（3）计算：

$$\rho(SO_2)=\frac{(A-A_0-a)}{b\times V_s}\times\frac{V_t}{V_a} \tag{3}$$

式中：$\rho(SO_2)$——空气中二氧化硫的质量浓度，mg/m³；

$A$——样品溶液的吸光度；

$A_0$——试剂空白溶液的吸光度；

$b$——校准曲线的斜率，吸光度/μg；

$a$——校准曲线的截距（一般要求小于 0.005）；

$V_t$——样品溶液的总体积，ml；

$V_a$——测定时所取试样的体积，ml；

$V_s$——换算成标准状态下（101.325 kPa，273 K）的采样体积，L。

计算结果准确到小数点后三位。

# 9 精密度和准确度

## 9.1 精密度

10 个实验室测定浓度为 0.101 μg/ml 的二氧化硫统一标准样品，重复性相对标准偏差小于 3.5%，再现性相对标准偏差小于 6.2%。

10 个实验室测定浓度为 0.515 μg/ml 的二氧化硫统一标准样品，重复性相对标准偏差小于 1.4%，再现性相对标准偏差小于 3.8%。

9.2 准确度

测量 105 个浓度范围在 0.01～1.70 μg/ml 的实际样品，加标回收率范围在 96.8%～108.2%。

## 10 质量保证和质量控制

10.1 多孔玻板吸收管的阻力为 6.0 kPa±0.6 kPa，2/3 玻板面积发泡均匀，边缘无气泡逸出。

10.2 采样时吸收液的温度在 23～29℃时，吸收效率为 100%。10～15℃时，吸收效率偏低 5%。高于 33℃或低于 9℃时，吸收效率偏低 10%。

10.3 每批样品至少测定两个现场空白。即将装有吸收液的采样管带到采样现场，除了不采气之外，其他环境条件与样品相同。

10.4 当空气中二氧化硫浓度高于测定上限时，可以适当减少采样体积或者减少试料的体积。

10.5 如果样品溶液的吸光度超过标准曲线的上限，可用试剂空白液稀释，在数分钟内再测定吸光度，但稀释倍数不要大于 6。

10.6 显色温度低，显色慢，稳定时间长。显色温度高，显色快，稳定时间短。操作人员必须了解显色温度、显色时间和稳定时间的关系，严格控制反应条件。

10.7 测定样品时的温度与绘制校准曲线时的温度之差不应超过 2℃。

10.8 在给定条件下校准曲线斜率应为 0.042±0.004，测定样品时的试剂空白吸光度 $A_0$ 和绘制标准曲线时的 $A_0$ 波动范围不超过±15%。

10.9 六价铬能使紫红色络合物褪色，产生负干扰，故应避免用硫酸-铬酸洗液洗涤玻璃器皿。若已用硫酸-铬酸洗液洗涤过，则需用盐酸溶液（1+1）浸洗，再用水充分洗涤。

# 附 录 A
（资料性附录）
# 副玫瑰苯胺提纯及检验方法

## A.1 试剂

A.1.1 正丁醇

A.1.2 冰醋酸

A.1.3 盐酸溶液：$c$(HCl)=1 mol/L

A.1.4 乙酸-乙酸钠溶液：$c(CH_3COONa)$=1.0 mol/L

称取 13.6 g 乙酸钠（$CH_3COONa \cdot 3H_2O$）溶于水，移入 100 ml 容量瓶中，加 5.7 ml 冰醋酸，用水稀释至标线，摇匀。此溶液 pH 为 4.7。

## A.2 试剂提纯方法

取正丁醇和 1 mol/L 盐酸溶液各 500 ml，放入 1 000 ml 分液漏斗中盖塞振摇 3 min，使其互溶达到平衡，静置 15 min，待完全分层后，将下层水相（盐酸溶液）和上层有机相（正丁醇）分别转入试剂瓶中备用。称取 0.100 g 副玫瑰苯胺放入小烧杯中，加入平衡过的 1 mol/L 盐酸溶液 40 ml，用玻璃棒搅拌至完全溶解后，转入 250 ml 分液漏斗中，再用平衡过的正丁醇 80 ml 分数次洗涤小烧杯，洗液并入分液漏斗中。盖塞，振摇 3 min，静止 15 min，待完全分层后，将下层水相转入另一个 250 ml 分液漏斗中，再加 80 ml 平衡过的正丁醇，按上述操作萃取。按此操作每次用 40 ml 平衡过的正丁醇重复萃取 9～10 次后，将下层水相滤入 50 ml 容量瓶中，并用 1 mol/L 盐酸溶液稀释至标线，摇匀。此 PRA 贮备液约为 0.20%，呈橘黄色。

## A.3 副玫瑰苯胺贮备液的检验方法

吸取 1.00 ml 副玫瑰苯胺贮备液于 100 ml 容量瓶中，用水稀释至标线，摇匀。取稀释液 5.00 ml 于 50 ml 容量瓶中，加 5.00 ml 乙酸-乙酸钠溶液（A.1.4）用水稀释至标线，摇匀，1 h 后测量光谱吸收曲线，在波长 540 nm 处有最大吸收峰。

---

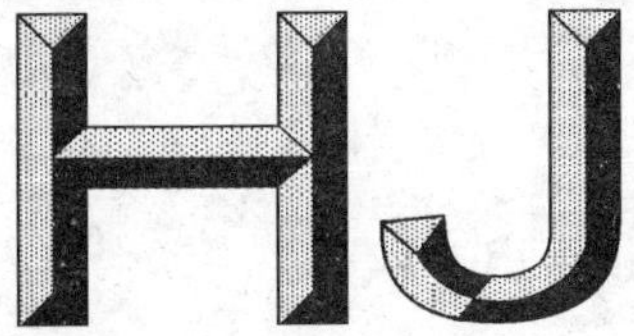

# 中华人民共和国国家环境保护标准

HJ 483—2009
代替 GB 8970—88

# 环境空气　二氧化硫的测定
# 四氯汞盐吸收-副玫瑰苯胺分光光度法

**Ambient air—Determination of sulfur dioxide**
**—Tetrachloromercurate（TCM）-pararosaniline method**

2009-09-27 发布　　　　2009-11-01 实施

环　境　保　护　部　发布

# 前 言

为贯彻《中华人民共和国环境保护法》和《中华人民共和国大气污染防治法》，保护环境，保障人体健康，规范环境空气中二氧化硫的测定方法，制定本标准。

本标准规定了测定环境空气中二氧化硫的四氯汞盐吸收-副玫瑰苯胺分光光度法。

本标准是对《空气质量　二氧化硫的测定　四氯汞盐-盐酸副玫瑰苯胺比色法》(GB/T 8970—88）的修订。

本标准首次发布于 1988 年，原标准起草单位为北京市环境保护监测中心。本次为第一次修订。

主要修订内容如下：

——将标准的名称改为《环境空气　二氧化硫的测定　四氯汞盐吸收-副玫瑰苯胺分光光度法》；

——增加了警告的内容；

——明确了标准的检出限和测定范围；

——增加了标准溶液标定时平行滴定的次数；

——增加了现场空白试验；

——完善了硫代硫酸钠溶液浓度和空气中二氧化硫测定结果的计算公式；

——增加了质量保证和质量控制条款，规定了对多孔玻板吸收管质量的要求；强调了温度对采样效率的影响；放宽了对校准曲线斜率的要求等；

——增加了废物处理条款。

自本标准实施之日起，原国家环境保护局 1988 年 3 月 26 日批准、发布的国家环境保护标准《空气质量　二氧化硫的测定　四氯汞盐-盐酸副玫瑰苯胺比色法》(GB 8970—88）废止。

本标准由环境保护部科技标准司组织制订。

本标准主要起草单位：沈阳市环境监测中心站。

本标准环境保护部 2009 年 9 月 27 日批准。

本标准自 2009 年 11 月 1 日起实施。

本标准由环境保护部解释。

# 环境空气　二氧化硫的测定 四氯汞盐吸收-副玫瑰苯胺分光光度法

**警告：四氯汞钾溶液属于剧毒试剂，操作时应按规定要求佩戴防护器具，避免接触皮肤和衣服；标准溶液的配制应在通风柜内进行操作；检测后的残渣残液应做妥善的安全处理。**

## 1　适用范围

本标准规定了测定空气中二氧化硫的四氯汞盐吸收-副玫瑰苯胺分光光度法。

本标准适用于环境空气中二氧化硫的测定。

当使用 5 ml 吸收液，采样体积为 30 L 时，测定空气中二氧化硫的检出限为 0.005 mg/m$^3$，测定下限为 0.020 mg/m$^3$，测定上限为 0.18 mg/m$^3$。

当使用 50 ml 吸收液，采样体积为 288 L 时，测定空气中二氧化硫的检出限为 0.005 mg/m$^3$，测定下限为 0.020 mg/m$^3$，测定上限为 0.19 mg/m$^3$。

## 2　方法原理

二氧化硫被四氯汞钾溶液吸收后，生成稳定的二氯亚硫酸盐络合物，再与甲醛及盐酸副玫瑰苯胺作用，生成紫红色络合物，在 575 nm 处测量吸光度。

## 3　干扰和消除

本方法的主要干扰物为氮氧化物、臭氧、锰、铁、铬等。加入氨基磺酸铵可消除氮氧化物的干扰；采样品后放置一段时间可使臭氧自行分解；加入磷酸及乙二胺四乙酸二钠盐可以消除或减少某些重金属离子的干扰。

## 4　试剂和材料

除非另有说明，分析时均使用符合国家标准的分析纯试剂，实验用水为新制备的蒸馏水或同等纯度的水。

4.1　碘酸钾（$KIO_3$），优级纯，经 110℃干燥 2 h。

4.2　碘化钾（KI）。

4.3　冰乙酸（$CH_3COOH$）。

4.4　四氯汞钾（TCM）吸收液，$c$(TCM)=0.04 mol/L：称取 10.9 g 二氯化汞、6.0 g 氯化钾和 0.070 g 乙二胺四乙酸二钠盐（EDTA-2Na）溶于水中，稀释至 1 L。此溶液在密闭容器中贮存，可稳定 6 个月。如发现有沉淀，不可再用。

4.5　甲醛溶液，$\rho$(HCHO)≈2 g/L：量取 1 ml 36%～38%（质量分数）甲醛溶液，稀释至 200 ml，临用时现配。

4.6　氨基磺酸铵溶液，$\rho$($H_2NSO_3NH_4$)=6.0g/L：称取 0.60 g 氨基磺酸铵溶于 100 ml 水中，临用时现配。

4.7　碘贮备液，$c$(1/2 $I_2$)=0.10 mol/L：称取 12.7 g 碘（$I_2$）于烧杯中，加入 40 g 碘化钾和 25 ml 水，搅拌至完全溶解，用水稀释至 1 000 ml，贮存于棕色细口瓶中。

4.8　碘溶液，$c$(1/2 $I_2$)=0.010 mol/L：量取碘贮备液（4.7）50 ml，用水稀释至 500 ml，贮于棕色细口瓶中。

4.9　淀粉溶液，$\rho$（淀粉）=5.0 g/L：称取 0.5 g 可溶性淀粉于 150 ml 烧杯中，用少量水调成糊状，慢慢倒入 100 ml 沸水，继续煮沸至溶液澄清，冷却后贮于试剂瓶中。

4.10　碘酸钾基准溶液，$c(1/6\ KIO_3)=0.100\ 0$ mol/L：准确称取 3.566 7 g 碘酸钾（4.1）溶于水，移入 1 000 ml 容量瓶中，用水稀至标线，摇匀。

4.11　盐酸溶液，$c(HCl)=1.2$ mol/L：量取 100 ml 浓盐酸，加到 900 ml 水中。

4.12　硫代硫酸钠标准贮备液，$c(Na_2S_2O_3)=0.10$ mol/L：称取 25.0 g 硫代硫酸钠（$Na_2S_2O_3 \cdot 5H_2O$），溶于 1 000 ml 新煮沸但已冷却的水中，加入 0.2 g 无水碳酸钠，贮于棕色细口瓶中，放置一周后备用。如溶液呈现混浊，必须过滤。

标定方法：吸取三份 20.00 ml 碘酸钾基准溶液（4.10）分别置于 250 ml 碘量瓶中，加 70 ml 新煮沸但已冷却的水，加 1 g 碘化钾，振摇至完全溶解后，加 10 ml 盐酸溶液（4.11），立即盖好瓶塞，摇匀。于暗处放置 5 min 后，用硫代硫酸钠标准溶液（4.12）滴定溶液至浅黄色，加 2 ml 淀粉溶液（4.9），继续滴定至蓝色刚好褪去为终点。硫代硫酸钠标准溶液浓度按式（1）计算：

$$c_1=\frac{0.100\,0\times 20.00}{V} \tag{1}$$

式中：$c_1$——硫代硫酸钠标准溶液浓度，mol/L；

$V$——滴定所耗硫代硫酸钠标准溶液的体积，ml。

4.13　硫代硫酸钠标准溶液，$c(Na_2S_2O_3)\approx 0.010\ 00$ mol/L：取 50.0 ml 硫代硫酸钠贮备液（4.12）置于 500 ml 容量瓶中，用新煮沸但已冷却的水稀释至标线，摇匀。

4.14　乙二胺四乙酸二钠盐（EDTA-2Na）溶液，$\rho$(EDTA-2Na)=0.50 g/L：称取 0.25 g 乙二胺四乙酸二钠盐[$C_{10}H_{14}N_2Na_2O_8 \cdot 2H_2O$]溶于 500 ml 新煮沸但已冷却的水中。临用时现配。

4.15　亚硫酸钠溶液，$\rho(Na_2SO_3)=1$ g/L：称取 0.2 g 亚硫酸钠（$Na_2SO_3$），溶于 200 ml EDTA-2Na（4.14）溶液中，缓缓摇匀以防充氧，使其溶解。放置 2～3 h 后标定。此溶液每毫升相当于 320～400 μg 二氧化硫。

标定方法：

a. 取 6 个 250 ml 碘量瓶（$A_1$、$A_2$、$A_3$、$B_1$、$B_2$、$B_3$），在 $A_1$、$A_2$、$A_3$ 内各加入 25 ml 乙二胺四乙酸二钠盐溶液（4.14），在 $B_1$、$B_2$、$B_3$ 内各加入 25.00 ml 亚硫酸钠溶液（4.15），分别加入 50.0 ml 碘溶液（4.8）和 1.00 ml 冰乙酸，盖好瓶盖，摇匀。

b. 立即吸取 2.00 ml 亚硫酸钠溶液（4.15）加到一个已装有 40～50 ml 四氯汞钾吸收液（4.4）的 100 ml 容量瓶中，并用四氯汞钾吸收液（4.4）稀释至标线、摇匀。此溶液即为二氧化硫标准贮备溶液。

c. $A_1$、$A_2$、$A_3$、$B_1$、$B_2$、$B_3$ 六个瓶子于暗处放置 5 min 后，用硫代硫酸钠溶液（4.13）滴定至浅黄色，加 5 ml 淀粉指示剂（4.9），继续滴定至蓝色刚刚消失。平行滴定所用硫代硫酸钠溶液体积之差应不大于 0.05 ml。

二氧化硫标准贮备溶液（4.15 b）的质量浓度按式（2）计算：

$$\rho(SO_2)=\frac{(\overline{V}_0-\overline{V})\times c_2\times 32.02\times 10^3}{25.00}\times\frac{2.00}{100} \tag{2}$$

式中：$\rho(SO_2)$——二氧化硫标准贮备溶液（4.15 b）的质量浓度，μg/ml；

$\overline{V}_0$——空白滴定所用硫代硫酸钠溶液（4.13）体积的平均值，ml；

$\overline{V}$——样品滴定所用硫代硫酸钠溶液（4.13）体积的平均值，ml；

$c_2$——硫代硫酸钠溶液（4.13）的浓度，mol/L。

4.16　二氧化硫标准溶液，$\rho(SO_2)=2.00$ μg/ml：用四氯汞钾吸收液将二氧化硫标准贮备溶液（4.15 b）稀释成每毫升含 2.0 μg 二氧化硫的标准溶液。此溶液用于绘制标准曲线，在 4～5℃下冷藏，可稳定 20 d。

4.17 盐酸副玫瑰苯胺（pararosaniline，简称 PRA，即副品红或对品红）贮备液：$\rho$(PRA)=2 mg/ml。其纯度应达到副玫瑰苯胺提纯及检验方法的质量要求（见附录 A）。

4.18 磷酸溶液，$c(H_3PO_4)$=3 mol/L：量取 41 ml 85%浓磷酸（$\rho$=1.69 g/ml），用水稀释至 200 ml。

4.19 盐酸副玫瑰苯胺（PRA）使用液：$\rho$(PRA)=0.16 mg/ml。

吸取 PRA 贮备液（4.17）20.00 ml 于 250 ml 容量瓶中，加入 200 ml 磷酸溶液（4.18），用水稀释至标线。至少放置 24 h 方可使用，存于暗处，可稳定 9 个月。

## 5 仪器和设备

5.1 分光光度计（可见光波长 380～780 nm）。

5.2 多孔玻板吸收管：10 ml 多孔玻板吸收管，用于短时间采样；50 ml 多孔玻板吸收瓶，用于 24 h 连续采样。

5.3 恒温水浴器：0～40℃，控制精度为±1℃。

5.4 具塞比色管：10 ml。

用过的比色管和比色皿应及时用盐酸（1+4）和乙醇（95%）的混合溶液（二者体积比为 3∶1）浸洗，否则红色难以洗净。

5.5 空气采样器。

用于短时间采样的空气采样器，流量范围 0.1～1 L/min。用于 24 h 连续采样的采样器应具备有恒温、恒流、计时、自动控制仪开关的功能，流量范围 0.1～0.5 L/min。

5.6 一般实验室常用仪器。

## 6 样品

6.1 短时间采样：用内装 5.0 ml 四氯汞钾吸收液（4.4）的多孔玻板吸收管，以 0.5 L/min 流量采气 10～30 L，吸收液温度保持在 10～16℃的范围。

6.2 连续 24 h 采样：用内装 50 ml 四氯汞钾吸收液（4.4）的多孔玻板吸收管，以 0.2 L/min 流量采气 288 L，吸收液温度保持在 10～16℃的范围。

6.3 现场空白：将装有吸收液的采样管带到采样现场，除了不采气之外，其他环境条件与样品相同。

## 7 分析步骤

### 7.1 标准曲线的绘制

取 8 支具塞比色管，按下表配制标准系列：

| 管　号 | 0 | 1 | 2 | 3 | 4 | 5 | 6 | 7 |
|---|---|---|---|---|---|---|---|---|
| 二氧化硫标准溶液（2.00 μg/ml）/ml | 0 | 0.60 | 1.00 | 1.40 | 1.60 | 1.80 | 2.20 | 2.70 |
| 四氯汞钾吸收液/ml | 5.00 | 4.40 | 4.00 | 3.60 | 3.40 | 3.20 | 2.80 | 2.30 |
| 二氧化硫含量/μg | 0 | 1.20 | 2.00 | 2.80 | 3.20 | 3.60 | 4.40 | 5.40 |

各管中加入 0.50 ml 氨基磺酸铵溶液（4.6），摇匀。再加入 0.50 ml 甲醛溶液（4.5）及 1.50 ml 副玫瑰苯胺溶液（4.19），摇匀。当室温为 15～20℃，显色 30 min；室温为 20～25℃，显色 20 min；室温为 25～30℃，显色 15 min。用 10 mm 比色皿，在波长 575 nm 处，以水为参比测量吸光度。以空白校正后各管的吸光度为纵坐标，以二氧化硫的含量（μg）为横坐标，用最小二乘法建立校准曲线的回归方程。

### 7.2 样品测定

7.2.1 样品中若有混浊物，应离心分离除去；样品放置 20 min，以使臭氧分解。

7.2.2 将吸收管中的样品溶液全部移入比色管中，用少量水洗涤吸收管，并入比色管中，使总体积为 5 ml，加 0.50 ml 氨基磺酸铵溶液（4.6），摇匀，放置 10 min 以除去氮氧化物的干扰，以下步骤同标准曲线的绘制。

## 8 结果表示

空气中二氧化硫的质量浓度按式（3）计算：

$$\rho(SO_2)=\frac{(A-A_0-a)}{b\times V_s}\times\frac{V_t}{V_a} \quad (3)$$

式中：$\rho(SO_2)$——空气中二氧化硫的质量浓度，mg/m³；

$A$——样品溶液的吸光度；

$A_0$——试剂空白溶液的吸光度；

$b$——标准曲线的斜率；

$a$——标准曲线的截距，吸光度/μg；

$V_t$——样品溶液总体积，ml；

$V_a$——测定时所取样品溶液体积，ml；

$V_s$——换算成标准状态下（101.325 kPa，273 K）的采样体积，L。

计算结果应准确到小数点后第三位。

## 9 精密度和准确度

17 个实验室分析含相当于二氧化硫 0.9～1.2 μg/ml 的加标气样（用四氯汞钾吸收液采集大气样品后，加入二氧化硫标准溶液），单个实验室的相对标准偏差不超过 9.0%，加标回收率为 93%～111%。

18 个实验室分析含二氧化硫相当于 4.8～5.0 μg/ml 的加标气样，单个实验室的相对标准偏差不超过 6.6%，加标回收率为 94%～106%。

## 10 质量保证与质量控制

10.1 多孔玻板吸收管的阻力为 6.0 kPa±0.6 kPa，2/3 玻板面积发泡均匀，边缘无气泡逸出。

10.2 采样时吸收液的温度控制在 10～16℃。

10.3 每批样品至少测定两个现场空白。即将装有吸收液的采样管带到采样现场，除了不采气之外，其他环境条件与样品相同。在样品采集、运输及存放过程中应避免日光直接照射。如果样品不能当天分析，需在 4～5℃下保存，但存放时间不得超过 7 d。

10.4 当空气中二氧化硫浓度高于测定上限时，可以适当减少采样体积或者减少试料的体积。如果样品溶液的吸光度超过标准曲线的上限，可用试剂空白液稀释，在数分钟内再测定吸光度，但稀释倍数不要大于 6。

10.5 显色温度低，显色慢，稳定时间长。显色温度高，显色快，稳定时间短。操作人员必须了解显色温度、显色时间和稳定时间的关系，严格控制反应条件。测定样品时的温度与绘制校准曲线时的温度之差不应超过 2℃。

10.6 在给定条件下校准曲线斜率在 0.073～0.082 之间，测定样品时的试剂空白吸光度 $A_0$ 和绘制标准曲线时的 $A_0$ 波动范围不超过±15%。

10.7 六价铬能使紫红色络合物褪色，产生负干扰，故应避免用硫酸-铬酸洗液洗涤玻璃器皿。若已用硫酸-铬酸洗液洗涤过，则需用盐酸溶液（1+1）浸洗，再用水充分洗涤。

## 11 废物处理

在检测后的四氯汞钾废液中，每升约加 10 g 碳酸钠至中性，再加 10 g 锌粒。在黑布罩下搅拌 24 h 后，将上清液倒入玻璃缸，滴加饱和硫化钠溶液，至不再产生沉淀为止。弃去溶液，将沉淀物转入适当容器里。此方法可以除去废液中 99%的汞。

# 附　录　A
（资料性附录）
盐酸副玫瑰苯胺提纯及检验方法

## A.1　试剂

A.1.1　正丁醇

A.1.2　冰醋酸

A.1.3　盐酸溶液：$c(HCl)$=1 mol/L

A.1.4　乙酸-乙酸钠溶液：$c(CH_3COONa)$=1.0 mol/L

称取 13.6 g 乙酸钠（$CH_3COONa \cdot 3H_2O$）溶于水，移入 100 ml 容量瓶中，加 5.7 ml 冰醋酸，用水稀释至标线，摇匀。此溶液 pH 为 4.7。

## A.2　试剂提纯方法

取正丁醇和 1 mol/L 盐酸溶液各 500 ml，放入 1 000 ml 分液漏斗中盖塞振摇 3 min，使其互溶达到平衡，静置 15 min，待完全分层后，将下层水相（盐酸溶液）和上层有机相（正丁醇）分别转入试剂瓶中备用。称取 0.100 g 副玫瑰苯胺放入小烧杯中，加入平衡过的 1 mol/L 盐酸溶液 40 ml，用玻璃棒搅拌至完全溶解后，转入 250 ml 分液漏斗中，再用平衡过的正丁醇 80 ml 分数次洗涤小烧杯，洗液并入分液漏斗中。盖塞，振摇 3 min，静止 15 min，待完全分层后，将下层水相转入另一个 250 ml 分液漏斗中，再加 80 ml 平衡过的正丁醇，按上述操作萃取。按此操作每次用 40 ml 平衡过的正丁醇重复萃取 9～10 次后，将下层水相滤入 50 ml 容量瓶中，并用 1 mol/L 盐酸溶液稀释至标线，摇匀。此 PRA 贮备液约为 0.20%，呈橘黄色。

## A.3　副玫瑰苯胺贮备液的检验方法

吸取 1.00 ml 副玫瑰苯胺贮备液于 100 ml 容量瓶中，用水稀释至标线，摇匀。取稀释液 5.00 ml 于 50 ml 容量瓶中，加 5.00 ml 乙酸-乙酸钠溶液（A.1.4）用水稀释至标线，摇匀，1 h 后测量光谱吸收曲线，在波长 540 nm 处有最大吸收峰。

---

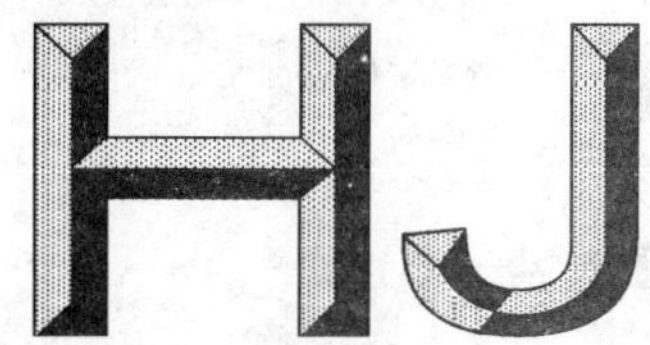

# 中华人民共和国国家环境保护标准

HJ 484—2009
代替 GB 7486—87 和 GB 7487—87

# 水质　氰化物的测定
# 容量法和分光光度法

**Water quality—Determination of cyanide**
**—Volumetric and spectrophotometry method**

2009-09-27 发布　　　　2009-11-01 实施

环　境　保　护　部　发布

# 前 言

为贯彻《中华人民共和国环境保护法》和《中华人民共和国水污染防治法》，保护环境，保障人体健康，规范水中氰化物的测定方法，制定本标准。

本标准规定了地表水、生活污水和工业废水中氰化物的样品采集与制备，及容量法和分光光度法样品分析方法。

本标准分为两个部分：

——第一部分　样品的采集与制备

——第二部分　样品分析方法，包括四个分析方法：

　　方法 1　硝酸银滴定法

　　方法 2　异烟酸-吡唑啉酮分光光度法

　　方法 3　异烟酸-巴比妥酸分光光度法

　　方法 4　吡啶-巴比妥酸分光光度法

本标准首次发布于 1987 年，原标准起草单位为北京市环境保护科学研究所。本次为第一次修订。

主要修订内容如下：

——整合了“易释放氰化物”和“总氰化物”样品的采集与制备部分；

——增加了异烟酸-巴比妥酸分光光度法。

自本标准实施之日起，原国家环境保护局 1987 年 3 月 14 日批准、发布的国家环境保护标准《水质　氰化物的测定　第一部分　总氰化物的测定》（GB 7486—87）和《水质　氰化物的测定　第二部分　氰化物的测定》（GB 7487—87）废止。

本标准由环境保护部科技标准司组织制订。

本标准主要起草单位：沈阳市环境监测中心站。

本标准环境保护部 2009 年 9 月 27 日批准。

本标准自 2009 年 11 月 1 日起实施。

本标准由环境保护部解释。

# 水质　氰化物的测定　容量法和分光光度法

**警告：氰化物和吡啶属于剧毒物质，操作时应按规定要求佩戴防护器具，避免接触皮肤和衣服；检测后的残渣残液应做妥善的安全处理。**

## 1　适用范围

本标准规定了地表水、生活污水和工业废水中氰化物的分析测定方法。

本标准适用于地表水、生活污水和工业废水中氰化物的测定。

本标准分为两个部分：

第一部分　样品的采集与制备

第二部分　样品分析方法

方法 1　硝酸银滴定法

方法 2　异烟酸-吡唑啉酮分光光度法

方法 3　异烟酸-巴比妥酸分光光度法

方法 4　吡啶-巴比妥酸分光光度法

硝酸银滴定法检出限为 0.25 mg/L，测定下限为 1.00 mg/L，测定上限为 100 mg/L。

异烟酸-吡唑啉酮分光光度法检出限为 0.004 mg/L，测定下限为 0.016 mg/L，测定上限为 0.25 mg/L。

异烟酸-巴比妥酸分光光度法检出限为 0.001 mg/L，测定下限为 0.004 mg/L，测定上限为 0.45 mg/L。

吡啶-巴比妥酸分光光度法检出限为 0.002 mg/L，测定下限为 0.008 mg/L，测定上限为 0.45 mg/L。

## 2　术语和定义

下列术语和定义适用于本标准。

### 2.1　总氰化物　total cyanide

在 $pH<2$ 介质中，磷酸和 EDTA 存在下，加热蒸馏，形成氰化氢的氰化物，包括全部简单氰化物（多为碱金属和碱土金属的氰化物，铵的氰化物）和绝大部分络合氰化物（锌氰络合物、铁氰络合物、镍氰络合物、铜氰络合物等），不包括钴氰络合物。

### 2.2　易释放氰化物　easily liberatable cyanide

在 pH=4 介质中，硝酸锌存在下，加热蒸馏，形成氰化氢的氰化物，包括全部简单氰化物（多为碱金属和碱土金属的氰化物）和锌氰络合物，不包括铁氰化物、亚铁氰化物、铜氰络合物、镍氰络合物、钴氰络合物。

## 3　干扰及消除

试样中存在活性氯等氧化物干扰测定，可在蒸馏前加亚硫酸钠溶液（$Na_2SO_3$）排除干扰。

试样中存在亚硝酸离子干扰测定，可在蒸馏前加氨基磺酸（$NH_2SO_2OH$）排除干扰。

试样中存在硫化物干扰测定，可在蒸馏前加碳酸镉（$CdCO_3$）或碳酸铅（$PbCO_3$）固体粉末排除干扰。

少量油类对测定无影响，中性油或酸性油大于 40 mg/L 时干扰测定，可加入水样体积的 20%量的正己烷（$C_6H_{14}$），在中性条件下短时间萃取，分离出正己烷相后，水相用于蒸馏测定。

## 第一部分　样品的采集与制备

氰化物样品在蒸馏条件不同的情况下可作为总氰化物和易释放氰化物分别加以制备。

## 4　方法原理

4.1　总氰化物：向水样中加入磷酸和 EDTA 二钠，在 pH<2 条件下，加热蒸馏，利用金属离子与 EDTA 络合能力比与氰离子络合能力强的特点，使络合氰化物离解出氰离子，并以氰化氢形式被蒸馏出，用氢氧化钠溶液吸收。

4.2　易释放氰化物：向水样中加入酒石酸和硝酸锌，在 pH=4 条件下，加热蒸馏，简单氰化物和部分络合氰化物（如锌氰络合物）以氰化氢形式被蒸馏出，用氢氧化钠溶液吸收。

## 5　试剂和材料

本标准所用试剂除非另有说明，分析时均使用符合国家标准的分析纯化学试剂，实验用水为新制备的不含氰化物和活性氯的蒸馏水或去离子水。

5.1　氨基磺酸（$NH_2SO_2OH$）。

5.2　磷酸：$\rho(H_3PO_4)$=1.69 g/ml。

5.3　氢氧化钠溶液：$\rho(NaOH)$=10 g/L。

称取 10 g 氢氧化钠溶于水中，稀释至 1 000 ml，摇匀，贮于聚乙烯塑料容器中。

5.4　氢氧化钠溶液：$\rho(NaOH)$=40 g/L。

称取 40 g 氢氧化钠溶于水中，稀释至 1 000 ml，摇匀，贮于聚乙烯塑料容器中。

5.5　乙二胺四乙酸二钠盐（EDTA-2Na）溶液：$\rho(C_{10}H_{14}N_2O_8Na_2 \cdot 2H_2O)$=100 g/L。

称取 10.0 g 乙二胺四乙酸二钠盐（EDTA-2Na）溶于水中，稀释定容至 100 ml，摇匀。

5.6　酒石酸溶液：$\rho(C_4H_6O_6)$=150 g/L。

称取 15.0 g 酒石酸（$C_4H_6O_6$）溶于水中，稀释定容至 100 ml，摇匀。

5.7　硝酸锌溶液：$\rho[Zn(NO_3)_2 \cdot 6H_2O]$=100 g/L。

称取 10.0g 硝酸锌溶于水中，稀释定容至 100 ml，摇匀。

5.8　亚硫酸钠溶液：$\rho(Na_2SO_3)$=12.6 g/L。

称取 1.26 g 亚硫酸钠溶于水中，稀释定容至 100 ml，摇匀。

5.9　硝酸银溶液：$c(AgNO_3)$=0.02 mol/L。

称取 3.4 g 硝酸银溶于水中，稀释定容至 1 000 ml，摇匀，贮于棕色试剂瓶中。

5.10　硫酸（$H_2SO_4$）（1+5）溶液。

5.11　乙酸铅试纸：

称取 5 g 乙酸铅[$Pb(C_2H_3O_2)_2 \cdot 3H_2O$]溶于水中，并稀释至 100 ml。将滤纸条浸入上述溶液中，1 h 后，取出晾干，贮于广口瓶中，密塞保存。

5.12　碘化钾-淀粉试纸：

称取 1.5 g 可溶性淀粉，用少量水搅成糊状，加入 200 ml 沸水，混匀，放冷。加入 0.5 g 碘化钾（KI）和 0.5 g 碳酸钠（$Na_2CO_3$），用水稀释至 250 ml，将滤纸条浸渍后，取出晾干，贮于棕色瓶中，密塞保存。

5.13　甲基橙指示剂：$\rho(C_{14}H_{14}N_2NaO_3S)$=0.5 g/L。

称取 0.05 g 甲基橙指示剂溶于水中，稀释至 100 ml，摇匀。变色范围为 3.2～4.4。

## 6　仪器和设备

本标准均使用经检定为 A 级的玻璃量器。

6.1 600 W 或 800 W 可调电炉。

6.2 500 ml 全玻璃蒸馏器。

6.3 250 ml 量筒。

6.4 一般实验室常用仪器。

仪器装置如图 1 所示。

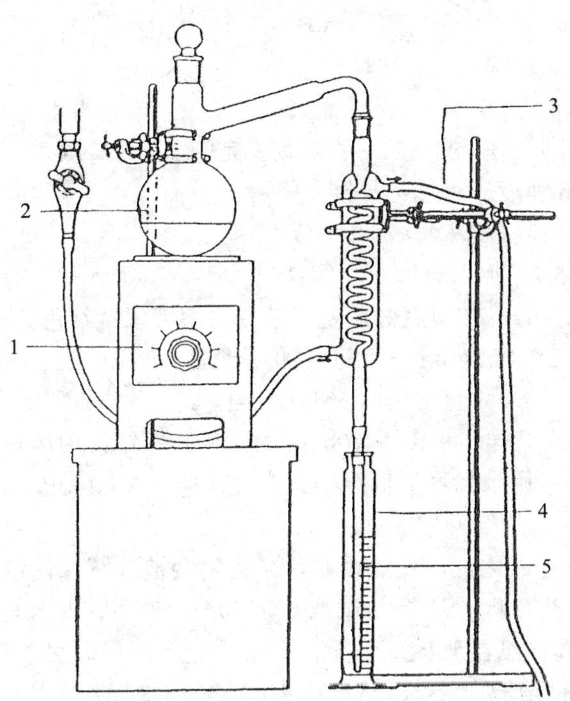


1—可调电炉；2—蒸馏瓶；3—冷凝水出口；4—接收瓶；5—馏出液导管

**图 1 氰化物蒸馏装置图**

## 7 样品的采集和保存

7.1 采集的水样需贮存于用无氰水清洗并干燥后的聚乙烯塑料瓶或硬质玻璃瓶中。现场采样时需用所采水样淋洗 3 次后采集水样 500 ml，供实验室分析所用。样品采集后必须立即加氢氧化钠固定，一般每升水样加 0.5 g 固体氢氧化钠。当水样酸度高时，应多加固体氢氧化钠，使样品的 pH＞12。

7.2 采集的样品应及时进行测定。如果不能及时测定样品，必须将样品在 4℃以下冷藏，并在采样后 24 h 内分析样品。

7.3 当样品中含有大量硫化物时，应先加碳酸镉或碳酸铅固体粉末，除去硫化物后，再加氢氧化钠固定。否则，在碱性条件下，氰离子和硫离子作用形成硫氰酸离子而干扰测定。

注 1：检验硫化物方法，可取 1 滴水样或样品，放在乙酸铅试纸（5.11）上，若变黑色（硫化铅），说明有硫化物存在。

## 8 样品的制备

### 8.1 氰化氢的释放和吸收

8.1.1 参照图 1，将蒸馏装置连接。用量筒（6.3）量取 200 ml 样品，移入蒸馏瓶（图 1 中 2）中（若氰化物浓度高，可少取样品，加水稀释至 200 ml），加数粒玻璃珠。

8.1.2 往接收瓶（图 1 中 4）内加入 10 ml 氢氧化钠溶液（5.3），作为吸收液。当样品中存在亚硫酸钠和碳酸钠时，可用氢氧化钠溶液（5.4）作为吸收液。

8.1.3 馏出液导管（图 1 中 5）上端接冷凝管的出口，下端插入接收瓶（图 1 中 4）的吸收液中，检查连接部位，使其严密。蒸馏时，馏出液导管下端要插入吸收液液面下，使吸收完全。

如在试样制备过程中，蒸馏或吸收装置发生漏气现象，氰化氢挥发，将使氰化物分析产生误差且污染实验室环境，对人体产生伤害，所以在蒸馏过程中一定要时刻检查蒸馏装置的严密性并使吸收完全。

8.1.4 样品的制备步骤

8.1.4.1 总氰化物样品的制备步骤

将 10 ml EDTA-2Na 溶液（5.5）加入蒸馏瓶（图 1 中 2）内。再迅速加入 10 ml 磷酸（5.2），当样品碱度大时，可适当多加磷酸，使 pH＜2，立即盖好瓶塞，打开冷凝水，打开可调电炉，由低挡逐渐升高，馏出液以 2～4 ml/min 速度进行加热蒸馏。

8.1.4.2 易释放氰化物样品的制备步骤

将 10 ml 硝酸锌溶液（5.7）加入蒸馏瓶（图 1 中 2）内，加入 7～8 滴甲基橙指示剂（5.13）。再迅速加入 5 ml 酒石酸溶液（5.6），立即盖好瓶塞，使瓶内溶液保持红色。打开冷凝水，打开可调电炉，由低挡逐渐升高，馏出液以 2～4 ml/min 速度进行加热蒸馏。

注 2：蒸馏时需使用 600 W 或 800 W 可调电炉，不能使用电热套。

8.1.5 接收瓶（图 1 中 4）内试样体积接近 100 ml 时，停止蒸馏，用少量水冲洗馏出液导管（图 1 中 5），取出接收瓶（图 1 中 4），用水稀释至标线，此碱性试样“A”待测。

### 8.2 干扰物的排除

8.2.1 若样品中存在活性氯等氧化剂，在蒸馏时，氰化物会被分解，使结果偏低。可量取两份体积相同的试样，向其中一份试样投加碘化钾-淀粉试纸（5.12）1～3 片，加硫酸（5.10）酸化，用亚硫酸钠溶液（5.8）滴至碘化钾-淀粉试纸由蓝色变为无色为止，记下用量。另一份样品，不加碘化钾-淀粉试纸，仅加上述用量的亚硫酸钠溶液（5.8），然后按 8.1.1 至 8.1.5 操作。

8.2.2 若样品中含有大量亚硝酸离子将干扰测定，可加入适量的氨基磺酸（5.1）分解亚硝酸离子，一般 1 mg 亚硝酸离子需要加 2.5 mg 氨基磺酸（5.1），然后按 8.1.1 至 8.1.5 操作。

8.2.3 若样品中含有少量硫化物（$S^{2-}$＜1 mg/L），可在蒸馏前加入 2 ml 0.02 mol/L 硝酸银溶液（5.9）。若样品中有大量硫化物存在，将 200 ml 试样（7.3）过滤，沉淀物用氢氧化钠（5.3）洗涤，合并滤液和洗涤液，然后按 8.1.1 至 8.1.5 操作。

8.2.4 少量油类对测定无影响，中性油或酸性油大于 40 mg/L 时干扰测定，可加入水样体积的 20%量的正己烷，在中性条件下短时间萃取，分离出正己烷相后，水相用于蒸馏测定。

### 8.3 空白试验

用实验用水代替样品，按 8.1.1 至 8.1.5 操作，得到空白试验试样“B”待测。

## 第二部分　样品分析方法

## 方法 1　硝酸银滴定法

## 9 适用范围

本方法适用于受污染的地表水、生活污水和工业废水。

本方法检出限为 0.25 mg/L，测定下限为 1.00 mg/L，测定上限为 100 mg/L。

## 10 方法原理

经蒸馏得到的碱性试样“A”，用硝酸银标准溶液滴定，氰离子与硝酸银作用生成可溶性的银氰络合离子$[Ag(CN)_2]^-$，过量的银离子与试银灵指示剂反应，溶液由黄色变为橙红色。

## 11 试剂和材料

本标准所用试剂除非另有说明，分析时均使用符合国家标准的分析纯化学试剂，实验用水为新制备的不含氰化物和活性氯的蒸馏水或去离子水。

11.1 氯化钠标准溶液：$c(NaCl)$=0.010 0 mol/L。

将氯化钠（NaCl，基准试剂）置瓷坩埚内，经 500～600℃灼烧至无爆烈声后，在干燥器内冷却，称取 0.584 4 g 溶于水中，稀释定容至 1 000 ml，摇匀。

11.2 硝酸银标准溶液：$c(AgNO_3)$=0.010 0 mol/L。

称取 1.699 g 硝酸银溶于水中，稀释定容至 1 000 ml，摇匀，贮于棕色试剂瓶中，待标定后使用。

硝酸银标准溶液的标定：

吸取氯化钠标准溶液（11.1）10.00 ml 于锥形瓶（12.2）中，加入 50 ml 水。另取 60 ml 实验用水做空白试验。

向溶液中加入 3～5 滴铬酸钾指示剂（11.4），将待标定的硝酸银溶液（11.2.1）加入棕色酸式滴定管（12.1）中，在不断旋摇下，滴定直至氯化钠标准溶液由黄色变成浅砖红色为止，记下读数（$V$）。同样滴定空白溶液，记下读数（$V_0$）。

硝酸银标准溶液浓度按式（1）计算：

$$c_1 = \frac{c \times 10.00}{V - V_0} \tag{1}$$

式中：$c_1$——硝酸银标准溶液浓度，mol/L；

$c$——氯化钠标准溶液浓度，mol/L；

$V$——滴定氯化钠标准溶液时硝酸银溶液的用量，ml；

$V_0$——滴定空白溶液时硝酸银溶液的用量，ml。

11.3 试银灵指示剂。

称取 0.02 g 试银灵（对二甲氨基亚苄基罗丹宁，paradimethylaminobenzalrhodanine）溶于丙酮中，并稀释至 100 ml。贮存于棕色瓶并放于暗处可稳定一个月。

11.4 铬酸钾指示剂。

称取 10.0 g 铬酸钾（$K_2CrO_4$）溶于少量水中，滴加硝酸银标准溶液（11.2）至产生橙红色沉淀为止，放置过夜后，过滤，用水稀释至 100 ml。

## 12 仪器和设备

本标准均使用经检定为 A 级的玻璃量器。

12.1 10 ml 棕色酸式滴定管。

12.2 250 ml 锥形瓶。

12.3 一般实验室常用仪器。

## 13 分析步骤

### 13.1 样品的测定

取 100 ml 试样“A”（如试样中氰化物浓度高时，可少取试样，用水稀释至 100 ml）于锥形瓶（12.2）中。加入 0.2 ml 试银灵指示剂（11.3），摇匀，在不断旋摇下，用硝酸银标准溶液（11.2）滴定至溶液由黄色变为橙红色为止，记下读数（$V_a$）。

注 3：用硝酸银标准溶液滴定试样前，应以 pH 试纸试验试样的 pH 值。必要时应加氢氧化钠溶液调节至 pH>11。

### 13.2 空白试验

另取 100 ml 空白试验试样“B”于锥形瓶（12.2）中，按 13.1.2 进行滴定，记下读数（$V_0$）。

## 14 结果计算

氰化物质量浓度以氰离子（$CN^-$）计，按式（2）计算：

$$\rho_1=\frac{c\times(V_a-V_0)\times 52.04\times\frac{V_1}{V_2}\times 1\,000}{V} \tag{2}$$

式中：$\rho_1$——氰化物的质量浓度，mg/L；

$c$——硝酸银标准溶液浓度，mol/L；

$V_a$——滴定试样时硝酸银标准溶液的用量，ml；

$V_0$——滴定空白试验时硝酸银标准溶液的用量，ml；

$V$——样品的体积，ml；

$V_1$——试样（试样“A”）的体积，ml；

$V_2$——试料（滴定时，所取试样“A”）的体积，ml；

52.04——氰离子（$2CN^-$）摩尔质量，g/mol。

## 15 精密度和准确度

16 个实验室测定氰化物质量浓度 4.6 mg/L 水样的相对标准偏差为 5%；0.32 mg/L 水样的相对标准偏差为 19%。

# 方法 2 异烟酸-吡唑啉酮分光光度法

## 16 适用范围

本方法适用于地表水、生活污水和工业废水中氰化物的测定。

本方法检出限为 0.004 mg/L，测定下限为 0.016 mg/L，测定上限为 0.25 mg/L。

## 17 方法原理

在中性条件下，样品中的氰化物与氯胺 T 反应生成氯化氰，再与异烟酸作用，经水解后生成戊烯二醛，最后与吡唑啉酮缩合生成蓝色染料，在波长 638 nm 处测量吸光度。

## 18 试剂和材料

本标准所用试剂除非另有说明，分析时均使用符合国家标准的分析纯化学试剂，实验用水为新制备的不含氰化物和活性氯的蒸馏水或去离子水。

18.1 氢氧化钠溶液：$\rho(NaOH)$=1 g/L。

称取 1 g 氢氧化钠溶于水中，稀释至 1 000 ml，摇匀，贮于聚乙烯塑料容器中。

18.2 氢氧化钠溶液：$\rho(NaOH)$=10 g/L。

配制方法见 5.3。

18.3 氢氧化钠溶液：$\rho(NaOH)$=20 g/L。

称取 20 g 氢氧化钠溶于水中，稀释至 1 000 ml，摇匀，贮于聚乙烯塑料容器中。

18.4 磷酸盐缓冲溶液（pH=7）。

称取 34.0 g 无水磷酸二氢钾（$KH_2PO_4$）和 35.5 g 无水磷酸氢二钠（$Na_2HPO_4$）溶于水，稀释定容至 1 000 ml，摇匀。

18.5　氯胺 T 溶液：$\rho(C_7H_7ClNNaO_2S\cdot 3H_2O)$=10 g/L。

称取 1.0 g 氯胺 T 溶于水，稀释定容至 100 ml，摇匀，贮于棕色瓶中，用时现配。

注 4：氯胺 T 发生结块不易溶解，可致显色无法进行，必要时需用碘量法测定有效氯浓度。氯胺 T 固体试剂应注意保管条件以免迅速分解失效，勿受潮，最好冷藏。

18.6　异烟酸-吡唑啉酮溶液。

18.6.1　异烟酸溶液。

称取 1.5 g 异烟酸（$C_6H_6NO_2$，iso-nicotinic acid）溶于 25 ml 氢氧化钠溶液（18.3），加水稀释定容至 100 ml。

18.6.2　吡唑啉酮溶液。

称取 0.25 g 吡唑啉酮（3-甲基-1-苯基-5-吡唑啉酮，$C_{10}H_{10}ON_2$，3-methy-1-phenyl-5-pyrazolone）溶于 20 ml N,N-二甲基甲酰胺[$HCON(CH_3)_2$，N,N-dimethyl formamide]。

18.6.3　异烟酸-吡唑啉酮溶液。

将吡唑啉酮溶液（18.6.2）和异烟酸溶液（18.6.1）按 1∶5 混合，用时现配。

注 5：异烟酸配成溶液后如呈现明显淡黄色，使空白值增高，可过滤。为降低试剂空白值，实验中以选用无色的 N,N-二甲基甲酰胺为宜。

18.7　硝酸银标准溶液：$c(AgNO_3)$=0.010 0 mol/L。

配制方法见 11.2。

18.8　氰化钾（KCN）标准溶液。

18.8.1　氰化钾贮备溶液的配制和标定：

称取 0.25 g 氰化钾（**KCN，注意剧毒！避免尘土的吸入或与固体或溶液的接触**）于 100 ml 棕色容量瓶中，溶于氢氧化钠（18.1）并稀释至标线，摇匀，避光贮存于棕色瓶中，4℃以下冷藏至少可稳定 2 个月。本溶液氰离子（$CN^-$）质量浓度约为 1 g/L，临用前用硝酸银标准溶液（18.7）标定其准确浓度。

氰化钾贮备溶液的标定：

吸取 10.00 ml 氰化钾贮备溶液于锥形瓶（19.3）中，加入 50 ml 水和 1 ml 氢氧化钠（18.3），加入 0.2 ml 试银灵指示剂（18.9），用硝酸银标准溶液（18.7）滴定至溶液由黄色刚变为橙红色为止，记录硝酸银标准溶液用量（$V_1$）。

另取 10.00 ml 实验用水做空白试验，记录硝酸银标准溶液用量（$V_0$）。

氰化物贮备溶液质量浓度以氰离子（$CN^-$）计，按式（3）计算：

$$\rho_2=\frac{c\times(V_1-V_0)\times 52.04}{10.00} \tag{3}$$

式中：$\rho_2$——氰化物贮备溶液质量浓度，g/L；

$c$——硝酸银标准溶液浓度，mol/L；

$V_1$——滴定氰化钾贮备溶液时硝酸银标准溶液用量，ml；

$V_0$——滴定空白试验时硝酸银标准溶液用量，ml；

52.04——氰离子（$2CN^-$）摩尔质量，g/mol；

10.00——氰化钾贮备液体积，ml。

18.8.2　氰化钾标准中间溶液：$\rho(CN^-)$=10.00 mg/L。

先按式（4）计算出配制 500 ml 氰化钾标准中间溶液时，应吸取氰化钾贮备溶液（18.8.1）的体积 $V$：

$$V=\frac{10.00\times 500}{\rho\times 1\,000} \tag{4}$$

式中：$V$——吸取氰化钾贮备溶液体积，ml；

$\rho$——氰化物贮备溶液质量浓度，g/L；

10.00——氰化钾标准中间溶液质量浓度，mg/L；

500——氰化钾标准中间溶液体积，ml。

准确吸取 $V$（ml）氰化钾贮备溶液（18.8.1）于 500 ml 棕色容量瓶中，用氢氧化钠溶液（18.1）稀释至标线，摇匀，避光，用时现配。

18.8.3　氰化钾标准使用溶液：$\rho(CN^-)$= 1.00 mg/L。

吸取 10.00 ml 氰化钾标准中间溶液（18.8.2）于 100 ml 棕色容量瓶中，用氢氧化钠溶液（18.1）稀释至标线，摇匀，避光，用时现配。

18.9　试银灵指示剂：配制方法见 11.3。

## 19　仪器和设备

本标准均使用经检定为 A 级的玻璃量器。

19.1　分光光度计或比色计。

19.2　恒温水浴装置，控温精度±1℃。

19.3　250 ml 锥形瓶。

19.4　25 ml 具塞比色管。

19.5　一般实验室常用仪器。

## 20　分析步骤

### 20.1　校准曲线的绘制

20.1.1　取 8 支具塞比色管（19.4），分别加入氰化钾标准使用溶液（18.8.3）0.00、0.20、0.50、1.00、2.00、3.00、4.00 和 5.00 ml，再加入氢氧化钠溶液（18.1）至 10 ml，氰化物含量依次为 0.00 μg、0.20 μg、0.50 μg、1.00 μg、2.00 μg、3.00 μg、4.00 μg 和 5.00 μg。

20.1.2　向各管中加入 5.0 ml 磷酸盐缓冲溶液（18.4），混匀，迅速加入 0.20 ml 氯胺 T（18.5）溶液，立即盖塞了，混匀，放置 3～5 min。

注 6：当氰化物以 HCN 存在时易挥发，因此，加入缓冲溶液后，每一步骤操作都要迅速，并随时盖紧塞子。

20.1.3　向各管中加入 5.0 ml 异烟酸-吡唑啉酮溶液（18.6），混匀。加水稀释至标线，摇匀。在 25～35℃的水浴装置（19.2）中放置 40 min，立即比色。

20.1.4　在 638 nm 波长处，用 10 mm 比色皿，以水作参比，测定吸光度，以氰化物的含量为横坐标，扣除试剂空白的吸光度为纵坐标，以最小二乘法绘制校准曲线。

### 20.2　试样的测定

吸取 10.00 ml 试样"A"于具塞比色管（19.4）中，按 20.1.2 至 20.1.4 进行操作。

从校准曲线上计算出相应的氰化物的含量。

注 7：当用较高浓度的氢氧化钠溶液作为吸收液时，加缓冲溶液前应以酚酞为指示剂，滴加盐酸溶液至红色褪去。同时需要注意绘制校准曲线时，和水样保持相同的氢氧化钠浓度。

### 20.3　空白试验

另取 10.00 ml 空白试验试样"B"于具塞比色管（19.4）中，按 20.1.2 至 20.1.4 进行操作。

## 21　结果计算

氰化物质量浓度$\rho_3$以氰离子（$CN^-$）计，按式（5）计算：

$$\rho_3 = \frac{A - A_0 - a}{b} \times \frac{V_1}{V_2 \times V} \tag{5}$$

式中：$\rho_3$——氰化物的质量浓度，mg/L；

$A$——试样的吸光度；

$A_0$——试剂空白的吸光度；

$a$——校准曲线截距；

$b$——校准曲线斜率；

$V$——预蒸馏的取样体积，ml；

$V_1$——馏出液（试样“A”）的总体积，ml；

$V_2$——测定时所取试料（比色时，所取试样“A”）的体积，ml。

## 22 精密度和准确度

6 个实验室测定氰化物质量浓度 0.022～0.032 mg/L 实际水样的相对标准偏差为 7.4%；6 个实验室测定氰化物质量浓度 0.206～0.236 mg/L 实际水样的相对标准偏差为 1.8%。

实际水样加标回收率为 92%～97%。

# 方法 3 异烟酸-巴比妥酸分光光度法

## 23 适用范围

本方法适用于地表水、生活污水和工业废水中的氰化物的测定。

本方法检出限为 0.001 mg/L，测定下限为 0.004 mg/L，测定上限为 0.45 mg/L。

## 24 方法原理

在弱酸性条件下，水样中氰化物与氯胺 T 作用生成氯化氰，然后与异烟酸反应，经水解而成戊烯二醛（glutacondialdehyde），最后再与巴比妥酸作用生成一紫蓝色化合物，在波长 600 nm 处测定吸光度。

## 25 试剂和材料

本标准所用试剂除非另有说明，分析时均使用符合国家标准的分析纯化学试剂，实验用水为新制备的不含氰化物和活性氯的蒸馏水或去离子水。

25.1 氢氧化钠溶液：$\rho$(NaOH)=1 g/L。

配制方法见 18.1。

25.2 氢氧化钠溶液：$\rho$(NaOH)=15 g/L。

称取 15 g 氢氧化钠溶于水中，稀释至 1 000 ml，摇匀，贮于聚乙烯塑料容器中。

25.3 氯胺 T 溶液：$\rho(C_7H_7ClNNaO_2S \cdot 3H_2O)$=10 g/L。

配制方法见 18.5。

25.4 磷酸二氢钾缓冲溶液（pH=4.0）。

称取 136.1 g 无水磷酸二氢钾（$KH_2PO_4$）溶于水，稀释定容至 1 000 ml，加入 2.00 ml 冰乙酸（$C_2H_4O_2$）摇匀。

25.5 异烟酸-巴比妥酸显色剂。

称取 2.50 g 异烟酸（$C_6H_6NO_2$，iso-nicotinic acid）和 1.25 g 巴比妥酸（$C_4H_4N_2O_3$，barbituric acid）溶于氢氧化钠溶液（25.2），稀释定容至 100 ml，用时现配。

25.6 氰化钾（KCN）标准溶液：配制方法见 18.8。

## 26 仪器和设备

本标准均使用经检定为 A 级的玻璃量器。

26.1 分光光度计或比色计。

26.2 25 ml 具塞比色管。

26.3 一般实验室常用仪器。

## 27 分析步骤

### 27.1 校准曲线的绘制

27.1.1 取 8 支具塞比色管（26.2），分别加入氰化钾标准使用溶液（18.8.3）0.00、0.20、0.50、1.00、2.00、3.00、4.00 和 5.00 ml，再加入氢氧化钠溶液（25.1）至 10 ml，其氰化物含量依次为 0.00、0.20、0.50、1.00、2.00、3.00、4.00 和 5.00 μg。

27.1.2 向各管中加入 5.0 ml 磷酸二氢钾缓冲溶液（25.4），混匀，迅速加入 0.30 ml 氯胺 T（25.3）溶液，立即盖塞子，混匀，放置 1～2 min。

注 8：当氰化物以 HCN 存在时易挥发，因此，加入缓冲溶液后，每一步骤操作都要迅速，并随时盖紧塞子。

27.1.3 向各管中加入 6.0 ml 异烟酸-巴比妥酸显色剂（25.5），加水稀释至标线，混匀。于 25℃显色 15 min（15℃显色 25 min；30℃显色 10 min）。

27.1.4 分光光度计（26.1）在 600 nm 波长处，用 10 mm 比色皿，以水作参比，测定吸光度，以氰化物含量为横坐标，扣除试剂空白的吸光度为纵坐标，以最小二乘法绘制校准曲线。

### 27.2 试样的测定

吸取 10.00 ml 试样“A”于具塞比色管（26.2）中，按 27.1.2 至 27.1.4 进行操作。

从校准曲线上计算出相应的氰化物的含量。

### 27.3 空白试验

另取 10.00 ml 空白试验试样“B”于具塞比色管（26.2）中，按 27.1.2 至 27.1.4 进行操作。

## 28 结果计算

氰化物质量浓度$\rho_4$以氰离子（$CN^-$）计，按式（6）计算：

$$\rho_4 = \frac{A - A_0 - a}{b} \times \frac{V_1}{V_2 \times V} \tag{6}$$

式中：$\rho_4$——氰化物的质量浓度，mg/L；

$A$——试样的吸光度；

$A_0$——试剂空白的吸光度；

$a$——校准曲线截距；

$b$——校准曲线斜率；

$V$——预蒸馏的取样体积，ml；

$V_1$——馏出液（试样“A”）的体积，ml；

$V_2$——测定时所取试料（比色时，所取试样“A”）的体积，ml。

## 29 精密度和准确度

8 个实验室测定 0.188 mg/L±0.015 mg/L 的氰化物标准样品，平均结果是 0.188 mg/L，实验室内相对标准偏差为 0.6%，实验室间相对标准偏差为 4.2%。

实际水样加标回收率为 93.4%～102.6%。

## 方法 4　吡啶-巴比妥酸分光光度法

### 30　适用范围

本方法适用于地表水、生活污水和工业废水中的氰化物的测定。

本方法检出限为 0.002 mg/L，测定下限为 0.008 mg/L，测定上限为 0.45 mg/L。

### 31　方法原理

在中性条件下，氰离子和氯胺 T 的活性氯反应生成氯化氰，氯化氰与吡啶反应生成戊烯二醛（glutacondialdehyde），戊烯二醛与两个巴比妥酸分子缩和生成红紫色化合物，在波长 580 nm 处测量吸光度。

### 32　试剂和材料

本标准所用试剂除非另有说明，分析时均使用符合国家标准的分析纯化学试剂，实验用水为新制备的不含氰化物和活性氯的蒸馏水或去离子水。

32.1　氢氧化钠溶液：$\rho(NaOH)$=1 g/L。

配制方法见 18.1。

32.2　盐酸（HCl）（1+3）溶液。

32.3　盐酸溶液：$c(HCl)$=0.5 mol/L。

量取 45 ml 浓盐酸（$\rho$=1.19 g/L）缓慢注入水中，放冷后，稀释至 1 000 ml。

32.4　氯胺 T 溶液：$\rho(C_7H_7ClNNaO_2S \cdot 3H_2O)$=10 g/L。

配制方法见 18.5。

32.5　吡啶-巴比妥酸溶液。

称取 0.18 g 巴比妥酸（$C_4H_4N_2O_3$，barbituric acid），加入 3 ml 吡啶（$C_5H_5N$，pyridine）及 10 ml 盐酸溶液（32.2），待溶解后，稀释定容至 100 ml，摇匀，贮于棕色瓶中，用时现配。

注 9：本溶液若有不溶物可过滤，存于暗处可稳定 1 d，存放于冰箱内可稳定一周。吡啶有毒，此操作必须在通风橱内进行。

32.6　磷酸盐缓冲溶液（pH=7）：配制方法见 18.4。

32.7　氰化钾（KCN）标准溶液：配制方法见 18.8。

32.8　酚酞指示剂：$\rho(C_{20}H_{16}O_4)$=1 g/L。

称取 0.10 g 酚酞指示剂（phenolphthalein）溶于 95%乙醇中，稀释至 100 ml，摇匀。变色范围为 8.0～10.0。

### 33　仪器和设备

本标准均使用经检定为 A 级的玻璃量器。

33.1　分光光度计或比色计。

33.2　恒温水浴装置，控温精度±1℃。

33.3　25 ml 具塞比色管。

33.4　一般实验室常用仪器。

## 34 分析步骤

### 34.1 校准曲线的绘制

34.1.1 取 8 支具塞比色管（33.3），分别加入氰化钾标准使用溶液（18.8.3）0.00、0.20、0.50、1.00、2.00、3.00、4.00 和 5.00 ml，再加入氢氧化钠溶液（32.1）10 ml，氰化物含量依次为 0.00、0.20、0.50、1.00、2.00、3.00、4.00 和 5.00 μg。

34.1.2 向各管中加入 1 滴酚酞指示剂（32.8），用盐酸溶液（32.3）调节溶液红色刚消失为止。

34.1.3 向各管中加入 5.0 ml 磷酸盐缓冲溶液（32.6），混匀，迅速加入 0.20 ml 氯胺 T（32.4）溶液，立即盖塞子，混匀，放置 3～5 min。

注 10：当氰化物以 HCN 存在时易挥发，因此，加入缓冲溶液后，每一步骤操作都要迅速，并随时盖紧塞子。

34.1.4 向各管中加入 5.0 ml 吡啶-巴比妥酸溶液（32.5），加水稀释至标线，混匀。在 40℃的水浴装置（33.2）中放置 20 min，取出冷却至室温后立即比色。

34.1.5 分光光度计（33.1）在 580 nm 波长处，用 10 mm 比色皿，以试剂空白（零浓度）作参比，测定吸光度，以氰化物含量为横坐标，吸光度为纵坐标，以最小二乘法绘制校准曲线。

### 34.2 试样的测定

吸取 10.00 ml 试样“A”于具塞比色管（33.3）中，按 34.1.2 至 34.1.5 进行操作。

从校准曲线上计算出相应的氰化物的含量。

### 34.3 空白试验

另取 10.00 ml 空白试验试样“B”于具塞比色管（33.3）中，按 34.1.2 至 34.1.5 进行操作。

## 35 结果计算

氰化物质量浓度以氰离子（$CN^-$）计，按式（7）计算：

$$\rho_5 = \frac{A - A_0 - a}{b} \times \frac{V_1}{V_2 \times V} \tag{7}$$

式中：$\rho_5$——氰化物的质量浓度，mg/L；

$A$——试样的吸光度；

$A_0$——试剂空白的吸光度；

$a$——校准曲线截距；

$b$——校准曲线斜率；

$V$——预蒸馏的取样体积，ml；

$V_1$——馏出液（试样“A”）的总体积，ml；

$V_2$——测定时所取试料（比色时，所取试样“A”）的体积，ml。

## 36 精密度和准确度

实验室间测定氰化物质量浓度 0.020～0.025 mg/L 实际水样的相对标准偏差为 4.9%；实验室间测定氰化物质量浓度 0.148～0.153 mg/L 实际水样的相对标准偏差为 1.5%。

实验室间测定 0.040 mg/L 氰化物标准样品，相对标准偏差为 1.2%，相对误差为 0.3%。

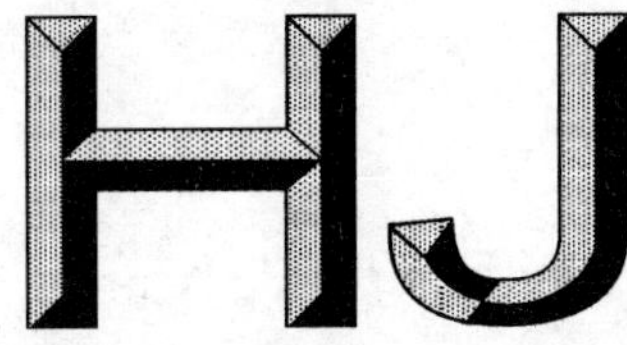

# 中华人民共和国国家环境保护标准

HJ 485—2009
代替 GB 7474—87

# 水质　铜的测定
# 二乙基二硫代氨基甲酸钠分光光度法

**Water quality—Determination of copper**
**—Sodium diethyldithiocabamate spectrophotometric method**

2009-09-27 发布　　2009-11-01 实施

环　境　保　护　部　发布

# 前　言

为贯彻《中华人民共和国环境保护法》和《中华人民共和国水污染防治法》，保护环境，保障人体健康，规范水中铜的测定方法，制定本标准。

本标准规定了测定水中可溶性铜和总铜的二乙基二硫代氨基甲酸钠分光光度法。

本标准是对《水质　铜的测定　二乙基二硫代氨基甲酸钠分光光度法》（GB 7474—87）的修订。

本标准首次发布于 1987 年，原标准起草单位为陕西省环境保护研究所。本次为第一次修订。

主要修订内容如下：

——修改了标准的适用范围；

——增加了干扰及消除条款；

——修改了氯化铵-氢氧化铵缓冲溶液的配制方法；

——修改了铜标准溶液的配制方法；

——分别规定了水中可溶性铜和总铜的分析步骤；

——修改了结果的计算公式。

自本标准实施之日起，原国家环境保护局 1987 年 3 月 6 日批准、发布的国家环境保护标准《水质　铜的测定　二乙基二硫代氨基甲酸钠分光光度法》（GB 7474—87）废止。

本标准由环境保护部科技标准司组织修订。

本标准起草单位：沈阳市环境监测中心站。

本标准环境保护部 2009 年 9 月 27 日批准。

本标准自 2009 年 11 月 1 日起实施。

本标准由环境保护部解释。

# 水质　铜的测定　二乙基二硫代氨基甲酸钠分光光度法

## 1　适用范围

本标准规定了测定水中可溶性铜和总铜的二乙基二硫代氨基甲酸钠分光光度法。

本标准适用于地表水、地下水、生活污水和工业废水中总铜和可溶性铜的测定。

当使用 20 mm 比色皿，萃取用试样体积为 50 ml 时，方法的检出限为 0.010 mg/L，测定下限为 0.040 mg/L。

当使用 10 mm 比色皿，萃取用试样体积为 10 ml 时，方法的测定上限为 6.00 mg/L。

## 2　术语和定义

### 2.1　可溶性铜

未经酸化的水样，通过 0.45 μm 滤膜后测得的铜。

### 2.2　总铜

未经过滤的水样，经消解后测得的铜。

## 3　方法原理

在氨性溶液中（pH=8～10），铜与二乙基二硫代氨基甲酸钠作用生成黄棕色络合物：

$$2\,(C_2H_5)_2N{-}C(=S){-}SNa + Cu^{2+} \longrightarrow (C_2H_5)_2N{-}C(=S){-}S{-}Cu{-}S{-}C(=S){-}N(C_2H_5)_2 + 2Na^{+}$$

此络合物可用四氯化碳或三氯甲烷萃取，在 440 nm 波长处测量吸光度。颜色可稳定 1 h。

## 4　干扰及消除

铁、锰、镍、钴等与二乙基二硫代氨基甲酸钠生成有色络合物，干扰铜的测定，可用 EDTA-柠檬酸铵溶液掩蔽消除。

## 5　试剂和材料

除另有说明外，分析时均使用符合国家标准的分析纯化学试剂，试验用水为新制备的去离子水。

5.1　滤膜，0.45 μm，水系膜。

5.2　盐酸（HCl），$\rho$=1.19 g/ml，优级纯。

5.3　硝酸（$HNO_3$），$\rho$=1.40 g/ml，优级纯。

5.4　高氯酸（$HClO_4$），$\rho$=1.68 g/ml，优级纯。

5.5　氨水（$NH_4OH$），$\rho$=0.91 g/ml，优级纯。

5.6　四氯化碳（$CCl_4$）。

5.7　三氯甲烷（$CHCl_3$）。

5.8　乙醇（$C_2H_5OH$），95%。

5.9　氨水（1+1）。

5.10　盐酸溶液（1+1）。

5.11 硝酸溶液（1+1）。

5.12 铜标准贮备溶液，$\rho$=200 μg/ml：称取 0.200 0 g±0.000 1 g 金属铜（纯度≥99.9%），置于 250 ml 锥形瓶中，加入 20 ml 水和 10 ml 硝酸溶液（5.11），加热溶解，直到反应速度变慢时微微加热，使全部铜溶解。煮沸溶液以驱除氮的氧化物，冷却后加水溶解，转移到 1 000 ml 容量瓶中，用水稀释至标线并混匀。

5.13 铜标准溶液，$\rho$=5.0 μg/ml：吸取 25.00 ml 铜标准贮备溶液（5.12）于 1 000 ml 容量瓶中，用水稀释至标线并混匀。

5.14 二乙基二硫代氨基甲酸钠溶液，$\rho$=2 mg/ml：称取 200 mg 二乙基二硫代氨基甲酸钠 [或称铜试剂，$C_5H_{10}NS_2Na\cdot 3H_2O$]溶于水中并稀释至 100 ml，用棕色玻璃瓶贮存，放于暗处可稳定两周。

5.15 EDTA-柠檬酸铵溶液Ⅰ，$\rho$(EDTA)=12.0 g/L：称取 12.0 g 乙二胺四乙酸二钠 [$Na_2$-EDTA·$2H_2O$] 和 2.5 g 柠檬酸铵[$(NH_4)_3\cdot C_6H_5O_7$]于 1 000 ml 烧杯中，加入 100 ml 水和 200 ml 氨水（5.5）溶解，用水稀释至 1 L，加入 10 ml 二乙基二硫代氨基甲酸钠溶液（5.14），用 100 ml 四氯化碳（5.6）萃取提纯。

5.16 甲酚红指示液，$\rho$= 0.4 mg/ml：称取 20 mg 甲酚红[$C_{21}H_{18}O_5S$]溶于 50 ml 乙醇（5.8）中。

5.17 EDTA-柠檬酸铵溶液Ⅱ，$\rho$(EDTA)=50.0 g/L：称取 5.0 g 乙二胺四乙酸二钠 [$Na_2$-EDTA·$2H_2O$] 和 20 g 柠檬酸铵[$(NH_4)_3\cdot C_6H_5O_7$]溶于水中并稀释至 100 ml，加入 4 滴甲酚红指示液（5.16），用 1+1 氨水（5.9）调至 pH=8～8.5（由黄色变为浅紫色），加入 5 ml 二乙基二硫代氨基甲酸钠溶液（5.14），用 10 ml 四氯化碳（5.6）萃取提纯。

5.18 氯化铵-氢氧化铵缓冲溶液：将 70 g 氯化铵溶于适量水中，加入 46 ml 氨水（5.5），用水稀释至 1 L，此缓冲溶液的 pH 值约为 9.0。

## 6 仪器和设备

6.1 分光光度计：配置 10 mm、20 mm 比色皿。

6.2 125 ml 分液漏斗，具磨口玻璃塞，活塞上不得涂抹油性润滑剂。

6.3 一般实验室常用设备。

## 7 样品采集和保存

7.1 为了防止铜离子吸附在采样容器壁上，采样后样品应尽快分析。

7.2 采样后若不能立即分析，应将水样酸化至 pH 1.5，通常每 100 ml 样品加入 0.5 ml 盐酸溶液（5.10）。但酸化以后的样品仅适合测定水中的总铜。

## 8 分析步骤

### 8.1 试样制备和显色萃取

8.1.1 可溶性铜

8.1.1.1 水样的过滤

将未经酸化处理的水样（7.1）通过 0 .45 μm 水系滤膜过滤。

8.1.1.2 显色萃取

用移液管吸取适量体积（含铜量不超过 30 μg，最大体积不大于 50 ml）过滤后的试样，置于分液漏斗（6.2）中，加水至 50 ml。

加入 10 ml EDTA-柠檬酸铵溶液Ⅰ（5.15），50 ml 氯化铵-氢氧化铵缓冲溶液（5.18），摇匀，此溶液 pH≈9。加入 5.0 ml 二乙基二硫代氨基甲酸钠溶液（5.14），摇匀，静置 5 min。准确加入 10.00 ml 四氯化碳（5.6），振荡不少于 2 min，静置，使分层。显色后 1 h 内完成测定。

8.1.2 总铜

8.1.2.1 水样的消解

取 50.0 ml 水样（7.1 或 7.2），于 150 ml 烧杯中，加 5 ml 硝酸（5.3），在电热板上加热，消解到

10 ml 左右。稍冷却，再加入 5 ml 硝酸（5.3）和 1 ml 高氯酸（5.4），继续加热消解，蒸至近干。冷却后，加水 40 ml，加热煮沸 3 min。冷却后，转入 50 ml 容量瓶中，用水稀释至标线（若有沉淀，应过滤）。

8.1.2.2 显色萃取

用移液管吸取适量体积（含铜量不超过 30 μg，最大体积不大于 50 ml）消解后的试样，置于分液漏斗（6.2）中，加水至 50 ml。

加入 10 ml EDTA-柠檬酸铵溶液Ⅱ（5.17）和 2 滴甲酚红指示液（5.16），用（1+1）氨水（5.9）调 pH 至 8～8.5（由红色经黄色变为浅紫色）。加入 5.0 ml 二乙基二硫代氨基甲酸钠溶液（5.14），摇匀，静置 5 min。准确加入 10.00 ml 四氯化碳（5.6），振荡不少于 2 min，静置，使分层。显色后 1 h 内完成测定。

### 8.2 测定

用滤纸吸干分液漏斗颈部的水分，塞入一小团脱脂棉，弃去最初流出的有机相 1～2 ml，然后将有机相移入比色皿内（铜含量在 10～30 μg 之间，用 10 mm 比色皿，含量小于 10 μg，用 20 mm 比色皿），在 440 nm 波长处，以四氯化碳（5.6）作参比，测量吸光度。

### 8.3 空白试验

用 50 ml 水代替试样（8.1.1.1 或 8.1.2.1），按与样品相同的操作步骤做空白试验。

### 8.4 校准曲线的绘制

在 8 个分液漏斗（6.2）中分别加入 0.00、0.20、0.50、1.00、2.00、3.00、5.00 和 6.00 ml 铜标准溶液（5.13），其对应的铜含量分别为 0.0、1.0、2.5、5.0、10.0、15.0、25.0 和 30.0 μg。加水至总体积为 50 ml，配成校准系列溶液。

然后按 8.1.1.2 或 8.1.2.2 显色萃取。

将含铜量为 0.0、1.0、2.5、5.0 和 10.0 μg 的萃取液放入 20 mm 比色皿中；将含铜量为 0.0、10.0、15.0、25.0 和 30.0 μg 的萃取液放入 10 mm 比色皿中。分别在 440 nm 波长处，以四氯化碳（5.6）作参比，测量吸光度。将测量的吸光度作空白校正后，对相应的铜含量（μg），分别绘制低浓度和高浓度的校准曲线。

## 9 结果计算

水样中铜质量浓度按下式计算：

$$\rho = \frac{(A - A_0) - a}{b \times V}$$

式中：$\rho$——水样中铜质量浓度，mg/L；

$A$——样品的吸光度；

$A_0$——试剂空白的吸光度；

$a$——回归方程的截距，吸光度；

$b$——回归方程的斜率，吸光度/μg；

$V$——萃取时用的试样体积，ml。

结果以两位小数表示。

## 10 精密度和准确度

5 个实验室测定铜的质量浓度为 0.075 mg/L 的统一分发标准溶液，实验室内的相对标准偏差为 6.0%，实验室间的相对标准偏差为 7.1%，相对误差为–4.0%。

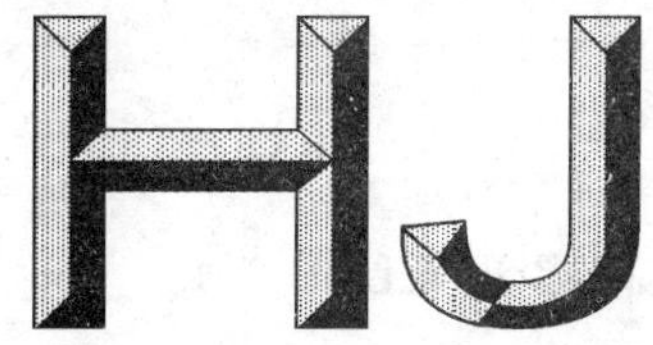

# 中华人民共和国国家环境保护标准

HJ 486—2009
代替 GB 7473—87

# 水质　铜的测定
# 2,9-二甲基-1,10-菲啰啉分光光度法

**Water quality—Determination of copper—2,9-Dimethy-1,10-phenanthroline spectrophotometric method**

2009-09-27 发布　　2009-11-01 实施

环　境　保　护　部　发布

# 前 言

为贯彻《中华人民共和国环境保护法》和《中华人民共和国水污染防治法》，保护环境，保障人体健康，规范水中铜的测定方法制定本标准。

本标准规定了测定水中可溶性铜和总铜的 2,9-二甲基-1,10-菲啰啉分光光度法。

本标准是对《水质　铜的测定　2,9-二甲基-1,10-菲啰啉分光光度法》（GB 7473—87）的修订。

本标准首次发布于 1987 年。原标准起草单位为安徽省环境保护科学研究院。本次为第一次修订。

主要修订内容如下：

——修改了标准的适用范围；

——明确规定了水中可溶性铜和总铜的试样制备方法；

——增加了直接光度法；

——规定了沸石的净化处理方法；

——完善了结果的计算公式。

自本标准实施之日起，原国家环境保护局 1987 年 3 月 14 日批准、发布的国家环境保护标准《水质　铜的测定　2,9-二甲基-1,10-菲啰啉分光光度法》（GB 7473—87）废止。

本标准由环境保护部科技标准司组织制订。

本标准起草单位：沈阳市环境监测中心站。

本标准环境保护部 2009 年 9 月 27 日批准。

本标准自 2009 年 11 月 1 日起实施。

本标准由环境保护部解释。

# 水质　铜的测定　2,9-二甲基-1,10-菲啰啉分光光度法

## 1　适用范围

本标准规定了测定水中可溶性铜和总铜的 2,9-二甲基-1,10-菲啰啉直接光度法和萃取光度法。

直接光度法适用于较清洁的地表水和地下水中可溶性铜和总铜的测定。当使用 50 mm 比色皿，试料体积为 15 ml 时，水中铜的检出限为 0.03 mg/L，测定下限为 0.12 mg/L，测定上限为 1.3 mg/L。

萃取光度法适用于地表水、地下水、生活污水和工业废水中可溶性铜和总铜的测定。当使用 50 mm 比色皿，试料体积为 50 ml 时，铜的检出限为 0.02 mg/L，测定下限为 0.08 mg/L。当使用 10 mm 比色皿，试料体积为 50 ml 时，测定上限为 3.2 mg/L。

## 2　术语和定义

### 2.1　可溶性铜

未经酸化的水样，通过 0.45 μm 滤膜后测定的铜。

### 2.2　总铜

未经过滤的水样，经消解后测定的铜。

## 3　方法原理

用盐酸羟胺将二价铜离子还原为亚铜离子，在中性或微酸性溶液中，亚铜离子和 2,9-二甲基-1,10-菲啰啉反应生成黄色络合物，于波长 457 nm 处测量吸光度（直接光度法）；也可用三氯甲烷萃取，萃取液保存在三氯甲烷-甲醇混合溶液中，于波长 457 nm 处测量吸光度（萃取光度法）。

## 4　干扰和消除

水样中如含有大量的铬和锡、其他氧化性离子以及氰化物、硫化物和有机物等对测定铜有干扰。加入亚硫酸使铬酸盐和络合的铬离子还原，可以避免铬的干扰。加入盐酸羟胺溶液，可以消除锡和其他氧化性离子的干扰。通过消解过程，可以除去氰化物、硫化物和有机物的干扰。

## 5　试剂和材料

除另有说明外，分析时均使用符合国家标准的分析纯化学试剂，试验用水为新制备的去离子水。

5.1　滤膜，0.45 μm，水系膜。

5.2　硫酸（$H_2SO_4$），$\rho_{20}$=1.84 g/ml，优级纯。

5.3　硝酸（$HNO_3$），$\rho_{20}$=1.40 g/ml，优级纯。

5.4　盐酸（HCl），$\rho_{20}$=1.19 g/ml。

5.5　氨水（$NH_4OH$），$\rho_{20}$= 0.90 g/ml。

5.6　三氯甲烷（$CHCl_3$）。

5.7　甲醇（$CH_3OH$）。

5.8　2,9-二甲基-1,10-菲啰啉溶液，$\rho$=1.0 mg/ml：称取 100 mg 2,9-二甲基-1,10-菲啰啉（$C_{14}H_{12}N_2 \cdot 1/2H_2O$）溶于 100 ml 甲醇（5.7）。此溶液可稳定一个月。

5.9　盐酸羟胺溶液，$\rho$=100 g/L：称取 50g 盐酸羟胺（$NH_2OH \cdot HCl$），溶于水并稀释至 500 ml。

5.10　柠檬酸钠溶液：称取 150 g 柠檬酸钠（$Na_3C_6H_5O_7 \cdot 2H_2O$），溶解于 400 ml 水中，加入 5 ml 盐

酸羟胺溶液（5.9）和 10 ml 2,9-二基甲-1,10-菲啰啉溶液（5.8），用 50 ml 三氯甲烷（5.6）萃取除去其中的杂质铜，弃去三氯甲烷层。

5.11　氢氧化铵溶液，$c(NH_4OH)$=5 mol/L：量取 330 ml 氨水（5.5），用水稀释至 1 000 ml，贮存于聚乙烯瓶中。

5.12　铜标准贮备溶液，$\rho$=200 μg/ml：称取 0.2g±0.000 1 g 金属铜（纯度≥99.9%），置于 250 ml 锥形瓶中，加入 20 ml 水和 5 ml 硝酸（5.3），加热溶解，直到反应速度变慢时微微加热，使全部铜溶解。煮沸溶液以驱除氮的氧化物，冷却后转移到 1 000 ml 容量瓶中，用水稀释至标线并混匀。

5.13　铜标准溶液Ⅰ，$\rho$=20.0 μg/ml：吸取 10.0 ml 铜标准贮备溶液（5.12）于 100 ml 容量瓶中，用水稀释至标线并混匀。

5.14　铜标准溶液Ⅱ，$\rho$=2.0 μg/ml：吸取 10.00 ml 铜标准溶液（5.13）于 100 ml 容量瓶中，用水稀释至标线并混匀。

5.15　乙酸溶液，$c(CH_3COOH)$=6 mol/L：取 35.3 ml 冰乙酸，加水稀释至 100 ml，混匀备用。

5.16　乙酸-乙酸钠缓冲溶液：称取 100 g 三水合乙酸钠[$CH_3COOH \cdot 3H_2O$]溶于适量水中，再加入 13 ml 乙酸溶液（5.15），用水稀释至 500 ml，混匀。此溶液的 pH 约为 5.7。

## 6　仪器和设备

6.1　分光光度计：配有光程 10 mm 和 50 mm 比色皿。

6.2　125 ml 锥形分液漏斗，具有磨口玻璃塞，活塞上不得涂沫油性润滑剂。

6.3　一般实验室常用仪器。

## 7　样品

### 7.1　水样采集和保存

7.1.1　将水样采集到聚乙烯瓶中，样品采集后应尽快分析。

7.1.2　样品若不能立即分析，应于每 100 ml 水样中加入 0.5 ml 盐酸溶液（5.4），酸化至 pH 约为 1.5。但酸化以后的样品仅适合测定水中的总铜。

### 7.2　试样的制备

7.2.1　可溶性铜试样

将未经酸化处理的水样（7.1.1）通过 0.45 μm 滤膜过滤。

7.2.2　总铜试样

从水样 7.1.1 或 7.1.2 中各取两份均匀水样，每份 100 ml，置于 250 ml 烧杯中，作为消解试样。

向每份试样中加入 1.0 ml 硫酸（5.2）和 5 ml 硝酸（5.3），放入几粒经酸化处理的沸石，置电热板上加热消解（注意勿喷溅）至冒三氧化硫白色浓烟为止。如果溶液仍然带色，冷却后加入 5 ml 硝酸（5.3），继续加热消解至冒白色浓烟为止。必要时，重复上述操作，直到溶液无色。冷却，加入约 80 ml 水，加热至沸腾并保持 3 min，冷却，滤入 100 ml 容量瓶内，用水洗涤烧杯和滤纸，用洗涤水补加至标线并混匀。

注：沸石采用空白消解的方法进行净化，净化效果可通过空白试验结果来检查。

## 8　分析步骤

### 8.1　直接光度法

8.1.1　校准曲线绘制

取 6 个 25 ml 比色管，分别加入 0.00、1.00、2.00、3.00、5.00、10.00 ml 铜标准溶液Ⅱ（5.14），加水至体积为 15 ml，铜的含量依次为 0、2.0、4.0、6.0、10.0、20 μg。

加入 1 ml 硫酸（5.2）、1.5 ml 盐酸羟胺溶液（5.9），3.0 ml 柠檬酸钠溶液（5.10）和 3.0 ml 乙酸-

乙酸钠缓冲液（5.16），摇匀。

加入 1.5 ml 2,9-二甲基-1,10-菲啰啉溶液（5.8），充分混匀，静置 5 min。用 50 mm 比色皿，以水作参比，在 457 nm 测量吸光度。从测得的吸光度中减去试剂空白的吸光度后，对相应的铜的含量（μg）绘制校准曲线。

8.1.2 样品测定

吸取 15.0 ml 或适量体积的试样 7.2.1 或 7.2.2 于 25 ml 比色管中，按与校准曲线相同的步骤（8.1.1）测量吸光度。

8.1.3 空白试验

用 15 ml 去离子水代替试样，按与样品测定相同的步骤（8.1.2）操作，做空白试验。

8.1.4 基体加标试验

从可溶性铜试样（7.2.1）中吸取适量体积（体积不超过 15.0 ml、铜的质量浓度不超过 10 μg/15 ml）的试料，根据实际样品的浓度，加入 4.0 ml 铜标准溶液Ⅰ（5.13）或铜标准溶液Ⅱ（5.14），按 8.1.2 进行测定。计算加标回收率，确定有无干扰影响。

8.2 萃取光度法

8.2.1 校准曲线绘制

8.2.1.1 校准系列的制备

取 7 个分液漏斗（6.2）分别加入 0.00、1.00、2.00、3.00、4.00、6.00、8.00 ml 铜标准溶液Ⅰ（5.13），加水至总体积为 50 ml，铜的含量依次为 0、20、40、60、80、120、160 μg。

若试样中铜的质量浓度低于 20.0 μg/50 ml，则需制备低浓度的校准系列。

取 7 个分液漏斗（6.2），分别加入 0.00、1.00、2.00、4.00、6.00、8.00、10.0 ml 铜标准溶液Ⅱ（5.14），加水至总体积为 50 ml，铜的含量依次为 0、2.0、4.0、8.0、12.0、16.0、20.0 μg。

8.2.1.2 还原

加入 1.0 ml 硫酸（5.2），加入 5 ml 盐酸羟胺溶液（5.9）和 10 ml 柠檬酸钠溶液（5.10），充分摇匀。每次加入 1 ml 氢氧化铵溶液（5.11），调节 pH≈4，再滴加氢氧化铵溶液（5.11）至刚果红试纸正好变红色（或 pH 试纸显示 4～6）。

8.2.1.3 显色和萃取

加入 10 ml 2,9-二甲基 1,10-菲啰啉溶液（5.8）和 10 ml 三氯甲烷（5.6）。轻轻旋摇片刻，旋紧活塞后剧烈摇动 30 s 以上，将黄色络合物萃入三氯甲烷中，静置分层后用滤纸吸去分液漏斗放液管内的水珠，并塞入少量脱脂棉，将三氯甲烷层放入 25 ml 容量瓶中。再加入 10 ml 三氯甲烷于水相中，重复上述步骤再萃取一次，合并两次萃取液，用甲醇（5.7）稀释至标线并混匀。

8.2.1.4 吸光度测量和校准曲线绘制

将高浓度标准系列的萃取液放入 10 mm 比色皿内，低浓度标准系列的萃取液放入 50 mm 比色皿内，分别于波长 457 nm 处，以三氯甲烷（5.6）作参比测量吸光度。从测得的吸光度扣除试剂空白的吸光度后，对相应的铜的含量（μg）分别绘制校准曲线。

8.2.2 样品测定

吸取 50.0 ml 或适量体积（铜的质量浓度不超过 150 μg/50 ml）的试样 7.2.1 或 7.2.2 于 125 ml 分液漏斗（6.2）中，加水至总体积为 50 ml。按与校准曲线相同的步骤（8.2.1）测量吸光度。

8.2.3 空白试验

用 50 ml 去离子水代替试样，按与样品测定相同的步骤（8.1.2 或 8.2.2）操作，做空白试验。

8.2.4 基体加标试验

从总铜试样（7.2.2）中吸取适量体积（体积不超过 50 ml、铜的质量浓度不超过 100 μg/50 ml）的试料，根据实际样品的浓度，加入 3.0 ml 铜标准溶液Ⅰ（5.13）或标准溶液Ⅱ（5.14），按 8.2.2 进行测定。计算加标回收率，确定有无干扰影响。

## 9 结果计算

水样中铜的质量浓度按下式计算：

$$\rho = \frac{(A - A_0) - a}{b \times V}$$

式中：$\rho$——水样中铜质量浓度，mg/L；

$A$——样品吸光度；

$A_0$——试剂空白吸光度；

$A$——回归方程截距，吸光度；

$b$——回归方程斜率，吸光度/μg；

$V$——试料体积，ml。

结果以两位小数表示。

## 10 精密度和准确度

直接法：一个实验室重复测定 6 次铜的质量浓度为 1.27 mg/L 的标准溶液，相对标准偏差≤3.1%。当加标量为 5～7 μg/15 ml 时，回收率在 96.4%～102.7%。

萃取法：4 个实验室分别测定铜的质量浓度为 0.80 mg/L 的统一分发标准样品，实验室内相对标准偏差分别为 0.11%、0.23%、0.59%和 3.82%；实验室间相对标准偏差为 2.3%，相对误差为–2.0%。

## 附 录 A
（资料性附录）
## 本标准一般说明

A.1 2,9-二甲基-1,10-菲啰啉与亚铜反应生成一种橙黄色络合物，其摩尔比为 2∶1，在 457 nm 处的摩尔吸光系数约为 $8\times10^3$ L/（mol·cm），此反应对亚铜是专一的。

A.2 2,9-二甲基-1,10-菲啰啉的结构式为：

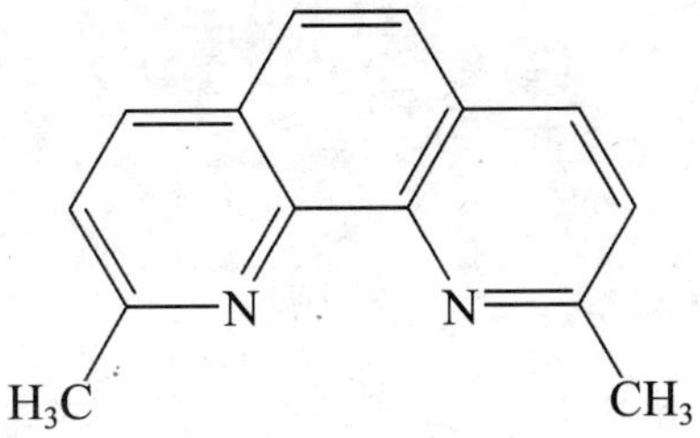

与亚铜反应生成有色阳离子络合物的结构式为：

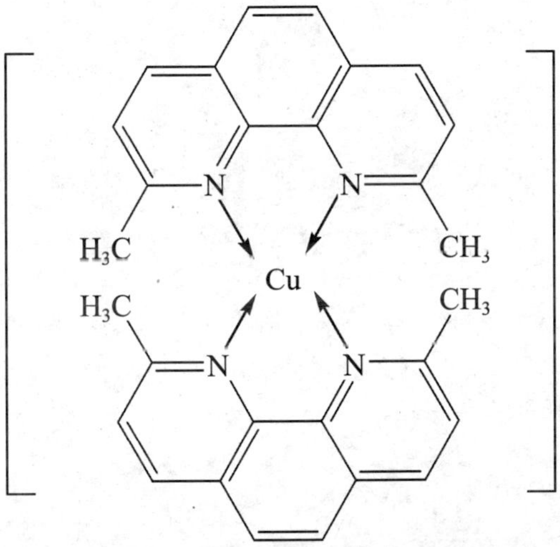

A.3 萃取溶剂除了用三氯甲烷-甲醇的混合溶液外，还可以用异戊醇、戊醇、己醇和甲基异丁基甲酮等萃取，在 457 nm 条件下，用三氯甲烷-甲醇混合液萃取为最佳。

A.4 本标准采用三氯甲烷-甲醇的混合溶液进行萃取，甲醇的作用是使络合物的黄色加深至最大限度。

A.5 分液漏斗的活塞不得涂抹凡士林防漏，因为凡士林溶于氯仿会给试验结果带来误差。

A.6 本标准中使用的显色剂英文名称为“neocuproine”，被翻译成中文的名称不统一，有的称为新铜试剂，有的称为新亚铜试剂或新试铜灵，为了避免误会，现使用“2,9-二甲基-1,10-菲啰啉”名称。

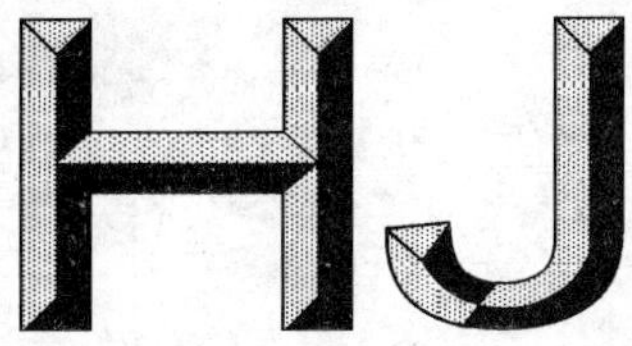


# 中华人民共和国国家环境保护标准

HJ 487—2009
代替 GB 7482—87

# 水质　氟化物的测定
# 茜素磺酸锆目视比色法

**Water quality—Determination of fluoridc**
**—Visual colorimetry with zirconium alizarinsulfonate**

2009-09-27 发布　　　　2009-11-01 实施

环　境　保　护　部 发布

# 前　言

为贯彻《中华人民共和国环境保护法》和《中华人民共和国水污染防治法》，保护环境，保障人体健康，规范水和废水中氟化物的监测方法，制定本标准。

本标准规定了饮用水、地表水、地下水、工业废水中氟化物的茜素磺酸锆目视比色测定法。

本标准对《水质　氟化物的测定　茜素磺酸锆目视比色法》（GB 7482—87）进行了修订，本标准首次发布于1987年，原标准起草单位为中国环境监测总站，本次是第一次修订。

主要修订内容如下：

——修改了茜素磺酸锆溶液配制方法；

——改变了茜素磺酸锆酸性溶液的加入量。

自本标准实施之日起，原国家环境保护局1987年3月14日批准、发布的国家环境保护标准《水质　氟化物的测定　茜素磺酸锆目视比色法》（GB 7482—87）废止。

本标准的附录A为规范性附录。

本标准由环境保护部科技标准司组织制订。

本标准主要起草单位：中国环境监测总站、辽宁省环境监测中心站。

本标准环境保护部2009年9月27日批准。

本标准自2009年11月1日起实施。

本标准由环境保护部解释。

# 水质　氟化物的测定　茜素磺酸锆目视比色法

## 1　适用范围

本标准规定了饮用水、地表水、地下水和工业废水中氟化物的茜素磺酸锆目视比色测定法。

本标准适用于饮用水、地表水、地下水和工业废水中氟化物的测定。

取 50 ml 试样，直接测定氟化物的浓度时，本方法检出限为 0.1 mg/L，测定下限为 0.4 mg/L，测定上限为 1.5 mg/L（高含量样品可经稀释后分析）。

## 2　方法原理

在酸性溶液中，茜素磺酸钠和锆盐生成红色络合物，当样品中有氟离子存在时，能夺取络合物中锆离子，生成无色的氟化锆离子，释放出黄色的茜素磺酸钠，根据溶液由红色褪至黄色的色度不同与标准比色定量。

## 3　试剂和材料

本标准所用试剂除非另有说明，分析时均使用符合国家标准的分析纯试剂，实验用水为新制备的去离子水或蒸馏水。

3.1　高氯酸（$HClO_4$）：70%～72%。

3.2　盐酸（HCl）：$\rho_{20}$=1.19 g/ml。

3.3　硫酸（$H_2SO_4$）：$\rho$=1.84 g/ml。

3.4　亚砷酸钠（$NaAsO_2$）：$\rho$=5 g/L，称取 0.5 g 亚砷酸钠，溶解于少量水中，稀释至 100 ml。

注：亚砷酸钠剧毒，防止进入口中。

3.5　氟化物标准贮备溶液：$\rho$=100.0 μg/ml，取氟化钠于 105℃烘 2 h，于干燥器中冷却后，精确称取 0.221 0 g，用水溶解，转入 1 000 ml 容量瓶中，并用水稀释至刻度。

3.6　氟化物标准溶液：$\rho$=10.00 μg/ml，取 10.00 ml 氟化物标准溶液（3.5），于 100 ml 容量瓶中，用水稀释至刻度。

3.7　茜素磺酸锆酸性溶液

3.7.1　茜素磺酸锆溶液：称取 0.3 g 氯氧化锆（$ZrOCl_2 \cdot 8H_2O$）于 100 ml 烧杯中，用 50 ml 水溶解后移入 1 000 ml 容量瓶中。另称取 0.7 g 茜素磺酸钠（$C_{14}H_7O_7SNa \cdot H_2O$）溶于 50 ml 水中，在不断摇动下，缓慢注入氯氧化锆溶液中。充分摇动后，放置澄清。

3.7.2　混合酸溶液：量取 101 ml 盐酸（3.2）用水稀释到 400 ml，另量取 33.3 ml 硫酸（3.3），在不断搅拌下，缓慢加入到 400 ml 水中，冷却后将两酸合并。

3.7.3　茜素磺酸锆酸性溶液：将混合酸（3.7.2）倾入盛有茜素磺酸锆溶液（3.7.1）的容量瓶中，用水稀释到刻度，摇匀，此溶液在约 2 h 后由红变黄即可使用。此溶液避光保存，可稳定 6 个月。

## 4　仪器

4.1　50 ml 具塞比色管。

4.2　蒸馏装置，见 A.5.1。

## 5 干扰和消除

当样品中干扰离子超过下列浓度时，需要预先蒸馏：总碱度（$CaCO_3$）400 mg/L、氯化物 500 mg/L、硫酸根 200 mg/L、铝 0.1 mg/L、磷酸根 1.0 mg/L、铁 2.0 mg/L、浊度 25 度、色度 25 度。

## 6 样品

### 6.1 采集与保存

测定氟化物的水样，采集和贮存样品均使用聚乙烯瓶。

### 6.2 试样的制备

（1）如果水样中含有残留的氯，可按每 0.1 mg 氯加一滴（0.05 ml）亚砷酸钠溶液，搅匀以除去之。

（2）水中干扰物质较多，不能直接用比色法测定时，可按附录 A 进行预蒸馏处理。

## 7 分析步骤

### 7.1 标准比色系列的配制

分别吸取 0.00、0.50、1.00、2.00、2.50、4.00、5.00 和 7.50 ml 氟化物标准溶液（3.6），放入 50 ml 比色管中，并用纯水定容。此标准色列氟化物含量分别为：0.00、5.00、10.00、20.00、25.00、40.00、50.00 和 75.00 μg。分别加 1.0 ml 茜素磺酸锆酸性溶液（3.7.3）于上述标准溶液中混匀，放置 1 h 或在 50℃水中显色 20 min，冷却至室温即可目视比色（选择的标准溶液中，至少有两个低于和两个高于试样中氟化物的浓度，通常以 50 μg/L 或 100 μg/L 的氟为间隔）。此标准色列避光保存可稳定 3 个月。

### 7.2 测定

取 50 ml 试样或馏出液置于比色管（4.1）中，氟含量高于 2.5 mg/L 时，可量取少量试样或馏出液，用水稀释到 50 ml。加 1.0 ml 茜素磺酸锆酸性溶液（3.7.3）于比色管中混匀，放置 1 h 或在 50℃水中显色 20 min，冷却至室温即可与标准色列进行目视比色。

### 7.3 空白试验

用 50 ml 经预处理后的水样代替样品，所用试剂及其用量与在测定（7.2）中所用的相同，并采用相同的步骤，进行空白测定。

## 8 结果计算

水样中氟化物（$F^-$）质量浓度按下式计算：

$$\rho = \frac{m}{V_2} \times \frac{200}{V_1} \tag{1}$$

式中：$\rho$——水样中氟化物（$F^-$）的质量浓度，mg/L；

$m$——由标准系列给出的氟化物含量，μg；

$V_2$——试份的体积（比色时取样体积），ml；

$V_1$——试样体积（取原水样蒸馏体积），ml。

## 9 精密度和准确度

### 9.1 重复性

用配制氟化物浓度为 1.00 mg/L 的标准溶液，对其进行 11 次测定，其实验室内相对标准偏差为 9.3%。

20 个实验室测定下列水样的结果：

含氟量为 830 μg/L 的无干扰物质的统一水样：室间相对标准偏差为 4.9%，相对误差为 3.6%。

含氟量为 570 μg/L 的含有干扰物质的统一水样：室间相对标准偏差为 11.1%，相对误差为 0。

### 9.2 准确度实验

采用茜素磺酸锆目视比色法对编号为 GSB07-1194-2000 201722 的氟化物国家标准样品进行了预蒸馏-目视比色的实验测定，测定结果的平均值为 2.40 mg/L，在保证值不确定度范围内。

### 9.3 方法的比对实验

采用本方法与氟离子选择电极法进行对比测定，采用配对 $t$ 检验进行统计学处理，$t$ 值均小于 $t_{0.05(5)}$=2.57，两种方法无显著性差异。

## 10 注意事项

（1）共存离子影响：样品中有硫酸盐、磷酸盐、铁、锰的存在，能使测定结果偏高，铝可与氟离子形成稳定的络合物$[(AlF_6)^{3-}]$，使测定结果偏低。

（2）茜素磺酸钠配制后与锆盐最好分别保存，使用时再按比例混合，以保持试剂的灵敏度。

（3）茜素磺酸锆与氟离子在作用过程中颜色的形成，受各种因素的影响，因此在分析时，要控制样品、空白和标准系列加入试剂的量，反应温度、放置时间等条件必须一致，试份与标准比色系列之间的温差不超过 2℃。

# 附　录　A

（规范性附录）

## 水质　氟化物的测定　含干扰离子样品的预处理

### A.1　水蒸气蒸馏法原理

水中氟化物在含高氯酸（或硫酸）的溶液中，通入水蒸气，以氟硅酸或氢氟酸形式而被蒸出。

### A.2　蒸馏装置

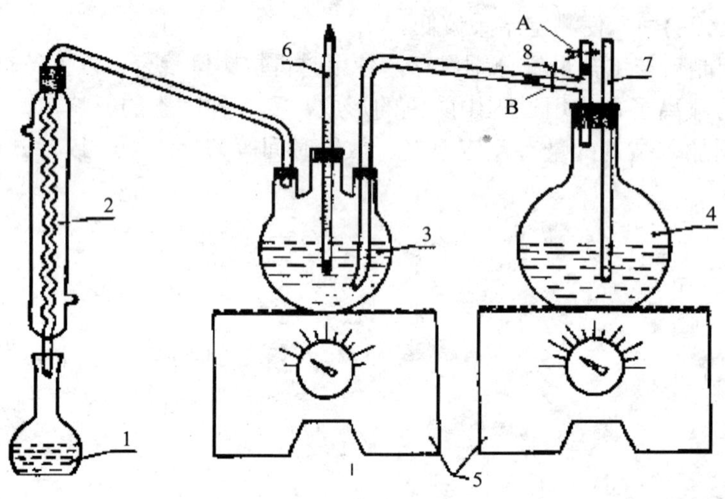


1—接收瓶（200 ml 容量瓶）；2—冷凝管（蛇形或球形）；3—蒸馏瓶（250 ml 直口三口烧瓶）；
4—2 000 ml 平底烧瓶（制水蒸气用）；5—可调电炉；6—温度计；7—安全管；8—三通管（排气用）

**图 1　水蒸气蒸馏法装置图**

### A.3　步骤

取 50 ml 水样（氟浓度高于 2.5 mg/L 时，可分取少量样品，用水稀释到 50 ml）于蒸馏瓶（3）中，加 10 ml 高氯酸（3.1），摇匀，按图 1 连接好，开启冷凝管中的回流水。加热平底烧瓶（4），关闭三通阀当中阀 B，开启通往空气的阀 A，使其沸腾产生水蒸气。同时加热蒸馏瓶（3），待蒸馏瓶（3）内溶液温度升到约 130℃时，开启三通阀当中阀 B，关闭通往空气的阀 A，开始通入蒸汽，并维持蒸馏瓶（3）温度在 130～140℃，蒸馏速度为 5～6 ml/min。待接收瓶（1）中馏出液体积约 200 ml 时停止蒸馏，并用水稀释至 200 ml，留测定用。

如果水样中有机物含量高时，为避免与高氯酸发生爆炸，用硫酸代替高氯酸（硫酸与水样的体积比为 1∶1）进行蒸馏，控制温度在 145℃±5℃。蒸馏水样时，勿使温度超过 180℃，以防硫酸过多地蒸出。连续蒸馏几个水样时，可待瓶内硫酸溶液温度降低至 120℃以下，再加入另一个水样，蒸馏过一个含氟高的水样后，应在蒸馏另一个水样前加入 250 ml 纯水。用同法蒸馏，以清除可能存留在蒸馏器中的氟化物。蒸馏瓶中的硫酸可以多次使用，直至变黑为止。

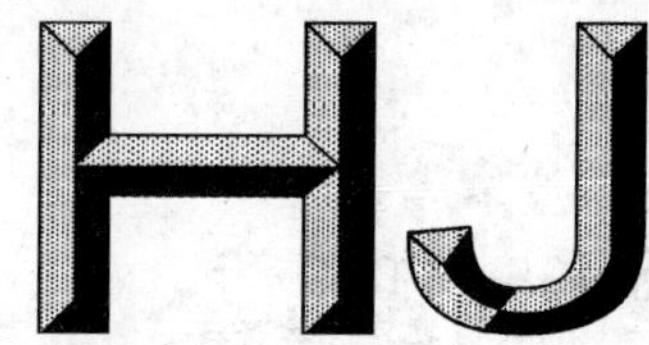

# 中华人民共和国国家环境保护标准

HJ 488—2009

代替 GB 7483—87

# 水质 氟化物的测定
# 氟试剂分光光度法

**Water quality—Determination of fluoride**

**—Fluorine reagents spectrophotometry**

2009-09-27 发布 2009-11-01 实施

环 境 保 护 部 发布

# 前　言

为了贯彻《中华人民共和国环境保护法》和《中华人民共和国水污染防治法》，保护环境，保障人体健康，规范水中氟化物的监测方法，制定本标准。

本标准规定了地表水、地下水和工业废水中氟化物的测定方法。

本标准对《水质　氟化物的测定　氟试剂分光光度法》（GB 7483—87）进行修订，原标准起草单位为包头市环境监测站，本次是第一次修订。

主要修订内容如下：

——通过调整比色皿，拓宽了方法的线性范围；

——对部分文字和句式结构进行调整修订。

自本标准实施之日起，原国家环境保护局 1987 年 3 月 14 日批准、发布的国家环境保护标准《水质　氟化物的测定　氟试剂分光光度法》（GB 7483—87）废止。

本标准由环境保护部科技标准司组织制订。

本标准主要起草单位：中国环境监测总站、辽宁省环境监测中心站。

本标准环境保护部 2009 年 9 月 27 日批准。

本标准自 2009 年 11 月 1 日起实施。

本标准由环境保护部解释。

# 水质 氟化物的测定 氟试剂分光光度法

## 1 适用范围

本标准规定了测定地表水、地下水和工业废水中氟化物的氟试剂分光光度法。

本标准适用于地表水、地下水和工业废水中氟化物的测定。

本方法的检出限为 0.02 mg/L，测定下限为 0.08 mg/L。

## 2 方法原理

氟离子在 pH 值为 4.1 的乙酸盐缓冲介质中与氟试剂及硝酸镧反应生成蓝色三元络合物，络合物在 620 nm 波长处的吸光度与氟离子浓度成正比，定量测定氟化物（$F^-$）。

## 3 试剂和材料

本标准所用试剂除非另有说明，分析时均使用符合国家标准的分析纯试剂，实验用水为新制备的去离子水或无氟蒸馏水。

3.1 盐酸溶液：$c$=1 mol/L。

取 8.4 ml 盐酸溶于 100 ml 去离子水中。

3.2 氢氧化钠溶液：$c$=1 mol/L。

称取 4 g 氢氧化钠溶于 100 ml 去离子水中。

3.3 丙酮（$CH_3COCH_3$）。

3.4 硫酸（$H_2SO_4$）：$\rho_{20}$–1.84 g/ml。

取 300 ml 硫酸放入 500 ml 烧杯中，置电热板上微沸 1 h，冷却后装入瓶中备用。

3.5 冰乙酸（$CH_3COOH$）。

3.6 氟化物标准贮备液：称取已于 105℃烘干 2 h 的优级纯氟化钠（NaF）0.221 0 g 溶于去离子水中，移入 1 000 ml 量瓶中，稀释至标线，混匀贮于聚乙烯瓶中备用，此溶液每毫升含氟 100 μg。

3.7 氟化物标准使用液：吸取氟化钠标准贮备液（3.6）20.00 ml，移入 1 000 ml 容量瓶，用去离子水稀释至标线，贮于聚乙烯瓶中，此溶液每毫升含氟 2.00 μg。

3.8 氟试剂溶液：$c$=0.001 mol/L。

称取 0.193 g 氟试剂[3–甲基胺–茜素–二乙酸，简称 ALC，$C_{14}H_7O_4 \cdot CH_2N(CH_2COOH)_2$]，加 5 ml 去离子水湿润，滴加氢氧化钠溶液（3.2）使其溶解，再加 0.125 g 乙酸钠（$CH_3COONa \cdot 3H_2O$），用盐酸溶液（3.1）调节 pH 至 5.0，用去离子水稀释至 500 ml，贮于棕色瓶中。

3.9 硝酸镧溶液：$c$=0.001 mol/L。

称取 0.443 g 硝酸镧[$La(NO_3)_3 \cdot 6H_2O$]，用少量盐酸溶液（3.1）溶解，以 1 mol/L 乙酸钠溶液调节 pH 为 4.1，用去离子水稀释至 1 000 ml。

3.10 缓冲溶液：pH= 4.1。

称取 35 g 无水乙酸钠（$CH_3COONa$）溶于 800 ml 去离子水中，加 75 ml 冰乙酸（$CH_3COOH$）（3.5），用去离子水稀释至 1 000 ml，用乙酸或氢氧化钠溶液在 pH 计上调节 pH 为 4.1。

3.11 混合显色剂。

取氟试剂溶液（3.8）、缓冲溶液（3.10）、丙酮（3.3）及硝酸镧溶液（3.9），按体积比 3∶1∶3∶3 混合即得。临用时配制。

## 4 仪器和设备

4.1 分光光度计：光程 30 mm 或 10 mm 的比色皿。
4.2 pH 计。

## 5 干扰及消除

在含 5 μg 氟化物的 25 ml 显色液中，存在下述离子超过下列含量，对测定有干扰，应先进行预蒸馏：$Cl^-$ 30 mg；$SO_4^{2-}$ 5.0 mg；$NO_3^-$ 3.0 mg；$B_4O_7^{2-}$ 2.0 mg；$Mg^{2+}$ 2.0 mg；$NH_4^+$ 1.0 mg；$Ca^{2+}$ 0.5 mg。

## 6 样品

### 6.1 采集与保存

测定氟化物的水样，应用聚乙烯瓶收集和贮存。

### 6.2 试样的制备

除非证明试样的预处理是不必要的，可直接制备试样进行比色，否则应按附录 A 进行预蒸馏处理。

## 7 分析步骤

### 7.1 校准曲线

于 6 个 25.0 ml 容量瓶中分别加入氟化物标准溶液（3.7）0.00、1.00、2.00、4.00、6.00、8.00 ml，加去离子水至 10 ml，准确加入 10.0 ml 混合显色剂（3.11），用去离子水稀释至刻度，摇匀，放置 30 min 用 30 mm 或 10 mm 比色皿于 620 nm 波长处，以纯水为参比，测定吸光度。扣除试剂空白（零浓度）吸光度，以氟化物含量对吸光度作图，即得校准曲线。

### 7.2 测定

准确吸取 1.00～10.00 ml 试样（视水中氟化物含量而定）置于 25.0 ml 容量瓶中，加去离子水至 10 ml，准确加入 10.0 ml 混合显色剂（3.11），用去离子水稀释至刻度，摇匀。以下按 7.1 进行。经空白校正后，由吸光度值在校准曲线上查得氟化物（$F^-$）含量。

### 7.3 空白试验

用水代替试样，按测定样品步骤进行测定。

## 8 结果计算

试样中氟化物（$F^-$）质量浓度按下式计算：

$$\rho = \frac{m}{V}$$

式中：$\rho$——试样中氟化物（$F^-$）质量浓度，mg/L；

$m$——校准曲线查得的试样含氟量，μg；

$V$——分析时取试样体积，ml。

计算结果精确到小数点后两位。

## 9 精密度和准确度

3 个实验室分析含氟化物 0.5 mg/L 的统一分发标准溶液，实验室内相对标准偏差为 1.2%，实验室间相对标准偏差为 1.2%，相对误差为–0.8%。

# 附 录 A
（规范性附录）
## 水质 氟化物的测定 含干扰离子样品的预处理

A.1 对于酸碱性较强的水样，在测定前应用 1 mol/L 氢氧化钠溶液或 1 mol/L 盐酸溶液调至中性后再进行测定。

A.2 预蒸馏

A.2.1 蒸馏装置见图 A.1。

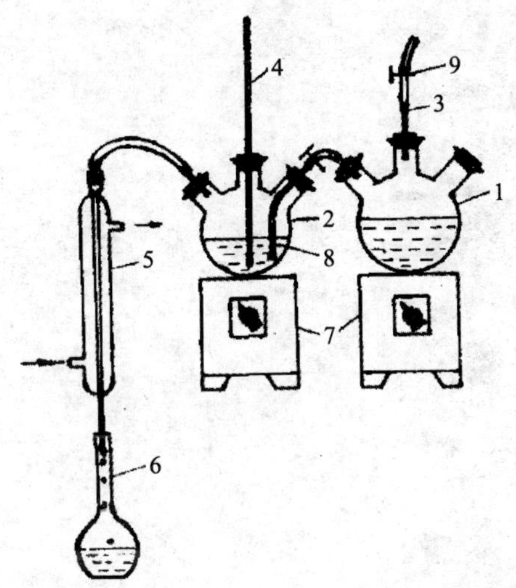


1—1 000 ml 三口烧瓶；2—500 ml 三口烧瓶；3—安全管；4—250℃温度计；

5—冷凝管；6—接收瓶；7—万能电炉；8—水蒸气导管；9—螺栓水止

**图 A.1 蒸馏装置图**

A.2.2 取 20 ml 试份置于 500 ml 三口烧瓶（A.2.1）中，在不断摇动下徐徐加入 20 ml 硫酸（3.4）混匀。按图 A.1 连接好装置，升温，至温度达 145℃时导入水蒸气。以每分钟 6～7 ml 馏出速度收集蒸馏液至 200 ml，留待显色用。

注：蒸馏温度应严格控制在（145±5）℃，否则硫酸将被蒸出，影响测定结果。

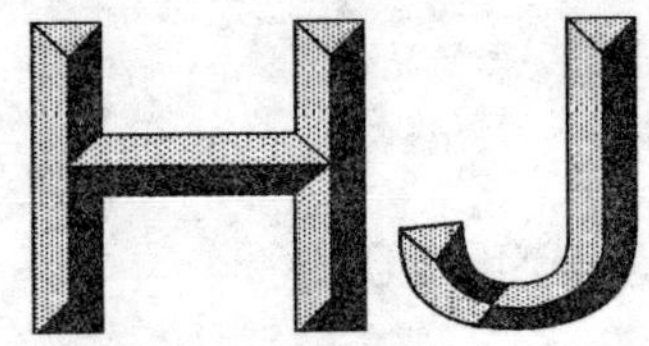

# 中华人民共和国国家环境保护标准

HJ 489—2009
代替 GB 11909—89

# 水质　银的测定
# 3,5-$Br_2$-PADAP 分光光度法

**Water quality—Determination of silver**
**—Spectrophotometric method with 3,5-$Br_2$-PADAP**

2009-09-27 发布　　　　2009-11-01 实施

环　境　保　护　部 发布

# 前 言

为贯彻《中华人民共和国环境保护法》和《中华人民共和国水污染防治法》，保护环境，保障人体健康，规范水和废水中银的监测方法，制定本标准。

本标准规定了水和废水中银的测定方法。

本标准对《水质　银的测定　3,5-$Br_2$-PADAP 分光光度法》（GB 11909—89）进行了修订，原标准起草单位为中国环境监测总站，本次是第一次修订。

主要修订内容如下：

——增加共存离子干扰及消除部分并对标准文字部分进行调整修订。

自本标准实施之日起，原国家环境保护局 1989 年 12 月 25 日批准、发布的国家环境保护标准《水质　银的测定　3,5-$Br_2$-PADAP 分光光度法》（GB 11909—89）废止。

本标准由环境保护部科技标准司组织制订。

本标准主要起草单位：中国环境监测总站。

本标准环境保护部 2009 年 9 月 27 日批准。

本标准自 2009 年 11 月 1 日起实施。

本标准由环境保护部解释。

# 水质 银的测定 3,5-$Br_2$-PADAP 分光光度法

## 1 适用范围

本标准规定了测定水和废水中银的 3,5-$Br_2$-PADAP（[2-(3,5)-二溴-2-吡啶偶氮]-5-二乙氨基苯酚）分光光度法。

本标准适用于受银污染的地表水及感光材料生产、胶片洗印、镀银、冶炼等行业的工业废水中银的测定。

试份体积为 25 ml，使用光程为 10 mm 比色皿时，本方法检出限为 0.02 mg/L，测定下限为 0.08 mg/L，测定上限为 1.0 mg/L。

## 2 方法原理

在 1%十二烷基硫酸钠存在下，于 pH 4.5～8.5 的乙酸盐缓冲介质中，银与 3,5-$Br_2$-PADAP 生成稳定的 1∶2 紫红色络合物，其吸光度与银的浓度成正比。络合物的最大吸收波长为 570 nm；试剂的最大吸收波长为 470 nm；摩尔吸光系数为 $7.6\times10^4$ L/（mol·cm）。

## 3 试剂和材料

本标准所用试剂除非另有说明，分析时均使用符合国家标准的分析纯试剂，实验用水为新制备的去离子水或蒸馏水。

3.1 硝酸（$HNO_3$）：$\rho$=1.40 g/ml。

3.2 硫酸（$H_2SO_4$）：$\rho$=1.84 g/ml。

3.3 高氯酸（$HClO_4$）：$\rho$=1.68 g/ml。

3.4 过氧化氢（$H_2O_2$）：30%。

3.5 硝酸（$HNO_3$）1+1 溶液：取适量硝酸（3.1）加入到等体积水中，混匀。

3.6 硝酸（$HNO_3$）溶液，$\rho(HNO_3)$=1 mol/L：用硝酸（3.1）配制。

3.7 硫酸（$H_2SO_4$）1+1 溶液：取适量硫酸（3.2）加入到等体积水中，混匀。

3.8 氢氧化钠（NaOH）溶液，$\rho$(NaOH)=1 mol/L：称取 40 g 氢氧化钠溶于水，并稀释至 1 L。

3.9 过氧化氢溶液（$H_2O_2$），$\rho(H_2O_2)$=3%（体积分数）：取过氧化氢（3.4）10 ml 用水稀释至 100 ml。

3.10 EDTA-2Na 溶液，$\rho$(EDTA-2Na)=0.1 mol/L：将 37.24 g EDTA-2Na（$C_{10}H_{14}N_2O_3Na_2\cdot2H_2O$）溶于水中，并稀释到 1 000 ml。

3.11 柠檬酸钠溶液，$\rho$=50 g/L：称取 50 g 柠檬酸钠，溶于水，稀释至 1 000 ml。

3.12 十二烷基硫酸钠（简称 sls）溶液，$\rho$=10 g/L：称取 1 g 十二烷基硫酸钠溶于 100 ml 水中。

3.13 乙酸-乙酸钠缓冲溶液，pH=5：用 1 mol/L 乙酸钠和 1 mol/L 乙酸溶液在 pH 计指示下，适量混合至所需 pH 值。

3.14 3,5-$Br_2$-PADAP 乙醇溶液，$\rho$(3,5-$Br_2$-PADAP)=0.3 g/L：溶解 0.03 g 3,5-$Br_2$-PADAP 于 100 ml 无水乙醇中。

3.15 银标准贮备液，$\rho$(Ag)=1.00 mg/ml：准确称取 0.157 5 g 硝酸银，加入 10 ml 硝酸溶液（3.6），溶解后转移至 100 ml 容量瓶中，用水稀释到标线，摇匀，保存于棕色瓶中。

3.16 银标准使用溶液，$\rho$(Ag)=0.100 mg/ml：将 10.00 ml 银标准贮备液（3.15）转移至 100 ml 容量瓶中，加入 2 ml 硝酸溶液（3.5），用水稀释到标线，贮于棕色玻璃瓶中避光保存。

3.17 银标准使用液，$\rho$(Ag)=5.0 μg/ml：将 5.00 ml 银标准使用溶液（3.16）转移至 100 ml 容量瓶中，用水稀释到标线，使用前配置。

3.18 甲基橙指示液，$w$（甲基橙）=10%：将 0.1 g 甲基橙（methy orange）溶于水中并稀释到 100 ml。

## 4 仪器和设备

4.1 分光光度计及 10 mm 石英比色皿。

4.2 pH 计。

4.3 100 ml、1 000 ml 容量瓶。

## 5 干扰及消除

加入掩蔽剂 0.1 mol/L EDTA-2Na 溶液 2 ml，可掩蔽 $Co^{2+}$、$Bi^{3+}$各 50 μg，$Cr^{3+}$、$Ba^{2+}$、$Sr^{2+}$各 100 μg，$Cd^{2+}$、$Cu^{2+}$、$Pb^{2+}$、$Ni^{2+}$、$Mn^{2+}$、$VO^{3-}$、$Hg^{2+}$各 200 μg，$Fe^{2+}$ 400 μg、$Fe^{3+}$ 500 μg，$Al^{3+}$、$Mg^{2+}$、$K^{+}$、$Na^{+}$、$Ca^{2+}$各 1 000 μg 对测定 5.0 μg $Ag^{+}$的影响。$Cl^{-}$、$Br^{-}$、$I^{-}$、$S_2O_3^{2-}$、$SCN^{-}$和 $S^{2-}$产生负干扰，易在用强酸消解水样时被分解除去。

## 6 样品

### 6.1 采集与保存

测定银的水样，应用聚乙烯瓶收集和贮存，用浓硝酸将水样酸化到 pH 1～2，并尽快分析，采集的水样应避光保存。

### 6.2 试样的制备

除非证明试样的预处理是不必要的，可直接制备试样进行比色，否则应按如下步骤进行前处理。

取 25.0 ml 均匀试样于 100 ml 烧杯内（如银的浓度超过 1.0 mg/L 时，可适当少取，或用水稀释至适当浓度后，再分取）。于试料中，依次加入 5 ml 硝酸（3.5），1 ml 硫酸（3.2）和 6.5 ml 过氧化氢溶液（3.9），加盖表面皿，在电热板上小心加热至沸，5～10 min 后取下冷却，加入 1～2 ml 高氯酸（3.3），在电热板上蒸发至近干。冷却后，加 1 ml 硝酸溶液（3.6），以少许水冲洗杯壁，移至电热板上温热溶解盐类。然后小心移入 25 ml 容量瓶中。

## 7 分析步骤

### 7.1 校准曲线

7.1.1 于 8 个 25 ml 容量瓶中，分别加入 0.00、0.50、1.00、2.00、2.50、3.00、4.00、5.00 ml 银标准使用液（3.17），用少量水洗涤管壁。

7.1.2 于上述容量瓶中，加入 1 ml 柠檬酸钠溶液（3.11），滴加 1 滴甲基橙指示剂（3.18），用氢氧化钠溶液（3.8）中和溶液由红变黄，依次加入 2 ml 乙酸-乙酸钠缓冲溶液（3.13），2 ml EDTA-2Na 溶液（3.10），2 ml 十二烷基硫酸钠溶液（3.12），2 ml 3,5-$Br_2$-PADAP 乙醇溶液（3.14）（每加一种试剂后均需摇匀）。用水稀释至标线，摇匀。放置 20 min 后，用 10 mm 比色皿，于 570 nm 波长处，测量吸光度。以水为参比，测量试剂空白（零浓度）的吸光度。以减去试剂空白（零浓度）后的吸光度，对应的银含量（μg）绘制校准曲线。

### 7.2 样品测定

取适量经消解的水样（含 $Ag^{+}$<35 μg）置于 25 ml 容量瓶中，用少量水洗涤管壁，以下按 7.1.2 进行。从校准曲线上查出样品中的含银量或用回归方程进行计算。

## 8 结果

水样中银含量按下式计算：

$$\rho = \frac{m}{V}$$

式中：$\rho$——水样中银质量浓度，mg/L；

$m$——由校准曲线查得或由回归方程计算得试料含银量，μg；

$V$——所取试样体积，ml。

## 9 精密度和准确度

5 个实验室，分析用蒸馏水配置的含银 1.00 mg/L 的统一样品（样品加氨水和碘化氰保存）。

### 9.1 重复性

重复性相对标准偏差为 1.60%。

### 9.2 再现性

再现性相对标准偏差为 1.75%。

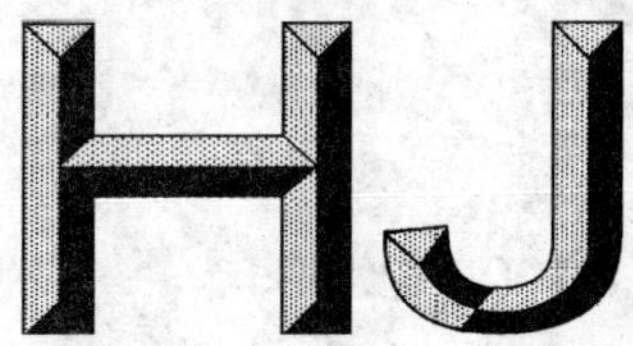


# 中华人民共和国国家环境保护标准

HJ 490—2009
代替 GB 11908—89

# 水质 银的测定
# 镉试剂 2B 分光光度法

**Water quality—Determination of silver**
**—Spectrophotometry with cation 2B**

2009-09-27 发布　　2009-11-01 实施

环 境 保 护 部 发布

# 前 言

为贯彻《中华人民共和国环境保护法》和《中华人民共和国水污染防治法》，保护环境，保障人体健康，规范水和废水中银的监测方法，制定本标准。

本标准规定了水和废水中银的测定方法。

本标准对《水质 银的测定 镉试剂 2B 分光光度法》（GB 11908—89）进行了修订，原标准起草单位为中国环境监测总站，首次发布于 1989 年，本次是第一次修订。

主要修订内容如下：

——增加共存离子干扰及消除部分并对标准文字部分进行调整修订。

自本标准实施之日起，原国家环境保护局 1989 年 12 月 25 日批准、发布的国家环境保护标准《水质 银的测定 镉试剂 2B 分光光度法》（GB 11908—89）废止。

本标准由环境保护部科技标准司组织制订。

本标准主要起草单位：中国环境监测总站。

本标准环境保护部 2009 年 9 月 27 日批准。

本标准自 2009 年 11 月 1 日起实施。

本标准由环境保护部解释。

# 水质 银的测定 镉试剂 2B 分光光度法

## 1 适用范围

本标准规定了水和废水中银的镉试剂 2B 分光光度测定方法。

本标准适用于受银污染的地表水及感光材料生产、胶片洗印、镀银、冶炼等行业的工业废水中银的测定。

试份体积为 25 ml，使用光程为 10 mm 比色皿时，本方法检出限为 0.01 mg/L，测定下限为 0.04 mg/L，测定上限为 0.8 mg/L。

## 2 方法原理

在曲力通 X-100（Triton X-100）存在下的四硼酸钠缓冲介质中，镉试剂 2B 与银离子生成络合比为 4∶1 的稳定的紫红色络合物，该络合物至少可以稳定 24 h，且颜色强度与银的浓度成正比，该络合物的最大吸收波长为 554 nm；镉试剂 2B 是棕褐色的固体粉末，在弱酸或碱性介质中以分子形式存在，试剂为黄色，最大吸收波长为 445 nm。

## 3 试剂和材料

本标准所用试剂除非另有说明，分析时均使用符合国家标准的分析纯化学试剂，实验用水为新制备的去离子水或蒸馏水。

3.1 硝酸（$HNO_3$）：$\rho$=1.40 g/ml。

3.2 硫酸（$H_2SO_4$）：$\rho$=1.84 g/ml。

3.3 高氯酸（$HClO_4$）：$\rho$=1.68 g/ml。

3.4 过氧化氢（$H_2O_2$）：30%。

3.5 乙醇（$C_2H_5OH$）：95%。

3.6 硝酸（$HNO_3$）1+1 溶液：取 50 ml 硝酸（3.1）加入到 50 ml 水中，混匀。

3.7 氢氧化钠（NaOH）溶液，$\rho$(NaOH)=1 mol/L：称取 40 g 氢氧化钠溶于水，并稀释至 1 L。

3.8 EDTA-2Na 溶液，$\rho$(EDTA-2Na)=0.05 mol/L：将 1.86 g EDTA-2Na（$C_{10}H_{14}N_2O_3Na_2 \cdot 2H_2O$）溶于水中，并稀释到 100 ml。

3.9 四硼酸钠溶液，$\rho(Na_2B_4O_7)$=50 g/L：将 10 g 四硼酸钠（$Na_2B_4O_7 \cdot 10H_2O$）溶于水中，并稀释到 200 ml。

3.10 曲力通 X-100 溶液，$\rho$（曲力通 X-100）=5%（体积分数）：将 5 ml 曲力通 X-100[Triton X-100，$(CH_3)_3CCH_2C(CH_3)_2\text{-}C_6H_4(OCH_2CH_2)_nOH_{n\sim10}$]溶于 95 ml 水中，可加热使其溶解。

3.11 镉试剂 2B 乙醇溶液，$\rho$（镉试剂 2B）=0.4 g/L：溶解 0.080 g 镉试剂 2B（4-硝基萘重氮氨基偶氮苯，$O_2NC_{10}H_6N$：$NNHC_6H_4N$：$NC_6H_5$）于 200 ml 乙醇（3.5）中，加入 2 滴氢氧化钠溶液（3.7），用 4 号砂芯漏斗过滤除去不溶物。

3.12 银标准贮备液，$\rho$(Ag)=1.00 mg/ml：准确称取 0.157 5 g 硝酸银（$AgNO_3$），溶于适量水中，加入 2 ml 硝酸溶液（3.6）。溶解后转移至 100 ml 容量瓶中，用水稀释到标线。贮于棕色玻璃瓶中避光保存，至少可稳定一个月。

3.13 银标准溶液，$\rho$(Ag)=0.100 mg/ml：将 10.00 ml 银标准贮备液（3.12）转移至 100 ml 容量瓶中，加入 2 ml 硝酸溶液（3.6），用水稀释到标线。贮于棕色玻璃瓶中避光保存。

3.14　银标准使用液，$\rho$(Ag)=4.0 μg/ml：将 20.00 ml 银标准溶液（3.13）转移至 500 ml 容量瓶中，用水稀释到标线，使用前配制。

3.15　甲基橙溶液，$w$（甲基橙）=10%：将 0.010 g 甲基橙（methy orange）溶于水中并稀释到 100 ml。

## 4　仪器和设备

4.1　分光光度计及 10 mm 石英比色皿。

4.2　pH 计。

4.3　容量瓶：50、100、500、1 000 ml。

## 5　干扰及消除

不加掩蔽剂 EDTA 时，在此条件下，$Na^+$、$B_4O_7^{2-}$、$PO_3^-$各 100 mg，$K^+$、$Ca^{2+}$、$Mg^{2+}$、$NH_4^+$、$NO_3^-$、$SO_4^{2-}$、$PO_4^{3-}$、柠檬酸根各 10 mg，$As^{3+}$、$WO_4^{2-}$、$MoO_4^{2-}$、$ClO^{4-}$、$BrO_3^-$、$IO_3^-$、$S_2O_8^{2-}$各 1.0 mg 以及 $Be^{2+}$、$Cr^{6+}$、$SeO_3^{2-}$、$TeO_3^{2-}$、$VO_3^-$各 0.1 mg 不干扰 10 μg $Ag^+$的测定，少量的 $Cd^{2+}$、$Hg^{2+}$、$Zn^{2+}$、$Ni^{2+}$、$Cu^{2+}$等有正干扰，但加入 0.05 mol/L EDTA-2Na 溶液 0.5 ml，至少可掩蔽 $Cd^{2+}$、$Cu^{2+}$、$Ni^{2+}$、$Zn^{2+}$、$Pb^{2+}$、$Mn^{2+}$、$Fe^{3+}$、$Fe^{2+}$、$La^{3+}$各 1.0 mg 和 $Co^{2+}$、$Hg^{2+}$、$Al^{3+}$、$Cr^{3+}$、$Pd^{2+}$、$Y^{3+}$各 100 μg 对测定 10 μg $Ag^+$的影响。

## 6　样品

### 6.1　采集与保存

测定银的水样，应用聚乙烯瓶收集和贮存，用浓硝酸将水样酸化到 pH 1～2，并尽快分析。

感光材料生产和胶片洗印、镀银等行业的废水，样品采集后不加酸，并立即进行分析。

采集的水样应避免光照。

### 6.2　试样的制备

除非证明试样的预处理是不必要的，可直接制备试样进行比色，否则应按如下步骤进行前处理。

取 25.0 ml 均匀试样于 100 ml 烧杯内。如银的浓度超过 0.8 mg/L，可适当减少试样，用水稀释至 25 ml。于试料中，依次加入 4 ml 硝酸（3.1），1 ml 硫酸（3.2）和 0.5 ml 过氧化氢（3.4）。在电热板上缓慢加热至冒白烟。取下冷却后，加入 1 ml 高氯酸，加盖表面皿，继续加热至近干。冷却后，加 0.5 ml 硝酸（3.6），再用少许水冲洗杯壁，微热溶解残渣。然后，小心洗入 25 ml 容量瓶中，溶液体积不宜超过 15 ml。

有沉淀或悬浮物的试样，如感光材料、洗印废水等，应尽量取均匀试样制备试料。

样品复杂，含有机物质较多，或有沉淀等可多加硝酸反复消解，较清洁样品加硝酸和高氯酸一次消解即可。在消解过程中，不宜蒸干。否则，银有损失。

即使用浓硝酸将水样酸化到 pH 1～2，也不宜贮存，应尽快分析。特别是洗印废水，样品采集后，应不加酸，立即制备试料进行分析。

## 7　分析步骤

### 7.1　校准曲线

7.1.1　于 7 个 25 ml 容量瓶中，分别加入 0.00、0.50、1.00、2.00、3.00、4.00、5.00 ml 银标准溶液（3.14）。

7.1.2　于上述容量瓶中，加入 0.5 ml EDTA-2Na 溶液（3.8），滴加 1 滴甲基橙指示剂（3.15），用氢氧化钠溶液（3.7）调至指示剂刚好变黄。依次加入 2 ml 四硼酸钠溶液（3.9），1.0 ml 曲力通 X-100 溶液（3.10）和 1.5 ml 镉试剂 2B 乙醇溶液（3.11）。用水稀释至标线，摇匀。放置 10 min 后，用 10 mm 比色皿，于 554 nm 波长处，测量吸光度。以水为参比，测量试剂空白（零浓度）的吸光度。以减去试剂空白（零浓度）后的吸光度，对应银含量（μg）绘制校准曲线。

### 7.2 样品测定

准确吸取 1～15 ml 试份（视水中银含量而定）置于 25 ml 容量瓶中，以下按 7.1.2 进行。从校准曲线上查出试料中的含银量或用回归方程进行计算。

## 8 结果的表示

银质量浓度按下式计算：

$$\rho = \frac{m}{V}$$

式中：$\rho$——试样中银质量浓度，mg/L；

$m$——由校准曲线查得或由回归方程计算得试料含银量，μg；

$V$——所取试样体积，ml。



## 9 精密度和准确度



4 个实验室，分析用蒸馏水配置的含银 1.00 mg/L 的统一样品（样品加氨水和碘化氰保存）。

### 9.1 重复性

重复性相对标准偏差为 2.2%。



### 9.2 再现性

再现性相对标准偏差为 4.0%。

### 9.3 准确度

相对误差为–0.2%。

# 中华人民共和国国家环境保护标准

HJ 491—2009
代替 GB/T 17137—1997

# 土壤 总铬的测定 火焰原子吸收分光光度法

**Soil quality—Determination of total chromium —Flame atomic absorption spectrometry**

2009-09-27 发布　　2009-11-01 实施

环 境 保 护 部 发布

# 前　言

为了贯彻《中华人民共和国环境保护法》和《中华人民共和国水污染防治法》，保护环境，保障人体健康，规范土壤中总铬的监测方法，制定本标准。

本标准规定了测定土壤中总铬的火焰原子吸收分光光度法。

本标准是对《土壤质量　总铬的测定　火焰原子吸收分光光度法》（GB/T 17137—1997）的修订，原标准起草单位为中国环境监测总站，首次发布于 1997 年 12 月 8 日，本次是第一次修订。

主要修订内容如下：

——采用盐酸-硝酸-氢氟酸-高氯酸全分解的方法；

——增加了微波消解的前处理方法；

——简化土壤前处理步骤；

——增加了铬储备液的配制方法。

自本标准实施之日起，原国家环境保护局 1997 年 12 月 8 日批准、发布的国家环境保护标准《土壤质量　总铬的测定　火焰原子吸收分光光度法》（GB/T 17137—1997）废止。

本标准由环境保护部科技标准司组织制订。

本标准主要起草单位：中国环境监测总站、辽宁省环境监测中心站。

本标准环境保护部 2009 年 9 月 27 日批准。

本标准自 2009 年 11 月 1 日起实施。

本标准由环境保护部解释。

# 土壤　总铬的测定　火焰原子吸收分光光度法

## 1　适用范围

本标准规定了测定土壤中总铬的火焰原子吸收分光光度法。

本标准适用于土壤中总铬的测定。

称取 0.5 g 试样消解定容至 50 ml 时，本方法的检出限为 5 mg/kg，测定下限为 20.0 mg/kg。

## 2　方法原理

采用盐酸-硝酸-氢氟酸-高氯酸全分解的方法，破坏土壤的矿物晶格，使试样中的待测元素全部进入试液，并且，在消解过程中，所有铬都被氧化成 $Cr_2O_7^{2-}$。然后，将消解液喷入富燃性空气-乙炔火焰中。在火焰的高温下，形成铬基态原子，并对铬空心阴极灯发射的特征谱线 357.9 nm 产生选择性吸收。在选择的最佳测定条件下，测定铬的吸光度。

## 3　试剂和材料

本标准所用试剂除非另有说明，分析时均适用符合国家标准的分析纯化学试剂，实验用水为新制备的去离子水或蒸馏水。实验所用的玻璃器皿需先用洗涤剂洗净，再用 1+1 硝酸溶液浸泡 24 h（不得使用重铬酸钾洗液），使用前再依次用自来水、去离子水洗净。

3.1　盐酸（HCl）：$\rho$=1.19 g/ml，优级纯。

3.2　盐酸溶液，1+1：用（3.1）配制。

3.3　硝酸（$HNO_3$）：$\rho$=1.42 g/ml，优级纯。

3.4　氢氟酸（HF）：$\rho$=1.49 g/ml。

3.5　10%氯化铵水溶液：准确称取 10 g 氯化铵（$NH_4Cl$），用少量水溶解后全量转移入 100 ml 容量瓶中，用水定容至标线，摇匀。

3.6　铬标准储备液，$\rho$=1.000 mg/ml：准确称取 0.282 9 g 基准重铬酸钾（$K_2Cr_2O_7$），用少量水溶解后全量转移入 100 ml 容量瓶中，用水定容至标线，摇匀，冰箱中 2～8℃保存，可稳定 6 个月。

3.7　铬标准使用液，$\rho$=50 mg/L：移取铬标准储备液（3.6）5.00 ml 于 100 ml 容量瓶中，加水定容至标线，摇匀，临用时现配。

3.8　高氯酸（$HClO_4$）：$\rho$=1.68 g/ml，优级纯。

## 4　仪器和设备

### 4.1　仪器设备

原子吸收分光光度计、带铬空心阴极灯、微波消解仪、玛瑙研磨机等。

### 4.2　仪器参数

不同型号仪器的最佳测定条件不同，可根据仪器使用说明书自行选择。通常本标准采用表 1 中的测量条件，微波消解仪采用表 2 中的升温程序。

表 1　仪器测量条件

| 元素 | Cr |
|---|---|
| 测定波长/nm | 357.9 |
| 通带宽度/nm | 0.7 |
| 火焰性质 | 还原性 |
| 次灵敏线/nm | 359.0；360.5；425.4 |
| 燃烧器高度 | 8 mm（使空心阴极灯光斑通过火焰亮蓝色部分） |

表 2　微波消解仪升温程序

| 升温时间/min | 消解温度/℃ | 保持时间/min |
|---|---|---|
| 5.0 | 120 | 1.0 |
| 3.0 | 150 | 5.0 |
| 4.0 | 180 | 10.0 |
| 6.0 | 210 | 30.0 |

## 5　干扰及消除

5.1　铬易形成耐高温的氧化物，其原子化效率受火焰状态和燃烧器高度的影响较大，需使用富燃烧性（还原性）火焰。

5.2　加入氯化铵可以抑制铁、钴、镍、钒、铝、镁、铅等共存离子的干扰。

## 6　样品

### 6.1　采集与保存

将采集的土壤样品（一般不少于 500 g）混匀后用四分法缩分至约 100 g。缩分后的土样经风干（自然风干或冷冻干燥）后，除去土样中石子和动植物残体等异物，用木棒（或玛瑙棒）研压，通过 2 mm 尼龙筛（除去 2 mm 以上的沙砾），混匀。用玛瑙研钵将通过 2 mm 尼龙筛的土样研磨至全部通过 100 目（孔径 0.149 mm）尼龙筛，混匀后备用。

### 6.2　试样的制备

6.2.1　全消解方法

准确称取 0.2～0.5 g（精确至 0.000 2 g）试样于 50 ml 聚四氟乙烯坩埚中，用水润湿后加入 10 ml 盐酸（3.1），于通风橱内的电热板上低温加热，使样品初步分解，待蒸发至约剩 3 ml 时，取下稍冷，然后加入 5 ml 硝酸（3.3）、5 ml 氢氟酸（3.4）、3ml 高氯酸（3.8），加盖后于电热板上中温加热 1 h 左右，然后开盖，电热板温度控制在 150 ℃，继续加热除硅，为了达到良好的飞硅效果，应经常摇动坩埚。当加热至冒浓厚高氯酸白烟时，加盖，使黑色有机碳化物分解。待坩埚壁上的黑色有机物消失后，开盖，驱赶白烟并蒸至内容物呈黏稠状。视消解情况，可再补加 3 ml 硝酸（3.3）、3 ml 氢氟酸（3.4）、1 ml 高氯酸（3.8），重复以上消解过程。取下坩埚稍冷，加入 3 ml 盐酸溶液（3.2），温热溶解可溶性残渣，全量转移至 50 ml 容量瓶中，加入 5 ml 氯化铵水溶液（3.5），冷却后用水定容至标线，摇匀。

6.2.2　微波消解法

准确称取 0.2 g（精确至 0.000 2 g）试样于微波消解罐中，用少量水润湿后加入 6 ml 硝酸（3.3）、2 ml 氢氟酸（3.4），按照一定升温程序进行消解，冷却后将溶液转移至 50 ml 聚四氟乙烯坩埚中，加入 2 ml 高氯酸（3.8），电热板温度控制在 150℃，驱赶白烟并蒸至内容物呈黏稠状。取下坩埚稍冷，加入盐酸溶液（3.2）3 ml，温热溶解可溶性残渣，全量转移至 50 ml 容量瓶中，加入 5 ml $NH_4Cl$ 溶液（3.5），冷却后定容至标线，摇匀。

由于土壤种类较多，所含有机质差异较大，在消解时，应注意观察，各种酸的用量可视消解情况酌情增减；电热板温度不宜太高，否则会使聚四氟乙烯坩埚变形；样品消解时，在蒸至近干过程中需特别小心，防止蒸干，否则待测元素会有损失。

## 7 分析步骤

### 7.1 校准曲线

准确移取铬标准使用液（3.7）0.00、0.50、1.00、2.00、3.00、4.00 ml 于 50 ml 容量瓶中，然后，分别加入 5 ml $NH_4C1$ 溶液（3.5），3 ml 盐酸溶液（3.2），用水定容至标线，摇匀，其铬的质量浓度分别为 0.50、1.00、2.00、3.00、4.00 mg/L。此质量浓度范围应包括试液中铬的质量浓度。按 4.2 中的仪器测量条件由低到高质量浓度顺序测定标准溶液的吸光度。

用减去空白的吸光度与相对应的铬的质量浓度（mg/L）绘制校准曲线。

### 7.2 空白试验

用去离子水代替试样，采用和试液制备相同的步骤和试剂，制备全程序空白溶液，并按与 7.1 相同条件进行测定。每批样品至少制备 2 个以上的空白溶液。

### 7.3 测定

取适量试液，并按与 7.1 相同条件测定试液的吸光度。由吸光度值在校准曲线上查得铬质量浓度。每测定约 10 个样品要进行一次仪器零点校正，并吸入 1.00 mg/L 的标准溶液检查灵敏度是否发生了变化。

## 8 结果计算

土壤样品中铬的含量 $w$（mg/kg）按下式计算：

$$w = \frac{\rho \times V}{m \times (1-f)}$$

式中：$\rho$——试液的吸光度减去空白溶液的吸光度，然后在校准曲线上查得铬的质量浓度，mg/L；

$V$——试液定容的体积，ml；

$m$——称取试样的重量，g；

$f$——试样中水分的含量，%。

## 9 精密度和准确度

9.1 本方法分析 ESS 系列土壤标样中铬的精密度实验结果见表 3。

**表 3 方法的精密度实验结果**

| 土壤标样 | 消解方法 | 保证值/（mg/kg） | 平均值/（mg/kg） | 标准偏差 | 相对标准偏差/% |
|---|---|---|---|---|---|
| ESS-4 | 全消解法 | 70.4±4.9 | 66.3 | 1.99 | 3.0 |
| ESS-4 | 微波消解法 | | 65.4 | 3.01 | 4.6 |
| GSD-4 | 全消解法 | 81.0±6.0 | 75.8 | 1.82 | 2.4 |
| GSD-4 | 微波消解法 | | 75.2 | 2.56 | 3.4 |

9.2 多个实验室用本方法分析 ESS 系列土壤标样中铬的精密度和准确度实验结果见表 4。

表 4　方法的精密度和准确度实验结果

| 土壤标样 | 实验室数 | 保证值/（mg/kg） | 总均值/（mg/kg） | 室内相对标准偏差/% | 室间相对标准偏差/% | 相对误差/% |
|---|---|---|---|---|---|---|
| ESS-1 | 16 | 57.2±4.2 | 56.1 | 2.0 | 9.8 | −1.9 |
| ESS-3 | 18 | 98.0±7.1 | 93.2 | 2.3 | 8.3 | −4.9 |

9.3　在全消解（盐酸+硝酸+氢氟酸+高氯酸）情况下，标准土样回收率为 88%～94%，微波加电热板消解（硝酸+氢氟酸+高氯酸）情况下，标准土样的回收率为 90%～100%。

---

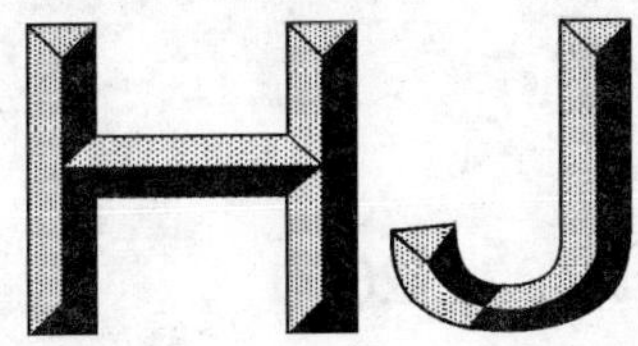

# 中华人民共和国国家环境保护标准

HJ 492—2009
代替 GB 6919—86

# 空气质量　词汇

**Air quality—Vocabulary**

2009-09-27 发布　　　　2009-11-01 实施

环　境　保　护　部 发布

# 前　言

为贯彻《中华人民共和国环境保护法》，保护环境，保障人体健康，规范空气质量词汇，制定本标准。

本标准规定了空气质量有关的名词术语的定义。

本标准等效采用了国际标准 ISO 4225：1994《空气质量　一般方面　词汇》的相关内容。

本标准对《空气质量　词汇》（GB 6919—86）进行了修订，原标准起草单位为中国环境监测总站，首次发布于 1986 年 10 月 10 日，本次是第一次修订。

主要修订内容：GB 6919—86 原有词汇 58 条，词汇条目与 ISO 4225：1980 相同，本次修订依据 ISO 4225：1994 版本新增补充 38 条词汇，按字母顺序排列，更改其修正的部分。

新增加内容主要涉及环境背景、恶臭、环境场所的词汇 13 条；补充采样等其他词汇 25 条，共计新增词汇 38 条。

自本标准实施之日起，原国家环境保护局 1986 年 10 月 10 日批准、发布的国家环境保护标准《空气质量　词汇》（GB 6919—86）废止。

本标准由环境保护部科技标准司组织制订。

本标准主要起草单位：中国环境监测总站、辽宁省环境监测中心站。

本标准环境保护部 2009 年 9 月 27 日批准。

本标准自 2009 年 11 月 1 日起实施。

本标准由环境保护部解释。

# 空气质量　词汇

## 1　适用范围

本标准规定了与空气质量有关的名词术语的定义，涉及气体、蒸汽和颗粒物采样及测量等方面。

## 2　名词术语

2.1　削减　abatement

在污染物或排放物排出之前，降低或减少其排出量。

2.2　气溶胶　aerosol

固体颗粒、液体颗粒或二者在气体介质中的悬浮体系。这些颗粒物在该体系中的降落速度很小。

2.3　空气污染物　air pollutant

由于人类活动或自然过程，排放到大气中的对人或环境产生不利影响的物质。

2.4　空气污染　air pollution

由于人类活动或自然过程，使得排放到大气中的物质的浓度及持续时间足以对人的舒适感、健康以及对设施或环境产生不利影响时，称为空气污染。

2.5　埃根核　Aitken nuclei

埃根核指粒径小于 0.1 μm 的气溶胶颗粒，一般存在于大气中，浓度从千分之几到十分之几不等，通过人类活动或自然过程产生，也可由物理、化学反应形成。

2.6　环境空气　ambient air

指人群、植物、动物和建筑物所暴露的室外空气。

2.7　环境空气质量　ambient air quality

由污染程度指示出的环境空气状态。

2.8　环境空气质量标准　ambient air quality standard

法律规定的各种环境空气质量的标准，通常规定某一段时间内空气污染物浓度平均值的上限、下限。

2.9　除尘器　arrester

除去气体介质中颗粒物的一种装置。

2.10　灰　ash

含碳物质燃烧后残存的固体残渣。虽然灰中可能含有未完全燃烧的可燃物，但是从分析的观点看，常假定其是完全燃烧后的产物。

2.11　（地球）大气 atmosphere（of the Earth）

环绕地球的整个空气组成。

2.12　平均时间　averaging time

依据测定方法不同产生，在其时间间隔内空气质量表示为平均值。

2.13　（大气污染物）背景浓度　background concentration（of air pollution）

在一定地域内，与所研究的污染源不直接关联的那部分空气质量。

2.14　袋式除尘器 bag filter

纤维构成的去除气流中颗粒物的过滤装置。

2.15　袋滤室　baghouse

过滤器和机械装置的组合，能将颗粒物清除并排入到外部防护的收集箱。

2.16 呼吸带 breathing zone

人类呼吸直接利用的那部分大气。

2.17 扩散器 bubbler

通过液体吸收介质传递气体样本的装置。气体输入管的末端插入液面下，甚至安装分配器将气体彻底分散到液体中。

2.18 级联冲击取样器 cascade impactor

用冲击的原理，按冲量大小，可以同时分别采集不同粒径颗粒物的一种采样器。

2.19 烟囱效应 chimney effect

因温差而使局部空气或其他气团向上移动的现象。

2.20 截止点 cut off

在一定条件下，采样器的捕集效率等于规定值时所对应的颗粒物粒径。

2.21 旋风分离器或气旋 cyclone

2.21.1 利用气体运动所产生的离心力使粉尘或液滴从气体中分离的一种分离器。

2.21.2 伴有旋转风系统的大气低压区，称为气旋。

2.22 高斯扩散参数 dispersion parameters，Gaussian

表述高斯气体扩散模型中气体扩散范围大小随着运动距离和时间变化的参数。它随着大气稳定度的变化而变化。

2.23 液滴 droplet

具有一定密度的小液体颗粒，粒径一般小于 200 μm。在空气静止的情况下它可降落下来，但在湍流的情况下可悬浮在空气中。

2.24 干绝热递减率 dry adiabatic lapse rate

见 2.53 递减率。

2.25 粉尘 dust

通常指空气动力当量直径在 75 μm 以下的固体小颗粒物。能在空气中悬浮一段时间，靠本身重量可从空气中沉降下来。

2.26 有效烟囱高度 effective chimney height

烟囱排出烟气扩散公式中采用的高度，即烟囱高度加上烟气抬升高度。烟气抬升高度取决于烟气出口速度、温度及风速等因素，也可能受地形的影响。

2.27 静电除尘器 electrostatic precipitator

利用气体通过强电场使颗粒物带电、再通过电极时带正/负电荷颗粒物分别被负/正电极板吸附的方式除去气流中颗粒物的一种装置。

2.28 淘析 elutriation

当颗粒物悬浮在流动的流体中时，利用它们具有不同的沉降速度而将其分离的方法。

2.29 排放 emission

物质排到大气中的过程，排放物质的点或面称为“排放源”。本名词用于描述排出及排出速率，也可用于噪声、热等方面。

2.30 排放浓度 emission concentration

空气污染物于排放口处，在排放物中的浓度。

2.31 排放系数 emission factor

表述一种空气污染物在某种活动下的产生比例，它是由污染物产生量与活动的比值计算出来的。例如生产每吨钢铁所排放的二氧化硫量。

2.32 排放通量 emission flux

单位排放源截面的排放速率。

2.33 排放速率 emission rate

单位时间内向大气中排放的污染物的量（或其他物理量）。

2.34 排放标准 emission standard

针对每种排放速率的法定排放状况。经常定义为某种排放速率下的最小排放量，或者在规定的稀释水平下的排放浓度或者其他量值。

2.35 等效直径 equivalent diameter

在几何学、光学、电学或空气动力学等方面的性能上与被研究的颗粒物相当的球形颗粒物直径。

2.36 飞灰 fly ash

燃烧燃料时烟气中夹带的细小颗粒物。

2.37 雾 fog

通常指液滴在气体中的悬浮体系。气象学上则指使能见度减小到 1 km 以内的水滴在大气中的悬浮体系。

2.38 烟尘 fume

一种固体颗粒气溶胶，一般是在冶炼过程中由熔化的物质蒸发后凝聚而产生，并且经常伴随氧化反应。

2.39 气化凝粒 fumes

习惯上指空中产生的令人不快、恶臭的产物，它可以从化学反应过程产生。

2.40 熏沉 fumigation

当逆温层遭破坏时，被逆温层所阻留的污染物迅速地被湍流带到地面的一种大气现象。

2.41 尘粒 grit

在大气或烟道中气载的固体颗粒物，其空气动力等效直径通常大于 75 μm。

2.42 尘

指悬浮在气体中一段时间的各种粒径固体颗粒物的一般术语（见 2.25 和 2.41）。

2.43 地面浓度 ground level concentration

通常为位于地面或呼吸带高度，单位体积空气中固体、液体或气体物质的量。

2.44 霾 haze

大量极细微的、单体肉眼不可见的微粒悬浮在空中，而使大气呈现出乳白色、能见度降低的现象。

2.45 排入 immission

污染物从大气向“受体”上的转移，例如污染物被肺脏存留。它与排放的意义相反。

2.46 排入剂量 immission dose

在暴露期间受体接受污染物的累积量。

2.47 排入通量 immission flux

受体单位表面积上的接受速率。

2.48 排入速率 immission rate

单位时间内，污染物转移到受体上的质量（或其他物理量）。

2.49 撞击集尘器 impinger

利用冲击和滞留原理采集颗粒物及气体的一种采样器。

2.50 室内空气 indoor air

封闭空间（如住所、公共建筑）内的空气。

2.51 干扰物 interferent

影响测定结果的空气样品中的任何成分，包括被测定的组分。

2.52 等速采样 isokinetic sampling

一种采集气流中悬浮颗粒物的采样方法，其采样速度与采样点的气流速度相同。

2.53 递减率 lapse rate

大气变量（不加说明时则指温度）随高度的变化。高度增加而大气温度下降时，递减率取正值。如果在气象条件下，大气环境递减率与绝热上升的一团干空气的递减率相同（约 10℃/km）则称此时大气具有干绝热递减率。

2.54 测量期间 measurement period

从第一次测定到最后测定结束的时间间隔。

2.55 微气象学 micrometeorology

气象学的一部分。观察并解释大气中小尺度物理现象及动力学过程的一门学科。迄今，这个领域的研究还局限于大气边界层，即从地球表面起至某个高度。在这个高度处，下垫面对空气运动和成分的直接作用可以忽略。

2.56 霭 mist

一个松散的定义，指在一种气体中悬浮有小液滴的现象。在气象学上霭出现时，能见度在 1～2 km。

2.57 监测 monitoring

2.57.1 广义上讲，为了追踪污染物种类、浓度的变化，在一定时期内对污染物进行重复测定。

2.57.2 狭义上讲，为了判断是否达到标准或评价管理和控制系统的效果，对污染物进行的定期测定称为监测。

2.58 月均值 month

综合报告月环境空气分析数据的平均值（每月按 30 d 计算）。

2.59 自然背景浓度 natural background concentration

在人为排放忽略不计的原始空气下，给定物质的浓度。

2.60 恶臭物质 odorant

具有令人不适的特殊气味的物质。

2.61 臭味 odour

某种物质所具有的刺激嗅觉器官的特性。

2.62 嗅辨员 odour panel

一组将物质臭味强度与参考值进行比较或者通过臭味鉴别物质的人员。

2.63 嗅觉阈值 odour threshold

嗅觉测定阈值或者嗅觉检出阈值。

2.64 嗅觉感觉阈值 odour detection threshold

半数嗅辨员能够检测到嗅觉气味存在的最小浓度值。在该项嗅觉阈值检测中，臭条被用作臭辨人员的虚拟样品。

2.65 嗅觉识别阈值 odour recognition threshold

半数人员能够辨别出气味特性的最小浓度值。在嗅觉识别阈值检测中，臭条被用作臭辨人员的虚拟样品。

2.66 颗粒物 particle

固态或液态的小离散体。

2.67 光化学反应 photochemical reaction

某些物质在光辐射下所产生的一种化学反应。

2.68 光化学烟雾 photochemical smog

大气中氮氧化物、有机化合物和氧化剂在日光作用下产生的一组氧化性的化合物，并可能引起能见度变差。其达到足够的浓度时，会刺激眼睛、呼吸道，损害物质及植物。

2.69 烟羽 plume

从特定出口如烟囱或排气口排出的气流（通常是可见的）。

2.70 烟气抬升高度 plume rise

从排放出口计，烟羽中心线的高度。

2.71 初次污染物 primary pollutant

由污染源直接排出的空气污染物，与在大气中形成的二次污染物相区别。

2.72 探头 probe

用来采集或测量管道内或烟囱内物质的一种装置，通常为管状。

2.73 雨洗效应 rain-out

雨滴将云中的小颗粒物去除的作用。

2.74 遥感 remote sensing

使用不直接与被测体系接触的仪器，测定大气或排放源中的物质或大气中的各种气象参数。

2.75 保留效率 retention efficiency

用分离采样器采集样品时，所采集到颗粒的量与进入仪器的总颗粒量之比（一般用百分数表示）。

2.76 林格曼系数 Ringelmann number

评价烟羽黑度的一种数值，通过用肉眼观测的烟羽黑度与林格曼卡［从 0（白）到 5（黑）一组格数］对比得到。

2.77 采样 sampling

2.77.1 连续采样 continuous sampling

在全部操作过程或预定时间内，不间断地采样。

2.77.2 瞬时采样 grab sampling

在很短时间内，采集一个样品。

2.78 采样时间 sampling time

单个样本采集的时间间隔。

2.79 自净 scavenging

污染物由于自然过程，而从大气中除去或浓度降低的过程或现象。

2.80 湿法洗涤器 scrubber，wet

利用接触、冲击潮湿界面或者利用喷淋等方式，来去除气流中颗粒物或污染物的设备。

2.81 涤气 scrubbing

气体采样或气体净化所用的一种工序。气流中某些组分与液体表面接触（用填料、喷淋或鼓泡等方法）而被清除。

2.82 二次污染物 secondary pollutants

一次污染物或由固定源、流动源排放出的其他物质，在大气中通过物理或化学反应而生成的污染物。

2.83 沉降室 settling chamber

设计用来降低气体流速，进而促进颗粒物从气流中沉降的构建物。

2.84 烟雾 smog

气溶胶造成的大范围的大气污染，部分产生于自然过程，部分产生于人类活动。

2.85 烟 smoke

通常是由燃烧而产生的一种可见的气溶胶。

注：①此名词的含义不包括水蒸气。

②在一些文献内，烟是根据林格曼数、烟的浓淡程度、斑点的黑度或采集的沉积物的量而定量的。

2.86 烟雾气

整个燃烧产物，包括气体和夹带的颗粒物（延伸还包括化学过程或冶金过程产生的含尘气体）（见 2.38、2.39 和 2.85）。

2.87 烟炱 smuts

从烟囱壁分离下来或被烟道气冲刷出来的、而后落到烟囱周围地区的煤烟团。

2.88 烟粒 soot

不完全燃烧产生的、并在其排出之前沉积的含碳粒子的聚集物。

2.89 排放源 source

见 2.29 排放。

2.90 （大气）稳定度 stability（of the atmosphere）

大气流体静力学平衡状态，在该状态下如果气块运动离开最初的水平面将受到一股静力学压力阻止其离开。如果气块离开运动没受到任何压力，该状态称为中性稳定状态；如果离开运动受到相反压力，促使气块远离最初的位置，该状态称为不稳定状态。

2.91 悬浮物质 suspended matter

长时间悬浮在大气或烟道气中的颗粒物。由于粒径太小，其沉降速度不明显。

2.92 痕量金属 trace metal

通常在大气中存在的浓度很低的金属。

2.93 迁移 transmission

是指污染物位置变化和在大气中化学变化的共同效应。

2.94 蒸汽 vapour

物质以能与固相或液相状态并存的气相状态。

2.95 洗脱 wash out

雨滴降落时，大气中的气体，有时包括颗粒物，经雨滴的溶解或黏附而被去除。过去该词有时包括雨洗。

2.96 车间空气 workplace air

人们在工作场所工作时所处的室内或室外空气。

# 附 录 A
（资料性附录）
## 空气质量 词汇 汉语索引

# 附 录 B
（资料性附录）
## 空气质量 词汇 英语索引

---

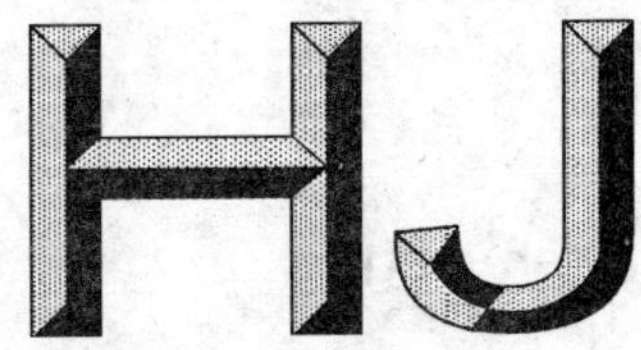

# 中华人民共和国国家环境保护标准

HJ 493—2009
代替 GB 12999—91

# 水质　样品的保存和管理技术规定

**Water quality—Technical regulation of the preservation and handling of samples**

2009-09-27 发布　　　　2009-11-01 实施

环境保护部 发布

# 前　言

为了贯彻《中华人民共和国环境保护法》和《中华人民共和国水污染防治法》，保护环境，保障人体健康，规范水质样品的保存和管理，制定本标准。

本标准规定了水样从容器的准备到添加保护剂等各环节的保存措施以及样品的标签设计、运输、接收和保证样品保存质量的条款。

本标准对《水质采样　样品的保存和管理技术规定》（GB 12999—91）进行了修订，原标准起草单位为中国环境监测总站，首次发布于1991年，本次是第一次修订。

主要修订内容如下：

——增加单项样品的最少采样量及量化部分保存剂的加入量。

——增加分析项目的容器洗涤方法。删除“分析地点”和“建议”合并为“备注”。

——增加待测项目，其中理化和化学指标33项，如高锰酸盐指数、凯氏氮、总氮、甲醛、挥发性有机物、农药类、除草剂类、邻苯二甲酸酯类等；增加生物指标4项；增加放射学指标10项。

自本标准实施之日起，原国家环境保护局1991年1月25日批准、发布的国家环境保护标准《水质采样　样品的保存和管理技术规定》（GB 12999—91）废止。

本标准由环境保护部科技标准司组织制订。

本标准主要起草单位：中国环境监测总站、辽宁省环境监测中心站。

本标准环境保护部2009年9月27日批准。

本标准自2009年11月1日起实施。

本标准由环境保护部解释。

# 水质 样品的保存和管理技术规定

## 1 适用范围

本标准规定了水样从容器的准备到添加保护剂等各环节的保存措施以及样品的标签设计、运输、接收和保证样品保存质量的通用技术。

本标准适用于天然水、生活污水及工业废水等。当所采集的水样（瞬时样或混合样）不能立即在现场分析，必须送往实验室测试时，本标准所提供的样品保存技术与管理程序是适用的。

## 2 样品保存

各种水质的水样，从采集到分析这段时间内，由于物理的、化学的、生物的作用会发生不同程度的变化，这些变化使得进行分析时的样品已不再是采样时的样品，为了使这种变化降低到最小的程度，必须在采样时对样品加以保护。

### 2.1 水样变化的原因

2.1.1 物理作用：光照、温度、静置或震动，敞露或密封等保存条件及容器材质都会影响水样的性质。如温度升高或强震动会使得一些物质如氧、氰化物及汞等挥发，长期静置会使 $Al(OH)_3$、$CaCO_3$、$Mg_3(PO_4)_2$ 等沉淀。某些容器的内壁能不可逆地吸附或吸收一些有机物或金属化合物等。

2.1.2 化学作用：水样及水样各组分可能发生化学反应，从而改变某些组分的含量与性质。例如空气中的氧能使二价铁、硫化物等氧化，聚合物解聚，单体化合物聚合等。

2.1.3 生物作用：细菌、藻类，以及其他生物体的新陈代谢会消耗水样中的某些组分，产生一些新组分，改变一些组分的性质，生物作用会对样品中待测的一些项目如溶解氧、二氧化碳、含氮化合物、磷及硅等的含量及浓度产生影响。

### 2.2 样品保存环节的预防措施

水样在贮存期内发生变化的程度主要取决于水的类型及水样的化学性和生物学性质，也取决于保存条件、容器材质、运输及气候变化等因素。

这些变化往往非常快。样品常在很短的时间里明显地发生变化，因此必须在一切情况下采取必要的保存措施，并尽快地进行分析。保存措施在降低变化的程度或缓慢变化的速度方面是有作用的，但到目前为止所有的保存措施还不能完全抑制这些变化。而且对于不同类型的水，产生的保存效果也不同，饮用水很易贮存，因其对生物或化学的作用很不敏感，一般的保存措施对地面水和地下水可有效的贮存，但对废水则不同。废水性质或废水采样地点不同，其保存的效果也就不同，如采自城市排水管网和污水处理厂的废水其保存效果不同，采自生化处理厂的废水及未经处理的废水其保存效果也不同。

分析项目决定废水样品的保存时间，有的分析项目要求单独取样，有的分析项目要求在现场分析，有些项目的样品能保存较长时间。由于采样地点和样品成分的不同，迄今为止还没有找到适用于一切场合和情况的绝对准则。在各种情况下，存储方法应与使用的分析技术相匹配，本标准规定了最通用的适用技术。

#### 2.2.1 容器的选择

采集和保存样品的容器应充分考虑以下几方面（特别是被分析组分以微量存在时）：

2.2.1.1 最大限度地防止容器及瓶塞对样品的污染。一般的玻璃在贮存水样时可溶出钠、钙、镁、硅、硼等元素，在测定这些项目时应避免使用玻璃容器，以防止新的污染。一些有色瓶塞含有大量的重金属。

2.2.1.2　容器壁应易于清洗、处理，以减少如重金属或放射性核类的微量元素对容器的表面污染。

2.2.1.3　容器或容器塞的化学和生物性质应该是惰性的，以防止容器与样品组分发生反应。如测氟时，水样不能贮于玻璃瓶中，因为玻璃与氟化物发生反应。

2.2.1.4　防止容器吸收或吸附待测组分，引起待测组分浓度的变化。微量金属易于受这些因素的影响，其他如清洁剂、杀虫剂、磷酸盐同样也受到影响。

2.2.1.5　深色玻璃能降低光敏作用。

### 2.2.2　容器的准备

2.2.2.1　一般规则

所有的准备都应确保不发生正负干扰。

尽可能使用专用容器。如不能使用专用容器，那么最好准备一套容器进行特定污染物的测定，以减少交叉污染。同时应注意防止以前采集高浓度分析物的容器因洗涤不彻底污染随后采集的低浓度污染物的样品。

对于新容器，一般应先用洗涤剂清洗，再用纯水彻底清洗。但是，用于清洁的清洁剂和溶剂可能引起干扰，例如当分析富营养物质时，含磷酸盐的清洁剂的残渣污染。如果使用，应确保洗涤剂和溶剂的质量。如果测定硅、硼和表面活性剂，则不能使用洗涤剂。所用的洗涤剂类型和选用的容器材质要随待测组分来确定。测磷酸盐不能使用含磷洗涤剂；测硫酸盐或铬则不能用铬酸—硫酸洗液。测重金属的玻璃容器及聚乙烯容器通常用盐酸或硝酸（$c$=1 mol/L）洗净并浸泡 1～2 天后用蒸馏水或去离子水冲洗。

2.2.2.2　清洁剂清洗塑料或玻璃容器

此程序如下：

a）用水和清洗剂的混合稀释溶液清洗容器和容器帽；

b）用实验室用水清洗两次；

c）控干水并盖好容器帽。

2.2.2.3　溶剂洗涤玻璃容器

此程序如下：

a）用水和清洗剂的混合稀释溶液清洗容器和容器帽；

b）用自来水彻底清洗；

c）用实验室用水清洗两次；

d）用丙酮清洗并干燥；

e）用与分析方法匹配的溶剂清洗并立即盖好容器帽。

2.2.2.4　酸洗玻璃或塑料容器

此程序如下：

a）用自来水和清洗剂的混合稀释溶液清洗容器和容器帽；

b）用自来水彻底清洗；

c）用 10%硝酸溶液清洗；

d）控干后，注满 10%硝酸溶液；

e）密封，贮存至少 24 h；

f）用实验室用水清洗，并立即盖好容器帽。

2.2.2.5　用于测定农药、除草剂等样品的容器的准备

因聚四氟乙烯外的塑料容器会对分析产生明显的干扰，故一般使用棕色玻璃瓶。按一般规则清洗（即用水及洗涤剂—铬酸-硫酸洗液—蒸馏水）（见 2.2.2.4）后，在烘箱内 180℃下 4 h 烘干。冷却后再用纯化过的己烷或石油醚冲洗数次。

2.2.2.6 用于微生物分析的样品

用于微生物分析的容器及塞子、盖子应经高温灭菌，灭菌温度应确保在此温度下不释放或产生出任何能抑制生物活性、灭活或促进生物生长的化学物质。

玻璃容器，按一般清洗原则（见 2.2.2.3）洗涤，用硝酸浸泡再用蒸馏水冲洗以除去重金属或铬酸盐残留物。在灭菌前可在容器里加入硫代硫酸钠（$Na_2S_2O_3$）以除去余氯对细菌的抑制作用（以每 125 ml 容器加入 0.1 ml 的 10 mg/L $Na_2S_2O_3$ 计量）。

### 2.2.3 容器的封存

对需要测定物理-化学分析物的样品，应使水样充满容器至溢流并密封保存，以减少因与空气中氧气、二氧化碳的反应干扰及样品运输途中的振荡干扰。但当样品需要被冷冻保存时，不应溢满封存。

### 2.2.4 生物检测的处理保存

用于化学分析的样品和用于生物分析的样品是不同的。加入到生物检测的样品中的化学品能够固定或保存样品，“固定”是用于描述保存形态结构，而“保存”是用于防止有机质的生物化学或化学退化。保存剂，从定义上说，是有毒的，而且保存剂的添加可能导致生物的死亡。死亡之前，振动可引起那些没有强核壁的脆弱生物，在“固定”完成之前就瓦解。为使这种影响降低到最低，保存剂快速进入核中是非常重要的，有一些保存剂，例如卢格氏溶液可导致生物分类群的丢失，在特定范围的特定季节内可能就成为问题。如在夏季，当频繁检测硅-鞭毛虫时，就可以通过添加防腐剂，如卢格氏碱性溶液来解决。

生物检测样品的保存应符合下列标准：

a）预先了解防腐剂对预防生物有机物损失的效果；

b）防腐剂至少在保存期间，能够有效地防止有机质的生物退化；

c）在保存期内，防腐剂应保证能充分研究生物分类群。

### 2.2.5 放射化学分析样品的处理、保存

用于化学分析的样品和用于放射化学分析的样品是不同的。安全措施依赖于样品的放射能的性质。这类样品的保存技术依赖放射类型和放射性核素的半衰期。

### 2.2.6 样品的冷藏、冷冻

在大多数情况下，从采集样品后到运输到实验室期间，在 1～5℃冷藏并暗处保存，对保存样品就足够了。冷藏并不适用长期保存，对废水的保存时间更短。

–20℃的冷冻温度一般能延长贮存期。分析挥发性物质不适用冷冻程序。如果样品包含细胞，细菌或微藻类，在冷冻过程中，会破裂、损失细胞组分，同样不适用冷冻。冷冻需要掌握冷冻和融化技术，以使样品在融化时能迅速地、均匀地恢复其原始状态，用干冰快速冷冻是令人满意的方法。一般选用塑料容器，强烈推荐聚氯乙烯或聚乙烯等塑料容器。

### 2.2.7 过滤和离心

采样时或采样后，用滤器（滤纸、聚四氟乙烯滤器、玻璃滤器）等过滤样品或将样品离心分离都可以除去其中的悬浮物、沉淀、藻类及其他微生物。滤器的选择要注意与分析方法相匹配、用前清洗及避免吸附、吸收损失。因为各种重金属化合物、有机物容易吸附在滤器表面，滤器中的溶解性化合物如表面活性剂会滤到样品中。一般测有机项目时选用砂芯漏斗和玻璃纤维漏斗，而在测定无机项目时常用 0.45 μm 的滤膜过滤。

过滤样品的目的就是区分被分析物的可溶性和不可溶性的比例（如可溶和不可溶金属部分）。

### 2.2.8 添加保存剂

（1）控制溶液 pH 值：测定金属离子的水样常用硝酸酸化至 pH 1～2，既可以防止重金属的水解沉淀，又可以防止金属在器壁表面上的吸附，同时在 pH 1～2 的酸性介质中还能抑制生物的活动。用此法保存，大多数金属可稳定数周或数月。测定氰化物的水样需加氢氧化钠调至 pH 12。测定六价铬的水样应加氢氧化钠调至 pH 8，因在酸性介质中，六价铬的氧化电位高，易被还原。保存总铬的水样，

则应加硝酸或硫酸至 pH 1～2。

（2）加入抑制剂：为了抑制生物作用，可在样品中加入抑制剂。如在测氨氮、硝酸盐氮和 COD 的水样中，加氯化汞或加入三氯甲烷、甲苯作防护剂以抑制生物对亚硝酸盐、硝酸盐、铵盐的氧化还原作用。在测酚水样中用磷酸调溶液的 pH 值，加入硫酸铜以控制苯酚分解菌的活动。

（3）加入氧化剂：水样中痕量汞易被还原，引起汞的挥发性损失，加入硝酸—重铬酸钾溶液可使汞维持在高氧化态，汞的稳定性大为改善。

（4）加入还原剂：测定硫化物的水样，加入抗坏血酸对保存有利。含余氯水样，能氧化氰离子，可使酚类、烃类、苯系物氯化生成相应的衍生物，为此在采样时加入适当的硫代硫酸钠予以还原，除去余氯干扰。样品保存剂如酸、碱或其他试剂在采样前应进行空白试验，其纯度和等级必须达到分析的要求。

加入一些化学试剂可固定水样中的某些待测组分，保存剂可事先加入空瓶中，亦可在采样后立即加入水样中。所加入的保存剂不能干扰待测成分的测定，如有疑义应先做必要的试验。当加入保存剂的样品，经过稀释后，在分析计算结果时要充分考虑。但如果加入足够浓的保存剂，因加入体积很小，可以忽略其稀释影响。固体保存剂，因会引起局部过热，相反的影响样品，应该避免使用。

所加入的保存剂有可能改变水中组分的化学或物理性质，因此选用保存剂时一定要考虑到对测定项目的影响。如待测项目是溶解态物质，酸化会引起胶体组分和固体的溶解，则必须在过滤后酸化保存。

必须要做保存剂空白试验，特别对微量元素的检测。要充分考虑加入保存剂所引起待测元素数量的变化。例如，酸类会增加砷、铅、汞的含量。因此，样品中加入保存剂后，应保留做空白试验。

## 3 样品标签设计

水样采集后，往往根据不同的分析要求，分装成数份，并分别加入保存剂，对每一份样品都应附一张完整的水样标签。水样标签应事先设计打印，内容一般包括：采样目的，项目唯一性编号，监测点数目、位置，采样时间，日期，采样人员，保存剂的加入量等。标签应用不退色的墨水填写，并牢固地粘贴于盛装水样的容器外壁上。对于未知的特殊水样以及危险或潜在危险物质如酸，应用记号标出，并将现场水样情况作详细描述。

对需要现场测试的项目，如 pH、电导率、温度、流量等应按下表进行记录，并妥善保管现场记录。

**采样现场数据记录**

<table>
<tr><td colspan="11">项目名称：</td></tr>
<tr><td colspan="11">样品描述：</td></tr>
<tr><td rowspan="2">采样地点</td><td rowspan="2">样品编号</td><td rowspan="2">采样日期</td><td colspan="2">时 间</td><td rowspan="2">pH</td><td rowspan="2">温度</td><td colspan="3">其他参量</td><td rowspan="2">备 注</td></tr>
<tr><td>采样开始</td><td>采样结束</td><td></td><td></td><td></td></tr>
<tr><td></td><td></td><td></td><td></td><td></td><td></td><td></td><td></td><td></td><td></td><td></td></tr>
<tr><td></td><td></td><td></td><td></td><td></td><td></td><td></td><td></td><td></td><td></td><td></td></tr>
</table>

采样人：　　　　　交接人：　　　　　复核人：　　　　　审核人：

注：备注中应根据实际情况填写如下内容：水体类型、气象条件（气温、风向、风速、天气状态）、采样点周围环境状况、采样点经纬度、采样点水深、采样层次等。

## 4 样品运输

水样采集后必须立即送回实验室，根据采样点的地理位置和每个项目分析前最长可保存时间，选用适当的运输方式，在现场工作开始之前，就要安排好水样的运输工作，以防延误。

水样运输前应将容器的外（内）盖盖紧。装箱时应用泡沫塑料等分隔，以防破损。同一采样点的样品应装在同一包装箱内，如需分装在两个或几个箱子中时，则需在每个箱内放入相同的现场采样记录表。运输前应检查现场记录上的所有水样是否全部装箱。要用醒目色彩在包装箱顶部和侧面标上“切勿倒置”的标记。

每个水样瓶均需贴上标签，内容有采样点位编号、采样日期和时间、测定项目、保存方法，并写明用何种保存剂。

装有水样的容器必须加以妥善的保存和密封，并装在包装箱内固定，以防在运输途中破损。保存方法见表 1～表 3，除了防震、避免日光照射和低温运输外，还要防止新的污染物进入容器和沾污瓶口使水样变质。

在水样运送过程中，应有押运人员，每个水样都要附有一张管理程序管理卡。在转交水样时，转交人和接受人都必须清点和检查水样并在登记卡上签字，注明日期和时间。

管理程序登记卡是水样在运输过程中的文件，应防止差错并妥善保管以备查。尤其是通过第三者把水样从采样地点转移到实验室分析人员手中时，这张管理程序登记卡就显得更为重要了。

在运输途中如果水样超过了保质期，管理员应对水样进行检查。如果决定仍然进行分析，那么在出报告时，应明确标出采样和分析时间。

## 5 样品接收

水样送至实验室时，首先要检查水样是否冷藏，冷藏温度是否保持 1～5℃。其次要验明标签，清点样品数量，确认无误时签字验收。如果不能立即进行分析，应尽快采取保存措施，防止水样被污染。

## 6 样品质量控制规定

样品保存剂如酸、碱或其他试剂在采样前应进行空白试验，其纯度和等级必须达到分析的要求。

## 7 常用样品保存技术

表 1～表 3 列出的是有关水样保存技术的要求。样品的保存时间，容器材质的选择以及保存措施的应用都要取决于样品中的组分及样品的性质，而现实中的水样又是千差万别的，因此表 1 所列的要求不可能是绝对的准则。因此每个分析者都应结合具体工作验证这些要求是否适用，在制定分析方法标准时也应明确指出样品采集和保存的方法。

此外，如果要采用的分析方法和使用的保存剂及容器之间有不相容的情况。则常需从同一水体中取数个样品，按几种保存措施分别进行分析以找出最适宜的保存方法和容器。

表 1～表 3 内容只是保存样品的一般要求。由于天然水和废水的性质复杂，在分析之前，需要验证一下按照下述方法处理过的每种类型样品的稳定性。

**表 1 物理、化学及生化分析指标的保存技术**

| 序号 | 测试项目/参数 | 采样容器 | 保存方法及保存剂用量 | 可保存时间 | 最少采样量/ml | 容器洗涤方法 | 备注 |
|---|---|---|---|---|---|---|---|
| 1 | pH | P 或 G | | 12 h | 250 | I | 尽量现场测定 |
| 2 | 色度 | P 或 G | | 12 h | 250 | I | 尽量现场测定 |
| 3 | 浊度 | P 或 G | | 12 h | 250 | I | 尽量现场测定 |
| 4 | 气味 | G | 1～5℃冷藏 | 6 h | 500 | | 大量测定可带离现场 |
| 5 | 电导率 | P 或 BG | | 12 h | 250 | I | 尽量现场测定 |
| 6 | 悬浮物 | P 或 G | 1～5℃暗处 | 14 d | 500 | I | |
| 7 | 酸度 | P 或 G | 1～5℃暗处 | 30 d | 500 | I | |
| 8 | 碱度 | P 或 G | 1～5℃暗处 | 12 h | 500 | I | |
| 9 | 二氧化碳 | P 或 G | 水样充满容器，低于取样温度 | 24 h | 500 | | 最好现场测定 |

续表

| 序号 | 测试项目/参数 | 采样容器 | 保存方法及保存剂用量 | 可保存时间 | 最少采样量/ml | 容器洗涤方法 | 备注 |
|---|---|---|---|---|---|---|---|
| 10 | 溶解性固体（干残渣） | 见“总固体（总残渣）” | | | | | |
| 11 | 总固体（总残渣，干残渣） | P 或 G | 1～5℃冷藏 | 24 h | 100 | | |
| 12 | 化学需氧量 | G | 用 $H_2SO_4$ 酸化，pH≤2 | 2 d | 500 | Ⅰ | |
| | | P | −20℃冷冻 | 1 月 | 100 | | 最长 6 m |
| 13 | 高锰酸盐指数 | G | 1～5℃暗处冷藏 | 2 d | 500 | Ⅰ | 尽快分析 |
| | | P | −20℃冷冻 | 1 月 | 500 | | |
| 14 | 五日生化需氧量 | 溶解氧瓶 | 1～5℃暗处冷藏 | 12 h | 250 | Ⅰ | |
| | | P | −20℃冷冻 | 1 月 | 1 000 | | 冷冻最长可保持 6 m（质量浓度小于 50 mg/L 保存 1 m） |
| 15 | 总有机碳 | G | 用 $H_2SO_4$ 酸化，pH≤2；1～5℃ | 7 d | 250 | Ⅰ | |
| | | P | −20℃冷冻 | 1 月 | 100 | | |
| 16 | 溶解氧 | 溶解氧瓶 | 加入硫酸锰，碱性 KI 叠氮化钠溶液，现场固定 | 24 h | 500 | Ⅰ | 尽量现场测定 |
| 17 | 总磷 | P 或 G | 用 $H_2SO_4$ 酸化，HCl 酸化至 pH≤2 | 24 h | 250 | Ⅳ | |
| | | P | −20℃冷冻 | 1 月 | 250 | | |
| 18 | 溶解性正磷酸盐 | 见“溶解磷酸盐” | | | | | |
| 19 | 总正磷酸盐 | 见“总磷” | | | | | |
| 20 | 溶解磷酸盐 | P 或 G 或 BG | 1～5℃冷藏 | 1 月 | 250 | | 采样时现场过滤 |
| | | P | −20℃冷冻 | 1 月 | 250 | | |
| 21 | 氨氮 | P 或 G | 用 $H_2SO_4$ 酸化，pH≤2 | 24 h | 250 | Ⅰ | |
| 22 | 氨类（易释放、离子化） | P 或 G | 用 $H_2SO_4$ 酸化，pH 1～2；1～5℃ | 21 d | 500 | | 保存前现场离心 |
| | | P | −20℃冷冻 | 1 月 | 500 | | |
| 23 | 亚硝酸盐氮 | P 或 G | 1～5℃冷藏避光保存 | 24 h | 250 | Ⅰ | |
| 24 | 硝酸盐氮 | P 或 G | 1～5℃冷藏 | 24 h | 250 | Ⅰ | |
| | | P 或 G | 用 HCl 酸化，pH 1～2 | 7 d | 250 | | |
| | | P | −20℃冷冻 | 1 月 | 250 | | |
| 25 | 凯氏氮 | P 或 BG | 用 $H_2SO_4$ 酸化，pH 1～2，1～5℃避光 | 1 月 | 250 | | |
| | | P | −20℃冷冻 | 1 月 | 250 | | |
| 26 | 总氮 | P 或 G | 用 $H_2SO_4$ 酸化，pH 1～2 | 7 d | 250 | Ⅰ | |
| | | P | −20℃冷冻 | 1 月 | 500 | | |
| 27 | 硫化物 | P 或 G | 水样充满容器。1 L 水样加 NaOH 至 pH 9，加入 5%抗坏血酸 5 ml，饱和 EDTA 3 ml，滴加饱和 $Zn(Ac)_2$，至胶体产生，常温避光 | 24 h | 250 | Ⅰ | |
| 28 | 硼 | P | 水样充满容器密封 | 1 月 | 100 | | |
| 29 | 总氰化物 | P 或 G | 加 NaOH 到 pH≥9<br>1～5℃冷藏 | 7 d，如果硫化物存在，保存 12 h | 250 | Ⅰ | |

续表

| 序号 | 测试项目/参数 | 采样容器 | 保存方法及保存剂用量 | 可保存时间 | 最少采样量/ml | 容器洗涤方法 | 备注 |
|---|---|---|---|---|---|---|---|
| 30 | pH 6 时释放的氰化物 | P | 加 NaOH 到 pH＞12；1～5℃暗处冷藏 | 24 h | 500 | | |
| 31 | 易释放氰化物 | P | 加 NaOH 到 pH＞12；1～5℃暗处冷藏 | 7 d | 500 | | 24 h（存在硫化物时） |
| 32 | $F^-$ | P | 1～5℃，避光 | 14 d | 250 | Ⅰ | |
| 33 | $Cl^-$ | P 或 G | 1～5℃，避光 | 30 d | 250 | Ⅰ | |
| 34 | $Br^-$ | P 或 G | 1～5℃，避光 | 14 h | 250 | Ⅰ | |
| 35 | $I^-$ | P 或 G | NaOH，pH 12 | 14 h | 250 | Ⅰ | |
| 36 | $SO_4^{2-}$ | P 或 G | 1～5℃，避光 | 30 d | 250 | Ⅰ | |
| 37 | $PO_4^{3-}$ | P 或 G | NaOH，$H_2SO_4$ 调 pH=7，$CHCl_3$ 0.5% | 7 d | 250 | Ⅳ | |
| 38 | $NO_2$，$NO_3$ | P 或 G | 1～5℃冷藏 | 24 h | 500 | | 保存前现场过滤 |
| | | P | −20℃冷冻 | 1 月 | 500 | | |
| 39 | 碘化物 | G | 1～5℃冷藏 | 1 月 | 500 | | |
| 40 | 溶解性硅酸盐 | P | 1～5℃冷藏 | 1 月 | 200 | | 现场过滤 |
| 41 | 总硅酸盐 | P | 1～5℃冷藏 | 1 月 | 100 | | |
| 42 | 硫酸盐 | P 或 G | 1～5℃冷藏 | 1 月 | 200 | | |
| 43 | 亚硫酸盐 | P 或 G | 水样充满容器。100 ml 加 1 ml 2.5% EDTA 溶液，现场固定 | 2 d | 500 | | |
| 44 | 阳离子表面活性剂 | G 甲醇清洗 | 1～5℃冷藏 | 2 d | 500 | | 不能用溶剂清洗 |
| 45 | 阴离子表面活性剂 | P 或 G | 1～5℃冷藏，用 $H_2SO_4$ 酸化，pH 1～2 | 2 d | 500 | Ⅳ | 不能用溶剂清洗 |
| 46 | 非离子表面活性剂 | G | 水样充满容器。1～5℃冷藏，加入 37%甲醛，使样品成为含 1%的甲醛溶液 | 1 月 | 500 | | 不能用溶剂清洗 |
| 47 | 溴酸盐 | P 或 G | 1～5℃ | 1 月 | 100 | | |
| 48 | 溴化物 | P 或 G | 1～5℃ | 1 月 | 100 | | |
| 49 | 残余溴 | P 或 G | 1～5℃避光 | 24 h | 500 | | 最好在采集后 5 min 内现场分析 |
| 50 | 氯胺 | P 或 G | 避光 | 5 min | 500 | | |
| 51 | 氯酸盐 | P 或 G | 1～5℃冷藏 | 7 d | 500 | | |
| 52 | 氯化物 | P 或 G | | 1 月 | 100 | | |
| 53 | 氯化溶剂 | G，使用聚四氟乙烯瓶盖 | 水样充满容器。1～5℃冷藏；用 HCl 酸化，pH 1～2<br>如果样品加氯，250 ml 水样加 20 mg $Na_2S_2O_3 \cdot 5H_2O$ | 24 h | 250 | | |
| 54 | 二氧化氯 | P 或 G | 避光 | 5 min | 500 | | 最好在采集后 5 min 内现场分析 |
| 55 | 余氯 | P 或 G | 避光 | 5 min | 500 | | 最好在采集后 5 min 内现场分析 |
| 56 | 亚氯酸盐 | P 或 G | 避光 1～5℃冷藏 | 5 min | 500 | | 最好在采集后 5 min 内现场分析 |
| 57 | 氟化物 | P（聚四氟乙烯除外） | | 1 月 | 200 | | |

续表

| 序号 | 测试项目/参数 | 采样容器 | 保存方法及保存剂用量 | 可保存时间 | 最少采样量/ml | 容器洗涤方法 | 备注 |
|---|---|---|---|---|---|---|---|
| 58 | 铍 | P 或 G | 1 L 水样中加浓 $HNO_3$ 10 ml 酸化 | 14 d | 250 | 酸洗Ⅲ | |
| 59 | 硼 | P | 1 L 水样中加浓 $HNO_3$ 10 ml 酸化 | 14 d | 250 | 酸洗Ⅰ | |
| 60 | 钠 | P | 1 L 水样中加浓 $HNO_3$ 10 ml 酸化 | 14 d | 250 | Ⅱ | |
| 61 | 镁 | P G 或 | 1 L 水样中加浓 $HNO_3$ 10 ml 酸化 | 14 d | 250 | 酸洗Ⅱ | |
| 62 | 钾 | P | 1 L 水样中加浓 $HNO_3$ 10 ml 酸化 | 14 d | 250 | 酸洗Ⅱ | |
| 63 | 钙 | P 或 G | 1 L 水样中加浓 $HNO_3$ 10 ml 酸化 | 14 d | 250 | Ⅱ | |
| 64 | 六价铬 | P 或 G | NaOH，pH 8～9 | 14 d | 250 | 酸洗Ⅲ | |
| 65 | 铬 | P 或 G | 1 L 水样中加浓 $HNO_3$10 ml 酸化 | 1 月 | 100 | 酸洗 | |
| 66 | 锰 | P 或 G | 1 L 水样中加浓 $HNO_3$10 ml 酸化 | 14 d | 250 | Ⅲ | |
| 67 | 铁 | P 或 G | 1 L 水样中加浓 $HNO_3$10 ml 酸化 | 14 d | 250 | Ⅲ | |
| 68 | 镍 | P 或 G | 1 L 水样中加浓 $HNO_3$10 ml 酸化 | 14 d | 250 | Ⅲ | |
| 69 | 铜 | P | 1 L 水样中加浓 $HNO_3$10 ml 酸化 | 14 d | 250 | Ⅲ | |
| 70 | 锌 | P | 1 L 水样中加浓 $HNO_3$10 ml 酸化 | 14 d | 250 | Ⅲ | |
| 71 | 砷 | P 或 G | 1 L 水样中加浓 $HNO_3$10 ml（DDTC 法，HCl 2 ml） | 14 d | 250 | Ⅲ | 使用氢化物技术分析砷用盐酸 |
| 72 | 硒 | P 或 G | 1 L 水样中加浓 HCl 2 ml 酸化 | 14 d | 250 | Ⅲ | |
| 73 | 银 | P 或 G | 1 L 水样中加浓 $HNO_3$ 2 ml 酸化 | 14 d | 250 | Ⅲ | |
| 74 | 镉 | P 或 G | 1 L 水样中加浓 $HNO_3$ 10 ml 酸化 | 14 d | 250 | Ⅲ | 如用溶出伏安法测定，可改用 1 L 水样中加浓 $HClO_4$ 19 ml |
| 75 | 锑 | P 或 G | HCl，0.2%（氢化物法） | 14 d | 250 | Ⅲ | |
| 76 | 汞 | P 或 G | HCl，1%，如水样为中性，1 L 水样中加浓 HCl 10 ml | 14 d | 250 | Ⅲ | |
| 77 | 铅 | P 或 G | $HNO_3$，1%，如水样为中性，1 L 水样中加浓 $HNO_3$ 10 ml | 14 d | 250 | Ⅲ | 如用溶出伏安法测定，可改用 1 L 水样中加浓 $HClO_4$ 19 ml |
| 78 | 铝 | P 或 G 或 BG | 用 $HNO_3$ 酸化，pH 1～2 | 1 月 | 100 | 酸洗 | |
| 79 | 铀 | 酸洗 P 或酸洗 BG | 用 $HNO_3$ 酸化，pH 1～2 | 1 月 | 200 | | |
| 80 | 钒 | 酸洗 P 或酸洗 BG | 用 $HNO_3$ 酸化，pH 1～2 | 1 月 | 100 | | |
| 81 | 总硬度 | 见“钙” | | | | | |
| 82 | 二价铁 | P 酸洗或 BG 酸洗 | 用 HCl 酸化，pH 1～2，避免接触空气 | 7 d | 100 | | |
| 83 | 总铁 | P 酸洗或 BG 酸洗 | 用 $HNO_3$ 酸化，pH 1～2 | 1 月 | 100 | | |
| 84 | 锂 | P | 用 $HNO_3$ 酸化，pH 1～2 | 1 月 | 100 | | |
| 85 | 钴 | P 或 G | 用 $HNO_3$ 酸化，pH1～2 | 1 月 | 100 | 酸洗 | |
| 86 | 重金属化合物 | P 或 BG | 用 $HNO_3$ 酸化，pH 1～2 | 1 月 | 500 | | 最长 6 m |
| 87 | 石油及衍生物 | 见“碳氢化合物” | | | | | |
| 88 | 油类 | 溶剂洗 G | 用 HCl 酸化至 pH≤2 | 7 d | 250 | Ⅱ | |

续表

| 序号 | 测试项目/参数 | 采样容器 | 保存方法及保存剂用量 | 可保存时间 | 最少采样量/ml | 容器洗涤方法 | 备注 |
|---|---|---|---|---|---|---|---|
| 89 | 酚类 | G | 1～5℃避光。用磷酸调至 pH≤2，加入抗坏血酸 0.01～0.02 g 除去残余氯 | 24 h | 1 000 | Ⅰ | |
| 90 | 苯酚指数 | G | 添加硫酸铜，磷酸酸化至 pH＜4 | 21 d | 1 000 | | |
| 91 | 可吸附有机卤化物 | P 或 G | 水样充满容器。用 $HNO_3$ 酸化，pH 1～2；1～5℃避光保存 | 5 d | 1 000 | | |
| | | P | −20℃冷冻 | 1 月 | 1 000 | | |
| 92 | 挥发性有机物 | G | 用 1+10 HCl 调至 pH≤2，加入抗坏血酸 0.01～0.02 g 除去残余氯；1～5℃避光保存 | 12 h | 1 000 | | |
| 93 | 除草剂类 | G | 加入抗坏血酸 0.01～0.02 g 除去残余氯；1～5℃避光保存 | 24 h | 1 000 | Ⅰ | |
| 94 | 酸性除草剂 | G（带聚四氟乙烯瓶塞或膜） | HCl，pH 1～2，1～5℃冷藏 如果样品加氯，1 000 ml 水样加 80 mg $Na_2S_2O_3 \cdot 5H_2O$ | 14 d | 1 000 | 萃取样品同时萃取采样容器 | 不能用水样冲洗采样容器，不能水样充满容器 |
| 95 | 邻苯二甲酸酯类 | G | 加入抗坏血酸 0.01～0.02 g 除去残余氯；1～5℃避光保存 | 24 h | 1 000 | Ⅰ | |
| 96 | 甲醛 | G | 加入 0.2～0.5 g/L 硫代硫酸钠除去残余氯；1～5℃避光保存 | 24 h | 250 | Ⅰ | |
| 97 | 杀虫剂（包含有机氯、有机磷、有机氮） | G（溶剂洗，带聚四氟乙烯瓶盖）或 P（适用草甘膦） | 1～5℃冷藏 | 萃取 5 d | 1 000～3 000 不能用水样冲洗采样容器，不能水样充满容器 | | 萃取应在采样后 24 h 内完成 |
| 98 | 氨基甲酸酯类杀虫剂 | G 溶剂洗 | 1～5℃ | 14 d | 1 000 | | 如果样品被加氯，1 000 ml 水加 80 mg $Na_2S_2O_3 \cdot 5H_2O$ |
| | | P | −20℃冷冻 | 1 月 | 1 000 | | |
| 99 | 叶绿素 | P 或 G | 1～5℃冷藏 | 24 h | 1 000 | | 棕色采样瓶 |
| | | P | 用乙醇过滤萃取后，−20℃冷冻 | 1 月 | 1 000 | | |
| | | P | 过滤后−80℃冷冻 | 1 月 | 1 000 | | |
| 100 | 清洁剂 | 见“表面活性剂” | | | | | |
| 101 | 肼 | G | 用 HCl 酸化到 pH=1，避光 | 24 h | 500 | | |
| 102 | 碳氢化合物 | G 溶剂（如戊烷）萃取 | 用 HCl 或 $H_2SO_4$ 酸化，pH 1～2 | 1 月 | 1 000 | | 现场萃取不能用水样冲洗采样容器，不能水样充满容器 |
| 103 | 单环芳香烃 | G（带聚四氟乙烯薄膜） | 水样充满容器。用 $H_2SO_4$ 酸化，pH 1～2 如果样品加氯，采样前 1 000 ml 样加 80 mg $Na_2S_2O_3 \cdot 5H_2O$ | 7 d | 500 | | |
| 104 | 有机氯 | 见“可吸附有机卤化物” | | | | | |
| 105 | 有机金属化合物 | G | 1～5℃冷藏 | 7 d | 500 | | 萃取应带离现场 |

续表

| 序号 | 测试项目/参数 | 采样容器 | 保存方法及保存剂用量 | 可保存时间 | 最少采样量/ml | 容器洗涤方法 | 备注 |
|---|---|---|---|---|---|---|---|
| 106 | 多氯联苯 | G 溶剂洗，带聚四氟乙烯瓶盖 | 1～5℃冷藏 | 7 d | 1 000 | | 尽可能现场萃取。不能用水样冲洗采样容器，如果样品加氯，采样前 1 000 ml 样加 80 mg $Na_2S_2O_3 \cdot 5H_2O$ |
| 107 | 多环芳烃 | G 溶剂洗，带聚四氟乙烯瓶盖 | 1～5℃冷藏 | 7 d | 500 | | 尽可能现场萃取。如果样品加氯，采样前 1 000 ml 样加 80 mg $Na_2S_2O_3 \cdot 5H_2O$ |
| 108 | 三卤甲烷类 | G，带聚四氟乙烯薄膜的小瓶 | 1～5℃冷藏，水样充满容器 | 14 d | 100 | | 如果样品加氯，采样前 100 ml 样加 8 mg $Na_2S_2O_3 \cdot 5H_2O$ |

注：1）P 为聚乙烯瓶（桶），G 为硬质玻璃瓶，BG 为硼硅酸盐玻璃瓶，表 2、表 3 同此。

2）d 表示天，h 表示小时，min 表示分。

3）Ⅰ、Ⅱ、Ⅲ、Ⅳ表示四种洗涤方法。如下：

Ⅰ：洗涤剂洗一次，自来水洗三次，蒸馏水洗一次。对于采集微生物和生物的采样容器，须经 160℃干热灭菌 2 h。经灭菌的微生物和生物采样容器必须在两周内使用，否则应重新灭菌。经 121℃高压蒸汽灭菌 15 min 的采样容器，如不立即使用，应于 60℃将瓶内冷凝水烘干，两周内使用。细菌检测项目采样时不能用水样冲洗采样容器，不能采混合水样，应单独采样 2 h 后送实验室分析。

Ⅱ：洗涤剂洗一次，自来水洗二次，（1+3）$HNO_3$ 荡洗一次，自来水洗三次，蒸馏水洗一次。

Ⅲ：洗涤剂洗一次，自来水洗二次，（1+3）$HNO_3$ 荡洗一次，自来水洗三次，去离子水洗一次。

Ⅳ：铬酸洗液洗一次，自来水洗三次，蒸馏水洗一次。如果采集污水样品可省去用蒸馏水、去离子水清洗的步骤。

## 表 2　生物、微生物指标的保存技术

| 待测项目 | 采样容器 | 保存方法及保存剂用量 | 最少采样量/ml | 可保存时间 | 容器洗涤方法 | 备注 |
|---|---|---|---|---|---|---|
| 一、微生物分析 | | | | | | |
| 细菌总数<br>大肠菌总数<br>粪大肠菌<br>粪链球菌<br>沙门氏菌<br>志贺氏菌等 | 灭菌容器 G | 1～5℃冷藏 | | 尽快（地表水、污水及饮用水） | | 取氯化或溴化过的水样时，所用的样品瓶消毒之前，按每 125 ml 加入 0.1 ml 10%（质量分数）的硫代硫酸钠以消除氯或溴对细菌的抑制作用。<br>对重金属含量高于 0.01 的水样，应在容器消毒之前，按每 125 ml 容积加入 0.3 ml 的 15%（质量分数）EDTA |
| 二、生物学分析（本表所列的生物分析项目，不可能包括所有的生物分析项目，仅仅是研究工作所常涉及的动植物种群） | | | | | | |
| 鉴定和计数 | | | | | | |
| 底栖无脊椎动物类——大样品 | P 或 G | 加入 70%乙醇 | 1 000 | 1 年 | | 样品中的水应先倒出以达到最大的防腐剂的浓度 |
| | P 或 G | 加入 37%甲醛（用硼酸钠或四氮六甲圜调节至中性）用 100 g/L 福尔马林溶液稀释到 3.7%甲醛（相应的 1～10 的福尔马林稀释液） | 1 000 | 3 月 | | |

续表

| 待测项目 | 采样容器 | 保存方法及保存剂用量 | 最少采样量/ml | 可保存时间 | 容器洗涤方法 | 备注 |
|---|---|---|---|---|---|---|
| 底栖无脊椎动物类——小样品（如参考样品） | G | 加入防腐溶液，含70%乙醇，37%甲醛和甘油（比例是100∶2∶1） | 100 | 不确定 | | 对无脊椎群，如扁形动物，须用特殊方法，以防止被破坏 |
| 藻类 | G或P盖紧瓶盖 | 每200份，加入0.5～1份卢格氏溶液<br>1～5℃暗处冷藏 | 200 | 6月 | | 碱性卢格氏溶液适用于新鲜水，酸性卢格氏溶液适用于带鞭毛虫的海水。如果退色，应加入更多的卢格氏溶液 |
| 浮游植物 | G | 见“海藻” | 200 | 6月 | | 暗处 |
| 浮游动物 | P或G | 加入37%甲醛（用硼酸钠调节至中性）稀释至3.7%，海藻加卢格氏溶液 | 200 | 1年 | | 如果退色，应加入更多的卢格氏溶液 |
| 湿重和干重 | | | | | | |
| 底栖大型无脊椎动物<br>大型植物<br>藻类<br>浮游植物<br>浮游动物<br>鱼 | P或G | 1～5℃冷藏 | 1 000 | 24 h | | 不要冷冻到–20℃，尽快分析，不得超过24 h |
| | P或 G | 加入37%甲醛（用硼酸钠或四氮六甲圜调节至中性）用100 g/L福尔马林溶液稀释到3.7%甲醛（相应的1～10的福尔马林稀释液） | 1 000 | 3月 | | 水生附着生物和浮游植物的干重湿重测量通常以计数和鉴定环节测量的细胞体积为基础 |
| 灰分重量 | | | | | | |
| 底栖大型无脊椎动物<br>大型植物<br>藻类<br>浮游植物 | P 或G | 加入37%甲醛（用硼酸钠或四氮六甲圜调节至中性）用100 g/L福尔马林溶液稀释到3.7%甲醛（相应的1～10的福尔马林稀释液） | 1 000 | 3月 | | 水生附着生物和浮游植物的干重湿重测量通常以计数和鉴定环节测量的细胞体积为基础 |
| 干重和灰分重量 | | | | | | |
| 浮游动物 | | 玻璃纤维滤器过滤并–20℃冷冻 | 200 | 6月 | | |
| 毒性试验 | | | | | | |
| | P或 G | 1～5℃冷藏 | 1 000 | 24 h | | 保存期随所用分析方法不同 |
| | P | –20℃冷冻 | 1 000 | 2周 | | |

**表3　放射学分析的保存技术**

| 待测项目 | 采样容器 | 保存方法及保存剂用量 | 最少采样量/ml | 可保存时间 | 备注 |
|---|---|---|---|---|---|
| α放射性 | P | 用$HNO_3$酸化，pH 1～2 | 2 000 | 1月 | 如果样品已蒸发，不酸化 |
| | P | 1～5℃暗处冷藏 | 2 000 | 1月 | |
| β放射性（放射碘除外） | P | 用$HNO_3$酸化，pH 1～2 | 2 000 | 1月 | 如果样品已蒸发，不酸化 |
| | P | | 2 000 | 1月 | |
| γ放射性 | P | | 5 000 | 2 d | |
| 放射碘 | P | | 3 000 | 2 d | 1 L水样加入2～4 ml次氯酸钠溶液（10%），确保过量氯 |

续表

| 待测项目 | 采样容器 | 保存方法及保存剂用量 | 最少采样量/ml | 可保存时间 | 备注 |
| --- | --- | --- | --- | --- | --- |
| 氡<br>同位素<br>镭（氡生长测定法） | BG | | 2 000 | 2 d | 最少 4 周 |
| 其他方法镭 | P | | 2 000 | 2 月 | 最少 4 周 |
| | | | 2 000 | 2 月 | |
| 放射性锶 | P | | 1 000 | 1 月 | 最少 2 周 |
| 放射性铯 | P | | 5 000 | 2 d | |
| 含氚水 | P | | 250 | 2 月 | 样品需分析前蒸馏 |
| 铀 | P | | 2 000 | 1 月 | |
| | | | 2 000 | 1 月 | |
| 钚 | P | | 2 000 | 1 月 | |
| | | | 2 000 | 1 月 | |

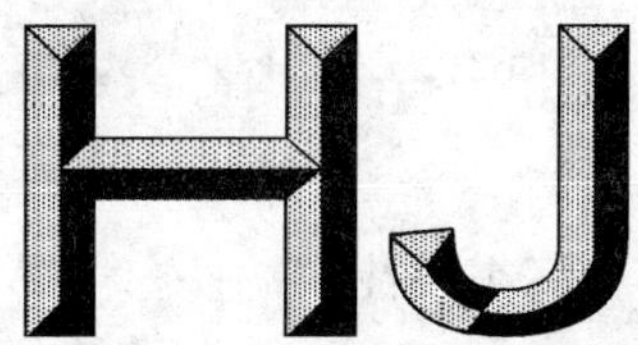


# 中华人民共和国国家环境保护标准

HJ 494—2009
代替 GB 12998—91

# 水质　采样技术指导

**Water quality—Guidance on sampling techniques**

2009-09-27 发布　　2009-11-01 实施

环　境　保　护　部 发布

# 前　言

为贯彻《中华人民共和国环境保护法》和《中华人民共和国水污染防治法》，加强对水质采样的规范和指导，制定本标准。

本标准规定了质量保证控制、水质特征分析、底部沉积物及污泥的采样技术指导，适用于开阔河流、封闭管道、水库和湖泊、底部沉积物、地下水及污水采样。

本标准对《水质　采样技术指导》（GB 12998—91）进行了修订，本标准首次发布于 1991 年，原标准起草单位为中国环境监测总站，本次是第一次修订。

主要修订内容如下：

——水样类型中补充了瞬时水样、综合水样内容，增加了大体积水样和平均污水样两种水样类型。

——采样类型中补充了封闭管道、水库和湖泊以及地下水采样内容，增加了污水采样方法。

——瞬时非自动采样设备增加了溶解性气体（或挥发性物质）的采样设备，增加了自动采样设备的相关规定。

——增加了采样设备的准备注意事项。

——增加了采样污染的避免相关内容。

自本标准实施之日起，原国家环境保护局 1991 年 1 月 25 日批准、发布的国家环境保护标准《水质　采样技术指导》（GB 12998—91）废止。

本标准由环境保护部科技标准司组织制订。

本标准起草单位：中国环境监测总站、辽宁省环境监测中心站。

本标准环境保护部 2009 年 9 月 27 日批准。

本标准自 2009 年 11 月 1 日起实施。

本标准由环境保护部解释。

# 水质　采样技术指导

## 1　适用范围

本标准规定了质量保证控制、水质特征分析、底部沉积物及污泥的采样技术指导，是为保证水质采样的规范性而设计的。

本标准适用于开阔河流、封闭管道、水库和湖泊、底部沉积物、地表水、地下水及污水的采样。

本标准是采样技术的基本原则指导，不包括详细的采样步骤。

## 2　规范性引用文件

本标准内容引用了下列文件中的条款。凡是不注日期的引用文件，其有效版本适用于本标准。

GB 12999—91　水质采样　样品的保存和管理技术规定

## 3　水样类型

### 3.1　概述

为了说明水质，要在规定的时间、地点或特定的时间间隔内测定水的某些参数，如无机物、溶解矿物质或化学药品、溶解气体、溶解有机物、悬浮物及底部沉积物的浓度。某些参数，应尽量在现场测定以得到准确的结果。

由于生物和化学样品的采集、处理步骤和设备均不相同，样品应分别采集。

采样技术要随具体情况而定，有些情况只需在某点瞬时采集样品，而有些情况要用复杂的采样设备进行采样。静态水体和流动水体的采样方法不同，应加以区别。瞬时采样和混合采样均适用于静态水体和流动水体，混合采样更适用于静态水体；周期采样和连续采样适用于流动水体。

### 3.2　瞬时水样

从水体中不连续的随机采集的样品称为瞬时水样。对于组分较稳定的水体，或水体的组分在相当长的时间和相当大的空间范围变化不大，采集瞬时样品具有很好的代表性。当水体的组成随时间发生变化，则要在适当的时间间隔内进行瞬时采样，分别进行分析，测出水质的变化程度、频率和周期。当水体的组成发生空间变化时，就要在各个相应的部位采样。瞬时水样无论是在水面、规定深度或底层，通常均可人工采集，也可用自动化方法采集。自动采样是以预定时间或流量间隔为基础的一系列瞬时样品，一般情况下所采集的样品只代表采样当时和采样点的水质。

下列情况适用瞬时采样：

a）流量不固定、所测参数不恒定时（如采用混合样，会因个别样品之间的相互反应而掩盖了它们之间的差别）；

b）不连续流动的水流，如分批排放的水；

c）水或废水特性相对稳定时；

d）需要考察可能存在的污染物，或要确定污染物出现的时间；

e）需要污染物最高值、最低值或变化的数据时；

f）需要根据较短一段时间内的数据确定水质的变化规律时；

g）需要测定参数的空间变化时，例如某一参数在水流或开阔水域的不同断面（或）深度的变化情况；

h）在制订较大范围的采样方案前；

i）测定某些不稳定的参数，例如溶解气体、余氯、可溶性硫化物、微生物、油脂、有机物和 pH 时。

### 3.3　周期水样（不连续）

3.3.1　在固定时间间隔下采集周期样品（取决于时间）

通过定时装置在规定的时间间隔下自动开始和停止采集样品。通常在固定的期间内抽取样品，将一定体积的样品注入一个或多个容器中。

时间间隔的大小取决于待测参数。

人工采集样品时，按上述要求采集周期样品。

3.3.2　在固定排放量间隔下采集周期样品（取决于体积）

当水质参数发生变化时，采样方式不受排放流速的影响，此种样品归于流量比例样品。

例如，液体流量的单位体积（如 10 000 L），所取样品量是固定的，与时间无关。

3.3.3　在固定排放量间隔下采集周期样品（取决于流量）

当水质参数发生变化时，采样方式不受排放流速的影响，水样可用此方法采集。在固定时间间隔下，抽取不同体积的水样，所采集的体积取决于流量。

### 3.4　连续水样

3.4.1　在固定流速下采集连续样品（取决于时间或时间平均值）

在固定流速下采集的连续样品，可测得采样期间存在的全部组分，但不能提供采样期间各参数浓度的变化。

3.4.2　在可变流速下采集的连续样品（取决于流量或与流量成比例）

采集流量比例样品代表水的整体质量。即便流量和组分都在变化，而流量比例样品同样可以揭示利用瞬时样品所观察不到的这些变化。因此，对于流速和待测污染物浓度都有明显变化的流动水，采集流量比例样品是一种精确的采样方法。

### 3.5　混合水样

在同一采样点上以流量、时间、体积或是以流量为基础，按照已知比例（间歇的或连续的）混合在一起的样品，此样品称为混合水样。混合水样可自动或人工采集。

混合水样是混合几个单独样品，可减少监测分析工作量，节约时间，降低试剂损耗。

混合样品提供组分的平均值，因此在样品混合之前，应验证这些样品参数的数据，以确保混合后样品数据的准确性。如果测试成分在水样储存过程中易发生明显变化，则不适用混合水样，如测定挥发酚、油类、硫化物等。要测定这些物质，需采取单样储存方式。

下列情况适用混合水样：

a）需测定平均浓度时；

b）计算单位时间的质量负荷；

c）为评价特殊的、变化的或不规则的排放和生产运转的影响。

### 3.6　综合水样

把从不同采样点同时采集的瞬时水样混合为一个样品（时间应尽可能接近，以便得到所需要的资料），称作综合水样。综合水样的采集包括两种情况：在特定位置采集一系列不同深度的水样（纵断面样品）；在特定深度采集一系列不同位置的水样（横截面样品）。综合水样是获得平均浓度的重要方式，有时需要把代表断面上的各点或几个污水排放口的污水按相对比例流量混合，取其平均浓度。

采集综合水样，应视水体的具体情况和采样目的而定。如几条排污河渠建设综合污水处理厂，从各个河道取单样分析不如综合样更为科学合理，因为各股污水的相互反应可能对设施的处理性能及其成分产生显著的影响，由于不可能对相互作用进行数学预测，因此取综合水样可能提供更加可靠的资料。而有些情况取单样比较合理，如湖泊和水库在深度和水平方向常常出现组分上的变化，此时大多数平均值或总值的变化不显著，局部变化明显。在这种情况下，综合水样就失去了意义。

### 3.7 大体积水样

有些分析方法要求采集大体积水样，范围从 50 L 到几立方米。例如，要分析水体中未知的农药和微生物时，就需要采集大体积的水样。水样可用通常的方法采集到容器或样品罐中，采样时应确保采样器皿的清洁；也可以使样品经过一个体积计量计后，再通过一个吸收筒（或过滤器），可依据监测要求选定。

随后的采样程序细节应依据水样类型和监测要求而定。用一个调节阀控制在一定压力下通过吸收筒（或过滤器）的流量。大多数情况下，应在吸收筒（或过滤器）和体积计后面安装一个泵。如果待测物具有挥发性，泵要尽可能安放在样品源处，体积计安放在吸收筒（或过滤器）后面。

如果采集的水样混浊且含有能堵塞过滤器（或吸收筒）的悬浮固体，或者分析要求的采样量超过了过滤器（或吸收筒）的最大容量，应将一系列过滤器（或吸收筒）安放在平行的位置，在出入口安装旋塞阀。采样初期，水样只通过一个过滤器（或吸收筒），其余的不采样；当流速显著减小时，使水样流经新的过滤器（或吸收筒）。注意不要超过过滤器（或吸收筒）的最大容量，因此要在第一个过滤器（或吸收筒）达最大容量之前将一系列新的过滤器（或吸收筒）排列起来准备替换。达到最大容量的过滤器（或吸收筒）应停止采样。

若使用多个过滤器（或吸收筒）进行采样，应将它们合并在一起作为一个混合样品。如果要将采样过程中多余的水倾倒回水体中，应选择距离采样点足够远的位置，以免影响采样点处的水质。

### 3.8 平均污水样

对于排放污水的企业而言，生产的周期性影响着排污的规律性。为了得到代表性的污水样（往往需要得到平均浓度），应根据排污情况进行周期性采样。不同的工厂、车间生产周期不同，排污的周期性差别也很大。一般应在一个或几个生产或排放周期内，按一定的时间间隔分别采样。对于性质稳定的污染物，可将分别采集的样品进行混合后一次测定；对于不稳定的污染物可在分别采样、分别测定后取其平均值为代表。

生产的周期性也影响污水的排放量，在排放流量不稳定的情况下，可将一个排污口不同时间的污水样，按照流量的大小，按比例混合，得到平均比例混合的污水样。这是获得平均浓度的最常采用的方法，有时需将几个排污口的水样按比例混合，用以代表瞬时综合排污浓度。

在污染源监测中，随污水流动的悬浮物或固体微粒，应看成是污水样的一个组成部分，不应在分析前滤除。油、有机物和金属离子等，可能被悬浮物吸附，有的悬浮物中就含有被测定的物质，如选矿、冶炼废水中的重金属。所以，分析前必须摇匀取样。

## 4 采样类型

### 4.1 开阔河流的采样

在对开阔河流进行采样时，应包括下列几个基本点：

a）用水地点的采样；

b）污水流入河流后，应在充分混合的地点以及流入前的地点采样；

c）支流合流后，对充分混合的地点及混合前的主流与支流地点的采样；

d）主流分流后地点的选择；

e）根据其他需要设定的采样地点。

各采样点原则上应在河流横向及垂向的不同位置采集样品。采样时间一般选择在采样前至少连续两天晴天，水质较稳定的时间（特殊需要除外）。采样时间是在考虑人类活动、工厂企业的工作时间及污染物到达时间的基础上确定的。另外，在潮汐区，应考虑潮的情况，确定把水质最坏的时刻包括在采样时间内。

### 4.2 封闭管道的采样

在封闭管道中采样，也会遇到与开阔河流采样中所出现的类似问题。采样器探头或采样管应妥善地放在进水的下游，采样管不能靠近管壁。湍流部位，例如在“T”形管、弯头、阀门的后部，可充分混合，一般作为最佳采样点，但是对于等动力采样（等速采样）除外。

采集自来水或抽水设备中的水样时，应先放水数分钟，使积留在水管中的杂质及陈旧水排出，然后再取样。采集水样前，应先用水样洗涤采样器容器、盛样瓶及塞子2～3次（油类除外）。

### 4.3 水库和湖泊的采样

水库和湖泊的采样，由于采样地点不同和温度的分层现象可引起水质很大的差异。

在调查水质状况时，应考虑到成层期与循环期的水质明显不同。了解循环期水质，可采集表层水样，了解成层期水质，应按深度分层采样。

在调查水域污染状况时，需进行综合分析判断，抓住基本点，以取得代表性水样。如废水流入前、流入后充分混合的地点、用水地点、流出地点等，有些可参照开阔河流的采样情况，但不能等同而论。

在可以直接汲水的场合，可用适当的容器采样，如水桶。从桥上等地方采样时，可将系着绳子的聚乙烯桶或带有坠子的采样瓶投于水中汲水。要注意不能混入漂浮于水面上的物质。

在采集一定深度的水时，可用直立式或有机玻璃采水器。这类装置是在下沉的过程中，水就从采样器中流过。当到达预定深度时，容器能够闭合而汲取水样。在水流动缓慢的情况下，采用上述方法时，最好在采样器下系上适宜重量的坠子，当水深流急时要系上相应重的铅鱼，并配备绞车。

采样过程应注意：

a）采样时不可搅动水底部的沉积物。

b）采样时应保证采样点的位置准确。必要时使用GPS定位。

c）认真填写采样记录表，字迹应端正清晰。

d）保证采样按时、准确、安全。

e）采样结束前，应核对采样方案、记录和水样，如有错误和遗漏，应立即补采或重新采样。

f）如采样现场水体很不均匀，无法采到有代表性样品，则应详细记录不均匀的情况和实际采样情况，供使用数据者参考。

g）测定油类的水样，应在水面至水面下300 mm采集柱状水样，并单独采样，全部用于测定。采样瓶不能用采集的水样冲洗。

h）测溶解氧、生化需氧量和有机污染物等项目时的水样，必须注满容器，不留空间，并用水封口。

i）如果水样中含沉降性固体，如泥沙等，应分离除去。分离方法为：将所采水样摇匀后倒入筒型玻璃容器，静置30 min，将已不含沉降性固体但含有悬浮性固体的水样移入乘样容器并加入保存剂。测定总悬浮物和油类的水样除外。

j）测定湖库水COD、高锰酸盐指数、叶绿素a、总氮、总磷时的水样，静置30 min后，用吸管一次或几次移取水样，吸管进水尖嘴应插至水样表层50 mm以下位置，再加保存剂保存。

k）测定油类、$BOD_5$、溶解氧、硫化物、余氯、粪大肠菌群、悬浮物、放射性等项目要单独采样。

### 4.4 底部沉积物采样

沉积物可用抓斗、采泥器或钻探装置采集。

典型的沉积过程一般会出现分层或者组分的很大差别。此外，河床高低不平以及河流的局部运动都会引起各沉积层厚度的很大变化。

采泥地点除在主要污染源附近、河口部位外，应选择由于地形及潮汐原因造成堆积以及底泥恶化的地点。另外也可选择在沉积层较薄的地点。

在底泥堆积分布状况未知的情况下，采泥地点要均衡设置。在河口部分，由于沉积物堆积分布容易变化，应适当增设采样点。采泥方法，原则上在同一地方稍微变更位置进行采集。

混合样品可由采泥器或者抓斗采集。需要了解分层作用时，可采用钻探装置。

在采集沉积物时，不管是岩芯还是规定深度沉积物的代表性混合样品，必须知道样品的性质，以便正确地解释这些分析或检验。此外，如对底部沉积物的变化程度及性质难以预测或根本不可能知道时，应适当增设采样点。

采集单独样品，不仅能得到沉积物变化情况，还可以绘制组分分布图，因此，单独样品比混合样品的数据更有用。

第 6 章提供的样品容器也适用于沉积物样品的存放，一般均使用广口容器。由于这种样品水分含量较大，要特别注意容器的密封性。

### 4.5 地下水的采样

地下水可分为上层滞水、潜水和承压水。

上层滞水的水质与地表水的水质基本相同。

潜水含水层通过包气带直接与大气圈、水圈相通，因此其具有季节性变化的特点。

承压水地质条件不同于潜水。其受水文、气象因素直接影响小，含水层的厚度不受季节变化的支配，水质不易受人为活动污染。采集样品时，一般应考虑的一些因素：

a）地下水流动缓慢，水质参数的变化率小；

b）地表以下温度变化小，因而当样品取出地表时，其温度发生显著变化，这种变化能改变化学反应速度，倒转土壤中阴阳离子的交换方向，改变微生物生长速度；

c）由于吸收二氧化碳和随着碱性的变化，导致 pH 值改变，某些化合物也会发生氧化作用；

d）某些溶解于水的气体如硫化氢，当将样品取出地表时，极易挥发；

e）有机样品可能会受到某些因素的影响，如采样器材料的吸收、污染和挥发性物质的逸失；

f）土壤和地下水可能受到严重的污染，以致影响到采样工作人员的健康和安全。

监测井采样不能像地表水采样那样可以在水系的任一点进行，因此，从监测井采得的水样只能代表一个含水层的水平向或垂直向的局部情况。

如果采样目的只是为了确定某特定水源中有没有污染物，那么只需从自来水管中采集水样。当采样的目的是要确定某种有机污染物或一些污染物的水平及垂直分布，并做出相应的评价，那么需要组织相当的人力物力进行研究。

对于区域性的或大面积的监测，可利用已有的井、泉或者就是河流的支流，但要符合监测要求，如果时间很紧迫，则只有选择有代表性的一些采样点。但是，如果污染源很小，如填埋废渣、咸水湖，或者是污染物浓度很低，比如含有机物，那就极有必要设立专门的监测井。增设的井的数目和位置取决于监测的目的，含水层的特点，以及污染物在含水层内的迁移情况。

如果潜在的污染源在地下水位以上，则需要在包气带采样，以得到对地下水潜在威胁的真实情况。除了氯化物、硝酸盐和硫酸盐，大多数污染物都能吸附在包气带的物质上，并在适当的条件下迁移。因此很有可能采集到已存在污染源很多年的地下水样，而且观察不到新的污染，这就会给人以安全的错觉，而实际上污染物正一直以极慢的速度通过包气带向地下水迁移。另外还应了解水文方面的地质数据和地质状况及地下水的本底情况。另外采集水样还应考虑到：靠近井壁的水的组成几乎不能代表该采样区的全部地下水水质，因为靠近井的地方可能有钻井污染，以及某些重要的环境条件，如氧化还原电位，在近井处与地下水承载物质的周围有很大的不同。所以，采样前需抽取适量水。

对于自喷的泉水，可在涌口处直接采样。采集不自喷的泉水时，将停滞在抽水管的水汲出，新水更替之后，再进行采样。从井水采集水样，必须在充分抽汲后进行，以保证水样能代表地下水水源。

### 4.6 降水的采样

准确地采集降水样品难度很大，在降水前，必须盖好采样器，只在降水实际出现之后才打开。每次降水取全过程水样（降水开始到结束）。采集样品时，应避开污染源，采样器四周应无遮挡雨、雪的高大树木或建筑物，以便取得准确的结果。

### 4.7 污水的采样

#### 4.7.1 采样频次

a）监督性监测：地方环境监测站对污染源的监督性监测每年不少于 1 次，如被国家或地方环境保护行政主管部门列为年度监测的重点排污单位，应增加到每年 2～4 次。因管理或执法的需要所进行的抽查性监测由各级环境保护行政主管部门确定。

b）企业自控监测：工业污水按生产周期和生产特点确定监测频次。一般每个生产周期不得少于 3 次。

c）对于污染治理、环境科研、污染源调查和评价等工作中的污水监测，其采样频次可以根据工作方案的要求另行确定。

d）根据管理需要进行调查性监测，监测站事先应对污染源单位正常生产条件下的一个生产周期进行加密监测。周期在 8 h 以内的，1 h 采 1 次样；周期大于 8 h，每 2 h 采 1 次样，但每个生产周期采样次数不少于 3 次。采样的同时测定流量。根据加密监测结果，绘制污水污染物排放曲线（浓度-时间，流量-时间，总量-时间），并与所掌握资料对照，如基本一致，即可据此确定企业自行监测的采样频次。

e）排污单位如有污水处理设施并能正常运行使污水能稳定排放，则污染物排放曲线比较平稳，监督检测可以采瞬时样；对于排放曲线有明显变化的不稳定排放污水，要根据曲线情况分时间单元采样，再组成混合样品。正常情况下，混合样品的采样单元不得少于两次。如排放污水的流量、浓度甚至组分都有明显变化，则在各单元采样时的采样量应与当时的污水流量成比例，以使混合样品更具代表性。

#### 4.7.2 采样方法

a）污水的监测项目根据行业类型有不同要求。在分时间单元采集样品时，测定 pH、COD、$BOD_5$、溶解氧、硫化物、油类、有机物、余氯、粪大肠菌群、悬浮物、放射性等项目的样品，不能混合，只能单独采样。

b）自动采样用自动采样器进行，有时间等比例采样和流量等比例采样。当污水排放量较稳定时，可采用时间等比例采样，否则必须采用流量等比例采样。

c）采样的位置应在采样断面的中心，在水深大于 1 m 时，应在表层下 1/4 深度处采样，水深小于或等于 1 m 时，在水深的 1/2 处采样。

#### 4.7.3 流量测量

##### 4.7.3.1 流量测量原则

a）污染源的污水排放渠道，在已知其“流量-时间”排放曲线波动较小，用瞬时流量代表平均流量所引起的误差可以允许时（小于 10%），则在某一时段内的任意时间测得的瞬时流量乘以该时段的时间即为该时段的流量。

b）如排放污水的“流量-时间”排放曲线虽有明显波动，但其波动有固定的规律，可以用该时段中几个等时间间隔的流量来计算出平均流量，则可定时进行瞬时流量测定，在计算出平均流量后再乘以时间得到流量。

c）如排放污水的“流量-时间”排放曲线既有明显波动又无规律可循，则必须连续测定流量，流量对时间的积分即为总流量。

##### 4.7.3.2 流量测量方法

a）污水流量计法：污水流量计的性能指标必须符合污水流量计技术要求。

b）容积法：将污水纳入已知容量的容器中，测定其充满容器所需要的时间，从而计算污水量的方法。本方法简单易行，测量精度较高，适用于污水量较小的连续或间歇排放的污水。对于流量小的排放口用此方法。在溢流口与受纳水体应有适当落差或能用导水管形成误差。

c）速仪法：通过测量排污渠道的过水截面积，以流速仪测量污水流速计算污水量。适当地选用流速仪，可用于很宽范围的流量测量。多数用于渠道较宽的污水量测量。测量时需要根据渠道深度和宽度确定点位垂直测点数和水平测点数。本方法简单，但易受污水水质影响，难用于污水量的连续测定。排污截面底部需硬质平滑，截面形状为规则几何形，排污口处有不少于 3～5 m 的平直过流水段，且水位高度不小于 0.1 m。

d）量水槽法：在明渠或涵管内安装量水槽，测量其上游水位可以计量污水量。常用的有巴氏槽。用量水槽测量流量与溢流堰法相比，同样可以获得较高的精度（±2%～±5%）和进行连续自动测量。其优点为水头损失小、壅水高度小、底部冲刷力大，不易沉积杂物。但造价较高，施工要求也较高。

e）溢流堰法：是在固定形状的渠道上安装特定形状的开口堰板，过堰水头与流量有固定关系，据此测量污水流量。根据污水量大小可选择三角堰、矩形堰、梯形堰等。溢流堰法精度较高，在安装液位计后可实行连续自动测量。为进行连续自动测量液位，已有的传感器有浮子式、电容式、超声波式和压力式等。

利用堰板测流，由于堰板的安装会造成一定的水头损失。另外，固体沉积物在堰前堆积或藻类等物质在堰板上黏附均会影响测量精度，必须经常清除。

在排放口处修建的明渠式测流段要符合流量堰（槽）的技术要求。

在选用以上方法时，应注意各自的测量范围和所需条件。以上方法无法使用时，可用统计法。

f）如污水为管道排放，所使用的电磁式或其他类型的测量计应定期进行计量检定。

## 5 采样设备

### 5.1 测定物理或化学性质的采样设备

#### 5.1.1 概述

所采集样品的体积应满足分析和重复分析的需要。采集的体积过小会使样品没有代表性。另外，小体积的样品也会因比表面积大而使其吸附严重。

符合要求的采样设备应：

1）使样品和容器的接触时间降至最低；

2）使用不会污染样品的材料；

3）容易清洗，表面光滑，没有弯曲物干扰流速，尽可能减少旋塞和阀的数量；

4）有适合采样要求的系统设计。

#### 5.1.2 瞬时非自动采样设备

5.1.2.1 概述

瞬时采样采集表层样品时，一般用吊桶或广口瓶沉入水中，待注满水后，再提出水面。

对于分层水选定深度的定点采样建议按 5.1.2.3 中叙述的方法。如果只需要了解水体某一垂直断面的平均水质，可按 5.1.2.2 中叙述的综合深度法采样。

5.1.2.2 综合深度采样设备

综合深度法采样需要一套用以夹住瓶子并使之沉入水中的机械装置。配有重物的采样瓶以均匀的速度沉入水中，同时通过注入孔使整个垂直断面的各层水样进入采样瓶。

为了在所有深度均能采得等分的水样，采样瓶沉降或提升的速度应随深度的不同作出相应的变化，或者采样瓶具备可调节的注孔，用以保持在水压变化的情况下，注水流量恒定。无上述采样设备时，可采用排空式采样器，分别采集每层深度的样品，然后混合。

排空式采样器是一种手动、简便易行的采样器。此采样器是两端开口，侧面带刻度、温度计的玻璃或塑料的圆筒式，下侧端接有一胶管，底部加重物的一种装置。顶端和底端各有同向向上开启的两个半圆盖子，当采样器沉入水中时，两端各自的两个半圆盖子随之向上开启，水不停留在采样器中，到达预定深度上提，两端半圆盖子随之盖住，即取到所需深度的样品。上述排空式采样器只是其中一种，其他只要能达到同等效果的采样器，均可使用。

5.1.2.3 选定深度定点采样设备

将配有重物的采样瓶瓶口塞住，沉入水中，当采样瓶沉到选定深度时，打开瓶塞，瓶内充满水样后又塞上。对于特殊要求的样品（如溶解氧）此法不适用。

对于特殊要求的样品，可采用颠倒式采水器、排空式采水器等。

采集分层水的样品，也可采用 5.1.2.2 中所述排空式采水器，取得垂直断面的样品。

5.1.2.4 采集沉积物的抓斗式采泥器

用自身重量或杠杆作用设计的深入泥层的抓斗式采泥器，其设计的特点不一，包括弹簧制动、重力或齿板锁合方法，这些要随深入泥层的状况而不同，以及随所取样品的规模和面积而异。因此，所取样品的性质受下列因素的影响：

a）贯穿泥层的深度；

b）齿板锁合的角度；

c）锁合效率（避免物体障碍的能力）；

d）引起扰动和造成样品的流失或者在泥水界面上洗掉样品组分或生物体；

e）在急流中样品的稳定性。在选定采泥器时，对生境、水流情况、采样面积以及可使用船只设备均应考虑。

5.1.2.5 抓斗式挖斗

抓斗式挖斗与地面挖斗设备很相似。它们是通过一个吊杆操作将其沉降到选定的采样点上，采集较大量的混合样品，所采集到的样品比使用采泥器更能准确地代表所选定的采样地点的情况。

5.1.2.6 岩芯采样器

岩芯采样器可采集沉积物垂直剖面样品。采集到的岩芯样品不具有机械强度，从采样器上取下样品时应小心保持泥样纵向的完整性，以便得到各层样品。

5.1.2.7 溶解性气体（或挥发性物质）的采样设备

适合精确测量溶解气体的采样设备应能使采集到的水样排出采样器中原有的水，而不是空气。如果应用泵系统采集溶解气体样品，泵水的压力不能明显低于大气压。样品应直接泵入容器中。如果不要求精确测定，可以用一个瓶子或者桶来采集溶解氧样品。其误差源于样品和空气的接触，误差的大小随气体在水中的饱和度而变化。样品从泵出口处流到采样瓶中，应用一条柔软且有化学惰性的管子将样品输送到样品瓶的底部，防止样品因大面积接触空气（曝气）而被污染。在冰面覆盖的水体中采集溶解氧样品时，要特别注意，避免样品被空气污染。

**5.1.3 自动采样设备**

5.1.3.1 概述

自动采样设备有其自身的优势，它可以自动采集连续样品或一系列样品而不用人工参与，尤其是应用在采集混合样品和研究水质随时间的变化情况方面。

适宜的设备类型的选择取决于特定的采样情况，例如，为了评估一条江河或河川中微量溶解金属的平均组分（或负荷），最好使用一个连续流量比例设备，利用一个蠕动泵系统。

自动采样器可以连续或不连续采样，也可以定时或定比例采样。

自动采样设备可以被设定在预定的时间间隔内采样，或者由外部因素引发采样，例如，当降雨量超过界定限时产生一个信号引发了采样。许多时间间隔采样器在一个周期内采集 24 个样品，通过对时间的设定可以在不同的时间周期内采集 24 个样品。常见的时间设定可以覆盖一昼夜 24 h，也就是每隔 1 h 采集一个样品；也可以覆盖 8 h 工作日，也就是每隔 20 min 采集一个样品；还可以覆盖一整周，也就是每隔 7 h 采集一个样品。

如果采集后的样品需要留在采样器中一段时间，应确保样品不会分解。使用的自动采样设备不能污染所采集的样品。例如，如果要对样品进行金属元素分析，采样器中不能使用铜管，最好使用化学惰性材料，如聚四氟乙烯和不锈钢。安装在入口处的过滤器也要注意这一点。为了防止沉淀物沉淀下来，应在入口管处保持足够的流量，建议入口管的恒定内径大于 9 mm。应能冲洗掉设备中残留的样品，其相关的死体积（固定体积）要尽可能小。为了防止细菌大量繁殖，应定期清洗采样器，对于在线采样设备应在其采样间歇时清洗。目前一些先进的自动采样器可以自动清空残余样品并进行清洗，不需要测试的样品将被自动清空，采样可以连续进行而没有间歇。

5.1.3.2 非比例自动采样器

a）非比例等时不连续自动采样器

按设定采样时间间隔与储样顺序，自动将定量的水样从指定采样点分别采集到采样器的各储样容器中。

b）非比例等时连续自动采样器

按设定采样时间间隔与储样顺序，自动将定量的水样从指定采样点分别连续采集到采样器的各储样容器中。

c）非比例连续自动采样器

自动将定量的水样从指定采样点连续采集到采样器的储样容器中。

d）非比例等时混合自动采样器

按设定采样时间间隔，自动将定量的水样从指定采样点采集到采样器的混合储样容器中。

e）非比例等时顺序混合自动采样器

按设定采样时间间隔与储样顺序，并按设定的样品个数，自动将定量的水样从指定采样点分别采集到采样器的各混合储样容器中。

此种采样器应具有在单个储样容器中收集 2～10 次混合样的功能。

5.1.3.3 比例自动采样器

a）比例等时混合自动采样器

按设定采样时间间隔，自动将与污水流量成比例的定量水样从指定采样点采集到采样器的混合样品容器中。

b）比例不等时混合自动采样器

每排放一设定体积污水，自动将与定量水样从指定采样点采集到采样器的混合样品容器中。

c）比例等时连续自动采样器

按设定采样时间间隔，与污水排放流量成一定比例，连续将水样从指定采样点分别采集到采样器中的各储样容器中。

d）比例等时不连续自动采样器

按设定采样时间间隔与储样顺序，自动将与污水流量成比例的定量水样从指定采样点分别采集到采样器中的各储样容器中。

e）比例等时顺序混合自动采样器

按设定采样时间间隔与储样顺序，并按设定的样品个数，自动将与污水流量成比例的定量水样从指定采样点分别采集到采样器中的各混合样品容器中。

## 5.2 采集生物特性样品的设备

### 5.2.1 概述

有些生物的测定和理化分析的采样情况一样，可在现场完成。但绝大多数样品须送回实验室检验。一些采样设备可以人工进行（通过潜水员）或自动化的遥测观察，以及采集某些生物种类或生物群体。

本节中叙述的采样范围主要涉及常规使用的简单设备。

采集生物样品的容器，最理想的是广口瓶。广口瓶的瓶口直径最好是接近广口瓶体直径，瓶的材质为塑料或玻璃的。

### 5.2.2 浮游生物

5.2.2.1 浮游植物

采样技术和设备类似于检测水中化学品采集的瞬间和定点样品中叙述的那些内容。在大多数湖泊调查中，使用容积为 1～3 L 的瓶子或塑料桶，用 5.1.2.3 中的采样装置采集。定量检测浮游植物，不宜使用网具采集。

5.2.2.2 浮游动物

采集浮游动物需要大量样品（多达 10 L）。采集浮游动物样品时，除使用缆绳操纵水样（见 5.1.2.3）外，还可以用计量浮游生物的尼龙网，所使用网格的规格取决于检验的浮游动物种类。

**5.2.3 底栖生物**

5.2.3.1 水生附着生物

对于定量地采集水生附着生物，用标准显微镜载玻片（直径为 25 mm×75 mm）最适宜。为适宜两种不同的水栖处境，载玻片要求两种形式的底座支架。

在小而浅的河流中，或者湖泊沿岸地区，水质比较清澈，载玻片装在架子上或安置在固定于底部的框架上。在大的河流或湖泊中部水质比较混浊，载玻片可固定在聚丙烯塑料制成的框架上，该架子的上端处连接聚苯乙烯泡沫块，使其能漂浮于水中。载玻片在水中暴露一定的时间（视水质情况自定时间，一般在水中暴露两周左右）。

注：载玻片在水中暴露的时间不是固定的，应视附着情况而定。如水质比较混浊，暴露时间相同，附着的生物过多，影响镜检。

5.2.3.2 大型水生植物

对于定性采样，采样设备根据具体情况，随水的深度而变，在浅水中，可用园林耙具，对较深的水，可使用采泥器，目前在潜水探查中已开始使用配套的水下呼吸器（简称 SCUBA）。

定量采样，除确定采样地区已定，或大型水生植物已测定过，或者在其他方面已评价过，可采用类似上述的技术。

5.2.3.3 大型无脊椎动物

当前使用的采样设备，还不能提供所有生境类型的定量数据。通常局限于某一指定的水域内采样。在某些情况下，要求化验人员主要依靠定性采样，分析这些样品需要大量的重复样品和时间。

在进行底栖生物的对照调查中，必须认真地记录不同采样点之间自然生境差别的影响。然而，由于采样技术和适用的设备都很不相同，因此对调查的生境类型相对地不作限制。使用何种形式采样器取决于很多参数——水的深度、流量、底质的理化性质等。

采集大型无脊椎动物使用的设备为：

a）抓斗和采泥器；

b）手柄网；

c）圆筒和箱式采样器；

d）钻探设备（供沉积物水样）；

e）气动抽水器；

f）人工基质；

g）径流网。

**5.2.4 鱼**

集鱼类采用活动的或不活动的两种方法。活动的采样方法包括使用拉网、拖网、电子捕鱼法、化学药品以及鱼钩和钩绳。不活动的采样方法包括陷捕法（如刺网、细网）和诱捕法（如拦网、陷阱网等）。鱼类的迁移性和鱼类的“迅速补充”（即鱼群的高速增长）使用的采样设备对鱼类的定性和定量检验产生了一定局限性。

**5.3 采集微生物的设备**

灭菌玻璃瓶或塑料瓶适用采集大多数样品。在湖泊、水库的水面以下较深的地点采样时，可使用深水采样装置（见 5.1.2.3）。

所有使用的仪器包括泵及其配套设备，必须完全不受污染，并且设备本身也不可引入新的微生物。采样设备与容器不能用水样冲洗。

### 5.4 采集放射性特性样品的设备

对采集水和废水化学组分的采样技术和设备一般适用于放射性测定。

一般物理、化学分析用的硬质玻璃和聚乙烯塑料瓶适用于放射性核素分析。但要针对检验核素存在的形态选取合适的取样容器（例如测量总α、总β放射性可用聚乙烯瓶，测定氚，只能使用玻璃容器）。取样之前，应将样品瓶洗净晾干。采集水样时，则尽量防止放射性核素吸附在容器表面而损失（例如用待测核素的稳定同位素浸泡 1 d 以上）。

### 5.5 采样设备的准备

| 设备 | 准备 |
|---|---|
| 采样容器<br>漏斗<br>绳<br>手柄<br>过滤器和过滤系统 | 检查是否有划痕，是否有破损和不牢固的部件 |
| 箱和样品传送器 | 数量充足。检查是否有破损。必要的话，用消毒剂把箱擦干净 |
| 样品瓶 | 检查样品瓶和盖子。有破损的要及时丢掉以防别人误用<br>确保瓶子已盖好以减少污染的机会并安全存放。确保用于微生物研究的瓶子原包装完整，无菌显示器条纹清晰 |
| 固定剂 | 检查“按日期使用”的固定剂是否超期。检查点滴器和移液器是否有损坏，必要的话进行更换。确保与空的样品瓶分开 |
| 野外作业用具 | 确保在有效的检验期内。如果已超期，要进行更换 |
| 检定试剂盒 | 确保作业指导书可用且有效。确保其未超期使用。必要时进行更换。与取样瓶分开存放 |
| 标签和抽样文件 | 如果标签是先印刷好的，检查其是否填写完整 |
| 个人安全防护用具 | 确保有足够的一次性手套、手机、冰锚、急救箱、手帕、护目镜 |
| 冰钻 | 检查发动机工作是否正常 |

## 6 样品容器

下列提供的资料有助于一般采样过程中采样容器的选择。

### 6.1 材料

为评价水质，需对水中的化学组分进行分析。选择样品容器时应考虑到组分之间的相互作用、光分解等因素，应尽量缩短样品的存放时间，减少对光、热的暴露时间等。此外，还应考虑到生物活性。最常遇到的是清洗容器不当，及容器自身材料对样品的污染和容器壁上的吸附作用。

在选择采集和存放样品的容器时，还应考虑容器适应温度急剧变化、抗破裂性、密封性能、体积、形状、质量、价格、清洗和重复使用的可行性等。

大多数含无机物的样品，多采用由聚乙烯、氟塑料和碳酸酯制成的容器。常用的高密度聚乙烯，适合于水中的二氧化硅、钠、总碱度、氯化物、氟化物、电导率、pH 和硬度的分析。对光敏物质可使用棕色玻璃瓶。溶解氧和 $BOD_5$ 必须用专用的容器。不锈钢可用于高温或高压的样品，或用于微量有机物的样品。

一般玻璃瓶用于有机物和生物品种。塑料容器适用于放射性核素和含属于玻璃主要成分的元素的水样。采样设备经常用氯丁橡胶垫圈和油质润滑的阀门，这些材料均不适合于采集有机物和微生物样品。

因此，除了上述要求的物理特性外，选择采集和存放样品的容器，尤其是分析微量组分，应该遵循下述准则：

a）制造容器的材料应对水样的污染降至最小，例如玻璃（尤其是软玻璃）溶出无机组分和从塑料及合成橡胶溶出有机化合物及金属（增塑的乙烯瓶盖衬垫、氯丁橡胶盖）。

b）清洗和处理容器壁的性能，以便减少微量组分，例如重金属或放射性核素对容器表面的污染。

c）制造容器的材料在化学和生物方面具有惰性，使样品组分与容器之间的反应减到最低限度。

d）因待测物吸附在样品容器上也会引起误差。尤其是测痕量金属，其他待测物（如洗涤剂、农药、磷酸盐）也可引起误差。

### 6.2 自动采样线及储样容器

采样线，指以自动采样方式从采样点将样品抽吸到储样容器所经过的管线。采样线的材质及储样容器的材料可按 6.1 材料所述准则进行选择。

### 6.3 样品容器的种类

#### 6.3.1 概述

测定天然水的理化参数，使用聚乙烯和硼硅玻璃进行常规采样。此外，最好使用化学惰性材料，对于常规使用太昂贵。常用的有多种类型的细口、广口和带有螺旋帽的瓶子，也可配软木塞（外裹化学惰性金属箔片）、胶塞（不适用有机、生物分析）和磨口玻璃塞（碱性溶液易粘住塞子），这些瓶子易于购买。如果样品装在箱子中送往实验室分析，则箱盖必须设计成可以防止瓶塞松动，防止样品溢漏或污染。

#### 6.3.2 光敏物质样品的容器

除了上面提到需要考虑的事项外，一些光敏物质，包括藻类，为防止光的照射，多采用不透明材料或有色玻璃容器，而且在整个存放期间，它们应放置在避光的地方。

#### 6.3.3 可溶气体或组分样品的容器

在采集和分析的样品中含溶解的气体，通过曝气会改变样品的组分。细口生化需氧量瓶有椎形磨口玻璃塞，能使空气的吸收减小到最低限度。在运送过程中要求特别的密封措施。

#### 6.3.4 微量有机污染物样品的容器

一般情况下，使用的样品瓶为玻璃瓶。所有塑料容器干扰高灵敏度的分析，对这类分析应采用玻璃或聚四氟乙烯瓶。

#### 6.3.5 检验微生物样品的容器

用于微生物样品容器的基本要求是能够经受高温灭菌。如果是冷冻灭菌，瓶子和衬垫的材料也应该符合本准则。在灭菌和样品存放期间，该材料不应该产生和释放出抑制微生物生存能力或促进繁殖的化学品。样品在运回实验室到打开前，应保持密封，并包装好，以防污染。

### 6.4 样品的运送

空样品容器运送到采样地点，装好样品后运回实验室分析，都要非常小心。包装箱可用多种材料——如泡沫塑料、波纹纸板等，以使运送过程中样品的损耗减少到最低限度。包装箱的盖子，一般都衬有隔离材料，用以对瓶塞施加轻微的压力。气温较高时，防止生物样品发生变化，应对样品冷藏防腐或用冰块保存。

### 6.5 质量控制

为防止样品被污染，每个实验室之间应该像一般质量保证计划那样，实施一种行之有效的容器质量控制程序。随机选择清洗干净的瓶子，注入高纯水进行分析，以保证样品瓶不残留杂质。至于采样和存放程序中的质量保证也应该同在采样后加入同分析样品相同试剂的步骤进行分析。

## 7 采样污染的避免

### 7.1 概述

在采样期间必须避免样品受到污染。应该考虑到所有可能的污染来源，必须采取适当的控制措施以避免污染。

### 7.2 污染的来源

潜在的污染来源包括以下几方面：

a）在采样容器和采样设备中残留的前一次样品的污染；

b）来自采样点位的污染；

c）采样绳（或链）上残留水的污染；

d）保存样品的容器的污染；

e）灰尘和水对采样瓶瓶盖及瓶口的污染；

f）手、手套和采样操作的污染；

g）采样设备内部燃烧排放的废气的污染；

h）固定剂中杂质的污染。

### 7.3 污染的控制

控制采样污染常用的措施有以下几种：

a）尽可能使样品容器远离污染，以确保高质量的分析数据；

b）避免采样点水体的搅动；

c）彻底清洗采样容器及设备；

d）安全存放采样容器，避免瓶盖和瓶塞的污染；

e）采样后擦拭并晾干采样绳（或链），然后存放起来；

f）避免用手和手套接触样品，这一点对微生物采样尤为重要，微生物采样过程中不允许手和手套接触到采样容器及瓶盖的内部和边缘；

g）确保从采样点到采样设备的方向是顺风向，防止采样设备内部燃烧排放的废气污染采样点水体；

h）采样后应检查每个样品中是否存在巨大的颗粒物如叶子、碎石块等，如果存在，应弃掉该样品，重新采集。

## 8 标志和记录

### 8.1 概述

样品注入样品瓶后，按照国家标准《水质采样　样品的保存和管理技术规定》中规定执行。现场记录在水质调查方案中非常重要，应从采样点到结束分析制表的过程中始终伴随着样品。采样标签上应记录样品的来源和采集时的状况（状态）以及编号等信息，然后将其粘贴到样品容器上。采样记录、交接记录与样品一同交给实验室。

根据数据的最终用途确定所需要的采样资料。

### 8.2 地面水

至少应该提供下列资料：

a）测定项目；

b）水体名称；

c）地点的位置；

d）采样点；

e）采样方法；

f）水位或水流量；

g）气象条件；

h）水温；

i）保存方法；

j）样品的表观（悬浮物质、沉降物质、颜色等）；

k）有无臭气；

l）采样日期，采样时间；

m）采样人姓名。

## 8.3 地下水

至少应提供下列资料：

a）测定项目；

b）地点位置；

c）采样深度；

d）井的直径；

e）保存方法；

f）采样方法；

g）含水层的结构；

h）水位；

i）水源的产水量；

j）水的主要用途；

k）气象条件；

l）采样时的外观；

m）水温；

n）采样日期，采样时间；

o）采样人姓名。

## 8.4 补充资料

是否保存或加入稳定剂应加以记录。

# 附 录 A
（规范性附录）
## 自动采样设备所需性能

下列各项作为设计、选择自动采样设备或采样部件的指导。使用者在制定一种特定的采样技术要求时，应着重考虑那些性能。

A.1 严格的结构和最少数目的功能组件（特别是电子部分）。

A.2 暴露或浸入水中零件应降到最小数目。

A.3 抗腐蚀性。

A.4 在设计中相对地简单，而且易于维护和操作。

A.5 自动采样供应线上的容器的清洗是否能达到要求（指容器材料）。容器在自动采样供应线上的接受能力。

A.6 被固体物堵塞的可能性。

A.7 输出体积的准确性。

A.8 与手动取得的样品相比，分析数据可提供良好的相关性。

A.9 样品容器易于拆卸，清洗和重新装配。

A.10 携带式采样器，应全部封闭的、轻量的、易于获得的和能抵抗恶劣的气候，而且能够在广范围环境条件下操作。

A.11 能够进行流量比例样品或时间混合样品的采集。

A.12 可以调节吸入液体的流速，需要时，还应防止物相分离。

A.13 吸入管的最小内径应为 12 mm，并装有流线型过滤网，可防止堵塞和固体物蓄积。

A.14 分配重复的等分试样到各瓶子中的能力。

A.15 对于现场采样交流、直流电源运转的性能，直流功率要能维持 120 h 的运转，以便提供 1 h 的样品量。如要求具有防爆性，必须使用气动送样和控制元件。

A.16 对于温度和时间敏感的样品，提供在环境气温高达 40℃的情况下，可使样品在 24 h 期间保持在 4～6℃存放的条件。

A.17 当分别采集样品时，间歇样品的最小体积为 0.5 L。

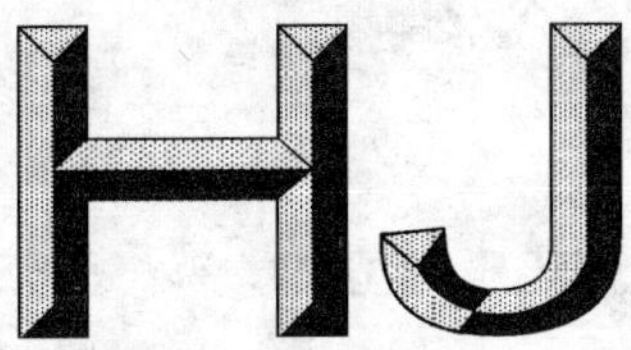

# 中华人民共和国国家环境保护标准

HJ 495—2009
代替 GB 12997—91

# 水质　采样方案设计技术规定

**Water quality—Technical regulation on the design of sampling programmes**

2009-09-27 发布　　　　2009-11-01 实施

环　境　保　护　部　发布

# 前　言

为贯彻《中华人民共和国环境保护法》和《中华人民共和国水污染防治法》，保护环境，保障人体健康，加强对水质采样的规范和指导，制定本标准。

本标准规定了采集各种水体包括废水、底部沉积物和污泥的质量控制、质量表征、采样技术要求、污染物鉴别采样方案的原则。

本标准的技术内容采用 ISO 5667-1—2006《水质　采样　第 1 部分：采样方案设计指导》中相关内容。

本标准对《水质　采样方案设计技术规定》（GB 12997—91）进行修订，原标准起草单位为中国环境监测总站，本次是第一次修订。

主要修订内容如下：

——根据我国环境监测工作实际需求对采样点位的布设以及采样频率和采样时间等内容进行修改和增补。

自本标准实施之日起，原国家环境保护局 1991 年 1 月 25 日批准、发布的国家环境保护标准《水质　采样方案设计技术规定》（GB 12997—91）废止。

本标准由环境保护部科技标准司组织制订。

本标准起草单位：中国环境监测总站、辽宁省环境监测中心站。

本标准环境保护部 2009 年 9 月 27 日批准。

本标准自 2009 年 11 月 1 日起实施。

本标准由环境保护部解释。

# 水质　采样方案设计技术规定

## 1　适用范围

本标准规定了各种水体包括底部沉积物和污泥的采样的质量控制、质量表征、采样技术要求、污染物鉴别采样方案的原则。

本标准适用于各种水体包括底部沉积物和污泥的采样方案设计。

## 2　采样目标的确定

采样和检验的主要目的是测定其有关的物理、化学、生物和放射性参数。在表征水体、底部沉积物和污泥的质量时，要采取必要措施，预防样品在采集和分析的间隔内发生变化。确定采样地点、采样时机、采样频率、采样持续时间、样品处理和分析的要求时主要取决于采样目标。

采样目标可区分为以下三种：

（1）质量控制检测

需要进行短期过程的校正时由管理部门决定。

（2）质量特性检测

用于表明质量，多数情况作为研究项目的组成部分，以达到长期质量控制目的或指出发展趋势。

（3）污染源的鉴别

采样方案的目标可由质量特性检测变为质量控制检测，比如，当硝酸盐浓度接近限值时需要提高采样频率，这样就可由较长时期的质量表征变为短期的质量控制方案。

为研究水体中物理或化学参数的浓度水平、负荷分布及生物种类，通常把这些参数变化的研究与时间、流量、工厂工艺、气候条件因素等结合考虑。具体的研究内容及采样要求有以下几个方面：

a）测定水对某种用途的适用性。如检验井水能否用作冷却、锅炉给水、工艺用水或者饮用水。

b）研究排放污染物（包括偶然泄漏）对受纳水体的影响。排放污染物除了增加污染负荷外，还导致其他反应，如化学沉淀或产生气体等。

c）评价水、污水、工业废水处理厂的性能和管理。如评价进入废水处理厂负荷的波动和长期的变化；测定处理过程各阶段的处理效率，提供净化后水的质量数据，控制使用净水剂的浓度；控制那些可能损害企业构筑物或设备的物质等。

d）研究河口淡水径流和海水对河口环境的影响，提供混合类型及因潮汐和淡水流动的变化引起咸淡分层情况的资料。

e）测定工业生产过程中产品的损失。这些资料对评定全厂物料衡算、测量废水排放量都是需要的。

f）测定锅炉水、蒸汽冷凝水和其他回水的质量。对这些水是否能用于预定目的可行性做出评价。

g）调节工业冷却水系统的运行操作，使水得到最佳利用，与此同时，尽量减少锅垢，把腐蚀降低到最低限度。

h）研究大气污染物对雨水质量的影响。它为研究空气质量提供有价值的资料，还可以指出有些问题是否会发生，如暴露的电触点是否会出问题。

i）评价地面物质输入对水质的影响。这些物质或来自自然环境，或来自人工合成（如化肥、农药等）。

j）评价底部沉积物的积集和释放对水体中或底部沉积物中水生生物的影响。

k）研究河流调节，不同河流间河水的相互转移对天然水道的影响。如在河水调节期间各种不同质量水体的比例在不断发生变化，导致河水质量波动。

1）评价水质在配水系统中发生的变化。引起这些变化的因素很多：污染、从新水源引水、生物的生长、水垢的沉积和金属的溶解等。

在某些情况下，环境状况是相当稳定的，可从简单的采样方案中获得需要的数据。然而大多数监测点的质量特性在不断地发生变化，因此，要想得到理想的评价需要进行连续采样。虽然连续采样不仅代价太高，而且在许多情况下也不现实。

## 3 采样时的安全预防措施

3.1 在水体和底部沉积物中进行采样时，会遇到各种危害人体安全和健康的情况。为了保护人体不受伤害，要采取措施避免吸入有毒气体，防止通过口腔和皮肤吸收有毒物质。

负责设计采样方案和负责实施采样操作的人员，必须考虑相应的安全要求。在采样过程中采样人员要了解应采取的必要的防护措施。

3.2 为了保证工作人员、仪器的安全，必须考虑气象条件。在大面积和水较深的水体上采样时，要使用救生圈和救生绳。在冰层覆盖的水体采样之前，要仔细检查薄冰层的位置和范围。当采用水下整装呼吸装置或其他潜水器具时，则应经常检查和维护这些器具的可靠性。

3.3 采样船要坚固，在各种水域中采样时都要防止商船和捕捞船只靠近，要正确使用信号旗，以表明正在进行的工作性质。

3.4 尽可能避免从不安全的河岸等危险地点采样，如果不能避免，要采取相应的安全措施，并注意不要单人行动。如果河岸条件不是采样研究特殊要求的，应尽量采取在桥上采样来代替河岸边采样。

3.5 要选择任何气候条件下都能方便地进行频繁采样的地点，在某些情况下，必须考虑到可能的自然危害，如有毒的枝叶、兽类和爬行动物。危险物质应贴上标签。

3.6 安装在河岸上的仪器和其他设备，为了防止洪水淹没或破坏行为，需要采取适当的防护措施。

3.7 为了防止一些偶然情况的出现，例如，一些工业废水可能具有腐蚀性，或者含有有毒或易燃物质，污水中也可能含有危害的气体、微生物或动物。在采样期间，必须采取一些特殊的防护措施。

3.8 当采样人员进入有毒气体环境中时，要使用气体防毒面具、呼吸苏醒器具和其他安全设备。此外，在进入封闭空间之前，要测量氧气的浓度和可能存在的有毒蒸汽和毒气。

3.9 在采集蒸汽和热排放物时，需特别谨慎。应使用成熟、可靠的技术。

3.10 处理放射性样品要特别小心，必须采用专门的技术。

3.11 在水中或者靠近水使用电动采样设备时有触电的危险。因此，在选定采样点、维护保养设备时，应采取必要的措施。

## 4 采样的专门注意事项

### 4.1 采样方案的设计

根据不同的采样目的，采样网络可以是单点也可扩展到整个流域。一个干流网络应包括潮区界以内的各采样点、较大的支流汇入口以及主要污水的排放口等采样点。在设计高质量的采样网络时，通常要做好主要水文站的流量测量。

### 4.2 采样点的定位

只有固定采样点位才能对不同时间所采集的样品进行对比。

大多数河流的采样点可参照河岸地貌特点标定。

确定非封闭海湾以及海岸边的采样点时寻找容易识别的固定目标作参照。在船上采样，使用仪器为采样点定位。可以使用地图或其他一些标准图表定位。

### 4.3 水流的特征

从充分混合的湍流中取样最为理想。只要有可能就要把层流诱发成湍流。但是诱发的湍流会引起某些检测项目浓度的变化，采集测定溶解气体，易挥发物质的样品时，不能把层流诱发成湍流。

### 4.4 水流的特征随时间变化

水流可从层流变成湍流，反之亦然。可能出现从本水系的其他部分流来的逆流水给采样点带来污染。

### 4.5 流体的组分随时间变化

流体的组分是变化的，随时可能出现不连续的水团，如可溶性污染物、固体物、挥发性物质或者漂浮的油层膜。

### 4.6 从管道中采样

用适当大小的管子（如抽取多相液体时，管的最小公称内径为 25 mm）从管道中抽取样品。液体在管中的线速度要大，足够保证液体呈湍流的特征，避免液体在管内水平方向流动。

### 4.7 液体的性质

液体可能具有腐蚀性和磨蚀性，因此要考虑使用耐腐蚀和耐磨材料。对于长期采样，可寻找一种容易替换、对样品无显著污染的配件，以代替昂贵的耐化学腐蚀的仪器设备。

### 4.8 采样系统内出现的温度变化

采样系统内长期或者短期内的温度变化可能引起样品性质的变化，这种变化可能影响到采样设备的使用。

### 4.9 测定悬浮物的采样

悬浮物可以分散在遍及液体深度的任一部位。如果可能，可借湍流条件使固-液混合均匀；从理论上讲，线速度应足以引起湍流。采样应该在等动力下进行。如果做不到，可在流体的整个断面上取一系列样品。应注意到，在采样期间，悬浮物的粒径分布在整个采样过程中可能发生变化。

### 4.10 测定挥发性物质的采样

采样泵的吸入高度要小，管路连接要严密。把最先抽出的样品放掉一部分，以保证所采集的样品具有代表性。

### 4.11 不同密度的混合水

在层流中，水因密度不同而产生分层，例如，在冷水层上面产生一个温水层，盐水上面有淡水层。

### 4.12 有害液体、烟雾

必须注意有毒液体、烟雾的出现，以及可能发生爆炸气体的积集。

### 4.13 气象环境的影响

有时气象环境的变化给水质带来明显的差异。要注意这些变化，并在整理检测结果时予以修正。

## 5 天然水的各种采样情况

### 5.1 降水

为化学分析而收集降水样品时，所选采样点应位于避免外界物质污染的地方。例如，应避开烟尘、化肥、农药等污染。

如果样品被冻或者含有雪或雹，最好用电加热器为采样器械加热保温。如果现场无法进行加热保温，则可将全套设备移到高于 0℃的低温环境解冻。

### 5.2 地表水

#### 5.2.1 地表水监测断面的布设原则

断面在总体和宏观上应能反映水系或区域的水环境质量状况；各断面的具体位置应能反映所在区域环境的污染特征；尽可能以最少的断面获取有足够代表性的环境信息；应考虑实际采样时的可行性和方便性。

根据上述总体原则，对水系可设背景断面、控制断面（若干）和入海断面。对行政区域可设背景断面（对水系源头）或入境断面（对过境河流）、控制断面（若干）和入海河口断面或出境断面。在各控制断面下游，如果河段有足够长度（至少 10 km），还应设削减断面。

环境管理除需要上述断面外，还有许多特殊要求，如了解饮用水源地、水源丰富区、主要风景游览区、自然保护区、与水质有关的地方病发病区、严重水土流失区及地球化学异常区等水质的断面。

断面位置应避开死水区、回水区、排污口处，尽量选择顺直河段、河床稳定、水流平稳、水面宽阔、无急流、无浅滩处。

监测断面力求与水文测流断面一致，以便利用其水文参数，实现水质监测与水量监测的结合。

监测断面的布设应考虑社会经济发展，监测工作的实际状况和需要，要具有相对的长远性。

流域同步监测中，根据流域规划和污染源限期达标目标确定监测断面。

局部河道整治中，监视整治效果的监测断面，由所在地区环境保护行政主管部门确定。

入海河口断面要设置在能反映入海河水水质并邻近入海的位置。

其他如突发性水环境污染事故，洪水期和退水期的水质监测，应根据现场情况，布设能反映污染物进入水环境和扩散、削减情况的采样断面及点位。

监测断面可分为以下几种：

（1）采样断面：指在河流采样时，实施水样采集的整个剖面。分背景断面、对照断面、控制断面和削减断面等。

（2）背景断面：指为评价某一完整水系的污染程度，未受人类生活和生产活动影响，能够提供水环境背景值的断面。

（3）对照断面：指具体判断某一区域水环境污染程度时，位于该区域所有污染源上游处，能够提供这一区域水环境本底值的断面。

（4）控制断面：指为了解水环境受污染程度及其变化情况的断面。

（5）削减断面：指工业废水或生活污水在水体内流经一定距离而达到最大限度混合，污染物受到稀释、降解，其主要污染物浓度有明显降低的断面。

（6）管理断面：为特定的环境管理需要而设置的断面。

较常见的有：定量化考核、了解各污染源排污、监视饮水水源、流域污染源限期达标排放和河道整治等。

5.2.2　河流监测断面的设置方法

（1）背景断面须能反映水系未受污染时的背景值。要求基本上不受人类活动的影响，远离城市居民区、工业区、农药化肥施放区及主要交通路线。原则上应设在水系源头处或未受污染的上游河段，如选定断面处于地球化学异常区，则要在异常区的上、下游分别设置。如有较严重的水土流失情况，则设在水土流失区的上游。

（2）入境断面，用来反映水系进入某行政区域时的水质状况，应设置在水系进入本区域且尚未受到本区域污染源影响处。

（3）控制断面用来反映某排污区（口）排放的污水对水质的影响。应设置在排污区（口）的下游，污水与河水基本混匀处。

（4）控制断面的数量、控制断面与排污区（口）的距离可根据以下因素决定：主要污染区的数量及其间的距离、各污染源的实际情况、主要污染物的迁移转化规律和其他水文特征等。此外，还应考虑对纳污量的控制程度，即由各控制断面所控制的纳污量不应小于该河段总纳污量的 80%。如某河段的各控制断面均有 5 年以上的监测资料，可用这些资料进行优化，用优化结论来确定控制断面的位置和数量。

（5）出境断面用来反映水系进入下一行政区域前的水质。因此应设置在本区域最后的污水排放口下游，污水与河水已基本混匀并尽可能靠近水系出境处。如在此行政区域内，河流有足够长度，则应设削减断面。削减断面主要反映河流对污染物的稀释净化情况，应设置在控制断面下游，主要污染物浓度有显著下降处。

（6）省（自治区、直辖市）交界断面。省、自治区和直辖市内主要河流的干流、一级、二级支流的交界断面，这是环境保护管理的重点断面。

（7）其他各类监测断面

a）水系的较大支流汇入前的河口处，以及湖泊、水库、主要河流的出、入口应设置监测断面。

b）国际河流出、入国境的交界处应设置出境断面和入境断面。

c）国务院环境保护行政主管部门统一设置省（自治区、直辖市）界断面。

d）对流程较长的重要河流，为了解水质、水量变化情况，经适当距离后应设置监测断面。

e）水网地区流向不定的河流，应根据常年主导流向设置监测断面。

f）对水网地区应视实际情况设置若干控制断面，其控制的径流量之和应不少于总径流量的 80%。

g）有水工建筑物并受人工控制的河段，视情况分别在闸（坝、堰）上、下设置断面。如水质无明显差别，可只在闸（坝、堰）上设置监测断面。

h）要使各监测断面能反映一个水系或一个行政区域的水环境质量。断面的确定应在详细收集有关资料和监测数据基础上，进行优化处理，将优化结果与布点原则和实际情况结合起来，作出决定。

i）对于季节性河流和人工控制河流，由于实际情况差异很大，这些河流监测断面的确定、采样的频次与监测项目、监测数据的使用等，由各省（自治区、直辖市）环境保护行政主管部门自定。

5.2.3 潮汐河流监测断面的布设

（1）潮汐河流监测断面的布设原则与其他河流相同，设有防潮桥闸的潮汐河流，根据需要在桥闸的上游、下游分别设置断面。

（2）根据潮汐河流的水文特征，潮汐河流的对照断面一般设在潮区界以上。若感潮河段潮区界在该城市管辖的区域之外，则在城市河段的上游设置一个对照断面。

（3）潮汐河流的削减断面，一般应设在近入海口处。若入海口处于城市管辖区域外，则设在城市河段的下游。

（4）潮汐河流的断面位置，尽可能与水文断面一致或靠近，以便取得有关的水文数据。

5.2.4 湖泊、水库监测垂线的布设

对于湖泊、水库通常只设监测垂线，如有特殊情况可参照河流的有关规定设置监测断面。

（1）湖（库）区的不同水域，如进水区、出水区、深水区、浅水区、湖心区、岸边区，按水体类别设置监测垂线。

（2）湖（库）区若无明显功能区别，可用网格法均匀设置监测垂线。

（3）监测垂线上采样点的布设一般与河流的规定相同，但对有可能出现温度分层现象时，应作水温、溶解氧的探索性试验后再定。

（4）受污染物影响较大的重要湖泊、水库，应在污染物主要输送路线上设置控制断面。

在一个监测断面上设置的采样垂线与各垂线上的采样点数应符合表 1、表 2 和表 3。

**表 1　采样垂线数的设置**

| 水面宽 | 垂线数 | 说明 |
|---|---|---|
| ≤50 m | 一条（中泓） | 1．垂线布设应避开污染带，要测污染带应另加垂线 |
| 50～100 m | 二条（近左、右岸有明显水流处） | 2．确能证明该断面水质均匀时，可仅设中泓垂线 |
| ＞100 m | 三条（左、中、右） | 3．凡在该断面要计算污染物通量时，必须按本表设置垂线 |

**表 2　采样垂线上的采样点数的设置**

| 水深 | 采样点数 | 说明 |
|---|---|---|
| ≤5 m | 上层一点 | 1．上层指水面下 0.5 m 处，水深不到 0.5 m 时，在水深 1/2 处 |
| 5～10 m | 上、下层两点 | 2．下层指河底以上 0.5 m 处 |
| ＞10 m | 上、中、下三层三点 | 3．中层指 1/2 水深处<br>4．封冻时在冰下 0.5 m 处采样，水深不到 0.5 m 处时，在水深 1/2 处采样<br>5．凡在该断面要计算污染物通量时，必须按本表设置采样点 |

表 3 湖（库）监测垂线采样点的设置

| 水深 | 分层情况 | 采样点数 | 说明 |
|---|---|---|---|
| ≤5 m | | 一点（水面下 0.5 m 处） | 1．分层是指湖水温度分层状况<br>2．水深不足 1 m，在 1/2 水深处设置测点<br>3．有充分数据证实垂线水质均匀时，可酌情减少测点 |
| 5～10 m | 不分层 | 二点（水面下 0.5 m，水底上 0.5 m） | |
| 5～10 m | 分 层 | 三点（水面下 0.5 m，1/2 斜温层，水底上 0.5 m 处） | |
| ＞10 m | | 除水面下 0.5 m，水底上 0.5 m 处外，按每一斜温分层 1/2 处设置 | |

### 5.3 地下水（泉水、井水）

对于自喷的泉水，可在涌口处直接采样。采集不自喷泉水时，将停滞在抽水管的水汲出，新水更替之后，再进行采样。

从井水采集水样，必须在充分抽汲后进行，以保证水样能代表地下水水源。

### 5.4 饮用水

从自来水用户所使用的水龙头上采样是最好的办法。采样前应移去水龙头上的防溅湿装置，采样时不能使用带有混合式的水龙头，在干线和支线管道采样可利用消防栓。此外，为细菌学检验采集样品时要特别小心。

采取自来水或抽水设备中的水的水样时，应先放水数分钟，使积留在水管中的杂质及陈旧水排出，然后再取样。采集水样前，应先用水样洗涤采样器容器、盛样瓶及塞子 2～3 次（油类除外）。

### 5.5 浴场

从天然浴场采样，按照水库和湖泊采样方法进行。使用循环水系统的游泳池，应该从进口、出口和水体中分别采样。

### 5.6 饮用水处理过程中所产生的污泥

大多数饮水处理厂所生成的污泥为氢氧化铝或氢氧化铁，但也有一些处理厂生成石灰软化泥或生物污泥。这些样品可在凝聚槽混凝沉淀池内的不同深度采取，也可在浓缩池内采取。因样品的特殊性在取出后几分钟内就会发生明显变化，因此采样后要尽量少搅动，尽快检验。

### 5.7 河流、河口、海洋、湖泊和水库的底部沉积物

所制订的采样方案应考虑到沉积物组分纵、横方向的变化，必须取得有关底部沉积物的深度和不同深度上沉积物组成的数据。

采水样时的许多重要因素，如船只的使用，也适用于底部沉积物的采样。

底层通常是不均匀的。为了提供有代表性的评价参数，应保证采集足够数量的样品。

## 6 工业用水的采样情况

### 6.1 上水

上水包括饮用水、河水和井水。由于水源不同，水质随时发生变化，但在给定的时间内，通常它们的组成是均质的。这些水通过一个普通的管道系统进入工厂，不存在特殊的采样情况。

当同时存在非饮用工业供水系统时，要用适当的标志加以区分，以避免搞错采样点。为了检查水是否可以饮用，要准备一些采样设备。

如果需要各水体混合物的质量数据，采样之前必须保证水体充分混合。

### 6.2 锅炉系统的水

#### 6.2.1 处理厂的水

在处理厂的设计阶段，应仔细考虑采样点的方位、各处理阶段过滤池的进口和出口的采样设备。当存在悬浮物时，取样之前应将采样管彻底清洗。

当测定水中溶解气体（如氧或二氧化碳）采样时，为了避免逸失必须使用特殊的采样技术。如果

使用除气塔洗除二氧化碳，那么在随后的样品处理中就要避免二氧化碳的逸失或补充。采样管应完全浸没于水中，避免吸进气体。

6.2.2 锅炉给水和锅炉水

在蒸汽冷凝循环系统的许多采样点上采集的水样只含有痕量待测物质。因此，要特别小心，避免从采样到分析过程中样品受到污染。

通常的采样系统用不锈钢制成，采样系统要有完善的结构，能经受住所承受的运转压力。如果用长采样管采集高温高压锅炉给水，为了安全，最好在靠近采样点的地方冷却采样管中的样品。

当用物理和化学方法除气时，通常需设两个采样点，一个在加化学药品之前，检验物理方法除气效率，在第二个点检验总的除气效率。

所设计的锅炉采样点要保证能采到锅炉水的代表性样品。对于某些分析如痕量金属，它们可能部分或全部的以颗粒形式存在，在这种情况下应该使用等动力采样探头。

6.2.3 蒸汽冷凝水

在工业上控制蒸汽的质量非常重要。通常需要从蒸汽冷凝液的回路上，过热蒸汽或者加压湿蒸汽中采样。所使用的采样探头，附有不锈钢冷却器。要注意防止采样和分析期间样品受到污染。

6.2.4 冷却水

主要有三类冷却系统：

a）敞开式蒸发冷却系统；

b）直流式（单程式）冷却系统；

c）闭路循环冷却系统。

在敞开式蒸发冷却系统中，进水和循环水通常都要采样，通常在进水口设一个采样点就够了。但是就冷却系统本身而言，为了获得所需要的数据资料，则必须同时在几个点上采样。使用生物杀虫剂处理时，则直接在冷却塔的水池中采样。从理论上讲，最好的采样系统是等动力系统。

直流式冷却系统的采样点设在进水口和出水口处，闭路系统的采样点设在低处。

## 7 工业废水的采样情况

工业废水的采样必须考虑废水的性质和每个采样点所处的位置。通常，用管道或者明沟把工业废水排放到远而偏僻、人们很难达到的地方。但在厂区内，排放点容易接近，有时必须采用专门采样工具通过很深的入孔采样。为了安全起见，最好把入孔设计成无须人进入的采样点。从工厂排出的废水中可能含有生活污水，采样时应予以考虑所选采样点要避开这类污水。其中，第一类污染物的采样必须在车间出水口或预处理出水口。

如果废水被排放到氧化塘或贮水池，那么情况就类似于湖泊采样。

## 8 污水和污泥

### 8.1 污水

第一类污染物采样点位一律设在车间或车间处理设施的排放口或专门处理此类污染物设施的排口。

第二类污染物采样点位一律设在排污单位的外排口。

进入集中式污水处理厂和进入城市污水管网的污水采样点位应根据地方环境保护行政主管部门的要求确定。

污水处理设施效率监测采样点的布设：

a）对整体污水处理设施效率监测时，在各种进入污水处理设施污水的入口和污水设施的总排口设置采样点。

b）对各污水处理单元效率监测时，在各种进入处理设施单元污水的入口和设施单元的排口设置采样点。

8.2 污泥

需要在沉淀池、消化池、氧化塘或者干燥床采集污泥样品。

由于原污泥和消化污泥均匀性差且存在有大颗粒物，所以采样时相当困难。

用导管采样时，为了减少堵塞的可能性，采样管的内径不应小于 50 mm。取样时间间隔要短。当从沉淀池、消化池、氧化塘或者干燥床采样时，要从各种深度和位置采集大量样品。难以接近的采样点采用专门设备。

对于以上各种情况，适宜用统计学方法确定采样频率。

## 9 暴雨污水和地面径流

出现暴雨污水和地面径流排放时，接纳水道的流量很大，有效稀释相当大，暴雨污水的溢流可以控制。由于种种原因，地表径流可能被污染，甚至当水道内水流很大的情况下，溢流对水道内的水质也构成严重威胁。

由于暴雨污水和地面径流的排放具有间歇性，在排放期内质量变化非常明显，因此给采样带来一些特殊的问题。由于对污水管道或者不渗水表面的冲刷，最初排放出来的污水水质是很差。在这种情况下，最好使用自动采样装置。自动采样装置有许多优点，它定时采样，按规定的流量启动，能够采到有代表性的样品。在许多情况下，希望按流量的比例采样。通常暴雨污水中的固体物未达到浸渍化和沉降，性质非常不均匀，给采集有代表性的样品带来困难，同时也增加了阻塞设备的可能性。在选择采样技术和采样设备时对这一点要认真考虑。必须收集整个调查期间的有关降水量和必要的气温资料。

## 10 采样频率和采样时间

通常需要水质可能发生变化的全过程的资料，为此要不时地采样，使所采样品足以反映水质及其变化，但也要考虑到成本要小。相反，按主观想象确定采样频率或者仅从分析和采样的工作量考虑，会导致盲目采样或过于频繁的采样。当非正常状态出现的时候，有必要增加采样的频次，例如，在植物开始生长的过程中或者在一条河的涨潮期和水华时期等。为了统计长时间的发展趋势，需要增加采样的频次，这样采集的样品结果才是可以利用的。

### 10.1 采样方案的类型

采样方案有质量控制、质量表征和污染源鉴别三种类型，用于质量控制的检测可用于质量表征，反之亦然。

10.1.1 质量控制方案

质量控制通常就是对一个或几个规定范围的环境要素的浓度进行检查。检查结果决定是否要即时采取措施。所确定的采样频率要比连续测量之间出现的超过控制限的显著偏离允许概率要大。确定采样频率的两个基本因素是：

a）在预期条件下，偏离的大小和持续的时间；

b）在预期条件下，出现偏离的概率。

通常，对这些因素只能给出近似的定义，但是合理的估计将能获得一个工作值，用以推算采样频率。

10.1.2 质量表征方案

这些方案是针对评价一个和比较多的统计参数，这些参数表明在某一期间内的浓度及其变化。例如，平均值或者中位值表示结果的总趋势，标准偏差表示变化范围。

10.1.3 污染源调查方案

编制这些方案是为了测定不知来源的污染排放物的特征。通常，对本底或污染物性质的了解是编制方案的基础。污染出现的周期与采样频率要一致。

污染源调查采样方案不同于质量控制、质量表征的采样方案，它的采样频率比污染物出现的频率要高得多。

**10.2 地表水水质采样确定采样频次的原则**

依据不同的水体功能、水文要素和污染源、污染物排放等实际情况，力求以最低的采样频次，取得最有时间代表性的样品，既要满足能反映水质状况的要求，又要切实可行。

采样频次与采样时间

（1）饮用水源地、省（自治区、直辖市）交界断面中需要重点控制的监测断面每月至少采样一次。

（2）国控水系、河流、湖、库上的监测断面，逢单月采样一次，全年六次。

（3）水系的背景断面每年采样一次。

（4）受潮汐影响的监测断面的采样，分别在大潮期和小潮期进行。每次采集涨、退潮水样分别测定。涨潮水样应在断面处水面涨平时采样，退潮水样应在水面退平时采样。

（5）如某必测项目连续三年均未检出，且在断面附近确定无新增排放源，而现有污染源排污量未增的情况下，每年可采样一次进行测定。一旦检出，或在断面附近有新的排放源或现有污染源有新增排污量时，即恢复正常采样。

（6）国控监测断面（或垂线）每月采样一次，在每月5—10日内进行采样。

（7）遇有特殊自然情况，或发生污染事故时，要随时增加采样频次。

（8）在流域污染源限期治理、限期达标排放的计划中和流域受纳污染物的总量削减规划中，以及为此所进行的同步监测。

（9）为配合局部水流域的河道整治，及时反映整治的效果，应在一定时期内增加采样频次，具体由整治工程所在地方环境保护行政主管部门制定。

**10.3 污染源污水监测的采样确定采样频次的原则**

10.3.1 监督性监测。地方环境监测站对污染源的监督性监测每年不少于 1 次，如被国家或地方环境保护行政主管部门列为年度监测的重点排污单位，应增加到每年2～4 次。因管理或执法的需要所进行的抽查性监测或对企业的加密监测由各级环境保护行政主管部门确定。

10.3.2 企业自我监测。工业废水按生产周期和生产特点确定监测频率。一般每个生产日至少3 次。

10.3.3 对于污染治理、环境科研、污染源调查和评价等工作中的污水监测，其采样频次可以根据工作方案的要求另行确定。

10.3.4 排污单位为了确认自行监测的采样频次，应在正常生产条件下的一个生产周期内进行加密监测：周期在 8 h 以内的，每小时采 1 次样；周期大于 8 h 的，每 2 h 采 1 次样，但每个生产周期采样次数不少于 3 次。采样的同时测定流量。根据加密监测结果，绘制污水污染物排放曲线（浓度-时间，流量-时间，总量-时间），并与所掌握资料对照，如基本一致，即可据此确定企业自行监测的采样频次。根据管理需要进行污染源调查性监测时，也按此频次采样。

10.3.5 排污单位如有污水处理设施并能正常运转使污水能稳定排放，则污染物排放曲线比较平稳，监督监测可以采瞬时样；对于排放曲线有明显变化的不稳定排放污水，要根据曲线情况分时间单元采样，再组成混合样品。正常情况下，混合样品的单元采样不得少于两次。如排放污水的流量、浓度甚至组分都有明显变化，则在各单元采样时的采样量应与当时的污水流量成比例，以使混合样品更有代表性。

**10.4 统计研究**

10.4.1 采样方案的确认

在任何采样方案中，只有在认真地做好准备工作之后，才能正确地确定采样时间和频率。为了提供统计技术需要的数据，在准备工作中要提高采样频率。如果水质容易发生变化，无论是随机的还是有规律的变化，所得到的值对于统计参数值，如平均值、标准偏差、最大值等仅为真实参数的估计值，两者之间有差异。在纯随机变化情况，估计值和真值的差值可用统计方法算出。差值随样品个数的增加而降低。在采样频率确定后，数据要定期检查，以便根据需要进行改变。

以下 10.4.2～10.4.5 各条中的论述是把一个统计方法应用于一个统计参数、平均值的例子，并假定正态分布是适用的。

10.4.2　置信区间

实际上，$n$ 个结果的平均值的置信区间 $L$ 限定了一个范围，位于这个范围的真实平均值可在给定的置信水平上。

10.4.3　置信水平

置信水平是在计算出来的置信区间 $L$ 范围内，含有真实平均值的概率。由一个样品的 $n$ 次结果计算出来的、浓度的均值为 $\overline{X}$ 的置信区间，意味着该区包含真实平均值 $\overline{X}$ 的机会是 100 次中有 95 次。在能有效采取大量系列样品情况下，该区包含 $\overline{X}$ 的频率接近 95%。

10.4.4　置信区间的测定和样本数

对随机取样，样本数为 $n$，真实平均值的估计值 $\mu$ 和标准偏差 $\delta$ 分别用算术平均值 $\overline{X}$ 和 $S$ 来代替，可按式（1）计算：

$$S=\sqrt{\frac{\sum_{i=1}^{n}(x_i-\overline{x})^2}{n-1}}=\sqrt{\frac{1}{n-1}\left[\sum_{i=1}^{n}x_i^2-\frac{1}{n}\left(\sum_{i=1}^{n}x_i\right)^2\right]} \tag{1}$$

式中：$x_i$——某一单值。

当 $n$ 足够大时（见 10.4.1），$S$ 的 $\delta$ 数值差很小，并且由样本数 $n$ 计算得到的 $\overline{X}$ 的置信区间是 $\overline{X}\pm K/n$。其中 $K$ 值由下表给出，$K$ 值取决于所采纳的置信水平。

| 置信水平/% | 99 | 98 | 95 | 90 | 80 | 68 | 50 |
|---|---|---|---|---|---|---|---|
| $K$ | 2.58 | 2.33 | 1.96 | 1.64 | 1.28 | 1.00 | 0.6 |

在选定的置信水平，为给定的置信区间 $L$ 测定均值 $\overline{X}$，需要样品的数量为 $(2K\delta/L)^2$。只有当 $\delta$ 已知时，此式才能成立。尽管 $S$ 基于相当大的样品数，对 $K$ 值不会有什么差别，但又采用估计值 $S$ 时，需要较多的样品数。严格地说，当样品数小于 30 的时候，"$K$"应该被 $t$ 值代替（$t$ 值可以从 $t$ 分布函数百分率表得到）。

10.4.5　水质的随机变化和系统变化

随机变化通常既有正态分布又有对数正态分布，而系统变化可能是趋向性变化，也可能是周期性变化或者两者变化的复合，在同一个水体中不同的环境要素的变化性质是不同的。

如果随机变化占优势，尽管采样次数对质控目标可能是重要的，但对于统计学通常是不重要的。如果出现周期性变化，无论对整个检测周期，还是对要测的最大或最小浓度值，采样次数都是重要的。在整个趋向期间，采样次数应以大致相同的间距分开。对于上述每种情况所需样品的数量主要从统计学上考虑。如果不存在系统变化，或者与随机波动比较时又很小，那么需要采集的样品数量要足够大，才能满足给定条件下环境要素均值的允许误差。比如，如果应用正态分布，根据上述内容，在选定的置信水平下 $n$ 个结果均值的置信区间由式（2）给出：

$$L=\frac{2K\delta}{\sqrt{n}} \tag{2}$$

式中：$\delta$——频率分布的标准偏差。

如果要求的置信区间是均值的 10%，所要求的置信水平是 95%，均值的标准偏差是 20%，那么：

$$10=\frac{2\times1.96\times20}{\sqrt{n}}$$

于是：$\sqrt{n}=7.86$

因此：$n\approx61$

这表明，如测定周期为 1 个月，每天采两个样品，如果周期为 1 年，每星期采 1～2 个样品。

## 11 水流的测量及其在水质方面的应用

对污水和废水处理的控制及其用数学模型管理天然水体提高了流量测量的重要性。如不进行流量测量就不能评价污染负荷。本篇提出了在确定采样方案时，必须考虑的流量因素。然而，流量的测量通常不由水质检验专家进行，所以本文不涉及测量的具体细节。

流量测量包括三个方面：流向、流速、流量。

### 11.1 流向

大多数内陆水系，水流是不稳的，但流向是明显的，航道和排泄渠道水流的流向是随时间而变化的。掌握含水层中地下水径流的流向，对于评价含水层被污染的程度以及选择采样的位置都是很重要的。在废水处理过程中，处理池中水流动的模式影响到池中物质的混合和悬浮物质的沉降，要考虑到水流模式以确保所采集的样品具有代表性。

在河口和沿海水体中，经常需要测量水流方向并把它看做采样方案的主要部分。水流的方向和速度受潮流的影响，非常易变。而潮流又受到气象条件及其他因素的影响。

### 11.2 流速

流速是很重要的，可用以：

a）计算流量；

b）计算平均速度和迁移时间，就水质而言，迁移时间是指某一水团通过一定距离所需要的时间；

c）评价湍流影响及由流速导致的水体混合。

### 11.3 流量

流量指单位时间内流过某一点的流体的体积。有关流量的平均值和极限值的资料对废水、污水和水处理工厂的设计、运转以及为保护天然水系制定合理的质量极限是不可缺少的。

## 12 水质控制中流量测量的必要性

### 12.1 处理厂的负荷

评价工厂的处理负荷需要流量数据。流量数据可以在进入污水工程系统的排放点以及在污水厂内部测量得到。如果污水的流量或质量随时间变化，那么要确切估量工厂负荷，需要对排放量进行连续流量记录。至于混合样品，根据采样时间记录到的流量将样品按比例混合制成。公共下水道中废水的收费与排放污染物的质量和数量成比例。

### 12.2 稀释效应

要控制向公共污水管道排放有毒有害的物质，以免工作人员和污水管线及工艺过程受到危害，与此同时要充分利用提供的稀释条件。

在考虑排放对天然水道和水质限值可能产生的影响时，必须计算稀释能力。在上述情况下以及当系统中的其他污水所产生的稀释很小时，有关排放的数据非常有价值。

### 12.3 污染物通量的计算

通量的计算广泛地应用于确定允许排放量和评价河流宽窄对水质的影响。通量的计算是模拟整个河流和河口地区质量的基础。计算的依据是具有代表性的排放资料或者平均流量排放资料，而动态模拟技术需要连续流量数据的流量频率的测算。

### 12.4 污染物质的迁移和转化的速度

如果污染物的排放浓度随时间而变化，那么只有了解污染物从排放点迁移的速度才能正确估计污染物的扩散和降解情况。因此，在确定河流或河口地区的采样方案时，应尽量在沿河道流动的同一水体中采样。当污染物偶然泄漏进入水体时，掌握污染物到达下游所需的时间对评估污染影响极其重要。

### 12.5 与流量相关的待测物

发现某些水质待测物的浓度，如暂时硬度和氯化物，在某些情况下，通常在一定限度范围内与流速有关。如果掌握了流速和浓度的相关性，仅仅测量流速就能评价水中待测物。但要经常核查这种相关性是否发生变化。

### 12.6 地下水

在评价地下水源受污染的情况和转化的程度时，应掌握地下水流向、流速等相关资料。在评价地下污染时可以利用这些资料，从而避免了昂贵的地下水采样。

## 13 水流测量方法

13.1 测量可以是间断式的，如在河口用浮筒测量，在河流中使用直读式流量计；或者采用连续式的，如大多数排放流量计。

13.2 流向和流速的测定可以采用以下方法：

a）浮标；

b）浮筒和其他漂移物；

c）化学示踪剂（包括染料）；

d）微生物示踪剂；

e）放射性示踪剂。

13.3 流速的测量还可采用以下方法：

a）直读式和自动记录式流量计；

b）流速仪；

c）超声波技术；

d）电磁技术；

e）气动技术。

13.4 流量的测定可采用以下方法：

a）在一已知横截面积的明渠中进行测定流速。

b）直接机械方式：如采用翻斗或标准水表。

c）在水流中的某一构筑物上，进行水位的测量，如在水道堰上测定水位。采用的方法有：用规准尺进行目测和利用浮标、电阻变化、压力差、照相或声变方法进行自动测定。

d）封闭管道中流量的测量：

1）通过文丘里管颈部产生压力差；

2）通过孔板产生压力差；

3）扬水率乘以扬水时间；

4）电磁、超声波及其他技术；

5）稀释测量：用于天然水系流量的现场测量。

---

# 中华人民共和国环境保护部
# 公　告

## 2009年　第54号

为贯彻《中华人民共和国环境保护法》，保护环境，保障人体健康，现批准《水质　总有机碳的测定　燃烧氧化-非分散红外吸收法》等六项标准为国家环境保护标准，并予发布。

标准名称、编号如下：

一、《水质　总有机碳的测定　燃烧氧化-非分散红外吸收法》（HJ 501—2009）；

二、《水质　挥发酚的测定　溴化容量法》（HJ 502—2009）；

三、《水质　挥发酚的测定　4-氨基安替比林分光光度法》（HJ 503—2009）；

四、《环境空气　臭氧的测定　靛蓝二磺酸钠分光光度法》（HJ 504—2009）；

五、《水质　五日生化需氧量（$BOD_5$）的测定　稀释与接种法》（HJ 505—2009）；

六、《水质　溶解氧的测定　电化学探头法》（HJ 506—2009）。

以上标准自2009年12月1日起实施，由中国环境科学出版社出版，标准内容可在环境保护部网站（bz.mep.gov.cn）查询。

自以上标准实施之日起，由原国家环境保护局或原国家环境保护总局批准、发布的下述七项国家环境保护标准废止，标准名称、编号如下：

一、《水质　总有机碳（TOC）的测定　非色散红外线吸收法》（GB 13193—91）；

二、《水质　总有机碳的测定　燃烧氧化-非分散红外吸收法》（HJ/T 71—2001）；

三、《水质　挥发酚的测定　蒸馏后溴化容量法》（GB 7491—87）；

四、《水质　挥发酚的测定　蒸馏后4-氨基安替比林分光光度法》（GB 7490—87）；

五、《环境空气　臭氧的测定　靛蓝二磺酸钠分光光度法》（GB/T 15437—1995）；

六、《水质　五日生化需氧量（$BOD_5$）的测定　稀释与接种法》（GB 7488—87）；

七、《水质　溶解氧的测定　电化学探头法》（GB 11913—89）。

特此公告。

2009年10月20日

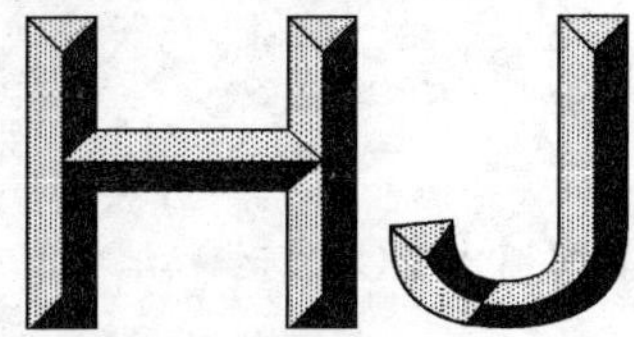

# 中华人民共和国国家环境保护标准

HJ 501—2009

代替 GB 13193—91 和 HJ/T 71—2001

# 水质 总有机碳的测定 燃烧氧化-非分散红外吸收法

**Water quality—Determination of total organic carbon —Combustion oxidation nondispersive infrared absorption method**

2009-10-20 发布　　2009-12-01 实施

环 境 保 护 部 发布

# 前　言

为贯彻《中华人民共和国环境保护法》和《中华人民共和国水污染防治法》，保护环境，保障人体健康，规范国家环境污染物监测方法，制定本标准。

本标准规定了测定地表水、地下水、生活污水和工业废水中总有机碳（TOC）的燃烧氧化-非分散红外吸收方法。

本标准是对《水质　总有机碳（TOC）的测定　非色散红外线吸收法》（GB 13193—91）和《水质　总有机碳的测定　燃烧氧化-非分散红外吸收法》（HJ/T 71—2001）的整合修订。原标准起草单位分别为武汉市环境监测中心站和中国环境监测总站。

《水质　总有机碳（TOC）的测定　非色散红外线吸收法》（GB 13193—91）首次发布于 1991 年，本次为第一次修订；《水质　总有机碳的测定　燃烧氧化-非分散红外吸收法》（HJ/T 71—2001）首次发布于 2001 年，本次为第一次修订。

本次修订的主要内容如下：

——调整了标准的适用范围；

——增加了可吹扫有机碳和不可吹扫有机碳的术语和定义；

——增加了部分试剂的保存条件；

——增加了质量保证和质量控制条款。

自本标准实施之日起，原国家环境保护局 1991 年 8 月 31 日批准、发布的国家环境保护标准《水质　总有机碳（TOC）的测定　非色散红外线吸收法》（GB 13193—91）和原国家环境保护总局 2001 年 9 月 29 日批准、发布的国家环境保护标准《水质　总有机碳的测定　燃烧氧化-非分散红外吸收法》（HJ/T 71—2001）废止。

本标准由环境保护部科技标准司组织制订。

本标准主要起草单位：大连市环境监测中心。

本标准环境保护部 2009 年 10 月 20 日批准。

本标准自 2009 年 12 月 1 日起实施。

本标准由环境保护部解释。

# 水质　总有机碳的测定
# 燃烧氧化-非分散红外吸收法

## 1　适用范围

本标准规定了测定地表水、地下水、生活污水和工业废水中总有机碳（TOC）的燃烧氧化-非分散红外吸收方法。

本标准适用于地表水、地下水、生活污水和工业废水中总有机碳（TOC）的测定，检出限为 0.1 mg/L，测定下限为 0.5 mg/L。

注 1：本标准测定 TOC 分为差减法（3.1）和直接法（3.2）。当水中苯、甲苯、环己烷和三氯甲烷等挥发性有机物含量较高时，宜用差减法测定；当水中挥发性有机物含量较少而无机碳含量相对较高时，宜用直接法测定。

注 2：当元素碳微粒（煤烟）、碳化物、氰化物、氰酸盐和硫氰酸盐存在时，可与有机碳同时测出。

注 3：水中含大颗粒悬浮物时，由于受自动进样器孔径的限制，测定结果不包括全部颗粒态有机碳。

## 2　术语和定义

下列术语和定义适用于本标准。

### 2.1　总有机碳　total organic carbon，TOC

指溶解或悬浮在水中有机物的含碳量（以质量浓度表示），是以含碳量表示水体中有机物总量的综合指标。

### 2.2　总碳　total carbon，TC

指水中存在的有机碳、无机碳和元素碳的总含量。

### 2.3　无机碳　inorganic carbon，IC

指水中存在的元素碳、二氧化碳、一氧化碳、碳化物、氰酸盐、氰化物和硫氰酸盐的含碳量。

### 2.4　可吹扫有机碳　purgeable organic carbon，POC

指在本标准规定条件下水中可被吹扫出的有机碳。

### 2.5　不可吹扫有机碳　non-purgeable organic carbon，NPOC

指在本标准规定条件下水中不可被吹扫出的有机碳。

## 3　方法原理

### 3.1　差减法测定总有机碳

将试样连同净化气体分别导入高温燃烧管和低温反应管中，经高温燃烧管的试样被高温催化氧化，其中的有机碳和无机碳均转化为二氧化碳，经低温反应管的试样被酸化后，其中的无机碳分解成二氧化碳，两种反应管中生成的二氧化碳分别被导入非分散红外检测器。在特定波长下，一定质量浓度范围内二氧化碳的红外线吸收强度与其质量浓度成正比，由此可对试样总碳（TC）和无机碳（IC）进行定量测定。

总碳与无机碳的差值，即为总有机碳。

### 3.2　直接法测定总有机碳

试样经酸化曝气，其中的无机碳转化为二氧化碳被去除，再将试样注入高温燃烧管中，可直接测定总有机碳。由于酸化曝气会损失可吹扫有机碳（POC），故测得总有机碳值为不可吹扫有机碳（NPOC）。

## 4 干扰及消除

水中常见共存离子超过下列质量浓度时：$SO_4^{2-}$ 400 mg/L、$Cl^-$ 400 mg/L、$NO_3^-$ 100 mg/L、$PO_4^{3-}$ 100 mg/L、$S^{2-}$ 100 mg/L，可用无二氧化碳水（5.1）稀释水样，至上述共存离子质量浓度低于其干扰允许质量浓度后，再进行分析。

## 5 试剂和材料

本标准所用试剂除另有说明外，均应为符合国家标准的分析纯试剂。所用水均为无二氧化碳水（5.1）。

5.1 无二氧化碳水：将重蒸馏水在烧杯中煮沸蒸发（蒸发量 10%），冷却后备用。也可使用纯水机制备的纯水或超纯水。无二氧化碳水应临用现制，并经检验 TOC 质量浓度不超过 0.5 mg/L。

5.2 硫酸（$H_2SO_4$）：$\rho(H_2SO_4)$=1.84 g/ml。

5.3 邻苯二甲酸氢钾（$KHC_8H_4O_4$）：优级纯。

5.4 无水碳酸钠（$Na_2CO_3$）：优级纯。

5.5 碳酸氢钠（$NaHCO_3$）：优级纯。

5.6 氢氧化钠溶液：$\rho(NaOH)$=10 g/L。

5.7 有机碳标准贮备液：$\rho$（有机碳，C）= 400 mg/L。准确称取邻苯二甲酸氢钾（预先在 110～120℃下干燥至恒重）0.850 2 g，置于烧杯中，加水（5.1）溶解后，转移此溶液于 1 000 ml 容量瓶中，用水（5.1）稀释至标线，混匀。在 4℃条件下可保存两个月。

5.8 无机碳标准贮备液：$\rho$（无机碳，C）=400 mg/L。准确称取无水碳酸钠（预先在 105℃下干燥至恒重）1.763 4 g 和碳酸氢钠（预先在干燥器内干燥）1.400 0 g，置于烧杯中，加水（5.1）溶解后，转移此溶液于 1 000 ml 容量瓶中，用水（5.1）稀释至标线，混匀。在 4℃条件下可保存两周。

5.9 差减法标准使用液：$\rho$（总碳，C）= 200 mg/L，$\rho$（无机碳，C）= 100 mg/L。用单标线吸量管分别吸取 50.00 ml 有机碳标准贮备液（5.7）和无机碳标准贮备液（5.8）于 200 ml 容量瓶中，用水（5.1）稀释至标线，混匀。在 4℃条件下贮存可稳定保存一周。

5.10 直接法标准使用液：$\rho$（有机碳，C）－ 100 mg/L，用单标线吸量管吸取 50.00 ml 有机碳标准贮备液（5.7）于 200 ml 容量瓶中，用水（5.1）稀释至标线，混匀。在 4℃条件下贮存可稳定保存一周。

5.11 载气：氮气或氧气，纯度大于 99.99%。

## 6 仪器和设备

本标准除非另有说明，分析时均使用符合国家 A 级标准的玻璃量器。

6.1 非分散红外吸收 TOC 分析仪。

6.2 一般实验室常用仪器。

## 7 样品

水样应采集在棕色玻璃瓶中并应充满采样瓶，不留顶空。水样采集后应在 24 h 内测定。否则应加入硫酸（5.2）将水样酸化至 pH≤2，在 4℃条件下可保存 7 d。

## 8 分析步骤

### 8.1 仪器的调试

按 TOC 分析仪说明书设定条件参数，进行调试。

8.2 校准曲线的绘制

8.2.1 差减法校准曲线的绘制

在一组七个 100 ml 容量瓶中，分别加入 0.00、2.00、5.00、10.00、20.00、40.00、100.00 ml 差减法标准使用液（5.9），用水（5.1）稀释至标线，混匀。配制成总碳质量浓度为 0.0、4.0、10.0、20.0、40.0、80.0、200.0 mg/L 和无机碳质量浓度为 0.0、2.0、5.0、10.0、20.0、40.0、100.0 mg/L 的标准系列溶液，按照（8.4）的步骤测定其响应值。以标准系列溶液质量浓度对应仪器响应值，分别绘制总碳和无机碳校准曲线。

8.2.2 直接法校准曲线的绘制

在一组七个 100 ml 容量瓶中，分别加入 0.00、2.00、5.00、10.00、20.00、40.00、100.00 ml 直接法标准使用液（5.10），用水（5.1）稀释至标线，混匀。配制成有机碳质量浓度为 0.0、2.0、5.0、10.0、20.0、40.0、100.0 mg/L 的标准系列溶液，按照（8.4）的步骤测定其响应值。以标准系列溶液质量浓度对应仪器响应值，绘制有机碳校准曲线。

上述校准曲线浓度范围可根据仪器和测定样品种类的不同进行调整。

8.3 空白试验

用无二氧化碳水（5.1）代替试样，按照（8.4）的步骤测定其响应值。每次试验应先检测无二氧化碳水（5.1）的 TOC 含量，测定值应不超过 0.5 mg/L。

8.4 样品测定

8.4.1 差减法

经酸化的试样，在测定前应以氢氧化钠溶液（5.6）中和至中性，取一定体积注入 TOC 分析仪进行测定，记录相应的响应值。

8.4.2 直接法

取一定体积酸化至 pH≤2 的试样注入 TOC 分析仪，经曝气除去无机碳后导入高温氧化炉，记录相应的响应值。

## 9 结果计算

9.1 差减法

根据所测试样响应值，由校准曲线计算出总碳和无机碳质量浓度。试样中总有机碳质量浓度为：

$$\rho(\mathrm{TOC}) = \rho(\mathrm{TC}) - \rho(\mathrm{IC})$$

式中：$\rho(\mathrm{TOC})$——试样总有机碳质量浓度，mg/L；

$\rho(\mathrm{TC})$——试样总碳质量浓度，mg/L；

$\rho(\mathrm{IC})$——试样无机碳质量浓度，mg/L。

9.2 直接法

根据所测试样响应值，由校准曲线计算出总有机碳的质量浓度$\rho(\mathrm{TOC})$。

9.3 结果表示

当测定结果小于 100 mg/L 时，保留到小数点后一位；大于等于 100 mg/L 时，保留三位有效数字。

## 10 精密度和准确度

六个实验室测定 TOC 质量浓度为 24.0 mg/L 的统一分发标准溶液，实验室内相对标准偏差为 2.9%，实验室间相对标准偏差为 3.9%，相对误差为 2.9%～6.3%。

六个实验室对地表水、生活污水和工业废水进行加标回收试验，差减法的回收率为 91.0%～109%，直接法的回收率为 93.0%～109%。

## 11 质量保证和质量控制

11.1 每次试验前应检测无二氧化碳水（5.1）的 TOC 含量，测定值应不超过 0.5 mg/L。

11.2 每次试验应带一个曲线中间点进行校核，校核点测定值和校准曲线相应点浓度的相对误差应不超过 10%。

---

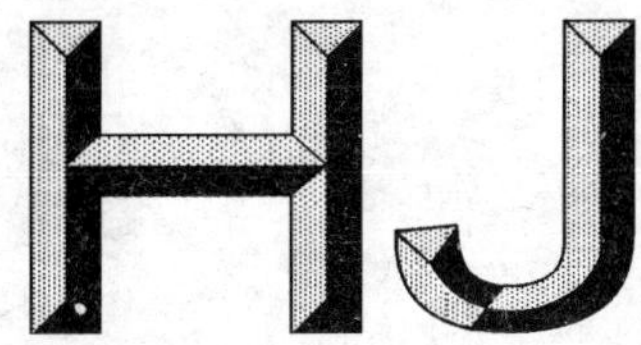

# 中华人民共和国国家环境保护标准

HJ 502—2009

代替 GB 7491—87

# 水质 挥发酚的测定 溴化容量法

**Water quality—Determination of volatile phenolic compounds —bromine method**

2009-10-20 发布　　2009-12-01 实施

环境保护部 发布

# 前　言

为贯彻《中华人民共和国环境保护法》和《中华人民共和国水污染防治法》，保护环境，保障人体健康，规范国家环境污染物监测方法，制定本标准。

本标准规定了测定工业废水中挥发酚的溴化容量法。

本标准是对《水质　挥发酚的测定　蒸馏后溴化容量法》（GB 7491—87）的修订。

本标准首次发布于1987年，原标准起草单位为杭州市环境保护监测站。本次为第一次修订。

本次修订的主要内容如下：

——明确了标准的测定范围；

——简化了溴化容量法的分析步骤；

——增加了精密度和准确度条款。

自本标准实施之日起，原国家环境保护局1987年3月14日批准、发布的国家环境保护标准《水质　挥发酚的测定　蒸馏后溴化容量法》（GB 7491—87）废止。

本标准由环境保护部科技标准司组织制订。

本标准主要起草单位：大连市环境监测中心。

本标准环境保护部2009年10月20日批准。

本标准自2009年12月1日起实施。

本标准由环境保护部解释。

# 水质　挥发酚的测定　溴化容量法

## 1　适用范围

本标准规定了测定工业废水中挥发酚的溴化容量法。

本标准适用于含高浓度挥发酚工业废水中挥发酚的测定。

本标准检出限为 0.1 mg/L，测定下限为 0.4 mg/L，测定上限为 45.0 mg/L。对于质量浓度高于标准测定上限的样品，可适当稀释后进行测定。

## 2　规范性引用文件

本标准内容引用了下列文件中的条款。凡是不注日期的引用文件，其有效版本适用于本标准。

GB 7489—87　水质　溶解氧的测定　碘量法

HJ/T 91　地表水和污水监测技术规范

## 3　术语和定义

下列术语和定义适用于本标准。

**挥发酚**　volatile phenolic compounds

能随水蒸气蒸馏出的，并与溴发生取代反应的挥发性酚类化合物，结果以苯酚计。

## 4　方法原理

用蒸馏法使挥发性酚类化合物蒸馏出，并与干扰物质和固定剂分离。由于酚类化合物的挥发速度是随馏出液体积而变化，因此，馏出液体积必须与试样体积相等。

在含过量溴（由溴酸钾和溴化钾所产生）的溶液中，被蒸馏出的酚类化合物与溴生成三溴酚，并进一步生成溴代三溴酚。在剩余的溴与碘化钾作用、释放出游离碘的同时，溴代三溴酚与碘化钾反应生成三溴酚和游离碘，用硫代硫酸钠溶液滴定释出的游离碘，并根据其消耗量，计算出挥发酚的含量。

## 5　干扰及消除

氧化剂、油类、硫化物、有机或无机还原性物质和苯胺类干扰酚的测定。

### 5.1　氧化剂（如游离氯）的消除

样品滴于淀粉-碘化钾试纸（6.13）上出现蓝色，说明存在氧化剂，可加入过量的硫酸亚铁（6.1）去除。

### 5.2　硫化物的消除

当样品中有黑色沉淀时，可取一滴样品放在乙酸铅试纸（6.14）上，若试纸变黑色，说明有硫化物存在。此时样品继续加磷酸酸化，置通风柜内进行搅拌曝气，直至生成的硫化氢完全逸出。

### 5.3　甲醛、亚硫酸盐等有机或无机还原性物质的消除

可分取适量样品于分液漏斗中，加硫酸溶液（6.7）使呈酸性，分次加入 50、30、30 ml 乙醚（6.4）以萃取酚，合并乙醚层于另一分液漏斗，分次加入 4、3、3 ml 氢氧化钠溶液（6.8）进行反萃取，使酚类转入氢氧化钠溶液中。合并碱萃取液，移入烧杯中，置水浴上加温，以除去残余乙醚，然后用水将碱萃取液稀释到原分取样品的体积。

同时应以水做空白试验。

## 5.4 油类的消除

样品静置分离出浮油后，按照 5.3 操作步骤进行。

## 5.5 苯胺类的消除

苯胺类可与 4-氨基安替比林发生显色反应而干扰酚的测定，一般在酸性（pH＜0.5）条件下，可以通过预蒸馏分离。

# 6 试剂和材料

本标准所用试剂除非另有说明，分析时均使用符合国家标准的分析纯化学试剂；实验用水为新制备的蒸馏水或去离子水。

6.1 硫酸亚铁（$FeSO_4 \cdot 7H_2O$）。

6.2 碘化钾（KI）。

6.3 硫酸铜（$CuSO_4 \cdot 5H_2O$）。

6.4 乙醚（$C_4H_{10}O$）。

6.5 盐酸：$\rho(HCl)= 1.19$ g/ml。

6.6 磷酸溶液，1+9。

6.7 硫酸溶液，1+4。

6.8 氢氧化钠溶液：$\rho(NaOH)= 100$ g/L。称取氢氧化钠 10 g 溶于水，稀释至 100 ml。

6.9 溴酸钾-溴化钾溶液：$c(1/6\ KBrO_3)= 0.1$ mol/L。称取 2.784 g 溴酸钾溶于水，加入 10 g 溴化钾，溶解后移入 1 000 ml 容量瓶中，用水稀释至标线。

6.10 硫代硫酸钠溶液：$c(Na_2S_2O_3)\approx 0.012\ 5$ mol/L。称取 3.1 g 硫代硫酸钠，溶于煮沸放冷的水中，加入 0.2 g 碳酸钠，溶解后移入 1 000 ml 容量瓶中，用水稀释至标线。临用前按照 GB 7489—87 方法标定。

6.11 淀粉溶液：称取 1 g 可溶性淀粉，用少量水调成糊状，加沸水至 100 ml，冷却后，移入试剂瓶中，置冰箱内冷藏保存。

6.12 甲基橙指示液：$\rho$（甲基橙）=0.5 g/L。称取 0.1 g 甲基橙溶于水，溶解后移入 200 ml 容量瓶中，用水稀释至标线。

6.13 淀粉-碘化钾试纸：称取 1.5 g 可溶性淀粉，用少量水搅成糊状，加入 200 ml 沸水，混匀，放冷，加 0.5 g 碘化钾和 0.5 g 碳酸钠，用水稀释至 250 ml，将滤纸条浸渍后，取出晾干，盛于棕色瓶中，密塞保存。

6.14 乙酸铅试纸：称取乙酸铅 5 g，溶于水中，并稀释至 100 ml。将滤纸条浸入上述溶液中，1 h 后取出晾干，盛于广口瓶中，密塞保存。

6.15 pH 试纸：1～14。

# 7 仪器和设备

本标准除非另有说明，分析时均使用符合国家 A 级标准的玻璃量器。

7.1 天平：精度 0.000 1 g。

7.2 一般实验室常用仪器。

# 8 样品

## 8.1 样品采集

样品采集按照 HJ/T 91 的相关规定执行。

在样品采集现场，用淀粉-碘化钾试纸（6.13）检测样品中有无游离氯等氧化剂的存在。若试纸变蓝，应及时加入过量硫酸亚铁（6.1）去除。

样品采集量应大于 500 ml，贮于硬质玻璃瓶中。

采集后的样品应及时加磷酸酸化至 pH 约 4.0，并加适量硫酸铜（6.3），使样品中硫酸铜质量浓度约为 1 g/L，以抑制微生物对酚类的生物氧化作用。

### 8.2 样品保存

采集后的样品应在 4℃下冷藏，24 h 内进行测定。

## 9 分析步骤

### 9.1 预蒸馏

取 250 ml 样品移入 500 ml 全玻璃蒸馏器中，加 25 ml 水，加数粒玻璃珠以防暴沸，再加数滴甲基橙指示液（6.12），若试样未显橙红色，则需继续补加磷酸溶液（6.6）。

连接冷凝器，加热蒸馏，收集馏出液 250 ml 至容量瓶中。

蒸馏过程中，若发现甲基橙红色褪去，应在蒸馏结束后，放冷，再加 1 滴甲基橙指示液（6.12）。若发现蒸馏后残液不呈酸性，则应重新取样，增加磷酸溶液（6.6）加入量，进行蒸馏。

注 1：每次试验前后，应清洗整个蒸馏设备。

注 2：不得用橡胶塞、橡胶管连接蒸馏瓶及冷凝器，以防止对测定产生干扰。

### 9.2 溴化滴定

分取馏出液 100 ml 于碘量瓶中，加 5.0 ml 盐酸（6.5），徐徐摇动碘量瓶，用 5 ml 滴定管滴加溴酸钾-溴化钾溶液（6.9）3.00 ml，试样呈亮黄色。若试样无色或呈淡黄色，样品需稀释测定。

迅速盖上瓶塞，混匀，室温放置 15 min。

加入 1 g 碘化钾（6.2），盖上瓶塞，混匀后置于暗处放置 5 min。用 25 ml 滴定管滴加硫代硫酸钠溶液（6.10）至溶液呈淡黄色后，加 1 ml 淀粉溶液（6.11）继续滴定至蓝色刚好褪去，记录用量。

### 9.3 空白试验

用水代替试样，按照 9.1～9.2 步骤测定。

## 10 结果计算

试样中挥发酚质量浓度（以苯酚计），按式（1）计算：

$$\rho=\frac{(V_1-V_2)\times c\times 15.68\times 1\,000}{V} \tag{1}$$

式中：$\rho$——试样中挥发酚质量浓度，mg/L；

$V_1$——空白试验中硫代硫酸钠溶液的用量，ml；

$V_2$——滴定试样时硫代硫酸钠溶液的用量，ml；

$c$——硫代硫酸钠溶液浓度，mol/L；

$V$——试样体积，ml；

15.68——酚（1/6 $C_6H_5OH$）摩尔质量，g/mol。

当计算结果小于 10 mg/L 时，保留到小数点后 1 位；大于等于 10 mg/L 时，保留三位有效数字。

## 11 精密度和准确度

### 11.1 精密度

5 个实验室对含酚质量浓度为 10.0 mg/L 和 25.0 mg/L 的统一样品进行测定：

实验室内相对标准偏差分别为：2.4%～5.0%，1.7%～2.6%；

实验室间相对标准偏差分别为：1.2%，1.0%；

重复性限分别为：1.0 mg/L，1.3 mg/L；

再现性限分别为：0.9 mg/L，1.4 mg/L。

### 11.2 准确度

5 个实验室对含酚质量浓度为 10.0 mg/L 和 25.0 mg/L 的标准物质进行测定：

相对误差分别为：–5.0%～–2.0%，–4.4%～–2.4%；

相对误差最终值分别为：–3.4% ± 2.3%，–3.7% ± 2.0%。

---

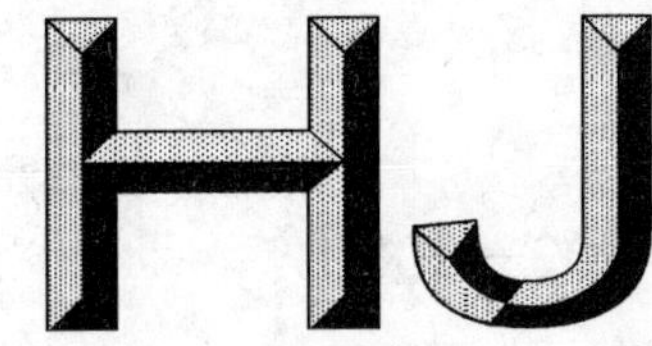

# 中华人民共和国国家环境保护标准

HJ 503—2009

代替 GB 7490—87

# 水质 挥发酚的测定 4-氨基安替比林分光光度法

**Water quality—Determination of volatile phenolic compounds —4-AAP spectrophotometric method**

2009-10-20 发布　　2009-12-01 实施

环 境 保 护 部 发布

# 前　言

为贯彻《中华人民共和国环境保护法》和《中华人民共和国水污染防治法》，保护环境，保障人体健康，规范国家环境污染物监测方法，制定本标准。

本标准规定了测定地表水、地下水、饮用水、工业废水和生活污水中挥发酚的分光光度法。

本标准是对《水质　挥发酚的测定　蒸馏后4-氨基安替比林分光光度法》（GB 7490—87）的修订。

本标准首次发布于1987年，原标准起草单位为杭州市环境保护监测站，本次为第一次修订。

本次修订的主要内容如下：

——扩大了标准的适用范围，明确了标准的适用对象；

——增加了萃取分光光度法比色皿的光程，降低了检出限；

——改进了4-氨基安替比林的提纯方法，增加了苯酚的精制方法；

——增加了质量保证和质量控制条款。

自本标准实施之日起，原国家环境保护局1987年3月14日批准、发布的国家环境保护标准《水质　挥发酚的测定　蒸馏后4-氨基安替比林分光光度法》（GB 7490—87）废止。

本标准的附录A为规范性附录，附录B为资料性附录。

本标准由环境保护部科技标准司组织制订。

本标准主要起草单位：大连市环境监测中心。

本标准环境保护部2009年10月20日批准。

本标准自2009年12月1日起实施。

本标准由环境保护部解释。

# 水质　挥发酚的测定
# 4-氨基安替比林分光光度法

**警告：乙醚为低沸点、易燃和具麻醉作用的有机溶剂，使用时周围应无明火，并在通风橱内操作，室温较高时，样品和乙醚宜先置冰水浴中降温后，再尽快进行萃取操作；三氯甲烷为具麻醉作用和刺激性的有机溶剂，吸入蒸气有害，操作时应佩戴防毒面具并在通风处使用。**

## 1　适用范围

本标准规定了测定地表水、地下水、饮用水、工业废水和生活污水中挥发酚的 4-氨基安替比林分光光度法。

地表水、地下水和饮用水宜用萃取分光光度法测定，检出限为 0.000 3 mg/L，测定下限为 0.001 mg/L，测定上限为 0.04 mg/L。

工业废水和生活污水宜用直接分光光度法测定，检出限为 0.01 mg/L，测定下限为 0.04 mg/L，测定上限为 2.50 mg/L。

对于质量浓度高于标准测定上限的样品，可适当稀释后进行测定。

## 2　规范性引用文件

本标准内容引用了下列文件中的条款。凡是不注日期的引用文件，其有效版本适用于本标准。

GB 7489—87　水质　溶解氧的测定　碘量法

HJ/T 91　地表水和污水监测技术规范

## 3　术语和定义

下列术语和定义适用于本标准。

挥发酚　volatile phenolic compounds

随水蒸气蒸馏出并能和 4-氨基安替比林反应生成有色化合物的挥发性酚类化合物，结果以苯酚计。

## 方法 1　萃取分光光度法

## 4　方法原理

用蒸馏法使挥发性酚类化合物蒸馏出，并与干扰物质和固定剂分离。由于酚类化合物的挥发速度是随馏出液体积而变化，因此，馏出液体积必须与试样体积相等。

被蒸馏出的酚类化合物，于 pH（10.0±0.2）介质中，在铁氰化钾存在下，与 4-氨基安替比林反应生成橙红色的安替比林染料，用三氯甲烷萃取后，在 460 nm 波长下测定吸光度。

## 5　干扰及消除

氧化剂、油类、硫化物、有机或无机还原性物质和苯胺类干扰酚的测定。

### 5.1　氧化剂（如游离氯）的消除

样品滴于淀粉-碘化钾试纸（6.23）上出现蓝色，说明存在氧化剂，可加入过量的硫酸亚铁（6.2）

去除。

### 5.2 硫化物的消除

当样品中有黑色沉淀时，可取一滴样品放在乙酸铅试纸（6.24）上，若试纸变黑色，说明有硫化物存在。此时样品继续加磷酸酸化，置通风橱内进行搅拌曝气，直至生成的硫化氢完全逸出。

### 5.3 甲醛、亚硫酸盐等有机或无机还原性物质的消除

可分取适量样品于分液漏斗中，加硫酸溶液（6.11）使呈酸性，分次加入 50、30、30 ml 乙醚（6.5）以萃取酚，合并乙醚层于另一分液漏斗，分次加入 4、3、3 ml 氢氧化钠溶液（6.12）进行反萃取，使酚类转入氢氧化钠溶液中。合并碱萃取液，移入烧杯中，置水浴上加温，以除去残余乙醚，然后用水（6.1）将碱萃取液稀释到原分取样品的体积。

同时应以水（6.1）做空白试验。

### 5.4 油类的消除

样品静置分离出浮油后，按照 5.3 操作步骤进行。

### 5.5 苯胺类的消除

苯胺类可与 4-氨基安替比林发生显色反应而干扰酚的测定，一般在酸性（$pH < 0.5$）条件下，可以通过预蒸馏分离。

## 6 试剂和材料

本标准所用试剂除非另有说明，分析时均使用符合国家标准的分析纯化学试剂；实验用水为新制备的蒸馏水或去离子水。

6.1 无酚水：无酚水可按照 6.1.1 或 6.1.2 进行制备。无酚水应贮于玻璃瓶中，取用时，应避免与橡胶制品（橡皮塞或乳胶管等）接触。

6.1.1 于每升水中加入 0.2 g 经 200℃活化 30 min 的活性炭粉末，充分振摇后，放置过夜，用双层中速滤纸过滤。

6.1.2 加氢氧化钠使水呈强碱性，并加入高锰酸钾至溶液呈紫红色，移入全玻璃蒸馏器中加热蒸馏，集取馏出液备用。

6.2 硫酸亚铁（$FeSO_4 \cdot 7H_2O$）。

6.3 碘化钾（KI）。

6.4 硫酸铜（$CuSO_4 \cdot 5H_2O$）。

6.5 乙醚（$C_4H_{10}O$）。

6.6 三氯甲烷（$CHCl_3$）。

6.7 精制苯酚：取苯酚（$C_6H_5OH$）于具有空气冷凝管的蒸馏瓶中，加热蒸馏，收集 182～184℃的馏出部分，馏分冷却后应为无色晶体，贮于棕色瓶中，于冷暗处密闭保存。

6.8 氨水：$\rho(NH_3 \cdot H_2O) = 0.90$ g/ml。

6.9 盐酸：$\rho(HCl) = 1.19$ g/ml。

6.10 磷酸溶液，1+9。

6.11 硫酸溶液，1+4。

6.12 氢氧化钠溶液：$\rho(NaOH) = 100$ g/L。称取氢氧化钠 10 g 溶于水，稀释至 100 ml。

6.13 缓冲溶液：pH = 10.7。称取 20 g 氯化铵（$NH_4Cl$）溶于 100 ml 氨水（6.8）中，密塞，置冰箱中保存。为避免氨的挥发所引起 pH 值的改变，应注意在低温下保存，且取用后立即加塞盖严，并根据使用情况适量配制。

6.14 4-氨基安替比林溶液：称取 2 g 4-氨基安替比林溶于水中，溶解后移入 100 ml 容量瓶中，用水稀释至标线，按附录 B 进行提纯，收集滤液后置冰箱中冷藏，可保存 7 d。

6.15 铁氰化钾溶液：$\rho(K_3[Fe(CN)_6]) = 80$ g/L。称取 8 g 铁氰化钾溶于水，溶解后移入 100 ml 容量瓶

中，用水稀释至标线。置冰箱内冷藏，可保存一周。

6.16 溴酸钾-溴化钾溶液：$c(1/6KBrO_3)$= 0.1 mol/L。称取 2.784 g 溴酸钾溶于水，加入 10 g 溴化钾，溶解后移入 1 000 ml 容量瓶中，用水稀释至标线。

6.17 硫代硫酸钠溶液：$c(Na_2S_2O_3)$≈0.012 5 mol/L。称取 3.1 g 硫代硫酸钠，溶于煮沸放冷的水中，加入 0.2 g 碳酸钠，溶解后移入 1 000 ml 容量瓶中，用水稀释至标线。临用前按照 GB 7489—87 标定。

6.18 淀粉溶液：$\rho$ = 0.01 g/ml。称取 1 g 可溶性淀粉，用少量水调成糊状，加沸水至 100 ml，冷却后，移入试剂瓶中，置冰箱内冷藏保存。

6.19 酚标准贮备液：$\rho(C_6H_5OH)$≈1.00 g/L。称取 1.00 g 精制苯酚（6.7），溶解于水（6.1），移入 1 000 ml 容量瓶中，用水（6.1）稀释至标线。按附录 A 进行标定。置冰箱内冷藏，可稳定保存一个月。

6.20 酚标准中间液：$\rho(C_6H_5OH)$ = 10.0 mg/L。取适量酚标准贮备液（6.19）用水（6.1）稀释至 100 ml 容量瓶中，使用时当天配制。

6.21 酚标准使用液：$\rho(C_6H_5OH)$ = 1.00 mg/L。量取 10.00 ml 酚标准中间液（6.20）于 100 ml 容量瓶中，用水（6.1）稀释至标线，配制后 2 h 内使用。

6.22 甲基橙指示液：$\rho$（甲基橙）=0.5 g/L。称取 0.1 g 甲基橙溶于水，溶解后移入 200 ml 容量瓶中，用水稀释至标线。

6.23 淀粉-碘化钾试纸：称取 1.5 g 可溶性淀粉，用少量水搅成糊状，加入 200 ml 沸水，混匀，放冷，加 0.5 g 碘化钾和 0.5 g 碳酸钠，用水稀释至 250 ml，将滤纸条浸渍后，取出晾干，盛于棕色瓶中，密塞保存。

6.24 乙酸铅试纸：称取乙酸铅 5 g，溶于水中，并稀释至 100 ml。将滤纸条浸入上述溶液中，1 h 后取出晾干，盛于广口瓶中，密塞保存。

6.25 pH 试纸：1～14。

## 7 仪器和设备

本标准除非另有说明，分析时均使用符合国家 A 级标准的玻璃量器。

7.1 分光光度计：具 460 nm 波长，并配有光程为 30 mm 的比色皿。

7.2 一般实验室常用仪器。

## 8 样品

### 8.1 样品采集

样品采集按照 HJ/T 91 的相关规定执行。

在样品采集现场，用淀粉-碘化钾试纸（6.23）检测样品中有无游离氯等氧化剂的存在。若试纸变蓝，应及时加入过量硫酸亚铁（6.2）去除。

样品采集量应大于 500 ml，贮于硬质玻璃瓶中。

采集后的样品应及时加磷酸酸化至 pH 约 4.0，并加适量硫酸铜（6.4），使样品中硫酸铜质量浓度约为 1 g/L，以抑制微生物对酚类的生物氧化作用。

### 8.2 样品保存

采集后的样品应在 4℃下冷藏，24 h 内进行测定。

## 9 分析步骤

### 9.1 预蒸馏

取 250 ml 样品移入 500 ml 全玻璃蒸馏器中，加 25 ml 水（6.1），加数粒玻璃珠以防暴沸，再加数滴甲基橙指示液（6.22），若试样未显橙红色，则需继续补加磷酸溶液（6.10）。

连接冷凝器，加热蒸馏，收集馏出液 250 ml 至容量瓶中。

蒸馏过程中，若发现甲基橙红色褪去，应在蒸馏结束后，放冷，再加 1 滴甲基橙指示液（6.22）。若发现蒸馏后残液不呈酸性，则应重新取样，增加磷酸溶液（6.10）加入量，进行蒸馏。

注 1：使用的蒸馏设备不宜与测定工业废水或生活污水的蒸馏设备混用。每次试验前后，应清洗整个蒸馏设备。

注 2：不得用橡胶塞、橡胶管连接蒸馏瓶及冷凝器，以防止对测定产生干扰。

### 9.2 显色

将馏出液 250 ml 移入分液漏斗中，加 2.0 ml 缓冲溶液（6.13），混匀，pH 值为 10.0±0.2，加 1.5 ml 4-氨基安替比林溶液（6.14），混匀，再加 1.5 ml 铁氰化钾溶液（6.15），充分混匀后，密塞，放置 10 min。

### 9.3 萃取

在上述显色（9.2）分液漏斗中准确加入 10.0 ml 三氯甲烷（6.6），密塞，剧烈振摇 2 min，倒置放气，静置分层。用干脱脂棉或滤纸拭干分液漏斗颈管内壁，于颈管内塞一小团干脱脂棉或滤纸，将三氯甲烷层通过干脱脂棉团或滤纸，弃去最初滤出的数滴萃取液后，将余下三氯甲烷直接放入光程为 30 mm 的比色皿中。

### 9.4 吸光度测定

于 460 nm 波长，以三氯甲烷（6.6）为参比，测定三氯甲烷层的吸光度值。

### 9.5 空白试验

用水（6.1）代替试样，按照 9.1～9.4 步骤测定其吸光度值。空白应与试样同时测定。

### 9.6 校准

#### 9.6.1 校准系列的制备

于一组 8 个分液漏斗中，分别加入 100 ml 水（6.1），依次加入 0.00、0.25、0.50、1.00、3.00、5.00、7.00 和 10.00 ml 酚标准使用液（6.21），再分别加水（6.1）至 250 ml。

按照 9.2～9.4 步骤进行测定。

#### 9.6.2 校准曲线的绘制

由校准系列测得的吸光度值减去零浓度管的吸光度值，绘制吸光度值对酚含量（μg）的曲线，校准曲线回归方程相关系数应达到 0.999 以上。

## 10 结果计算

试样中挥发酚的质量浓度（以苯酚计），按式（1）计算：

$$\rho = \frac{A_s - A_b - a}{bV} \tag{1}$$

式中：$\rho$——试样中挥发酚的质量浓度，mg/L；

$A_s$——试样的吸光度值；

$A_b$——空白试验（9.5）的吸光度值；

$a$——校准曲线（9.6.2）的截距值；

$b$——校准曲线（9.6.2）的斜率；

$V$——试样的体积，ml。

当计算结果小于 0.1 mg/L 时，保留到小数点后四位；大于等于 0.1 mg/L 时，保留三位有效数字。

## 11 精密度和准确度

### 11.1 精密度

5 个实验室对含酚质量浓度为 0.004 0、0.020 0、0.036 0 mg/L 的统一样品进行测定：

实验室内相对标准偏差分别为：7.4%～10.1%，3.3%～4.5%，1.8%～2.3%；

实验室间相对标准偏差分别为：2.9%，2.3%，1.3%；

重复性限分别为：0.001 0 mg/L，0.002 3 mg/L，0.002 0 mg/L；

再现性限分别为：0.001 0 mg/L，0.002 3 mg/L，0.001 8 mg/L。

### 11.2 准确度

5 个实验室对含酚质量浓度为（45.5±3.6）μg/L 的标准物质进行测定：

相对误差为：–2.6%～3.5%；

相对误差最终值为：1.8%±5.0%。

## 12 质量保证和质量控制

每批样品应带一个中间校核点，中间校核点测定值和校准曲线相应点浓度的相对误差不超过 10%。

# 方法 2 直接分光光度法

## 13 方法原理

用蒸馏法使挥发性酚类化合物蒸馏出，并与干扰物质和固定剂分离。由于酚类化合物的挥发速度是随馏出液体积而变化，因此，馏出液体积必须与试样体积相等。

被蒸馏出的酚类化合物，于 pH（10.0±0.2）介质中，在铁氰化钾存在下，与 4-氨基安替比林反应生成橙红色的安替比林染料。

显色后，在 30 min 内，于 510 nm 波长测定吸光度。

## 14 干扰及消除

参见 5。

## 15 试剂和材料

参见 6。

## 16 仪器和设备

16.1 分光光度计：具 510 nm 波长，并配有光程为 20 mm 的比色皿。

16.2 一般实验室常用仪器。

## 17 样品

参见 8。

## 18 分析步骤

### 18.1 预蒸馏

参见 9.1。

### 18.2 显色

分取馏出液 50 ml 加入 50 ml 比色管中，加 0.5 ml 缓冲溶液（6.13），混匀，此时 pH 值为 10.0±0.2，加 1.0 ml 4-氨基安替比林溶液（6.14），混匀，再加 1.0 ml 铁氰化钾溶液（6.15），充分混匀后，密塞，放置 10 min。

### 18.3 吸光度测定

于 510 nm 波长，用光程为 20 mm 的比色皿，以水（6.1）为参比，于 30 min 内测定溶液的吸光度值。

### 18.4 空白试验

用水（6.1）代替试样，按照 18.1～18.3 步骤测定其吸光度值。空白应与试样同时测定。

### 18.5 校准

#### 18.5.1 校准系列的制备

于一组 8 支 50 ml 比色管中，分别加入 0.00、0.50、1.00、3.00、5.00、7.00、10.00 和 12.50 ml 酚标准中间液（6.20），加水（6.1）至标线。

按照 18.2～18.3 步骤进行测定。

#### 18.5.2 校准曲线的绘制

由校准系列测得的吸光度值减去零浓度管的吸光度值，绘制吸光度值对酚含量（mg）的曲线，校准曲线回归方程相关系数应达到 0.999 以上。

## 19 结果计算

试样中挥发酚的质量浓度（以苯酚计），按式（2）计算：

$$\rho=\frac{A_s-A_b-a}{bV}\times 1\,000 \tag{2}$$

式中：$\rho$——试样中挥发酚的质量浓度，mg/L；

$A_s$——试样的吸光度值；

$A_b$——空白试验（18.4）的吸光度值；

$a$——校准曲线（18.5.2）的截距值；

$b$——校准曲线（18.5.2）的斜率；

$V$——试样的体积，ml。

当计算结果小于 1 mg/L 时，保留到小数点后 3 位；大于等于 1 mg/L 时，保留三位有效数字。

## 20 精密度和准确度

### 20.1 精密度

5 个实验室对含酚质量浓度为 0.25，1.25 和 2.25 mg/L 的统一样品进行测定：

实验室内相对标准偏差分别为：2.0%～2.1%，0.6%～0.9%，0.4%～0.6%；

实验室间相对标准偏差分别为：2.2%，0.4%，0.2%；

重复性限分别为：0.01 mg/L，0.02 mg/L，0.03 mg/L；

再现性限分别为：0.02 mg/L，0.03 mg/L，0.03 mg/L。

### 20.2 准确度

5 个实验室对含酚质量浓度为（1.21±0.05）mg/L 的标准物质进行测定：

相对误差为：–1.7%～0.8%；

相对误差最终值为：–0.5%±1.8%。

## 21 质量保证和质量控制

每批样品应带一个中间校核点，中间校核点测定值和校准曲线相应点浓度的相对误差不超过 10%。

# 附 录 A
（规范性附录）
## 酚贮备液的标定

吸取 10.0 ml 酚贮备液（6.19）于 250 ml 碘量瓶中，加水（6.1）稀释至 100 ml，加 10.0 ml 0.1 mol/L 溴酸钾-溴化钾溶液（6.16），立即加入 5 ml 浓盐酸（6.9），密塞，徐徐摇匀，于暗处放置 15 min，加入 1 g 碘化钾（6.3），密塞，摇匀，放置暗处 5 min，用硫代硫酸钠溶液（6.17）滴定至淡黄色，加入 1 ml 淀粉溶液（6.18），继续滴定至蓝色刚好褪去，记录用量。

同时以水（6.1）代替酚贮备液（6.19）做空白试验，记录硫代硫酸钠溶液（6.17）用量。

酚贮备液（6.19）质量浓度按下式计算：

$$\rho=\frac{(V_1-V_2)\times c\times 15.68}{V}$$

式中：$\rho$——酚贮备液质量浓度，mg/L；

$V_1$——空白试验中硫代硫酸钠溶液的用量，ml；

$V_2$——滴定酚贮备液时硫代硫酸钠溶液的用量，ml；

$c$——硫代硫酸钠溶液浓度，mol/L；

$V$——试样体积，ml；

15.68——苯酚（1/6 $C_6H_5OH$）摩尔质量，g/mol。

## 附 录 B
（资料性附录）
## 4-氨基安替比林的提纯

4-氨基安替比林的质量直接影响空白试验的吸光度值和测定结果的精密度。必要时，可按下述步骤进行提纯。

将 100 ml 配制好的 4-氨基安替比林溶液（6.14）置于干燥烧杯中，加入 10 g 硅镁型吸附剂（弗罗里硅土，60～100 目，600℃烘制 4 h），用玻璃棒充分搅拌，静置片刻，将溶液在中速定量滤纸上过滤，收集滤液，置于棕色试剂瓶内，于 4℃下保存。

也可使用其他方法提纯 4-氨基安替比林溶液，采用上述方法或其他方法提纯，应对提纯效果进行验证，使方法的检出限、精密度和准确度符合要求。

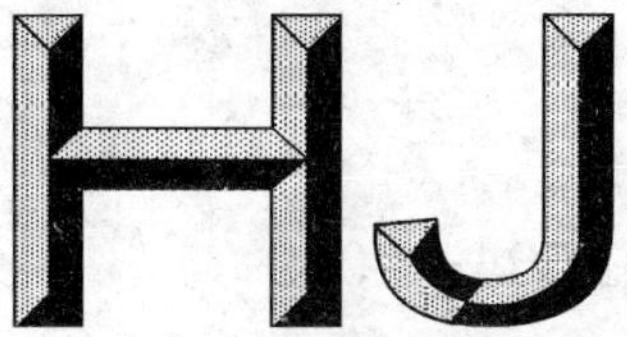

# 中华人民共和国国家环境保护标准

HJ 504—2009
代替 GB/T 15437—1995

# 环境空气　臭氧的测定
# 靛蓝二磺酸钠分光光度法

**Ambient air—Determination of ozone**
**—Indigo disulphonate spectrophotometry**

2009-10-20 发布　　2009-12-01 实施

环　境　保　护　部　发布

# 前 言

为贯彻《中华人民共和国环境保护法》和《中华人民共和国大气污染防治法》，保护环境，保障人体健康，规范环境空气中臭氧的监测方法，制定本标准。

本标准规定了测定环境空气中臭氧的靛蓝二磺酸钠分光光度法。

本标准是对《环境空气　臭氧的测定　靛蓝二磺酸钠分光光度法》（GB/T 15437—1995）的修订。

本标准首次发布于1995年，原起草单位为沈阳市环境监测中心站。本次为第一次修订。

本次修订的主要内容如下：

——修改了标准的适用范围，增加了测定上限和测定下限；

——修改了靛蓝二磺酸钠（IDS）吸收液的浓度；

——改串联两支多孔玻板吸收管采样为单支多孔玻板吸收管采样；

——在采样部分增加了“现场空白”；

——增加了“注意事项”条款；

——将“用已知质量浓度臭氧标准气体绘制工作曲线”，由标准正文移到附录中。

自标准实施之日起，原国家环境保护局1995年3月25日批准、发布的国家环境保护标准《环境空气　臭氧的测定　靛蓝二磺酸钠分光光度法》（GB/T 15437—1995）废止。

本标准的附录A为规范性附录。

本标准由环境保护部科技标准司组织修订。

本标准主要起草单位：沈阳市环境监测中心站。

本标准环境保护部2009年10月20日批准。

本标准自2009年12月1日起实施。

本标准由环境保护部负责解释。

# 环境空气 臭氧的测定 靛蓝二磺酸钠分光光度法

## 1 适用范围

本标准规定了测定环境空气中臭氧的靛蓝二磺酸钠分光光度法。

本标准适用于环境空气中臭氧的测定。相对封闭环境（如室内、车内等）空气中臭氧的测定也可参照本标准。

当采样体积为 30 L 时，本标准测定空气中臭氧的检出限为 0.010 mg/m$^3$，测定下限为 0.040 mg/m$^3$。当采样体积为 30 L 时，吸收液质量浓度为 2.5 μg/ml 或 5.0 μg/ml 时，测定上限分别为 0.50 mg/m$^3$ 或 1.00 mg/m$^3$。当空气中臭氧质量浓度超过该上限时，可适当减少采样体积。

## 2 方法原理

空气中的臭氧在磷酸盐缓冲溶液存在下，与吸收液中蓝色的靛蓝二磺酸钠等摩尔反应，褪色生成靛红二磺酸钠，在 610 nm 处测量吸光度，根据蓝色减退的程度定量空气中臭氧的浓度。

## 3 试剂和材料

除非另有说明，本标准所用试剂均使用符合国家标准的分析纯化学试剂，实验用水为新制备的去离子水或蒸馏水。

3.1 溴酸钾标准贮备溶液，$c(1/6\ KBrO_3)$=0.100 0 mol/L：准确称取 1.391 8 g 溴化钾（优级纯，180℃烘 2 h），置烧杯中，加入少量水溶解，移入 500 ml 容量瓶中，用水稀释至标线。

3.2 溴酸钾-溴化钾标准溶液，$c(1/6\ KBrO_5)$= 0.010 0 mol/L：吸取 10.00 ml 溴酸钾标准贮备溶液（3.1）于 100 ml 容量瓶中，加入 1.0 g 溴化钾（KBr），用水稀释至标线。

3.3 硫代硫酸钠标准贮备溶液，$c(Na_2S_2O_3)$= 0.100 0 mol/L。

3.4 硫代硫酸钠标准工作溶液，$c(Na_2S_2O_3)$= 0.005 00 mol/L：临用前，取硫代硫酸钠标准贮备溶液（3.3）用新煮沸并冷却到室温的水准确稀释 20 倍。

3.5 硫酸溶液，1+6。

3.6 淀粉指示剂溶液，$\rho$=2.0 g/L：称取 0.20 g 可溶性淀粉，用少量水调成糊状，慢慢倒入 100 ml 沸水，煮沸至溶液澄清。

3.7 磷酸盐缓冲溶液，$c(KH_2PO_4\text{-}Na_2HPO_4)$=0.050 mol/L：称取 6.8 g 磷酸二氢钾（$KH_2PO_4$）、7.1 g 无水磷酸氢二钠（$Na_2HPO_4$），溶于水，稀释至 1 000 ml。

3.8 靛蓝二磺酸钠（$C_{16}H_8O_8Na_2S_2$）（简称 IDS），分析纯、化学纯或生化试剂。

3.9 IDS 标准贮备溶液：称取 0.25 g 靛蓝二磺酸钠（3.8）溶于水，移入 500 ml 棕色容量瓶内，用水稀释至标线，摇匀，在室温暗处存放 24 h 后标定。此溶液在 20℃以下暗处存放可稳定 2 周。

标定方法：准确吸取 20.00 ml IDS 标准贮备溶液（3.9）于 250 ml 碘量瓶中，加入 20.00 ml 溴酸钾-溴化钾溶液（3.2），再加入 50 ml 水，盖好瓶塞，在 16℃±1℃生化培养箱（或水浴）中放置至溶液温度与水浴温度平衡时[注 1]，加入 5.0 ml 硫酸溶液（3.5），立即盖塞、混匀并开始计时，于 16℃±1℃暗处放置 35 min±1.0 min 后，加入 1.0 g 碘化钾，立即盖塞，轻轻摇匀至溶解，暗处放置 5 min，用硫代硫酸钠溶液（3.4）滴定至棕色刚好褪去呈淡黄色，加入 5 ml 淀粉指示剂溶液（3.6），继续滴定至蓝色消退，终点为亮黄色。记录所消耗的硫代硫酸钠标准工作溶液（3.4）的体积[注 2]。

注 1：达到平衡的时间与温差有关，可以预先用相同体积的水代替溶液，加入碘量瓶中，放入温度计观察达到平衡所需要的时间。

注 2：平行滴定所消耗的硫代硫酸钠标准溶液体积不应大于 0.10 ml。

每毫升靛蓝二磺酸钠溶液相当于臭氧的质量浓度$\rho$（μg/ml）由式（1）计算：

$$\rho=\frac{c_1V_1-c_2V_2}{V}\times 12.00\times 10^3 \tag{1}$$

式中：$\rho$——每毫升靛蓝二磺酸钠溶液相当于臭氧的质量浓度，μg/ml；

$c_1$——溴酸钾-溴化钾标准溶液（3.2）的浓度，mol/L；

$V_1$——加入溴酸钾-溴化钾标准溶液的体积，ml；

$c_2$——滴定时所用硫代硫酸钠标准溶液的浓度，mol/L；

$V_2$——滴定时所用硫代硫酸钠标准溶液的体积，ml；

$V$——IDS 标准贮备溶液（3.9）的体积，ml；

12.00——臭氧的摩尔质量（1/4 $O_3$），g/mol。

3.10 IDS 标准工作溶液：将标定后的 IDS 标准贮备液（3.9）用磷酸盐缓冲溶液（3.7）逐级稀释成每毫升相当于 1.00 μg 臭氧的 IDS 标准工作溶液，此溶液于 20℃以下暗处存放可稳定 1 周。

3.11 IDS 吸收液：取适量 IDS 标准贮备液（3.9），根据空气中臭氧质量浓度的高低，用磷酸盐缓冲溶液（3.7）稀释成每毫升相当于 2.5 μg（或 5.0 μg）臭氧的 IDS 吸收液，此溶液于 20℃以下暗处可保存 1 个月。

## 4 仪器和设备

本标准除非另有说明，分析时均使用符合国家 A 级标准的玻璃量器。

4.1 空气采样器：流量范围 0.0～1.0 L/min，流量稳定。使用时，用皂膜流量计校准采样系统在采样前和采样后的流量，相对误差应小于±5%。

4.2 多孔玻板吸收管：内装 10 ml 吸收液，以 0.50 L/min 流量采气，玻板阻力应为 4～5 kPa，气泡分散均匀。

4.3 具塞比色管：10 ml。

4.4 生化培养箱或恒温水浴：温控精度为±1℃。

4.5 水银温度计：精度为±0.5℃。

4.6 分光光度计：具 20 mm 比色皿，可于波长 610 nm 处测量吸光度。

4.7 一般实验室常用玻璃仪器。

## 5 样品

### 5.1 样品的采集与保存

用内装 10.00 ml±0.02 ml IDS 吸收液（3.11）的多孔玻板吸收管，罩上黑色避光套，以 0.5 L/min 流量采气 5～30 L。当吸收液褪色约 60%时（与现场空白样品比较），应立即停止采样。样品在运输及存放过程中应严格避光。当确信空气中臭氧的质量浓度较低，不会穿透时，可以用棕色玻板吸收管采样。

样品于室温暗处存放至少可稳定 3 d。

### 5.2 现场空白样品

用同一批配制的 IDS 吸收液（3.11），装入多孔玻板吸收管中，带到采样现场。除了不采集空气样品外，其他环境条件保持与采集空气的采样管相同。

每批样品至少带两个现场空白样品。

## 6 分析步骤

### 6.1 绘制校准曲线

6.1.1 取 10 ml 具塞比色管 6 支，按表 1 制备标准色列。

表 1 标准色列

| 管 号 | 1 | 2 | 3 | 4 | 5 | 6 |
|---|---|---|---|---|---|---|
| IDS 标准溶液（3.10）/ml | 10.00 | 8.00 | 6. 00 | 4.00 | 2.00 | 0.00 |
| 磷酸盐缓冲溶液（3.7）/ml | 0.00 | 2.00 | 4.00 | 6.00 | 8.00 | 10.0 |
| 臭氧质量浓度/（μg/ml） | 0.00 | 0.20 | 0.40 | 0.60 | 0.80 | 1.00 |

6.1.2 各管摇匀，用 20 mm 比色皿，以水作参比，在波长 610 nm 下测量吸光度。以校准系列中零浓度管的吸光度（$A_0$）与各标准色列管的吸光度（$A$）之差为纵坐标，臭氧质量浓度为横坐标，用最小二乘法计算校准曲线的回归方程：

$$y = bx + a$$

式中：$y$——$A_0$–$A$，空白样品的吸光度与各标准色列管的吸光度之差；

$x$——臭氧质量浓度，μg/ml；

$b$——回归方程的斜率，吸光度·ml/μg；

$a$——回归方程的截距。

### 6.2 用已知质量浓度的臭氧标准气体绘制标准工作曲线

当用本方法作紫外臭氧分析仪的二级传递标准时，用已知质量浓度的臭氧标准气体绘制标准工作曲线，详见本标准的附录 A。

### 6.3 样品测定

采样后，在吸收管的入气口端串接一个玻璃尖嘴，在吸收管的出气口端用吸耳球加压将吸收管中的样品溶液移入 25 ml（或 50 ml）容量瓶中，用水多次洗涤吸收管，使总体积为 25.0 ml（或 50.0 ml）。用 20 mm 比色皿，以水作参比，在波长 610 nm 下测量吸光度。

## 7 结果表示

空气中臭氧的质量浓度按式（2）计算：

$$\rho(O_3)=\frac{(A_0 - A - a)\times V}{b\times V_0} \tag{2}$$

式中：$\rho(O_3)$——空气中臭氧的质量浓度，mg/m$^3$；

$A_0$——现场空白样品（5.2）吸光度的平均值；

$A$——样品的吸光度；

$b$——标准曲线的斜率；

$a$——标准曲线的截距；

$V$——样品溶液的总体积，ml；

$V_0$——换算为标准状态（101.325 kPa、273 K）的采样体积，L。

所得结果精确至小数点后三位。

## 8 准确度和精密度

6 个实验室 IDS 标准曲线的斜率在 0.863～0.935 之间，平均值为 0.899。

6 个实验室测定 0.085～0.918 mg/L 三个质量浓度水平的 IDS 标准溶液，每个质量浓度水平重复测定 6 次，重复性精密度≤0.004 mg/L，再现性精密度≤0.030 mg/L。

6 个实验室测定质量浓度范围在 0.088～0.946 mg/m$^3$ 之间的臭氧标准气体，重复性变异系数小于 10%，相对误差小于±5%。

## 9 注意事项

### 9.1 干扰

空气中的二氧化氮可使臭氧的测定结果偏高，约为二氧化氮质量浓度的 6%。

空气中二氧化硫、硫化氢、过氧乙酰硝酸酯（PAN）和氟化氢的质量浓度分别高于 750 μg/m$^3$、110 μg/m$^3$、1 800 μg/m$^3$ 和 2.5 μg/m$^3$ 时，干扰臭氧的测定。

空气中氯气、二氧化氯的存在使臭氧的测定结果偏高。但在一般情况下，这些气体的浓度很低，不会造成显著误差。

### 9.2 IDS 标准溶液标定

市售 IDS 不纯，作为标准溶液使用时必须进行标定。用溴酸钾-溴化钾标准溶液标定 IDS 的反应，需要在酸性条件下进行，加入硫酸溶液后反应开始，加入碘化钾后反应即终止。为了避免副反应使反应定量进行，必须严格控制培养箱（或水浴）温度（16℃±1℃）和反应时间（35 min±1.0 min）。一定要等到溶液温度与培养箱（或水浴）温度达到平衡时再加入硫酸溶液（3.5），加入硫酸溶液后应立即盖塞，并开始计时。滴定过程中应避免阳光照射。

### 9.3 IDS 吸收液的体积

本方法为褪色反应，吸收液的体积直接影响测量的准确度，所以装入采样管中吸收液的体积必须准确，最好用移液管加入。采样后向容量瓶中转移吸收液应尽量完全（少量多次冲洗）。装有吸收液的采样管，在运输、保存和取放过程中应防止倾斜或倒置，避免吸收液损失。

# 附 录 A
（规范性附录）
## 用已知质量浓度的臭氧标准气体绘制标准曲线

### A.1 仪器

A.1.1 臭氧发生器

A.1.2 配气装置

A.1.3 一级紫外校准光度计或紫外臭氧分析仪

### A.2 标准曲线的绘制

借助于臭氧发生器和配气装置，制备质量浓度范围在 0.05～1.000 mg/m$^3$ 的至少四种不同质量浓度的臭氧标准气体，标准气体的质量浓度用一级紫外校准光度计或用一级标准校准过的紫外臭氧分析仪测定。同时用 IDS 吸收液按本标准 5.1 采集不同质量浓度的臭氧标准气体，按本标准 6.3 测量样品的吸光度。以臭氧质量浓度为横坐标，以现场空白样品的吸光度（$A_0$）与各不同质量浓度标准气体的吸光度（$A$）之差为纵坐标，用最小二乘法计算标准曲线的回归方程：

$$y = bx + a$$

式中：$y$——$A_0$–$A$，现场空白样品的吸光度与各不同浓度标准气体样品的吸光度之差；

$x$——臭氧的质量浓度，μg/ml；

$b$——回归方程的斜率；

$a$——回归方程的截距。

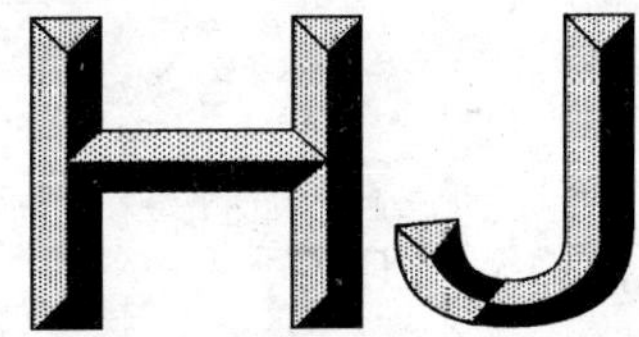

# 中华人民共和国国家环境保护标准

HJ 505—2009

代替 GB 7488—87

# 水质 五日生化需氧量（$BOD_5$）的测定 稀释与接种法

**Water quality—Determination of biochemical oxygen demand after 5 days ($BOD_5$) for dilution and seeding method**

2009-10-20 发布　　　　2009-12-01 实施

环 境 保 护 部 发布

# 前　言

为贯彻《中华人民共和国环境保护法》和《中华人民共和国水污染防治法》，保护环境，保障人体健康，规范水中五日生化需氧量（$BOD_5$）的测定方法，制定本标准。

本标准规定了地表水、工业废水、生活污水中五日生化需氧量（$BOD_5$）的稀释与接种的测定方法。

本标准是对《水质　五日生化需氧量（$BOD_5$）的测定　稀释与接种法》（GB 7488—87）的修订。

本标准修改采用 ISO 5815-1：2003《水质　*n* 日生化需氧量（$BOD_n$）的测定　第一部分：加丙烯基硫脲的稀释与接种法》和 ISO 5815-2：2003《水质　*n* 日生化需氧量（$BOD_n$）的测定　第二部分：非稀释法》（英文版）。为了方便比较，在资料性附录 A 中列出了本标准的章条编号与 ISO 5815-1、2：2003 章条编号的对照一览表，以供参考。

本标准首次发布于 1987 年，原标准起草单位为北京建筑工程学院，本次为第一次修订。

本次修订的主要内容如下：

——增加了检出限；

——方法原理部分明确规定培养温度和时间，增加（2+5）天培养时间的内容；

——增加了接种液的选择；

——增加了样品前处理方法内容；

——增加了稀释接种法稀释倍数的确定方法内容；

——细化了五日生化需氧量的测定方法；

——增加了质量保证和质量控制章节。

自本标准实施之日起，原国家环境保护局 1987 年 3 月 14 日批准、发布的国家环境保护标准《水质　五日生化需氧量（$BOD_5$）的测定　稀释与接种法》（GB 7488—87）废止。

本标准附录 A 为资料性附录。

本标准由环境保护部科技标准司组织制订。

本标准主要起草单位：沈阳市环境监测中心站。

本标准环境保护部 2009 年 10 月 20 日批准。

本标准自 2009 年 12 月 1 日起实施。

本标准由环境保护部解释。

# 水质　五日生化需氧量（$BOD_5$）的测定　稀释与接种法

**警告：丙烯基硫脲属于有毒化合物，操作时应按规定要求佩戴防护器具，避免接触皮肤和衣服；标准溶液的配制应在通风橱内进行操作；检测后的残渣残液应做妥善的安全处理。**

## 1　适用范围

本标准规定了测定水中五日生化需氧量（$BOD_5$）的稀释与接种的方法。

本标准适用于地表水、工业废水和生活污水中五日生化需氧量（$BOD_5$）的测定。

方法的检出限为 0.5 mg/L，方法的测定下限为 2 mg/L，非稀释法和非稀释接种法的测定上限为 6 mg/L，稀释与稀释接种法的测定上限为 6 000 mg/L。

## 2　规范性引用文件

本标准内容引用了下列文件中的条款。凡是不注日期的引用文件，其有效版本适用于本标准。

GB/T 6682　分析实验室用水规格和试验方法

GB/T 7489　水质　溶解氧的测定　碘量法

GB/T 11913　水质　溶解氧的测定　电化学探头法

HJ/T 91　地表水和污水监测技术规范

## 3　方法原理

生化需氧量是指在规定的条件下，微生物分解水中的某些可氧化的物质，特别是分解有机物的生物化学过程消耗的溶解氧。通常情况下是指水样充满完全密闭的溶解氧瓶中，在（20±1）℃的暗处培养 5d±4 h 或（2+5）d±4 h［先在 0～4℃的暗处培养 2 d，接着在（20±1）℃的暗处培养 5 d，即培养（2+5）d］，分别测定培养前后水样中溶解氧的质量浓度，由培养前后溶解氧的质量浓度之差，计算每升样品消耗的溶解氧量，以 $BOD_5$ 形式表示。

若样品中的有机物含量较多，$BOD_5$ 的质量浓度大于 6 mg/L，样品需适当稀释后测定；对不含或含微生物少的工业废水，如酸性废水、碱性废水、高温废水、冷冻保存的废水或经过氯化处理等的废水，在测定 $BOD_5$ 时应进行接种，以引进能分解废水中有机物的微生物。当废水中存在难以被一般生活污水中的微生物以正常的速度降解的有机物或含有剧毒物质时，应将驯化后的微生物引入水样中进行接种。

## 4　试剂和材料

本标准所用试剂除非另有说明，分析时均使用符合国家标准的分析纯化学试剂。

4.1　水：实验用水为符合 GB/T 6682 规定的 3 级蒸馏水，且水中铜离子的质量浓度不大于 0.01 mg/L，不含有氯或氯胺等物质。

4.2　接种液：可购买接种微生物用的接种物质，接种液的配制和使用按说明书的要求操作。也可按以下方法获得接种液。

4.2.1　未受工业废水污染的生活污水：化学需氧量不大于 300 mg/L，总有机碳不大于 100 mg/L。

4.2.2　含有城镇污水的河水或湖水。

4.2.3　污水处理厂的出水。

4.2.4　分析含有难降解物质的工业废水时，在其排污口下游适当处取水样作为废水的驯化接种液。也可取中和或经适当稀释后的废水进行连续曝气，每天加入少量该种废水，同时加入少量生活污水，使适应该种废水的微生物大量繁殖。当水中出现大量的絮状物时，表明微生物已繁殖，可用作接种液。一般驯化过程需 3～8 d。

4.3　盐溶液

4.3.1　磷酸盐缓冲溶液：将 8.5 g 磷酸二氢钾（$KH_2PO_4$）、21.8 g 磷酸氢二钾（$K_2HPO_4$）、33.4 g 七水合磷酸氢二钠（$Na_2HPO_4 \cdot 7H_2O$）和 1.7 g 氯化铵（$NH_4Cl$）溶于水中，稀释至 1 000 ml，此溶液在 0～4℃可稳定保存 6 个月。此溶液的 pH 值为 7.2。

4.3.2　硫酸镁溶液，$\rho(MgSO_4)$= 11.0 g/L：将 22.5 g 七水合硫酸镁（$MgSO_4 \cdot 7H_2O$）溶于水中，稀释至 1 000 ml，此溶液在 0～4℃可稳定保存 6 个月，若发现任何沉淀或微生物生长应弃去。

4.3.3　氯化钙溶液，$\rho(CaCl_2)$= 27.6 g/L：将 27.6 g 无水氯化钙（$CaCl_2$）溶于水中，稀释至 1 000 ml，此溶液在 0～4℃可稳定保存 6 个月，若发现任何沉淀或微生物生长应弃去。

4.3.4　氯化铁溶液，$\rho(FeCl_3)$= 0.15 g/L：将 0.25 g 六水合氯化铁（$FeCl_3 \cdot 6H_2O$）溶于水中，稀释至 1 000 ml，此溶液在 0～4℃可稳定保存 6 个月，若发现任何沉淀或微生物生长应弃去。

4.4　稀释水：在 5～20 L 的玻璃瓶中加入一定量的水，控制水温在（20±1）℃，用曝气装置（5.9）至少曝气 1 h，使稀释水中的溶解氧达到 8 mg/L 以上。使用前每升水中加入上述四种盐溶液（4.3）各 1.0 ml，混匀，20℃保存。在曝气的过程中防止污染，特别是防止带入有机物、金属、氧化物或还原物。

稀释水中氧的质量浓度不能过饱和，使用前需开口放置 1 h，且应在 24 h 内使用。剩余的稀释水应弃去。

4.5　接种稀释水：根据接种液的来源不同，每升稀释水（4.4）中加入适量接种液（4.2）：城市生活污水和污水处理厂出水加 1～10 ml，河水或湖水加 10～100 ml，将接种稀释水存放在（20±1）℃的环境中，当天配制当天使用。接种的稀释水 pH 值为 7.2，$BOD_5$ 应小于 1.5 mg/L。

4.6　盐酸溶液，$c$(HCl)=0.5 mol/L：将 40 ml 浓盐酸（HCl）溶于水中，稀释至 1 000 ml。

4.7　氢氧化钠溶液，$c$(NaOH)=0.5 mol/L：将 20 g 氢氧化钠溶于水中，稀释至 1 000 ml。

4.8　亚硫酸钠溶液，$c(Na_2SO_3)$=0.025 mol/L：将 1.575 g 亚硫酸钠（$Na_2SO_3$）溶于水中，稀释至 1 000 ml。此溶液不稳定，需现用现配。

4.9　葡萄糖-谷氨酸标准溶液：将葡萄糖（$C_6H_{12}O_6$，优级纯）和谷氨酸（HOOC-$CH_2$-$CH_2$-$CHNH_2$-COOH，优级纯）在 130℃干燥 1 h，各称取 150 mg 溶于水中，在 1 000 ml 容量瓶中稀释至标线。此溶液的 $BOD_5$ 为（210±20）mg/L，现用现配。该溶液也可少量冷冻保存，融化后立刻使用。

4.10　丙烯基硫脲硝化抑制剂，$\rho(C_4H_8N_2S)$=1.0 g/L：溶解 0.20 g 丙烯基硫脲（$C_4H_8N_2S$）于 200 ml 水中混合，4℃保存，此溶液可稳定保存 14 d。

4.11　乙酸溶液，1+1。

4.12　碘化钾溶液，$\rho$(KI)=100 g/L：将 10 g 碘化钾（KI）溶于水中，稀释至 100 ml。

4.13　淀粉溶液，$\rho$=5 g/L：将 0.50 g 淀粉溶于水中，稀释至 100 ml。

## 5　仪器和设备

本标准除非另有说明，分析时均使用符合国家 A 级标准的玻璃量器。本标准使用的玻璃仪器须清洁、无毒性和可生化降解的物质。

5.1　滤膜：孔径为 1.6 μm。

5.2　溶解氧瓶：带水封装置，容积 250～300 ml。

5.3　稀释容器：1 000～2 000 ml 的量筒或容量瓶。

5.4　虹吸管：供分取水样或添加稀释水。

5.5　溶解氧测定仪。

5.6 冷藏箱：0～4℃。

5.7 冰箱：有冷冻和冷藏功能。

5.8 带风扇的恒温培养箱：（20±1）℃。

5.9 曝气装置：多通道空气泵或其他曝气装置；曝气可能带来有机物、氧化剂和金属，导致空气污染，如有污染，空气应过滤清洗。

## 6 样品

### 6.1 采集与保存

样品采集按照HJ/T 91的相关规定执行。

采集的样品应充满并密封于棕色玻璃瓶中，样品量不小于1 000 ml，在0～4℃的暗处运输和保存，并于 24 h 内尽快分析。24 h 内不能分析，可冷冻保存（冷冻保存时避免样品瓶破裂），冷冻样品分析前需解冻、均质化和接种。

### 6.2 样品的前处理

6.2.1 pH值调节

若样品或稀释后样品 pH 值不在 6～8 范围内，应用盐酸溶液（4.6）或氢氧化钠溶液（4.7）调节其pH值至6～8。

6.2.2 余氯和结合氯的去除

若样品中含有少量余氯，一般在采样后放置 1～2 h，游离氯即可消失。对在短时间内不能消失的余氯，可加入适量亚硫酸钠溶液去除样品中存在的余氯和结合氯，加入的亚硫酸钠溶液的量由下述方法确定。

取已中和好的水样 100 ml，加入乙酸溶液（4.11）10 ml、碘化钾溶液（4.12）1 ml，混匀，暗处静置 5 min。用亚硫酸钠溶液滴定析出的碘至淡黄色，加入 1 ml 淀粉溶液（4.13）呈蓝色。再继续滴定至蓝色刚刚褪去，即为终点，记录所用亚硫酸钠溶液体积，由亚硫酸钠溶液消耗的体积，计算出水样中应加亚硫酸钠溶液的体积。

6.2.3 样品均质化

含有大量颗粒物、需要较大稀释倍数的样品或经冷冻保存的样品，测定前均需将样品搅拌均匀。

6.2.4 样品中有藻类

若样品中有大量藻类存在，$BOD_5$的测定结果会偏高。当分析结果精度要求较高时，测定前应用滤孔为1.6 μm的滤膜（5.1）过滤，检测报告中注明滤膜滤孔的大小。

6.2.5 含盐量低的样品

若样品含盐量低，非稀释样品的电导率小于 125 μS/cm 时，需加入适量相同体积的四种盐溶液（4.3），使样品的电导率大于125 μS/cm。每升样品中至少需加入各种盐的体积$V$按式（1）计算：

$$V=(\Delta K-12.8)/113.6 \qquad (1)$$

式中：$V$——需加入各种盐的体积，ml；

$\Delta K$——样品需要提高的电导率值，μS/cm。

## 7 分析步骤

### 7.1 非稀释法

非稀释法分为两种情况：非稀释法和非稀释接种法。

如样品中的有机物含量较少，$BOD_5$的质量浓度不大于 6 mg/L，且样品中有足够的微生物，用非稀释法测定。若样品中的有机物含量较少，$BOD_5$的质量浓度不大于 6 mg/L，但样品中无足够的微生物，如酸性废水、碱性废水、高温废水、冷冻保存的废水或经过氯化处理等的废水，采用非稀释接种法测定。

7.1.1 试样的准备

7.1.1.1 待测试样

测定前待测试样的温度达到（20±2）℃，若样品中溶解氧浓度低，需要用曝气装置（5.9）曝气15 min，充分振摇赶走样品中残留的空气泡；若样品中氧过饱和，将容器 2/3 体积充满样品，用力振荡赶出过饱和氧，然后根据试样中微生物含量情况确定测定方法。非稀释法可直接取样测定；非稀释接种法，每升试样中加入适量的接种液（4.2），待测定。若试样中含有硝化细菌，有可能发生硝化反应，需在每升试样中加入 2 ml 丙烯基硫脲硝化抑制剂（4.10）。

7.1.1.2 空白试样

非稀释接种法，每升稀释水中加入与试样中相同量的接种液（4.2）作为空白试样，需要时每升试样中加入 2 ml 丙烯基硫脲硝化抑制剂（4.10）。

7.1.2 试样的测定

7.1.2.1 碘量法测定试样中的溶解氧

将试样（7.1.1.1）充满两个溶解氧瓶（5.2）中，使试样少量溢出，防止试样中的溶解氧质量浓度改变，使瓶中存在的气泡靠瓶壁排出。将一瓶盖上瓶盖，加上水封，在瓶盖外罩上一个密封罩，防止培养期间水封水蒸发干，在恒温培养箱（5.8）中培养 5d±4 h 或（2+5）d±4 h 后测定试样中溶解氧的质量浓度。另一瓶 15 min 后测定试样在培养前溶解氧的质量浓度。

溶解氧的测定按 GB/T 7489 进行操作。

7.1.2.2 电化学探头法测定试样中的溶解氧

将试样（7.1.1.1）充满一个溶解氧瓶（5.2）中，使试样少量溢出，防止试样中的溶解氧质量浓度改变，使瓶中存在的气泡靠瓶壁排出。测定培养前试样中的溶解氧的质量浓度。

盖上瓶盖，防止样品中残留气泡，加上水封，在瓶盖外罩上一个密封罩，防止培养期间水封水蒸发干。将试样瓶放入恒温培养箱（5.8）中培养 5 d±4 h 或（2+5）d±4 h。测定培养后试样中溶解氧的质量浓度。

溶解氧的测定按 GB/T 11913 进行操作。

空白试样的测定方法同 7.1.2.1 或 7.1.2.2。

7.2 稀释与接种法

稀释与接种法分为两种情况：稀释法和稀释接种法。

若试样中的有机物含量较多，$BOD_5$ 的质量浓度大于 6 mg/L，且样品中有足够的微生物，采用稀释法测定；若试样中的有机物含量较多，$BOD_5$ 的质量浓度大于 6 mg/L，但试样中无足够的微生物，采用稀释接种法测定。

7.2.1 试样的准备

7.2.1.1 待测试样

待测试样的温度达到（20±2）℃，若试样中溶解氧浓度低，需要用曝气装置（5.9）曝气 15 min，充分振摇赶走样品中残留的气泡；若样品中氧过饱和，将容器的 2/3 体积充满样品，用力振荡赶出过饱和氧，然后根据试样中微生物含量情况确定测定方法。稀释法测定，稀释倍数按表 1 和表 2 方法确定，然后用稀释水（4.4）稀释。稀释接种法测定，用接种稀释水（4.5）稀释样品。若样品中含有硝化细菌，有可能发生硝化反应，需在每升试样培养液中加入 2 ml 丙烯基硫脲硝化抑制剂（4.10）。

稀释倍数的确定：样品稀释的程度应使消耗的溶解氧质量浓度不小于 2 mg/L，培养后样品中剩余溶解氧质量浓度不小于 2 mg/L，且试样中剩余的溶解氧的质量浓度为开始浓度的 1/3～2/3 为最佳。

稀释倍数可根据样品的总有机碳（TOC）、高锰酸盐指数（$I_{Mn}$）或化学需氧量（$COD_{Cr}$）的测定值，按照表 1 列出的 $BOD_5$ 与总有机碳（TOC）、高锰酸盐指数（$I_{Mn}$）或化学需氧量（$COD_{Cr}$）的比值 $R$ 估计 $BOD_5$ 的期望值（$R$ 与样品的类型有关），再根据表 2 确定稀释因子。当不能准确地选择稀释倍数时，一个样品做 2～3 个不同的稀释倍数。

表 1　典型的比值 *R*

| 水样的类型 | 总有机碳 *R*（$BOD_5$/TOC） | 高锰酸盐指数 *R*（$BOD_5/I_{Mn}$） | 化学需氧量 *R*（$BOD_5/COD_{Cr}$） |
|---|---|---|---|
| 未处理的废水 | 1.2～2.8 | 1.2～1.5 | 0.35～0.65 |
| 生化处理的废水 | 0.3～1.0 | 0.5～1.2 | 0.20～0.35 |

由表 1 中选择适当的 *R* 值，按式（2）计算 $BOD_5$ 的期望值：

$$\rho = R \cdot Y \tag{2}$$

式中：$\rho$——五日生化需氧量浓度的期望值，mg/L；

*Y*——总有机碳（TOC）、高锰酸盐指数（$I_{Mn}$）或化学需氧量（$COD_{Cr}$）的值，mg/L。

由估算出的 $BOD_5$ 的期望值，按表 2 确定样品的稀释倍数。

表 2　$BOD_5$ 测定的稀释倍数

| $BOD_5$ 的期望值/（mg/L） | 稀释倍数 | 水样类型 |
|---|---|---|
| 6～12 | 2 | 河水，生物净化的城市污水 |
| 10～30 | 5 | 河水，生物净化的城市污水 |
| 20～60 | 10 | 生物净化的城市污水 |
| 40～120 | 20 | 澄清的城市污水或轻度污染的工业废水 |
| 100～300 | 50 | 轻度污染的工业废水或原城市污水 |
| 200～600 | 100 | 轻度污染的工业废水或原城市污水 |
| 400～1 200 | 200 | 重度污染的工业废水或原城市污水 |
| 1 000～3 000 | 500 | 重度污染的工业废水 |
| 2 000～6 000 | 1 000 | 重度污染的工业废水 |

按照确定的稀释倍数，将一定体积的试样或处理后的试样用虹吸管（5.4）加入已加部分稀释水或接种稀释水的稀释容器中（5.3），加稀释水或接种稀释水至刻度，轻轻混合避免残留气泡，待测定。若稀释倍数超过 100 倍，可进行两步或多步稀释。

若试样中有微生物毒性物质，应配制几个不同稀释倍数的试样，选择与稀释倍数无关的结果，并取其平均值。试样测定结果与稀释倍数的关系确定如下：

当分析结果精度要求较高或存在微生物毒性物质时，一个试样要做两个以上不同的稀释倍数，每个试样每个稀释倍数做平行双样同时进行培养。测定培养过程中每瓶试样氧的消耗量，并画出氧消耗量对每一稀释倍数试样中原样品的体积曲线。

若此曲线呈线性，则此试样中不含有任何抑制微生物的物质，即样品的测定结果与稀释倍数无关；若曲线仅在低浓度范围内呈线性，取线性范围内稀释比的试样测定结果计算平均 $BOD_5$ 值。

#### 7.2.1.2　空白试样

稀释法测定，空白试样为稀释水（4.4），需要时每升稀释水中加入 2 ml 丙烯基硫脲硝化抑制剂（4.10）。

稀释接种法测定，空白试样为接种稀释水（4.5），必要时每升接种稀释水中加入 2 ml 丙烯基硫脲硝化抑制剂（4.10）。

### 7.2.2　试样的测定

试样和空白试样的测定方法同 7.1.2.1 或 7.1.2.2。

## 8 结果计算

### 8.1 非稀释法

非稀释法按式（3）计算样品 $BOD_5$ 的测定结果：

$$\rho = \rho_1 - \rho_2 \tag{3}$$

式中：$\rho$——五日生化需氧量质量浓度，mg/L；

$\rho_1$——水样在培养前的溶解氧质量浓度，mg/L；

$\rho_2$——水样在培养后的溶解氧质量浓度，mg/L。

### 8.2 非稀释接种法

非稀释接种法按式（4）计算样品 $BOD_5$ 的测定结果：

$$\rho = (\rho_1 - \rho_2) - (\rho_3 - \rho_4) \tag{4}$$

式中：$\rho$——五日生化需氧量质量浓度，mg/L；

$\rho_1$——接种水样在培养前的溶解氧质量浓度，mg/L；

$\rho_2$——接种水样在培养后的溶解氧质量浓度，mg/L；

$\rho_3$——空白样在培养前的溶解氧质量浓度，mg/L；

$\rho_4$——空白样在培养后的溶解氧质量浓度，mg/L。

### 8.3 稀释与接种法

稀释法与稀释接种法按式（5）计算样品 $BOD_5$ 的测定结果：

$$\rho = \frac{(\rho_1 - \rho_2) - (\rho_3 - \rho_4) f_1}{f_2} \tag{5}$$

式中：$\rho$——五日生化需氧量质量浓度，mg/L；

$\rho_1$——接种稀释水样在培养前的溶解氧质量浓度，mg/L；

$\rho_2$——接种稀释水样在培养后的溶解氧质量浓度，mg/L；

$\rho_3$——空白样在培养前的溶解氧质量浓度，mg/L；

$\rho_4$——空白样在培养后的溶解氧质量浓度，mg/L；

$f_1$——接种稀释水或稀释水在培养液中所占的比例；

$f_2$——原样品在培养液中所占的比例。

$BOD_5$ 测定结果以氧的质量浓度（mg/L）报出。对稀释与接种法，如果有几个稀释倍数的结果满足要求，结果取这些稀释倍数结果的平均值。结果小于 100 mg/L，保留一位小数；100～1 000 mg/L，取整数位；大于 1 000 mg/L 以科学计数法报出。结果报告中应注明：样品是否经过过滤、冷冻或均质化处理。

## 9 质量保证和质量控制

### 9.1 空白试样

每一批样品做两个分析空白试样，稀释法空白试样的测定结果不能超过 0.5 mg/L，非稀释接种法和稀释接种法空白试样的测定结果不能超过 1.5 mg/L，否则应检查可能的污染来源。

### 9.2 接种液、稀释水质量的检查

每一批样品要求做一个标准样品，样品的配制方法如下：取 20 ml 葡萄糖-谷氨酸标准溶液（4.9）于稀释容器中，用接种稀释水（4.5）稀释至 1 000 ml，测定 $BOD_5$，结果应在 180～230 mg/L 范围内，否则应检查接种液、稀释水的质量。

## 9.3 平行样品

每一批样品至少做一组平行样，计算相对百分偏差 *RP*。当 $BOD_5$ 小于 3 mg/L 时，*RP* 值应≤±15%；当 $BOD_5$ 为 3～100 mg/L 时，*RP* 值应≤±20%；当 $BOD_5$ 大于 100 mg/L 时，*RP* 值应≤±25%。计算公式如下：

$$RP = \frac{\rho_1 - \rho_2}{\rho_1 + \rho_2} \times 100\% \tag{6}$$

式中：*RP*——相对百分偏差，%；

$\rho_1$——第一个样品 $BOD_5$ 的质量浓度，mg/L；

$\rho_2$——第二个样品 $BOD_5$ 的质量浓度，mg/L。

## 10 精密度和准确度

非稀释法实验室间的重现性标准偏差为 0.10～0.22 mg/L，再现性标准偏差为 0.26～0.85 mg/L。稀释法和稀释接种法的对比测定结果重现性标准偏差为 11 mg/L，再现性标准偏差为 3.7～22 mg/L。

# 附 录 A

（资料性附录）

本标准章条编号与 ISO 5815-1、2：2003 章条编号对照

表 A.1 本标准章条编号与 ISO 5815-1、2：2003 章条编号对照一览表

| 本标准章条编号 | 对应 ISO 5815-1：2003，章条编号 | 对应 ISO 5815-2：2003，章条编号 |
|---|---|---|
| 1 | 1 | 1 |
| 2 | 2 | 2 |
| — | 3 | 3 |
| 3 | 4 | 4 |
| 4 | 5 | — |
| 4.1 | 5.1 | B.2 第一段 |
| 4.2～4.3 | 5.2～5.3 | B.2.1～B.2.2 |
| 4.4～4.5 | 5.4～5.5 | — |
| 4.6～4.8 | 5.6～5.8 | B.2.4～B.2.6 |
| 4.9 | 5.9 | — |
| 4.10 | 5.10 | B.2.3 |
| 4.11～4.13 | — | — |
| 5 | 6 | 5 |
| 5.1 | 6.1 | 5.1 |
| 5.2 | 6.2 | — |
| 5.3～5.5 | 6.3～6.5 | 5.2～5.4 |
| 5.6 | — | — |
| 5.7 | 6.6 | — |
| 5.8 | 6.7 | 5.5 |
| 5.9 | — | — |
| 6.1 | 7 | 6 |
| 6.2 | 8.1 | — |
| 6.2.1 | 8.1.1 | — |
| 6.2.2 | 8.1.2 | — |
| 6.2.3 | 8.1.3 | — |
| 6.2.4 | 8.1.4 | — |
| 6.2.5 | — | — |
| 7.1 | — | B.1 第三段部分内容 |
| 7.1.1 | — | 7.1 和 B.1 第三段部分内容 |
| 7.1.2.1 | — | 7.2.1 |
| 7.1.2.2 | — | 7.2.2 |
| 7.1.3 | — | B.1 第三段部分内容 |
| 7.2.1.1 | 8.2 | — |
| 7.2.1.2 | 8.3 | — |
| 7.2.2 | 8.4.1 和 8.4.2 | — |
| 8 | 9 | 8 |
| 8.1 | — | 8 |
| 8.2 | — | B.1 第四段部分内容 |

续表

| 本标准章条编号 | 对应 ISO 5815-1：2003，章条编号 | 对应 ISO 5815-2：2003，章条编号 |
|---|---|---|
| 8.3 | 9.2 | — |
| 9 | 8.5 | 7.2.3 |
| 9.1 | — | — |
| 9.2 | 8.5 | — |
| 9.3 | — | 7.2.3 |
| — | 9.1 | — |
| 10 | 附录 C 部分内容 | 附录 C 部分内容 |
| — | 10 | — |
| — | 11 | 9 |

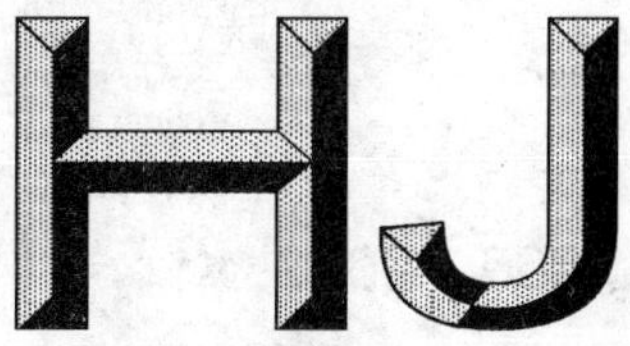

# 中华人民共和国国家环境保护标准

HJ 506—2009

代替 GB 11913—89

# 水质　溶解氧的测定　电化学探头法

**Water quality—Determination of dissolved oxygen**

**—Electrochemical probe method**

2009-10-20 发布　　2009-12-01 实施

环　境　保　护　部　发布

# 前 言

为贯彻《中华人民共和国环境保护法》和《中华人民共和国水污染防治法》，保护环境，保障人体健康，规范水中溶解氧的监测方法，制定本标准。

本标准规定了测定地表水、地下水、生活污水、工业废水和盐水中溶解氧的电化学探头法。

本标准修改采用 ISO 5814：1990《Water quality—Determination of dissolved oxygen—Electrochemical probe method》。

本标准是对《水质　溶解氧的测定　电化学探头法》（GB 11913—89）的修订。

本标准首次发布于 1989 年，原起草单位为北京建筑工程学院。本次为第一次修订。

本次修订的主要内容如下：

——增加了“规范性引用文件”条款；

——增加了“术语和定义”条款，给出了溶解氧的定义；

——在“方法原理”中增加了压力校正和盐度修正的内容；

——修改调整了“分析步骤”条款中的技术内容；

——增加了压力校正和盐度修正的计算公式；

——增加了“检测报告”条款，规定了检测报告必须包含的信息；

——增加了“注意事项”条款，补充了仪器的“线性检查”电极的维护和再生等技术内容；

——更新了原标准附表 A.1（氧的溶解度与温度和含盐量的函数关系）中的数据；拓宽了原标准附表 A.2 和附表 A.3 的适用范围；

——增加了附录 B，本标准的章条编号与 ISO 5814：1990 对照。

自本标准实施之日起，原国家环境保护局 1989 年 12 月 25 日批准、发布的国家环境保护标准《水质　溶解氧的测定　电化学探头法》（GB 11913—89）废止。

本标准的附录 A 为规范性附录，附录 B 为资料性附录。

本标准由环境保护部科技标准司组织制订。

本标准主要起草单位：沈阳市环境监测中心站、沈阳市环境保护局东陵分局环境监测站。

本标准环境保护部 2009 年 10 月 20 日批准。

本标准自 2009 年 12 月 1 日起实施。

本标准由环境保护部解释。

# 水质　溶解氧的测定　电化学探头法

## 1　适用范围

本标准规定了测定水中溶解氧的电化学探头法。

本标准适用于地表水、地下水、生活污水、工业废水和盐水中溶解氧的测定。

本标准可测定水中饱和百分率为 0%～100%的溶解氧，还可测量高于 100%（20 mg/L）的过饱和溶解氧。

## 2　规范性引用文件

本标准内容引用了下列文件中的条款。凡是不注日期的引用文件，其有效版本适用于本标准。

GB 7489　水质　溶解氧的测定　碘量法

ISO 7888　Water quality—Determination of electrical conductivity

## 3　术语与定义

### 溶解氧　dissolved oxygen

溶解氧指溶解在水中的分子态氧，通常记作 DO，用每升水中氧的毫克数和饱和百分率表示。溶解氧的饱和含量与空气中氧的分压、大气压、水温和水质有密切的关系。

## 4　方法原理

溶解氧电化学探头是一个用选择性薄膜封闭的小室，室内有两个金属电极并充有电解质。氧和一定数量的其他气体及亲液物质可透过这层薄膜，但水和可溶性物质的离子几乎不能透过这层膜。将探头浸入水中进行溶解氧的测定时，由于电池作用或外加电压在两个电极间产生电位差，使金属离子在阳极进入溶液，同时氧气通过薄膜扩散在阴极获得电子被还原，产生的电流与穿过薄膜和电解质层的氧的传递速度成正比，即在一定的温度下该电流与水中氧的分压（或浓度）成正比。

薄膜对气体的渗透性受温度变化的影响较大，要采用数学方法对温度进行校正（见 8.1.1），也可在电路中安装热敏元件对温度变化进行自动补偿。

若仪器在电路中未安装压力传感器不能对压力进行补偿时，仪器仅显示与气压有关的表观读数，当测定样品的气压与校准仪器时的气压不同时，应按本标准 8.1.2 的规定进行校正。

若测定海水、港湾水等含盐量高的水，应根据含盐量对测量值进行修正。

## 5　试剂和材料

除非另有说明，本标准所用试剂均使用符合国家标准的分析纯化学试剂，实验用水为新制备的去离子水或蒸馏水。

5.1　无水亚硫酸钠（$Na_2SO_3$）或七水合亚硫酸钠（$Na_2SO_3 \cdot 7H_2O$）。

5.2　二价钴盐，例如六水合氯化钴（Ⅱ）（$CoCl_2 \cdot 6H_2O$）。

5.3　零点检查溶液：称取 0.25 g 亚硫酸钠（5.1）和约 0.25 mg 钴（Ⅱ）盐（5.2），溶解于 250 ml 蒸馏水中。临用时现配。

5.4　氮气：99.9%。

## 6 仪器和设备

本标准除非另有说明，分析时均使用符合国家 A 级标准的玻璃量器。

6.1 溶解氧测量仪。

6.1.1 测量探头：原电池型（例如铅/银）或极谱型（例如银/金），探头上宜附有温度补偿装置。

6.1.2 仪表：直接显示溶解氧的质量浓度或饱和百分率。

6.2 磁力搅拌器。

6.3 电导率仪：测量范围 2～100 mS/cm。

6.4 温度计：最小分度为 0.5℃。

6.5 气压表：最小分度为 10 Pa。

6.6 溶解氧瓶。

6.7 实验室常用玻璃仪器。

## 7 分析步骤

使用测量仪器时，应严格遵照仪器说明书的规定。

### 7.1 校准

7.1.1 零点检查和调整

当测量的溶解氧质量浓度水平低于 1 mg/L（或 10%饱和度）时，或者当更换溶解氧膜罩或内部的填充电解液时，需要进行零点检查和调整。若仪器具有零点补偿功能，则不必调整零点。

零点调整：将探头浸入零点检查溶液（5.3）中，待反应稳定后读数，调整仪器到零点。

7.1.2 接近饱和值的校准

在一定的温度下，向蒸馏水中曝气，使水中氧的含量达到饱和或接近饱和。在这个温度下保持 15 min，采用 GB 7489 规定的方法测定溶解氧的质量浓度。

将探头浸没在瓶内，瓶中完全充满按上述步骤制备并测定的样品，让探头在搅拌的溶液中稳定 2～3 min 以后，调节仪器读数至样品已知的溶解氧质量浓度。

当仪器不能再校准，或仪器响应变得不稳定或较低时，及时更换电解质或（和）膜。

注 1：如果以往的经验已给出空气饱和样品需要的曝气时间和空气流速，可以查附表 A.1-1 或附表 A.2 来代替碘量法的测定。

注 2：有些仪器能够在水饱和空气中校准。

### 7.2 测定

将探头浸入样品，不能有空气泡截留在膜上，停留足够的时间，待探头温度与水温达到平衡，且数字显示稳定时读数。必要时，根据所用仪器的型号及对测量结果的要求，检验水温、气压或含盐量，并对测量结果进行校正。

探头的膜接触样品时，样品要保持一定的流速，防止与膜接触的瞬间将该部位样品中的溶解氧耗尽，使读数发生波动。

对于流动样品（例如河水）：应检查水样是否有足够的流速（不得小于 0.3 m/s），若水流速低于 0.3 m/s 需在水样中往复移动探头，或者取分散样品进行测定。

对于分散样品：容器能密封以隔绝空气并带有搅拌器（6.2）。将样品充满容器至溢出，密闭后进行测量。调整搅拌速度，使读数达到平衡后保持稳定，并不得夹带空气。

## 8 结果计算

### 8.1 溶解氧的质量浓度

溶解氧的质量浓度以每升水中氧的毫克数表示。

8.1.1 温度校正

测量样品与仪器校准期间温度不同时，需要对仪器读数按式（1）进行校正。

$$\rho(\mathrm{O})=\rho'(\mathrm{O})\times\frac{\rho(\mathrm{O})_{\mathrm{m}}}{\rho(\mathrm{O})_{\mathrm{c}}} \tag{1}$$

式中：$\rho(\mathrm{O})$——实测溶解氧的质量浓度，mg/L；

$\rho'(\mathrm{O})$——溶解氧的表观质量浓度（仪器读数），mg/L；

$\rho(\mathrm{O})_{\mathrm{m}}$——测量温度下氧的溶解度，mg/L；

$\rho(\mathrm{O})_{\mathrm{c}}$——校准温度下氧的溶解度，mg/L。

例如：

校准温度为 25℃时氧的溶解度为 8.3 mg/L（见附表 A.1-1）；

测量温度为 10℃时氧的溶解度为 11.3 mg/L（见附表 A.1-1）；

测量时仪器的读数为 7.0 mg/L。

10℃时实测溶解氧的质量浓度：$\rho(\mathrm{O})=7.0\times11.3/8.3=9.5$ mg/L

上式中 $\rho(\mathrm{O})_{\mathrm{m}}$ 和 $\rho(\mathrm{O})_{\mathrm{c}}$ 值，可根据对应的大气压力和温度由式（A.1）计算而得，也可以由附表 A.1-1 和附表 A.2 中查得。

注：有些仪器能自动进行温度补偿。

8.1.2 气压校正

气压为 $p$ 时，水中溶解氧的质量浓度 $\rho(\mathrm{O})_{\mathrm{s}}$ 可由式（2）求出：

$$\rho(\mathrm{O})=\rho'(\mathrm{O})_{\mathrm{s}}\times\frac{p-p_{\mathrm{w}}}{101.325-p_{\mathrm{w}}} \tag{2}$$

式中：$\rho(\mathrm{O})$——温度为 $t$、大气压力为 $p$（kPa）时，水中氧的质量浓度，mg/L；

$\rho'(\mathrm{O})_{\mathrm{s}}$——仪器默认大气压力为 101.325 kPa，温度为 $t$ 时，仪器的读数，mg/L；

$p_{\mathrm{w}}$——温度为 $t$ 时，饱和水蒸气的压力，kPa。

注：有些仪器能自动进行压力补偿。

8.1.3 盐度修正

当水中含盐量大于等于 3 g/kg 时，需要对仪器读数按式（3）进行修正。

$$\rho(\mathrm{O})=\rho''(\mathrm{O})_{\mathrm{s}}-\Delta\rho(\mathrm{O})_{\mathrm{s}}\times w\times\frac{p''(\mathrm{O})_{\mathrm{s}}}{\rho(\mathrm{O})_{\mathrm{s}}} \tag{3}$$

式中：$\rho(\mathrm{O})$——$p$ 大气压下和温度为 $t$ 时，盐度修正后溶解氧的质量浓度，mg/L；

$\Delta\rho(\mathrm{O})_{\mathrm{s}}$——气压为 101.325 kPa，温度为 $t$ 时，水中溶解氧的修正因子，(mg/L) / (g/kg)，见附录 A.1-1；

$w$——水中含盐量，g/kg；

$\rho(\mathrm{O})_{\mathrm{s}}$——$p$ 大气压下和温度为 $t$ 时水中氧的溶解度，mg/L，见附表 A.2；

$\rho''(\mathrm{O})_{\mathrm{s}}$——$p$ 大气压下和摄氏温度为 $t$ 时，盐度修正前仪器的读数，mg/L；

$\frac{p''(\mathrm{O})_{\mathrm{s}}}{\rho(\mathrm{O})_{\mathrm{s}}}$——$p$ 大气压下和温度为 $t$ 时水中溶解氧的饱和率。

注：水中的含盐量可以用电导率值估算（见附表 A.1-2）。使用 ISO 7888 电导率仪法测量水样的电导率，如果测定时水样的温度不是 20℃，应换算成 20℃时的电导率，测得结果以 mS/cm 表示。用附表 A.1-2 提供的数据，估计水中的含盐量到最接近的整数（$w$），代入式（3）中，计算盐度修正后水中溶解氧的质量浓度。

### 8.2 以饱和百分率表示的溶解氧含量

水中溶解氧的饱和百分率，按照式（4）计算：

$$S=\frac{\rho''(\mathrm{O})_s}{\rho(\mathrm{O})_s}\times 100\% \tag{4}$$

式中：$S$——水中溶解氧的饱和百分率，%；

$\rho''(\mathrm{O})_s$——实测值，mg/L，表示在 $p$ 大气压和温度为 $t$ 时水中溶解氧的质量浓度；

$\rho(\mathrm{O})_s$——理论值，mg/L，表示在 $p$ 大气压和温度为 $t$ 时水中氧的溶解度（参见附录 A.2）。

## 9 检测报告

检测报告应包括下列信息：

方法依据和来源；

结果及其表示方法；

仪器校准时水的温度和大气压力；

采样和测量时水的温度；采样和测量时大气压力；

水的电导率及含盐量；

所用的仪器型号；

检测期间注意到的特殊现象；

本标准中没有规定的或任选的操作细节。

## 10 注意事项

### 10.1 干扰

水中存在的一些气体和蒸汽，例如氯、二氧化硫、硫化氢、胺、氨、二氧化碳、溴和碘等物质，通过膜扩散影响被测电流而干扰测定。水样中的其他物质如溶剂、油类、硫化物、碳酸盐和藻类等物质可能堵塞薄膜、引起薄膜损坏和电极腐蚀，影响被测电流而干扰测定。

### 10.2 线性检查

新仪器投入使用前、更换电极或电解液以后，应检查仪器的线性，一般每隔 2 个月运行一次线性检查。

检查方法：通过测定一系列不同浓度蒸馏水样品中溶解氧的浓度来检查仪器的线性。向 3～4 个 250 ml 完全充满蒸馏水的细口瓶中缓缓通入氮气泡，去除水中氧气，用探头时刻测量剩余的溶解氧含量，直到获得所需溶解氧的近似质量浓度，然后立刻停止通氮气，用 GB 7489 测定水中准确的溶解氧质量浓度。

若探头法测定的溶解氧浓度值与碘量法在显著性水平为 5%时无显著性差异，则认为探头的响应呈线性。否则，应查找偏离线性的原因。

### 10.3 电极的维护和再生

#### 10.3.1 电极的维护

任何时候都不得用手触摸膜的活性表面。

电极和膜片的清洗：若膜片和电极上有污染物，会引起测量误差，一般 1～2 周清洗一次。清洗时要小心，将电极和膜片放入清水中涮洗，注意不要损坏膜片。

经常使用的电极建议存放在存有蒸馏水的容器中，以保持膜片的湿润。干燥的膜片在使用前应该用蒸馏水湿润活化。

#### 10.3.2 电极的再生

当电极的线性不合格时，就需要对电极进行再生。电极的再生约一年一次。

电极的再生包括更换溶解氧膜罩、电解液和清洗电极。

每隔一定时间或当膜被损坏和污染时，需要更换溶解氧膜罩并补充新的填充电解液。如果膜未被损坏和污染，建议 2 个月更换一次填充电解液。

更换电解质和膜之后，或当膜干燥时，都要使膜湿润，只有在读数稳定后，才能进行校准（见 7.1），仪器达到稳定所需要的时间取决于电解质中溶解氧消耗所需要的时间。

### 10.4 其他注意事项

当将探头浸入样品中时，应保证没有空气泡截留在膜上。

样品接触探头的膜时，应保持一定的流速，以防止与膜接触的瞬时将该部位样品中的溶解氧耗尽而出现错误的读数。应保证样品的流速不致使读数发生波动，在这方面要参照仪器制造厂家的说明。

# 附 录 A
（规范性附录）
## 水中氧的溶解度与温度、大气压和盐分的关系

水中氧的溶解度在给定的大气压下随温度变化；同样，在给定的温度条件下随大气压变化。另外，氧的溶解度随着盐分的增加而减少。

## A.1 氧在水中的溶解度与水温和含盐量的函数关系

### A.1.1 温度的影响

附表 A.1-1 给出了标准大气压（101.325 kPa）下、在水蒸气饱和的、含氧体积分数为 20.94%的空气存在时，纯水中氧的溶解度 $\rho(O)_s$，以每升纯水中氧的毫克数表示。

### A.1.2 含盐量的影响

水中氧的溶解度随着含盐量的增加而减少，总盐量在 35 g/kg 以下时，二者呈线性关系。

附表 A.1-1 给出了水温为 $t$℃（0～39℃，间隔为 1℃）、水中含盐量（以 NaCl 计）每变化 1 g/kg 时，水中溶解氧的修正因子 $\Delta\rho(O)_s$。该修正因子适用于海水或港湾水，使用上述修正值能给盐水中的溶解氧计算结果带来大约 1%的误差。

附表 A.1-1 氧的溶解度与水温和含盐量的函数关系

| 温度/℃ | 在标准大气压（101.325 kPa）下氧的溶解度 [ $\rho(O)_s$ ]/（mg/L） | 水中含盐量每增加 1 g/kg 时溶解氧的修正值 [ $\Delta\rho(O)_s$ ]/ [（mg/L）/（g/kg）] | 温度/℃ | 在标准大气压（101.325 kPa）下氧的溶解度 [ $\rho(O)_s$ ]/（mg/L） | 水中含盐量每增加 1 g/kg 时溶解氧的修正值 [ $\Delta\rho(O)_s$ ]/ [（mg/L）/（g/kg）] |
|---|---|---|---|---|---|
| 0 | 14.62 | 0.087 5 | 21 | 8.91 | 0.046 4 |
| 1 | 14.22 | 0.084 3 | 22 | 8.74 | 0.045 3 |
| 2 | 13.83 | 0.081 8 | 23 | 8.58 | 0.044 3 |
| 3 | 13.46 | 0.078 9 | 24 | 8.42 | 0.043 2 |
| 4 | 13.11 | 0.076 0 | 25 | 8.26 | 0.042 1 |
| 5 | 12.77 | 0.073 9 | 26 | 8.11 | 0.040 7 |
| 6 | 12.45 | 0.071 4 | 27 | 7.97 | 0.040 0 |
| 7 | 12.14 | 0.069 3 | 28 | 7.83 | 0.038 9 |
| 8 | 11.84 | 0.067 1 | 29 | 7.69 | 0.038 2 |
| 9 | 11.56 | 0.065 0 | 30 | 7.56 | 0.037 1 |
| 10 | 11.29 | 0.063 2 | 31 | 7.43 | |
| 11 | 11.03 | 0.061 4 | 32 | 7.30 | |
| 12 | 10.78 | 0.059 3 | 33 | 7.18 | |
| 13 | 10.54 | 0.058 2 | 34 | 7.07 | |
| 14 | 10.31 | 0.056 1 | 35 | 6.95 | |
| 15 | 10.08 | 0.054 5 | 36 | 6.84 | |
| 16 | 9.87 | 0.053 2 | 37 | 6.73 | |
| 17 | 9.66 | 0.051 4 | 38 | 6.63 | |
| 18 | 9.47 | 0.050 0 | 39 | 6.53 | |
| 19 | 9.28 | 0.048 9 | 40 | 6.43 | |
| 20 | 9.09 | 0.047 5 | | | |

附表 A.1-2 提供了电导率与盐含量（以 NaCl 计）的函数关系。

**附表 A.1-2　电导率与含盐量的函数关系****

| 电导率/（mS/cm） | 水中含盐量*/（g/kg） | 电导率/（mS/cm） | 水中含盐量/（g/kg） | 电导率/（mS/cm） | 水中含盐量/（g/kg） |
|---|---|---|---|---|---|
| 5 | 3 | 20 | 13 | 35 | 25 |
| 6 | 4 | 21 | 14 | 36 | 25 |
| 7 | 4 | 22 | 15 | 37 | 26 |
| 8 | 5 | 23 | 15 | 38 | 27 |
| 9 | 6 | 24 | 16 | 39 | 28 |
| 10 | 6 | 25 | 17 | 40 | 29 |
| 11 | 7 | 26 | 18 | 42 | 30 |
| 12 | 8 | 27 | 18 | 44 | 32 |
| 13 | 8 | 28 | 19 | 46 | 33 |
| 14 | 9 | 29 | 20 | 48 | 35 |
| 15 | 10 | 30 | 21 | 50 | 37 |
| 16 | 10 | 31 | 22 | 52 | 38 |
| 17 | 11 | 32 | 22 | 54 | 40 |
| 18 | 12 | 33 | 23 | | |
| 19 | 13 | 34 | 24 | | |

* 20℃时测定的电导率（mS/cm）所对应的含盐量（g/kg）。

** 附表 A.1-2 中的数据来自国际海洋学报，第一卷。Great Britain，Womley，Godaming，surrey，england and uncesco 国家海洋学研究院，巴黎，1971。

## A.2　溶解氧与大气压力和水温的函数关系

气压为 $p$ kPa 时，水中氧的溶解度 $\rho'(\mathrm{O})_s$ 可由式（A.1）求出：

$$\rho'(\mathrm{O})_s = \rho(\mathrm{O})_s \times \frac{p - p_w}{101.325 - p_w} \tag{A.1}$$

式中：$\rho'(\mathrm{O})_s$——温度为 $t$、大气压力为 $p$（kPa）时，水中氧的溶解度，mg/L；

$\rho(\mathrm{O})_s$——温度为 $t$、大气压力为 101.325 kPa 时，水中溶解氧的理论质量浓度，mg/L，由附表 A.1-1 中可查到；

$p_w$——摄氏温度为 $t$℃时，饱和水蒸气的压力，kPa。

附表 A.2 给出了大气压范围在 50.5～110.5 kPa（间隔为 5 kPa）、温度范围在 0～40℃（间隔为 1℃），水中氧的溶解度 $\rho'(\mathrm{O})_s$，用每升溶解氧的毫克数表示。

间隔更小的数据则由式（A.1）导出，也可以用内插法推算。

**附表 A.2　不同大气压和水温条件下氧的溶解度**　　单位：mg/L

| 温度/℃ | $p_w$/kPa | 大气压/kPa | | | | | | | | | | | | |
|---|---|---|---|---|---|---|---|---|---|---|---|---|---|---|
| | | 50.5 | 55.5 | 60.5 | 65.5 | 70.5 | 75.5 | 80.5 | 85.5 | 90.5 | 95.5 | 100.5 | 105.5 | 110.5 |
| 0 | 0.61 | 7.24 | 7.97 | 8.69 | 9.42 | 10.15 | 10.87 | 11.60 | 12.32 | 13.05 | 13.77 | 14.50 | 15.23 | 15.95 |
| 1 | 0.66 | 7.04 | 7.75 | 8.45 | 9.16 | 9.87 | 10.57 | 11.28 | 11.98 | 12.69 | 13.40 | 14.10 | 14.81 | 15.52 |
| 2 | 0.71 | 6.84 | 7.53 | 8.22 | 8.91 | 9.59 | 10.28 | 10.97 | 11.65 | 12.34 | 13.03 | 13.72 | 14.40 | 15.09 |
| 3 | 0.76 | 6.66 | 7.33 | 8.00 | 8.67 | 9.33 | 10.00 | 10.67 | 11.34 | 12.01 | 12.68 | 13.35 | 14.02 | 14.69 |
| 4 | 0.81 | 6.48 | 7.13 | 7.79 | 8.44 | 9.09 | 9.74 | 10.39 | 11.05 | 11.70 | 12.35 | 13.00 | 13.65 | 14.31 |
| 5 | 0.87 | 6.31 | 6.94 | 7.58 | 8.22 | 8.85 | 9.49 | 10.12 | 10.76 | 11.39 | 12.03 | 12.67 | 13.30 | 13.94 |
| 6 | 0.93 | 6.15 | 6.77 | 7.39 | 8.01 | 8.63 | 9.25 | 9.87 | 10.49 | 11.11 | 11.73 | 12.35 | 12.97 | 13.59 |

续表

| 温度/℃ | $p_w$/kPa | 大气压/kPa | | | | | | | | | | | | |
|---|---|---|---|---|---|---|---|---|---|---|---|---|---|---|
| | | 50.5 | 55.5 | 60.5 | 65.5 | 70.5 | 75.5 | 80.5 | 85.5 | 90.5 | 95.5 | 100.5 | 105.5 | 110.5 |
| 7 | 1.00 | 5.99 | 6.59 | 7.20 | 7.80 | 8.41 | 9.02 | 9.62 | 10.23 | 10.83 | 11.44 | 12.04 | 12.65 | 13.25 |
| 8 | 1.07 | 5.84 | 6.43 | 7.02 | 7.61 | 8.20 | 8.79 | 9.38 | 9.97 | 10.56 | 11.15 | 11.74 | 12.33 | 12.92 |
| 9 | 1.15 | 5.69 | 6.27 | 6.85 | 7.43 | 8.00 | 8.58 | 9.16 | 9.73 | 10.31 | 10.89 | 11.46 | 12.04 | 12.62 |
| 10 | 1.23 | 5.56 | 6.12 | 6.69 | 7.25 | 7.81 | 8.38 | 8.94 | 9.51 | 10.07 | 10.63 | 11.20 | 11.76 | 12.32 |
| 11 | 1.31 | 5.42 | 5.98 | 6.53 | 7.08 | 7.63 | 8.18 | 8.73 | 9.28 | 9.84 | 10.39 | 10.94 | 11.49 | 12.04 |
| 12 | 1.40 | 5.30 | 5.84 | 6.38 | 6.92 | 7.45 | 7.99 | 8.53 | 9.07 | 9.61 | 10.15 | 10.69 | 11.23 | 11.77 |
| 13 | 1.49 | 5.17 | 5.70 | 6.23 | 6.76 | 7.29 | 7.81 | 8.34 | 8.87 | 9.40 | 9.93 | 10.45 | 10.98 | 11.51 |
| 14 | 1.60 | 5.06 | 5.57 | 6.09 | 6.61 | 7.12 | 7.64 | 8.16 | 8.67 | 9.19 | 9.71 | 10.22 | 10.74 | 11.26 |
| 15 | 1.71 | 4.94 | 5.44 | 5.95 | 6.45 | 6.96 | 7.47 | 7.97 | 8.48 | 8.98 | 9.49 | 10.00 | 10.50 | 11.01 |
| 16 | 1.81 | 4.83 | 5.33 | 5.82 | 6.32 | 6.81 | 7.31 | 7.80 | 8.30 | 8.80 | 9.29 | 9.79 | 10.28 | 10.78 |
| 17 | 1.93 | 4.72 | 5.21 | 5.69 | 6.18 | 6.66 | 7.15 | 7.64 | 8.12 | 8.61 | 9.09 | 9.58 | 10.07 | 10.55 |
| 18 | 2.07 | 4.62 | 5.10 | 5.57 | 6.05 | 6.53 | 7.01 | 7.48 | 7.96 | 8.44 | 8.91 | 9.39 | 9.87 | 10.35 |
| 19 | 2.20 | 4.52 | 4.99 | 5.46 | 5.93 | 6.39 | 6.86 | 7.33 | 7.80 | 8.27 | 8.73 | 9.20 | 9.67 | 10.14 |
| 20 | 2.81 | 4.42 | 4.88 | 5.34 | 5.80 | 6.26 | 6.72 | 7.18 | 7.64 | 8.10 | 8.56 | 9.01 | 9.47 | 9.93 |
| 21 | 2.99 | 4.33 | 4.78 | 5.23 | 5.68 | 6.13 | 6.58 | 7.03 | 7.48 | 7.93 | 8.38 | 8.84 | 9.29 | 9.74 |
| 22 | 3.17 | 4.24 | 4.68 | 5.12 | 5.57 | 6.01 | 6.45 | 6.90 | 7.34 | 7.78 | 8.22 | 8.67 | 9.11 | 9.55 |
| 23 | 3.36 | 4.15 | 4.59 | 5.02 | 5.46 | 5.90 | 6.33 | 6.77 | 7.20 | 7.64 | 8.07 | 8.51 | 8.94 | 9.38 |
| 24 | 3.56 | 4.07 | 4.50 | 4.92 | 5.35 | 5.78 | 6.21 | 6.64 | 7.06 | 7.49 | 7.92 | 8.35 | 8.78 | 9.21 |
| 25 | 3.77 | 3.98 | 4.40 | 4.82 | 5.25 | 5.67 | 6.09 | 6.51 | 6.93 | 7.35 | 7.77 | 8.19 | 8.61 | 9.03 |
| 26 | 4.00 | 3.90 | 4.32 | 4.73 | 5.14 | 5.56 | 5.97 | 6.39 | 6.80 | 7.21 | 7.63 | 8.04 | 8.46 | 8.87 |
| 27 | 4.24 | 3.83 | 4.23 | 4.64 | 5.05 | 5.46 | 5.86 | 6.27 | 6.68 | 7.09 | 7.50 | 7.90 | 8.31 | 8.72 |
| 28 | 4.49 | 3.75 | 4.15 | 4.55 | 4.95 | 5.36 | 5.76 | 6.16 | 6.56 | 6.96 | 7.36 | 7.76 | 8.17 | 8.57 |
| 29 | 4.76 | 3.67 | 4.07 | 4.46 | 4.86 | 5.25 | 5.65 | 6.04 | 6.44 | 6.83 | 7.23 | 7.62 | 8.02 | 8.41 |
| 30 | 5.02 | 3.60 | 3.99 | 4.38 | 4.77 | 5.16 | 5.55 | 5.94 | 6.33 | 6.72 | 7.11 | 7.50 | 7.89 | 8.27 |
| 31 | 5.32 | 3.53 | 3.91 | 4.30 | 4.68 | 5.06 | 5.45 | 5.83 | 6.22 | 6.60 | 6.98 | 7.37 | 7.75 | 8.13 |
| 32 | 5.62 | 3.46 | 3.84 | 4.21 | 4.59 | 4.97 | 5.35 | 5.73 | 6.10 | 6.48 | 6.86 | 7.24 | 7.62 | 7.99 |
| 33 | 5.94 | 3.39 | 3.76 | 4.14 | 4.51 | 4.88 | 5.25 | 5.63 | 6.00 | 6.37 | 6.75 | 7.12 | 7.49 | 7.86 |
| 34 | 6.28 | 3.33 | 3.70 | 4.06 | 4.43 | 4.80 | 5.17 | 5.54 | 5.90 | 6.27 | 6.64 | 7.01 | 7.38 | 7.75 |
| 35 | 6.62 | 3.26 | 3.62 | 3.99 | 4.35 | 4.71 | 5.07 | 5.44 | 5.80 | 6.16 | 6.53 | 6.89 | 7.25 | 7.62 |
| 36 | 6.98 | 3.20 | 3.55 | 3.91 | 4.27 | 4.63 | 4.99 | 5.35 | 5.71 | 6.06 | 6.42 | 6.78 | 7.14 | 7.50 |
| 37 | 2.81 | 3.13 | 3.49 | 3.84 | 4.19 | 4.55 | 4.90 | 5.26 | 5.61 | 5.96 | 6.32 | 6.67 | 7.03 | 7.38 |
| 38 | 2.99 | 3.07 | 3.42 | 3.77 | 4.12 | 4.47 | 4.82 | 5.17 | 5.52 | 5.87 | 6.22 | 6.57 | 6.92 | 7.27 |
| 39 | 3.17 | 3.01 | 3.36 | 3.70 | 4.05 | 4.40 | 4.74 | 5.09 | 5.43 | 5.78 | 6.13 | 6.47 | 6.82 | 7.17 |
| 40 | 7.37 | 2.95 | 3.29 | 3.64 | 3.98 | 4.32 | 4.66 | 5.00 | 5.35 | 5.69 | 6.03 | 6.37 | 6.72 | 7.06 |

## A.3 大气压力与海拔高度的函数关系

作为高度函数的平均大气压用式（A.2）计算：

$$\lg p_h = \lg 101.325 - \frac{h}{18\,400} \tag{A.2}$$

式中：$p_h$——海拔高度为 $h$ 时的平均大气压，kPa；

$h$——海拔高度，m。

附表 A.3 给出了平均大气压力与海拔高度的对应值（海拔高度间隔为 100 m）。

附表 A.3　平均大气压力与海拔高度的对应值

| 海拔高度 $h$/m | 平均大气压力 $p_h$/kPa | 海拔高度 $h$/m | 平均大气压力 $p_h$/kPa |
|---|---|---|---|
| 0 | 101.3 | 2 800 | 71.4 |
| 100 | 100.1 | 2 900 | 70.5 |
| 200 | 98.8 | 3 000 | 69.6 |
| 300 | 97.6 | 3 100 | 68.7 |
| 400 | 96.4 | 3 200 | 67.9 |
| 500 | 95.2 | 3 300 | 67.0 |
| 600 | 94.0 | 3 400 | 66.2 |
| 700 | 92.8 | 3 500 | 65.4 |
| 800 | 91.7 | 3 600 | 64.6 |
| 900 | 90.5 | 3 700 | 64.6 |
| 1 000 | 89.4 | 3 800 | 63.0 |
| 1 100 | 88.3 | 3 900 | 62.2 |
| 1 200 | 87.2 | 4 000 | 61.4 |
| 1 300 | 86.1 | 4 100 | 60.7 |
| 1 400 | 85.0 | 4 200 | 59.9 |
| 1 500 | 84.0 | 4 300 | 59.2 |
| 1 600 | 82.9 | 4 400 | 58.4 |
| 1 700 | 81.9 | 4 500 | 57.7 |
| 1 800 | 80.9 | 4 600 | 57.0 |
| 1 900 | 79.9 | 4 700 | 56.3 |
| 2 000 | 78.9 | 4 800 | 55.6 |
| 2 100 | 77.9 | 4 900 | 54.9 |
| 2 200 | 76.9 | 5 000 | 54.2 |
| 2 300 | 76.0 | 5 100 | 53.5 |
| 2 400 | 75.0 | 5 200 | 52.9 |
| 2 500 | 74.1 | 5 300 | 52.2 |
| 2 600 | 73.2 | 5 400 | 51.6 |
| 2 700 | 72.3 | 5 500 | 50.9 |

# 附　录　B

（资料性附录）

## 本标准章条编号与 ISO 5814：1990 章条编号对照

附表 B 中列出了本标准的章条编号对应于 ISO 5814：1990 的章条编号。

附表 B　本标准章条编号与 ISO 5814：1990 章条编号对照

| 本标准 | 对应的国际标准 | 本标准 | 对应的国际标准 |
|---|---|---|---|
| 1 | 1 | 7.2 | 6.3 |
| 2 | 2 | 8 | 7 |
| 3 | | 8.1 | 7.1 |
| 4 | 3 | 8.1.1 | |
| 5 | 4 | 8.1.2 | |
| 5.1 | 4.1 | 8.1.3 | |
| 5.2 | 4.2 | 8.2 | 7.2 |
| 5.3 | — | 9 | 8 |
| 6 | 5 | 10 | |
| 6.1 | 5.1 | 10.1 | |
| 6.1.1 | 5.1.1 | 10.2 | |
| 6.1.2 | 5.1.2 | 10.3 | |
| 6.2 | 5.2 | 10.4 | |
| 6.3 | 5.3 | 附录 A | Annex A |
| 7 | 6 | 表 A.1-1 | Table A.1 |
| | 6.1 | 表 A.1-2 | |
| 7.1 | 6.2 | 表 A.2 | Table A.2 |
| 7.1.1 | 6.2.1 | 表 A.3 | Table A.3 |
| | 6.2.2 | | |
| 7.1.2 | 6.2.3 | | |
| | 6.2.4 | | |

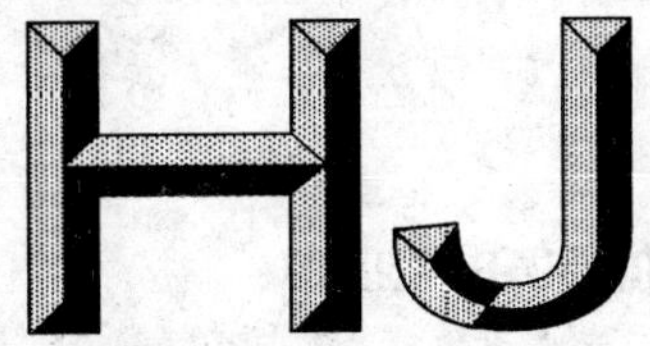

# 中华人民共和国国家环境保护标准

HJ 509—2009

# 车用陶瓷催化转化器中铂、钯、铑的测定 电感耦合等离子体发射光谱法和电感耦合等离子体质谱法

**Determination of Platinum, Palladium and Rhodium loading in the vehicle-used ceramic catalytic converters —Inductive coupled plasma-optical emission spectrometry and inductive coupled plasma-mass spectrometry**

2009-11-03 发布　　2010-01-01 实施

环 境 保 护 部 发布

# 中华人民共和国环境保护部
# 公 告

2009年 第57号

为贯彻《中华人民共和国环境保护法》，保护环境，保障人体健康，现批准《车用陶瓷催化转化器中铂、钯、铑的测定 电感耦合等离子体发射光谱法和电感耦合等离子体质谱法》为国家环境保护标准，并予发布。

标准名称、编号如下：

车用陶瓷催化转化器中铂、钯、铑的测定 电感耦合等离子体发射光谱法和电感耦合等离子体质谱法（HJ 509—2009）。

该标准自2010年1月1日起实施，由中国环境科学出版社出版，标准内容可在环境保护部网站（bz.mep.gov.cn）查询。

特此公告。

2009年11月3日

# 前　言

为贯彻《中华人民共和国环境保护法》和《中华人民共和国大气污染防治法》，保护环境，保障人体健康，防治机动车排放污染，规范车用陶瓷催化转化器中铂（Pt）、钯（Pd）、铑（Rh）的测定方法，制定本标准。

本标准规定了机动车用催化转化器陶瓷载体上 Pt、Pd、Rh 含量的电感耦合等离子体发射光谱（ICP-OES）和电感耦合等离子体质谱（ICP-MS）测定方法。

本标准为首次发布。

本标准由环境保护部科技标准司组织制订。

本标准主要起草单位：中国汽车技术研究中心、天津索克汽车试验有限公司。

本标准参加单位：中国环境科学研究院、昆明贵研催化剂有限责任公司、巴斯夫催化剂（上海）有限公司、庄信万丰（上海）化工有限公司、优美科汽车催化剂（苏州）有限公司、无锡威孚环保催化剂有限公司、东京滤器（苏州）有限公司。

本标准环境保护部 2009 年 11 月 3 日批准。

本标准自 2010 年 1 月 1 日起实施。

本标准由环境保护部解释。

# 车用陶瓷催化转化器中铂、钯、铑的测定 电感耦合等离子体发射光谱法和电感耦合等离子体质谱法

**警告：盐酸、硝酸、氢氟酸、高氯酸均具有强烈的化学腐蚀性和刺激性，操作时应按规定要求佩戴防护器具，并在通风橱中进行，避免酸雾吸入呼吸道和接触皮肤、衣物。若有不慎接触，应立即采取紧急处理措施。检测后的残渣残液应做安全处理。**

## 1 适用范围

本标准规定了机动车用陶瓷催化转化器中铂（Pt）、钯（Pd）、铑（Rh）的电感耦合等离子体发射光谱（ICP-OES）和电感耦合等离子体质谱（ICP-MS）的测定方法。

本标准适用于新制的和使用过的以堇青石蜂窝陶瓷为载体，并附载贵金属作活性组分的催化转化器中 Pt、Pd、Rh 的测定。

称取 1 g 样品消解定容至 100 ml 时，ICP-OES 方法分析 Pt、Pd、Rh 元素的检出限为 5 μg/g，测定下限为 20 μg/g；ICP-MS 方法分析 Pt、Pd、Rh 元素的检出限为 0.005 μg/g，测定下限为 0.02 μg/g。

## 2 规范性引用文件

本标准内容引用了下列文件或其中的条款。凡是不注日期的引用文件，其有效版本均适用于本标准。

GB/T 6679 固体化工产品采样通则

GB/T 6682 分析实验室用水规格和试验方法

GB/T 8170 数值修约规则与极限数值的表示和判定

GB/T 18881 汽油车排气净化催化剂

YS/T 371 贵金属合金化学分析方法总则及一般规定

## 3 术语和定义

下列术语和定义适用于本标准。

### 3.1 标准溶液 standard solution

由用于制备该溶液的物质而准确知道某种元素、离子、化合物或基团浓度的溶液。

### 3.2 试样 test sample

由实验室样品制备的，从中抽取试料的样品。

### 3.3 试料 test portion

从试样中取得的（如试样与实验室样品两者相同，则从实验室样品中取得），并用以进行检验或观测的一定量的物料。

## 4 方法原理

催化转化器中 Pt、Pd、Rh 的测定主要包含三部分：试样制备、试液制备和试液分析。其中，试样制备采用样品全粉碎和机械分样研磨的方法，以确保取样的均一性和代表性；试液制备采用盐酸-硝酸-氢氟酸-高氯酸全分解的方法，使试料全部消解；试液分析采用 ICP-OES 或 ICP-MS 方法，测定试液中的 Pt、Pd、Rh。

### 4.1 ICP-OES 方法

样品由载气带入雾化系统进行雾化后，以气溶胶形式进入等离子体的轴向通道，在高温和惰性气

体中被充分蒸发、原子化、电离和激发，发射出的所含元素的特征谱线经分光系统进入光谱检测器，光谱检测器依据元素特征光谱进行定性、定量的分析。在一定浓度范围内，元素特征谱线上的响应值与其浓度成正比。

4.2 ICP-MS 方法

样品由载气带入雾化系统进行雾化后，以气溶胶形式进入等离子体的轴向通道，在高温和惰性气体中被充分蒸发、解离、原子化和电离，转化成的带电荷的正离子经离子采集系统进入质谱仪，质谱仪根据离子的质荷比即元素的质量数进行分离并定性、定量的分析。在一定浓度范围内，元素质量数上的响应值与其浓度成正比。

## 5 试剂和材料

除非另有说明，分析时均使用符合国家标准的分析纯化学试剂。

5.1 氩气：高纯气（纯度不低于 99.99%），用作仪器工作气体。

5.2 盐酸（HCl）：$\rho = 1.19$ g/ml。

5.3 硝酸（$HNO_3$）：$\rho = 1.42$ g/ml。

5.4 氢氟酸（HF）：$\rho = 1.49$ g/ml。

5.5 高氯酸（$HClO_4$）：$\rho = 1.68$ g/ml。

5.6 王水：3 单位体积的盐酸（5.2）与 1 单位体积的硝酸（5.3）混合。用时现配。

5.7 硝酸溶液（1+19）：1 单位体积的硝酸（5.3）与 19 单位体积的纯水（5.9）混合。

5.8 硝酸溶液（1+99）：1 单位体积的硝酸（5.3）与 99 单位体积的纯水（5.9）混合。

5.9 纯水：GB/T 6682，一级。

5.10 标准贮备液：各分析元素标准储备液配制依据 YS/T 371 的规定，也可选用相应浓度的有证系列国家标准物质的混合溶液、单标溶液，并稀释到所需浓度。

## 6 仪器和设备

6.1 分样器

主要用于粉末样品的均匀分样，以确保样品的均一性和低量取样的代表性。在仪器运行稳定后，凡能达到下列指标者均可使用：

——分样误差：≤1%；

——适用于松散的粉料和粒料。

6.2 研磨器

主要用于粗粉碎后样品的进一步细研磨。在仪器运行稳定后，凡能达到下列指标者均可使用：

——出样尺寸：$D_{90}$≤0.1 mm；

——研磨细度具有可控性及可重复性，出料粒度均匀；

——适用于粉末状，脆性，中硬度及以上物质的研磨；

——研磨腔内易清洗，不易污染。

6.3 电感耦合等离子体原子发射光谱仪

主要用于试液中元素含量的分析。在仪器运行稳定后，凡能达到下列指标者均可使用：

——反射功率：≤10 W；

——功率波动：≤0.1%；

——频率稳定性：≤0.1%。

6.4 电感耦合等离子体质谱仪

主要用于溶液中元素含量的分析。在仪器运行稳定后，凡能达到下列指标者均可使用：

——射频功率：≥1 000 W；

——频率稳定性：≤0.1%；

——质谱稳定性：≤±0.1 u/24 h。

6.5 分析天平

分度值：≤0.1 mg。

6.6 电子天平

分度值：≤0.01 g。

6.7 电加热板

6.8 微波消解器（如适用）

6.9 一般实验室常用仪器

## 7 试样制备

试样制备的原则应依据 GB/T 6679 的规定，包括 7.1～7.5 的内容。试样制备过程中应防止样品交叉污染。

### 7.1 剥除催化转化器壳体

剥开外层金属壳和衬垫，取出内层的催化转化器载体，载体的外观质量应符合 GB/T 18881 的规定。

### 7.2 干燥载体

将催化转化器载体置于烘箱或马弗炉中，于 200℃左右温度下干燥 2 h，取出并冷却至室温。

### 7.3 称量载体质量

将催化转化器载体在电子天平（6.6）上称重，数值精确到 0.01 g。

### 7.4 测量载体体积

按下列三种方式对不同形状载体的体积进行测量：

a）形状规则的载体（如圆柱体，跑道形柱体）

在不同位置点，使用游标卡尺分别测量各项体积参数 2～4 次，取得平均值，计算得出载体体积，数值按 GB/T 8170 中的规定修约至四位有效数字。

b）形状规则，但横截面积不易计算的载体

取三张以上质地均匀的 A4 纸，使用裁纸刀沿载体的横截面轮廓在 A4 纸上割划下相同的部分，分别对每整张的 A4 纸和与载体横截面积相同的部分在分析天平上称重，精确到 0.000 1 g。再按照纸的质量同纸的面积成正比的关系，计算出载体横截面积的平均值，每个测量值与平均值的相对偏差应小于 0.5%。载体长度采用游标卡尺测量的方法，载体体积即为横截面积与长度的乘积。

c）形状不规则的载体

将催化转化器载体用保鲜膜密封，放入装满水的容器中，收集溢出的水，称量水的质量，水的质量与水的密度之商即为载体体积。

### 7.5 破碎研磨并缩分样品

将样品破碎至粒径 1 mm 左右后，用分样器（6.1）一次或多次将其缩分，再使用研磨器（6.2）将缩分后的样品研磨成粒径小于 0.075 mm 的粉末。

## 8 分析步骤

### 8.1 试液的制备

#### 8.1.1 待测液的制备

做两份以上试料的平行测定，取其平均值。

##### 8.1.1.1 称料

用分析天平（6.5）称取 1 g 试料，精确到 0.000 1 g。

8.1.1.2　消解

可按下列两种方式对试料进行消解：

a）加热板消解法

将试料置于聚四氟乙烯坩埚中。用少量水润湿，加入 6 ml HCl（5.2），4 ml $HNO_3$（5.3），6 ml HF（5.4），1 ml $HClO_4$（5.5）后，盖上盖子，在加热板上于 170℃左右缓慢加热 5 h 以上，直至酸液中只有极少量的固体物残余。必要时，可适当补加 $HNO_3$、HCl 和 HF，重复上述消解过程。

开盖，于 270℃左右驱赶 $HClO_4$ 白烟，并蒸至内容物呈黏稠状，用少量水冲洗坩埚盖和内壁，再加入王水（5.6）约 10 ml 后，盖上盖子，于 170℃左右缓慢加热 2 h 以上，直到得到清亮试液，取下冷却至室温后，移入容量瓶中，迅速用水（5.9）定容至标线，混匀后转移至 PET 样品瓶中，备测。必要时，应根据标准曲线的工作范围，稀释待测试液，且保证总溶解固体量（TDS）质量分数满足仪器测试要求。

b）微波消解法

将试料置于聚四氟乙烯消解罐中。用少量水润湿后，加入 6 ml HCl（5.2），4 ml $HNO_3$（5.3），6 ml HF（5.4）后，于 200℃左右密封消解。

冷却 10～15 min 后，开盖，将试液转移至聚四氟乙烯坩埚中，在加热板上于 270℃左右加热至内容物呈黏稠状，用少量水冲洗坩埚内壁后，再加入王水（5.6）约 10 ml 后，盖上盖子，于 170℃左右缓慢加热，直至得到清亮试液，取下冷却至室温后，移入容量瓶中，迅速用水（5.9）定容至标线，混匀后转移至 PET 样品瓶中，备测。必要时，应根据标准曲线的工作范围，稀释待测试液，且保证总溶解固体量（TDS）质量分数满足仪器测试要求。

**8.1.2　程序空白试液的制备**

不加试料，按 8.1.1.2 给出的步骤和试剂，制备程序空白试液。每批样品制备至少 1 个程序空白试液。

**8.1.3　标准溶液的制备**

用硝酸溶液（5.8）稀释贵金属标准储备液到指定浓度。每种贵金属配制至少 5 个不同浓度的标准溶液，其浓度应处于仪器的最佳测试范围。

**8.2　仪器校准与分析条件设定**

**8.2.1　ICP-OES 方法**

8.2.1.1　仪器校准

根据仪器使用说明书，对仪器进行校准。进入波长校正界面，将样品管插入波长校正液中，等待 1～2 min 以便提升波长校正液、稳定波长校正液流量。用已知元素的波长校正发射光谱，以确保各波段波长与检测器像素之间完全吻合。

8.2.1.2　分析条件

根据仪器使用说明书，分别设定 Pt、Pd、Rh 的定量分析条件。其中 Pt、Pd、Rh 元素的分析谱线宜选择表 1 中的数值。

**表 1　测定元素原子发射光谱线**

| 元素 | 主分析谱线/nm | 次分析谱线/nm |
|---|---|---|
| Pt | 265.945 | 214.423 |
| Pd | 363.470 | 340.458 |
| Rh | 343.489 | 233.477 |

**8.2.2　ICP-MS 方法**

8.2.2.1　仪器校准

根据仪器使用说明书，对仪器进行校准。进入调谐界面，将样品管插入调谐液中，等待 1～2 min

以便提升调谐液、稳定调谐液流量。调整等离子体参数、透镜系统参数等各项参数，以确保灵敏度、氧化物离子、分辨率等各项性能指标处于仪器安装验收指标值的±30%以内。

8.2.2.2 分析条件

8.2.2.2.1 根据仪器使用说明书，分别设定 Pt、Pd、Rh 的定量分析条件。其中 Pt、Pd、Rh 元素的质量数宜选择表 2 中的数值。

**表 2 测定元素质量数**

| 元素 | 质量数 |
| --- | --- |
| Pt | 195 |
| Pd | 105 |
| Rh | 103 |

8.2.2.2.2 为消除仪器性能的漂移和标准溶液与未知试液之间基体差异的干扰，可通过分析试液中内标元素的背景值，对仪器的响应进行归一化处理。

a）内标元素选择的要求：

——待测试液中不含有的元素；

——与分析元素质量接近；

——电离电位与分析元素相近；

——不受同量异位素重叠或多原子离子干扰或对被测元素的同位素产生干扰。

b）推荐选用铟为内标元素：

使用前稀释内标元素浓度至标准曲线的中间范围。

c）可按下列两种方式加入内标溶液：

——直接向实验室程序空白试液、标准溶液和待测试液中分别加入相同浓度的内标元素；

——用蠕动泵在线加入。

### 8.3 建立标准曲线

标准溶液应按照待测元素浓度从低到高的顺序测定。以待测元素的浓度值为横坐标，待测元素响应值或待测元素响应值与内标元素响应值的比值为纵坐标，绘制标准曲线。并用各个元素的标准曲线进行待测试液中元素浓度的测定。标准曲线的线性相关系数应优于 0.999。

### 8.4 程序空白试液分析

用硝酸溶液（5.7）清洗系统至少 2 min 后，分析程序空白试液中 Pt、Pd、Rh 元素浓度，以确定程序空白值。

### 8.5 试液分析

试液应按照待测元素浓度从低到高的顺序测定，以避免记忆效应。

待测元素浓度高于设定的线性动态范围时，应将试液稀释至标准曲线范围内重新分析。

试液中元素的分析结果应为测定值减去相应的程序空白值。

## 9 结果计算

催化转化器单位体积载体上 Pt、Pd、Rh 的含量按式（1）计算，计算结果按 GB/T 8170 中的规定修约至四位有效数字：

$$\rho_i = \frac{10^{-6} \times \rho_i' \times v \times S \times m}{W \times V} \tag{1}$$

式中：$\rho_i$——催化转化器单位体积载体上被测元素 $i$ 的含量，g/L，$i$=Pt、Pd、Rh；

$\rho_i'$——试液中被测元素 $i$ 的质量浓度，μg/L；

$v$——试料定容体积，L；

$S$——稀释倍数；

$m$——催化转化器载体的质量，g；

$W$——试料质量，g；

$V$——载体体积，L。

## 10 精密度和准确度

### 10.1 ICP-OES 方法

六个实验室对含有 Pt、Pd、Rh 的统一样品进行了测定，排除离群值后的精密度如表 3 所示。

表 3 ICP-OES 方法的精密度

单位：%

| 元素 | Pt | Pd | Rh |
|---|---|---|---|
| 室内相对标准偏差 | 4.0 | 1.3 | 2.7 |
| 室间相对标准偏差 | 16.0 | 2.0 | 13.3 |
| 重复性限（r） | 9 | 32 | 9 |
| 再现性限（R） | 33 | 52 | 36 |

六个实验室对含有 Pt、Pd、Rh，899 μg/g、874.9 μg/g、188.6 μg/g 的统一样品进行了测定，排除离群值后的准确度如表 4 所示。

表 4 ICP-OES 方法的准确度

单位：%

| 元素 | Pt | Pd | Rh |
|---|---|---|---|
| 相对误差 | −3.0 | −0.94 | 5.3 |
| 相对误差最终值 | −3.0±4.3 | −0.94±5.2 | 5.3±27.7 |

### 10.2 ICP-MS 方法

五个实验室对含有 Pt、Pd、Rh 的统一样品进行了测定，排除离群值后的精密度如表 5 所示：

表 5 ICP-MS 方法的精密度

单位：%

| 元素 | Pt | Pd | Rh |
|---|---|---|---|
| 室内相对标准偏差 | 2.0 | 0.2 | 2.4 |
| 室间相对标准偏差 | 7.7 | 0.5 | 1.4 |
| 重复性限（r） | 19 | 17 | 33 |
| 再现性限（R） | 64 | 36 | 34 |

五个实验室对含有 Pt、Pd、Rh，287.3 μg/g、2 520 μg/g、445.0 μg/g 的统一样品进行了测定，排除离群值后的准确度如表 6 所示。

表 6 ICP-MS 方法的准确度

单位：%

| 元素 | Pt | Pd | Rh |
|---|---|---|---|
| 相对误差 | 1.4 | 0.67 | −1.8 |
| 相对误差最终值 | 1.4±4.9 | 0.67±0.92 | −1.8±2.8 |

## 11 质量保证和控制

11.1 采用间隔插入测定相应的自制控制标准样品（如有国家级或行业级标准样品时，应首先使用）以及平行样分析，监控准确度和精密度以保证和控制分析质量。对标准样品分析的准确度应不大于10%。如没有类似的标准物质，应采用标准加入法控制。

11.2 平行样之间的测定结果的相对偏差应小于 2%，否则应重新检验。

11.3 遇到新的或者异常样品基体时，应按以下方式检验：

11.3.1 逐级稀释

如果被分析物浓度过高，应进行逐级稀释（稀释后，最低浓度应至少为方法检出限的 10 倍）。稀释后的分析结果与稀释前的分析结果的相对偏差不应超过±1%。

11.3.2 基体加标

将一定量的被分析物的标准溶液加入到试料中一同进行试液的制备，或直接加入到消解处理后的试液中一同进行稀释定容，回收值应分别在已知值的 94%～106%和 97%～103%。加标量必须符合以下规定：加标量应尽量与样品中相应待测物质含量相等或相近，不得大于样品中相同待测物质含量 3 倍。

11.4 每分析 10 个试液后和全部分析结束时，插入一个标准空白溶液［硝酸溶液（5.8）］和一个标准溶液，监控标准曲线的漂移情况。

11.5 内标响应：分析者应监控整个样品分析过程中的内标响应以及内标与各分析元素信号响应的比值。这些信息可用来检查由于以下原因引起的问题：质量漂移、加入内标引起的错误或由于样品中的背景引起个别内标浓度增加。任何一种内标的绝对响应值的偏差都不能超过标准空白溶液中最初响应值的 60%～125%。如果超过此偏差，应用硝酸溶液（5.7）清洗系统，并监控标准空白溶液的响应值。如果响应值又超出监控限，中止样品分析并查明漂移原因。

---

# 中华人民共和国环境保护部
# 公　告

2009 年　第 77 号

为贯彻《中华人民共和国环境保护法》，保护环境，保障人体健康，现批准《环境空气和废气　氨的测定　纳氏试剂分光光度法》等五项标准为国家环境保护标准，并予发布。

标准名称、编号如下：

一、《环境空气和废气　氨的测定　纳氏试剂分光光度法》（HJ 533—2009）；

二、《环境空气　氨的测定　次氯酸钠-水杨酸分光光度法》（HJ 534—2009）；

三、《水质　氨氮的测定　纳氏试剂分光光度法》（HJ 535—2009）；

四、《水质　氨氮的测定　水杨酸分光光度法》（HJ 536—2009）；

五、《水质　氨氮的测定　蒸馏-中和滴定法》（HJ 537—2009）。

以上标准自 2010 年 4 月 1 日起实施，由中国环境科学出版社出版，标准内容可在环境保护部网站（bz.mep.gov.cn）查询。

自以上标准实施之日起，由原国家环境保护局批准、发布的下述五项国家环境保护标准废止，标准名称、编号如下：

一、《空气质量　氨的测定　纳氏试剂比色法》（GB/T 14668—93）；

二、《空气质量　氨的测定　次氯酸钠-水杨酸分光光度法》（GB/T 14679—93）；

三、《水质　铵的测定　纳氏试剂比色法》（GB 7479—87）；

四、《水质　铵的测定　水杨酸分光光度法》（GB 7481—87）；

五、《水质　铵的测定　蒸馏和滴定法》（GB 7478—87）。

特此公告。

2009 年 12 月 31 日

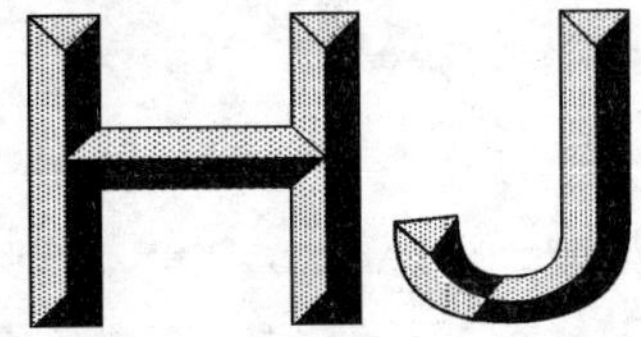

# 中华人民共和国国家环境保护标准

HJ 533—2009

代替 GB/T 14668—93

# 环境空气和废气　氨的测定
# 纳氏试剂分光光度法

**Ambient air and exhaust gas—Determination of ammonia**

**—Nessler's reagent spetcrophotometry**

2009-12-31 发布　　　　2010-04-01 实施

环　境　保　护　部 发布

# 前　言

为贯彻《中华人民共和国环境保护法》、《中华人民共和国大气污染防治法》，保护环境，保障人体健康，规范氨的监测方法，制定本标准。

本标准规定了测定环境空气和工业废气中氨的纳氏试剂分光光度法。

本标准对《空气质量　氨的测定　纳氏试剂比色法》（GB/T 14668—93）进行修订。

本标准首次发布于1993年，原标准起草单位是上海市环境保护监测中心。本次为首次修订。本次修订的主要内容如下：

——增加了警告。

——增加了吸收液体积为10 ml的采样方式及其检出限。

——增加了质量保证和质量控制条款，其中包括：无氨水的检查、采样全程空白、试剂配制和采样的注意事项等。

——合并了结果的计算公式。

自本标准实施之日起，原国家环境保护局1993年10月27日批准、发布的《空气质量　氨的测定　纳氏试剂比色法》（GB/T 14668—93）废止。

本标准由环境保护部科技标准司组织制订。

本标准主要起草单位：沈阳市环境监测中心站。

本标准环境保护部2009年12月31日批准。

本标准自2010年4月1日起实施。

本标准由环境保护部解释。

# 环境空气和废气　氨的测定　纳氏试剂分光光度法

**警告：二氯化汞（$HgCl_2$）和碘化汞（$HgI_2$）均为剧毒物质，避免经皮肤和口腔接触。**

## 1　适用范围

本标准规定了测定环境空气和工业废气中氨的纳氏试剂分光光度法。

本标准适用于环境空气中氨的测定，也适用于制药、化工、炼焦等工业行业废气中氨的测定。

本标准的方法检出限为 0.5 μg/10 ml 吸收液。当吸收液体积为 50 ml，采气 10 L 时，氨的检出限为 0.25 mg/m$^3$，测定下限为 1.0 mg/m$^3$，测定上限 20 mg/m$^3$。当吸收液体积为 10 ml，采气 45 L 时，氨的检出限为 0.01 mg/m$^3$，测定下限 0.04 mg/m$^3$，测定上限 0.88 mg/m$^3$。

## 2　方法原理

用稀硫酸溶液吸收空气中的氨，生成的铵离子与纳氏试剂反应生成黄棕色络合物，该络合物的吸光度与氨的含量成正比，在 420 nm 波长处测量吸光度，根据吸光度计算空气中氨的含量。

## 3　干扰及消除

样品中含有三价铁等金属离子、硫化物和有机物时干扰测定，可通过下列方法消除：

3.1　三价铁等金属离子

分析时加入 0.50 ml 酒石酸钾钠溶液（4.6）络合掩蔽，可消除三价铁等金属离子的干扰。

3.2　硫化物

若样品因产生异色而引起干扰（如硫化物存在时为绿色）时，可在样品溶液中加入稀盐酸去除干扰。

3.3　有机物

某些有机物质（如甲醛）生成沉淀干扰测定，可在比色前用 0.1 mol/L 的盐酸溶液（4.7）将吸收液酸化到 pH 不大于 2 后煮沸除之。

## 4　试剂和材料

除非另有说明，分析时所用试剂均使用符合国家标准的分析纯化学试剂，实验用水为按 4.1 制备的水。

4.1　无氨水，在无氨环境中用下述方法之一制备（无氨水的检查见 10.1）。

4.1.1　离子交换法

将蒸馏水通过一个强酸性阳离子交换树脂（氢型）柱，流出液收集在磨口玻璃瓶中。每升流出液中加 10 g 强酸性阳离子交换树脂（氢型），以利保存。

4.1.2　蒸馏法

在 1 000 ml 蒸馏水中加入 0.1 ml 硫酸（4.2），在全玻璃蒸馏器中重蒸馏。弃去前 50 ml 馏出液，然后将约 800 ml 馏出液收集在磨口玻璃瓶中。每升收集的馏出液中加入 10 g 强酸性阳离子交换树脂（氢型），以利保存。

4.1.3　纯水器法

用市售纯水器临用前制备。

4.2　硫酸：$\rho(H_2SO_4)$= 1.84 g/ml。

4.3 盐酸：$\rho(HCl)$=1.18 g/ml。

4.4 硫酸吸收液：$c(1/2H_2SO_4)$=0.01 mol/L。

量取 2.8 ml 硫酸（4.2）加入水中，并稀释至 1 L，得 0.1 mol/L 贮备液。临用时再用水稀释 10 倍。

4.5 纳氏试剂

称取 12 g 氢氧化钠（NaOH）溶于 60 ml 水中，冷却；

称取 1.7 g 二氯化汞（$HgCl_2$）溶解在 30 ml 水中；

称取 3.5 g 碘化钾（KI）于 10 ml 水中，在搅拌下将上述二氯化汞溶液慢慢加入碘化钾溶液中，直至形成的红色沉淀不再溶解为止；

在搅拌下，将冷却至室温的氢氧化钠溶液缓慢地加入到上述二氯化汞和碘化钾的混合液中，再加入剩余的二氯化汞溶液，混匀后于暗处静置 24 h，倾出上清液，储于棕色瓶中，用橡皮塞塞紧，2～5℃可保存 1 个月。

4.6 酒石酸钾钠溶液：$\rho$=500 g/L。

称取 50 g 酒石酸钾钠（$KNaC_4H_6O_6 \cdot 4H_2O$）溶于 100 ml 水中，加热煮沸以驱除氨，冷却后定容至 100 ml。

4.7 盐酸溶液：$c(HCl)$=0.1 mol/L。

取 8.5 ml 盐酸（4.3），加入一定量的水中，定容至 1 000 ml。

4.8 氨标准贮备液：$\rho(NH_3)$=1 000 μg/ml。

称取 0.785 5 g 氯化铵（$NH_4Cl$，优级纯，在 100～105℃干燥 2 h）溶解于水，移入 250 ml 容量瓶中，用水稀释到标线。

4.9 氨标准使用溶液：$\rho(NH_3)$=20 μg/ml。

吸取 5.00 ml 氨标准贮备液（4.8）于 250 ml 容量瓶中，稀释至刻度，摇匀。临用前配制。

## 5 仪器和设备

5.1 气体采样装置：流量范围为 0.1～1.0 L/min。

5.2 玻板吸收管或大气冲击式吸收管：125 ml、50 ml 或 10 ml。

5.3 具塞比色管：10 ml。

5.4 分光光度计：配 10 mm 光程比色皿。

5.5 玻璃容器：经检定的容量瓶、移液管。

5.6 聚四氟乙烯管（或玻璃管）：内径 6～7 mm。

5.7 干燥管（或缓冲管）：内装变色硅胶或玻璃棉。

## 6 样品

### 6.1 采样管的准备

应选择气密性好、阻力和吸收效率合格的吸收管清洗干净并烘干备用。在采样前装入吸收液并密封避光保存。

### 6.2 样品采集

采样系统由采样管、干燥管和气体采样泵组成。采样时应带采样全程空白吸收管。

环境空气采样：用 10 ml 吸收管，以 0.5～1 L/min 的流量采集，采气至少 45 min。

工业废气采样：用 50 ml 吸收管，以 0.5～1 L/min 的流量采集，采气时间视具体情况而定。若工业废气（如烟道气）的温度明显高于环境温度时，应对采样管线加热，防止烟气在采样管线中结露。

### 6.3 样品保存

采样后应尽快分析，以防止吸收空气中的氨。若不能立即分析，2～5℃可保存 7 d。

## 7 分析步骤

### 7.1 绘制校准曲线

取 7 支 10 ml 具塞比色管，按表 1 制备标准系列。

**表 1 标准系列**

| 管号 | 0 | 1 | 2 | 3 | 4 | 5 | 6 |
|---|---|---|---|---|---|---|---|
| 标准溶液（4.9）/ml | 0.00 | 0.10 | 0.30 | 0.50 | 1.00 | 1.50 | 2.00 |
| 水/ml | 10.00 | 9.90 | 9.70 | 9.50 | 9.00 | 8.50 | 8.00 |
| 氨含量/μg | 0 | 2 | 6 | 10 | 20 | 30 | 40 |

按表 1 准确移取相应体积的标准使用液（4.9），加水至 10 ml，在各管中分别加入 0.50 ml 酒石酸钾钠溶液（4.6），摇匀，再加入 0.50 ml 纳氏试剂（4.5），摇匀。放置 10 min 后，在波长 420 nm 下，用 10 mm 比色皿，以水作参比，测定吸光度。以氨含量（μg）为横坐标，扣除试剂空白的吸光度为纵坐标绘制校准曲线。

### 7.2 样品测定

取一定量样品溶液（吸取量视样品浓度而定）于 10 ml 比色管中，用吸收液（4.4）稀释至 10 ml。加入 0.50 ml 酒石酸钾钠溶液（4.6），摇匀，再加入 0.50 ml 纳氏试剂（4.5），摇匀，放置 10 min 后，在波长 420 nm，用 10 mm 比色皿，以水作参比，测定吸光度。

### 7.3 空白试验

7.3.1 吸收液空白：以与样品同批配制的吸收液代替样品，按照 7.2 测定吸光度。

7.3.2 采样全程空白：即在采样管中加入与样品同批配制的相应体积的吸收液，带到采样现场、未经采样的吸收液，按照 7.2 测定吸光度。

## 8 结果计算

氨的含量由式（1）计算：

$$\rho(\mathrm{NH_3})=\frac{(A-A_0-a)\times V_\mathrm{s}}{b\times V_\mathrm{nd}\times V_0} \tag{1}$$

式中：$\rho(\mathrm{NH_3})$——氨含量，mg/m³；

$A$——样品溶液的吸光度；

$A_0$——与样品同批配制的吸收液空白的吸光度；

$a$——校准曲线截距；

$b$——校准曲线斜率；

$V_\mathrm{s}$——样品吸收液总体积，ml；

$V_0$——分析时所取吸收液体积，ml；

$V_\mathrm{nd}$——所采气样标准状态下的体积（101.325 kPa，273 K），L。

所采气样标准状态下的体积 $V_\mathrm{nd}$ 按式（2）计算：

$$V_\mathrm{nd}=\frac{V\times P\times 273}{101.325\times(273+t)} \tag{2}$$

式中：$V$——采样体积，L；

$P$——采样时大气压，kPa；

$t$——采样温度，℃。

## 9　准确度和精密度

经五个实验室分析含 1.33～1.55 mg/L 氨的统一样品，重复性限 0.018 mg/L，变异系数 1.2%；再现性限 0.05 mg/L，变异系数 3.4%；加标回收率 97%～103%。

## 10　质量保证和质量控制

### 10.1　无氨水的检查

以水代替样品按照 7.2 测定吸光度，空白吸光度值应不超过 0.030（10 mm 比色皿），否则检查水和试剂的纯度。

### 10.2　采样全程空白

用于检查样品采集、运输、贮存过程中样品是否被污染。如果采样全程空白明显高于同批配制的吸收液空白，则同批次采集的样品作废。

### 10.3　纳氏试剂的配制

为了保证纳氏试剂有良好的显色能力，配制时务必控制 $HgCl_2$ 的加入量，至微量 $HgI_2$ 红色沉淀不再溶解时为止。配制 100 ml 纳氏试剂所需 $HgCl_2$ 与 KI 的用量之比约为 2.3∶5。在配制时为了加快反应速度、节省配制时间，可低温加热进行，防止 $HgI_2$ 红色沉淀的提前出现。

### 10.4　酒石酸钾钠的配制

酒石酸钾钠试剂铵盐含量较高时，仅加热煮沸或加纳氏试剂沉淀不能完全除去氨。此时采用加入少量氢氧化钠溶液，煮沸蒸发掉溶液体积的 20%～30%，冷却后用无氨水稀释至原体积。

### 10.5　采样泵的正确使用

开启采样泵前，确认采样系统的连接正确，采样泵的进气口端通过干燥管（或缓冲管）与采样管的出气口相连，如果接反会导致酸性吸收液倒吸，污染和损坏仪器。万一出现倒吸的情况，应及时将流量计拆下来，用酒精清洗、干燥，并重新安装，经流量校准合格后方可继续使用。

### 10.6　防止采样管被污染

为避免采样管中的吸收液被污染，运输和贮存过程中勿将采样管倾斜或倒置，并及时更换采样管的密封接头。

---

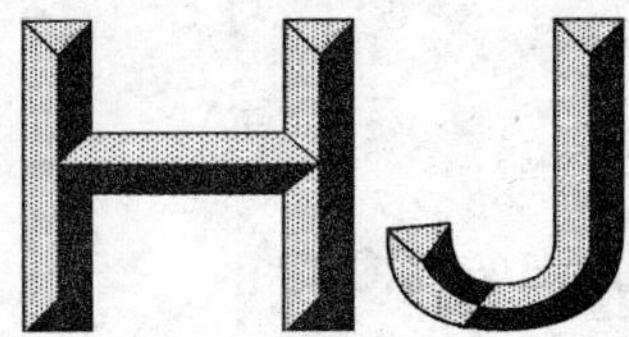

# 中华人民共和国国家环境保护标准

HJ 534—2009

代替 GB/T 14679—93

# 环境空气　氨的测定
# 次氯酸钠-水杨酸分光光度法

**Ambient air—Determination of ammonia**

**—Sodium hypochlorite-salicylic acid spectrophotometry**

2009-12-31 发布　　　　2010-04-01 实施

环 境 保 护 部 发布

# 前　言

为贯彻《中华人民共和国环境保护法》、《中华人民共和国大气污染防治法》，保护环境，保障人体健康，规范氨的监测方法，制定本标准。

本标准规定了测定环境空气中氨的次氯酸钠-水杨酸分光光度法。

本标准对《空气质量　氨的测定　次氯酸钠-水杨酸分光光度法》（GB/T 14679—93）进行修订。

本标准首次发布于 1993 年，原标准起草单位是沈阳环境科学研究所。本次为首次修订。本次修订的主要内容如下：

——增加了环境空气的采样方式。

——明确了方法的检出限和测定下限。

——增加了采样全程空白。

——合并了计算公式。

——增加了规范性附录。

自本标准实施之日起，原国家环境保护局 1993 年 10 月 27 日批准、发布的《空气质量　氨的测定　次氯酸钠-水杨酸分光光度法》（GB/T 14679—93）废止。

本标准的附录 A 为规范性附录。

本标准由环境保护部科技标准司组织制订。

本标准主要起草单位：沈阳市环境监测中心站。

本标准环境保护部 2009 年 12 月 31 日批准。

本标准自 2010 年 4 月 1 日起实施。

本标准由环境保护部解释。

# 环境空气　氨的测定　次氯酸钠-水杨酸分光光度法

## 1　适用范围

本标准规定了测定环境空气中氨的次氯酸钠-水杨酸分光光度法。

本标准适用于环境空气中氨的测定，也适用于恶臭源厂界空气中氨的测定。

本标准的方法检出限为 0.1 μg/10 ml 吸收液。当吸收液总体积为 10 ml，采样体积为 1～4 L 时，氨的检出限为 0.025 $mg/m^3$，测定下限为 0.10 $mg/m^3$，测定上限为 12 $mg/m^3$。当吸收液总体积为 10 ml，采样体积为 25 L 时，氨的检出限为 0.004 $mg/m^3$，测定下限为 0.016 $mg/m^3$。

## 2　方法原理

氨被稀硫酸吸收液吸收后，生成硫酸铵。在亚硝基铁氰化钠存在下，铵离子与水杨酸和次氯酸钠反应生成蓝色络合物，在波长 697 nm 处测定吸光度。吸光度与氨的含量成正比，根据吸光度计算氨的含量。

## 3　干扰及消除

有机胺浓度大于 1 $mg/m^3$ 时对测定有干扰，不适用于本标准。

## 4　试剂和材料

除非另有说明，分析时所用试剂均使用符合国家标准的分析纯化学试剂，实验用水为按 4.1 制备的水。

4.1　无氨水，在无氨环境中用下述方法之一制备（无氨水的检查见 10.1）。

4.1.1　离子交换法

将蒸馏水通过一个强酸性阳离子交换树脂（氢型）柱，流出液收集在磨口玻璃瓶中。每升流出液中加 10 g 强酸性阳离子交换树脂（氢型），以利保存。

4.1.2　蒸馏法

在 1 000 ml 蒸馏水中加入 0.1 ml 硫酸（4.2），在全玻璃蒸馏器中重蒸馏。弃去前 50 ml 馏出液，然后将约 800 ml 馏出液收集在磨口玻璃瓶中。每升收集的馏出液中加入 10 g 强酸性阳离子交换树脂（氢型），以利保存。

4.1.3　纯水器法

用市售纯水器临用前制备。

4.2　硫酸：$\rho(H_2SO_4)$= 1.84 g/ml。

4.3　硫酸吸收液：$c(1/2\ H_2SO_4)$=0.005 mol/L。

量取 2.8 ml 硫酸（4.2）加入水中，并稀释至 1 L，配得 0.1 mol/L 的贮备液。临用时再稀释 20 倍。

4.4　水杨酸-酒石酸钾钠溶液

称取 10.0 g 水杨酸[$C_6H_4(OH)COOH$]置于 150 ml 烧杯中，加适量水，再加入 5 mol/L 氢氧化钠溶液 15 ml，搅拌使之完全溶解。另称取 10.0 g 酒石酸钾钠（$KNaC_4H_6O_6 \cdot 4H_2O$），溶解于水，加热煮沸以除去氨，冷却后，与上述溶液合并移入 200 ml 容量瓶中，用水稀释至标线，摇匀。此溶液 pH 为 6.0～6.5，在 2～5℃于棕色瓶中可以稳定 1 个月。

4.5　亚硝基铁氰化钠溶液：$\rho$=10 g/L。

称取 0.1 g 亚硝基铁氰化钠{$Na_2[Fe(CN)_6NO]\cdot 2H_2O$}，置于 10 ml 具塞比色管中，加水使之溶解，定容至标线，临用现配。

4.6 次氯酸钠

可购买商品试剂，亦可以自己制备，详细的制备方法见附录 A.1。

存放于塑料瓶中的次氯酸钠溶液（原液），每次使用前应标定其有效氯浓度和游离碱浓度（以 NaOH 计），标定方法详见附录 A.2 和附录 A.3。

4.7 氢氧化钠溶液：$c$(NaOH)= 2 mol/L。

称取 8.0 g 氢氧化钠，溶解于 100 ml 水中。

4.8 次氯酸钠使用液：$\rho$（有效氯）=3.5 g/L，$c$（游离碱）= 0.75 mol/L。

取适量经标定的次氯酸钠（4.6），用水和 2 mol/L 氢氧化钠溶液（4.7）稀释成含有效氯浓度为 3.5 g/L，游离碱浓度为 0.75 mol/L（以 NaOH 计）的次氯酸钠使用液（根据标定结果计算需要的稀释倍数或需要补加的氢氧化钠的体积），存放于棕色滴瓶内。本试剂可稳定 1 周。

4.9 氯化铵标准贮备液：$\rho$=1 000 μg/ml。

称取 0.785 5 g 氯化铵（$NH_4Cl$，优级纯，在 100～105℃干燥 2 h）溶解于水，移入 250 ml 容量瓶中，用水稀释到标线，可在 2～5℃保存 1 个月。

4.10 氯化铵标准使用液：$\rho$=10 μg/ml。

吸取氯化铵标准贮备液（4.9）5.0 ml，于 500 ml 容量瓶中，用水稀释到标线，现配现用。

## 5 仪器和设备

5.1 气体采样泵：流量范围为 0.1～1.0 L/min。

5.2 大型气泡式吸收管：10 ml。

5.3 具塞比色管：10 ml。

5.4 分光光度计：配 10 mm 光程比色皿。

5.5 干燥管：内装变色硅胶或玻璃棉。

## 6 样品

### 6.1 吸收管的准备

应选择气密性好、阻力和吸收效率合格的吸收管清洗干净并烘干备用。在采样前装入吸收液并密封避光保存。

### 6.2 样品采集

采样系统由干燥管（5.5）、吸收管和气体采样泵组成，吸收管中装有 10 ml 吸收液（4.3）。采样时应带采样全程空白采样管。

恶臭源厂界采样：以 1.0 L/min 的流量，采气 1～4 L，采样时注意恶臭源下风向，捕集恶臭感觉强烈时的样品。

环境空气采样：以 0.5～1.0 L/min 的流量，采气至少 45 min。

### 6.3 样品保存

采样后应尽快分析，以防止吸收空气中的氨。若不能立即分析，2～5℃可保存 7 d。

## 7 分析步骤

### 7.1 绘制标准曲线

取 7 支具塞 10 ml 比色管，按表 1 制备标准系列。

表 1　标准系列

| 管号 | 0 | 1 | 2 | 3 | 4 | 5 | 6 |
| --- | --- | --- | --- | --- | --- | --- | --- |
| 标准溶液（4.10）/ml | 0.00 | 0.20 | 0.40 | 0.60 | 0.80 | 1.00 | 1.20 |
| 氨含量/μg | 0.0 | 2.0 | 4.0 | 6.0 | 8.0 | 10.0 | 12.0 |

各管用水稀释至 10 ml，分别加入 1.00 ml 水杨酸-酒石酸钾钠溶液（4.4），2 滴亚硝基铁氰化钠溶液（4.5），2 滴次氯酸钠使用液（4.8），摇匀，放置 1 h。用 10 mm 比色皿，于波长 697 nm 处，以水为参比，测定吸光度。以扣除试剂空白的吸光度为纵坐标，氨含量（μg）为横坐标，绘制标准曲线。

### 7.2　样品测定

采样后补加适量水，将样品溶液定容至 10 ml。准确吸取一定量样品溶液（吸取量视样品浓度而定）于 10 ml 比色管中，用吸收液（4.3）稀释至 10 ml，加入 1.0 ml 水杨酸-酒石酸钾钠溶液（4.4），2 滴亚硝基铁氰化钠溶液（4.5），2 滴次氯酸钠使用液（4.8），摇匀，放置 1 h。用 10 mm 比色皿，于波长 697 nm 处，以水为参比，测定吸光度。

### 7.3　空白试验

7.3.1　吸收液空白：用与样品同批配制的吸收液代替样品，按照 7.2 测定吸光度。

7.3.2　采样全程空白：即在采样管中加入与样品同批配制的相应体积的吸收液，带到采样现场、未经采样的吸收液，按照 7.2 测定吸光度。

## 8　结果计算

氨的含量由式（1）计算：

$$\rho(\mathrm{NH_3})=\frac{(A-A_0-a)\times V_s}{b\times V_{\mathrm{nd}}\times V_0} \tag{1}$$

式中：$\rho(\mathrm{NH_3})$——氨含量，mg/m³；

$A$——样品溶液的吸光度；

$A_0$——与样品同批配制的吸收液空白的吸光度；

$a$——校准曲线截距；

$b$——校准曲线斜率；

$V_s$——样品溶液的总体积，ml；

$V_0$——分析时所取样品溶液的体积，ml；

$V_{\mathrm{nd}}$——所采气样标准状态下体积（101.325 kPa，273 K），L。

其中气样标准状态下体积 $V_{\mathrm{nd}}$ 按式（2）计算：

$$V_{\mathrm{nd}}=\frac{V\times P\times 273}{101.325\times(273+t)} \tag{2}$$

式中：$V$——采样体积，L；

$P$——采样时大气压，kPa；

$t$——采样温度，℃。

## 9　准确度和精密度

经五个实验室分析含氨 1.44～1.50 mg/L 的统一标样，重复性限 0.007 mg/L，变异系数 5.0%；再现性限 0.046 mg/L，变异系数 3.1%；加标回收率为 92.4%～104%。

## 10 质量保证和质量控制

### 10.1 无氨水的检查

以水代替样品按照 7.2 测定吸光度，空白吸光度值应不超过 0.030（10 mm 比色皿），否则检查水和试剂的纯度。

### 10.2 采样全程空白

用于检查样品采集、运输、贮存过程中样品是否被污染。如果采样全程空白明显高于同批配制的吸收液空白，则同批次采集的样品作废。

### 10.3 采样泵的正确使用

开启采样泵前，确认采样系统的连接正确，采样泵的进气口端通过干燥管或缓冲管与采样管的出气口相连，如果接反会导致酸性吸收液倒吸，污染和损坏仪器。万一出现倒吸的情况，应及时将流量计拆下来，用酒精清洗、干燥，并重新安装，经流量校准合格后方可继续使用。

### 10.4 防止吸收管被污染

为避免吸收管中的吸收液被污染，运输和贮存过程中勿将吸收管倾斜或倒置，并及时更换吸收管的密封接头。

# 附 录 A
（规范性附录）
次氯酸钠溶液的制备方法及其有效氯浓度和游离碱浓度的标定

## A.1 次氯酸钠溶液的制备方法

将盐酸（$\rho$=1.19 g/L）逐滴作用于高锰酸钾固体，将逸出的氯气导入 2 mol/L 氢氧化钠吸收液中吸收，生成淡草绿色的次氯酸钠溶液，存放于塑料瓶中。因该溶液不稳定，使用前应标定其有效氯浓度。

## A.2 次氯酸钠溶液中有效氯含量的测定

吸取 10.0 ml 次氯酸钠（4.6）于 100 ml 容量瓶中，加水稀释至标线，混匀。移取 10.0 ml 稀释后的次氯酸钠溶液于 250 ml 碘量瓶中，加入蒸馏水 40 ml，碘化钾 2.0 g，混匀。再加入 6 mol/L 硫酸溶液 5 ml，密塞，混匀。置暗处 5 min 后，用 0.10 mol/L 硫代硫酸钠溶液滴至淡黄色，加入约 1 ml 淀粉指示剂，继续滴至蓝色消失为止。其有效氯浓度按式（A.1）计算：

$$\text{有效氯（g/L，以 }Cl_2\text{ 计）}=\frac{c\times V\times 35.45}{10.0}\times\frac{100}{10} \quad \text{（A.1）}$$

式中：$c$——硫代硫酸钠溶液的浓度，mol/L；

$V$——滴定时消耗硫代硫酸钠溶液的体积，ml；

35.45——有效氯的摩尔质量（$1/2Cl_2$），g/mol。

## A.3 次氯酸钠溶液中游离碱（以 NaOH 计）的测定

### A.3.1 盐酸溶液的标定

碳酸钠标准溶液：$c(1/2Na_2CO_3)$=0.100 0 mol/L。称取经 180℃干燥 2 h 的无水碳酸钠 2.650 0 g，溶于新煮沸放冷的水中，移入 500 ml 容量瓶中，稀释至标线。

甲基红指示剂：$\rho$=0.5 g/L。称取 50 mg 甲基红溶于 100 ml 乙醇（$\rho$=0.79 g/ml）中。

盐酸标准滴定溶液：$c$(HCl)=0.10 mol/L。取 8.5 ml 盐酸（$\rho$=1.19 g/L）于 1 000 ml 容量瓶中，用水稀释至标线。标定方法：移取 25.00 ml 碳酸钠标准溶液于 150 ml 椎形瓶中，加 25 ml 水和 1 滴甲基红指示剂，用盐酸标准滴定溶液滴定至淡红色为止。用式（A.2）计算盐酸标准溶液的浓度：

$$c(\mathrm{HCl})=\frac{c_1\times V_1}{V_2} \quad \text{（A.2）}$$

式中：$c$——盐酸标准滴定溶液的浓度，mol/L；

$c_1$——碳酸钠标准溶液的浓度，mol/L；

$V_1$——碳酸钠标准溶液的体积，ml；

$V_2$——盐酸标准滴定溶液的体积，ml。

### A.3.2 次氯酸钠溶液中游离碱（以 NaOH 计）的测定

吸取次氯酸钠（4.6）1.0 ml 于 150 ml 锥形瓶中，加 20 ml 水，以酚酞作指示剂，用 0.10 mol/L 盐酸标准滴定溶液滴定至红色完全消失为止。如果终点的颜色变化不明显，可在滴定后的溶液中加 1 滴酚酞指示剂，若颜色仍显红色，则需继续用盐酸标准滴定溶液滴至无色。

$$\text{游离碱的浓度（mol/L，以 NaOH 计）} = \frac{c(\text{HCl}) \times v(\text{HCl})}{V} \qquad (\text{A.3})$$

式中：$c$(HCl)——盐酸标准溶液的浓度，mol/L；

$v$(HCl)——滴定时消耗的盐酸溶液的体积，ml；

$V$——滴定时吸取的次氯酸钠溶液的体积，ml。

---

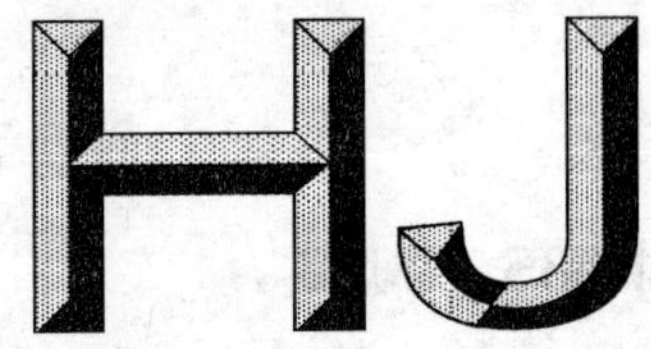

# 中华人民共和国国家环境保护标准

HJ 535—2009
代替 GB 7479—87

# 水质 氨氮的测定 纳氏试剂分光光度法

**Water quality—Determination of ammonia nitrogen —Nessler's reagent spectrophotometry**

2009-12-31 发布 2010-04-01 实施

环境保护部 发布

# 前　言

为贯彻《中华人民共和国环境保护法》和《中华人民共和国水污染防治法》，保护环境，保障人体健康，规范水中氨氮的监测方法，制定本标准。

本标准规定了测定水中氨氮的纳氏试剂分光光度法。

本标准是对《水质　铵的测定　纳氏试剂比色法》（GB 7479—87）的修订。

本标准首次发布于 1987 年，原标准起草单位是江苏省环境监测中心站，本次为首次修订。本次修订的主要内容如下：

——标准的名称由《水质　铵的测定　纳氏试剂比色法》改为《水质 氨氮的测定 纳氏试剂分光光度法》。

——增加了比色皿的光程（10→20 mm），降低了方法的检出限，扩大了方法的适用范围。明确规定了方法的测定下限和测定上限。

——取消了目视比色法。

——规范和调整了标准文本的结构和格式。

——在主要试剂配制和样品预处理的关键步骤增加了注意事项。

——合并了结果的计算公式。

自本标准实施之日起，原国家环境保护局 1987 年 3 月 14 日批准、发布的《水质　铵的测定　纳氏试剂比色法》（GB 7479—87）废止。

本标准由环境保护部科技标准司组织制订。

本标准主要起草单位：沈阳市环境监测中心站。

本标准环境保护部 2009 年 12 月 31 日批准。

本标准自 2010 年 4 月 1 日起实施。

本标准由环境保护部解释。

# 水质　氨氮的测定　纳氏试剂分光光度法

**警告：二氯化汞（$HgCl_2$）和碘化汞（$HgI_2$）为剧毒物质，避免经皮肤和口腔接触。**

## 1　适用范围

本标准规定了测定水中氨氮的纳氏试剂分光光度法。

本标准适用于地表水、地下水、生活污水和工业废水中氨氮的测定。

当水样体积为 50 ml，使用 20 mm 比色皿时，本方法的检出限为 0.025 mg/L，测定下限为 0.10 mg/L，测定上限为 2.0 mg/L（均以 N 计）。

## 2　方法原理

以游离态的氨或铵离子等形式存在的氨氮与纳氏试剂反应生成淡红棕色络合物，该络合物的吸光度与氨氮含量成正比，于波长 420 nm 处测量吸光度。

## 3　干扰及消除

水样中含有悬浮物、余氯、钙镁等金属离子、硫化物和有机物时会产生干扰，含有此类物质时要作适当处理，以消除对测定的影响。

若样品中存在余氯，可加入适量的硫代硫酸钠溶液去除，用淀粉-碘化钾试纸检验余氯是否除尽。在显色时加入适量的酒石酸钾钠溶液，可消除钙镁等金属离子的干扰。若水样浑浊或有颜色时可用预蒸馏法或絮凝沉淀法处理。

## 4　试剂和材料

除非另有说明，分析时所用试剂均使用符合国家标准的分析纯化学试剂，实验用水为按 4.1 制备的水。

4.1　无氨水，在无氨环境中用下述方法之一制备。

4.1.1　离子交换法

蒸馏水通过强酸性阳离子交换树脂（氢型）柱，将流出液收集在带有磨口玻璃塞的玻璃瓶内。每升流出液加 10 g 同样的树脂，以利于保存。

4.1.2　蒸馏法

在 1 000 ml 的蒸馏水中，加 0.1 ml 硫酸（$\rho$=1.84 g/ml），在全玻璃蒸馏器中重蒸馏，弃去前 50 ml 馏出液，然后将约 800 ml 馏出液收集在带有磨口玻璃塞的玻璃瓶内。每升馏出液加 10 g 强酸性阳离子交换树脂（氢型）。

4.1.3　纯水器法

用市售纯水器临用前制备。

4.2　轻质氧化镁（MgO）

不含碳酸盐，在 500℃下加热氧化镁，以除去碳酸盐。

4.3　盐酸：$\rho$(HCl)=1.18 g/ml。

4.4　纳氏试剂，可选择下列方法的一种配制。

4.4.1　二氯化汞-碘化钾-氢氧化钾（$HgCl_2$-KI-KOH）溶液

称取 15.0 g 氢氧化钾（KOH），溶于 50 ml 水中，冷却至室温。

称取 5.0 g 碘化钾（KI），溶于 10 ml 水中，在搅拌下，将 2.50 g 二氯化汞（$HgCl_2$）粉末分多次加入碘化钾溶液中，直到溶液呈深黄色或出现淡红色沉淀溶解缓慢时，充分搅拌混合，并改为滴加二氯化汞饱和溶液，当出现少量朱红色沉淀不再溶解时，停止滴加。

在搅拌下，将冷却的氢氧化钾溶液缓慢地加入到上述二氯化汞和碘化钾的混合液中，并稀释至 100 ml，于暗处静置 24 h，倾出上清液，贮于聚乙烯瓶内，用橡皮塞或聚乙烯盖子盖紧，存放暗处，可稳定 1 个月。

4.4.2 碘化汞-碘化钾-氢氧化钠（$HgI_2$-KI-NaOH）溶液

称取 16.0 g 氢氧化钠（NaOH），溶于 50 ml 水中，冷却至室温。

称取 7.0 g 碘化钾（KI）和 10.0 g 碘化汞（$HgI_2$），溶于水中，然后将此溶液在搅拌下，缓慢加入到上述 50 ml 氢氧化钠溶液中，用水稀释至 100 ml。贮于聚乙烯瓶内，用橡皮塞或聚乙烯盖子盖紧，于暗处存放，有效期 1 年。

4.5 酒石酸钾钠溶液：$\rho$=500 g/L。

称取 50.0 g 酒石酸钾钠（$KNaC_4H_6O_6 \cdot 4H_2O$）溶于 100 ml 水中，加热煮沸以驱除氨，充分冷却后稀释至 100 ml。

4.6 硫代硫酸钠溶液：$\rho$=3.5 g/L。

称取 3.5 g 硫代硫酸钠（$Na_2S_2O_3$）溶于水中，稀释至 1 000 ml。

4.7 硫酸锌溶液：$\rho$=100 g/L。

称取 10.0 g 硫酸锌（$ZnSO_4 \cdot 7H_2O$）溶于水中，稀释至 100 ml。

4.8 氢氧化钠溶液：$\rho$=250 g/L。

称取 25 g 氢氧化钠溶于水中，稀释至 100 ml。

4.9 氢氧化钠溶液：$c$(NaOH)=1 mol/L。

称取 4 g 氢氧化钠溶于水中，稀释至 100 ml。

4.10 盐酸溶液：$c$(HCl)=1 mol/L。

量取 8.5 ml 盐酸（4.3）于适量水中用水稀释至 100 ml。

4.11 硼酸（$H_3BO_3$）溶液：$\rho$=20 g/L。

称取 20 g 硼酸溶于水，稀释至 1 L。

4.12 溴百里酚蓝指示剂（bromthymol blue）：$\rho$=0.5 g/L。

称取 0.05 g 溴百里酚蓝溶于 50 ml 水中，加入 10 ml 无水乙醇，用水稀释至 100 ml。

4.13 淀粉-碘化钾试纸

称取 1.5 g 可溶性淀粉于烧杯中，用少量水调成糊状，加入 200 ml 沸水，搅拌混匀放冷。加 0.50 g 碘化钾（KI）和 0.50 g 碳酸钠（$Na_2CO_3$），用水稀释至 250 ml。将滤纸条浸渍后，取出晾干，于棕色瓶中密封保存。

4.14 氨氮标准溶液

4.14.1 氨氮标准贮备溶液：$\rho_N$ =1 000 μg/ml。

称取 3.819 0 g 氯化铵（$NH_4Cl$，优级纯，在 100～105℃干燥 2 h），溶于水中，移入 1 000 ml 容量瓶中，稀释至标线，可在 2～5℃保存 1 个月。

4.14.2 氨氮标准工作溶液：$\rho_N$ =10 μg/ml。

吸取 5.00 ml 氨氮标准贮备溶液（4.14.1）于 500 ml 容量瓶中，稀释至刻度。临用前配制。

## 5 仪器和设备

5.1 可见分光光度计：具 20 mm 比色皿。

5.2 氨氮蒸馏装置：由 500 ml 凯式烧瓶、氮球、直形冷凝管和导管组成，冷凝管末端可连接一段适当长度的滴管，使出口尖端浸入吸收液液面下。亦可使用 500 ml 蒸馏烧瓶。

## 6 样品

### 6.1 样品采集与保存

水样采集在聚乙烯瓶或玻璃瓶内，要尽快分析。如需保存，应加硫酸使水样酸化至 pH＜2，2～5℃下可保存 7 d。

### 6.2 样品的预处理

#### 6.2.1 去除余氯

若样品中存在余氯，可加入适量的硫代硫酸钠溶液（4.6）去除。每加 0.5 ml 可去除 0.25 mg 余氯。用淀粉-碘化钾试纸（4.13）检验余氯是否除尽。

#### 6.2.2 絮凝沉淀

100 ml 样品中加入 1 ml 硫酸锌溶液（4.7）和 0.1～0.2 ml 氢氧化钠溶液（4.8），调节 pH 约为 10.5，混匀，放置使之沉淀，倾取上清液分析。必要时，用经水冲洗过的中速滤纸过滤，弃去初滤液 20 ml。也可对絮凝后样品离心处理。

#### 6.2.3 预蒸馏

将 50 ml 硼酸溶液（4.11）移入接收瓶内，确保冷凝管出口在硼酸溶液液面之下。分取 250 ml 样品，移入烧瓶中，加几滴溴百里酚蓝指示剂（4.12），必要时，用氢氧化钠溶液（4.9）或盐酸溶液（4.10）调整 pH 至 6.0（指示剂呈黄色）～7.4（指示剂呈蓝色），加入 0.25 g 轻质氧化镁（4.2）及数粒玻璃珠，立即连接氮球和冷凝管。加热蒸馏，使馏出液速率约为 10 ml/min，待馏出液达 200 ml 时，停止蒸馏，加水定容至 250 ml。

## 7 分析步骤

### 7.1 校准曲线

在 8 个 50 ml 比色管中，分别加入 0.00、0.50、1.00、2.00、4.00、6.00、8.00 和 10.00 ml 氨氮标准工作溶液（4.14.2），其所对应的氨氮含量分别为 0.0、5.0、10.0、20.0、40.0、60.0、80.0 和 100 μg，加水至标线。加入 1.0 ml 酒石酸钾钠溶液（4.5），摇匀，再加入纳氏试剂 1.5 ml（4.4.1）或 1.0 ml（4.4.2），摇匀。放置 10 min 后，在波长 420 nm 下，用 20 mm 比色皿，以水作参比，测量吸光度。

以空白校正后的吸光度为纵坐标，以其对应的氨氮含量（μg）为横坐标，绘制校准曲线。

注：根据待测样品的质量浓度也可选用 10 mm 比色皿。

### 7.2 样品测定

7.2.1 清洁水样：直接取 50 ml，按与校准曲线相同的步骤测量吸光度。

7.2.2 有悬浮物或色度干扰的水样：取经预处理的水样 50 ml（若水样中氨氮质量浓度超过 2 mg/L，可适当少取水样体积），按与校准曲线相同的步骤测量吸光度。

注：经蒸馏或在酸性条件下煮沸方法预处理的水样，须加一定量氢氧化钠溶液（4.9），调节水样至中性，用水稀释至 50 ml 标线，再按与校准曲线相同的步骤测量吸光度。

### 7.3 空白试验

用水代替水样，按与样品相同的步骤进行前处理和测定。

## 8 结果计算

水中氨氮的质量浓度按式（1）计算：

$$\rho_{\mathrm{N}}=\frac{A_{\mathrm{s}}-A_{\mathrm{b}}-a}{b\times V} \tag{1}$$

式中：$\rho_{\mathrm{N}}$——水样中氨氮的质量浓度（以 N 计），mg/L；

$A_{\mathrm{s}}$——水样的吸光度；

$A_b$——空白试验的吸光度；

$a$——校准曲线的截距；

$b$——校准曲线的斜率；

$V$——试料体积，ml。

## 9 准确度和精密度

氨氮浓度为 1.21 mg/L 的标准溶液，重复性限为 0.028 mg/L，再现性限为 0.075 mg/L，回收率在 94%～104%。

氨氮浓度为 1.47 mg/L 的标准溶液，重复性限为 0.024 mg/L，再现性限为 0.066 mg/L，回收率在 95%～105%。

## 10 质量保证和质量控制

10.1 试剂空白的吸光度应不超过 0.030（10 mm 比色皿）。

10.2 纳氏试剂的配制

为了保证纳氏试剂有良好的显色能力，配制时务必控制 $HgCl_2$ 的加入量，至微量 $HgI_2$ 红色沉淀不再溶解时为止。配制 100 ml 纳氏试剂所需 $HgCl_2$ 与 KI 的用量之比约为 2.3∶5。在配制时为了加快反应速度、节省配制时间，可低温加热进行，防止 $HgI_2$ 红色沉淀的提前出现。

10.3 酒石酸钾钠的配制

酒石酸钾钠试剂中铵盐含量较高时，仅加热煮沸或加纳氏试剂沉淀不能完全除去氨。此时采用加入少量氢氧化钠溶液，煮沸蒸发掉溶液体积的 20%～30%，冷却后用无氨水稀释至原体积。

10.4 絮凝沉淀

滤纸中含有一定量的可溶性铵盐，定量滤纸中含量高于定性滤纸，建议采用定性滤纸过滤，过滤前用无氨水少量多次淋洗（一般为 100 ml）。这样可减少或避免滤纸引入的测量误差。

10.5 水样的预蒸馏

蒸馏过程中，某些有机物很可能与氨同时馏出，对测定有干扰，其中有些物质（如甲醛）可以在酸性条件（pH＜1）下煮沸除去。在蒸馏刚开始时，氨气蒸出速度较快，加热不能过快，否则造成水样暴沸，馏出液温度升高，氨吸收不完全。馏出液速率应保持在 10 ml/min 左右。

蒸馏过程中，某些有机物很可能与氨同时馏出，对测定仍有干扰，其中有些物质（如甲醛）可以在酸性条件（pH＜1）下煮沸除去。

部分工业废水，可加入石蜡碎片等做防沫剂。

10.6 蒸馏器清洗

向蒸馏烧瓶中加入 350 ml 水，加数粒玻璃珠，装好仪器，蒸馏到至少收集了 100 ml 水，将馏出液及瓶内残留液弃去。

---

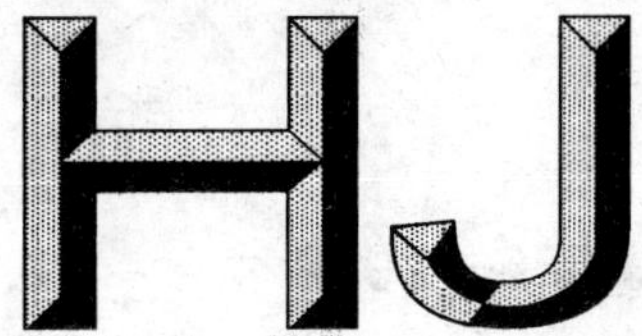

# 中华人民共和国国家环境保护标准

HJ 536—2009
代替 GB 7481—87

# 水质　氨氮的测定　水杨酸分光光度法

**Water quality—Determination of ammonia nitrogen —Salicylic acid spectrophotometry**

2009-12-31 发布　　2010-04-01 实施

环　境　保　护　部　发布

# 前　言

为贯彻《中华人民共和国环境保护法》和《中华人民共和国水污染防治法》，保护环境，保障人体健康，规范水中氨氮的监测方法，制定本标准。

本标准规定了测定水中氨氮的水杨酸分光光度法。

本标准是对《水质　铵的测定　水杨酸分光光度法》（GB 7481—87）的修订。

本标准首次发布于 1987 年，原标准起草单位是江西省赣州地区环境监测站。本次为首次修订。本次修订的主要内容如下：

——标准的名称由《水质　铵的测定　水杨酸分光光度法》改为《水质　氨氮的测定　水杨酸分光光度法》。

——增加 30 mm 比色皿测定方式，降低了方法的检出限，扩大了方法的适用范围。明确规定了方法的测定下限和测定上限。

——合并了结果的计算公式。

——修改了规范性附录。

自本标准实施之日起，原国家环境保护局 1987 年 3 月 14 日批准、发布的《水质　铵的测定　水杨酸分光光度法》（GB 7481—87）废止。

本标准的附录 A 为规范性附录，附录 B 为资料性附录。

本标准由环境保护部科技标准司组织制订。

本标准主要起草单位：沈阳市环境监测中心站。

本标准环境保护部 2009 年 12 月 31 日批准。

本标准自 2010 年 4 月 1 日起实施。

本标准由环境保护部解释。

# 水质　氨氮的测定　水杨酸分光光度法

## 1　适用范围

本标准规定了测定水中氨氮的水杨酸分光光度法。

本标准适用于地下水、地表水、生活污水和工业废水中氨氮的测定。

当取样体积为 8.0 ml，使用 10 mm 比色皿时，检出限为 0.01 mg/L，测定下限为 0.04 mg/L，测定上限为 1.0 mg/L（均以 N 计）。

当取样体积为 8.0 ml，使用 30 mm 比色皿时，检出限为 0.004 mg/L，测定下限为 0.016 mg/L，测定上限为 0.25 mg/L（均以 N 计）。

## 2　方法原理

在碱性介质（pH = 11.7）和亚硝基铁氰化钠存在下，水中的氨、铵离子与水杨酸盐和次氯酸离子反应生成蓝色化合物，在 697 nm 处用分光光度计测量吸光度。

## 3　干扰及消除

本方法用于水样分析时可能遇到的干扰物质及限量，详见附录 B。

苯胺和乙醇胺产生的严重干扰不多见，干扰通常由伯胺产生。氯胺、过高的酸度、碱度以及含有使次氯酸根离子还原的物质时也会产生干扰。

如果水样的颜色过深、含盐量过多，酒石酸钾盐对水样中的金属离子掩蔽能力不够，或水样中存在高浓度的钙、镁和氯化物时，需要预蒸馏。

## 4　试剂和材料

除非另有说明，分析时所用试剂均使用符合国家标准的分析纯化学试剂，实验用水为按 4.1 制备的水。

4.1　无氨水，在无氨环境中用下述方法之一制备。

4.1.1　离子交换法

蒸馏水通过强酸性阳离子交换树脂（氢型）柱，将流出液收集在带有磨口玻璃塞的玻璃瓶内。每升流出液加 10 g 同样的树脂，以利于保存。

4.1.2　蒸馏法

在 1 000 ml 的蒸馏水中，加 0.10 ml 硫酸（4.3），在全玻璃蒸馏器中重蒸馏，弃去前 50 ml 馏出液，然后将约 800 ml 馏出液收集在带有磨口玻璃塞的玻璃瓶内。每升馏出液加 10 g 强酸性阳离子交换树脂（氢型）。

4.1.3　纯水器法

用市售纯水器临用前制备。

4.2　乙醇：$\rho$=0.79 g/ml。

4.3　硫酸：$\rho(H_2SO_4)$=1.84 g/ml。

4.4　轻质氧化镁（MgO）

不含碳酸盐，在 500℃下加热氧化镁，以除去碳酸盐。

4.5　硫酸吸收液：$c(H_2SO_4)$=0.01 mol/L。

量取 7.0 ml 硫酸（4.3）加入水中，稀释至 250 ml。临用前取 10 ml，稀释至 500 ml。

4.6 氢氧化钠溶液：$c$(NaOH)=2 mol/L。

称取 8 g 氢氧化钠溶于水中，稀释至 100 ml。

4.7 显色剂（水杨酸-酒石酸钾钠溶液）

称取 50 g 水杨酸[$C_6H_4(OH)COOH$]，加入约 100 ml 水，再加入 160 ml 氢氧化钠溶液（4.6），搅拌使之完全溶解；再称取 50 g 酒石酸钾钠（$KNaC_4H_6O_6 \cdot 4H_2O$），溶于水中，与上述溶液合并移入 1 000 ml 容量瓶中，加水稀释至标线。贮存于加橡胶塞的棕色玻璃瓶中，此溶液可稳定 1 个月。

4.8 次氯酸钠

可购买商品试剂，亦可自己制备，详细的制备方法见附录 A.1。

存放于塑料瓶中的次氯酸钠，使用前应标定其有效氯浓度和游离碱浓度（以 NaOH 计），标定方法见附录 A.2 和附录 A.3。

4.9 次氯酸钠使用液：$\rho$（有效氯）=3.5 g/L，$c$（游离碱）= 0.75 mol/L。

取经标定的次氯酸钠（4.8），用水和氢氧化钠溶液（4.6）稀释成含有效氯浓度 3.5 g/L，游离碱浓度 0.75 mol/L（以 NaOH 计）的次氯酸钠使用液，存放于棕色滴瓶内，本试剂可稳定 1 个月。

4.10 亚硝基铁氰化钠溶液：$\rho$=10 g/L。

称取 0.1 g 亚硝基铁氰化钠{$Na_2[Fe(CN)_5NO] \cdot 2H_2O$}置于 10 ml 具塞比色管中，加水至标线。本试剂可稳定 1 个月。

4.11 清洗溶液

将 100 g 氢氧化钾溶于 100 ml 水中，溶液冷却后加 900 ml 乙醇（4.2），贮存于聚乙烯瓶内。

4.12 溴百里酚蓝指示剂（bromthymol blue），$\rho$=0.5 g/L。

称取 0.05 g 溴百里酚蓝溶于 50 ml 水中，加入 10 ml 乙醇（4.2），用水稀释至 100 ml。

4.13 氨氮标准贮备液：$\rho_N$=1 000 μg/ml。

称取 3.819 0 g 氯化铵（$NH_4Cl$，优级纯，在 100～105℃干燥 2 h），溶于水中，移入 1 000 ml 容量瓶中，稀释至标线。此溶液可稳定 1 个月。

4.14 氨氮标准中间液：$\rho_N$=100 μg/ml。

吸取 10.00 ml 氨氮标准贮备液（4.13）于 100 ml 容量瓶中，稀释至标线。此溶液可稳定 1 周。

4.15 氨氮标准使用液：$\rho_N$=1 μg/ml。

吸取 10.00 ml 氨氮标准中间液（4.14）于 1 000 ml 容量瓶中，稀释至标线。临用现配。

## 5 仪器和设备

5.1 可见分光光度计：10～30 mm 比色皿。

5.2 滴瓶：其滴管滴出液体积，20 滴相当于 1 ml。

5.3 氨氮蒸馏装置：由 500 ml 凯式烧瓶、氮球、直形冷凝管和导管组成，冷凝管末端可连接一段适当长度的滴管，使出口尖端浸入吸收液液面下。亦可使用蒸馏烧瓶。

5.4 实验室常用玻璃器皿：所有玻璃器皿均应用清洗溶液（4.11）仔细清洗，然后用水冲洗干净。

## 6 样品

### 6.1 样品采集与保存

水样采集在聚乙烯瓶或玻璃瓶内，要尽快分析。如需保存，应加硫酸使水样酸化至 pH＜2，2～5℃下可保存 7 d。

### 6.2 水样的预蒸馏

将 50 ml 硫酸吸收液（4.5）移入接收瓶内，确保冷凝管出口在硫酸溶液液面之下。分取 250 ml 水样（如氨氮含量高，可适当少取，加水至 250 ml）移入烧瓶中，加几滴溴百里酚蓝指示剂（4.12），必要时，用氢氧化钠溶液（4.6）或硫酸溶液（4.5）调整 pH 至 6.0（指示剂呈黄色）～7.4（指示剂呈蓝色），加入 0.25 g 轻质氧化镁（4.4）及数粒玻璃珠，立即连接氮球和冷凝管。加热蒸馏，使馏出液速率约为 10 ml/min，待馏出液达 200 ml 时，停止蒸馏，加水定容至 250 ml。

## 7 分析步骤

### 7.1 校准曲线

用 10 mm 比色皿测定时，按表 1 制备标准系列。

表 1 标准系列（10 mm 比色皿）

| 管号 | 0 | 1 | 2 | 3 | 4 | 5 |
|---|---|---|---|---|---|---|
| 标准溶液（4.15）/ml | 0.00 | 1.00 | 2.00 | 4.00 | 6.00 | 8.00 |
| 氨氮含量/μg | 0.00 | 1.00 | 2.00 | 4.00 | 6.00 | 8.00 |

用 30 mm 比色皿测定时，按表 2 制备标准系列。

表 2 标准系列（30 mm 比色皿）

| 管号 | 0 | 1 | 2 | 3 | 4 | 5 |
|---|---|---|---|---|---|---|
| 标准溶液（4.15）/ml | 0.00 | 0.40 | 0.80 | 1.20 | 1.60 | 2.00 |
| 氨氮含量/μg | 0.00 | 0.40 | 0.80 | 1.20 | 1.60 | 2.00 |

根据表 1 或表 2，取 6 支 10 ml 比色管，分别加入上述氨氮标准使用液（4.15），用水稀释至 8.00 ml，按 7.2 步骤测量吸光度。以扣除空白的吸光度为纵坐标，以其对应的氨氮含量（μg）为横坐标绘制校准曲线。

### 7.2 样品测定

取水样或经过预蒸馏的试料 8.00 ml（当水样中氨氮质量浓度高于 1.0 mg/L 时，可适当稀释后取样）于 10 ml 比色管中。加入 1.00 ml 显色剂（4.7）和 2 滴亚硝基铁氰化钠（4.10），混匀。再滴入 2 滴次氯酸钠使用液（4.9）并混匀，加水稀释至标线，充分混匀。

显色 60 min 后，在 697 nm 波长处，用 10 mm 或 30 mm 比色皿，以水为参比测量吸光度。

### 7.3 空白试验

以水代替水样，按与样品分析相同的步骤进行预处理和测定。

## 8 结果表示

水样中氨氮的质量浓度按式（1）计算：

$$\rho_{\mathrm{N}}=\frac{A_{\mathrm{s}}-A_{\mathrm{b}}-a}{b\times V}\times D \tag{1}$$

式中：$\rho_{\mathrm{N}}$——水样中氨氮的质量浓度（以 N 计），mg/L；

$A_{\mathrm{s}}$——样品的吸光度；

$A_{\mathrm{b}}$——空白试验（7.3）的吸光度；

$a$——校准曲线的截距；

$b$——校准曲线的斜率；

$V$——所取水样的体积，ml；

$D$——水样的稀释倍数。

## 9 准确度和精密度

表 3 标准样品和实际样品的准确度和精密度

| 样品 | 氨氮质量浓度$\rho_N$/（mg/L） | 重复次数 | 标准偏差/（mg/L） | 相对标准偏差/% | 相对误差/% |
|---|---|---|---|---|---|
| 标准样品 1 | 0.477 | 10 | 0.014 | 2.94 | 2.4 |
| 标准样品 2 | 0.839 | 10 | 0.013 | 1.55 | 1.6 |
| 地表水 | 0.277 | 10 | 0.010 | 3.61 | — |
| 污水 | 4.69 | 10 | 0.053 | 1.13 | — |
| 注：来自一个实验室的数据。 | | | | | |

## 10 质量保证和质量控制

10.1 试剂空白的吸光度应不超过 0.030（光程 10 mm 比色皿）。

10.2 水样的预蒸馏

蒸馏过程中，某些有机物很可能与氨同时馏出，对测定有干扰，其中有些物质（如甲醛）可以在酸性条件（pH<1）下煮沸除去。在蒸馏刚开始时，氨气蒸出速度较快，加热不能过快，否则造成水样暴沸，馏出液温度升高，氨吸收不完全。馏出液速率应保持在 10 ml/min 左右。

部分工业废水，可加入石蜡碎片等做防沫剂。

10.3 蒸馏器的清洗

向蒸馏烧瓶中加入 350 ml 水，加数粒玻璃珠，装好仪器，蒸馏到至少收集了 100 ml 水，将馏出液及瓶内残留液弃去。

10.4 显色剂的配制

若水杨酸未能全部溶解，可再加入数毫升氢氧化钠溶液（4.6），直至完全溶解为止，并用 1 mol/L 的硫酸调节溶液的 pH 值在 6.0～6.5。

# 附 录 A
（规范性附录）
次氯酸钠溶液的制备方法及其有效氯浓度和游离碱浓度的标定

## A.1 次氯酸钠溶液的制备方法

将盐酸（$\rho$=1.19 g/ml）逐滴作用于高锰酸钾固体，将逸出的氯气导入 2 mol/L 氢氧化钠吸收液中吸收，生成淡草绿色的次氯酸钠溶液，存放于塑料瓶中。因该溶液不稳定，使用前应标定其有效氯浓度。

## A.2 次氯酸钠溶液中有效氯含量的测定

吸取 10.0 ml 次氯酸钠（4.8）于 100 ml 容量瓶中，加水稀释至标线，混匀。移取 10.0 ml 稀释后的次氯酸钠溶液于 250 ml 碘量瓶中，加入蒸馏水 40 ml，碘化钾 2.0 g，混匀。再加入 6 mol/L 硫酸溶液 5 ml，密塞，混匀。置暗处 5 min 后，用 0.10 mol/L 硫代硫酸钠溶液滴至淡黄色，加入约 1 ml 淀粉指示剂，继续滴至蓝色消失为止。其有效氯质量浓度按式（A.1）计算：

$$\text{有效氯（g/L，以 } Cl_2 \text{ 计）}=\frac{c\times V\times 35.45}{10.0}\times\frac{100}{10} \qquad (A.1)$$

式中：$c$——硫代硫酸钠溶液的浓度，mol/L；

$V$——滴定时消耗硫代硫酸钠溶液的体积，ml；

35.45——有效氯的摩尔质量（$1/2Cl_2$），g/mol。

## A.3 次氯酸钠溶液中游离碱（以 NaOH 计）的测定

### A.3.1 盐酸溶液的标定

碳酸钠标准溶液：$c(1/2Na_2CO_3)$=0.100 0 mol/L。称取经 180℃干燥 2 h 的无水碳酸钠 2.650 0 g，溶于新煮沸放冷的水中，移入 500 ml 容量瓶中，稀释至标线。

甲基红指示剂：$\rho$=0.5 g/L。称取 50 mg 甲基红溶于 100 ml 乙醇（4.2）中。

盐酸标准滴定溶液：$c$(HCl)=0.10 mol/L。取 8.5 ml 盐酸（$\rho$=1.19 g/L）于 1 000 ml 容量瓶中，用水稀释至标线。标定方法：移取 25.00 ml 碳酸钠标准溶液于 150 ml 椎形瓶中，加 25 ml 水和 1 滴甲基红指示剂，用盐酸标准滴定溶液滴定至淡红色为止。用式（A.2）计算盐酸的浓度：

$$c(\mathrm{HCl})=\frac{c_1\times V_1}{V_2} \qquad (A.2)$$

式中：$c$——盐酸标准滴定溶液的浓度，mol/L；

$c_1$——碳酸钠标准溶液的浓度，mol/L；

$V_1$——碳酸钠标准溶液的体积，ml；

$V_2$——盐酸标准滴定溶液的体积，ml。

### A.3.2 次氯酸钠溶液中游离碱（以 NaOH 计）的测定

吸取次氯酸钠（4.8）1.0 ml 于 150 ml 锥形瓶中，加 20 ml 水，以酚酞作指示剂，用 0.10 mol/L 盐酸标准滴定溶液滴定至红色消失为止。如果终点的颜色变化不明显，可在滴定后的溶液中加 1 滴酚酞指示剂，若颜色仍显红色，则继续用盐酸标准滴定溶液滴至无色。

$$\text{游离碱的浓度（mol/L，以 NaOH 计）}=\frac{c(\mathrm{HCl})\times v(\mathrm{HCl})}{V} \qquad (A.3)$$

式中：$c$(HCl)——盐酸标准溶液的浓度，mol/L；

$v$(HCl)——滴定时消耗的盐酸溶液的体积，ml；

$V$——滴定时吸取的次氯酸钠溶液的体积，ml。

# 附 录 B
（资料性附录）
## 共存离子的影响及其消除

经实验，酒石酸盐和柠檬酸盐均可作为掩蔽剂使用。本标准采用酒石酸盐作掩蔽剂。按实验方法测定 4 μg 氨氮时，下表中列出的离子量对实验无干扰。

| 共存离子 | 允许量/μg | 共存离子 | 允许量/μg | 共存离子 | 允许量/μg |
|---|---|---|---|---|---|
| 钙（Ⅱ） | 500 | 钼（Ⅵ） | 100 | 硼（Ⅲ） | 250 |
| 镁（Ⅱ） | 500 | 钴（Ⅱ） | 50 | 硫酸根 | $2\times10^4$ |
| 铝（Ⅲ） | 50 | 镍（Ⅱ） | 1 000 | 磷酸根 | 500 |
| 锰（Ⅱ） | 20 | 铍（Ⅱ） | 100 | 硝酸根 | 500 |
| 铜（Ⅱ） | 250 | 钛（Ⅳ） | 20 | 亚硝酸根 | 200 |
| 铅（Ⅱ） | 50 | 钒（Ⅴ） | 500 | 氟离子 | 500 |
| 锌（Ⅱ） | 100 | 镧（Ⅲ） | 500 | 氯离子 | $1\times10^5$ |
| 镉（Ⅱ） | 50 | 铈（Ⅳ） | 50 | 二苯胺 | 50 |
| 铁（Ⅲ） | 250 | 钆（Ⅲ） | 500 | 三乙醇胺 | 50 |
| 汞（Ⅱ） | 10 | 银（Ⅰ） | 50 | 苯胺 | 1 |
| 铬（Ⅵ） | 200 | 锑（Ⅲ） | 100 | 乙醇胺 | 1 |
| 钨（Ⅵ） | 1 000 | 锡（Ⅳ） | 50 | | |
| 铀（Ⅵ） | 100 | 砷（Ⅲ） | 100 | | |

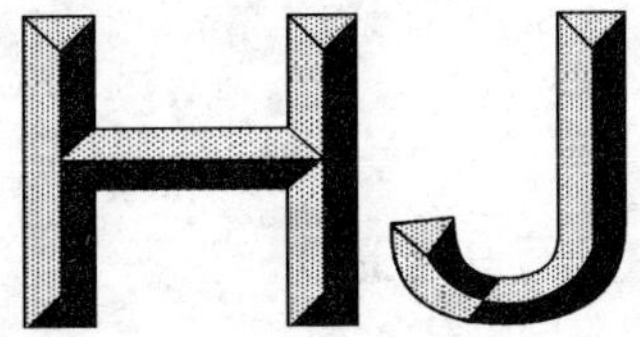

# 中华人民共和国国家环境保护标准

HJ 537—2009

代替 GB 7478—87

# 水质　氨氮的测定
# 蒸馏-中和滴定法

**Water quality—Determination of ammonia nitrogen —Distillation-neutralization titration**

2009-12-31 发布　　2010-04-01 实施

环　境　保　护　部 发布

# 前　言

为贯彻《中华人民共和国环境保护法》和《中华人民共和国水污染防治法》，保护环境，保障人体健康，规范水中氨氮的监测方法，制定本标准。

本标准规定了测定水中氨氮的蒸馏-中和滴定法。

本标准是对《水质　铵的测定　蒸馏和滴定法》（GB 7478—87）的修订。

本标准首次发布于 1987 年，原标准起草单位是江苏省环境监测站。本次为首次修订。

本次修订的主要内容如下：

——修改了标准的名称，由《水质　铵的测定　蒸馏和滴定法》修改为《水质　氨氮的测定　蒸馏-中和滴定法》。

——在适用范围中，取消了灵敏度；明确了方法检出限。

——增加了盐酸标准溶液的标定方法。

——修改了混合指示剂的配制方法。

——取消了各种形态氮的质量浓度的换算系数表。

——增加了质量保证和质量控制条款。

自本标准实施之日起，原国家环境保护局 1987 年 3 月 14 日批准、发布的《水质　铵的测定　蒸馏和滴定法》（GB 7478—87）废止。

本标准由环境保护部科技标准司组织制订。

本标准主要起草单位：沈阳市环境监测中心站。

本标准环境保护部 2009 年 12 月 31 日批准。

本标准自 2010 年 4 月 1 日起实施。

本标准由环境保护部解释。

# 水质　氨氮的测定　蒸馏-中和滴定法

## 1　适用范围

本标准规定了测定水中氨氮的蒸馏-中和滴定法。

本标准适用于生活污水和工业废水中氨氮的测定。

当试样体积为 250 ml 时，方法的检出限为 0.05 mg/L（均以 N 计）。

## 2　方法原理

调节水样的 pH 值在 6.0～7.4，加入轻质氧化镁使呈微碱性，蒸馏释出的氨用硼酸溶液吸收。以甲基红-亚甲蓝为指示剂，用盐酸标准溶液滴定馏出液中的氨氮（以 N 计）。

## 3　干扰及消除

在本标准规定的条件下可以蒸馏出来的能够与酸反应的物质均干扰测定。例如，尿素、挥发性胺和氯化样品中的氯胺等。

## 4　试剂和材料

除非另有说明，分析时所用试剂均使用符合国家标准的分析纯化学试剂，实验用水为按 4.1 制备的水。

4.1　无氨水，在无氨环境中用下述方法之一制备（无氨水的检查见 10.1）。

4.1.1　离子交换法

蒸馏水通过强酸性阳离子交换树脂（氢型）柱，将流出液收集在带有磨口塞的玻璃瓶内。每升流出液加 10 g 同样的树脂，以利于保存。

4.1.2　蒸馏法

在 1 000 ml 的蒸馏水中，加 0.1 ml 硫酸（4.2），在全玻璃蒸馏器中重蒸馏，弃去前 50 ml 馏出液，然后将约 800 ml 馏出液收集在带有磨口塞的玻璃瓶内。每升馏出液加 10 g 强酸性阳离子交换树脂（氢型）。

4.1.3　纯水器法

用市售纯水器直接制备。

4.2　硫酸：$\rho(H_2SO_4)$= 1.84 g/ml。

4.3　盐酸：$\rho$=1.19 g/ml。

4.4　无水乙醇：$\rho$=0.79 g/ml。

4.5　无水碳酸钠（$Na_2CO_3$），基准试剂。

4.6　轻质氧化镁（MgO），不含碳酸盐。

在 500℃下加热，以除去碳酸盐。

4.7　氢氧化钠溶液：$c$(NaOH)=1 mol/L。

称取 20 g 氢氧化钠（NaOH）溶于约 200 ml 水中，冷却至室温，稀释至 500 ml。

4.8　硫酸溶液：$c(1/2H_2SO_4)$=1 mol/L。

量取 2.8 ml 硫酸（4.2）缓慢加入 100 ml 水中。

4.9　硼酸（$H_3BO_3$）吸收液：$\rho$=20 g/L。

称取 20 g 硼酸溶于水，稀释至 1 000 ml。

4.10 甲基红指示液：$\rho$=0.5 g/L。

称取 50 mg 甲基红溶于 100 ml 乙醇（4.4）中。

4.11 溴百里酚蓝（bromthymol blue）指示剂：$\rho$=1 g/L。

称取 0.10 g 溴百里酚蓝溶于 50 ml 水中，加入 20 ml 乙醇（4.4），用水稀释至 100 ml。

4.12 混合指示剂

称取 200 mg 甲基红溶于 100 ml 乙醇（4.4）中；另称取 100 mg 亚甲蓝溶于 100 ml 乙醇（4.4）中。取两份甲基红溶液与一份亚甲蓝溶液混合备用，此溶液可稳定 1 个月。

4.13 碳酸钠标准溶液：$c(1/2Na_2CO_3)$=0.020 0 mol/L。

称取经 180℃干燥 2 h 的无水碳酸钠（4.5）0.530 0 g，溶于新煮沸放冷的水中，移入 500 ml 容量瓶中，稀释至标线。

4.14 盐酸标准滴定溶液：$c$(HCl)=0.02 mol/L。

量取 1.7 ml 盐酸（4.3）于 1 000 ml 容量瓶中，用水稀释至标线。

标定方法：移取 25.00 ml 碳酸钠标准溶液（4.13）于 150 ml 锥形瓶中，加 25 ml 水，加 1 滴甲基红指示液（4.10），用盐酸标准溶液（4.14）滴定至淡红色为止。记录消耗的体积。用式（1）计算盐酸溶液（4.14）的浓度：

$$c(\mathrm{HCl})=\frac{c_1\times V_1}{V_2} \tag{1}$$

式中：$c$——盐酸标准滴定溶液（4.14）的浓度，mol/L；

$c_1$——碳酸钠标准溶液（4.13）的浓度，mol/L；

$V_1$——碳酸钠标准溶液（4.13）的体积，ml；

$V_2$——消耗的盐酸标准滴定溶液（4.14）的体积，ml。

4.15 玻璃珠

4.16 防沫剂，如石蜡碎片。

## 5 仪器和设备

5.1 氨氮蒸馏装置：由 500 ml 凯式烧瓶、氮球、直形冷凝管和导管组成，冷凝管末端可连接一段适当长度的滴管，使出口尖端浸入吸收液液面下。亦可使用蒸馏烧瓶。

5.2 酸式滴定管：50 ml。

## 6 样品

### 6.1 样品保存

水样采集在聚乙烯瓶或玻璃瓶内，要尽快分析。如需保存，应加硫酸使水样酸化至 pH＜2，2～5℃下可保存 7 d。

### 6.2 样品预蒸馏

将 50 ml 硼酸吸收液（4.9）移入接收瓶内，确保冷凝管出口在硼酸溶液液面之下。分取 250 ml 水样（如氨氮含量高，可适当少取水样，加水至 250 ml）移入烧瓶中，加 2 滴溴百里酚蓝指示剂（4.11），必要时，用氢氧化钠溶液（4.7）或硫酸溶液（4.8）调整 pH 至 6.0（指示剂呈黄色）～7.4（指示剂呈蓝色），加入 0.25 g 轻质氧化镁（4.6）及数粒玻璃珠，必要时加入防沫剂（4.16），立即连接氮球和冷凝管加热蒸馏，使馏出液速率约为 10 ml/min，待馏出液达 200 ml 时，停止蒸馏。

## 7 分析步骤

### 7.1 样品分析

将全部馏出液转移到锥形瓶中，加入 2 滴混合指示剂（4.12），用盐酸标准滴定溶液（4.14）滴定，至馏出液由绿色变成淡紫色为终点，并记录消耗的盐酸标准滴定溶液的体积 $V_s$。

### 7.2 空白试验

用 250 ml 水代替水样，按 6.2 进行预蒸馏，按 7.1 进行滴定，并记录消耗的盐酸标准滴定溶液的体积 $V_b$。

## 8 结果计算

水样中氨氮的浓度用式（2）计算：

$$\rho_N = \frac{V_s - V_b}{V} \times c \times 14.01 \times 1\,000 \tag{2}$$

式中：$\rho_N$——水样中氨氮的浓度（以 N 计），mg/L；

$V$——试样的体积，ml；

$V_s$——滴定试样所消耗的盐酸标准滴定溶液的体积，ml；

$V_b$——滴定空白所消耗的盐酸标准滴定溶液的体积，ml；

$c$——滴定用盐酸标准溶液的浓度，mol/L；

14.01——氮的原子量，g/moL。

## 9 准确度和精密度

**表 1 标准样品和实际样品的准确度和精密度**

| 样品 | 氨氮含量/（mg/L） | 重复性限 $r$/（mg/L） | 再现性限 $R$/（mg/L） | 相对误差/% |
|---|---|---|---|---|
| 标样 1 | 2.76 | 0.106 | 0.146 | 0.73 |
| 标样 2 | 23.8 | 0.641 | 1.39 | −0.42 |
| 地表水 | 6.60 | 0.109 | 0.515 | — |
| 生活污水 | 21.4 | 0.694 | 3.09 | — |
| 注：由 5 家实验室参加验证，每家实验室对每个样品重复测定次数均为 6 次。 | | | | |

## 10 质量保证和质量控制

10.1 无氨水的检查：用盐酸标准溶液（4.14）滴定 250 ml 水，消耗盐酸标准溶液的体积不得大于 0.04 ml。

10.2 蒸馏器清洗：向蒸馏烧瓶中加入 350 ml 水，加数粒玻璃珠（4.15），装好仪器，蒸馏到至少收集了 100 ml 水，将馏出液及瓶内残留液弃去。

10.3 预蒸馏：在蒸馏刚开始时氨气蒸出速度较快，加热不能过快，否则造成水样暴沸、馏出液温度升高、氨吸收不完全，馏出液速率应保持在 10 ml/min 左右。如果水样中存在余氯，应再加入几粒结晶硫代硫酸钠（$Na_2S_2O_3$ 或 $Na_2S_2O_3 \cdot 5H_2O$）去除。

10.4 标定盐酸标准滴定溶液时，至少平行滴定 3 次，平行滴定的最大允许偏差不大于 0.05 ml。

# 中华人民共和国环境保护部
# 公 告

2009 年 第 74 号

为贯彻《中华人民共和国环境保护法》，保护环境，保障人体健康，现批准《固定污染源废气 铅的测定 火焰原子吸收分光光度法（暂行）》等十四项标准为国家环境保护标准，并予发布。

标准名称、编号如下：

一、固定污染源废气 铅的测定 火焰原子吸收分光光度法（暂行）（HJ 538—2009）；

二、环境空气 铅的测定 石墨炉原子吸收分光光度法（暂行）（HJ 539—2009）；

三、环境空气和废气 砷的测定 二乙基二硫代氨基甲酸银分光光度法（暂行）（HJ 540—2009）；

四、黄磷生产废气 气态砷的测定 二乙基二硫代氨基甲酸银分光光度法（暂行）（HJ 541—2009）；

五、环境空气 汞的测定 巯基棉富集–冷原子荧光分光光度法（暂行）（HJ 542—2009）；

六、固定污染源废气 汞的测定 冷原子吸收分光光度法（暂行）（HJ 543—2009）；

七、固定污染源废气 硫酸雾的测定 离子色谱法（暂行）（HJ 544—2009）；

八、固定污染源废气 气态总磷的测定 喹钼柠酮容量法（暂行）（HJ 545—2009）；

九、环境空气 五氧化二磷的测定 抗坏血酸还原–钼蓝分光光度法（暂行）（HJ 546—2009）；

十、固定污染源废气 氯气的测定 碘量法（暂行）（HJ 547—2009）；

十一、固定污染源废气 氯化氢的测定 硝酸银容量法（暂行）（HJ 548—2009）；

十二、环境空气和废气 氯化氢的测定 离子色谱法（暂行）（HJ 549—2009）；

十三、水质 总钴的测定 5-氯-2-（吡啶偶氮）-1,3-二氨基苯分光光度法（暂行）（HJ 550—2009）；

十四、水质 二氧化氯的测定 碘量法（暂行）（HJ 551—2009）。

以上标准自 2010 年 4 月 1 日起实施，由中国环境科学出版社出版，标准内容可在环境保护部网站（bz.mep.gov.cn）查询。

特此公告。

2009 年 12 月 30 日

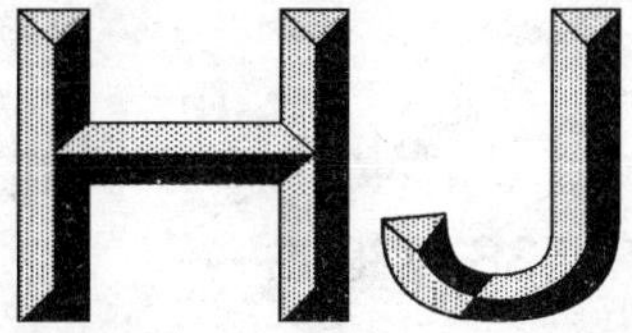

# 中华人民共和国国家环境保护标准

HJ 538—2009

# 固定污染源废气　铅的测定
# 火焰原子吸收分光光度法（暂行）

**Stationary source emission—Determination of lead**

**—Flame atomic absorption spectrometry**

2009-12-30 发布　　　　2010-04-01 实施

环　境　保　护　部　发布

# 前　言

为贯彻《中华人民共和国环境保护法》和《中华人民共和国大气污染防治法》，保护环境，保障人体健康，规范固定污染源废气中铅的监测方法，制定本标准。

本标准规定了测定固定污染源废气中铅的火焰原子吸收分光光度法。

本标准由环境保护部科技标准司组织制订。

本标准起草单位：北京市环境保护监测中心。

本标准环境保护部 2009 年 12 月 30 日批准。

本标准自 2010 年 4 月 1 日起实施。

本标准由环境保护部解释。

# 固定污染源废气　铅的测定
# 火焰原子吸收分光光度法（暂行）

## 1　适用范围

本标准规定了测定固定污染源废气中铅的火焰原子吸收分光光度法。

本标准适用于固定污染源废气中铅的测定。

方法检出限为 5 μg/50 ml 试样溶液，当采样体积为 400 L 时，检出限为 0.013 mg/m$^3$，测定下限为 0.052 mg/m$^3$。

## 2　规范性引用文件

本标准内容引用了下列文件或其中的条款。凡是不注日期的引用文件，其有效版本适用于本标准。

GB/T 16157　固定污染源排气中颗粒物测定与气态污染物采样方法

HJ/T 373　固定污染源监测质量保证与质量控制技术规范（试行）

GB/T 6682　分析实验室用水规格和试验方法

## 3　方法原理

用石英纤维滤筒采集废气样品，经消解制备成试样溶液，用原子吸收分光光度计测定试样溶液中铅的浓度。

## 4　干扰和消除

超过铅 100 倍的 $Fe^{3+}$、$Al^{3+}$、$Be^{3+}$、$Cr^{3+}$、$Cd^{2+}$、$Cu^{2+}$、$Zn^{2+}$、$Co^{2+}$、$Hg^{2+}$、$Sn^{2+}$、$Mn^{2+}$、$Mg^{2+}$、$Ag^{+}$等离子不干扰测定，$SiO_3^{2-}$稍有干扰。$Na^{+}$、$K^{+}$、$Ca^{2+}$稍有增感作用，当浓度高时，可采用稀释的方法消除干扰。

## 5　试剂和材料

除非另有说明，分析时均使用符合国家标准的分析纯试剂；实验用水，GB/T 6682，二级。

5.1　硝酸：$\rho(HNO_3)$=1.42 g/ml，优级纯。

5.2　高氯酸：$\rho(HClO_4)$=1.67 g/ml，优级纯。

5.3　过氧化氢：$w(H_2O_2)$=30%，优级纯。

5.4　硝酸溶液：$\varphi(HNO_3)$=1%。

用硝酸（5.1）配制。

5.5　硝酸溶液：1+1。

用硝酸（5.1）配制。

5.6　铅标准贮备液：$\rho(Pb)$=1.00 mg/ml。

称取 0.500 0 g 金属铅（99.99%）于 100 ml 烧杯中，用（1+1）硝酸溶液（5.5）15 ml 溶解，冷却后，移入 500 ml 容量瓶中，用水稀释至标线。

铅标准贮备液也可使用市售有证标准溶液。

5.7　铅标准使用液：$\rho(Pb)$=100 μg/ml。

将铅标准贮备液（5.6）用 1% $HNO_3$（5.4）稀释为每毫升含 100 μg 铅的标准使用液。

5.8　乙炔：纯度不低于 99.6%。

## 6　仪器和设备

除非另有说明，分析时均使用符合国家标准的 A 级玻璃仪器。

6.1　烟尘采样器：流量范围 5～50 L/min。

6.2　石英纤维滤筒。

注：如滤筒空白值较高，使用前可先用热（1+1）硝酸溶液（5.5）浸泡约 3 h（不能煮沸，以免破坏滤筒）。从酸中取出后，在水中浸泡 10 min，取出用水淋洗至近中性，烘干后即可使用。

6.3　原子吸收分光光度计。

6.4　电热板。

## 7　样品

### 7.1　样品的采集

按照 GB/T 16157 进行样品采集。当温度低于 400℃时在管道内等速采样。当温度高于 400℃时，铅呈气态存在，应将废气导出管道外，使温度降至 400℃以下，以 20 L/min 流量恒流采样 10～30 min。

### 7.2　样品的保存

滤筒样品采集后将封口向内折叠，竖直放回原采样盒中，放入干燥器中保存。

### 7.3　试样的制备

将滤筒剪成小块，放入 250 ml 锥形瓶中，加入（1+1）硝酸溶液（5.5）50 ml 和 30%过氧化氢（5.3）15 ml 浸没样品滤筒，瓶口插入一小漏斗，于电热板上加热至微沸，保持微沸 2 h。冷却后小心滴加 30%过氧化氢（5.3）5 ml，必要时可补加少量水，再在电热板上加热至微沸，保持微沸 1 h。冷却后过滤，滤液滤入烧杯中，用水洗涤锥形瓶、滤渣三次以上，洗涤液与滤液合并。将装有滤液的烧杯放在电热板上，将滤液蒸至近干（蒸干温度不宜太高，以免崩溅），再加入（1+1）硝酸溶液（5.5）2 ml，加热使残渣溶解，冷却后将溶液转移至 50 ml 容量瓶中，用水稀释至标线。

### 7.4　空白试样的制备

取同批号空白滤筒两个，和样品同时处理操作，制备成空白试样。

## 8　分析步骤

### 8.1　原子吸收分光光度计工作条件

仪器参数可参照说明书进行选择，以下所列条件和参数供参考。

波长：283.3 nm；狭缝宽度：0.8 nm；灯电流：5 mA；火焰类型：空气-乙炔；气体流量：乙炔 2.1 L/min，空气 8.0 L/min；燃烧器高度：10.0 cm。

### 8.2　标准曲线的绘制

#### 8.2.1　标准溶液的配制

取 7 个 50 ml 容量瓶，按表 1 配制铅标准系列。用 1%硝酸溶液（5.4）稀释至标线，摇匀。

**表 1　铅标准系列**

| 瓶　号 | 0 | 1 | 2 | 3 | 4 | 5 | 6 |
|---|---|---|---|---|---|---|---|
| 铅标准使用液/ml | 0 | 0.50 | 1.00 | 2.00 | 3.00 | 4.00 | 5.00 |
| 铅浓度/（μg/ml） | 0.00 | 1.00 | 2.00 | 4.00 | 6.00 | 8.00 | 10.0 |

#### 8.2.2　绘制标准曲线

按选定的仪器工作条件，测定铅标准系列的吸光度，并计算标准曲线的线性回归方程。

### 8.3 试料的制备

取适量试样溶液于 50 ml 容量瓶中，用 1%硝酸溶液（5.4）稀释至标线。同法制备空白试料。

### 8.4 试料的测定

按标准曲线绘制的仪器工作条件，测定试料和空白试料的吸光度。

## 9 结果计算

根据所测定的吸光度值，由线性回归方程计算出试料和空白试料中铅的浓度，并由式（1）计算固定污染源废气中的铅质量浓度。

$$\rho(\mathrm{Pb})=\frac{(\rho_1-\rho_0)\times 50}{V_{\mathrm{nd}}}\times\frac{V_{\mathrm{t}}}{V_{\mathrm{a}}} \tag{1}$$

式中：$\rho$(Pb)——固定污染源废气中的铅质量浓度，mg/m$^3$；

$\rho_1$——试料溶液中铅质量浓度，μg/ml；

$\rho_0$——空白试料中铅质量浓度的平均值，μg/ml；

50——试料溶液体积，ml；

$V_t$——试样溶液总体积，ml；

$V_a$——测定时所取试样溶液体积，ml；

$V_{nd}$——标准状态（101.325 kPa，273 K）下干气的采样体积，L。

## 10 质量保证和质量控制

按 HJ/T 373 的相关规定执行。

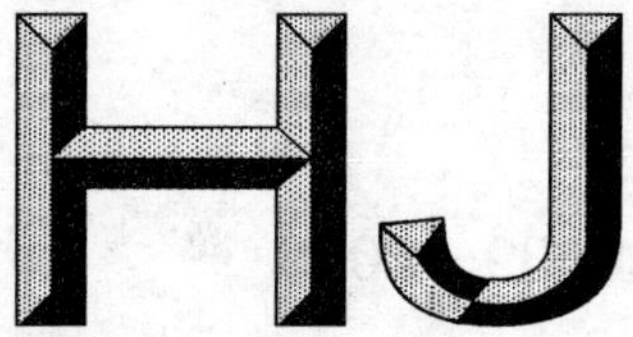

# 中华人民共和国国家环境保护标准

HJ 539—2009

# 环境空气　铅的测定
# 石墨炉原子吸收分光光度法（暂行）

**Ambient air—Determination of lead**

**—Graphite furnace atomic absorption spectrometry**

2009-12-30 发布　　　　2010-04-01 实施

环　境　保　护　部 发布

# 前　言

为贯彻《中华人民共和国环境保护法》和《中华人民共和国大气污染防治法》，保护环境，保障人体健康，规范环境空气中铅的监测方法，制定本标准。

本标准规定了测定环境空气中铅的石墨炉原子吸收分光光度法。

本标准由环境保护部科技标准司组织制订。

本标准起草单位：北京市环境保护监测中心。

本标准环境保护部 2009 年 12 月 30 日批准。

本标准自 2010 年 4 月 1 日起实施。

本标准由环境保护部解释。

# 环境空气　铅的测定　石墨炉原子吸收分光光度法（暂行）

## 1　适用范围

本标准规定了测定环境空气中铅的石墨炉原子吸收分光光度法。

本标准适用于环境空气中铅的测定。

方法检出限为 0.05 μg/50 ml 试样溶液，当采样体积为 10 $m^3$ 时，检出限为 0.005 μg/$m^3$，测定下限为 0.020 μg/$m^3$。

## 2　规范性引用文件

本标准内容引用了下列文件或其中的条款。凡是不注日期的引用文件，其有效版本适用于本标准。

GB/T 15432　环境空气　总悬浮颗粒物的测定　重量法

HJ/T 194　环境空气质量手工监测技术规范

GB/T 6682　分析实验室用水规格和试验方法

## 3　方法原理

用乙酸纤维或过氯乙烯等滤膜采集环境空气中的颗粒物样品，经消解后制备成试样溶液，用石墨炉原子吸收分光光度计测定试样溶液中铅的浓度。

## 4　试剂和材料

除非另有说明，分析时均使用符合国家标准的分析纯试剂；实验用水，GB/T 6682，二级。

4.1　硝酸：$\rho(HNO_3)$=1.42 g/ml，优级纯。

4.2　过氧化氢：$w(H_2O_2)$=30%，优级纯。

4.3　氢氟酸：$w(HF)$=40%，优级纯。

4.4 硝酸溶液：1+9。

用硝酸（4.1）配制。

4.5　硝酸溶液：1+1。

用硝酸（4.1）配制。

4.6　硝酸溶液：$\varphi(HNO_3)$= 1%。

用硝酸（4.1）配制。

4.7　硝酸-过氧化氢混合液：1+1。

用硝酸（4.1）和 30%过氧化氢（4.2）配制。

4.8　铅标准贮备液：$\rho(Pb)$=1.00 mg/ml。

称取 21.599 g $Pb(NO_3)_2$（110℃烘干 2 h）溶于水中，用（1+9）硝酸溶液（4.4）定容至 1 000 ml。铅标准贮备液也可使用市售有证标准溶液。

4.9　铅标准使用液：$\rho(Pb)$=0.5 μg/ml。

将铅标准贮备液（4.8）用 1%$HNO_3$（4.6）逐级稀释后，配制成含铅 0.5 μg/ml 的标准使用溶液。

4.10　氩气：纯度不低于 99.9%。

## 5 仪器和设备

除非另有说明，分析时均使用符合国家标准的 A 级玻璃仪器。

5.1 中流量采样器：流量范围 80～130 L/min。

5.2 乙酸纤维或过氯乙烯滤膜等滤膜：0.45 μm。要求滤膜空白含铅量低，且空白值稳定。

5.3 石墨炉原子吸收分光光度计。

5.4 电热板。

5.5 聚四氟乙烯烧杯。

## 6 样品

### 6.1 样品的采集

按 GB/T 15432 步骤进行样品采集，用中流量采样器以 100 L/min 流量，采集滤膜样品 10 $m^3$，当铅浓度过低，可适当增加采样体积，采样同时应详细记录采样条件。

### 6.2 样品的保存

滤膜样品采集后对折放入干净纸袋或膜盒中，放入干燥器中保存。

### 6.3 试样的制备

取适量样品滤膜剪成小块，置于聚四氟乙烯烧杯中，加入（1＋1）硝酸-过氧化氢混合液（4.7）10 ml 浸泡 2 h 以上，加热至微沸（勿使其崩溅），保持 10 min，冷却。滴加 40%氢氟酸（4.3）2 ml，加热蒸至近干，使氢氟酸挥发殆尽，冷却。加（1+9）硝酸溶液（4. 4）5 ml，加热使残渣溶解，冷却。将溶液转移至 50 ml 容量瓶中，再用水稀释至标线。

注：在样品预处理过程中，用硝酸－过氧化氢混合液（4.7）加热后，若滤膜消解完全，可不加氢氟酸，若使用石英纤维滤膜，也不加氢氟酸。

### 6.4 空白试样的制备

取同批号等面积滤膜两个，和样品同时处理操作，制备成空白试样。

## 7 分析步骤

### 7.1 石墨炉原子吸收分光光度计工作条件

仪器参数可参照说明书进行选择，表 1 所列条件和参数供参考。

**表 1 石墨炉原子吸收分光光度法工作条件**

| 波长 | 283.3 nm |
|---|---|
| 灯电流 | 8 mA |
| 狭缝 | 0.7 nm |
| 干燥温度与时间 | 90℃，15 s；120 ℃，15 s。两级干燥 |
| 灰化温度与时间 | 700℃　　20 s |
| 原子化温度与时间 | 1 900℃　　5 s |
| 清洗温度与时间 | 2 600℃　　5 s |

### 7.2 标准曲线的绘制

7.2.1 标准系列的配制

取 7 支 50 ml 容量瓶，按表 2 配制铅标准系列。用 1%硝酸溶液（4.7）稀释至标线，摇匀。

表 2 铅标准系列

| 瓶 号 | 0 | 1 | 2 | 3 | 4 | 5 |
|---|---|---|---|---|---|---|
| 铅标准使用液/ml | 0 | 1.00 | 2.00 | 3.00 | 4.00 | 5.00 |
| 铅质量浓度/（μg/L） | 0.0 | 10.0 | 20.0 | 30.0 | 40.0 | 50.0 |

7.2.2 绘制标准曲线

向石墨管中移入 20 μl 标准工作溶液，按照选定的仪器工作条件，测定铅标准系列的吸光度，并计算标准曲线的线性回归方程。

注：当样品的背景很高，可考虑加 0.2 mg 磷酸二氢铵（$NH_4H_2PO_4$）作为基体改进剂，适当提高灰化温度，消除基体干扰。

### 7.3 试样测定

按标准曲线绘制时的仪器工作条件和操作步骤，分别测定试样（6.3）和空白试样（6.4）的吸光度。

## 8 结果计算

根据所测的吸光度值，由线性回归方程计算出试样和空白试样中铅的质量浓度，并由式（1）计算环境空气中铅的质量浓度（$\mu g/m^3$）。

$$\rho(\mathrm{Pb})=\frac{(\rho_1-\rho_0)\times 50}{V_{nd}\times 1\,000}\times\frac{S_t}{S_a} \tag{1}$$

式中：$\rho(\mathrm{Pb})$——环境空气中铅的质量浓度，$\mu g/m^3$；

$\rho_1$——试样中铅的质量浓度，μg/L；

$\rho_0$——空白试样中铅质量浓度的平均值，μg/L；

50——试样溶液体积，ml；

$S_t$——样品滤膜总面积，$cm^2$；

$S_a$——测定时所取样品滤膜面积，$cm^2$；

$V_{nd}$——标准状态（101.325 kPa，273 K）下的采样体积，$m^3$。

## 9 质量保证和质量控制

9.1 质量保证和质量控制按 HJ/T 194 的相关规定执行。

9.2 全部器皿在使用前要用（1+9）硝酸溶液浸泡过夜或用（1+1）硝酸溶液浸泡 40 min，以除去器壁上吸附的铅。

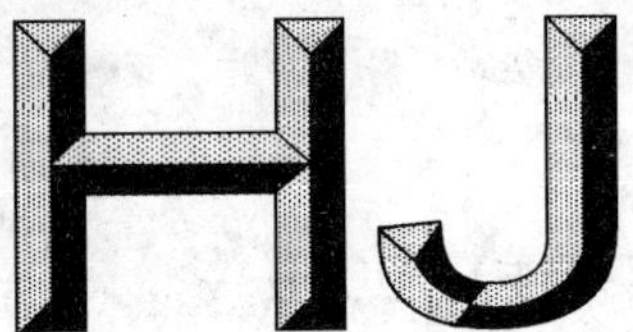

# 中华人民共和国国家环境保护标准

HJ 540—2009

# 环境空气和废气　砷的测定 二乙基二硫代氨基甲酸银分光光度法 （暂行）

**Ambient air and waste gas—Determination of arsenic —Silver diethyldithiocarbamate spectrophotometric method**

2009-12-30 发布　　2010-04-01 实施

环　境　保　护　部　发布

# 前　言

为贯彻《中华人民共和国环境保护法》和《中华人民共和国大气污染防治法》，保护环境，保障人体健康，规范空气和废气中砷及其化合物的监测方法，制定本标准。

本标准规定了测定空气和废气中砷及其化合物的二乙基二硫代氨基甲酸银分光光度法。

本标准由环境保护部科技标准司组织制订。

本标准起草单位：北京市环境保护监测中心。

本标准环境保护部 2009 年 12 月 30 日批准。

本标准自 2010 年 4 月 1 日起实施。

本标准由环境保护部解释。

# 环境空气和废气　砷的测定
# 二乙基二硫代氨基甲酸银分光光度法（暂行）

**警告：砷化氢为剧毒气体，实验前必须检查砷化氢发生装置是否连接好，以防漏气或反应瓶被崩开。反应应在通风橱内进行。**

## 1　适用范围

本标准规定了测定空气和废气中以颗粒物形态存在的砷及其化合物的二乙基二硫代氨基甲酸银分光光度法。

本标准适用于空气和废气中以颗粒物形态存在的砷及其化合物的测定。

本方法将滤筒或滤膜制备成 50 ml 试样时，检出限为 0.35 μg/50 ml（以 As 计）。

对于有组织排放废气，当采集 400 L 气体时，检出限为 0.9 μg/$m^3$，测定下限为 3.5 μg/$m^3$（均以 As 计）。

对于空气样品，当采集 6 $m^3$ 气体时，检出限为 0.06 μg/$m^3$，测定下限为 0.24 μg/$m^3$（均以 As 计）。

## 2　规范性引用文件

本标准内容引用了下列文件中的条款。凡是不注日期的引用文件，其有效版本适用于本标准。

GB/T 15432　环境空气　总悬浮颗粒物的测定　重量法

GB/T 16157　固定污染源排气中颗粒物测定与气态污染物采样方法

HJ/T 194　环境空气质量手工监测技术规范

HJ/T 373　固定污染源监测质量保证与质量控制技术规范（试行）

GB/T 6682　分析实验室用水规格和试验方法

## 3　方法原理

用玻璃纤维滤筒或石英滤筒采集有组织排放废气中颗粒物样品，用过氯乙烯滤膜采集空气中颗粒物样品，所采集的样品用混合酸消解处理。

在酸性溶液中，用碘化钾和氯化亚锡（KI-$SnCl_2$）将五价砷还原为三价砷，加锌粒与酸作用，产生新生态氢，使三价砷进一步还原为气态砷化氢（$AsH_3$），与溶解在三氯甲烷（$CHCl_3$）中的二乙基二硫代氨基甲酸银（Ag·DDC）作用，生成紫红色络合物，于 510 nm 波长处测定吸光度。

## 4　干扰和消除

硫化氢、锑化氢、磷化氢与 Ag·DDC 有类似的显色反应，对砷的测定产生正干扰。在样品消解时，硫、磷已被硝酸氧化分解，不再有影响，试剂中存在的少量硫化物产生的硫化氢可用乙酸铅脱脂棉除去，锑在 300 μg 以下可用 KI-$SnCl_2$ 掩蔽。

## 5　试剂和材料

除非另有说明，分析时均使用符合国家标准的分析纯试剂。水，GB/T 6682，三级。

5.1　无砷锌粒：10～20 目。

5.2　硝酸：$\rho(HNO_3)$=1.42 g/ml，优级纯。

5.3　硫酸：$\rho(H_2SO_4)$=1.84 g/ml，优级纯。

5.4 高氯酸：$\rho(HClO_4)$=1.67 g/ml，优级纯。

5.5 盐酸：$\rho(HCl)$=1.19 g/ml，优级纯。

5.6 硫酸溶液：1+1。

5.7 碘化钾溶液：$\rho(KI)$=150 g/L。

称取 15 g 碘化钾，溶于 100 ml 水中。

5.8 氯化亚锡溶液：$\rho(SnCl_2)$=400 g/L。

称取 48 g 氯化亚锡（$SnCl_2\cdot 2H_2O$），加 50 ml 盐酸（5.5），加热溶解，加水至 100 ml，加几粒金属锡，在棕色瓶中保存备用。

5.9 乙酸铅溶液：$\rho[Pb(CH_3COO)_2]$=100 g/L。

称取 10 g 乙酸铅，溶于 100 ml 水中。

5.10 二乙基二硫代氨基甲酸银（Ag·DDC）吸收液：$w$(Ag·DDC)=0.25%。

称取 1.25 g 二乙基二硫代氨基甲酸银（Ag·DDC），加入 100 ml 三氯甲烷，4 ml 三乙醇胺，加四氯化碳至 500 ml 摇匀，放置过夜，用脱脂棉过滤入棕色瓶中，避光保存。

5.11 砷标准贮备液：$\rho(As)$=1.00 mg/ml。

称取 0.066 0 g 三氧化二砷（基准试剂，于 105～110℃烘干 1 h），用 40%NaOH 溶液 10 ml，加热溶解。移入 100 ml 容量瓶中，用去离子水稀释定容至标线。贮存于棕色瓶中，低温保存。此溶液每毫升含 1.00 mg 砷。

砷标准贮备液也可使用有证标准溶液。

5.12 砷标准使用液：$\rho(As)$=1.00 μg/ml。

临用时，用水将砷标准贮备液（5.11）逐级稀释成每毫升含 1.00 μg 砷的标准使用液。

5.13 乙酸铅棉

将 10 g 脱脂棉浸入 100 ml 乙酸铅溶液（5.9）中，30 min 后取出，于室温下晾干，避光保存。

## 6 仪器和设备

除非另有说明，分析时均使用符合国家标准的 A 级玻璃量器。

6.1 烟尘采样器：流量范围 5～50 L/min，精度优于±2%。

6.2 中流量颗粒物采样器：流量范围 80～130 L/min，精度优于±2%。

6.3 可见分光光度计：具 10 mm 比色皿。

6.4 玻璃纤维滤筒或石英滤筒。

6.5 过氯乙烯滤膜：0.45 μm。

6.6 电热板。

6.7 砷化氢发生与吸收装置：见图 1，连接管和吸收管在使用前应洗净烘干。

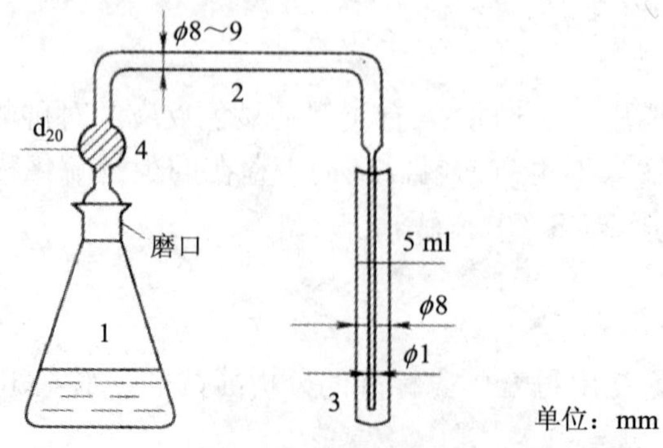


1—锥形瓶；2—导气管；3—吸收管；4—乙酸铅棉

**图 1 砷化氢发生与吸收装置**

## 7 样品

### 7.1 样品的采集

7.1.1 有组织排放废气

采样点数目、采样点位设置及采样方法按 GB/T 16157 中第 4、8 章的有关规定执行。

7.1.2 空气样品

采样方法按 GB/T 15432 的有关规定执行，采用中流量颗粒物采样器和过氯乙烯滤膜，以 100 L/min 流量采集 1 h。详细记录采样条件。

### 7.2 样品的保存

滤筒样品采集后将封口向内折叠，竖直放回采样盒中保存。滤膜样品采集后对折放入干净纸袋或滤膜盒中保存。

### 7.3 试样的制备

7.3.1 滤筒样品：将 7.1.1 采样所得滤筒样品剪成片状（切勿使尘粒抖落），置于 150 ml 锥形瓶中，加 7 ml 硫酸溶液（5.6），20 ml 硝酸（5.2），4 ml 高氯酸（5.4），瓶口插入一漏斗，于电热板上加热，待剧烈反应停止后，取下漏斗，加热至冒浓厚高氯酸白烟。取下放冷，用水冲洗瓶壁，再加热至冒浓白烟，以驱尽硝酸。如果样品消解不完全，可加入少量硝酸继续加热至样品颜色变浅。冷却，加入少量水，用定量滤纸过滤，用水洗涤锥形瓶、滤渣数次，合并洗涤液和滤液，加水至 50 ml。加入 5 ml 碘化钾溶液（5.7）和 3 ml 氯化亚锡溶液（5.8），摇匀，放置 15 min，使五价砷还原成三价砷。

7.3.2 滤膜样品：根据砷含量，取适当面积滤膜样品（7.1.2），置于 100 ml 锥形瓶中，加入 10 ml 硝酸（5.2），放置过夜。加 7 ml 硫酸溶液（5.6）和 2 ml 高氯酸（5.4），瓶口插入一漏斗，于电热板上加热，待剧烈反应停止后，取下漏斗，加热至冒浓厚高氯酸白烟。其后消解方法与滤筒相同。

7.3.3 全程序空白样品：取同批号空白滤筒或等面积滤膜至少两个，与样品同时运输和保存，按 7.3.1 或 7.3.2 制备成全程序空白试样。

## 8 分析步骤

### 8.1 标准曲线的绘制

8.1.1 取 6 支砷化氢发生瓶，分别加入砷标准使用液（5.12），使溶液中含有 0.00、1.00、3.00、5.00、10.0、15.0 μg 砷，加 7 ml 硫酸溶液（5.6），加水至 50 ml，加 5 ml 碘化钾溶液（5.7），加 3 ml 氯化亚锡溶液（5.8），摇匀，放置 15 min。

8.1.2 向溶液（7.3.1）中加入 3～4 g 无砷锌粒（5.1），立即与装有乙酸铅棉（5.13）的过滤器和装有 5.0 ml Ag・DDC 吸收液（5.10）的吸收管相连，反应 1 h 后，取下吸收管，分别补加四氯化碳至 5.0 ml，摇匀，备测。

8.1.3 在波长 510 nm 处，用 10 mm 比色皿，以四氯化碳作参比，测定吸光度，以砷含量对减去空白后的吸光度绘制标准曲线。

### 8.2 试样溶液的测定

将试样溶液（7.3）转移至砷化氢发生瓶，以下同标准曲线的绘制步骤 8.1.2～8.1.3，测定试样溶液的吸光度，由标准曲线计算出试样溶液中砷含量。

按同样的方法测定全程序空白试样溶液（7.3.3）的吸光度，由标准曲线计算出全程序空白试样溶液中砷含量。

## 9 结果计算

9.1 按式（1）计算出空气和废气中砷及其化合物的质量浓度：

$$\rho(\mathrm{As})=\frac{m-m_0}{V_{\mathrm{nd}}}\times\frac{S_\mathrm{t}}{S_\mathrm{a}} \tag{1}$$

式中：$\rho$(As)——空气和废气中砷及其化合物的质量浓度（以 As 计），mg/m$^3$；

$m$——试样溶液中砷含量，μg；

$m_0$——空白滤筒或滤膜中砷含量的平均值，μg；

$V_{\mathrm{nd}}$——标准状态（101.325 kPa，273 K）下的采样体积，m$^3$；

$S_\mathrm{t}$——样品滤膜总面积，cm$^2$；

$S_\mathrm{a}$——测定时所取样品滤膜面积，cm$^2$。

注：对滤筒样品，$S_\mathrm{t}$=$S_\mathrm{a}$，$V_{\mathrm{nd}}$为标准状态下干气的采样体积（m$^3$）。

9.2　结果以 $As_2O_3$ 表示时按式（2）计算：

$$\rho(\mathrm{As_2O_3})=\rho(\mathrm{As})\times\frac{197.8}{74.9} \tag{2}$$

式中：$\rho$($As_2O_3$)——空气和废气中砷及其化合物的质量浓度（以 $As_2O_3$ 计），mg/m$^3$。

## 10　质量保证和质量控制

质量保证和质量控制措施按 HJ/T 373 和 HJ/T 194 的相关规定执行。

## 11　注意事项

11.1　$AsH_3$ 与 Ag·DDC 反应生成红色单质胶态银，当在氯仿中存在有机碱和吡啶时，可促使还原反应的进行，且能增加红色单质胶态银在溶剂中的稳定性。

11.2　砷化氢发生的速度受锌粒的大小、表面状态及用量、反应酸度和温度的影响较大。锌粒以 10～20 目，表面粗糙为好，用量 3～5 g 效果一致。反应时硫酸酸度以 2.3～2.5 mol/L 为宜。酸度太高，反应过快，吸收不完全；酸度太低，反应太慢，反应器中气泡的搅拌作用欠佳，有可能反应不完全。但温度太高，反应太快，可能导致 $AsH_3$ 吸收不完全，结果偏低。若室温高于 30℃，可将发生瓶放置在冷水浴中冷却。

11.3　硫酸—硝酸—高氯酸消解样品时，必须将有机质分解完全，否则结果偏低。样品中有机质含量较多时应反复加硝酸加热消解至沉淀物变为灰白色，且液面平静，不再产生棕色 $NO_x$ 为止。消解完全后要反复蒸发至冒浓厚白烟，将 $NO_x$ 驱除干净，否则在下一步加锌粒时会产生棕色气体，导致测量失败，遇此情况需返工重做。

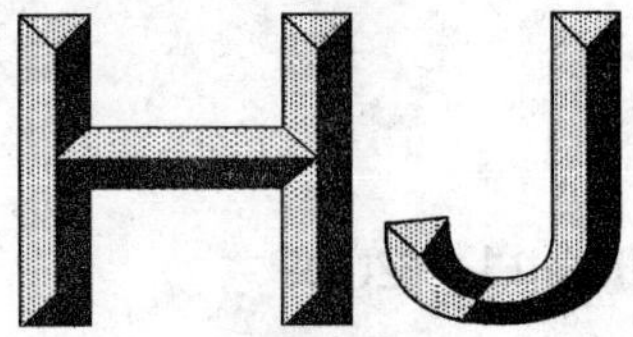

# 中华人民共和国国家环境保护标准

HJ 541—2009

# 黄磷生产废气　气态砷的测定<br>二乙基二硫代氨基甲酸银分光光度法<br>（暂行）

**Yellow phosphorus production emission—Determination of gaseous arsenic —Silver diethyldithiocarbamate spectrophotometric method**

2009-12-30 发布　　2010-04-01 实施

环 境 保 护 部 发布

# 前　言

为贯彻《中华人民共和国环境保护法》和《中华人民共和国大气污染防治法》，保护环境，保障人体健康，规范黄磷生产废气中砷及其化合物的监测方法，制定本标准。

本标准规定了测定黄磷生产废气中砷及其化合物的二乙基二硫代氨基甲酸银分光光度法。

本标准由环境保护部科技标准司组织制订。

本标准起草单位：北京市环境保护监测中心。

本标准环境保护部 2009 年 12 月 30 日批准。

本标准自 2010 年 4 月 1 日起实施。

本标准由环境保护部解释。

# 黄磷生产废气　气态砷的测定
# 二乙基二硫代氨基甲酸银分光光度法（暂行）

**警告：砷化氢为剧毒气体，实验前必须检查砷化氢发生装置是否连接好，以防漏气或反应瓶被崩开。反应应在通风橱内进行。**

## 1　适用范围

本标准规定了测定黄磷生产废气中气态砷及其化合物的二乙基二硫代氨基甲酸银分光光度法。

本标准适用于黄磷生产废气中以气态形式存在的砷及其化合物的测定。

本方法检出限为 1.25 μg/5 ml 二乙氨基二硫代甲酸银吸收液，当采气体积 15 L 时，砷的检出限为 0.08 mg/m$^3$，测定下限为 0.32 mg/m$^3$（均以 As 计）。

## 2　规范性引用文件

本标准内容引用了下列文件中的条款。凡是不注日期的引用文件，其有效版本适用于本标准。

GB/T 16157　固定污染源排气中颗粒物测定与气态污染物采样方法

HJ/T 373　固定污染源监测质量保证与质量控制技术规范（试行）

GB/T 6682　分析实验室用水规格和试验方法

## 3　方法原理

黄磷生产废气中的气态砷及其化合物用溴化硝酸吸收液吸收，溴化硝酸将低价砷化物氧化成五价砷化物，在酸性溶液中，用碘化钾和氯化亚锡（KI-$SnCl_2$）将五价砷还原为三价砷，加锌粒与酸作用，产生新生态氢，使三价砷进一步还原为气态砷化氢（$AsH_3$），与溶解在三氯甲烷（$CHCl_3$）中的二乙氨基二硫代甲酸银（Ag·DDC）作用，生成紫红色络合物，于 510 nm 波长处测定吸光度，即可计算出黄磷生产废气中砷及其化合物的含量。

## 4　干扰和消除

硫化氢、锑化氢、磷化氢与 Ag·DDC 有类似的显色反应，对砷的测定产生正干扰。在样品消解时，硫、磷已被硝酸氧化分解，不再有影响，试剂中存在的少量硫化物产生的硫化氢可用乙酸铅脱脂棉除去，锑在 300 μg 以下可用 KI-$SnCl_2$ 掩蔽。

## 5　试剂和材料

除非另有说明，分析时均使用符合国家标准的分析纯试剂。水，GB/T 6682，三级。

5.1　无砷锌粒：10～20 目。

5.2　溴水：$\rho(Br_2)$=3.12 g/ml。

5.3　盐酸：$\rho(HCl)$=1.19 g/ml，优级纯。

5.4　硝酸：$\rho(HNO_3)$=1.42 g/ml，优级纯。

5.5　盐酸溶液：$c(HCl)$=1 mol/L。

量取 83 ml 盐酸（5.3），加水稀释至 1 000 ml。

5.6　盐酸溶液：3+2。

5.7　硝酸溶液：1+1。

5.8 氢氧化钠溶液：$c(NaOH)=0.1$ mol/L。

称取 4 g 氢氧化钠（分析纯）溶于水中，稀释至 1000 ml。

5.9 溴化硝酸吸收液

硝酸（5.4）加溴水（5.2）至饱和，或 60 ml 硝酸溶液（5.7）中，加入 20 ml 溴水（5.2）。0～4℃冷藏保存。

5.10 碘化钾溶液：$\rho(KI)=150$ g/L。

称取 15 g 碘化钾，溶于 100 ml 水中。

5.11 氯化亚锡溶液：$\rho(SnCl_2)=400$ g/L。

称取 48 g 氯化亚锡（$SnCl_2 \cdot 2H_2O$），溶于 50 ml 盐酸（5.3）中，加水至 100 ml。

5.12 乙酸铅溶液：$\rho[Pb(CH_3COO)_2]=100$ g/L。

称取 10 g 乙酸铅，溶于 100 ml 水中。

5.13 二乙氨基二硫代甲酸银（Ag·DDC）吸收液：$w(Ag \cdot DDC)=0.25\%$。

称取 0.25 g 二乙氨基二硫代氨基甲酸银（Ag·DDC），加入 1.0 ml 三乙基胺，溶于 100 ml 三氯甲烷（$CHCl_3$）中，摇匀，静置过夜，过滤，避光保存。

5.14 砷标准贮备液：$\rho(As)=1.00$ mg/ml。

称取 0.132 0 g 三氧化二砷（$AS_2O_3$，基准试剂，预先于 105～110℃烘干 2 h），溶于 2.0 ml 氢氧化钠溶液（5.8）中，加 50 ml 水，2.0 ml 盐酸溶液（5.6）。移入 100 ml 容量瓶中，用水稀释至刻线。此溶液每毫升含 1.00 mg 砷。

砷标准贮备液也可使用有证标准溶液。

5.15 砷标准使用液：$\rho(As)=1.00$ μg/ml。

临用时，用水将砷标准贮备液（5.14）逐级稀释成每毫升含 1.00 μg 砷的标准使用液。

5.16 乙酸铅棉

将 10 g 脱脂棉浸入 100 ml 乙酸铅溶液（5.12）中，30 min 后取出，于室温下晾干，避光保存。

## 6 仪器和设备

除非另有说明，分析时均使用符合国家标准的 A 级玻璃量器。

6.1 烟气采样器：流量范围 0～2.0 L/min，精度优于±2.5%。

6.2 烟气采样器冷却装置。

6.3 冲击式吸收瓶；25 ml。

6.4 可见分光光度计：具 10 mm 比色皿。

6.5 电热板。

6.6 砷化氢发生与吸收装置：见图 1，连接管和吸收管在使用前应洗净烘干。

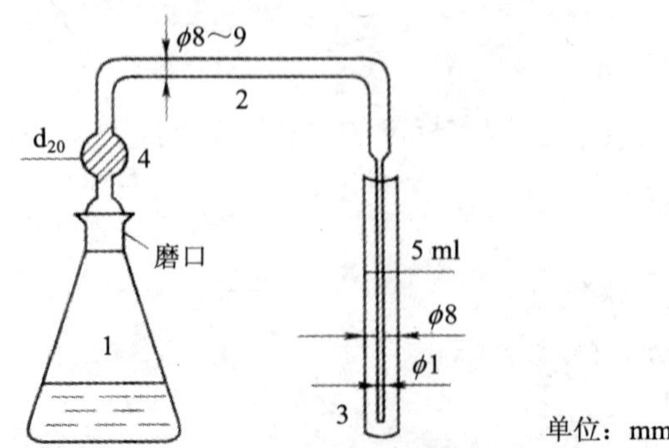


1—锥形瓶；2—导气管；3—吸收管；4—乙酸铅棉

**图 1 砷化氢发生与吸收装置**

## 7 样品

### 7.1 样品的采集

采样位置、采样点、采样方法按 GB 16157 的相关规定执行。用烟气采样器采样，在采样管气体出口处加装冷却装置。串联两只内装有 25 ml 溴化硝酸吸收液（5.9）的冲击式吸收瓶，在冲击式吸收瓶与烟气采样器之间再串联一只装有氢氧化钠溶液（5.8）的缓冲瓶。以 0.5 L/min 流量采集 15～30 min。详细记录采样条件。

### 7.2 样品的保存

采集的样品应密闭，于 0～4℃冷藏保存，7 d 内测定完毕。

### 7.3 试样的制备

将两支吸收管中样品（7.1）合并倒入烧杯中，电热板上加热蒸发，浓缩到 10 ml 左右，使之完全氧化，再加入 10 ml 盐酸溶液（5.6），继续赶溴，直至溶液呈无色，得试样溶液。此操作在通风橱内进行。

### 7.4 全程序空白试样的制备

取同时配制的空白吸收液，与样品同时运输和保存，并按 7.3 制备成全程序空白试样。

## 8 分析步骤

### 8.1 标准曲线的绘制

8.1.1 取 8 支砷化氢发生瓶，按表 1 配制标准系列。

**表 1 砷标准系列**

| 瓶号 | 0 | 1 | 2 | 3 | 4 | 5 | 6 | 7 |
|---|---|---|---|---|---|---|---|---|
| 砷标准使用液/ml | 0.00 | 1.00 | 2.00 | 3.00 | 5.00 | 10.0 | 15.0 | 20.0 |
| 水/ml | 70 | 69 | 68 | 67 | 65 | 60 | 55 | 50 |
| 砷含量/μg | 0.00 | 1.00 | 2.00 | 3.00 | 5.00 | 10.0 | 15.0 | 20.0 |

8.1.2 向 8.1.1 中的各瓶中，加入 30 ml 盐酸溶液（5.6）、2.0 ml 碘化钾溶液（5.10）、0.4 ml 氯化亚锡溶液（5.11），混匀，放置 15 min。

8.1.3 向 8.1.2 溶液中，加入 5.0 g 无砷锌粒（5.1），立即与装有乙酸铅棉（5.16）的过滤器和 5.0 ml Ag・DDC 吸收液（5.13）的吸收管相连，反应 1 h 后，于各吸收管分别补加三氯甲烷至 5.0 ml 刻线。

8.1.4 在波长 510 nm 处，用 10 mm 比色皿，以三氯甲烷为参比，测定吸光度，以砷含量对减去空白后的吸光度绘制标准曲线，并计算标准曲线回归方程。

### 8.2 试样分析

将试样（7.3）转移至砷化氢发生瓶，加入 20 ml 盐酸溶液（5.6），70 ml 水，2.0 ml 碘化钾溶液（5.10），0.4 ml 氯化亚锡溶液（5.11），摇匀，放置 15 min。以下同标准曲线的绘制步骤 8.1.3～8.1.4，测出试样溶液的吸光度，由标准曲线计算出试样溶液中砷含量。

### 8.3 全程序空白试样分析

全程序空白试样分析步骤同试样分析（8.2），测出全程序空白试样溶液的吸光度，由标准曲线计算出全程序空白试样溶液中砷含量。

## 9 结果计算

按式（1）计算出黄磷生产废气中砷及其化合物含量的质量浓度：

$$\rho(\mathrm{As})=\frac{m-m_0}{V_{\mathrm{nd}}} \tag{1}$$

式中：$\rho(As)$——黄磷生产废气中砷及其化合物的质量浓度，$mg/m^3$；

$m$——从标准曲线中查得的试样溶液中砷含量，μg；

$m_0$——从标准曲线中查得的全程序空白试样溶液中砷含量，μg；

$V_{nd}$——标准状态（101.325 kPa，273 K）下的采气体积，L。

## 10 质量保证和质量控制

质量保证和质量控制措施按 HJ/T 373 的相关规定执行。

## 11 注意事项

11.1 $AsH_3$ 与 Ag·DDC 反应生成红色单质胶态银，当在氯仿中存在有机碱和吡啶时，可促使还原反应的进行，且能增加红色单质胶态银在溶剂中的稳定性。

11.2 砷化氢发生的速度受锌粒的大小、表面状态及用量、反应酸度和温度的影响较大。锌粒以 10～20 目，表面粗糙为好，用量 3～5 g 效果一致。反应时硫酸酸度以 2.3～2.5 mol/L 为宜。酸度太高，反应过快，吸收不完全；酸度太低，反应太慢，反应器中气泡的搅拌作用欠佳，有可能反应不完全。但温度太高，反应太快，可能导致 $AsH_3$ 吸收不完全，结果偏低。若室温高于 30℃，可将发生瓶放置在冷水浴中冷却。

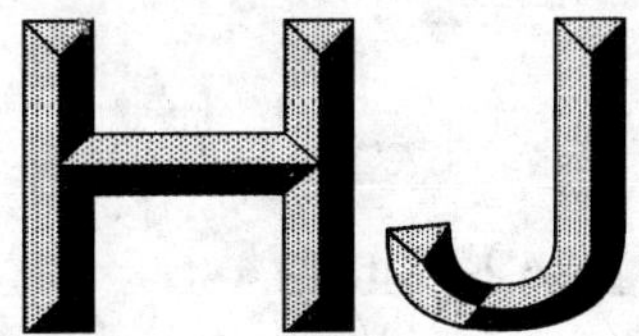

# 中华人民共和国国家环境保护标准

HJ 542—2009

# 环境空气 汞的测定 巯基棉富集-冷原子荧光分光光度法 (暂行)

**Ambient air—Determination of mercury and its compounds—Cold atomic fluorescent spectrophotometry after sulfhydryl cotton preconcentration**

2009-12-30 发布　　2010-04-01 实施

环境保护部 发布

# 前 言

为贯彻《中华人民共和国环境保护法》和《中华人民共和国大气污染防治法》，保护环境，保障人体健康，规范环境空气中汞及其化合物的监测方法，制定本标准。

本标准规定了测定环境空气中汞及其化合物的巯基棉富集冷原子荧光分光光度法。

本标准的附录 A 和附录 B 为资料性附录。

本标准由环境保护部科技标准司组织制订。

本标准起草单位：北京市环境保护监测中心。

本标准环境保护部 2009 年 12 月 30 日批准。

本标准自 2010 年 4 月 1 日起实施。

本标准由环境保护部解释。

# 环境空气　汞的测定
# 巯基棉富集-冷原子荧光分光光度法（暂行）

## 1　适用范围

本标准规定了测定环境空气中汞及其化合物的巯基棉富集-冷原子荧光分光光度法。

本标准适用于环境空气中汞及其化合物的测定。

本标准方法检出限为 0.1 ng/10 ml 试样溶液。当采样体积为 15 L 时，检出限为 $6.6\times10^{-6}$ mg/m³，测定下限为 $2.6\times10^{-5}$ mg/m³。

## 2　规范性引用文件

本标准内容引用了下列文件中的条款。凡是不注日期的引用文件，其有效版本适用于本标准。

HJ/T 194　环境空气质量手工监测技术规范

GB/T 6682　分析实验室用水规格和试验方法

## 3　方法原理

在微酸性介质中，用巯基棉富集环境空气中的汞及其化合物。

无机汞反应式如下：

$$Hg^{2+}+2H—SR \rightleftharpoons Hg\begin{matrix}\diagup SR\\ \diagdown SR\end{matrix} +2H^{+}$$

有机汞反应式如下：

$$CH_3HgCl+H—SR \rightleftharpoons CH_3Hg—SR+HCl$$

元素汞通过巯基棉采样管时，主要为物理吸附及单分子层的化学吸附。

采样后，用 4.0 mol/L 盐酸-氯化钠饱和溶液解吸总汞，经氯化亚锡还原为金属汞，用冷原子荧光测汞仪测定总汞含量。

## 4　试剂和材料

除非另有说明，分析时均使用符合国家标准的分析纯试剂。水，GB/T 6682，二级。

4.1　高纯氮气：$\varphi$=99.999%。

4.2　重铬酸钾（$K_2Cr_2O_7$）：优级纯。

4.3　硫酸：$\rho(H_2SO_4)$=1.84 g/ml，优级纯。

4.4　盐酸：$\rho(HCl)$=1.19 g/ml，优级纯。

4.5　硝酸：$\rho(HNO_3)$=1.42 g/ml，优级纯。

4.6　重铬酸钾溶液：$w(K_2Cr_2O_7)$=1.0%。

称取 1.0 g 的重铬酸钾（4.2），溶于水，稀释到 100 ml。

4.7　硫酸溶液：$\varphi(H_2SO_4)$=10%。

量取 10 ml 的浓硫酸（4.3），缓慢加入 90 ml 水中。

4.8　盐酸溶液：$c(HCl)$=4.0 mol/L。

量取 123 ml 盐酸（4.4），用水稀释至 1 000 ml，混匀。

4.9 盐酸溶液：$c(HCl)$=2.0 mol/L。

量取 12 ml 盐酸（4.4），用水稀释至 1 000 ml，混匀。

4.10 盐酸溶液：pH=3。

吸取 2.0 mol/L 盐酸（4.9）0.50 ml，用水稀释至 1 000 ml，混匀。

4.11 硝酸溶液：$\varphi(HNO_3)$=10%。

量取 10 ml 的浓硝酸（4.5），用水稀释至 100 ml，混匀。

4.12 盐酸-氯化钠饱和溶液

将适量的固体氯化钠（NaCl）加入 4.0 mol/L 盐酸溶液（4.8）中加热至沸，直至氯化钠过饱和析出为止。

4.13 溴酸钾-溴化钾溶液

称取 2.8 g 溴酸钾（$KBrO_3$）及 10.0 g 溴化钾（KBr），溶于水，稀释至 1 000 ml。

4.14 盐酸羟胺-氯化钠溶液

称取 12.0 g 盐酸羟胺（$NH_2OH \cdot HCl$）及 12.0 g 氯化钠，溶于水，稀释至 100 ml。

4.15 氯化亚锡盐酸溶液：$w$=10%。

称取 11.9 g 氯化亚锡（$SnCl_2 \cdot 2H_2O$）于 150 ml 烧杯中，加 10 ml 浓盐酸（4.4），加热至全部溶解后，用水稀释至 100 ml，以 1.0 L/min 流量通入高纯氮气（4.1），以除去本底汞。

4.16 氯化汞标准贮备液：$\rho(HgCl_2)$=1 000 μg/ml。

准确称取 0.135 3 g 氯化汞（$HgCl_2$），溶解于 5.0 ml 的 10% 硫酸溶液（4.7）及 1.0 ml 的 1.0%的重铬酸钾溶液（4.6）中，移入 100 ml 容量瓶中，用水稀释至标线，此溶液每毫升含 1 000 μg 汞。

4.17 氯化汞标准使用液：$\rho(HgCl_2)$=0.50 μg/ml。

吸取 1.00 ml 氯化汞标准贮备液（4.16），置于 200 ml 容量瓶中，加 10.0 ml 的 10%硫酸溶液（4.7）及 2.0 ml 的 1.0%的重铬酸钾溶液（4.6），用水稀释至标线，此溶液每毫升含 5 μg 汞。临用前，吸取 10.00 ml 上述溶液于 100 ml 容量瓶中，加 5.0 mL 的 10%的硫酸溶液（4.7）及 1.0 ml 的 1.0%的重铬酸钾溶液（4.6），用水稀释至标线，此溶液每毫升含 0.50 μg 汞。

4.18 巯基棉

依次加 20 ml 硫代乙醇酸（$HSCH_2COOH$）、17.5 ml 乙酐[$(CH_3CO)_2O$]、8.5 ml 36%的乙酸（$CH_3COOH$）、0.10 ml 硫酸（4.3）和 1.6 ml 水于 150 ml 烧杯中，混合均匀。待溶液温度降至 40℃以下后，移入装有 5 g 脱脂棉的棕色广口瓶，将棉花均匀浸润，盖上瓶塞。置于烘箱中，于 40℃放置 4 d 后取出，平铺在有两层中速定量滤纸的布氏漏斗中，抽滤，用水洗至中性。抽干水分，移入培养皿，于 40℃的烘箱中烘干，存于棕色瓶中，然后置于干燥器中备用，可保存 3 个月。

## 5 仪器和设备

除非另有说明，分析时均使用符合国家标准 A 级玻璃量器。

5.1 空气采样器：流量范围 0～1 L/min。

5.2 冷原子荧光测汞仪。

5.3 巯基棉采样管：石英，如图 1 所示。

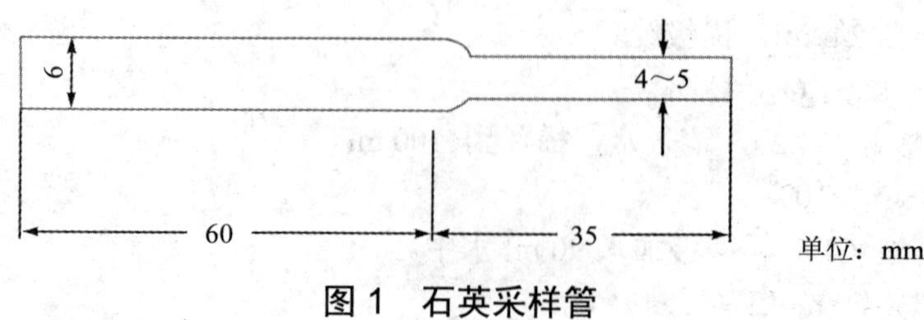


图 1 石英采样管

称取 0.1 g 巯基棉，从石英采样管的大口径端塞入管内，压入内径为 6 mm 的管段中，巯基棉长度约为 3 cm。临用前用 0.40 ml pH=3 的盐酸溶液（4.10）酸化巯基棉。巯基棉采样管两端应加套封口，存放在无汞的容器中。

5.4 布氏漏斗。

5.5 抽滤装置。

5.6 烘箱。

5.7 汞反应瓶：5 ml。

5.8 注射器：50 μl，1 ml。

## 6 样品

### 6.1 样品的采集

样品的采集应符合 HJ/T 194 的要求，采样器应在使用前进行气密性检查和流量校准，采样系统由空气采样器和巯基棉采样管组成。

将巯基棉采样管细口端与采样器连接，大口径端朝下，以 0.3～0.5 L/min 流量，采样 30～60 min，操作时应避免手指玷污巯基棉管管端。

### 6.2 样品的保存

采样后，两端密封，于 0～4℃，冷藏保存。

### 6.3 试样的制备

将采样后巯基棉采样管固定，并使细端插入 10 ml 容量瓶的瓶口上，以 1～2 ml/min 滴加 4.0 mol/L 盐酸-氯化钠饱和溶液（4.12），洗脱汞及其化合物，用 4.0 mol/L 盐酸-氯化钠饱和溶液（4.12）稀释至标线，摇匀。

### 6.4 空白试样的制备

取空白巯基棉采样管，按（6.3）样品处理相同步骤同时操作，制备成空白试样。

## 7 分析步骤

### 7.1 试料的制备

吸取适量试样溶液（6.3）于 5 ml 汞反应瓶中，用 4.0 mo1/L 盐酸-氯化钠饱和溶液（4.12）稀释至标线。

### 7.2 空白试料的制备

吸取适量空白试样溶液（6.4）于 5 ml 汞反应瓶中，用 4.0 mo1/L 盐酸-氯化钠饱和溶液（4.12）稀释至标线。

### 7.3 标准曲线的绘制

7.3.1 取 7 支 5 ml 汞反应瓶，按表 1 配制标准系列。

**表 1 氯化汞标准系列**

| 瓶号 | 0 | 1 | 2 | 3 | 4 | 5 | 6 |
|---|---|---|---|---|---|---|---|
| 氯化汞标准使用液/μl | 0.00 | 5.00 | 10.0 | 20.0 | 30.0 | 40.0 | 50.0 |
| 汞含量/ng | 0.00 | 2.50 | 5.00 | 10.0 | 15.0 | 20.0 | 25.0 |

7.3.2 用 4.0 mol/L 盐酸-氯化钠饱和溶液（4.12）稀释至 5 ml 标线。

7.3.3 向各瓶中加 0.10 ml 溴酸钾-溴化钾（4.13）溶液，放置 5 min 后，出现黄色，加 1 滴盐酸羟胺-氯化钠溶液（4.14），使黄色褪去，摇匀。

7.3.4 用注射器向瓶中加入 1.0 ml 氯化亚锡盐酸溶液（4.15），振荡 0.5 min 后，用高纯氮气（4.1）将汞蒸气吹入冷原子荧光测汞仪测定，以测汞仪的响应值对汞含量（ng），绘制标准曲线，并计算标准曲线的回归方程。

7.4 测定

按标准曲线的绘制步骤 7.3.3～7.3.4 进行试料（7.1）和空白试料（7.2）的测定，并记录响应值。根据所测得的试料和空白试料的响应值，由标准曲线的回归方程计算试料和空白试料中的汞含量。

## 8 结果计算

按式（1）计算出环境空气中汞含量：

$$\rho(\mathrm{Hg})=\frac{W-W_0}{V_{\mathrm{nd}}\times 1\,000}\times\frac{V_{\mathrm{t}}}{V_{\mathrm{a}}} \qquad (1)$$

式中：$\rho$(Hg)——环境空气中汞含量，mg/m$^3$；

$W$——测定时所取样品中汞的含量，ng；

$W_0$——测定时所取空白中汞的含量，ng；

$V_t$——样品溶液总体积，ml；

$V_a$——测定时所取样品溶液体积，ml；

$V_{nd}$——标准状态（101.325 kPa，273 K）下的采样体积，L。

## 9 质量保证和质量控制

9.1 质量保证和质量控制参照 HJ/T 194 执行。

9.2 试验用的试剂，包括巯基棉（4.18）、10% 氯化亚锡盐酸溶液（4.15）、pH=3 的盐酸溶液（4.10）、溴酸钾-溴化钾溶液（4.13）、盐酸羟胺-氯化钠溶液（4.14）及 4.0 mo1/L 盐酸-氯化钠饱和溶液（4.12）等，均需事先用冷原子荧光测汞仪检查，试剂中汞的空白值应不超过 0.1 ng。

9.3 每批巯基棉制备后先进行汞的回收试验（见附录 A）。

## 10 注意事项

10.1 盐酸羟胺常含有汞，必须提纯。当汞含量较低时，采用巯基棉纤维管除汞法；汞含量高时，先按萃取法除掉大量汞，再按巯基棉纤维管法除尽汞（见附录 B）。

10.2 如欲分别测定有机汞及无机汞，采样后，将巯基棉采样管放在 5 ml 容量瓶的瓶口上，以 1 ml/min 流量，滴加 2.0 mol/L 盐酸溶液（4.9）解吸有机汞。用 2.0 mol/L 盐酸溶液（4.9）稀释至标线，以下步骤同标准曲线的绘制。继续将上述采样管，用 4.0 mol/L 盐酸-氯化钠饱和溶液（4.12）解吸无机汞，方法同前。

10.3 本方法还可以分别测定颗粒态汞及气态汞，可在巯基棉采样管前加一有机纤维素微孔滤膜捕集颗粒态汞。用 10%硝酸溶液（4.11）溶解，用上述方法测汞。

# 附 录 A
（资料性附录）
## 巯基棉吸附效率的测定

于反应瓶中加入氯化汞标准溶液（4.17），氯化亚锡盐酸溶液（4.15）后，用氮气（4.1）将产生的元素汞通入巯基棉采样管。用 4.0 mol/L 盐酸-氯化钠饱和溶液（4.12）解吸，测定回收率，以求得巯基棉对汞的吸附效率。

将 1 000 mg/kg 甲基汞（$CH_3HgCl$）水溶液放在 100 ml 聚乙烯瓶，配以硅橡胶塞，密封，保持温度为 22℃。此时，蒸气中甲基汞浓度为 27.8 ng/ml±4.1 ng/ml，用气密注射器抽取一定体积的蒸气，随采样器气流注入巯基棉采样管，用 2.0 mol/L 盐酸（4.9）溶液解吸有机汞，测定回收率，以求得巯基棉对有机汞的吸附效率。

# 附 录 B
（资料性附录）
## 除汞法

巯基棉纤维管除汞法：在内径 6～8 mm，长 100 mm 左右、一端拉细的玻璃管，或 500 ml 分液漏斗放液管中，填充 0.1～0.2 g 巯基棉纤维（4.18），将待净化试剂以 10 ml/min 速度流过一至两次即可除尽汞。

萃取法：取 250 ml 盐酸羟胺溶液注入 500 ml 分液漏斗中，每次加入 15 ml 含二苯基硫巴腙（双硫腙 $C_{13}H_{12}N_4S$）0.1 g/L 的四氯化碳（$CCl_4$）溶液，反复进行萃取，直至含双硫腙的四氯化碳溶液保持绿色不变为止。然后用四氯化碳萃取，以除去多余的双硫腙。

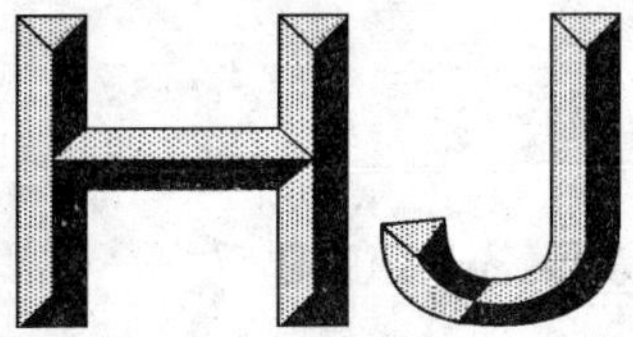

# 中华人民共和国国家环境保护标准

HJ 543—2009

# 固定污染源废气　汞的测定
# 冷原子吸收分光光度法（暂行）

**Stationary source emission—Determination of mercury**
**—Cold atomic absorption spectrophotometry**

2009-12-30 发布　　　　2010-04-01 实施

环　境　保　护　部　发布

# 前　言

为贯彻《中华人民共和国环境保护法》和《中华人民共和国大气污染防治法》，保护环境，保障人体健康，规范固定污染源废气中汞的监测方法，制定本标准。

本标准规定了测定固定污染源废气中汞的冷原子吸收分光光度法。

本标准由环境保护部科技标准司组织制订。

本标准起草单位：北京市环境保护监测中心。

本标准环境保护部 2009 年 12 月 30 日批准。

本标准自 2010 年 4 月 1 日起实施。

本标准由环境保护部解释。

# 固定污染源废气　汞的测定　冷原子吸收分光光度法（暂行）

警告：汞及其化合物毒性很强，操作时应加强室内通风；反应后的含汞废气在排出之前用碘-活性炭吸附，以免污染空气；检测后的残渣残液应做妥善的安全处理。

## 1　适用范围

本标准规定了测定固定污染源废气中汞的冷原子吸收分光光度法。

本标准适用于固定污染源废气中汞的测定。

方法检出限为 0.025 μg/25 ml 试样溶液，当采样体积为 10 L 时，检出限为 0.002 5 $mg/m^3$，测定下限为 0.01 $mg/m^3$。

## 2　规范性引用文件

本标准内容引用了下列文件或其中的条款。凡是不注日期的引用文件，其有效版本适用于本标准。

GB/T 16157　固定污染源排气中颗粒物测定与气态污染物采样方法

HJ/T 373　固定污染源监测质量保证与质量控制技术规范（试行）

GB/T 6682　分析实验室用水规格和试验方法

## 3　方法原理

废气中的汞被酸性高锰酸钾溶液吸收并氧化形成汞离子，汞离子被氯化亚锡还原为原子态汞，用载气将汞蒸气从溶液中吹出带入测汞仪，用冷原子吸收分光光度法测定。

## 4　干扰

有机物如苯、丙酮等干扰测定。

## 5　试剂和材料

除非另有说明，分析时均使用符合国家标准的分析纯试剂。实验用水，GB/T 6682，二级。

5.1　浓盐酸：$\rho$(HCl)=1.19 g/ml，优级纯。

5.2　硫酸：$\rho(H_2SO_4)$=1.84 g/ml，优级纯。

5.3　高锰酸钾（$KMnO_4$）：优级纯。

5.4　氯化汞（$HgCl_2$）：优级纯。

5.5　硫酸溶液：$\varphi(H_2SO_4)$=10%。

量取 10 .0 ml 硫酸（5.2）至 100 ml 水中。

5.6　硫酸溶液：$c(1/2\ H_2SO_4)$=0.5 mol/L。

取 6.9 ml 硫酸（5.2）徐徐加入 400 ml 水中，冷却后用水稀释至 500 ml。

5.7　硫酸溶液：$c(1/2\ H_2SO_4)$=1.0 mol/L。

取 13.8 ml 硫酸（5.2）徐徐加入 400 ml 水中，冷却后用水稀释至 500 ml。

5.8　高锰酸钾溶液：$c(1/5KMnO_4)$=0.1 mol/L。

称取 3.2 g 高锰酸钾（5.3），用水溶解并稀释到 1 000 ml。过滤后，滤液贮存于棕色瓶中备用。

5.9　吸收液

将 0.1 mol/L 高锰酸钾溶液（5.8）与 10%硫酸溶液（5.5）等体积混合，使用前配制。

5.10　氯化亚锡甘油溶液：$w(SnCl_2 \cdot 2H_2O)=25\%$。

称取 25.0 g 氯化亚锡（$SnCl_2 \cdot 2H_2O$）于 150 ml 烧杯中，加 10.0 ml 浓盐酸（5.1），搅拌使其溶解，加入甘油 90 ml，冷却后贮于棕色瓶中。

注：氯化亚锡甘油溶液临用前倒入汞反应瓶中，吹氮气除去其中的本底汞，至测汞仪读数回零。

5.11　盐酸羟胺溶液：$w(NH_2OH \cdot HCl)=10\%$。

称取 10.0 g 盐酸羟胺（$NH_2OH \cdot HCl$）用少量水溶解，并用水稀释至 100 ml。

5.12　汞标准贮备液：$\rho$(Hg)=1 000 μg/ml。

称取 0.135 4 g 氯化汞（5.4），溶于 0.5 mol/L 硫酸溶液（5.6）中，移入 100 ml 容量瓶中，以 0.5 mol/L 硫酸溶液（5.6）稀释至标线。此溶液每毫升含 1 000 μg 汞。

汞标准贮备液也可使用市售有证标准溶液。

5.13　汞标准中间液：$\rho$(Hg)= 10.0 μg/ml。

吸取氯化汞标准贮备液（5.12）1.00 ml，移入 100 ml 容量瓶中，用 0.5 mol/l 硫酸溶液（5.6）稀释至标线，此溶液每毫升相当于含 10.0 μg 汞。

5.14　汞标准使用液：$\rho$(Hg)= 1.00 μg/ml。

临用前，吸取氯化汞标准中间液（5.13）10.00 ml，移入 100 ml 容量瓶中，用 0.5 mol/L 硫酸溶液（5.6）稀释至标线。此溶液每毫升相当于含 1.00 μg 汞。

5.15　碘-活性炭

称取 10 g 碘（$I_2$）和 20 g 碘化钾（KI）于烧杯中，再加入 200 ml 蒸馏水或去离子水，配成溶液，然后向溶液中加入约 100 g 活性炭，用力搅拌至溶液脱色后倾出溶液，将活性炭在 100～110℃烘干，置于干燥器中备用。

5.16　氮气（$N_2$）：纯度$\varphi(N_2)=99.999\%$。

注：如使用空气作为载气，应经过活性炭净化。

## 6　仪器和设备

除非另有说明，分析时均使用符合国家标准 A 级玻璃仪器。

6.1　烟气采样器：流量范围 0～1 L/min。

6.2　大型气泡吸收管：10 ml。

6.3　冷原子吸收测汞仪。

6.4　汞反应瓶。

6.5 汞吸收塔：250 ml 玻璃干燥塔，内填充碘-活性炭（5.15）。为保证碘-活性炭的效果，使用 1～2 个月后，应重新更换。

## 7　样品

### 7.1　样品的采集

按照 GB/T 16157 进行烟气采样。在采样装置上串联两支各装 10 ml 吸收液（5.9）的大型气泡吸收管，以 0.3 L/min 流量，采样 5～30 min。

注：橡皮管对汞有吸附，采样管与吸收管之间采用聚乙烯管连接，接口处用聚四氟乙烯生料带密封；当汞浓度较高时，可使用大型冲击式吸收采样瓶。

### 7.2　现场空白

将两支装有 10 ml 吸收液（5.9）的大型气泡吸收管带至采样点，不连接烟气采样器，并与样品在相同的条件下保存、运输，直到送交实验室分析，运输过程中应注意防止玷污。

### 7.3　样品的保存

采样结束后，封闭吸收管进出气口，置于样品箱内运输，并注意避光，样品采集后应尽快分析。

若不能及时测定，应置于冰箱内 0～4℃保存，5 d 内测定。

### 7.4 试样的制备

采样后，将两支吸收管中的吸收液合并移入 25 ml 容量瓶中，用吸收液（5.9）洗涤吸收管 1～2 次，洗涤液并入容量瓶中，用吸收液（5.9）稀释至标线，摇匀。

### 7.5 空白试样的制备

按试样的制备（7.4）方法制备空白试样。

## 8 分析步骤

### 8.1 标准曲线的绘制

8.1.1 取 7 支汞反应瓶，按表 1 配制汞标准系列。

表 1 汞标准系列

| 瓶号 | 0 | 1 | 2 | 3 | 4 | 5 | 6 |
|---|---|---|---|---|---|---|---|
| 汞标准使用液/ml | 0 | 0.10 | 0.20 | 0.40 | 0.60 | 0.80 | 1.00 |
| 吸收液/ml | 5.0 | 4.9 | 4.8 | 4.6 | 4.4 | 4.2 | 4.0 |
| 汞含量/μg | 0 | 0.10 | 0.20 | 0.40 | 0.60 | 0.80 | 1.00 |

8.1.2 将各瓶摇匀后放置 10 min，滴加 10%盐酸羟胺溶液（5.11），至紫红色和沉淀完全褪去为止。

8.1.3 在瓶中加 1.0 mol/L 硫酸溶液（5.7）至 25 ml，再加 25%氯化亚锡甘油溶液（5.10）3.0 ml，迅速盖严瓶塞。

8.1.4 按测汞仪操作程序进行测定，以仪器的响应值对汞含量（μg）绘制标准曲线，并算出标准曲线的线性回归方程。

注：温度对测定灵敏度有影响，当室温低于 10℃时不利于汞的挥发，灵敏度较低，应采取增高操作间环境温度的办法来提高汞的气化效率。并要注意标准溶液和试样温度的一致性。

### 8.2 试料的制备

吸取适量试样，放入汞反应瓶中，用吸收液（5.9）稀释至 5.0 ml。同法制备空白试料。

### 8.3 试料的测定

按标准曲线的绘制步骤（8.1.2～8.1.4）进行试料和空白试料的测定，并记录仪器的响应值。

## 9 结果计算

根据所测得的试料和空白试料的响应值，由线性回归方程计算试料和空白试料中的汞含量。并由式（1）计算固定污染源废气中的汞的质量浓度（μg/m³）。

$$\rho(\mathrm{Hg})=\frac{W_1-W_0}{V_{\mathrm{nd}}}\times\frac{V_{\mathrm{t}}}{V_{\mathrm{a}}} \qquad (1)$$

式中：$\rho(\mathrm{Hg})$——固定污染源废气中的汞的质量浓度，μg/m³；

$W_1$——试料中的汞含量，μg；

$W_0$——空白试料中的汞含量，μg；

$V_a$——测定时所取试样溶液体积，ml；

$V_t$——试样溶液总体积，ml；

$V_{nd}$——标准状态（101.325 kPa，273 K）下干气的采样体积，m³。

## 10 质量保证和质量控制

10.1 质量保证和质量控制按《固定污染源监测质量保证与质量控制技术规范（试行）》（HJ/T 373）

相关规定执行。

10.2 全部玻璃器皿在使用前要用 10%硝酸溶液浸泡过夜或用（1+1）硝酸溶液浸泡 40 min，以除去器壁上吸附的汞。

10.3 测定样品前必须做试剂空白试验，空白值应不超过 0.005 μg 汞。

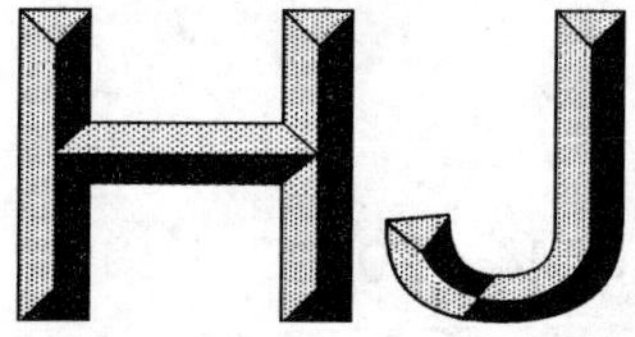

# 中华人民共和国国家环境保护标准

HJ 544—2009

# 固定污染源废气　硫酸雾的测定 离子色谱法（暂行）

**Stationary source emission—Determination of sulfuric acid mist —Ion chromatography**

2009-12-30 发布　　2010-04-01 实施

环　境　保　护　部　发布

# 前　言

为贯彻《中华人民共和国环境保护法》和《中华人民共和国大气污染防治法》，保护环境，保障人体健康，规定固定污染源废气中硫酸雾的监测方法，制定本标准。

本标准规定了测定固定污染源废气中硫酸雾的离子色谱法。

本标准由环境保护部科技标准司组织制订。

本标准主要起草单位：北京市环境保护监测中心。

本标准环境保护部于 2009 年 12 月 30 日批准。

本标准自 2010 年 4 月 1 日起实施。

本标准由环境保护部解释。

# 固定污染源废气　硫酸雾的测定　离子色谱法（暂行）

## 1　适用范围

本标准规定了测定固定污染源废气中硫酸雾的离子色谱法。

本标准适用于固定污染源废气中硫酸雾的测定。

对于有组织排放废气，将滤筒制备成 250 ml 试样时，本方法检出限为 0.12 μg/ml，当采样体积为 400 L，检出限为 0.08 mg/$m^3$，测定下限为 0.3 mg/$m^3$，测定上限为 500 mg/$m^3$。

对于无组织排放废气，将滤膜制备成 250 ml 试样时，本方法检出限为 0.12 μg/ml，当采样体积为 3 $m^3$，检出限为 0.01 mg/$m^3$，测定下限为 0.04 mg/$m^3$。

## 2　规范性引用文件

本标准内容引用了下列文件或其中的条款。凡是不注日期的引用文件，其有效版本适用于本标准。

GB/T 16157　固定污染源排气中颗粒物测定和气态污染物采样方法

HJ/T 55　大气污染物无组织排放监测技术导则

HJ/T 373　固定污染源监测质量保证与质量控制技术规范（试行）

GB/T 6682　分析实验室用水规格和试验方法

## 3　方法原理

本方法采用玻璃纤维滤筒或石英纤维滤筒采集有组织排放中颗粒物样品，用超细玻璃纤维滤膜或石英纤维滤膜采集无组织排放中颗粒物样品，用水浸取，利用预处理柱除去金属阳离子后，将试样注入离子色谱仪，根据保留时间定性，仪器响应值定量，测定硫酸根离子的浓度。

## 4　干扰和消除

样品中有钙、锶、镁、锆、钍、铜、铁等金属阳离子共存时对测定有干扰，通过预处理柱处理后可去除干扰。

## 5　试剂和材料

除非另有说明，分析时均使用符合国家标准的分析纯试剂，去离子水，GB/T 6682，二级。

5.1　阳离子交换树脂。

5.2　淋洗贮备液：根据仪器型号及色谱柱使用条件进行配置。

5.3　淋洗液：将淋洗贮备液（5.2）稀释得到淋洗液，临用现配。

5.4　硫酸钾贮备液：$\rho(SO_4^{2-})$=1 000 μg/ml。

称取 1.814 g 硫酸钾（基准试剂，105～110℃烘 2 h），溶解于水，移入 1 000 ml 容量瓶中，用水稀释至标线，摇匀。也可使用有证标准溶液进行配置。硫酸钾贮备液于 0～4℃密封可保存 3 个月。

5.5　硫酸钾标准使用液：$\rho(SO_4^{2-})$=25.0 μg/ml。

吸取 5.00 ml 硫酸钾贮备液（5.4），置于 200 ml 容量瓶中稀释至标线，摇匀，临用现配。

5.6　孔径为 0.45 μm 的中速定量滤纸。

5.7　玻璃棉。

## 6 仪器和设备

除非另有说明，分析时均使用符合国家标准的 A 级玻璃量器。

6.1 烟尘采样器：5～50 L/min。

6.2 中流量颗粒物采样器：80～130 L/min。

6.3 玻璃纤维滤筒或石英纤维滤筒。

6.4 0.45 μm 超细玻璃纤维滤膜或石英纤维滤膜。

注：为降低滤筒或滤膜（6.3、6.4）空白值，使用前可先用去离子水浸没滤筒或滤膜，将杯口用封口膜封好后放入超声波清洗器中清洗 10 min，然后测定浸泡水的电导率，电导率值应小于 0.15 mS/m，否则重复上述步骤。将洗涤完毕的滤筒或滤膜放在滤筒或滤膜架上，置于干燥箱中，干燥后放入滤筒或滤膜盒中备用。

6.5 预处理柱：将 25 ml 酸式滴定管洗净，在底层加入 5～10 mm 高的玻璃棉，再放入经洗净处理好的阳离子交换树脂（5.1），高度 150～200 mm。水面应略高于树脂，防止气泡进入而降低柱效。也可采购有相同功能的预处理柱。

6.6 超声波清洗器：功率范围：100～600 W。

6.7 电炉或电热板。

6.8 离子色谱仪：具电导检测器及阴离子色谱柱。

6.9 水性抽气过滤装置及 0.45 μm 微孔滤膜。

6.10 玻璃漏斗：直径 60 mm。

6.11 具塞磨口锥形瓶：250 ml。

6.12 酸式滴定管：25 ml。

## 7 样品

### 7.1 样品采集

7.1.1 有组织排放废气

按 GB/T 16157 采集样品。采样前要彻底清洗采样管的采样嘴和弯管，并吹干。将滤筒装入采样管头部的滤筒夹内，连接管要尽可能短并检查系统的气密性和可靠性。将装有滤筒的采样管伸入排气筒内的采样点等速采样，根据硫酸雾浓度适当选择采样时间，同时测定必要的温度、压力等参数。采样完毕后，小心取出滤筒，放入 250 ml 具塞磨口锥形瓶中，并用少量蒸馏水冲洗采样嘴及弯管，洗涤液并入锥形瓶中，盖好瓶塞，带回实验室。采样嘴用棉签擦干，弯管用吸球吹干后备用。每次采样至少采集三个滤筒样品，取其平均值。

7.1.2 无组织排放废气

按 HJ/T 55 执行。用配有滤膜的中流量颗粒物采样器以 100 L/min 流量采集颗粒物样品 30 min。如硫酸雾浓度过低，可适当延长采样时间。为排除环境空气中本底硫酸盐的影响，应在无组织排放上风向处设置参照点，同时、同条件采集环境背景样品，同时详细记录采样条件。

### 7.2 样品保存

滤筒样品采集后放入具塞磨口锥形瓶中，滤膜样品采集后对折放入干净纸袋中保存。

### 7.3 试样制备

下述试样制备方法任选其一。

7.3.1 超声波萃取法

将（7.1）采样所得样品剪碎（切勿使尘粒抖落），于 250 ml 具塞磨口锥形瓶中，加 150 ml 去离子水浸泡样品，将锥形瓶放入超声波清洗器中，超声 30 min 后取下。冷却，将浸出液经中速定量滤纸（5.6）滤入 250 ml 容量瓶中，用少量去离子水洗涤锥形瓶及样品残渣 3～4 次，洗涤液并入容量瓶中，加 1.0 mol/L 或 0.10 mol/L 氢氧化钠溶液中和至溶液 pH 7～9，用水稀释至标线。

7.3.2 加热浸出法

将（7.1）采样所得样品剪碎（切勿使尘粒抖落）放入 250 ml 具塞磨口锥形瓶中，加 150 ml 水浸没，瓶口上放一玻璃漏斗，于电炉或电热板上加热近沸，约 30 min 后取下，冷却后将浸出液用中速定量滤纸（5.6）滤入 250 ml 容量瓶中，用 20～30 ml 水洗涤锥形瓶及样品残渣 3～4 次，洗涤液并入容量瓶中，加 1.0 mol/L 或 0.10 mol/L 氢氧化钠溶液中和至溶液 pH 7～9，用水稀释至标线。

### 7.4 空白试样制备

取与样品同批次滤筒或滤膜 2～3 个，按试样处理步骤（7.3），制备成空白试样。

## 8 分析步骤

### 8.1 色谱条件

仪器条件可参照说明书进行选择，以下所列条件和参数仅供参考。

淋洗液流速：1.00 ml/min；柱温：室温（不低于 18℃±0.5℃）；进样体积：100 μl。

### 8.2 标准曲线的绘制

8.2.1 取 6 支 10 ml 容量瓶，按表 1 配制标准系列。

表 1 硫酸钾标准系列

| 瓶号 | 0 | 1 | 2 | 3 | 4 | 5 |
|---|---|---|---|---|---|---|
| 25.0 μg/ml 标准使用溶液（5.5）/ml | 0.00 | 2.00 | 4.00 | 6.00 | 8.00 | 10.0 |
| $SO_4^{2-}$质量浓度/（μg/ml） | 0.00 | 5.00 | 10.0 | 15.0 | 20.0 | 25.0 |

8.2.2 用去离子水稀释至标线，摇匀，注入离子色谱仪，测量保留时间和仪器响应值。以仪器响应值对 $SO_4^{2-}$质量浓度（μg/ml），绘制标准曲线。

### 8.3 试料测定

8.3.1 先用去离子水洗涤预处理柱，然后加入试样（7.3）进行交换处理，最初流出的 30 ml 溶液弃去不用，然后将滤液用 0.45 μm 微孔滤膜过滤后得到试料，将其注入离子色谱仪，在与绘制标准曲线相同的条件下测定。

8.3.2 空白试样（7.4）同（8.3.1）处理，并计算每个空白试料的 $SO_4^{2-}$质量浓度（μg/ml）。

## 9 结果计算

9.1 固定污染源废气中硫酸雾质量浓度按式（1）计算：

$$\rho(H_2SO_4)=\frac{(\rho_1-\rho_0)\times V_t}{V_{nd}}\times\frac{98.08}{96.06} \quad (1)$$

式中：$\rho(H_2SO_4)$——固定污染源废气中硫酸雾质量浓度，mg/m³；

$\rho_1$——试料中 $SO_4^{2-}$质量浓度，μg/ml；

$\rho_0$——空白试料 $SO_4^{2-}$质量浓度平均值，μg/ml；

$V_t$——试样总体积，ml；

$V_{nd}$——标准状态（101.325 kPa，273 K）下干气的采样体积，L；

98.08——$H_2SO_4$的摩尔质量，g/mol；

96.06——$SO_4^{2-}$的摩尔质量，g/mol。

9.2 无组织排放废气中硫酸雾质量浓度按式（2）计算：

$$\rho(H_2SO_4)=\frac{(\rho_1-\rho_0)\times V_t}{V_{nd}}\times\frac{98.08}{96.06} \quad (2)$$

式中：$\rho(H_2SO_4)$——无组织排放废气中硫酸雾质量浓度，mg/m³；

$\rho_1$——试料中 $SO_4^{2-}$质量浓度，μg/ml；

$\rho_0$——环境背景滤膜试料中 $SO_4^{2-}$质量浓度，μg/ml；

$V_t$——试样总体积，ml；

$V_{nd}$——标准状态（101.325 kPa，273 K）下干气的采样体积，L。

## 10 质量保证和质量控制

10.1 质量控制和质量保证参照 HJ/T 373 执行。

10.2 采样滤筒或滤膜应选用含硫酸盐低且数值稳定的产品。

## 11 注意事项

在滤筒后串联两个内装吸收液的冲击式吸收瓶采集硫酸雾，一般情况下吸收液均检不出硫酸。当烟气中硫酸雾在 1 000 mg/m³ 以上，含湿量在 30%以上时，采取强制冷却收集冷凝水进行测定的方法，水中硫酸雾的含量，最高时相当于 23 mg/m³，这时滤筒的阻留效率在 98%左右。浓度低、含湿量低时，阻留效率高，一般在 99%以上，低浓度时接近 100%。因此，在高浓度、高温度、高湿度情况下，采样时可采取强制冷却收集冷凝水测定和滤筒阻留量相加的方法，提高采样效率。在一般情况下，单用超细玻璃纤维滤筒阻留，可达到较好的效果，而不必用其他滤料多级捕集。

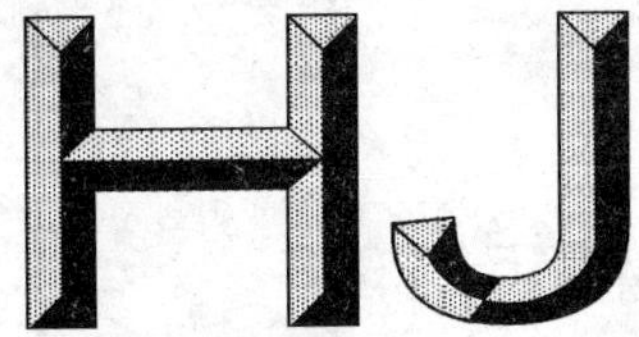

# 中华人民共和国国家环境保护标准

HJ 545—2009

# 固定污染源废气　气态总磷的测定
# 喹钼柠酮容量法（暂行）

**Stationary source emission—Determination of total gaseous phosphorus —Quimociac volumetric analysis**

2009-12-30 发布　　　　2010-04-01 实施

环　境　保　护　部　发布

# 前　言

为了贯彻《中华人民共和国环境保护法》和《中华人民共和国大气污染防治法》，保护环境，保障人体健康，规范固定污染源废气中气态总磷的测定方法，制定本标准。

本标准规定了测定固定污染源废气中气态总磷的喹钼柠酮容量法。

本标准由环境保护部科技标准司组织制订。

本标准主要起草单位：北京市环境保护监测中心。

本标准环境保护部 2009 年 12 月 30 日批准。

本标准自 2010 年 4 月 1 日起实施。

本标准由环境保护部解释。

# 固定污染源废气　气态总磷的测定
# 喹钼柠酮容量法（暂行）

**警告：本方法中配制溴化硝酸溶液的试剂具有腐蚀性，应在通风橱内操作，采样和实验室操作时均须小心谨慎！如溅到皮肤上应立即用大量水冲洗。**

## 1　适用范围

本标准规定了固定污染源废气中测定气态总磷的喹钼柠酮容量法。

本标准适用于固定污染源废气中气态总磷的测定。

本标准的检出限为 10 μg，当采样体积为 10 L 时，气态总磷的检出限为 1 mg/m$^3$。

## 2　规范性引用文件

本标准内容引用了下列文件中的条款。凡是不注日期的引用文件，其有效版本适用于本标准。

GB/T 16157　固定污染源废气中颗粒物测定与气态污染物采样方法

HJ/T 373　固定污染源监测质量保证与质量控制技术规范（试行）

## 3　术语和定义

下列术语和定义适用于本标准。

**气态总磷**

在固定污染源废气中呈气态单质磷及磷化合物的总称。

## 4　方法原理

固定污染源废气中的气态总磷用溴化硝酸吸收液吸收并氧化成正磷酸根，在酸性介质中，正磷酸根与加入的沉淀剂喹钼柠酮反应，生成黄色磷钼酸喹啉（$(C_9H_7N)_3H_3[PO_4 \cdot 12MoO_3] \cdot H_2O$)）沉淀。经过滤、洗涤后，将沉淀溶解于过量氢氧化钠溶液中，然后用盐酸标准溶液滴定过量的氢氧化钠，即可计算出固定污染源废气中气态总磷含量。

反应式如下：

吸收反应

$$P_4+16H_2O+10Br_2 = 4H_3PO_4+20HBr$$

$$3P_4+20HNO_3+8H_2O = 12H_3PO_4+20NO\uparrow$$

$$P_4O_8+8H_2O+2Br_2 = 4H_3PO_4+4HBr$$

$$PH_3+4H_2O+4Br_2 = H_3PO_4+8HBr$$

沉淀反应

$$H_3PO_4+3C_9H_7N+12Na_2MoO_4+24HNO_3 = (C_9H_7N)_3H_3[PO_4 \cdot 12MoO_3] \cdot H_2O\downarrow+11H_2O+24NaNO_3$$

溶解反应

$$(C_9H_7N)_3H_3[PO_4 \cdot 12MoO_3] \cdot H_2O+27NaOH = Na_3PO_4+12Na_2MoO_4+3C_9H_7N+16H_2O$$

滴定反应

$$NaOH+HCl=NaCl+H_2O$$

$$Na_3PO_4+HCl=Na_2HPO_4+NaCl$$

## 5 试剂和材料

除非另有说明，分析时均使用符合国家标准的分析纯试剂，实验用水均按 5.1 制备的水。

5.1 水：无二氧化碳水，用下述方法之一制备。

5.1.1 煮沸法：根据需要取适量水至烧杯中，煮沸至少 10 min，或使水量蒸发 10%以上，加盖放冷。

5.1.2 曝气法：将惰性气体或纯氮气通入水中至饱和。

5.2 硝酸：$\rho(HNO_3)$=1.42 g/ml，优级纯。

5.3 盐酸：$\rho(HCl)$=1.19 g/ml，优级纯。

5.4 邻苯二甲酸氢钾：$\rho(C_8H_5KO_4)$=1.64 g/ml，基准试剂。

5.5 无水乙醇：$\rho(CH_3CH_2OH)$=0.79 g/ml。

5.6 溴水：$\rho(Br_2)$=3.12 g/ml。

5.7 硝酸溶液：1+1。

5.8 溴化硝酸

浓硝酸（5.2）加溴水（5.6）至饱和，或 60 ml 硝酸溶液（5.7）中，加入 20 ml 溴水（5.6）。

5.9 喹钼柠酮溶液

5.9.1 称取 70 g 二水合钼酸钠（$Na_2MoO_4 \cdot 2H_2O$）溶解于 100 ml 水中；

5.9.2 称取 60 g 一水合柠檬酸（$C_6H_8O_7 \cdot H_2O$）溶解于 150 ml 水和 85 ml 硝酸（5.2）中；

5.9.3 在不断搅拌下，缓缓地将溶液 5.9.1 倒入溶液 5.9.2 中；

5.9.4 在 100 ml 水中加入 35 ml 硝酸（5.2）和 5 ml 喹啉（$C_9H_7N$）；

5.9.5 将溶液 5.9.4 倒入溶液 5.9.3 中，于暗处放置 12 h 后，用玻璃滤埚过滤，于滤液中加入 280 ml 丙酮（$CH_3COCH_3$），用水稀释至 1 000 ml，混匀，贮存于聚乙烯瓶或桶中，避光保存。

5.10 氢氧化钠标准滴定溶液：$c(NaOH)\approx 0.3$ mol/L。

5.10.1 配制

称取 12 g NaOH，用水溶解，移入 1 000 ml 容量瓶中，用水稀释至刻线，混匀。

5.10.2 标定

准确称取 2.250 g 于 105～110℃电烘箱中干燥至恒重的工作基准试剂邻苯二甲酸氢钾（5.4），溶解于 50 ml 水中，加 2 滴酚酞指示液（5.12），用配制好的氢氧化钠溶液（5.10.1）滴定至溶液呈粉红色，并保持 30 s 不变色，同时做空白试验，记录消耗的体积。

氢氧化钠标准滴定溶液浓度由式（1）计算：

$$c(\mathrm{NaOH})=\frac{m\times 1\,000}{(V_1-V_2)\times 204.22} \tag{1}$$

式中：$c(NaOH)$——氢氧化钠标准滴定溶液的浓度，mol/L；

$m$——邻苯二甲酸氢钾的质量，g；

$V_1$——氢氧化钠溶液的体积，ml；

$V_2$——空白试验氢氧化钠溶液的体积，ml；

204.22——邻苯二甲酸氢钾的摩尔质量，g/mol。

5.11 盐酸标准滴定溶液：$c(HCl)\approx 0.1$ mol/L。

5.11.1 配制

量取 8.4 ml 盐酸（5.3），加入 1 000 ml 水中，混匀。

5.11.2 标定

准确吸取 50.0 ml 盐酸溶液（5.11.1）于 250 ml 锥形瓶中，加入 50.0 ml 水，加入 2 滴酚酞指示液（5.12），用氢氧化钠标准滴定溶液（5.10）滴定至粉红色，并保持 30 s 不变色，记录消耗的体积。

盐酸标准滴定溶液浓度由式（2）计算：

$$c(\mathrm{HCl})=\frac{c_1\cdot V_1}{V} \tag{2}$$

式中：$c(\mathrm{HCl})$——盐酸标准滴定溶液的浓度，mol/L；

$V$——盐酸溶液的体积，ml；

$c_1$——氢氧化钠标准滴定溶液的浓度，mol/L；

$V_1$——氢氧化钠标准滴定溶液的体积，ml。

5.12 酚酞指示液：$\rho$=10 g/L。

称取 1 g 酚酞溶解于 100 ml 无水乙醇（5.5）中。

## 6 仪器和设备

除非另有说明，分析时均使用符合国家标准的 A 级玻璃量器。

6.1 烟气采样器：流量范围 0～1 L/min。

6.2 滴定管：25 ml。

6.3 冲击式吸收瓶：50 ml。

6.4 缓冲瓶：250 ml。

6.5 抽滤器。

6.6 抽滤滤膜：0.45 μm。

6.7 电炉或电热板。

6.8 烘箱。

## 7 样品

### 7.1 样品采集

采样按照 GB/T 16157 执行，采样器应在使用前进行气密性检查和流量校准，清洗采样管的采样嘴，并吹干。在采样器和吸收瓶中间连接一缓冲瓶，内置 150 ml 水。串联两个吸收瓶，吸收液各为 20 ml 溴化硝酸（5.8）。以 0.5 L/min 的流量采集，采样时间为 10～20 min，并做好采样记录。

### 7.2 样品保存

样品采集后，于 0～4℃保存，1 周内测定。

### 7.3 试样制备

将采样所得吸收液合并，倒入烧杯中，在通风橱内，加热蒸发，浓缩到 10 ml 左右，使之完全氧化。再加入盐酸（5.3），继续赶溴，直至溶液呈无色，得试样溶液。

## 8 分析步骤

### 8.1 试料制备

在试样（7.3）中加入 10 ml 硝酸溶液（5.7），用水稀释至约 100 ml，盖好表面皿，于电炉上加热至沸，在不断搅拌下加入 45 ml 喹钼柠酮溶液（5.9），继续加热，保持微沸 1 min，取下烧杯，静置冷却至室温，用抽滤装置过滤，并用水洗涤沉淀至中性。

### 8.2 试料分析

将沉淀和滤膜移入 250 ml 锥形瓶中，加入氢氧化钠标准滴定溶液（5.10），边加边摇待沉淀全部溶解后再过量 5～6 ml，最后记录所加氢氧化钠标准滴定溶液的体积。加入 50 ml 水和 2 滴酚酞指示液

（5.12），用盐酸标准滴定溶液（5.11）滴定至粉红色刚好消失为终点，记录滴定所消耗盐酸标准滴定溶液体积。

## 9 结果计算

按式（3）计算出固定污染源废气中气态总磷含量：

$$\rho(\mathrm{P})=\frac{(c_1\cdot V_1-c_2\cdot V_2)\times 0.001191}{V_{\mathrm{nd}}}\times 10^6 \tag{3}$$

式中：$\rho$(P)——固定污染源废气中气态总磷含量，mg/m$^3$；

$c_1$——氢氧化钠标准滴定溶液的浓度，mol/L；

$V_1$——加入氢氧化钠标准滴定溶液的体积，ml；

$c_2$——盐酸标准滴定溶液的浓度，mol/L；

$V_2$——滴定所消耗盐酸标准滴定溶液的体积，ml；

0.001 191——每毫摩尔氢氧根对应磷的质量，g/mmol；

$V_{\mathrm{nd}}$——标准状态（101.325 kPa，273 K）下所抽取固定污染源废气的体积，L。

## 10 质量保证和质量控制

质量保证和质量控制按 HJ/T 373 的相关规定执行。

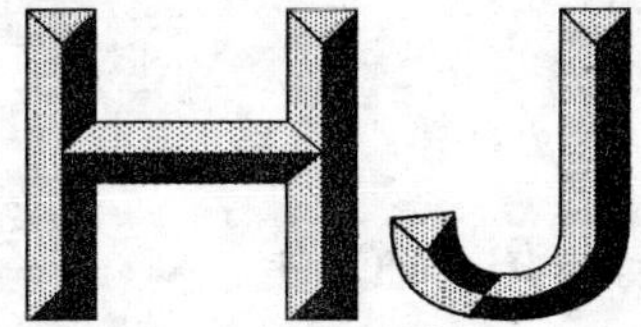

# 中华人民共和国国家环境保护标准

HJ 546—2009

# 环境空气　五氧化二磷的测定 抗坏血酸还原-钼蓝分光光度法（暂行）

**Ambient air—Determination of phosphorus pentoxide —Molybdenum blue ascorbiaccid to deoxidize spectrophotometric method**

2009-12-30 发布　　2010-04-01 实施

环 境 保 护 部 发布

# 前　言

为了贯彻《中华人民共和国环境保护法》和《中华人民共和国大气污染防治法》，保护环境，保障人体健康，规范空气中五氧化二磷的测定方法，制定本标准。

本标准规定了测定空气中五氧化二磷的抗坏血酸还原-钼蓝分光光度法。

本标准由环境保护部科技标准司组织制订。

本标准主要起草单位：北京市环境保护监测中心。

本标准环境保护部 2009 年 12 月 30 日批准。

本标准自 2010 年 4 月 1 日起实施。

本标准由环境保护部解释。

# 环境空气　五氧化二磷的测定
# 抗坏血酸还原-钼蓝分光光度法（暂行）

## 1　适用范围

本标准规定了测定空气中五氧化二磷的抗坏血酸还原-钼蓝分光光度法。

本标准适用于空气中五氧化二磷的测定。

本标准的检出限为 0.8 μg/50 ml，当采样体积为 5 $m^3$ 时，检出限为 0.2 μg/$m^3$，测定下限为 0.8 μg/$m^3$；当采样体积为 300 L 时，检出限为 0.003 mg/$m^3$，测定下限为 0.012 mg/$m^3$。

## 2　规范性引用文件

本标准内容引用了下列文件中的条款。凡是不注日期的引用文件，其有效版本适用于本标准。

HJ/T 194　环境空气质量手工监测技术规范

GB/T 6682　分析实验室用水规格和试验方法

## 3　方法原理

用过氯乙烯等滤膜采集空气中五氧化二磷，采样后，加水与五氧化二磷生成正磷酸。在酸性介质中有酒石酸锑钾存在下，正磷酸与钼酸铵反应生成磷钼杂多酸，用抗坏血酸还原为蓝色的络合物，于 700 nm 波长处测定吸光度，即可计算出空气中五氧化二磷的含量。

## 4　干扰和消除

当五价砷大于 5 μg/ml、四价硅大于 8 μg/ml、六价铬大于 16 μg/ml 时对本法测定有干扰，加入亚硫酸钠和硫代硫酸钠溶液可消除干扰。

## 5　试剂和材料

除非另有说明，分析时均使用符合国家标准的分析纯试剂。水，GB/T 6682，三级。

5.1　硫酸：$\rho(H_2SO_4)$=1.84 g/ml，优级纯。

5.2　磷酸二氢钾：$\rho(KH_2PO_4)$=2.34 g/ml，基准试剂。

5.3　硫酸溶液：$c(1/2H_2SO_4)$=5 mol/L。

量取 140 ml 硫酸（5.1），边搅拌边缓缓注入盛有 500 ml 水的烧杯中，冷却后，用水稀释至 1 000 ml，混匀。

5.4　钼酸铵溶液：$\rho[(NH_4)_6Mo_7O_{24}]$=40 g/L。

称取 43.34 g 钼酸铵$[(NH_4)_6Mo_7O_{24}\cdot 4H_2O]$，溶于水，并稀释至 1 000 ml，混匀，贮存于聚乙烯塑料瓶中，于冰箱内保存。

5.5　抗坏血酸溶液：$\rho(C_6H_8O_6)$=17 g/L。

称取 2.60 g 抗坏血酸，溶于水，并稀释至 150 ml，贮存于棕色瓶中。于冰箱内保存，如不变色可长期使用。

5.6　酒石酸锑钾溶液：$\rho[K(SbO)C_4H_4O_6]$=2.70 g/L。

称取 2.74 g 酒石酸锑钾$[K(SbO)C_4H_4O_6\cdot 1/2H_2O]$，溶于适量水中，用水稀释至 1 000 ml，混匀。

5.7　亚硫酸钠溶液：$\rho(Na_2SO_3)$=100 g/L。

称取 100 g 亚硫酸钠，溶于水，移入 1 000 ml 容量瓶中，用水稀释至刻线，混匀。

5.8 硫代硫酸钠溶液：$\rho(Na_2S_2O_3)$=10 g/L。

称取 15.70 g 硫代硫酸钠（$Na_2S_2O_3 \cdot 5H_2O$），溶于水，移入 1 000 ml 容量瓶中，用水稀释至刻线，混匀。

5.9 磷酸二氢钾标准贮备液

准确称取 0.191 7 g 于 105～110℃电烘箱中干燥至恒重的磷酸二氢钾（5.2），溶于水，移入 1 000 ml 容量瓶中，用水稀释至刻线，混匀，此溶液每毫升相当于含 100.0 μg 五氧化二磷。

5.10 磷酸二氢钾标准使用液

临用时，吸取 10.00 ml 磷酸二氢钾标准贮备液（5.9）于 100 ml 容量瓶中，用水稀释至刻线，此溶液每毫升相当于含 10.0 μg 五氧化二磷。也可使用有证的标准溶液。

5.11 混合还原剂

临用时，分别取 40 ml 亚硫酸钠溶液（5.7）及硫代硫酸钠溶液（5.8），与 20 ml 水混合均匀。

5.12 混合显色剂

临用时，将 25 ml 硫酸溶液（5.3）、7.5 ml 钼酸铵溶液（5.4）和 15 ml 抗坏血酸溶液（5.5）混合在一起，加入 2.5 ml 酒石酸锑钾溶液（5.6），混匀。该显色剂在室温下只能稳定 4 h。

注 1：钼酸铵与抗坏血酸溶液混合后加入，可避免硅钼蓝生成。

注 2：加入酒石酸锑钾可加快室温下的反应速度。

## 6 仪器设备

除非另有说明，分析时均使用符合国家标准 A 级玻璃量器。

6.1 颗粒物采样器：中流量采样器，80～130 L/min；小流量采样器，10～15 L/min 或 0～30 L/min。

6.2 可见分光光度计：具有 3 cm 比色皿。

6.3 过氯乙烯等滤膜：0.45 μm。

6.4 烘箱。

## 7 样品

### 7.1 样品的采集

7.1.1 使用中流量采样器采样

采样时，将滤膜装在颗粒物采样器的滤膜夹内，以 100 L/min 流量，采样 45～60 min，并记录采样条件。采样后，将滤膜用干净的镊子取出，对叠放在样品盒中带回实验室。

7.1.2 使用小流量采样器采样

采样时，将滤膜装在颗粒物采样器的滤膜夹内，以 15 L/min 流量，采样 10～20 min，并记录采样条件。采样后，将滤膜用干净的镊子取出，对叠放在样品盒中带回实验室。

### 7.2 样品的保存

样品应于 0～4℃干燥保存，1 周内测定。

### 7.3 试样的制备

用镊子将采样滤膜从样品盒内取出，置于 50 ml 烧杯中，加入 10 ml 水，摇动烧杯使水浸润滤膜，再加入 1.0 ml 硫酸溶液（5.3），搅动并浸泡 15 min 以上，用中速定量滤纸过滤样品于 50 ml 容量瓶中，用 20 ml 水分数次洗涤烧杯及滤渣，洗涤液合并于容量瓶中。

### 7.4 空白试样的制备

取同批号空白滤膜，按步骤 7.3 同时操作，制备成空白试样。

## 8 分析步骤

### 8.1 标准曲线的绘制

取 8 支 50 ml 容量瓶，按表 1 配制标准系列。

表 1 五氧化二磷标准系列

| 瓶 号 | 0 | 1 | 2 | 3 | 4 | 5 | 6 | 7 |
|---|---|---|---|---|---|---|---|---|
| 磷酸二氢钾标准使用液（5.10）/ml | 0.00 | 0.10 | 0.50 | 0.90 | 1.30 | 1.70 | 2.10 | 2.50 |
| 五氧化二磷含量/μg | 0.00 | 1.00 | 5.00 | 9.00 | 13.0 | 17.0 | 21.0 | 25.0 |

向容量瓶内分别加入 5 ml 水，1.0 ml 硫酸溶液（5.3）和 2.5 ml 混合还原剂（5.11），混匀，放置 10 min，加水至约 40 ml，加入 8.0 ml 混合显色剂（5.12），加水稀释至刻线，混匀。

室温在 20℃以上，显色 25 min；室温低于 20℃时，显色 35 min。在波长 700 nm 处，用 3 cm 比色皿，以水为参比，测定吸光度，以五氧化二磷含量（μg）对吸光度绘制标准曲线，并计算标准曲线的回归方程。

### 8.2 测定

于试样（7.3）和空白试样（7.4）的容量瓶中各加入 2.5 ml 混合还原剂（5.11），混匀，放置 10 min，以下步骤同标准曲线的绘制。

## 9 结果计算

按式（1）计算出空气中五氧化二磷含量的质量浓度：

$$\rho(P_2O_5)=\frac{m-m_0}{V_{nd}} \tag{1}$$

式中：$\rho(P_2O_5)$——空气中五氧化二磷含量的质量浓度，μg/m³；

$m$——由标准曲线计算得出样品滤膜上五氧化二磷的含量，μg；

$m_0$——由标准曲线计算得出空白滤膜上五氧化二磷的含量，μg；

$V_{nd}$——标准状态（101.325 kPa，273 K）下所抽取空气的体积，m³。

## 10 质量保证和质量控制

质量保证和质量控制应符合 HJ/T 194 的要求。采样器应在使用前进行气密性检查和流量校准，采样和分析过程中不要用手指触摸滤膜，防止带入污染。

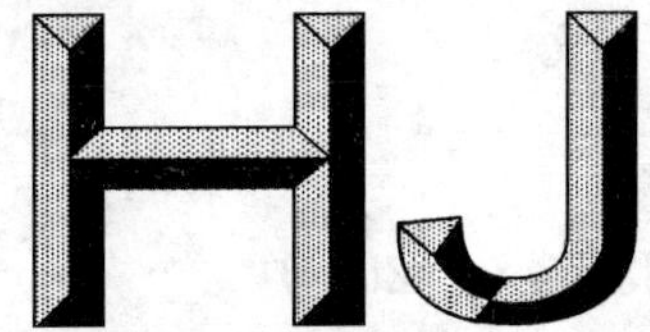

# 中华人民共和国国家环境保护标准

HJ 547—2009

# 固定污染源废气　氯气的测定
# 碘量法（暂行）

**Stationary source emission—Determination of chlorine**
**—Iodometric method**

2009-12-30 发布　　　　2010-04-01 实施

环　境　保　护　部 发布

# 前　言

为贯彻实施《中华人民共和国环境保护法》和《中华人民共和国大气污染防治法》，保护环境，保障人体健康，规范固定污染源废气中氯气的监测方法，制定本标准。

本标准规定了测定固定污染源废气中氯气的碘量法。

本标准由环境保护部科技标准司组织制订。

本标准起草单位：北京市环境保护监测中心。

本标准环境保护部 2009 年 12 月 30 日批准。

本标准自 2010 年 4 月 1 日起实施。

本标准由环境保护部解释。

# 固定污染源废气　氯气的测定　碘量法（暂行）

警告：在现场采样时，如氯气浓度较高，操作人员应在上风向并带好防毒口罩操作，严防氯气中毒。

## 1　适用范围

本标准规定了测定固定污染源废气中氯气的碘量法。

本标准适用于固定污染源废气中氯气的测定。

本方法检出限为 0.03 μg；采样体积为 10 L 时，检出限为 12 mg/m³。

## 2　规范性引用文件

本标准内容引用了下列文件中的条款。凡是不注日期的引用文件，其有效版本适用于本标准。

GB/T 16157　固定污染源排气中颗粒物测定和气态污染物采样方法

HJ/T 373　固定污染源监测质量保证与质量控制技术规范（试行）

GB/T 6682　分析实验室用水规格和试验方法

## 3　方法原理

氯气被氢氧化钠溶液吸收，生成次氯酸钠，用盐酸酸化，释放出游离氯。反应式如下：

$$2NaOH + Cl_2 \longrightarrow NaCl + H_2O + NaClO$$

$$NaClO + HCl \longrightarrow NaOH + Cl_2$$

游离氯再氧化碘化物生成碘，用硫代硫酸钠标准溶液滴定，计算出氯的量。

$$Cl_2 + 2KI \longrightarrow 2KCl + I_2$$

$$I_2 + 2Na_2S_2O_3 \longrightarrow 2NaI + Na_2S_4O_6$$

## 4　干扰

废气中含氯化氢时，测定不受干扰；含有氧化性及还原性气体时有干扰。

## 5　试剂和材料

除非另有说明，分析时均使用符合国家标准的分析纯试剂；实验用水，GB/T 6682，三级。

5.1　盐酸：$\rho$(HCl)=1.19 g/ml，优级纯。

5.2　碘化钾晶体（KI）：优级纯。

5.3　碘酸钾（$KIO_3$）：优级纯。

5.4　盐酸溶液：2+1。

用盐酸（5.1）配制。

5.5　盐酸溶液：$c$(HCl)=1.2 mol/L。

量取 100 ml 浓盐酸（5.1），用水稀释至 1 000 ml。

5.6　氢氧化钠吸收液：$w(NaOH)=0.4\%$。

称取 4.0 g 氢氧化钠，溶于水，稀释至 1 000 ml。

5.7　碘酸钾标准溶液：$c(1/6KIO_3)=0.100\ 0$ mol/L。

称取 3.567 g 在 105～110℃烘干 2 h 并冷却的碘酸钾（5.3），溶于水，移入 1 000 ml 容量瓶，稀释至标线，摇匀，贮于棕色具塞玻璃瓶内。

5.8　硫代硫酸钠标准溶液：$c(Na_2S_2O_3)\approx0.1$ mol/L。

称取 25 g 硫代硫酸钠（$Na_2S_2O_3\cdot5H_2O$），溶于新煮沸并已冷却的水中，加 0.20 g 无水碳酸钠，稀释至 1 000 ml，贮存于棕色玻璃瓶中保存。若溶液呈现浑浊时，应加以过滤。0～4℃可保存 6 个月，临用标定。

标定方法：吸取 10.00 ml 碘酸钾标准溶液（5.7），置于 250 ml 碘量瓶中，加入 85 ml 新煮沸并已冷却的水，加 1.0 g 碘化钾（5.2），振荡至完全溶解后，再加入 10.0 ml 盐酸溶液（5.5），立即盖好瓶塞，混匀。在暗处置放 5 min 后，用硫代硫酸钠溶液（5.8）滴定至淡黄色，加 5 ml 淀粉指示剂（5.10），继续滴定至蓝色刚好褪去，记录消耗硫代硫酸钠溶液的体积（$V$）。按式（1）计算硫代硫酸钠溶液的浓度：

$$c(Na_2S_2O_3)=\frac{0.01\times10.00}{V} \tag{1}$$

式中：$c(Na_2S_2O_3)$——硫代硫酸钠溶液的浓度，mol/L；

$V$——标定碘酸钾所用硫代硫酸钠溶液的体积，ml。

5.9　硫代硫酸钠标准使用液

吸取 50.00 ml 标定过的硫代硫酸钠溶液（5.8），置于 500 ml 容量瓶中，用新煮沸并已冷却的水稀释至标线，摇均，临用现配。

5.10　淀粉指示剂：$w=0.20\%$。

称取 0.20 g 可溶性淀粉，加少量水调成糊状，慢慢倒入 100 ml 沸水中，继续煮沸至溶液澄清，冷却后贮于细口瓶中，临用现配。

## 6　仪器和设备

除非另有说明，分析时均使用符合国家标准 A 级玻璃仪器。

6.1　烟气采样器：0～1 L/min。

6.2　采样管：玻璃或聚四氟乙烯材质。

注：氯气在有水蒸气存在时，生成盐酸和次氯酸，具有很强的腐蚀性，因此采样管应采用玻璃或聚四氟乙烯材质制作。

6.3　多孔玻板吸收瓶：125 ml。

6.4　棕色酸式滴定管：25 ml 或 50 ml。

6.5　碘量瓶：250 ml。

## 7　样品

### 7.1　样品采集

采样点位布设及采样方法按 GB/T 16157 执行。采样时，串联两个多孔玻璃板吸收瓶，瓶中各装 30～40 ml 氢氧化钠吸收液（5.6），以 0.5～1 L/min 流量采样，采样 10～30 min。

### 7.2　样品保存

样品采集应尽快分析，若不能当天测定，应将样品密封后置于冰箱，0～4℃保存，5 d 内测定。

## 8 分析步骤

### 8.1 试样制备

采样后，将两管样品溶液全部转移到 100 ml 容量瓶中，用吸收液（5.6）洗涤吸收管及吸收瓶，合并转移到此容量瓶中，加吸收液至标线，混匀。

### 8.2 试样测定

吸取 25.00 ml 试样（8.1）于碘量瓶中，加入等体积水，加入 2.0 g 碘化钾（5.2），待溶解后，加 10.0 ml 盐酸溶液（5.4），密塞、混匀，于暗处放置 5 min。用硫代硫酸钠标准溶液（5.9）滴定至淡黄色，加入 5 ml 淀粉溶液（5.10），继续滴定至蓝色刚好消失为止，记录消耗量（$V$）。

### 8.3 空白试样测定

另取 25.00 ml 吸收液，加等体积水，同时进行空白滴定，记录消耗量（$V_0$）。

## 9 结果计算

氯气含量按式（2）计算

$$\rho(Cl_2)=\frac{(V-V_0)\times c\times 35.5}{V_{nd}}\times\frac{V_t}{V_a}\times 1\,000 \qquad (2)$$

式中：$\rho(Cl_2)$——氯气含量，mg/m$^3$；

$V$——滴定试样溶液所消耗硫代硫酸钠标准溶液的体积，ml；

$V_0$——滴定空白试样溶液所消耗硫代硫酸钠标准溶液的体积，ml；

$c$——硫代硫酸钠标准使用液浓度，mol/L；

35.5——氯（1/2$Cl_2$）的摩尔质量，g/mol；

$V_t$——试样溶液总体积，ml；

$V_a$——滴定时所取试样溶液体积，ml；

$V_{nd}$——换算成标准状态（101.325 kPa，273 K）下干排气的采气体积，L。

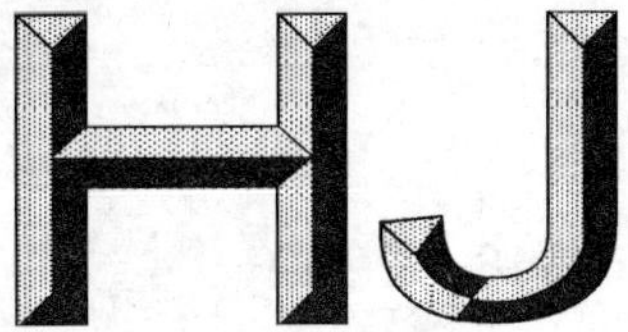

# 中华人民共和国国家环境保护标准

HJ 548—2009

# 固定污染源废气　氯化氢的测定
# 硝酸银容量法（暂行）

**Stationary source emissions—Determination of hydrogen chloride —Silver nitrate titration method**

2009-12-30 发布　　2010-04-01 实施

环　境　保　护　部　发布

# 前　言

为贯彻《中华人民共和国环境保护法》和《中华人民共和国大气污染防治法》，保护环境，保障人体健康，规范固定污染源废气中氯化氢的监测方法，制定本标准。

本标准规定了测定固定污染源废气中氯化氢的硝酸银容量法。

本标准由环境保护部科技标准司组织制订。

本标准起草单位：北京市环境保护监测中心。

本标准环境保护部 2009 年 12 月 30 日批准。

本标准自 2010 年 4 月 1 日起实施。

本标准由环境保护部解释。

# 固定污染源废气　氯化氢的测定
# 硝酸银容量法（暂行）

## 1　适用范围

本标准规定了测定固定污染源废气中氯化氢的硝酸银容量法。

本标准适用于固定污染源废气中氯化氢的测定。

本标准的方法检出限为 0.03 mg。当采样体积为 15 L 时，检出限为 2 $mg/m^3$。

## 2　规范性引用文件

本标准内容引用了下列文件中的条款。凡是不注日期的引用文件，其有效版本适用于本标准。

GB/T 16157　固定污染源排气中颗粒物测定与气态污染物采样方法

HJ/T 373　固定污染源监测质量保证与质量控制技术规范（试行）

GB/T 6682　分析实验室用水规格和试验方法

## 3　方法原理

氯化氢被氢氧化钠溶液吸收后，在中性条件下，以铬酸钾为指示剂，用硝酸银标准溶液滴定，生成氯化银沉淀，过量的银离子与铬酸钾指示剂反应生成浅砖红色铬酸银沉淀，指示滴定终点，反应式如下：

$$Cl^- + AgNO_3 \longrightarrow NO_3^- + AgCl\downarrow$$

$$2Ag^+ + CrO_4^{2-} \longrightarrow \underset{\text{（浅砖红色）}}{Ag_2CrO_4\downarrow}$$

## 4　干扰和消除

4.1　硫化物、氰化物、氯气及其他卤化物干扰测定，使结果偏高。

4.2　废气中有氯气（$Cl_2$）共存时，它与氢氧化钠反应生成等量的氯离子和次氯酸根离子干扰氯化氢的测定，用碘量法测定次氯酸根，从总氯化物中减去其量，即得氯化氢含量。

## 5　试剂和材料

除非另有说明，分析时均使用符合国家标准的分析纯试剂。水，GB/T 6682，三级。

5.1　硝酸：$\rho(HNO_3)$=1.42 g/ml，优级纯。

5.2　无水乙醇：$\rho(CH_3CH_2OH)$=0.79 g/ml。

5.3　硝酸溶液：$c(HNO_3)$=0.10 mol/L。

取 6.25 ml 硝酸（5.1）用水稀释至 100 ml，混匀。

5.4　乙醇溶液：1+1。

取 250 ml 无水乙醇（5.2），用水稀释至 500 ml，混匀。

5.5　氢氧化钠吸收液：$c$(NaOH)= 0.10 mol/L。

取 4.0 g 氢氧化钠溶于少量水中，用水稀释至 1 000 ml，混匀。

5.6　氯化钠标准溶液

用减量法称取 0.550 0～0.600 0 g 氯化钠（NaCl，预先在瓷坩埚中，于 400～500℃灼烧至不再发出爆裂声，稍冷，移入称量瓶，称准至 0.1 mg），溶于水，移入 100 ml 容量瓶中，用水稀释至标线，摇匀。按式（1）准确计算氯化钠标准溶液浓度：

$$c(\mathrm{NaCl})=\frac{W\times 10}{58.44} \tag{1}$$

式中：$c(\mathrm{NaCl})$——氯化钠标准溶液的浓度，mol/L；

$W$——氯化钠的量，g；

58.44——氯化钠的摩尔质量，g/mol。

5.7　硝酸银标准贮备溶液：$c(\mathrm{AgNO_3})\approx 0.10$ mol/L。

5.7.1　配制

称取 17.00 g 硝酸银，溶于水，用水稀释至 1 000 ml，贮于棕色细口瓶中。

5.7.2　标定

吸取氯化钠标准溶液（5.6）10.00 ml，置于白瓷皿中，加 25 ml 水。加铬酸钾指示剂（5.9）1.0 ml，在玻璃棒不断搅拌下，用硝酸银标准贮备溶液滴定，至产生不消失的淡砖红色为止。记录硝酸银滴定溶液体积。另取 35 ml 水，同法进行空白滴定。按式（2）计算硝酸银标准贮备溶液浓度：

$$c(\mathrm{AgNO_3})=\frac{c_1\times 10.00}{V-V_0} \tag{2}$$

式中：$c(\mathrm{AgNO_3})$——硝酸银标准贮备溶液浓度，mol/L；

$c_1$——氯化钠标准溶液浓度，mol/L；

$V_0$——滴定空白溶液所消耗硝酸银贮备溶液的体积，ml；

$V$——滴定氯化钠溶液所消耗硝酸银贮备溶液的体积，ml。

5.8　硝酸银标准使用溶液

吸取标定后的硝酸银标准贮备溶液（5.7）10.00 ml，置于 100 ml 容量瓶中，用水稀释至标线，混匀，贮于棕色细口瓶中。

5.9　铬酸钾指示剂

称取 5.0 g 铬酸钾（$\mathrm{K_2CrO_4}$）溶于少量水，逐滴加入硝酸银标准使用溶液（5.8）至产生少量淡砖红色沉淀为止。放置过夜，过滤，弃去沉淀，滤液用水稀释至 100 ml，贮于棕色试剂瓶中。

5.10　酚酞指示剂

称取 0.50 g 酚酞，溶于 100 ml 乙醇溶液（5.4）。

## 6　仪器和设备

除非另有说明，分析时均使用符合国家标准 A 级玻璃量器。

6.1　烟气采样器：流量范围 0～1 L/min。

6.2　棕色酸式滴定管：25 ml。

6.3　吸收装置：多孔玻板吸收瓶，75 ml。

6.4　乙酸纤维微孔滤膜：0.3 μm。

6.5　采样管

用硬质玻璃或氟树脂材质，具有适当尺寸的管料，并应附有可加热至 120℃以上的保温夹套。

6.6　滤膜夹：聚四氟乙烯，尺寸与乙酸纤维微孔滤膜相配。

6.7　连接管

用聚四氟乙烯软管或内衬聚四氟乙烯薄膜的硅橡胶管。

6.8 白瓷皿：75 ml。

## 7 样品

### 7.1 样品的采集

按《固定污染源排气中颗粒物测定与气态污染物采样方法》（GB/T 16157）执行。采样时，连接一支内装 30～50 ml 氢氧化钠吸收液（5.5）的多孔玻板吸收瓶，以 0.5 L/min 流量，采样 10～30 min。在采样过程中保持采样保温夹套温度为 120℃，以避免水汽于吸收瓶之前凝结。

注：氯化氢浓度高时，可串联两支吸收瓶采样，将样品溶液合并，定容后吸取适量溶液滴定。若排气中含有氯化物颗粒性物质，应在吸收瓶之前安装滤膜夹。

### 7.2 样品的保存

样品采集应尽快分析，若不能当天测定，应将样品密封后于 0～4℃冷藏保存，保存期不超过 48 h。

## 8 分析步骤

### 8.1 样品的分析

采样后，将样品溶液转入白瓷皿中，加酚酞指示剂（5.10）1 滴，滴加 0.10 mol/L 硝酸溶液（5.3）至红色刚刚消失。加铬酸钾指示剂（5.9）1.0 ml，不断搅拌，用 0.01 mol/L 硝酸银标准使用溶液（5.8）滴定，至产生浅砖红色为止。

### 8.2 空白试验

取同体积吸收液，根据 8.1 操作进行空白滴定。

## 9 结果计算

按式（3）计算出固定污染源废气中氯化氢的质量浓度：

$$\rho(\mathrm{HCl})=\frac{(V_1-V_0)\times c_2\times 36.46\times 1\,000}{V_{\mathrm{nd}}} \tag{3}$$

式中：$\rho$(HCl)——固定污染源废气中氯化氢的质量浓度，mg/m³；

$V_1$——滴定样品溶液消耗的硝酸银标准使用溶液体积，ml；

$V_0$——滴定空白溶液消耗的硝酸银标准使用溶液体积，ml；

$c_2$——硝酸银标准溶液的浓度，mol/L；

36.46——氯化氢（HCl）的摩尔质量，g/mol；

$V_{\mathrm{nd}}$——标准状态（101.325 kPa，273 K）下干气的采样体积，L。

## 10 质量保证和质量控制

10.1 质量保证和质量控制参照 HJ/T 373 执行。

10.2 采样器应在使用前进行气密性检查和流量校准，每批样品至少应带一个全程序空白。

10.3 用过的吸收瓶、连接管等，将溶液倒出后，直接用去离子水洗涤，不要用自来水洗涤；在操作过程中应注意防尘，手指不要触摸吸收瓶管口处，以防氯化物玷污。

## 11 注意事项

滴定时溶液应为中性或微碱性（pH=6.5～10.5）。在酸性溶液中，$CrO_4^{2-}$ 转化 $Cr_2O_7^{2-}$ 影响终点时 $Ag_2CrO_4$ 沉淀的生成。在碱性溶液中 $Ag^+$将形成 $Ag_2O$ 沉淀。

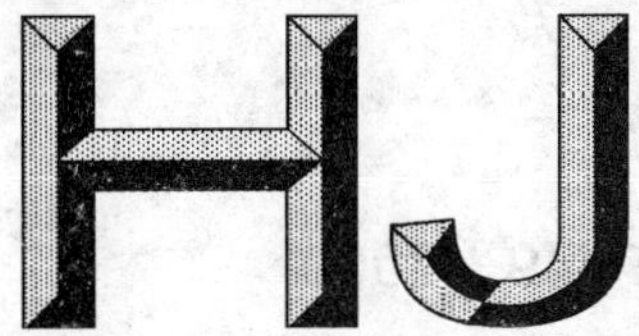

# 中华人民共和国国家环境保护标准

HJ 549—2009

# 环境空气和废气　氯化氢的测定
# 离子色谱法（暂行）

**Ambient air and waste gas—Determination of hydrogen chloride**
**—Ion chromatography**

2009-12-30 发布　　　　2010-04-01 实施

环　境　保　护　部 发布

# 前　言

为贯彻《中华人民共和国环境保护法》和《中华人民共和国大气污染防治法》，保护环境，保障人体健康，规范空气和废气中氯化氢的监测方法，制定本标准。

本标准规定了测定空气和废气中氯化氢的离子色谱法。

本标准由环境保护部科技标准司组织制订。

本标准主要起草单位：北京市环境保护监测中心。

本标准环境保护部 2009 年 12 月 30 日批准。

本标准自 2010 年 4 月 1 日起实施。

本标准由环境保护部解释。

# 环境空气和废气　氯化氢的测定
# 离子色谱法（暂行）

## 1　适用范围

本标准规定了测定环境空气和废气中氯化氢的离子色谱法。

本标准适用于环境空气和废气中氯化氢的测定。

对于有组织排放废气，本方法检出限为 1 μg/50 ml，当采样体积为 10 L 时，检出限为 0.5 $mg/m^3$，测定下限为 2 $mg/m^3$。

对于环境空气，本方法检出限为 0.2 μg/10 ml，当采样体积为 60 L 时，检出限为 0.003 $mg/m^3$，测定下限为 0.012 $mg/m^3$。

## 2　规范性引用文件

本标准内容引用了下列文件或其中的条款。凡是不注日期的引用文件，其有效版本适用于本标准。

GB/T 16157　固定污染源排气中颗粒物测定和气态污染物采样方法

HJ/T 194　环境空气质量手工监测技术规范

HJ/T 373　固定污染源监测质量保证与质量控制技术规范（试行）

GB/T 6682　分析实验室用水规格和试验方法

## 3　方法原理

用碱性吸收液吸收氯化氢气体生成氯化物。将样品注入离子色谱仪，分离出氯离子，根据保留时间定性，响应值定量。

## 4　试剂和材料

除非另有说明，分析时均使用符合国家标准的分析纯试剂，去离子水，GB/T 6682，二级。

4.1　吸收液：氢氧化钾-碳酸钠溶液，$c(KOH)$=0.089 mol/L，$c(Na_2CO_3)$=0.12 mol/L。

称取 5.0 g 氢氧化钾和 12.72 g 无水碳酸钠，溶解于水，稀释至 1 000 ml。也可根据仪器型号及色谱柱使用条件进行配置。

4.2　淋洗液：由 1 份吸收液加 49 份水配制，临用现配。

4.3　氯化钾标准贮备溶液：$\rho(Cl^-)$=1 000 μg/ml。

称取 2.103 g 氯化钾（基准试剂，于 110℃烘干 2 h），溶解后移入 1 000 ml 容量瓶中，用淋洗液（4.2）稀释至标线，摇匀。也可使用有证标准溶液进行配置。氯化钾贮备液于 0～4℃密封可保存 3 个月。

4.4　氯化钾标准使用液Ⅰ：$\rho(Cl^-)$=100 μg/ml。

吸取 10.00 ml 氯化钾标准贮备溶液（4.3），置于 100 ml 容量瓶中，用淋洗液（4.2）稀释至标线，摇匀，临用现配。

4.5　氯化钾标准使用液Ⅱ：$\rho(Cl^-)$=10 μg/ml。

吸取 10.00 ml 氯化钾标准贮备溶液（4.3），置于 1 000 ml 容量瓶中，用淋洗液（4.2）稀释至标线，摇匀，临用现配。

以上试剂均贮于塑料瓶中。

4.6　0.45 μm 乙酸纤维微孔滤膜。

4.7 0.3 μm 乙酸纤维微孔滤膜。

## 5 仪器和设备

除非另有说明，分析时均使用符合国家标准的 A 级玻璃量器。

5.1 多孔玻板吸收管：10 ml。

5.2 大型气泡吸收管：10 ml。

5.3 烟气采样器：流量范围，0～1 L/min。

5.4 空气采样器：流量范围，0～1 L/min。

5.5 采样管：用硬质玻璃或氟树脂材质，具有适当尺寸的管料，并应附有可加热至 120℃以上的保温夹套。

5.6 聚四氟乙烯滤膜夹：尺寸与滤膜（4.7）相配。

5.7 连接管：用聚四氟乙烯软管或内衬聚四氟乙烯薄膜的硅橡胶管。

5.8 离子色谱仪：含电导检测器及阴离子色谱柱。

5.9 真空过滤装置。

5.10 聚四氟乙烯或聚乙烯塑料瓶。

5.11 具塞比色管：10 ml、50 ml。

## 6 样品

### 6.1 样品采集

6.1.1 有组织排放

采样按 GB/T 16157 中的有关规定执行。在采样装置上串联两支各装 5.0 ml 吸收液（4.1）的多孔玻板吸收管，以 0.5 L/min 流量，采样 15～30 min。在采气过程中，保持采样管保温夹套温度在 120℃，以避免水汽于吸收管之前凝结。若排气中含有氯化物颗粒性物质，应在吸收瓶之前安装放入滤膜（4.7）的滤膜夹。

6.1.2 空气

采样按 HJ/T 194 执行。采样器应在使用前进行气密性检查和流量校准。将微孔滤膜（4.7）装在滤膜夹内，后面串联两支各装 10 ml 吸收液/淋洗液（4.2）的大型气泡吸收管，用空气采样器以 1 L/min 流量，采气 60 min。

### 6.2 样品保存

样品采集后用聚四氟乙烯管密封，于 0～4℃冷藏保存，48 h 内分析测定。

### 6.3 试样制备

6.3.1 有组织排放样品

采样后，将两支吸收管中的样品（6.1.1）溶液分别注入 50 ml 具塞比色管中，用水稀释至标线，摇匀。分别吸取 10.00 ml 上述样品溶液，置于另外两支 50 ml 具塞比色管中，用水稀释至标线，摇匀。

6.3.2 有组织排放空白样品

同 6.3.1 处理全程序空白样品。

6.3.3 空气样品

将两支吸收管中的样品（6.1.2）分别移入两支 10 ml 具塞比色管中，用少量淋洗液（4.2）洗涤吸收管内壁，淋洗液一并移入比色管，稀释至 10 ml 标线，摇匀。

6.3.4 空气空白样品

全程序空白样品处理步骤同 6.3.3。

## 7 分析步骤

### 7.1 色谱条件

仪器条件可参照说明书进行选择，以下所列条件和参数仅供参考。

流速：1.00 ml/min；进样体积：100 μl。

柱温：室温（不低于 18℃±0.5℃）。

### 7.2 标准曲线的绘制

7.2.1 取 6 支 50 ml 容量瓶，按表 1 配制标准系列Ⅰ。

表 1 氯化钾标准系列Ⅰ

| 管号 | 0 | 1 | 2 | 3 | 4 | 5 |
|---|---|---|---|---|---|---|
| KCl 标准使用液Ⅰ（4.4）/ml | 0 | 0.50 | 1.00 | 5.00 | 10.0 | 25.0 |
| 淋洗液/ml | 50.00 | 49.5 | 49.0 | 45.0 | 40.0 | 25.0 |
| $Cl^-$质量浓度/（μg/ml） | 0 | 1.00 | 2.00 | 10.0 | 20.0 | 50.0 |

各管混匀后，注入离子色谱仪，测量仪器响应值及保留时间。以仪器响应值对 $Cl^-$质量浓度（μg/ml），绘制标准曲线Ⅰ，此标准曲线适用于固定污染源废气样品。

7.2.2 取 6 支 10 ml 容量瓶，按表 2 配制标准系列Ⅱ。

表 2 氯化钾标准系列Ⅱ

| 管号 | 0 | 1 | 2 | 3 | 4 | 5 |
|---|---|---|---|---|---|---|
| KCl 标准使用液Ⅱ（4.5）/ml | 0 | 0.10 | 0.25 | 0.50 | 1.00 | 2.00 |
| 淋洗液/ml | 10.0 | 9.90 | 9.75 | 9.50 | 9.00 | 8.00 |
| $Cl^-$质量浓度/（μg/ml） | 0 | 0.10 | 0.25 | 0.50 | 1.00 | 2.00 |

各管混匀后，注入离子色谱仪，测量仪器响应值及保留时间。以仪器响应值对 $Cl^-$质量浓度（μg/ml），绘制标准曲线Ⅱ，此标准曲线适用于空气样品。

### 7.3 试料的测定

将试样（6.3）用 0.45 μm 乙酸纤维微孔滤膜（4.6）过滤后得到试料，保存于聚四氟乙烯或聚乙烯塑料瓶中。同法处理全程序空白试样。测定时将试料注入离子色谱仪，在与绘制标准曲线相同的条件下测定 $Cl^-$含量。

## 8 结果计算

8.1 固定污染源废气中氯化氢的质量浓度按式（1）计算：

$$\rho(\mathrm{HCl})=\frac{(\rho_1+\rho_2-2\rho_0)\times V_1}{V_{\mathrm{nd}}}\times\frac{50}{10.0}\times\frac{36.46}{35.45} \quad (1)$$

式中：$\rho(\mathrm{HCl})$——固定污染源废气中 HCl 的质量浓度，mg/m$^3$；

$\rho_1$、$\rho_2$——第一、二管试料中 $Cl^-$质量浓度，μg/ml；

$\rho_0$——空白试料中 $Cl^-$质量浓度，μg/ml；

$V_1$——稀释后试样体积，ml；

$V_{\mathrm{nd}}$——标准状态（101.325 kPa，273 K）下干气的采样体积，L；

36.46——HCl 的摩尔质量，g/mol；

35.45——$Cl^-$的摩尔质量，g/mol。

8.2 空气中氯化氢的质量浓度按式（2）计算：

$$\rho(\mathrm{HCl})=\frac{(\rho_1+\rho_2-2\rho_0)\times 10.0}{V_{\mathrm{nd}}}\times\frac{36.46}{35.45} \tag{2}$$

式中：$\rho(\mathrm{HCl})$——空气中 HCl 的质量浓度，mg/m$^3$；

$\rho_1$、$\rho_2$——第一、二管试料中 $Cl^-$质量浓度，μg/ml；

$\rho_0$——空白试料中 $Cl^-$质量浓度，μg/ml；

$V_{\mathrm{nd}}$——标准状态（101.325 kPa，273 K）下干气的采样体积，L。

## 9　质量保证和质量控制

9.1　质量控制和质量保证参照 HJ/T 373 执行。

9.2　对于有组织排放废气，吸收液浓度是淋洗液浓度的 50 倍，故样品溶液在测定前须稀释 50 倍，使其浓度与淋洗液相近，当浓度相差大时，测定误差大。

9.3　当废气中氯化氢浓度低时，吸收液浓度可配得低一些，测定时稀释至与淋洗液浓度相近。

9.4　本法灵敏度高，吸收管、连接管及各器皿均应仔细洗涤；操作中注意防止自来水及空气微尘中氯化物的干扰。

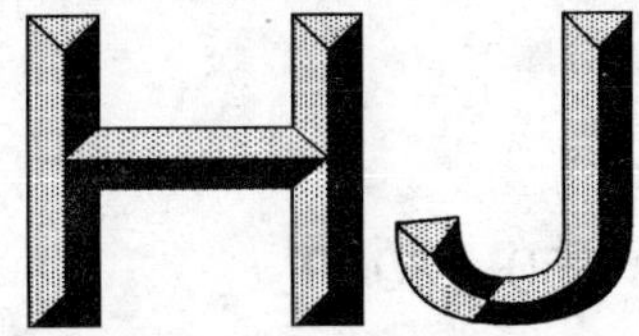

# 中华人民共和国国家环境保护标准

HJ 550—2009

# 水质 总钴的测定 5-氯-2-(吡啶偶氮)-1,3-二氨基苯分光光度法（暂行）

**Water quality—Determination of cobalt —5-Cl-PADAB spectrophotometry**

2009-12-30 发布　　2010-04-01 实施

环 境 保 护 部 发布

# 前 言

为贯彻《中华人民共和国环境保护法》和《中华人民共和国水污染防治法》，保护环境，保障人体健康，规范水中钴的监测方法，制定本标准。

本标准规定了测定水中总钴的5-氯-2-（吡啶偶氮）-1,3-二氨基苯分光光度法。

本标准由环境保护部科技标准司组织制订。

本标准起草单位：北京市环境保护监测中心。

本标准环境保护部2009年12月30日批准。

本标准自2010年4月1日起实施。

本标准由环境保护部解释。

# 水质 总钴的测定
# 5-氯-2-（吡啶偶氮）-1,3-二氨基苯分光光度法（暂行）

## 1 适用范围

本标准规定了测定水中总钴的5-氯-2-（吡啶偶氮）-1,3-二氨基苯分光光度法。

本标准适用于地表水、地下水、工业废水和生活污水中总钴的测定。

不经预富集，当取样体积为10 ml，方法检出限为0.007 mg/L，测定下限为0.02 mg/L，测定上限为0.16 mg/L。经预富集后，方法检出限可降低50倍。

## 2 方法原理

在pH为5～6的乙酸-乙酸钠缓冲介质中，钴与5-氯-2-（吡啶偶氮）-1,3-二氨基苯（简称5-Cl-PADAB）反应生成紫红色络合物，用分光光度计于570 nm波长处测定其吸光度，其摩尔吸光系数为$1.03\times10^5$ L/（mol·cm），钴质量浓度在0.02～0.16 mg/L范围内符合朗伯比尔定律。

水中钴含量低于0.02 mg/L时，用巯基棉或XAD-2型大孔网状树脂预富集后，再进行显色测定，其灵敏度可提高5～50倍。

## 3 干扰和消除

不经预富集处理，碱金属及碱土金属不干扰测定。当$Fe^{3+}$含量大于0.006 mg，$Cr^{3+}$含量大于0.001 mg时产生正干扰。$Fe^{3+}$的干扰可在pH=5～6时加入适量焦磷酸钠溶液至铁棕色消失后，再加入2.5 ml来掩蔽；$Cr^{3+}$干扰可通过$HNO_3$-HCl-$HClO_4$消解挥发除去。某些重金属离子与5-Cl-PADAB显色干扰钴的测定，但在显色完成后，加HCl至呈强酸性可分解褪色而消除其干扰，而此时钴络合物十分稳定，不受影响。

大量$Fe^{2+}$、$Cr^{6+}$存在会产生负干扰，也可用$HNO_3$-HCl-$HClO_4$消解，通过氧化、掩蔽和挥发分别除去。

$SO_4^{2-}$、$Cl^-$、$PO_4^{3-}$、$NO_3^-$、$Br^-$、$ClO_4^-$、酒石酸根等不干扰测定。柠檬酸根使钴显色不完全。

若用巯基棉进行预富集，加入适量酒石酸盐可以防止锰、铁在pH=9时水解形成胶体，其余金属离子都可分离除去，不产生干扰。柠檬酸、半胱氨酸等有机络合剂不影响$Co^{2+}$的吸附。

若用XAD-2型大孔网状树脂预富集，其干扰和消除方法与不经预富集处理相同。

## 4 试剂和材料

除非另有说明，分析时均使用符合国家标准的分析纯试剂。实验用水为新制备的去离子水或蒸馏水。

4.1 硝酸：$\rho(HNO_3)$=1.42 g/ml，优级纯。

4.2 高氯酸：$\rho(HClO_4)$=1.67 g/ml，优级纯。

4.3 盐酸：$\rho(HCl)$=1.19 g/ml，优级纯。

4.4 硫酸：$\rho(H_2SO_4)$=1.84 g/ml，优级纯。

4.5 巯基乙酸。

4.6 乙酐。

4.7 36%乙酸。

4.8 95%乙醇。

4.9 氨水：pH=10。

4.10 盐酸溶液：1+1。

4.11 盐酸溶液：$c$(HCl)=3 mol/L。

4.12 盐酸溶液：$c$(HCl)=1 mol/L。

4.13 氢氧化钠：$w$(NaOH)=20%。

称取 20.0 g 氢氧化钠，溶于 100 ml 水中。

4.14 酒石酸铵溶液：$w(C_4H_{12}N_2O_6)$=10%。

称取 10.0 g 酒石酸铵，溶于水，稀释至 100 ml。

4.15 硫代硫酸钠溶液：$w(Na_2S_2O_7 \cdot 5H_2O)$=20%。

称取 20.0 g 硫代硫酸钠，溶于水，稀释至 100 ml。

4.16 氯化铵-氨水（$NH_4Cl$-$NH_4OH$）缓冲溶液：pH =10。

称取 20.0 g 氯化铵（$NH_4Cl$），溶于 l00 ml 浓氨水中，密塞，置于冰箱中保存。

4.17 乙酸-乙酸钠（HAC-NaAC）缓冲溶液：pH= 5～6。

称取 21.0 g 无水乙酸钠，溶于少量水中，加入乙酸调节 pH 至 5～6，用水稀释至 1 000 ml。

4.18 5-Cl-PADAB 乙醇溶液：$w$(5-Cl-PADAB)=0.1%。

称取 0.10 g 5-Cl-PADAB，溶于 95%的乙醇溶液中，并稀释至 100 ml。贮存于棕色瓶中。

4.19 焦磷酸钠溶液：$w(Na_4P_2O_7 \cdot 10H_2O)$= 5%。

称取 5.0 g 焦磷酸钠，溶于水，稀释至 100 ml。

4.20 钴标准贮备液：$\rho$(Co)=100 μg/ml。

称取 0.035 15 g 基准试剂三氧化二钴，加入 2.5 ml 盐酸（4.3）溶解，移入 250 ml 容量瓶中，用水稀释至标线。

4.21 钴标准使用液：$\rho$(Co)=2 μg/ml。

吸取 10.00 ml 钴标准贮备液（4.20），移入 500 ml 容量瓶中，用水稀释至标线。

4.22 对硝基酚溶液：$w(C_6H_5NO_3)$= 0.2%。

称取 0.20 g 对硝基酚，溶于水，稀释至 100 ml。

4.23 巯基棉

4.23.1 于磨口瓶中依次加入 100 ml 分析纯巯基乙酸（4.5）、60 ml 乙酐（4.6）、40 ml 36%乙酸（4.7）、0.3 ml 硫酸（4.4），充分混合。冷却至室温后，加入 30 g 脱脂棉，使其完全浸没，加盖，置于 40℃烘箱中 2～4 d 后取出，抽滤，用蒸馏水洗至中性，在 30℃烘干。放入磨口瓶中，加盖避光低温贮存，可保存 3 个月。

4.23.2 巯基棉也可按下列方法制备：在小广口瓶中加入 70 ml 巯基乙酸（4.5），0.4 ml 硫酸（4.4），摇匀。加入 10 g 脱脂棉使其完全浸没，加盖，于室温下放置 24 h。以下步骤同 4.23.1。

4.24 XAD-2 型大孔网状树脂

将 XAD-2 型树脂用甲醇浸泡（淹没树脂）24 h，然后过滤，用 3 mol/L 盐酸（4.11）溶液洗涤数次，再用氨水（4.9）冲洗数次，最后用蒸馏水洗至中性。

## 5 仪器和设备

除非另有说明，分析时均使用符合国家标准的 A 级玻璃量器。

5.1 可见分光光度计：配有光程为 20 mm 的比色皿。

5.2 富集装置：采用直径为 1 cm 的固相萃取柱，内填 0.25 g 巯基棉（4.23）或 0.5 g 树脂（4.24）。

## 6 样品

### 6.1 样品的采集和保存

根据水样中钴的含量，采集 250 ml 至 2 L 水样。样品采集后，加硫酸或盐酸至 pH<2，对基体复杂的废水样品，应使酸度约为 1%，在 0～4℃保存。

### 6.2 试样的制备

6.2.1 硝酸-高氯酸消解

对于含有机质较高的地表水和污水，吸取水样 2～20 ml（视水样中钴含量而定）于 100 ml 烧杯中，加入 2 ml 硝酸（4.1），盖上表面皿，于电热板上加热煮沸 1～5 min，取下稍冷，加入 1～2 ml 高氯酸（4.2）（视有机质含量多少而定），继续加热至冒浓白烟，并持续至溶液无黑色残渣透明为止。取下冷却后，转移至 25 ml 具塞比色管中，加入 1～2 滴对硝基酚指示剂（4.22），滴加 20%氢氧化钠溶液（4.13）至溶液呈现黄色，待测。

6.2.2 预富集

6.2.2.1 对于含钴量在 0.02 mg/L 以下的样品，需进行预富集。若水样中含有机质或其他杂质，应事先进行消解，再进行预富集。

6.2.2.2 巯基棉法预富集

取水样 500 ml（视水样中钴含量而定），加入 2.5 ml 10%酒石酸铵溶液（4.14）、2.5 ml 20%硫代硫酸钠（4.15），调节 pH 至 8.5～9.5，加入 10 ml 氯化铵-氨水缓冲溶液（4.16），以 1～4 ml/min 的流速通过吸附装置富集，待水样流完后，用 4 ml 1 mol/L 盐酸（4.12）以 1～4 ml/min 的流速分两次进行洗脱，洗脱液用 25 ml 具塞比色管承接，向洗脱液中加入 1～2 滴对硝基酚（4.22），滴加 20%氢氧化钠溶液（4.13）至溶液呈现黄色，待测。

6.2.2.3 XAD-2 型树脂预富集

取水样 500 ml（视水样中钴含量而定），调节 pH 至 5～6，加入 10 ml 乙酸-乙酸钠缓冲溶液（4.17），1.5 ml 5-Cl-PADAB 溶液（4.18），在沸水浴上加热（或直接加热至近沸）5 min。冷却后用 20%NaOH 溶液（4.13）调节 pH 至 10，以 1～2 ml/min 的流速通过吸附装置富集，用 10 ml 95%的乙醇（4.8）溶液分两次洗脱，洗脱液用 50 ml 烧杯承接。洗脱完毕，将其放在水浴或低温电热板上，蒸发至 5 ml 左右，取下冷却。加入 10 ml（1+1）HCl 溶液（4.10），转移至 25 ml 具塞比色管中，用水稀释至标线，摇匀，待测。

## 7 分析步骤

### 7.1 校准曲线的绘制

分别吸取钴标准使用液（4.21）0.00、0.25、0.50、1.00、1.50、2.00 ml 于 25 ml 具塞比色管中，钴的含量依次为：0.00、0.50、1.00、2.00、3.00、4.00 μg。分别加入 5.0 ml 乙酸-乙酸钠缓冲溶液（4.17）、0.50 ml 焦磷酸钠溶液（4.19）、1.0 ml 5-Cl-PADAB 溶液（4.18），用水稀释至 10 ml 左右，摇匀。置于沸水浴上加热 5 min，取下，冷却至室温后，加入 10 ml（1+1） HCl 溶液（4.10），用水稀释至标线，摇匀。用 20 mm 比色皿，于波长 570 nm 处，以水为参比测定吸光度。以扣除试剂空白的吸光度对应钴含量绘制校准曲线。

### 7.2 样品分析

7.2.1 吸取清洁水样 2～10 ml（视水样中钴含量而定）于 25 ml 具塞比色管中，以下步骤同（7.1）。

7.2.2 用经消解处理的试样（6.2.1），或用巯基棉法预富集的试样（6.2.2.2），以下步骤同（7.1）。

注意：若水样中含铁量高，应适当多加焦磷酸钠溶液，制备校准曲线时焦磷酸钠溶液的用量应与测定水样相同。

7.2.3 经 XAD-2 型树脂预富集的试样（6.2.2.3），同校准曲线的比色条件直接进行吸光度测定。

### 7.3 空白试验

用 10 ml 水代替样品，按与样品测定（7.2）相同的步骤测量吸光度。

## 8 结果计算

样品中的总钴含量$\rho$按照式（1）计算：

$$\rho(\mathrm{Co})=\frac{A-A_0-a}{bV} \tag{1}$$

式中：$\rho$(Co)——水样中总钴的含量，mg/L；

$A$——水样的吸光度；

$A_0$——空白试验的吸光度；

$a$——校准曲线的截距；

$b$——校准曲线的斜率；

$V$——水样体积，ml。

## 9 精密度和准确度

### 9.1 精密度

六个实验室采用不同前处理方法，对钴质量浓度为 0.001～0.130 mg/L 的地下水、地表水和工业废水统一样品进行测定，实验室间相对标准偏差为 0.2%～23.0%。

### 9.2 准确度

六个实验室采用不同前处理方法，对钴质量浓度为 0.001～0.130 mg/L 的地下水、地表水和工业废水统一样品进行加标测定，加标回收率为 90%～120%。

六个实验室对钴质量浓度为 0.099 mg/L 标准物质进行测定，相对误差为–5%～2%。

---

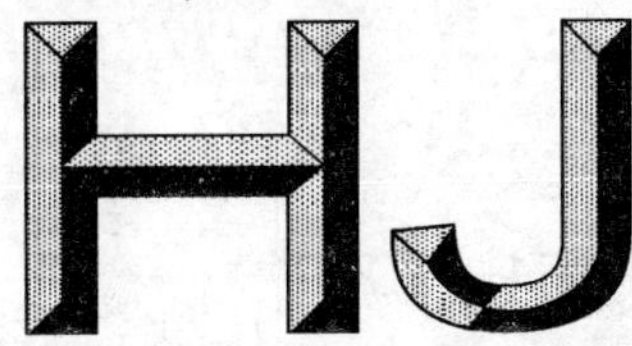

# 中华人民共和国国家环境保护标准

HJ 551—2009

# 水质　二氧化氯的测定　碘量法（暂行）

**Water quality—Determination of chlorin dioxide**

**—Iodometric method**

2009-12-30 发布　　2010-04-01 实施

环　境　保　护　部　发布

# 前　言

为贯彻《中华人民共和国环境保护法》和《中华人民共和国水污染防治法》，保护环境，保障人体健康，规范废水中二氧化氯的监测方法，制定本标准。

本标准规定了测定纺织染整工业亚漂工艺及含有大量亚氯酸盐废水中二氧化氯的碘量法。

本标准由环境保护部科技标准司组织制订。

本标准起草单位：北京市环境保护监测中心。

本标准环境保护部2009年12月30日批准。

本标准自2010年4月1日起实施。

本标准由环境保护部解释。

# 水质　二氧化氯的测定　碘量法（暂行）

## 1　适用范围

本标准规定了测定纺织染整工业废水中二氧化氯和亚氯酸盐的连续滴定碘量法。

本法适用于纺织染整工业亚漂工艺及含有大量亚氯酸盐废水中二氧化氯和亚氯酸盐的测定。

当取样量为 100 ml，二氧化氯检出限为 0.27 mg/L。

## 2　方法原理

二氧化氯和亚氯酸根均是氧化剂，都能氧化碘离子而析出碘，用硫代硫酸钠滴定析出的碘。由于在不同的 pH 值条件下，氧化数变化不同。

在 pH=7 时，$ClO_2+I^{-1}\rightarrow ClO_2^{-1}+\frac{1}{2}I_2$，氧化数由 4→3

在 pH=1～3 时，$ClO_2+5HI\rightarrow H^+ + Cl^{-1} + H_2O+\frac{5}{2}I_2$，氧化数由 4→−1

$HClO_2+4HI\rightarrow 2I_2+HCl+2H_2O$，氧化数由 3→−1

因此，可用一个样品，控制不同 pH 值，连续滴定来测定二氧化氯和亚氯酸根含量。

## 3　试剂和材料

除非另有说明，分析时均使用符合国家标准的分析纯化学试剂。实验用水为新制备的去离子水或蒸馏水。

3.1　碘化钾（KI）：晶体。

3.2　氢氧化钠溶液：$c(NaOH)$=0.1 mol/L。

称取 4 g 氢氧化钠，溶于少量水中，稀释至 1 000 ml。

3.3　硫酸溶液：1+1。

3.4　缓冲溶液：pH=7。

称取 34.0 g 磷酸二氢钾和 35.5 g 磷酸氢二钠于烧杯中，加水溶解后，稀释至 1 000 ml。

3.5　碘酸钾标准溶液：$c(1/6KIO_3)$=0.100 0 mol/L。

称取在 105～110℃烘干 2 h 并冷却的优级纯碘酸钾 3.567 0 g，溶于水，转入 1 000 ml 容量瓶，稀释至标线，贮存于玻璃具塞瓶内。

3.6　重铬酸盐标准溶液：$c(1/6K_2Cr_2O_7)$=0.100 0 mol/L。

称取在 105～110℃烘干 2 h 并冷却的优级纯重铬酸钾 4.903 2 g，溶于水，转入 1 000 ml 容量瓶，用水稀释至标线，贮存于玻璃具塞瓶内。

3.7　硫代硫酸钠标准溶液：$c(Na_2S_2O_3)$≈0.1 mol/L。

称取 25 g 硫代硫酸钠（$Na_2S_2O_3\cdot 5H_2O$）和 0.2 g 无水碳酸钠（$Na_2CO_3$），溶于新煮沸放冷的水中，稀释至 1 000 ml，贮于棕色瓶中。放置 1 周后，用碘酸钾或重铬酸钾标定。

a）用碘酸钾标定

于 250 ml 碘量瓶中，加入 80 ml 水和 1 g 碘化钾（3.1），10.00 ml 碘酸钾标准溶液（3.5），摇匀，再加入 2 ml 硫酸溶液（3.3），立即加塞密闭摇匀，在暗处放置 6 min 后，用待标定的硫代硫酸钠溶液滴至淡黄色，加入 1 ml 淀粉指示剂（3.9），继续滴到蓝色消失为止。

b）用重铬酸钾标定

于 250 ml 碘量瓶中，加入 80 ml 水和 1 g 碘化钾（3.1），10.00 ml 重铬酸钾标准溶液（3.6），2 ml 硫酸溶液（3.3），立即加塞密闭摇匀，在暗处放置 6 min 后，用待标定的硫代硫酸钠溶液滴定，步骤同 a)。

硫代硫酸钠标准溶液浓度由式（1）计算：

$$c=\frac{10.00\times0.1000}{V} \qquad (1)$$

式中：$c$——硫代硫酸钠标准溶液浓度，mol/L；

$V$——滴定碘酸钾或重铬酸钾消耗硫代硫酸钠标准溶液体积，ml。

3.8　硫代硫酸钠标准滴定溶液

移取 10.00 ml 刚标定过的硫代硫酸钠标准溶液（3.7），于 100 ml 棕色容量瓶中，用新煮沸放冷的水稀释至标线，使用前配制。

3.9　淀粉指示剂：$\rho$=0.5 g/100 ml。

于 0.5 g 淀粉中，加入少许冷水调成糊状，倾入 100 ml 沸腾的水中搅拌，然后沉淀过夜。移出上层清液，加入 0.125 g 水杨酸，0.4 g 氯化锌防腐。

## 4　仪器和设备

除非另有说明，分析时均使用符合国家标准 A 级玻璃量器。

4.1　250 ml 碘量瓶。

4.2　25.00 ml 棕色酸式滴定管。

## 5　样品

二氧化氯和亚氯酸根在水中不稳定，易挥发和被还原性物质分解。用棕色瓶采集样品，水样冲满采样瓶，勿留空间，样品应避免光、热和剧烈振动。样品不易运输保存，采样后应立即分析。

## 6　分析步骤

量取 100.0 ml（或适量）水样，用氢氧化钠溶液（3.2）调至近中性，加 10 ml 缓冲液（3.4）和 1 g 碘化钾（3.1），用硫代硫酸钠标准滴定溶液（3.8）滴至淡黄色，加 1 ml 淀粉指示剂（3.9），继续滴至蓝色消失，记录滴定液体积 $V_1$。加 3 ml 硫酸溶液（3.3）调节 pH 至 1～3，溶液又呈蓝色，继续滴定至无色，消耗硫代硫酸钠标液体积为 $V_2$。

## 7　结果计算

水样中二氧化氯和亚氯酸根含量$\rho$分别按式（2）、式（3）计算：

$$\rho(\mathrm{ClO_2})=\frac{V_1\cdot c}{V}\times67.45\times1000 \qquad (2)$$

$$\rho(\mathrm{ClO_2^-})=\frac{(V_2-4V_1)\cdot c}{V}\times\frac{1}{4}\times67.45\times1000 \qquad (3)$$

式中：$\rho(\mathrm{ClO_2})$——水样中二氧化氯的质量浓度，mg/L；

$\rho(\mathrm{ClO_2^-})$——水样中亚氯酸根的质量浓度，mg/L；

$V$——水样体积，ml；

$c$——硫代硫酸钠标准滴定溶液浓度，mol/L；

$V_1$——第一次滴定所消耗硫代硫酸钠标准滴定溶液体积，ml；

$V_2$——第二次滴定所消耗硫代硫酸钠标准滴定溶液体积，ml；

67.45——二氧化氯的摩尔质量，g/mol。

## 8 注意事项

8.1 本标准测定结果也包含废水中与二氧化氯同时存在的游离氯。

8.2 二氧化氯有腐蚀性，采集高浓度废水时，要注意防护，避免废水与皮肤接触，并站在上风向采样。

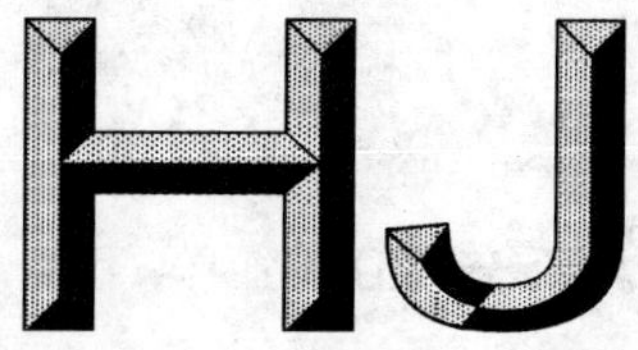

# 中华人民共和国国家环境保护标准

HJ 553—2010
代替 GB 9804—1996

# 烟度卡

**Standard for smokemetric tablet**

2010-01-05 发布　　2010-05-01 实施

环　境　保　护　部 发布

# 中华人民共和国环境保护部
# 公　告

2010年　第2号

为贯彻《中华人民共和国环境保护法》，保护环境，保障人体健康，现批准《烟度卡》为国家环境保护标准，并予发布。

标准名称、编号如下：

烟度卡（HJ 553—2010）。

该标准自2010年5月1日起实施，由中国环境科学出版社出版，标准内容可在环境保护部网站（bz.mep.gov.cn）查询。

自以上标准实施之日起，由原国家环境保护局批准、发布的下列国家环境保护标准废止，标准名称、编号如下：

烟度卡标准（GB 9804—1996）。

特此公告。

2010年1月5日

# 前　言

为贯彻《中华人民共和国环境保护法》和《中华人民共和国大气污染防治法》，防治柴油发动机及汽车排放污染，改善环境空气质量，制定本标准。

本标准规定了滤纸式烟度计检定和校准用标准烟度卡的基本性能和技术要求。

本标准是对《烟度卡标准》（GB 9804—1996）进行的修订，本标准首次发布于 1988 年，本次为第二次修订，原起草单位为中国计量科学研究院。

主要修改内容如下：

——烟度的表示符号由 $S_F$ 改为 $R_b$，烟度的表示单位由 FSN 改为 BSU；

——取消了 $S_F$ 与 $R_b$ 的对照表（原标准附录 A）。

本标准自实施之日起，原国家环境保护局 1996 年 10 月 4 日批准、发布的国家环境保护标准《烟度卡标准》（GB 9804—1996）废止。

本标准由环境保护部科技标准司组织制订。

本标准起草单位：中国环境科学研究院。

本标准环境保护部 2010 年 1 月 5 日批准。

本标准自 2010 年 5 月 1 日起实施。

本标准由环境保护部解释。

# 烟度卡

## 1 适用范围

本标准规定了滤纸式烟度计用标准烟度卡（以下简称烟度卡）的基本性能和技术要求。该烟度卡适用于滤纸式烟度计的检定和校准。

## 2 规范性引用文件

本标准内容引用了下列文件或其中的条款，凡是不注日期的引用文件，其有效版本均适用于本标准。

HJ/T 4 柴油车滤纸式烟度计技术条件

## 3 术语和定义

下列术语和定义适用于本标准。

**烟度**

指滤纸烟度，即滤纸的染黑程度，用 0～10 波许烟度单位（BSU）表示，即清洁滤纸为 0 BSU，全黑滤纸为 10 BSU，从 0～10 之间均匀分度，用下式计算：

$$R_b=（1-\rho_v）\times 10$$

式中：$R_b$——烟度，单位：波许烟度单位（BSU）；

$\rho_v$——被染黑后滤纸相对于清洁滤纸的反射因数之比；

10——烟度计的满量程。

## 4 技术内容

### 4.1 尺寸和规格

#### 4.1.1 尺寸

烟度卡的有效工作面积为 36 mm×36 mm。

#### 4.1.2 规格

烟度计计量检定用烟度卡：烟度值为 0.5～9.0 BSU 均匀级差六张一套。

烟度计日常校准用烟度卡：烟度值为 3.0 BSU 或 4.5 BSU，三张一套；也可根据实际使用需要选取其他烟度值。

### 4.2 性能要求

#### 4.2.1 光谱选择性

烟度卡表面涂层的光谱反射因数在 380～780 nm 光谱范围内应保持中性，其光谱反射因数的允许偏差应不超过相应基数的±10%。

#### 4.2.2 漫反射特性

烟度卡表面涂层的漫反射因数应不小于 0.80。

#### 4.2.3 反射均匀性

烟度卡表面涂层的反射均匀性应不小于 0.99。

4.2.4 化学稳定性

烟度卡表面涂层的化学性能应稳定，在自然条件下，其光谱反射因数的年变化量应不超过±0.5%。

## 4.3 性能试验

4.3.1 光谱选择性试验

用不确定度小于 0.5%光谱光度计，在 380～780 nm 光谱范围内测量烟度卡表面涂层的光谱反射因数，应符合 4.2.1 条规定。

4.3.2 漫反射特性试验

用变角反射计分别测量烟度卡表面被垂直照明时，在与法线成 20°和 70°角测得的光亮度平均值与在 5°角测得的光亮度值之比，即漫反射因数，应符合 4.2.2 条规定。

4.3.3 反射均匀性试验

在烟度卡有效工作表面内，用直径为 10 mm 的测量孔，按上下左右中位置顺序测量五个点的反射值，其反射最小值与五个点的平均值之比，即反射均匀性，应符合 4.2.3 条规定。

4.3.4 化学稳定性试验

模拟自然条件下光谱反射因数年变化量的试验方法如下：首先用光谱光度计测量烟度卡表面涂层光谱反射值，然后将烟度卡用发光强度约为 1 300 cd 的白炽灯，距离试样为 100 cm 的条件下照射 48 h，再在自然光下放置 24 h 后，用光谱光度计测量烟度卡光谱反射值，并与光照前烟度卡的反射值进行比较，其变化量应符合 4.2.4 条规定。

## 4.4 标定条件

4.4.1 标定装置的光谱条件和几何条件应符合 HJ/T 4 的有关规定，其总不确定度应不大于 0.05 BSU。

4.4.2 烟度卡标定周期为一年。若烟度卡表面涂层有明显污染或划痕应报废。

## 4.5 使用和保存

4.5.1 使用要求

烟度卡使用时应避免机械损伤，同时应避免用手触及涂层表面。

4.5.2 保存条件

烟度卡不使用时应放入包装袋内保存，并应避免潮湿环境和阳光直射。

---

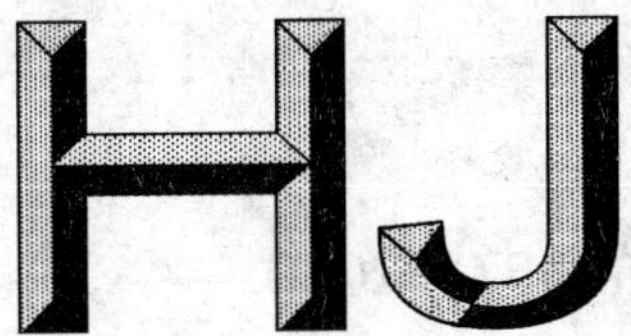

# 中华人民共和国国家环境保护标准

HJ 557—2010

代替 GB 5086.2—1997

# 固体废物　浸出毒性浸出方法

# 水平振荡法

**Solid waste—Extraction procedure for leaching toxicity**

**—Horizontal vibration method**

2010-02-02 发布　　2010-05-01 实施

环　境　保　护　部　发布

# 中华人民共和国环境保护部
# 公　告

2010 年　第 11 号

为贯彻《中华人民共和国环境保护法》，保护环境，保障人体健康，现批准《固体废物　浸出毒性浸出方法　水平振荡法》为国家环境保护标准，并予发布。

标准名称、编号如下：

固体废物　浸出毒性浸出方法　水平振荡法（HJ 557—2010）。

该标准自 2010 年 5 月 1 日起实施，由中国环境科学出版社出版，标准内容可在环境保护部网站（bz.mep.gov.cn）查询。

自标准发布之日起，由原国家环境保护局制定的下列标准废止，标准名称、编号如下：

固体废物　浸出毒性浸出方法　水平振荡法（GB 5086.2—1997）。

特此公告。

2010 年 2 月 2 日

# 前 言

为贯彻《中华人民共和国环境保护法》和《中华人民共和国固体废物污染环境防治法》，保护环境，保障人体健康，规范固体废物浸出毒性检测方法，制定本标准。

本标准规定了固体废物浸出毒性的浸出程序及其质量保证措施。

本标准是对《固体废物　浸出毒性浸出方法　水平振荡法》（GB 5086.2—1997）的修订。

本标准首次发布于 1985 年，原标准起草单位：清华大学核能技术设计研究院、北京市环境保护监测中心、中国环境监测总站、天津市环境保护科学研究所与能源和电力环境保护研究所。本次为第二次修订。修订的主要内容如下：

——修改了方法的适用范围；

——修改了相关的术语和定义；

——补充了方法原理；

——完善了实验步骤和质量保证与质量控制要求。

自本标准实施之日起，原国家环境保护局 1997 年 12 月 22 日批准、发布的国家环境保护标准《固体废物　浸出毒性浸出方法　水平振荡法》（GB 5086.2—1997）废止。

本标准由环境保护部科技标准司组织制订。

本标准起草单位：中国环境科学研究院固体废物污染控制技术研究所。

本标准环境保护部 2010 年 2 月 2 日批准。

本标准自 2010 年 5 月 1 日起实施。

本标准由环境保护部解释。

# 固体废物　浸出毒性浸出方法　水平振荡法

## 1　适用范围

本标准规定了固体废物浸出毒性的浸出程序及其质量保证措施。

本标准适用于评估在受到地表水或地下水浸沥时，固体废物及其他固态物质中无机污染物（氰化物、硫化物等不稳定污染物除外）的浸出风险。本标准不适用于含有非水溶性液体的样品。

## 2　规范性引用文件

本标准内容引用了下列文件中的条款。凡是不注明日期的引用文件，其有效版本适用于本标准。

GB/T 6682　分析实验室用水规格和试验方法

HJ/T 20　工业固体废物采样制样技术规范

HJ/T 298　危险废物鉴别技术规范

## 3　术语和定义

下列术语和定义适用于本标准。

3.1

浸出　leaching

可溶性的组分溶解后，从固相进入液相的过程。

3.2

浸出毒性　leaching toxicity

固体废物遇水浸沥，浸出的有害物质迁移转化，污染环境，这种危害特性称为浸出毒性。

3.3

初始液相　initial liquid phase

明显存在液固两相的样品，在浸出步骤之前进行过滤所得到的液体。

## 4　方法原理

以纯水为浸提剂，模拟固体废物在特定场合中受到地表水或地下水的浸沥，其中的有害组分浸出而进入环境的过程。

## 5　试剂和材料

本标准所用试剂除非另有说明，分析时均使用符合国家标准的分析纯化学试剂。

浸提剂：水，GB/T 6682，二级。

## 6 仪器和设备

6.1 振荡设备：频率可调的往复式水平振荡装置。
6.2 提取瓶：2 L 具旋盖和内盖的广口瓶，由不能浸出或吸附样品所含成分的惰性材料（如：玻璃或聚乙烯等）制成。
6.3 过滤器
6.3.1 过滤装置：加压过滤装置或真空过滤装置，对难过滤的样品也可采用离心分离装置。
6.3.2 滤膜：0.45 μm 微孔滤膜。
6.4 天平：精度不低于±0.01 g。
6.5 筛：涂 Teflon 的筛网，孔径 3 mm。

## 7 样品

### 7.1 采集与保存

按照 HJ/T 298 和 HJ/T 20 的相关规定要求进行样品的采集和保存。

### 7.2 试样的制备

挑除样品中的杂物，将采集的所有样品破碎，使样品颗粒全部通过 3 mm 孔径的筛（6.5）。

## 8 实验步骤

### 8.1 含水率测定

8.1.1 根据固体废物的含水量，称取 20～100 g 样品，于预先干燥恒重的具盖容器中，在 105℃下烘干，恒重至±0.01 g，计算样品含水率。

注 1：容器的材料必须与废物不发生反应。

8.1.2 样品中含有初始液相时，应将样品进行压力过滤，再测定滤渣的含水率，测定步骤见 8.1.1。并根据总样品量（初始液相与滤渣重量之和）计算样品的含水率和干固体百分率。

注 2：进行含水率测定后的样品，不得用于浸出毒性检测。

### 8.2 浸出步骤

8.2.1 样品中含有初始液相时，应用压力过滤器（6.3.1）和滤膜（6.3.2）对样品进行过滤。干固体百分率小于或等于 9%的，所得到的初始液相即为浸出液，直接进行分析；干固体百分率大于 9%的，将滤渣按 8.2.2 浸出，初始液相与全部浸出液混合后进行分析。
8.2.2 称取干基重量为 100 g 的试样，置于 2 L 提取瓶（6.2）中，根据样品的含水率，按液固比为 10∶1（L/kg）计算出所需浸提剂的体积，加入浸提剂，盖紧瓶盖后垂直固定在水平振荡装置（6.1）上，调节振荡频率为 110±10 次/min、振幅为 40 mm，在室温下振荡 8 h 后取下提取瓶，静置 16 h。在振荡过程中有气体产生时，应定时在通风橱中打开提取瓶，释放过度的压力。
8.2.3 在压力过滤器（6.3.1）上装好滤膜（6.3.2），过滤并收集浸出液，按照各待测物分析方法的要求进行保存。
8.2.4 除非消解会造成待测金属的损失，用于金属分析的浸出液应按分析方法的要求进行消解。

## 9 质量保证和质量控制

9.1 每做 20 个样或每批样品（样品量少于 20 个时）至少做一个浸出空白。

9.2 每批样品至少做一个加标回收样品。取过筛后的待测样品，分成相同的两份。向其中一份中加入已知量的待测物标准样品，按照 8.2 规定步骤进行浸提分析，计算待测物的回收率。

9.3 每 10 个样品至少做一个平行双样。

9.4 样品浸出实验应在表 1 中或相关分析方法中所规定的时间内完成。

**表 1 样品的最大保留时间** 单位：d

| 物质类别 | 从野外采集到浸出 | 从浸出到预处理 | 从预处理到定量分析 | 总实验周期 |
|---|---|---|---|---|
| 汞 | 28 | — | 28 | 56 |
| 汞以外的金属 | 180 | — | 180 | 360 |

# 中华人民共和国环境保护部
# 公　告

2009 年　第 41 号

为贯彻《中华人民共和国环境保护法》和《中华人民共和国清洁生产促进法》，保护环境，提高企业清洁生产水平，现批准《清洁生产标准　氧化铝业》等 4 项标准为国家环境保护标准，并予以发布。

标准名称、编号如下：

一、清洁生产标准　氧化铝业（HJ 473—2009）

二、清洁生产标准　纯碱行业（HJ 474—2009）

三、清洁生产标准　氯碱工业（烧碱）（HJ 475—2009）

四、清洁生产标准　氯碱工业（聚氯乙烯）（HJ 476—2009）

以上标准自 2009 年 10 月 1 日起实施，由中国环境科学出版社出版，标准内容可在环境保护部网站（bz.mep.gov.cn）查询。

特此公告。

2009 年 8 月 10 日

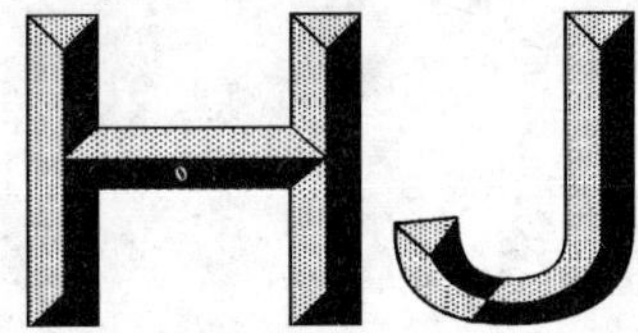

# 中华人民共和国国家环境保护标准

HJ 473—2009

# 清洁生产标准　氧化铝业

**Cleaner production standard**

**—Alumina industry**

2009-08-10 发布　　　　2009-10-01 实施

环　境　保　护　部　发布

# 前 言

为贯彻《中华人民共和国环境保护法》和《中华人民共和国清洁生产促进法》，保护环境，为氧化铝生产企业开展清洁生产提供技术支持和导向，制定本标准。

本标准规定了在达到国家和地方污染物排放标准的基础上，根据当前的行业技术、装备水平和管理水平，氧化铝生产企业清洁生产的一般要求。本标准分三级，一级代表国际清洁生产先进水平，二级代表国内清洁生产先进水平，三级代表国内清洁生产基本水平。随着技术的不断进步和发展，本标准将适时修订。

本标准为首次发布。

本标准由环境保护部科技标准司组织制订。

本标准起草单位：中国环境科学研究院。

本标准环境保护部 2009 年 8 月 10 日批准。

本标准自 2009 年 10 月 1 日起实施。

本标准由环境保护部解释。

# 清洁生产标准　氧化铝业

## 1　适用范围

本标准适用于氧化铝生产企业（铝土矿开采、自备热电生产部分除外）清洁生产的一般要求。本标准将清洁生产标准分为六类，即生产工艺与装备要求、资源能源利用指标、产品指标、污染物产生指标（末端处理前）、废物回收利用指标和环境管理要求。

本标准适用于以铝土矿为原料用拜耳法、联合法生产氧化铝的清洁生产审核、清洁生产潜力与机会的判断，以及清洁生产绩效评定和清洁生产绩效公告制度，也适用于环境影响评价和排污许可证等环境管理制度。

## 2　规范性引用文件

本标准内容引用了下列文件中的条款。凡是不注日期的引用文件，其有效版本适用于本标准。

GB 5085.1　危险废物鉴别标准　腐蚀性鉴别

GB 5085.2　危险废物鉴别标准　急性毒性初筛

GB 5085.3　危险废物鉴别标准　浸出毒性鉴别

GB 5086.1　固体废物　浸出毒性浸出方法　翻转法

GB 5086.2　固体废物　浸出毒性浸出方法　水平振荡法

GB 18599　一般工业固体废物贮存、处置场污染控制标准

GB/T 24001　环境管理体系　要求及使用指南

HJ/T 56—2000　固定污染源排气中二氧化硫的测定　碘量法

HJ/T 57—2000　固定污染源排气中二氧化硫的测定　定电位电解法

《清洁生产审核暂行办法》（国家发展和改革委员会、国家环境保护总局令　第16号）

## 3　术语和定义

下列术语和定义适用于本标准。

### 3.1　拜耳法

一种用苛性碱（主要成分是烧碱）溶液溶出铝土矿的氧化铝生产方法，主要适用于处理较高品位的铝土矿，具有工艺简单、能耗低等特点。

### 3.2　烧结法

一种用纯碱或石灰石与含铝资源共同烧结生产氧化铝的方法，具有能够处理低品位铝土矿和其他含铝资源的特点。

### 3.3　联合法

一种拜耳法和烧结法并用的氧化铝生产方法。联合法工艺可分为串联法、并联法和混联法三种形式。

### 3.4　综合能耗

规定的耗能体系在一段时间内实际消耗的各种能源实物量按规定的计算方法和单位分别折算为一次能源后的总和。

## 4 规范性技术要求

### 4.1 指标分级

本标准给出了氧化铝业企业生产过程清洁生产水平的三级技术指标：

一级：国际清洁生产先进水平；

二级：国内清洁生产先进水平；

三级：国内清洁生产基本水平。

### 4.2 指标要求

氧化铝业企业清洁生产技术指标要求，见表1、表2。

**表1 氧化铝业（拜耳法）清洁生产技术指标要求**

<table>
<tr><th>清洁生产指标等级</th><th>一级</th><th>二级</th><th>三级</th></tr>
<tr><td colspan="4">一、生产工艺与装备要求</td></tr>
<tr><td colspan="4">生产工艺技术采用间接加热强化溶出技术；赤泥分离洗涤采用高效沉降技术；氢氧化铝焙烧采用流态化焙烧技术，降膜蒸发、强制循环蒸发排盐等新技术，推进生产设备的大型高效化</td></tr>
<tr><td colspan="4">二、资源能源利用指标</td></tr>
<tr><td>1. 氧化铝综合回收率/%</td><td>≥82</td><td colspan="2">≥81</td></tr>
<tr><td>2. 单位产品综合能耗（折标煤）/(kg/t)</td><td>≤400</td><td>≤500</td><td>≤520</td></tr>
<tr><td>3. 单位产品新鲜水耗/（$m^3/t$）</td><td colspan="2">≤3.6</td><td>≤4.5</td></tr>
<tr><td colspan="4">三、产品指标</td></tr>
<tr><td>氧化铝一级品率/%</td><td colspan="3">100</td></tr>
<tr><td colspan="4">四、污染物产生指标（末端处理前）</td></tr>
<tr><td>单位产品$SO_2$产生量[a]/（kg/t）</td><td>≤0.15</td><td>≤0.8</td><td>≤1.7</td></tr>
<tr><td colspan="4">五、废物回收利用指标</td></tr>
<tr><td>1. 工业用水重复利用率/%</td><td>≥96</td><td>≥93</td><td>≥90</td></tr>
<tr><td>2. 赤泥回水利用率[b]/%</td><td colspan="3">100</td></tr>
<tr><td>3. 二次蒸汽利用率[c]/%</td><td colspan="3">100</td></tr>
<tr><td>4. 蒸汽冷凝水利用率[d]/%</td><td colspan="3">100</td></tr>
<tr><td colspan="4">六、环境管理要求</td></tr>
<tr><td>1. 环境法律法规标准</td><td colspan="3">符合国家和地方有关环境法律、法规，污染物排放达到国家和地方排放标准、总量控制和排污许可证管理要求</td></tr>
<tr><td>2. 组织机构</td><td colspan="3">设专门管理机构和专职管理人员，开展环保和清洁生产有关工作</td></tr>
<tr><td>3. 环境审核</td><td>按照《清洁生产审核暂行办法》的要求进行了清洁生产审核；按照GB/T 24001建立并运行环境管理体系，环境管理制度健全，环境管理手册、程序文件及作业文件齐备</td><td colspan="2">按照《清洁生产审核暂行办法》的要求进行了清洁生产审核。建立了环境管理与监控制度，有污染事故的应急程序，原始记录及统计数据齐全有效</td></tr>
<tr><td rowspan="3">4. 生产过程环境管理</td><td>所有岗位进行过严格培训，有完善的岗位操作规程和作业指导书</td><td colspan="2">主要岗位进行过严格培训，有较完善的岗位操作规程，重点岗位有作业指导书</td></tr>
<tr><td>设备运行无故障、完好率达100%；各种计量装置齐全，并制定严格计量考核制度</td><td colspan="2">设备运行无故障、完好率达98%；各种计量装置基本齐全，并制定严格考核制度</td></tr>
<tr><td colspan="3">记录运行数据并建立环保档案；制定了企业环境风险预案</td></tr>
</table>

续表

| 清洁生产指标等级 | 一级 | 二级 | 三级 |
|---|---|---|---|
| 4. 生产过程环境管理 | 环保设施正常运行，无跑、冒、滴、漏现象，主要生产部位有明显标识，生产环境整洁 | | |
| | 凡是可能产生粉尘和有害气体产生的设备或场所，都应采取严格的降尘或废气净化措施：干性物料装卸处应设置喷水抑尘或其他有效的集尘、降尘措施，并保证在物料装卸过程中正常运行；所有干性物料输送皮带均应设置封闭皮带廊；新建氧化铝厂应设集中原料堆放库，原料场应设围墙或其他抑尘措施 | | |
| | 凡是有气体污染物产生的设施均应采取有效措施保持过程的封闭，杜绝或减少无组织排放。污染物浓度超过排放标准的废气设施，必须采取废气净化或除尘措施 | | |
| | 废水管理应实施“清污分流”，对废水管网进行防腐、防渗漏处理，避免废水渗漏，实现工业废水全部回收利用 | | |
| | 具备药剂制配室和严格的药剂制度，添加的药剂种类、药剂用量、添加方式、加药地点以及加药顺序等均经过充分试验确定 | | |
| | 根据铝土矿品质及氧化铝生产工艺情况进一步降低碱耗 | | |
| 5. 赤泥处理与处置 | 按照 GB 5085.1、GB 5085.2、GB 5085.3、GB 5086.1、GB 5086.2 对赤泥进行浸出毒性鉴别，如经鉴别属于危险废物则赤泥及其堆场应按 GB 18597、GB 18598 要求进行处置，如经鉴别不属于危险废物的则赤泥应按 GB 18599 二类一般固体废物要求进行处置 | | |
| 6. 相关方环境管理 | 服务协议中明确原辅料的包装、运输、装卸等过程中的安全及环保要求 | | |

注：a $SO_2$ 产生量的统计范围是氢氧化铝焙烧炉，不包含热电厂、石灰炉、熔盐炉等。

b 对赤泥堆场进行了防渗处理，赤泥附液不发生渗漏，并长期将赤泥堆场的回水返回氧化铝生产企业合理利用，即可认为赤泥回水利用率为 100%。

c 在溶出、蒸发等用新蒸汽的工序上，生产过程中产生的二次蒸汽能全部在生产工艺过程中得到充分应用而不排空浪费，即可认为二次蒸汽利用率为 100%。

d 在溶出、蒸发等用新蒸汽的工序上，得到的新蒸汽冷凝水能全部返回锅炉房，或大部分返回锅炉房，少部分补充到生产工艺过程中而不外排浪费，即可认为蒸汽冷凝水利用率为 100%。

## 表 2 氧化铝业（联合法）清洁生产技术指标要求

| 清洁生产指标等级 | 一级 | 二级 | 三级 |
|---|---|---|---|
| 一、生产工艺与装备要求 | | | |
| 生产工艺技术采用间接加热强化溶出技术；赤泥分离洗涤采用高效沉降技术；氢氧化铝焙烧采用流态化焙烧技术，降膜蒸发、强制循环蒸发排盐等新技术，烧结法采用间接加热脱硅技术，推进生产设备的大型高效化 | | | |
| 二、资源能源利用指标 | | | |
| 1. 氧化铝综合回收率/% | ≥91 | ≥90 | |
| 2. 单位产品综合能耗（折标煤）/(kg/t) | ≤800 | | ≤900 |
| 3. 单位产品新鲜水耗/（$m^3$/t） | ≤4 | ≤5 | ≤7 |
| 三、产品指标 | | | |
| 氧化铝一、二级品比例/% | 100 | ≥99 | ≥98 |
| 四、污染物产生指标（末端处理前） | | | |
| 单位产品 $SO_2$ 产生量[a]/ (kg/t) | ≤0.25 | ≤0.95 | ≤2.4 |
| 五、废物回收利用指标 | | | |
| 1. 工业用水重复利用率/% | ≥96 | ≥93 | ≥90 |
| 2. 赤泥回水利用率[b]/% | 100 | | |
| 3. 二次蒸汽利用率[c]/% | 100 | | |
| 4. 蒸汽冷凝水利用率[d]/% | 100 | | |

续表

<table>
<tr><th>清洁生产指标等级</th><th>一级</th><th>二级</th><th>三级</th></tr>
<tr><td colspan="4">六、环境管理要求</td></tr>
<tr><td>1. 环境法律法规标准</td><td colspan="3">符合国家和地方有关环境法律、法规，污染物排放达到国家和地方排放标准、总量控制和排污许可证管理要求</td></tr>
<tr><td>2. 组织机构</td><td colspan="3">设专门管理机构和专职管理人员，开展环保和清洁生产有关工作</td></tr>
<tr><td>3. 环境审核</td><td>按照《清洁生产审核暂行办法》的要求进行了清洁生产审核；按照 GB/T 24001 建立并运行环境管理体系，环境管理制度健全，环境管理手册、程序文件及作业文件齐备</td><td colspan="2">按照《清洁生产审核暂行办法》的要求进行了清洁生产审核。建立了环境管理与监控制度，有污染事故的应急程序，原始记录及统计数据齐全有效</td></tr>
<tr><td rowspan="9">4. 生产过程环境管理</td><td>所有岗位进行过严格培训，有完善的岗位操作规程和作业指导书</td><td colspan="2">主要岗位进行过严格培训，有较完善的岗位操作规程，重点岗位有作业指导书</td></tr>
<tr><td>设备运行无故障、完好率达100%；各种计量装置齐全，并制定严格计量考核制度</td><td colspan="2">设备运行无故障、完好率达 98%；各种计量装置基本齐全，并制定严格考核制度</td></tr>
<tr><td colspan="3">记录运行数据并建立环保档案；制定了企业环境风险预案</td></tr>
<tr><td colspan="3">环保设施正常运行，无跑、冒、滴、漏现象，主要生产部位有明显标识，生产环境整洁</td></tr>
<tr><td colspan="3">凡是可能产生粉尘和有害气体产生的设备或场所，都应采取严格的降尘或废气净化措施：干性物料装卸处应设置喷水抑尘或其他有效的集尘、降尘措施，并保证在物料装卸过程中正常运行；所有干性物料输送皮带均应设置封闭皮带廊；新建氧化铝厂应设集中原料堆放库，原料场应设围墙或其他抑尘措施</td></tr>
<tr><td colspan="3">凡是有气体污染物产生的设施均应采取有效措施保持过程的封闭，杜绝或减少无组织排放。污染物浓度超过排放标准的废气设施，必须采取废气净化或除尘措施</td></tr>
<tr><td colspan="3">废水管理应实施“清污分流”，对废水管网进行防腐、防渗漏处理，避免废水渗漏，实现工业废水全部回收利用</td></tr>
<tr><td colspan="3">具备药剂制配室和严格的药剂制度，添加的药剂种类、药剂用量、添加方式、加药地点以及加药顺序等均经过充分试验确定</td></tr>
<tr><td colspan="3">根据铝土矿品质及氧化铝生产工艺情况进一步降低碱耗</td></tr>
<tr><td>5. 赤泥处理与处置</td><td colspan="3">按照 GB 5085.1、GB 5085.2、GB 5085.3、GB 5086.1、GB 5086.2 对赤泥进行浸出毒性鉴别，如经鉴别属于危险废物则赤泥及其堆场应按 GB 18597、GB 18598 要求进行处置，如经鉴别不属于危险废物的则赤泥应按 GB 18599 二类一般固体废物要求进行处置</td></tr>
<tr><td>6. 相关方环境管理</td><td colspan="3">服务协议中明确原辅料的包装、运输、装卸等过程中的安全及环保要求</td></tr>
<tr><td colspan="4">注：a $SO_2$产生量的统计范围是氢氧化铝焙烧炉和熟料烧成窑，不包含热电厂、石灰炉、熔盐炉等。<br>b 对赤泥堆场进行了防渗处理，赤泥附液不发生渗漏，并长期将赤泥堆场的回水返回氧化铝生产企业合理利用，即可认为赤泥回水利用率为 100%。<br>c 在溶出、蒸发等用新蒸汽的工序上，生产过程中产生的二次蒸汽能全部在生产工艺过程中得到充分应用而不排空浪费，即可认为二次蒸汽利用率为 100%。<br>d 在溶出、蒸发等用新蒸汽的工序上，得到的新蒸汽冷凝水能全部返回锅炉房，或大部分返回锅炉房，少部分补充到生产工艺过程中而不外排浪费，即可认为蒸汽冷凝水利用率为 100%。</td></tr>
</table>

## 5 数据采集和计算方法

### 5.1 监测方法

本标准的各项指标的采样和监测按照国家标准监测方法执行。

各项指标的采样、监测和鉴别方法按 HJ/T 56—2000 和 HJ/T 57—2000 执行。

表 3 氧化铝业污染物指标采样及分析方法

| 污染源类型 | 项目 | 测点位置 | 分析方法 | 采样频次 |
|---|---|---|---|---|
| 大气污染源 | 二氧化硫 | 污染物净化设施进口 | 固定污染源排气中二氧化硫的测定碘量法（HJ/T 56—2000）<br>固定污染源排气中二氧化硫的测定定电位电解法（HJ/T 57—2000） | 排气筒中废气的采样以连续 1 h 的采样获取平均值，或在 1 h 内，以等时间间隔采集 3～4 个样品，并计算平均值 |

### 5.2 统计核算

原材料及能源使用量、产品产量、废水和固体废物产生量及相关技术经济指标等，以法定月报表或年报表为准。

### 5.3 计算方法

#### 5.3.1 氧化铝综合回收率

指生产的氧化铝产品占铝土矿中氧化铝的百分比含量。以铝土矿中带入的氧化铝计算，不含选矿过程，不考虑石灰中带入的氧化铝，按公式（1）计算：

$$N=\frac{N_{\mathrm{t}}}{M}\times 100\% \tag{1}$$

式中：$N$——氧化铝综合回收率，%；

$N_{\mathrm{t}}$——在一定计量时间内生产的氧化铝产品产量，t；

$M$——在一定计量时间内消耗的铝土矿中氧化铝的量，t。

#### 5.3.2 单位产品新鲜水耗

指生产单位氧化铝消耗的新鲜水量，按公式（2）计算：

$$W=\frac{W_{\mathrm{t}}}{M_{\mathrm{o}}} \tag{2}$$

式中：$W$——生产单位氧化铝消耗的新鲜水量，$m^3/t$；

$W_{\mathrm{t}}$——在一定计量时间内氧化铝生产取新鲜水量，$m^3$；

$M_{\mathrm{o}}$——在一定计量时间内氧化铝产量，t。

#### 5.3.3 工业用水重复利用率

指氧化铝生产企业内部在一定的计量时间内（年），在生产过程中使用的重复利用水量占总用水量的百分比，按公式（3）计算。总用水量是指生产过程中取用新鲜水量和重复利用水量之和。重复利用水量是指循环用水量和串联用水量之和。

$$R=\frac{V_{\mathrm{r}}}{V_{\mathrm{t}}}\times 100\% \tag{3}$$

式中：$R$——工业水重复利用率，%；

$V_{\mathrm{r}}$——在一定计量时间内重复利用水量（包括循环用水量和串联用水量），$m^3$；

$V_{\mathrm{t}}$——在一定计量时间内生产过程中总用水量，$m^3$。

#### 5.3.4 赤泥回水利用率

指在一定计量时间内赤泥回水利用量占赤泥回水产生量的比率，按公式（4）计算：

$$R_z = \frac{Z_r}{Z_t} \times 100\% \tag{4}$$

式中：$R_z$——赤泥回水利用率，%；

$Z_r$——在一定计量时间内赤泥回水利用量，t；

$Z_t$——在一定计量时间内赤泥回水产生量，t。

### 5.3.5 二次蒸汽利用率

指在一定计量时间内生产过程中产生的二次蒸汽在生产工艺过程中得到利用的量占产生的二次蒸汽量的比率，按公式（5）计算：

$$R_o = \frac{O_r}{O_t} \times 100\% \tag{5}$$

式中：$R_o$——二次蒸汽利用率，%；

$O_r$——在一定计量时间内生产过程中产生的二次蒸汽在生产工艺过程中得到利用的量，t；

$O_t$——在一定计量时间内生产过程中产生的二次蒸汽量，t。

### 5.3.6 蒸汽冷凝水利用率

指在一定计量时间内，溶出、蒸发等用新蒸汽的工序上得到的新蒸汽冷凝水利用的量占新蒸汽冷凝水量的比率，按公式（6）计算：

$$R_q = \frac{Q_r}{Q_t} \times 100\% \tag{6}$$

式中：$R_q$——蒸汽冷凝水利用率，%；

$Q_r$——在一定计量时间内，溶出、蒸发等用新蒸汽的工序上得到的新蒸汽冷凝水利用的量，t；

$Q_t$——在一定计量时间内，溶出、蒸发等用新蒸汽的工序上得到的新蒸汽冷凝水量，t。

## 6 标准的实施

本标准由县级以上人民政府环境保护行政主管部门负责监督实施。

---

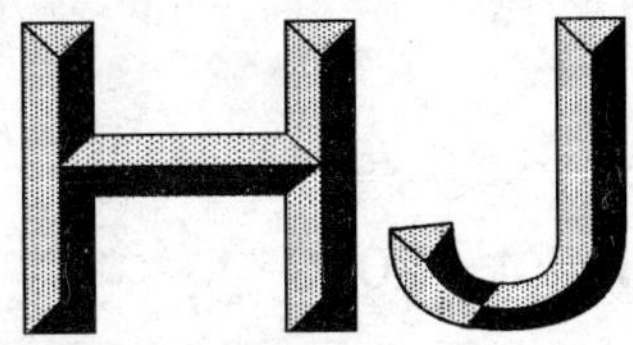

# 中华人民共和国国家环境保护标准

HJ 474—2009

# 清洁生产标准　纯碱行业

**Cleaner production standard**

**—Soda ash industry**

2009-08-10 发布　　2009-10-01 实施

环　境　保　护　部 发布

# 前　言

为贯彻《中华人民共和国环境保护法》和《中华人民共和国清洁生产促进法》，保护环境，为纯碱生产企业开展清洁生产提供技术支持和导向，制定本标准。

本标准规定了在达到国家和地方污染物排放标准的基础上，根据当前的行业技术、装备水平和管理水平，纯碱生产企业清洁生产的一般要求。本标准分为三级，一级代表国际清洁生产先进水平，二级代表国内清洁生产先进水平，三级代表国内清洁生产基本水平。随着技术的不断进步和发展，本标准将适时修订。

本标准为首次发布。

本标准由环境保护部科技标准司组织制订。

本标准起草单位：中国石油和化学工业协会、中国环境科学研究院、中国纯碱工业协会。

本标准环境保护部 2009 年 8 月 10 日批准。

本标准自 2009 年 10 月 1 日起实施。

本标准由环境保护部解释。

# 清洁生产标准　纯碱行业

## 1　适用范围

本标准规定了纯碱生产企业清洁生产的一般要求。本标准将纯碱行业清洁生产指标分成五类，即装备要求、资源能源利用指标、污染物产生指标（末端处理前）、废物回收利用指标和环境管理要求。

本标准适用于氨碱法纯碱生产企业和联碱法纯碱生产企业的清洁生产审核和清洁生产潜力与机会的判断、清洁生产绩效评定和清洁生产绩效公告制度，也适用于环境影响评价和排污许可证等环境管理制度。本标准不适用上述企业的合成氨、热电等分厂（车间），也不包括小苏打、氯化钙等下游产品的分厂（车间）。

## 2　规范性引用文件

本标准内容引用了下列文件中的条款。凡是不注日期的引用文件，其有效版本适用于本标准。

GB 201.1—2004　工业碳酸钠及其试验方法

GB 7478—87　水质　铵的测定　蒸馏和滴定法

GB/T 2589—2008　综合能耗计算通则

GB/T 24001　环境管理体系　要求及使用指南

HJ/T 91—2002　地表水和污水监测技术规范

《清洁生产审核暂行办法》（国家发展和改革委员会、国家环境保护总局令 第 16 号）

## 3　术语和定义

下列术语和定义适用于本标准。

### 3.1　氨碱法

以盐和石灰石为主要原料，以氨为中间辅助材料生产纯碱的方法。

### 3.2　联碱法

以合成氨装置生产的氨和二氧化碳及原盐为原料生产纯碱并联产氯化铵的方法。

### 3.3　碳化工序

氨盐水吸收二氧化碳产生碳酸氢钠的过程。

### 3.4　蒸吸工序

中间介质氨从母液中蒸馏出来再被盐水吸收制成氨盐水的过程。

### 3.5　轻质纯碱和重质纯碱

即轻质碳酸钠和重质碳酸钠，是两种类型的一般工业碳酸钠。轻质纯碱为白色结晶粉末，重质纯碱为白色细小颗粒，两者主要区别是粒度和堆积密度不同。参见 GB 210.1—2004。

### 3.6　废水产生量

生产设施或企业排放到企业污水处理装置前的废水量，包括与生产有直接或间接关系的各种外排废水（含生产区生活污水、冷却废水）。氨碱法纯碱企业产生的废水包括蒸氨废液。

### 3.7　工业固体废物产生量

氨碱法企业产生的工业固体废物（干基）是指蒸氨废渣、化灰废砂和盐泥。

## 4 规范性技术要求

### 4.1 指标分级

本标准给出了纯碱行业生产过程清洁生产水平的三级技术指标：

一级：国际清洁生产先进水平；

二级：国内清洁生产先进水平；

三级：国内清洁生产基本水平。

### 4.2 指标要求

纯碱行业（氨碱法）企业清洁生产技术指标要求，见表 1。

纯碱行业（联碱法）企业清洁生产技术指标要求，见表 2。

表 1 纯碱行业（氨碱法）清洁生产技术指标要求

| 清洁生产指标等级 | | 一级 | 二级 | 三级 |
|---|---|---|---|---|
| 一、装备要求 | | | | |
| 自动化水平 | | 碳化、蒸吸工序使用分散控制系统（DCS） | | 部分工序使用分散控制系统（DCS） |
| 二、资源能源利用指标 | | | | |
| 1．单位产品氨耗/（kg/t） | | ≤3.5 | ≤4.5 | ≤5.5 |
| 2．单位产品盐耗（NaCl 折百）/（t/t） | 海水化盐 | ≤1.42 | ≤1.45 | ≤1.50 |
| | 非海水化盐 | ≤1.50 | ≤1.55 | ≤1.60 |
| 3．单位产品新鲜水耗[a]/（$m^3$/t） | | ≤12 | ≤13 | ≤16 |
| 4．单位产品综合能耗[b]（折标煤）/（kg/t） | | ≤400 | ≤500 | ≤550 |
| 三、污染物产生指标（末端处理前） | | | | |
| 1．废水产生量/（$m^3$/t） | | ≤10 | ≤12 | ≤15 |
| 2．废水中氨氮产生量/（kg/t） | | ≤1.0 | ≤2.0 | ≤3.0 |
| 四、废物回收利用指标 | | | | |
| 1．工业用水重复利用率[c]/% | | ≥92 | ≥90 | ≥85 |
| 2．工业固体废物综合利用率/% | | ≥20 | ≥10 | — |
| 五、环境管理要求 | | | | |
| 1．环境法律法规 | | 符合国家和地方有关法律、法规、污染物排放达到国家和地方排放标准、总量控制和排污许可证管理要求 | | |
| 2．生产过程环境管理 | | 具有节能、降耗、减污的各项具体措施，生产过程有完善的管理制度 | | |
| 3．相关方环境管理 | | 对原材料供应方、生产协作方、相关服务方等提出环境管理要求 | | |
| 4．环境审核 | | 按照《清洁生产审核暂行办法》要求进行了清洁生产审核，并全部实施了无、低费方案 | | |
| 5．环境管理制度 | | 按照 GB/T 24001 建立并有效运行环境管理体系，环境管理手册、程序文件和作业文件齐备 | 环境管理制度健全、原始记录及统计数据齐全有效 | |
| 6．固体废物管理要求 | | 工业固体废物应有专门的贮存场所，避免扬散、流失、渗漏；减少固体废物的产生量和危害性，充分合理利用固体废物和无害化处置固体废物 | | |

注：a 新鲜水消耗：指淡水消耗。

b 综合能耗：指轻质纯碱综合能耗。

c 工业用水重复利用率：不包括化学反应所需的水量。

表 2 纯碱行业（联碱法）清洁生产技术指标要求

| 清洁生产指标等级 | 一级 | 二级 | 三级 |
|---|---|---|---|
| 一、装备要求 | | | |
| 自动化水平 | 碳化工序使用分散控制系统（DCS） | | 部分工序使用分散控制系统（DCS） |
| 二、资源能源利用指标 | | | |
| 1. 单位产品氨耗/（kg/t） | ≤345 | ≤350 | ≤355 |
| 2. 单位产品盐耗（NaCl 折百）/（t/t） | ≤1.15 | ≤1.17 | ≤1.20 |
| 3. 单位产品新鲜水耗[a]/（$m^3$/t） | ≤3 | ≤7 | ≤10 |
| 4. 单位产品综合能耗[b]（折标煤）/（kg/t） | ≤260 | ≤300 | ≤340 |
| 三、污染物产生指标（末端处理前） | | | |
| 1. 废水产生量/（$m^3$/t） | ≤2 | ≤6 | ≤8 |
| 2. 废水中氨氮产生量/（kg/t） | ≤2.0 | ≤3.0 | ≤4.0 |
| 四、废物回收利用指标 | | | |
| 工业用水重复利用率[c]/% | ≥95 | ≥90 | ≥85 |
| 五、环境管理要求 | | | |
| 1. 环境法律法规标准 | 符合国家和地方有关法律、法规、污染物排放达到国家和地方排放标准、总量控制和排污许可证管理要求 | | |
| 2. 生产过程环境管理 | 具有节能、降耗、减污的各项具体措施，生产过程有完善的管理制度 | | |
| 3. 相关方环境管理 | 对原材料供应方、生产协作方、相关服务方等提出环境管理要求 | | |
| 4. 环境审核 | 按照《清洁生产审核暂行办法》要求进行了清洁生产审核，并全部实施了无、低费方案 | | |
| 5. 环境管理制度 | 按照 GB/T 24001 建立并有效运行环境管理体系，环境管理手册、程序文件和作业文件齐备 | 环境管理制度健全、原始记录及统计数据齐全有效 | |
| 6. 固体废物管理要求 | 工业固体废物应有专门的贮存场所，避免扬散、流失、渗漏；减少固体废物的产生量和危害性，充分合理利用固体废物和无害化处置固体废物 | | |
| 注：a 新鲜水消耗：指淡水消耗。<br>b 综合能耗：指以轻质纯碱产量表示的综合能耗。<br>c 工业用水重复利用率：不包括化学反应所需的水量。 | | | |

## 5 数据采集和计算方法

### 5.1 监测方法

本标准的各项指标的采样和监测按照国家标准监测方法执行，见表 3。

表 3 废水污染物各项指标监测采样及分析方法

| 监测项目 | 测点位置 | 分析方法 | 监测及采样频次 |
|---|---|---|---|
| 氨氮 | 废水处理站入口 | 水质 铵的测定 蒸馏和滴定法（GB 7478—87） | 每半月监测一次，每次监测采样按照《地表水和污水监测技术规范》（HJ/T 91—2002）执行 |
| 注：每次监测时须同时监测废水流量。 | | | |

### 5.2 统计核算

污染物产生指标系末端处理之前的指标，应分别在监测各个车间或装置的排水后进行累计，并和总集水口的数据进行对比，两者相差不能超过 10%。生产中，每个采样点应至少选取三组以上样品进行数据分析。

## 5.3 计算方法

### 5.3.1 单位产品氨耗

指生产单位重量轻质纯碱所消耗的氨，其计算公式为（1）：

$$g=\frac{G}{m_{q}+\chi\cdot m_{z}}\times 1\,000 \tag{1}$$

式中：$g$——单位产品氨耗，kg/t；

$G$——氨的消耗量，t；

$m_q$——轻质纯碱合格品产量，t；

$\chi$——重质纯碱耗轻质纯碱定额系数，大于 1；

$m_z$——重质纯碱合格品产量，t。

注 1：单位产品原材料、能源消耗量不包括重质纯碱生产的消耗，向生产界区外输出的物料和能源应扣除。

注 2：重质纯碱耗轻质纯碱定额系数指生产 1t 重质纯碱消耗轻质纯碱的量，根据生产实际情况确定，下同。

### 5.3.2 单位产品盐耗

计算方法参照单位产品氨耗指标。

### 5.3.3 单位产品新鲜水耗

指生产单位重量轻质纯碱所消耗的新鲜水，仅指淡水消耗，其计算公式为（2）：

$$s=\frac{S}{m_{q}+\chi\cdot m_{z}}\times 1\,000 \tag{2}$$

式中：$s$——单位产品新鲜水耗，$m^3/t$；

$S$——新鲜水用量，$km^3$；

$m_q$——轻质纯碱合格品产量，t；

$\chi$——重质纯碱耗轻质纯碱定额系数，大于 1；

$m_z$——重质纯碱合格品产量，t。

### 5.3.4 单位产品综合能耗

氨碱法纯碱综合能耗是指生产单位重量轻质纯碱所消耗的综合能耗（不包括重质纯碱能耗）；联碱法综合能耗是指生产单位重量轻质纯碱所消耗的综合能耗和相对应的湿氯化铵的综合能耗量（不包括重质纯碱能耗和干燥氯化铵能耗），其计算公式为（3）：

$$e_{q}=\frac{\sum_{i=1}^{m}e_{i}-\sum_{j=1}^{n}e_{j}}{m_{q}+\chi\cdot m_{z}} \tag{3}$$

式中：$e_q$——轻质纯碱单位产品综合能耗（折标准煤），kg/t；

$e_i$——消耗的某种能源的数量，包括摊入的辅助、附属系统能源消耗量和能源损失量（折标准煤），kg；

$m$——消耗能源种数；

$e_j$——外供蒸汽和热水与基准温度（298 K）下水的焓差（折标准煤），kg；

$n$——外购供能源种数；

$m_q$——轻质纯碱合格品产量，t；

$\chi$——重质纯碱耗轻质纯碱定额系数，大于 1；

$m_z$——重质纯碱合格品产量，t。

注 1：焦炭或无烟煤、蒸汽等折算标准煤按实物量计算，其他能源折算标准煤参照 GB/T 2589—2008。

注 2：外供蒸汽和热水是指外供至纯碱生产工序以外，并被有效利用的部分。

注 3：采用浓气制碱的联碱企业，合成氨脱碳工序的能耗计入合成氨的能耗，不计入联碱能耗。往联碱输送二氧化碳的低压机的能耗计入联碱能耗。

注 4：采用变换气制碱的联碱企业，压缩机的能耗计入合成氨的能耗，不计入联碱能耗。设在联碱碳化塔前或塔后的升压机的能耗计入联碱能耗。

### 5.3.5 工业用水重复利用率

指在一定的计量时间（年或月）内，生产过程中使用的重复利用水量与总用水量之比，但不包括化学反应所需的水量，其计算公式为（4）：

$$I=\frac{S_x}{S+S_x}\times 100\% \tag{4}$$

式中：$I$——工业用水重复利用率，%；

$S_x$——重复利用水量，$m^3$；

$S$——新鲜水用量，$m^3$。

### 5.3.6 工业固体废物综合利用率

指在一定的计量时间（年或月）内，氨碱法生产过程中产生的蒸氨废渣、化灰废砂和盐泥等工业固体废物（干基）的综合利用量与产生总量之比，其计算公式为（5）：

$$J=\frac{f_{\mathrm{w}}}{F_{\mathrm{w}}}\times 100\% \tag{5}$$

式中：$J$——固体废物综合利用率，%；

$f_{\mathrm{w}}$——固体废物综合利用量，t；

$F_{\mathrm{w}}$——固体废物产生量，t。

## 6 标准的实施

本标准由县级以上人民政府环境保护行政主管部门负责监督实施。

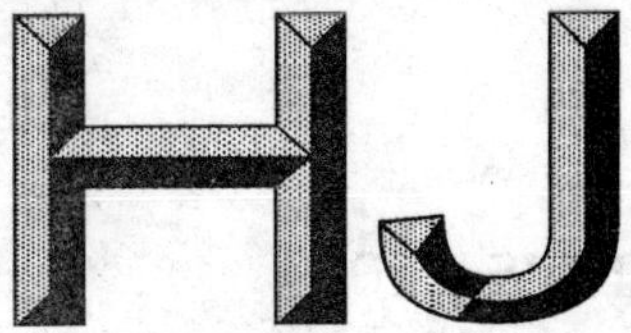

# 中华人民共和国国家环境保护标准

HJ 475—2009

# 清洁生产标准　氯碱工业（烧碱）

**Cleaner production standard**

**—Chlor-alkali industry（Caustic soda）**

2009-08-10 发布　　2009-10-01 实施

环　境　保　护　部　发布

# 前 言

为贯彻《中华人民共和国环境保护法》和《中华人民共和国清洁生产促进法》，保护环境，为烧碱生产企业开展清洁生产提供技术支持和导向，制定本标准。

本标准规定了在达到国家和地方污染排放标准的基础上，根据当前的行业技术水平、装备水平和管理水平，烧碱生产企业清洁生产的一般要求。本标准分为三级，隔膜法烧碱一级代表国内清洁生产领先水平，二级代表国内清洁生产先进水平，三级代表国内清洁生产基本水平；离子膜法烧碱一级代表国际清洁生产先进水平，二级代表国内清洁生产先进水平，三级代表国内清洁生产基本水平。随着技术的不断进步和发展，本标准将适时修订。

本标准为首次发布。

本标准由环境保护部科技标准司组织制订。

本标准起草单位：中国石油和化学工业协会、中国环境科学研究院、中国氯碱工业协会。

本标准环境保护部 2009 年 8 月 10 日批准。

本标准自 2009 年 10 月 1 日起实施。

本标准由环境保护部解释。

# 清洁生产标准　氯碱工业（烧碱）

## 1　适用范围

本标准规定了氯碱工业（烧碱）企业清洁生产的一般要求。本标准将氯碱工业（烧碱）清洁生产指标分成六类，即生产工艺与装备要求、资源能源利用指标、产品指标、污染物产生指标（末端处理前）、废物回收利用指标和环境管理要求。

本标准适用于烧碱生产企业（离子膜法烧碱和隔膜法烧碱）清洁生产审核和清洁生产潜力与机会的判断、清洁生产绩效评定和清洁生产绩效公告制度，也适用于环境影响评价和排污许可证等环境管理制度。

## 2　规范性引用文件

本标准内容引用了下列文件中的条款。凡是不注日期的引用文件，其有效版本适用于本标准。

GB/T 24001　环境管理体系　要求及使用指南

《清洁生产审核暂行办法》（国家发展和改革委员会、国家环境保护总局令　第 16 号）

## 3　术语和定义

下列术语和定义适用于本标准。

### 3.1　隔膜法烧碱

以石棉隔膜电解槽工艺生产烧碱的方法。

### 3.2　离子膜法烧碱

以离子膜电解槽工艺生产烧碱的方法。

### 3.3　污染物产生指标（末端处理前）

即产污系数，指单位产品生产（或加工）过程中，产生污染物的量（末端处理前）。本标准水污染物产生指标指污水处理装置入口的污水量和污染物种类、单排量或浓度。固体废物产生指标指化盐及盐水精制过程中产生的盐泥和隔膜法烧碱生产过程中产生的废石棉绒。

## 4　规范性技术要求

### 4.1 指标分级

本标准给出了氯碱工业（隔膜法烧碱）企业生产过程清洁生产水平的三级技术指标：

一级：国内清洁生产领先水平；

二级：国内清洁生产先进水平；

三级：国内清洁生产基本水平。

同时，给出了氯碱工业（离子膜法烧碱）企业生产过程清洁生产水平的三级技术指标：

一级：国际清洁生产先进水平；

二级：国内清洁生产先进水平；

三级：国内清洁生产基本水平。

### 4.2　指标要求

氯碱工业（隔膜法烧碱）企业清洁生产技术指标要求，见表 1。

氯碱工业（离子膜法烧碱）企业清洁生产技术指标要求，见表 2。

**表 1　氯碱工业（隔膜法烧碱）清洁生产技术指标要求**

| 清洁生产指标等级 | | 一级 | 二级 | 三级 |
|---|---|---|---|---|
| 一、生产工艺与装备要求 | | | | |
| 1．电解槽 | | 采用金属扩张阳极－改性隔膜电解槽 | | 采用金属扩张阳极电解槽 |
| | | 蒸发工序采用三效顺流部分强制循环或三效逆流强制循环 | | |
| 2．盐回收 | | 回收全部蒸发析出盐 | | |
| 二、资源能源利用指标 | | | | |
| 1．单位产品综合能耗（折标煤）/（kg/t） | 质量分数≥30.0% | ≤800 | ≤900 | ≤980 |
| | 质量分数≥42.0% | ≤950 | ≤1 050 | ≤1 200 |
| | 质量分数≥95.0% | ≤1 100 | ≤1 200 | ≤1 350 |
| 2．单位产品原盐消耗量（折百）/（kg/t） | | ≤1 535 | ≤1555 | ≤1 570 |
| 3．单位产品新鲜水耗/（t/t） | | ≤8.0 | ≤8.5 | ≤9.0 |
| 三、产品指标 | | | | |
| 碱损失率/% | 质量分数≥30.0% | ≤1.5 | ≤2.5 | ≤3.0 |
| | 质量分数≥42.0% | ≤2.0 | ≤3.0 | ≤3.5 |
| | 质量分数≥95.0% | ≤3.0 | ≤3.5 | ≤4.5 |
| 四、污染物产生指标（末端处理前） | | | | |
| 1．单位产品废水产生量/（$m^3$/t） | | ≤10 | ≤12 | ≤14 |
| 2．单位产品盐泥产生量（干基）/（kg/t） | | ≤40.0 | ≤45.0 | ≤50.0 |
| 3．单位产品废石棉绒产生量/（kg/t） | | ≤0.10 | ≤0.12 | ≤0.14 |
| 五、废物回收利用指标 | | | | |
| 氯水回收利用率/% | | 100 | | |
| 六、环境管理要求 | | | | |
| 1．环境法律法规 | | 符合国家和地方有关法律、法规，污染物排放达到国家和地方排放标准、总量控制要求，排污许可证符合管理要求 | | |
| 2．生产过程环境管理 | | 具有节能、降耗、减污的各项具体措施，生产过程有完善的管理制度 | | |
| 3．相关方环境管理 | | 对原材料供应方、生产协作方、相关服务方等提出环境管理要求 | | |
| 4．环境审核 | | 按照《清洁生产审核暂行办法》要求进行了清洁生产审核，并全部实施了无、低费方案 | | |
| 5．环境管理制度 | | 按照 GB/T 24001 建立并运行环境管理体系、管理手册、程序文件及作业文件齐备 | 环境管理制度健全、原始记录及统计数据齐全有效 | 环境管理制度健全、原始记录及统计数据基本齐全 |
| 6．固体废物管理要求 | | 对一般工业废物进行妥善处理，对废石棉绒等危险废物按照有关要求进行无害化处置。应制定并向所在地县级以上地方人民政府环境行政主管部门备案危险废物管理计划（包括减少危险废物产生量和危害性的措施以及危险废物贮存、利用、处置措施），向所在地县级以上地方人民政府环境保护行政主管部门申报危险废物产生种类、产生量、流向、贮存、处置等有关资料。应针对危险废物的产生、收集、贮存、运输、利用、处置，制定意外事故防范措施和应急预案，并向所在地县以上地方人民政府环境保护行政主管部门备案 | | |

表 2　氯碱工业（离子膜法烧碱）清洁生产技术指标要求

| 清洁生产指标等级 | | 一级 | 二级 | 三级 |
|---|---|---|---|---|
| 一、生产工艺与装备 | | | | |
| 1．电解槽 | | 采用复极式自然循环小极距离子膜电解槽 | 采用离子膜电解槽 | |
| 2．蒸发 | | 蒸发工序采用双效逆流蒸发工艺 | | |
| 二、资源能源利用指标 | | | | |
| 1．单位产品综合能耗（折标煤）/（kg/t） | 质量分数≥30.0% | ≤370 | ≤450 | ≤500 |
| | 质量分数≥45.0% | ≤530 | ≤570 | ≤600 |
| | 质量分数≥98.0% | ≤810 | ≤860 | ≤900 |
| 2．单位产品原盐消耗量（折百）/（kg/t） | | ≤1 500 | ≤1 525 | ≤1 540 |
| 3．单位产品新鲜水耗（不含纯水）/（t/t） | | ≤6.0 | ≤6.5 | ≤7.5 |
| 三、产品指标 | | | | |
| 碱损失率/% | 质量分数≥45.0% | ≤1.5 | ≤1.8 | ≤2.0 |
| | 质量分数≥98.0% | ≤2.5 | ≤3.0 | ≤3.2 |
| 四、污染物产生指标（末端处理前） | | | | |
| 1．单位产品废水产生量/（$m^3$/t） | | ≤6.0 | ≤6.4 | |
| 2．单位产品盐泥产生量（干基）/（kg/t） | | ≤40.0 | ≤45.0 | ≤50.0 |
| 五、废物回收利用指标 | | | | |
| 氯水回收利用率/% | | 100 | | |
| 六、环境管理要求 | | | | |
| 1．环境法律法规 | | 符合国家和地方有关法律、法规，污染物排放达到国家和地方排放标准、总量控制要求，排污许可证符合管理要求 | | |
| 2．生产过程环境管理 | | 具有节能、降耗、减污的各项具体措施，生产过程有完善的管理制度 | | |
| 3．相关方环境管理 | | 对原材料供应方、生产协作方、相关服务方等提出环境管理要求 | | |
| 4．环境审核 | | 按照《清洁生产审核暂行办法》要求进行了清洁生产审核，并全部实施了无、低费方案 | | |
| 5．环境管理制度 | | 按照 GB/T 24001 建立并运行环境管理体系、管理手册、程序文件及作业文件齐备 | 环境管理制度健全、原始记录及统计数据齐全有效 | 环境管理制度健全、原始记录及统计数据基本齐全 |
| 6．固体废物管理要求 | | 对一般废物进行妥善处理，对危险废物按照有关要求进行无害化处置。应制定并向所在地县级以上地方人民政府环境行政主管部门备案危险废物管理计划（包括减少危险废物产生量和危害性的措施以及危险废物贮存、利用、处置措施），向所在地县级以上地方人民政府环境保护行政主管部门申报危险废物产生种类、产生量、流向、贮存、处置等有关资料。应针对危险废物的产生、收集、贮存、运输、利用、处置，制定意外事故防范措施和应急预案，并向所在地县以上地方人民政府环境保护行政主管部门备案 | | |

## 5　数据采集和计算方法

### 5.1　监测方法

本标准的各项指标的采样和监测按照国家标准监测方法执行。

5.2　统计核算

污染物产生指标系末端处理之前的指标，应分别在监测各个车间或装置的排水后进行累计，并和总集水口的数据进行对比，两者相差不能超过 10%。生产中，每个采样点应至少选取三组以上样品进行数据分析。

5.3　计算方法

5.3.1　单位产品综合能耗

在一定的计量时间内，生产单位重量烧碱［折 100%烧碱（NaOH）］所消耗的综合能源量，包括直接消耗的能源量，以及分摊到该产品的辅助生产系统、附属生产系统的能源消耗量和体系内的能源损失量。亦即生产工艺消耗的各种能源转换为标准煤之和与考核年度的产品产量之比。某种规格烧碱单位产品综合能耗按公式（1）计算：

$$E_{ZH} = E_{DJ} \times (1+X) \times (1+Y) + E_{JG} \tag{1}$$

式中：$E_{ZH}$——一定的计量时间内，某种规格烧碱单位产品综合能耗（以标煤计），kg/t；

$E_{DJ}$——一定的计量时间内，烧碱电解单元（包括氯、氢处理过程）单位产品综合能耗（以标煤计），kg/t；

$E_{JG}$——一定时间内某种规格烧碱加工过程的单位产品综合能耗（以标煤计），kg/t；

$X$——实际发生的自用碱率，%；

$Y$——实际发生的碱损失率，%。

5.3.2　单位产品原盐消耗量

在一定的计量时间内，生产每吨烧碱产品所消耗的原盐量（折百），按公式（2）计算：

$$W_X = \frac{W_Y}{M_S} \tag{2}$$

式中：$W_X$——单位产品原盐消耗量，kg/t；

$W_Y$——企业烧碱产品原盐用量，kg；

$M_S$——烧碱产品产量，t。

5.3.3　单位产品新鲜水耗

在一定的计量时间内，生产每吨烧碱产品所消耗的生产用新鲜水量（不含纯水），按公式（3）计算：

$$W_D = \frac{W_S}{M_S} \tag{3}$$

式中：$W_D$——单位产品新鲜水消耗量，t/t；

$W_S$——企业烧碱产品新鲜水总用量，t；

$M_S$——烧碱产品产量，t。

5.3.4　碱损失率

在一定的计量时间内，烧碱生产过程中损失的烧碱量占烧碱耗用的电解碱液量的百分比，按公式（4）计算：

$$J_S = \frac{J_Y - M_S}{J_Y} \times 100\% \tag{4}$$

式中：$J_S$——碱损失率，%；

$J_Y$——成品烧碱耗用的电解碱液量，t；

$M_S$——烧碱产品产量，t。

5.3.5　氯水回收利用率

指电解产生的湿氯气在输送和冷却处理过程中产生的含氯废水回收利用的比例，按公式（5）计算：

$$L_{HS} = \frac{L_S}{L_C} \times 100\% \quad (5)$$

式中：$L_{HS}$——氯水回收利用率，%；

$L_S$——氯水回用利用量，t；

$L_C$——氯水产生量，t。

## 6 标准的实施

本标准由县级以上人民政府环境保护行政主管部门负责监督实施。

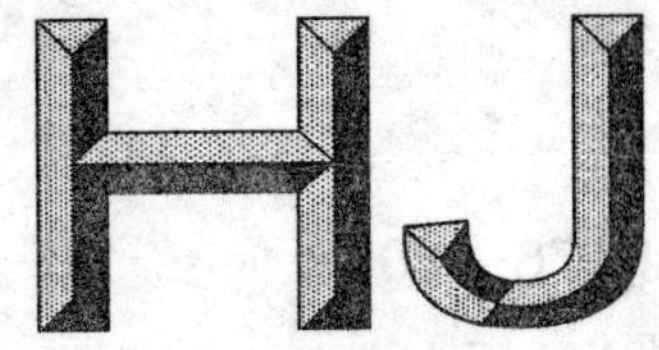

中华人民共和国国家环境保护标准

HJ 476—2009

# 清洁生产标准　氯碱工业（聚氯乙烯）

## Cleaner production standard —Chlor-alkali industry（Polyvinyl chloride）

2009-08-10 发布　　2009-10-01 实施

环　境　保　护　部 发布

# 前　言

为贯彻《中华人民共和国环境保护法》和《中华人民共和国清洁生产促进法》，保护环境，为聚氯乙烯生产企业开展清洁生产提供技术支持和导向，制定本标准。

本标准规定了在达到国家和地方污染物排放标准的基础上，根据当前的行业技术、装备水平和管理水平，聚氯乙烯生产企业清洁生产的一般要求。本标准分为三级，电石法聚氯乙烯一级代表国内清洁生产领先水平，二级代表国内清洁生产先进水平，三级代表国内清洁生产基本水平；乙烯法聚氯乙烯一级代表国际清洁生产先进水平，二级代表国内清洁生产先进水平，三级代表国内清洁生产基本水平。随着技术的不断进步和发展，本标准将适时修订。

本标准为首次发布。

本标准由环境保护部科技标准司组织制订。

本标准起草单位：中国石油和化学工业协会、中国环境科学研究院、中国氯碱工业协会。

本标准环境保护部 2009 年 8 月 10 日批准。

本标准自 2009 年 10 月 1 日起实施。

本标准由环境保护部解释。

# 清洁生产标准　氯碱工业（聚氯乙烯）

## 1　适用范围

本标准规定了氯碱工业（聚氯乙烯）企业清洁生产的一般要求。本标准将清洁生产指标分成六类，即生产工艺与装备要求、资源能源利用指标、产品指标、污染物产生指标（末端处理前）、废物回收利用指标和环境管理要求。

本标准适用于悬浮法（电石法和乙烯法）生产通用型聚氯乙烯树脂的生产企业清洁生产审核和清洁生产潜力与机会的判断、清洁生产绩效评定和清洁生产绩效公告制度，也适用于环境影响评价和排污许可证等环境管理制度。

采用二氯乙烷裂解或外购氯乙烯单体生产聚氯乙烯的企业可参照乙烯法。

## 2　规范性引用文件

本标准内容引用了下列文件中的条款。凡是不注日期的引用文件，其有效版本适用于本标准。

GB 7468—87　水质　总汞的测定　冷原子吸收分光光度法

GB 11914—89　水质　化学需氧量的测定　重铬酸盐法

GB/T 24001　环境管理体系　要求及使用指南

HJ/T 91　地表水和污水监测技术规范

《清洁生产审核暂行办法》（国家发展和改革委员会、国家环境保护总局令　第16号）

## 3　术语和定义

下列术语和定义适用于本标准。

### 3.1　电石法

以电石为原料与水反应生成乙炔，乙炔与氯化氢在汞触媒作用下生成氯乙烯单体，再通过聚合反应生成聚氯乙烯的生产方法。

### 3.2　乙烯法

以乙烯为原料制取氯乙烯单体，再经聚合反应生成聚氯乙烯的生产方法，同时也包括二氯乙烷裂解法和氯乙烯单体法。

### 3.3　污染物产生指标（末端处理前）

即产污系数，指单位产品生产（或加工）过程中，产生污染物的量（末端处理前）。本标准水污染物产生指标指废水处理装置入口的废水量和污染物种类、单排量或浓度；废气污染物产生指标包括精馏和干燥过程中产生的废气量和污染物种类、单排量或浓度；固体废物产生指标主要指电石法聚氯乙烯生产过程中产生的电石渣量。

## 4　规范性技术要求

### 4.1　指标分级

本标准给出了氯碱工业（电石法聚氯乙烯）企业生产过程清洁生产水平的三级技术指标：

一级：国内清洁生产领先水平；

二级：国内清洁生产先进水平；

三级：国内清洁生产基本水平。

同时，给出了氯碱工业（乙烯法聚氯乙烯）企业生产过程清洁生产水平的三级技术指标：

一级：国际清洁生产先进水平；

二级：国内清洁生产先进水平；

三级：国内清洁生产基本水平。

## 4.2 指标要求

氯碱工业（电石法聚氯乙烯）企业清洁生产技术指标要求，见表 1。

氯碱工业（乙烯法聚氯乙烯）企业清洁生产技术指标要求，见表 2。

**表 1 氯碱工业（电石法聚氯乙烯）清洁生产技术指标要求**

| 清洁生产指标等级 | 一级 | 二级 | 三级 |
|---|---|---|---|
| 一、生产工艺与装备要求 | | | |
| 1. 乙炔发生装置要求 | 采用干法乙炔工艺 | — | |
| 2. 盐酸脱析装置要求 | 采用盐酸深度脱吸技术 | 采用盐酸常规脱吸技术 | — |
| 3. 汞触媒要求 | 采用低汞触媒和含汞酸性废水处理技术 | 采用低汞触媒技术 | — |
| 4. 聚合母液回收利用要求 | 聚合母液回收利用 | | |
| 5. 氯乙烯汞回收处理要求 | 氯乙烯汞回收处理 | | |
| 6. 精馏尾气处理要求 | 精馏尾气中氯乙烯（VCM）回收利用，尾气达标排放 | | |
| 7. 电石破碎除尘系统要求 | 电石破碎除尘系统完好，粉尘达标排放 | | |
| 二、资源能源利用指标 | | | |
| 1. 单位产品电石（折标 [a]）消耗量/(kg/t) | ≤1 400 | ≤1 420 | ≤1 450 |
| 2. 单位产品综合能耗（折标煤）（不包括水消耗）/（t/t） | ≤0.24 | ≤0.26 | ≤0.32 |
| 3. 单位产品新鲜水耗（不含去离子水）/（t/t） | ≤9.0 | ≤10.5 | ≤12.0 |
| 4. 单位产品汞触媒消耗量/（kg/t） | ≤1.20 | ≤1.30 | ≤1.40 |
| 三、产品指标 | | | |
| 聚氯乙烯的一等品率/% | ≥98.0 | ≥95.0 | ≥92.0 |
| 四、污染物产生指标（末端处理前） | | | |
| 1. 单位产品废水产生量/（$m^3$/t） | ≤12 | ≤35 | ≤40 |
| 2. 单位产品化学需氧量（$COD_{Cr}$）产生量/（kg/t） | ≤20 | ≤22 | ≤24 |
| 3. 单位产品废水中总汞产生量/（g/t） | ≤1.5 | ≤1.8 | ≤2.0 |
| 4. 单位产品精馏、干燥尾气废气产生量/（$m^3$/t） | ≤12 000 | ≤12 500 | ≤13 000 |
| 5. 单位产品电石渣产生量（干基）/(t/t) | ≤1.60 | ≤1.65 | ≤1.70 |
| 五、废物回收利用指标 | | | |
| 1. 电石渣浆上清液回用率/% | 100 | | |
| 2. 电石渣综合利用率/% | 100 | | |
| 3. 废水回用率/% | ≥90 | ≥80 | ≥75 |
| 4. 精馏尾气中氯乙烯（VCM）回收率/% | ≥99.5 | ≥97.0 | ≥95.0 |
| 六、环境管理要求 | | | |
| 1. 环境法律法规 | 符合国家和地方有关法律、法规，污染物排放达到国家和地方排放标准、总量控制要求，排污许可证符合管理要求 | | |

续表

| 清洁生产指标等级 | 一级 | 二级 | 三级 |
| --- | --- | --- | --- |
| 2．生产过程环境管理 | 具有节能、降耗、减污的各项具体措施，生产过程有完善的管理制度 | | |
| 3．相关方环境管理 | 对原材料供应方、生产协作方、相关服务方等提出环境管理要求 | | |
| 4．环境审核 | 按照《清洁生产审核暂行办法》要求进行了清洁生产审核，并全部实施了无、低费方案 | | |
| 5．环境管理制度 | 按照 GB/T 24001 要求建立并运行环境管理体系、管理手册、程序文件及作业。文件齐备 | 环境管理制度健全、原始记录及统计数据齐全有效 | |
| 6．废物管理要求 | 对一般废物进行妥善处理，对危险废物（废汞触媒、精馏残液等）按照有关要求进行无害化处置。应制定并向所在地县级以上地方人民政府环境行政主管部门备案危险废物管理计划（包括减少危险废物产生量和危害性的措施以及危险废物贮存、利用、处置措施），向所在地县级以上地方人民政府环境保护行政主管部门申报危险废物产生种类、产生量、流向、贮存、处置等有关资料。应针对危险废物的产生、收集、贮存、运输、利用、处置，制定意外事故防范措施和应急预案，并向所在地县以上地方人民政府环境保护行政主管部门备案 | | |
| 注：a 折标电石消耗量以单位电石发气量 300 L/kg 计算。 | | | |

**表 2　氯碱工业（乙烯法聚氯乙烯）清洁生产技术指标要求**

| 清洁生产指标等级 | 一级 | 二级 | 三级 |
| --- | --- | --- | --- |
| 一、生产工艺与装备要求 | | | |
| 聚合、汽提尾气回收处理要求 | 聚合、汽提尾气中氯乙烯（VCM）采用膜回收装置进行回收 | 聚合、汽提尾气中氯乙烯（VCM）制成氯乙烯（VCM）单体回聚合系统，不凝性气体送焚烧处理，氯乙烯（VCM）零排放 | 聚合、汽提尾气中氯乙烯（VCM）制成氯乙烯（VCM）单体回聚合系统，不凝性气体进行处理后，氯乙烯（VCM）达标排放 |
| 二、资源能源利用指标 | | | |
| 1．单位产品乙烯消耗量/（kg/t） | ≤477 | ≤490 | ≤500 |
| 2．单位产品氯气消耗/量（kg/t） | ≤600 | ≤610 | ≤620 |
| 3．单位产品综合能耗（折标煤）（不包括水消耗）/（t/t） | ≤0.26 | ≤0.28 | ≤0.34 |
| 4．单位产品新鲜水耗（不含去离子水）/（t/t） | ≤7.5 | ≤8.5 | ≤10.0 |
| 5．单位产品二氯乙烷（EDC）消耗量[a]/（t/t-VCM） | ≤1.62 | | |
| 6．单位产品氯乙烯（VCM）消耗量[b]/（t/t） | ≤1.003 | | |
| 三、产品指标 | | | |
| 聚氯乙烯的一等品率/% | ≥98.0 | ≥95.0 | ≥92.0 |
| 四、污染物产生指标（末端处理前） | | | |
| 1．单位产品废水产生量/（$m^3$/t） | ≤5.6 | ≤5.8 | ≤6.0 |
| 2．单位产品化学需氧量（$COD_{Cr}$）产生量/（kg/t） | ≤0.72 | ≤1.0 | ≤1.5 |
| 五、废物回收利用指标 | | | |
| 废水回用率/% | ≥90 | ≥80 | ≥75 |

续表

| 清洁生产指标等级 | 一级 | 二级 | 三级 |
|---|---|---|---|
| 六、环境管理要求 | | | |
| 1. 环境法律法规 | 符合国家和地方有关法律、法规、污染物排放达到国家和地方排放标准、总量控制和排污许可证管理要求 | | |
| 2. 生产过程环境管理 | 具有节能、降耗、减污的各项具体措施，生产过程有完善的管理制度 | | |
| 3. 相关方环境管理 | 对原材料供应方、生产协作方、相关服务方等提出环境管理要求 | | |
| 4. 环境审核 | 按照《清洁生产审核暂行办法》要求进行了清洁生产审核，并全部实施了无、低费方案 | | |
| 5. 环境管理制度 | 按照 GB/T 24001 要求建立并运行环境管理体系、管理手册、程序文件及作业文件齐备 | 环境管理制度健全、原始记录及统计数据齐全有效 | |
| 6. 废物管理要求 | 对一般废物进行妥善处理，对危险废物（废铜触媒、精馏残液等）按照有关要求进行无害化处置。应制定并向所在地县级以上地方人民政府环境行政主管部门备案危险废物管理计划（包括减少危险废物产生量和危害性的措施以及危险废物贮存、利用、处置措施），向所在地县级以上地方人民政府环境保护行政主管部门申报危险废物产生种类、产生量、流向、贮存、处置等有关资料。应针对危险废物的产生、收集、贮存、运输、利用、处置，制定意外事故防范措施和应急预案，并向所在地县以上地方人民政府环境保护行政主管部门备案 | | |
| 注：a 二氯乙烷（EDC）消耗：适用于采用二氯乙烷（EDC）裂解法生产聚氯乙烯的企业，其他考核指标参照乙烯法。<br>b 氯乙烯（VCM）消耗：适用于外购氯乙烯（VCM）单体生产聚氯乙烯的企业，其他考核指标参照乙烯法。 | | | |

## 5 数据采集和计算方法

### 5.1 监测方法

本标准的各项指标的采样和监测按照国家标准监测方法执行，见表 3。

**表 3 废水污染物各项指标监测采样及分析方法**

| 污染源类型 | 监测项目 | 测点位置 | 监测采样及分析方法 | 监测及采样频次 |
|---|---|---|---|---|
| 水污染源 | 化学需氧量（$COD_{Cr}$） | 废水处理站入口 | 水质 化学需氧量的测定 重铬酸盐法（GB 11914—89） | 每半月监测一次，每次监测采样按照《地表水和污水监测技术规范》（HJ/T 91）执行 |
| | 总汞 | 车间排放口 | 水质 总汞的测定 冷原子吸收分光光度法（GB 7468—87） | |
| 注：采用计算的污染物平均浓度应为每次实测浓度的废水流量的加权平均值。 | | | | |

### 5.2 统计核算

污染物产生指标系末端处理之前的指标，应分别在监测各个车间或装置的排水后进行累计，并和总集水口的数据进行对比，两者相差不能超过 10%。

生产中，每个采样点应至少选取三组以上样品进行数据分析。

### 5.3 计算方法

#### 5.3.1 单位产品电石（折标）消耗量

指在报告期内，生产每吨聚氯乙烯产品所消耗的电石（折标）量，按公式（1）计算：

$$Z_D = \frac{S_D \times (1 - X_S - H_S) \times B_D}{300} \tag{1}$$

矽铁损失率计算公式：

$$X_S = \frac{X_C}{X_Z} \times 100\% \tag{2}$$

灰分损失率计算公式：

$$H_S = \frac{H_C \times (1 - H_F \div 300)}{H_Z} \times 100\% \tag{3}$$

式中：$Z_D$——折标电石消耗量，kg/t；

$S_D$——实物电石投入量（电石/聚氯乙烯），kg/t；

$X_S$——矽铁损失率，%；

$X_C$——实测矽铁重量，kg；

$X_Z$——矽铁测量期电石总重量，kg；

$H_S$——灰分损失率，%；

$H_C$——实测灰分重量，kg；

$H_Z$——灰分测量期（电石+灰分）总重量，kg；

$H_F$——灰分发气量，L；

$B_D$——本期电石平均发气量，L。

注：折标电石按单位电石发气量 300 L/kg 计算。

#### 5.3.2 单位产品综合能耗

用聚氯乙烯（PVC）单位产量表示的综合能耗，包括直接消耗的能源量，以及分摊到该产品的辅助生产系统、附属生产系统的能耗量和体系内的能耗损失量。是在报告期内，生产全过程（包括生产系统、辅助生产系统、附属生产系统和冷量用能）中消耗的各种能源转换为标准煤之和与报告期内的产品产量之比，按公式（4）计算：

$$E_D = \frac{E_S}{W_S} \tag{4}$$

式中：$E_D$——单位产品综合能耗（折标准煤），t/t；

$E_S$——聚氯乙烯产品耗能总和（折标准煤），t；

$W_S$——聚氯乙烯产量，t。

#### 5.3.3 单位产品新鲜水耗

指在报告期内，生产每吨聚氯乙烯产品所消耗的生产用新鲜水量，按公式（5）计算：

$$M_D = \frac{M_S}{W_S} \tag{5}$$

式中：$M_D$——单位产品新鲜水消耗量，t/t；

$M_S$——聚氯乙烯产品新鲜水用量，t；

$W_S$——聚氯乙烯产量，t。

#### 5.3.4 单位产品二氯乙烷（EDC）消耗量

指在报告期内，在二氯乙烷裂解、裂解气分离、氯乙烯单体进入储槽的工艺过程中，生产每吨氯乙烯单体所消耗的二氯乙烷的量，按公式（6）计算：

$$N_D = \frac{N_S}{W_V} \tag{6}$$

式中：$N_D$——生产每吨氯乙烯产品二氯乙烷的消耗量，t/t；

$N_S$——二氯乙烷消耗量，t；

$W_V$——氯乙烯单体产量，t。

#### 5.3.5 单位产品氯乙烯（VCM）消耗量

指在报告期内，单体法聚氯乙烯生产企业生产每吨聚氯乙烯产品所消耗的氯乙烯单体的量，按公式（7）计算：

$$V_D = \frac{V_S}{W_S} \tag{7}$$

式中：$V_D$——生产每吨聚氯乙烯产品的氯乙烯消耗量，t/t；

$V_S$——氯乙烯单体消耗量，t；

$W_S$——聚氯乙烯产量，t。

### 5.3.6 单位电石渣浆上清液回用率

指电石渣浆经压滤脱水后，滤液（通称电石渣上清液）的回用率，按公式（8）计算：

$$Q_{HY} = \frac{Q_S}{Q_C} \times 100\% \tag{8}$$

式中：$Q_{HY}$——电石渣上清液回用率，%；

$Q_S$——电石渣上清液回用量，t；

$Q_C$——电石渣上清液产生量，t。

### 5.3.7 精馏尾气中氯乙烯（VCM）回收率

指在氯乙烯（VCM）精制及回收过程中产生的精馏尾气经采用变温变压吸附等方法处理后氯乙烯（VCM）的回收率，按公式（9）计算：

$$V_{HS} = \frac{V_S}{V_C} \times 100\% \tag{9}$$

式中：$V_{HS}$——氯乙烯精馏尾气 VCM 回收率，%；

$V_S$——氯乙烯精馏尾气中 VCM 回收量，t；

$V_C$——氯乙烯精馏尾气中 VCM 产生量，t。

### 5.3.8 电石渣浆综合利用率

指企业将电石渣用于生产水泥、砖或将其用于锅炉烟气脱硫、酸性水综合处理等方面综合利用总量与电石渣产生总量的百分比，按公式（10）计算：

$$D_{ZH} = \frac{D_S}{D_C} \times 100\% \tag{10}$$

式中：$D_{ZH}$——电石渣综合利用率，%；

$D_S$——电石渣综合利用总量，t；

$D_C$——电石渣产生总量，t。

## 6 标准的实施

本标准由县级以上人民政府环境保护行政主管部门负责监督实施。

---

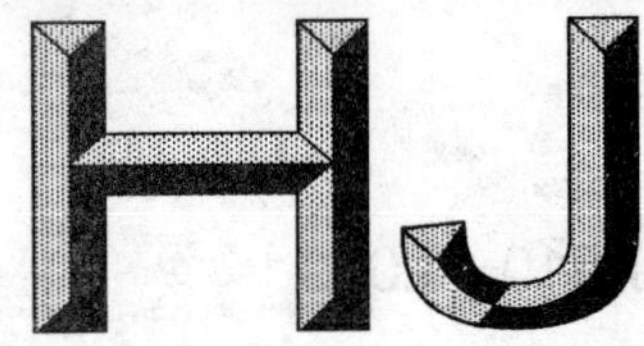

# 中华人民共和国国家环境保护标准

HJ 510—2009

# 清洁生产标准　废铅酸蓄电池铅回收业

**Cleaner production standard**

**—Waste lead-acid battery recycling industry**

2009-11-16 发布　　2010-01-01 实施

环　境　保　护　部　发布

# 中华人民共和国环境保护部
# 公　告

2009 年　第 61 号

为贯彻《中华人民共和国环境保护法》和《中华人民共和国清洁生产促进法》，保护环境，提高企业清洁生产水平，现批准《清洁生产标准　废铅酸蓄电池铅回收业》为国家环境保护标准，并予以发布。

标准名称、编号如下：

清洁生产标准　废铅酸蓄电池铅回收业（HJ 510—2009）

该标准自 2010 年 1 月 1 日起实施，由中国环境科学出版社出版，标准内容可在环境保护部网站（bz.mep.gov.cn）查询。

特此公告。

2009 年 11 月 16 日

# 前　言

为贯彻《中华人民共和国环境保护法》、《中华人民共和国固体废物污染环境防治法》和《中华人民共和国清洁生产促进法》，保护环境，为废铅酸蓄电池铅回收业开展清洁生产提供技术支持和导向，制定本标准。

本标准规定了在达到国家和地方污染物排放标准的基础上，根据当前行业技术、装备水平和管理水平，废铅酸蓄电池铅回收业清洁生产的一般要求。本标准分为三级，一级代表国际清洁生产先进水平，二级代表国内清洁生产先进水平，三级代表国内清洁生产基本水平。随着技术的不断发展和进步，本标准将不断修订。

本标准为首次发布。

本标准由环境保护部科技标准司组织制订。

本标准起草单位：沈阳环境科学研究院、中国科学院高能物理研究所、中国有色金属工业协会再生金属分会、浙江汇同电源有限公司、国家环境保护危险废物处置工程技术中心。

本标准环境保护部 2009 年 11 月 16 日批准。

本标准自 2010 年 1 月 1 日起实施。

本标准由环境保护部解释。

# 清洁生产标准　废铅酸蓄电池铅回收业

## 1　适用范围

本标准规定了废铅酸蓄电池铅回收业清洁生产的一般要求。本标准将废铅酸蓄电池铅回收业清洁生产指标分为六类，即生产工艺与装备指标、资源能源利用指标、产品指标、污染物产生指标（末端处理前）、废物回收利用指标和环境管理要求。

本标准适用于废铅酸蓄电池铅回收业企业的清洁生产审核和清洁生产潜力与机会的判断、清洁生产绩效评估和清洁生产绩效公告制度，也适用于环境影响评价和排污许可证等环境管理制度。

## 2　规范性引用文件

本标准内容引用了下列文件中的条款。凡是不注日期的引用文件，其有效版本适用于本标准。

GB/T 469　铅锭

GB/T 2589　综合能耗计算通则

GB/T 15555.2　固体废物　铜、锌、铅、镉的测定　原子吸收分光光度法

GB/T 21181　再生铅及铅合金锭

GB/T 24001　环境管理体系　要求及使用指南

HJ/T 56—2000　固定污染源排气中二氧化硫的测定　碘量法

HJ/T 57—2000　固定污染源排气中二氧化硫的测定　定电位电解法

《清洁生产审核暂行办法》　（国家发展和改革委员会、国家环境保护总局令　第 16 号）

## 3　术语和定义

### 3.1　清洁生产

指不断采取改进设计、使用清洁的能源和原料、采用先进的工艺技术与设备、改善管理、综合利用等措施，从源头削减污染，提高资源利用率，减少或者避免生产、服务和产品使用过程中污染物的产生和排放，以减轻或者消除对人类健康和环境的危害。

### 3.2　废铅酸蓄电池

指在生产、生活和其他活动中产生的丧失原有利用价值或者虽未丧失利用价值但被抛弃或者放弃的铅酸蓄电池。

### 3.3　铅回收

通过各种方法、技术和工艺，把铅从废铅酸蓄电池中提取出来的过程。

### 3.4　火法冶炼

通过高温的方法在熔融状态下将金属从中提炼出来的技术工艺。

### 3.5　湿法冶金

通过采用某种溶剂，在溶液中借助化学作用，将金属从中提炼出来的技术工艺。

### 3.6　铅粉尘

废铅酸蓄电池等固体物质在破碎、分级、研磨等机械过程（自然过程）形成的悬浮于气体介质中的细小固体颗粒。

### 3.7　隔板

铅酸蓄电池组件，由可渗透离子的材料制成，可防止电池内极性相反的极板之间的接触。

## 4 规范性技术要求

### 4.1 指标分级

本标准给出了铅回收业生产过程清洁生产水平的三级技术指标：

一级：国际清洁生产先进水平；

二级：国内清洁生产先进水平；

三级：国内清洁生产基本水平。

### 4.2 指标要求

火法冶炼类铅回收业清洁生产指标要求如表 1 所示。

湿法冶金类铅回收业清洁生产指标要求如表 2 所示。

**表 1 铅回收业清洁生产指标要求（火法冶炼类）**

| 指标 | 一级 | 二级 | 三级 |
|---|---|---|---|
| 一、生产工艺与装备要求 | | | |
| 1．备料工艺与装备 | 自动破碎分选系统 | | 机械化破碎分选 |
| | 预脱硫（不含富氧底吹-鼓风炉熔炼工艺） | | |
| 2．冶炼工艺与装备 | 回转短窑熔炼、富氧底吹-鼓风炉熔炼、自动铸锭机等 | | 反射炉（直接燃煤反射炉除外）、鼓风炉熔炼、自动铸锭机等 |
| 二、产品指标 | | | |
| 1．再生粗铅主品位/% | 铅≥99 | 铅≥98.5 | 铅≥98 |
| 2．聚丙烯 | 纯度为 98%～99%，铅含量小于 0.1% | | |
| 三、资源能源利用指标 | | | |
| 1．铅总回收率/% | >98 | >97 | >95 |
| 2．总硫利用率/% | ≥98 | ≥96 | ≥95 |
| 3．资源综合利用率/% | ≥95 | ≥90 | ≥85 |
| 4．单位综合能耗（标煤/粗铅）/（kg/t） | <100 | <120 | <130 |
| 5．单位电耗/（kW·h/t） | <100 | <100 | <100 |
| 四、污染物产生指标（末端治理前） | | | |
| 1．渣含铅率/% | <1.8 | <1.9 | <2.0 |
| 2．隔板（占废蓄电池解体后产物质量百分比）/% | 1.0～3.0 | 1.0～3.0 | 1.0～3.0 |
| 3．二氧化硫质量分数[a]（制酸工艺）/% | 8.0～10.0 | 3.5～4.5 | 1.0～3.5 |
| 4．二氧化硫质量浓度（预处理脱硫工艺）/（$mg/m^3$） | ≤460 | ≤760 | ≤960 |
| 五、废物回收利用指标 | | | |
| 1．塑料回收率/% | ≥99 | ≥98 | ≥95 |
| 2．废电解液综合利用率/% | >98 | >95 | >90 |
| 3．废水循环利用率/% | >95 | >93 | >90 |
| 六、环境管理要求 | | | |
| 1．环境法律法规标准 | 符合国家和地方有关法律、法规。污染物排放达到国家和地方污染物排放标准、总量控制要求。排污许可证以及危险废物收集、贮存、运输和处置符合管理要求 | | |
| 2．生产过程环境管理 | 每个生产工序要有操作规程，对重点岗位要有作业指导书；易造成污染的设备和废物产生部位要有警示牌；生产工序能分级考核；要建立环境管理制度，其中包括：开停工及停工检修时的环境管理程序；新、改、扩建项目管理及验收程序；贮运系统污染控制制度；环境监测管理制度；污染事故应急处理预案，并进行演练；环境管理记录和台账 | | |

续表

| 指标 | 一级 | 二级 | 三级 |
|---|---|---|---|
| 3．环境审核 | 按照《清洁生产审核暂行办法》的要求进行了清洁生产审核，全部实施了无、低费方案。当地环保部门对清洁生产方案进行了评估 | | |
| 4．环境管理制度 | 按照 GB/T 24001 建立运行环境管理体系，相关环境管理手册、程序文件及作业文件等齐备 | 环境管理制度健全，原始记录及统计数据齐全有效 | |
| 5．固体废物处理处置 | 对一般工业固体废物进行妥善处理。对铅尘等危险废物按照有关要求进行无害化处置。应制定危险废物管理计划（包括减少危险废物产生量和危害性的措施以及危险废物贮存、利用、处置措施）向所在地县级以上地方人民政府环境保护主管部门备案。向所在地县级以上地方人民政府环境保护主管部门申报危险废物产生种类、产生量、流向、贮存、处置等有关资料。应针对危险废物的产生、收集、贮存、运输、利用、处置，制定意外事故防范措施和应急预案，并向所在地县以上地方人民政府环境保护主管部门备案 | | |
| 6．相关环境管理 | 废铅酸蓄电池收集与运输严格按照危险废物管理程序执行；原材料供应方的管理；协作方、服务方的环境管理程序齐全 | | |
| a 对应相应级别再生粗铅主品位。 | | | |

**表 2　铅回收业清洁生产指标要求（湿法冶金类）**

| 指　标 | 一级 | 二级 | 三级 |
|---|---|---|---|
| 一、生产工艺与装备要求 | | | |
| 1．备料工艺与装备 | 自动破碎分选系统 | | 机械化破碎分选 |
| | 预脱硫 | | |
| 2．生产工艺与装备 | 电解沉积工艺设备、电还原工艺设备、自动铸锭机 | | |
| 二、产品指标 | | | |
| 电解铅 | 符合 GB/T 469 一号铅标准 | | |
| 三、资源能源利用指标 | | | |
| 1．铅总回收率/% | >99 | >98 | >95 |
| 2．总硫利用率/% | ≥99 | ≥97 | ≥95 |
| 3．资源综合利用率/% | ≥95 | ≥90 | ≥85 |
| 4．电流效率/% | ≥96 | ≥95 | ≥92.5 |
| 5．直流电单耗/（kW·h/t） | ≤550 | ≤700 | ≤800 |
| 6．单位综合能耗（标煤/电铅）/（kg/t） | ≤280 | ≤320 | ≤360 |
| 四、污染物产生指标（末端治理前） | | | |
| 1．渣含铅率/% | <1.6 | <1.8 | <2.0 |
| 2．隔板（占废蓄电池拆解后产物质量百分比）/% | 1.0～3.0 | 1.0～3.0 | 1.0～3.0 |
| 五、废物回收利用指标 | | | |
| 1．塑料回收率/% | ≥99 | ≥98 | ≥95 |
| 2．废电解液综合利用率/% | ≥98 | 95～98 | 90～95 |
| 3．废水循环利用率/% | >95 | >93 | >90 |
| 六、环境管理要求 | | | |
| 1．环境法律法规标准 | 符合国家和地方有关法律、法规。污染物排放达到国家和地方污染物排放标准、总量控制要求。排污许可证以及危险废物收集、贮存、运输和处置符合管理要求 | | |

续表

| 指　标 | 一级 | 二级 | 三级 |
|---|---|---|---|
| 2．生产过程环境管理 | 每个生产工序要有操作规程，对重点岗位要有作业指导书；易造成污染的设备和废物产生部位要有警示牌；生产工序能分级考核<br>要建立环境管理制度，其中包括：开停工及停工检修时的环境管理程序；新、改、扩建项目管理及验收程序；贮运系统污染控制制度；环境监测管理制度；污染事故的应急处理预案并进行演练；环境管理记录和台账 | | |
| 3．环境审核 | 按照《清洁生产审核暂行办法》的要求进行了清洁生产审核，并全部实施了无、低费方案。当地环保部门对清洁生产方案进行了评估 | | |
| 4．环境管理制度 | 按照 GB/T 24001 建立运行环境管理体系，相关环境管理手册、程序文件及作业文件等齐备 | 环境管理制度健全，原始记录及统计数据齐全有效 | |
| 5．固体废物处理处置 | 对一般工业固体废物进行妥善处理。对铅尘等危险废物按照有关要求进行无害化处置。应制定危险废物管理计划（包括减少危险废物产生量和危害性的措施以及危险废物贮存、利用、处置措施）向所在地县级以上地方人民政府环境保护主管部门备案。向所在地县级以上地方人民政府环境保护主管部门申报危险废物产生种类、产生量、流向、贮存、处置等有关资料。应针对危险废物的产生、收集、贮存、运输、利用、处置，制定意外事故防范措施和应急预案，并向所在地县以上地方人民政府环境保护主管部门备案 | | |
| 6．相关方环境管理 | 废铅酸蓄电池收集与运输严格按照危险废物管理程序执行；协作方、服务方的环境管理程序齐全 | | |

## 5　数据采集和计算方法

### 5.1　采样和监测

本标准各项污染物产生指标（末端治理前）的采样和监测按照国家规定的监测方法执行，污染物浓度的测定采用表 3 中所列的方法标准。

**表 3　污染物测定方法标准**

| 污染物项目 | 方法标准名称 | 方法标准编号 |
|---|---|---|
| 铅 | 固体废物　铜、锌、铅、镉的测定　原子吸收分光光度法 | GB/T 15555.2 |
| 二氧化硫 | 固定污染源中排气中二氧化硫的测定法　碘量法 | HJ/T 56—2000 |
| | 固定污染源中排气中二氧化硫的测定法　定电位电解法 | HJ/T 57—2000 |

### 5.2　相关指标的计算方法

#### 5.2.1　铅总回收率

在铅冶炼流程中，进入铅冶炼产品的金属铅量占原料中铅总量的比率。计算公式如下：

$$R_{Pb}=\frac{P_{Pb}}{S_{Pb}}\times 100\%$$

式中：$R_{Pb}$——铅总回收率，%；

$P_{Pb}$——进入铅冶炼产品的金属铅量，t/a；

$S_{Pb}$——原料中含铅量，t/a。

5.2.2 总硫利用率

指原料中的硫在再生铅冶炼过程中通过各种回收方式进行综合利用所达到的利用率，不包括废气末端治理及排入环境中的硫等。其计算公式如下：

$$R_S = \frac{P_S}{S_S} \times 100\%$$

式中：$R_S$——总硫利用率，%；

$P_S$——粗铅冶炼过程中得到回收利用的硫总量，t/a；

$S_S$——原料中含硫量，t/a。

5.2.3 资源综合利用率

指废铅蓄电池实际回收材料总量占废铅蓄电池总量的质量比。计算公式如下：

$$资源综合利用率 = \frac{G_1 + G_2 + G_3 + \cdots + G_n}{G_{总}} \times 100\%$$

式中：$G_1$——第 1 种产品质量；

$G_2$——第 2 种产品质量；

$G_3$——第 3 种产品质量；

$G_n$——第 $n$ 种产品质量；

$G_{总}$——废电池总质量。

5.2.4 单位综合能耗

企业在计划统计期内，经综合计算后得到的总能耗量与同一计划统计期内企业铅产量之比。计算公式如下：

$$E_{ui} = \frac{E_i}{Q_i} \times 1\,000$$

式中：$E_{ui}$——单位综合能耗（标煤/铅），kg/t；

$E_i$——企业计划统计期内，消耗的各种能源量（标煤），t；

$Q_i$——同一计划统计期内，企业铅产量，t。

注：综合计算：对实际消耗的各种能源实物量按规定的计算方法和单位分别折算为一次能源后的总和。综合能耗主要包括一次能源（如煤、石油、天然气等）、二次能源（如蒸汽、电力等）和直接用于生产的能耗工质（如冷却水、压缩空气等），但不包括用于动力消耗（如发电、锅炉等）的能耗工质。具体综合能耗按照 GB/T 2589 计算。

5.2.5 单位电耗

指在还原铅过程中生产单位铅（t），所消耗的电量（kW·h）。用还原铅生产过程中消耗的总电量（kW·h）与同期铅总产量（t）之比。计算公式如下：

$$W_{电} = \frac{W_{耗电总量}}{W_{产铅总量}}$$

式中：$W_{电}$——单位电耗，kW·h/t；

$W_{耗电总量}$——消耗电总量，kW·h；

$W_{产铅总量}$——产出还原铅总量或电铅总量，t。

5.2.6 渣含铅率

指铅渣中单质铅的总量与铅渣总量的质量百分比。计算公式如下：

$$渣含铅率=\frac{G_{渣中铅}}{G_{渣总量}}\times100\%$$

式中：$G_{渣中铅}$——炉渣中的铅含量，t；

$G_{渣总量}$——炉渣总量，t。

5.2.7 电流效率

电解生产过程中阴极上实际析出的金属量与理论析出量之比的百分数。计算公式如下：

$$\eta=\frac{G}{qItN}\times100\%$$

式中：$\eta$——电流效率，%；

$G$——通电时间 $t$ 内 $N$ 个电解槽的阴极实际析出量，g；

$q$——电化当量，g/(A·h)，铅电化当量为 3.867 g/(A·h)；

$I$——通过电解槽的电流强度，A；

$t$——电解通电时间，h；

$N$——电解槽的个数。

5.2.8 直流电单耗

电解过程中阴极析出单位重量金属铅（t）所消耗掉的电能量。计算公式如下：

$$W=\frac{V}{q\eta}\times10^3$$

式中：$W$——直流电单耗，kW·h/t；

$V$——槽电压，V；

$q$——电化当量，g/(A·h)，铅电化当量为 3.867 g/(A·h)；

$\eta$——电流效率，%。

## 6 标准的实施

本标准由县级以上人民政府环境保护行政主管部门负责监督实施。

# 中华人民共和国环境保护部
# 公　告

2009 年　第 59 号

为贯彻《中华人民共和国环境保护法》和《中华人民共和国清洁生产促进法》，保护环境，提高企业清洁生产水平，现批准《清洁生产标准　粗铅冶炼业》等两项标准为国家环境保护标准，并予以发布。

标准名称、编号如下：

一、清洁生产标准　粗铅冶炼业（HJ 512—2009）

二、清洁生产标准　铅电解业（HJ 513—2009）

以上标准自 2010 年 2 月 1 日起实施，由中国环境科学出版社出版，标准内容可在环境保护部网站（bz.mep.gov.cn）查询。

特此公告。

2009 年 11 月 13 日

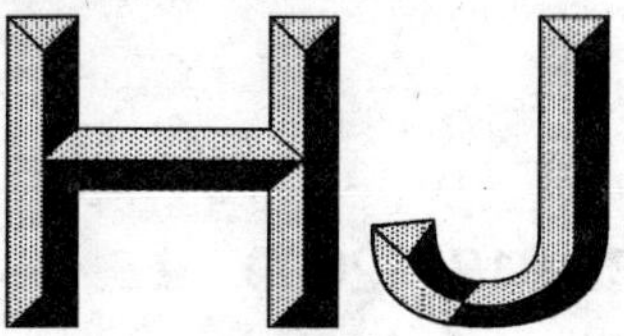

# 中华人民共和国国家环境保护标准

HJ 512—2009

# 清洁生产标准　粗铅冶炼业

**Cleaner production standard**

**——Lead smelting industry**

2009-11-13 发布　　2010-02-01 实施

环　境　保　护　部 发布

# 前　言

为贯彻《中华人民共和国环境保护法》和《中华人民共和国清洁生产促进法》，保护环境，为铅冶炼工业企业开展清洁生产提供技术支持和导向，制定本标准。

本标准规定了在达到国家和地方污染物排放标准的基础上，根据当前行业技术、装备水平和管理水平，粗铅冶炼业企业清洁生产的一般要求。本标准共分为三级，一级代表国际清洁生产先进水平，二级代表国内清洁生产先进水平，三级代表国内清洁生产基本水平。随着技术的不断进步和发展，本标准将适时修订。

本标准为首次发布。

本标准由环境保护部科技标准司组织制订。

本标准起草单位：长沙有色冶金设计研究院、中国环境科学研究院。

本标准环境保护部 2009 年 11 月 13 日批准。

本标准自 2010 年 2 月 1 日起实施。

本标准由环境保护部负责解释。

# 清洁生产标准 粗铅冶炼业

## 1 适用范围

本标准规定了粗铅冶炼业企业清洁生产的一般要求。本标准将粗铅冶炼业清洁生产指标分为六类，即生产工艺与装备要求、资源能源利用指标、产品指标、污染物产生指标（末端处理前）、废物回收利用指标和环境管理要求。

本标准适用于粗铅冶炼生产企业的清洁生产审核、清洁生产潜力与机会的判断，以及清洁生产绩效评定和清洁生产绩效公告制度，也适用于环境影响评价、排污许可证等环境管理制度。

## 2 规范性引用文件

下列文件中的条款通过本标准的引用而成为本标准的条款。凡是不注日期的引用文件，其有效版本适用于本标准。

GB/T 2589 综合能耗计算通则

GB/T 16157—1996 固定污染源排气中颗粒物测定与气态污染物采样方法

GB/T 24001 环境管理体系 要求及使用指南

HJ/T 56—2000 固定污染源排气中二氧化硫的测定 碘量法

HJ/T 57—2000 固定污染源排气中二氧化硫的测定 定电位电解法

HJ/T 425—2008 清洁生产标准 制定技术导则

《铅锌行业准入条件》 （国家发展和改革委员会公告 2007 年 第 13 号）

《清洁生产审核暂行办法》 （国家发展和改革委员会、国家环境保护总局令 第 16 号）

## 3 术语和定义

下列术语和定义适用于本标准。

### 3.1 清洁生产 cleaner production

指不断采取改进设计、使用清洁的能源和原料、采用先进的工艺技术与设备、改善管理、综合利用等措施，从源头削减污染，提高资源利用效率，减少或者避免生产、服务和产品使用过程中污染物的产生和排放，以减轻或者消除对人类健康和环境的危害。

### 3.2 清洁生产标准 cleaner production standard

指依据生命周期分析原理，从生产工艺与装备、资源能源利用、产品、污染物产生、废物回收利用和环境管理六个方面，对行业的清洁生产水平给出阶段性的指标要求，指导企业清洁生产和污染的全过程控制。

注：引自 HJ/T 425 清洁生产标准 制定技术导则。

### 3.3 污染物产生指标（末端处理前） pollutants generation indicators（before end-of-pipe treatment）

即产污系数，指单位产品生产（或加工）过程中，产生污染物的量（末端处理前）。包括单位产品二氧化碳产生量、单位产品颗粒物产生量等指标。

### 3.4 粗铅冶炼 lead smelting

以铅精矿或铅锌混合精矿为主要原料，生产粗铅的过程。

### 3.5 硫酸中汞（砷）含量 mercury（Arsenic）contained in sulfuric acid

粗铅冶炼企业烟气制酸产品硫酸中的含汞（砷）量，以质量分数计。

## 4 规范性技术要求

### 4.1 指标分级

本标准给出了粗铅冶炼业企业生产过程清洁生产水平的三级技术指标：

一级：国际清洁生产先进水平；

二级：国内清洁生产先进水平；

三级：国内清洁生产基本水平。

### 4.2 指标要求

粗铅冶炼业企业清洁生产技术指标要求，见表 1。

**表 1 粗铅冶炼业清洁生产技术指标要求**

<table>
<tr><th colspan="2">清洁生产指标等级</th><th>一级</th><th>二级</th><th>三级</th></tr>
<tr><td colspan="5">一、生产工艺与装备要求</td></tr>
<tr><td colspan="5">1. 生产工艺</td></tr>
<tr><td colspan="2">1.1 冶炼工艺</td><td>基夫塞特炉、氧气底吹炼铅法（QSL）、卡尔多炉等直接炼铅工艺</td><td>水口山（SKS）炼铅法＋鼓风炉、富氧顶吹炉＋鼓风炉等炼铅工艺</td><td>鼓风烧结机烧结－鼓风炉还原熔炼工艺、密闭鼓风炉熔炼（ISP）工艺等炼铅工艺</td></tr>
<tr><td colspan="2">1.2 制酸工艺</td><td colspan="2">二转二吸制酸、低浓度二氧化硫制酸工艺</td><td>单次接触、二转二吸或其他制酸工艺</td></tr>
<tr><td colspan="5">2. 装备</td></tr>
<tr><td colspan="2">2.1 规模</td><td colspan="3">单系列＞5 万 t/a</td></tr>
<tr><td colspan="2">2.2 自动控制系统</td><td>计算机控制进料和冶炼过程，具有炉内温度、压力、振动、气体成分、废气流量或速率等的在线监测与报警装置，自动化水平高</td><td colspan="2">计算机控制进料和冶炼过程，具有炉温、压力等关键参数的在线监测，自动化水平较高</td></tr>
<tr><td colspan="2">2.3 废气的收集与处理</td><td colspan="3">炉体密闭化，具有防止废气逸出措施。在易产生废气无组织排放的位置设有废气收集与净化装置</td></tr>
<tr><td colspan="2">2.4 粉状物料储运</td><td colspan="3">采用封闭式仓储，贮存仓库配通风设施；采用封闭式输送</td></tr>
<tr><td colspan="2">2.5 余热利用装置</td><td colspan="3">具有余热锅炉等余热回收装置</td></tr>
<tr><td colspan="5">二、资源能源利用指标</td></tr>
<tr><td colspan="2">1. 铅总回收率/%</td><td colspan="2">≥97</td><td>＞96</td></tr>
<tr><td colspan="2">2. 金入粗铅率/%</td><td colspan="3">≥96</td></tr>
<tr><td colspan="2">3. 银入粗铅率/%</td><td colspan="3">≥95</td></tr>
<tr><td colspan="2">4. 总硫利用率/%</td><td>≥96</td><td>≥95</td><td>＞94</td></tr>
<tr><td rowspan="2">5. 二氧化硫转化率/%</td><td>二转二吸</td><td>≥99.8</td><td>≥99.6</td><td rowspan="2">≥99</td></tr>
<tr><td>低浓度二氧化硫制酸</td><td>≥99.5</td><td>≥99</td></tr>
<tr><td colspan="2">6. 单位产品新鲜水用量/（t/t）</td><td>≤10</td><td>≤15</td><td>≤25</td></tr>
<tr><td colspan="2">7. 单位产品综合能耗（折合标准煤计算）/（kg/t）</td><td colspan="3">≤450</td></tr>
<tr><td colspan="5">三、产品指标</td></tr>
<tr><td colspan="2">1. 硫酸中汞含量/%</td><td>0.001</td><td>0.01</td><td>—</td></tr>
<tr><td colspan="2">2. 硫酸中砷含量/%</td><td>0.000 1</td><td>0.005</td><td>—</td></tr>
<tr><td colspan="5">四、污染物产生指标（末端处理前）</td></tr>
<tr><td colspan="2">1. 单位产品废水产生量/（t/t）</td><td>≤4</td><td>≤8</td><td>≤12</td></tr>
</table>

续表

<table>
<tr><th colspan="2">清洁生产指标等级</th><th>一级</th><th>二级</th><th>三级</th></tr>
<tr><td rowspan="2">2. 单位产品二氧化硫产生量/（kg/t）</td><td>制酸尾气</td><td>≤2</td><td>≤4</td><td>≤8</td></tr>
<tr><td>其他</td><td>≤2</td><td>≤4</td><td>≤8</td></tr>
<tr><td colspan="2">3. 单位产品颗粒物产生量/（kg/t）</td><td>≤1.5</td><td>≤3.0</td><td>≤5.0</td></tr>
<tr><td colspan="5">五、废物回收利用指标</td></tr>
<tr><td colspan="2">1. 工业用水重复利用率/%</td><td>≥98</td><td>≥95</td><td>≥90</td></tr>
<tr><td colspan="2">2. 固体废物综合利用率/%</td><td>≥90</td><td>≥80</td><td>≥60</td></tr>
<tr><td colspan="5">六、环境管理要求</td></tr>
<tr><td colspan="2">1. 环境法律法规标准</td><td colspan="3">符合国家和地方有关环境法律、法规，污染物排放达到国家和地方排放标准、总量控制和排污许可证管理要求</td></tr>
<tr><td colspan="2">2. 组织机构</td><td>有完善的环境管理机构和专业环境管理人员</td><td>有专门的环境管理机构和专业环境管理人员</td><td>有基本的环境管理机构和专职环境管理人员</td></tr>
<tr><td colspan="2">3. 环境审核</td><td>按照《清洁生产审核暂行办法》完成了清洁生产审核，有完善的清洁生产管理机构，并持续开展清洁生产；按照 GB/T 24001 建立并有效运行环境管理体系，环境管理手册、程序文件及作业文件齐备</td><td colspan="2">按照《清洁生产审核暂行办法》进行了审核；环境管理制度健全，原始记录及统计数据齐全、有效</td></tr>
<tr><td colspan="2">4. 固体废物管理</td><td colspan="3">对一般废物进行妥善处理，对铅尘、废甘汞、鼓风炉黄渣、酸泥、污水处理渣等危险废物按照有关要求进行无害化处置。制定并向所在地县级以上地方人民政府环境行政主管部门备案危险废物管理计划（包括减少危险废物产生量和危害性的措施以及危险废物贮存、利用、处置措施），向所在地县级以上地方人民政府环境保护行政主管部门申报危险废物产生种类、产生量、流向、贮存、处置等有关资料。针对危险废物的产生、收集、贮存、运输、利用、处置，制定意外事故的防范措施和应急预案，并向所在地县以上地方人民政府环境保护行政主管部门备案</td></tr>
<tr><td colspan="2" rowspan="11">5. 生产过程环境管理</td><td>对于所有原辅材料均有质检制度和消耗定额管理制度</td><td colspan="2">对于主要原辅材料有质检制度和消耗定额管理制度</td></tr>
<tr><td colspan="2">所有生产工序有操作规程，主要岗位有作业指导书</td><td>主要生产工序有操作规程，重点岗位有作业指导书</td></tr>
<tr><td>对各工序能耗及水耗有考核，生产工序能分级考核</td><td>对主要工序能耗及水耗有考核，生产工序能分级考核</td><td>生产工序能分级考核</td></tr>
<tr><td colspan="3">环保设施正常运行，无跑、冒、滴、漏现象，易造成污染的设备和废物产生部位要有警示牌，生产环境整洁</td></tr>
<tr><td colspan="3">原料处理、中间物料破碎、烧结、熔炼、装卸等所有产生粉尘部位，均要配备集气、除尘及回收处理等污染控制措施</td></tr>
<tr><td colspan="3">对于炉窑喂料口、出渣口、烧结机头、机尾等易产生二氧化硫无组织排放的位置，应配备集气与处理装置</td></tr>
<tr><td>主要污染源安装有经国家相关部门检测合格的自动监控系统</td><td colspan="2">重点污染源安装有经国家相关部门检测合格的自动监控系统</td></tr>
<tr><td colspan="3">开停工及停工检修时的环境管理程序</td></tr>
<tr><td colspan="3">新、改、扩建项目管理及验收程序</td></tr>
<tr><td colspan="3">具备环境监测管理制度，记录运行数据并建立环保档案；制定了企业环境风险预案</td></tr>
<tr><td>建立重大风险事故定期应急演习制度</td><td colspan="2">建立重大风险事故应急预警制度</td></tr>
<tr><td colspan="2">6. 相关方环境管理</td><td colspan="3">服务协议中明确原辅料的包装、运输、装卸等过程中的安全及环保要求</td></tr>
</table>

## 5 数据采集和计算方法

### 5.1 采样

污染物产生指标是指污染物进入末端处理设施前污染物的浓度或总量指标，其采样点应设在末端处理设施入口处。本标准各项指标的采样和监测按照国家标准监测方法执行，详见表2。

表2 污染物测定方法

| 污染物项目 | 方法标准 | 测点位置 |
|---|---|---|
| 颗粒物 | 按照 GB/T 16157—1996 执行 | 采样点设在排放口[a] |
| 二氧化硫 | 按照 HJ/T 56—2000 执行 | 制酸尾气为二吸塔末端，其他废气为脱硫装置前 |
| | 按照 HJ/T 57—2000 执行 | |
| a 颗粒物的收集装置与主导设备连接，且收集的颗粒物作为原料回用，其排放浓度可视为产生浓度。 | | |

### 5.2 计算方法

#### 5.2.1 铅总回收率

在粗铅冶炼流程中，进入粗铅冶炼所有产品的金属铅量占原料中铅总量的比率，按式（1）计算：

$$R_{Pb} = \frac{P_{Pb}}{S_{Pb}} \times 100\% \tag{1}$$

式中：$R_{Pb}$——铅总回收率，%；

$P_{Pb}$——进入粗铅冶炼产品（粗铅、次氧化锌烟尘、铜锍等）的金属铅量，t/a；

$S_{Pb}$——原料中含铅量，t/a。

#### 5.2.2 金（银）入粗铅率

在粗铅冶炼流程中，进入粗铅产品的金（银）量占原料中金（银）总量的比率，按式（2）计算：

$$R_G = \frac{P_G}{S_G} \times 100\% \tag{2}$$

式中：$R_G$——金（银）入粗铅率，%；

$P_G$——进入粗铅产品的金（银）量，t/a；

$S_G$——原料中含金（银）量，t/a。

#### 5.2.3 总硫利用率

原料中的硫在粗铅冶炼过程中通过各种回收方式进行综合利用所达到的利用率，回收利用的硫总量包括废气中低浓度二氧化硫经治理回收生产副产品，不包括进入水淬渣中的硫、废气末端治理产生的废渣及尾气排入环境中的硫，按式（3）计算：

$$R_S = \frac{P_S}{S_S} \times 100\% \tag{3}$$

式中：$R_S$——总硫利用率，%；

$P_S$——粗铅冶炼过程中得到回收利用的硫总量，t/a；

$S_S$——原料中含硫量，t/a。

#### 5.2.4 二氧化硫转化率

进入制酸转化系统烟气中的二氧化硫转化为三氧化硫的比率，二转二吸制酸与低浓度二氧化硫制酸均按式（4）计算：

$$N_S=\left(1-\frac{\rho_e\times Q_e}{\rho_S\times Q_S}\right)\times 100\% \tag{4}$$

式中：$N_S$——二氧化硫转化率，%；

$\rho_e$——制酸转化进口烟气二氧化硫质量浓度（标态），g/m$^3$；

$Q_e$——制酸转化进口烟气流量（标态），m$^3$/h；

$\rho_S$——制酸转化出口烟气二氧化硫质量浓度（标态），g/m$^3$；

$Q_S$——制酸转化出口烟气流量（标态），m$^3$/h。

**5.2.5 单位产品新鲜水用量**

指生产每吨粗铅所消耗的生产用新鲜水量，按式（5）计算：

$$V_i=\frac{V}{Q} \tag{5}$$

式中：$V_i$——吨粗铅新鲜水用量，t/t；

$V$——一定计量时间内（一个月以上，下同），企业粗铅生产全过程取用新鲜水总量，t；

$Q$——同一计量时间内，企业粗铅产量，t。

**5.2.6 单位产品综合能耗**

指以单位粗铅产量所表示的综合能耗量，按式（6）计算：

$$E_i=\frac{E\times 1\,000}{Q} \tag{6}$$

式中：$E_i$——单位综合能耗（折合标准煤计算），kg/t；

$E$——一定计量时间内，消耗的各种能源量，经综合计算后得到的总能耗量（折合标准煤计算），t；

$Q$——同一计量时间内，企业粗铅产量，t。

注：综合能耗主要包括一次能源（如煤、石油、天然气等）、二次能源（如蒸汽、电力等）和直接用于生产的能耗工质（如冷却水、压缩空气等），但不包括用于动力消耗（如发电、锅炉等）的能耗工质。具体综合能耗按照GB/T 2589 计算。

**5.2.7 单位产品废水产生量**

指整个粗铅生产流程中（含烟化炉吹炼系统），生产单位粗铅产生的废水量，按式（7）计算：

$$W_i=\frac{W}{Q} \tag{7}$$

式中：$W_i$——吨粗铅废水产生量，t/t；

$W$——一定计量时间内，企业粗铅生产全过程废水产生量，t；

$Q$——同一计量时间内，企业粗铅产量，t。

**5.2.8 单位产品二氧化硫产生量**

指整个粗铅生产流程中，生产单位粗铅所产生的二氧化硫量（末端处理前），分制酸尾气与其他废气两部分。制酸尾气以制酸后烟气（尾吸装置前）中的二氧化硫量计；其他包括干燥、烧结、熔炼、烟化等其他所有二氧化硫产生点产生的二氧化硫量。按式（8）计算：

$$S_i=\frac{S}{Q} \tag{8}$$

式中：$S_i$——吨粗铅二氧化硫产生量，kg/t；

$S$——一定计量时间内，企业粗铅生产全过程制酸尾气和其他废气二氧化硫产生量，kg；

$Q$——同一计量时间内，企业粗铅产量，t。

5.2.9 单位产品颗粒物产生量

指整个粗铅生产流程中，生产单位粗铅产生的颗粒物量因末端处理设施收集的颗粒物作为原料综合利用，颗粒物产生量以处理后的排放量计。按式（9）计算：

$$D_{\mathrm{i}} = \frac{D}{Q} \tag{9}$$

式中：$D_{\mathrm{i}}$——吨粗铅颗粒物产生量，kg/t；

$D$——一定计量时间内，企业粗铅生产全过程颗粒物产生量，kg；

$Q$——同一计量时间内，企业粗铅产量，t。

5.2.10 工业用水重复利用率

指整个粗铅生产流程中，重复利用水量与总用水量之比，按式（10）计算：

$$R_{\mathrm{W}} = \frac{V_{\mathrm{r}}}{V_{\mathrm{r}} + V_{\mathrm{i}}} \times 100\% \tag{10}$$

式中：$R_{\mathrm{W}}$——水重复利用率，%；

$V_{\mathrm{r}}$——一定计量时间内，粗铅生产全过程重复用水量，包括净循环水、浊循环水、复用水及其他重复利用水，$\mathrm{m}^3$；

$V_{\mathrm{i}}$——同一计量时间内，企业粗铅生产全过程取用新鲜水总量，$\mathrm{m}^3$。

5.2.11 固体废物综合利用率

指整个粗铅生产流程中所产生的固体废物，企业通过采取措施综合利用量占产生总量的比例，以百分比计，按式（11）计算：

$$R_{\mathrm{R}} = \frac{P_{\mathrm{R}}}{S_{\mathrm{R}}} \times 100\% \tag{11}$$

式中：$R_{\mathrm{R}}$——固体废物综合利用率，%；

$P_{\mathrm{R}}$——企业年固体废物利用量，t/a；

$S_{\mathrm{R}}$——同年粗铅生产全过程固体废物产生总量，t/a。

## 6 标准的实施

本标准由县级以上人民政府环境保护行政主管部门负责监督实施。

---

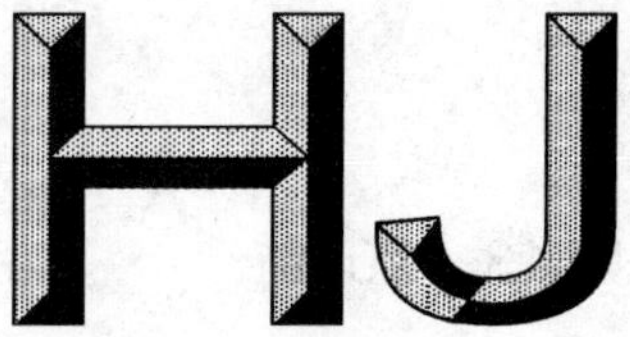

# 中华人民共和国国家环境保护标准

HJ 513—2009

# 清洁生产标准　铅电解业

**Cleaner production standard**

**——Lead electrorefining industry**

2009-11-13 发布　　　　2010-02-01 实施

环　境　保　护　部　发布

# 前 言

为贯彻《中华人民共和国环境保护法》和《中华人民共和国清洁生产促进法》，保护环境，为铅电解业企业开展清洁生产提供技术支持和导向，制定本标准。

本标准规定了在达到国家和地方污染物排放标准的基础上，根据当前行业技术、装备水平和管理水平，铅电解业企业清洁生产的一般要求。本标准共分为三级，一级代表国际清洁生产先进水平，二级代表国内清洁生产先进水平，三级代表国内清洁生产基本水平。随着技术的不断进步和发展，本标准将适时修订。

本标准为首次发布。

本标准由环境保护部科技标准司组织制订。

本标准起草单位：长沙有色冶金设计研究院、中国环境科学研究院。

本标准环境保护部 2009 年 11 月 13 日批准。

本标准自 2010 年 2 月 1 日起实施。

本标准由环境保护部负责解释。

# 清洁生产标准　铅电解业

## 1　适用范围

本标准规定了铅电解业企业清洁生产的一般要求。本标准将铅电解业企业清洁生产指标分为五类，即生产工艺与装备要求、资源能源利用指标、产品指标、污染物产生指标（末端处理前）和环境管理要求。

本标准适用于铅电解生产企业的清洁生产审核、清洁生产潜力与机会的判断，以及清洁生产绩效评定和清洁生产绩效公告制度，也适用于环境影响评价、排污许可证等环境管理制度。

## 2　规范性引用文件

本标准内容引用了下列文件中的条款。凡是不注日期的引用文件，其有效版本适用于本标准。

GB/T 469　铅锭

GB/T 16157—1996　固定污染源排气中颗粒物测定与气态污染物采样方法

GB/T 24001　环境管理体系　要求及使用指南

HJ/T 425　清洁生产标准　制定技术导则

《清洁生产审核暂行办法》（国家发展和改革委员会、国家环境保护总局令　第16号）

## 3　术语和定义

下列术语和定义适用于本标准。

### 3.1　清洁生产　cleaner production

指不断采取改进设计、使用清洁的能源和原料、采用先进的工艺技术与设备、改善管理、综合利用等措施，从源头削减污染，提高资源利用效率，减少或者避免生产、服务和产品使用过程中污染物的产生和排放，以减轻或者消除对人类健康和环境的危害。

### 3.2　清洁生产标准　cleaner production standard

指依据生命周期分析原理，从生产工艺与装备、资源能源利用、产品、污染物产生、废物回收利用和环境管理六个方面，对行业的清洁生产水平给出阶段性的指标要求，指导企业清洁生产和污染的全过程控制。

注：引自 HJ/T 425 清洁生产标准　制定技术导则。

### 3.3　污染物产生指标（末端处理前）　pollutants generation indicators（before end-of-pipe treatment）

即产污系数，指单位产品生产（或加工）过程中，产生污染物的量（末端处理前）。指单位产品铅尘产生量指标。

### 3.4　铅电解　lead electrolysis

以粗铅为原料，采用湿法电解工艺生产金属铅的过程。

### 3.5　残极率　anodic residual rate

电解后铅阳极板残余部分重量与电解前阳极板装入重量之比的百分数。

## 4　规范性技术要求

### 4.1　指标分级

本标准给出了铅电解业企业生产过程清洁生产水平的三级技术指标：

一级：国际清洁生产先进水平；

二级：国内清洁生产先进水平；

三级：国内清洁生产基本水平。

## 4.2 指标要求

铅电解业企业清洁生产技术指标要求见表 1。

表 1 铅电解业清洁生产技术指标要求

<table>
<tr><td colspan="2">清洁生产指标等级</td><td>一级</td><td>二级</td><td>三级</td></tr>
<tr><td colspan="5">一、生产工艺与装备要求</td></tr>
<tr><td colspan="2">1. 工艺</td><td colspan="2">采用大极板工艺（单块阳极板≥300 kg）</td><td>单块阳极板≥90 kg</td></tr>
<tr><td rowspan="3">2. 装备</td><td>2.1 火法精炼工艺</td><td>冶炼产粗铅不需铸锭，直接液态入锅，熔铅锅锅面固定</td><td colspan="2">冶炼产粗铅铸锭后冷态入锅</td></tr>
<tr><td>2.2 熔铅锅/t</td><td>≥100</td><td>≥75</td><td>≥60</td></tr>
<tr><td>2.3 机械化与自动化水平</td><td>全过程自动化水平高。熔铅锅面固定，自动加药，残极连续机械加入，连续机械捞取铜浮渣；阴、阳极自动铸造，阴阳极自动排距并同时放入电解槽；电铅锅机械耙渣；生产过程产生的废气具备有效的收集与处理措施</td><td>自动化水平较高。阴、阳极自动铸造，阴、阳极自动排距；电铅锅机械耙渣；生产过程产生的废气具备有效的收集与处理措施</td><td>自动化水平一般。阴、阳极自动铸造、自动排距；生产过程产生的废气具备有效的收集与处理措施</td></tr>
<tr><td colspan="5">二、资源能源利用指标</td></tr>
<tr><td colspan="2">1. 铅回收率/%</td><td colspan="2">≥99</td><td>≥98</td></tr>
<tr><td colspan="2">2. 单位产品直流电耗/（kW·h/t）</td><td colspan="3">≤120</td></tr>
<tr><td colspan="2">3. 残极率/%</td><td>≤38</td><td>≤40</td><td>≤45</td></tr>
<tr><td colspan="2">4. 单位产品硅氟酸耗/（kg/t）</td><td>≤2.5</td><td>≤3.5</td><td>≤4.0</td></tr>
<tr><td colspan="5">三、产品指标</td></tr>
<tr><td colspan="2">电铅质量要求</td><td colspan="2">符合 GB/T 469 中一号铅锭的质量要求</td><td>符合 GB/T 469 中相应牌号铅锭的质量要求</td></tr>
<tr><td colspan="5">四、污染物产生指标（末端处理前）</td></tr>
<tr><td colspan="2">单位产品铅尘产生量（以 Pb 计）/（kg/t）</td><td>≤8</td><td>≤12</td><td>≤20</td></tr>
<tr><td colspan="5">五、环境管理要求</td></tr>
<tr><td colspan="2">1. 环境法律法规标准</td><td colspan="3">符合国家和地方有关环境法律、法规，污染物排放达到国家和地方排放标准、总量控制和排污许可证管理要求</td></tr>
<tr><td colspan="2">2. 组织机构</td><td>有完善的环境管理机构和专业环境管理人员</td><td>有专门的环境管理机构和专业环境管理人员</td><td>有基本的环境管理机构和专职环境管理人员</td></tr>
<tr><td colspan="2">3. 环境审核</td><td>按照《清洁生产审核暂行办法》完成了清洁生产审核，有完善的清洁生产管理机构，并持续开展清洁生产；按照 GB/T 24001 建立并有效运行环境管理体系，环境管理手册、程序文件及作业文件齐备</td><td colspan="2">按照《清洁生产审核暂行办法》进行了审核；环境管理制度健全，原始记录及统计数据齐全、有效</td></tr>
<tr><td colspan="2">4. 固体废物管理</td><td colspan="3">对一般废物进行妥善处理，对铅浮渣、阳极泥、氧化铅渣及碱渣等危险废物按照有关要求进行无害化处置。制定并向所在地县级以上地方人民政府环境行政主管部门备案危险废物管理计划（包括减少危险废物产生量和危害性的措施以及危险废物贮存、利用、处置措施），向所在地县级以上地方人民政府环境保护行政主管部门申报危险废物产生种类、产生量、流向、贮存、处置等有关资料。针对危险废物的产生、收集、贮存、运输、利用、处置，制定意外事故的防范措施和应急预案，并向所在地县以上地方人民政府环境保护行政主管部门备案</td></tr>
</table>

续表

| 清洁生产指标等级 | 一级 | 二级 | 三级 |
|---|---|---|---|
| 5. 生产过程环境管理 | 对于所有原辅材料均有质检制度和消耗定额管理制度 | 对于主要原辅材料有质检制度和消耗定额管理制度 | |
| | 所有生产工序有操作规程，主要岗位有作业指导书 | 所有生产工序有操作规程，重点岗位有作业指导书 | |
| | 对各工序能耗及水耗有考核，生产工序能分级考核 | 对主要工序能耗及水耗有考核，生产工序能分级考核 | 生产工序能分级考核 |
| | 环保设施正常运行，无跑、冒、滴、漏现象，易造成污染的设备和废物产生部位要有警示牌，生产环境整洁 | | |
| | 熔铅锅、电铅锅等产生粉尘部位，均要配备控制与处理装置 | | |
| | 电解槽应采取覆盖剂等酸雾抑制措施 | — | |
| | 开停工及停工检修时的环境管理程序 | | |
| | 新、改、扩建项目管理及验收程序 | | |
| | 具备环境监测管理制度，记录运行数据并建立环保档案；制定了企业环境风险预案 | | |
| | 建立重大风险事故定期应急演习制度 | 建立重大风险事故应急预警制度 | |
| 6. 相关方环境管理 | 服务协议中明确原辅料的包装、运输、装卸等过程中的安全及环保要求 | | |

## 5 数据采集和计算方法

### 5.1 采样

污染物产生指标是指污染物进入末端处理设施前污染物的浓度或总量指标，其采样点应设在末端处理设施入口处。

本标准颗粒物的采样和监测按照 GB/T 16157—1996 执行。

### 5.2 计算方法

#### 5.2.1 铅回收率

指以粗铅为原料生产电解铅的过程中，最终进入产品的元素铅量占原料中铅总量的比率，按式（1）计算：

$$R_{\mathrm{Pb}}=\frac{P_{\mathrm{Pb}}}{S_{\mathrm{Pb}}}\times 100\% \qquad (1)$$

式中：$R_{\mathrm{Pb}}$——铅回收率，%；

$P_{\mathrm{Pb}}$——最终进入产品中的金属铅量，t/a；

$S_{\mathrm{Pb}}$——原料粗铅中含铅量，t/a。

#### 5.2.2 单位产品直流电耗

指生产单位电铅所耗直流电能，按式（2）计算：

$$Z=\frac{U}{N\times c}\times 10^{3} \qquad (2)$$

式中：$Z$——直流电耗，kW·h/t；

$U$——槽电压，V；

$N$——电流效率，%；

$c$——铅电化当量，3.865 g/(A·h)。

#### 5.2.3 单位产品硅氟酸耗

指生产单位电铅消耗的 100%硅氟酸量，按式（3）计算：

$$M_{\mathrm{i}}=\frac{M}{Q} \qquad (3)$$

式中：$M_{\mathrm{i}}$——单位产品电铅硅氟酸耗，kg/t；

$M$——一定计量时间内（一个月以上，以下同），企业电铅生产消耗 100%硅氟酸总量，kg；

$Q$——同一计量时间内，企业电铅产量，t。

5.2.4 单位产品铅尘产生量

指以粗铅为原料生产电解铅的过程中，单位电铅产量产生的废气中的铅含量，按式（4）计算：

$$P_{\mathrm{i}} = \frac{P}{Q} \times 10^{3} \tag{4}$$

式中：$P_{\mathrm{i}}$——单位电铅废气中铅产生量，kg/t；

$P$——一定计量时间内，企业废气中铅产生总量，t；

$Q$——同一计量时间内，企业电铅产量，t。

## 6 标准的实施

本标准由县级以上人民政府环境保护行政主管部门负责监督实施。

---

# 中华人民共和国国家环境保护标准

HJ 514—2009

# 清洁生产标准　宾馆饭店业

**Cleaner production standard**

**—Hotel**

2009-11-30 发布　　2010-03-01 实施

环　境　保　护　部　发布

# 中华人民共和国环境保护部
# 公　告

2009 年　第 63 号

为贯彻《中华人民共和国环境保护法》和《中华人民共和国清洁生产促进法》，保护环境，提高企业清洁生产水平，现批准《清洁生产标准　宾馆饭店业》为国家环境保护标准，并予以发布。

标准名称、编号如下：

清洁生产标准　宾馆饭店业（HJ 514—2009）

该标准自 2010 年 3 月 1 日起实施，由中国环境科学出版社出版，标准内容可在环境保护部网站（bz.mep.gov.cn）查询。

特此公告。

2009 年 11 月 30 日

# 前 言

为贯彻《中华人民共和国环境保护法》和《中华人民共和国清洁生产促进法》，保护环境，为宾馆饭店业开展清洁生产提供技术支持和导向，制定本标准。

本标准规定了在达到国家和地方污染物排放标准的基础上，根据当前的行业技术、装备水平和管理水平，宾馆饭店业清洁生产的一般要求。本标准分为三级，一级代表国际清洁生产先进水平，二级代表国内清洁生产先进水平，三级代表国内清洁生产基本水平。随着技术在不断进步和发展，本标准将适时修订。

本标准为首次发布。

本标准由环境保护部科技标准司提出。

本标准起草单位：中国轻工业清洁生产中心、中国环境科学研究院。

本标准环境保护部 2009 年 11 月 30 日批准。

本标准自 2010 年 3 月 1 日起实施。

本标准由环境保护部解释。

# 清洁生产标准　宾馆饭店业

## 1　适用范围

本标准规定了宾馆饭店业清洁生产的一般要求。本标准将宾馆饭店业清洁生产标准指标分成四类，即装备要求、资源能源利用指标、污染物产生指标（末端处理前）和环境管理要求。

本标准适用于宾馆饭店企业的清洁生产审核、清洁生产潜力与机会的判断，以及清洁生产绩效评定和清洁生产绩效公告制度，也适用于环境影响评价、排污许可证管理等环境管理制度。

## 2　规范性引用文件

本标准内容引用了下列文件中的条款。凡是不注明日期的引用文件，其有效版本适用于本标准。

GB/T 11914　水质　化学需氧量的测定　重铬酸钾法

GB 18580　室内装饰装修材料　人造板及其制品中甲醛释放限量

GB 18581　室内装饰装修材料　溶剂型木器涂料中有害物质限量

GB 18582　室内装饰装修材料　内墙涂料中有害物质限量

GB 18583　室内装饰装修材料　胶粘剂中有害物质限量

GB 18584　室内装饰装修材料　木家具中有害物质限量

GB 18585　室内装饰装修材料　壁纸中有害物质限量

GB 18586　室内装饰装修材料　聚氯乙烯卷材地板中有害物质限量

GB 18587　室内装饰装修材料　地毯、地毯衬垫及地毯用胶粘剂有害物质释放限量

GB 18597　危险废物贮存污染控制标准

GB 18599　一般工业固体废物贮存、处置场污染控制标准

GD 50015　建筑给水排水设计规范

GB 50034　建筑照明设计标准

GB 50189　公共建筑节能设计标准

GB/T 2589　综合能耗计算通则

GB/T 12452　企业水平衡与测试通则

GB/T 24001　环境管理体系　要求及使用指南

HJ/T 425　清洁生产标准　制定技术导则

HJ/T 91　地表水和污水监测技术规范

HJ/T 399　水质　化学需氧量的测定　快速消解分光光度法

CJ 164　节水型生活器具

《清洁生产审核暂行办法》　（国家发展和改革委员会、国家环境保护总局令　第 16 号）

## 3　术语和定义

### 3.1　清洁生产　cleaner production

指不断采取改进设计、使用清洁的能源和原料、采用先进的工艺技术与设备、改善管理、综合利用等措施，从源头削减污染，提高资源利用效率，减少或者避免生产、服务和产品使用过程中污染物的产生和排放，以减轻或者消除对人类健康和环境的危害。

### 3.2 清洁生产标准 cleaner production standard

指依据生命周期分析原理，从生产工艺与装备、资源能源利用、产品、污染物产生、废物回收利用和环境管理六个方面，对行业的清洁生产水平给出阶段性的指标要求，指导企业清洁生产和污染的全过程控制。

注：引自 HJ/T 425 清洁生产标准 制定技术导则。

### 3.3 污染物产生指标（末端处理前） pollutants generation indicators（before end-of-pipe treatment）

指运营过程中单位床位产生污染物的量（末端处理前）。本标准主要是水污染物产生指标。水污染物产生指标包括废水处理装置的入口污水量和污染物种类、单位床位污染物产生量或浓度。

### 3.4 宾馆饭店 hotel

能够为客人提供配有餐饮、住宿及相关服务的星级宾馆饭店以及其硬件设施及服务标准等相当于星级标准的旅馆、招待所、度假村等单位。

### 3.5 度假村 holiday village

能够为客人提供配有餐饮、住宿及相关服务的具有星级或相当于星级标准的住宿设施，建筑的容积率在 0.55 以下，通常以度假村、山庄、培训中心等命名。

## 4 规范性技术要求

### 4.1 指标分级

本标准共给出了宾馆饭店业运营服务过程清洁生产水平的三级技术指标：

一级：国际清洁生产先进水平；

二级：国内清洁生产先进水平；

三级：国内清洁生产基本水平。

### 4.2 指标要求

宾馆饭店业清洁生产技术指标要求见表 1。

**表 1 宾馆饭店业清洁生产技术指标要求**

<table>
<tr><th>清洁生产指标等级</th><th>一级</th><th>二级</th><th>三级</th></tr>
<tr><td colspan="4">一、装备要求</td></tr>
<tr><td rowspan="3">1. 空气调节与采暖系统</td><td colspan="2">风机、水泵、电动机选用高效节能型；变工况风机、水泵采用变频调速控制装置</td><td>风机、水泵、电动机选用高效节能型</td></tr>
<tr><td colspan="3">更新空调时必须采用清洁制冷剂，禁止使用 CFC-11、CFC-12、CFC-113 等国家规定的受控消耗臭氧层物质</td></tr>
<tr><td colspan="3">空调采暖系统的冷热源机组能效比符合 GB 50189 第 5.4.5、5.4.8 及 5.4.9 条规定，锅炉热效率符合第 5.4.3 条规定</td></tr>
<tr><td rowspan="2">2. 供配电系统</td><td colspan="3">变压器应选用高效低耗型</td></tr>
<tr><td colspan="2">合理装置无功率补偿设备，功率因数控制在 0.95 以上</td><td>合理装置无功补偿设备，功率因数控制在 0.9 以上</td></tr>
<tr><td rowspan="4">3. 照明系统</td><td colspan="2">办公区域不使用非节能灯（包括 T8、T12 直管型荧光灯和白炽灯）</td><td>办公区域不使用非节能灯（包括 T12 直管型荧光灯和白炽灯）</td></tr>
<tr><td colspan="3">非调光区节能灯使用率 100%</td></tr>
<tr><td colspan="3">照明标准值符合 GB 50034 第 5.2.5 条的规定</td></tr>
<tr><td colspan="2">各房间或场所的照明功率密度值不高于 GB 50034 规定的目标值</td><td>各房间或场所的照明功率密度值不高于 GB 50034 规定的现行值</td></tr>
<tr><td rowspan="3">4. 给排水系统</td><td colspan="3">节水器具符合 CJ 164，安装率达到 100%</td></tr>
<tr><td colspan="3">卫生器具的给水额定流量、最低工作压力等符合 GB 50015</td></tr>
<tr><td>建筑面积 2 万 $m^2$ 以上的宾馆饭店建设中水设施，建立雨水收集利用系统，并且有效利用中水和雨水</td><td colspan="2">建筑面积 2 万 $m^2$ 以上的宾馆饭店建设中水设施，并且有效利用中水</td></tr>
</table>

续表

| 清洁生产指标等级 | | 一级 | 二级 | 三级 |
|---|---|---|---|---|
| 5．消防系统 | | 消防器材必须使用清洁灭火剂，禁止使用哈龙-1211 或哈龙-1301 | | |
| 6．用电设备 | | 具有能效标志的设备达到等级 2 | | 具有能效标志的设备达到等级 3 |
| 7．干洗设备 | | 使用具有净化回收干洗溶剂功能的全封闭式干洗机 | | |
| 二、资源能源利用指标 | | | | |
| 1．单位建筑面积综合能耗[a]（折合标准煤计算）/[kg/（$m^2$·a）] | 一、二星级 | ≤35 | ≤37 | ≤39 |
| | 三星级 | ≤37 | ≤39 | ≤41 |
| | 四、五星级 | ≤39 | ≤41 | ≤43 |
| 2．单位床位取水量/[L/（床·d）] | 一、二星级 | ≤280 | ≤320 | ≤350 |
| | 三星级 | ≤420 | ≤460 | ≤500 |
| | 四、五星级 | ≤510 | ≤550 | ≤580 |
| 3．间接冷却水循环率/% | | ≥98 | | |
| 三、污染物产生指标（末端处理前） | | | | |
| 1．单位床位废水产生量/[L/（床·d）] | 一、二星级 | ≤250 | ≤290 | ≤320 |
| | 三星级 | ≤380 | ≤420 | ≤450 |
| | 四、五星级 | ≤460 | ≤500 | ≤520 |
| 2．单位床位化学需氧量（COD）产生量/[g/（床·d）] | 一、二星级 | ≤75 | ≤90 | ≤95 |
| | 三星级 | ≤120 | ≤130 | ≤140 |
| | 四、五星级 | ≤145 | ≤160 | ≤165 |
| 四、环境管理要求 | | | | |
| 1．环境法律法规标准 | | 符合国家和地方有关环境法律、法规，废水、锅炉废气、餐饮油烟、地下车库废气、噪声、振动等污染物排放达到国家和地方排放标准、总量控制和排污许可证管理要求 | | |
| 2．环境审核 | | 按照《清洁生产审核暂行办法》完成了清洁生产审核，有完善的清洁生产管理机构，并持续开展清洁生产；按照 GB/T 24001 建立并有效运行环境管理体系，环境管理手册、程序文件及作业文件齐备 | 对运营过程中环境因素进行控制，有严格的操作规程，建立相关方管理程序、清洁生产审核制度和环境管理制度 | 对运营过程中主要环境因素进行控制，有操作规程，建立相关方管理程序、清洁生产审核制度和必要环境管理制度 |
| 3．组织机构 | | 设置环境、能源管理岗位，实行环境、能源管理岗位责任制。重点用能系统、设备的操作岗位应当配备专业技术人员 | | 设置环境、能源管理岗位，实行环境、能源管理岗位责任制 |
| 4．管理制度 | | 有明确环境目标和行动措施；有健全的公共安全、食品安全、节能降耗、环保的规章制度；有定期检查目标实现情况及规章制度执行情况的记录 | | |
| 5．宣传管理 | | 客人活动区域以告示、宣传牌等形式鼓励并引导顾客进行绿色消费 | | |
| 6．环境管理 | 能源管理 | 冷热源、输配系统和照明等各部分能耗进行独立分项计量，50 kW 以上用电设备要单独安装电表，并有定额考核制度 | | 动力系统和照明等分项计量，50 kW 以上用电设备要单独安装电表，并有定额考核制度 |
| | | 完善健全的计量系统，一级水表计量率达到 100%，二级水表计量率达到 90%；有完善的计量台账 | | |
| | | 按照 GB/T 12452 规定，2 年进行一次水平衡测试 | 按照 GB/T 12452 规定，3～5 年进行一次水平衡测试 | |
| | | 室内温度和新风量符合 GB 50189 | | |

续表

| 清洁生产指标等级 | | 一级 | 二级 | 三级 |
| --- | --- | --- | --- | --- |
| 6. 环境管理 | 设备管理 | 定期清洗中央空调，定期清除制热、制冷盘管上的灰尘和污渍 | | |
| | | 定期清除热交换器（热水系统、空调系统等所需要的热换器）结垢 | | |
| | 原材料与消费品 | 不主动提供牙刷、梳子、香皂、拖鞋、沐浴液、洗发液等一次性用品，并根据顾客需求更换 | | |
| | | 装饰装修材料符合 GB 18580、GB 18581、GB 18582、GB 18583、GB 18584、GB 18585、GB 18586、GB 18587、GB 18597 的相关规定 | | |
| | | 餐饮服务不使用一次性发泡塑料餐具、一次性木制筷子、减少一次性毛巾使用 | | |
| | | 使用高效环保洗涤剂，干洗禁止使用三氯乙烯，干洗剂密闭储存 | | |
| | 废物管理 | 餐饮废水设置隔油设施，回收处理地沟油 | | |
| | | 剩余肥皂/卫生纸等，废旧床单/毛巾等物品具备有效收集和再利用措施 | | |
| | | 建立垃圾分类收集设备，在显著位置宣传垃圾分类回收 | | |
| | 废物管理 | 厨余垃圾、地沟油指定专人或委托具有资质的单位进行收集、运输、利用和处理处置 | | |
| | | 采用符合国家规定的废物处置方法处置废物；一般固体废物按照 GB 18599 相关规定执行；危险废物（包括废电子电器产品、电子电气设备、废活性炭、多氯联苯电容器、废含汞荧光灯管、废卤化有机溶剂等），要严格按照 GB 18597 相关规定进行危险废物管理，制定并向所在地县级以上地方人民政府环境行政主管部门备案危险废物管理计划（包括减少危险废物产生量和危害性的措施以及危险废物贮存、利用、处置措施），向所在县级以上地方人民政府环境保护行政主管部门申报危险废物产生种类、产生量、流向、贮存、处置等有关资料。针对危险废物的产生、收集、贮存、运输、利用、处置，制定意外事故的防范措施和应急预案，并向所在地县级以上地方人民政府环境保护行政主管部门备案 | | |
| | 绿化管理 | 实现无裸露地面，可绿化地面应 100%绿化，鼓励垂直绿化及屋顶绿化 | | 实现无裸露地面，可绿化地面应 100%绿化 |
| | | 绿地、树木、花卉应使用滴灌、微喷等先进的节水灌溉方式，绿化用水量符合当地取水定额 | | |
| 相关方环境管理 | | 建立采购人员和供应商监控体系，选用绿色食品和环保产品 | | |

注：a 单位建筑面积综合能耗修正系数：

1）宾馆设施的修正系数

洗衣房：宾馆设有洗衣房，洗衣房的功能包括水洗、干洗、熨烫，综合能耗修正系数为 1.15。

游泳池：宾馆设有热水游泳池，容积在 200 $m^3$ 以上，综合能耗修正系数为 1.02。

2）宾馆设备类型修正系数

热力管网：宾馆的供热系统为热力管网供热，综合能耗修正系数为 0.9。

3）宾馆建筑类型修正系数

度假村：符合本标准定义的度假村，综合能耗修正系数为 1.47。

4）气候带修正系数

北亚热带，中亚热带：修正系数为 1。

暖温带：修正系数为 1.1。

中温带，寒温带：修正系数为 1.2。

南亚热带及以南地区：修正系数为 1.3。

## 5 数据采集和计算方法

### 5.1 监测方法

废水污染物产生指标按照国家环境监测方法执行。所有指标均按采样次数的实测数据进行平均。污染物指标分析方法见表 2。

表 2 污染物指标分析方法

| 监测项目 | 测点位置 | 分析方法 | 监测及采样频次 |
| --- | --- | --- | --- |
| 化学需氧量 | 废水处理站入口 | GB 11914 或 HJ/T 399 | 每半月监测一次，每次监测采样按照《地表水和污水监测技术规范》（HJ/T 91）执行 |
| 注：每次监测时须同时监测废水流量。 | | | |

## 5.2 计算方法

宾馆饭店的各项考核指标的统计均以法定月报表或者年报表为准，计算方法如下：

a）单位建筑面积综合能耗

宾馆饭店在计划统计期内，每平方米建筑面积所消耗的综合能耗，按式（1）计算：

$$E_{\mathrm{d}}=\frac{E_{\mathrm{i}}}{S} \tag{1}$$

式中：$E_{\mathrm{d}}$——单位建筑面积综合能耗（折合标准煤计算），kg/（$m^2 \cdot a$）；

$E_{\mathrm{i}}$——宾馆饭店运营过程中综合能耗总和（折合标准煤计算），kg/a；

$S$——宾馆饭店的建筑面积，$m^2$。

注：综合能耗主要包括一次能源（如煤、石油、天然气等）、二次能源（如蒸汽、电力等）和直接用于生产的能耗工质（如冷却水、压缩空气等），但不包括用于动力消耗（如发电、锅炉等）的能耗工质。具体综合能耗按照 GB/T 2589 计算。

b）单位床位取水量

一定时间内，按宾馆饭店出租床位数核算的单位取水量，按式（2）计算：

$$V_{\mathrm{ui}}=\frac{V_{\mathrm{i}}}{N_{\mathrm{b}}\times r} \tag{2}$$

式中：$V_{\mathrm{ui}}$——单位床位取水量，L/（床·d）；

$V_{\mathrm{i}}$——宾馆饭店取水量，L/d；

$N_{\mathrm{b}}$——宾馆饭店床位数，床；

$r$——床位出租率，%。

注：宾馆饭店取水量包括客房、办公、职工食堂、职工浴室、洗衣房、娱乐健身房、中央空调补水、锅炉、洗车等取水量。不包括餐饮、绿化以及外租办公区、公寓、商场取水和外供水量。

c）间接冷却水循环率

宾馆饭店中央空调系统间接冷却水循环率，按式（3）计算：

$$R_{\mathrm{c}}=\frac{V_{\mathrm{cr}}}{V_{\mathrm{cr}}+V_{\mathrm{cf}}}\times 100\% \tag{3}$$

式中：$R_{\mathrm{c}}$——间接冷却水循环率，%；

$V_{\mathrm{cr}}$——间接冷却水循环量，$m^3/h$；

$V_{\mathrm{cf}}$——间接冷却水循环系统补充水量，$m^3/h$。

d）单位床位废水产生量

宾馆饭店运营过程中按实际床位出租率计算的单位床位废水产生量，按式（4）计算：

$$V_{\mathrm{c}}=\frac{V_{\mathrm{p}}}{N_{\mathrm{b}}\times r} \tag{4}$$

式中：$V_c$——单位床位废水产生量，L/（床·d）；

$V_p$——宾馆饭店废水产生量，L/d；

$N_b$——宾馆饭店床位数，床；

$r$——床位出租率，%。

e）单位床位化学需氧量（COD）产生量

宾馆饭店运营过程中按实际床位出租率计算的单位床位化学需氧量（COD）的产生量，按式（5）计算：

$$H = \frac{\rho_i \times V_{pi}}{N_b \times r} \tag{5}$$

式中：$H$——单位床位的化学需氧量（COD）产生量，g/（床·d）；

$\rho_i$——在一定计量时间内，废水处理站入口（如有废水处理设施）或废水排放口处 COD 质量浓度实测平均值，mg/L；

$V_{pi}$——在同一计量时间内，进入废水处理站入口或排放的废水量，$m^3$；

$N_b$——宾馆饭店床位数，床；

$r$——床位出租率，%。

## 6 标准的实施

本标准由县级以上人民政府环境保护行政主管部门负责监督实施。

---

# 中华人民共和国环境保护部
# 公　告

2010 年　第 10 号

为贯彻《中华人民共和国环境保护法》和《中华人民共和国清洁生产促进法》，保护环境，提高企业清洁生产水平，现批准《清洁生产标准　铜冶炼业》等三项标准为国家环境保护标准，并予发布。

标准名称、编号如下：

一、清洁生产标准　铜冶炼业（HJ 558—2010）；

二、清洁生产标准　铜电解业（HJ 559—2010）；

三、清洁生产标准　制革工业（羊革）（HJ 560—2010）。

以上标准自 2010 年 5 月 1 日起实施，由中国环境科学出版社出版，标准内容可在环境保护部网站（bz.mep.gov.cn）查询。

特此公告。

2010 年 2 月 1 日

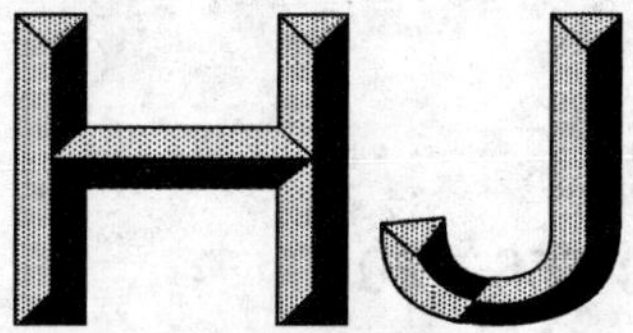

# 中华人民共和国国家环境保护标准

HJ 558—2010

# 清洁生产标准　铜冶炼业

**Cleaner production standard**

**—Copper smelting industry**

2010-02-01 发布　　　　2010-05-01 实施

环　境　保　护　部 发布

# 前　言

为贯彻《中华人民共和国环境保护法》和《中华人民共和国清洁生产促进法》，保护环境，为铜冶炼企业开展清洁生产提供技术支持和导向，制定本标准。

本标准规定了在达到国家和地方污染物排放标准的基础上，根据当前的行业技术、装备水平和管理水平，铜冶炼企业清洁生产的一般要求。本标准分为三级，一级代表国际清洁生产先进水平，二级代表国内清洁生产先进水平，三级代表国内清洁生产基本水平。随着技术的不断进步和发展，本标准将适时修订。

本标准为首次发布。

本标准由环境保护部科技标准司组织制订。

本标准起草单位：湖南有色金属研究院、中国环境科学研究院。

本标准环境保护部 2010 年 2 月 1 日批准。

本标准自 2010 年 5 月 1 日起实施。

本标准由环境保护部解释。

# 清洁生产标准　铜冶炼业

## 1　适用范围

本标准规定了铜冶炼业清洁生产的一般要求。本标准将清洁生产标准指标分成六类，即生产工艺与装备要求、资源能源利用指标、产品指标、污染物产生指标（末端处理前）、废物回收利用指标和环境管理要求。

本标准适用于以硫化铜精矿为主要原料的铜的火法冶炼企业（不包括以废杂铜为主要原料的铜冶炼企业，也不包括湿法冶炼铜的企业）的清洁生产审核、清洁生产潜力与机会的判断，以及清洁生产绩效评定和清洁生产绩效公告制度，也适用于环境影响评价、排污许可证管理等环境管理制度。

## 2　规范性引用文件

本标准内容引用了下列文件中的条款。凡是不注日期的引用文件，其有效版本适用于本标准。

GB 11914—89　水质　化学需氧量的测定　重铬酸盐法

GB 18599—2001　一般工业固体废物贮存、处置场污染控制标准

GB 18597—2001　危险废物贮存污染控制标准

GB 21248—2007　铜冶炼企业单位产品能源消耗限额

GB/T 534—2002　工业硫酸

GB/T 16157—1996　固定污染源排气中颗粒物测定与气态污染物采样方法

GB/T 24001　环境管理体系　要求及使用指南

HJ/T 56—2000　固定污染源排气中二氧化硫的测定　碘量法

HJ/T 57—2000　固定污染源排气中二氧化硫的测定　定电位电解法

YS/T 70—2001　粗铜

YS/T 441.1—2001　有色金属平衡管理规范　铜选矿冶炼部分

《清洁生产审核暂行办法》（国家发展和改革委员会、国家环境保护总局令　2004 年　第 16 号）

《铜冶炼行业准入条件》（国家发展和改革委员会公告　2006 年　第 40 号）

《污染源自动监控管理办法》（国家环境保护总局令　第 28 号）

## 3　术语和定义

下列术语和定义适用本标准。

### 3.1　清洁生产　cleaner production

指不断采取改进设计、使用清洁的能源和原料、采用先进的工艺技术与设备、改善管理、综合利用等措施，从源头削减污染，提高资源利用效率，减少或者避免生产、服务和产品使用过程中污染物的产生和排放，以减轻或者消除对人类健康和环境的危害。

### 3.2　熔炼　smelting procedure

指将含铜精矿，配入适当数量的熔剂、返尘、燃料，送入空气或富氧空气，将物料熔化，氧气与精矿内元素发生一系列复杂的物理和化学反应，产生含二氧化硫（$SO_2$）烟气、铜锍（冰铜）及炉渣的过程。

### 3.3　吹炼　blowing procedure

指通过向铜锍中鼓入空气或富氧空气，将其中的铁、硫及其他有害杂质氧化除去以获得粗铜，并将贵金属富集到粗铜中的冶金过程。

3.4　火法精炼　pyro-refining procedure

指以粗铜为原料，在高温下向铜熔体中鼓入空气，使铜熔体的杂质与空气中的氧发生氧化反应，以金属氧化物的形态进入渣中，然后用碳氢还原剂将熔解在铜中的氧除去，最后浇铸成合格阳极的冶金过程。

3.5　闪速熔炼　flash smelting

指将粒径很小有巨大比表面积的干燥硫化铜精矿和富氧空气，喷入高温反应空间，使悬浮在氧化空气中的铜精矿颗粒在高温下迅速完成冶金反应，产生铜锍、炉渣和含二氧化硫的烟气的冶金过程。

3.6　熔池熔炼　bath smelting

指将细小硫化铜精矿加入熔体的同时，向熔体鼓入空气或富氧空气，进行熔炼的冶金过程。

3.7　污染物产生指标（末端处理前）pollutants generation indicators（before end-of-pipe treatment）

即产污系数，指单位产品的生产（或加工）过程中，产生污染物的量（末端处理前）。本标准主要是水污染物和大气污染物产生指标。水污染物产生指标包括污水处理装置入口的污水量和污染物种类、单位产品污染物产生量或浓度，主要为铜冶炼过程中废水中的化学需氧量的产生量。大气污染物产生指标包括废气处理装置入口的废气量和污染物种类、污染物产生量或浓度，主要包括二氧化硫、烟尘和工业粉尘。

## 4　规范性技术要求

### 4.1　指标分级

本标准共给出了铜冶炼企业生产过程中清洁生产水平的三级技术指标：

一级：国际清洁生产先进水平；

二级：国内清洁生产先进水平；

三级：国内清洁生产基本水平。

### 4.2　指标要求

铜冶炼企业清洁生产技术指标要求见表 1。

**表 1　铜冶炼业清洁生产技术指标要求**

<table>
<tr><th colspan="4">清洁生产指标等级</th><th>一级</th><th>二级</th><th>三级</th></tr>
<tr><td colspan="7">一、生产工艺与装备要求</td></tr>
<tr><td colspan="4">1. 主体冶炼工艺</td><td colspan="2">采用富氧闪速熔炼或富氧熔池熔炼工艺</td><td>采用不违背《铜冶炼行业准入条件》的冶炼工艺</td></tr>
<tr><td rowspan="2">熔炼工序</td><td colspan="3">最终弃渣含铜/%</td><td>≤0.6</td><td>≤0.7</td><td>≤0.8</td></tr>
<tr><td colspan="3">烟气二氧化硫（$SO_2$）含量/%</td><td>≥20</td><td>≥10</td><td>≥6</td></tr>
<tr><td rowspan="2">吹炼工序</td><td colspan="3">粗铜含硫/%</td><td>≤0.1</td><td>≤0.2</td><td>≤0.4</td></tr>
<tr><td colspan="3">炉龄/d</td><td>≥240</td><td>≥150</td><td>≥80</td></tr>
<tr><td rowspan="6">精炼工序</td><td rowspan="4">反射炉</td><td colspan="2">精炼周期/h</td><td>≤10</td><td>≤15</td><td>≤20</td></tr>
<tr><td colspan="2">大修炉龄/a</td><td>≥10</td><td>≥8</td><td>≥4</td></tr>
<tr><td rowspan="2">渣率</td><td>燃油/%</td><td>≤1.0</td><td>≤2.5</td><td>≤4.5</td></tr>
<tr><td>燃煤/%</td><td>≤2.5</td><td>≤4</td><td>≤8</td></tr>
<tr><td rowspan="2">回转炉</td><td colspan="2">精炼周期/h</td><td>≤6</td><td>≤8</td><td>≤12</td></tr>
<tr><td>渣率</td><td>燃油/%</td><td>≤3</td><td>≤4.5</td><td>≤6</td></tr>
<tr><td colspan="4">2. 制酸工艺</td><td>二转二吸（或三转三吸），转化率≥99.8%</td><td>二转二吸（或三转三吸），转化率≥99.6%</td><td>二转二吸（或三转三吸）或其他符合国家产业政策的工艺，转化率≥99.5%</td></tr>
<tr><td colspan="4">3. 生产规模（单系统）/万 t</td><td colspan="2">≥12</td><td>≥10</td></tr>
</table>

续表

<table>
<tr><td colspan="3">清洁生产指标等级</td><td>一级</td><td>二级</td><td>三级</td></tr>
<tr><td colspan="3">4. 废气的收集与处理</td><td colspan="3">炉体密闭化，具有防止废气逸出措施。在易产生废气无组织排放的位置设有废气收集装置，并配套净化设施</td></tr>
<tr><td colspan="3">5. 备料</td><td colspan="3">采用封闭式或防扬散贮存，贮存仓库配通风设施；采用带式输送机输送，全封闭式输送廊道或采用其他全封闭式输送装置输送</td></tr>
<tr><td colspan="6">二、资源能源利用指标</td></tr>
<tr><td rowspan="2">1. 单位产品工艺能耗</td><td colspan="2">粗铜（折标准煤）/（kg/t）</td><td>≤330</td><td>≤410</td><td>≤500</td></tr>
<tr><td colspan="2">阳极铜（折标准煤）/（kg/t）</td><td>≤380</td><td>≤460</td><td>≤550</td></tr>
<tr><td rowspan="2">2. 单位产品综合能耗</td><td colspan="2">粗铜（折标准煤）/（kg/t）</td><td>≤340</td><td>≤430</td><td>≤530</td></tr>
<tr><td colspan="2">阳极铜（折标准煤）/（kg/t）</td><td>≤390</td><td>≤480</td><td>≤580</td></tr>
<tr><td rowspan="2">3. 铜回收率</td><td colspan="2">铜冶炼总回收率/%</td><td colspan="2">≥97.5</td><td>≥97</td></tr>
<tr><td colspan="2">粗铜冶炼回收率/%</td><td colspan="2">≥98.5</td><td>≥98</td></tr>
<tr><td rowspan="2">4. 硫的回收</td><td colspan="2">硫的总捕集率/%</td><td colspan="2">≥98.5</td><td>≥98</td></tr>
<tr><td colspan="2">硫的回收率/%</td><td>≥97</td><td>≥96.5</td><td>≥96</td></tr>
<tr><td colspan="3">5. 耐火材料单耗/（kg/t 粗铜）</td><td>≤10</td><td>≤15</td><td>≤50</td></tr>
<tr><td colspan="3">6. 单位产品新水耗量/（t/t）</td><td>≤20</td><td>≤23</td><td>≤25</td></tr>
<tr><td colspan="6">三、产品指标</td></tr>
<tr><td colspan="3">1. 粗铜中杂质含量</td><td>达到 YS/T 70—2001 一级品要求</td><td colspan="2">达到 YS/T 70—2001 二级品要求</td></tr>
<tr><td colspan="3">2. 硫酸中的汞、砷含量</td><td>达到 GB/T 534 优等品要求</td><td colspan="2">达到 GB/T 534 一等品要求</td></tr>
<tr><td colspan="6">四、污染物产生指标（末端处理前）</td></tr>
<tr><td rowspan="3">1. 废水</td><td colspan="2">单位产品废水产生量/（$m^3$/t）</td><td>≤15</td><td>≤18</td><td>≤20</td></tr>
<tr><td rowspan="2">单位产品化学需氧量的产生量/（g/t）</td><td>闪速熔炼</td><td>≤3 500</td><td>≤4 000</td><td>≤5 500</td></tr>
<tr><td>熔池熔炼</td><td>≤700</td><td>≤900</td><td>≤1 100</td></tr>
<tr><td rowspan="9">2. 废气</td><td colspan="2">单位产品废气产生量/（$m^3$/t）</td><td>≤15 000</td><td>≤20 000</td><td>≤22 000</td></tr>
<tr><td colspan="2">单位产品二氧化硫（$SO_2$）产生量（制酸后）/（kg/t）</td><td>≤12</td><td>≤16</td><td>≤20</td></tr>
<tr><td rowspan="2">单位产品烟尘产生量/（kg/t）</td><td>闪速熔炼</td><td>≤200</td><td>≤280</td><td>≤320</td></tr>
<tr><td>熔池熔炼</td><td>≤50</td><td>≤60</td><td>≤80</td></tr>
<tr><td rowspan="2">单位产品工业粉尘产生量/（kg/t）</td><td>闪速熔炼</td><td>≤15</td><td>≤18</td><td>≤22</td></tr>
<tr><td>熔池熔炼</td><td>≤7</td><td>≤9</td><td>≤10</td></tr>
<tr><td rowspan="2">单位产品铅产生量/（g/t）</td><td>闪速熔炼</td><td colspan="3">≤80</td></tr>
<tr><td>熔池熔炼</td><td colspan="3">≤190</td></tr>
<tr><td colspan="2">单位产品砷产生量/（g/t）</td><td colspan="3">≤1 100</td></tr>
<tr><td colspan="6">五、废物回收利用指标</td></tr>
<tr><td colspan="3">1. 工业用水重复利用率/%</td><td>≥97</td><td>≥96</td><td>≥95</td></tr>
<tr><td colspan="3">2. 固体废物综合回收利用率/%</td><td>≥95</td><td>≥90</td><td>≥85</td></tr>
<tr><td colspan="3">3. 熔炼弃渣</td><td colspan="3">全部综合利用。可作为建筑材料或采矿巷道回填等用</td></tr>
<tr><td colspan="3">4. 炉渣</td><td colspan="3">未达到弃渣要求的炉渣，在各冶炼厂返回熔炼炉，或送选矿厂选铜精矿</td></tr>
<tr><td colspan="3">5. 废弃耐火材料</td><td colspan="3">进行专门处理，回收铜、镁等</td></tr>
<tr><td colspan="3">6. 烟尘</td><td colspan="3">回收治理</td></tr>
<tr><td colspan="3">7. 生产作业面废水</td><td colspan="2">处理后回用</td><td>进入废水处理系统</td></tr>
<tr><td colspan="3">8. 生产区初期雨水</td><td>处理后回用</td><td colspan="2">进入废水处理系统</td></tr>
</table>

续表

<table>
<tr><th colspan="2">清洁生产指标等级</th><th>一级</th><th>二级</th><th>三级</th></tr>
<tr><td colspan="5">六、环境管理要求</td></tr>
<tr><td colspan="2">1．环境法律法规标准</td><td colspan="3">符合国家和地方有关环境法律、法规，污染物排放达到国家排放标准、总量控制和排污许可证管理要求</td></tr>
<tr><td colspan="2" rowspan="2">2．组织机构</td><td colspan="3">设专门环境管理机构和专职管理人员</td></tr>
<tr><td colspan="3">健全、完善并纳入日常管理</td></tr>
<tr><td colspan="2">3．环境审核</td><td colspan="2">按照“清洁生产审核暂行办法”的要求进行了清洁生产审核，审核方案全部实施并经省级环境保护主管部门进行验收；按照 GB/T 24001 建立并有效运行环境管理体系，环境管理手册、程序文件及作业文件齐备</td><td>按照“清洁生产审核暂行办法”的要求进行了清洁生产审核，审核方案全部实施并经省级环境保护主管部门进行验收；对运营过程中环境因素进行控制，有严格的操作规程，建立相关方管理程序、清洁生产审核制度和环境管理制度</td></tr>
<tr><td rowspan="5">4．生产过程环境管理</td><td>原料用量及质量</td><td colspan="3">规定严格的检验、计量控制措施</td></tr>
<tr><td>生产设备的使用、维护、检修管理制度</td><td colspan="3">有完善的管理制度，并严格执行</td></tr>
<tr><td>生产工艺用水、电、气管理</td><td colspan="2">所有环节安装计量仪表进行计量，并制定严格定量考核制度</td><td>对主要环节安装计量仪表进行计量，并制定定量考核制度</td></tr>
<tr><td>环保设施管理</td><td colspan="3">记录运行数据并建立环保档案</td></tr>
<tr><td>污染源监测系统</td><td colspan="3">按照《污染源自动监控管理办法》的规定，安装污染物排放自动监控设备，并保证设备正常运行，自动检测数据应与地方环境保护主管部门或环保部检测数据网络连接，实时上报</td></tr>
<tr><td colspan="2">5．固体废物处理处置</td><td colspan="3">一般固体废物按照 GB 18599 的相关规定进行妥善处理；对危险废物（主要指酸泥、阳极泥及废水处理沉淀渣）严格按照 GB 18597 的相关规定进行危险废物管理，交由持有危险废物经营许可证的单位进行处理；还应制定并向所在地县级以上地方人民政府环境行政主管部门备案危险废物管理计划（包括减少危险废物产生量和危害性的措施以及危险废物贮存、利用、处置措施），向所在地县级以上地方人民政府环境保护行政主管部门申报危险废物产生种类、产生量、流向、贮存、处置等有关资料。应针对危险废物的产生、收集、贮存、运输、利用、处置，制定意外事故防范措施和应急预案，并向所在地县级以上地方人民政府环境保护行政主管部门备案</td></tr>
<tr><td colspan="2">6．相关方环境管理</td><td colspan="3">对原材料供应方、生产协作方、相关服务方提出环境管理要求</td></tr>
</table>

## 5 数据采集和计算方法

### 5.1 采样和监测方法

本标准各项指标的采样和监测按照国家标准监测方法执行，见表 2。废气和废水污染物产生指标是指末端处理之前的指标，应分别在监测各个车间或装置后进行累计，所有指标均按采样次数的实测数据进行平均。

表 2　污染物指标监测采样及分析方法

| 污染源类型 | 监测项目 | 测点位置 | 监测采样及分析方法 | 监测频次，测试条件及要求 |
|---|---|---|---|---|
| 废水污染源 | 化学需氧量（COD） | 废水处理站入口 | 水质　化学需氧量的测定　重铬酸盐法（GB 11914—89） | 正常生产工况下，每季度采样一次，每次至少采集三组以上样品 |
| 废气污染源 | 烟尘 | 熔炼车间<br>吹炼车间 | 固定污染源排气中颗粒物测定与气态污染物采样和分析方法（GB/T 16157—1996） | 每季度采样一次，每次连续，每天在正常运行下分别检测 |
| | 工业粉尘 | 熔炼车间<br>吹炼车间 | 固定污染源排气中颗粒物测定与气态污染物采样和分析方法（GB/T 16157—1996） | |
| | 二氧化硫（$SO_2$） | 熔炼车间<br>吹炼车间 | 固定污染源排气中二氧化硫的测定　碘量法（HJ/T 56—2000）<br>固定污染源排气中二氧化硫的测定　定电位电解法（HJ/T 57—2000） | |
| 注：采用计算的污染物平均浓度应为每次实测浓度的废水流量的加权平均值。 | | | | |

### 5.2　统计核算

企业的烟气二氧化硫（$SO_2$）含量、新鲜水及能源消耗、产品产量等均以法定月报表或者年报表为准。污染物产生指标以监测的年日均值进行核算。单位产品新水耗量数据可按日均值统计。

### 5.3　计算方法

#### 5.3.1　最终弃渣含铜

一定计量时间内（一般为一年），熔炼工序产生的最终弃渣平均含铜率，按式（1）或式（2）计算：

$$Z=\frac{M_S}{Z_0}\times 100\% \tag{1}$$

式中：$Z$——在一定计量时间内（一般为一年，下同），熔炼工序最终弃渣平均含铜率，%；

$M_S$——同一计量时间内，全部弃渣带走的金属铜总量，t；

$Z_0$——同一计量时间内，所排放的总渣量，t。

$$Z=\frac{\sum_{k=1}^{m} Z_k}{m} \tag{2}$$

式中：$Z$——在一定计量时间内，熔炼工序最终弃渣平均含铜率，%；

$Z_k$——同一计量时间内，第 $k$ 次测定的含铜率，%；

$m$——同一计量时间内，所测定的总次数。

#### 5.3.2　烟气二氧化硫（$SO_2$）含量

铜精矿熔炼过程中，熔炼炉出炉烟气中二氧化硫（$SO_2$）含量，按式（3）计算：

$$S_I=\frac{V_S}{V_C}\times 100\% \tag{3}$$

式中：$S_I$——熔炼炉出口二氧化硫（$SO_2$）的含量，%；

$V_S$——熔炼炉出口二氧化硫（$SO_2$）的体积（标态），$m^3$；

$V_C$——熔炼炉出口气体的体积（标态），$m^3$。

#### 5.3.3　粗铜含硫

粗铜中硫百分比，按式（4）计算：

$$S_O=\frac{M_S}{M_t}\times 100\% \tag{4}$$

式中：$S_O$——粗铜中的含硫率，%；

$M_S$——粗铜的含硫量，t；

$M_t$——粗铜的总质量，t。

5.3.4 精炼渣率

精炼工序中的产生渣量对于加入原料量的百分比，按式（5）计算：

$$Z_I = \frac{Z_S}{Z_t} \times 100\% \qquad (5)$$

式中：$Z_I$——精炼的产渣率，%；

$Z_S$——精炼过程产渣量，t；

$Z_t$——精炼过程加料的总质量，t。

5.3.5 单位产品工艺能耗

某工艺（工序）生产过程中生产单位合格产品消耗的能源量，按式（6）计算：

$$E_I = \frac{M_H}{P_Z} \qquad (6)$$

式中：$E_I$——某产品工艺（工序）能源单耗（折标准煤），kg/t；

$M_H$——某工序直接消耗的各种能源实物量折标准煤之和，kg；

$P_Z$——某工序产出的合格产品（粗铜或阳极铜）总量，t。

注 1：粗铜工艺（铜精矿—粗铜）产品能耗计算范围：包括熔炼工序、吹炼工序和车间、分厂内部的直接辅助能耗分摊量。计算过程参见 GB 21248—2007。

注 2：阳极铜工艺（铜精矿—阳极铜）产品能耗计算范围：包括熔炼工序、吹炼工序或熔炼吹炼连续工序、火法精炼工序和车间、分厂内部的直接辅助能耗分摊量。计算过程参见 GB 21248—2007。

5.3.6 单位产品综合能耗

工艺能源单耗与工艺产品辅助能耗及损耗分摊量之和，按式（7）计算：

$$E_Z = E_I + E_F \qquad (7)$$

式中：$E_Z$——某产品综合能源单耗（折标准煤），kg/t；

$E_I$——某产品工艺（工序）能源单耗（折标准煤），kg/t；

$E_F$——某产品间接辅助能耗及损耗分摊量（折标准煤），kg/t。

注 1：粗铜工艺（铜精矿—粗铜）产品能耗计算范围：包括熔炼工序、吹炼工序和车间、分厂内部的直接辅助能耗分摊量。计算过程参见 GB 21248—2007。

注 2：阳极铜工艺（铜精矿—阳极铜）产品能耗计算范围：包括熔炼工序、吹炼工序或熔炼吹炼连续工序、火法精炼工序和车间、分厂内部的直接辅助能耗分摊量。计算过程参见 GB 21248—2007。

5.3.7 铜冶炼总回收率

火法精炼最终产品（阳极铜）含铜量相对于投入铜冶炼生产的铜精矿原料含铜量与回收品含铜量差值的百分比，按式（8）计算：

$$N_C = \frac{M_{yj}}{M_O - M_u} \times 100\% \qquad (8)$$

式中：$N_C$——铜冶炼系统铜的回收率，%；

$M_{yj}$——阳极铜含铜量，t；

$M_O$——投入粗铜生产的铜原料含铜量，t；

$M_u$——回收品含铜量，t。

5.3.8 粗铜冶炼回收率

粗铜中含铜量相对于投入粗铜生产的铜原料量与回收品含铜量差值的百分比，按式（9）计算：

$$N_{\mathrm{P}}=\frac{M_{\mathrm{h}}}{M_{\mathrm{O}}-M_{\mathrm{f}}}\times 100\% \tag{9}$$

式中：$N_{\mathrm{P}}$——粗铜冶炼的回收率，%；

$M_{\mathrm{h}}$——粗铜中含铜量，t；

$M_{\mathrm{O}}$——投入粗铜生产的铜原料含铜量，t；

$M_{\mathrm{f}}$——回收品含铜量，t。

**5.3.9 硫的总捕集率**

原料中的含硫总量减去无组织排放和通过尾气排放的硫总量的差值与原料中含硫总量的百分比，按式（10）计算：

$$S_{\mathrm{d}}=\frac{S_{\mathrm{a}}-(S_{\mathrm{w}}+S_{\mathrm{x}})}{S_{\mathrm{a}}}\times 100\% \tag{10}$$

式中：$S_{\mathrm{d}}$——硫的总捕率，%；

$S_{\mathrm{a}}$——原料中的含硫总量，t；

$S_{\mathrm{w}}$——无组织排放的硫量，t；

$S_{\mathrm{x}}$——通过尾气排放的硫量，t。

**5.3.10 硫的回收率**

形成产品的工业硫酸、硫酸铵、硫酸铜等产品含硫量与冶炼过程中原料含硫量的百分比，按式（11）计算：

$$S_{\mathrm{h}}=\frac{S_{\mathrm{c}}}{S_{\mathrm{m}}}\times 100\% \tag{11}$$

式中：$S_{\mathrm{h}}$——硫的回收率，%；

$S_{\mathrm{c}}$——形成含硫产品的含硫总量，t；

$S_{\mathrm{m}}$——投入原料的含硫量，t。

**5.3.11 耐火材料单耗**

产出一吨粗铜消耗的耐火材料（含镁砖、铬砖等）量，按式（12）计算：

$$M_{\mathrm{gd}}=\frac{M_{\mathrm{gx}}}{M_{\mathrm{c}}} \tag{12}$$

式中：$M_{\mathrm{gd}}$——在一定计量时间内，耐火材料单耗，kg/t；

$M_{\mathrm{gx}}$——同一计量时间内，耐火材料消耗量，kg；

$M_{\mathrm{c}}$——同一计量时间内，粗铜的产量，t。

**5.3.12 单位产品新水耗量**

产出一吨最终产品消耗的新水。新水指从各种水源取得的水量，用于供给企业用水的源水水量。各种水源包括取自地表水（以净水厂供水计量）、地下水、城镇供水工程以及企业从市场购得的其他水或水的产品（如蒸汽、热水、地热水等）。不包括企业自取的海水和苦咸水等以及企业为外供给市场的水的产品（如蒸汽、热水、地热水等），按式（13）计算：

$$V_{\mathrm{uj}}=\frac{V_{\mathrm{j}}}{Q} \tag{13}$$

式中：$V_{\mathrm{uj}}$——生产每吨阳极铜的取水量，$\mathrm{m^3/t}$；

$V_{\mathrm{j}}$——同一计量时间内，铜冶炼生产取水量，$\mathrm{m^3}$；

$Q$——同一计量时间内，阳极铜产量，t。

5.3.13 单位产品废水产生量

铜冶炼生产的全过程中，生产每吨阳极铜产生的废水量，按式（14）计算：

$$V=\frac{V_g}{Q} \tag{14}$$

式中：$V$——生产每吨阳极铜产生的废水量，$m^3/t$；

$V_g$——同一计量时间内，废水产生量，$m^3$；

$Q$——同一计量时间内，阳极铜产量，t。

5.3.14 单位产品化学需氧量（COD）产生量

铜冶炼生产的全过程中，生产每吨阳极铜的 COD 产生量，按式（15）计算：

$$C_D=\frac{\sum_{i=1}^{n}(C_i \times V_i)}{Q} \tag{15}$$

式中：$C_D$——生产每吨阳极铜的 COD 产生量，g/t；

$C_i$——在一定计量时间内，铜冶炼生产过程第 $i$ 个工序产生的 COD 的测量均值，$g/m^3$；

$V_i$——同一计量时间内，铜冶炼生产过程第 $i$ 个工序废水量的平均值，$m^3$；

$Q$——同一计量时间内，阳极铜产量，t；

$n$——阳极铜的生产工序数，个。

5.3.15 单位产品废气产生量

铜冶炼生产的全过程中，生产每吨阳极铜的废气产生量，按式（16）计算：

$$L=\frac{L_g}{Q} \tag{16}$$

式中：$L$——生产每吨阳极铜产生的废气量，$m^3/t$；

$L_g$——同一计量时间内，废气产生量，$m^3$；

$Q$——同一计量时间内，阳极铜产量，t；

5.3.16 单位产品二氧化硫产生量

铜冶炼生产的全过程中，生产每吨阳极铜的 $SO_2$ 产生量，按式（17）计算：

$$S_D=\frac{\sum_{j=1}^{n}(S_j \times V_j)}{Q} \tag{17}$$

式中：$S_D$——生产每吨阳极铜的 $SO_2$ 产生量，kg/t；

$S_j$——在一定计量时间内，铜冶炼生产过程第 $j$ 个工序产生的 $SO_2$ 的测量均值，$kg/m^3$；

$V_j$——同一计量时间内，铜冶炼生产过程第 $j$ 个工序废气量的平均值，$m^3$；

$Q$——同一计量时间内，阳极铜产量，t；

$n$——阳极铜的生产工序数，个。

注：单位产品烟尘产生量、单位产品工业粉尘产生量、单位产品铅产生量、单位产品砷产生量计算方法参照单位产品二氧化硫产生量指标。

5.3.17 工业用水重复利用率

在一定的计量时间（年）内，生产过程中使用的重复利用水量与总用水量之比，按式（18）计算：

$$R_W=\frac{V_r}{V_r+V_i}\times 100\% \tag{18}$$

式中：$R_W$——工业用水重复利用率，%；

$V_r$——一定计量时间内，生产全过程重复用水量，包括净循环水、浊循环水、复用水及其他重复利用水，$m^3$；

$V_i$——同一计量时间内，企业生产全过程取用新鲜水总量，$m^3$。

5.3.18 固体废物综合回收利用率

在一定计量时间（一般为一年）内阳极铜生产全过程年废物利用量占废物产生总量的比率，按式（19）计算：

$$R_R = \frac{P_R}{S_R} \times 100\% \tag{19}$$

式中：$R_R$——废物回收利用率，%；

$P_R$——同一计量时间内，企业年废物利用量，t；

$S_R$——同一计量时间内，阳极铜生产全过程废物产生总量，t。

## 6 标准的实施

本标准由县级以上人民政府环境保护行政主管部门负责监督实施。

---

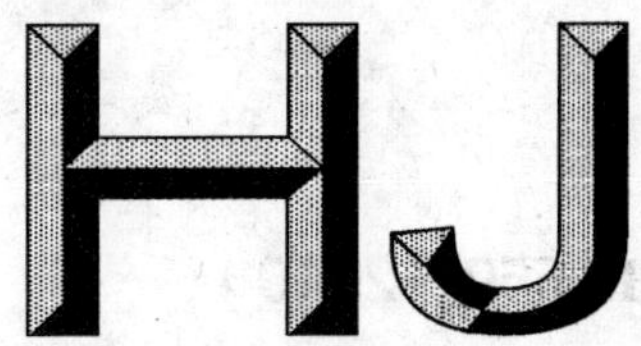

# 中华人民共和国国家环境保护标准

HJ 559—2010

# 清洁生产标准　铜电解业

**Cleaner production standard**

**—Copper electrolytic industry**

2010-02-01 发布　　2010-05-01 实施

环　境　保　护　部　发布

# 前 言

为贯彻《中华人民共和国环境保护法》和《中华人民共和国清洁生产促进法》，为铜电解企业开展清洁生产提供技术支持和导向，制定本标准。

本标准规定了在达到国家和地方污染物排放标准的基础上，根据当前的行业技术、装备水平和管理现状，提出了铜电解企业清洁生产的一般要求。本标准分三级，一级代表国际清洁生产先进水平，二级代表国内清洁生产先进水平，三级代表国内清洁生产基本水平。随着技术的不断进步和发展，本标准将适时修订。

本标准为首次发布。

本标准由环境保护部科技标准司组织制订。

本标准起草单位：湖南有色金属研究院、中国环境科学研究院。

本标准环境保护部 2010 年 2 月 1 日批准。

本标准自 2010 年 5 月 1 日起实施。

本标准由环境保护部解释。

# 清洁生产标准　铜电解业

## 1　适用范围

本标准规定了铜电解业清洁生产的一般要求。本标准将清洁生产标准指标分成六类，即生产工艺与装备要求、资源能源利用指标、产品指标、污染物产生指标（末端处理前）、废物回收利用指标和环境管理要求。

本标准适用于铜电解企业的清洁生产审核、清洁生产潜力与机会的判断，以及清洁生产绩效评定和清洁生产绩效公告制度，也适用于环境影响评价、排污许可证管理等环境管理制度。

## 2　规范性引用文件

本标准内容引用了下列文件中的条款。凡是不注日期的引用文件，其有效版本适用于本标准。

GB 7475—87　水质　铜、锌、铅、镉的测定　原子吸收分光光度法

GB 7485—87　水质　总砷的测定　二乙基二硫代氨基甲酸银分光光度法

GB 11912—89　水质　镍的测定　火焰原子吸收分光光度法

GB 11914—89　水质　化学需氧量的测定　重铬酸盐法

GB 18597　危险废物贮存污染控制标准

GB 18599　一般工业固体废物贮存、处置场污染控制标准

GB 21248　铜冶炼企业单位产品能源消耗限额

GB/T 467—1997　阴极铜

GB/T 534—2002　工业硫酸

GB/T 2589　综合能耗计算通则

GB/T 4920—85　硫酸浓缩尾气硫酸雾的测定　铬酸钡比色法

GB/T 24001　环境管理体系　要求及使用指南

《铜冶炼行业准入条件》　（国家发展和改革委员会公告　2006 年　第 40 号）

《污染源自动监控管理办法》（国家环境保护总局令　第 28 号）

《清洁生产审核暂行办法》（国家发展和改革委员会，国家环境保护总局令　2004 年　第 16 号）

## 3　术语和定义

下列术语和定义适用于本标准。

### 3.1　清洁生产　cleaner production

指不断采取改进设计、使用清洁的能源和原料、采用先进的工艺技术与设备、改善管理、综合利用等措施，从源头削减污染，提高资源利用效率，减少或者避免生产、服务和产品使用过程中污染物的产生和排放，以减轻或者消除对人类健康和环境的危害。

### 3.2　污染物产生指标（末端处理前）　pollutants generation indicators（before end-of-pipe treatment）

即产污系数，指单位产品生产（或加工）过程中，产生污染物的量（末端处理前）。包括废水产生量、废气产生量和固体废物产生量等指标。废水产生量是指污水处理装置入口的污水量和污染物种类、单位产品污染物产生量或浓度。废气产生量是指废气处理装置入口的废气量和污染物种类、单位产品污染物产生量或浓度。

3.3 铜电解精炼 electrolytic refining of copper

指利用铜和杂质的电位序不同，在直流电的作用下，阳极上的铜既能电化溶解，又能在阴极上电化析出，而杂质部分进入电解液，部分进入阳极泥的过程。

## 4 规范性技术要求

### 4.1 指标分级

本标准给出了铜电解企业生产过程中清洁生产水平的三级技术指标：

一级：国际清洁生产先进水平；

二级：国内清洁生产先进水平；

三级：国内清洁生产基本水平。

### 4.2 指标要求

铜电解业清洁生产指标要求见表 1。

表 1 铜电解业清洁生产指标要求

<table>
<tr><th colspan="2">清洁生产指标等级</th><th>一级</th><th>二级</th><th>三级</th></tr>
<tr><td colspan="5">一、生产工艺与装备要求</td></tr>
<tr><td rowspan="5">1．备料工艺与装备</td><td>电解槽</td><td>无衬聚合物混凝土电解槽</td><td colspan="2">混凝土结构，内衬软聚氯乙烯塑料、玻璃钢或 HDPE 膜防腐</td></tr>
<tr><td>阴极技术</td><td colspan="2">永久不锈钢</td><td>Cu 始极片</td></tr>
<tr><td>硫酸等辅料的贮存、输送与投放</td><td colspan="3">硫酸的输送和贮存符合 GB/T 534—2002 规定，加入量有仪表控制；电解铜工艺作业场所设置强制通风设施；工作现场备有应急水源；有事故应急预案</td></tr>
<tr><td>压滤设备</td><td colspan="3">选用能满足企业正常生产的浆泵；高压隔膜压滤机</td></tr>
<tr><td>防腐防渗措施</td><td colspan="3">生产车间地面采取防渗、防漏和防腐措施；车间内墙面和天花板采取防腐措施；电解液储槽及污水系统具备防腐防渗措施</td></tr>
<tr><td rowspan="2">2．剥离工艺与装备</td><td>剥离方式</td><td colspan="2">机械化自动剥离</td><td>手工剥离</td></tr>
<tr><td>包装、储运</td><td colspan="3">按照 GB/T 467—1997 执行</td></tr>
<tr><td colspan="5">二、资源能源利用指标</td></tr>
<tr><td colspan="2">1．电流效率/%</td><td>≥98</td><td>≥95</td><td>≥93</td></tr>
<tr><td colspan="2">2．单位产品综合能耗（折标准煤）/（kg/t）</td><td>≤130</td><td>≤170</td><td>≤220</td></tr>
<tr><td colspan="2">3．单位产品直流电耗/[（kW·h）/t]</td><td>≤240</td><td>≤260</td><td>≤280</td></tr>
<tr><td colspan="2">4．单位产品蒸汽消耗/（t/t）</td><td>≤0.40</td><td>≤0.65</td><td>≤0.75</td></tr>
<tr><td colspan="2">5．铜的回收率/%</td><td>≥99.8</td><td>≥99.5</td><td>≥99.0</td></tr>
<tr><td rowspan="2">6．残极率/%</td><td>大阳极板（350 kg）</td><td>≤16</td><td colspan="2">≤18</td></tr>
<tr><td>小阳极板（250 kg）</td><td>≤18</td><td colspan="2">≤20</td></tr>
<tr><td colspan="2">7．吨铜耗水量/（m³/t）</td><td>≤3.5</td><td>≤4.0</td><td>≤5.0</td></tr>
<tr><td colspan="5">三、产品指标</td></tr>
<tr><td colspan="2">1．高纯阴极铜</td><td colspan="3" rowspan="2">按照 GB/T 467—1997 执行</td></tr>
<tr><td colspan="2">2．标准阴极铜</td></tr>
<tr><td colspan="5">四、污染物产生指标（末端处理前）</td></tr>
<tr><td>1．废气</td><td>单位产品硫酸雾产生量/（kg/t）</td><td>≤0.5</td><td>≤0.6</td><td>≤0.7</td></tr>
<tr><td rowspan="2">2．废水</td><td>单位产品废水产生量/（m³/t）</td><td>≤1.2</td><td>≤1.5</td><td>≤2.0</td></tr>
<tr><td>单位产品化学需氧量（COD）产生量/（g/t）</td><td>≤60</td><td>≤70</td><td>≤90</td></tr>
</table>

续表

| 清洁生产指标等级 | | 一级 | 二级 | 三级 |
|---|---|---|---|---|
| 2．废水 | 单位产品铜（$Cu^{2+}$）产生量/（g/t） | ≤0.23 | ≤0.25 | ≤0.28 |
| | 单位产品铅（$Pb^{2+}$）产生量/（g/t） | ≤3.2 | ≤3.5 | ≤4.0 |
| | 单位产品镍（$Ni^{2+}$）产生量/（g/t） | ≤0.080 | ≤0.085 | ≤0.100 |
| | 单位产品总砷产生量/（mg/t） | ≤16 | ≤18 | ≤20 |
| 五、废物回收利用指标 | | | | |
| 1．阳极泥及黑铜粉利用率/% | | 100 | | |
| 2．电解槽冲洗及阴极铜表面清洗水 | | 沉淀后回用至电解液循环系统，循环使用 | | |
| 六、环境管理要求 | | | | |
| 1．环境法律法规标准 | | 符合国家和地方有关环境法律、法规，污染物排放达到国家排放标准、总量控制和排污许可证管理要求 | | |
| 2．组织机构 | | 设专门环境管理机构和专职管理人员 | | |
| 3．环境审核 | | 按照“清洁生产审核暂行办法”的要求进行了清洁生产审核，审核方案全部实施并经省级环境保护行政主管部门进行验收；按照 GB/T 24001 建立并有效运行环境管理体系，环境管理手册、程序文件及作业文件齐备 | 按照“清洁生产审核暂行办法”的要求进行了清洁生产审核，审核方案全部实施并经省级环境保护行政主管部门进行验收；对运营过程中环境因素进行控制，有严格的操作规程，建立相关方管理程序、清洁生产审核制度和环境管理制度 | |
| 4．废物处理处置 | | 采用符合国家规定的废物处理处置方法处置废物；一般固体废物按照 GB 18599 的相关规定执行；对含砷污泥等危险废物，要严格按照 GB 18597 的相关规定进行危险废物管理，交由持有危险废物经营许可证的单位进行处理；制定并向所在地县级以上地方人民政府环境行政主管部门备案危险废物管理计划（包括减少危险废物产生量和危害性的措施以及危险废物贮存、利用、处置措施），向所在地县级以上地方人民政府环境保护行政主管部门申报危险废物产生种类、产生量、流向、贮存、处置等有关资料。针对危险废物的产生、收集、贮存、运输、利用、处置，制定意外事故防范措施和应急预案，并向所在地县以上地方人民政府环境保护行政主管部门备案 | | |
| 5．生产过程环境管理 | 原料用量及质量 | 规定严格的检验、计量措施 | | |
| | 生产设备的使用、维护、检修管理制度 | 有完善的管理制度，并严格执行 | | |
| | 生产工艺用水、电、气、管理 | 安装计量仪表进行计量，并制定严格定量考核制度 | | 对主要环节安装计量仪表进行计量，并制定定量考核制度 |
| | 环保设施管理 | 记录运行数据并建立环保档案 | | |
| | 污染源监测系统 | 按照《污染源自动监控管理办法》的规定，安装污染物排放自动监控设备，并保证设备正常运行，自动检测数据应与地方环境保护行政主管部门或环保部检测数据网络连接，实时上报 | | |
| 6．相关方环境管理 | | 对原材料供应方，生产协作方、相关服务方提出环境管理要求 | | |

注：1．单位产品综合能耗根据 GB/T 2589 的规定应达到《铜冶炼行业准入条件》和 GB 21248 的能耗限额准入值。
2．污染物产生指标指吨产品阴极铜污染物产生。

## 5 数据采集和计算方法

### 5.1 采样和监测方法

本标准的各项指标的采样和检测按照国家标准检测方法执行，见表 2。污染物指标系末端处理之前的指标，应分别在检测各个车间或装置后进行累计。

表 2 废水、废气污染物各项指标监测采样及分析方法

| 污染源类型 | 生产工序 | 监测项目 | 测点位置 | 监测采样及分析方法 | 测试条件及要求 |
|---|---|---|---|---|---|
| 废气<br>无组织排放 | 电解 | 硫酸雾 | 电解车间 | 硫酸浓缩尾气硫酸雾的测定　铬酸钡比色法（GB/T 4920—85） | 正常生产工况下，每个采样点应该至少选取三组以上样品进行数据分析 |
| 废水<br>污染源 | 压滤、<br>清洗 | 化学需氧量（COD） | 废水处理站入口 | 水质　化学需氧量的测定　重铬酸盐法（GB 11914—89） | |
| | | 铜（$Cu^{2+}$） | | 水质　铜、锌、铅、镉的测定　原子吸收分光光度法（GB 7475—87） | |
| | | 铅（$Pb^{2+}$） | | 水质　铜、锌、铅、镉的测定　原子吸收分光光度法（GB 7475—87） | |
| | | 镍（$Ni^{2+}$） | | 水质　镍的测定　火焰原子吸收分光光度法（GB 11912—89） | |
| | | 总砷 | | 水质　砷的测定　二乙基二硫代氨基甲酸银分光光度法（GB 7485—87） | |

### 5.2 计算方法

企业的原材料、新鲜水及能源使用量、产品产量、工序能耗等均以法定月报表或者年报表为准。污染物产生指标以监测的年日均值进行核算。单位产品新水耗量数据可按日均值统计。各项指标的计算方法如下。

#### 5.2.1 电流效率

电流效率是指实际铜产量和理论铜产量（按法拉第定律计算所得阴极铜量）的百分比，按式（1）计算：

$$\eta = \frac{P}{q \times I \times t} \times 100\% \tag{1}$$

式中：$\eta$——电流效率，%；

$P$——阴极铜实际产量，g；

$q$——铜的电化当量为 1.186，g/（A·h）；

$I$——电流强度，A；

$t$——电解时间，h。

#### 5.2.2 单位产品综合能耗

生产单位阴极铜产品的综合能源消耗量（按标准煤折算），按式（2）计算：

$$E = \frac{\sum_{i=1}^{n}(e_i \times p_i)}{P_s} \tag{2}$$

式中：$E$——阴极铜综合能源单耗（折标准煤），kg/t；

$e_i$——在一定计量时间内（一般为一年）生产和服务活动中消耗的第 $i$ 种能源实物量，kg；

$p_i$——第 $i$ 种能源的折算系数，按能量的当量值或能源等价值折算；

$P_s$——在同一计量时间内（一般为一年）阴极铜成品总量，t；

$n$——能源种数。

### 5.2.3 单位产品直流电耗

生产单位阴极铜产品的直流电消耗，按式（3）计算：

$$W_d = \frac{W_t}{P_s} \tag{3}$$

式中：$W_d$——单位重量阴极铜直流电耗，kW·h/t；

$W_t$——在一定计量时间内（一般为一年）消耗直流电总量，kW·h；

$P_s$——在同一计量时间内（一般为一年）阴极铜成品总量，t。

### 5.2.4 单位产品蒸汽消耗

生产单位产品阴极铜所消耗的蒸汽量，按式（4）计算：

$$Q_{sl} = \frac{Q_s}{P_s} \tag{4}$$

式中：$Q_{sl}$——在一定计量时间内（一般为一年）生产单位重量阴极铜消耗蒸汽量（热值），t/t，低压蒸汽换算系数取 3 763 MJ/t；

$Q_s$——在同一计量时间内（一般为一年）消耗蒸汽总量（热值），t；

$P_s$——在同一计量时间内（一般为一年）阴极铜成品总量，t。

### 5.2.5 铜的回收率

在一定计量时间内（一般为一年）阴极铜含铜量与消耗阳极含铜总量减去回收品含铜量的差的比率，按式（5）计算：

$$\eta_h = \frac{P_{Cu}}{P_c - P_h} \times 100\% \tag{5}$$

式中：$\eta_h$——在一定计量时间内（一般为一年）铜回收率，%；

$P_{Cu}$——在同一计量时间内（一般为一年）阴极铜含铜总量，t/a；

$P_c$——在同一计量时间内（一般为一年）消耗阳极含铜总量，t/a；

$P_h$——在同一计量时间内（一般为一年）回收品含铜总量，t/a。

### 5.2.6 残极率

在一定计量时间内（一般为一年）未被电溶解的残余阳极总量占投入生产阳极铜总量的比率，按式（6）计算：

$$\eta_c = \frac{P_c}{P_z} \times 100\% \tag{6}$$

式中：$\eta_c$——残极率，%；

$P_c$——在一定计量时间内（一般为一年）未被电溶解的残余阳极总量，t；

$P_z$——在同一计量时间内（一般为一年）投入生产阳极铜总量，t。

### 5.2.7 单位产品硫酸雾产生量

生产单位产品阴极铜所产生的硫酸雾的量，按式（7）计算：

$$W_s = \frac{W_{LS}}{P_s} \tag{7}$$

式中：$W_s$——生产单位产品阴极铜所产生的硫酸雾的量，$m^3/t$；

$W_{LS}$——在一定计量时间内（一般为一年）硫酸雾产生总量，$m^3$；

$P_s$——在同一计量时间内（一般为一年）阴极铜成品总量，t。

### 5.2.8 单位产品废水产生量

生产单位产品阴极铜所产生的废水量，按式（8）计算：

$$W = \frac{W_f}{P_s} \tag{8}$$

式中：$W$——单位重量阴极铜产生废水量，$m^3/t$；

$W_f$——在一定计量时间内（一般为一年）废水产生总量，$m^3$；

$P_s$——在同一计量时间内（一般为一年）阴极铜成品总量，t。

### 5.2.9 单位产品化学需氧量（COD）产生量

生产单位产品阴极铜所产生的化学需氧量（COD），该量可在各工序排放口处进行测定，按式（9）计算：

$$W_u = \frac{W_r}{P_s} \tag{9}$$

式中：$W_u$——生产单位重量阴极铜成品化学需氧量（COD）产生量，g/t；

$W_r$——在一定计量时间内（一般为一年） 化学需氧量（COD）产生总量，g；

$P_s$——在同一计量时间内（一般为一年）阴极铜成品总量，t。

### 5.2.10 单位产品铜（$Cu^{2+}$）产生量

生产单位产品阴极铜所产生的铜（$Cu^{2+}$），该量可在各工序排放口处进行测定，按式（10）计算：

$$W_{yt} = \frac{W_y}{P_s} \tag{10}$$

式中：$W_{yt}$——生产单位重量阴极铜成品铜（$Cu^{2+}$）产生量，g/t；

$W_y$——在一定计量时间内（一般为一年） 铜（$Cu^{2+}$）产生总量，g；

$P_s$——在同一计量时间内（一般为一年）阴极铜成品总量，t。

注：单位产品铅（$Pb^{2+}$）产生量、单位产品镍（$Ni^{2+}$）产生量、单位产品总砷产生量的计算方法参照单位产品铜（$Cu^{2+}$）产生量指标。

## 6 标准的实施

本标准由县级以上人民政府环境保护行政主管部门负责监督实施。

---

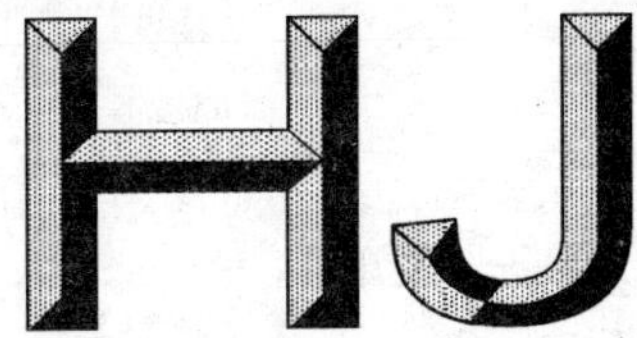

# 中华人民共和国国家环境保护标准

HJ 560—2010

# 清洁生产标准　制革工业（羊革）

**Cleaner production standard**

**—Tanning industry（Sheep and goat leather）**

2010-02-01 发布　　　　2010-05-01 实施

环　境　保　护　部　发布

# 前　言

为贯彻《中华人民共和国环境保护法》和《中华人民共和国清洁生产促进法》，保护环境，为制革工业生产企业开展清洁生产提供技术支持和导向，制定本标准。

本标准规定了在达到国家和地方环境污染物排放标准的基础上，根据当前的行业技术、装备水平和管理水平，制革工业羊革生产企业清洁生产的一般要求。本标准分三级，一级代表国际清洁生产先进水平，二级代表国内清洁生产先进水平，三级代表国内清洁生产基本水平。随着技术的不断进步和发展，本标准将适时修订。

本标准附录 A 为规范性附录。

本标准为首次发布。

本标准由环境保护部科技标准司组织制订。

本标准起草单位：中国皮革和制鞋工业研究院、中国环境科学研究院、河北辛集东明实业集团有限公司、浙江海宁上元皮革有限责任公司。

本标准环境保护部 2010 年 2 月 1 日批准。

本标准自 2010 年 5 月 1 日起实施。

本标准由环境保护部解释。

# 清洁生产标准　制革工业（羊革）

## 1　适用范围

本标准适用于制革工业（羊革）生产企业清洁生产的一般要求。本标准将清洁生产指标分为六类，即生产工艺与装备要求、资源能源利用指标、产品指标、污染物产生指标（末端处理前）、废物回收利用指标和环境管理要求。

本标准适用于制革工业（羊革）生产企业的清洁生产审核、清洁生产潜力与机会的判断，以及清洁生产绩效评定和清洁生产绩效公告制度，也适用于环境影响评价和排污许可证等环境管理制度。

## 2　规范性引用文件

本标准内容引用了下列文件中的条款。凡是不注日期的引用文件，其有效版本适用于本标准。

GB 7466—87　水质　总铬的测定

GB 7478—87　水质　铵的测定　蒸馏和滴定法

GB 7479—87　水质　铵的测定　纳氏试剂比色法

GB 11914—89　水质　化学需氧量的测定　重铬酸盐法

GB 14554—93　恶臭污染物排放标准

GB 18597　危险废物贮存污染控制标准

GB 18599　一般工业固体废物贮存、处置场污染控制标准

GB 20400—2006　皮革和毛皮 有害物质限量

GB/T 2589　综合能耗计算通则

GB/T 24001　环境管理体系　要求及使用指南

GB/T 18885—2009　生态纺织品技术要求

GB/T 19942—2005　皮革和毛皮　化学试验　禁用偶氮染料的测定

HJ/T 70—2001　高氯废水　化学需氧量的测定　氯气校正法

HJ/T 83—2001　水质 可吸附有机卤素（AOX）的测定 离子色谱法

HJ/T 92　水污染物排放总量监测技术规范

HJ/T 132—2003　高氯废水　化学需氧量的测定　碘化钾碱性高锰酸钾法

HJ/T 195—2005　水质　氨氮的测定　气相分子吸收光谱法

QB/T 2720—2005　皮革　化学实验　氧化铬（$Cr_2O_3$）的测定

《污染源自动监控管理办法》（国家环境保护总局令　第28号）

《清洁生产审核暂行办法》（国家发展和改革委员会，国家环境保护总局令　2004年　第16号）

## 3　术语和定义

### 3.1　清洁生产 cleaner production

指不断采取改进设计、使用清洁的能源和原料、采用先进的工艺技术与设备、改善管理、综合利用等措施，从源头削减污染，提高资源利用效率，减少或者避免生产、服务和产品使用过程中污染物的产生和排放，以减轻或者消除对人类健康和环境的危害。

### 3.2　污染物产生指标（末端处理前）pollutants generation indicators（before end-of-pipe treatment）

即产污系数，指单位产品生产（或加工）过程中，产生污染物的量（末端处理前）。本标准主要是

水污染物产生指标和皮类固体废物产生指标。水污染物产生指标包括污水处理装置入口的污水量和污染物种类、单位产品污染物产生量或浓度。皮类固体废物产生指标是指制革加工全过程产生的皮类固体废物的总和，主要包括含铬皮废物、无铬皮废物，不含污水处理产生的污泥。

### 3.3 原料皮 hides and skins for tanning industry

制革的基本原料取自各种动物（主要是家畜）的皮，包括制革加工前未经或已经防腐处理的皮，也包括蓝湿革。

### 3.4 自然张 nature pieces

一种皮张数量的计量单位，是指未经分割或折算的天然动物皮的张数。

### 3.5 无铬皮废物 skins and leather wastes without chrome

制革生产过程中产生的各种不含铬的皮类固体废物，如原料皮废料、去肉肉渣、毛、裸皮废料等。铬指三价铬。

### 3.6 鞣剂 tanning agents

能进到皮组织中去，而且能改变皮的性质，使皮变成具有柔软性、弹性、强度好、耐水、耐热、耐腐蚀、有化学稳定性的革的物质。

### 3.7 鞣制 tanning

皮蛋白质与鞣剂相结合，性质发生根本改变的过程，即由皮变成革。

### 3.8 蓝湿革 wet blue

铬鞣后呈蓝绿色的湿革。

### 3.9 含铬皮废物 skins and leather wastes with chrome

制革生产过程中产生的各种含铬的皮类固体废物，如铬鞣后的削匀皮屑、修边的边角余料、磨革粉尘等。铬指三价铬。

### 3.10 涂饰 finishing

用涂饰剂在皮革表面进行掩饰性修饰的统称。

### 3.11 羊革 sheep and goat leather

以羊皮为原料皮经鞣制加工而成的皮革。

## 4 规范性技术要求

### 4.1 指标分级

本标准给出制革工业（羊革）生产过程清洁生产水平的三级技术指标：

一级：国际清洁生产先进水平；

二级：国内清洁生产先进水平；

三级：国内清洁生产基本水平。

### 4.2 指标要求

制革工业（羊革）清洁生产指标要求见表 1。

**表 1 制革工业（羊革）清洁生产指标要求**

| 清洁生产指标等级 | 一级 | 二级 | 三级 |
|---|---|---|---|
| 一、生产工艺与装备要求 | | | |
| 1．原料皮保藏 | 50%的量采用鲜皮加工（冷冻保存） | — | — |
| | 其余 50%使用环境友好型添加剂保藏 | 使用环境友好型添加剂保藏 | |
| | 盐用量占其余 50%鲜皮质量的 20%以下 | 盐用量占全部鲜皮质量的 20%以下 | 盐用量占全部鲜皮质量的 20%以下 |
| | 转笼除盐，循环使用盐 | | — |

续表

| 清洁生产指标等级 | | 一级 | 二级 | 三级 |
|---|---|---|---|---|
| 2．脱毛、浸灰 | | 无硫保毛脱毛、无硫化碱浸灰、废液循环利用 | 少硫保毛脱毛、少硫化碱浸灰、废液循环利用 | 保毛脱毛、少硫化碱浸灰 |
| 3．脱灰、软化 | | 无铵盐法 | | 少铵盐法 |
| 4．浸酸、鞣制 | | 无盐浸酸、免浸酸、铬鞣废液浸酸、无铬或少铬鞣、循环利用浸酸鞣制废液、循环后最终排放的鞣制废液中三氧化二铬含量低于 500 mg/L（常规液比） | 低盐浸酸、免浸酸、铬鞣废液浸酸、无铬或少铬鞣、循环利用浸酸鞣制废液、循环后最终排放的鞣制废液中三氧化二铬含量低于 500 mg/L（常规液比） | 低盐浸酸、无铬或少铬鞣、排放的鞣制废液中三氧化二铬含量低于 500 mg/L（常规液比） |
| 5．复鞣 | | 100%采用高吸收、环境友好型复鞣剂 | 90%以上采用高吸收、环境友好型复鞣剂 | 80%以上采用高吸收、环境友好型复鞣剂 |
| 6．染色 | | 100%采用高吸收染料、配方低盐无氨水、不使用国际上禁用的偶氮染料[a]及铬媒染料等有毒染料，不含有全氟辛烷磺酸盐（PFOS） | | |
| 7．加脂 | | 100%采用高物性高吸收高结合可降解加脂剂，不含有机卤素化合物，不含有全氟辛烷磺酸盐（PFOS） | 90%以上采用高物性高吸收高结合可降解加脂剂，不含有机卤素化合物，不含有全氟辛烷磺酸盐（PFOS） | 80%以上采用高物性高吸收高结合可降解加脂剂，不含有机卤素化合物，不含有全氟辛烷磺酸盐（PFOS） |
| 8．涂饰 | | 100%采用水基涂饰材料，不含有全氟辛烷磺酸盐（PFOS），不使用甲醛、不使用有害重金属颜料膏 | 90%以上采用水基涂饰材料，不含有全氟辛烷磺酸盐（PFOS），不使用甲醛，不使用有害重金属颜料膏 | 80%以上采用水基涂饰材料，不含有全氟辛烷磺酸盐（PFOS），不使用甲醛，不使用有害重金属颜料膏 |
| 二、资源能源利用指标 | | | | |
| 1．企业规模 | | 年加工羊皮[b] 100 万自然张以上（含） | | |
| 2．得革率（成品革/原料皮）/（$m^2/m^2$） | | ≥0.99 | ≥0.95 | ≥0.85 |
| 3．单位产品取水量/（$m^3/m^2$） | | ≤0.15 | ≤0.27 | ≤0.3 |
| 4．单位产品综合能耗（折标准煤）/（$kg/m^2$） | | ≤1.8 | ≤2.4 | ≤3.0 |
| 三、产品指标 | | | | |
| 1．包装 | | 可降解或可回收物质 | | |
| 2．产品合格率/% | | ≥99 | | ≥98 |
| 3．产品有害物质含量 | | 成品革中有害物质含量须符合 GB 20400—2006 及 GB/T 18885—2009 的要求 | | |
| 四、污染物产生指标（末端处理前） | | | | |
| 1．废水 | 单位产品废水产生量/（$m^3/m^2$） | ≤0.12 | ≤0.20 | ≤0.27 |
| | 单位产品化学需氧量（COD）产生量/（$g/m^2$） | ≤150 | ≤300 | ≤400 |
| | 单位产品氨氮产生量/（$g/m^2$） | ≤30 | ≤40 | ≤60 |
| | 单位产品总铬产生量/（$g/m^2$） | ≤0.3 | ≤0.5 | ≤0.6 |
| 2．固体废物 | 单位产品皮类固体废物产生量/（$kg/m^2$） | ≤0.4 | ≤0.6 | ≤0.8 |

续表

<table>
<tr><td colspan="2">清洁生产指标等级</td><td>一级</td><td>二级</td><td>三级</td></tr>
<tr><td colspan="5">五、废物回收利用指标</td></tr>
<tr><td colspan="2">1. 工业用水重复利用率/%</td><td>≥80</td><td>≥50</td><td>≥30</td></tr>
<tr><td colspan="2">2. 无铬皮废物回收利用率/%</td><td colspan="2">≥99</td><td>≥98</td></tr>
<tr><td colspan="2">3. 含铬皮废物回收利用率/%</td><td>≥85</td><td>≥80</td><td>≥70</td></tr>
<tr><td colspan="5">六、环境管理要求</td></tr>
<tr><td colspan="2">1. 环境法律法规标准</td><td colspan="3">符合国家和地方有关环境法律、法规，污染物排放达到国家、地方、行业排放标准、总量控制和排污许可证管理要求</td></tr>
<tr><td colspan="2">2. 组织机构</td><td colspan="3">设立专门环境管理机构和专职管理人员，开展环保和清洁生产有关工作</td></tr>
<tr><td colspan="2">3.环境审核</td><td colspan="2">按照 GB/T 24001 建立并有效运行环境管理体系，环境管理手册、程序文件及作业文件齐备，通过环境管理体系认证。按照《清洁生产审核暂行办法》的要求完成了清洁生产审核，有完善的清洁生产管理机构，并持续开展清洁生产</td><td>环境管理制度健全，原始记录及统计数据齐全有效。有严格的操作规程，对生产过程中的环境因素进行控制，建立相关方管理程序、清洁生产审核制度和各种环境管理制度，对固体废物（特别是危险废物）有严格的处理制度。按照《清洁生产审核暂行办法》的要求完成了清洁生产审核，有完善的清洁生产管理机构，并持续开展清洁生产</td></tr>
<tr><td rowspan="6">4. 生产过程环境管理</td><td>原料用量及质量</td><td colspan="3">规定严格的检验、计量控制措施，有原材料质检制度和原材料消耗定额管理制度，对产品合格率有考核</td></tr>
<tr><td>生产设备的使用、维护、检修管理制度</td><td colspan="2">有完善的管理制度，并严格执行</td><td>对主要设备有具体的管理制度，并严格执行</td></tr>
<tr><td>生产工艺用水、电、气管理</td><td colspan="2">所有环节安装计量仪表进行计量，并制定严格定量考核制度</td><td>对主要环节安装计量仪表进行计量，并制定定量考核制度</td></tr>
<tr><td>环保设施管理</td><td colspan="3">记录运行数据并建立环保档案，所有数据要求齐全真实有效</td></tr>
<tr><td>污染源监测系统</td><td colspan="3">按照《污染源自动监控管理办法》的规定，安装污染物排放自动监控设备。建立企业污染物排放监测制度，并开展日常污染物处理和达标排放监测。监测系统日常须运转正常，监测数据真实有效，并与抽查结果相符</td></tr>
<tr><td>厂区综合环境</td><td colspan="3">管道、设备无跑冒滴漏，有可靠的防范措施；各种人流、物流包括人的活动区域、物品堆存区域、危险品等有明显标识；厂区给排水实行清污分流，雨污分流；对于鞣制废液等难以处理的废水能够实现单独收集和处理，对于生产过程中可能产生污染物排放或不利于工人身体健康的工序环节有妥善的环境保护措施，对于恶臭、噪声等要设置能够有效将之控制的设施，并须满足有关标准的要求；厂区内道路经硬化处理；厂区内设置垃圾箱，做到日产日清</td></tr>
<tr><td colspan="2">5. 固体废物处理处置</td><td colspan="3">按照国家危险废物名录对固体废物进行鉴别，对一般废物按照 GB 18599 进行妥善处理，对危险废物按照 GB 18597 进行无害化处置。应制定并向所在地县级以上地方人民政府环境保护行政主管部门备案危险废物管理计划（包括减少危险废物产生量和危害性的措施以及危险废物贮存、利用、处置措施），向所在地县级以上地方人民政府环境保护行政主管部门申报危险废物产生种类、产生量、流向、贮存、处置等有关资料。应针对危险废物的产生、收集、贮存、运输、利用、处置，制定意外事故防范措施和应急预案，并向所在地县级以上地方人民政府环境保护行政主管部门备案</td></tr>
<tr><td colspan="2">6. 相关方环境管理</td><td colspan="3">对原材料供应方、生产协作方、相关服务方提出环境管理要求</td></tr>
<tr><td colspan="5">注：a 禁用的偶氮染料是指国际上禁用的含有或可产生致癌性芳香胺类化合物（见附录 A）的染料。<br>b 本标准的羊皮不剖层。</td></tr>
</table>

## 5 数据采集和计算方法

### 5.1 采样和监测

对羊革制革企业污染物排放情况进行监测的频次、采样时间等要求，按国家有关污染源监测技术规范的规定执行。

监测方法见表 2，流量监测按照 HJ/T 92 执行。

**表 2 废水污染物各项指标采样及分析方法**

| 污染源类型 | 项目 | 测点位置 | 采样及分析方法 |
| --- | --- | --- | --- |
| 水污染源 | 化学需氧量（COD） | 污水处理设施前 | 水质 化学需氧量的测定 重铬酸盐法（GB 11914—89）<br>高氯废水 化学需氧量的测定 氯气校正法（HJ/T 70—2001）<br>高氯废水 化学需氧量的测定 碘化钾碱性高锰酸钾（HJ/T 132—2003） |
| | 氨氮（$NH_3$-N） | | 水质 铵的测定 蒸馏和滴定法（GB 7478—87）<br>水质 铵的测定 纳氏试剂比色法（GB 7479—87）<br>水质 氨氮的测定 气相分子吸收光谱法（HJ/T 195—2005） |
| | 总铬 | | 水质 总铬的测定（GB 7466—87） |

注 1：采用计算的污染物平均浓度应为每次实测浓度的废水流量的加权平均值。

注 2：GB 11914—89 适用于的含 COD 值大于 30 mg/L 的水样，对未经稀释的水样的测定上限为 700 mg/L，不适用于含氯化物浓度大于 1 000 mg/L（稀释后）的含盐水；HJ/T 70—2001 用于氯离子含量小于 20 000 mg/L 的高氯废水中化学需氧量（COD）的测定，方法检出限为 30 mg/L；HJ/T 132—2003 用于氯离子含量高达几万至十几万毫克每升高氯废水化学需氧量（COD）的测定，主要用于浸水废水等高氯废水的化学需氧量的测定（当氯离子含量大于 20 000 mg/L 时），方法的最低检出限为 0.20 mg/L，测定上限为 62.5 mg/L。

皮类固体废物按照整个生产周期各个工序的顺序，从某一批原料皮投入生产开始，逐一统计各个工序产生的皮类固体废物的产生量，分别检测各种皮类固体废物的含水量，换算成绝干质量，并按照无铬皮废物和含铬皮废物分别计量。各个工序产生的各类皮类固体废物要注意全部收集，不能有损失。监督性监测须监测一个生产周期，清洁生产认定或评价监测须监测两个生产周期。必要时可检测含铬皮废物中的铬含量，检测办法参照 QB/T 2720—2005 执行。

### 5.2 计算方法

#### 5.2.1 得革率

单位面积的原料皮经过制革加工过程得到的成品革的面积，按式（1）计算：

$$r = \frac{M_C}{M_Y} \qquad (1)$$

式中：$r$——得革率（成品革/原料皮），$m^2/m^2$；

$M_C$——成品革的面积，$m^2$；

$M_Y$——原料皮的面积，$m^2$。

#### 5.2.2 单位产品综合能耗

制革生产过程中消耗的各种能源转换为标准煤之和与成品革产量之比，按式（2）计算：

$$E_{Di} = \frac{E}{Q} \qquad (2)$$

式中：$E_{Di}$——生产单位产品（羊革成品革）所需的综合能耗（折标准煤），$kg/m^2$；

$E$——在一定计量时间内（按照一个生产年度计算，下同），生产过程消耗的综合能耗的总和（折标准煤），kg；

$Q$——在同一计量时间内，产品（羊革成品革）的产量，$m^2$。

注：综合能耗是制革企业在一定计量时间内，对实际消耗的各种能源实物量按规定的计算方法和单位分别折算为

一次能源后的总和。综合能耗主要包括一次能源（或如煤、石油、天然气等）、二次能源（如蒸汽、电力等）和直接用于生产的能耗工质（如冷却水、压缩空气等），但不包括用于动力消耗（如发电、锅炉等）的能耗工质。具体综合能耗按照 GB/T 2589 计算，电力按照当量热值折标煤，即每千瓦时按 3 596 kJ 计算，其折算标准煤系数为 0.122 9 kg/（kW・h）。

### 5.2.3 单位产品取水量

生产每平方米成品革的取水量，单位产品取水量，按式（3）计算：

$$V_{\mathrm{Di}}=\frac{V_{\mathrm{g}}}{Q} \tag{3}$$

式中：$V_{\mathrm{Di}}$——生产单位产品（羊革成品革）的取水量，$\mathrm{m^3/m^2}$；

$V_{\mathrm{g}}$——在一定计量时间内，生产过程取水量的总和，$\mathrm{m^3}$；

$Q$——在同一计量时间内，产品（羊革成品革）的产量，$\mathrm{m^2}$。

### 5.2.4 单位产品废水产生量

生产每平方米成品革的排放废水量，按式（4）计算：

$$V_{\mathrm{j}}=\frac{V_{\mathrm{c}}}{Q} \tag{4}$$

式中：$V_{\mathrm{j}}$——生产单位产品（羊革成品革）产生的废水量，$\mathrm{m^3/t}$；

$V_{\mathrm{c}}$——在一定计量时间，废水产生量，$\mathrm{m^3}$；

$Q$——在同一计量时间内，产品（羊革成品革）的产量，$\mathrm{m^2}$。

### 5.2.5 单位产品化学需氧量（COD）产生量

生产每平方米成品革产生化学需氧量的量，按式（5）计算：

$$C_{\mathrm{Di}}=\frac{\sum_{i=1}^{n}(C_i \times V_i)}{Q} \tag{5}$$

式中：$C_{\mathrm{Di}}$——生产单位产品（羊革成品革）的 COD 产生量，$\mathrm{g/m^2}$；

$C_i$——在一定计量时间内，羊革生产过程第 $i$ 个工序产生的 COD 的测量均值，mg/L；

$V_i$——在同一计量时间内，羊革生产过程第 $i$ 个工序产生的废水量的平均值，$\mathrm{m^3}$；

$Q$——在同一计量时间内，企业产品（羊革成品革）的产量，$\mathrm{m^2}$；

$n$——羊革的生产工序数，个。

### 5.2.6 单位产品氨氮产生量

生产每平方米成品革产生的氨氮的量，按式（6）计算：

$$N_{\mathrm{Di}}=\frac{\sum_{i=1}^{n}(N_i \times V_i)}{Q} \tag{6}$$

式中：$N_{\mathrm{Di}}$——生产单位产品（羊革成品革）的氨氮产生量，$\mathrm{g/m^2}$；

$N_i$——在一定计量时间内，羊革生产过程第 $i$ 个工序产生的氨氮的测量均值，mg/L；

$V_i$——在同一计量时间内，羊革生产过程第 $i$ 个工序产生的废水量的平均值，$\mathrm{m^3}$；

$Q$——在同一计量时间内，企业产品（羊革成品革）的产量，$\mathrm{m^2}$；

$n$——羊革的生产工序数，个。

### 5.2.7 单位产品总铬产生量

生产每平方米成品革产生的总铬的量，按式（7）计算：

$$C_{\mathrm{Di}}=\frac{\sum_{i=1}^{n}(C_i \times V_i)}{Q} \tag{7}$$

式中：$C_{\mathrm{Di}}$——生产单位产品（羊革成品革）的总铬产生量，g/m$^2$；

$C_i$——在一定计量时间内，羊革生产过程第 $i$ 个工序产生的总铬的测量均值，mg/L；

$V_i$——在同一计量时间内，羊革生产过程第 $i$ 个工序产生的废水量的平均值，m$^3$；

$Q$——在同一计量时间内，企业产品（羊革成品革）的产量，m$^2$；

$n$——羊革的生产工序数，个。

### 5.2.8 单位产品皮类固体废物产生量

生产每平方米成品革产生的皮类固体废物的量，按式（8）计算：

$$P_{\mathrm{Di}}=\frac{P_i}{Q} \tag{8}$$

式中：$P_{\mathrm{Di}}$——生产单位产品（羊革成品革）的皮类固体废物的产生量，kg/m$^2$；

$P_i$——在一定计量时间内，生产过程中皮类固体废物的产生量的总和，kg；

$Q$——在同一计量时间内，产品（羊革成品革）的产量，m$^2$。

### 5.2.9 工业用水重复利用率

在一定的计量时间（年）内，生产过程中使用的重复利用水量与总用水量之比，按式（9）计算：

$$R_{\mathrm{W}}=\frac{V_{\mathrm{r}}}{V_{\mathrm{r}}+V_{\mathrm{i}}}\times 100\% \tag{9}$$

式中：$R_{\mathrm{W}}$——工业用水重复利用率，%；

$V_{\mathrm{r}}$——在一定计量时间内，生产全过程重复用水量，包括净循环水、浊循环水、复用水及其他重复利用水，m$^3$；

$V_{\mathrm{i}}$——在同一计量时间内，企业生产全过程取用新鲜水总量，m$^3$。

## 6 标准的实施

本标准由县级以上人民政府环境保护行政主管部门负责监督实施。

# 附 录 A
（规范性附录）
## 24 种致癌性芳香胺类化合物

| 序号 | 名称 | 毒性类别（MAK 分类法） | CA 索引号 |
|---|---|---|---|
| 1 | 4-氨基联苯（4-Aminodiphenyl） | IIIA1 | 92-67-1 |
| 2 | 联苯胺（Benzidine） | IIIA1 | 92-87-5 |
| 3 | 4-氯邻甲苯胺（4-Chloro-*o*-Toluidine） | IIIA1 | 95-69-2 |
| 4 | 2-萘胺（2-Naphthylamine） | IIIA1 | 91-59-8 |
| 5 | 邻氨基偶氮甲苯（*o*-Aminoazatoluene） | IIIA2 | 97-56-3 |
| 6 | 2-氨基-4-硝基甲苯（2-Amino-4-Nitrotoluene） | IIIA2 | 99-55-8 |
| 7 | 2,4-二氨基苯甲醚（2,4-Diaminoanisole） | IIIA2 | 615-05-4 |
| 8 | 4,4′-二氨基二苯甲烷（4,4′-Diaminodiphenly Methane） | IIIA2 | 101-77-9 |
| 9 | 3,3′-二氯联苯胺（3,3′-Dichlorobenzidine） | IIIA2 | 91-94-1 |
| 10 | 3,3′-二甲基联苯胺（3,3′-Dimethylbenzidine） | IIIA2 | 119-93-7 |
| 11 | 3,3′-二甲氧基联苯胺（3,3′-Dimethoxybenzidine） | IIIA2 | 119-90-4 |
| 12 | 3,3′-二甲基-4,4′-二氨基二苯甲烷（3,3′-Dimethyl-4,4′-Diaminodiphenylmethane） | IIIA2 | 838-88-0 |
| 13 | 2-甲氧基-5-甲基苯胺（*p*-Cresidine） | IIIA2 | 120-71-8 |
| 14 | 4,4′-亚甲基双（2-氯苯胺）4,4′-Methylene-bis（2-Chloroaniline） | IIIA2 | 101-14-4 |
| 15 | 邻甲苯胺（*o*-Toluidine） | IIIA2 | 95-53-4 |
| 16 | 2,4-二氨基甲苯（2,4-Diaminotoluene） | IIIA2 | 95-80-7 |
| 17 | 4-氯苯胺（4-Chloroaniline） | IIIA2 | 106-47-8 |
| 18 | 4,4′-二氨基联苯醚（4,4′-Oxydianiline） | IIIA2 | 101-80-4 |
| 19 | 4,4′-硫苯胺（4,4′-Thiodianiline） | IIIA2 | 139-65-1 |
| 20 | 2,4,5-三甲基苯胺（2,4,5-Trimethylaniline） | IIIA2 | 137-17-7 |
| 21 | 对氨基偶氮苯（*p*-Phenylaoanline） | — | 60-09-3 |
| 22 | 邻氨基苯甲醚（*o*-Anisidine） | — | 90-04-0 |
| 23 | 2,4-二甲基苯胺（2,4-Xylidine） | — | 95-68-1 |
| 24 | 2,6-二甲基苯胺（2,6-Xylidine） | — | 87-62-7 |
| 注：不得从染料中分解出表中 24 种芳香胺，若有新的致癌性芳香胺类化合物被发现，须补充到本表中。 | | | |

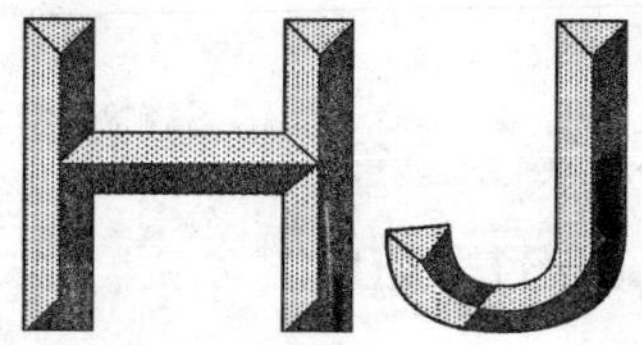

# 中华人民共和国国家环境保护标准

HJ 581—2010

# 清洁生产标准　酒精制造业

**Cleaner production standard**

**——Alcohol industry**

2010-06-08 发布　　　　2010-09-01 实施

环　境　保　护　部 发布

# 中华人民共和国环境保护部
# 公　告

2010 年　第 48 号

为贯彻《中华人民共和国环境保护法》和《中华人民共和国清洁生产促进法》，保护环境，提高企业清洁生产水平，现批准《清洁生产标准　酒精制造业》为国家环境保护标准，并予发布。

标准名称、编号如下：

清洁生产标准　酒精制造业（HJ 581—2010）

该标准自 2010 年 9 月 1 日起实施，由中国环境科学出版社出版，标准内容可在环境保护部网站（bz.mep.gov.cn）查询。

特此公告。

2010 年 6 月 8 日

# 前　言

为贯彻《中华人民共和国环境保护法》和《中华人民共和国清洁生产促进法》，保护环境，为酒精制造业开展清洁生产提供技术支持和导向，制定本标准。

本标准规定了在达到国家和地方环境保护标准的基础上，根据当前的行业技术、装备水平和管理水平，酒精制造企业清洁生产的一般要求。本标准分为三级，一级代表国际清洁生产先进水平，二级代表国内清洁生产先进水平，三级代表国内清洁生产基本水平。随着技术的不断发展和进步，本标准将适时修订。

本标准为首次发布。

本标准由环境保护部科技标准司组织制订。

本标准起草单位：中国食品发酵工业研究院、中国环境科学研究院、中国酿酒工业协会酒精分会、安徽省环境科学研究院。

本标准环境保护部 2010 年 6 月 8 日批准。

本标准自 2010 年 9 月 1 日起实施。

本标准由环境保护部解释。

# 清洁生产标准　酒精制造业

## 1　适用范围

本标准规定了酒精制造业清洁生产的一般要求。本标准将清洁生产标准指标分成五类，即生产工艺与装备要求、资源能源利用指标、污染物产生指标（末端处理前）、废物回收利用指标和环境管理要求。

本标准适用于以谷类、薯类、糖蜜为原料经发酵、蒸馏工艺生产酒精的酒精企业的清洁生产审核、清洁生产潜力与机会的判断、清洁生产绩效评定和清洁生产绩效公告制度，也适用于环境影响评价和排污许可证管理等环境管理制度。

## 2　规范性引用文件

本标准内容引用了下列文件中的条款。凡不注日期的引用文件，其有效版本适用于本标准。

GB 11914—89　水质　化学需氧量的测定　重铬酸盐法

GB 18599　一般工业固体废物贮存、处置场污染控制标准

GB/T 2589　综合能耗计算通则

GB/T 24001　环境管理体系　要求及使用指南

HJ/T 92—2002　水污染物排放总量监测技术规范

HJ/T 399—2007　水质　化学需氧量的测定　快速消解分光光度法

HJ/T 425—2008　清洁生产标准　制定技术导则

《清洁生产审核暂行办法》（国家发展和改革委员会、国家环境保护总局令　第 16 号）

## 3　术语和定义

下列术语和定义适用于本标准。

3.1

清洁生产 cleaner production

指不断采取改进设计、使用清洁的能源和原料、采用先进的工艺技术与设备、改善管理、综合利用等措施，从源头削减污染，提高资源利用效率，减少或者避免生产、服务和产品使用过程中污染物的产生和排放，以减轻或者消除对人类健康和环境的危害。

3.2

清洁生产标准 cleaner production standard

指依据生命周期分析原理，从生产工艺与装备、资源能源利用、产品、污染物产生、废物回收利用和环境管理六个方面，对行业的清洁生产水平给出阶段性的指标要求，指导企业清洁生产和污染的全过程控制。

注：引自《清洁生产标准　制定技术导则》（HJ/T 425—2008）

3.3

**污染物产生指标（末端处理前） pollutants generation indicators（before end-of-pipe treatment）**

即产污系数，指单位产品生产（或加工）过程中，产生污染物的量（末端处理前）。废水污染物产生指标指废水处理装置入口的废水量和污染物种类、单位产品污染物产生量或浓度。本标准废水污染物产生指标主要包括单位产品废水产生量、单位产品化学需氧量和单位产品酒精糟液产生量。

3.4

**酒精制造业 alcohol industry**

以谷类、薯类、糖蜜或其他生物质为原料，经发酵、蒸馏而生产食用酒精、工业酒精、燃料乙醇的工业。

## 4 规范性技术要求

### 4.1 指标分级

本标准给出了酒精制造企业生产过程清洁生产水平的三级技术指标：

一级：国际清洁生产先进水平；

二级：国内清洁生产先进水平；

三级：国内清洁生产基本水平。

### 4.2 指标要求

酒精制造企业的清洁生产指标要求见表 1。

**表 1 酒精制造业清洁生产标准指标要求**

| 清洁生产指标 | | 一级 | 二级 | 三级 |
| --- | --- | --- | --- | --- |
| 一、生产工艺与装备要求 | | | | |
| 1．发酵成熟醪酒精分（体积分数）/% | 谷类 | ≥13 | ≥12 | ≥11 |
| | 薯类 | ≥12 | ≥11 | ≥10 |
| | 糖蜜 | ≥11 | ≥10 | ≥9 |
| 2．清洗系统 | | 自动清洗系统（CIP） | | 人工清洗 |
| 3．蒸馏设备 | | 差压蒸馏 | | 常压蒸馏 |
| 二、资源能源利用指标 | | | | |
| 1．单位产品综合能耗（折合标准煤计算）/（kg/kL） | 谷类 | ≤550 | ≤600 | ≤800 |
| | 薯类 | ≤500 | ≤550 | ≤650 |
| | 糖蜜 | ≤350 | ≤450 | ≤550 |
| 2．单位产品耗电量/（kW·h/kL） | 谷类 | ≤140 | ≤260 | ≤380 |
| | 薯类 | ≤120 | ≤150 | ≤170 |
| | 糖蜜 | ≤20 | ≤40 | ≤50 |
| 3．单位产品取水量/（$m^3$/kL） | 谷类 | ≤10 | ≤20 | ≤30 |
| | 薯类 | ≤10 | ≤20 | ≤30 |
| | 糖蜜 | ≤10 | ≤40 | ≤50 |
| 4．糖分出酒率/% | | ≥53 | ≥50 | ≥48 |
| 5．淀粉出酒率/% | 谷类 | ≥55 | ≥53 | ≥52 |
| | 薯类 | ≥56 | ≥55 | ≥53 |

续表

| 清洁生产指标 | | 一级 | 二级 | 三级 |
|---|---|---|---|---|
| 三、污染物产生指标（末端处理前） | | | | |
| 1．单位产品废水产生量（$m^3$/kL） | 谷类 | ≤10 | ≤15 | ≤20 |
| | 薯类 | ≤10 | ≤15 | ≤20 |
| | 糖蜜 | ≤10 | ≤20 | ≤30 |
| 2．单位产品化学需氧量（COD）产生量/（kg/kL） | 谷类 | ≤250 | ≤300 | ≤350 |
| | 薯类 | ≤250 | ≤300 | ≤350 |
| | 糖蜜 | ≤800 | ≤1 000 | ≤1 200 |
| 3．单位产品酒精糟液产生量/（$m^3$/kL）（综合利用前） | 谷类 | ≤8 | ≤10 | ≤11 |
| | 薯类 | ≤8 | ≤10 | ≤11 |
| | 糖蜜 | ≤9 | ≤11 | ≤14 |
| 四、废物回收利用指标 | | | | |
| 1．酒精糟液综合利用率/% | | 100 | | |
| 2．冷却水循环利用率/% | | ≥95 | ≥90 | ≥80 |
| 五、环境管理要求 | | | | |
| 1．环境法律法规标准 | | 符合国家和地方有关法律、法规，污染物排放达到国家和地方排放标准、总量控制和排污许可证管理要求 | | |
| 2．组织机构 | | 建立健全专门环境管理机构，配备专职管理人员 | | |
| 3．环境审核 | | 按照GB/T 24001建立并有效运行环境管理体系，环境管理手册、程序文件及作业文件齐备，通过环境管理体系认证；按照《清洁生产审核暂行办法》的要求完成了清洁生产审核，并经省级环境保护行政主管部门评估验收，持续实施清洁生产 | | 环境管理制度健全、原始记录及统计数据齐全有效；按照《清洁生产审核暂行办法》的要求完成了清洁生产审核，并经省级环境保护行政主管部门评估验收，持续实施清洁生产 |
| 4．生产过程环境管理 | | 有原材料质检制度和原材料消耗定额管理制度，对能耗水耗有考核，对产品合格率有考核，各种人流、物流包括人的活动区域、物品堆存区域等有明显标识；管道、设备无跑、冒、滴、漏，有可靠的防范措施 | | |
| 5．固体废物处理处置 | | 采用符合国家规定的废物处置方法处置废物；一般固体废物按照GB 18599相关规定执行 | | |
| 6．相关方环境管理 | | 购买有资质的原材料供应商产品，对原材料供应商的产品质量、包装和运输环节提出环境管理要求 | | |
| 注：单位产品指折算95%（体积分数）的酒精。 | | | | |

## 5 数据采集和计算方法

### 5.1 采样和监测方法

本标准各项指标的采样和监测按照国家规定的监测方法执行，见表2。

废水污染物产生指标是指末端处理之前的指标，应分别在监测各个车间或装置后进行累计。所有指标均按采样次数的实测数据进行平均。

表 2　化学需氧量指标监测采样及分析方法

| 监测项目 | 测点位置 | 分析方法 | 监测及采样频次 |
|---|---|---|---|
| 化学需氧量 | 生产车间排放口或废水处理设施入口 | 《水质　化学需氧量的测定　重铬酸盐法》（GB 11914—89） | 每半月监测一次，每次监测采样按照 HJ/T 92—2002 执行 |
| | | 《水质　化学需氧量的测定　快速消解分光光度法》（HJ/T 399—2007） | |
| 注：每次监测时须同时监测废水流量。 | | | |

5.2　统计方法

企业的原材料、新鲜水及能源消耗、产品产量等均以法定月报表或者年报表为准。所有公式中酒精产量统一折算成 95%（体积分数），一定计量时间指一个生产年度。

5.3　计算方法

5.3.1　单位产品综合能耗

综合能耗按式（1）计算：

$$E_{\mathrm{ui}}=\frac{E_i}{Q} \tag{1}$$

式中：$E_{\mathrm{ui}}$——生产每千升酒精的综合能耗（按标准煤折算），kg/kL；

$E_i$——在一定计量时间内综合能耗的消耗量（按标准煤折算），kg；

$Q$——同一计量时间内酒精产量，kL。

注：综合能耗是在一定计量时间内，对实际消耗的各种能源实物量按规定的计算方法和单位分别折算为一次能源后的总和。综合能耗主要包括一次能源（如煤、石油、天然气等），二次能源（如蒸汽、电力等）和直接用于生产的能耗工质（如冷却水、压缩空气等），但不包括用于动力消耗（如发电、锅炉等）的能耗工质，具体综合能耗按照 GB/T 2589 计算。

5.3.2　单位产品耗电量

生产每千升酒精消耗的电量，按式（2）计算：

$$W=\frac{W_t}{Q} \tag{2}$$

式中：$W$——每千升酒精耗电量，kW·h/kL；

$W_t$——在一定计量时间内酒精生产耗电量，kW·h；

$Q$——同一计量时间内酒精产量，kL。

5.3.3　单位产品取水量

生产每千升酒精需要从各种水源所取得的水量，按式（3）计算：

$$V_{\mathrm{ui}}=\frac{V_i}{Q} \tag{3}$$

式中：$V_{\mathrm{ui}}$——生产千升酒精的取水量，$m^3$/kL；

$V_i$——在一定计量时间内酒精生产取水量，$m^3$；

$Q$——同一计量时间内酒精产量，kL。

#### 5.3.4 糖分出酒率

若干重量糖分生产 95%（体积分数）酒精产量的百分率，按式（4）计算：

$$R_d = \frac{Q}{D_a} \times 100\% \quad (4)$$

式中：$R_d$——糖分出酒率，%；

$D_a$——在一定计量时间内消耗的原料糖分的总量，t；

$Q$——同一计量时间内酒精产量，t。

#### 5.3.5 淀粉出酒率

若干重量淀粉生产 95%（体积分数）酒精产量的百分率，按式（5）计算：

$$R_s = \frac{Q}{S_a} \times 100\% \quad (5)$$

式中：$R_s$——淀粉出酒率，%；

$S_a$——在一定计量时间内消耗的原料淀粉的总量，t；

$Q$——同一计量时间内酒精产量，t。

#### 5.3.6 单位产品废水产生量

废水产生量以单位产品的废水产生量来表示，按式（6）计算：

$$V_p = \frac{V_w}{Q} \quad (6)$$

式中：$V_p$——废水产生量，$m^3$/kL；

$V_w$——在一定计量时间内废水产生量，$m^3$；

$Q$——同一计量时间内酒精产量，kL。

#### 5.3.7 单位产品化学需氧量（COD）产生量

化学需氧量（COD）产生量以单位产品生产过程中产生废水中的化学需氧量（COD），按式（7）计算：

$$C = \frac{C_D \times V_w \times 10^{-3}}{Q} \quad (7)$$

式中：$C$——化学需氧量（COD）产生量，kg/kL；

$C_D$——在一定计量时间内废水中 COD 平均质量浓度，mg/L；

$V_w$——同一计量内废水产生量，$m^3$；

$Q$——同一计量时间内酒精产量，kL。

#### 5.3.8 单位产品酒精糟液产生量

单位产品酒精糟液产生量，按式（8）计算：

$$R_j = \frac{V_e}{Q} \quad (8)$$

式中：$R_j$——酒精糟液产生量，$m^3$/kL；

$V_e$——在一定计量时间内酒精糟液产生总量，$m^3$；

$Q$——同一计量时间内酒精产量，kL。

### 5.3.9 酒精糟液综合利用率

单位产品产生糟液的综合利用量与产生总量之比，按式（9）计算：

$$R_z = \frac{R_u}{R_j} \times 100\% \tag{9}$$

式中：$R_z$——酒精糟液综合利用率，%；

$R_u$——在一定计量时间内单位产品产生糟液的综合利用量，$m^3/kL$；

$R_j$——同一计量时间内单位产品糟液产生总量，$m^3/kL$。

### 5.3.10 冷却水循环利用率

在一定时间内，酒精生产的冷却水重复利用水量总和与取冷却水量和冷却水重复利用水量总和之比的百分率。按式（10）计算：

$$R = \frac{V_r}{V_i + V_r} \times 100\% \tag{10}$$

式中：$R$——冷却水循环利用率，%；

$V_r$——在一定计量时间内冷却水重复用水量，$m^3$；

$V_i$——同一计量时间内冷却水取水量，$m^3$。

## 6 标准的实施

本标准由县级以上人民政府环境保护行政主管部门负责监督实施。

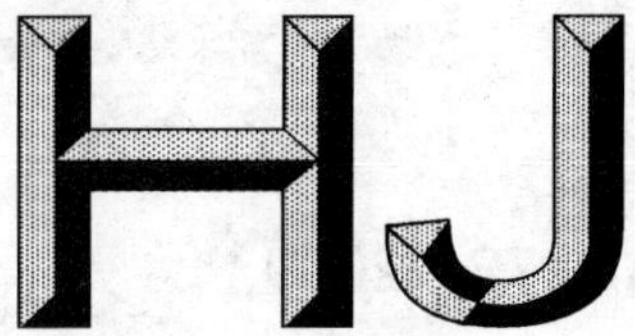

# 中华人民共和国国家环境保护标准

HJ 472—2009

# 环境标志产品技术要求 数字式一体化速印机

**Technical requirement for environmental labeling products —Digital stencil duplicator**

2009-06-17 发布　　2009-09-01 实施

环　境　保　护　部 发布

# 中华人民共和国环境保护部
# 公　告

2009 年　第 32 号

为贯彻《中华人民共和国环境保护法》，保护环境，促进技术进步，现批准《环境标志产品技术要求　数字式一体化速印机》为国家环境保护标准，并予发布。

标准名称、编号如下：

环境标志产品技术要求　数字式一体化速印机（HJ 472—2009）

本标准自 2009 年 9 月 1 日起实施，由中国环境科学出版社出版，标准内容可在环境保护部网站（bz.mep.gov.cn）查询。

特此公告。

2009 年 6 月 17 日

# 前　言

为贯彻《中华人民共和国环境保护法》，减少数字式一体化速印机在生产、使用和处置过程中对人体健康和环境的影响，制定本标准。

本标准对数字式一体化速印机中节能、噪声、有毒有害物质、环境设计、回收与再使用和公开信息提出了要求。

本标准参照日本环境协会环境标志事务局“生态标志种类 No.133”《数字式一体化速印机 1.3 2008》标准制订。

本标准适用于中国环境标志产品认证。

本标准由环境保护部科技标准司组织制订。

本标准主要起草单位：环境保护部环境发展中心、珠海理想科学工业有限公司、理光（中国）投资有限公司、国家办公设备及耗材质量监督检验中心、DUPLO（山东）办公设备有限公司。

本标准环境保护部 2009 年 6 月 17 日批准。

本标准自 2009 年 9 月 1 日起实施。

本标准由环境保护部解释。

# 环境标志产品技术要求　数字式一体化速印机

## 1　适用范围

本标准规定了数字式一体化速印机环境标志产品的术语和定义、基本要求、技术内容及检验方法。

本标准适用于数字式一体化速印机，其他类型的速印机产品可参照使用。

## 2　规范性引用文件

本标准内容引用了下列文件中的条款。凡是不注日期的引用文件，其有效版本适用于本标准。

GB 4943　信息技术设备的安全

GB 9254　信息技术设备的无线电骚扰限值和测量方法

GB 17625.1　电磁兼容　限值　谐波电流发射限值（设备每相输入电流≤16A）

GB/T 9851.1　印刷技术术语　第 1 部分：基本术语

GB/T 16288　塑料制品的标志

GB/T 16483　化学品安全技术说明书　内容和项目顺序

GB/T 18313—2001　声学　信息技术设备和通信设备空气噪声的测量

GB/T 20861—2007　废弃产品回收利用术语

HJ/T 371—2007　环境标志产品技术要求　凹印油墨和柔印油墨

JB/T 7475　油印速印机测（调）试版

JB/T 8903　数字式一体化速印机

SJ/T 11363　电子信息产品中有毒有害物质的限量要求

SJ/T 11364　电子信息产品污染控制标识要求

## 3　术语和定义

GB/T 9851.1 确立的以及下列术语和定义适用于本标准。

### 3.1　数字式一体化速印机 digital stencil duplicator

指集数字制版功能、孔版方式成像功能于一体的速印机。

### 3.2　典型能耗 typical electricity consumption

产品在具有代表性工作期间的正常操作下的能耗，用字母 TEC（typical electricity consumption）表示，单位以瓦（W）表示。

### 3.3　工作状态 active mode

产品连接到电源上且正在进行工作输出或执行其他主要功能的状态。

### 3.4　印刷速度 printing speed

产品每分钟内印刷其标称幅面的页数，本标准使用 $S$ 表示。

### 3.5　防护部件 defending parts

指用于防止用户可能接触到产品驱动部分、高压部分、发光部分等部件。

### 3.6　机架 shelf

作为一个机器本体来固定机器的主要部件的框架部件。

### 3.7　外壳 shell

机器外部的盖。

3.8 聚合物 polymer

由一种单体聚合而成的聚合物。

3.9 共聚合物 co-polymer

由两种或两种以上单体组成的聚合物。

3.10 聚合混合物 polymer blend

由两种成分以上的高分子通过化学方式混合而成的多成分系高分子的总称。

3.11 氯代烷烃 chlorialkyl chydrocarbon

又称氯化石蜡（SCCP，63449-39-8），是指链状碳量在 10～13 的正构烷烃的氯代产物，一般含氯量为 50%以上。

3.12 回收利用 recovery

对废弃产品通过清洁、拆解、破碎等处理，使之能够满足其原来的使用要求或用于其他用途的过程，包括对能量的回收和再利用。

3.13 再使用 reuse

废弃产品或其中的元器件、零部件继续使用或经清理、维修后继续用于原来用途的行为。

3.14 再生利用 recycling

对废弃产品通过清洁、拆解、破碎等处理，使之能够作为原材料重新利用的过程，但不包括对能量的回收和再利用。

3.15 挥发性有机化合物 volatile organic compounds（VOC）

在 101.3 kPa 压力下，任何初沸点低于或等于 250℃的有机化合物。

3.16 石油系溶剂 petroleum solvent

对某些物质起到溶解、稀释、洗涤和抽提等作用的轻质石油产品。

## 4 基本要求

4.1 产品质量应符合 JB/T 8903 的要求。

4.2 产品安全性能应符合 GB 4943 的要求。

4.3 产品电磁兼容性能应符合 GB 9254 和 GB 17625.1 的要求。

4.4 产品生产企业污染物排放应符合国家或地方规定的污染物排放标准的要求。

## 5 技术内容

### 5.1 典型能耗要求

产品在工作状态下的典型能耗应满足表 1 的要求。

表 1 产品典型能耗限值注 单位：W

| | A3 机型 | B4、A4 机型 | |
|---|---|---|---|
| | | Ⅰ级 | Ⅱ级 |
| 有打印功能机型的典型能耗 ≤ | 35 | 22 | 30 |
| 无打印功能机型的典型能耗 ≤ | 24 | 19 | 38 |
| 注：2010 年 1 月 1 日前 B4、A4 机型典型能耗可执行Ⅱ级指标，2010 年 1 月 1 日后，执行Ⅰ级指标。 | | | |

### 5.2 噪声要求

产品在工作状态下的噪声限值应符合表 2 所规定的要求。

表 2　噪声限值

单位：dB

| | 印刷速度≤150 页/min | 印刷速度>150 页/min |
|---|---|---|
| 噪声限值（$L_{Aeq}$）　≤ | 80 | 85 |

5.3　双面印刷要求

5.3.1　印刷速度大于 200 页/min 的产品应具备自动双面印刷功能或可安装自动双面印刷装置。

5.3.2　产品说明书中应说明自动双面印刷功能的信息，或者产品可选用自动双面印刷装置的信息。

5.4　产品环境设计要求

5.4.1　外壳、机架、防护部件、电子电气组件中不同材料组成的组件之间应能分离；如果不能分离，组件应使用能辅助分离的附加物连接。

5.4.2　产品中电子电气组件及电子电气零部件应易识别。

5.4.3　产品应可使用一般工具进行拆卸。

5.4.4　产品应考虑拆卸工具必要的支点及作业空间。

5.4.5　产品的外壳、机架、防护部件、电子电气组件中用螺钉连接的固定组件应使用不超过三种的工具即可拆卸。

5.4.6　经过培训的人员应能独立拆卸产品。

5.4.7　整个拆卸过程应只使用两个以下的重力承受面。

5.4.8　除固定在外壳上的操作面板外，电子组件不得固定在外壳上，但不适用于有机架功能的外壳。

5.4.9　产品中应有至少 50%（质量比）的部件是通用部件，这些部件应可以用于由同一家公司生产的同一系列产品上。

5.5　塑料部件要求

5.5.1　产品外壳可以使用聚合混合物，但质量大于 25 g 的塑料部件应使用单一的聚合物或共聚合物。

5.5.2　制造产品塑料外壳的聚合物或者聚合混合物应容易拆解，且最多不超过 4 种。

5.5.3　产品外壳、防护部件中不得添加含有有机卤素化合物的阻燃剂；质量大于 25 g 的塑料部件不得使用含有卤素的聚合物。以下情况除外：

a）向产品中添加质量低于塑料部件质量的 0.5%，用于改善塑料物理性能的有机氟添加剂；

b）使用氟塑料；

c）使用满足 5.5.4 要求的再生利用塑料。

5.5.4　使用的再生利用塑料中不得含有聚溴联苯（PBB）、聚溴联苯醚（PBDE）和氯代烷烃。

5.5.5　塑料部件中铅（Pb）、镉（Cd）、汞（Hg）、六价铬（$Cr^{6+}$）等重金属的含量应符合 SJ/T 11363 所规定的要求，标识方法应符合 SJ/T 11364 的要求。

5.5.6　除再使用的零部件外，质量大于 25 g 或者平面面积大于 200 $mm^2$ 的塑料部件应按照 GB/T 16288 的要求进行标记。

5.5.7　印刷电路板的基材中不得含有聚溴联苯（PBB）、聚溴联苯醚（PBDE）和氯代烷烃。

5.5.8　除再使用的零部件外，产品外壳、机架、防护部件中质量大于 25 g，且具有类似功能的塑料部件应只使用一种材料制造。

5.5.9　除再使用的零部件外，在外壳、防护部件等塑料部件上除企业的名称、商标及产品型号外，不得有喷涂的装饰型图案。

5.5.10　产品外壳、机架、防护部件中质量大于 25 g 的塑料部件应使用能回收利用的原材料。

5.6　产品耗材要求

5.6.1　产品配套油墨

5.6.1.1　油墨应具有符合 GB 16483 要求的油墨产品安全技术说明书（MSDS）。

5.6.1.2 油墨中不得人为添加铅（Pb）、镉（Cd）、汞（Hg）、硒（Se）、砷（As）、锑（Sb）、六价铬（$Cr^{6+}$）等有害物质。

5.6.1.3 油墨中不应含有苯，甲苯、二甲苯和乙苯的总含量应小于 10 g/kg。

5.6.1.4 油墨中石油系溶剂的含量应小于 300 g/kg。

5.6.1.5 油墨中挥发性有机化合物的含量应小于 50 g/kg。

5.6.2 油墨容器

5.6.2.1 油墨容器的塑料部件不得含有聚溴联苯（PBB）、聚溴联苯醚（PBDE）或氯代烷烃。

5.6.2.2 油墨容器的塑料部件不得人为添加铅（Pb）、镉（Cd）、汞（Hg）及其化合物。

5.6.2.3 质量大于 25 g 或者平面面积大于 200 $mm^2$ 的塑料部件应按照 GB/T 16288 的要求进行标记。

5.6.2.4 油墨容器或其包装上应标识以下信息：

a）正确的安装方法；

b）油墨沾污手、进入眼睛或口里时的处置措施；

c）使用后的废弃或回收处理方法。

5.6.3 版纸

产品使用的配套版纸中的塑料部件不得使用聚氯乙烯（PVC）。

5.6.4 纽扣电池

产品使用的纽扣电池中重金属含量应符合表 3 的要求。

**表 3 重金属含量限值** 单位：mg/kg

| 重 金 属 | 汞（Hg） | 镉（Cd） | 铅（Pb） |
|---|---|---|---|
| 限值 ≤ | 20 000 | 20 | 100 |

## 5.7 生产过程要求

产品在生产和再使用部件清洁过程中不得使用氟氯化碳（CFCs）、四氯化碳（$CCl_4$）、1,1,1-三氯乙烷（$C_2H_3Cl_3$）和氢氟氯化碳（HCFCs）作为清洁剂。

## 5.8 回收、再使用要求

5.8.1 产品的回收、再使用

5.8.1.1 企业应具有产品回收、零部件再使用、材料再资源化的系统。

5.8.1.2 企业对不能再使用的零部件、不能再资源化的材料的处置应符合国家法律法规要求。

5.8.2 耗材的回收

5.8.2.1 企业应建立产品配套提供油墨容器的回收系统，对于用户送回的油墨容器和版纸应保证回收。

5.8.2.2 企业也可委托第三方进行回收工作。企业应指定回收站，回收用户送交或邮寄的油墨容器和版纸。

5.8.2.3 企业应通过产品说明书、网络等媒介提供耗材的回收信息。

## 5.9 产品包装材料要求

5.9.1 产品包装材料不得使用氟氯化碳（CFCs）和氢氟氯化碳（HCFCs）作为发泡剂。

5.9.2 产品包装材料不得使用聚氯乙烯（PVC）塑料。

5.9.3 产品包装材料中所含有的铅（Pb）、镉（Cd）、汞（Hg）、六价铬（$Cr^{6+}$）的总量不得大于 100 mg/kg。

## 5.10 产品公开信息要求

企业应为用户提供以下信息：

a）产品的使用和安装条件；

b）产品的回收途径；

c）产品使用的油墨容器的处置方法；

d）产品使用的电池的处置方法；

e）如果产品在制版或印刷模式时的能耗是可调节的，应标明该模式的最大消耗功率；

f）获得详细产品信息的联系地址、电话等相关途径；

g）油墨容器的正确安装方法；

h）油墨溅到手上、进入眼睛或口里时的处置措施；

i）油墨容器应放置在儿童不能触及的地方的警示；

j）说明产品印刷过程可能产生粉尘和防护措施的信息；

k）产品的维修保证信息；

l）产品耗材的供给信息；

m）产品维修时可使用的再生组件或者再生零部件的说明。

### 5.11 产品供货保证要求

5.11.1 产品的维护应由经过培训的人员进行。

5.11.2 企业应保证产品停产后 5 年内油墨、版纸和维修配件的供应。

## 6 检验方法

6.1 5.1 中典型能耗的检测按照附录 B 规定的方法进行。

6.2 5.2 中噪声的检测按照 GB 18313—2001 所规定的方法进行。

6.3 5.6.1.3 中油墨中苯、甲苯、二甲苯和乙苯含量的检测按照 HJ/T 371—2007 附录 B 规定的方法进行。

6.4 5.6.1.5 中油墨中挥发性有机化合物含量的检测按照 HJ/T 371—2007 附录 E 规定的方法进行。

6.5 技术内容中其他要求应通过文件审查结合现场检查的方式来验证，并由企业出具相关的证明材料和声明，按要求填写附录 A 中的清单。

# 附　录　A
（规范性附录）
声明和清单

## 声　明

以下所填写的内容均由我公司填写，并经过认真核实。

我公司正式承诺，以下所有填写内容均真实、有效。我公司将承担所有因填写失实而引发的各种后果。

填写人：＿＿＿＿＿＿＿＿

法人代表：＿＿＿＿＿＿＿

（公司签章）
年　　月　　日

| 产品声明清单 | 是 | 否 |
|---|---|---|
| 双面印刷装置 | | |
| 印刷速度大于 200 页/min 的产品是否具备自动双面印刷功能或可安装自动双面印刷装置 | | |
| 产品说明书中是否说明了自动双面印刷功能的信息或产品可选用自动双面印刷装置的信息 | | |
| 产品环境设计要求 | | |
| 外壳、机架、防护部件、电子电气组件中不同材料组成的组件之间是否能分离；如果不能够分离是否使用辅助分离的附着物连接。再使用的零部件不适用于该项目 | | |
| 产品中电子电气组件及电子电气零部件是否易于识别 | | |
| 产品是否可使用一般工具进行拆卸。再使用的零部件不适用于该项目 | | |
| 产品是否有考虑拆卸工具必要的支点及作业空间 | | |
| 外壳、防护部件、机架、电子电气组件中用螺钉连接的固定组件是否只用不超过三种的工具即可拆卸 | | |
| 经过培训的人是否可独立拆卸产品 | | |
| 整个拆卸过程是否只使用两个以下的承受面即可完成<br>注：承受面是指拆卸作业时的机器重力承受面 | | |
| 除固定在外壳上的操作面板外，是否有电子组件固定在外壳上。不适用于有机架功能的外壳 | | |
| 产品中是否有至少 50%（质量比）的部件是通用部件，这些部件可以用于具有类似特性的其他产品（由同一家公司生产的同一系列产品） | | |
| 塑料部件要求 | | |
| 除产品外壳可使用聚合混合物外，质量大于 25 g 的塑料部件是否使用单一的聚合物或者共聚合物 | | |
| 制造产品塑料外壳的聚合物或者聚合混合物是否容易拆解，且最多不超过 4 种 | | |
| 除 5.5.3 规定的例外情况外，产品外壳、防护部件中是否未添加含有有机卤素化合物作为阻燃剂；质量大于 25 g 的塑料部件是否未使用含有卤素的聚合物 | | |
| 使用的再生利用塑料中是否不含有聚溴联苯（PBB）、聚溴联苯醚（PBDE）和氯代烷烃 | | |
| 塑料部件中铅（Pb）、镉（Cd）、汞（Hg）、六价铬（$Cr^{6+}$）等重金属的含量是否符合 SJ/T 11363 所规定的要求，标识方法是否符合 SJ/T 11364 的要求 | | |
| 除再使用的零部件外，质量大于 25 g 或者平面面积大于 200 $mm^2$ 的塑料部件是否按照 GB/T 16288 的要求进行标记 | | |
| 印刷电路板的基材中是否不含聚溴联苯（PBB）、聚溴联苯醚（PBDE）和氯代烷烃 | | |
| 除再使用的零部件外，产品外壳、防护部件、机架中质量大于 25 g，且具有类似功能的塑料部件是否只使用一种材料制造 | | |
| 除再使用的零部件外，在外壳、防护部件塑料部件上除企业的名称、商标及产品型号外，是否未喷涂装饰型图案 | | |
| 产品外壳、防护部件、机架中质量大于 25 g 的塑料部件是否使用能回收利用的原材料 | | |
| 产品消耗材料要求 | | |
| 产品配套油墨 | | |
| 是否提供了符合 GB 16483 要求的油墨产品安全技术说明书（MSDS） | | |
| 油墨中是否未人为添加铅（Pb）、镉（Cd）、汞（Hg）、硒（Se）、砷（As）、锑（Sb）、六价铬（$Cr^{6+}$）等有害物质 | | |
| 油墨中是否未含有苯，并且甲苯、二甲苯和乙苯的总含量小于 10 g/kg | | |
| 油墨中石油系溶剂的含量是否小于 300 g/kg | | |
| 油墨中挥发性有机化合物的含量是否小于 50 g/kg | | |
| 油墨容器 | | |
| 油墨容器的塑料部件中是否不含聚溴联苯（PBB）、聚溴联苯醚（PBDE）或氯代烷烃 | | |
| 油墨容器的塑料部件中是否未人为添加含有铅（Pb）、镉（Cd）、汞（Hg）及其化合物 | | |
| 质量大于 25 g 或者平面面积大于 200 $mm^2$ 的塑料件是否按照 GB/T 16288 的要求进行标记 | | |

续表

| | | |
|---|---|---|
| 油墨容器或其包装上是否标识安装油墨容器的相关信息，包括： | | |
| 正确的安装方法 | | |
| 油墨沾污手、进入眼睛或口里时的处置措施 | | |
| 使用后的废弃或回收处理方法 | | |
| 版纸 | | |
| 产品所使用的配套版纸中的塑料部件是否未使用聚氯乙烯（PVC） | | |
| 纽扣电池 | | |
| 纽扣电池中重金属的含量是否符合表 3 的要求 | | |
| 生产过程要求 | | |
| 产品在生产和再使用部件清洁过程中是否未使用氟氯化碳（CFCs）、四氯化碳（$CCl_4$）、1,1,1-三氯乙烷（$C_2H_3Cl_3$）和氢氟氯化碳（HCFCs） | | |
| 回收再使用要求 | | |
| 产品的回收再使用 | | |
| 产品生产企业是否具有产品回收、零部件再使用、材料再资源化的系统 | | |
| 产品生产企业对不能再使用的零部件、再资源化的材料的处置是否符合国家法律法规要求 | | |
| 消耗材料的回收再使用 | | |
| 产品生产企业是否建立产品配套提供油墨容器的回收系统，对于用户送回的油墨容器和版纸是否保证回收 | | |
| 产品生产企业是否委托第三方完成回收工作，指定回收站回收用户送交或邮寄的油墨容器和版纸 | | |
| 产品生产企业是否通过产品说明书、网络等媒介提供消耗材料的回收信息 | | |
| 产品包装材料要求 | | |
| 产品包装材料是否未使用氟氯化碳（CFCs）和氢氟氯化碳（HCFCs）作为发泡剂 | | |
| 产品包装材料是否未使用聚氯乙烯（PVC）塑料 | | |
| 产品包装材料中所含的铅（Pb）、镉（Cd）、汞（Hg）、六价铬（$Cr^{6+}$）的总量是否不大于 100 mg/kg | | |
| 产品公开信息要求 | | |
| 企业是否为用户提供以下信息，包括： | | |
| 产品的使用和安装条件 | | |
| 产品的回收途径 | | |
| 产品使用的油墨容器的处置方法 | | |
| 产品使用的电池的处置方法 | | |
| 如果产品在制版或印刷模式时的能耗是可调节的，是否标注该模式的最大消耗功率 | | |
| 获得详细产品信息的联系地址、电话等途径 | | |
| 油墨容器的正确安装方法 | | |
| 油墨溅到手上、进入眼睛或口里时的处置措施 | | |
| 油墨容器应放置在儿童不能触及的地方的警示 | | |
| 说明产品印刷过程可能产生粉尘和防护措施的信息 | | |
| 产品的维修保证信息 | | |
| 产品耗材的供给信息 | | |
| 产品维修时可使用的再生组件或者再生零部件的说明 | | |
| 产品供货保证要求 | | |
| 产品的维护是否由经过培训的人员进行 | | |
| 企业是否在产品停产后 5 年内保证油墨、版纸和维修配件的供应 | | |

# 附 录 B
（规范性附录）
数字式一体化速印机典型能耗的检测方法

## B.1 检测条件

### B.1.1 检测环境

a）环境温度：23℃±5℃；

b）环境相对湿度：10%～80%。

### B.1.2 测试仪器精度

a）功率计能够在最小 20 mW 功率的水平上测量的能耗，单位为瓦（W）；

b）功率计在 1 W 的有用功功率读数时的分辨率为 0.1 W；

c）时间测量应精确到 1 s。

### B.1.3 检测设置条件

a）测试用纸张：70～80 $g/m^2$ 复印纸；

b）使用《油印速印机测（调）试版》（JB/T 7475）为原稿；

c）印刷速度选用产品出厂的默认值。

注：测试前待测设备和测试用复印纸应在 B.1.1 规定的环境条件下放置 1 h 或更长时间。

## B.2 检测方法

### B.2.1 检测阶段

检测分为 A、B 两个阶段，B 阶段在 A 阶段完成后连续进行。

### B.2.2 A 阶段检测（机器首次启动后 1 h 的能耗检测）

a）将检测仪器同机器相连接，并进行测量条件设置；

b）同时接通机器电源开关和检测仪器测量开关（开始计时），使机器进入待机状态；

c）使用原稿进行制版，印刷 200 张（印刷速度为机器默认值）；

d）重复步骤 c）；

e）开机后 1 h 的累加能耗值，为 A 阶段能耗值。

注 1：若机器具有低能耗和自动关闭模式，设定时间为 5 min。

注 2：若机器具有打印功能，则应将自动关闭模式功能设置为关闭状态。

注 3：多挡位机器的默认值不能设定在机器的最低速度。

### B.2.3 B 阶段检测

a）使机器处于待机状态，保持检测仪器同机器的连接，复位检测仪器（开始计时）；

b）使用原稿进行制版，印刷 200 张（印刷速度为机器默认值）；

c）重复步骤 b）；

d）累加机器 1 h 的能耗数值，为 $B_1$ 阶段能耗值；

e）再重复步骤 a）～d）6 次，得到 $B_2$～$B_7$ 阶段能耗值。

## B.3 能耗值的计算方法

按式（1）计算机器的能耗值。

$$E=(A+B_1+B_2+B_3+B_4+B_5+B_6+B_7)/8 \quad (1)$$

式中：$E$——机器的能耗值，W；

$A$——A 阶段能耗值，W；

$B_1 \sim B_7$——$B_1 \sim B_7$ 阶段能耗值，W。

# 中华人民共和国环境保护部
# 公　告

## 2009年　第56号

为贯彻《中华人民共和国环境保护法》，保护环境，保障人体健康，促进科技进步，现批准《环境标志产品技术要求　皮革和合成革》等两项标准为国家环境保护标准，并予发布。

标准名称、编号如下：

一、环境标志产品技术要求　皮革和合成革（HJ 507—2009）

二、环境标志产品技术要求　采暖散热器（HJ 508—2009）

以上标准自2010年1月1日起实施，由中国环境科学出版社出版，标准内容可在环境保护部网站（bz.mep.gov.cn）查询。

特此公告。

2009年10月30日

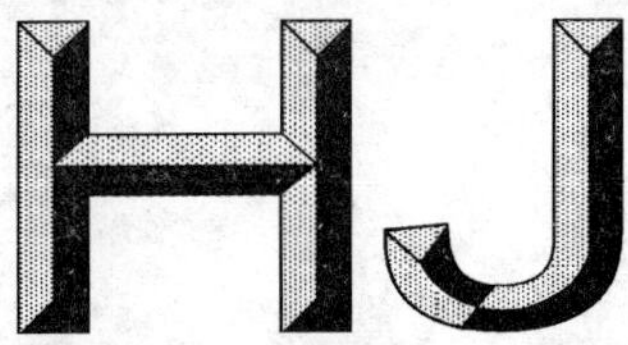

# 中华人民共和国国家环境保护标准

HJ 507—2009

# 环境标志产品技术要求　皮革和合成革

**Technical requirement for environmental labeling products —Leather and synthetic leather**

2009-10-30 批准　　　　2010-01-01 实施

环 境 保 护 部 发布

# 前 言

为贯彻《中华人民共和国环境保护法》，减少皮革和合成革产品在生产和使用过程中对环境和人体健康的影响，制定本标准。

本标准对皮革和合成革产品中的 pH 值及其稀释差、游离甲醛、可萃取的重金属、含氯苯酚、邻苯基苯酚、可分解出致癌芳香胺的染料、气味等指标提出了限制要求，还对合成革产品中的挥发性有机化合物、有机锡化合物、氯化苯和氯化甲苯提出了限制要求，对生产用化学品中的有毒有害物质提出了禁用要求。

本标准适用于中国环境标志产品认证。

本标准由环境保护部科技标准司组织制订。

本标准主要起草单位：环境保护部环境发展中心、中国皮革和制鞋工业研究院、河北东明实业集团有限公司、温州黄河皮革有限公司、兴业皮革科技股份有限公司、泉州信德皮革有限公司、浙江大众皮业有限公司、峰安皮业股份有限公司、甘肃宏良皮业有限公司、淄博大恒九宝恩皮革集团有限公司、厦门泓信超细纤维材料有限公司、安徽安利合成革股份有限公司、温州市华峰人造皮有限公司、福建晋江闽华超纤实业有限公司。

本标准环境保护部 2009 年 10 月 30 日批准。

本标准自 2010 年 1 月 1 日起实施。

本标准由环境保护部解释。

# 环境标志产品技术要求　皮革和合成革

## 1　适用范围

本标准规定了皮革和合成革环境标志产品的术语和定义、产品分类、基本要求、技术内容和检验方法。

本标准适用于皮革和聚氨酯合成革。

## 2　规范性引用文件

本标准内容引用了下列文件中的条款，凡是不注日期的引用文件，其有效版本适用于本标准。

GB/T 19941—2005　皮革和毛皮　化学试验　甲醛含量的测定

GB/T 19942—2005　皮革和毛皮　化学试验　禁用偶氮染料的测定

GB/T 20384—2006　纺织品　氯化苯和氯化甲苯残留量的测定

GB/T 20386—2006　纺织品　邻苯基苯酚的测定

GB/T 22807—2008　皮革和毛皮　化学试验　六价铬含量的测定

GB/T 22808—2008　皮革和毛皮　化学试验　五氯苯酚含量的测定

GB/T 22930—2008　皮革和毛皮　化学试验　重金属含量的测定

GB/T 22932—2008　皮革和毛皮　化学试验　有机锡化合物的测定

QB/T 2724—2005　皮革　化学试验　pH 值的测定

QB/T 2725—2005　皮革　气味的测定

## 3　术语和定义

下列术语和定义适用于本标准。

### 3.1　皮革　leather

以动物皮为原料，经过一系列化学处理和机械加工制成的具有使用性能的产品。

### 3.2　合成革　synthetic leather

以织物为底基，经浸渍聚氨酯树脂，再经干法涂覆或经后处理加工制成的、具有类似于皮革结构和物理力学性能的产品。

### 3.3　挥发性有机化合物　volatile organic compounds

用气相色谱非极性柱分析，保留时间在正己烷和正十六烷之间，并包括它们在内的已知和未知的挥发性有机化合物。

## 4　产品分类

产品按最终用途分为以下三类：

A 类：婴幼儿用品，供年龄在 36 个月及以下婴幼儿使用。

B 类：直接接触皮肤用品，在穿着或使用时，其表面的大部分面积与人体皮肤直接接触。

C 类：非直接接触皮肤用品，在穿着或使用时，不直接接触皮肤或其表面的小部分面积与人体皮肤直接接触。

## 5 基本要求

5.1 产品质量应符合各自质量标准的要求。

5.2 产品生产企业污染物排放应符合国家或地方规定的污染物排放标准的要求。

5.3 产品生产企业在生产过程中应注重加强清洁生产工作。

## 6 技术内容

6.1 产品中有害物质限值应符合表 1 要求。

**表 1 产品中有害物质限值**

<table>
<tr><th colspan="2" rowspan="2">项 目</th><th colspan="3">分 类</th></tr>
<tr><th>A 类</th><th>B 类</th><th>C 类</th></tr>
<tr><td colspan="2">pH</td><td colspan="2">3.5～7.5</td><td>3.5～9.0</td></tr>
<tr><td colspan="2">pH 稀释差</td><td colspan="3">≤0.7（pH<4.0 时检测此项）</td></tr>
<tr><td colspan="2">游离甲醛/（mg/kg）</td><td>≤20.0</td><td>≤75.0</td><td>≤150.0</td></tr>
<tr><td rowspan="9">可萃取的重金属/（mg/kg）</td><td>六价铬（$Cr^{6+}$）</td><td colspan="3">≤5.0</td></tr>
<tr><td>镉（Cd）</td><td colspan="3">≤0.1</td></tr>
<tr><td>汞（Hg）</td><td colspan="3">≤0.02</td></tr>
<tr><td>锑（Sb）</td><td colspan="3">≤30.0</td></tr>
<tr><td>铅（Pb）</td><td>≤0.2</td><td colspan="2">≤0.8</td></tr>
<tr><td>砷（As）</td><td>≤0.2</td><td colspan="2">≤1.0</td></tr>
<tr><td>镍（Ni）</td><td>≤1.0</td><td colspan="2">≤4.0</td></tr>
<tr><td>钴（Co）</td><td>≤1.0</td><td colspan="2">≤4.0</td></tr>
<tr><td>铜（Cu）</td><td>≤25.0</td><td colspan="2">≤50.0</td></tr>
<tr><td rowspan="2">含氯苯酚/（mg/kg）</td><td>五氯苯酚（PCP）</td><td>≤0.05</td><td colspan="2">≤0.5</td></tr>
<tr><td>四氯苯酚（TeCP）</td><td>≤0.05</td><td colspan="2">≤0.5</td></tr>
<tr><td colspan="2">邻苯基苯酚（OPP）/（mg/kg）</td><td>≤0.5</td><td colspan="2">≤1.0</td></tr>
<tr><td colspan="2">可分解出致癌芳香胺的染料（种类见附录 A）/（mg/kg）</td><td colspan="3">≤30.0</td></tr>
<tr><td colspan="2">气味/级</td><td colspan="3">≤3</td></tr>
</table>

6.2 合成革产品在满足表 1 要求的同时，其他有害物质限值还应符合表 2 要求。

**表 2 合成革中其他有害物质限值**

<table>
<tr><th colspan="2" rowspan="2">项 目</th><th colspan="3">分 类</th></tr>
<tr><th>A 类</th><th>B 类</th><th>C 类</th></tr>
<tr><td colspan="2">挥发性有机化合物（VOC）/（mg/kg）</td><td colspan="3">≤100</td></tr>
<tr><td rowspan="3">有机锡化合物/（mg/kg）</td><td>三丁基锡（TBT）</td><td>≤0.5</td><td colspan="2">≤1.0</td></tr>
<tr><td>二丁基锡（DBT）</td><td>≤1.0</td><td colspan="2">≤2.0</td></tr>
<tr><td>单丁基锡（MBT）</td><td>≤1.0</td><td colspan="2">≤2.0</td></tr>
<tr><td colspan="2">氯化苯和氯化甲苯（种类见附录 B）/（mg/kg）</td><td colspan="3">≤1.0</td></tr>
</table>

6.3 产品生产过程中不得使用下列物质：

（1）致癌染料（种类见附录 C）；

（2）致敏染料（种类见附录 D）；

（3）蓝色染料（C.I.611-070-00-2）；

（4）烷基酚聚氧乙烯醚（APEO）；

（5）短链氯化石蜡（C10-C13）；

（6）多溴联苯（PBBs）、多溴联苯醚（PBDE）；

（7）多环芳香烃（PAHs）；

（8）全氟辛烷磺酸（PFOS）；

（9）富马酸二甲酯（DMFu）。

6.4 产品应标明符合本标准的产品类别（如 A 类、B 类或 C 类）。

## 7 检验方法

7.1 技术内容 6.1 中 pH 及其稀释差的检测按照 QB/T 2724—2005 规定的方法进行。

7.2 技术内容 6.1 中游离甲醛的检测按照 GB/T 19941—2005 规定的方法进行。

7.3 技术内容 6.1 中六价铬的检测按照 GB/T 22807—2008 规定的方法进行。

7.4 技术内容 6.1 中其他可萃取的重金属的检测按照 GB/T 22930—2008 的规定的方法进行。

7.5 技术内容 6.1 中含氯苯酚的检测按照 GB/T 22808—2008 规定的方法进行。

7.6 技术内容 6.1 中邻苯基苯酚的检测按照 GB/T 20386—2006 规定的方法进行。

7.7 技术内容 6.1 中可分解出致癌芳香胺的染料的检测按照 GB/T 19942—2005 规定的方法进行。

7.8 技术内容 6.1 中皮革气味的检测按照 QB/T 2725—2005 规定的方法进行，合成革气味的检测按照附录 E 规定的方法进行。

7.9 技术内容 6.2 中挥发性有机化合物（VOC）的检测按照附录 F 规定的方法进行。

7.10 技术内容 6.2 中有机锡化合物的检测按照 GB/T 22932—2008 规定的方法进行。

7.11 技术内容 6.2 中氯化苯和氯化甲苯的检测按照 GB/T 20384—2006 规定的方法进行。

7.12 技术内容中其他指标通过文件审查结合现场检查的方式验证。

# 附 录 A

（规范性附录）

## 在还原条件下不允许从染料中分解出来的芳香胺

| 序号 | 中文名称 | 英文名称 | 化学文摘编号（CAS No.） |
|---|---|---|---|
| 1 | 4-氨基联苯 | 4-Aminodiphenyl | 92-67-1 |
| 2 | 联苯胺 | Benzidine | 92-87-5 |
| 3 | 4-氯邻甲苯胺 | 4-Chloro-*o*-toluidine | 95-69-2 |
| 4 | 2-萘胺 | 2-Naphthylamine | 91-59-8 |
| 5 | 邻氨基偶氮甲苯 | *o*-Amino-azotoluene | 97-56-3 |
| 6 | 2-氨基-4-硝基甲苯 | 2-Amino-4-nitrotoluene | 99-55-8 |
| 7 | 对氯苯胺 | *p*-Chloroaniline | 106-47-8 |
| 8 | 2,4-二氨基苯甲醚 | 2,4-Diaminoanisole | 615-05-4 |
| 9 | 4,4′-二氨基二苯甲烷 | 4,4′-Diaminodiphenylmethane | 101-77-9 |
| 10 | 3,3′-二氯联苯胺 | 3,3′-Dichlorobenzidine | 91-94-1 |
| 11 | 3,3′-二甲氧基联苯胺 | 3,3′-Dimethoxybenzidine | 119-90-4 |
| 12 | 3,3′-二甲基联苯胺 | 3,3′-Dimethylbenzidine | 119-93-7 |
| 13 | 3,3′-二甲基-4,4′-二氨基二苯甲烷 | 3,3′-Dimethyl-4,4′-diaminodipheylmethane | 838-88-0 |
| 14 | 3-氨基对甲苯甲醚 | *p*-Cresidine | 120-71-8 |
| 15 | 4,4′-次甲基-双-（2-氯苯胺） | 4,4′-Methylene-bis-（2-chloroaniline） | 101-14-4 |
| 16 | 4,4′-二氨基二苯醚 | 4,4′-Oxydianiline | 101-80-4 |
| 17 | 4,4′-二氨基二苯硫醚 | 4,4′-Thiodianiline | 139-65-1 |
| 18 | 邻甲苯胺（2-甲基苯胺） | *o*-Toluidine | 95-53-4 |
| 19 | 2,4-二氨基甲苯 | 2,4-Diaminotoluene | 95-80-7 |
| 20 | 2,4,5-三甲基苯胺 | 2,4,5-Trimethylaniline | 137-17-7 |
| 21 | 邻甲氧基苯胺（邻氨基苯甲醚） | *o*-Anisidine | 90-04-0 |
| 22 | 2,4-二甲基苯胺 | 2,4-Xylidine | 95-68-1 |
| 23 | 2,6-二甲基苯胺 | 2,6-Xylidine | 87-62-7 |
| 24 | 4-氨基偶氮苯 | 4-Aminoazobenzene | 60-09-3 |

# 附 录 B
（规范性附录）
## 氯化苯及氯化甲苯

| 中文名称 | 英文名称 | 中文名称 | 英文名称 |
|---|---|---|---|
| 二氯苯 | Dichlorobenzene | 氯甲苯 | Chlorotoluene |
| 三氯苯 | Trichlorobenzene | 二氯甲苯 | Dichlorotoluene |
| 四氯苯 | Tetrachlorobenzene | 三氯甲苯 | Trichlorotoluene |
| 五氯苯 | Pentachlorobenzene | 四氯甲苯 | Tetrachlorotoluene |
| 六氯苯 | Hexachlorobenzene | 五氯甲苯 | Pentachlorotoluene |

# 附　录　C
（规范性附录）
被认定可致癌的染料

| 中文名称 | 英文名称 | C.I.索引号 | CA 登录号 |
|---|---|---|---|
| C.I.酸性红 26 | C.I.Acid Red 26 | C.I.16150 | 3761-53-3 |
| C.I.碱性红 9 | C.I.Basic Red 9 | C.I.42500 | 25620-78-4 |
| C.I.碱性紫 14 | C.I.Basic Violet 14 | C.I.42510 | 632-99-5 |
| C.I.直接黑 38 | C.I.Direct Black 38 | C.I.30235 | 1937-37-7 |
| C.I.直接蓝 6 | C.I.Direct Blue 6 | C.I.22610 | 2602-46-2 |
| C.I.直接红 28 | C.I.Direct Red 28 | C.I.22120 | 573-58-0 |
| C.I.分散蓝 1 | C.I.Disperse Blue 1 | C.I.64500 | 2475-45-8 |
| C.I.分散橙 11 | C.I.Disperse Orange 11 | C.I.60700 | 82-28-0 |
| C.I.分散黄 3 | C.I.Disperse Yellow 3 | C.I.11855 | 2832-40-8 |

# 附 录 D
（规范性附录）
## 被认定可致敏的染料

| 中文名称 | 英文名称 | C.I.索引号 | CA 登录号 |
|---|---|---|---|
| C.I.分散蓝 1 | C.I. Disperse Blue 1 | C.I.64500 | 2475-45-8 |
| C.I.分散蓝 3 | C.I. Disperse Blue 3 | C.I.61505 | 2475-46-9 |
| C.I.分散蓝 7 | C.I. Disperse Blue 7 | C.I.62500 | 3179-90-6 |
| C.I.分散蓝 26 | C.I. Disperse Blue 26 | C.I.63305 | |
| C.I.分散蓝 35 | C.I. Disperse Blue 35 | | 12222-75-2 |
| C.I.分散蓝 102 | C.I. Disperse Blue 102 | | 12222-97-8 |
| C.I.分散蓝 106 | C.I. Disperse Blue 106 | | 12222-01-7 |
| C.I.分散蓝 124 | C.I. Disperse Blue 124 | | 61951-51-7 |
| C.I.分散棕 1 | C.I. Disperse Brown 1 | | 23355-64-8 |
| C.I.分散橙 1 | C.I. Disperse Orange 1 | C.I.11080 | 2581-69-3 |
| C.I.分散橙 3 | C.I. Disperse Orange 3 | C.I.64005 | 730-40-5 |
| C.I.分散橙 37/76 | C.I. Disperse Orange 37/76 | | |
| C.I.分散红 1 | C.I. Disperse Red 1 | C.I.11110 | 2872-52-8 |
| C.I.分散红 11 | C.I. Disperse Red 11 | C.I.62015 | 2872-48-2 |
| C.I.分散红 17 | C.I. Disperse Red 17 | C.I.11210 | 3179-89-3 |
| C.I.分散黄 1 | C.I. Disperse Yellow 1 | C.I.10345 | |
| C.I.分散黄 3 | C.I. Disperse Yellow 3 | C.I.11855 | 2832-40-3 |
| C.I.分散黄 9 | C.I. Disperse Yellow 9 | C.I.10375 | 6373-73-5 |
| C.I.分散黄 39 | C.I. Disperse Yellow 39 | | |
| C.I.分散黄 49 | C.I. Disperse Yellow 49 | | |

# 附　录　E
（规范性附录）
合成革气味的测定

## E.1　试验仪器

E.1.1　具有空气循环功能的恒温测试箱，温度偏差为±2℃。
E.1.2　容积为 3 L 的玻璃容器，带有无气味的封口和盖子，在每次试验前应清洁并保持洁净无任何气味状态。

## E.2　试样准备

裁取（150±5）$cm^3$ 的合成革样品，其尺寸应根据合成革的厚度进行换算，如 1.0 mm 厚度的合成革，样品尺寸约为 39 cm×39 cm。

## E.3　试验人员

试验人员应无嗅觉缺陷，吸烟爱好者、用重香味化妆品者、传统的香料或烟草使用者等不适合作为试验人员。

## E.4　试验步骤

按照以下步骤进行测定。
E.4.1　将恒温箱的温度调至（80±2）℃。
E.4.2　将试样放置于 3 L 的玻璃容器内，密封后置于（80±2）℃恒温箱内，并保持（120±10）min；
E.4.3　从恒温箱中取出带试样的容器，冷却至（60±5）℃后进行气味测定。
E.4.4　由 3 个检验员测定后，将带试样的容器重新放回至（80±2）℃的恒温箱内，再由其他试验人员按 E.4.3 规定进行测定。
E.4.5　至少需要 5 个试验人员参与测定，并按表 E.1 的规定判定气味的等级，若试验人员之间的检测结果差距两个等级以上，应重新测定。
E.4.6　采用各评分结果的算术平均值说明气味特性，评定的等级若介于两者之间，以最接近的半级四舍五入。

表 E.1　气味等级

| 级　别 | 气味特性 |
|---|---|
| 1　级 | 不易感觉到 |
| 2　级 | 可感觉到，但不刺鼻 |
| 3　级 | 可明显感觉到，但不刺鼻 |
| 4　级 | 刺鼻 |
| 5　级 | 非常刺鼻 |
| 6　级 | 不可忍受 |

# 附　录　F
## （规范性附录）
## 挥发性有机化合物（VOC）含量的测定

## F.1　原理

在恒温密闭容器中，试样中的挥发性有机物在气、固两相间分配，达到平衡，取固上气相样品进配有质量选择检测器的气相色谱仪（GC/MSD）进行测定，采用选择离子检测进行确证，外标法定量。

## F.2　仪器与试剂

除非另有说明，所用试剂均为分析纯。

F.2.1　气相色谱-质谱联用仪

F.2.2　自动顶空进样器

F.2.3　顶空进样瓶，带聚四氟乙烯密封硅橡胶垫

F.2.4　10 μl 气密注射器

F.2.5　丙酮

F.2.6　甲苯

F.2.7　校正工作溶液

用丙酮或其他合适的溶剂将甲苯分别配制浓度为 0.5 mg/ml、1.0 mg/ml、5.0 mg/ml、10.0 mg/ml、50.0 mg/ml 甲苯/丙酮溶液（新鲜配制）。

## F.3　分析步骤

### F.3.1　样品制备

样品自生产之日起，放置 7 d 后进行试验。

取有代表性的样品，剪碎至 5 mm×5 mm 以下，混匀。从混合样中称取 2.00 g 试样，精确至 0.01 g，置于顶空进样瓶（F.2.3）中，盖上硅橡胶垫和铝盖，用封口工具加封，放入到自动顶空进样器中待测定。

### F.3.2　测定

气相色谱—质谱条件：

由于测试结果取决于所使用的仪器，因此不可能给出色谱分析的普遍参数，采用下列参数已被证明对测试是合适的。

顶空样品瓶的加热温度为 120℃，加热平衡时间 45 min。

a）色谱柱：HP-5 MS 30 m×0.25 mm×0.5 μm 或相当者；

b）柱温：50℃（3 min）→12℃/min 200℃（4 min）；

c）进样口温度：200℃；

d）进样方式：分流比 1∶20；

e）载气：氦气，纯度≥99.999%，1.0 ml/min；

f）色谱—质谱接口温度：250℃；

g）电离方式：EI。

F.3.3　结果计算

F.3.3.1　校正因子的测定

将 4 μl±0.04 μl 校正工作溶液（F.2.7），用 10 μl 微量进样器分别注入 5 只顶空进样瓶内，迅速用封口工具密闭，置于自动顶空进样器（F.2.2）中，120℃加热 5 min 后，进入气相色谱—质谱仪进行分析，用峰面积和相应的浓度进行校正因子（$K_G$）的测定。

F.3.3.2　挥发性有机化合物

由总峰面积和丙酮校正的校正系数按式（1）计算得出：

$$E_G = \frac{\sum A - A_0}{K_G \times m} \times V \tag{1}$$

式中：$E_G$——试样中挥发性有机化合物含量，mg/kg；

$\sum A$——试样中总色谱峰面积；

$A_0$——空白色谱峰面积；

$K_G$——校正因子；

$m$——试样的质量，g；

$V$——标准溶液的进样体积，ml。

注：取 2 g 样品，容积为 20 ml 的顶空瓶时，$V$ 为 4 μl；取 1 g 样品，容积为 10 ml 的顶空瓶时，$V$ 为 2 μl，依此类推。

F.3.3.3　单个物质的挥发量

按式（2）计算：

$$E_i = \frac{A \times C}{A_s \times m} \times V \tag{2}$$

式中：$E_i$——试样中某个物质的挥发量，mg/kg；

$A$——试样中某个物质的峰面积；

$A_s$——标准工作液中某单个物质的峰面积；

$C$——标准工作液中某单个物质的质量浓度，mg/L；

$m$——试样的质量，g；

$V$——标准溶液的进样体积，ml。

## F.4　测定低限、回收率和精密度

F.4.1　测定低限：本方法测定低限为 0.5 mg/kg。

F.4.2　回收率：在样品中添加 0.5～50 mg/kg 苯系物时，回收率为 88.0%～96.1%。

F.4.3　精密度

在同一实验室，由同一操作者使用相同设备，按相同的测试方法，并在短时间内对同一被测对象相互独立进行的测试获得的两次独立测试结果的绝对差值均不大于这两个测定值的算术平均值的 10%。大于这两个测定值的算术平均值的 10%的情况不超过 5%。

## F.5　试验报告

试验报告至少应给出以下内容：

a）试样描述；

b）使用的标准；

c）试验结果；

d）偏离标准的差异；

e）试验日期。

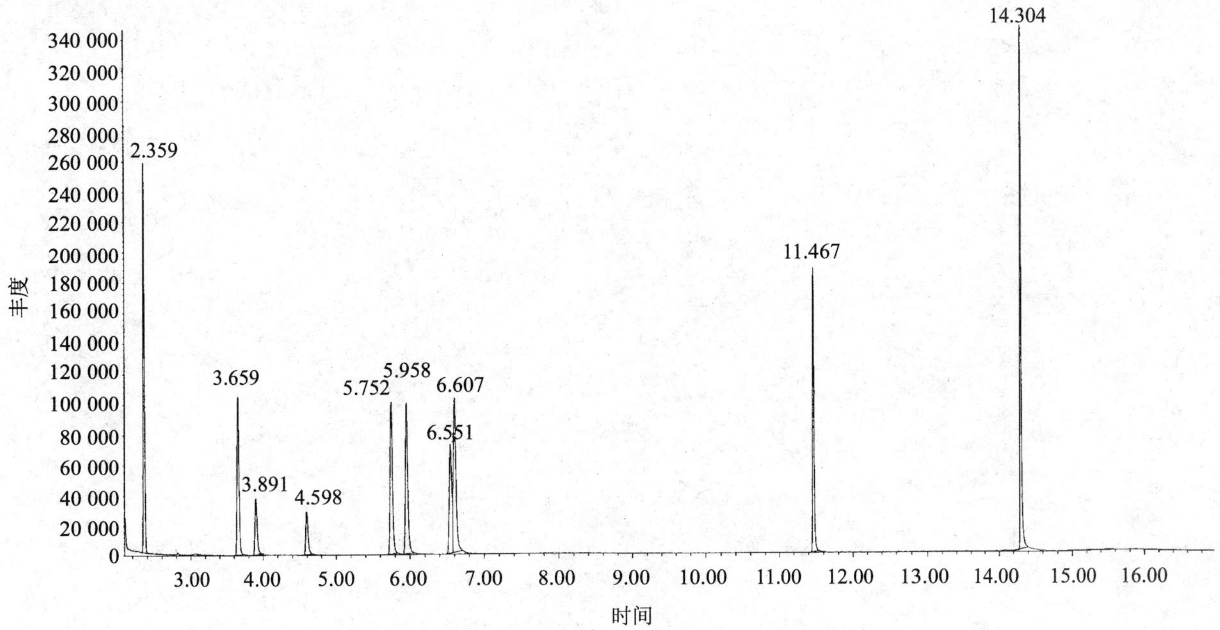


图 F.1 有机挥发物 GC/MS 总离子流图

表 F.1 有机挥发物名称及其标准物的 GC/MS 特征离子

| 序号 | 名称 | 保留时间/min | 化学文摘编号（CAS No.） | 特征离子/u | |
|---|---|---|---|---|---|
| | | | | 定性 | 定量 |
| 1 | 苯 | 2.359 | 71-43-2 | 78，74 | 78 |
| 2 | 甲苯 | 3.659 | 108-88-3 | 91，65，51 | 91 |
| 3 | *N,N*-二甲基甲酰胺 | 3.891 | 627-45-2 | 44，58，73 | 73 |
| 4 | 乙酸丁酯 | 4.598 | 123-86-4 | 87，43，56 | 87 |
| 5 | 乙苯 | 5.752 | 100-41-4 | 106，91 | 106 |
| 6 | *p*-二甲苯 | 5.958 | 106-42-3 | 106，91 | 106 |
| 7 | 苯乙烯 | 6.551 | 100-42-5 | 104，78，51 | 104 |
| 8 | *o*-二甲苯 | 6.607 | 95-47-6 | 106，91 | 106 |
| 9 | 正十一烷 | 11.467 | 1120-21-4 | 156，57，43 | 156 |
| 10 | 正十四烷 | 14.304 | 629-59-4 | 198，57，43 | 198 |

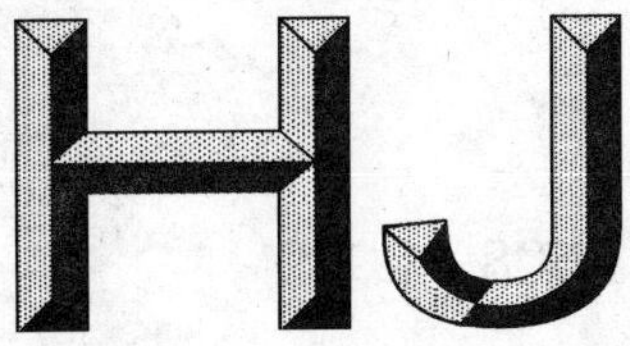

中华人民共和国国家环境保护标准

HJ 508—2009

# 环境标志产品技术要求　采暖散热器

# Technical requirement for environmental labeling products —Heating radiators

2009-10-30 批准　　2010-01-01 实施

环　境　保　护　部　发布

# 前　言

为贯彻《中华人民共和国环境保护法》，有效利用和节约资源，减少采暖散热器在生产、使用过程中对环境和人体健康的影响，制定本标准。

本标准对采暖散热器表面释放到空气中的污染物、金属热强度和密封垫材料等方面提出了要求。

本标准适用于中国环境标志产品认证。

本标准由环境保护部科技标准司组织制订。

本标准主要起草单位：环境保护部环境发展中心、住房和城乡建设部科技发展促进中心、中国建筑装饰装修材料协会、中国建筑金属结构协会采暖散热器委员会、国家散热器产品质量监督检验中心、国家空调设备质量监督检验中心、哈尔滨工业大学、圣春冀暖散热器股份有限公司、旺达集团有限公司、宁波宁兴金海水暖器材有限公司、北京三叶散热器厂、北京派捷暖通环境工程技术有限公司、林州市春晖散热器有限公司和青岛华泰散热器有限公司。

本标准环境保护部 2009 年 10 月 30 日批准。

本标准自 2010 年 1 月 1 日起实施。

本标准由环境保护部解释。

# 环境标志产品技术要求　采暖散热器

## 1　适用范围

本标准规定了采暖散热器环境标志产品的术语和定义、基本要求、技术内容及其检验方法。

本标准适用于工业、民用建筑中，以热水或蒸汽为热媒的采暖散热器，不适用于钢制闭式串片散热器。

## 2　规范性引用文件

本标准内容引用了下列文件中的条款。凡是不注日期的引用文件，其有效版本适用于本标准。

GB 19913　铸铁采暖散热器

GB/T 13754—2008　采暖散热器散热量测定方法

GB/T 18883　室内空气质量标准

JG 2　钢制板型散热器

JG 143　采暖散热器 铝制柱翼型散热器

JG 220　铜铝复合柱翼型散热器

JG 221　铜管对流散热器

JG 232　卫浴型散热器

JG/T 1　钢制柱型散热器

JG/T 148　钢管散热器

JG/T 3012.2　采暖散热器　钢制翅片管对流散热器

## 3　术语和定义

下列术语和定义适用于本标准。

**采暖散热器**

以热水或蒸汽为热媒的通过对流和辐射方式向采暖房间放散热量的设备。

## 4　基本要求

4.1　产品质量应符合国家标准 GB 19913 或行业标准 JG 2、JG 143、JG 220、JG 221、JG 232、JG/T 1、JG/T 148 和 JG/T 3012.2 的要求。

4.2　产品生产企业污染物排放应符合国家或地方规定的污染物排放标准。

## 5　技术内容

5.1　采暖散热器表面释放到空气中污染物的量应符合表 1 要求。

**表 1　采暖散热器表面释放到空气中污染物的限值**　　单位：$mg/m^3$

| 项目 | 限值 |
|---|---|
| 甲醛（HCHO） | ≤0.03 |
| 苯（$C_6H_6$） | ≤0.04 |
| 甲苯（$C_7H_8$） | ≤0.07 |
| 二甲苯（$C_8H_{10}$） | ≤0.07 |
| 总挥发性有机化合物（TVOC） | ≤0.20 |

5.2 采暖散热器的金属热强度应符合表 2 要求。

表 2 采暖散热器金属热强度的要求

单位：W/（kg·℃）

| 采暖散热器类型 | | 金属热强度 |
|---|---|---|
| 铸铁散热器 | | ≥0.36 |
| 卫浴型散热器 | 钢质 | ≥0.90 |
| | 不锈钢质 | ≥0.80 |
| | 铜质 | ≥1.20 |
| 钢管散热器 | 薄壁（壁厚<2.0 mm） | ≥0.88 |
| | 厚壁（壁厚≥2.0 mm） | ≥0.60 |
| 钢制柱型散热器 | | ≥0.85 |
| 钢制板型散热器 | | ≥1.20 |
| 钢制翅片管对流散热器 | | ≥0.90 |
| 铝制柱翼型散热器 | | ≥2.70 |
| 铜铝复合柱翼型散热器 | | ≥2.00 |
| 铜管对流散热器 | | ≥1.80 |

5.3 采暖散热器不得使用含石棉的密封垫。

## 6 检验方法

6.1 技术内容 5.1 中的检测按照附录 A 规定的方法进行。

6.2 技术内容 5.2 中采暖散热器的金属热强度按式（1）计算：

$$q = \frac{Q_S}{\Delta t_S \times G} \tag{1}$$

式中：$q$——采暖散热器金属热强度，W/（kg·℃）；

$Q_S$——采暖散热器标准散热量，W；

$\Delta t_S$——标准过余温度，$\Delta t_S = 64.5$℃；

$G$——采暖散热器未充水时的质量，kg。

其中，采暖散热器标准散热量的检测按照 GB/T 13754—2008 规定的方法进行，检测铜管对流散热器标准散热量时，其外罩采用 JG 221 标准规定的钢板外罩。

6.3 技术内容 5.3 中的内容通过文件审查结合现场检查的方式验证。

# 附　录　A

（规范性附录）

采暖散热器表面涂层释放到空气中污染物量的测定

## A.1　原理

将采暖散热器样品置于密闭小室内，检测样品在规定时间内释放到密闭小室空气中的污染物质量浓度。

## A.2　测试装置

长和宽均为 4 000 mm，高为 2 800 mm 的密闭小室（或满足室内高度为 2 800 mm 的相近形式的其他密闭房间）。

## A.3　样品

### A.3.1　样品的选择

表面有涂层、标准散热量为 1 600 W±100 W 的成品采暖散热器。

### A.3.2　样品的测定条件

密闭小室在未安装被测采暖散热器样品的情况下，测试前后 2 h 室内空气污染物的变化量不大于表 1 中规定的污染物的限量的 10%。

## A.4　测定方法

### A.4.1　安装和运行

把采暖散热器样品安装在符合 A.2 规定的密闭小室内，并在 A.3.2 条件下放置 2 h。

### A.4.2　有害物质测定

小室内空气取样及污染物测定，按 GB/T 18883 的规定进行。

### A.4.3　结果计算公式

$$U_X = U_H - U_Q \tag{A.1}$$

式中：$U_X$——被测采暖散热器表面涂层污染物实际释放量，$mg/m^3$；

$U_H$——试验后小室内空气中污染物检出量，$mg/m^3$；

$U_Q$——试验前小室内空气中污染物检出量，$mg/m^3$。

# 中华人民共和国环境保护部
# 公　告

2010 年　第 29 号

为贯彻《中华人民共和国环境保护法》，保护环境，促进技术进步，现批准《环境标志产品技术要求　木制玩具》等两项标准为国家环境保护标准，并予发布。

标准名称、编号如下：

一、环境标志产品技术要求　木制玩具（HJ 566—2010）

二、环境标志产品技术要求　喷墨墨水（HJ 567—2010）

以上标准自 2010 年 6 月 1 日起实施，由中国环境科学出版社出版，标准内容可在环境保护部网站（bz.mep.gov.cn）查询。

特此公告。

2010 年 3 月 10 日

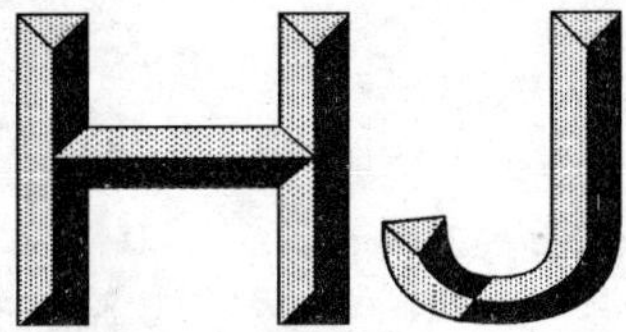

# 中华人民共和国国家环境保护标准

HJ 566—2010

# 环境标志产品技术要求　木制玩具

**Technical requirement for environmental labeling products**

**—Wooden toys**

2010-03-10 发布　　　　2010-06-01 实施

环　境　保　护　部　发布

# 前　言

为贯彻《中华人民共和国环境保护法》，减少木制玩具产品在生产、使用和废弃过程中对环境和人体健康的影响，制定本标准。

本标准对木制玩具产品及其原材料和包装材料的环境行为提出了控制要求。

本标准参考了德国蓝天使环境标志授予基本标准《木制玩具》（RAL-UZ 130）。

本标准适用于中国环境标志产品认证。

本标准由环境保护部科技标准司组织制订。

本标准主要起草单位：环境保护部环境发展中心、深圳市计量质量检测研究院。

本标准环境保护部 2010 年 3 月 10 日批准。

本标准自 2010 年 6 月 1 日起实施。

本标准由环境保护部解释。

# 环境标志产品技术要求　木制玩具

## 1　适用范围

本标准规定了木制玩具类环境标志产品的术语和定义、基本要求、技术内容和检验方法。

本标准适用于木材质量占玩具总质量95%以上的木制玩具。

## 2　规范性引用文件

本标准内容引用了下列文件中的条款。凡是不注日期的引用文件，其有效版本适用于本标准。

GB 6675　国家玩具安全技术规范

GB 16483　化学品安全技术说明书　内容和项目顺序

GB/T 22048—2008　玩具及儿童用品　聚氯乙烯塑料中邻苯二甲酸酯增塑剂的测定

GB/T 22788—2008　玩具表面涂层中总铅含量的测定

GB/T 22866—2008　皮革五金配件　镍释放量的测定

HJ/T 220　环境标志产品技术要求　胶粘剂

HJ/T 400—2007　车内挥发性有机物和醛酮类物质采样测定方法

## 3　术语和定义

下列术语和定义适用于本标准。

3.1

**木制玩具　wooden toys**

是指以木材（包括竹和藤）占玩具总质量95%以上的玩具。

3.2

**总挥发性有机化合物　total volatile organic compounds，TVOC**

利用非极性色谱柱进行分离，保留时间在正己烷和正十六烷之间且包含这两种物质在内的挥发性有机化合物的含量总和。

3.3

**总半挥发性有机化合物　total semi-volatile organic compounds，TSVOC**

利用非极性色谱柱进行分离，保留时间在正十六烷和正二十二烷之间且包含正二十二烷在内的半挥发性有机化合物的含量总和。

## 4　基本要求

4.1　产品质量应符合相应产品质量标准的要求。

4.2　产品安全性能应符合GB 6675的要求。

4.3　产品生产企业污染物排放应符合国家或地方规定的污染物排放标准的要求。

4.4　产品生产企业在生产过程中应加强清洁生产工作。

# 5 技术内容

## 5.1 木材的要求

5.1.1 木材原料应通过可持续森林认证或符合国家相关的法律法规要求。

5.1.2 木材处理过程不得使用阻燃剂和木材防腐剂。

5.1.3 木材处理过程中所使用的化学品，应按 GB 16483 的要求提供原料安全数据单（MSDS）。

## 5.2 胶粘剂的要求

产品在生产过程中使用的胶粘剂应符合 HJ/T 220 的要求。

## 5.3 产品的要求

5.3.1 产品中可触及材料的可迁移元素含量应符合表 1 的要求。

表 1 可迁移元素的限量

单位：mg/kg

| 项目 | 限值 |
|---|---|
| 锑（Sb） | ≤25 |
| 砷（As） | ≤10 |
| 钡（Ba） | ≤100 |
| 铅（Pb） | ≤10 |
| 硼（B） | ≤500 |
| 镉（Cd） | ≤3 |
| 铬（Cr） | ≤30 |
| 汞（Hg） | ≤10 |
| 硒（Se） | ≤30 |
| 有机锡化合物（Sn） | ≤10 |

5.3.2 产品中有机化合物的释放量应符合表 2 的要求。

表 2 有机化合物的释放限量

单位：μg/m³

| 项目 | 限值 |
|---|---|
| 甲醛 | ≤36 |
| 其他醛（总量） | ≤40 |
| 总挥发性有机化合物（C6～C16）（TVOC） | ≤300 |
| 总半挥发性有机化合物（>C16～C22）（TSVOC） | ≤50 |

5.3.3 产品所用材料（如塑料、涂层、胶粘剂、皮革和纺织物等）中邻苯二甲酸酯的含量应符合表 3 的要求。

表 3　邻苯二甲酸酯的限量

| 邻苯二甲酸酯类 | 限值/%（质量分数） |
| --- | --- |
| 邻苯二甲酸二（2-乙基）己酯（DEHP）、邻苯二甲酸二丁酯（DBP）、邻苯二甲酸丁苄酯（BBP）总和 | ≤0.1 |
| 邻苯二甲酸二异壬酯（DINP）、邻苯二甲基二异癸酯（DIDP）、邻苯二甲酸二辛酯（DNOP）总和 | ≤0.1 |

5.3.4　产品表面涂层中的铅含量不得大于 50 mg/kg。

5.3.5　产品中可与皮肤接触的金属表面镍释放量不得大于 0.5 μg/（$cm^2$・周）。

### 5.4　包装材料的要求

5.4.1　包装材料中不得使用卤化聚合物材料。

5.4.2　包装应使用易循环的材料。

## 6　检验方法

6.1　技术内容 5.2 中胶粘剂的检测按照 HJ/T 220 规定的方法进行。

6.2　技术内容 5.3.1 中可迁移元素锑、砷、钡、铅、硼、镉、铬、汞和硒的检测按照 GB 6675 规定的方法进行。

6.3　技术内容 5.3.1 中可迁移有机锡化合物的样品前处理按照 GB 6675 规定的方法进行，检测按照附录 A 规定的方法进行。

6.4　技术内容 5.3.2 中甲醛及其他醛项目按本标准附录 B 规定的方法进行样品气体的准备，检测按照 HJ/T 400—2007 规定的方法进行（无须检测酮类组分）。

6.5　技术内容 5.3.2 中 TVOC 及 TSVOC 项目按照本标准附录 B 规定的方法进行样品气体的准备，检测按照 HJ/T 400—2007 规定的方法进行，其中，未能定性或无标准物质的 VOC 或 SVOC 组分的校正因子按照甲苯计。

6.6　技术内容 5.3.3 中邻苯二甲酸酯的检测按照 GB/T 22048—2008 规定的方法进行。

6.7　技术内容 5.3.4 中表面涂层铅含量的检测按照 GB/T 22788—2008 规定的方法进行。

6.8　技术内容 5.3.5 中金属表面镍释放的检测按照 GB/T 22866—2008 规定的方法进行。

6.9　技术内容中其他条款的要求通过现场检查和（或）文件审查进行验证。

# 附 录 A
（规范性附录）
可迁移有机锡化合物的测定方法

## A.1 原理

用 0.07 mol/L 的盐酸萃取试样，在 pH 为 4.5 的条件下，用四乙基硼化钠作为衍生试剂，正己烷为萃取剂，对萃取液中的有机锡化合物直接进行衍生化。用气相色谱-质谱仪（GC-MS）测定，内标法定量。

## A.2 试剂和材料

除非有特殊说明，所用试剂均为分析纯或以上纯度。

A.2.1 冰乙酸

A.2.2 乙酸钠

A.2.3 乙酸盐缓冲溶液

称取 82 g 乙酸钠，溶于适量水中，稀释定容至 1 L，配成 1 mol/L 乙酸钠溶液，用冰乙酸调节 pH 为 4.5。

A.2.4 四乙基硼化钠

A.2.5 四乙基硼化钠溶液

称取 0.2 g 四乙基硼化钠于 10 ml 棕色容量瓶中，用水溶解，定容。此溶液质量浓度为 20 g/L（现配现用）。

A.2.6 甲醇

A.2.7 正己烷

A.2.8 氢氧化钠溶液（1 mol/L）

A.2.9 标准溶液

A.2.9.1 标准储备液和内标物溶液

各有机锡标准储备液用纯度大于或等于 99%的有机锡标准物质配制，以有机锡阳离子质量浓度计，1 000 μg/ml 的标准储备液配制方法如下：

准确称取三氯化一丁基锡 0.160 5 g，用少量甲醇溶解，转移至 100 ml 容量瓶中，稀释定容。

其余各标准储备液按表 A.1 列出质量进行配制：

表 A.1 有机锡化合物标准储备液配制的质量

单位：g

| 标准物质名称（英文名称） | 有机锡阳离子及其缩写 | 配制 1 000 μg/ml 标准储备液所需标准物质的质量 |
|---|---|---|
| 三氯一丁基锡（Monobutyltin trichloride） | 一丁基锡 MBT | 0.160 5 |
| 二氯二丁基锡（Dibutyltin dichloride） | 二丁基锡 DBT | 0.130 4 |
| 一氯三丁基锡（Tributyltin chloride） | 三丁基锡 TBT | 0.112 2 |
| 四丁基锡（Tetrabutyltin） | 四丁基锡 TTBT | 0.100 0 |
| 三氯一辛基锡（Monooctyltin trichloride） | 一辛基锡 MOT | 0.145 8 |
| 二氯二辛基锡（Dioctyltin dichloride） | 二辛基锡 DOT | 0.120 5 |

续表

| 标准物质名称（英文名称） | 有机锡阳离子及其缩写 | 配制 1 000 μg/ml 标准储备液所需标准物质的质量 |
|---|---|---|
| 一氯三苯基锡（Triphenyltin chloride） | 三苯基锡 TPhT | 0.110 1 |
| 一氯三环己基锡（Tricyclohexyltin chloride） | 三环己基锡 TCyT | 0.109 6 |
| 一氯三丙基锡（Tripropyltin chloride） | 三丙基锡 TPT（内标） | 0.114 3 |
| 二氯二庚基锡（Diheptyltin dichloride） | 二庚基锡 DHT（内标） | 0.122 4 |

标准储备液置于棕色瓶中，在 4℃条件下保存期为 3 个月。

A.2.9.2 混合标准工作溶液

分别移取各种有机锡标准储备液及内标溶液（A.2.9.1）0.2 ml 或 1 ml，置于 100 ml 棕色容量瓶中，用水稀释至刻度，摇匀。该混合溶液中各种有机锡化合物质量浓度为 2 μg/ml 或 10 μg/ml。也可根据实际需要配制相应的混合标准工作溶液。

标准工作液置于棕色瓶中，在 4℃条件下保存期为 1 个月。

## A.3 仪器设备

A.3.1 气相色谱-质谱仪（GC/MS）。

A.3.2 涡旋振荡器：振荡频率 500 r/min 以上。

A.3.3 离心机：转速 2 000 r/min 以上。

A.3.4 酸度计：分度值，0.02。

## A.4 测定步骤

### A.4.1 萃取液制备

按与 6.1 中其他重金属元素测试相同的方法（即 GB 6675 规定的方法，萃取试剂为 0.07 mol/L 盐酸溶液）进行取样和萃取，得到样品萃取液。

### A.4.2 样品试液及标准工作溶液的衍生化

A.4.2.1 样品试液衍生化：准确移取样品萃取液（A.4.1）20 ml，于 50 ml 比色管中，加入乙酸盐缓冲液（A.2.3）0.5 ml，摇匀，用冰乙酸（A.2.1）或氢氧化钠溶液（A.2.8）调节 pH 到 4.5。依次加入 50 μl 内标物溶液（A.2.9.1，即三丙基锡 TPT 和二庚基锡 DHT）、5 ml 正己烷（A.2.7）和 0.2 ml 衍生试剂（A.2.5），在涡旋振荡器上振荡 20 min，静置待溶液有机相和水相分层，吸出上层有机相，置于离心管中，在 2 000 r/min 下离心 5 min。试液供 GC-MS 分析用。

A.4.2.2 混合标准工作溶液衍生化：移取 20 ml 萃取试剂（0.07 mol/L 盐酸溶液）于 50 ml 比色管中，加入混合标准工作溶液（A.2.9.2）50 μl，摇匀后，按照与 A.4.2.1 相同方法进行衍生化处理。

### A.4.3 气相色谱-质谱测定（GC-MS）

A.4.3.1 色谱-质谱仪器条件（可根据情况进行调整）：

a）色谱柱：HP-5MS 30 m×0.25 mm×0.25 μm；

b）色谱柱程序：在 60℃温度下保持 1 min，以 10℃/min 升温至 150℃，再以 8℃/min 升温至 290℃，保持 2 min；

c）进样口温度：250℃；

d）传输线温度：280℃；

e）离子源温度：230℃；

f）四极杆温度：150℃；

g）电离方式：EI，能量 70 eV；

h）采集方式：SIM 方式；

i）载气：He，流量 1 ml/min；

j）进样方式：不分流进样；

k）进样量：1 μl。

A.4.3.2　定性及定量分析

按上述仪器条件（A.4.3.1）对衍生化处理的标准工作溶液（A.4.2.2）及样品试液（A.4.2.1）进行GC-MS 分析，根据色谱峰的保留时间和选择离子的丰度比进行定性，峰面积内标法定量。各有机锡衍生化合物的定性定量离子列于表 A.2。

**表 A.2　各有机锡化合物定性定量离子表**

| 有机锡阳离子 | 定量离子 | 定性离子 |
|---|---|---|
| 一丁基锡 MBT | 179 | 177，233，235，149，151 |
| 二丁基锡 DBT | 207 | 205，261，263，177，179 |
| 三丁基锡 TBT | 207 | 205，261，263，289，291 |
| 四丁基锡 TTBT | 179 | 177，233，235，289，291 |
| 一辛基锡 MOT | 179 | 177，289，291，149，151 |
| 二辛基锡 DOT | 263 | 261，149，151，373，375 |
| 三苯基锡 TPhT | 351 | 349，195，197 |
| 三环己基锡 TCyT | 233 | 231，315，313，367，369 |
| 三丙基锡 TPT（内标） | 193 | 191，333，235，247，249 |
| 二庚基锡 DHT（内标） | 249 | 247，247，249，149，151 |

## A.4.4　空白试验

按上述测定步骤对 A.4.1 所用的萃取试剂（0.07 mol/L 盐酸溶液）进行空白试验，以验证所用萃取试剂不含有可检出的有机锡化合物。

## A.5　结果计算

A.5.1　按式（A.1）计算校正因子：

$$F_i = \frac{A_i \times m_s}{A_s \times m_i} \tag{A.1}$$

式中：$F_i$——有机锡化合物 $i$ 对内标物的校正因子；

$A_i$——内标物峰面积；

$m_i$——内标物质量，mg；

$A_s$——标准物质峰面积；

$m_s$——标准物质质量，mg。

A.5.2　按式（A.2）计算样品中有机锡化合物的含量：

$$X_i = \frac{F_i \times A_2 \times m_1}{A_1 \times m_2} \times 1\,000 \tag{A.2}$$

式中：$X_i$——试样中有机锡化合物 $i$ 的含量，mg/kg；

$F_i$——校正因子；

$A_1$——试液中内标物峰面积；

$A_2$——试液中各种有机锡化合物峰面积；

$m_1$——试液中内标物质量，mg；

$m_2$——试液代表的样品质量，g。

A.5.3 有机锡化合物总量的结果计算

以各种有机锡化合物的检测结果计算其总和 $X$，mg/kg。

$$X=\sum X_i \tag{A.3}$$

计算结果精确到小数点后一位。

## A.6 方法检测限

本方法中单种有机锡化合物的检出限为 0.1 mg/kg。

## A.7 有机锡化合物衍生物 GC-MS 气相色谱图

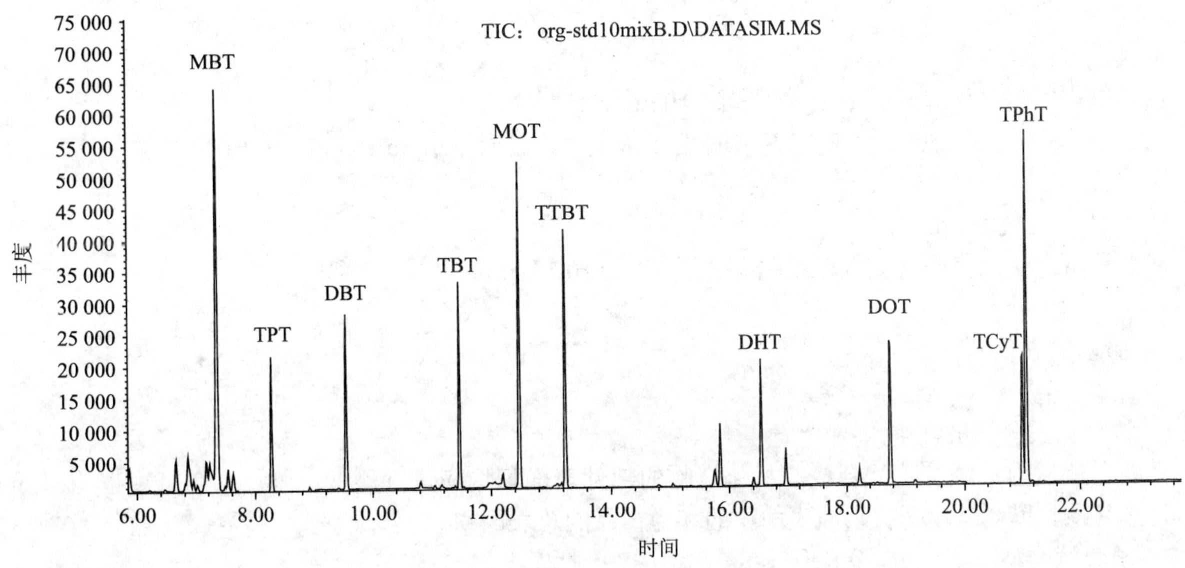


图 A.1 有机锡化合物衍生物气相色谱图

# 附 录 B
（规范性附录）
有机化合物的释放量测定 样品气体的准备

## B.1 采样环境试验舱

采样环境试验舱通常包括舱体及空气循环装置、空气交换装置、清洁空气供给装置、温度和湿度控制装置、监视和控制装置、空气采样装置等。

试验舱内壁、管道及与试验有关的各种装置应采用具有低释放、低渗透、低吸附的材料制造（如玻璃、抛光不锈钢等），对醛类、VOC 和 SVOC 的惰性尽可能大。试验舱内壁应具有光滑表面，试验前可以用水洗进行有效清洁。

为避免周围空气侵入试验舱内，导致空气交换失控，所有结合部位（舱门除外）应被密封，试验舱应在轻微过压条件下运行。

采样前，试验舱应经调整至满足下列要求：

温度：（23±1）℃；

相对湿度：（50±5）%；

空气流速：（0.1～0.3）m/s；

试验舱内空气中甲醛背景浓度：不超过 10 μg/m³；

试验舱内空气中其他醛、VOC、SVOC 背景浓度：不超过 5 μg/m³；

空气置换率：（1±0.05）$h^{-1}$；

装载率：（1±0.05）$m^2/m^3$；

或面积特定空气流速（空气置换率/装载率）：（1±0.1）m/h。

## B.2 试验前的准备

### B.2.1 样品总表面积的测量

样品在测试前，所有可能释放有机化合物的部件表面积均应进行测量，测量采用分度值为 1 mm 的卷尺或其他长度测量仪器，这些表面积的和为样品的总表面积。

### B.2.2 试验舱的调节

样品的总表面积与拟采用的试验舱体积相除，得到样品装载率，如果该装载率不为 1.0，则调节试验舱的空气置换率，使得样品的面积特定空气流速为 1.0。开启试验舱并调节相关参数，使其达到 B.1 中的要求，待仪器到达规定条件后，空载运行 2 h，抽取舱体空白空气样品。

### B.2.3 样品处理

将样品放入已经符合规定试验条件的试验舱中央位置，且应尽可能多地将样品的表面暴露在空气中，例如，如果玩具样品是组合的，则将玩具各部件单独放置于试验舱内，如果玩具样品是整体的，则应将所有可能开启的门、抽屉打开。持续规定时间后，采集舱内空气，测试空气中规定的有机化合物浓度，计算出有机化合物的释放量。

B.3 采样

采样按 HJ/T 400—2007 的规定进行，在试验舱气流出口处平行采样，空白样用 B.2.2 的空白空气样品代替。采样时，采样接头应直接伸入出口气流中。为避免负压，采样气流的总量应小于散发试验舱入口空气流量的 80%。采样时间规定为 3 天。

---

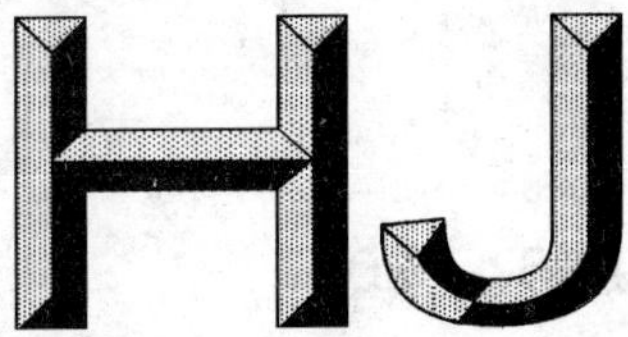

# 中华人民共和国国家环境保护标准

HJ 567—2010

## 环境标志产品技术要求 喷墨墨水

## Technical requirement for environmental labeling products —Ink for ink jet printing

2010-03-10 发布　　　　2010-06-01 实施

环 境 保 护 部 发布

# 前　言

为贯彻《中华人民共和国环境保护法》，减少喷墨墨水在生产、使用和处置过程中对人体健康和环境的影响，促进低毒、低挥发性喷墨墨水的生产和使用，制定本标准。

本标准主要参照日本生态标志《墨水盒》（No.142）等标准中有关墨水的规定，并结合国内喷墨墨水生产企业的技术现状和产品环境特性而制定。

本标准对喷墨墨水中的有害物质、包装和公开信息提出了要求。

本标准适用于中国环境标志产品认证。

本标准由环境保护部科技标准司组织制订。

本标准主要起草单位：环境保护部环境发展中心、中国计算机用户协会打印显像应用分会、北京绿色事业文化发展中心、山东力美彩喷墨水有限公司、北京彩韵数码科技有限公司、上海英威喷墨科技有限公司、沈阳金太阳数码科技有限公司、爱普生（中国）有限公司、益阳市奇彩科技发展有限公司、珠海保税区天然宝杰数码科技材料有限公司、珠海纳思达企业管理有限公司、珠海美禄达打印机耗材有限公司、广东东莞印可捷纳米喷墨制品有限公司、中国惠普有限公司、佳能（中国）有限公司。

本标准环境保护部 2010 年 3 月 10 日批准。

本标准自 2010 年 6 月 1 日起实施。

本标准由环境保护部解释。

# 环境标志产品技术要求　喷墨墨水

## 1　适用范围

本标准规定了喷墨墨水环境标志产品的术语和定义、基本要求、技术内容和检验方法。

本标准适用于喷墨设备用墨水。

本标准不适用于辐射固化喷墨墨水。

## 2　规范性引用文件

本标准内容引用了下列文件中的条款。凡是不注日期的引用文件，其有效版本适用于本标准。

GB 16483　化学品安全技术说明书　内容和项目顺序

GB 18582—2008　室内装饰装修材料　内墙涂料中有害物质限量

GB/T 15962—2008　油墨术语

HJ/T 201—2005　环境标志产品技术要求　水性涂料

HJ/T 370—2007　环境标志产品技术要求　胶印油墨

HJ/T 371—2007　环境标志产品技术要求　凹印油墨和柔印油墨

## 3　术语和定义

下列术语和定义适用于本标准。

3.1

喷墨墨水　ink for ink jet printing

指用着色剂、连结料、助剂等成分组成的分散体系，在喷墨过程中被转移到承印物上的着色物质。（GB/T 15962—2008）

3.2

着色剂　colorant

指赋予喷墨墨水颜色的有色物质。（GB/T 15962—2008）

3.3

水基喷墨墨水　water-based ink for ink jet printing

指以水为主要溶解或分散介质的喷墨墨水。

3.4

溶剂基喷墨墨水　solvent-based ink for ink jet printing

指以有机溶剂为溶解或分散介质的喷墨墨水。

3.5

挥发性有机化合物　volatile organic compound，VOC

指在 101.3 kPa 压力下，任何初沸点低于或等于 250℃的有机化合物。（HJ/T 371—2007）

## 4 基本要求

4.1 产品质量应符合相应产品的质量标准要求。

4.2 产品生产企业污染物排放应符合国家或地方规定的污染物排放标准的要求。

4.3 产品生产企业在生产过程中应加强清洁生产工作。

## 5 技术内容

5.1 产品中不得人为添加表 1 中所列的物质。

**表 1 产品中不得人为添加物质**

| 序号 | 物质 |
|---|---|
| 1 | 硒（Se）、镍（Ni）、砷（As）、锑（Sb）等元素及其化合物 [a] |
| 2 | 禁止使用乙二醇醚类物质 [b] |
| 3 | 邻苯二甲酸酯类物质 [b] |
| 4 | 异佛尔酮 |
| 5 | 对苯二酚 |

a 着色剂中分子量超过 10 000 的镍络合物除外。

b 乙二醇醚类物质和邻苯二甲酸酯类物质见附录 A 表 A.1。

5.2 产品中不得使用附录 A 表 A.2、表 A.3 中的着色剂。

5.3 产品所用着色剂在还原条件下不得分解出附录 A 表 A.4 中所列的芳香胺。

5.4 水基喷墨墨水的有害物质限量应符合表 2 的要求。

**表 2 水基喷墨墨水中有害物质限量**

| 项目 | 限值 |
|---|---|
| 氨及其化合物/% | ≤2 |
| 挥发性有机化合物/% | ≤30 |
| 甲醛/（mg/kg） | ≤500 |
| 甲醇/% | ≤0.3 |
| 苯酚/（mg/kg） | ≤100 |
| 铅、镉、铬、汞的总量/（mg/kg） | ≤100 |
| 铅/（mg/kg） | ≤90 |
| 镉/（mg/kg） | ≤75 |
| 铬/（mg/kg） | ≤60 |
| 汞/（mg/kg） | ≤60 |

5.5 溶剂基喷墨墨水的有害物质限量应符合表 3 的要求。

**表 3 溶剂基喷墨墨水中有害物质限量**

| 项目 | 限值 |
|---|---|
| 甲醇/% | ≤0.3 |
| 卤代烃类溶剂/（mg/kg） | ≤500 |
| 苯、甲苯、乙苯和二甲苯/（mg/kg） | ≤500 |
| 铅、镉、铬、汞的总量/（mg/kg） | ≤100 |
| 铅/（mg/kg） | ≤90 |
| 镉/（mg/kg） | ≤75 |
| 铬/（mg/kg） | ≤60 |
| 汞/（mg/kg） | ≤60 |

5.6 包装材料与设计的要求

a）产品的塑料包装容器不得添加多溴联苯（PBB）、多溴联苯醚（PBDE）以及氯化石蜡（链形碳数 10～13，氯的含量在 50%以上）。

b）产品的塑料包装容器不得添加含铅、镉、汞的塑料添加剂。

c）产品包装容器应可回收再利用。

5.7 企业应向使用方提供符合 GB 16483 要求的产品安全技术说明书，安全技术说明书中应包含以下内容：

a）应向用户提供泄漏和残余产品的处置建议。

b）应强调产品存放必须远离儿童，并在外包装上标明。

## 6 检验方法

6.1 技术内容 5.2 中氨及其化合物的检测按照 HJ/T 371—2007 附录 C 的规定进行。

6.2 技术内容 5.2 中挥发性有机化合物的检测按照 HJ/T 371—2007 附录 E 的规定进行。

6.3 技术内容 5.2 中卤代烃类溶剂的检测按照 HJ/T 201—2005 附录 G 的规定进行。

6.4 技术内容 5.2 中苯酚的检测按照附录 B 的规定进行。

6.5 技术内容 5.2 中甲醇、苯、甲苯、乙苯和二甲苯的检测按照 HJ/T 371—2007 附录 B 的规定进行。

6.6 技术内容 5.2 中铅、镉、汞的检测按照 HJ/T 370—2007 附录 C 的规定进行。

6.7 技术内容 5.2 中铬的检测按照附录 C 的规定进行。

6.8 技术内容 5.2 中甲醛的检测按照 GB 18582—2008 附录 C 的规定进行。

6.9 技术内容中的其他要求通过文件审查结合现场检查的方式进行验证，并由企业出具相关的证明材料和声明，按要求填写附录 D 中的清单。

# 附 录 A

（规范性附录）

## 禁用物质和禁止分解出的芳香胺

表 A.1 禁用的乙二醇醚类物质和邻苯二甲酸酯类物质

| 中文名称 | 英文名称 | CA 登录号 |
|---|---|---|
| 邻苯二甲酸二正辛酯 | Di-*n*-octylphthalate | 117-84-0 |
| 邻苯二甲酸二丁酯 | Dibutylphthalate | 84-74-2 |
| 乙二醇甲醚 | 2-methoxyethanol | 109-86-4 |
| 乙二醇甲醚醋酸酯 | 2-methoxyethyl acetate | 110-49-6 |
| 乙二醇乙醚 | 2-ethoxyethanol | 110-80-5 |
| 乙二醇乙醚醋酸酯 | 2-ethoxyethyl acetate | 111-15-9 |
| 二乙二醇丁醚醋酸酯 | 2-(2-butoxyethoxy) ethyl acetate | 124-17-4 |

表 A.2 被认定可致癌的着色剂

| 中文名称 | 英文名称 | C.I.索引号 | CA 登录号 |
|---|---|---|---|
| C.I.酸性红 26 | C.I.Acid Red 26 | C.I.16 150 | 3761-53-3 |
| C.I.碱性红 9 | C.I.Basic Red 9 | C.I.42 500 | 25620-78-4 |
| C.I.碱性紫 14 | C.I.Basic Violet 14 | C.I.42 510 | 632-99-5 |
| C.I.直接黑 38 | C.I.Direct Black 38 | C.I.30 235 | 1937-37-7 |
| C.I.直接蓝 6 | C.I.Direct Blue 6 | C.I.22 610 | 2602-46-2 |
| C.I.直接红 28 | C.I.Direct Red 28 | C.I.22 120 | 573-58-0 |
| C.I.分散蓝 1 | C.I.Disperse Blue 1 | C.I.64 500 | 2475-45-8 |
| C.I.分散橙 11 | C.I.Disperse Orange 11 | C.I.60 700 | 82-28-0 |
| C.I.分散黄 3 | C.I.Disperse Yellow 3 | C.I.11 855 | 2832-40-8 |

表 A.3 被认定可致敏的着色剂

| 中文名称 | 英文名称 | C.I.索引号 | CA 登录号 |
|---|---|---|---|
| C.I.分散蓝 1 | C.I. Disperse Blue 1 | C.I.64 500 | 2475-45-8 |
| C.I.分散蓝 3 | C.I. Disperse Blue 3 | C.I.61 505 | 2475-46-9 |
| C.I.分散蓝 7 | C.I. Disperse Blue 7 | C.I.62 500 | 3179-90-6 |
| C.I.分散蓝 26 | C.I. Disperse Blue 26 | C.I.63 305 | |
| C.I.分散蓝 35 | C.I. Disperse Blue 35 | | 12222-75-2 |
| C.I.分散蓝 102 | C.I. Disperse Blue 102 | | 12222-97-8 |
| C.I.分散蓝 106 | C.I. Disperse Blue 106 | | 12222-01-7 |
| C.I.分散蓝 124 | C.I. Disperse Blue 124 | | 61951-51-7 |
| C.I.分散棕 1 | C.I. Disperse Brown 1 | | 23355-64-8 |
| C.I.分散橙 1 | C.I. Disperse Orange 1 | C.I.11 080 | 2581-69-3 |
| C.I.分散橙 3 | C.I. Disperse Orange 3 | C.I.64 005 | 730-40-5 |
| C.I.分散橙 37/76 | C.I. Disperse Orange 37/76 | | |
| C.I.分散红 1 | C.I. Disperse Red 1 | C.I.11 110 | 2872-52-8 |
| C.I.分散红 11 | C.I. Disperse Red 11 | C.I.62 015 | 2872-48-2 |
| C.I.分散红 17 | C.I. Disperse Red 17 | C.I.11 210 | 3179-89-3 |
| C.I.分散黄 1 | C.I. Disperse Yellow 1 | C.I.10 345 | |
| C.I.分散黄 3 | C.I. Disperse Yellow 3 | C.I.11 855 | 2832-40-3 |
| C.I.分散黄 9 | C.I. Disperse Yellow 9 | C.I.10 375 | 6373-73-5 |
| C.I.分散黄 39 | C.I. Disperse Yellow 39 | | |
| C.I.分散黄 49 | C.I. Disperse Yellow 49 | | |

表 A.4 禁止分解出的芳香胺

| 中文名称 | 英文名称 | CA 登录号 |
|---|---|---|
| 4-氨基联苯 | 4-Aminobiphenyl | 92-67-1 |
| 联苯胺 | Benzidine | 92-87-5 |
| 4-氯-邻基胺 | 4-Chloro-toluidine | 95-69-2 |
| 2-萘胺 | 2-Naphthylamine | 91-59-8 |
| 邻氨基偶氮甲苯 | *o*-Aminoazotoluene | 97-56-3 |
| 2-氨基-4-硝基甲苯 | 2-Amino-4-nitrotoluene | 99-55-8 |
| 对氯苯胺 | *p*-Chloroanoiline | 106-47-8 |
| 2,4-二氨基苯甲醚 | 2,4-Diaminoanisole | 615-05-4 |
| 4,4′-二氨基二苯甲烷 | 4,4′-Diaminobiphenylmethane | 101-77-9 |
| 3,3′-二氯联苯胺 | 3,3′-Dichlorobenzidine | 91-94-1 |
| 3,3′-二甲氧基联苯胺 | 3,3′-Dimethoxybenzidine | 119-90-4 |
| 3,3′-二甲基联苯胺 | 3,3′-Dimethylbenzidine | 119-93-7 |
| 3,3′-二甲基-4,4′-二氨基二苯甲烷 | 3,3′-Dimethyl-4,4′-diaminobiphenylmethane | 838-88-0 |
| 2-甲氧基-5-甲基苯胺 | *p*-Cresidine/(*p*-Kresidine) | 120-71-8 |
| 3,3′-二氯-4,4′-二氨基二苯甲烷 | 4,4′-methylene－bis-(2-chloroaniline) | 101-41-4 |
| 4,4′-二氨基联苯醚 | 4,4′-Oxydianiline | 101-80-4 |
| 4,4′-二氨基二苯硫醚 | 4,4′-Thiodianiline | 139-65-1 |
| 邻甲基苯胺 | *o*-Toluidine | 95-53-4 |
| 2,4-二氨基甲苯 | 2,4-Toluylendiamine | 95-80-7 |
| 2,4,5-三甲基苯胺 | 2,4,5-Trimethylaniline | 137-17-7 |
| 邻甲基苯甲醚/2-甲氧基苯胺 | *o*-Anisidine/2-Wethoxyaniline | 90-04-0 |
| 4-氨基偶氮苯 | 4-Aminoazobenzene | 60-09-3 |

# 附 录 B
（规范性附录）
喷墨墨水中苯酚的测定

## B.1 适用范围

本方法适用于喷墨墨水及原材料中苯酚的测定。
检出限量：苯酚 40 mg/kg。

## B.2 方法原理

试样经水稀释后直接注入气相色谱仪中，经毛细管柱使被测组分分离，用氢火焰离子化检测器检测，以内标法定量。

## B.3 仪器设备

### B.3.1 气相色谱仪

仪器设备应根据制造商的相关说明进行安装和使用。所有与测试试样接触的仪器部件都应该由耐试样的材料（如玻璃）制成，并且不会产生化学变化。

### B.3.2 配备分流进样的进样系统

气相色谱仪应有一个配备分流装置的进样口。分流比应可以调整且能够受到监控。进样口衬管内应有硅烷化玻璃棉以留住非挥发性成分，如需要，应清洁衬管并填充新的玻璃棉或更换衬管以排除由于黏性物质或颜料残留物（如被吸附的化合物）造成的误差。色谱峰拖尾显示可能存在吸附，尤其是低挥发性的成分。

### B.3.3 柱烘箱

柱烘箱的温度应能够在 40～300℃进行等温和程序升温控制操作。柱烘箱温度波动不应超过 1℃。程序升温的最终温度不应超过毛细管柱的最高使用温度。

### B.3.4 检测器

火焰离子化检测器（FID），使用温度可达 300℃。为了防止冷凝，检测器温度应至少高于色谱柱的使用温度 10℃。检测器的气体流量、进样量、分流比和增益设置应进行最优化处理，从而使得用于计算的信号（峰面积）与物质量成比例。

### B.3.5 毛细管柱

毛细管柱应由玻璃或石英玻璃制成。色谱柱的长度应能足够分离有机化合物组分，其最大内径可以是 0.53 mm，并涂以适当膜厚度的聚乙二醇涂层，以提供良好的峰的分离。可以选择固定相和柱长度以符合特殊分离的要求。

B.3.6 注射器

注射器的容量至少应为进样量的两倍。

B.3.7 图表记录器

补偿式图表记录器适用于标示气相色谱图。

B.3.8 积分器

应使用电子数据处理系统（积分器或计算机）来测量峰面积。用于测定和分析的积分参数应一致。

B.3.9 样品瓶

使用由化学惰性材料（如玻璃）制成的样品瓶，其可用合适的瓶盖（如以聚四氟乙烯涂层的橡胶膜）密封。

B.3.10 气体过滤器

过滤器应安装在气相色谱仪的连接管中以吸收气体中残留的杂质。

B.3.11 气体

B.3.11.1 载气：干燥、无氧氦气、氮气或氢气，纯度至少为体积分数 99.995%。
B.3.11.2 检测器内气体（燃气和助燃气）：纯度至少为体积分数 99.999%的氢气以及空气（制备），不含有机化合物。
B.3.11.3 辅助气体（隔垫吹扫和尾吹气）：与载气具有相同性质的氮或氦。

B.4 试剂

B.4.1 校准化合物

苯酚，其纯度应至少为质量分数 99%，或已知纯度。

B.4.2 内标物

内标物应为一种化合物，试样中不含有这种化合物，且该化合物能够与色谱图上的其他成分完全分离。它应是一种与试样成分有关的惰性化合物，在所需的温度范围内能够稳定，并含有已知纯度。例如，乙二醇、丙二醇等。

B.5 取样

取出确有代表性的试样进行测试。

B.6 程序步骤

B.6.1 气相色谱分析条件

B.6.1.1 所使用的气相色谱分析条件取决于将进行分析的产品，而且每次都应该使用已知校准混合物对其进行最优化处理。

B.6.1.2 进样量和分流比应匹配，以便不超过色谱柱的容量，并在检测器的线性范围内。不对称峰可能会给出气相色谱系统过载的提示。

B.6.1.3 气相色谱分析条件实例：

色谱柱：聚乙二醇涂层毛细管柱，30 m×0.25 mm 内径×1.0 μm 膜厚；

进样口温度：240℃；

检测器温度：280℃；

柱温：程序升温，60℃保持 2 min，然后以 10℃/min 升至 240℃保持 4 min；

载气：高纯氮，流量 1.0 ml/min；

分流比：分流进样，分流比 50；

进样量：1.0 μl。

### B.6.2 产品的定性分析

B.6.2.1 按 B.6.1 所示使仪器参数最优化。

B.6.2.2 被测物保留时间的测定：注入 1 μl 含 B.4.1 所示被测物的标准溶液。记录被测物标准组分的保留时间。

B.6.2.3 定性检验样品中的组分：取 1 g 左右的样品用甲醇稀释至 10 ml 的容量瓶中，取 1 μl 注入色谱仪中，并从色谱图中确定是否存在被测物。

### B.6.3 校准

B.6.3.1 称取 4.1 中的化合物，精确至 0.1 mg，注入样品瓶内（B.3.9）。称取相近量的内标物（B.4.2）注入样品瓶，用水稀释混合物，在与测试试样相同的条件下注入色谱仪。

B.6.3.2 用式（B.1）计算苯酚的相对校正因子：

$$r=\frac{m_i\times A_{is}}{m_{is}\times A_i} \tag{B.1}$$

式中：$r$——苯酚的相对校正因子；

$m_{is}$——标准混合物中内标物的质量，g；

$m_i$——标准混合物中苯酚的质量，g；

$A_{is}$——内标物的峰面积；

$A_i$——苯酚的峰面积。

$r$ 值取二次结果的平均值，其相对偏差应小于 5%，保留三位有效数字。

### B.6.4 试样配制

称取 1 g 的试样（精确至 0.1 mg），以及与注入样品瓶中的被测物质量近似相同的内标物。使用适量的水稀释试样，密封试样瓶并混匀。

### B.6.5 苯酚含量的测定

B.6.5.1 校准时以最优化方式设置仪器参数。

B.6.5.2 将 1 μl 的试样注入气相色谱仪中，记录色谱图。测定苯酚、内标物的峰面积，然后按公式（B.2）计算喷墨墨水中所含的苯酚的质量：

$$w_i=\frac{r\times A_i\times m_{is}}{m_s\times A_{is}} \tag{B.2}$$

式中：$w_i$——1 g 产品中苯酚的质量，μg/g；

$r$——苯酚的相对校正因子；

$A_i$——苯酚的峰面积；

$A_{is}$——内标物的峰面积；

$m_{is}$——试样中内标物的质量，μg；

$m_s$——试样的质量，g。

测定结果取二次测定的平均值，其相对偏差应小于 5%，计算结果保留至十位。

# 附　录　C
（规范性附录）
# 喷墨墨水中重金属铬的测定

## C.1　仪器和设备

### C.1.1　仪器

5 ml 大肚移液管；

100 ml 高型玻璃烧杯；

10.0 ml 刻度移液管；

电热板；

50 ml、100 ml 容量瓶；

火焰原子吸收光谱仪；

铬空心阴极灯。

### C.1.2　试剂

硝酸（GB 626—78）、高氯酸（GB 623—77）、硫酸（GB 625—77）。

C.1.3　混酸：（硝酸+高氯酸+硫酸=3+1+1）。

C.1.4　硝酸溶液：1%（体积分数）。

C.1.5　标准物质：1 000 μg/ml 铬标准液。

C.1.6　标准储备液：50 μg/ml 铬标准储备液。

## C.2　测定步骤

### C.2.1　试验溶液的制备

称取 0.5 g 左右样品于 100 ml 高型玻璃烧杯中，精确至 0.000 1 g，加入混酸（硝酸+高氯酸+硫酸=3+1+1）10 ml 并放置在电热板上缓慢加热，待试样完成氧化后，逐渐升高电热板温度直至烧杯中的残余溶液少于 2 ml。冷却到室温后加入适量的水并将其转移至 50 ml 容量瓶中待测，如果烧杯中有不溶物应过滤。同时做空白试验。

### C.2.2　铬含量的测定及计算

#### C.2.2.1　标准曲线的绘制

标准参比溶液的配制：用刻度移液管将铬标准储备液按表 C.1 所示体积分别注入 5 个 100 ml 容量瓶中，然后用硝酸溶液分别稀释至刻度，摇匀。

表 C.1　铬标准参比溶液配比方法

| 标准参比溶液 | 铬的标准储备液的体积/ml | 参比液中铬的质量浓度/（μg/ml） |
|---|---|---|
| 0 | 0 | 0 |
| 1 | 2.0 | 1.0 |
| 2 | 4.0 | 2.0 |
| 3 | 6.0 | 3.0 |
| 4 | 8.0 | 4.0 |

将铬空心阴极灯安装在光谱仪上，将波长调至 357.9 nm 处，按仪器说明书调整仪器，使其处于测定铬的最佳条件。调节乙炔和空气流量并点燃火焰，使其在测量标准参比溶液时的吸光值处于最佳。分别使每个标准参比溶液以浓度上升的顺序通过抽吸进入火焰并读取其吸光值。

标准曲线：以标准参比溶液铬的浓度为横坐标，以相应的吸光值减去空白试验溶液的吸光值为纵坐标绘制曲线。

将试样溶液抽吸入火焰并读取其吸光值。若试验溶液的吸光值高于浓度最高的铬标准参比溶液的吸光值，可用硝酸溶液适当稀释该试样溶液（稀释因子 $F$）。

C.2.2.2　计算

喷墨墨水中铬的含量按式（C.1）计算：

$$\rho(\mathrm{Cr})=\frac{\rho-\rho_0}{S}\times V\times F \tag{C.1}$$

式中：$\rho(\mathrm{Cr})$——铬的含量，mg/kg；

$\rho_0$——空白试验溶液铬的质量浓度，μg/ml；

$\rho$——从标准曲线上查得的试验溶液铬的质量浓度，μg/ml；

$F$——稀释因子；

$S$——试样质量，g；

$V$——试样溶液的体积，ml。

计算结果保留至一位小数。

# 附 录 D
（规范性附录）
声明和清单

## 声 明

以下所填写的内容均由我公司填写，并经过认真核实。

我公司正式承诺，以下所有填写内容均真实、有效。我公司将承担所有因填写失实而引发的各种后果。

填 写 人：______________

法人代表：______________

（公司签章）

年 月 日

| 产品声明清单 | 是 | 否 |
|---|---|---|
| 产品所用化学物质的要求 | | |
| 着色剂的要求 | | |
| 产品所用的着色剂中不含硒（Se）、镍（Ni）、砷（As）、锑（Sb）等元素及其化合物（着色剂中相对分子质量超过 10 000 的镍络化合物除外） | | |
| 产品中未使用附录 A 表 A.2、表 A.3 中的着色剂 | | |
| 产品所用着色剂在还原条件下不能分解出附录 A 表 A.4 中所列的芳香胺 | | |
| 产品所用的溶剂中不含附录 A 表 A.1 中列出的乙二醇醚类物质 | | |
| 产品所用的溶剂中不含异佛尔酮 | | |
| 助剂的要求 | | |
| 产品所用的助剂中不含附录 A 表 A.1 中列出的邻苯二甲酸酯类物质 | | |
| 其他要求 | | |
| 产品原材料中不含对苯二酚 | | |
| 包装材料与设计的要求 | | |
| 产品的塑料包装容器不添加多溴联苯（PBB）、多溴联苯醚（PBDE）以及氯化石蜡（链形碳数 10～13，含有氯的浓度在 50%以上） | | |
| 产品的塑料包装容器不添加含铅、镉、汞的塑料添加剂 | | |
| 产品包装容器可回收再利用 | | |
| 安全技术说明书的要求 | | |
| 符合 GB 16483 的要求 | | |
| 安全技术说明书中向用户提供了泄漏和残余产品的处置建议 | | |
| 安全技术说明书中强调了产品存放必须远离儿童，并在外包装上标明 | | |

# 中华人民共和国环境保护部
# 公　告

2010 年　第 41 号

为贯彻《中华人民共和国环境保护法》，保护环境，促进技术进步，现批准《环境标志产品技术要求　箱包》等五项标准为国家环境保护标准，并予发布。标准名称、编号如下：

一、环境标志产品技术要求　箱包（HJ 569—2010）

二、环境标志产品技术要求　鼓粉盒（HJ 570—2010）

三、环境标志产品技术要求　人造板及其制品（HJ 571—2010）

四、环境标志产品技术要求　文具（HJ 572—2010）

五、环境标志产品技术要求　喷墨盒（HJ 573—2010）

以上标准自 2010 年 7 月 1 日起实施，由中国环境科学出版社出版，标准内容可在环境保护部网站（bz.mep.gov.cn）查询。

特此公告。

2010 年 5 月 4 日

# 中华人民共和国国家环境保护标准

HJ 569—2010

# 环境标志产品技术要求　箱包

**Technical requirement for environmental labeling products**

**—Cases and bags**

2010-05-04 发布　　2010-07-01 实施

环　境　保　护　部　发布

# 前　言

为贯彻《中华人民共和国环境保护法》，减少箱包在生产和使用过程中对环境和人体健康的影响，制定本标准。

本标准对箱包产品（面料中有害物质限量、与人体皮肤接触的五金件、气味等级）、生产过程、箱包生产的包装、储运阶段的禁用物质等提出了要求。

本标准适用于中国环境标志产品认证。

本标准由环境保护部科技标准司组织制订。

本标准主要起草单位：环境保护部环境发展中心、中国皮革和制鞋工业研究院、深圳市计量质量检测研究院、新秀集团有限公司、达派（中国）箱包有限公司、广州狮岭皮革皮具产业研究中心有限公司、广州市斐高箱包有限公司、广州市花都恩博士皮革皮具设计研究所、广州汇顺展手袋有限公司、广州奥王达皮具有限公司、广州大西王拉链实业有限公司。

本标准环境保护部 2010 年 5 月 4 日批准。

本标准自 2010 年 7 月 1 日起实施。

本标准由环境保护部解释。

# 环境标志产品技术要求　箱包

## 1　适用范围

本标准规定了箱包环境标志产品的术语和定义、基本要求、技术内容和检验方法。

本标准适用于由纺织面料、皮革、聚氨酯合成革等材料制成的箱包。

## 2　规范性引用文件

本标准内容引用了下列文件中的条款。凡是不注日期的引用文件，其有效版本适用于本标准。

GB 6675—2003　国家玩具安全技术规范

GB 21550—2008　聚氯乙烯人造革有害物质限量

GB/T 22866—2008　皮革五金配件　镍释放量的测定

GB/T 22931—2008　皮革和毛皮　化学试验　增塑剂的测定

HJ 507—2009　环境标志产品技术要求　皮革和合成革

HJ/T 220　环境标志产品技术要求　胶黏剂

HJ/T 307　环境标志产品技术要求　生态纺织品

## 3　术语和定义

下列术语和定义适用于本标准。

**箱包　cases and bags**

由纺织面料、皮革、聚氨酯合成革等材料制成的，用于盛装物品和便于携带的各种容器。

## 4　基本要求

4.1　产品质量应符合相应产品质量标准的要求。

4.2　产品生产企业污染物排放应符合国家或地方规定的污染物排放标准的要求。

4.3　产品生产企业在生产过程中应加强清洁生产工作。

## 5　技术内容

### 5.1　产品要求

5.1.1　面料要求

5.1.1.1　纺织面料中有害物质限量应符合 HJ/T 307 的要求，且不得含有富马酸二甲酯（DMFu）和短链氯化石蜡（$C_{10}$～$C_{13}$）。

5.1.1.2　皮革、合成革中有害物质限量应符合 HJ 507—2009 的要求。

5.1.1.3　聚氯乙烯（PVC）面料中有害物质限量应满足表 1 的要求。

表 1　PVC 面料中有害物质限量

| 项目 | | 限量 |
|---|---|---|
| 可萃取的重金属 | 铅（Pb）/（mg/kg） | ≤90 |
| | 镉（Cd）/（mg/kg） | ≤75 |
| 增塑剂（见附录 A） | 邻苯二甲酸二（2-乙基己基）酯（DEHP），邻苯二甲酸丁基苄基酯（BBP）、邻苯二甲酸二丁酯（DBP）总量 | ≤0.1% |
| | 邻苯二甲酸二异壬酯（DINP）、邻苯二甲酸二正辛酯（DNOP）、邻苯二甲酸二异癸酯（DIDP）总量 | ≤0.1% |
| 残留氯乙烯单体/（mg/kg） | | ≤5 |

5.1.2　与人体皮肤接触的五金件要求

与人体皮肤接触的五金件的镍（Ni）释放量不得超过 0.5 μg/（$cm^2$·周）。

5.1.3　气味

产品的气味等级不得大于 HJ 507—2009 标准附录 E 中表 E.1 规定的 3 级。

### 5.2　生产过程的要求

5.2.1　不得使用氟氯化碳（CFCs）、氢氟氯化碳（HCFCs）、四氯化碳（$CCl_4$）和三氯乙烷（$CH_3CCl_3$）作清洗剂。

5.2.2　胶黏剂应符合 HJ/T 220 的要求。

5.2.3　油墨中可迁移的重金属限量（以干基计）应满足表 2 的要求。

表 2　油墨中可迁移的重金属限量（以干基计）　　单位：mg/kg

| 项目 | 限量 |
|---|---|
| 铅（Pb）、镉（Cd）、铬（$Cr^{6+}$）、汞（Hg）总量 | ≤100 |
| 铅（Pb） | ≤90 |
| 镉（Cd） | ≤75 |
| 铬（$Cr^{6+}$） | ≤60 |
| 汞（Hg） | ≤60 |

### 5.3　包装、储运要求

包装、储运过程中不得使用富马酸二甲酯（DMFu）、四氯苯酚（TCP）和五氯苯酚（PCP）。

## 6　检验方法

6.1　技术内容 5.1.1.1 的检测按照 HJ/T 307 规定的方法进行。

6.2　技术内容 5.1.1.2 的检测按照 HJ 507—2009 规定的方法进行。

6.3　技术内容 5.1.1.3 中可萃取的重金属、残留氯乙烯单体限量的检测按照 GB 21550—2008 规定的方法进行。

6.4　技术内容 5.1.1.3 中增塑剂限量的检测按照 GB/T 22931—2008 规定的方法进行。

6.5　技术内容 5.1.2 的检测按照 GB/T 22866—2008 规定的方法进行。

6.6　技术内容 5.1.3 的检测按照 HJ 507—2009 中附录 E 规定的方法进行，试样准备按以下步骤进行。

样品开封后，立即从箱包上截取（150±5）$cm^3$ 的面料样品，其尺寸应根据样品厚度进行换算，如 1.0 mm 厚度的样品，尺寸应约为 39 cm×39 cm。

包覆类面料应作为一种整体面料进行测试。

6.7 技术内容 5.2.2 中胶黏剂的检测按照 HJ/T 220 规定的方法进行。

6.8 技术内容 5.2.3 中油墨中可迁移的重金属限量的检测按照 GB 6675—2003 中附录 C 规定的方法进行。

6.9 技术内容中其他指标通过文件审查结合现场检查的方式验证。

# 附 录 A
（规范性附录）
邻苯二甲酸酯

| 中文名称 | 英文名称 | 缩写 | CA 登录号 |
|---|---|---|---|
| 邻苯二甲酸二异壬酯 | Di-iso-nonylphthalate | DINP | 28553-12-0 |
| 邻苯二甲酸二正辛酯 | Di-n-octylphthalate | DNOP | 117-84-0 |
| 邻苯二甲酸二（2-乙基己基）酯 | Di-（2-ethylhexy）-phthalate | DEHP | 117-81-7 |
| 邻苯二甲酸二异癸酯 | Di-isodecylphthalate | DIDP | 26761-40-0 |
| 邻苯二甲酸丁基苄基酯 | Butylbenzylphthalate | BBP | 85-68-7 |
| 邻苯二甲酸二丁酯 | Dibutylphthalate | DBP | 84-74-2 |

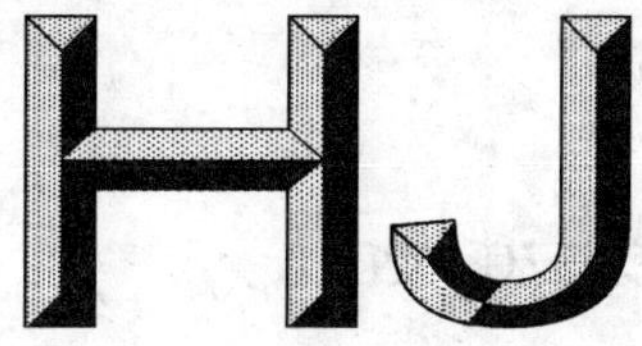

# 中华人民共和国国家环境保护标准

HJ 570—2010

# 环境标志产品技术要求　鼓粉盒

**Technical requirement for environmental labeling products**
**—Toner cartridge**

2010-05-04 发布　　2010-07-01 实施

环　境　保　护　部　发布

# 前　言

为贯彻《中华人民共和国环境保护法》和《中华人民共和国循环经济促进法》，减少鼓粉盒在生产、使用和处置过程中对人体健康和环境的影响，促进环保产品的使用，制定本标准。

本标准对鼓粉盒中有毒有害物质及环境设计、回收与再利用和公开信息提出了要求。

本标准参照日本环境协会环境标志事务局“生态标志种类 No.132”《鼓粉盒 Version1.5 2008》标准制订。

本标准适用于中国环境标志产品认证。

本标准由环境保护部科技标准司组织制订。

本标准主要起草单位：环境保护部环境发展中心、国家办公设备及耗材质量监督检验中心、佳能（中国）有限公司、中国惠普有限公司、瑞士利盟国际技术股份有限公司、株式会社理光、珠海天威飞马打印耗材有限公司、珠海纳思达企业管理有限公司、兄弟（中国）商业有限公司、爱普生（中国）有限公司、富士施乐（中国）有限公司、日冲商业（北京）有限公司、柯尼卡美能达商用科技（无锡）有限公司、夏普办公设备（常熟）有限公司。

本标准环境保护部 2010 年 5 月 4 日批准。

本标准自 2010 年 7 月 1 日起实施。

本标准由环境保护部解释。

# 环境标志产品技术要求　鼓粉盒

## 1　适用范围

本标准规定了鼓粉盒类环境标志产品的术语和定义、基本要求、技术内容和检验方法。

本标准适用于电子成像方式的打印设备所使用的，由新零件，或新零件和再使用零件全新制造的鼓粉盒。

本标准不适用于打印媒体介质尺寸规格为 A2（594 mm×420 mm）以上（含 A2）的打印设备以及打印速度大于 70（页/min）打印设备所使用的鼓粉盒。

## 2　规范性引用文件

本标准内容引用了下列文件中的条款。凡是不注日期的引用文件，其有效版本适用于本标准。

GB 18455　包装回收标志

GB/T 16288　塑料制品的标志

GB/T 16483　化学品安全技术说明书　内容和项目顺序

GB/T 20861—2007　废弃产品回收利用术语

HJ/T 424—2008　环境标志产品技术要求　数字式多功能复印设备

SJ/T 11363　电子信息产品中有毒有害物质的限量要求

## 3　术语和定义

下列术语和定义适用于本标准。

3.1

**鼓粉盒 toner cartridge**

电子成像方式的打印机、复印机、传真机及多功能一体机等产品上所使用，由装填墨粉的粉仓或加上光导鼓、显像单元组成的产品。

3.2

**再使用 reuse**

废弃产品或其中的元器件、零部件继续使用或经清理、维修后继续用于原来用途的行为。（GB/T 20861—2007）

3.3

**再生利用 recycling**

对废弃产品进行处理，使之能够作为原材料重新利用的过程，但不包括对能量的回收和再利用。（GB/T 20861—2007）

3.4

**可回收利用率 recoverability rate**

新产品中能够被回收利用部分（包括再使用部分、再生利用部分和能量回收部分）的质量之和占新产品质量的百分比。（GB/T 20861—2007）

3.5

**聚合物 polymer**

由一种或数种单一的化合物单体，经由聚合反应，通过共价键重复连接而成的化合物。

3.6

**共聚合物 co-polymer**

由两种或两种以上不同单体经聚合反应而得的聚合物。

3.7

**共混聚合物 polymer blend**

两种或两种以上分子结构不同的聚合物的物理混合物。

## 4 基本要求

4.1 产品质量应符合相应产品质量标准的要求。

4.2 产品生产企业污染物排放应符合国家或地方规定的污染物排放标准的要求。

4.3 产品生产企业在生产过程中应加强清洁生产工作。

## 5 技术内容

### 5.1 产品环境设计要求

5.1.1 产品设计时，所采用的部件、结构和功能不得妨碍产品再使用。

5.1.2 产品的不同材料（部件）之间应使用容易拆装的机械式连接，不得存在不可拆卸的连接。

5.1.3 产品外壳不得采用涂敷和复合结构材料。

5.1.4 产品可供更换的和固定的部件间，应留下插入工具的足够的空间。

5.1.5 产品的可回收利用率应达到95%以上（质量分数，且应去除墨粉的质量）。

5.1.6 产品中不得使用聚溴联苯（PBB）、聚溴联苯醚（PBDE）或氯代烷烃（专指链状碳量在10～13，含氯量50%以上的烷烃化合物）。

5.1.7 有采用可再使用部件的设计要求。

5.1.8 对于不易剥离的部件应使用与粘贴部位相同的材质，或不影响回收利用的材料。

### 5.2 塑料部件要求

5.2.1 产品外壳不得使用含氯塑料。

5.2.2 产品外壳中使用的聚合物、共聚合物或者聚合混合物的种类不得超过4种，且易于分解。

5.2.3 塑料部件中铅（Pb）、镉（Cd）、汞（Hg）、六价铬（$Cr^{6+}$）的含量应符合SJ/T 11363的要求。

5.2.4 质量超过25 g，且平面表面积超过200 $mm^2$的塑料零部件上的标志应满足GB/T 16288的要求。

### 5.3 墨粉要求

5.3.1 墨粉中汞（Hg）、镉（Cd）、铅（Pb）、六价铬（$Cr^{6+}$）的含量应符合 SJ/T 11363 的要求。除作为着色剂的大分子镍（Ni）化合物外，不得人为添加镍及其化合物。

5.3.2 墨粉中不得含有能分解出附录A中致癌芳香胺的偶氮染料。

5.3.3 墨粉的污染物致突变性检测试验（Ames 试验）结果应为阴性。

5.3.4 墨粉中使用的化学物料应提供符合 GB/T 16483 要求的安全数据表（MSDS）。

5.3.5 光导鼓要求。光导鼓材料中不得人为添加铅（Pb）、镉（Cd）、汞（Hg）及其化合物。

### 5.4 有害物质排放要求

产品在工作状态时排放的有害物质应符合表 1 的规定。

表 1 有害物质排放限量

单位：mg/h

| 项目 | 彩色 | 单色 |
|---|---|---|
| 总挥发性有机化合物（TVOC） | ≤18 | ≤10 |
| 苯乙烯 | ≤1.8 | ≤1.0 |
| 粉尘 | ≤4.0 | ≤4.0 |
| 注：测试所使用的机型，应与产品所标注的适用机型相一致。 | | |

### 5.5 回收与处理

5.5.1 企业应建立产品回收系统，用于回收自己生产的产品，并明确告知用户回收途径。

5.5.2 企业应建立对回收产品的处理处置措施，保证回收产品得到最大限度地再使用或再生利用。

### 5.6 包装材料

5.6.1 铅（Pb）、汞（Hg）、镉（Cd）和六价铬（$Cr^{6+}$）的总量不得大于 100 mg/kg。

5.6.2 不得使用氟氯化碳（CFCs）、氢氟氯化碳（HCFCs）作为发泡剂。

5.6.3 塑料包装材料上的标志应符合 GB/T 16288 的要求。

### 5.7 生产过程要求

产品在生产过程中不得使用氟氯化碳（CFCs）、四氯化碳（$CCl_4$）、1,1,1-三氯乙烷（$C_2H_3Cl_3$）和氢氟氯化碳（HCFCs）作为清洁剂。

### 5.8 公开信息要求

产品说明中应包括以下信息：

（1）商品名称；

（2）公司名称（或公司产品品牌名称）；

（3）联系方式；

（4）产品回收相关信息；

（5）产品使用方法，产品及其中残留墨粉的处置建议；

（6）产品不能被强制性打开，由于操作不当造成墨粉的泄漏时应防止吸入和与皮肤的接触，以及当吸入和皮肤接触墨粉的意外发生时如何应对；

（7）产品存放远离儿童。

## 6 检验方法

6.1 技术内容 5.5 的检测按 HJ/T 424—2008 规定的方法进行，对于彩色产品的检测结果如低于单色产品的指标可不再进行单色测试。

6.2 技术内容中其他要求应通过文件审查结合现场检查的方式来验证，并由企业出具相关的证明材料和声明，按要求填写附录 B 和附录 C。

# 附 录 A
（规范性附录）
致癌芳香胺

| 中文名称 | 英文名称 | CS 登录号 |
| --- | --- | --- |
| 4-氨基联苯 | 4-Aminodiphenyl | 92-67-1 |
| 联苯胺 | Benzidine | 92-87-5 |
| 4-氯邻甲苯胺 | 4-Chloro-*o*-Toluidine | 95-69-2 |
| 2-萘胺 | 2-Naphthylamine | 91-59-8 |
| 邻氨基偶氮甲苯 | *o*-Amino-azotoluene | 97-56-3 |
| 2-氨基-4-硝基甲苯 | 2-Amino-4-Nitrotoluene | 99-55-8 |
| 4-氯苯胺 | *p*-Chloroaniline | 106-47-8 |
| 2,4-二氨基苯甲醚 | 2,4-Diaminoanisole | 615-05-4 |
| 4,4'-二氨基二苯甲烷 | 4,4'-Diaminodiphenylmethane | 101-77-9 |
| 3,3'-二氯联苯胺 | 3,3'-Dichlorobenzidine | 91-94-1 |
| 3,3'-二甲氧基联苯胺 | 3,3'-Dimethoxybenzidine | 119-90-4 |
| 3,3'-二甲基联苯胺 | 3,3'-Dimethylbenzidine | 119-93-7 |
| 4,4'-二氨基-3,3'-二甲基二苯甲烷 | 3,3'-Dimethyl-4,4'-Diaminodipheylmethane | 838-88-0 |
| 2-甲氧基-5-甲基苯胺 | *p*-Cresidine | 120-71-8 |
| 4,4'-二氨基-3,3'-二氯二苯甲烷 | 4,4'-Methylene bis-（2-Chloroaniline） | 101-14-4 |
| 4,4'-二氨基联苯醚 | 4,4'-Oxydianiline | 101-80-4 |
| 4,4'-二氨基二苯硫醚 | 4,4'-Thiodianiline | 139-65-1 |
| 邻甲苯胺（2-甲基苯胺） | *o*-Toluidine | 95-53-4 |
| 2,4-二氨基甲苯 | 2,4-Diaminotoluene | 95-80-7 |
| 2,4,5-三甲基苯胺 | 2,4,5-Trimethylaniline | 137-17-7 |
| 甲氧基苯胺 | Anisidine | 90-04-0 |
| 4-氨基偶氮苯 | 4-Amino-azo-benzen | 60-09-3 |

# 附 录 B
（规范性附录）
企业声明和清单

## 声 明

以下所填写的内容均由我公司填写，并经过认真核实。

我公司正式承诺，以下所有填写内容均真实、有效。我公司将承担所有因填写失实而引发的各种后果。

填写人：____________

法人代表：____________

（公司签章）
年 月 日

## 清 单

| 内容 | 是 | 否 |
| --- | --- | --- |
| **产品环境设计要求** | | |
| 产品在设计时，没有采用妨碍产品再使用的部件，结构以及功能如产品的芯片功能等方面 | | |
| 在不同材料（部件）之间使用了容易拆装的机械式连接。没有存在不可拆卸的连接（例如，黏结或焊接） | | |
| 没有采用涂敷和复合结构材料 | | |
| 在可供更换的和固定的部件间，有足够的空间插入工具 | | |
| 产品可回收利用率达到了95%以上（质量分数，且应去除墨粉的质量） | | |
| 产品中没有使用聚溴联苯（PBB）、聚溴联苯醚（PBDE）或氯代烷烃 | | |
| 有采用可再使用部件的设计要求 | | |
| 对于不易剥离的部件使用了与粘贴部位相同的材质，或者是不影响回收利用的材料 | | |
| **塑料部件要求** | | |
| 产品外壳没有使用含氯塑料 | | |
| 产品外壳中使用的聚合物、共聚合物或者聚合混合物的种类没有超过4种，且易于分解 | | |
| 塑料部件中铅（Pb）、镉（Cd）、汞（Hg）、六价铬（$Cr^{6+}$）的含量符合SJ/T 11363中所规定的要求 | | |
| **墨粉材料要求** | | |
| 墨粉中铅（Pb）、镉（Cd）、汞（Hg）、六价铬（$Cr^{6+}$）的含量符合 SJ/T 11363 所规定的要求。没有人为添加镍（Ni）及其化合物（作为着色剂的大分子镍化合物除外） | | |
| 墨粉中没有使用能分解出附录A中致癌芳香胺的偶氮染料 | | |
| 墨粉的污染物致突变性检测试验（Ames试验）结果为阴性 | | |
| 墨粉物料安全数据表（MSDS），是符合GB/T 16483格式的 | | |
| **光导鼓要求** | | |
| 光导鼓材料中没有人为添加使用铅（Pb）、镉（Cd）、汞（Hg）及其化合物作为成分 | | |
| **回收与处理** | | |
| 企业建立了产品使用后的回收系统 | | |
| 建立了回收产品的处理处置措施，能保证回收产品得到最大限度地再使用或再生利用 | | |
| **包装材料** | | |
| 铅（Pb）、汞（Hg）、镉（Cd）和六价铬（$Cr^{6+}$）的总含量不大于100 mg/kg | | |
| 发泡剂没有使用氟氯化碳（CFCs）、氢氟氯化碳（HCFCs） | | |
| 塑料包装材料上的标志符合GB/T 16288的要求 | | |
| **生产过程要求** | | |
| 产品在生产过程中没有使用氟氯化碳（CFCs）、四氯化碳（$CCl_4$）、1,1,1-三氯乙烷（$C_2H_3Cl_3$）和氢氟氯化碳（HCFCs）作为清洁剂 | | |
| **公开信息要求**（产品说明中包括以下信息） | | |
| 商品名称 | | |
| 公司名称（或公司产品品牌名称） | | |
| 联系方式 | | |
| 产品回收相关信息 | | |
| 产品使用方法，产品及其中残留墨粉的处置建议 | | |
| 产品不能被强制性打开，由于操作不当造成墨粉的泄漏时应防止吸入和与皮肤接触，以及当吸入和皮肤接触墨粉的意外发生时如何应对 | | |
| 产品存放远离儿童 | | |

# 附　录　C
（规范性附录）
# 产品材质清单

产品型号______________________：

| 部件名称 | 材质 | 质量/g | 是否可回收利用 |
| --- | --- | --- | --- |
| | | | |
| | | | |
| | | | |
| | | | |
| | | | |
| | | | |
| | | | |
| | | | |
| | | | |
| | | | |
| | | | |
| | | | |
| | | | |
| | | | |
| | | | |
| | | | |
| | | | |
| | | | |
| | | | |
| | | | |
| 合计 | | | |
| 可回收利用零部件的质量分数/% | | | |

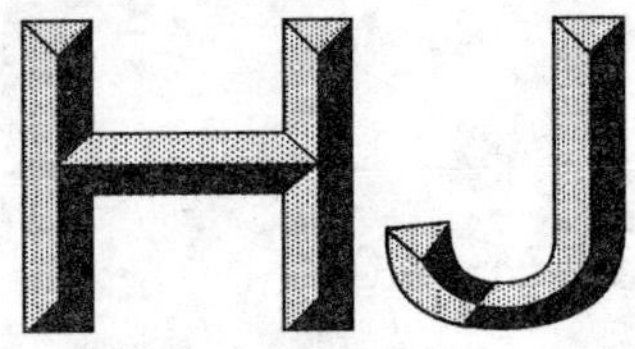

# 中华人民共和国国家环境保护标准

HJ 571—2010

代替 HBC 17—2003

# 环境标志产品技术要求 人造板及其制品

**Technical requirement for environmental labeling products**

**—Wood based panels and finishing products**

2010-05-04 发布 2010-07-01 实施

环 境 保 护 部 发布

# 前　言

为贯彻《中华人民共和国环境保护法》，减少人造板及其制品在生产和使用过程中对环境和人体健康的影响，保护环境，制定本标准。

本标准对人造板及其制品所用原材料、木材处理时的禁用物质、胶粘剂、涂料、总挥发性有机化合物（TVOC）释放率、甲醛释放量提出了要求。

本标准对《环境标志产品认证技术要求　人造板及其制品》（HBC 17—2003）进行了修订，主要变化如下：

——增加了原料来源和处理的要求；

——对产品的要求中增加了总挥发性有机化合物（TVOC）的要求、加严了甲醛释放量的要求；

——修改了涂料的要求，部分允许使用符合标准要求的水性涂料和溶剂型木器涂料。

自本标准实施之日起，《环境标志产品认证技术要求　人造板及其制品》（HBC 17—2003）废止。

本标准适用于中国环境标志产品认证。

本标准由环境保护部科技标准司组织制订。

本标准主要起草单位：环境保护部环境发展中心、深圳市计量质量检测研究院。

本标准环境保护部 2010 年 5 月 4 日批准。

本标准自 2010 年 7 月 1 日起实施。

本标准由环境保护部解释。

本标准所代替标准的历次版本发布情况为：

——HJBZ 37—1999、HBC 17—2003。

# 环境标志产品技术要求　人造板及其制品

## 1　适用范围

本标准规定了人造板及其制品类环境标志产品的术语和定义、基本要求、技术内容和检验方法。

本标准适用于人造板、地板、墙板等产品。

## 2　规范性引用文件

本标准内容引用了下列文件中的条款。凡是不注日期的引用文件，其有效版本适用于本标准。

GB 18580—2001　室内装饰装修材料　人造板及其制品中甲醛释放限量

GB/T 18883—2002　室内空气质量标准

HJ/T 201　环境标志产品技术要求　水性涂料

HJ/T 220　环境标志产品技术要求　胶粘剂

HJ/T 414　环境标志产品技术要求　室内装饰装修用溶剂型木器涂料

濒危野生动植物种国际贸易公约（CITES）

## 3　术语和定义

下列术语和定义适用于本标准。

3.1

**人造板及其制品　wood based panels and finishing products**

以木材或非木材植物纤维材料为主要原料，加工成各种材料单元，施加（或不施加）胶粘剂和其他添加剂，组坯胶合而成的板材或成型制品，主要包括胶合板、刨花板、纤维板及其表面装饰板等产品。

3.2

**总挥发性有机化合物　total volatile organic compounds，TVOC**

利用 Tenax GC 或 Tenax TA 采样，非极性色谱柱（极性指数小于 10）进行分析，保留时间在正己烷和正十六烷之间的挥发性有机化合物。（GB/T 18883—2002）

## 4　基本要求

4.1　产品质量应符合相应产品质量标准的要求。

4.2　产品生产企业污染物排放应符合国家或地方规定的污染物排放标准。

4.3　产品生产企业在生产过程中应加强清洁生产工作。

## 5 技术内容

### 5.1 对原料来源和处理的要求

5.1.1 木材原料应符合濒危野生动植物种国际贸易公约（CITES）的要求。

5.1.2 进口木材原料应来自于可持续森林；国产木材原料的来源应符合我国林业法律法规的规定。

5.1.3 木材或其他非木材植物原料处理过程不得使用有机卤化物、煤焦油、杂酚油、有机锡化合物、铬和砷化合物。

### 5.2 对胶粘剂和涂料的要求

5.2.1 产品所用的胶粘剂应符合 HJ/T 220 的相关要求。

5.2.2 地板产品所使用的涂料应为紫外光固化涂料。

5.2.3 除地板外其他产品所使用的涂料中，水性涂料应符合 HJ/T 201 的相关要求，溶剂型涂料应符合 HJ/T 414 的相关要求。

### 5.3 对产品的要求

5.3.1 产品总挥发性有机化合物（TVOC）的释放率不得超过 0.50 mg/（$m^2$ • h）（72 h）。

5.3.2 纤维板、刨花板、胶合板、细木工板、单板饰面板等产品中甲醛释放量不得超过 0.12 $mg/m^3$；浸渍纸层压木质地板、浸渍胶膜纸饰面板、实木复合地板等产品中甲醛释放量不得超过 0.08 $mg/m^3$。

## 6 检验方法

6.1 技术内容 5.2.1 中胶粘剂的检测按照 HJ/T 220 规定的方法进行。

6.2 技术内容 5.2.3 中水性涂料的检测按照 HJ/T 201 规定的方法进行。

6.3 技术内容 5.2.3 中溶剂型涂料的检测按照 HJ/T 414 规定的方法进行。

6.4 技术内容 5.3.1 中总挥发性有机化合物（TVOC）的检测按照附录 A 规定的方法进行。

6.5 技术内容 5.3.2 中甲醛释放量的检测按照 GB 18580—2001 中的气候箱法进行。

6.6 技术内容中其他指标通过文件审查结合现场检查的方式来验证。

# 附 录 A
（规范性附录）
# 人造板及其制品中总挥发性有机化合物（TVOC）释放率的测定 气候箱测试法

## A.1 范围

本附录规定了一种在气候箱特定环境条件下，测定人造板及其制品中总挥发性有机化合物（TVOC）释放率的试验方法。

本附录适用于人造板及其制品中总挥发性有机化合物（TVOC）释放率的测定。

## A.2 方法原理

将 1 $m^2$ 表面积的样品放入温度、相对湿度、空气流速和空气置换率控制在规定条件的气候箱内。挥发性有机化合物（VOC）从样品中释放出来，与箱内空气混合，采集箱内空气，测试空气中 VOC 浓度，计算各 VOC 总和得到样品的 TVOC 释放率。

## A.3 设备与试剂

### A.3.1 气候箱

A.3.1.1 气候箱容积

本标准所用气候箱容积为 1 $m^3$。

A.3.1.2 气候箱材料

气候箱内壁、管道及与试验有关的各种装置应采用具有低散发、低吸收性的材料制造，对 VOC 的惰性尽可能大，尽量不吸收 VOC。箱内壁应具有光滑表面，试验前可以用水洗进行有效清洁。

A.3.1.3 气候箱的气密性

为避免周围空气侵入箱体内，导致空气交换失控，所有结合部位，除了放进及取出试件的门的接缝，其他的接缝都密封（门具有自密性）。气候箱应在轻微过压条件下运行。

至少满足下列条件之一，可认为气候箱具备了足够的气密性：

——空气泄漏量小于 $10^{-2}$×舱容积/min；

——空气进、出口的气流差小于 2%；

——进给空气的泄漏量小于 2%。

A.3.1.4 空气循环装置

试验舱内应安装满足下列要求的设施（例如风扇）：

——加强舱内空气混合；

——试件表面附近的空气流速应在 0.1～0.3 m/s。至少在一个位置测量气候箱内的空气流速，这一点通常为试样的中心以上在距离试样的外露表面 10 mm 的位置。

注：热金属丝或热膜风速表，经校准范围为 0.0～0.5 m/s 时，适用于空气速率测定。

A.3.1.5 空气交换装置

气候箱内应安装能够连续调节和控制空气置换率的装置（例如电子流量控制器），保证空气置换率维持在（1.0±0.05）$h^{-1}$。

应每隔 12 个月检查一次空气置换率。

A.3.1.6 清洁空气供给装置

清洁空气的供给装置，应提供满足下列条件的清洁空气：进入气候箱的空气中的 VOC 含量应小于气候箱的背景质量浓度要求。背景质量浓度应足够低，确保不干预释放量的检出限度，TVOC 的背景质量浓度应低于 20 $\mu g/m^3$，任何单一目标挥发性有机化合物（VOC）的背景质量浓度应低于 2 $\mu g/m^3$。用于加湿的水不得含有干扰的挥发性有机化合物。

A.3.1.7 温度及相对湿度控制装置

试验期间，应保持气候箱内的温度和相对湿度在下列范围内：

温度：（23±0.5）℃，相对湿度：（45±3）%。

温度的控制，可以将气候箱放置在温度一定的环境中，然后观察气候箱内的温度变化，或者使气候箱的温度维持在某一温度，观察温度变化。如果是后一种情况，则气候箱的内壁上应避免出现凝结水。

相对湿度的控制，可以通过气候箱外部的各种清洁空气供应的湿度控制系统或气候箱内部的空气湿度控制来实现。在后一种情况下，应采取预防措施以避免气候箱内发生水汽冷凝或水雾现象。

应连续或频繁地监测空气控制系统的温度和相对湿度，传感器应放在气候箱内有代表性的位置。

### A.3.2 空气采样器

恒流气体采样器，流量范围包括 0.02～1 L/min，流量稳定。使用时用皂膜流量计校准采样系统在采样前和采样后的流量，流量误差应小于 5%。

### A.3.3 气相色谱仪

配备氢火焰离子化检测器或质量检测器，1 ng 甲苯的信噪比应不低于 5∶1。配用色谱柱为非极性（极性指数小于 10）石英毛细管柱，例如，二甲基硅氧烷毛细管柱，长 30～60 m，内径 0.25～0.32 mm，管壁膜厚 0.25～0.33 μm。

### A.3.4 热解吸仪

能对吸附管进行二级热解吸，并将解吸气用惰性气体载入气相色谱仪。解吸温度、时间和载气流速是可调的。冷阱可将解吸样品进行浓缩。

### A.3.5 吸附管

采用内壁抛光的不锈钢管或玻璃管，管的大小与热脱附仪相匹配。吸附管的采样入口一端应有标记，吸附管预先装填有 200～1 000 mg 的 Tenax TA 吸附剂。

A.3.5.1 吸附管的处理

每次取样之前，在温度 300℃、载气流速 50～100 ml/min 的条件下处理吸附管 10 min，以除去吸附管中可能存有的痕量有机物。处理后需用常规分析方法对一定数量的吸附管进行分析，确保相对小的热解析空白。处理后的峰面积不大于待测化合物的典型峰面积的 10%即可。不满足此条件，需再次对吸附管进行处理，重复处理仍不能满足要求的吸附管，则重新装填。

A.3.5.2 处理后取样前吸附管的储存

应使用密封帽将吸附管管口封闭，并用锡纸或铝箔将管包严，储存于室温下密封容器内，并于 4 周内使用，超过 4 周未用需重新处理。

### A.3.6 注射器

10 μl 液体注射器；10 μl 气体注射器；1 ml 气体注射器。

### A.3.7 气相色谱校准用挥发性有机化合物

A.3.7.1 标准气体：通过确定的方法准备待测已知浓度化合物的标准气体，建议标准气体各化合物的浓度约为 100 $\mu g/m^3$。
A.3.7.2 液体标准物质：各待测溶剂为色谱纯，不受与待测化合物共同流出的化合物的影响。
A.3.7.3 校准混合溶液：采用 A.3.7.2 的液体标准物质自行配制，也可以购买有证混合液体标准。

### A.3.8 液体标准系列制备的注射装置

常规气相色谱进样口，可以在线使用也可以独立装配，保留进样口载气连线，进样口下端可与吸附管相连。

## A.4 取样及前处理

### A.4.1 抽样

样品应当从生产企业近期生产合格的产品中抽取。对于胶合板等大规格产品，抽样后要从产品周边去掉 50 cm 后再取样，作为检测样品；对于地板等直接使用的终端产品，可以直接抽取。取样的面积大小根据样品的承载率，本标准样品承载率为 1 $m^2/m^3$。有榫舌的突出部分应当去除后再处理。测试面积对于刨花板、胶合板等原料产品以及经涂饰、贴面后直接使用的双饰面产品为双面计算；对于经涂饰、贴面后直接使用的单饰面产品按单面计算；对于样品测试表面是由几片组成，如地板类产品，要从包装袋中部取出样板，不用粘合剂将产品拼在一起后再按单饰面处理。单饰面样品处埋时可以把测试样品背对背处理，也可以将不参与计算的面积用上述办法封闭处理。

样品抽好后应按 A.4.2 规定包裹在铝箔中，放在未印刷的不透气的聚乙烯袋密封中，每个袋中放一个，对于地板类产品可以使用原包装。从抽样到包装不应超过 1 h，样品包装后应尽快送到测试实验室，耽搁时间尽可能短。

### A.4.2 样品包装及运输

样品应避免遭受化学污染或任何物理性接触，如热，光或潮湿。对于人造板产品来说，通常会通过给每个样品单独包装在铝箔和聚乙烯袋中，或者用外面为聚乙烯里面用铝皮袋连接起来的双层袋子，或其他干净的不影响 VOC 测试的惰性包装材料替代。

注：收集的样品在运输过程中会影响样品的释放量，尤其要关注温度和湿度产生影响的可能性。

### A.4.3 样品的储存

测试前，样品应于正常室内条件下储存在测试实验室，并保存在包装袋中。在样品测试准备之前应尽量减少储存时间。

### A.4.4 测试样本准备

打开包装和测试准备之间的时间段应尽可能短。完成样本开封后，应立即测试，或者在测试条件下储存，这段时间可被视为释放测试开始时间。样品四边应采用熔点为 65℃的石蜡或不含 VOC 释放物的铝胶带封闭，以露出测试表面。

## A.5 测试步骤

### A.5.1 气候箱的准备

测试前气候箱应清洁干净，以满足 A.3.1 的要求。可以用碱性清洁剂清洗气候箱的内表面，然后用清洁的蒸馏水擦拭气候箱两次，然后烘干。气候箱也可以通过热脱附进行清洁。

调整气候箱及其装置，满足在试验全过程中，气候箱内保持下列条件：

温度：（23±0.5）℃；

相对湿度：（45±3）%；

承载率：（1.00±0.02）$m^2/m^3$；

空气置换率：（1.00±0.05）$h^{-1}$；

试样表面空气流速：0.1～0.3 m/s。

### A.5.2 背景质量浓度的测定

在每次进行新的测试之前，都要对气候箱空气进行空气采样分析，以便保证气候箱内的背景 VOC 不影响试验。背景质量浓度的测试应在试验条件建立 1 h 内进行。

### A.5.3 试样放置

气候箱达到 A.5.1 的试验条件后，在气候箱中放置试样，为确保空气在试样表面的流通是均匀分布的，试样应放在气候箱的中心位置沿着气流方向摆放。

### A.5.4 空气采样

组装好采样管，在开始测试之后的第（72±2）h 进行空气采样，使用校准器测量采样流速，开启抽样泵，观察并记录流速，合适流速范围是 100～200 ml/min，采样流速应低于箱内气体流速的 80%，将吸附管连接到气候箱出气口或采样口，并记录连接时间、箱内温度、气体压力、采样流速，采样时间 30 min，采样结束，取下吸附管后，记录取下时间、采样流速。关闭抽样泵，从采样管上取下吸附管，使用密封帽将吸附管管口封闭，并用锡纸或铝箔将管包严。

注：VOC 的背景质量浓度应足以得到控制，以避免污染试验样品。为使试样的污染达到最小，可以使用通风良好的架子或贮存柜。

### A.5.5 测定

#### A.5.5.1 样品的解析和浓缩

将吸附管安装在热解析仪上，气流方向与采样时方向相反。加热使挥发性组分从吸附剂上解吸，由载气带入冷阱，进行预浓缩；然后，二次热解吸，经传输线进入毛细管气相色谱仪。传输线温度接近解吸温度，防止待测组分凝结。

选择合适的解析时间和气体流速，以保证正十六烷的解析效率好于 95%。典型的解析条件如下：

解析温度：260～280℃

解析时间：5～15 min

气体流速：30～50 ml/min

冷阱最高温度：280℃

冷阱最低温度：≤–30℃（依据所采用的冷阱类型）

冷阱中的吸附剂：Tenax TA，40～100 mg

传输线温度：220℃

分流比：样品管和二级冷阱之间以及二级冷阱和色谱柱之间的分流比按气体浓度来选择。

A.5.5.2 气相色谱分析参考条件

分析沸点和极性差异大的混合物需设置柱温程序，以在最短时间内获得最好效果。如采用长 50 m，内径 0.25 mm，管壁 0.32 μm 的二甲基硅氧烷毛细管柱，柱操作条件为程序升温，初始温度 50℃保持 10 min，以 5℃/min 的速率程序升温至 250℃，保持至所有目标组分流出。

A.5.5.3 标准曲线的绘制

A.5.5.3.1 气体标准法

用恒流气体采样器将 100 μg/m³ 标准气体分别抽取 100 ml、400 ml、1 L、4 L、10 L 通过采样管，作为标准系列。

A.5.5.3.2 液体标准法

利用 A.3.8 的进样装置分别取 1～5 μl 含液体组分 100 μg/ml 和 10 μg/ml 的标准混合溶液（A.3.7.3）注入吸附管，同时用 100 ml/min 的惰性气体通过吸附管，5 min 后取下吸附管密封，作为标准系列。

A.5.5.3.3 绘制标准曲线

用热解析气相色谱法分析吸附管标准系列，以扣除空白后峰面积为纵坐标，以待测物质量为横坐标，绘制标准曲线。

A.5.5.4 样品分析

每支样品吸附管按绘制标准曲线的操作步骤（即相同的解析和浓缩条件及色谱分析条件）进行分析，用保留时间定性（采用氢火焰离子化检测器时）或质谱定性（采用质量检测器时），峰面积定量。

## A.6 结果计算

### A.6.1 空气中有机化合物质量浓度的计算

A.6.1.1 质量浓度计算

按式（1）计算各组分质量浓度：

$$\rho_{\mathrm{m}}=\frac{m_{\mathrm{F}}-m_{\mathrm{b}}}{V}\times 1\,000 \tag{1}$$

式中：$\rho_{\mathrm{m}}$——分析样品的质量浓度，mg/m³；

$m_{\mathrm{F}}$——采样管所采集到的挥发性有机物的质量，mg；

$m_{\mathrm{b}}$——空白管中挥发性有机物的质量，mg；

$V$——采样体积，L。

A.6.1.2 标准状态的质量浓度

按式（2）将 A.6.1.1 的质量浓度换算成标准状态下的质量浓度：

$$\rho_{\mathrm{c}}=\rho_{\mathrm{m}}\frac{p_0}{p}\times\frac{T}{T_0} \tag{2}$$

式中：$\rho_{\mathrm{c}}$——标准状态下分析样品的质量浓度，mg/m³；

$\rho_{\mathrm{m}}$——分析样品的质量浓度，mg/m³；

$T_0$——标准状态下的热力学温度，273 K；

$T$——采样时采样点现场的温度（$t$）℃与标准状态的热力学温度之和，（$t$+273）K；

$p_0$——标准状态下的大气压力，101.3 kPa；

$p$——采样时采样地点的大气压力，kPa。

A.6.1.3 有机化合物质量浓度计算的要求

a）应对保留时间在正己烷和正十六烷之间的质量浓度水平大于 5 μg/m$^3$ 的所有有机组分进行定性分析。

b）根据单一的校正曲线，对尽可能多的挥发性有机组分进行定量，至少应对 25 个最高峰进行定量。

c）若要计算没有单一校正曲线或未能定性的挥发性组分测量值，选用甲苯的响应系数来计算。

### A.6.2 总挥发性有机化合物质量浓度计算

计算 A.6.1 得到的各有机化合物标准状态的质量浓度的总和，作为总挥发性有机化合物质量浓度（$\rho_\chi$）。

### A.6.3 样品总挥发性有机化合物释放率的计算

按式（3）计算样品的总挥发性有机化合物释放率

$$q_A = \rho_\chi (N / L_v) \tag{3}$$

式中：$q_A$——样品总挥发性有机化合物释放率，mg/（m$^2$ • h）；

$\rho_\chi$——A.6.2 得到的总挥发性有机化合物的质量浓度，mg/m$^3$；

$N$——试验时的空气置换率，h$^{-1}$；

$L_v$——样品承载率，m$^2$/m$^3$。

结果修约至 0.01 mg/（m$^2$ • h）。

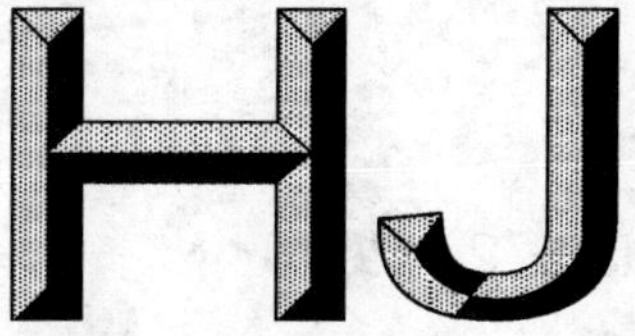

# 中华人民共和国国家环境保护标准

HJ 572—2010

# 环境标志产品技术要求　文具

**Technical requirement for environmental labeling products —Stationery**

2010-05-04 发布　　2010-07-01 实施

环　境　保　护　部　发布

# 前 言

为贯彻《中华人民共和国环境保护法》，减少文具产品在生产、使用和废弃过程中对环境和人体健康的影响，制定本标准。

本标准对文具生产过程使用的部分原材料、包装材料及产品中有毒有害物质的限制及禁用提出了要求，同时对产品（包括部件）中可触及材料的可迁移元素、表面涂层总铅、总镉及邻苯二甲酸酯，塑料和橡胶中多环芳烃，纺织物、皮革中可分解致癌芳香胺偶氮染料等规定了限量要求。

本标准参考了日本环境标志标准《文具/办公用品（1.7 版）》（Stationery/Office Supplies Version 1.7）、国家玩具安全技术规范（GB 6675—2003）、美国消费品安全改进法案（CPSIA）及欧盟指令 2005/84/EC 等相关要求制订。

本标准适用于中国环境标志产品认证。

本标准由环境保护部科技标准司组织制订。

本标准主要起草单位：环境保护部环境发展中心、深圳市计量质量检测研究院、浙江广博集团股份有限公司、深圳市齐心文具股份有限公司、得力集团有限公司、中国文教体育用品协会、国家文教用品质量监督检验中心、宁波松鹤文具有限公司、北京雪奥文化用品制造有限责任公司。

本标准环境保护部 2010 年 5 月 4 日批准。

本标准自 2010 年 7 月 1 日起实施。

本标准由环境保护部解释。

# 环境标志产品技术要求　文具

## 1　适用范围

本标准规定了文具环境标志产品的术语和定义、基本要求、技术内容和检验方法。

本标准适用于以办公、学习等为使用目的的文具及类似用品。

本标准不适用于砚台和笔类文具。

## 2　规范性引用文件

本标准内容引用了下列文件中的条款。凡是不注日期的引用文件，其有效版本适用于本标准。

GB 6675—2003　国家玩具安全技术规范

GB 19601　染料产品中 23 种有害芳香胺的限量及测定

GB 21027—2007　学生用品的安全通用要求

GB/T 1033.1—2008　塑料　非泡沫塑料密度的测定　第 1 部分：浸渍法、液体比重瓶法和滴定法

GB/T 9758.4—1988　色漆和清漆“可溶性”金属含量的测定　第 4 部分：镉含量的测定　火焰原子吸收光谱法和极谱法

GB/T 17592—2006　纺织品 禁用偶氮染料的测定

GB/T 19942—2005　皮革和毛皮　化学试验　禁用偶氮染料的测定

GB/T 22048—2008　玩具及儿童用品　聚氯乙烯塑料中邻苯二甲酸酯增塑剂的测定

GB/T 22788—2008　玩具表面涂层中总铅含量的测定

HJ/T 201—2005　环境标志产品技术要求　水性涂料

HJ/T 220　环境标志产品技术要求　胶粘剂

HJ/T 370　环境标志产品技术要求　胶印油墨

HJ/T 371　环境标志产品技术要求　凹印油墨和柔印油墨

SN/T 1877.2—2007　塑料原料及其制品中多环芳烃的测定方法

SN/T 1877.4—2007　橡胶及其制品中多环芳烃的测定方法

## 3　术语和定义

下列术语和定义适用于本标准。

**文具（Stationery）**

是指以办公、学习等为使用目的的各种用品。本标准中文具主要包括文具盒、文具袋、文件夹、文件盒、桌面文件柜、卷宗盒、文件篮、文件架、字纸篓、书档、公章架、笔架、笔盘、笔筒、信插、信夹、信角、索引标签、活页夹、组合文具及类似的办公用品、钉书钉、图钉、大头针、回形针、铅笔刀、卷笔刀、削笔机、订书机、打孔机、起钉器、号码机、美工刀、美工刀片、剪刀、橡皮擦、仪尺、本册、相册、名片册、修正液、修正带、修正笔、彩泥、胶条、固体胶、胶水、由植物油调制的印戳、印油、印台、印泥及水性的印戳、印油、印台等文具产品。

## 4 基本要求

4.1 产品质量应符合相应产品质量标准的要求。
4.2 产品安全应符合相关的产品安全标准的要求。
4.3 产品生产企业污染物排放应符合国家或地方规定的污染物排放标准的要求。
4.4 产品生产企业在生产过程中应加强清洁生产工作。

## 5 技术内容

### 5.1 产品所用材料（包括原料）的环保性能要求

5.1.1 塑料材料
（1）塑料中不得含有附录 A 中规定的持久性有机污染物；
（2）塑料中不得使用含有有机锡（TBT）及其化合物的添加剂；
（3）聚氯乙烯原料及其制品中氯乙烯单体的含量不得大于 1 mg/kg；
（4）企业在设计和生产过程中宜使用再生塑料。
5.1.2 胶粘剂
胶粘剂应符合 HJ/T 220 的要求。
5.1.3 油墨
（1）宜使用水性油墨；
（2）胶印油墨应符合 HJ/T 370 的要求；
（3）凹印油墨和柔印油墨应符合 HJ/T 371 的要求。
5.1.4 染料
染料应符合 GB 19601 的要求。
5.1.5 纸张
（1）企业在设计和生产过程中宜使用再生纸；
（2）学生用本册的纸张白度应不大于 85%，一般办公用本册纸张的白度应不大于 90%。

### 5.2 产品（包括部件）的环保性能要求

5.2.1 产品中不得人为添加表 1 中所列的物质。

**表 1 产品中禁止人为添加物质**

| 种类 | 物质 |
|---|---|
| 苯系物 | 苯、甲苯、乙苯、二甲苯 |
| 乙二醇醚及其酯类 | 乙二醇甲醚、乙二醇甲醚醋酸酯、乙二醇乙醚、乙二醇乙醚醋酸酯、二乙二醇丁醚醋酸酯 |
| 邻苯二甲酸酯类 | 邻苯二甲酸二辛酯（DOP）、邻苯二甲酸二丁酯（DBP）、邻苯二甲酸二（2-乙基）己酯（DEHP） |
| 卤代烃类 | 二氯甲烷、二氯乙烷、三氯甲烷、三氯乙烷、四氯化碳 |

5.2.2 产品中有害物质限量应符合表 2 的要求。

表 2　产品中有害物质限量

| 项目 | | 限量 | 适用对象 |
| --- | --- | --- | --- |
| 可迁移元素 | 锑（Sb）/（mg/kg） | ≤25 | 所有可触及材料及印油、印台、印戳、印泥等产品 |
| | 砷（As）/（mg/kg） | ≤10 | 所有可触及材料及印油、印台、印戳、印泥等产品 |
| | 镉（Cd）/（mg/kg） | ≤40 | 所有可触及材料及印油、印台、印戳、印泥等产品 |
| | 铅（Pb）/（mg/kg） | ≤60 | 所有可触及材料及印油、印台、印戳、印泥等产品 |
| | 汞（Hg）/（mg/kg） | ≤10 | 所有可触及材料及印油、印台、印戳、印泥等产品 |
| | 硒（Se）/（mg/kg） | ≤200 | 所有可触及材料及印油、印台、印戳、印泥等产品 |
| | 铬（Cr）注1/（mg/kg） | ≤40 | 所有可触及材料及印油、印台、印戳、印泥等产品 |
| | 钡（Ba）注2/（mg/kg） | ≤500 | 所有可触及材料及印油、印台、印戳、印泥等产品 |
| 总铅（Pb）/（mg/kg） | | ≤90 | 表面涂层 |
| 总镉（Cd）/（mg/kg） | | ≤40 | 表面涂层 |
| 邻苯二甲酸酯/% | 邻苯二甲酸二（2-乙基）己酯（DEHP）、邻苯二甲酸二丁酯（DBP）、邻苯二甲酸丁苄酯（BBP）总和 | ≤0.1 | 表面涂层、塑料 |
| | 邻苯二甲酸二异壬酯（DINP）、邻苯二甲酸二异癸酯（DIDP）、邻苯二甲酸二正辛酯（DNOP）总和 | ≤0.1 | 表面涂层、塑料 |
| 可分解芳香胺注3/（mg/kg） | | 不得检出 | 纺织品、皮革 |
| 多环芳烃 | 苯并[a]芘（B[a]P）/（mg/kg） | ≤1 | 塑料、橡胶 |
| | 特定多环芳烃注4/（mg/kg） | ≤10 | 塑料、橡胶 |
| 游离甲醛/（mg/kg） | | ≤900 | 液体胶、固体胶以及水性的印油、印台、印戳等 |
| 总挥发性有机化合物/（g/L） | | ≤50 | 液体胶、固体胶 |
| 苯注5/（mg/kg） | | ≤20 | 液体胶、固体胶、印油、印台、印戳和印泥、涂改用品等 |
| 甲苯+乙苯+二甲苯总和/（mg/kg） | | ≤40 | 液体胶、固体胶、印油、印台、印戳和印泥、涂改用品等 |
| 氯代烃注6/（mg/kg） | | 不得检出 | 涂改用品 |

注 1：橡皮泥中铬（Cr）限量≤25 mg/kg；
注 2：橡皮泥中钡（Ba）限量≤250 mg/kg；
注 3：可分解芳香胺见附录 B 所列；
注 4：特定多环芳烃见附录 C 所列；
注 5：涂改用品中苯限量≤10 mg/kg；
注 6：氯代烃项目检测组分为二氯甲烷、1,1-二氯乙烷、1,2-二氯乙烷、1,1,1-三氯乙烷、1,1,2-三氯乙烷、三氯甲烷和四氯化碳。

### 5.3　包装材料的环保性能要求

5.3.1　铅（Pb）、汞（Hg）、镉（Cd）和六价铬（$Cr^{6+}$）的总量不得大于 100 mg/kg。

5.3.2　包装宜使用可循环利用的材料。

## 6　检验方法

6.1　技术内容 5.2.2 表 2 中可迁移元素的检测按照 GB 6675—2003 规定的方法进行。

6.2　技术内容 5.2.2 表 2 中总铅含量的检测按照 GB/T 22788—2008 规定的方法进行。

6.3　技术内容 5.2.2 表 2 中总镉含量的检测按照 GB/T 22788—2008 规定的方法进行样品前处理，样品试液中镉含量的检测参照 GB/T 9758.4—1988 规定的方法进行。也可采用原子发射光谱仪或其他适用仪器进行检测，但须在检测报告中注明。

6.4　技术内容 5.2.2 表 2 中邻苯二甲酸酯的检测按照 GB/T 22048—2008 规定的方法进行。

6.5 技术内容 5.2.2 表 2 中纺织品中可分解芳香胺的检测按照 GB/T 17592—2006 规定的方法进行，皮革中可分解芳香胺的检测按照 GB/T 19942—2005 规定的方法进行。

6.6 技术内容 5.2.2 表 2 中多环芳烃的检测，塑料材料按照 SN/T 1877.2—2007 规定的方法进行；橡胶材料按照 SN/T 1877.4—2007 规定的方法进行。

6.7 技术内容 5.2.2 表 2 中涂改用品中苯的检测按照 GB 21027—2007 中 4.2 规定的方法进行，其他产品中游离甲醛、总挥发性有机物、苯、甲苯+乙苯+二甲苯总和等项目的检测按照 GB 21027—2007 中 4.3 规定的相应方法进行。其中，甲苯+乙苯+二甲苯总和项目中，乙苯组分的检测按与甲苯组分相同的方法进行检测，而在检测固体胶中总挥发性有机物时，固体胶密度的测定采用 GB/T 1033.1—2008 规定的方法进行。

6.8 技术内容 5.2.2 表 2 中氯代烃的检测按照 HJ/T 201—2005 中规定的相应方法进行。

6.9 技术内容中其他内容通过文件审查结合现场检查的方式进行验证。

# 附 录 A
（规范性附录）
## 持久性有机污染物

| 中文名称 | 英文名称 | 化学登记号 |
|---|---|---|
| 艾氏剂 | Aldrin | 309-00-2 |
| 狄氏剂 | Dieldrin | 60-57-1 |
| 异狄氏剂 | Endrin | 72-20-8 |
| 氯丹 | Chlordane | 57-74-9 |
| 七氯 | Heptachlor | 76-44-8 |
| 滴滴涕 | Dichloro-diphenyl-trichloroethane | 50-29-3 |
| 灭蚁灵 | Mirex | 2385-85-5 |
| 毒杀芬 | Toxaphene | 8001-35-2 |
| 六氯苯 | Hexachlorobenzene | 118-74-1 |
| 多氯联苯 | Polychlorobiphenyls | 1336-36-3 |
| 二噁英 | PCDD | 1746-01-6 |
| 呋喃 | PCDF | 51207-31-9 |
| $\alpha$-六氯环己烷（$\alpha$-六六六） | $\alpha$-1,2,3,4,5,6-Hexachlorocyclohexane | 319-84-6 |
| $\beta$-六氯环己烷（$\beta$-六六六） | $\beta$-1,2,3,4,5,6-Hexachlorocyclohexane | 319-85-7 |
| 五溴联苯醚 | Pentabromodiphenyl Ether | 32534-81-9 |
| 八溴联苯醚 | Octabromodiphenyl Ether | 117964-21-3 |
| 十氯酮 | Chlordecone | 143-50-0 |
| 六溴联苯 | Hexabromobiphenyl | 59536-65-1 |
| 林丹（六六六） | Lindane | 58-89-9 |
| 五氯苯 | Pentachlorobenzene | 608-93-5 |
| 全氟辛烷磺酸和其盐类以及全氟辛烷磺酰氟 | PFOS and PFOSF | — |

# 附 录 B
（规范性附录）
# 可分解芳香胺名录

| 序号 | 中文名称 | 英文名称 | 化学登记号 |
|---|---|---|---|
| 1 | 4-氨基联苯 | 4-Aminodiphenyl | 92-67-1 |
| 2 | 联苯胺 | Benzidine | 92-87-5 |
| 3 | 4-氯邻甲苯胺 | 4-Chloro-*o*-toluidine | 95-69-2 |
| 4 | 2-萘胺 | 2-Naphthylamine | 91-59-8 |
| 5 | 邻氨基偶氮甲苯 | *o*-Amino-azotoluene | 97-56-3 |
| 6 | 2-氨基-4-硝基甲苯 | 2-Amino-4-Nitrotoluene | 99-55-8 |
| 7 | 对氯苯胺 | *p*-Chloroaniline | 106-47-8 |
| 8 | 2,4-二氨基苯甲醚 | 2,4-Diaminoanisole | 615-05-4 |
| 9 | 4,4′-二氨基二苯甲烷 | 4,4′-Diaminodiphenylmethane | 101-77-9 |
| 10 | 3,3′-二氯联苯胺 | 3,3′-Dichlorobenzidine | 91-94-1 |
| 11 | 3,3′-二甲氧基联苯胺 | 3,3′-Dimethoxybenzidine | 119-90-4 |
| 12 | 3,3′-二甲基联苯胺 | 3,3′-Dimethylbenzidine | 119-93-7 |
| 13 | 3,3′-二甲基-4,4′-二氨基二苯甲烷 | 3,3′-Dimethyl-4,4′-Diaminodipheylmethane | 838-88-0 |
| 14 | 3-氨基对甲苯甲醚 | *p*-Cresidine | 120-71-8 |
| 15 | 4,4′-次甲基-双-（2-氯苯胺） | 4,4′-Methylene bis-（2-Chloroaniline） | 101-14-4 |
| 16 | 4,4′-二氨基二苯醚 | 4,4′-Oxydianiline | 101-80-4 |
| 17 | 4,4′-二氨基二苯硫醚 | 4,4′-Thiodianiline | 139-65-1 |
| 18 | 邻甲苯胺（2-甲基苯胺） | *o*-Toluidine | 95-53-4 |
| 19 | 2,4-二氨基甲苯 | 2,4-Diaminotoluene | 95-80-7 |
| 20 | 2,4,5-三甲基苯胺 | 2,4,5-Trimethylaniline | 137-17-7 |
| 21 | 邻甲氧基苯胺（邻氨基苯甲醚） | 2-Anisidine | 90-04-0 |
| 22 | 2,4-二甲基苯胺 | 2,4-Xylidine | 95-68-1 |
| 23 | 2,6-二甲基苯胺 | 2,6-Xylidine | 87-62-7 |

# 附 录 C
（规范性附录）
## 特定多环芳烃名录

| 化合物英文名称 | 简称 | 化合物中文名称 | 化学登记号 |
|---|---|---|---|
| Naphthalene | Nap | 萘 | 91-20-3 |
| Acenaphthylene | AcPy | 苊烯 | 208-96-8 |
| Acenaphthene | Acp | 苊 | 83-32-9 |
| Fluorene | Flu | 芴 | 86-73-7 |
| Phenanthrene | PA | 菲 | 85-01-8 |
| Anthracene | Ant | 蒽 | 120-12-7 |
| Fluoranthene | FL | 荧蒽 | 206-44-0 |
| Pyrene | Pyr | 芘 | 129-00-0 |
| Chrysene | CHR | 1,2-苯并菲 | 218-01-9 |
| Benzo[*a*]anthracen | B[*a*]A | 苯并[*a*]蒽 | 56-55-3 |
| Benzo[*b*]fluoranthene | B[*b*]F | 苯并[*b*]荧蒽 | 205-99-2 |
| Benzo[*k*]fluoranthene | B[*k*]F | 苯并[*k*]荧蒽 | 207-08-9 |
| Benzo[*a*]pyrene | B[*a*]P | 苯并[*a*]芘 | 50-32-8 |
| Dibenzo[*a,h*]anthracene | DBA | 二苯并[*a,h*]蒽 | 53-70-3 |
| Indeno[1,2,3-*cd*]pyrene | IND | 茚并[1,2,3-*cd*]芘 | 193-39-5 |
| Benzo[*g,h,i*]perylene | B[*g,h,i*]P | 苯并[*g,h,i*]苝[二萘嵌苯] | 191-24-2 |

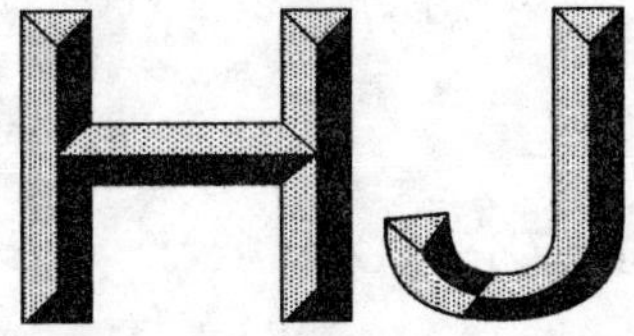


# 中华人民共和国国家环境保护标准

HJ 573—2010

# 环境标志产品技术要求　喷墨盒

**Technical requirement for environmental labeling products**

**—Ink-jet cartridge**

2010-05-04 发布　　2010-07-01 实施

环　境　保　护　部　发布

# 前　言

为贯彻《中华人民共和国环境保护法》和《中华人民共和国循环经济促进法》，减少喷墨盒在生产、使用和处置过程中对人体健康和环境的影响，促进环保产品的使用，制定本标准。

本标准对喷墨盒中有毒有害物质及环境设计、回收与再利用和公开信息提出了要求。

本标准参照日本环境协会环境标志事务局“生态标志种类 No.142”《墨盒 Version1.0 2008》标准制订。

本标准适用于中国环境标志产品认证。

本标准由环境保护部科技标准司组织制订。

本标准主要起草单位：环境保护部环境发展中心、国家办公设备及耗材质量监督检验中心、珠海天威飞马打印耗材有限公司、中国惠普有限公司、佳能（中国）有限公司、爱普生（中国）有限公司、瑞士利盟国际技术股份有限公司、株式会社理光、兄弟（中国）商业有限公司、珠海纳思达企业管理有限公司。

本标准环境保护部 2010 年 5 月 4 日批准。

本标准自 2010 年 7 月 1 日起实施。

本标准由环境保护部解释。

# 环境标志产品技术要求　喷墨盒

## 1　适用范围

本标准规定了喷墨盒类环境标志产品的术语和定义、基本要求、技术内容及其检验方法。

本标准适用于使用喷墨显像技术设备的喷墨盒，包括新品喷墨盒和再生喷墨盒。

本标准不适用于连续打印速度大于 60 页/min 以及打印速度大于 70 页/min 喷墨设备所使用的喷墨盒。

## 2　规范性引用文件

本标准内容引用了下列文件中的条款。凡是不注日期的引用文件，其有效版本适用于本标准。

GB 18455　包装回收标志

GB/T 16288　塑料制品的标志

GB/T 20861—2007　废弃产品回收利用术语

HJ 567　环境标志产品技术要求　喷墨墨水

HJ/T 424—2008　环境标志产品技术要求　数字式多功能复印设备

SJ/T 11363　电子信息产品中有毒有害物质的限量要求

## 3　术语和定义

下列术语和定义适用于本标准。

3.1

喷墨盒 ink-jet cartridge

为采用喷墨打印技术的设备提供墨水的组件。

3.2

新品喷墨盒 new ink-jet cartridge

由新零件或由新零件及保证与新零件具有相同质量的零件全新制造的喷墨盒。

3.3

再生喷墨盒　remanufactured ink-jet cartridge

使用后的喷墨盒，经清洗、修理或更换部件、再组装、填充等使其恢复原有功能的喷墨盒。

3.4

再使用　reuse

废弃产品或其中的元器件、零部件继续使用或经清理、维修后继续用于原来用途的行为。（GB/T 20861—2007）

3.5

再生利用　recycling

对废弃产品进行处理，使之能够作为原材料重新利用的过程，但不包括对能量的回收和再利用。（GB/T 20861—2007）

3.6

能量回收 energy recovery

通过焚烧、热解等方式处理废弃产品，以回收能量的过程。（GB/T 20861—2007）

3.7

可回收利用率 recoverability rate

新产品中能够被回收利用部分（包括再使用部分、再生利用部分和能量回收部分）的质量之和占新产品质量的百分比。（GB/T 20861—2007）

3.8

聚合物 polymer

由一种或数种单一的化合物单体，经由聚合反应，通过共价键重复连接而成的化合物。

3.9

共聚合物 co-polymer

由两种或两种以上不同单体经聚合反应而得的聚合物。

3.10

共混聚合物 polymer blend

两种或两种以上分子结构不同的聚合物的物理混合物。

## 4 基本要求

4.1 产品质量应符合相应产品质量标准的要求。

4.2 产品生产企业污染物排放应符合国家或地方规定的污染物排放标准的要求。

4.3 产品生产企业在生产过程中应加强清洁生产工作。

## 5 技术内容

### 5.1 产品环境设计要求

5.1.1 产品设计时，所采用的部件、结构和功能不得妨碍产品再使用。

5.1.2 新品喷墨盒的可回收利用率应达到95%以上（质量分数，且应去除墨水的质量）。

5.1.3 产品中不得使用聚溴联苯（PBB）、聚溴联苯醚（PBDE）或氯代烷烃（专指链状碳量在10～13，含氯量50%以上的烷烃化合物）。

5.1.4 有采用可再使用部件的设计要求。

5.1.5 对于不易剥离的部件应使用与粘贴部位相同的材质或不影响回收利用的材料。

### 5.2 塑料部件要求[注1]

5.2.1 产品外壳不得使用含氯塑料。

5.2.2 产品外壳中使用的聚合物、共聚合物或者共混聚合物的种类不得超过4种，且易于分解。

5.2.3 塑料部件中铅（Pb）、镉（Cd）、汞（Hg）、六价铬（$Cr^{6+}$）的含量应符合 SJ/T 11363 所规定的要求。

5.2.4 质量超过25 g，且平面表面积超过200 $mm^2$ 的塑料零部件上的标志应满足GB/T 16288的要求。

注1：对于再生喷墨盒只适用于更换后的部件。

### 5.3 墨水要求

产品中所使用的墨水应符合 HJ 567 有关墨水的要求。

### 5.4 有害物质释放要求

彩色喷墨盒工作状态时的总挥发性有机化合物（TVOC）释放率不得大于 18 mg/h；单色喷墨盒工作状态时的总挥发性有机化合物（TVOC）释放率不得大于 10 mg/h。

### 5.5 回收与处理

5.5.1 企业应建立产品回收系统，用于回收自己生产的产品，进行再使用或再生利用；并明确告知用户回收途径。

5.5.2 再生喷墨盒的再生利用率应达到 60%以上、回收利用率应达到 90%以上（质量分数，且应去除墨水的质量）。

### 5.6 包装材料

5.6.1 铅（Pb）、汞（Hg）、镉（Cd）和六价铬（$Cr^{6+}$）的总量不得大于 100 mg/kg。

5.6.2 塑料包装材料上的标志应符合 GB/T 16288 的要求。

### 5.7 生产过程要求

5.7.1 产品在生产过程中不得使用氟氯化碳（CFCs）、四氯化碳（$CCl_4$）、1,1,1-三氯乙烷（$C_2H_3Cl_3$）和氢氟氯化碳（HCFCs）作为清洁剂。

5.7.2 再生喷墨盒生产企业应除去喷墨盒原有标签。

### 5.8 公开信息要求

产品说明中应包括以下信息：

a）商品名称；

b）公司名称（或公司产品品牌名称）；

c）联系方式；

d）产品回收信息；

e）再生喷墨盒及其外包装上明显区别于原标志的新标志，标明再生字样；

f）产品使用方法，产品及其中残留墨水的处置建议；

g）产品不能被强制性打开，由于操作不当造成墨水泄漏时应防止与皮肤接触，以及当皮肤接触墨水时如何应对；

h）产品存放应远离儿童。

## 6 检验方法

6.1 技术内容 5.4 中挥发性有机化合物（TVOC）的检测按照 HJ/T 424—2008 规定的方法进行。

6.2 技术内容中其他要求应通过文件审查结合现场检查的方式来验证，并由企业出具相关的证明材料和声明，按要求填写附录 A 和附录 B。

附 录 A
（规范性附录）
声明和清单

# 声 明

以下所填写的内容均由我公司填写，并经过认真核实。

我公司正式承诺，以下所有填写内容均真实、有效。我公司将承担所有因填写失实而引发的各种后果。

填写人：____________

法人代表：____________

（公司签章）
年 月 日

清 单

| 内容 | 是 | 否 |
| --- | --- | --- |
| **产品环境设计要求** | | |
| 产品在设计时，没有采用妨碍产品再使用的部件，结构以及功能<br>如产品的芯片功能等方面 | | |
| 新品喷墨盒的可回收利用率达到95%以上（质量比率，且应去除墨水的质量） | | |
| 产品中未使用聚溴联苯（PBB）、聚溴联苯醚（PBDE）或氯代烷烃（专指链状碳量在 10～13，含氯浓度 50%以上的烷烃化合物） | | |
| 有采用可再使用部件的设计要求 | | |
| 对于不易剥离的部件使用了与粘贴部位相同的材质，或不影响回收利用的材料 | | |
| **塑料部件要求**（对于再生喷墨盒只适用于更换后的部件） | | |
| 产品塑料外壳中未使用含氯塑料 | | |
| 产品外壳中使用的聚合物、共聚合物或者共聚混合物的种类不超过 4 种，且易于分解 | | |
| 塑料部件中铅（Pb）、汞（Hg）、镉（Cd）和六价铬（$Cr^{6+}$）等重金属的含量符合 SJ/T 11363 的规定 | | |
| **墨水** | | |
| 产品中所使用的墨水符合 HJ 567 的要求 | | |
| **回收与处理** | | |
| 企业建立了产品回收系统，用于回收自己生产的产品，进行再使用、再生利用；并明确告知用户回收途径 | | |
| 再生喷墨盒的再生利用率达到 60%以上、回收利用率达到 90%以上（质量比率，且应去除墨水的质量） | | |
| **包装材料** | | |
| 产品包装材料中的铅（Pb）、汞（Hg）、镉（Cd）和六价铬（$Cr^{6+}$）的总量不大于 100 mg/kg | | |
| 塑料包装材料上的标志符合 GB/T 16288 的要求 | | |
| **生产过程要求** | | |
| 产品在生产过程中未使用氟氯化碳（CFCs）、四氯化碳（$CCl_4$）、1,1,1-三氯乙烷（$C_2H_3Cl_3$）和氢氟氯化碳（HCFCs）作为清洁剂 | | |
| 再生喷墨盒在生产时除去了喷墨盒原有标签 | | |
| **公开信息要求**（产品说明中包括以下信息） | | |
| 商品名称 | | |
| 公司名称（或公司产品品牌名称） | | |
| 联系方式 | | |
| 产品回收信息 | | |
| 再生喷墨盒及其外包装上明显区别于原标志的新标志，标明再生字样 | | |
| 产品使用方法，产品及其中残留墨水的处置建议 | | |
| 产品不能被强制性打开，由于操作不当造成墨水泄漏时应防止与皮肤接触，以及当皮肤接触墨水时如何应对 | | |
| 产品存放应远离儿童 | | |

# 附 录 B
（规范性附录）
产品材质清单

产品型号______________________：

| 部件名称 | 材质 | 质量/g | 是否可回收利用 |
| --- | --- | --- | --- |
| | | | |
| | | | |
| | | | |
| | | | |
| | | | |
| | | | |
| | | | |
| | | | |
| | | | |
| | | | |
| | | | |
| | | | |
| | | | |
| | | | |
| | | | |
| | | | |
| | | | |
| | | | |
| | | | |
| | | | |
| 合计 | | | |
| 可回收利用零部件的质量分数/% | | | |

# 历年发布的国家环境保护标准目录

（截至 2010 年 6 月 8 日）

| 序号 | 标准名称 | 标准编号 | 批准时间 | 发布时间 | 实施时间 | 是否为现行标准 |
|---|---|---|---|---|---|---|
| 1 | 工业“三废”排放试行标准 | GBJ 4—73 | 1973-11-17 | 1973-11-17 | 1974-01-01 | 否 |
| 2 | 机动车辆允许噪声标准 | GB 1495—79 | | 1979-02-23 | 1979-02-23 | 否 |
| 3 | 大气环境质量标准 | GB 3095—82 | | 1982-04-06 | 1982-08-01 | 否 |
| 4 | 城市区域环境噪声标准 | GB 3096—82 | | 1982-04-06 | 1982-08-01 | 否 |
| 5 | 海水水质标准 | GB 3097—82 | | 1982-04-06 | 1982-08-01 | 否 |
| 6 | 医院污水综合排放标准 | GBJ 48—83 | | 1983-01-03 | 1983-01-03 | 否 |
| 7 | 造纸工业水污染物排放标准 | GB 3544—83 | | 1983-04-09 | 1983-10-01 | 否 |
| 8 | 制订地方大气污染物排放标准的技术原则和方法 | GB 3840—83 | | 1983-09-14 | 1984-04-01 | 否 |
| 9 | 锅炉烟尘排放标准 | GB 3841—83 | | 1983-09-14 | 1984-04-01 | 否 |
| 10 | 纺织染整工业水污染物排放标准 | GB 4287—84 | | 1984-05-18 | 1985-03-01 | 否 |
| 11 | 农田灌溉水质标准 | GB 5084—85 | | 1985-04-25 | 1985-10-01 | 否 |
| 12 | 锅炉烟尘测试方法 | GB 5486—85 | | 1985-10-04 | 1986-02-01 | 否 |
| 13 | 保护农作物的大气污染物最高允许浓度 | GB 9137—88 | 1988-05-25 | 1988-05-25 | 1988-10-01 | 是 |
| 14 | 机场周围飞机噪声环境标准 | GB 9660—88 | 1988-08-11 | 1988-08-11 | 1988-11-01 | 是 |
| 15 | 城市区域环境振动标准 | GB 10070—88 | 1988-12-10 | 1988-12-10 | 1989-07-01 | 是 |
| 16 | 渔业水质标准 | GB 11607—89 | 1989-08-12 | 1989-08-12 | 1990-03-01 | 是 |
| 17 | 农田灌溉水质标准 | GB 5084—92 | 1992-01-04 | 1992-01-04 | 1992-10-01 | 是 |
| 18 | 城市区域环境噪声标准 | GB 3096—93 | 1993-09-07 | 1993-09-07 | 1994-03-01 | 否 |
| 19 | 土壤环境质量标准 | GB 15618—1995 | 1995-07-13 | 1995-07-13 | 1996-03-01 | 是 |
| 20 | 环境空气质量标准 | GB 3095—1996 | 1996-01-18 | 1996-01-18 | 1996-10-01 | 是 |
| 21 | 海水水质标准 | GB 3097—1997 | 1997-12-03 | 1997-12-03 | 1998-07-01 | 是 |
| 22 | 地表水环境质量标准 | GB 3838—2002 | 2002-04-26 | 2002-04-28 | 2002-06-01 | 是 |
| 23 | 室内空气质量标准 | GB 18883—2002 | 2002-11-19 | 2002-11-19 | 2003-03-01 | 是 |
| 24 | 销毁日本遗弃在华化学武器工作区空气中污染物浓度标准（试行） | GB 19059—2003 | 2003-03-31 | 2003-04-15 | 2003-05-01 | 是 |
| 25 | 销毁日本遗弃在华化学武器环境空气中污染物浓度标准（试行） | GB 19612—2004 | 2004-12-08 | 2004-10-19 | 2005-01-01 | 是 |
| 26 | 销毁日本遗弃在华化学武器环境地表水中污染物浓度标准（试行） | GB 19613—2004 | 2004-12-08 | 2004-10-19 | 2005-01-01 | 是 |
| 27 | 销毁日本遗弃在华化学武器环境地下水中污染物浓度标准（试行） | GB 19614—2004 | 2004-12-08 | 2004-10-19 | 2005-01-01 | 是 |
| 28 | 销毁日本遗弃在华化学武器环境土壤中污染物浓度标准(试行) | GB 19615—2004 | 2004-12-08 | 2004-10-19 | 2005-01-01 | 是 |
| 29 | 船舶污染物排放标准 | GB 3552—83 | 1983-04-09 | 1983-04-09 | 1983-10-01 | 是 |
| 30 | 农用污泥中污染物控制标准 | GB 4284—84 | 1984-05-18 | 1984-05-18 | 1985-03-01 | 是 |
| 31 | 船舶工业污染物排放标准 | GB 4286—84 | 1984-05-18 | 1984-05-18 | 1985-03-01 | 是 |
| 32 | 海洋石油开发工业含油污水排放标准 | GB 4914—85 | 1985-01-18 | 1985-01-18 | 1985-08-01 | 是 |
| 33 | 核电厂环境辐射防护规定 | GB 6249—86 | 1986-04-23 | 1986-04-23 | 1986-12-01 | 是 |
| 34 | 建筑材料用工业废渣放射性物质限制标准 | GB 6763—86 | 1986-09-04 | 1986-09-04 | 1987-03-01 | 是 |
| 35 | 城镇垃圾农用控制标准 | GB 8172—87 | 1987-10-05 | 1987-10-05 | 1988-02-01 | 是 |

续表

| 序号 | 标准名称 | 标准编号 | 批准时间 | 发布时间 | 实施时间 | 是否为现行标准 |
|---|---|---|---|---|---|---|
| 36 | 农用粉煤灰中污染物控制标准 | GB 8173—87 | 1987-10-05 | 1987-10-05 | 1988-02-01 | 是 |
| 37 | 电磁辐射防护规定 | GB 8702—88 | 1988-03-11 | 1988-03-11 | 1988-06-01 | 是 |
| 38 | 辐射防护规定 | GB 8703—88 | 1988-03-11 | 1988-03-11 | 1988-06-01 | 是 |
| 39 | 低水平放射性固体废物的浅地层处置规定 | GB 9132—88 | 1988-05-25 | 1988-05-25 | 1988-09-01 | 是 |
| 40 | 轻水堆核电厂放射性固体废物处理系统技术规定 | GB 9134—88 | 1988-05-25 | 1988-05-25 | 1988-09-01 | 是 |
| 41 | 轻水堆核电厂放射性废液处理系统技术规定 | GB 9135—88 | 1988-05-25 | 1988-05-25 | 1988-09-01 | 是 |
| 42 | 轻水堆核电厂放射性废气处理系统技术规定 | GB 9136—88 | 1988-05-25 | 1988-05-25 | 1988-09-01 | 是 |
| 43 | 工业企业厂界噪声标准 | GB 12348—90 | 1990-05-01 | 1990-05-01 | 1991-01-01 | 否 |
| 44 | 建筑施工场界噪声标准 | GB 12523—90 | 1990-11-09 | 1990-11-09 | 1991-03-01 | 是 |
| 45 | 铁路边界噪声限值及其测量方法 | GB 12525—90 | 1990-11-09 | 1990-11-09 | 1991-03-01 | 是 |
| 46 | 含多氯联苯废物污染控制标准 | GB 13015—91 | 1991-06-27 | 1991-06-27 | 1992-03-01 | 是 |
| 47 | 纺织染整工业水污染物排放标准 | GB 4287—92 | 1992-05-18 | 1992-05-18 | 1992-07-01 | 是 |
| 48 | 钢铁工业水污染物排放标准 | GB 13456—92 | 1992-05-18 | 1992-05-18 | 1992-07-01 | 是 |
| 49 | 肉类加工工业水污染物排放标准 | GB 13457—92 | 1992-05-18 | 1992-05-18 | 1992-07-01 | 是 |
| 50 | 航天推进剂水污染物排放标准 | GB 14374—93 | 1993-05-22 | 1993-05-22 | 1993-12-01 | 是 |
| 51 | 恶臭污染物排放标准 | GB 14554—93 | 1993-07-19 | 1993-08-06 | 1994-01-15 | 是 |
| 52 | 磷肥工业水污染物排放标准 | GB 15580—95 | 1995-06-12 | 1995-06-12 | 1996-07-01 | 是 |
| 53 | 烧碱、聚氯乙烯工业水污染物排放标准 | GB 15581—95 | 1995-06-12 | 1995-06-12 | 1996-07-01 | 是 |
| 54 | 汽车定置噪声限值 | GB 16170—1996 | 1996-03-07 | 1996-03-07 | 1997-01-01 | 是 |
| 55 | 工业炉窑大气污染物排放标准 | GB 9078—1996 | 1996-03-07 | 1996-03-07 | 1997-01-01 | 是 |
| 56 | 炼焦炉大气污染物排放标准 | GB 16171—1996 | 1996-03-07 | 1996-03-07 | 1997-01-01 | 是 |
| 57 | 大气污染物综合排放标准 | GB 16297—1996 | 1996-04-12 | 1996-04-12 | 1997-01-01 | 是 |
| 58 | 进口废物环境保护控制标准　废骨料（试行） | GB 16487.1—1996 | 1996-07-29 | 1996-07-29 | 1996-08-01 | 否 |
| 59 | 进口废物环境保护控制标准　冶炼渣（试行） | GB 16487.2—1996 | 1996-07-29 | 1996-07-29 | 1996-08-01 | 否 |
| 60 | 进口废物环境保护控制标准木、木制品（试行） | GB 16487.3—1996 | 1996-07-29 | 1996-07-29 | 1996-08-01 | 否 |
| 61 | 进口废物环境保护控制标准废纸或纸板（试行） | GB 16487.4—1996 | 1996-07-29 | 1996-07-29 | 1996-08-01 | 否 |
| 62 | 进口废物环境保护控制标准纺织品废物（试行） | GB 16487.5—1996 | 1996-07-29 | 1996-07-29 | 1996-08-01 | 否 |
| 63 | 进口废物环境保护控制标准废钢铁（试行） | GB 16487.6—1996 | 1996-07-29 | 1996-07-29 | 1996-08-01 | 否 |
| 64 | 进口废物环境保护控制标准废有色金属（试行） | GB 16487.7—1996 | 1996-07-29 | 1996-07-29 | 1996-08-01 | 否 |
| 65 | 进口废物环境保护控制标准废电机（试行） | GB 16487.8—1996 | 1996-07-29 | 1996-07-29 | 1996-08-01 | 否 |
| 66 | 进口废物环境保护控制标准废电线电缆（试行） | GB 16487.9—1996 | 1996-07-29 | 1996-07-29 | 1996-08-01 | 否 |
| 67 | 进口废物环境保护控制标准废五金电器（试行） | GB 16487.10—1996 | 1996-07-29 | 1996-07-29 | 1996-08-01 | 否 |
| 68 | 进口废物环境保护控制标准供拆卸的船舶及其他浮动结构体（试行） | GB 16487.11—1996 | 1996-07-29 | 1996-07-29 | 1996-08-01 | 否 |

续表

| 序号 | 标准名称 | 标准编号 | 批准时间 | 发布时间 | 实施时间 | 是否为现行标准 |
|---|---|---|---|---|---|---|
| 69 | 进口废物环境保护控制标准　废塑料（试行） | GB 16487.12—1996 | 1996-07-29 | 1996-07-29 | 1996-08-01 | 否 |
| 70 | 危险废物鉴别标准　腐蚀性鉴别 | GB 5085.1—1996 | 1996-07-26 | 1996-07-29 | 1996-08-01 | 否 |
| 71 | 危险废物鉴别标准　急性毒性初筛 | GB 5085.2—1996 | 1996-07-26 | 1996-07-29 | 1996-08-01 | 否 |
| 72 | 危险废物鉴别标准　浸出毒性鉴别 | GB 5085.3—1996 | 1996-07-26 | 1996-07-29 | 1996-08-01 | 否 |
| 73 | 污水综合排放标准 | GB 8978—1996 | 1996-10-04 | 1996-10-04 | 1998-01-01 | 是 |
| 74 | 生活垃圾填埋污染控制标准 | GB 16889—1997 | 1997-07-02 | 1997-07-02 | 1998-01-01 | 是 |
| 75 | 车用汽油有害物质控制标准 | GWKB 1—1999 | 1999-06-01 | 1999-06-01 | 2000-01-01 | 是 |
| 76 | 轻型汽车污染物排放限值及测量方法（Ⅱ） | GB 18352.2—2001 | 2001-04-10 | 2001-04-16 | 2004-07-01 | 是 |
| 77 | 车用压燃式发动机排气污染物排放限值及测量方法 | GB 17691—2001 | 2001-04-10 | 2001-04-16 | 2001-04-16 | 是 |
| 78 | 锅炉大气污染物排放标准 | GB 13271—2001 | 2001-11-12 | 2001-11-12 | 2002-01-01 | 是 |
| 79 | 饮食业油烟排放标准（试行） | GB 18483—2001 | 2001-11-12 | 2001-11-12 | 2002-01-01 | 是 |
| 80 | 危险废物焚烧污染控制标准 | GB 18484—2001 | 2001-11-12 | 2001-11-12 | 2002-01-01 | 是 |
| 81 | 生活垃圾焚烧污染控制标准 | GB 18485—2001 | 2001-11-12 | 2001-11-12 | 2002-01-01 | 是 |
| 82 | 污水海洋处置工程污染控制标准 | GB 18486—2001 | 2001-11-12 | 2001-11-12 | 2002-01-01 | 是 |
| 83 | 造纸工业水污染物排放标准 | GB 3544—2001 | 2001-11-12 | 2001-11-12 | 2002-01-01 | 否 |
| 84 | 合成氨工业水污染物排放标准 | GB 13458—2001 | 2001-11-12 | 2001-11-12 | 2002-01-01 | 是 |
| 85 | 畜禽养殖业污染物排放标准 | GB 18596—2001 | 2001-12-28 | 2001-12-28 | 2003-01-01 | 是 |
| 86 | 危险废物贮存污染控制标准 | GB 18597—2001 | 2001-12-28 | 2001-12-28 | 2002-07-01 | 是 |
| 87 | 危险废物填埋污染控制标准 | GB 18598—2001 | 2001-12-28 | 2001-12-28 | 2002-07-01 | 是 |
| 88 | 一般工业固体废物贮存、处置场污染控制标准 | GB 18599—2001 | 2001-12-28 | 2001-12-28 | 2002-07-01 | 是 |
| 89 | 农用运输车自由加速烟度排放限值及测量方法 | GB 18322—2002 | 2001-11-22 | 2002-01-04 | 2002-07-01 | 是 |
| 90 | 汽车加速行驶车外噪声限值及测量方法 | GB 1495—2002 | 2001-11-22 | 2002-01-04 | 2002-10-01 | 是 |
| 91 | 车用点燃式发动机及装用点燃式发动机汽车排气污染物排放限值及测量方法 | GB 14762—2002 | 2002-06-14 | 2002-11-18 | 2003-01-01 | 是 |
| 92 | 摩托车和轻便摩托车排气污染物排放限值及测量方法（怠速法） | GB 14621—2002 | 2002-06-14 | 2002-11-18 | 2003-01-01 | 是 |
| 93 | 摩托车排气污染物排放限值及测量方法(工况法） | GB 14622—2002 | 2002-06-14 | 2002-11-18 | 2003-01-01 | 否 |
| 94 | 轻便摩托车排气污染物排放限值及测量方法（工况法） | GB 18176—2002 | 2002-06-14 | 2002-11-18 | 2003-01-01 | 否 |
| 95 | 兵器工业水污染物排放标准　火炸药 | GB 14470.1—2002 | 2002-10-31 | 2002-11-18 | 2003-07-01 | 是 |
| 96 | 兵器工业水污染物排放标准　火工药剂 | GB 14470.2—2002 | 2002-10-31 | 2002-11-18 | 2003-07-01 | 是 |
| 97 | 兵器工业水污染物排放标准　弹药装药 | GB 14470.3—2002 | 2002-10-31 | 2002-11-18 | 2003-07-01 | 是 |
| 98 | 城镇污水处理厂污染物排放标准 | GB 18918—2002 | 2002-12-02 | 2002-11-19 | 2003-07-01 | 是 |
| 99 | 销毁日本遗弃在华化学武器固体废物处理处置标准（试行） | GB 19057—2003 | 2003-03-26 | 2003-04-15 | 2003-05-01 | 是 |
| 100 | 销毁日本遗弃在华化学武器全过程环境保护技术规定（试行） | GB 19058—2003 | 2003-03-26 | 2003-04-15 | 2003-05-01 | 是 |
| 101 | 销毁日本遗弃在华化学武器大气污染物排放标准（试行） | GB 19060—2003 | 2003-03-31 | 2003-04-15 | 2003-05-01 | 是 |
| 102 | 销毁日本遗弃在华化学武器水污染物排放标准（试行） | GB 19061—2003 | 2003-03-31 | 2003-04-15 | 2003-05-01 | 是 |

续表

| 序号 | 标准名称 | 标准编号 | 批准时间 | 发布时间 | 实施时间 | 是否为现行标准 |
|---|---|---|---|---|---|---|
| 103 | 销毁日本遗弃在华化学武器土壤污染控制标准（试行） | GB 19062—2003 | 2003-03-31 | 2003-04-15 | 2003-05-01 | 是 |
| 104 | 火电厂大气污染物排放标准 | GB　13223—2003 | 2003-12-23 | 2003-12-30 | 2004-01-01 | 是 |
| 105 | 柠檬酸工业污染物排放标准 | GB 19430—2004 | 2004-01-18 | 2004-01-18 | 2004-04-01 | 是 |
| 106 | 味精工业污染物排放标准 | GB 19431—2004 | 2004-01-18 | 2004-01-18 | 2004-04-01 | 是 |
| 107 | 水泥工业大气污染物排放标准 | GB 4915—2004 | 2004-10-11 | 2004-12-29 | 2005-01-01 | 是 |
| 108 | 轻型汽车污染物排放限值及测量方法（中国Ⅲ、Ⅳ阶段） | GB 18352.3—2005 | 2005-04-05 | 2005-04-15 | 2007-07-01 | 是 |
| 109 | 装用点燃式发动机重型汽车曲轴箱污染物排放限值 | GB 11340—2005 | 2005-04-05 | 2005-04-15 | 2005-07-01 | 是 |
| 110 | 装用点燃式发动机重型汽车燃油蒸发污染物排放标准 | GB 14763—2005 | 2005-04-05 | 2005-04-15 | 2005-07-01 | 是 |
| 111 | 摩托车和轻便摩托车加速行驶噪声限值及测量方法 | GB 16169—2005 | 2005-04-05 | 2005-04-15 | 2005-07-01 | 是 |
| 112 | 摩托车和轻便摩托车定置噪声限值及测量方法 | GB 4569—2005 | 2005-04-05 | 2005-04-15 | 2005-07-01 | 是 |
| 113 | 车用压燃式、气体燃料点燃式发动机与汽车排气污染物排放限值及测量方法（中国Ⅲ、Ⅳ、Ⅴ阶段） | GB 17691—2005 | 2005-05-30 | 2005-05-30 | 2007-01-01 | 是 |
| 114 | 车用压燃式发动机和压燃式发动机汽车排气烟度排放限值及测量方法 | GB 3847—2005 | 2005-05-30 | 2005-05-30 | 2005-07-01 | 是 |
| 115 | 点燃式发动机汽车排气污染物排放限值及测量方法（双怠速法及简易工况法） | GB 18285—2005 | 2005-05-30 | 2005-05-30 | 2005-07-01 | 是 |
| 116 | 摩托车和轻便摩托车排气烟度排放限值及测量方法 | GB 19758—2005 | 2005-05-30 | 2005-05-30 | 2005-07-01 | 是 |
| 117 | 三轮汽车和低速货车用柴油机排气污染物排放限值及测量方法（中国Ⅰ、Ⅱ阶段） | GB 19756—2005 | 2005-05-30 | 2005-05-30 | 2006-01-01 | 是 |
| 118 | 三轮汽车和低速货车加速行驶车外噪声限值及测量方法（中国Ⅰ、Ⅱ 阶段） | GB 19757—2005 | 2005-05-30 | 2005-05-30 | 2005-07-01 | 是 |
| 119 | 啤酒工业污染物排放标准 | GB 19821—2005 | 2005-07-18 | 2005-07-18 | 2006-01-01 | 是 |
| 120 | 医疗机构水污染物排放标准 | GB 18466—2005 | 2005-07-27 | 2005-07-27 | 2006-01-01 | 是 |
| 121 | 水质　化学需氧量 | GSBZ 50001—88 | 1987-10-24 | 1987-10-24 | 1988-04-15 | 是 |
| 122 | 水质　生化需氧量 | GSBZ 50002—88 | 1987-10-24 | 1987-10-24 | 1988-04-15 | 是 |
| 123 | 水质　酚 | GSBZ 50003—88 | 1987-10-24 | 1987-10-24 | 1988-04-15 | 是 |
| 124 | 水质　砷 | GSBZ 50004—88 | 1987-10-24 | 1987-10-24 | 1988-04-15 | 是 |
| 125 | 水质　氨 氮 | GSBZ 50005—88 | 1987-10-24 | 1987-10-24 | 1988-04-15 | 是 |
| 126 | 水质　亚硝酸盐氮 | GSBZ 50006—88 | 1987-10-24 | 1987-10-24 | 1988-04-15 | 是 |
| 127 | 水质　硬度 | GSBZ 50007—88 | 1987-10-24 | 1987-10-24 | 1988-04-15 | 是 |
| 128 | 水质　硝酸盐氮 | GSBZ 50008—88 | 1987-10-24 | 1987-10-24 | 1988-04-15 | 是 |
| 129 | 水质　铜、铅、锌、镉、镍、铬 | GSBZ 50009—88 | 1987-10-24 | 1987-10-24 | 1988-04-15 | 是 |
| 130 | 水质　氟、氯、硫酸根 | GSBZ 50010—88 | 1987-10-24 | 1987-10-24 | 1988-04-15 | 是 |
| 131 | 土壤 ESS-1 | GSBZ 50011—88 | 1987-10-24 | 1987-10-24 | 1988-04-15 | 是 |
| 132 | 土壤 ESS-2 | GSBZ 50012—88 | 1987-10-24 | 1987-10-24 | 1988-04-15 | 是 |
| 133 | 土壤 ESS-3 | GSBZ 50013—88 | 1987-10-24 | 1987-10-24 | 1988-04-15 | 是 |
| 134 | 土壤 ESS-4 | GSBZ 500014—88 | 1987-10-24 | 1987-10-24 | 1988-04-15 | 是 |
| 135 | 水质 阴离子洗涤剂 | GSBZ 10001—88 | 1988-08-15 | 1988-08-15 | 1988-12-01 | 是 |

续表

| 序号 | 标准名称 | 标准编号 | 批准时间 | 发布时间 | 实施时间 | 是否为现行标准 |
|---|---|---|---|---|---|---|
| 136 | 空气质量 氮氧化物标准样品 | GSBZ 50015—89 | 1989-12-25 | 1989-02-22 | 1989-02-22 | 是 |
| 137 | 水质　汞 | GSBZ 50016—90 | 1990-04-11 | 1990-04-11 | 1990-04-11 | 是 |
| 138 | 水质　pH | GSBZ 50017—90 | 1990-04-11 | 1990-04-11 | 1990-04-11 | 是 |
| 139 | 水质　总氰化物 | GSBZ 50018—90 | 1990-04-11 | 1990-04-11 | 1990-04-11 | 是 |
| 140 | 水质　铁锰 | GSBZ 50019—90 | 1990-04-11 | 1990-04-11 | 1990-04-11 | 是 |
| 141 | 水质　钾钠钙镁 | GSBZ 50020—90 | 1990-04-11 | 1990-04-11 | 1990-04-11 | 是 |
| 142 | BF-1 黄土尘 | GSBZ 50021—91 | 1991-07-12 | 1991-07-12 | 1992-12-07 | 是 |
| 143 | BF-2 模拟大气尘 | GSBZ 50022—91 | 1991-07-12 | 1991-07-12 | 1992-12-07 | 是 |
| 144 | FA-1 煤灰尘 | GSBZ 50023—91 | 1991-07-12 | 1991-07-12 | 1992-12-07 | 是 |
| 145 | FA-2 煤灰尘 | GSBZ 50024—91 | 1991-07-12 | 1991-07-12 | 1992-12-07 | 是 |
| 146 | 大气试验粉尘标准样品　黄土尘 | GB 13268—91 | 1991-08-10 | 1991-08-10 | 1992-08-01 | 是 |
| 147 | 大气试验粉尘标准样品　煤灰尘 | GB 13269—91 | 1991-08-10 | 1991-08-10 | 1992-08-01 | 是 |
| 148 | 大气试验粉尘标准样品　模拟大气尘 | GB 19270—91 | 1991-08-10 | 1991-08-10 | 1992-08-01 | 是 |
| 149 | 水质　高锰酸盐指数 | GSBZ 50025—94 | 1994-11-01 | 1994-11-01 | 1994-11-01 | 是 |
| 150 | 水质　总氮（以 N 计） | GSBZ 50026—94 | 1994-11-01 | 1994-11-01 | 1994-11-01 | 是 |
| 151 | 水质　六价铬 | GSBZ 50027—94 | 1994-11-01 | 1994-11-01 | 1994-11-01 | 是 |
| 152 | 水质　磷酸盐（以 P 计） | GSBZ 50028—94 | 1994-11-01 | 1994-11-01 | 1994-11-01 | 是 |
| 153 | 水质　钒 | GSBZ 50029—94 | 1994-11-01 | 1994-11-01 | 1994-11-01 | 是 |
| 154 | 水质　钴 | GSBZ 50030—94 | 1994-11-01 | 1994-11-01 | 1994-11-01 | 是 |
| 155 | 水质　硒 | GSBZ 50031—94 | 1994-11-01 | 1994-11-01 | 1994-11-01 | 是 |
| 156 | 水质　钼 | GSBZ 50032—94 | 1994-11-01 | 1994-11-01 | 1994-11-01 | 是 |
| 157 | 西红柿叶 | GSBZ 51001—94 | 1994-11-01 | 1994-11-01 | 1994-11-01 | 是 |
| 158 | 牛肝 | GSBZ 19001—94 | 1994-11-01 | 1994-11-01 | 1994-11-01 | 是 |
| 159 | 水质　总磷（以 P 计） | GSBZ 50033—95 | 1996-01-04 | 1996-01-04 | 1996-01-04 | 是 |
| 160 | 水质　苯胺 | GSBZ 50034—95 | 1996-01-04 | 1996-01-04 | 1996-01-04 | 是 |
| 161 | 水质　硝基苯 | GSBZ 50035—95 | 1996-01-04 | 1996-01-04 | 1996-01-04 | 是 |
| 162 | 氮氧化物（水剂）（以 $NO_2$ 计） | GSBZ 50036—95 | 1996-01-04 | 1996-01-04 | 1996-01-04 | 是 |
| 163 | 二氧化硫（水剂） | GSBZ 50037—95 | 1996-01-04 | 1996-01-04 | 1996-01-04 | 是 |
| 164 | 水质　银 | GSBZ 50038—95 | 1996-01-04 | 1996-01-04 | 1996-01-04 | 是 |
| 165 | 水质　钡 | GSBZ 50039—95 | 1996-01-04 | 1996-01-04 | 1996-01-04 | 是 |
| 166 | 二氧化硫（片剂） | GSBZ 50040—95 | 1996-01-04 | 1996-01-04 | 1996-01-04 | 是 |
| 167 | 牡蛎 | GSBZ 19002—95 | 1996-01-04 | 1996-01-04 | 1996-01-04 | 是 |
| 168 | 烟度卡标准 | GB 9804—1996 | 1996-10-04 | 1996-10-04 | 1997-01-01 | 是 |
| 169 | 工业固体废弃物铬渣（ISS-1） | GSB 07-1019—1999 | 1999-04-13 | 1999-04-13 | 1999-04-13 | 是 |
| 170 | 工业固体废弃物锌渣（ISS-2） | GSB 07-1020—1999 | 1999-04-13 | 1999-04-13 | 1999-04-13 | 是 |
| 171 | 甲醇中苯 | GSB 07-1021—1999 | 1999-04-13 | 1999-04-13 | 1999-04-13 | 是 |
| 172 | 甲醇中甲苯 | GSB 07-1022—1999 | 1999-04-13 | 1999-04-13 | 1999-04-13 | 是 |
| 173 | 甲醇中乙苯 | GSB 07-1023—1999 | 1999-04-13 | 1999-04-13 | 1999-04-13 | 是 |
| 174 | 甲醇中对二甲苯 | GSB 07-1024—1999 | 1999-04-13 | 1999-04-13 | 1999-04-13 | 是 |

续表

| 序号 | 标准名称 | 标准编号 | 批准时间 | 发布时间 | 实施时间 | 是否为现行标准 |
|---|---|---|---|---|---|---|
| 175 | 甲醇中间二甲苯 | GSB 07-1025—1999 | 1999-04-13 | 1999-04-13 | 1999-04-13 | 是 |
| 176 | 甲醇中邻二甲苯 | GSB 07-1026—1999 | 1999-04-13 | 1999-04-13 | 1999-04-13 | 是 |
| 177 | 甲醇中异丙苯 | GSB 07-1027—1999 | 1999-04-13 | 1999-04-13 | 1999-04-13 | 是 |
| 178 | 甲醇中苯乙烯 | GSB 07-1028—1999 | 1999-04-13 | 1999-04-13 | 1999-04-13 | 是 |
| 179 | 甲醇中邻苯二甲酸二甲酯 | GSB 07-1029—1999 | 1999-04-13 | 1999-04-13 | 1999-04-13 | 是 |
| 180 | 甲醇中邻苯二甲酸二丁酯 | GSB 07-1030—1999 | 1999-04-13 | 1999-04-13 | 1999-04-13 | 是 |
| 181 | 甲醇中邻苯二甲酸二辛酯 | GSB 07-1031—1999 | 1999-04-13 | 1999-04-13 | 1999-04-13 | 是 |
| 182 | 甲醇中 1,2-二氯苯 | GSB 07-1032—1999 | 1999-04-13 | 1999-04-13 | 1999-04-13 | 是 |
| 183 | 甲醇中 1,3-二氯苯 | GSB 07-1033—1999 | 1999-04-13 | 1999-04-13 | 1999-04-13 | 是 |
| 184 | 甲醇中六氯苯 | GSB 07-1034—1999 | 1999-04-13 | 1999-04-13 | 1999-04-13 | 是 |
| 185 | 甲醇中苯胺 | GSB 07-1035—1999 | 1999-04-13 | 1999-04-13 | 1999-04-13 | 是 |
| 186 | 甲醇中对硝基苯胺 | GSB 07-1036—1999 | 1999-04-13 | 1999-04-13 | 1999-04-13 | 是 |
| 187 | 甲醇中对硝基苯酚 | GSB 07-1037—1999 | 1999-04-13 | 1999-04-13 | 1999-04-13 | 是 |
| 188 | 甲醇对甲基苯酚 | GSB 07-1038—1999 | 1999-04-13 | 1999-04-13 | 1999-04-13 | 是 |
| 189 | 甲醇中五氯苯酚 | GSB 07-1039—1999 | 1999-04-13 | 1999-04-13 | 1999-04-13 | 是 |
| 190 | 丙酮中苯并[b]荧蒽 | GSB 07-1040—1999 | 1999-04-13 | 1999-04-13 | 1999-04-13 | 是 |
| 191 | 丙酮中苯并[k]荧蒽 | GSB 07-1041—1999 | 1999-04-13 | 1999-04-13 | 1999-04-13 | 是 |
| 192 | 丙酮中苯并[ghi]苝 | GSB 07-1042—1999 | 1999-04-13 | 1999-04-13 | 1999-04-13 | 是 |
| 193 | 甲醇中苯系物混合标准样品 | GSB 07-1043—1999 | 1999-04-13 | 1999-04-13 | 1999-04-13 | 是 |
| 194 | 甲醇中氯代苯类混合标准样品 | GSB 07-1044—1999 | 1999-04-13 | 1999-04-13 | 1999-04-13 | 是 |
| 195 | 甲醇中酚类混合标准样品 | GSB 07-1045—1999 | 1999-04-13 | 1999-04-13 | 1999-04-13 | 是 |
| 196 | 甲醇多环芳烃混合标准样品 | GSB 07-1046—1999 | 1999-04-13 | 1999-04-13 | 1999-04-13 | 是 |
| 197 | 嗅觉标准样品 | GSB07-1075—1999 | 1999-06-29 | 1999-06-29 | 1999-06-29 | 是 |

续表

| 序号 | 标准名称 | 标准编号 | 批准时间 | 发布时间 | 实施时间 | 是否为现行标准 |
|---|---|---|---|---|---|---|
| 198 | 水质　总铍标准样品（5～25 μg/L） | GSB 07-1178—2000 | 2000-07-24 | 2000-07-24 | 2000-07-24 | 是 |
| 199 | 水质　甲醛标准样品（0.2～5 mg/L） | GSB 07-1179—2000 | 2000-07-24 | 2000-07-24 | 2000-07-24 | 是 |
| 200 | 二硫化碳中丙烯腈（200～800 mg/L） | GSB 07-1180—2000 | 2000-07-24 | 2000-07-24 | 2000-07-24 | 是 |
| 201 | 甲醇中丙烯醛-DNPH（10～30 ml/L） | GSB 07-1181—2000 | 2000-07-24 | 2000-07-24 | 2000-07-24 | 是 |
| 202 | 水质　铜标准样品（0.01～2 mg/L） | GSB 07-1182—2000 | 2000-07-24 | 2000-07-24 | 2000-07-24 | 是 |
| 203 | 水质　铅标准样品（0.01～2 mg/L） | GSB 07-1183—2000 | 2000-07-24 | 2000-07-24 | 2000-07-24 | 是 |
| 204 | 水质　锌标准样品（0.01～2 mg/L） | GSB 07-1184—2000 | 2000-07-24 | 2000-07-24 | 2000-07-24 | 是 |
| 205 | 水质　镉标准样品（0.01～2 mg/L） | GSB 07-1185—2000 | 2000-07-24 | 2000-07-24 | 2000-07-24 | 是 |
| 206 | 水质　镍标准样品（0.01～2 mg/L） | GSB 07-1186—2000 | 2000-07-24 | 2000-07-24 | 2000-07-24 | 是 |
| 207 | 水质　总铬标准样品（0.1～2 mg/L） | GSB 07-1187—2000 | 2000-07-24 | 2000-07-24 | 2000-07-24 | 是 |
| 208 | 水质　总铁标准样品（0.1～5 mg/L） | GSB 07-1188—2000 | 2000-07-24 | 2000-07-24 | 2000-07-24 | 是 |
| 209 | 水质　锰标准样品（0.1～5 mg/L） | GSB 07-1189—2000 | 2000-07-24 | 2000-07-24 | 2000-07-24 | 是 |
| 210 | 水质　钾标准样品（0.1～5 mg/L） | GSB 07-1190—2000 | 2000-07-24 | 2000-07-24 | 2000-07-24 | 是 |
| 211 | 水质　钠标准样品（0.1～5 mg/L） | GSB 07-1191—2000 | 2000-07-24 | 2000-07-24 | 2000-07-24 | 是 |
| 212 | 水质　钙标准样品（0.1～10 mg/L） | GSB 07-1192—2000 | 2000-07-24 | 2000-07-24 | 2000-07-24 | 是 |
| 213 | 水质　镁标准样品（0.1～5 mg/L） | GSB 07-1193—2000 | 2000-07-24 | 2000-07-24 | 2000-07-24 | 是 |
| 214 | 水质　氟标准样品（0.1～5 mg/L） | GSB 07-1194—2000 | 2000-07-24 | 2000-07-24 | 2000-07-24 | 是 |
| 215 | 水质　氯标准样品（0.1～100 mg/L） | GSB 07-1195—2000 | 2000-07-24 | 2000-07-24 | 2000-07-24 | 是 |
| 216 | 水质　硫酸盐标准样品（0.1～100 mg/L） | GSB 07-1196—2000 | 2000-07-24 | 2000-07-24 | 2000-07-24 | 是 |
| 217 | 水质　阴离子表面活性剂标准样品（0.1～50 mg/L） | GSB 07-1197—2000 | 2000-07-24 | 2000-07-24 | 2000-07-24 | 是 |
| 218 | 四氯化碳中矿物油标准样品（2～200 mg/L） | GSB 07-1198—2000 | 2000-07-24 | 2000-07-24 | 2000-07-24 | 是 |
| 219 | 二硫化碳中苯溶液（1 000 mg/L） | GSB 07-1199—2000 | 2000-07-24 | 2000-07-24 | 2000-07-24 | 是 |
| 220 | 二硫化碳中甲苯溶液（1 000 mg/L） | GSB 07-1200—2000 | 2000-07-24 | 2000-07-24 | 2000-07-24 | 是 |

续表

| 序号 | 标准名称 | 标准编号 | 批准时间 | 发布时间 | 实施时间 | 是否为现行标准 |
|---|---|---|---|---|---|---|
| 221 | 二硫化碳中乙苯溶液（1 000 mg/L） | GSB 07-1201—2000 | 2000-07-24 | 2000-07-24 | 2000-07-24 | 是 |
| 222 | 二硫化碳中异丙苯溶液（1 000 mg/L） | GSB 07-1202—2000 | 2000-07-24 | 2000-07-24 | 2000-07-24 | 是 |
| 223 | 二硫化碳中苯乙烯溶液（1 000 mg/L） | GSB 07-1203—2000 | 2000-07-24 | 2000-07-24 | 2000-07-24 | 是 |
| 224 | 二硫化碳对二甲苯溶液（1 000 mg/L） | GSB 07-1204—2000 | 2000-07-24 | 2000-07-24 | 2000-07-24 | 是 |
| 225 | 二硫化碳中二甲苯溶液（1 000 mg/L） | GSB 07-1205—2000 | 2000-07-24 | 2000-07-24 | 2000-07-24 | 是 |
| 226 | 二硫化碳中邻二甲苯溶液（1 000 mg/L） | GSB 07-1206—2000 | 2000-07-24 | 2000-07-24 | 2000-07-24 | 是 |
| 227 | 甲醇中邻苯二甲酸二乙酯溶液（1 000 mg/L） | GSB 07-1207—2000 | 2000-07-24 | 2000-07-24 | 2000-07-24 | 是 |
| 228 | 甲醇中邻苯二甲酸二（2-乙基己基）酯溶液（1 000 mg/L） | GSB 07-1208—2000 | 2000-07-24 | 2000-07-24 | 2000-07-24 | 是 |
| 229 | 甲醇中邻苯二甲酸丁基苄酯溶液（1 000 mg/L） | GSB 07-1209—2000 | 2000-07-24 | 2000-07-24 | 2000-07-24 | 是 |
| 230 | 水中硝基苯溶液（100 mg/L） | GSB 07-1210—2000 | 2000-07-24 | 2000-07-24 | 2000-07-24 | 是 |
| 231 | 甲醇中硝基苯溶液（1 000 mg/L） | GSB 07-1211—2000 | 2000-07-24 | 2000-07-24 | 2000-07-24 | 是 |
| 232 | 甲醇中邻硝基甲苯溶液（1 000 mg/L） | GSB 07-1212—2000 | 2000-07-24 | 2000-07-24 | 2000-07-24 | 是 |
| 233 | 甲醇中间硝基甲苯溶液（1 000 mg/L） | GSB 07-1213—2000 | 2000-07-24 | 2000-07-24 | 2000-07-24 | 是 |
| 234 | 甲醇中对硝基甲苯溶液（1 000 mg/L） | GSB 07-1214—2000 | 2000-07-24 | 2000-07-24 | 2000-07-24 | 是 |
| 235 | 甲醇中邻硝基氯苯溶液（1 000 mg/L） | GSB 07-1215—2000 | 2000-07-24 | 2000-07-24 | 2000-07-24 | 是 |
| 236 | 甲醇中间硝基氯苯溶液（1 000 mg/L） | GSB 07-1216—2000 | 2000-07-24 | 2000-07-24 | 2000-07-24 | 是 |
| 237 | 甲醇中 2,4-二硝基甲苯溶液（1 000 mg/L） | GSB 07-1217—2000 | 2000-07-24 | 2000-07-24 | 2000-07-24 | 是 |
| 238 | 甲醇中 2,4-二硝基氯苯溶液（1 000 mg/L） | GSB 07-1218—2000 | 2000-07-24 | 2000-07-24 | 2000-07-24 | 是 |
| 239 | 甲醇中对硝基乙苯溶液（1 000 mg/L） | GSB 07-1219—2000 | 2000-07-24 | 2000-07-24 | 2000-07-24 | 是 |
| 240 | 甲醇中氯苯溶液（1 000 mg/L） | GSB 07-1220—2000 | 2000-07-24 | 2000-07-24 | 2000-07-24 | 是 |
| 241 | 甲醇中邻二氯苯溶液（1 000 mg/L） | GSB 07-1221—2000 | 2000-07-24 | 2000-07-24 | 2000-07-24 | 是 |
| 242 | 甲醇中间二氯苯溶液（1 000 mg/L） | GSB 07-1222—2000 | 2000-07-24 | 2000-07-24 | 2000-07-24 | 是 |
| 243 | 甲醇中对二氯苯溶液（1 000 mg/L） | GSB 07-1223—2000 | 2000-07-24 | 2000-07-24 | 2000-07-24 | 是 |

续表

| 序号 | 标准名称 | 标准编号 | 批准时间 | 发布时间 | 实施时间 | 是否为现行标准 |
| --- | --- | --- | --- | --- | --- | --- |
| 244 | 甲醇中 1,2,4-三氯苯溶液（1 000 mg/L） | GSB 07-1224—2000 | 2000-07-24 | 2000-07-24 | 2000-07-24 | 是 |
| 245 | 甲醇中 1,2,3,4-四氯苯溶液（1 000 mg/L） | GSB 07-1225—2000 | 2000-07-24 | 2000-07-24 | 2000-07-24 | 是 |
| 246 | 甲醇中氯仿溶液（1 000 mg/L） | GSB 07-1226—2000 | 2000-07-24 | 2000-07-24 | 2000-07-24 | 是 |
| 247 | 甲醇中四氯化碳溶液（1 000 mg/L） | GSB 07-1227—2000 | 2000-07-24 | 2000-07-24 | 2000-07-24 | 是 |
| 248 | 甲醇中三氯乙烯溶液（1 000 mg/L） | GSB 07-1228—2000 | 2000-07-24 | 2000-07-24 | 2000-07-24 | 是 |
| 249 | 甲醇中四氯乙烯溶液（1 000 mg/L） | GSB 07-1229—2000 | 2000-07-24 | 2000-07-24 | 2000-07-24 | 是 |
| 250 | 甲醇中溴仿溶液（1 000 mg/L） | GSB 07-1230—2000 | 2000-07-24 | 2000-07-24 | 2000-07-24 | 是 |
| 251 | 水中苯胺溶液（100 mg/L） | GSB 07-1231—2000 | 2000-07-24 | 2000-07-24 | 2000-07-24 | 是 |
| 252 | 甲醇中苯胺溶液（1 000 mg/L） | GSB 07-1232—2000 | 2000-07-24 | 2000-07-24 | 2000-07-24 | 是 |
| 253 | 甲醇中间硝基苯胺溶液（1 000 mg/L） | GSB 07-1233—2000 | 2000-07-24 | 2000-07-24 | 2000-07-24 | 是 |
| 254 | 甲醇中对硝基苯胺溶液（1 000 mg/L） | GSB 07-1234—2000 | 2000-07-24 | 2000-07-24 | 2000-07-24 | 是 |
| 255 | 甲醇中联苯胺溶液（1 000 mg/L） | GSB 07-1235—2000 | 2000-07-24 | 2000-07-24 | 2000-07-24 | 是 |
| 256 | 甲醇中间甲酚溶液（1 000 mg/L） | GSB 07-1236—2000 | 2000-07-24 | 2000-07-24 | 2000-07-24 | 是 |
| 257 | 甲醇中 2,3-二甲酚溶液（1 000 mg/L） | GSB 07-1237—2000 | 2000-07-24 | 2000-07-24 | 2000-07-24 | 是 |
| 258 | 甲醇中 2,4-二甲酚溶液（1 000 mg/L） | GSB 07-1238—2000 | 2000-07-24 | 2000-07-24 | 2000-07-24 | 是 |
| 259 | 甲醇中 2,5-二甲酚溶液（1 000 mg/L） | GSB 07-1239—2000 | 2000-07-24 | 2000-07-24 | 2000-07-24 | 是 |
| 260 | 甲醇中 2,6-二甲酚溶液（1 000 mg/L） | GSB 07-1240—2000 | 2000-07-24 | 2000-07-24 | 2000-07-24 | 是 |
| 261 | 甲醇中 3,4-二甲酚溶液（1 000 mg/L） | GSB 07-1241—2000 | 2000-07-24 | 2000-07-24 | 2000-07-24 | 是 |
| 262 | 甲醇中 3,5-二甲酚溶液（1 000 mg/L） | GSB 07-1242—2000 | 2000-07-24 | 2000-07-24 | 2000-07-24 | 是 |
| 263 | 甲醇中邻硝基苯酚溶液（1 000 mg/L） | GSB 07-1243—2000 | 2000-07-24 | 2000-07-24 | 2000-07-24 | 是 |
| 264 | 甲醇中间硝基苯酚溶液（1 000 mg/L） | GSB 07-1244—2000 | 2000-07-24 | 2000-07-24 | 2000-07-24 | 是 |
| 265 | 甲醇中对硝基苯酚溶液（1 000 mg/L） | GSB 07-1245—2000 | 2000-07-24 | 2000-07-24 | 2000-07-24 | 是 |
| 266 | 甲醇中邻氯苯酚溶液（1 000 mg/L） | GSB 07-1246—2000 | 2000-07-24 | 2000-07-24 | 2000-07-24 | 是 |

续表

| 序号 | 标准名称 | 标准编号 | 批准时间 | 发布时间 | 实施时间 | 是否为现行标准 |
| --- | --- | --- | --- | --- | --- | --- |
| 267 | 甲醇中间氯苯酚溶液（1 000 mg/L） | GSB 07-1247—2000 | 2000-07-24 | 2000-07-24 | 2000-07-24 | 是 |
| 268 | 甲醇中对氯苯酚溶液（1 000 mg/L） | GSB 07-1248—2000 | 2000-07-24 | 2000-07-24 | 2000-07-24 | 是 |
| 269 | 甲醇中邻苯二酚溶液（1 000 mg/L） | GSB 07-1249—2000 | 2000-07-24 | 2000-07-24 | 2000-07-24 | 是 |
| 270 | 甲醇中间苯二酚溶液（1 000 mg/L） | GSB 07-1250—2000 | 2000-07-24 | 2000-07-24 | 2000-07-24 | 是 |
| 271 | 甲醇中对苯二酚溶液（1 000 mg/L） | GSB 07-1251—2000 | 2000-07-24 | 2000-07-24 | 2000-07-24 | 是 |
| 272 | 甲醇中间苯三酚溶液（1 000 mg/L） | GSB 07-1252—2000 | 2000-07-24 | 2000-07-24 | 2000-07-24 | 是 |
| 273 | 环境监测用硒溶液（500 mg/L） | GSB 07-1253—2000 | 2000-07-24 | 2000-07-24 | 2000-07-24 | 是 |
| 274 | 环境监测用钼溶液（500 mg/L） | GSB 07-1254—2000 | 2000-07-24 | 2000-07-24 | 2000-07-24 | 是 |
| 275 | 环境监测用钴溶液（500 mg/L） | GSB 07-1255—2000 | 2000-07-24 | 2000-07-24 | 2000-07-24 | 是 |
| 276 | 环境监测用钒溶液（500 mg/L） | GSB 07-1256—2000 | 2000-07-24 | 2000-07-24 | 2000-07-24 | 是 |
| 277 | 环境监测用铜溶液（1 000 mg/L） | GSB 07-1257—2000 | 2000-07-24 | 2000-07-24 | 2000-07-24 | 是 |
| 278 | 环境监测用铅溶液（1 000 mg/L） | GSB 07-1258—2000 | 2000-07-24 | 2000-07-24 | 2000-07-24 | 是 |
| 279 | 环境监测用锌溶液（1 000 mg/L） | GSB 07-1259—2000 | 2000-07-24 | 2000-07-24 | 2000-07-24 | 是 |
| 280 | 环境监测用镍溶液（500 mg/L） | GSB 07-1260—2000 | 2000-07-24 | 2000-07-24 | 2000-07-24 | 是 |
| 281 | 环境监测用钾溶液（500 mg/L） | GSB 07-1261—2000 | 2000-07-24 | 2000-07-24 | 2000-07-24 | 是 |
| 282 | 环境监测用钠溶液（500 mg/L） | GSB 07-1262—2000 | 2000-07-24 | 2000-07-24 | 2000-07-24 | 是 |
| 283 | 环境监测用钙溶液（500 mg/L） | GSB 07-1263—2000 | 2000-07-24 | 2000-07-24 | 2000-07-24 | 是 |
| 284 | 环境监测用铁溶液（1 000 mg/L） | GSB 07-1264—2000 | 2000-07-24 | 2000-07-24 | 2000-07-24 | 是 |
| 285 | 环境监测用锰溶液（1 000 mg/L） | GSB 07-1265—2000 | 2000-07-24 | 2000-07-24 | 2000-07-24 | 是 |
| 286 | 环境监测用氟溶液（500 mg/L） | GSB 07-1266—2000 | 2000-07-24 | 2000-07-24 | 2000-07-24 | 是 |
| 287 | 环境监测用氯溶液（500 mg/L） | GSB 07-1267—2000 | 2000-07-24 | 2000-07-24 | 2000-07-24 | 是 |
| 288 | 环境监测用硫酸盐溶液（500 mg/L） | GSB 07-1268—2000 | 2000-07-24 | 2000-07-24 | 2000-07-24 | 是 |
| 289 | 环境监测用硫酸盐溶液（5 000 mg/L） | GSB 07-1269—2000 | 2000-07-24 | 2000-07-24 | 2000-07-24 | 是 |

续表

| 序号 | 标准名称 | 标准编号 | 批准时间 | 发布时间 | 实施时间 | 是否为现行标准 |
|---|---|---|---|---|---|---|
| 290 | 环境监测用磷溶液（500 mg/L） | GSB 07-1270—2000 | 2000-07-24 | 2000-07-24 | 2000-07-24 | 是 |
| 291 | 环境监测用十二烷基苯磺酸钠溶液（500 mg/L） | GSB 07-1271—2000 | 2000-07-24 | 2000-07-24 | 2000-07-24 | 是 |
| 292 | 环境监测用亚硝酸盐氮溶液（100 mg/L） | GSB 07-1272—2000 | 2000-07-24 | 2000-07-24 | 2000-07-24 | 是 |
| 293 | 环境监测用二氧化硫溶液（100 mg/L） | GSB 07-1273—2000 | 2000-07-24 | 2000-07-24 | 2000-07-24 | 是 |
| 294 | 环境监测用汞溶液（100 mg/L） | GSB 07-1274—2000 | 2000-07-24 | 2000-07-24 | 2000-07-24 | 是 |
| 295 | 环境监测用砷溶液（100 mg/L） | GSB 07-1275—2000 | 2000-07-24 | 2000-07-24 | 2000-07-24 | 是 |
| 296 | 环境监测用镉溶液（100 mg/L） | GSB 07-1276—2000 | 2000-07-24 | 2000-07-24 | 2000-07-24 | 是 |
| 297 | 环境监测用锑溶液（100 mg/L） | GSB 07-1277—2000 | 2000-07-24 | 2000-07-24 | 2000-07-24 | 是 |
| 298 | 甲醇中邻苯二甲酸二甲酯溶液 | GSB 07-1278—2000 | 2000-07-24 | 2000-07-24 | 2000-07-24 | 是 |
| 299 | 甲醇中邻苯二甲酸二丁酯溶液 | GSB 07-1279—2000 | 2000-07-24 | 2000-07-24 | 2000-07-24 | 是 |
| 300 | 甲醇中邻苯二甲酸二辛酯溶液 | GSB 07-1280—2000 | 2000-07-24 | 2000-07-24 | 2000-07-24 | 是 |
| 301 | 环境监测用酚溶液（500 mg/L） | GSB 07-1281—2000 | 2000-07-24 | 2000-07-24 | 2000-07-24 | 是 |
| 302 | 环境监测用铅溶液（500 mg/L） | GSB 07-1282—2000 | 2000-07-24 | 2000-07-24 | 2000-07-24 | 是 |
| 303 | 环境监测用锌溶液（500 mg/L） | GSB 07-1283—2000 | 2000-07-24 | 2000-07-24 | 2000-07-24 | 是 |
| 304 | 环境监测用铬溶液（500 mg/L） | GSB 07-1284—2000 | 2000-07-24 | 2000-07-24 | 2000-07-24 | 是 |
| 305 | 环境监测用镁溶液（500 mg/L） | GSB 07-1285—2000 | 2000-07-24 | 2000-07-24 | 2000-07-24 | 是 |
| 306 | 环境监测用铁溶液（500 mg/L） | GSB 07-1286—2000 | 2000-07-24 | 2000-07-24 | 2000-07-24 | 是 |
| 307 | 铜溶液（500 mg/L） | GSB 05-1117—2000 | 2000-07-24 | 2000-07-24 | 2000-07-24 | 是 |
| 308 | 锰溶液（500 mg/L） | GSB 05-1127—2000 | 2000-07-24 | 2000-07-24 | 2000-07-24 | 是 |
| 309 | 亚硝酸盐溶液（100 mg/L） | GSB 05-1142—2000 | 2000-07-24 | 2000-07-24 | 2000-07-24 | 是 |
| 310 | 硝酸盐氮溶液（500 mg/L） | GSB 05-1144—2000 | 2000-07-24 | 2000-07-24 | 2000-07-24 | 是 |
| 311 | 氨氮溶液（500 mg/L） | GSB 05-1145—2000 | 2000-07-24 | 2000-07-24 | 2000-07-24 | 是 |
| 312 | 水质　硫化物 | GSB 07-1373—2001 | 2001-05-31 | 2001-05-31 | 2001-05-31 | 是 |

续表

| 序号 | 标准名称 | 标准编号 | 批准时间 | 发布时间 | 实施时间 | 是否为现行标准 |
|---|---|---|---|---|---|---|
| 313 | 水质　凯氏氮 | GSB 07-1374—2001 | 2001-05-31 | 2001-05-31 | 2001-05-31 | 是 |
| 314 | 水质　铝 | GSB 07-1375—2001 | 2001-05-31 | 2001-05-31 | 2001-05-31 | 是 |
| 315 | 水质　锑 | GSB 07-1376—2001 | 2001-05-31 | 2001-05-31 | 2001-05-31 | 是 |
| 316 | 水质　浊度 | GSB 07-1377—2001 | 2001-05-31 | 2001-05-31 | 2001-05-31 | 是 |
| 317 | 水质　锂 | GSB 07-1378—2001 | 2001-05-31 | 2001-05-31 | 2001-05-31 | 是 |
| 318 | 水质　锶 | GSB 07-1379—2001 | 2001-05-31 | 2001-05-31 | 2001-05-31 | 是 |
| 319 | 水质　溴 | GSB 07-1380—2001 | 2001-05-31 | 2001-05-31 | 2001-05-31 | 是 |
| 320 | 水质　氟、氯、硫酸根、硝酸根（混合） | GSB 07-1381—2001 | 2001-05-31 | 2001-05-31 | 2001-05-31 | 是 |
| 321 | 水质　总碱度、pH（混合） | GSB 07-1382—2001 | 2001-05-31 | 2001-05-31 | 2001-05-31 | 是 |
| 322 | 甲醇中多氯联苯（Aroclor1242） | GSB 07-1383—2001 | 2001-05-31 | 2001-05-31 | 2001-05-31 | 是 |
| 323 | 甲醇中多氯联苯（Aroclor1248） | GSB 07-1384—2001 | 2001-05-31 | 2001-05-31 | 2001-05-31 | 是 |
| 324 | 甲醇中多氯联苯（Aroclor1254） | GSB 07-1385—2001 | 2001-05-31 | 2001-05-31 | 2001-05-31 | 是 |
| 325 | 甲醇中多氯联苯（Aroclor1260） | GSB 07-1386—2001 | 2001-05-31 | 2001-05-31 | 2001-05-31 | 是 |
| 326 | 异辛烷中α-六六六 | GSB 07-1387—2001 | 2001-05-31 | 2001-05-31 | 2001-05-31 | 是 |
| 327 | 异辛烷中β-六六六 | GSB 07-1388—2001 | 2001-05-31 | 2001-05-31 | 2001-05-31 | 是 |
| 328 | 异辛烷中γ-六六六 | GSB 07-1389—2001 | 2001-05-31 | 2001-05-31 | 2001-05-31 | 是 |
| 329 | 异辛烷中δ-六六六 | GSB 07-1390—2001 | 2001-05-31 | 2001-05-31 | 2001-05-31 | 是 |
| 330 | 异辛烷中 P,P′-DDE | GSB 07-1391—2001 | 2001-05-31 | 2001-05-31 | 2001-05-31 | 是 |
| 331 | 异辛烷中 P,P′-DDD | GSB 07-1392—2001 | 2001-05-31 | 2001-05-31 | 2001-05-31 | 是 |
| 332 | 异辛烷中 P,P′-DDT | GSB 07-1393—2001 | 2001-05-31 | 2001-05-31 | 2001-05-31 | 是 |
| 333 | 异辛烷中 O,P′-DDT | GSB 07-1394—2001 | 2001-05-31 | 2001-05-31 | 2001-05-31 | 是 |
| 334 | 异辛烷中α,β,γ,δ-六六六,O,P′,P,P′-DDT,P,P′-DDD,P,P′-DDE（混合） | GSB 07-1395—2001 | 2001-05-31 | 2001-05-31 | 2001-05-31 | 是 |
| 335 | 三氯甲烷中敌敌畏 | GSB 07-1396—2001 | 2001-05-31 | 2001-05-31 | 2001-05-31 | 是 |

续表

| 序号 | 标准名称 | 标准编号 | 批准时间 | 发布时间 | 实施时间 | 是否为现行标准 |
| --- | --- | --- | --- | --- | --- | --- |
| 336 | 三氯甲烷中甲基对硫磷 | GSB 07-1397—2001 | 2001-05-31 | 2001-05-31 | 2001-05-31 | 是 |
| 337 | 三氯甲烷中对硫磷 | GSB 07-1398—2001 | 2001-05-31 | 2001-05-31 | 2001-05-31 | 是 |
| 338 | 三氯甲烷中马拉硫磷 | GSB 07-1399—2001 | 2001-05-31 | 2001-05-31 | 2001-05-31 | 是 |
| 339 | 三氯甲烷中敌敌畏、乐果、甲基对硫磷、对硫磷、马拉硫磷 | GSB 07-1400—2001 | 2001-05-31 | 2001-05-31 | 2001-05-31 | 是 |
| 340 | 甲醇中敌敌畏、乐果、甲基对硫磷、对硫磷、马拉硫磷 | GSB 07-1401—2001 | 2001-05-31 | 2001-05-31 | 2001-05-31 | 是 |
| 341 | 二硫化碳中苯系物（混合） | GSB 07-1402—2001 | 2001-05-31 | 2001-05-31 | 2001-05-31 | 是 |
| 342 | 甲醇中挥发性卤代烃（混合） | GSB 07-1403—2001 | 2001-05-31 | 2001-05-31 | 2001-05-31 | 是 |
| 343 | 甲醇中邻苯二甲酸二（2-乙基己基）酯 | GSB 07-1404—2001 | 2001-05-31 | 2001-05-31 | 2001-05-31 | 是 |
| 344 | 氮气中二氧化硫 | GSB 07-1405—2001 | 2001-05-31 | 2001-05-31 | 2001-05-31 | 是 |
| 345 | 氮气中一氧化氮 | GSB 07-1406—2001 | 2001-05-31 | 2001-05-31 | 2001-05-31 | 是 |
| 346 | 氮气中一氧化碳 | GSB 07-1407—2001 | 2001-05-31 | 2001-05-31 | 2001-05-31 | 是 |
| 347 | 氮气中二氧化碳 | GSB 07-1408—2001 | 2001-05-31 | 2001-05-31 | 2001-05-31 | 是 |
| 348 | 氮气中甲烷 | GSB 07-1409—2001 | 2001-05-31 | 2001-05-31 | 2001-05-31 | 是 |
| 349 | 氮气中丙烷 | GSB 07-1410—2001 | 2001-05-31 | 2001-05-31 | 2001-05-31 | 是 |
| 350 | 空气中甲烷 | GSB 07-1411—2001 | 2001-05-31 | 2001-05-31 | 2001-05-31 | 是 |
| 351 | 氮气中苯系物 | GSB 07-1412—2001 | 2001-05-31 | 2001-05-31 | 2001-05-31 | 是 |
| 352 | 氮气中一氧化碳与丙烷混合气体（汽车尾气监测用） | GSB 07-1413—2001 | 2001-05-31 | 2001-05-31 | 2001-05-31 | 是 |
| 353 | 水质 三氯乙醛 | GSB 07-1501—2002 | 2002-09-26 | 2002-09-26 | 2002-11-08 | 是 |
| 354 | 水质 阿特拉津 | GSB 07-1502—2002 | 2002-09-26 | 2002-09-26 | 2002-11-08 | 是 |
| 355 | 水质 甲基汞 | GSB 07-1503—2002 | 2002-09-26 | 2002-09-26 | 2002-11-08 | 是 |
| 356 | 水质 乙基汞 | GSB 07-1504—2002 | 2002-09-26 | 2002-09-26 | 2002-11-08 | 是 |
| 357 | 水质 2,4-二硝基甲苯 | GSB 07-1505—2002 | 2002-09-26 | 2002-09-26 | 2002-11-08 | 是 |
| 358 | 水质 2,4,6-三硝基甲苯 | GSB 07-1506—2002 | 2002-09-26 | 2002-09-26 | 2002-11-08 | 是 |

续表

| 序号 | 标准名称 | 标准编号 | 批准时间 | 发布时间 | 实施时间 | 是否为现行标准 |
| --- | --- | --- | --- | --- | --- | --- |
| 359 | 销毁日本遗弃在华化学武器 二苯氯砷 | GSB 07-1616—2003 | 2003-04-21 | 2003-04-21 | 2003-04-21 | 是 |
| 360 | 销毁日本遗弃在华化学武器 二苯氰砷 | GSB 07-1617—2003 | 2003-04-21 | 2003-04-21 | 2003-04-21 | 是 |
| 361 | 销毁日本遗弃在华化学武器 氯乙烯氧砷 | GSB 07-1618—2003 | 2003-04-21 | 2003-04-21 | 2003-04-21 | 是 |
| 362 | 销毁日本遗弃在华化学武器 氧联双二苯胂 | GSB 07-1619—2003 | 2003-04-21 | 2003-04-21 | 2003-04-21 | 是 |
| 363 | 销毁日本遗弃在华化学武器 芥子砜 | GSB 07-1620—2003 | 2003-04-21 | 2003-04-21 | 2003-04-21 | 是 |
| 364 | 销毁日本遗弃在华化学武器 芥子亚砜 | GSB 07-1621—2003 | 2003-04-21 | 2003-04-21 | 2003-04-21 | 是 |
| 365 | 销毁日本遗弃在华化学武器 氯乙烯胂酸 | GSB 07-1622—2003 | 2003-04-21 | 2003-04-21 | 2003-04-21 | 是 |
| 366 | 销毁日本遗弃在华化学武器 三苯胂 | GSB 07-1623—2003 | 2003-04-21 | 2003-04-21 | 2003-04-21 | 是 |
| 367 | 销毁日本遗弃在华化学武器 路易氏剂 | GSB 07-1624—2003 | 2003-04-21 | 2003-04-21 | 2003-04-21 | 是 |
| 368 | 销毁日本遗弃在华化学武器 芥子气 | GSB 07-1625—2003 | 2003-04-21 | 2003-04-21 | 2003-04-21 | 是 |
| 369 | 销毁日本遗弃在华化学武器 氯苯乙酮 | GSB 07-1626—2003 | 2003-04-21 | 2003-04-21 | 2003-04-21 | 是 |
| 370 | 销毁日本遗弃在华化学武器 氰溴甲苯 | GSB 07-1633—2003 | 2003-11-19 | 2003-11-19 | 2003-11-19 | 是 |
| 371 | 销毁日本遗弃在华化学武器 光气 | GSB 07-1634—2003 | 2003-11-19 | 2003-11-19 | 2003-11-19 | 是 |
| 372 | 制订地方水污染物排放标准的技术原则和方法 | GB 3839—83 | 1983-09-14 | 1983-09-14 | 1984-04-01 | 是 |
| 373 | 工业废水 总硝基化合物的测定分光光度法 | GB 4918—85 | 1985-01-18 | 1985-01-18 | 1985-08-01 | 否 |
| 374 | 工业废水 总硝基化合物的测定气相色谱法 | GB 4919—85 | 1985-01-18 | 1985-01-18 | 1985-08-01 | 是 |
| 375 | 硫酸浓缩尾气 硫酸雾的测定铬酸钡比色法 | GB 4920—85 | 1985-01-18 | 1985-01-18 | 1985-08-01 | 是 |
| 376 | 工业废气 耗氧值和氧化氮的测定 重铬酸钾氧化、萘乙二胺比色法 | GB 4921—85 | 1985-01-18 | 1985-01-18 | 1985-08-01 | 是 |
| 377 | 水中锶-90 放射化学分析方法 发烟硝酸沉淀法 | GB 6764—86 | 1986-09-04 | 1986-09-04 | 1987-03-01 | 是 |
| 378 | 水中锶-90 放射化学分析 离子交换法 | GB 6765—86 | 1986-09-04 | 1986-09-04 | 1987-03-01 | 否 |
| 379 | 水中锶-90 放射化学分析方法 二-(2-乙基己基）磷酸萃取色层法 | GB 6766—86 | 1986-09-04 | 1986-09-04 | 1987-03-01 | 是 |
| 380 | 水中铯-137 放射化学分析方法 | GB 6767—86 | 1986-09-04 | 1986-09-04 | 1987-03-01 | 是 |
| 381 | 水中微量铀分析方法 | GB 6768—86 | 1986-09-04 | 1986-09-04 | 1987-03-01 | 是 |
| 382 | 水质 词汇 第一部分和第二部分 | GB 6816—86 | 1986-10-10 | 1986-10-10 | 1987-03-01 | 是 |
| 383 | 空气质量 词汇 | GB 6919—86 | 1986-10-10 | 1986-10-10 | 1987-03-01 | 是 |
| 384 | 水质 pH 值的测定 玻璃电极法 | GB 6920—86 | 1986-10-10 | 1986-10-10 | 1987-03-01 | 是 |

续表

| 序号 | 标准名称 | 标准编号 | 批准时间 | 发布时间 | 实施时间 | 是否为现行标准 |
|---|---|---|---|---|---|---|
| 385 | 大气飘尘浓度测定方法 | GB 6921—86 | 1986-10-10 | 1986-10-10 | 1987-03-01 | 是 |
| 386 | 放射性废物固化长期浸出试验 | GB 7023—86 | 1986-12-03 | 1986-12-03 | 1987-04-01 | 是 |
| 387 | 水质　总铬的测定 | GB 7466—87 | 1987-03-14 | 1987-03-14 | 1987-08-01 | 是 |
| 388 | 水质　六价铬的测定　二苯碳酰二肼分光光度法 | GB 7467—87 | 1987-03-14 | 1987-03-14 | 1987-08-01 | 是 |
| 389 | 水质　总汞的测定　冷原子吸收分光光度法 | GB 7468—87 | 1987-03-14 | 1987-03-14 | 1987-08-01 | 是 |
| 390 | 水质　总汞的测定　高锰酸钾-过硫酸钾消解法　双硫腙分光光度法 | GB 7469—87 | 1987-03-14 | 1987-03-14 | 1987-08-01 | 是 |
| 391 | 水质　铅的测定　双硫腙分光光度法 | GB 7470—87 | 1987-03-14 | 1987-03-14 | 1987-08-01 | 是 |
| 392 | 水质　镉的测定　双硫腙分光光度法 | GB 7471—87 | 1987-03-14 | 1987-03-14 | 1987-08-01 | 是 |
| 393 | 水质　锌的测定　双硫腙分光光度法 | GB 7472—87 | 1987-03-14 | 1987-03-14 | 1987-08-01 | 是 |
| 394 | 水质　铜的测定　2,9-二甲基-1,1-邻菲啰啉分光光度法 | GB 7473—87 | 1987-03-14 | 1987-03-14 | 1987-08-01 | 是 |
| 395 | 水质　铜的测定　二乙基二硫代氨基甲酸钠分光光度法 | GB 7474—87 | 1987-03-14 | 1987-03-14 | 1987-08-01 | 是 |
| 396 | 水质　铜、锌、铅、镉的测定原子吸收分光光度法 | GB 7475—87 | 1987-03-14 | 1987-03-14 | 1987-08-01 | 是 |
| 397 | 水质　钙的测定　EDTA 滴定法 | GB 7476—87 | 1987-03-14 | 1987-03-14 | 1987-08-01 | 是 |
| 398 | 水质　钙和镁总量的测定 EDTA 滴定法 | GB 7477—87 | 1987-03-14 | 1987-03-14 | 1987-08-01 | 是 |
| 399 | 水质　铵的测定　蒸馏和滴定法 | GB 7478—87 | 1987-03-14 | 1987-03-14 | 1987-08-01 | 是 |
| 400 | 水质　铵的测定　纳氏试剂比色法 | GB 7479—87 | 1987-03-14 | 1987-03-14 | 1987-08-01 | 是 |
| 401 | 水质　硝酸盐氮的测定酚二磺酸分光光度法 | GB 7480—87 | 1987-03-14 | 1987-03-14 | 1987-08-01 | 是 |
| 402 | 水质　铵的测定　水杨酸分光光度法 | GB 7481—87 | 1987-03-14 | 1987-03-14 | 1987-08-01 | 是 |
| 403 | 水质　氟化物的测定　茜素磺酸锆目视比色法 | GB 7482—87 | 1987-03-14 | 1987-03-14 | 1987-08-01 | 是 |
| 404 | 水质　氟化物的测定　氟试剂分光光度法 | GB 7483—87 | 1987-03-14 | 1987-03-14 | 1987-08-01 | 是 |
| 405 | 水质　氟化物的测定　离子选择电极法 | GB 7484—87 | 1987-03-14 | 1987-03-14 | 1987-08-01 | 是 |
| 406 | 水质　总砷的测定　二乙基二硫代氨基甲酸银分光光度法 | GB 7485—87 | 1987-03-14 | 1987-03-14 | 1987-08-01 | 是 |
| 407 | 水质　氰化物的测定　第一部分总氰化物的测定 | GB 7486—87 | 1987-03-14 | 1987-03-14 | 1987-08-01 | 是 |
| 408 | 水质　氰化物的测定　第二部分氰化物的测定 | GB 7487—87 | 1987-03-14 | 1987-03-14 | 1987-08-01 | 是 |
| 409 | 水质　五日生化需氧量（$BOD_5$）的测定稀释与接种法 | GB 7488—87 | 1987-03-14 | 1987-03-14 | 1987-08-01 | 是 |
| 410 | 水质　溶解氧的测定　碘量法 | GB 7489—87 | 1987-03-14 | 1987-03-14 | 1987-08-01 | 是 |
| 411 | 水质　挥发酚的测定　蒸馏后 4-氨基安替比林分光光度法 | GB 7490—87 | 1987-03-14 | 1987-03-14 | 1987-08-01 | 是 |
| 412 | 水质　挥发酚的测定　蒸馏后溴化容量法 | GB 7491—87 | 1987-03-14 | 1987-03-14 | 1987-08-01 | 是 |
| 413 | 水质　六六六、滴滴涕的测定　气相色谱法 | GB 7492—87 | 1987-03-14 | 1987-03-14 | 1987-08-01 | 是 |
| 414 | 水质　亚硝酸盐氮的测定分光光度法 | GB 7493—87 | 1987-03-14 | 1987-03-14 | 1987-08-01 | 是 |
| 415 | 水质　阴离子表面活性剂的测定　亚甲蓝分光光度法 | GB 7494—87 | 1987-03-14 | 1987-03-14 | 1987-08-01 | 是 |

续表

| 序号 | 标准名称 | 标准编号 | 批准时间 | 发布时间 | 实施时间 | 是否为现行标准 |
|---|---|---|---|---|---|---|
| 416 | 空气质量　氮氧化物的测定盐酸萘乙二胺比色法 | GB 8969—88 | 1988-03-26 | 1988-03-26 | 1988-08-01 | 是 |
| 417 | 空气质量　二氧化硫的测定四氯汞盐-盐酸副玫瑰苯胺比色法 | GB 8970—88 | 1988-03-26 | 1988-03-26 | 1988-08-01 | 是 |
| 418 | 空气质量　飘尘中苯并[a]芘的测定乙酰化滤纸层析荧光分光光度法 | GB 8971—88 | 1988-03-26 | 1988-03-26 | 1988-08-01 | 是 |
| 419 | 水质　五氯酚的测定　气相色谱法 | GB 8972—88 | 1988-03-26 | 1988-03-26 | 1988-08-01 | 是 |
| 420 | 机场周围飞机噪声测量方法 | GB 9661—88 | 1988-08-11 | 1988-08-11 | 1988-11-01 | 是 |
| 421 | 空气质量　一氧化碳的测定非分散红外法 | GB 9801—88 | 1988-08-15 | 1988-08-15 | 1988-12-01 | 是 |
| 422 | 水质　五氯酚的测定藏红 T 分光光度法 | GB 9803—88 | 1988-08-15 | 1988-08-15 | 1988-12-01 | 是 |
| 423 | 城市区域环境振动测量方法 | GB 10071—88 | 1988-12-10 | 1988-12-10 | 1989-07-01 | 是 |
| 424 | 水中镭-226 的分析测定 | GB 11214—89 | 1989-03-16 | 1989-03-16 | 1990-01-01 | 是 |
| 425 | 核辐射环境质量评价的一般规定 | GB 11215—89 | 1989-03-16 | 1989-03-16 | 1990-01-01 | 是 |
| 426 | 核设施流出物和环境放射性监测质量保证计划的一般要求 | GB 11216—89 | 1989-03-16 | 1989-03-16 | 1990-01-01 | 是 |
| 427 | 核设施流出物监测的一般规定 | GB 11217—89 | 1989-03-16 | 1989-03-16 | 1990-01-01 | 是 |
| 428 | 水中镭的α放射性核素的测定 | GB 11218—89 | 1989-03-16 | 1989-03-16 | 1990-01-01 | 是 |
| 429 | 土壤中钚的测定　萃取色层法 | GB 11219.1—89 | 1989-03-16 | 1989-03-16 | 1990-01-01 | 是 |
| 430 | 土壤中钚的测定　离子交换法 | GB 11219.2—89 | 1989-03-16 | 1989-03-16 | 1990-01-01 | 是 |
| 431 | 土壤中铀的测定　CL—5209 萃淋树脂分离 2-（5-溴-2-吡啶偶氮）-5-二乙氨基苯酚分光光度法 | GB 11220.1—89 | 1989-03-16 | 1989-03-16 | 1990-01-01 | 是 |
| 432 | 土壤中铀的测定　三烷基氧磷萃取-固体荧光法 | GB 11220.2—89 | 1989-03-16 | 1989-03-16 | 1990-01-01 | 否 |
| 433 | 生物样品灰中铯-137 的放射化学分析 | GB 11221—89 | 1989-03-16 | 1989-03-16 | 1990-01-01 | 是 |
| 434 | 生物样品灰中锶-90 的放射化学分析方法二-（2-乙基己基）磷酸酯萃取色层法 | GB 11222.1—89 | 1989-03-16 | 1989-03-16 | 1990-01-01 | 是 |
| 435 | 生物样品灰中锶-90 的放射化学分析方法离子交换法 | GB 11222.2—89 | 1989-03-16 | 1989-03-16 | 1990-01-01 | 是 |
| 436 | 生物样品灰中铀的测定　固体荧光法 | GB 11223.1—89 | 1989-03-16 | 1989-03-16 | 1990-01-01 | 是 |
| 437 | 生物样品灰中铀的测定　激光液体荧光法 | GB 11223.2—89 | 1989-03-16 | 1989-03-16 | 1990-01-01 | 是 |
| 438 | 水中钍的分析方法 | GB 11224—89 | 1989-03-16 | 1989-03-16 | 1990-01-01 | 是 |
| 439 | 水中钚的分析方法 | GB 11225—89 | 1989-03-16 | 1989-03-16 | 1990-01-01 | 是 |
| 440 | 水中钾-40 的分析方法 | GB 11338—89 | 1989-03-16 | 1989-03-16 | 1990-01-01 | 是 |
| 441 | 农药安全使用标准 | GB 4285—89 | 1989-09-06 | 1989-09-06 | 1990-02-01 | 是 |
| 442 | 水质　苯胺类化合物的测定　N-（1-萘基）乙二胺偶氮分光光度法 | GB 11889—89 | 1989-12-25 | 1989-12-25 | 1990-07-01 | 是 |
| 443 | 水质　苯系物的测定　气相色谱法 | GB 11890—89 | 1989-12-25 | 1989-12-25 | 1990-07-01 | 是 |
| 444 | 水质　凯氏氮的测定 | GB 11891—89 | 1989-12-25 | 1989-12-25 | 1990-07-01 | 是 |
| 445 | 水质　高锰酸盐指数的测定 | GB 11892—89 | 1989-12-25 | 1989-12-25 | 1990-07-01 | 是 |
| 446 | 水质　总磷的测定　钼酸铵分光光度法 | GB 11893—89 | 1989-12-25 | 1989-12-25 | 1990-07-01 | 是 |
| 447 | 水质　总氮的测定　碱性过硫酸钾消解分光光度法 | GB 11894—89 | 1989-12-25 | 1989-12-25 | 1990-07-01 | 是 |
| 448 | 水质　苯并[a]芘的测定　乙酰化滤纸层析荧光分光光度法 | GB 11895—89 | 1989-12-25 | 1989-12-25 | 1990-07-01 | 是 |
| 449 | 水质　氯化物的测定　硝酸银滴定法 | GB 11896—89 | 1989-12-25 | 1989-12-25 | 1990-07-01 | 是 |

续表

| 序号 | 标准名称 | 标准编号 | 批准时间 | 发布时间 | 实施时间 | 是否为现行标准 |
| --- | --- | --- | --- | --- | --- | --- |
| 450 | 水质　游离氯和总氯的测定　*N*,*N*-二乙基-1,4-苯二胺滴定法 | GB 11897—89 | 1989-12-25 | 1989-12-25 | 1990-07-01 | 是 |
| 451 | 水质　游离氯和总氯的测定　*N*,*N*-二乙基-1,4-苯二胺分光光度法 | GB 11898—89 | 1989-12-25 | 1989-12-25 | 1990-07-01 | 是 |
| 452 | 水质　硫酸盐的测定　重量法 | GB 11899—89 | 1989-12-25 | 1989-12-25 | 1990-07-01 | 是 |
| 453 | 水质　痕量砷的测定　硼氢化钾-硝酸银分光光度法 | GB 11900—89 | 1989-12-25 | 1989-12-25 | 1990-07-01 | 是 |
| 454 | 水质　悬浮物的测定　重量法 | GB 11901—89 | 1989-12-25 | 1989-12-25 | 1990-07-01 | 是 |
| 455 | 水质　硒的测定　二氨基萘荧光法 | GB 11902—89 | 1989-12-25 | 1989-12-25 | 1990-07-01 | 是 |
| 456 | 水质　色度的测定 | GB 11903—89 | 1989-12-25 | 1989-12-25 | 1990-07-01 | 是 |
| 457 | 水质　钾和钠的测定　火焰原子吸收分光光度法 | GB 11904—89 | 1989-12-25 | 1989-12-25 | 1990-07-01 | 是 |
| 458 | 水质　钙和镁的测定　原子吸收分光光度法 | GB 11905—89 | 1989-12-25 | 1989-12-25 | 1990-07-01 | 是 |
| 459 | 水质　锰的测定　高碘酸钾分光光度法 | GB 11906—89 | 1989-12-25 | 1989-12-25 | 1990-07-01 | 是 |
| 460 | 水质　银的测定火焰原子吸收分光光度法 | GB 11907—89 | 1989-12-25 | 1989-12-25 | 1990-07-01 | 是 |
| 461 | 水质　银的测定镉试剂 2B 分光光度法 | GB 11908—89 | 1989-12-25 | 1989-12-25 | 1990-07-01 | 是 |
| 462 | 水质　银的测定　3,5-$Br_2$-PADAP 分光光度法 | GB 11909—89 | 1989-12-25 | 1989-12-25 | 1990-07-01 | 是 |
| 463 | 水质　镍的测定　丁二酮肟分光光度法 | GB 11910—89 | 1989-12-25 | 1989-12-25 | 1990-07-01 | 是 |
| 464 | 水质　铁、锰的测定　火焰原子吸收分光光度法 | GB 11911—89 | 1989-12-25 | 1989-12-25 | 1990-07-01 | 是 |
| 465 | 水质　镍的测定　火焰原子吸收分光光度法 | GB 11912—89 | 1989-12-25 | 1989-12-25 | 1990-07-01 | 是 |
| 466 | 水质　溶解氧的测定　电化学探头法 | GB 11913—89 | 1989-12-25 | 1989-12-25 | 1990-07-01 | 是 |
| 467 | 水质　化学需氧量的测定　重铬酸盐法 | GB 11914—89 | 1989-12-25 | 1989-12-25 | 1990-07-01 | 是 |
| 468 | 水质　词汇　第三部分～第七部分 | GB 11915—89 | 1989-12-25 | 1989-12-25 | 1990-07-01 | 是 |
| 469 | 工业企业厂界噪声测量方法 | GB 12349—90 | 1990-05-01 | 1990-05-01 | 1991-01-01 | 否 |
| 470 | 水中氚的分析方法 | GB 12375—90 | 1990-06-07 | 1990-06-07 | 1990-12-01 | 是 |
| 471 | 水中钋-210 的分析方法　电镀制样法 | GB 12376—90 | 1990-06-09 | 1990-06-09 | 1990-12-01 | 是 |
| 472 | 空气中微量铀的分析方法　激光荧光法 | GB 12377—90 | 1990-06-09 | 1990-06-09 | 1990-12-01 | 是 |
| 473 | 空气中微量铀的分析方法 T.B.P 萃取荧光法 | GB 12378—90 | 1990-06-09 | 1990-06-09 | 1990-12-01 | 是 |
| 474 | 环境核辐射监测规定 | GB 12379—90 | 1990-06-09 | 1990-06-09 | 1990-12-01 | 是 |
| 475 | 建筑施工场界噪声测量方法 | GB 12524—90 | 1990-11-09 | 1990-11-09 | 1991-03-01 | 是 |
| 476 | 水质　采样方案设计 | GB 12997—91 | 1991-01-25 | 1991-01-25 | 1992-03-01 | 是 |
| 477 | 水质　采样技术指导 | GB 12998—91 | 1991-01-25 | 1991-01-25 | 1992-03-01 | 是 |
| 478 | 水质采样　样品的保存和管理技术规定 | GB 12999—91 | 1991-01-25 | 1991-01-25 | 1992-03-01 | 是 |
| 479 | 制定地方大气污染物排放标准的技术原则和方法 | GB/T 3840—91 | 1991-08-31 | 1991-08-31 | 1992-06-01 | 是 |
| 480 | 水质　有机磷农药的测定　气相色谱法 | GB 13192—91 | 1991-08-31 | 1991-08-31 | 1992-06-01 | 是 |
| 481 | 水质　总有机碳的测定　非色散红外线吸收法 | GB 13193—91 | 1991-08-31 | 1991-08-31 | 1992-06-01 | 是 |
| 482 | 水质　硝基苯、硝基甲苯、硝基氯苯、二硝基甲苯的测定 | GB 13194—91 | 1991-08-31 | 1991-08-31 | 1992-06-01 | 是 |
| 483 | 水质　水温的测定　温度计或颠倒温度计测定法 | GB 13195—91 | 1991-08-31 | 1991-08-31 | 1992-06-01 | 是 |

续表

| 序号 | 标准名称 | 标准编号 | 批准时间 | 发布时间 | 实施时间 | 是否为现行标准 |
|---|---|---|---|---|---|---|
| 484 | 水质　硫酸盐的测定　火焰原子吸收分光光度法 | GB 13196—91 | 1991-08-31 | 1991-08-31 | 1992-06-01 | 否 |
| 485 | 水质　甲醛的测定 | GB 13197—91 | 1991-08-31 | 1991-08-31 | 1992-06-01 | 是 |
| 486 | 水质　六种特定多环芳烃的测定　高效液相色谱法 | GB 13198—91 | 1991-08-31 | 1991-08-31 | 1992-06-01 | 是 |
| 487 | 水质　阴离子洗涤剂的测定　电位滴定法 | GB 13199—91 | 1991-08-31 | 1991-08-31 | 1992-06-01 | 是 |
| 488 | 水质　浊度的测定 | GB 13200—91 | 1991-08-31 | 1991-08-31 | 1992-06-01 | 是 |
| 489 | 水质　微型生物群落测定　PFU 法 | GB/T 12990—91 | 1991-08-19 | 1991-08-19 | 1992-04-01 | 是 |
| 490 | 水质　物质对蚤类（大型蚤）急性毒性测定方法 | GB/T 13266—91 | 1991-09-14 | 1991-09-14 | 1992-08-01 | 是 |
| 491 | 水质　物质对淡水鱼（斑马鱼）急性毒性测定方法 | GB/T 13267—91 | 1991-09-14 | 1991-09-14 | 1992-08-01 | 是 |
| 492 | 锅炉烟尘测试方法 | GB 5468—91 | 1991-09-14 | 1991-09-14 | 1992-08-01 | 是 |
| 493 | 水质　碘-131 测定方法 | GB/T 13272—91 | 1991-10-24 | 1991-10-24 | 1992-08-01 | 是 |
| 494 | 植物、动物甲状腺中碘-131 的分析方法 | GB/T 13273—91 | 1991-10-24 | 1991-10-24 | 1992-08-01 | 是 |
| 495 | 大气降水采样和分析方法　总则 | GB 13580.1—92 | 1992-06-20 | 1992-06-20 | 1993-03-01 | 是 |
| 496 | 大气降水样品的采集与保存 | GB 13580.2—92 | 1992-06-20 | 1992-06-20 | 1993-03-01 | 是 |
| 497 | 大气降水电导率的测定方法 | GB 13580.3—92 | 1992-06-20 | 1992-06-20 | 1993-03-01 | 是 |
| 498 | 大气降水 pH 值的测定　电极法 | GB 13580.4—92 | 1992-06-20 | 1992-06-20 | 1993-03-01 | 是 |
| 499 | 大气降水中氟、氯、亚硝酸盐、硝酸盐、硫酸盐的测定　离子色谱法 | GB 13580.5—92 | 1992-06-20 | 1992-06-20 | 1993-03-01 | 是 |
| 500 | 大气降水中硫酸盐测定 | GB 13580.6—92 | 1992-06-20 | 1992-06-20 | 1993-03-01 | 是 |
| 501 | 大气降水中亚硝酸盐测定　*N*-（1-萘基）-乙二胺光度法 | GB 13580.7—92 | 1992-06-20 | 1992-06-20 | 1993-03-01 | 是 |
| 502 | 大气降水中硝酸盐测定 | GB 13580.8—92 | 1992-06-20 | 1992-06-20 | 1993-03-01 | 是 |
| 503 | 大气降水中氯化物的测定　硫氰酸汞高铁光度法 | GB 13580.9—92 | 1992-06-20 | 1992-06-20 | 1993-03-01 | 是 |
| 504 | 大气降水氟化物的测定　新氟试剂光度法 | GB 13580.10—92 | 1992-06-20 | 1992-06-20 | 1993-03-01 | 是 |
| 505 | 大气降水中铵盐的测定 | GB 13580.11—92 | 1992-06-20 | 1992-06-20 | 1993-03-01 | 是 |
| 506 | 大气降水中钠、钾的测定　原子吸收分光光度法 | GB 13580.12—92 | 1992-06-20 | 1992-06-20 | 1993-03-01 | 是 |
| 507 | 大气降水中钙、镁的测定原子吸收分光光度法 | GB 13580.13—92 | 1992-06-20 | 1992-06-20 | 1993-03-01 | 是 |
| 508 | 水质　铅的测定　示波极谱法 | GB/T 13896—92 | 1992-12-02 | 1992-12-02 | 1993-09-01 | 是 |
| 509 | 水质　硫氰酸盐的测定　异烟酸-吡唑啉酮分光光度法 | GB/T 13897—92 | 1992-12-02 | 1992-12-02 | 1993-09-01 | 是 |
| 510 | 水质　铁（Ⅱ　Ⅲ）氰络合物的测定　原子吸收分光光度法 | GB/T 13898—92 | 1992-12-02 | 1992-12-02 | 1993-09-01 | 是 |
| 511 | 水质　铁（Ⅱ　Ⅲ）氰络合物的测定　三氯化铁分光光度法 | GB/T 13899—92 | 1992-12-02 | 1992-12-02 | 1993-09-01 | 是 |
| 512 | 水质　黑索今的测定　分光光度法 | GB/T 13900—92 | 1992-12-02 | 1992-12-02 | 1993-09-01 | 是 |
| 513 | 水质　二硝基甲苯的测定　示波极谱法 | GB/T 13901—92 | 1992-12-02 | 1992-12-02 | 1993-09-01 | 是 |
| 514 | 水质　硝化甘油的测定　示波极谱法 | GB/T 13902—92 | 1992-12-02 | 1992-12-02 | 1993-09-01 | 是 |
| 515 | 水质　梯恩梯的测定　分光光度法 | GB/T 13903—92 | 1992-12-02 | 1992-12-02 | 1993-09-01 | 是 |
| 516 | 水质　梯恩梯、黑索今、地恩梯的测定　气相色谱法 | GB/T 13904—92 | 1992-12-02 | 1992-12-02 | 1993-09-01 | 是 |

续表

| 序号 | 标准名称 | 标准编号 | 批准时间 | 发布时间 | 实施时间 | 是否为现行标准 |
|---|---|---|---|---|---|---|
| 517 | 水质 梯恩梯的测定 亚硫酸氢钠分光光度法 | GB/T 13905—92 | 1992-12-02 | 1992-12-02 | 1993-09-01 | 是 |
| 518 | 空气质量 氮氧化物的测定 | GB/T 13906—92 | 1992-12-02 | 1992-12-02 | 1993-09-01 | 是 |
| 519 | 水质 烷基汞的测定 气相色谱法 | GB/T 14204—93 | 1993-02-23 | 1993-02-23 | 1993-12-01 | 是 |
| 520 | 水质 一甲基肼的测定 对二甲氨基苯甲醛分光光度法 | GB/T 14375—93 | 1993-05-22 | 1993-05-22 | 1993-12-01 | 是 |
| 521 | 水质 偏二甲基肼的测定 氨基亚铁氰化钠分光光度法 | GB/T 14376—93 | 1993-05-22 | 1993-05-22 | 1993-12-01 | 是 |
| 522 | 水质 三乙胺的测定 溴酚蓝分光光度法 | GB/T 14377—93 | 1993-05-22 | 1993-05-22 | 1993-12-01 | 是 |
| 523 | 水质 二乙烯三胺的测定 水杨醛分光光度法 | GB/T 14378—93 | 1993-05-22 | 1993-05-22 | 1993-12-01 | 是 |
| 524 | 自然保护区类型与级别划分原则 | GB/T 14529—93 | 1993-07-19 | 1993-07-19 | 1994-01-01 | 是 |
| 525 | 土壤质量 六六六和滴滴涕的测定 气相色谱法 | GB/T 14550—93 | 1993-07-19 | 1993-08-06 | 1994-01-15 | 是 |
| 526 | 生物质量 六六六和滴滴涕的测定 气相色谱法 | GB/T 14551—93 | 1993-07-19 | 1993-08-06 | 1994-01-15 | 是 |
| 527 | 水和土壤质量 有机磷农药的测定 气相色谱法 | GB/T 14552—93 | 1993-07-19 | 1993-08-06 | 1994-01-15 | 是 |
| 528 | 粮食和果蔬质量 有机磷农药的测定 气相色谱法 | GB/T 14553—93 | 1993-07-19 | 1993-08-06 | 1994-01-15 | 是 |
| 529 | 水质 湖泊和水库采样技术指导 | GB/T 14581—93 | 1993-08-14 | 1993-08-30 | 1994-04-01 | 是 |
| 530 | 环境空气中氡的标准测量方法 | GD/T 14582 93 | 1993-08-14 | 1993-08-30 | 1994-04-01 | 是 |
| 531 | 环境地表γ辐射剂量率测定规范 | GB/T 14583—93 | 1993-08-14 | 1993-08-30 | 1994-04-01 | 是 |
| 532 | 空气中碘-131的取样与测定 | GB/T 14584—93 | 1993-08-14 | 1993-08-30 | 1994-04-01 | 是 |
| 533 | 铀、钍矿冶放射性废物安全管理技术规定 | GB 14585—93 | 1993-08-14 | 1993-08-30 | 1994-04-01 | 是 |
| 534 | 铀矿冶设施退役环境管理技术规定 | GB 14586—93 | 1993-08-14 | 1993-08-30 | 1994-04-01 | 是 |
| 535 | 轻水堆核电厂放射性废水排放系统技术规定 | GB 14587—93 | 1993-08-14 | 1993-08-30 | 1994-04-01 | 是 |
| 536 | 反应堆退役环境管理技术规定 | GB 14588—93 | 1993-08-14 | 1993-08-30 | 1994-04-01 | 是 |
| 537 | 核电厂低、中水平放射性固体废物暂时贮存技术规定 | GB 14589—93 | 1993-08-14 | 1993-08-30 | 1994-04-01 | 是 |
| 538 | 城市区域环境噪声测量方法 | GB/T 14623—93 | 1993-09-07 | 1993-09-07 | 1994-03-01 | 否 |
| 539 | 空气质量 氨的测定 纳氏试剂比色法 | GB/T 14668—93 | 1993-09-18 | 1993-10-27 | 1994-05-01 | 是 |
| 540 | 空气质量 氨的测定 离子选择电极法 | GB/T 14669—93 | 1993-09-18 | 1993-10-27 | 1994-05-01 | 是 |
| 541 | 空气质量 苯乙烯的测定 气相色谱法 | GB/T 14670—93 | 1993-09-18 | 1993-10-27 | 1994-05-01 | 是 |
| 542 | 水质 钡的测定 电位滴定法 | GB/T 14671—93 | 1993-09-18 | 1993-10-27 | 1994-05-01 | 是 |
| 543 | 水质 吡啶的测定 气相色谱法 | GB/T 14672—93 | 1993-09-18 | 1993-10-27 | 1994-05-01 | 是 |
| 544 | 水质 钒的测定 石墨炉原子吸收分光光度法 | GB/T 14673—93 | 1993-09-18 | 1993-10-27 | 1994-05-01 | 是 |
| 545 | 牛奶中碘-131的分析方法 | GB/T 14674—93 | 1993-09-18 | 1993-10-27 | 1994-05-01 | 是 |
| 546 | 空气质量 恶臭的测定 三点比较式臭袋法 | GB/T 14675—93 | 1993-09-18 | 1993-10-27 | 1994-03-15 | 是 |
| 547 | 空气质量 三甲胺的测定 气相色谱法 | GB/T 14676—93 | 1993-09-18 | 1993-10-27 | 1994-03-15 | 是 |
| 548 | 空气质量 甲苯 二甲苯苯乙烯的测定 气相色谱法 | GB/T 14677—93 | 1993-09-18 | 1993-10-27 | 1994-03-15 | 是 |
| 549 | 空气质量 硫化氢、甲硫醇、甲硫醚二甲二硫的测定 气相色谱法 | GB/T 14678—93 | 1993-09-18 | 1993-10-27 | 1994-03-15 | 是 |

续表

| 序号 | 标准名称 | 标准编号 | 批准时间 | 发布时间 | 实施时间 | 是否为现行标准 |
|---|---|---|---|---|---|---|
| 550 | 空气质量　氨的测定　次氯酸钠-水杨酸分光光度法 | GB/T 14679—93 | 1993-09-18 | 1993-10-27 | 1994-03-15 | 是 |
| 551 | 空气质量　二硫化碳的测定　二乙胺分光光度法 | GB/T 14680—93 | 1993-09-18 | 1993-10-27 | 1994-03-15 | 是 |
| 552 | 城市区域环境噪声适用区划分技术规范 | GB/T 15190—94 | 1994-08-29 | 1994-08-29 | 1994-10-01 | 是 |
| 553 | 环境空气　二氧化硫的测定　甲醛吸收-副玫瑰苯胺分光光度法 | GB/T 15262—94 | 1994-10-26 | 1994-10-26 | 1995-06-01 | 是 |
| 554 | 环境空气　总烃的测定　气相色谱法 | GB/T 15263—94 | 1994-10-26 | 1994-10-26 | 1995-06-01 | 是 |
| 555 | 环境空气　铅的测定　火焰原子吸收分光光度法 | GB/T 15264—94 | 1994-10-26 | 1994-10-26 | 1995-06-01 | 是 |
| 556 | 环境空气　降尘的测定　重量法 | GB/T 15265—94 | 1994-10-26 | 1994-10-26 | 1995-06-01 | 是 |
| 557 | 环境空气　总悬浮颗粒物的测定　重量法 | GB/T 15432—1995 | 1995-03-25 | 1995-03-25 | 1995-08-01 | 是 |
| 558 | 环境空气　氟化物的测定　石灰滤纸氟离子选择电极法 | GB/T 15433—1995 | 1995-03-25 | 1995-03-25 | 1995-08-01 | 是 |
| 559 | 环境空气　氟化物质量浓度的测定　滤膜氟离子选择电极法 | GB/T 15434—1995 | 1995-03-25 | 1995-03-25 | 1995-08-01 | 是 |
| 560 | 环境空气　二氧化氮的测定　改进的 Saltzman 法 | GB/T 15435—1995 | 1995-03-25 | 1995-03-25 | 1995-08-01 | 是 |
| 561 | 环境空气　氮氧化物的测定　Saltzman 法 | GB/T 15436—1995 | 1995-03-25 | 1995-03-25 | 1995-08-01 | 是 |
| 562 | 环境空气　臭氧的测定　靛蓝二磺酸钠分光光度法 | GB/T 15437—1995 | 1995-03-25 | 1995-03-25 | 1995-08-01 | 是 |
| 563 | 环境空气　臭氧的测定　紫外光度法 | GB/T 15438—1995 | 1995-03-25 | 1995-03-25 | 1995-08-01 | 是 |
| 564 | 环境空气　苯并[a]芘测定　高效液相色谱法 | GB/T 15439—1995 | 1995-03-25 | 1995-03-25 | 1995-08-01 | 是 |
| 565 | 环境中有机污染物　遗传毒性检测的样品前处理规范 | GB/T 15440—1995 | 1995-03-25 | 1995-03-25 | 1995-08-01 | 是 |
| 566 | 水质　急性毒性的测定　发光细菌法 | GB/T 15441—1995 | 1995-03-25 | 1995-03-25 | 1995-08-01 | 是 |
| 567 | 空气质量　硝基苯类（一硝基和二硝基化合物）的测定　锌还原-盐酸萘乙二胺分光光度法 | GB/T 15501—1995 | 1995-03-15 | 1995-03-25 | 1995-08-01 | 是 |
| 568 | 空气质量　苯胺类的测定　盐酸乙二胺分光光度法 | GB/T 15502—1995 | 1995-03-15 | 1995-03-25 | 1995-08-01 | 是 |
| 569 | 水质　钡的测定　钽试剂（BPHA）萃取分光光度法 | GB/T 15503—1995 | 1995-03-15 | 1995-03-25 | 1995-08-01 | 是 |
| 570 | 水质　二硫化碳的测定　二乙胺醋酸铜分光光度法 | GB/T 15504—1995 | 1995-03-15 | 1995-03-25 | 1995-08-01 | 是 |
| 571 | 水质　硒的测定　石墨炉原子吸收分光光度法 | GB/T 15505—1995 | 1995-03-15 | 1995-03-25 | 1995-08-01 | 是 |
| 572 | 水质　钡的测定　原子吸收分光光度法 | GB/T 15506—1995 | 1995-03-15 | 1995-03-25 | 1995-08-01 | 是 |
| 573 | 水质　肼的测定　对二甲氨基苯甲醛分光光度法 | GB/T 15507—1995 | 1995-03-15 | 1995-03-25 | 1995-08-01 | 是 |
| 574 | 空气质量　甲醛的测定　乙酰丙酮分光光度法 | GB/T 15516—1995 | 1995-03-15 | 1995-03-25 | 1995-08-01 | 是 |
| 575 | 固体废物　总汞的测定　冷原子吸收分光光度法 | GB/T 15555.1—1995 | 1995-03-28 | 1995-03-28 | 1996-01-01 | 是 |
| 576 | 固体废物　镉、铜、铅、锌的测定　原子吸收分光光度法 | GB/T 15555.2—1995 | 1995-03-28 | 1995-03-28 | 1996-01-01 | 是 |

续表

| 序号 | 标准名称 | 标准编号 | 批准时间 | 发布时间 | 实施时间 | 是否为现行标准 |
|---|---|---|---|---|---|---|
| 577 | 固体废物　砷的测定　二乙基二硫代氨基甲酸银分光光度法 | GB/T 15555.3—1995 | 1995-03-28 | 1995-03-28 | 1996-01-01 | 是 |
| 578 | 固体废物　六价铬的测定　二苯碳酰二肼分光光度法 | GB/T 15555.4—1995 | 1995-03-28 | 1995-03-28 | 1996-01-01 | 是 |
| 579 | 固体废物　总铬的测定　二苯碳酰二肼分光光度法 | GB/T 15555.5—1995 | 1995-03-28 | 1995-03-28 | 1996-01-01 | 是 |
| 580 | 固体废物　总铬的测定　直接吸入火焰原子吸收法 | GB/T 15555.6—1995 | 1995-03-28 | 1995-03-28 | 1996-01-01 | 是 |
| 581 | 固体废物　六价铬的测定　硫酸亚铁铵滴定法 | GB/T 15555.7—1995 | 1995-03-28 | 1995-03-28 | 1996-01-01 | 是 |
| 582 | 固体废物　总铬的测定　硫酸亚铁铵滴定法 | GB/T 15555.8—1995 | 1995-03-28 | 1995-03-28 | 1996-01-01 | 是 |
| 583 | 固体废物　镍的测定　火焰原子吸收分光光度法 | GB/T 15555.9—1995 | 1995-03-28 | 1995-03-28 | 1996-01-01 | 是 |
| 584 | 固体废物　镍的测定　丁二酮肟分光光度法 | GB/T 15555.10—1995 | 1995-03-28 | 1995-03-28 | 1996-01-01 | 是 |
| 585 | 固体废物　氟化物的测定　离子选择电极法 | GB/T 15555.11—1995 | 1995-03-28 | 1995-03-28 | 1996-01-01 | 是 |
| 586 | 固体废物　腐蚀性测定　玻璃电极法 | GB/T 15555.12—1995 | 1995-03-28 | 1995-03-28 | 1996-01-01 | 是 |
| 587 | 环境保护图形标志　排放口（源） | GB 15562.1—1995 | 1995-11-20 | 1995-11-20 | 1996-07-01 | 是 |
| 588 | 环境保护图形标志　固体废物贮存（处置）场 | GB 15562.2—1995 | 1995-11-20 | 1995-11-20 | 1996-07-01 | 是 |
| 589 | 放射性废物的分类 | GB 9133—1995 | 1995-12-21 | 1995-12-21 | 1996-08-01 | 是 |
| 590 | 低、中水平放射性废物近地表处置场环境辐射监测的一般要求 | GB/T 15950—1995 | 1995-12-21 | 1995-12-21 | 1996-08-01 | 是 |
| 591 | 水质　可吸附有机卤素（AOX）的测定　微库伦法 | GB/T 15959—1995 | 1995-12-21 | 1995-12-21 | 1996-08-01 | 是 |
| 592 | 生物　尿中 1-羟基芘的测定　高效液相色谱法 | GB/T 16156—1996 | 1996-03-06 | 1996-03-06 | 1996-10-01 | 是 |
| 593 | 固定污染源排放气中颗粒物测定与气态污染物采样方法 | GB/T 16157—1996 | 1996-03-06 | 1996-03-06 | 1996-03-06 | 是 |
| 594 | 水质　石油类和动植物油的测定　红外光度法 | GB/T 16488—1996 | 1996-04-26 | 1996-08-01 | 1997-01-01 | 是 |
| 595 | 水质　硫化物的测定　亚甲基蓝分光光度法 | GB/T 16489—1996 | 1996-04-26 | 1996-08-01 | 1997-01-01 | 是 |
| 596 | 环境污染类别代码 | GB/T 16705—1996 | 1996-12-20 | 1996-12-20 | 1997-07-01 | 是 |
| 597 | 环境污染源类别代码 | GB/T 16706—1996 | 1996-12-20 | 1996-12-20 | 1997-07-01 | 是 |
| 598 | 水质　挥发性卤代烃的测定　顶空气相色谱法 | GB/T 17130—1997 | 1997-07-30 | 1997-12-08 | 1998-05-01 | 是 |
| 599 | 水质　1,2-二氯苯、1,4-二氯苯、1,2,4-三氯苯的测定　气相色谱法 | GB/T 17131—1997 | 1997-07-30 | 1997-12-08 | 1998-05-01 | 是 |
| 600 | 环境　甲基汞的测定　气相色谱法 | GB/T 17132—1997 | 1997-07-30 | 1997-12-08 | 1998-05-01 | 是 |
| 601 | 水质　硫化物的测定　直接显色分光光度法 | GB/T 17133—1997 | 1997-07-30 | 1997-12-08 | 1998-05-01 | 否 |
| 602 | 土壤质量　总砷的测定　二乙基二硫代氨基甲酸银分光光度法 | GB/T 17134—1997 | 1997-07-30 | 1997-12-08 | 1998-05-01 | 是 |

续表

| 序号 | 标准名称 | 标准编号 | 批准时间 | 发布时间 | 实施时间 | 是否为现行标准 |
| --- | --- | --- | --- | --- | --- | --- |
| 603 | 土壤质量　总砷的测定　硼氢化钾-硝酸银分光光度法 | GB/T 17135—1997 | 1997-07-30 | 1997-12-08 | 1998-05-01 | 是 |
| 604 | 土壤质量　总汞的测定　冷原子吸收分光光度法 | GB/T 17136—1997 | 1997-07-30 | 1997-12-08 | 1998-05-01 | 是 |
| 605 | 土壤质量　总铬的测定　火焰原子吸收分光光度法 | GB/T 17137—1997 | 1997-07-30 | 1997-12-08 | 1998-05-01 | 是 |
| 606 | 土壤质量　铜、锌的测定　火焰原子吸收分光光度法 | GB/T 17138—1997 | 1997-07-30 | 1997-12-08 | 1998-05-01 | 是 |
| 607 | 土壤质量　镍的测定　火焰原子吸收分光光度法 | GB/T 17139—1997 | 1997-07-30 | 1997-12-08 | 1998-05-01 | 是 |
| 608 | 土壤质量　铅、镉的测定　KI-MIBK 萃取火焰原子吸收分光光度法 | GB/T 17140—1997 | 1997-07-30 | 1997-12-08 | 1998-05-01 | 是 |
| 609 | 土壤质量　铅、镉的测定　石墨炉原子吸收分光光度法 | GB/T 17141—1997 | 1997-07-30 | 1997-12-08 | 1998-05-01 | 是 |
| 610 | 固体废物　浸出毒性浸出方法　翻转法 | GB 5086.1—1997 | 1997-12-22 | 1997-12-22 | 1998-07-01 | 是 |
| 611 | 固体废物　浸出毒性浸出方法　水平振荡法 | GB 5086.2—1997 | 1997-12-22 | 1997-12-22 | 1998-07-01 | 是 |
| 612 | 医疗废物转运车技术要求（试行） | GB 19217—2003 | 2003-06-30 | 2003-06-30 | 2003-06-30 | 是 |
| 613 | 医疗废物焚烧炉技术要求（试行） | GB 19218—2003 | 2003-06-30 | 2003-06-30 | 2003-06-30 | 是 |
| 614 | 气体参数测量和采样的固定位装置 | HJ/T 1—92 | 1992-08-25 | 1992-08-25 | 1993-01-01 | 是 |
| 615 | 环境影响评价技术导则　总纲 | HJ/T 2.1—93 | 1993-09-18 | 1993-09-18 | 1994-04-01 | 是 |
| 616 | 环境影响评价技术导则　大气环境 | HJ/T 2.2—93 | 1993-09-18 | 1993-09-18 | 1994-04-01 | 是 |
| 617 | 环境影响评价技术导则　地面水环境 | HJ/T 2.3—93 | 1993-09-18 | 1993-09-18 | 1994-04-01 | 是 |
| 618 | 汽油机动车怠速排气监测仪技术条件 | HJ/T 3—93 | 1993-06-12 | 1993-06-12 | 1993-12-01 | 是 |
| 619 | 柴油车滤纸烟度计技术条件 | HJ/T 4—93 | 1993-06-12 | 1993-06-12 | 1993-12-01 | 是 |
| 620 | 核设施环境保护管理导则　研究堆环境影响报告书格式与内容 | HJ/T 5.1—93 | 1993-09-18 | 1993-09-18 | 1994-04-01 | 是 |
| 621 | 核设施环境保护管理导则　放射性固体废物浅地层处置环境影响报告书格式与内容 | HJ/T 5.2—93 | 1993-09-18 | 1993-09-18 | 1994-04-01 | 是 |
| 622 | 山岳风景资源开发环境影响评价指标体系 | HJ/T 6—94 | 1994-04-21 | 1994-04-21 | 1994-10-01 | 是 |
| 623 | 中国档案分类法　环境保护档案分类表 | HJ/T 7—94 | 1994-07-28 | 1994-07-28 | 1995-01-01 | 是 |
| 624 | 环境保护档案管理规范　科学研究 | HJ/T 8.1—94 | 1994-07-28 | 1994-07-28 | 1995-01-01 | 是 |
| 625 | 环境保护档案管理规范　环境监测 | HJ/T 8.2—94 | 1994-07-28 | 1994-07-28 | 1995-01-01 | 是 |
| 626 | 环境保护档案管理规范　建设项目环境保护管理 | HJ/T 8.3—94 | 1994-07-28 | 1994-07-28 | 1995-01-01 | 是 |
| 627 | 环境保护档案管理规范　污染源 | HJ/T 8.4—94 | 1994-07-28 | 1994-07-28 | 1995-01-01 | 是 |
| 628 | 环境保护档案管理规范　环境保护仪器设备 | HJ/T 8.5—94 | 1994-07-28 | 1994-07-28 | 1995-01-01 | 是 |
| 629 | 环境保护档案著录细则 | HJ/T 9—95 | 1995-05-28 | 1995-05-28 | 1996-01-01 | 是 |
| 630 | 辐射环境保护管理导则　核技术应用项目环境影响报告书（表）的内容和格式 | HJ/T 10.1—1995 | 1995-09-04 | 1995-09-04 | 1996-03-01 | 是 |
| 631 | 环境影响评价技术导则　声环境 | HJ/T 2.4—1995 | 1995-11-28 | 1995-11-28 | 1996-07-01 | 是 |
| 632 | 环境保护设备分类与命名 | HJ/T 11—1996 | 1996-03-31 | 1996-03-31 | 1996-07-01 | 是 |
| 633 | 环境保护仪器分类与命名 | HJ/T 12—1996 | 1996-03-31 | 1996-03-31 | 1996-07-01 | 是 |
| 634 | 火电厂建设项目环境影响报告书编制与规范 | HJ/T 13—1996 | 1996-04-02 | 1996-04-02 | 1996-06-01 | 是 |

续表

| 序号 | 标准名称 | 标准编号 | 批准时间 | 发布时间 | 实施时间 | 是否为现行标准 |
|---|---|---|---|---|---|---|
| 635 | 辐射环境保护管理导则　电磁辐射监测仪器和方法 | HJ/T 10.2—1996 | 1996-05-10 | 1996-05-10 | 1996-05-10 | 是 |
| 636 | 辐射环境保护管理导则　电磁辐射环境影响评价方法与标准 | HJ/T 10.3—1996 | 1996-05-10 | 1996-05-10 | 1996-05-10 | 是 |
| 637 | 环境空气质量功能区划分原则与技术方法 | HJ/T 14—1996 | 1996-07-22 | 1996-07-22 | 1996-10-01 | 是 |
| 638 | 超声波明渠污水流量计 | HJ/T 15—1996 | 1996-07-22 | 1996-07-22 | 1996-07-22 | 是 |
| 639 | 通风消声器 | HJ/T 16—1996 | 1996-07-22 | 1996-07-22 | 1996-07-22 | 是 |
| 640 | 隔声窗 | HJ/T 17—1996 | 1996-07-22 | 1996-07-22 | 1996-07-22 | 是 |
| 641 | 小型焚烧炉 | HJ/T 18—1996 | 1996-07-22 | 1996-07-22 | 1996-07-22 | 是 |
| 642 | 环境影响评价技术导则　非污染生态影响 | HJ/T 19—1997 | 1997-11-18 | 1997-11-18 | 1998-06-01 | 是 |
| 643 | 工业固体废物采样制样技术规范 | HJ/T 20—1998 | 1998-01-08 | 1998-01-08 | 1998-07-01 | 是 |
| 644 | 核设施水质监测采样规定 | HJ/T 21—1998 | 1998-01-08 | 1998-01-08 | 1998-07-01 | 是 |
| 645 | 气载放射性物质取样一般规定 | HJ/T 22—1998 | 1998-01-08 | 1998-01-08 | 1998-07-01 | 是 |
| 646 | 低、中水平放射性废物近地表处置设施的选址 | HJ/T 23—1998 | 1998-01-08 | 1998-01-08 | 1998-07-01 | 是 |
| 647 | 500 kV 超高压送变电工程电磁辐射环境影响评价技术规范 | HJ/T 24—1998 | 1998-11-19 | 1998-11-19 | 1999-02-01 | 是 |
| 648 | 工业企业土壤环境质量风险评价基准 | HJ/T 25—1999 | 1999-06-09 | 1999-06-09 | 1999-08-01 | 是 |
| 649 | 固定污染源排气中氯化氢的测定　硫氰酸汞分光光度法 | HJ/T 27—1999 | 1999-08-18 | 1999-08-18 | 2000-01-01 | 是 |
| 650 | 固定污染源排气中氰化氢的测定　异烟酸-吡唑啉酮分光光度法 | HJ/T 28—1999 | 1999-08-18 | 1999-08-18 | 2000-01-01 | 是 |
| 651 | 固定污染源排气中铬酸雾的测定　二苯基碳酰二肼分光光度法 | HJ/T 29—1999 | 1999-08-18 | 1999-08-18 | 2000 01-01 | 是 |
| 652 | 固定污染源排气中氯气的测定　甲基橙分光光度法 | HJ/T 30—1999 | 1999-08-18 | 1999-08-18 | 2000-01-01 | 是 |
| 653 | 固定污染源排气中光气的测定　苯胺紫外分光光度法 | HJ/T 31—1999 | 1999-08-18 | 1999-08-18 | 2000-01-01 | 是 |
| 654 | 固定污染源排气中酚类化合物的测定　4-氨基安替比林分光光度法 | HJ/T 32—1999 | 1999-08-18 | 1999-08-18 | 2000-01-01 | 是 |
| 655 | 固定污染源排气中甲醇的测定　气相色谱法 | HJ/T 33—1999 | 1999-08-18 | 1999-08-18 | 2000-01-01 | 是 |
| 656 | 固定污染源排气中氯乙烯的测定　气相色谱法 | HJ/T 34—1999 | 1999-08-18 | 1999-08-18 | 2000-01-01 | 是 |
| 657 | 固定污染源排气中乙醛的测定　气相色谱法 | HJ/T 35—1999 | 1999-08-18 | 1999-08-18 | 2000-01-01 | 是 |
| 658 | 固定污染源排气中丙烯醛的测定　气相色谱法 | HJ/T 36—1999 | 1999-08-18 | 1999-08-18 | 2000-01-01 | 是 |
| 659 | 固定污染源排气中丙烯腈的测定　气相色谱法 | HJ/T 37—1999 | 1999-08-18 | 1999-08-18 | 2000-01-01 | 是 |
| 660 | 固定污染源排气中非甲烷总烃的测定　气相色谱法 | HJ/T 38—1999 | 1999-08-18 | 1999-08-18 | 2000-01-01 | 是 |
| 661 | 固定污染源排气中氯苯类的测定　气相色谱法 | HJ/T 39—1999 | 1999-08-18 | 1999-08-18 | 2000-01-01 | 是 |
| 662 | 固定污染源排气中苯并[a]芘的测定　高效液相色谱法 | HJ/T 40—1999 | 1999-08-18 | 1999-08-18 | 2000-01-01 | 是 |
| 663 | 固定污染源排气中石棉尘的测定　镜检法 | HJ/T 41—1999 | 1999-08-18 | 1999-08-18 | 2000-01-01 | 是 |

续表

| 序号 | 标准名称 | 标准编号 | 批准时间 | 发布时间 | 实施时间 | 是否为现行标准 |
|---|---|---|---|---|---|---|
| 664 | 固定污染源排气中氮氧化物的测定　紫外分光光度法 | HJ/T 42—1999 | 1999-08-18 | 1999-08-18 | 2000-01-01 | 是 |
| 665 | 固定污染源排气中氮氧化物的测定　盐酸萘乙二胺分光光度法 | HJ/T 43—1999 | 1999-08-18 | 1999-08-18 | 2000-01-01 | 是 |
| 666 | 固定污染源排气中一氧化碳的测定　非色散红外吸收法 | HJ/T 44—1999 | 1999-08-18 | 1999-08-18 | 2000-01-01 | 是 |
| 667 | 固定污染源排气中沥青烟的测定　重量法 | HJ/T 45—1999 | 1999-08-18 | 1999-08-18 | 2000-01-01 | 是 |
| 668 | 定电位电解法二氧化硫测定　仪技术条件 | HJ/T 46—1999 | 1999-08-18 | 1999-08-18 | 2000-01-01 | 是 |
| 669 | 烟气采样器技术条件 | HJ/T 47—1999 | 1999-08-18 | 1999-08-18 | 2000-01-01 | 是 |
| 670 | 烟尘采样器技术条件 | HJ/T 48—1999 | 1999-08-18 | 1999-08-18 | 2000-01-01 | 是 |
| 671 | 水质　硼的测定　姜黄素分光光度法 | HJ/T 49—1999 | 1999-08-18 | 1999-08-18 | 2000-01-01 | 是 |
| 672 | 水质　三氯乙醛的测定　吡唑啉酮分光光度法 | HJ/T 50—1999 | 1999-08-18 | 1999-08-18 | 2000-01-01 | 是 |
| 673 | 水质　全盐量的测定　重量法 | HJ/T 51—1999 | 1999-08-18 | 1999-08-18 | 2000-01-01 | 是 |
| 674 | 水质　河流采样技术指导 | HJ/T 52—1999 | 1999-08-18 | 1999-08-18 | 2000-01-01 | 是 |
| 675 | 拟开放场址土壤中剩余放射性可接受水平规定 | HJ/T 53—2000 | 2000-05-22 | 2000-05-22 | 2000-12-01 | 是 |
| 676 | 固定污染源排气中二氧化硫的测定　碘量法 | HJ/T 56—2000 | 2000-12-07 | 2000-12-07 | 2001-03-01 | 是 |
| 677 | 固定污染源排气中二氧化硫的测定　定电位电解法 | HJ/T 57—2000 | 2000-12-07 | 2000-12-07 | 2001-03-01 | 是 |
| 678 | 水质　铍的测定　铬菁R分光光度法 | HJ/T 58—2000 | 2000-12-07 | 2000-12-07 | 2001-03-01 | 是 |
| 679 | 水质　铍的测定石墨炉原子吸收分光光度法 | HJ/T 59—2000 | 2000-12-07 | 2000-12-07 | 2001-03-01 | 是 |
| 680 | 水质　硫化物的测定　碘量法 | HJ/T 60—2000 | 2000-12-07 | 2000-12-07 | 2001-03-01 | 是 |
| 681 | 辐射环境监测技术规范 | HJ/T 61—2001 | 2001-05-28 | 2001-05-28 | 2001-08-01 | 是 |
| 682 | 大气污染物无组织排放监测技术导则 | HJ/T 55—2000 | 2000-12-07 | 2000-12-07 | 2001-03-01 | 是 |
| 683 | 饮食业油烟净化设备技术要求及检测技术规范（试行） | HJ/T 62—2001 | 2001-06-04 | 2001-06-04 | 2001-08-01 | 是 |
| 684 | 大气固定污染源　镍的测定　火焰原子吸收分光光度法 | HJ/T 63.1—2001 | 2001-07-27 | 2001-07-27 | 2001-11-01 | 是 |
| 685 | 大气固定污染源　镍的测定　石墨炉原子吸收分光光度法 | HJ/T 63.2—2001 | 2001-07-27 | 2001-07-27 | 2001-11-01 | 是 |
| 686 | 大气固定污染源　镍的测定　丁二酮肟-正丁醇萃取分光光度法 | HJ/T 63.3—2001 | 2001-07-27 | 2001-07-27 | 2001-11-01 | 是 |
| 687 | 大气固定污染源　镉的测定　火焰原子吸收分光光度法 | HJ/T 64.1—2001 | 2001-07-27 | 2001-07-27 | 2001-11-01 | 是 |
| 688 | 大气固定污染源　镉的测定　石墨炉原子吸收分光光度法 | HJ/T 64.2—2001 | 2001-07-27 | 2001-07-27 | 2001-11-01 | 是 |
| 689 | 大气固定污染源　镉的测定　对-偶氮苯重氮氨基偶氮苯磺酸分光光度法 | HJ/T 64.3—2001 | 2001-07-27 | 2001-07-27 | 2001-11-01 | 是 |
| 690 | 大气固定污染源　锡的测定　石墨炉原子吸收分光光度法 | HJ/T 65—2001 | 2001-07-27 | 2001-07-27 | 2001-11-01 | 是 |
| 691 | 大气固定污染源　氯苯类化合物的测定气相色谱法 | HJ/T 66—2001 | 2001-07-27 | 2001-07-27 | 2001-11-01 | 是 |
| 692 | 大气固定污染源　氟化物的测定　离子选择电极法 | HJ/T 67—2001 | 2001-07-27 | 2001-07-27 | 2001-11-01 | 是 |

续表

| 序号 | 标准名称 | 标准编号 | 批准时间 | 发布时间 | 实施时间 | 是否为现行标准 |
|---|---|---|---|---|---|---|
| 693 | 大气固定污染源　苯胺类的测定　气相色谱法 | HJ/T 68—2001 | 2001-07-27 | 2001-07-27 | 2001-11-01 | 是 |
| 694 | 燃煤锅炉烟尘和二氧化硫排放总量核定技术方法-物料衡算法（试行） | HJ/T 69—2001 | 2001-07-27 | 2001-07-27 | 2001-11-01 | 是 |
| 695 | 高氯废水　化学需氧量的测定　氯气校正法 | HJ/T 70—2001 | 2001-09-11 | 2001-09-11 | 2001-12-01 | 是 |
| 696 | 水质　总有机碳的测定　燃烧氧化-非分散红外吸收法 | HJ/T 71—2001 | 2001-09-29 | 2001-09-29 | 2002-01-01 | 是 |
| 697 | 水质　邻苯二甲酸二甲（二丁、二辛）酯的测定　液相色谱法 | HJ/T 72—2001 | 2001-09-29 | 2001-09-29 | 2002-01-01 | 是 |
| 698 | 水质　丙烯腈的测定　气相色谱法 | HJ/T 73—2001 | 2001-09-29 | 2001-09-29 | 2002-01-01 | 是 |
| 699 | 水质　氯苯的测定　气相色谱法 | HJ/T 74—2001 | 2001-09-29 | 2001-09-29 | 2002-01-01 | 是 |
| 700 | 火电厂烟气排放连续监测技术规范 | HJ/T 75—2001 | 2001-09-30 | 2001-09-30 | 2002-01-01 | 否 |
| 701 | 固定污染物排放烟气连续监测系统技术要求及检测方法 | HJ/T 76—2001 | 2001-09-30 | 2001-09-30 | 2002-01-01 | 否 |
| 702 | 多氯代二苯并二噁英和多氯代二苯并呋喃的测定　同位素稀释高分辨毛细管气相色谱/高分辨质谱法 | HJ/T 77—2001 | 2001-10-19 | 2001-10-19 | 2002-01-01 | 是 |
| 703 | 环境保护档案管理数据采集规范 | HJ/T 78—2001 | 2001-12-25 | 2001-12-25 | 2002-04-01 | 是 |
| 704 | 环境保护档案机读目录数据交换格式 | HJ/T 79—2001 | 2001-12-25 | 2001-12-25 | 2002-04-01 | 是 |
| 705 | 有机食品技术规范 | HJ/T 80—2001 | 2001-12-25 | 2001-12-25 | 2002-04-01 | 是 |
| 706 | 畜禽养殖业污染防治技术规范 | HJ/T 81—2001 | 2001-12-19 | 2001-12-19 | 2002-04-01 | 是 |
| 707 | 近岸海域环境功能区划分技术规范 | HJ/T 82—2001 | 2001-12-25 | 2001-12-25 | 2002-04-01 | 是 |
| 708 | 水质　可吸附有机卤素（AOX）的测定　离子色谱法 | HJ/T 83—2001 | 2001-12-19 | 2001-12-19 | 2002-04-01 | 是 |
| 709 | 水质　无机阴离子的测定　离子色谱法 | HJ/T 84—2001 | 2001-12-19 | 2001-12-19 | 2002-04-01 | 是 |
| 710 | 长江三峡水库库底固体废物清理技术规范（试行） | HJ/T 85—2002 | 2002-04-11 | 2002-04-11 | 2002-04-11 | 否 |
| 711 | 水质　生化需氧量（BOD）的测定　微生物传感器快速测定法 | HJ/T 86—2002 | 2002-01-29 | 2002-01-29 | 2002-07-01 | 是 |
| 712 | 环境影响评价技术导则　民用机场建设工程 | HJ/T 87—2002 | 2002-07-12 | 2002-08-07 | 2002-10-01 | 是 |
| 713 | 地表水和污水监测技术规范 | HJ/T 91—2002 | 2002-12-25 | 2002-12-25 | 2003-01-01 | 是 |
| 714 | 水污染物排放总量监测技术规范 | HJ/T 92—2002 | 2002-12-25 | 2002-12-25 | 2003-01-01 | 是 |
| 715 | 环境影响评价技术导则　水利水电工程 | HJ/T 88—2003 | 2003-03-28 | 2003-03-28 | 2003-07-01 | 是 |
| 716 | 环境影响评价技术导则　石油化工建设项目 | HJ/T 89—2003 | 2003-01-06 | 2003-01-06 | 2003-04-01 | 是 |
| 717 | $PM_{10}$采样器技术要求及检测方法 | HJ/T 93—2003 | 2003-01-29 | 2003-01-29 | 2003-07-01 | 是 |
| 718 | 销毁日本遗弃在华化学武器环境保护术语和符号 | HJ/T 94—2003 | 2003-02-10 | 2003-02-10 | 2003-02-10 | 是 |
| 719 | 销毁日本遗弃在华化学武器环境风险评价技术导则 | HJ 95—2003 | 2003-03-31 | 2003-03-31 | 2003-03-31 | 是 |
| 720 | pH 水质自动分析仪技术要求 | HJ/T 96—2003 | 2003-03-28 | 2003-03-28 | 2003-07-01 | 是 |
| 721 | 电导率水质自动分析仪技术要求 | HJ/T 97—2003 | 2003-03-28 | 2003-03-28 | 2003-07-01 | 是 |
| 722 | 浊度水质自动分析仪技术要求 | HJ/T 98—2003 | 2003-03-28 | 2003-03-28 | 2003-07-01 | 是 |
| 723 | 溶解氧（DO）水质自动分析仪技术要求 | HJ/T 99—2003 | 2003-03-28 | 2003-03-28 | 2003-07-01 | 是 |
| 724 | 高锰酸盐指数水质自动分析仪技术要求 | HJ/T 100—2003 | 2003-03-28 | 2003-03-28 | 2003-07-01 | 是 |

续表

| 序号 | 标准名称 | 标准编号 | 批准时间 | 发布时间 | 实施时间 | 是否为现行标准 |
|---|---|---|---|---|---|---|
| 725 | 氨氮水质自动分析仪技术要求 | HJ/T 101—2003 | 2003-03-28 | 2003-03-28 | 2003-07-01 | 是 |
| 726 | 总氮水质自动分析仪技术要求 | HJ/T 102—2003 | 2003-03-28 | 2003-03-28 | 2003-07-01 | 是 |
| 727 | 总磷水质自动分析仪技术要求 | HJ/T 103—2003 | 2003-03-28 | 2003-03-28 | 2003-07-01 | 是 |
| 728 | 总有机碳（TOC）水质自动分析仪技术要求 | HJ/T 104—2003 | 2003-03-28 | 2003-03-28 | 2003-07-01 | 是 |
| 729 | 销毁日本遗弃在华化学武器废气中芥子气的测定　气相色谱法（试行） | HJ/T 105—2003 | 2003-04-04 | 2003-04-04 | 2003-04-04 | 是 |
| 730 | 销毁日本遗弃在华化学武器废气中路易氏剂的测定　气相色谱法（试行） | HJ/T 106—2003 | 2003-04-04 | 2003-04-04 | 2003-04-04 | 是 |
| 731 | 销毁日本遗弃在华化学武器空气和废气中总砷的测定　二乙基二硫代氨基甲酸银分光光度法（试行） | HJ/T 107—2003 | 2003-04-04 | 2003-04-04 | 2003-04-04 | 是 |
| 732 | 销毁日本遗弃在华化学武器土壤中芥子气的测定　气相色谱法（试行） | HJ/T 108—2003 | 2003-04-04 | 2003-04-04 | 2003-04-04 | 是 |
| 733 | 销毁日本遗弃在华化学武器水中芥子气的测定　气相色谱/质谱法（试行） | HJ/T 109—2003 | 2003-04-04 | 2003-04-04 | 2003-04-04 | 是 |
| 734 | 销毁日本遗弃在华化学武器水中路易氏剂的测定　气相色谱/质谱法（试行） | HJ/T 110—2003 | 2003-04-04 | 2003-04-04 | 2003-04-04 | 是 |
| 735 | 销毁日本遗弃在华化学武器水中二苯氰胂的测定气相色谱/质谱法（试行） | HJ/T 111—2003 | 2003-04-04 | 2003-04-04 | 2003-04-04 | 是 |
| 736 | 销毁日本遗弃在华化学武器水中二苯氯胂的测定　气相色谱/质谱法（试行） | HJ/T 112—2003 | 2003-04-04 | 2003-04-04 | 2003-04-04 | 是 |
| 737 | 销毁日本遗弃在华化学武器水中芥子砜的测定　气相色谱/质谱法（试行） | HJ/T 113—2003 | 2003-04-04 | 2003-04-04 | 2003-04-04 | 是 |
| 738 | 销毁日本遗弃在华化学武器水中芥子亚砜的测定　气相色谱/质谱法（试行） | HJ/T 114—2003 | 2003-04-04 | 2003-04-04 | 2003-04-04 | 是 |
| 739 | 销毁日本遗弃在华化学武器水中氯乙烯胂酸的测定　高效液相色谱（试行） | HJ/T 115—2003 | 2003-04-04 | 2003-04-04 | 2003-04-04 | 是 |
| 740 | 销毁日本遗弃在华化学武器水中三苯胂的测定　气相色谱/质谱法（试行） | HJ/T 116—2003 | 2003-04-04 | 2003-04-04 | 2003-04-04 | 是 |
| 741 | 销毁日本遗弃在华化学武器水中氧联双二苯胂的测定　气相色谱/质谱法（试行） | HJ/T 117—2003 | 2003-04-04 | 2003-04-04 | 2003-04-04 | 是 |
| 742 | 销毁日本遗弃在华化学武器土壤中苯氯乙酮的测定　气相色谱法（试行） | HJ/T 118—2003 | 2003-04-04 | 2003-04-04 | 2003-04-04 | 是 |
| 743 | 销毁日本遗弃在华化学武器土壤中氧联双二苯胂的测定　气相色谱法（试行） | HJ/T 119—2003 | 2003-04-04 | 2003-04-04 | 2003-04-04 | 是 |
| 744 | 销毁日本遗弃在华化学武器土壤中氯乙烯氧胂的测定　乙炔铜分光光度法（试行） | HJ/T 120—2003 | 2003-04-04 | 2003-04-04 | 2003-04-04 | 是 |
| 745 | 销毁日本遗弃在华化学武器土壤中氯乙烯氧胂的测定　气相色谱法（试行） | HJ/T 121—2003 | 2003-04-04 | 2003-04-04 | 2003-04-04 | 是 |
| 746 | 销毁日本遗弃在华化学武器水中氯乙烯氧胂的测定　乙炔铜分光光度法（试行） | HJ/T 122—2003 | 2003-04-04 | 2003-04-04 | 2003-04-04 | 是 |
| 747 | 销毁日本遗弃在华化学武器水中氯乙烯氧胂的测定　气相色谱法（试行） | HJ/T 123—2003 | 2003-04-04 | 2003-04-04 | 2003-04-04 | 是 |

续表

| 序号 | 标准名称 | 标准编号 | 批准时间 | 发布时间 | 实施时间 | 是否为现行标准 |
|---|---|---|---|---|---|---|
| 748 | 销毁日本遗弃在华化学武器废气中二噁英类的测定　同位素稀释高分辨毛细管气相色谱/高分辨质谱法（试行） | HJ/T 124—2003 | 2003-04-04 | 2003-04-04 | 2003-04-04 | 是 |
| 749 | 清洁生产标准　石油炼制业 | HJ/T 125—2003 | 2003-04-18 | 2003-04-18 | 2003-06-01 | 是 |
| 750 | 清洁生产标准　炼焦行业 | HJ/T 126—2003 | 2003-04-18 | 2003-04-18 | 2003-06-01 | 是 |
| 751 | 清洁生产标准　制革行业（猪轻革） | HJ/T 127—2003 | 2003-04-18 | 2003-04-18 | 2003-06-01 | 是 |
| 752 | 销毁日本遗弃在华化学武器生态恢复技术规范（试行） | HJ/T 128—2003 | 2003-11-20 | 2003-11-20 | 2003-11-20 | 是 |
| 753 | 自然保护区管护基础设施建设技术规范 | HJ/T 129—2003 | 2003-08-13 | 2003-08-13 | 2003-10-01 | 是 |
| 754 | 规划环境影响评价技术导则（试行） | HJ/T 130—2003 | 2003-08-11 | 2003-08-11 | 2003-09-01 | 是 |
| 755 | 开发区区域环境影响评价技术导则 | HJ/T 131—2003 | 2003-08-11 | 2003-08-11 | 2003-09-01 | 是 |
| 756 | 高氯废水　化学需氧量的测定　碘化钾碱性高锰酸钾法 | HJ/T 132—2003 | 2003-09-30 | 2003-09-30 | 2004-01-01 | 是 |
| 757 | 销毁日本遗弃在华化学武器废气中光气的测定　高效液相色谱法（试行） | HJ/T 133—2003 | 2003-12-31 | 2003-12-31 | 2003-12-31 | 是 |
| 758 | 销毁日本遗弃在华化学武器空气中光气的测定　高效液相色谱法（试行） | HJ/T 134—2003 | 2003-12-31 | 2003-12-31 | 2003-12-31 | 是 |
| 759 | 销毁日本遗弃在华化学武器水中氰溴甲苯的测定　高效液相色谱法（试行） | HJ/T 135—2003 | 2003-12-31 | 2003-12-31 | 2003-12-31 | 是 |
| 760 | 销毁日本遗弃在华化学武器空气中氰溴甲苯的测定　高效液相色谱法（试行） | HJ/T 136—2003 | 2003-12-31 | 2003-12-31 | 2003-12-31 | 是 |
| 761 | 销毁日本遗弃在华化学武器固体废物中氰溴甲苯的测定　高效液相色谱法（试行） | HJ/T 137—2003 | 2003-12-31 | 2003-12-31 | 2003-12-31 | 是 |
| 762 | 销毁日本遗弃在华化学武器土壤中氰溴甲苯的测定　高效液相色谱法（试行） | HJ/T 138—2003 | 2003-12-31 | 2003-12-31 | 2003-12-31 | 是 |
| 763 | 销毁日本遗弃在华化学武器废气中氰溴甲苯的测定　高效液相色谱法（试行） | HJ/T 139—2003 | 2003-12-31 | 2003-12-31 | 2003-12-31 | 是 |
| 764 | 销毁日本遗弃在华化学武器固体废物中总氰化物的测定　异烟酸-吡唑啉酮分光光度法（试行） | HJ/T 140—2003 | 2003-12-31 | 2003-12-31 | 2003-12-31 | 是 |
| 765 | 销毁日本遗弃在华化学武器土壤中总氰化物的测定　异烟酸-吡唑啉酮分光光度法（试行） | HJ/T 141—2003 | 2003-12-31 | 2003-12-31 | 2003-12-31 | 是 |
| 766 | 销毁日本遗弃在华化学武器空气中芥子气的测定　气相色谱法（试行） | HJ/T 142—2003 | 2003-12-31 | 2003-12-31 | 2003-12-31 | 是 |
| 767 | 销毁日本遗弃在华化学武器空气中路易氏剂的测定　气相色谱法（试行） | HJ/T 143—2003 | 2003-12-31 | 2003-12-31 | 2003-12-31 | 是 |
| 768 | 销毁日本遗弃在华化学武器空气中苯氯乙酮的测定　气相色谱法（试行） | HJ/T 144—2003 | 2003-12-31 | 2003-12-31 | 2003-12-31 | 是 |
| 769 | 销毁日本遗弃在华化学武器废气中苯氯乙酮的测定气相色谱法（试行） | HJ/T 145—2003 | 2003-12-31 | 2003-12-31 | 2003-12-31 | 是 |
| 770 | 销毁日本遗弃在华化学武器土壤中路易氏剂的测定　气相色谱法（试行） | HJ/T 146—2003 | 2003-12-31 | 2003-12-31 | 2003-12-31 | 是 |
| 771 | 销毁日本遗弃在华化学武器土壤中二苯氯胂的测定　气相色谱-质谱法（试行） | HJ/T 147—2003 | 2003-12-31 | 2003-12-31 | 2003-12-31 | 是 |

续表

| 序号 | 标准名称 | 标准编号 | 批准时间 | 发布时间 | 实施时间 | 是否为现行标准 |
|---|---|---|---|---|---|---|
| 772 | 销毁日本遗弃在华化学武器土壤中二苯氰胂的测定　气相色谱-质谱法（试行） | HJ/T 148—2003 | 2003-12-31 | 2003-12-31 | 2003-12-31 | 是 |
| 773 | 销毁日本遗弃在华化学武器固体废物中芥子气的测定　气相色谱法（试行） | HJ/T 149—2003 | 2003-12-31 | 2003-12-31 | 2003-12-31 | 是 |
| 774 | 销毁日本遗弃在华化学武器固体废物中路易氏剂的测定　气相色谱法（试行） | HJ/T 150—2003 | 2003-12-31 | 2003-12-31 | 2003-12-31 | 是 |
| 775 | 销毁日本遗弃在华化学武器固体废物中二苯氯胂的测定　气相色谱-质谱法（试行） | HJ/T 151—2003 | 2003-12-31 | 2003-12-31 | 2003-12-31 | 是 |
| 776 | 销毁日本遗弃在华化学武器固体废物中二苯氰胂的测定　气相色谱-质谱法（试行） | HJ/T 152—2003 | 2003-12-31 | 2003-12-31 | 2003-12-31 | 是 |
| 777 | 化学品测试导则 | HJ/T 153—2004 | 2004-04-13 | 2004-04-13 | 2004-06-01 | 是 |
| 778 | 新化学物质危害评估导则 | HJ/T 154—2004 | 2004-04-13 | 2004-04-13 | 2004-06-01 | 是 |
| 779 | 化学品测试合格实验室导则 | HJ/T 155—2004 | 2004-04-13 | 2004-04-13 | 2004-06-01 | 是 |
| 780 | 声屏障声学设计和测量规范 | HJ/T 90—2004 | 2004-07-12 | 2004-07-12 | 2004-10-01 | 是 |
| 781 | 销毁日本遗弃在华化学武器废气中氧联双二苯胂的测定　气相色谱法（试行） | HJ/T 156—2004 | 2004-08-04 | 2004-08-04 | 2004-08-04 | 是 |
| 782 | 销毁日本遗弃在华化学武器空气中氧联双二苯胂的测定　气相色谱法（试行） | HJ/T 157—2004 | 2004-08-04 | 2004-08-04 | 2004-08-04 | 是 |
| 783 | 销毁日本遗弃在华化学武器固体废物中氧联双二苯胂的测定　气相色谱法（试行） | HJ/T 158—2004 | 2004-08-04 | 2004-08-04 | 2004-08-04 | 是 |
| 784 | 销毁日本遗弃在华化学武器水中苯氯乙酮的测定　气相色谱法（试行） | HJ/T 159—2004 | 2004-08-18 | 2004-08-18 | 2004-08-18 | 是 |
| 785 | 销毁日本遗弃在华化学武器废气中二苯氰胂的测定　气相色谱-质谱法（试行） | HJ/T 160—2005 | 2005-02-24 | 2005-02-24 | 2005-02-24 | 是 |
| 786 | 销毁日本遗弃在华化学武器空气中二苯氰胂的测定　气相色谱-质谱法（试行） | HJ/T 161—2005 | 2005-02-24 | 2005-02-24 | 2005-02-24 | 是 |
| 787 | 销毁日本遗弃在华化学武器固体废物采样制样技术规范（试行） | HJ/T 162—2005 | 2005-02-24 | 2005-02-24 | 2005-02-24 | 是 |
| 788 | 销毁日本遗弃在华化学武器土壤采样制样技术规范（试行） | HJ/T 163—2005 | 2005-02-24 | 2005-02-24 | 2005-02-24 | 是 |
| 789 | 地下水环境监测技术规范 | HJ/T 164—2004 | 2004-12-09 | 2004-12-09 | 2004-12-09 | 是 |
| 790 | 酸沉降监测技术规范 | HJ/T 165—2004 | 2004-12-09 | 2004-12-09 | 2004-12-09 | 是 |
| 791 | 土壤环境监测技术规范 | HJ/T 166—2004 | 2004-12-09 | 2004-12-09 | 2004-12-09 | 是 |
| 792 | 室内环境空气质量监测技术规范 | HJ/T 167—2004 | 2004-12-09 | 2004-12-09 | 2004-12-09 | 是 |
| 793 | 环境监测分析方法标准制订技术导则 | HJ/T 168—2004 | 2004-12-09 | 2004-12-09 | 2004-12-09 | 是 |
| 794 | 建设项目环境风险评价技术导则 | HJ/T 169—2004 | 2004-12-11 | 2004-12-11 | 2004-12-11 | 是 |
| 795 | 销毁日本遗弃在华化学武器固体废物中苯氯乙酮的测定　气相色谱法（试行） | HJ/T 170—2004 | 2004-08-04 | 2004-08-04 | 2004-08-04 | 是 |
| 796 | 销毁日本遗弃在华化学武器固体废物中氯乙烯氧胂的测定　乙炔铜分光光度法（试行） | HJ/T 171—2004 | 2004-08-04 | 2004-08-04 | 2004-08-04 | 是 |
| 797 | 销毁日本遗弃在华化学武器固体废物中氯乙烯氧胂的测定　气相色谱法（试行） | HJ/T 172—2004 | 2004-08-04 | 2004-08-04 | 2004-08-04 | 是 |
| 798 | 环境标准样品研复制技术规范 | HJ/T 173—2005 | 2005-03-24 | 2005-03-24 | 2005-07-01 | 是 |
| 799 | 降雨自动采样器技术要求及检测方法 | HJ/T 174—2005 | 2005-05-08 | 2005-05-08 | 2005-05-08 | 是 |
| 800 | 降雨自动监测仪技术要求及检测方法 | HJ/T 175—2005 | 2005-05-08 | 2005-05-08 | 2005-05-08 | 是 |

续表

| 序号 | 标准名称 | 标准编号 | 批准时间 | 发布时间 | 实施时间 | 是否为现行标准 |
|---|---|---|---|---|---|---|
| 801 | 危险废物集中焚烧处置工程建设技术规范 | HJ/T 176—2005 | 2005-05-24 | 2005-05-24 | 2005-05-24 | 是 |
| 802 | 医疗废物集中焚烧处置工程建设技术规范 | HJ/T 177—2005 | 2005-05-24 | 2005-05-24 | 2005-05-24 | 是 |
| 803 | 长江三峡水库库底固体废物清理技术规范 | HJ 85—2005 | 2005-06-13 | 2005-06-13 | 2005-06-13 | 是 |
| 804 | 火电厂烟气脱硫工程技术规范烟气循环流化床法 | HJ/T 178—2005 | 2005-06-24 | 2005-06-24 | 2005-10-01 | 是 |
| 805 | 火电厂烟气脱硫工程技术规范 石灰石/石灰-石膏法 | HJ/T 179—2005 | 2005-06-24 | 2005-06-24 | 2005-10-01 | 是 |
| 806 | 城市机动车排放空气污染测算方法 | HJ/T 180—2005 | 2005-07-27 | 2005-07-27 | 2005-10-01 | 是 |
| 807 | 废弃机电产品集中拆解利用处置区环境保护技术规范（试行） | HJ/T 181—2005 | 2005-08-15 | 2005-08-15 | 2005-09-01 | 是 |
| 808 | 环境标志产品技术要求 轻型汽车 | HJ/T 182—2005 | 2005-09-02 | 2005-09-02 | 2005-10-01 | 是 |
| 809 | 紫外（UV）吸收水质自动在线监测仪技术要求 | HJ/T 191—2005 | 2005-09-20 | 2005-09-20 | 2005-11-01 | 是 |
| 810 | 环境空气质量自动监测技术规范 | HJ/T 193—2005 | 2005-11-28 | 2005-11-09 | 2006-01-01 | 是 |
| 811 | 环境空气质量手工监测技术规范 | HJ/T 194—2005 | 2005-11-09 | 2005-11-09 | 2006-01-01 | 是 |
| 812 | 水质 氨氮的测定 气相分子吸收光谱法 | HJ/T 195—2005 | 2005-11-09 | 2005-11-09 | 2006-01-01 | 是 |
| 813 | 水质 凯氏氮的测定 气相分子吸收光谱法 | HJ/T 196—2005 | 2005-11-09 | 2005-11-09 | 2006-01-01 | 是 |
| 814 | 水质 亚硝酸盐氮的测定 气相分子吸收光谱法 | HJ/T 197—2005 | 2005-11-09 | 2005-11-09 | 2006-01-01 | 是 |
| 815 | 水质 硝酸盐氮的测定 气相分子吸收光谱法 | HJ/T 198—2005 | 2005-11-09 | 2005-11-09 | 2006-01-01 | 是 |
| 816 | 水质 总氮的测定 气相分子吸收光谱法 | HJ/T 199—2005 | 2005-11-09 | 2005-11-09 | 2006-01-01 | 是 |
| 817 | 水质 硫化物的测定 气相分子吸收光谱法 | HJ/T 200—2005 | 2005-11-09 | 2005-11-09 | 2006-01-01 | 是 |
| 818 | 环境标志产品技术要求 水性涂料 | HJ/T 201—2005 | 2005-11-22 | 2005-11-22 | 2006-01-01 | 是 |
| 819 | 环境标志产品技术要求 一次性餐具 | HJ/T 202—2005 | 2005-11-22 | 2005-11-22 | 2006-01-01 | 是 |
| 820 | 环境标志产品技术要求 飞碟靶 | HJ/T 203—2005 | 2005-11-22 | 2005-11-22 | 2006-01-01 | 是 |
| 821 | 环境标志产品技术要求 包装用纤维干燥剂 | HJ/T 204—2005 | 2005-11-22 | 2005-11-22 | 2006-01-01 | 是 |
| 822 | 环境标志产品技术要求 再生纸制品 | HJ/T 205—2005 | 2005-11-22 | 2005-11-22 | 2006-01-01 | 是 |
| 823 | 环境标志产品技术要求 无石棉建筑制品 | HJ/T 206—2005 | 2005-11-22 | 2005-11-22 | 2006-01-01 | 是 |
| 824 | 环境标志产品技术要求 建筑砌块 | HJ/T 207—2005 | 2005-11-22 | 2005-11-22 | 2006-01-01 | 是 |
| 825 | 环境标志产品技术要求 灭火器 | HJ/T 208—2005 | 2005-11-22 | 2005-11-22 | 2006-01-01 | 是 |
| 826 | 环境标志产品技术要求 包装制品 | HJ/T 209—2005 | 2005-11-22 | 2005-11-22 | 2006-01-01 | 是 |
| 827 | 环境标志产品技术要求 软饮料 | HJ/T 210—2005 | 2005-11-22 | 2005-11-22 | 2006-01-01 | 是 |
| 828 | 环境标志产品技术要求 化学石膏制品 | HJ/T 211—2005 | 2005-11-22 | 2005-11-22 | 2006-01-01 | 是 |
| 829 | 环境标志产品技术要求 光能动手表 | HJ/T 216—2005 | 2005-11-28 | 2005-11-28 | 2006-01-01 | 是 |
| 830 | 环境标志产品技术要求 防虫蛀剂 | HJ/T 217—2005 | 2005-11-28 | 2005-11-28 | 2006-01-01 | 是 |
| 831 | 环境标志产品技术要求 压力炊具 | HJ/T 218—2005 | 2005-11-28 | 2005-11-28 | 2006-01-01 | 是 |
| 832 | 环境标志产品技术要求 空气卫生香 | HJ/T 219—2005 | 2005-11-28 | 2005-11-28 | 2006-01-01 | 是 |
| 833 | 环境标志产品技术要求 胶粘剂 | HJ/T 210—2005 | 2005-11-28 | 2005-11-28 | 2006-01-01 | 是 |
| 834 | 环境标志产品技术要求 家用微波炉 | HJ/T 221—2005 | 2005-11-28 | 2005-11-28 | 2006-01-01 | 是 |
| 835 | 环境标志产品技术要求 气雾剂 | HJ/T 222—2005 | 2005-11-28 | 2005-11-28 | 2006-01-01 | 是 |
| 836 | 环境标志产品技术要求 轻质墙体板材 | HJ/T 223—2005 | 2005-11-28 | 2005-11-28 | 2006-01-01 | 是 |
| 837 | 环境标志产品技术要求 干式电力变压器 | HJ/T 224—2005 | 2005-11-28 | 2005-11-28 | 2006-01-01 | 是 |
| 838 | 环境标志产品技术要求 消耗臭氧层物质替代产品 | HJ/T 225—2005 | 2005-11-28 | 2005-11-28 | 2006-01-01 | 是 |

续表

| 序号 | 标准名称 | 标准编号 | 批准时间 | 发布时间 | 实施时间 | 是否为现行标准 |
|---|---|---|---|---|---|---|
| 839 | 环境标志产品技术要求　建筑用塑料管材 | HJ/T 226—2005 | 2005-11-28 | 2005-11-28 | 2006-01-01 | 是 |
| 840 | 环境标志产品技术要求　磁电式水处理器 | HJ/T 227—2005 | 2005-11-28 | 2005-11-28 | 2006-01-01 | 是 |
| 841 | 机动车排放污染防治技术政策 | 环发[1999]134 号 | 1999-06-08 | 1999-06-08 | 1999-06-08 | 是 |
| 842 | 草浆造纸工业废水污染防治技术政策 | 环发[1999]273 号 | 1999-11-29 | 1999-11-29 | 1999-11-29 | 是 |
| 843 | 城市生活垃圾处理及污染防治技术政策 | 建成[2000]120 号 | 2000-05-29 | 2000-05-29 | 2000-05-29 | 是 |
| 844 | 城市污水处理及污染防治技术政策 | 建成[2000]124 号 | 2000-05-29 | 2000-05-29 | 2000-05-29 | 是 |
| 845 | 印染行业废水污染防治技术政策 | 环发[2001]118 号 | 2001-08-08 | 2001-08-08 | 2001-08-08 | 是 |
| 846 | 危险废物污染防治技术政策 | 环发[2001]199 号 | 2001-12-17 | 2001-12-17 | 2001-12-17 | 是 |
| 847 | 燃煤二氧化硫排放污染防治技术政策 | 环发[2002]26 号 | 2002-01-30 | 2002-01-30 | 2002-01-30 | 是 |
| 848 | 摩托车排放污染防治技术政策 | 环发[2003]7 号 | 2003-01-13 | 2003-01-13 | 2003-01-13 | 是 |
| 849 | 柴油车排放污染防治技术政策 | 环发[2003]10 号 | 2003-01-13 | 2003-01-13 | 2003-01-13 | 是 |
| 850 | 废电池污染防治技术政策 | 环发[2003]163 号 | 2003-10-09 | 2003-10-09 | 2003-10-09 | 是 |
| 851 | 湖库富营养化防治技术政策 | 环发[2004]59 号 | 2004-04-05 | 2004-04-05 | 2004-04-05 | 是 |
| 852 | 销毁日本遗弃在华化学武器固体废物中总氰化物的测定　气相色谱法（试行） | HJ/T 213—2005 | 2005-11-30 | 2005-11-30 | 2005-11-30 | 是 |
| 853 | 销毁日本遗弃在华化学武器　土壤中总氰化物的测定　气相色谱法（试行） | HJ/T 214—2005 | 2005-11-30 | 2005-11-30 | 2005-11-30 | 是 |
| 854 | 销毁日本遗弃在华化学武器　空气中二噁英的测定　气相色谱法（试行） | HJ/T 215—2005 | 2005-11-30 | 2005-11-30 | 2005-11-30 | 是 |
| 855 | 进口可用作原料的固体废物环境保护控制标准　废汽车压件 | GB 16487.13—2005 | 2005-12-14 | 2005-12-14 | 2006-02-01 | 是 |
| 856 | 进口可用作原料的固体废物环境保护控制标准　骨废料 | GB 16487.1—2005 | 2005-12-14 | 2005-12-14 | 2006-02-01 | 是 |
| 857 | 进口可用作原料的固体废物环境保护控制标准　冶炼渣 | GB 16487.2—2005 | 2005-12-14 | 2005-12-14 | 2006-02-01 | 是 |
| 858 | 进口可用作原料的固体废物环境保护控制标准　木、木制品废料 | GB 16487.3—2005 | 2005-12-14 | 2005-12-14 | 2006-02-01 | 是 |
| 859 | 进口可用作原料的固体废物环境保护控制标准　废纸或纸板 | GB 16487.4—2005 | 2005-12-14 | 2005-12-14 | 2006-02-01 | 是 |
| 860 | 进口可用作原料的固体废物环境保护控制标准　废纤维 | GB 16487.5—2005 | 2005-12-14 | 2005-12-14 | 2006-02-01 | 是 |
| 861 | 进口可用作原料的固体废物环境保护控制标准　废钢铁 | GB 16487.6—2005 | 2005-12-14 | 2005-12-14 | 2006-02-01 | 是 |
| 862 | 进口可用作原料的固体废物环境保护控制标准　废有色金属 | GB 16487.7—2005 | 2005-12-14 | 2005-12-14 | 2006-02-01 | 是 |
| 863 | 进口可用作原料的固体废物环境保护控制标准　废电机 | GB 16487.8—2005 | 2005-12-14 | 2005-12-14 | 2006-02-01 | 是 |
| 864 | 进口可用作原料的固体废物环境保护控制标准　废电线电缆 | GB 16487.9—2005 | 2005-12-14 | 2005-12-14 | 2006-02-01 | 是 |
| 865 | 进口可用作原料的固体废物环境保护控制标准　废五金电器 | GB 16487.10—2005 | 2005-12-14 | 2005-12-14 | 2006-02-01 | 是 |
| 866 | 进口可用作原料的固体废物环境保护控制标准　供拆卸的船舶及其他浮动结构体 | GB 16487.11—2005 | 2005-12-14 | 2005-12-14 | 2006-02-01 | 是 |
| 867 | 进口可用作原料的固体废物环境保护控制标准　废塑料 | GB 16487.12—2005 | 2005-12-14 | 2005-12-14 | 2006-02-01 | 是 |

续表

| 序号 | 标准名称 | 标准编号 | 批准时间 | 发布时间 | 实施时间 | 是否为现行标准 |
|---|---|---|---|---|---|---|
| 868 | 确定点燃式发动机在用汽车简易工况法排气污染物排放限值的原则和方法 | HJ/T 240—2005 | 2005-12-12 | 2005-12-12 | 2006-01-01 | 是 |
| 869 | 确定压燃式发动机在用汽车加载减速法排气烟度排放限值的原则和方法 | HJ/T 241—2005 | 2005-12-12 | 2005-12-12 | 2006-01-01 | 是 |
| 870 | 水质　持久性有机污染物艾氏剂环境标准样品 | GSB 07-1983—2005 | 2005-12-05 | 2005-12-05 | 2005-12-05 | 是 |
| 871 | 水质　持久性有机污染物狄氏剂环境标准样品 | GSB 07-1984—2005 | 2005-12-05 | 2005-12-05 | 2005-12-05 | 是 |
| 872 | 水质　持久性有机污染物异狄氏剂环境标准样品 | GSB 07-1985—2005 | 2005-12-05 | 2005-12-05 | 2005-12-05 | 是 |
| 873 | 水质　挥发性卤代烃一溴二氯甲烷环境标准样品 | GSB 07-1980—2005 | 2005-12-05 | 2005-12-05 | 2005-12-05 | 是 |
| 874 | 水质　挥发性卤代烃二溴一氯甲烷环境标准样品 | GSB 07-1981—2005 | 2005-12-05 | 2005-12-05 | 2005-12-05 | 是 |
| 875 | 水质　挥发性卤代烃混标 11 环境标准样品（氯仿、四氯化碳、一溴二氯甲烷、二溴一氯甲烷、溴仿） | GSB 07-1982—2005 | 2005-12-05 | 2005-12-05 | 2005-12-05 | 是 |
| 876 | 水质　总有机碳环境标准样品 | GSB 07-1967—2005 | 2005-12-05 | 2005-12-05 | 2005-12-05 | 是 |
| 877 | 水质　钛环境标准样品 | GSB 07-1977—2005 | 2005-12-05 | 2005-12-05 | 2005-12-05 | 是 |
| 878 | 水质　多氯联苯（Arocotor 1221）环境标准样品 | GSB 07-1975—2005 | 2005-12-05 | 2005-12-05 | 2005-12-05 | 是 |
| 879 | 水质　色度环境标准样品 | GSB 07-1966—2005 | 2005-12-05 | 2005-12-05 | 2005-12-05 | 是 |
| 880 | 水质　硼环境标准样品 | GSB 07-1979—2005 | 2005-12-05 | 2005-12-05 | 2005-12-05 | 是 |
| 881 | 水质　铊环境标准样品 | GSB 07-1978—2005 | 2005-12-05 | 2005-12-05 | 2005-12-05 | 是 |
| 882 | 水质　氯苯类　1,4-二氯苯环境标准样品 | GSB 07-1968—2005 | 2005-12-05 | 2005-12-05 | 2005-12-05 | 是 |
| 883 | 水质　氯苯类　1,2,3-三氯苯环境标准样品 | GSB 07-1969—2005 | 2005-12-05 | 2005-12-05 | 2005-12-05 | 是 |
| 884 | 水质　氯苯类　1,2,4-三氯苯环境标准样品 | GSB 07-1970—2005 | 2005-12-05 | 2005-12-05 | 2005-12-05 | 是 |
| 885 | 水质　氯苯类　1,2,4,5-四氯苯环境标准样品 | GSB 07-1971—2005 | 2005-12-05 | 2005-12-05 | 2005-12-05 | 是 |
| 886 | 水质　氯苯类　1,2,3,4-四氯苯环境标准样品 | GSB 07-1972—2005 | 2005-12-05 | 2005-12-05 | 2005-12-05 | 是 |
| 887 | 水质　氯苯类　五氯苯环境标准样品 | GSB 07-1973—2005 | 2005-12-05 | 2005-12-05 | 2005-12-05 | 是 |
| 888 | 水质　氯苯类混标 11 环境标准样品（1,2-二氯苯、1,3-二氯苯、1,4-二氯苯、1,2,4-三氯苯） | GSB 07-1974—2005 | 2005-12-05 | 2005-12-05 | 2005-12-05 | 是 |
| 889 | 氮气中氧环境标准样品 | GSB 07-1987—2005 | 2005-12-05 | 2005-12-05 | 2005-12-05 | 是 |

续表

| 序号 | 标准名称 | 标准编号 | 批准时间 | 发布时间 | 实施时间 | 是否为现行标准 |
|---|---|---|---|---|---|---|
| 890 | 空气污染物 TVOCs 环境标准样品 | GSB 07-1986—2005 | 2005-12-05 | 2005-12-05 | 2005-12-05 | 是 |
| 891 | 氮气中硫化氢环境标准样品 | GSB 07-1976—2005 | 2005-12-05 | 2005-12-05 | 2005-12-05 | 是 |
| 892 | 氮气中七种苯系物环境标准样品 | GSB 07-1989—2005 | 2005-12-05 | 2005-12-05 | 2005-12-05 | 是 |
| 893 | 氮气中苯环境标准样品 | GSB 07-1988—2005 | 2005-12-05 | 2005-12-05 | 2005-12-05 | 是 |
| 894 | 污染源在线监控（监测）系统数据传输标准 | HJ/T 212—2005 | 2005-12-30 | 2005-12-30 | 2006-02-01 | 是 |
| 895 | 车用压燃式发动机排气污染物排放限值及测量方法（被替代标准） | GB 17691—2001 | 2001-04-16 | 2001-04-16 | 2001-04-16 | 否 |
| 896 | 车用压燃式发动机排气污染物测量方法（被替代标准） | HJ 54—2000 | 2000-06-30 | 2000-06-30 | 2000-09-01 | 否 |
| 897 | 车用压燃式发动机排气污染物排放标准（被替代标准） | GWPB 6—2000 | 2000-06-30 | 2000-06-30 | 2000-09-01 | 否 |
| 898 | 污水海洋处置工程污染控制标准（被替代标准） | GWPB 4—2000 | 2000-05-11 | 2000-05-11 | 2000-10-01 | 否 |
| 899 | 饮食业油烟排放标准（试行）（被替代标准） | GWPB 5—2000 | 2000-02-29 | 2000-02-29 | 2000-07-01 | 否 |
| 900 | 生活垃圾焚烧污染控制标准（被替代标准） | GWKB 3—2000 | 2000-02-29 | 2000-02-29 | 2000-06-01 | 否 |
| 901 | 合成氨工业水污染物排放标准（被替代标准） | GWPB 4—1999 | 1999-12-03 | 1999-12-03 | 2000-03-01 | 否 |
| 902 | 锅炉大气污染物排放标准（被替代标准） | GWPB 3—1999 | 1999-12-03 | 1999-12-03 | 2000-03-01 | 否 |
| 903 | 危险废物焚烧污染控制标准（被替代标准） | GWKB 2—1999 | 1999-12-03 | 1999-12-03 | 2000-03-01 | 否 |
| 904 | 造纸工业水污染物排放标准（被替代标准） | GWPB 2—1999 | 1999-10-10 | 1999-10-10 | 2001-01-01 | 否 |
| 905 | 轻型汽车污染物排放标准（被替代标准） | GWPB 1—1999 | 1999-07-09 | 1999-07-09 | 2000-01-01 | 否 |
| 906 | 矿山生态环境保护与污染防治技术政策 | 环发[2005]109 号 | 2005-09-07 | 2005-09-07 | 2005-09-07 | 是 |
| 907 | 制革、毛皮工业污染防治技术政策 | 环发[2006]38 号 | 2006-02-21 | 2006-02-21 | 2006-02-21 | 是 |
| 908 | 医疗废物化学消毒集中处理工程技术规范（试行） | HJ/T 228—2006 | 2006-02-08 | 2006-02-08 | 2006-03-15 | 是 |
| 909 | 医疗废物微波消毒集中处理工程技术规范（试行） | HJ/T 229—2006 | 2006-02-08 | 2006-02-08 | 2006-03-15 | 是 |
| 910 | 环境标志产品技术要求　节能灯 | HJ/T 230—2006 | 2006-01-06 | 2006-01-06 | 2006-03-01 | 是 |
| 911 | 环境标志产品技术要求　再生塑料制品 | HJ/T 231—2006 | 2006-01-06 | 2006-01-06 | 2006-03-01 | 是 |
| 912 | 环境标志产品技术要求　管型荧光灯镇流器 | HJ/T 232—2006 | 2006-01-06 | 2006-01-06 | 2006-03-01 | 是 |
| 913 | 环境标志产品技术要求　泡沫塑料 | HJ/T 233—2006 | 2006-01-06 | 2006-01-06 | 2006-03-01 | 是 |
| 914 | 环境标志产品技术要求　金属焊割气 | HJ/T 234—2006 | 2006-01-06 | 2006-01-06 | 2006-03-01 | 是 |
| 915 | 环境标志产品技术要求　工商用制冷设备 | HJ/T 235—2006 | 2006-01-06 | 2006-01-06 | 2006-03-01 | 是 |
| 916 | 环境标志产品技术要求　家用制冷器具 | HJ/T 236—2006 | 2006-01-06 | 2006-01-06 | 2006-03-01 | 是 |
| 917 | 环境标志产品技术要求　塑料门窗 | HJ/T 237—2006 | 2006-01-06 | 2006-01-06 | 2006-03-01 | 是 |
| 918 | 环境标志产品技术要求　充电电池 | HJ/T 238—2006 | 2006-01-06 | 2006-01-06 | 2006-03-01 | 是 |
| 919 | 环境标志产品技术要求　干电池 | HJ/T 239—2006 | 2006-01-06 | 2006-01-06 | 2006-03-01 | 是 |
| 920 | 生态环境状况评价技术规范（试行） | HJ/T 192—2006 | 2006-03-09 | 2006-03-09 | 2006-05-01 | 是 |
| 921 | 建设项目竣工环境保护验收技术规范电解铝 | HJ/T 254—2006 | 2006-03-09 | 2006-03-09 | 2006-05-01 | 是 |

续表

| 序号 | 标准名称 | 标准编号 | 批准时间 | 发布时间 | 实施时间 | 是否为现行标准 |
| --- | --- | --- | --- | --- | --- | --- |
| 922 | 建设项目竣工环境保护验收技术规范火力发电 | HJ/T 255—2006 | 2006-03-09 | 2006-03-09 | 2006-05-01 | 是 |
| 923 | 建设项目竣工环境保护验收技术规范水泥制造 | HJ/T 256—2006 | 2006-03-09 | 2006-03-09 | 2006-05-01 | 是 |
| 924 | 环境保护产品技术要求　污泥脱水用带式压榨过滤机 | HJ/T 242—2006 | 2006-04-13 | 2006-04-13 | 2006-06-01 | 是 |
| 925 | 环境保护产品技术要求　油水分离装置 | HJ/T 243—2006 | 2006-04-13 | 2006-04-13 | 2006-06-01 | 是 |
| 926 | 环境保护产品技术要求　斜管(板)隔油装置 | HJ/T 244—2006 | 2006-04-13 | 2006-04-13 | 2006-06-01 | 是 |
| 927 | 环境保护产品技术要求　悬挂式填料 | HJ/T 245—2006 | 2006-04-13 | 2006-04-13 | 2006-06-01 | 是 |
| 928 | 环境保护产品技术要求　悬浮填料 | HJ/T 246—2006 | 2006-04-13 | 2006-04-13 | 2006-06-01 | 是 |
| 929 | 环境保护产品技术要求　竖轴式机械表面曝气装置 | HJ/T 247—2006 | 2006-04-13 | 2006-04-13 | 2006-06-01 | 是 |
| 930 | 环境保护产品技术要求　多层滤料过滤器 | HJ/T 248—2006 | 2006-04-13 | 2006-04-13 | 2006-06-01 | 是 |
| 931 | 环境保护产品技术要求　水力旋流分离器 | HJ/T 249—2006 | 2006-04-13 | 2006-04-13 | 2006-06-01 | 是 |
| 932 | 环境保护产品技术要求　旋转式细格栅 | HJ/T 250—2006 | 2006-04-13 | 2006-04-13 | 2006-06-01 | 是 |
| 933 | 环境保护产品技术要求　罗茨鼓风机 | HJ/T 251—2006 | 2006-04-13 | 2006-04-13 | 2006-06-01 | 是 |
| 934 | 环境保护产品技术要求　中、微孔曝气器 | HJ/T 252—2006 | 2006-04-13 | 2006-04-13 | 2006-06-01 | 是 |
| 935 | 环境保护产品技术要求　微孔过滤装置 | HJ/T 253—2006 | 2006-04-13 | 2006-04-13 | 2006-06-01 | 是 |
| 936 | 环境保护产品技术要求　电解法二氧化氯协同消毒剂发生器 | HJ/T 257—2006 | 2006-04-13 | 2006-04-13 | 2006-06-15 | 是 |
| 937 | 环境保护产品技术要求　电解法次氯酸钠发生器 | HJ/T 258—2006 | 2006-04-13 | 2006-04-13 | 2006-06-15 | 是 |
| 938 | 环境保护产品技术要求　转刷曝气装置 | HJ/T 259—2006 | 2006-04-13 | 2006-04-13 | 2006-06-15 | 是 |
| 939 | 环境保护产品技术要求　鼓风式潜水曝气机 | HJ/T 260—2006 | 2006-04-13 | 2006-04-13 | 2006-06-15 | 是 |
| 940 | 环境保护产品技术要求　压力溶气气浮装置 | HJ/T 261—2006 | 2006-04-13 | 2006-04-13 | 2006-06-15 | 是 |
| 941 | 环境保护产品技术要求　格栅除污机 | HJ/T 262—2006 | 2006-04-13 | 2006-04-13 | 2006-06-15 | 是 |
| 942 | 环境保护产品技术要求　射流曝气器 | HJ/T 263—2006 | 2006-04-13 | 2006-04-13 | 2006-06-15 | 是 |
| 943 | 环境保护产品技术要求　臭氧发生器 | HJ/T 264—2006 | 2006-04-13 | 2006-04-13 | 2006-06-15 | 是 |
| 944 | 行业类生态工业园区标准（试行） | HJ/T 273—2006 | 2006-06-02 | 2006-06-02 | 2006-09-01 | 是 |
| 945 | 综合类生态工业园区标准（试行） | HJ/T 274—2006 | 2006-06-02 | 2006-06-02 | 2006-09-01 | 是 |
| 946 | 静脉产业类生态工业园区标准（试行） | HJ/T 275—2006 | 2006-06-02 | 2006-06-02 | 2006-09-01 | 是 |
| 947 | 医疗废物高温蒸汽集中处理工程技术规范（试行） | HJ/T 276—2006 | 2006-06-14 | 2006-06-14 | 2006-08-01 | 是 |
| 948 | 清洁生产标准　啤酒制造业 | HJ/T 183—2006 | 2006-07-03 | 2006-07-03 | 2006-10-01 | 是 |
| 949 | 清洁生产标准　食用植物油工业（豆油和豆粕） | HJ/T 184—2006 | 2006-07-03 | 2006-07-03 | 2006-10-01 | 是 |
| 950 | 清洁生产标准　纺织业（棉印染） | HJ/T 185—2006 | 2006-07-03 | 2006-07-03 | 2006-10-01 | 是 |
| 951 | 清洁生产标准　甘蔗制糖业 | HJ/T 186—2006 | 2006-07-03 | 2006-07-03 | 2006-10-01 | 是 |
| 952 | 清洁生产标准　电解铝业 | HJ/T 187—2006 | 2006-07-03 | 2006-07-03 | 2006-10-01 | 是 |
| 953 | 清洁生产标准　氮肥制造业 | HJ/T 188—2006 | 2006-07-03 | 2006-07-03 | 2006-10-01 | 是 |
| 954 | 清洁生产标准　钢铁行业 | HJ/T 189—2006 | 2006-07-03 | 2006-07-03 | 2006-10-01 | 是 |
| 955 | 清洁生产标准　基本化学原料制造业（环氧乙烷/乙二醇） | HJ/T 190—2006 | 2006-07-03 | 2006-07-03 | 2006-10-01 | 是 |
| 956 | 汽油车双怠速法排气污染物测量设备技术要求 | HJ/T 289—2006 | 2006-07-18 | 2006-07-18 | 2006-09-01 | 是 |

续表

| 序号 | 标准名称 | 标准编号 | 批准时间 | 发布时间 | 实施时间 | 是否为现行标准 |
|---|---|---|---|---|---|---|
| 957 | 汽油车简易瞬态工况法排气污染物测量设备技术要求 | HJ/T 290—2006 | 2006-07-18 | 2006-07-18 | 2006-09-01 | 是 |
| 958 | 汽油车稳态工况法排气污染物测量设备技术要求 | HJ/T 291—2006 | 2006-07-18 | 2006-07-18 | 2006-09-01 | 是 |
| 959 | 柴油车加载减速工况法排气烟度测量设备技术要求 | HJ/T 292—2006 | 2006-07-18 | 2006-07-18 | 2006-09-01 | 是 |
| 960 | 环境保护产品技术要求　刮泥机 | HJ/T　265—2006 | 2006-07-28 | 2006-07-28 | 2006-09-15 | 是 |
| 961 | 环境保护产品技术要求　吸泥机 | HJ/T　266—2006 | 2006-07-28 | 2006-07-28 | 2006-09-15 | 是 |
| 962 | 环境保护产品技术要求　电凝聚处理设备 | HJ/T　267—2006 | 2006-07-28 | 2006-07-28 | 2006-09-15 | 是 |
| 963 | 环境保护产品技术要求　中和装置 | HJ/T　268—2006 | 2006-07-28 | 2006-07-28 | 2006-09-15 | 是 |
| 964 | 环境保护产品技术要求　自动清洗网式过滤器 | HJ/T 269—2006 | 2006-07-28 | 2006-07-28 | 2006-09-15 | 是 |
| 965 | 环境保护产品技术要求　反渗透水处理装置 | HJ/T 270—2006 | 2006-07-28 | 2006-07-28 | 2006-09-15 | 是 |
| 966 | 环境保护产品技术要求　超滤装置 | HJ/T 271—2006 | 2006-07-28 | 2006-07-28 | 2006-09-15 | 是 |
| 967 | 环境保护产品技术要求　化学法二氧化氯消毒剂发生器 | HJ/T 272—2006 | 2006-07-28 | 2006-07-28 | 2006-09-15 | 是 |
| 968 | 环境保护产品技术要求　旋转式滗水器 | HJ/T 277—2006 | 2006-07-28 | 2006-07-28 | 2006-09-15 | 是 |
| 969 | 环境保护产品技术要求　单级高速曝气离心鼓风机 | HJ/T 278—2006 | 2006-07-28 | 2006-07-28 | 2006-09-15 | 是 |
| 970 | 环境保护产品技术要求　推流式潜水搅拌机 | HJ/T 279—2006 | 2006-07-28 | 2006-07-28 | 2006-09-15 | 是 |
| 971 | 环境保护产品技术要求　转盘曝气装置 | HJ/T 280—2006 | 2006-07-28 | 2006-07-28 | 2006-09-15 | 是 |
| 972 | 环境保护产品技术要求　散流式曝气器 | HJ/T 281—2006 | 2006-07-28 | 2006-07-28 | 2006-09-15 | 是 |
| 973 | 环境保护产品技术要求　浅池气浮装置 | HJ/T 282—2006 | 2006-07-28 | 2006-07-28 | 2006-09-15 | 是 |
| 974 | 环境保护产品技术要求　厢式压滤机和板框压滤机 | HJ/T 283—2006 | 2006-07-28 | 2006-07-28 | 2006-09-15 | 是 |
| 975 | 环境保护产品技术要求　袋式除尘器用电磁脉冲阀 | HJ/T 284—2006 | 2006-07-28 | 2006-07-28 | 2006-09-15 | 是 |
| 976 | 环境保护产品技术要求　工业粉尘湿式除尘装置 | HJ/T 285—2006 | 2006-07-28 | 2006-07-28 | 2006-09-15 | 是 |
| 977 | 环境保护产品技术要求　工业锅炉多管旋风除尘器 | HJ/T 286—2006 | 2006-07-28 | 2006-07-28 | 2006-09-15 | 是 |
| 978 | 环境保护产品技术要求　中小型燃油、燃气锅炉 | HJ/T 287—2006 | 2006-07-28 | 2006-07-28 | 2006-09-15 | 是 |
| 979 | 环境保护产品技术要求　湿式烟气脱硫除尘装置 | HJ/T 288—2006 | 2006-07-28 | 2006-07-28 | 2006-09-15 | 是 |
| 980 | 辐射源和实践的豁免管理原则 | GB 13367—1992 | | | | 否 |
| 981 | 低、中水平放射性废物固化体性能要求　塑料固化体 | GB 14569.2—1993 | | | | 否 |
| 982 | 空气质量　总悬浮颗粒的测定　重量法 | GB 9802—1988 | | | | 否 |
| 983 | 汽车产品回收利用技术政策 | 发改委、科技部、环保总局公告 2006 年第 9 号 | 2006-02-06 | 2006-02-06 | 2006-02-06 | 是 |
| 984 | 废弃家用电器与电子产品污染防治技术政策 | 环发[2006]115 号 | 2006-04-27 | 2006-04-27 | 2006-04-27 | 是 |
| 985 | 清洁生产标准　汽车制造业（涂装） | HJ/T 293—2006 | 2006-08-15 | 2006-08-15 | 2006-12-01 | 是 |
| 986 | 清洁生产标准　铁矿采选业 | HJ/T 294—2006 | 2006-08-15 | 2006-08-15 | 2006-12-01 | 是 |

续表

| 序号 | 标准名称 | 标准编号 | 批准时间 | 发布时间 | 实施时间 | 是否为现行标准 |
|---|---|---|---|---|---|---|
| 987 | 环境标志产品技术要求　卫生陶瓷 | HJ/T 296—2006 | 2006-08-23 | 2006-08-23 | 2006-09-01 | 是 |
| 988 | 环境标志产品技术要求　陶瓷砖 | HJ/T 297—2006 | 2006-08-23 | 2006-08-23 | 2006-09-01 | 是 |
| 989 | 皂素工业水污染物排放标准 | GB 20425—2006 | 2006-06-21 | 2006-09-01 | 2007-01-01 | 是 |
| 990 | 煤炭工业污染物排放标准 | GB 20426—2006 | 2006-06-02 | 2006-09-01 | 2006-10-01 | 是 |
| 991 | 环境保护档案管理规范　环境监察 | HJ/T 295—2006 | 2006-09-08 | 2006-09-08 | 2006-12-01 | 是 |
| 992 | 环境标志产品技术要求　房间空气调节器 | HJ/T 304—2006 | 2006-11-15 | 2006-11-15 | 2007-01-01 | 是 |
| 993 | 环境标志产品技术要求　鞋类 | HJ/T 305—2006 | 2006-11-15 | 2006-11-15 | 2007-01-01 | 是 |
| 994 | 环境标志产品技术要求　彩色电视广播接收机 | HJ/T 306—2006 | 2006-11-15 | 2006-11-15 | 2007-01-01 | 是 |
| 995 | 环境标志产品技术要求　生态纺织品 | HJ/T 307—2006 | 2006-11-15 | 2006-11-15 | 2007-01-01 | 是 |
| 996 | 环境标志产品技术要求　家用电动洗衣机 | HJ/T 308—2006 | 2006-11-15 | 2006-11-15 | 2007-01-01 | 是 |
| 997 | 环境标志产品技术要求　毛纺织品 | HJ/T 309—2006 | 2006-11-15 | 2006-11-15 | 2007-01-01 | 是 |
| 998 | 环境标志产品技术要求　盘式蚊香 | HJ/T 310—2006 | 2006-11-15 | 2006-11-15 | 2007-01-01 | 是 |
| 999 | 环境标志产品技术要求　燃气灶具 | HJ/T 311—2006 | 2006-11-15 | 2006-11-15 | 2007-01-01 | 是 |
| 1000 | 环境标志产品技术要求　陶瓷、微晶玻璃和玻璃餐具 | HJ/T 312—2006 | 2006-11-15 | 2006-11-15 | 2007-01-01 | 是 |
| 1001 | 环境标志产品技术要求　微型计算机、显示器 | HJ/T 313—2006 | 2006-11-15 | 2006-11-15 | 2007-01-01 | 是 |
| 1002 | 食用农产品产地环境质量评价标准 | HJ/T 332—2006 | 2006-11-17 | 2006-11-17 | 2007-02-01 | 是 |
| 1003 | 温室蔬菜产地环境质量评价标准 | HJ/T 333—2006 | 2006-11-17 | 2006-11-17 | 2007-02-01 | 是 |
| 1004 | 环境标志产品技术要求　打印机、传真机和多功能一体机 | HJ/T 302—2006 | 2006-11-23 | 2007-02-01 | 2007-02-01 | 是 |
| 1005 | 环境标志产品技术要求　家具 | HJ/T 303—2006 | 2006-11-23 | 2007-02-01 | 2007-02-01 | 是 |
| 1006 | 环境保护产品技术要求　花岗石类湿式烟气脱硫除尘装置 | HJ/T 319—2006 | 2006-11-23 | 2007-02-01 | 2007-02-01 | 是 |
| 1007 | 环境保护产品技术要求　电除尘器高压整流电源 | HJ/T 320—2006 | 2006-11-23 | 2007-02-01 | 2007-02-01 | 是 |
| 1008 | 环境保护产品技术要求　电除尘器低压控制电源 | HJ/T 321—2006 | 2006-11-23 | 2007-02-01 | 2007-02-01 | 是 |
| 1009 | 环境保护产品技术要求　电除尘器 | HJ/T 322—2006 | 2006-11-23 | 2007-02-01 | 2007-02-01 | 是 |
| 1010 | 环境保护产品技术要求　电除雾器 | HJ/T 323—2006 | 2006-11-23 | 2007-02-01 | 2007-02-01 | 是 |
| 1011 | 环境保护产品技术要求　袋式除尘器用滤料 | HJ/T 324—2006 | 2006-11-23 | 2007-02-01 | 2007-02-01 | 是 |
| 1012 | 环境保护产品技术要求　袋式除尘器　滤袋框架 | HJ/T 325—2006 | 2006-11-23 | 2007-02-01 | 2007-02-01 | 是 |
| 1013 | 环境保护产品技术要求　袋式除尘器用覆膜滤料 | HJ/T 326—2006 | 2006-11-23 | 2007-02-01 | 2007-02-01 | 是 |
| 1014 | 环境保护产品技术要求　袋式除尘器　滤袋 | HJ/T 327—2006 | 2006-11-23 | 2007-02-01 | 2007-02-01 | 是 |
| 1015 | 环境保护产品技术要求　脉冲喷吹类袋式除尘器 | HJ/T 328—2006 | 2006-11-23 | 2007-02-01 | 2007-02-01 | 是 |
| 1016 | 环境标志产品技术要求　回转反吹袋式除尘器 | HJ/T 329—2006 | 2006-11-23 | 2007-02-01 | 2007-02-01 | 是 |
| 1017 | 环境保护产品技术要求　分室反吹类袋式除尘器 | HJ/T 330—2006 | 2006-11-23 | 2007-02-01 | 2007-02-01 | 是 |
| 1018 | 环境保护产品技术要求　汽油车用催化转化器 | HJ/T 331—2006 | 2006-11-23 | 2007-02-01 | 2007-02-01 | 是 |

续表

| 序号 | 标准名称 | 标准编号 | 批准时间 | 发布时间 | 实施时间 | 是否为现行标准 |
|---|---|---|---|---|---|---|
| 1019 | 清洁生产标准　电镀行业 | HJ/T 314—2006 | 2006-11-23 | 2007-02-01 | 2007-02-01 | 是 |
| 1020 | 清洁生产标准　人造板行业（中密度纤维板） | HJ/T 315—2006 | 2006-11-23 | 2007-02-01 | 2007-02-01 | 是 |
| 1021 | 清洁生产标准　乳制品制造业（纯牛乳及全脂乳粉） | HJ/T 316—2006 | 2006-11-23 | 2007-02-01 | 2007-02-01 | 是 |
| 1022 | 清洁生产标准　造纸工业（漂白碱法蔗渣浆生产工艺） | HJ/T 317—2006 | 2006-11-23 | 2007-02-01 | 2007-02-01 | 是 |
| 1023 | 清洁生产标准　钢铁行业（中厚板轧钢） | HJ/T 318—2006 | 2006-11-23 | 2007-02-01 | 2007-02-01 | 是 |
| 1024 | 环境保护产品技术要求　电渗析装置 | HJ/T 334—2006 | 2006-12-15 | 2006-12-15 | 2007-04-01 | 是 |
| 1025 | 环境保护产品技术要求　污泥压缩带式脱水一体机 | HJ/T 335—2006 | 2006-12-15 | 2006-12-15 | 2007-04-01 | 是 |
| 1026 | 环境保护产品技术要求　潜水排污泵 | HJ/T 336—2006 | 2006-12-15 | 2006-12-15 | 2007-04-01 | 是 |
| 1027 | 环境保护产品技术要求　生物接触氧化成套装置 | HJ/T 337—2006 | 2006-12-15 | 2006-12-15 | 2007-04-01 | 是 |
| 1028 | 饮用水水源保护区划分技术规范 | HJ/T 338—2007 | 2007-01-09 | 2007-01-09 | 2007-02-01 | 是 |
| 1029 | 环境空气质量监测规范（试行） | 国家环境保护总局公告 2007 年第 4 号 | 2007-01-19 | 2007-01-19 | 2007-01-19 | 是 |
| 1030 | 水质 汞的测定　冷原子荧光法（试行） | HJ/T 341—2007 | 2007-03-10 | 2007-03-10 | 2007-05-01 | 是 |
| 1031 | 水质 硫酸盐的测定　铬酸钡分光光度法（试行） | HJ/T 342—2007 | 2007-03-10 | 2007-03-10 | 2007-05-01 | 是 |
| 1032 | 水质　氯化物的测定　硝酸汞滴定法（试行） | HJ/T 343—2007 | 2007-03-10 | 2007-03-10 | 2007-05-01 | 是 |
| 1033 | 水质　锰的测定　甲醛肟分光光度法（试行） | HJ/T 344—2007 | 2007-03-10 | 2007-03-10 | 2007-05-01 | 是 |
| 1034 | 水质 铁的测定 邻菲啰啉分光光度法（试行） | HJ/T 345—2007 | 2007-03-10 | 2007-03-10 | 2007-05-01 | 是 |
| 1035 | 水质　硝酸盐氮的测定紫外分光光度法（试行） | HJ/T 346—2007 | 2007-03-10 | 2007-03-10 | 2007-05-01 | 是 |
| 1036 | 水质　粪大肠菌群的测定　多管发酵法和滤膜法（试行） | HJ/T 347—2007 | 2007-03-10 | 2007-03-10 | 2007-05-01 | 是 |
| 1037 | 清洁生产标准　造纸工业（漂白化学烧碱法麦草浆生产工艺） | HJ/T 339—2007 | 2007-03-28 | 2007-03-28 | 2007-07-01 | 是 |
| 1038 | 清洁生产标准　造纸工业（漂白化学烧碱法麦草浆生产工艺） | HJ/T 340—2007 | 2007-03-28 | 2007-03-28 | 2007-07-01 | 是 |
| 1039 | 重型汽车排气污染物排放控制系统耐久性要求及试验方法 | GB 20890—2007 | 2006-05-08 | 2007-04-03 | 2007-10-01 | 是 |
| 1040 | 非道路移动机械用柴油机排气污染物排放限值及测量方法（中国Ⅰ、Ⅱ阶段） | GB 20891—2007 | 2006-09-08 | 2007-04-03 | 2007-10-01 | 是 |
| 1041 | 摩托车污染物排放限值及测量方法（工况法，中国第Ⅲ阶段） | GB 14622—2007 | 2007-02-06 | 2007-04-03 | 2008-07-01 | 是 |
| 1042 | 轻便摩托车污染物排放限值及测量方法（工况法，中国第Ⅲ阶段） | GB 18176—2007 | 2007-02-06 | 2007-04-03 | 2008-07-01 | 是 |
| 1043 | 报废机动车拆解环境保护技术规范 | HJ 348—2007 | 2007-04-09 | 2007-04-09 | 2007-04-09 | 是 |
| 1044 | 固体废物　浸出毒性浸出方法　硫酸硝酸法 | HJ/T 299—2007 | 2007-04-16 | 2007-04-16 | 2007-05-01 | 是 |

续表

| 序号 | 标准名称 | 标准编号 | 批准时间 | 发布时间 | 实施时间 | 是否为现行标准 |
| --- | --- | --- | --- | --- | --- | --- |
| 1045 | 固体废物　浸出毒性浸出方法　醋酸缓冲溶液法 | HJ/T 300—2007 | 2007-04-16 | 2007-04-16 | 2007-05-01 | 是 |
| 1046 | 铬渣污染治理环境保护技术规范（暂行） | HJ/T 301—2007 | 2007-04-16 | 2007-04-16 | 2007-05-01 | 是 |
| 1047 | 环境影响评价技术导则陆地石油天然气开发建设项目 | HJ/T 349—2007 | 2007-04-16 | 2007-04-16 | 2007-08-01 | 是 |
| 1048 | 危险废物鉴别标准　通则 | GB 5085.7—2007 | 2007-03-27 | 2007-04-25 | 2007-10-01 | 是 |
| 1049 | 危险废物鉴别标准　腐蚀性鉴别 | GB 5085.1—2007 | 2007-03-27 | 2007-04-25 | 2007-10-01 | 是 |
| 1050 | 危险废物鉴别标准　急性毒性初筛 | GB 5085. 2—2007 | 2007-03-27 | 2007-04-25 | 2007-10-01 | 是 |
| 1051 | 危险废物鉴别标准　浸出毒性鉴别 | GB 5085. 3—2007 | 2007-03-27 | 2007-04-25 | 2007-10-01 | 是 |
| 1052 | 危险废物鉴别标准　易燃性鉴别 | GB 5085.4—2007 | 2007-03-27 | 2007-04-25 | 2007-10-01 | 是 |
| 1053 | 危险废物鉴别标准　反应性鉴别 | GB 5085. 5—2007 | 2007-03-27 | 2007-04-25 | 2007-10-01 | 是 |
| 1054 | 危险废物鉴别标准　毒性物质含量鉴别 | GB 5085.6—2007 | 2007-03-27 | 2007-04-25 | 2007-10-01 | 是 |
| 1055 | 储油库大气污染物排放标准 | GB 20950—2007 | 2007-04-26 | 2007-06-22 | 2007-08-01 | 是 |
| 1056 | 汽油运输大气污染物排放标准 | GB 20951—2007 | 2007-04-26 | 2007-06-22 | 2007-08-01 | 是 |
| 1057 | 加油站大气污染物排放标准 | GB 20952—2007 | 2007-04-26 | 2007-06-22 | 2007-08-01 | 是 |
| 1058 | 危险废物鉴别技术规范 | HJ/T 298—2007 | 2007-05-21 | 2007-05-21 | 2007-07-01 | 是 |
| 1059 | 展览会用地土壤环境质量评价标准（暂行） | HJ/T 350—2007 | 2007-06-05 | 2007-06-05 | 2007-08-01 | 是 |
| 1060 | 环境标志产品技术要求生态住宅（住区） | HJ/T 351—2007 | 2007-07-23 | 2007-07-23 | 2007-11-01 | 是 |
| 1061 | 环境污染源自动监控信息传输、交换技术规范（试行） | HJ/T 352—2007 | 2007-07-12 | 2007-07-12 | 2007-08-01 | 是 |
| 1062 | 固定污染源烟气排放连续监测技术规范（试行） | HJ/T 75—2007 | 2007 07 12 | 2007 07 12 | 2007 08 01 | 是 |
| 1063 | 固定污染源烟气排放连续监测系统技术要求及监测方法（试行） | HJ/T 76—2007 | 2007-07-12 | 2007-07-12 | 2007-08-01 | 是 |
| 1064 | 水污染源在线监测系统安装技术规范（试行） | HJ/T 353—2007 | 2007-07-12 | 2007-07-12 | 2007-08-01 | 是 |
| 1065 | 水污染源在线监测系统验收技术规范（试行） | HJ/T 354—2007 | 2007-07-12 | 2007-07-12 | 2007-08-01 | 是 |
| 1066 | 水污染源在线监测系统进行与考核技术规范（试行） | HJ/T 355—3007 | 2007-07-12 | 2007-07-12 | 2007-08-01 | 是 |
| 1067 | 水污染源在线监测系统数据有效性判别技术规范（试行） | HJ/T 356—2007 | 2007-07-12 | 2007-07-12 | 2007-08-01 | 是 |
| 1068 | 摩托车和轻便摩托车燃油蒸发污染物排放限值及测量方法 | GB 20998—2007 | 2007-04-23 | 2007-07-19 | 2008-07-01 | 是 |
| 1069 | 清洁生产标准　电解锰行业 | HJ/T 357—2007 | 2007-08-01 | 2007-08-01 | 2007-10-01 | 是 |
| 1070 | 清洁生产标准　镍选矿行业 | HJ/T 358—2007 | 2007-08-01 | 2007-08-01 | 2007-10-01 | 是 |
| 1071 | 清洁生产标准　化纤行业（氨纶） | HJ/T 359—2007 | 2007-08-01 | 2007-08-01 | 2007-10-01 | 是 |
| 1072 | 清洁生产标准　彩色显像（示）管生产 | HJ/T 360—2007 | 2007-08-01 | 2007-08-01 | 2007-10-01 | 是 |
| 1073 | 清洁生产标准　平板玻璃行业 | HJ/T 361—2007 | 2007-08-01 | 2007-08-01 | 2007-10-01 | 是 |
| 1074 | 环境标志产品技术要求　太阳能集热器 | HJ/T 362—2007 | 2007-09-10 | 2007-09-10 | 2007-12-01 | 是 |
| 1075 | 环境标志产品技术要求　家用太阳能热水系统 | HJ/T 363—2007 | 2007-09-10 | 2007-09-10 | 2007-12-01 | 是 |
| 1076 | 废塑料回收与再生利用污染控制技术规范（试行） | HJ/T 364—2007 | 2007-09-30 | 2007-09-30 | 2007-12-01 | 是 |
| 1077 | 危险废物（含医疗废物）焚烧处置设施二噁英排放监测技术规范 | HJ/T 365—2007 | 2007-11-01 | 2007-11-01 | 2008-01-01 | 是 |

续表

| 序号 | 标准名称 | 标准编号 | 批准时间 | 发布时间 | 实施时间 | 是否为现行标准 |
| --- | --- | --- | --- | --- | --- | --- |
| 1078 | 环境标志产品技术要求　胶印油墨 | HJ/T 370—2007 | 2007-11-02 | 2007-11-02 | 2008-02-01 | 是 |
| 1079 | 环境标志产品技术要求　凹印油墨和柔印油墨 | HJ/T 371—2007 | 2007-11-02 | 2007-11-02 | 2008-02-01 | 是 |
| 1080 | 水质自动采样器技术要求及检测方法 | HJ/T 372—2007 | 2007-11-12 | 2007-11-12 | 2008-01-01 | 是 |
| 1081 | 固定污染源监测质量保证与质量控制技术规范（试行） | HJ/T 373—2007 | 2007-11-12 | 2007-11-12 | 2008-01-01 | 是 |
| 1082 | 防治城市扬尘污染技术规范 | HJ/T 393—2007 | 2007-11-12 | 2007-11-12 | 2008-01-01 | 是 |
| 1083 | 环境保护产品技术要求　超声波明渠污水流量计 | HJ/T 15—2007 | 2007-11-22 | 2007-11-22 | 2008-02-01 | 是 |
| 1084 | 环境保护产品技术要求　超声波管道流量计 | HJ/T 366—2007 | 2007-11-22 | 2007-11-22 | 2008-02-01 | 是 |
| 1085 | 环境保护产品技术要求　电磁管道流量计 | HJ/T 367—2007 | 2007-11-22 | 2007-11-22 | 2008-02-01 | 是 |
| 1086 | 环境保护产品技术要求　标定总悬浮颗粒物采样器用的孔口流量计技术要求及检测方法 | HJ/T 368—2007 | 2007-11-22 | 2007-11-22 | 2008-02-01 | 是 |
| 1087 | 环境保护产品技术要求　水处理用加药装置 | HJ/T 369—2007 | 2007-11-22 | 2007-11-22 | 2008-02-01 | 是 |
| 1088 | 总悬浮颗粒物采样器技术要求及检测方法 | HJ/T 374—2007 | 2007-12-03 | 2007-12-03 | 2008-03-01 | 是 |
| 1089 | 环境空气采样器技术要求及检测方法 | HJ/T 375—2007 | 2007-12-03 | 2007-12-03 | 2008-03-01 | 是 |
| 1090 | 24 小时恒温自动连续环境空气采样器技术要求及检测方法 | HJ/T 376—2007 | 2007-12-03 | 2007-12-03 | 2008-03-01 | 是 |
| 1091 | 环境保护产品技术要求　化学需氧量（$COD_{Cr}$）水质在线自动监测仪 | HJ/T 377—2007 | 2007-12-03 | 2007-12-03 | 2008-03-01 | 是 |
| 1092 | 污染治理设施运行记录仪技术要求及检测方法 | HJ/T 378—2007 | 2007-12-03 | 2007-12-03 | 2008-03-01 | 是 |
| 1093 | 环境保护产品技术要求　隔声门 | HJ/T 379—2007 | 2007-12-03 | 2007-12-03 | 2008-03-01 | 是 |
| 1094 | 环境保护产品技术要求　橡胶隔振器 | HJ/T 380—2007 | 2007-12-03 | 2007-12-03 | 2008-03-01 | 是 |
| 1095 | 环境保护产品技术要求　阻尼弹簧隔振器 | HJ/T 381—2007 | 2007-12-03 | 2007-12-03 | 2008-03-01 | 是 |
| 1096 | 环境保护产品技术要求　高压气体排放小孔消声器 | HJ/T 382—2007 | 2007-12-03 | 2007-12-03 | 2008-03-01 | 是 |
| 1097 | 环境保护产品技术要求　汽车发动机排气消声器 | HJ/T 383—2007 | 2007-12-03 | 2007-12-03 | 2008-03-01 | 是 |
| 1098 | 环境保护产品技术要求　一般用途低噪声轴流通风机 | HJ/T 384—2007 | 2007-12-03 | 2007-12-03 | 2008-03-01 | 是 |
| 1099 | 环境保护产品技术要求　低噪声型冷却塔 | HJ/T 385—2007 | 2007-12-03 | 2007-12-03 | 2008-03-01 | 是 |
| 1100 | 环境保护产品技术要求　工业废气吸附净化装置 | HJ/T 386—2007 | 2007-12-03 | 2007-12-03 | 2008-03-01 | 是 |
| 1101 | 环境保护产品技术要求　工业废气吸收净化装置 | HJ/T 387—2007 | 2007-12-03 | 2007-12-03 | 2008-03-01 | 是 |
| 1102 | 环境保护产品技术要求　湿法漆雾过滤净化装置 | HJ/T 388—2007 | 2007-12-03 | 2007-12-03 | 2008-03-01 | 是 |
| 1103 | 环境保护产品技术要求　工业有机废气催化净化装置 | HJ/T 389—2007 | 2007-12-03 | 2007-12-03 | 2008-03-01 | 是 |
| 1104 | 环境保护产品技术要求　汽油车燃油蒸发污染物控制系统（装置） | HJ/T 390—2007 | 2007-12-03 | 2007-12-03 | 2008-03-01 | 是 |
| 1105 | 环境保护产品技术要求　可曲挠橡胶接头 | HJ/T 391—2007 | 2007-12-03 | 2007-12-03 | 2008-03-01 | 是 |
| 1106 | 环境保护产品技术要求　摩托车排气催化转化器 | HJ/T 392—2007 | 2007-12-03 | 2007-12-03 | 2008-03-01 | 是 |

续表

| 序号 | 标准名称 | 标准编号 | 批准时间 | 发布时间 | 实施时间 | 是否为现行标准 |
|---|---|---|---|---|---|---|
| 1107 | 建设项目竣工环境保护验收技术规范生态影响类 | HJ/T 394—2007 | 2007-12-05 | 2007-12-05 | 2008-02-01 | 是 |
| 1108 | 固定源废气监测技术规范 | HJ/T 397—2007 | 2007-12-07 | 2007-12-07 | 2008-03-01 | 是 |
| 1109 | 固定污染源排放烟气黑度的测定 林格曼烟气黑度图法 | HJ/T 398—2007 | 2007-12-07 | 2007-12-07 | 2008-03-01 | 是 |
| 1110 | 水质 化学需氧量的测定 快速消解分光光度法 | HJ/T 399—2007 | 2007-12-07 | 2007-12-07 | 2008-03-01 | 是 |
| 1111 | 车内挥发性有机物和醛酮类物质采样测定方法 | HJ/T 400—2007 | 2007-12-07 | 2007-12-07 | 2008-03-01 | 是 |
| 1112 | 压燃式发动机汽车自由加速法排气烟度测量设备技术要求 | HJ/T 395—2007 | 2007-12-14 | 2007-12-14 | 2008-03-01 | 是 |
| 1113 | 点燃式发动机汽车瞬态工况法排气污染物测量设备技术要求 | HJ/T 396—2007 | 2007-12-14 | 2007-12-14 | 2008-03-01 | 是 |
| 1114 | 生态工业园区建设规划编制指南 | HJ/T 409—2007 | 2007-12-20 | 2007-12-20 | 2008-04-01 | 是 |
| 1115 | 清洁生产标准 烟草加工业 | HJ/T 401—2007 | 2007-12-20 | 2007-12-20 | 2008-03-01 | 是 |
| 1116 | 清洁生产标准 白酒制造业 | HJ/T 402—2007 | 2007-12-20 | 2007-12-20 | 2008-03-01 | 是 |
| 1117 | 环境标志产品技术要求 复印纸 | HJ/T 410—2007 | 2007-12-21 | 2007-12-21 | 2008-04-01 | 是 |
| 1118 | 环境标志产品技术要求 水嘴 | HJ/T 411—2007 | 2007-12-21 | 2007-12-21 | 2008-04-01 | 是 |
| 1119 | 环境标志产品技术要求 预拌混凝土 | HJ/T 412—2007 | 2007-12-21 | 2007-12-21 | 2008-04-01 | 是 |
| 1120 | 环境标志产品技术要求 再生鼓粉盒 | HJ/T 413—2007 | 2007-12-21 | 2007-12-21 | 2008-04-01 | 是 |
| 1121 | 环境标志产品技术要求 室内装饰装修用溶剂型木器涂料 | HJ/T 414—2007 | 2007-12-21 | 2007-12-21 | 2008-04-01 | 是 |
| 1122 | 建设项目竣工环境保护验收技术规范城市轨道交通 | HJ/T 403—2007 | 2007-12-21 | 2007-12-21 | 2008-04-01 | 是 |
| 1123 | 建设项目竣工环境保护验收技术规范黑色金属冶炼及压延加工 | HJ/T 404—2007 | 2007-12-21 | 2007-12-21 | 2008-04-01 | 是 |
| 1124 | 建设项目竣工环境保护验收技术规范石油炼制 | HJ/T 405—2007 | 2007-12-21 | 2007-12-21 | 2008-04-01 | 是 |
| 1125 | 建设项目竣工环境保护验收技术规范乙烯工程 | HJ/T 406—2007 | 2007-12-21 | 2007-12-21 | 2008-04-01 | 是 |
| 1126 | 建设项目竣工环境保护验收技术规范汽车制造 | HJ/T 407—2007 | 2007-12-21 | 2007-12-21 | 2008-04-01 | 是 |
| 1127 | 建设项目竣工环境保护验收技术规范造纸工业 | HJ/T 408—2007 | 2007-12-21 | 2007-12-21 | 2008-04-01 | 是 |
| 1128 | 环境信息术语 | HJ/T 416—2007 | 2007-12-29 | 2007-12-29 | 2008-02-01 | 是 |
| 1129 | 环境信息分类与代码 | HJ/T 417—2007 | 2007-12-29 | 2007-12-29 | 2008-02-01 | 是 |
| 1130 | 环境信息系统集成技术规范 | HJ/T 418—2007 | 2007-12-29 | 2007-12-29 | 2008-02-01 | 是 |
| 1131 | 环境数据库设计与运行管理规范 | HJ/T 419—2007 | 2007-12-29 | 2007-12-29 | 2008-02-01 | 是 |
| 1132 | 环保用微生物菌剂环境安全评价导则 | HJ/T 415—2008 | 2008-01-04 | 2008-01-04 | 2008-05-01 | 是 |
| 1133 | 新化学物质申报类名编制导则 | HJ/T 420—2008 | 2008-01-15 | 2008-01-15 | 2008-04-01 | 是 |
| 1134 | 医疗废物专用包装袋、容器和警示标志标准 | HJ 421—2008 | 2008-02-27 | 2008-02-27 | 2008-04-01 | 是 |
| 1135 | 杂环类农药工业水污染物排放标准 | GB 21523—2008 | 2008-03-17 | 2008-04-02 | 2008-07-01 | 是 |
| 1136 | 重型车用汽油发动机与汽车排气污染物排放限值及测量方法(中国Ⅲ、Ⅳ阶段) | GB 14762—2008 | 2008-03-17 | 2008-03-31 | 2009-07-01 | 是 |
| 1137 | 煤层气（煤矿瓦斯）排放标准（暂行） | GB 21522—2008 | 2008-03-17 | 2008-04-02 | 2008-07-01 | 是 |

续表

| 序号 | 标准名称 | 标准编号 | 批准时间 | 发布时间 | 实施时间 | 是否为现行标准 |
|---|---|---|---|---|---|---|
| 1138 | 生活垃圾填埋场污染控制标准 | GB 16889—2008 | 2008-03-17 | 2008-04-02 | 2008-07-01 | 是 |
| 1139 | 清洁生产标准　制订技术导则 | HJ/T 425—2008 | 2008-04-08 | 2008-04-08 | 2008-08-01 | 是 |
| 1140 | 清洁生产标准　钢铁行业（烧结） | HJ/T 426—2008 | 2008-04-08 | 2008-04-08 | 2008-08-01 | 是 |
| 1141 | 清洁生产标准　钢铁行业（高炉炼铁） | HJ/T 427—2008 | 2008-04-08 | 2008-04-08 | 2008-08-01 | 是 |
| 1142 | 清洁生产标准　钢铁行业（炼钢） | HJ/T 428—2008 | 2008-04-08 | 2008-04-08 | 2008-08-01 | 是 |
| 1143 | 清洁生产标准　化纤行业（涤纶） | HJ/T 429—2008 | 2008-04-08 | 2008-04-08 | 2008-08-01 | 是 |
| 1144 | 清洁生产标准　电石行业 | HJ/T 430—2008 | 2008-04-08 | 2008-04-08 | 2008-08-01 | 是 |
| 1145 | 储油库、加油站大气污染治理项目验收检测技术规范 | HJ/T 431—2008 | 2008-04-15 | 2008-04-15 | 2008-05-01 | 是 |
| 1146 | 环境标志产品技术要求　杀虫气雾剂 | HJ/T 423—2008 | 2008-04-15 | 2008-04-15 | 2008-07-01 | 是 |
| 1147 | 环境标志产品技术要求　数字式多功能复印设备 | HJ/T 424—2008 | 2008-04-15 | 2008-04-15 | 2008-07-01 | 是 |
| 1148 | 环境标志产品技术要求　厨柜 | HJ/T 432—2008 | 2008-04-15 | 2008-04-15 | 2008-07-01 | 是 |
| 1149 | 饮用水水源保护区标志技术要求 | HJ/T 433—2008 | 2008-04-29 | 2008-04-29 | 2008-06-01 | 是 |
| 1150 | 地震灾区集中式饮用水水源保护技术指南（暂行） | 环境保护部公告 2008 年第 14 号 | 2008-05-20 | 2008-05-20 | 2008-05-20 | 是 |
| 1151 | 地震灾区集中式饮用水安全保障应急技术方案（暂行） | 环境保护部公告 2008 年第 14 号 | 2008-05-20 | 2008-05-20 | 2008-05-20 | 是 |
| 1152 | 地震灾区地表水环境质量与集中式饮用水水源监测技术指南（暂行） | 环境保护部公告 2008 年第 14 号 | 2008-05-20 | 2008-05-20 | 2008-05-20 | 是 |
| 1153 | 医疗废物集中处置技术规范 | 环发[2003]206 号 | 2003-12-26 | 2003-12-26 | 2003-12-26 | 是 |
| 1154 | 制浆造纸工业水污染物排放标准 | GB 3544—2008 | 2008-04-29 | 2008-06-25 | 2008-08-01 | 是 |
| 1155 | 电镀污染物排放标准 | GB 21900—2008 | 2008-04-29 | 2008-06-25 | 2008-08-01 | 是 |
| 1156 | 羽绒工业水污染物排放标准 | GB 21901—2008 | 2008-04-29 | 2008-06-25 | 2008-08-01 | 是 |
| 1157 | 合成革与人造革工业污染物排放标准 | GB 21902—2008 | 2008-04-29 | 2008-06-25 | 2008-08-01 | 是 |
| 1158 | 发酵类制药工业水污染物排放标准 | GB 21903—2008 | 2008-04-29 | 2008-06-25 | 2008-08-01 | 是 |
| 1159 | 化学合成类制药工业水污染物排放标准 | GB 21904—2008 | 2008-04-29 | 2008-06-25 | 2008-08-01 | 是 |
| 1160 | 提取类制药工业水污染物排放标准 | GB 21905—2008 | 2008-04-29 | 2008-06-25 | 2008-08-01 | 是 |
| 1161 | 中药类制药工业水污染物排放标准 | GB 21906—2008 | 2008-04-29 | 2008-06-25 | 2008-08-01 | 是 |
| 1162 | 生物工程类制药工业水污染物排放标准 | GB 21907—2008 | 2008-04-29 | 2008-06-25 | 2008-08-01 | 是 |
| 1163 | 混装制剂类制药工业水污染物排放标准 | GB 21908—2008 | 2008-04-29 | 2008-06-25 | 2008-08-01 | 是 |
| 1164 | 制糖工业水污染物排放标准 | GB 21909—2008 | 2008-04-29 | 2008-06-25 | 2008-08-01 | 是 |
| 1165 | 地震灾区医疗废物安全处置技术指南（暂行） | 环境保护部公告 2008 年第 16 号 | 2008-05-30 | 2008-05-30 | 2008-05-30 | 是 |
| 1166 | 地震灾区过渡性安置区环境保护技术指南（暂行） | 环境保护部公告 2008 年第 17 号 | 2008-05-30 | 2008-05-30 | 2008-05-30 | 是 |
| 1167 | 车用压燃式、气体燃料点燃式发动机与汽车车载诊断(OBD)系统技术要求 | HJ 437—2008 | 2008-06-24 | 2008-06-24 | 2008-07-01 | 是 |
| 1168 | 车用压燃式、气体燃料点燃式发动机与汽车排放控制系统耐久性技术要求 | HJ 438—2008 | 2008-06-24 | 2008-06-24 | 2008-07-01 | 是 |
| 1169 | 车用压燃式、气体燃料点燃式发动机与汽车在用符合性技术要求 | HJ 439—2008 | 2008-06-24 | 2008-06-24 | 2008-07-01 | 是 |
| 1170 | 酸雨标准样品 A | GSB 07-2241—2008 | 2008-04-17 | 2008-04-17 | 2008-04-17 | 是 |
| 1171 | 酸雨标准样品 B | GSB 07-2242—2008 | 2008-04-17 | 2008-04-17 | 2008-04-17 | 是 |

续表

| 序号 | 标准名称 | 标准编号 | 批准时间 | 发布时间 | 实施时间 | 是否为现行标准 |
|---|---|---|---|---|---|---|
| 1172 | 酸雨标准样品 C | GSB 07-2243—2008 | 2008-04-17 | 2008-04-17 | 2008-04-17 | 是 |
| 1173 | 水质电导率标准样品 A | GSB 07-2244—2008 | 2008-04-17 | 2008-04-17 | 2008-04-17 | 是 |
| 1174 | 水质电导率标准样品 B | GSB 07-2245—2008 | 2008-04-17 | 2008-04-17 | 2008-04-17 | 是 |
| 1175 | 氮气中一氧化碳、二氧化碳、丙烷混合（高压）气体标准样品 | GSB 07-2246—2008 | 2008-04-17 | 2008-04-17 | 2008-04-17 | 是 |
| 1176 | 氮气中苯乙烯（高压）气体标准样品 | GSB 07-2247—2008 | 2008-04-17 | 2008-04-17 | 2008-04-17 | 是 |
| 1177 | 氮气中四种氯代烷混合（高压）气体标准样品 | GSB 07-2248—2008 | 2008-04-17 | 2008-04-17 | 2008-04-17 | 是 |
| 1178 | 氮气中氯乙烯（高压）气体标准样品（低浓度） | GSB 07-2249—2008 | 2008-04-17 | 2008-04-17 | 2008-04-17 | 是 |
| 1179 | 氮气中氯乙烯（高压）气体标准样品（高浓度） | GSB 07-2250—2008 | 2008-04-17 | 2008-04-17 | 2008-04-17 | 是 |
| 1180 | 环境标志产品技术要求　建筑装饰装修工程 | HJ 440—2008 | 2008-07-30 | 2008-07-30 | 2008-09-01 | 是 |
| 1181 | 水泥工业除尘工程技术规范 | HJ 434—2008 | 2008-06-06 | 2008-06-06 | 2008-09-01 | 是 |
| 1182 | 钢铁工业除尘工程技术规范 | HJ 435—2008 | 2008-06-06 | 2008-06-06 | 2008-09-01 | 是 |
| 1183 | 声环境质量标准 | GB 3096—2008 | 2008-07-30 | 2008-08-19 | 2008-10-01 | 是 |
| 1184 | 工业企业厂界环境噪声排放标准 | GB 12348—2008 | 2008-07-17 | 2008-08-19 | 2008-10-01 | 是 |
| 1185 | 社会生活环境噪声排放标准 | GB 22337—2008 | 2008-07-17 | 2008-08-19 | 2008-10-01 | 是 |
| 1186 | 清洁生产标准　石油炼制业（沥青） | HJ 443—2008 | 2008-09-27 | 2008-09-27 | 2008-11-01 | 是 |
| 1187 | 清洁生产标准　味精工业 | HJ 444—2008 | 2008-09-27 | 2008-09-27 | 2008-11-01 | 是 |
| 1188 | 清洁生产标准　淀粉工业 | HJ 445—2008 | 2008-09-27 | 2008-09-27 | 2008-11-01 | 是 |
| 1189 | 近岸海域环境监测规范 | HJ 442—2008 | 2008-11-04 | 2008-11-04 | 2009-01-01 | 是 |
| 1190 | 环境保护产品技术要求　柴油车排气后处理装置 | HJ 451—2008 | 2008-12-10 | 2008-12-10 | 2009-03-01 | 是 |
| 1191 | 清洁生产标准　葡萄酒制造业 | HJ 452—2008 | 2008-12-24 | 2008-12-24 | 2009-03-01 | 是 |
| 1192 | 环境影响评价技术导则　城市轨道交通 | HJ 453—2008 | 2008-12-25 | 2008-12-25 | 2009-04-01 | 是 |
| 1193 | 建设项目竣工环境保护验收技术规范　港口 | HJ 436—2008 | 2008-6-30 | 2008-06-30 | 2008-08-01 | 是 |
| 1194 | 清洁生产标准　煤炭采选业 | HJ 446—2008 | 2008-11-21 | 2008-11-21 | 2009-02-01 | 是 |
| 1195 | 清洁生产标准　铅蓄电池工业 | HJ 447—2008 | 2008-11-21 | 2008-11-21 | 2009-02-01 | 是 |
| 1196 | 清洁生产标准　制革工业（牛轻革） | HJ 448—2008 | 2008-11-21 | 2008-11-21 | 2009-02-01 | 是 |
| 1197 | 清洁生产标准　合成革工业 | HJ 449—2008 | 2008-11-21 | 2008-11-21 | 2009-02-01 | 是 |
| 1198 | 清洁生产标准　印制电路板制造业 | HJ 450—2008 | 2008-11-21 | 2008-11-21 | 2009-02-01 | 是 |
| 1199 | 水质　二噁英类的测定　同位素稀释高分辨气相色谱—高分辨质谱法 | HJ 77.1—2008 | 2008-12-31 | 2008-12-31 | 2009-04-01 | 是 |
| 1200 | 环境空气和废气　二噁英类的测定　同位素稀释高分辨气相色谱—高分辨质谱法 | HJ 77.2—2008 | 2008-12-31 | 2008-12-31 | 2009-04-01 | 是 |
| 1201 | 固体废物　二噁英类的测定　同位素稀释高分辨气相色谱—高分辨质谱法 | HJ 77.3—2008 | 2008-12-31 | 2008-12-31 | 2009-04-01 | 是 |
| 1202 | 土壤和沉积物　二噁英类的测定　同位素稀释高分辨气相色谱—高分辨质谱法 | HJ 77.4—2008 | 2008-12-31 | 2008-12-31 | 2009-04-01 | 是 |

续表

| 序号 | 标准名称 | 标准编号 | 批准时间 | 发布时间 | 实施时间 | 是否为现行标准 |
| --- | --- | --- | --- | --- | --- | --- |
| 1203 | 环境影响评价技术导则　大气环境 | HJ 2.2—2008 | 2008-12-31 | 2008-12-31 | 2009-04-01 | 是 |
| 1204 | 甲醇中溴苯溶液标准样品 | GSB 07-2417—2008 | 2009-02-09 | 2009-03-10 | 2009-03-10 | 是 |
| 1205 | 甲醇中二溴甲烷溶液标准样品 | GSB 07-2418—2008 | 2009-02-09 | 2009-03-10 | 2009-03-10 | 是 |
| 1206 | 甲醇中 1,1-二氯乙烷溶液标准样品 | GSB 07-2419—2008 | 2009-02-09 | 2009-03-10 | 2009-03-10 | 是 |
| 1207 | 甲醇中 1,2-二氯乙烷溶液标准样品 | GSB 07-2420—2008 | 2009-02-09 | 2009-03-10 | 2009-03-10 | 是 |
| 1208 | 甲醇中 1,1-二氯乙烯溶液标准样品 | GSB 07-2421—2008 | 2009-02-09 | 2009-03-10 | 2009-03-10 | 是 |
| 1209 | 甲醇中顺-1,2-二氯乙烯溶液标准样品 | GSB 07-2422—2008 | 2009-02-09 | 2009-03-10 | 2009-03-10 | 是 |
| 1210 | 甲醇中反-1,2-二氯乙烯溶液标准样品 | GSB 07-2423—2008 | 2009-02-09 | 2009-03-10 | 2009-03-10 | 是 |
| 1211 | 甲醇中 1,2-二氯丙烷溶液标准样品 | GSB 07-2424—2008 | 2009-02-09 | 2009-03-10 | 2009-03-10 | 是 |
| 1212 | 甲醇中 1,3-二氯丙烷溶液标准样品 | GSB 07-2425—2008 | 2009-02-09 | 2009-03-10 | 2009-03-10 | 是 |
| 1213 | 甲醇中溴氯甲烷溶液标准样品 | GSB 07-2426—2008 | 2009-02-09 | 2009-03-10 | 2009-03-10 | 是 |
| 1214 | 甲醇中六氯丁二烯溶液标准样品 | GSB 07-2427—2008 | 2009-02-09 | 2009-03-10 | 2009-03-10 | 是 |
| 1215 | 甲醇中对异丙基甲苯溶液标准样品 | GSB 07-2428—2008 | 2009-02-09 | 2009-03-10 | 2009-03-10 | 是 |
| 1216 | 甲醇中二氯甲烷溶液标准样品 | GSB 07-2429—2008 | 2009-02-09 | 2009-03-10 | 2009-03-10 | 是 |
| 1217 | 甲醇中萘溶液标准样品 | GSB 07-2430—2008 | 2009-02-09 | 2009-03-10 | 2009-03-10 | 是 |
| 1218 | 甲醇中正丁苯溶液标准样品 | GSB 07-2431—2008 | 2009-02-09 | 2009-03-10 | 2009-03-10 | 是 |
| 1219 | 甲醇中仲丁苯溶液标准样品 | GSB 07-2432—2008 | 2009-02-09 | 2009-03-10 | 2009-03-10 | 是 |
| 1220 | 甲醇中叔丁苯溶液标准样品 | GSB 07-2433—2008 | 2009-02-09 | 2009-03-10 | 2009-03-10 | 是 |
| 1221 | 甲醇中 2-氯甲苯溶液标准样品 | GSB 07-2434—2008 | 2009-02-09 | 2009-03-10 | 2009-03-10 | 是 |
| 1222 | 甲醇中 4-氯甲苯溶液标准样品 | GSB 07-2435—2008 | 2009-02-09 | 2009-03-10 | 2009-03-10 | 是 |
| 1223 | 甲醇中 1,2-二溴-3-氯丙烷溶液标准样品 | GSB 07-2436—2008 | 2009-02-09 | 2009-03-10 | 2009-03-10 | 是 |
| 1224 | 甲醇中 1,2-二溴乙烷溶液标准样品 | GSB 07-2437—2008 | 2009-02-09 | 2009-03-10 | 2009-03-10 | 是 |
| 1225 | 水质　微囊藻毒素 LR 溶液标准样品 | GSB 07-2438—2008 | 2009-02-09 | 2009-03-10 | 2009-03-10 | 是 |

续表

| 序号 | 标准名称 | 标准编号 | 批准时间 | 发布时间 | 实施时间 | 是否为现行标准 |
|---|---|---|---|---|---|---|
| 1226 | 环境标志产品技术要求　编制技术导则 | HJ 454—2009 | 2009-02-04 | 2009-02-04 | 2009-05-01 | 是 |
| 1227 | 环境标志产品技术要求　防水卷材 | HJ 455—2009 | 2009-02-04 | 2009-02-04 | 2009-05-01 | 是 |
| 1228 | 环境标志产品技术要求　刚性防水材料 | HJ 456—2009 | 2009-02-04 | 2009-02-04 | 2009-05-01 | 是 |
| 1229 | 环境标志产品技术要求　防水涂料 | HJ 457—2009 | 2009-02-04 | 2009-02-04 | 2009-05-01 | 是 |
| 1230 | 环境标志产品技术要求　家用洗涤剂 | HJ 458—2009 | 2009-02-04 | 2009-02-04 | 2009-05-01 | 是 |
| 1231 | 环境标志产品技术要求　木质门和钢质门 | HJ 459—2009 | 2009-02-04 | 2009-02-04 | 2009-05-01 | 是 |
| 1232 | 工业锅炉及炉窑湿法烟气脱硫工程技术规范 | HJ 462—2009 | 2009-03-06 | 2009-03-06 | 2009-06-01 | 是 |
| 1233 | 规划环境影响评价技术导则　煤炭工业矿区总体规划 | HJ 463—2009 | 2009-03-14 | 2009-03-14 | 2009-07-01 | 是 |
| 1234 | 钢铁工业发展循环经济环境保护导则 | HJ 465—2009 | 2009-03-14 | 2009-03-14 | 2009-07-01 | 是 |
| 1235 | 铝工业发展循环经济环境保护导则 | HJ 466—2009 | 2009-03-14 | 2009-03-14 | 2009-07-01 | 是 |
| 1236 | 环境信息网络建设规范 | HJ 460—2009 | 2009-03-20 | 2009-03-20 | 2009-06-01 | 是 |
| 1237 | 环境信息网络管理维护规范 | HJ 461—2009 | 2009-03-20 | 2009-03-20 | 2009-06-01 | 是 |
| 1238 | 清洁生产标准　水泥工业 | HJ 467—2009 | 2009-03-25 | 2009-03-25 | 2009-07-01 | 是 |
| 1239 | 清洁生产标准　造纸工业（废纸制浆） | HJ 468—2009 | 2009-03-25 | 2009-03-25 | 2009-07-01 | 是 |
| 1240 | 清洁生产审核指南　制订技术导则 | HJ 469—2009 | 2009-03-25 | 2009-03-25 | 2009-07-01 | 是 |
| 1241 | 建设项目竣工环境保护验收技术规范　水利水电 | HJ 464—2009 | 2009-03-25 | 2009-03-25 | 2009-07-01 | 是 |
| 1242 | 清洁生产标准　钢铁行业（铁合金） | HJ 470—2009 | 2009-04-10 | 2009-04-10 | 2009-08-01 | 是 |
| 1243 | 轻型汽车污染物排放限值及测量方法(I) | GB 18352.1—2001 | 2001-04-10 | 2001-04-16 | 2001-04-16 | 否 |
| 1244 | 农用运输车自由加速烟度限值 | GB 18322—2001 | — | — | — | 否 |
| 1245 | 轻便摩托车排气污染物限值及测试方法 | GB 18176—2000 | — | — | — | 否 |
| 1246 | 摩托车排气污染物限值及测试方法 | GB 14622—2000 | — | — | — | 否 |
| 1247 | 在用汽车排气污染物排放限值及测量方法 | GB 18285—2000 | — | — | — | 否 |
| 1248 | 有色金属工业固体废物浸出毒性试验方法标准 | GB5086—85 | — | — | — | 否 |
| 1249 | 环境标志产品技术要求—数字一体化速印机 | HJ 472—2009 | 2009-06-17 | 2009-06-17 | 2009-09-01 | 是 |
| 1250 | 综合类生态工业园区标准 | HJ 274—2009 | 2009-06-23 | 2009-06-23 | 2009-06-23 | 是 |
| 1251 | 纺织染整工业废水治理工程技术规范 | HJ 471—2009 | 2009-06-23 | 2009-06-23 | 2009-09-01 | 是 |
| 1252 | 污染源在线自动监控（监测）数据采集传输仪技术 | HJ 477—2009 | 2009-07-02 | 2009-07-02 | 2009-10-1 | 是 |
| 1253 | 清洁生产标准　氧化铝业 | HJ 473—2009 | 2009-08-10 | 2009-08-10 | 2009-10-1 | 是 |
| 1254 | 清洁生产标准　纯碱行业 | HJ 474—2009 | 2009-08-10 | 2009-08-10 | 2009-10-1 | 是 |
| 1255 | 清洁生产标准　氯碱工业（烧碱） | HJ 475—2009 | 2009-08-10 | 2009-08-10 | 2009-10-01 | 是 |
| 1256 | 清洁生产标准　氯碱工业（聚氯乙烯） | HJ 476—2009 | 2009-08-10 | 2009-08-10 | 2009-10-01 | 是 |
| 1257 | 环境工程技术分类与命名 | HJ 496—2009 | 2009-09-09 | 2009-09-09 | 2009-12-01 | 是 |
| 1258 | 水质 多环芳烃的测定　液液萃取和固相萃取高效液相色谱法 | HJ 478—2009 | 2009-09-27 | 2009-09-27 | 2009-11-01 | 是 |
| 1259 | 环境空气　氮氧化物（一氧化氮和二氧化氮）的测定　盐酸萘乙二胺分光光度法 | HJ 479—2009 | 2009-09-27 | 2009-09-27 | 2009-11-01 | 是 |
| 1260 | 环境空气　氟化物的测定　滤膜采样氟离子选择电极法 | HJ 480—2009 | 2009-09-27 | 2009-09-27 | 2009-11-01 | 是 |
| 1261 | 环境空气　氟化物的测定　石灰滤纸采样氟离子选择电极法 | HJ 481—2009 | 2009-09-27 | 2009-09-27 | 2009-11-01 | 是 |

续表

| 序号 | 标准名称 | 标准编号 | 批准时间 | 发布时间 | 实施时间 | 是否为现行标准 |
|---|---|---|---|---|---|---|
| 1262 | 环境空气　二氧化硫的测定　甲醛吸收-副玫瑰苯胺分光光度法 | HJ 482—2009 | 2009-09-27 | 2009-09-27 | 2009-11-01 | 是 |
| 1263 | 环境空气　二氧化硫的测定　四氯汞盐吸收-副玫瑰苯胺分光光度法 | HJ 483—2009 | 2009-09-27 | 2009-09-27 | 2009-11-01 | 是 |
| 1264 | 水质　氰化物的测定　容量法和分光光度法 | HJ 484—2009 | 2009-09-27 | 2009-09-27 | 2009-11-01 | 是 |
| 1265 | 水质　铜的测定　二乙基二硫代氨基甲酸钠分光光度法 | HJ 485—2009 | 2009-09-27 | 2009-09-27 | 2009-11-01 | 是 |
| 1266 | 水质　铜的测定　2,9-二甲基-1,10 邻菲啰啉分光光度法 | HJ 486—2009 | 2009-09-27 | 2009-09-27 | 2009-11-01 | 是 |
| 1267 | 水质　氟化物的测定　茜素磺酸锆目视比色法 | HJ 487—2009 | 2009-09-27 | 2009-09-27 | 2009-11-01 | 是 |
| 1268 | 水质　氟化物的测定　氟试剂分光光度法 | HJ 488—2009 | 2009-09-27 | 2009-09-27 | 2009-11-01 | 是 |
| 1269 | 水质　银的测定　3,5-$Br_2$-PADAP 分光光度法 | HJ 489—2009 | 2009-09-27 | 2009-09-27 | 2009-11-01 | 是 |
| 1270 | 水质　银的测定　镉试剂 2B 分光光度法 | HJ 490—2009 | 2009-09-27 | 2009-09-27 | 2009-11-01 | 是 |
| 1271 | 土壤　总铬的测定　火焰原子吸收分光光度法 | HJ 491—2009 | 2009-09-27 | 2009-09-27 | 2009-11-01 | 是 |
| 1272 | 空气质量 词汇 | HJ 492—2009 | 2009-09-27 | 2009-09-27 | 2009-11-01 | 是 |
| 1273 | 水质　样品的保存和管理技术规定 | HJ 493—2009 | 2009-09-27 | 2009-09-27 | 2009-11-01 | 是 |
| 1274 | 水质　采样技术指导 | HJ 494—2009 | 2009-09-27 | 2009-09-27 | 2009-11-01 | 是 |
| 1275 | 水质　采样方案设计技术指导 | HJ 495—2009 | 2009-09-27 | 2009-09-27 | 2009-11-01 | 是 |
| 1276 | 畜禽养殖业污染治理工程技术规范 | HJ 497—2009 | 2009-09-28 | 2009-09-28 | 2009-12-01 | 是 |
| 1277 | 地震灾区活动板房拆解处置环境保护技术指南 | 环境保护部公告 2009 年第 52 号 | 2009-10-12 | 2009-10-12 | 2009-10-12 | 是 |
| 1278 | 水质　总有机碳的测定　燃烧氧化-非分散红外吸收法 | HJ 501—2009 | 2009-10-20 | 2009-10-20 | 2009-12-01 | 是 |
| 1279 | 水质　挥发酚的测定　溴化容量法 | HJ 502—2009 | 2009-10-20 | 2009-10-20 | 2009-12-01 | 是 |
| 1280 | 水质　挥发酚的测定　4-氨基安替比林分光光度法 | HJ 503—2009 | 2009-10-20 | 2009-10-20 | 2009-12-01 | 是 |
| 1281 | 环境空气　臭氧的测定　靛蓝二磺酸钠分光光度法 | HJ 504—2009 | 2009-10-20 | 2009-10-20 | 2009-12-1 | 是 |
| 1282 | 水质　五日生化氧量（$BOD_5$）的测定 稀释与接种法 | HJ 505—2009 | 2009-10-20 | 2009-10-20 | 2009-12-1 | 是 |
| 1283 | 水质　溶解氧的测定　电化学探头法（修订） | HJ 506—2009 | 2009-10-20 | 2009-10-20 | 2009-12-01 | 是 |
| 1284 | 环境标志产品技术要求　皮革和合成革 | HJ 507—2009 | 2009-10-30 | 2009-10-30 | 2010-01-01 | 是 |
| 1285 | 环境标志产品技术要求　采暖散热器 | HJ 508—2009 | 2009-10-30 | 2009-10-30 | 2010-01-01 | 是 |
| 1286 | 车用陶瓷催化转化器中铂、钯、铑的测定电感耦合等离子体发射光谱法和电感耦合等离子体质谱法 | HJ 509—2009 | 2009-11-3 | 2009-11-3 | 2010-01-01 | 是 |
| 1287 | 环境信息化标准指南 | HJ 511—2009 | 2009-11-13 | 2009-11-13 | 2010-1-01 | 是 |
| 1288 | 氨溶液标准样品 | GSB 07-2439—2009 | 2009-11-20 | 2009-11-20 | 2009-11-20 | 是 |
| 1289 | 清洁生产标准　粗铅冶炼业 | HJ 512—2009 | 2009-11-13 | 2009-11-13 | 2010-2-01 | 是 |
| 1290 | 清洁生产标准　铅电解业 | HJ 513—2009 | 2009-11-13 | 2009-11-13 | 2010-2-01 | 是 |
| 1291 | 清洁生产标准　废铅酸蓄电池回收业 | HJ 510—2009 | 2009-11-16 | 2009-11-16 | 2010-1-01 | 是 |

注：含现行标准 1200 项，废止标准 92 项。

续表

| 序号 | 标准名称 | 标准编号 | 批准时间 | 发布时间 | 实施时间 | 是否为现行标准 |
|---|---|---|---|---|---|---|
| 1292 | 清洁生产标准　宾馆饭店业 | HJ 514—2009 | 2009-11-30 | 2009-11-30 | 2010-03-01 | 是 |
| 1293 | 轻型汽车车载诊断（OBD）　系统管理技术规范 | HJ 500—2009 | 2009-12-01 | 2009-12-01 | 2010-02-01 | 是 |
| 1294 | 燃料分类代码 | HJ 517—2009 | 2009-12-21 | 2009-12-21 | 2010-03-01 | 是 |
| 1295 | 燃烧方式代码 | HJ 518—2009 | 2009-12-21 | 2009-12-21 | 2010-03-01 | 是 |
| 1296 | 废铅酸蓄电池处理污染控制技术规范 | HJ 519—2009 | 2009-12-21 | 2009-12-21 | 2010-03-01 | 是 |
| 1297 | 环境影响评价技术导则声环境 | HJ 2.4—2009 | 2009-12-23 | 2009-12-23 | 2010-04-01 | 是 |
| 1298 | 危险废物集中焚烧处置设施运行监督管理技术规范（试行） | HJ 515—2009 | 2009-12-25 | 2009-12-25 | 2010-03-01 | 是 |
| 1299 | 医疗废物集中焚烧处置设施运行监督管理技术规范（试行） | HJ 516—2009 | 2009-12-25 | 2009-12-25 | 2010-03-01 | 是 |
| 1300 | 固定污染源废气　铅的测定火焰原子吸收分光光度法（暂行） | HJ 538—2009 | 2009-12-31 | 2009-12-31 | 2010-04-01 | 是 |
| 1301 | 环境空气　铅的测定　石墨炉原子吸收分光光度法（暂行） | HJ 539—2009 | 2009-12-31 | 2009-12-31 | 2010-04-01 | 是 |
| 1302 | 环境空气和废气　砷的测定二乙基二硫代氨基甲酸银分光光度法（暂行） | HJ 540—2009 | 2009-12-31 | 2009-12-31 | 2010-04-01 | 是 |
| 1303 | 黄磷生产废气　气态砷的测定　二乙基二硫代氨基甲酸银分光光度法（暂行） | HJ 541—2009 | 2009-12-31 | 2009-12-31 | 2010-04-01 | 是 |
| 1304 | 环境空气　汞的测定　巯基棉富集-冷原子荧光分光光度法（暂行） | HJ 542—2009 | 2009-12-31 | 2009-12-31 | 2010-04-01 | 是 |
| 1305 | 固定污染源废气　汞的测定冷原子吸收分光光度法（暂行） | HJ 543—2009 | 2009-12-31 | 2009-12-31 | 2010-04-01 | 是 |
| 1306 | 固定污染源废气　硫酸雾的测定　离子色谱法（暂行） | HJ 544—2009 | 2009-12-31 | 2009-12-31 | 2010-04-01 | 是 |
| 1307 | 固定污染源废气　气态总磷的测定　喹钼柠酮容量法（暂行） | HJ 545—2009 | 2009-12-31 | 2009-12-31 | 2010-04-01 | 是 |
| 1308 | 环境空气　五氧化二磷的测定　抗坏血酸还原-钼蓝分光光度法（暂行） | HJ 546—2009 | 2009-12-31 | 2009-12-31 | 2010-04-01 | 是 |
| 1309 | 固定污染源废气　氯气的测定　碘量法(暂行） | HJ 547—2009 | 2009-12-31 | 2009-12-31 | 2010-04-01 | 是 |
| 1310 | 固定污染源废气　氯化氢的测定　硝酸银容量法（暂行） | HJ 548—2009 | 2009-12-31 | 2009-12-31 | 2010-04-01 | 是 |
| 1311 | 环境空气和废气　氯化氢的测定　离子色谱法（暂行） | HJ 549—2009 | 2009-12-31 | 2009-12-31 | 2010-04-01 | 是 |
| 1312 | 水质　总钴的测定 5-氯-2-(吡啶偶氮)-1,3-二氨基苯分光光度法（暂行） | HJ 550—2009 | 2009-12-31 | 2009-12-31 | 2010-04-01 | 是 |
| 1313 | 水质　二氧化氯的测定碘量法（暂行） | HJ 551—2009 | 2009-12-31 | 2009-12-31 | 2010-04-01 | 是 |
| 1314 | 废水类别代码（试行） | HJ 520—2009 | 2009-12-31 | 2009-12-31 | 2010-04-01 | 是 |
| 1315 | 废水排放规律代码（试行） | HJ 521—2009 | 2009-12-31 | 2009-12-31 | 2010-04-01 | 是 |
| 1316 | 地表水环境功能区类别代码（试行） | HJ 522—2009 | 2009-12-31 | 2009-12-31 | 2010-04-01 | 是 |
| 1317 | 废水排放去向代码 | HJ 523—2009 | 2009-12-31 | 2009-12-31 | 2010-04-01 | 是 |
| 1318 | 大气污染物名称代码 | HJ 524—2009 | 2009-12-31 | 2009-12-31 | 2010-04-01 | 是 |
| 1319 | 水污染物名称代码 | HJ 525—2009 | 2009-12-31 | 2009-12-31 | 2010-04-01 | 是 |

续表

| 序号 | 标准名称 | 标准编号 | 批准时间 | 发布时间 | 实施时间 | 是否为现行标准 |
|---|---|---|---|---|---|---|
| 1320 | 空气和废气　氨的测定　纳氏试剂分光光度法 | HJ 533—2009 | 2009-12-31 | 2009-12-31 | 2010-04-01 | 是 |
| 1321 | 环境空气　氨的测定　次氯酸钠-水杨酸分光光度法 | HJ 534—2009 | 2009-12-31 | 2009-12-31 | 2010-04-01 | 是 |
| 1322 | 水质　氨氮的测定　纳氏试剂分光光度法 | HJ 535—2009 | 2009-12-31 | 2009-12-31 | 2010-04-01 | 是 |
| 1323 | 水质　氨氮的测定　水杨酸分光光度法 | HJ 536—2009 | 2009-12-31 | 2009-12-31 | 2010-04-01 | 是 |
| 1324 | 水质　氨氮的测定　蒸馏-中和滴定法 | HJ 537—2009 | 2009-12-31 | 2009-12-31 | 2010-04-01 | 是 |
| 1325 | 废弃电器电子产品处理污染控制技术规范 | HJ 527—2010 | 2010-01-04 | 2010-01-04 | 2010-04-01 | 是 |
| 1326 | 烟度卡 | HJ 553—2010 | 2010-10-5 | 2010-01-05 | 2010-05-01 | 是 |
| 1327 | 建设项目竣工环境保护验收技术规范　公路 | HJ 552－2010 | 2010-01-06 | 2010-01-06 | 2010-04-01 | 是 |
| 1328 | 饮食业环境保护技术规范 | HJ 554—2010 | 2010-01-13 | 2010-01-13 | 2010-04-01 | 是 |
| 1329 | 清洁生产标准　铜冶炼业 | HJ 558—2010 | 2010-02-01 | 2010-02-01 | 2010-05-01 | 是 |
| 1330 | 清洁生产标准　铜电解业 | HJ 559—2010 | 2010-02-01 | 2010-02-01 | 2010-05-01 | 是 |
| 1331 | 清洁生产标准　制革工业（羊革） | HJ 560—2010 | 2010-02-01 | 2010-02-01 | 2010-05-01 | 是 |
| 1332 | 固体废物浸出毒性浸出方法　水平振荡法 | HJ 557—2010 | 2010-02-02 | 2010-02-02 | 2010-05-01 | 是 |
| 1333 | 火电厂烟气脱硝工程技术规范　选择性催化还原法 | HJ 562—2010 | 2010-02-03 | 2010-02-03 | 2010-04-01 | 是 |
| 1334 | 火电厂烟气脱硝工程技术规范　选择性非催化还原法 | HJ 563—2010 | 2010-02-03 | 2010-02-03 | 2010-04-01 | 是 |
| 1335 | 生活垃圾填埋场渗滤液处理工程技术规范（试行） | HJ 564—2010 | 2010-02-03 | 2010-02-03 | 2010-04-01 | 是 |
| 1336 | 环境工程技术规范制订技术导则 | HJ 526—2010 | 2010-02-22 | 2010-02-22 | 2010-05-01 | 是 |
| 1337 | 环境保护标准编制出版技术指南 | HJ 565—2010 | 2010-02-22 | 2010-02-22 | 2010-05-01 | 是 |
| 1338 | 危险废物（含医疗废物）焚烧处置设施性能测试技术规范 | HJ 561—2010 | 2010-02-22 | 2010-02-22 | 2010-06-01 | 是 |
| 1339 | 火电厂氮氧化物防治技术政策 | 环发[2010]10 号 | 2010-01-27 | 2010-01-27 | 2010-01-27 | 是 |
| 1340 | 化肥使用环境安全技术导则 | HJ 555—2010 | 2010-03-05 | 2010-03-05 | 2010-05-01 | 是 |
| 1341 | 环境标志产品技术要求木质玩具 | HJ 566—2010 | 2010-03-10 | 2010-03-10 | 2010-06-01 | 是 |
| 1342 | 环境标志产品技术要求喷墨墨水 | HJ 567—2010 | 2010-03-10 | 2010-03-10 | 2010-06-01 | 是 |
| 1343 | 农村生活污染防治技术政策 | 环发[2010]20 号 | 2010-02-08 | 2010-02-08 | 2010-02-08 | 是 |
| 1344 | 地面交通噪声污染防治技术政策 | 环发[2010]7 号 | 2010-01-11 | 2010-01-11 | 2010-01-11 | 是 |
| 1345 | 畜禽养殖产地环境评价规范 | HJ 568—2010 | 2010-04-16 | 2010-04-16 | 2010-07-01 | 是 |
| 1346 | 环境标志产品技术要求箱包 | HJ 569—2010 | 2010-05-04 | 2010-05-04 | 2010-07-01 | 是 |
| 1347 | 环境标志产品技术要求鼓粉盒 | HJ 570—2010 | 2010-05-04 | 2010-05-04 | 2010-07-01 | 是 |
| 1348 | 环境标志产品技术要求人造板及其制品 | HJ 571—2010 | 2010-05-04 | 2010-05-04 | 2010-07-01 | 是 |
| 1349 | 环境标志产品技术要求文具 | HJ 572—2010 | 2010-05-04 | 2010-05-04 | 2010-07-01 | 是 |
| 1350 | 环境标志产品技术要求 喷墨盒 | HJ 573—2010 | 2010-05-04 | 2010-05-04 | 2010-07-01 | 是 |
| 1351 | 清洁生产标准　酒精制造业 | HJ 581—2010 | 2010-06-08 | 2010-06-08 | 2010-09-01 | 是 |

注：含现行标准 1250 项，废止标准 101 项。

# 专利转让

## 压入式锅炉脱硫除尘器

一、前言

压入式脱硫除尘器是ZL200720021065.9；ZL200820027359.8；ZL200920225431.2的总称，它们都是发明人应用自己创立的烟气主动脱硫除尘的新理念，结合自己长期从事锅炉烟气除尘工作的实践经验，对不同锅炉和环境而设计的一系列锅炉消烟除尘器，经国杰老教授科学技术咨询开发研究院专家评议认为，目前市场上尚未出现此类产品，具领先水平，是锅炉消烟除尘的更新换代产品。现已被编入《世博嘉年华.中国创造》世博会官方大型文献中。

该类项目已经经过"全国高科技产业化标准计量委员会"认定为《达标项目》，为"全国高科技成果转化标准化办公室"评定为"全国高科技成果转化示范企业园"进园项目，被"全国高新技术产业化协作组织战略研究中心""全国高科技应用成果转化中心"，"中国技术财富"核定为"全国高科技成果产业化重点推广项目"，被"中国环境科学出版社"收编入《国家环境保护标准及污染技术政策实用工作手册》中，现已被当地多家企业使用，反映极好！

该项目使用面广、用量大、投资少、回收快、无任何风险，是中小企业转型和新创业者极好的机遇，只要投资百万元甚至几十万元，就可创立一个达标的高新技术企业。

二、专利原理、结构与性能

（一）、压入式锅炉脱硫除尘器

该发明属实用新型。它是在集水箱的上面，按序设置了4个腔室，腔与腔之间设有喉径，喉径的目的是使运动中的烟气产生脉冲，使烟气在各腔室中形成涡流。在第1腔与第2腔的喉径处设有瀑布器，瀑布器的砼水是由循环系统提供的，运转时自始至终不停的流动，供给烟气流。第2与第3腔室之间的喉径是隔板与砼水面组成的，当高速烟气流动时，会自激带水，第一腔室设有进烟口，与引风机出口相联。在第4腔室设有出烟口与大气相通。

当引风机把烟气压入第1腔室并向水面主动冲击时，绝大部分烟气携带着灰和有害气体冲破水的表面胀力进入水中，被水所俘，少部分烟气被水面胀力弹起，受压的水也自动跳起，与瀑布水相向而行，形成涡流，造就一个"狂风暴雨"的环境。在这个环境里，水与烟气相互碰撞、磨擦、混合、化合、聚合，部分质量较大的水滴又回到水中。剩余的烟气夹持着质量较小的水滴，在后续烟气的推动下，进入第2腔室。在第2腔室重复着第1腔室的动作和过程。然后质量更小、动能更小的余烟在后续烟气的推动下，从喉径处自激吸水后进入第3腔室。在第3腔室，同样重复第2腔室的动作和过程，然后，质量极小、动能极小的剩余烟气进入第4腔室，在这个腔室里，没有新水加入，仅把极微小的水滴合拼后回到水中，剩余的烟气通过出烟口进入大气，烟气得到彻底的净化。（见图一）

该压入式锅炉脱硫除尘器具有以下优点：

1、该专利技术属于原创，目前市场上尚无同类产品出现。其原理新颖、技术先进，变烟气的被动脱硫除尘为主动脱硫除尘，从理论上讲，烟气处理率达到或超过400%。

2、结构紧凑、组合巧妙、功能完善。它几乎吸收了传统脱硫除尘器的全部有效手段；如旋风、喷淋、自激、水膜等并加之撞击、脉冲和涡流等新理念，将其紧密的组合在一起，集于同一个烟气处理器中。因此，处理效果好。满足了GB3095-1996所规定的要求。经过该新型烟气处理器处理的烟气无色、无味、无尘，胜过燃气锅炉的排烟，不需要高烟囱。即使在工业发达集中的地区，也不会出现烟囱林立的现象，可大大改善工业区的空气环境。

3、该处理器已经过数年多种方法的试验和实际生产、安装，现已有定型产品，产品性能稳定，工艺成熟，达到了国内领先水平，是烟气处理器的更新换代产品。

4、实用性强。十多年来，发明人一直进行着锅炉安装改造的研究工作，对于烟气处理器的使用维修相当熟悉。因此，设计的设备在实际操作、维修、安装等方面都十分方便，且简单安全。

5、由于引风机装在处理器的前面，因而完全克服了传统脱硫除尘器损坏风机和下黑雨的致命弱点。

6、实践证明，该脱硫除尘器不但能脱硫除尘，而且可以脱碳、脱氮、降低排出的烟温度，减少热污染。降低噪声，减少声污染。

地　　址：山东省昌邑市新兴街80号18-1751信箱（261300）
电　　话：13863601286　　0536-7214291　　传　　真：0536-7214291
电子信箱：zhangning0915@163.com

（图一）

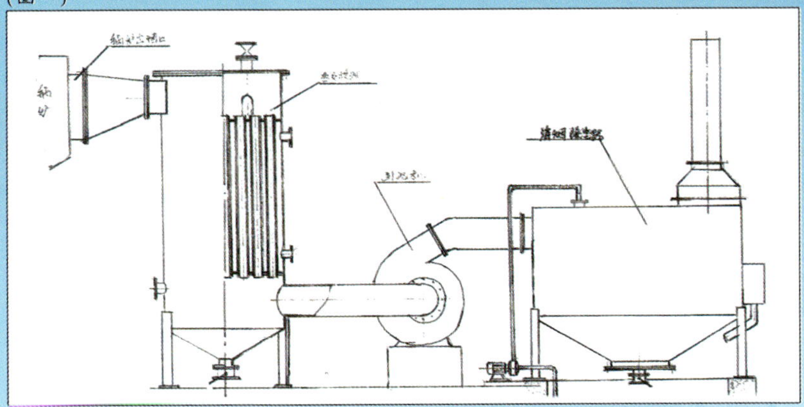

7、该专利产品由于无需设置高高的烟囱和烟道，烟气处理系统的综合投资比传统的脱硫除尘器可节省资金30%－50%；由于结构紧凑，其占地面积可节省20%－25%；由于阻力小，用水量少，其运转费用一般可比传统方式低20%－25%。

8、该专利产品用途广泛、需量大、符合国家发展的要求，它不但可以使用在燃煤锅炉的烟气处理中，而且也适用于其他固定发烟源和发尘源的处理中，如：化铁炉、垃圾焚烧炉、砖窖、水泥厂等。事实上，专利权人已经成功的嫁接到化铁炉的烟气处理中。

9、该专利产品由于安装在烟气的未端（低温区），给回收热能提供了条件，实践证明与空气预热器或余热锅炉或热交换器配合，即可使锅炉的热效率提高5%－10%。

（二）、专利ZL2007、20029366.7小化铁炉烟气处理系统

该系统是压入式消烟除尘器嫁接到其他固定发烟源中烟气处理系统中的一个范例。该系统共有八个主要环节（如图二），其中有四个环节是新创意的。

1、冷却器

该机构是一个双层双冷设施。内层采用混合水冷却法，外层采用水冷或风冷。它快速吸收烟气中的大部分热量，并把这些热量转送到需要的场所，如型芯烘干窑。

2、空气预热器

该机构是一个管束式的设施。管内为烟气通道，管外为鼓风机的鼓风通道。这样一方面进一步冷却了化铁炉的烟气，同时又加热了鼓风机所鼓的空气，使冷风变为热风，节约了能源，提高了炉温，降低了燥音。

3、烟气处理器

该处理器ZL2007、20021067.P的变种，也是该系统的核心技术。通过处理器处理过的化铁炉烟气完全能满足GB3095－1996所规定的大气中各种污染物的浓度的限量，达到天空无灰、地下无尘、中间无味的好环境。

4、烟气收集环

该环的要求是既保证系统的严密性，又要保证系统的开放性，严密性能够保证系统的全部烟气能都经过处理，开放性要保证化铁炉的安装、维修的方便性，同时还要耐1千3百度以上的高温。

该系统结构紧凑、精炼。一气呵成，毫无做作之余，整个系统紧紧围绕着降温、除尘、减排一个主题，因而效果好、占地少、造价低、很受欢迎。

（三）、立式锅炉脱硫除尘器：专利号：200920020606.6

该发明属实用新型。它是专门针对立式锅炉的烟气处理而设计的，填补了该类锅炉无烟气处理器的空白。它有两项基本功能。其一：凡立式锅炉都配有高高的烟筒，用烟筒的吸力，吸氲排烟，这样部分颗粒较大的烟尘，会因吸力不足而半道折回，又沉积在锅炉的横管上，时间长了，会造成堵塞。其二：小颗粒的灰尘携带着$CO_2$、$SO_2$会排出烟筒，随风飘落，污染环境。该专利会使以前两种现象大大的改观。

三、发明人简历与承诺

1、发明人简历：

张继盛　山东工学院本科毕业，高级工程师，中共党员，历任潍坊拖拉机厂、昌邑动力机厂、昌邑染织总厂、昌邑棉纺工程指挥部技术负责人，95年退休后，受聘昌邑市锅炉设备配套公司任总工程师，04年辞职，创办昌邑市环保新技术研究所任所长。

2、发明人承诺，成功合作者，发明人承诺（1）供给全部生产用的技术文件（图纸，使用安装说明书）（2）提供技术咨询服务、帮助，首台样机生产，培训技术人员。（3）后需新项目及改进方案优先分享。

（图二）

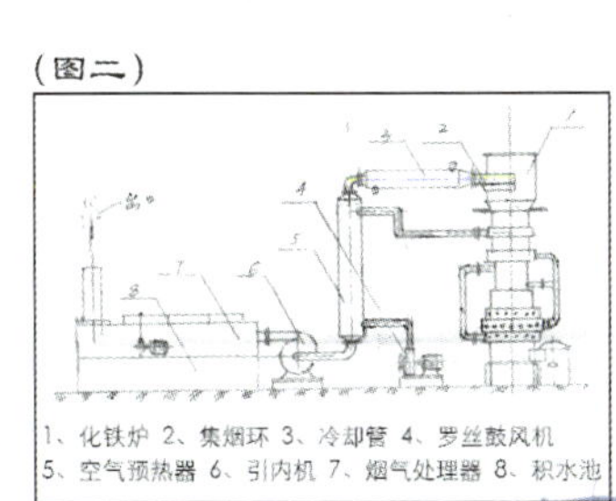

1、化铁炉 2、集烟环 3、冷却管 4、罗丝鼓风机 5、空气预热器 6、引内机 7、烟气处理器 8、积水池

工作在锅炉的烟气处理中

运输中的脱硫除尘器

工作在化铁炉的烟气处理中

# 山西阳城蟒河猕猴国家级自然保护区

山西阳城蟒河猕猴国家级自然保护区的前身为山西省蟒河自然保护区，成立于1983年，1998年经国务院批准晋升为国家级自然保护区，是以保护猕猴和亚热带植被为主的森林和野生动物类型自然保护区。总面积5573公顷，植被覆盖率82%以上。

蟒河动植物资源丰富，有动物285种，其中鸟类214种，兽类43种，两栖爬行类28种，列为国家一级重点保护的有黑鹳、金雕、金钱豹等3种，，二级重点保护的有猕猴、水獭等28种。主要保护对象猕猴在我国属自然地理分布的最北限，有8群540余只。蟒河有"山西植物资源宝库"之称，除有种类繁多的温带、暖温带树种外，亚热带树种也有相当数量的分布。全区有种子植物882种，其中列为国家一、二级保护的植物有南方红豆杉、天麻、山白树、连香树、无喙兰等8种，列为省级保护区的青檀、领春木等26种。

蟒河山峦叠峰，奇峰突兀，有山峰突起形似玉莲的莲花峰，悬壁绝络宛若石牢的青云谷，山山对峙似天外来客的飞来峰，有万里丹霄悬一柱的望蟒孤峰，窟窿山、石人山、石斧山、二指峰各种奇峰异石密布于蟒山之中。蟒河之水穿洞而来，悬者为瀑，落者为潭，走者为湍，停者为泓。主要水景有蟒河源、水帘洞、小黄果树、饮马泉、三龙瀑布、二龙戏珠、神龟池、三迭水等，景致秀丽，为黄土高原罕见的一处水景富集区。像一幅天然画卷，自然景观资源十分丰富，有"黄土高原小桂林"的雅称。

蟒河的山林春来娇翠欲滴，夏季郁郁葱葱，进入金秋之季，漫山红叶如火，遍野丰果满枝，黄栌、五角枫、栎类等树的叶色变化神奇，或红如丹霞或艳若桃李，山果红柿挂满四野，中华猕猴爬山荡枝，嬉闹山林，真是举目望空，天高气爽，抬头望峰，层林尽染，群猴嬉闹，心旷神怡。

蟒河自然保护区内共有两个镇，五个村民委员会，27个自然庄，2087口人，耕地面积2070亩，劳动力近千人，主要农作物有小麦、谷物、玉米、薯类等，年产粮食6万~6.5万千克，经济收入主要以粮食及种植的干鲜果及山茱萸为主，人均收入3000元以上。

保护区管理局共有在职职工17人，其中有女职工4人，党员7名，大专以上学历的8人。经过25年的艰苦奋斗，基础设施建设已初具规模，建起1074m$^2$的科研办公楼，修建了蟒河、东山、南河、索龙管护站、猕猴观测站、蟒河宣教中心，建筑面积达到2000m$^2$，各管护站办公设备齐全，职工的工作生活条件逐步提高。

主要保护对象猕猴经过部分人工招引，由250只增加到540余只；科学研究完成了本底资源调查，建立了监测站两个，发表论文20余篇，建立了标本馆，陈列动物标本134件，植物标本800余件，已接待中小学生、社会各界人士4万余人次。

蟒河保护区连续8年被晋城市文明委授予"市级文明和谐单位"，被中国野生动、植物协会授予"未成年人生态道德教育先进单位"，被省委、省政府命名为"省级爱国主义教育基地"等荣誉称号。保护区已成为生物科学研究和自然资源开发利用研究的重要基地，是教学实习，科学研究，旅游观光的理想场所。

蟒河—小黄果树瀑布

为和谐呐喊

和谐

蕙兰

# 发明创造名称:生活垃圾的工厂化水洗处理方法

专利号:2010101297977
发明人:徐义学

**技术领域**

本发明涉及生活垃圾的处理方法，具体说是一种生活垃圾的工厂水洗处理方法。

**背景技术**

随着经济社会的快速发展和城市化进程的加快，我国城市生活垃圾的产生量正以每年超过5%~10%的速度增长，生活垃圾的问题日益突出，侵占大量土地形成垃圾围城现象、产生大量有害气体污染环境，严重影响了城镇环境和人民群众的生活质量，成为现今经济发展遇到的能源和垃圾处理的两个瓶颈之一。

目前生活垃圾的处理方法大体有：焚烧处理、露天处理、卫生填埋、发酵处理等方法。焚烧处理产生的二噁英等有害气体的二次污染，给人们身体健康所带来的威胁远远大于生活的危害；露天堆肥、卫生填埋等会形成新的污染源，造成生活垃圾处理的二次污染；其它的处理方法大都需专用的设备，投资大，均达不到无害化、减量化和资源化处理的需求，不能达到解决垃圾围城和污染环境的目的。

**本发明的生活垃圾处理方法的独特之处在于，将生活垃圾首先经反复浸泡、粉碎、清洗等水洗处理过程，将70%~80%垃圾中可溶于水的物质，通过浸泡压水提取分离出来，经过沉淀形成半流体沉淀物送入沼气池内直接制作沼气，用于生活或发电等综合再利用。**

**本发明突出的特点在于：**

1. 处理方法简单，所需设备均为通用设备，容易实施，可节省露天堆肥或卫生填埋垃圾所占用的土地资源，可以根据处理垃圾的数量，实施不同规格、不同自动化程度的生活垃圾处理车间或工厂。

2. 处理方法因地制宜、灵活方便、投资小、见效快，设备投资一般在500万~1000万元，使用期长，一般固定资产一次性投资可使用20~50年，可供大中小城市任意选用，应用范围广。

3. 处理方法工艺合理，处理过程中不焚烧，产生的垃圾沉淀物直接送沼气池制作沼气，不产生二次污染，有利于环境保护，具有非常显著的社会效益、环保效益和经济效益。

**生活垃圾的工厂化水洗处理，包括如下步骤：**

(1)将生活垃圾分别送入5×5×4(长×宽×高)米$^3$的20个网箱中，再将网箱投入浸泡，同时分别用机械搅拌粉碎机，将垃圾粉碎成50~300毫米的碎块，连续浸泡5小时。

(2)用吊车分别把网箱提起自然控水后放在压水平台上，再用龙门吊将10号重的正方形或圆形平板重压入网箱中，将垃圾中的剩余水分压出，再送入浸水池中。

(3)反复(1)和(2)步骤分别在3个浸水池中，浸泡、机械搅拌、粉碎3次后，将压干的垃圾分别送入烘干间，在100~120℃温度条件下，进行消毒、杀菌并烘干至含水率不超过5%~8%，烘干后的垃圾经常规风选、人工分类，筛选出废旧塑料类垃圾等，分别进行二次处理或再加工利用。

(4)浸水池中的水经8小时的自然沉淀以后，排出浸水池上部的清水，将沉淀的浸水池下部的半流体沉淀物，从浸水池下面的排卸口卸到沉淀运输车中，运送到沼气池发酵制作沼气用于发电。

**发明内容**

本发明的目的是针对上述不足，提供一种投资小、设备简单、处理效果好的生活垃圾的工厂化水洗处理方法。

这种生活垃圾的工厂化水洗处理方法，主要包括如下步骤：

(1)浸泡清洗：把生活垃圾送入网箱中，再投入浸水池中浸泡，并将垃圾机械粉碎成50~300毫米的碎块，连续浸泡3~5小时；

(2)控水：把网箱提起自然控水，然后再用5~10吨的重铁压去垃圾中的剩余水分，并送入浸水池中；

(3)反复(1)和(2)步骤后，将压干的垃圾在100~120 温度条件下烘干至含水率不超过5%~8%，烘干后的垃圾经筛选、人工分类，筛选出废旧塑料类垃圾分别进行二次处理或再加工利用；

(4)沉淀：浸泡清洗垃圾后浸水池的水，自然沉淀5~10小时以后，排出浸水池上部的清水，将浸水池下部的半流体沉淀物，送入沼气池内发酵产生沼气。

**具体实施方式**

下面结合本发明的实例对本发明作进一步描述，但本发明并不限于实施例，本领域普通技术人员以本发明技术方案作某些修改，仍在本发明保护范围内。

实例：一种日处理1000吨生活垃圾的工厂化水洗处理车间按日处理1000吨垃圾的规模，修建密闭式的生活垃圾清洗车间，在车间内并排修建3个为30×25×5(长×宽×高)米$^3$的浸水池，浸水池下面设有排卸口，排卸口下开有作业通道，并配备半流体沉淀物运输车。在车间的另一侧分别设有压水平台、烘干间、风选间、人工分类筛选间等，并根据场地的具体情况配备相应的龙门吊、机械搅拌粉碎机、重铁、传输带等辅助设施。烘干间可选用低谷电、燃气或太阳能制热，特别是可以用本发明处理垃圾后产生的沼气或沼气发的电作能源制热，车间各部门可采取平面或立体的布置，以最大限度的减少占地面积。

实例显示：这种生活垃圾的工厂化水洗处理方法的突出特点是，通过浸泡、粉碎、搅拌等水洗过程，可以将垃圾中80%以上的易溶于水的物质有效的分离出来。分离后的80%的半流体垃圾沉淀特所含的水分，恰好接近沼气发酵所需的用水量，因此可以直接送沼气池发酵制作沼气，处理过程中无任何污水排出、也无其它二次污染。

沼气池内的垃圾沉淀物经过8~10个月发酵期产生沼气发电使用，沼气基本用完后，还可以将剩余物烘干至含水率5%~8%后粉碎，并经10毫米×10毫米网筛出制成上等的良好有机肥，疏松土壤、增加肥力，有利于农作物增长；沼气液还可以用来浇灌土地、喷旋叶面消灭病虫害等，均具有良好的效果；利用垃圾形成沼气发电，是一种用不尽的新能源，有利环保；同时，实施这种生活垃圾的工厂化水洗处理车间，还可以解决大量的劳动就业。因此，具有非常显著的社会效益、环保效益和经济效益。

地址：山东省威海市和平路古山一巷11号　邮编：264200
电话：18663855565　15163122231
联系人：徐义学

# 赛武当自然保护区

赛武当自然保护区是秦岭与大巴山山脉之间的武当山系唯一的自然保护区。属于自然生态系统、森林生态系统类型。主要保护武当山脉独特的自然环境和自然资源，重点保护对象为华北区亚热带北缘多种具有代表性的常绿落叶阔叶混交林、大面积的原生性巴山松林、中山沟谷地带珍稀植物荟萃的落叶阔叶林，以及南水北调中线工程重要的库前水源涵养林。

赛武当自然保护区濒临汽车工业重镇--十堰中心城区，与世界文化遗产地--武当山翘首相望，赛武当最高海拔1722米，最低海拔260米，高差悬殊1462米；河谷深切，溪涧纵横，是多条流入丹江口水库径流的发源地。

一、基本情况

1987年，十堰市人民政府成立了赛武当市级自然保护区；2002年，湖北省人民政府批准建立了赛武当省级自然保护区。保护区总面积21203公顷，森林覆盖率达92.8%。行政区划为湖北省十堰市茅箭区。2007年，保护区被湖北省林业局确定为湖北省示范建设自然保护区，被湖北省科协列为湖北省青少年生态科普教育基地，2009年12月，被中国科协命名为湖北省首家自然资源类国家级科普教育基地。

二、植被及动植物资源

赛武当自然保护区，是我国亚热带北缘过渡地区的物种基因库，是我国第三纪古植物区系重要保存地，是中国植物区系三大特有中心之一“川东—鄂西”地区的北部代表性区域，是鄂、豫、陕、渝交界地区生物多样性的核心地段，是秦岭—大巴山地区物种迁移的通道、走廊和交汇点。保护区多种常绿阔叶林与天然的落叶阔叶林、针叶林镶嵌混交，有亚热带北部非常少见的植被类型，大面积成熟的巴山松林、铁坚油杉林、刺叶栎林、杜鹃林和多种珍稀特有植物的沟谷杂木林等，结构复杂、地被层厚、动态稳定。初步调查表明，保护区有维管束植物185科837属1752种，种数占湖北省总种数的28.90%。分布有4个中国种子植物特有科，占全国的1/2；31个种子植物特有属，占全国的11.9%。还有大量的古老科属，包括全国68个单属单种科的12个，单种属超过50个。有珍稀濒危野生植物53种，其中国家Ⅰ级保护野生植物有银杏、红豆杉2种、Ⅱ级13种；被《濒危野生动植物国际贸易公约》附录Ⅱ收录的植物有25种。分布有野生脊椎动物320种，隶属30目81科216属。国家Ⅰ级保护野生动物有金钱豹、林麝、金雕和白肩雕4种、Ⅱ级49种；列入《濒危野生动植物国际贸易公约》的动物有50种；列入《中国濒危动物红皮书》的动物有39种。

杜鹃花与短柄枹栎

铁尖油杉群落

菩陀峰（赛武当最高峰1722米）

大鲵

猕猴

巴山松群落

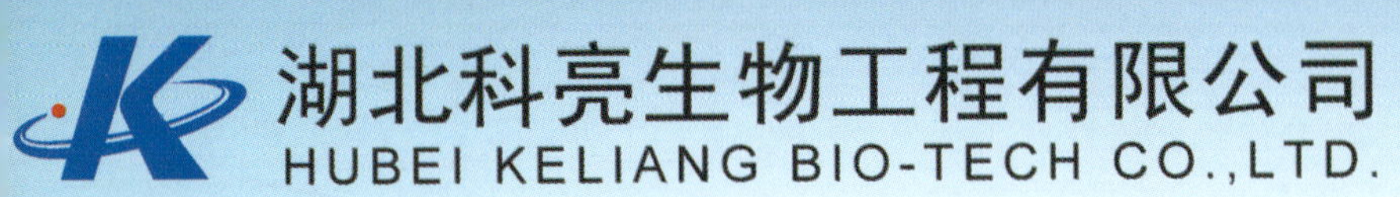


科利尔（KIC）生物接触氧化污水处理工艺是在接触氧化法的基础上，通过引进科利尔高效专一复合菌及生物带，大规模提高污水处理调试阶段污水中的起始微生物浓度，加快系统启动进程，形成高效生物膜，极大的提高系统去污能力及对特殊污染物的有效降解。采用特殊结构的、具有巨大比表面积的载体（填料）——科利尔生物带（比表面积50000㎡/m³），提高微生物的附着表面和单位容积的生物量，从而提高单位池容的处理能力来达到污水综合处理的创新工艺。

该工艺广泛的应用于河道湖泊治理工程、市政生活污水、农村生活污水、工业废水等。

**该工艺在湖泊、河道中应用有如下特点：**

◇ 河道淤积不严重时，无需河道改造、清污、截流，施工简便，不影响通航；
◇ 抗流量变化强、不受地形结构影响、不影响景观效果，特别适宜于分散及源头治理；
◇ 处理效果好，在降低水体有机污染的同时可同步降解水中的氮、吸附磷；
◇ 施工周期短，运行费用低、后期维护简单。

**该工艺应用于污水处理厂有如下特点：**

◇ 占地少，结构简单，建厂周期短、投资节省，建设成本比一般活性污泥工艺节省30%以上。
◇ 系统运行稳定，运行费用低，仅为一般活性污泥工艺运行费用的30%~50%；
◇ 产泥少，节省污泥处理和处置费用，
◇ 处理水质好，出水可按一级A及景观水设计
◇ 全部设备均可实现国产化

电话：027-81888198（办公室） 027-81888123（市场部）
传真：027-81888198
邮箱：keliangbio@gmail.com
网址：http://www.keliangbio.com
地址：武汉市洪山区黄家湖大学城3号
邮编：430065

关注水源 呵护地球 相融共生

# 河北曲寨集团

曲寨村位于省会石家庄市西北15公里，鹿泉市北5公里处，隶属鹿泉市大河镇。全村共有540户、2500口人，耕地1200亩。2009年实现工业产值30亿元，实现利税4亿，人均收入由改革开放前的不足百元上升到3.4万元，比2008年增长42%，是改革开放前的300多培。被石家庄市委市政府评定为“石家庄市文明村”，被省委省政府评定为“河北省文明村”，被中央文明委评定为“全国文明村”。

曲寨村走的是一条靠工业强村富民之路。1996年组建了河北曲寨集团，集团下辖八个公司，20多家企业，主要产业有水泥、造纸、精密铸造、电解铝、热电。共有从业人员5300人，不仅解决了本村劳动力的就业问题，还解决了邻村及外省市4000多人的就业问题，为减轻社会就业压力，实现共同富裕，做出了应有的贡献。1997年，河北曲寨集团被农业部命名为“全国乡镇企业集团”、“全国乡镇企业示范示”。自2003年起连续四年被河北省委、省政府命名为“河北省百强民营企业”。

曲寨村从1997年开始实施旧村改造，现已建成别墅557栋，5层单元楼9栋，所有村民全部迁入水、电、暖配套的新居，人均住房面积70多平米。同时，还建设了花园、垂钓场、文化活动中心和戏曲大舞台、文化体育广场、宾馆、会堂、商贸中心、洗浴中心、老年公寓、卫生院等，为村民物质生活和精神生活提供场所和设施。

近10年来，我村对教育事业的投入资金就达5000多万元，建起了均属一流的幼儿园、小学、初中和高中。曲寨村自1995年就普及了高中教育，1996年普及了大学阶段教育。教育事业的大发展，提高了全民的整体素质，培养了大批高素材人才，增强了企业的发展后劲。

2005年，曲寨村出资300万元建起了一座养老院，现已入住老人106名，从根本上解决了老年人生活的后顾之忧。

曲寨村现已迈入全面小康社会，基本实现了中华民族几千年来梦寐以求的“少有所教，壮有所为，老有所终，鳏寡孤独皆有所养”的夙愿。

我村虽然取得了一点成绩，但与上级要求还相距甚远。我们决心坚持“两个务必”，向着“生产更加发展，生活更加宽裕，乡风更加文明，村容更加整洁，管理更加民主”的目标努力，力争近几年内实现产值上百亿。

地　址：河北省鹿泉市曲寨工业区
电　话：0311-82291038
E-mail：hbqzjt@hbqzjt.cn　qzjt-hb@163.com

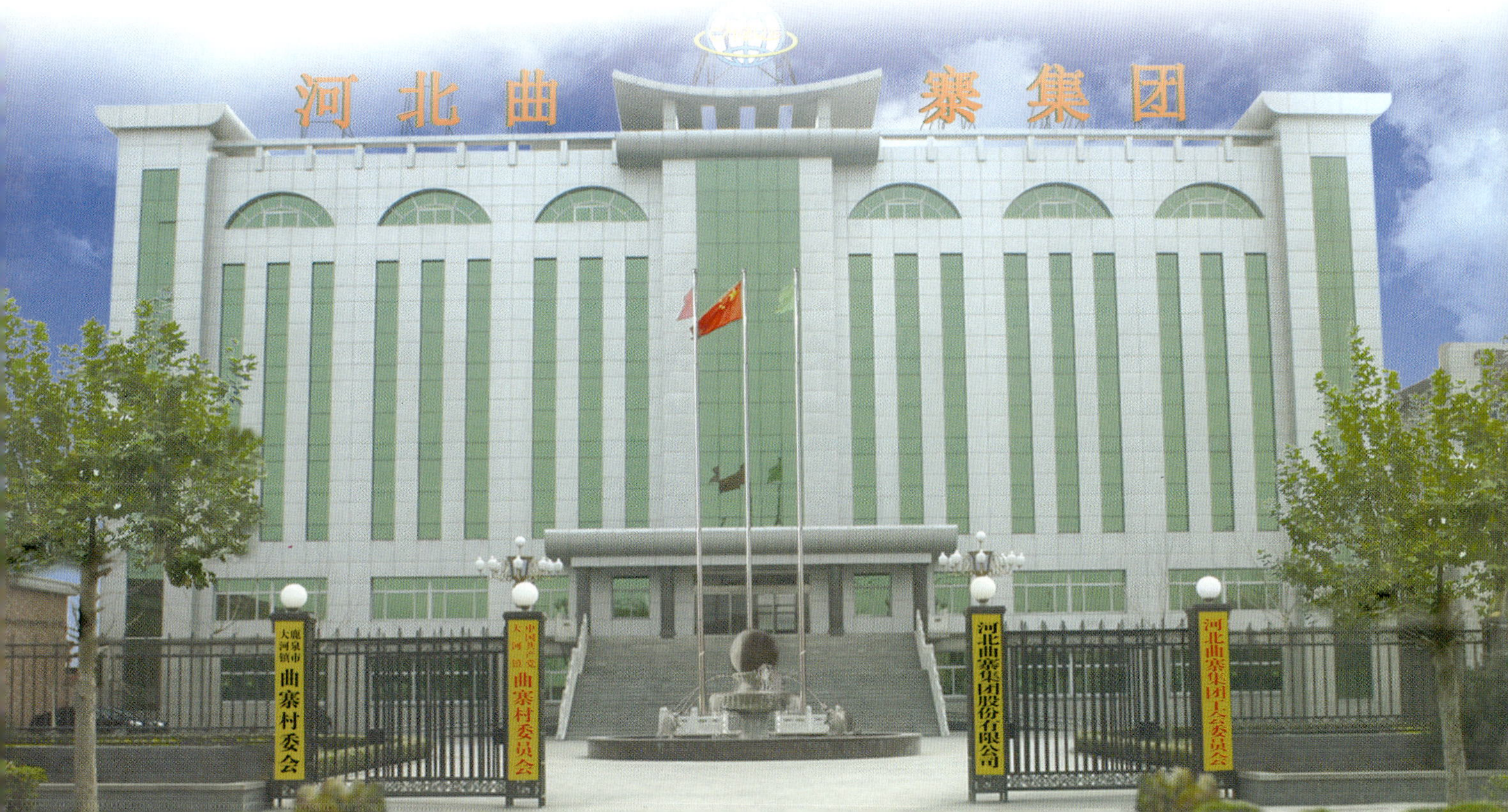

# 煤炭高效节能消烟脱硫剂（简称节能脱硫剂）

**发明专利号：200810238447.7**

发明专利人：陈炳廉

**1. 本节能脱硫剂的组方和化学反应原理**

本发明专利采用化学原理来达到节能环保，乃是选用几种化工原材料经精细加工而成的一种粉剂，其中有：高氯酸铵、碳酸锰、高锰酸钠、$\frac{\text{二}}{\text{o}}$氧化锰、磷酸二氢钙等按一定比例组成。该配方中有强力助燃、助氧催化即固硫作用等。使用时按3　8%掺入煤炭中，均匀搅拌就可送入锅炉、窑炉里燃烧，在触煤原理就能提高煤炭燃烧烈燃效率，达到减少煤炭用量功效，而且能有效减少烟尘，降低林格曼（黑度）和二氧化硫（$SO_2$）、氮氧化物和二氧化碳的排放，是一种节能减排、创新高科技的产品。

**2. 节能脱硫剂使用的方法**

本节能脱硫剂使用简单方便，不增加锅炉原来任何设备，只按一定比例掺入煤炭中搅拌就可送入炉里燃烧，在几分钟之内就有明显的效果，有立竿见影的功效，从节省煤炭用量来达到不增加使用成本的优点，值得在各种锅炉、窑炉推广使用。

**3. 组方：节能省煤炭用量15%~20%**

机理：本节能脱硫剂配方中有强有力助燃助氧、催化（触媒）原理，故在炉里燃烧时发生活泼化学反应。

促进煤炭所含的微粒杂质完全燃烧，提高烈燃效率，增加火力20%以上，以化学的原理，达到固硫与煤渣中。机理：本品具有促使煤炭在燃烧中提高自身火力，脱硫、节省燃烧时间，快速升磅，增加产能、降低成本之功效。

**4. 节能脱硫剂的化学分析**

（1）本剂能帮助锅炉、窑炉结构原理之不足，煤炭在炉燃烧或因锅炉、窑炉结构上有局限抑或人为等因素产生不平衡，如通风设备及各种机械结构不合理或老化均就会造成化学物和气体增加，对耐热金属铁，因氧化而受侵蚀成氢氧化二铁（铁锈）之产生结块和垢阻塞，造成燃烧空间缺氧，给有效热能之损耗，降低燃烧效率，因而采用化学原理，按不同分解点之无机强氧化剂、金属氧化物及盐类等掺入煤炭中。故在燃烧时产生第二次氧保持在燃烧空间，也即以化学原理来补充物理之不足；

（2）消除化解有害有毒物质和气体

煤炭节能脱硫剂中掺入有强力助燃助氧催化和固硫剂在锅炉里，燃烧起着烈燃把有害物和有毒气体和固体微粒均能与金属结合成高融点挥发性盐而有效促使完全燃烧，且对金属铁起氧化作用，故对锅炉设备不会损坏，还能延长锅炉使用寿命；

（3）氧化反应：氧化反应的进行应借助有（触媒）催化剂来降低反应，进行所需的活化能来加速反应进行而自身并不发生变化催化剂在化学反应中有着奇特及特殊作用，添加本剂的煤炭在炉里燃烧时的化学反应应必须有（触媒）催化剂才会产生异常不同的反应来达到造成程序及良好变化效果。因此本节能脱硫剂配有催化剂能在化学变化中不但可以加速和提高燃烧效率，把不能完全燃烧的物质减少来消除整体污染排放。煤炭在炉里燃烧的反应较为复杂，与燃料成分燃烧环境及燃烧条件等变化和因素有关。近几年来由于基本化学结构，自由基生成与氧化剂的反应理论颇受专家学者的注意。

煤炭高效节能消烟脱硫剂，于应用于各种锅炉、窑炉，其效果非常显著，曾被推选入出席由中国煤炭部、美国能源部、欧共体能源管理局共同主办97洁净煤技术国际研讨会为正式代表，得到与会各国部长专家高度评价。

发明专利人陈炳廉撰写

图二、图三、图四：已加入本剂但未进入炉内燃烧的画面

图五：已加入本剂燃烧无排放的画面

图中，为未加入节能脱硫剂及加入后的对比效果图。

地址：厦门市南轿巷82#4楼（泉州市南环路新艺美玻璃厂）
电话：0592-2025808 0595-22410192
手机：13806004152
传真：0592-2988630 0595-22410198
邮编：361001 362000
邮箱：xinyimei.mei@163.com 18950985297@168.cn

# 富氧森林空气 开创生活空气研发之先河

## ——记赵冬青和他的专利制备富氧森林空气的方法

空气对人体健康的重要性，是众所周知的，它是维持人类生命的第一要素。虽然看不见摸不着，却对我们的生存至关重要。新鲜空气中含有大约21%的氧气，这是维维持生命最重要的物质. 氧气含量降低，人体就要缺氧，当空气中含氧量降到12%时，人体就会呼吸困难；降到了7%～8%以下，就要危及生命。

**城市空气质量亟待改善**

随着我国城市化、工业化的快速发展和能源消耗的急剧增加，城市大气污染问题已相当严重，空气质量每况愈下。有数据显示，全球已有超过75万人因城市空气污染导致过早死亡。我国在2005年监测的522个城市中，仅有4.2%的城市达到国家环境空气质量一级标准，56.1%的城市达到二级标准，39.7%的城市处于中度或重度污染。颗粒物仍是影响中国环境空气质量的首要污染物。除燃煤外，工业粉尘、地面扬尘、建筑工地尘、土壤风蚀尘等都对空气中颗粒物浓度有较大影响，特别是可吸入颗粒物对人体健康造成的危害更大，目前大多数城市人口长期生活在可吸入颗粒物超标的环境空气中。人口超过百万的特大城市，空气中二氧化硫和颗粒物超标比例较高，空气质量达标比例偏低。为控制空气污染和保护大气环境质量，我国政府已经实施了许多规划，目前已经把污染减排作为环保中心任务，也取得了很大的进展，但我国城市家居空气质量依然不容乐观。住区的空气是住宅内空气的唯一补给来源，住宅内的空气经常由于人为活动（呼吸、吸烟、烹饪、建筑装修材料等很多原因）而受到污染。这样，就要求保持室内空气的新鲜，如果居住区的空气受到污染，室内就得不到新鲜清洁的空气，人们就会终日生活在污染空气之中，健康就会受到严重损害。可见居住区空气质量的保持是何等重要。

除了工业废气排放污染空气外，室内装修也在无形中影响了室内的空气质量。甲醛是装修时常遇到的污染物，具有强烈的刺激性。除甲醛外，还有装饰涂料中使用的各种溶剂，如苯、甲苯、丙酮、醇类等，以及颜料中所含的铅及其他化合物。家装中用的大理石、花岗岩、瓷砖甚至卫生洁具中，都不同程度地含有对人体有害的放射性物质。而不合理的隔断设计、对厨房卫生间通风排气设备的忽略，都会影响到室内空气质量和通风状况。

由此可见，现代都市人已经不知不觉的生活在了一个室外室内空气都被污染包围的环境中。那么，如何改善这种状况呢？

**富氧森林空气 轻松应对“空气杀手”**

空气是维持人类生命的第一要素。假如没有空气，我们的地球上将是一片荒芜的沙漠，没有一丝生机。绿色植物利用空气中的二氧化碳以及阳光和水合成营养物质，在此过程中，氧气被释放出来，人类和其他动物呼吸空气来获取氧气，动物还需要氧气从摄入的食物中获取能量。工业的发展过程中，向空气排放了大量有害物质，污染了空气，使空气里增加了有害成分。当空气里的有害物质达到一定浓度后，就会严重地损害人类的健康。当今世界空气污染已很严重，给人类神经系统、心血管系统，呼吸系统等带来很大危害。改善空气质量，还人们一个清新的生活环境，已刻不容缓。但现在我们所使用的空气净化办法，并不理想。

而森林空气是大自然中的绿色空气，是人类的生命之源。森林内空气新鲜，无污染，湿度宜人，负氧离子多，吸用时，使人感受特别清新，神清气爽，具有提神醒脑、保健和治疗作用（森林空气包括原野、山川及海滨空气）。赵冬青先生发明提供的制备富氧森林空气的方法（专利号：200710130236.7）目的就在于，使城市居民也可以呼吸到森林空气，提高人们的身心健康水平和工作效率。

**采集森林空气　创造清新环境**

制备富氧森林空气的方法包括选择森林空气的采集源，采集森林空气，在森林空气中加入适量的医用氧气，并使含氧量不超过30%。本发明还公开了在富氧森林空气中加入芳香族植物气味的步骤，和可加入芳香族植物气体的植物种类。本发明以常用罐装森林空气、便携式瓶装森林空气、植物芳香森林空气、森林空气吧、森林空气舱等形式面世。并可逐步取代医用氧气，避免长期用氧产生过分氧化、富氧依赖性和混入污染空气等问题，并可解决易燃、易爆等后顾之忧。绿色空气代替医用氧气，使人们在家中就如入森林一般。氧气吸入过多，会过分氧化肌体，而森林空气好是人类的长期共识。

森林空气是天然空气无需试验，可以早8点到下午4点去采气。而且采集程序简单，成本低。一个生产单元（最基本）两辆卡车，一辆用来拉发电机，一辆拉电动压气泵，车上再装些大气瓶（用氧气瓶就可），为装卸快也可用小型吊车。根据估算，一大瓶可以装20小瓶，一小瓶可吸40分钟，一天吸两次，一次4分钟，一小瓶可用5天，每小瓶纯利约20元，则一大瓶可获利约400元。若中型厂一天装1000大瓶以上，则一天利润为40万元，年利润在1.2亿元以上。富氧森林空气可适用多种场合，宾馆、商场、家庭均可使用，具有治病、保健等功效，并可逐步取代医用氧气，避免长期用氧产生过分氧化、富氧依赖性和混入污染空气等问题，并可排除易燃、易爆的后顾之忧。

人类生存离不开水和空气，但水和空气有很大的不同。因此，人类对水与空气的处理办法、重视程度就远不一样。很早人类就开始了对水环境的处理，才有了如今人们饮用的矿泉水、纯净水。而对空气质量的追求，尚未发现新举措。本专利是一个造福人类社会，成本低廉，经济效益巨大的项目（1996年被载入《世界优秀专利精选》）。它开创了人类对生活空气需求的研发先河，具有深远的社会意义和现实意义。同在一片蓝天下，可以喝不同的水，却不能吸不同的空气，随着科技的不断进步和人类对空气环境的日趋重视，森林空气必将大受关注并得到普遍推广。就像现实中多如牛毛的水生产厂家一样，可以预见，未来的世界同样会产生不计其数的森林空气生产厂家，同样会有便利的森林空气上门服务。假如森林空气像今天的矿泉水一样普及，可以想象其市场有多大，前景有多广阔，同样我们的生活环境也将变得更加环保，更加健康。